Educational Producer For Your Success

알기쉽게 풀어쓴!

# 에듀피디
# 토양환경기사

## 필기

| 전나훈 편저 |

- 기출문제 및 관련 이론을 집중적으로 학습할 수 있도록 구성
- 과년도 기출문제를 통한 실력 향상
- 필수적으로 암기해야 하는 부분의 암기 방법을 두문자를 통해 제시

Engineer
Soil
Environmental

에듀피디 동영상강의 www.edupd.com

# 토양환경기사 필기

초판 인쇄 2024년 1월 3일
초판 발행 2024년 1월 10일

편저자  전나훈
발행처  에듀피디
등  록  제300-2005-146
주  소  서울 종로구 대학로 45 임호빌딩 2층 (연건동)

전  화  1600-6690
팩  스  02)747-3113

※ 이 책은 저작권법에 따라 보호받는 저작물이므로 무단전재와 무단복제를 금지하며 책 내용의 전부 또는 일부를 이용하려면 반드시 저작권자와 에듀피디의 서면 동의를 받아야 합니다.

## 책의 목차

### 제1과목  토양학개론
- CHAPTER 01  토양환경 ········· 008
- CHAPTER 02  지하수 환경 ········· 091
- CHAPTER 03  토양관리 ········· 109

### 제2과목  토양 및 지하수 오염 조사기술
- CHAPTER 01  토양오염 공정시험기준 ········· 132
- CHAPTER 02  토양오염 조사 및 평가 ········· 232

### 제3과목  토양 및 지하수 오염 정화기술
- CHAPTER 01  물리·화학적 정화기술 ········· 264
- CHAPTER 02  생물학적 정화기술 ········· 271

### 제4과목  토양 및 지하수 환경관계법규
- CHAPTER 01  토양환경 보전법 ········· 324
- CHAPTER 02  지하수법 ········· 433

### 부 록  과년도 기출문제

**기출문제**
- UNIT 01  2019년 토양환경기사 1회 필기  490
- UNIT 02  2019년 토양환경기사 2회 필기  500
- UNIT 03  2019년 토양환경기사 4회 필기  510
- UNIT 04  2021년 토양환경기사 1회 필기  521
- UNIT 05  2021년 토양환경기사 2회 필기  532
- UNIT 06  2021년 토양환경기사 4회 필기  543
- UNIT 07  2022년 토양환경기사 1회 필기  554
- UNIT 08  2022년 토양환경기사 2회 필기  565

**정답 및 해설**
- UNIT 01  2019년 토양환경기사 1회 정답 및 해설  576
- UNIT 02  2019년 토양환경기사 2회 정답 및 해설  581
- UNIT 03  2019년 토양환경기사 4회 정답 및 해설  586
- UNIT 04  2021년 토양환경기사 1회 정답 및 해설  592
- UNIT 05  2021년 토양환경기사 2회 정답 및 해설  597
- UNIT 06  2021년 토양환경기사 4회 정답 및 해설  603
- UNIT 07  2022년 토양환경기사 1회 정답 및 해설  608
- UNIT 08  2022년 토양환경기사 2회 정답 및 해설  613

## GUIDE 출제기준(필기)

| 직무분야 | 환경 · 에너지 | 중직무분야 | 환경 | 자격종목 | 토양환경기사 | 적용기간 | 2023.1.1 ~ 2026.12.31 |
|---|---|---|---|---|---|---|---|

● **직무내용** : 토양 · 지하수 정화 및 관리 분야의 관계법규, 공학적 지식 등을 바탕으로 토양 · 지하수 환경오염정화 및 관리에 대한 설계, 시공, 운영에 관한 직무이다.

| 필기검정방법 | 객관식 | 문제수 | 80 | 시험시간 | 2시간 |
|---|---|---|---|---|---|

| 필기 과목명 | 문제수 | 주요항목 | 세부항목 | 세세항목 |
|---|---|---|---|---|
| 토양학개론 | 20 | 1 토양환경 | 1. 토양의 물리 · 화학적 특성 | 1. 토양의 분류 및 특성<br>2. 토양의 3상 및 토성<br>3. 점토광물 구조 및 특성<br>4. 토양교질물 및 이온교환<br>5. 흡착특성<br>6. 토양의 산화 · 환원 |
| | | | 2. 토양미생물 분류 및 정화특성 | 1. 토양미생물 분류<br>2. 토양미생물과 오염물질 정화특성 |
| | | | 3. 토양오염 특성 및 영향 | 1. 토양오염의 특성<br>2. 토양오염 물질의 특성 및 영향<br>3. 토양오염원별 특성 및 영향 |
| | | | 4. 토양에서의 오염물질 이동 | 1. 오염물질의 거동특성<br>2. 오염물질의 이동 및 저감방안 |
| | | | 5. 토양오염대책 | 1. 토양오염의 예방대책<br>2. 토양오염의 정화대책 |
| | | 2 지하수 환경 | 1. 지하수 수리특성 | 1. 지하수의 유동<br>2. 지하수 수리 |
| | | | 2. 지하수 오염의 특성, 영향 및 조사 | 1. 지하수 오염의 특성<br>2. 지하수 오염의 영향<br>3. 지하수 오염의 조사 |
| | | 3 토양관리 | 1. 토양의 산성화, 염류화, 사막화 및 토양 침식 | 1. 토양의 산성화<br>2. 토양의 염류화 및 사막화<br>3. 토양 침식<br>4. 산성 및 염류토양의 개선 |
| | | | 2. 토양 영양관리 | 1. 영양 물질의 이동<br>2. 적정수준의 영양물질 처리<br>3. 영양 물질의 변환<br>4. 토양 영양관리기술 |
| 토양 및 지하수 오염 조사기술 | 20 | 1 토양오염 공정시험기준 | 1. 총칙 | 1. 일반사항 등<br>2. 정도보증/정도관리 등 |
| | | | 2. 누출검사방법 | 1. 저장물질이 없는 누출 검사대상 시설<br>2. 저장물질이 있는 누출 검사대상 시설 등 |
| | | | 3. 토양오염도 일반 시험방법 | 1. 시료채취방법<br>2. 시료조제방법<br>3. 분석용 시료의 함수율 보정 |

| 필기 과목명 | 문제수 | 주요항목 | 세부항목 | 세세항목 |
|---|---|---|---|---|
| | | | 4. 토양오염도 기기 분석방법 | 1. 자외선/가시선분광법<br>2. 원자흡수분광광도법<br>3. 유도결합 플라즈마 원자 발광 분광법<br>4. 기체크로마토그래피법<br>5. 이온전극법 등 |
| | | | 5. 토양오염도 항목별 시험방법 | 1. 일반항목<br>2. 금속류<br>3. 유기화합물류<br>4. 기타 |
| | | 2 토양오염 조사 및 평가 | 1. 토양정밀조사 | 1. 기초, 개황조사 방법 및 절차<br>2. 상세조사 방법 및 절차 |
| | | | 2. 토양오염평가 | 1. 위해성 평가방법 및 절차<br>2. 토양환경평가방법 및 절차 |
| 토양 및 지하수 오염 정화기술 | 20 | 1 물리·화학적 정화기술 | 1. 물리·화학적 정화기술 | 1. 물리적 정화기술의 종류 및 특성<br>2. 화학적 정화기술의 종류 및 특성<br>3. 기술별 공정 이론<br>4. 기술별 적용범위 및 제약조건 등 |
| | | | 2. 물리·화학적 정화 기술의 설계, 시공, 유지관리 | 1. 각 정화기술의 설계<br>2. 각 정화기술의 시공<br>3. 각 정화기술의 유지관리 |
| | | 2 생물학적 정화기술 | 1. 생물학적 정화기술 | 1. 생물학적 정화기술의 종류 및 특성<br>2. 기술별 공정 이론<br>3. 기술별 적용범위 및 제약조건 등 |
| | | | 2. 생물학적 정화기술의 설계, 시공, 유지 관리 | 1. 각 정화기술의 설계<br>2. 각 정화기술의 시공<br>3. 각 정화기술의 유지관리 |
| | | 3 열적 정화기술 | 1. 열적 정화기술 | 1. 열적 정화기술의 종류 및 특성<br>2. 기술별 공정 이론<br>3. 기술별 적용범위 및 제약조건 등 |
| | | | 2. 열적 정화기술의 설계, 시공, 유지 관리 | 1. 각 정화기술의 설계<br>2. 각 정화기술의 시공<br>3. 각 정화기술의 유지관리 |
| 토양 및 지하수 환경관계법규 | 20 | 1 토양환경보전법 | 1. 법 | 1. 총칙<br>2. 토양오염의 규제<br>3. 토양보전대책지역의 지정 및 관리<br>4. 토양관련 전문기관 및 토양정화업<br>5. 보칙 및 벌칙 |
| | | 2 지하수법 | 1. 법 | 1. 지하수의 보전·관리<br>2. 지하수의 수질보전 등에 관한 규칙 |

### 들어가며

우리는 이제부터 토양환경의 형태와 특징을 살펴봄으로써, 토양환경을 조금이나마 이해하고 이해한 토양환경을 토대로 오염 물질이 토양환경에 어떨 때 유입되는지, 유입되었을 때 토양에게 왜 안좋은지를 알아보면서, 작게는 토양환경기사 자격취득에 가까워지고 크게는 토양환경이라는 학문에 익숙해지는 시간이 되길 간절히 바랍니다. 토양학은 공학이니만큼 토양학을 물리, 화학, 생물 그리고 아주 약간의 수학이라는 언어로 설명드리겠습니다. 내가 과학적, 수학적 지식이 부족해서 걱정이라구요? 괜찮습니다. 공학은 응용학문이기에 수학적, 과학적 난이도는 그리 높지 않습니다. 생각보다 할 만하실 겁니다. 그러니 부디 마음을 편히 가지고 학습에 임해주시면 좋겠습니다. 그럼 시작하겠습니다.

# PART 1

## 제 1 과 목
## 토양학개론

**01** 토양환경

**02** 지하수 환경

**03** 토양 관리

# 01 토양환경
CHAPTER

## UNIT 01 토양의 물리·화학적 특성

### 1 토양의 분류 및 특성

#### (1) 토양목 분류

현재 나와있는 분류법 중에 가장 객관적이며, 계량적인 분류체계입니다. 목, 아목, 대군, 아군, 속, 통 등의 6단계로 목이 가장 큰 분류단계이고 아목, 대군으로 내려갈수록 하위단위가 됩니다. 시험문제에는 아래에 있는 토양목의 분류가 출제됩니다.

① **알피졸**(Alfisols) : 점토집적층이 있으며, 염기포화도가 35% 이상인 토양
② **안디졸**(Andisols) : 화산회토. Allophane과 Al-유기복합체가 풍부한 토양
③ **아리디졸**(Aridisols) : 건조지대의 염류 토양으로 토양발달이 미약
④ **엔티졸**(Entisols) : 토양 생성 발달이 미약하여 층위의 분화가 없는 새로운 토양
⑤ **젤리졸**(Gelisols) : 영구동결층을 가지고 있는 토양
⑥ **히스토졸**(Histosols) : 물이 포화된 지역이나 늪지대에 분포하는 유기질 토양
⑦ **인셉티졸**(Inceptisol) : 토양의 층위가 발달하기 시작한 젊은 토양
⑧ **몰리졸**(Mollisols) : 초원지역의 매우 암색이고 유기물과 염기가 풍부한 무기질 토양
⑨ **옥시졸**(Oxisols) : Al과 Fe의 산화물이 풍부한 적색의 열대토양. 풍화가 가장 많이 진척된 토양
⑩ **스포도졸**(Spodosols) : 심하게 용탈된 회백색의 용탈층을 가지고 있는 토양
⑪ **울티졸**(Ultisols) : 점토집적층이 있으며, 염기포화도가 35% 이하인 산성토양
⑫ **버티졸**(Vertisols) : 팽창성 점토광물 함량이 높아 팽창과 수축이 심하게 일어나는 토양

### (2) 우리나라 토양의 특성

우리나라의 토양은 사질토양에 낮은 유기물함량, 낮은 염기치환용량이며, 산성토양입니다. 식물의 생장속도가 느리게 되는 토양의 형태를 가지고 있습니다. 그 이유는 진도가 나가면서 자연히 답을 얻으실 수 있으실겁니다.
① 사질(모래)토양
② 낮은 유기물함량
③ 낮은 염기치환용량
④ 산성토양(pH 5.5~6)

### (3) 암석의 분류 : 암석은 생성과정에 따라 세가지로 분류됩니다.

① **화성암** : 마그마가 화산으로 분출되거나 지중에서 천천히 냉각되어 만들어진 암석, 모든 암석의 근원

〈규산($SiO_2$) 함량에 따른 화성암의 구분〉

| 구분 | 산성암($SiO_2$ > 66%) | 중성암($SiO_2$ 52~66%) | 염기성암($SiO_2$ < 52%) |
|---|---|---|---|
| 심성암 | 화강암 | 섬록암 | 반려암 |
| 반심성암 | 석영반암 | 섬록반암 | 휘록암 |
| 화산암 | 유문암 | 안산암 | 현무암 |

② **퇴적암** : 퇴적활동에 의해 만들어진 암석으로 성층암 또는 침전암이라고 불립니다.
  • 퇴적암의 종류 : 사암, 역암, 혈암, 석회암, 응회암
③ **변성암** : 화강암이나 퇴적암이 화산작용이나 지각변동시 고압과 고열에 의해 변성작용을 받아 생성되는 암석
  • 변성암의 종류 : 편마암, 점판암, 천매암, 규암, 대리석
④ **지구의 6대 조암광물의 구성** : 석영, 장석, 운모, 각섬석, 휘석, 감람석

## 2 토양의 구성

### (1) 토양의 3상

고상인 토양입자와 액상인 물과 기상인 토양 내 공기의 집합체로 정의할 수 있습니다. 지상의 공기조성보다는 산소가 적고 이산화탄소와 아르곤, 수분함량이 많습니다. 토양층을 지하수층과 분류하기 위해서 공극이 있는 토양층을 불포화대, 지하수층을 포화대라고도 합니다. 토양층에서는 공극이 물로 완전히 채워지지 않아 물의 수직적 흐름이 수평적 흐름보다 우세합니다.

### (2) 토양무기물

① **1차 광물** : 마그마가 냉각되어 생성된 광물
  • 석영, 장석, 운모, 각섬석, 휘석, 감람석

② **2차 광물** : 1차광물이 풍화작용이나 변성작용에 의해 새롭게 생성되거나 성질이 변화된 광물
- **점토광물** : 점토광물의 종류는 다음 파트에서 설명하겠습니다.

### (3) 토양유기물

① **부식질(humus)** : 유기물이 미생물 분해작용으로 만들어진 토양형태
  ㉠ 부식탄(humin) : 산과 알칼리에 모두 녹지 않음, 고분자화합물, 중합 정도가 높은 분자량이 큰 부식, 탄소는 많고 산소는 적다.
  ㉡ 펄빅산(fulvic acid) : 산과 알칼리에 모두 녹음, 고분자화합물, 산소는 많고 탄소는 적다.
  ㉢ 휴믹산(humic acid) : 알칼리에 녹고, 산에 녹지 않음, 복합 방향족 고분자화합물
  ㉣ 울믹산(ulmic acid) : 휴믹산에 알코올을 넣었을 때 녹은 물질
② **비부식질** : 유기물이 미분해 또는 부분분해 된 토양형태

### (4) 토양수분

① **중력수** : 중력에 의해서 토양입자 사이를 이용하거나 지하로 침투하는 수분, 식물이 직접적으로 이용할 수 있고, 지하수원을 구성합니다. 제거하기 가장 쉽습니다.
② **모세관수(모관결합수)** : 흡습수의 외부에 표면장력과 중력이 평형을 유지해 존재하는 수분, 식물이 직접적으로 이용할 수 있습니다. 외력에 의해 제거 가능합니다.
③ **흡습수(부착수)** : 토양입자와 물리적으로 흡착한 수분으로 식물이 직접적으로 이용할 수 없고, 가열 또는 건조하면 제거 가능합니다.
④ **결합수(화학수)** : 토양입자와 화학적으로 결합하여 토양분자 중에 존재하는 수분으로 가열하여도 제거되지 않습니다.

> 💡 **제거하기 용이한 순서** : 중력수 > 모세관수 > 흡습수 > 결합수

⑤ **pF** : 토양수가 입자에 흡착되어 있는 강도를 수주높이에 상용대수를 취하여 나타낸 지표

> 식  $pF = \log h$
> - $h$ : 수주(cm)

> 💡 **토양수분의 측정방법**
> 전기저항법, 중성자법, TDR법, 장력계(tensionmeter)법, psychrometer법

### (5) 토층

토양은 시간의 흐름에 따라 풍화와 유기물의 분해 및 수분의 이동과정을 통해 그 특징이 변화하고, 형성시간의 차이에 따라 토층별로 각각의 특징을 나타냅니다.

## 토양단면의 형성과정

1. 변형작용 : 풍화, 유기물 분해와 같이 토양성분의 분해와 결합과정
2. 이동작용 : 유기 및 무기물질이 물과 유기물에 의해 상하로 이동하는 과정
3. 첨가작용 : 잎, 대기먼지, 지하수 등에 의해 성분이 첨가되는 작용
4. 제거작용 : 지하수에 의해 토양성분이 빠져나가는 작용

 ㉠ O층 : 유기물층으로 토양 단면의 최상층에 위치합니다.
  • $O_1$ : 유기물의 원형을 육안으로 식별할 수 있는 유기물층입니다.
  • $O_2$ : 유기물의 원형을 육안으로 식별할 수 없는 유기물층입니다.
 ㉡ A층(표토) : 용탈층으로 광물질이 풍부하며 분해된 유기물이 존재하고 색깔이 짙습니다.
  • $A_1$ : 부식화된 유기물과 광물질이 섞여있는 암흑백의 층입니다.
  • $A_2$ : 규산염점토와 철·알루미늄 들의 산화물이 용탈된 용탈층입니다.
  • $A_3$ : A층에서 B층으로 이행하는 층위나 A층의 특성을 좀더 지니고 있는 층입니다.
 ㉢ E층 : 광물층으로 최대용탈층이며 탈색된 토색을 가지고 있습니다.
 ㉣ B층(심토) : 광물층으로 점토, 철/알루미늄 산화물, 유기물이 존재하고, 토양의 구조가 뚜렷하게 구분되어 구조의 발달을 볼 수 있는 층입니다.
  • $B_1$ : A층에서 B층으로 이행하는 층위나 A층의 특성을 좀 더 지니고 있는 층입니다.
  • $B_2$ : 규산염점토와 철·알루미늄 등의 산화물 및 유기물의 일부가 집적되는 층(집적층)입니다.
  • $B_3$ : C층으로 이행하는 층으로 C층보다 B층의 특성에 가까운 층입니다.
 ㉤ C층 : 모재층으로 바위와 광물이 혼합되어 있는 층입니다.
 ㉥ R층 : 기반암, 풍화작용 없습니다.

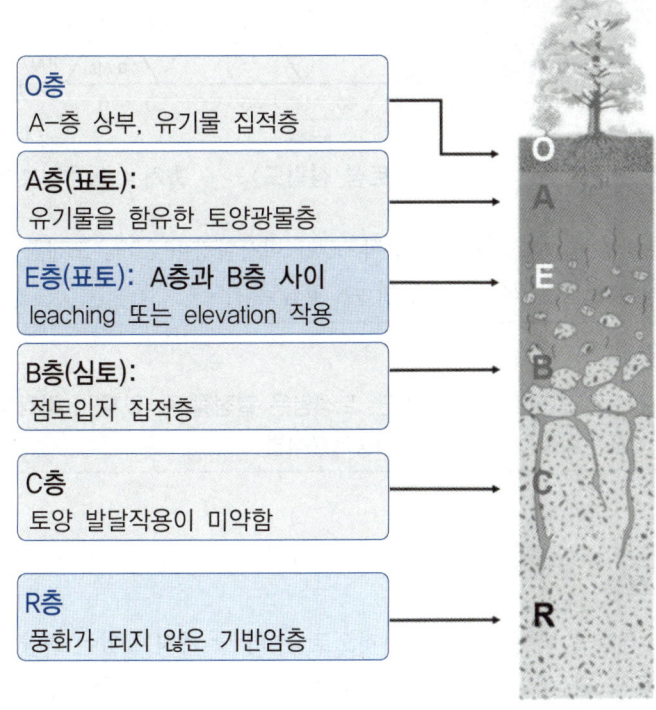

### (6) 토성

토성은 토양의 물리적 성질들 중 가장 기본이 되는 성질입니다. 토성은 모래와 미사, 점토의 함량비에 따라 결정됩니다. 미국 농무성기준으로 직경 2mm 이상의 토양입자는 자갈로 분류됩니다.

① **모래(sand)** : 직경 0.05~2mm로 토양의 골격형성을 도우며, 입자간 공극을 크게 하여 통기·배수를 좋게함
② **미사(silt)** : 직경 0.002~0.05mm(2~5㎛)로 일부 골격 역할을 하고, 점착성과 가소성은 없으나, 미사의 표면에 점토입자가 흡착되면서 약간의 가소성과 응집성이 있음
③ **점토(clay)** : 직경 0.002mm(2㎛) 이하로 표면적이 크고, 점착성·응집성이 큼

> 💡 **토성 삼각도**
> 왼쪽은 점토함량, 오른쪽은 미사함량, 아래쪽은 모래함량을 나타내며, 조사하고 싶은 토양의 토성함량을 연장선을 그어 각 연장선이 만나는 점을 찾으면, 그 점에 해당하는 토성이 해당 토양의 토성이 됩니다.

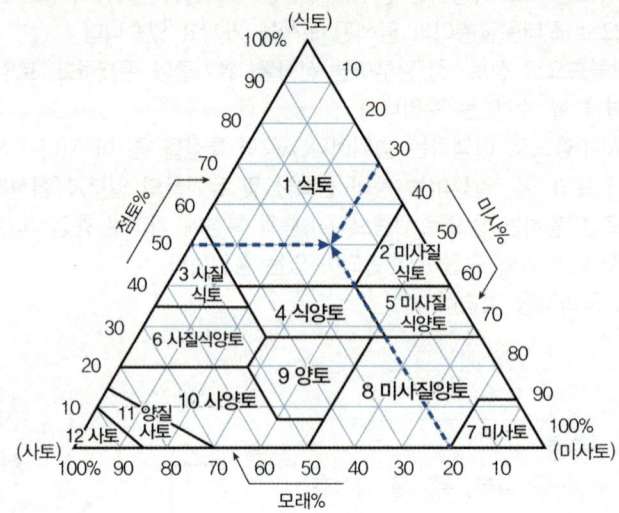

〈토성 삼각도〉   출처 : 농촌진흥청

그림의 토양의 토성을 살펴보면, 점토함량이 50%, 미사함량이 30%, 모래함량이 20%로 각 연장선이 만나는 교점을 보면 그림의 토양은 식토로 판단할 수 있습니다.

> 💡 **토성 결정방법**
> ① 촉감법 : 촉감으로 간이로 토성을 판단, 토성명은 결정할 수 있지만, 각각의 함량은 알 수 없습니다.
> ② 입경분석법 : 표준체측정법, 침강법, 비중계분석법

### (7) 토양의 물리적 특성

① **밀도** : 밀도는 질량을 단위부피로 나눈 것으로, 부피 당 가지고 있는 질량이라고 생각하시면 됩니다. 고체와 액체의 기준이 되는 밀도는 물의 밀도이며, 물의 밀도는 $1g/cm^3$입니다.

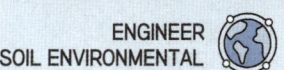

- 식 진밀도(토양 중 고상 자체만의 밀도) $= \dfrac{m(\text{토양중 고상의 질량})}{V(\text{토양중 고상의 부피})}$
- 식 겉보기밀도(공극 포함) $= \dfrac{m(\text{토양의 질량})}{V(\text{토양의 용적})}$
- 식 습윤단위중량(전체단위중량) $= \dfrac{\text{전체토양질량(공극 포함)}}{\text{전체토양부피(공극 포함)}}$
- 식 건조단위중량 $= \dfrac{\text{토양입자 질량}}{\text{토양입자 부피}} = \dfrac{\text{습윤단위중량}}{1+\text{함수율}}$

② **입도분포**

- 식 균등계수 $= \dfrac{D_{60}}{D_{10}}$
- 식 곡률계수 $= \dfrac{D_{30}^{2}}{D_{60} \times D_{10}}$

- $D_{60}$ : 입도분포 60%에 해당하는 직경
- $D_{30}$ : 입도분포 30%에 해당하는 직경
- $D_{10}$ : 입도분포 10%에 해당하는 직경(유효입경)

③ **공극률** : 토양 부피에 대한 공극의 부피의 비

- 식 $n = \dfrac{V_v}{V} = \dfrac{V_v}{V_s + V_v} = \dfrac{\epsilon}{1+\epsilon}, \quad V_v = n \times V = n \times (V_s + V_v)$

- $V_v$ : 공극의 부피
- $V$ : 전체토양의 부피
- $V_s$ : 토양입자의 부피
- $\epsilon$ : 공극비 $= \dfrac{V_v}{V_s}$

④ **입단** : 토양의 뭉쳐진 덩어리 형태를 말하며, 뭉쳐진 정도를 입단화도라고 합니다. 입단의 형성은 토양의 수분보유력과 통기성을 향상시킴으로 식물의 생육과 미생물의 성장에 좋은 영향을 줍니다. 입단화도의 산출은 토양을 24시간 물속에 담근 후 물속에서 체로 친 다음 남아 있는 양을 구한 것으로 입단화도는 토양의 뭉쳐져 있는 정도를 나타냅니다.

- 식 입단화도(%) $= \dfrac{(\text{건토 중 체에 남아 있는 양} - \text{습토 중 체에 남아 있는 양})}{\text{체를 통과한 전체 양}} \times 100$

> 💡 **입단 형성에 영향을 미치는 요인**
> 
> ① 양이온의 작용 : 수화도가 작은 $Ca^{2+}$은 입단생성에 유리하며, 수화도가 큰 $Na^+$은 입단파괴작용을 한다.
> ② 토양개량제의 작용 : 토양개량제의 교환반응, 수소결합, 반데르발스 힘 등에 의해 입단이 형성된다.
> ③ 토양미생물의 작용 : 미생물이 유기물을 분해하며 만들어내는 균사 또는 점액성 물질에 의해 입단이 형성된다.
> ④ 기후의 작용 : 토양이 건조함에 따라 수분이 빠져나가 점토입자들이 더욱 가깝게 결합해 토양의 부피가 줄어들고 약하게 결합된 면을 따라 균열이 생기는 과정이 반복되며 입단이 형성된다.
> ⑤ 유기물의 작용 : 유기물은 곰팡이, 세균, 미소동물 등의 에너지원이 되며, 미생물들이 분비하는 점액성의 유기물질들은 토양입단 형성에 유익한 역할을 한다.

⑤ **분산도** : 토양의 분산도는 토양의 분산 정도를 나타내는 것입니다. 입단화도와 반대되는 특성입니다.

> 식 분산계수 = $\dfrac{\text{물에 담그고 24시간 후에 진탕했을 때의 } 0.002mm \text{ 이하의 입자량}}{\text{완전히 분산시킨 경우의 } 0.002mm \text{ 이하의 입자량}} \times 100$
> → 푸리의 분산계수
>
> 식 분산율 = $\dfrac{\text{토양에 100배의 물을 가하여 진탕했을 때 } 0.05mm \text{ 이하의 입자량}}{\text{완전히 분산시킨 경우의 } 0.05mm \text{ 이하의 입자량}} \times 100$
> → 미들턴의 분산율

⑥ **견지성** : 외부 요인에 의하여 토양구조가 변형되거나 파괴되는 데 대한 저항성 또는 토양입자 간의 응집성을 의미합니다.
  ㉠ 강성(견결성) : 토양이 건조하여 딱딱하게 굳어지는 성질, 점토입자가 많을수록 토양의 강성이 커지는 반면, 구상계 무정형광물이 많을수록 토양의 강성이 작아집니다.
  ㉡ 이쇄성 : 강성과 소성을 가지는 수분함량의 중간정도의 수분을 함유하고 있는 조건에서 토양에 힘을 가하면 쉽게 부스러지는데, 이러한 성질을 이쇄성이라고 합니다.
  ㉢ 가소성(소성) : 물기가 있는 토양에 외부의 힘을 가하여 형체를 변형시킨 다음, 힘을 제거하여도 변형된 그대로의 모양을 유지시키는 성질입니다. 점토함량이 증가하면 소성지수가 증가합니다.

> 식 **소성지수(PI) = LL − PL**
> • 액성한계(LL) : 토양의 소성을 나타내는 최대의 수분함량
> • 소성한계(PL) : 토양의 소성을 나타내는 최소의 수분함량

⑦ **비열과 용적열용량**
  ㉠ 비열 : 물질 1g을 1℃ 높이는데 필요한 열량이다. (물의 비열은 1cal/g · ℃)
    • 토양의 비열이 크면 온도의 상승하강이 느리다.
  ㉡ 용적열용량 = 비열 × 밀도
    • 토양 내 모래의 함량이 많을수록 용적열용량은 작아진다. (토양의 밀도 감소)
    • 토양 내 점토의 함량이 많을수록 용적열용량은 커진다. (토양의 밀도 증가)
    • 토양 내 수분함량이 높을수록 용적열용량은 커진다. (토양의 비열 증가)

## 3 점토광물 구조 및 특성

### (1) 결정형 점토광물

규산 사면체와 알루미늄 팔면체가 각각 그 비율을 달리하여 결합하여 만들어진 여러 종류의 광물
• 규산 사면체판 : 사면체 사이에 한 개의 산소원자를 공유
• 알루미늄 팔면체판 : 팔면체 사이에 두 개의 산소원자를 공유함, 팔면체가 위아래로 결합하여 $Al^{3+}$를 중심으로 이팔면체층 구조를 형성하면 깁사이트(gibbsite), $Mg^{2+}$를 중심으로 삼팔면체층 구조를 형성하면 브루사이트(brucite)가 됩니다.

① **1 : 1 격자형 점토광물** : 규산판 + 알루미늄판 구조로, 1 : 1층 사이에 양이온이나 물분자가 끼어 들어가는 것이 불가능하므로 비팽창형 광물이 됩니다. 다른 점토광물에 비하여 굵고 잘 부서지지 않으며, 통수 및 통기성이 좋습니다. 우리나라 토양의 주된 점토광물입니다.
  - ㉠ 카올리나이트(고령토) : 낮은 표면적, 낮은 음전하, 젖었을 때 팽창력 낮음, 대부분 $pH^-$의존 음전하, 동형치환이 거의 일어나지 않음
  - ㉡ 할로이사이트 : 카올리나이트의 결정단위층간에 물분자가 끼어 있는 광물, 튜브모양
  - ㉢ 나크라이트, 딕카이트

② **2 : 1 격자형 점토광물** : 2개의 규산판 + 알루미늄판, 물분자가 쉽게 스며들 수 있어 입자는 쉽게 팽창 또는 수축, 입자크기도 1:1보다 작다.
  - ㉠ 버미큘라이트 : 운모류 광물의 풍화로 생성된 토양에 많이 존재하는 점토광물이다. 버미큘라이트는 카올리나이트나 몬모릴로나이트와 같이 결정화과정을 거쳐 생성되는 광물이 아니며 양이온들이 치환되며 형성된다. 버미큘라이트의 가장 큰 특징은 층 사이 공간에 $K^+$ 대신 $Mg^{2+}$ 등의 수화된 양이온들이 자리잡고 있다. 넓은 표면적, 큰 음전하, 약한 팽창성, 가열 시 뒤틀림 현상
  - ㉡ 스멕타이트 : 넓은 표면적, 큰 음전하, 대표적인 팽창형 광물, $Si^{4+}$ 대신 $Al^{3+}$의 동형치환이 흔히 일어나고, 또한 알루미늄팔면체층에서도 $Al^{3+}$ 대신 $Fe^{2+}$, $Fe^{3+}$, $Mg^{2+}$ 등이 치환되어 들어갈 수 있다.
  - ㉢ 일라이트 : 사면체의 규소 중 일부가 알루미늄으로 교환되기 때문에 양전하의 부족량이 K(칼륨)에 의해 충족되어 있는 점이 다르다. 운모류가 광물의 풍화과정에서 생성될 수도 있어 Hydrous mica(가수운모)로 불리며, 운모류에서 K(칼륨)이 빠져나가면서 형성되기도 한다. 팽창성이 없다.
  - ㉣ 몬모릴로나이트 : 강수량이 적은 조건에서 생성된다. 영구적 음전하로 여러 양이온을 흡착, 보유한다. 팽창 정도가 버미큘라이트 보다 훨씬 우수하다.
  - ㉤ 논트로나이트 : $Al^{3+}$가 전부 $Fe^{3+}$로 치환된 형태

③ **2 : 1 : 1(2 : 2) 격자형 점토광물** : 2개의 규산판 + 알루미늄판 + 마그네슘판의 4개의 층
  - 클로라이트 : 녹니석이라고도 불리며, 2 : 1층의 구조에 브루사이트가 결합된 형태의 광물로 퇴적암에서 흔히 발견된다. 강한 결합성을 가지며 팽창성이 없다.

### (2) 비결정형 점토광물

비교적 큰 비표면적과 반응성을 가진다. 비결정형(무정형), 낮은 Si/Al원자비, 강한 인산고정능력

① **알로팬(Allophane)** : 화산재의 풍화로 생성됨, pH의 의존적인 음전하를 가지고 있고 중성이나 약알칼리 조건에서 큰 양이온교환용량을 가진다.

② **이모골라이트(Immogolite)** : 결정화 정도가 매우 큼, 튜브모양, O 3개와 하나의 Si가 결합한 구조

### 4 토양교질물 및 이온교환

**(1) 양이온 교환능력(CEC)**

① **정의** : 토양이 교환할 수 있는 양이온의 합, 보통 토양에서 존재하는 양이온은 미네랄성분으로 식물의 생장에 큰 도움을 줍니다. 따라서 CEC가 큰 토양일수록 식물생장에 좋은 토양이라 할 수 있습니다.

② **CEC 결정 주요인자**
  ㉠ 점토함량이 높을수록 CEC는 높다.
  ㉡ 점토종류에 따라 2:1 > 2:1:1 > 1:1
  ㉢ 유기물함량이 높을수록 CEC는 높다.
  ㉣ 토양 pH

③ **이온교환크기순서**
  $Al^{3+} > Ca^{2+} > Mg^{2+} > NH_4^+ > K^+ > Na^+$

④ **양이온 교환능력의 단위** : 1cmol/kg
  • 1cmol = 0.01eq

〈점토광물별 양이온 교환능력〉

| 구분 | 카올리나이트 | 몬모릴로 나이트 | 버미큘라이트 | 일라이트 | 클로라이트 |
|---|---|---|---|---|---|
| CEC (cmol/kg) | 2~15 | 80~150 | 100~200 | 20~40 | 10~40 |

**(2) 염기포화도(BSP)**

전체 교환성 양이온에 대한 교환성 염기의 백분율, 여기서 교환성 염기란, 양이온 중 수소와 알루미늄이온을 제외한 양이온들을 말합니다.

$$염기포화도(BSP, \%) = \frac{교환성\ 염기의\ meq}{양이온교환능력(CEC)} \times 100$$

**(3) 수소포화도**

전체 교환성 양이온에 대한 수소이온의 백분율

$$수소포화도(\%) = \frac{수소이온의\ meq}{양이온교환능력(CEC)} \times 100$$

**(4) pH**

물질의 산성 또는 염기성의 정도를 나타내는 지표로 1~14까지의 숫자로 나타내며, 1로 갈수록 산성, 7은 중성, 14로 갈수록 염기성(알칼리성)을 나타냅니다. pOH는 pH의 반대개념으로 1로 갈수록 알칼리성을 나타냅니다. 물질이 수소이온을 교환하면 pH를 구할 수 있고, 수산이온을 교환하면 pOH를 구할 수 있습니다.

$$pH = \log\frac{1}{[H^+]}, \quad [H^+] = 10^{-pH}$$

$$pOH = \log\frac{1}{[OH^-]}, \quad [OH^-] = 10^{-pOH}$$

$$14 = pH + pOH, \quad pH = 14 - pOH$$

- $[H^+]$ : 수소이온의 몰농도(mol/L)
- $[OH^-]$ : 수산이온의 몰농도(mol/L)

**ex 01** HCl $10^{-2}$mol/L의 pH는?

**해설**  
$HCl \rightleftarrows H^+ + Cl^-$
$10^{-2}$mol/L : $10^{-2}$mol/L

$\therefore pH = \log\left(\dfrac{1}{10^{-2}}\right) = 2$

**ex 02** NaOH $10^{-2}$mol/L의 pOH는?

**해설**  
$NaOH \rightleftarrows Na^+ + OH^-$
$10^{-2}$mol/L : $10^{-2}$mol/L

$\therefore pOH = \log\left(\dfrac{1}{10^{-2}}\right) = 2$

### (5) 음이온 교환

① **음이온교환** : 토양에 흡착된 음이온은 용액 중의 다른 음이온과 화학량론적으로 교환되어 토양용액 중으로 방출되는 현상을 음이온교환이라고 합니다. 철 또는 알루미늄의 산화물 및 수산화물이 많이 함유되어 있는 토양은 낮은 pH조건에서 음이온교환기를 가질 수 있으며, 유기물도 pH가 낮아지면 작용기들이 양성자화되어 양으로 하전됩니다.

② **음이온교환용량(AEC)** : 토양의 이온교환반응을 통하여 보유할 수 있는 최대의 음이온양(cmol/kg)
  ㉠ pH가 낮아지면 흡착이 증가
  ㉡ Fe나 Al의 수산화물이나 점토광물이 많은 산성토양에서 매우 높은 AEC를 나타냄

### (6) 토양 콜로이드(토양 교질물)

① **콜로이드** : 크기가 1㎛보다 작은 무기입자로, 용존되지도 부유하지도 않는 입자, 대개 음전하를 띰

② **토양 콜로이드의 특징**
  ㉠ 대체로 음전하를 띠고 있으나 콜로이드 용액의 pH에 따라 양전하를 띠기도 함
  ㉡ 큰 비표면적과 표면전하를 지님
  ㉢ 점토와 특성이 매우 비슷(수분보유량 큼)
③ **등전점** : 음전하와 양전하의 양이 같아지는 pH를 콜로이드의 등전점이라 함

## 5 흡착특성

> 💡 **흡착?**
> 흡착은 물질이 고형입자의 표면으로 이동하여 집적되는 현상으로 물리적 힘에 의해 흡착되면, 물리적 흡착, 화학적 결합에 의해 흡착되면 화학적 흡착으로 분류합니다.

### (1) 이온흡착

토양의 표면에 불균형이 존재하거나 잉여의 힘이 있기 때문에 토양입자는 접촉하고 있는 기체상이나 토양용액으로부터 다른 종류의 이온들을 토양입자의 표면에 끌어들입니다.

### (2) Freundlich 등온흡착식 : 물리적 흡착을 가정합니다.

$$\log X = \frac{1}{n} \log C + \log k$$

$$\frac{X}{M} = K \times C^{\frac{1}{n}}$$

- $X$ : 흡착된 물질의 양
- $C$ : 유출농도
- $M$ : 흡착제의 양
- $K, n$ : 상수

### (3) Langmuir 등온흡착식 : 화학적 흡착을 가정합니다.

① **Langmuir 등온흡착식의 가정조건**
  ㉠ 흡착은 흡착지점이 고정된 단일 흡착층에서 일어나며, 흡착지점은 모두 동일한 성질을 지니고 있고, 하나의 분자만 흡착할 수 있다.
  ㉡ 흡착은 가역적이다. (예외사항)
  ㉢ 표면에 흡착된 분자는 옆으로 이동하지 않는다.
  ㉣ 흡착에너지는 모든 지점에서 동일하고, 표면이 균일하며, 흡착된 물질 간의 상호작용이 없다.
  ㉤ 평형상태에서 흡착속도는 탈착속도와 같다.

② Langmuir 등온흡착식

$$\frac{C}{q} = \frac{1}{kb} + \frac{C}{b}$$

$$\frac{X}{M} = \frac{abC}{1+bC}$$

- a, b : 경험적인 상수
- C : 흡착이 평형상태에 도달했을 때 용액 내에 남아있는 피흡착제의 농도

### (4) 물리적 흡착과 화학적 흡착의 비교

| 흡착형태 | 물리적 흡착 | 화학적 흡착 |
|---|---|---|
| 계 | 개방계(가역적) | 폐쇄계(비가역적) |
| 흡착제의 재생여부 | 재생가능 | 재생불가 |
| 흡착형태 | 다분자층 | 단분자층 |
| 선택성 | 비선택적 | 선택적 |
| 흡착온도 | 낮을수록 | 높을수록 |

## 6 토양의 산화·환원

### (1) 산화와 환원

① **산화** : 화합물이 전자를 잃어 산화수가 증가하는 반응
② **환원** : 화합물이 전자를 얻어 산화수가 감소되는 반응

### (2) 산화환원전위(ORP)

물질의 산화와 환원상태를 전기적으로 나타내주는 지표로써 전위값이 +쪽으로 클수록 상대적으로 산화상태, -쪽으로 클수록 상대적으로 환원상태임을 나타냅니다.

### (3) 용해도적(용해도곱, $K_{sp}$)

용해도적이란 물질이 녹아서 평형상태가 되었을 때 생성물의 곱을 말합니다. 용해도적은 평형상태 식으로 나타낼 수 있습니다. 용해도적은 계산문제를 풀어보면서 좀 더 이해해 보도록 하겠습니다.

① 용해도적의 계산

> **ex** 물의 용해도적
>
> $H_2O \rightleftarrows H^+ + OH^-$
>
> $K = \dfrac{[H][OH]}{[H_2O]}$
>
> $K[H_2O] = [H][OH]$
>
> $K_{sp} = [H][OH]$
>
> **ex** 25℃ 물에 MgF$_2$가 녹아있다. 용해된 불소의 농도(M)는 얼마인가? (단, MgF$_2$의 용해도적은 $6.4 \times 10^{-9}$M)
>
> $MgF_2 \rightleftarrows Mg^{2+} + 2F^-$
>
> $K_{sp} = [Mg][F]^2 = 6.4 \times 10^{-9}$M
>
> Mg를 X라고 가정하면,
>
> $K_{sp} = [X][2X]^2 = 4X^3 = 6.4 \times 10^{-9}$M
>
> $X = \sqrt[3]{\dfrac{6.4 \times 10^{-9} M}{4}} = 1.17 \times 10^{-3} M$
>
> $\therefore \ F(M) = 2X = 2 \times (1.17 \times 10^{-3} M) = 2.34 \times 10^{-3} M$

② 용해도적과 침전의 상관관계
- $K_{sp} > [C]^c[D]^d$ : 용해도적이 생성물의 곱보다 클 때, 불포화용액으로 침전 없음
- $K_{sp} = [C]^c[D]^d$ : 용해도적이 생성물의 곱과 같을 때, 포화용액
- $K_{sp} < [C]^c[D]^d$ : 용해도적이 생성물의 곱보다 작을 때, 과포화용액으로 침전 발생

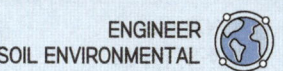

## UNIT 01 토양의 물리·화학적 특성

### 1 토양의 분류 및 특성

(1) 토양목 분류
  ① **알피졸(Alfisols)** : 점토집적층이 있으며, 염기포화도가 35% 이상인 토양
  ② **안디졸(Andisols)** : 화산회토, Allophane과 Al-유기복합체가 풍부한 토양
  ③ **아리디졸(Aridisols)** : 건조지대의 염류 토양으로 토양발달이 미약
  ④ **엔티졸(Entisols)** : 토양 생성 발달이 미약하여 층위의 분화가 없는 새로운 토양
  ⑤ **젤리졸(Gelisols)** : 영구동결층을 가지고 있는 토양
  ⑥ **히스토졸(Histosols)** : 물이 포화된 지역이나 늪지대에 분포하는 유기질 토양
  ⑦ **인셉티졸(Inceptisol)** : 토양의 층위가 발달하기 시작한 젊은 토양
  ⑧ **몰리졸(Mollisols)** : 초원지역의 매우 암색이고 유기물과 염기가 풍부한 무기질토양
  ⑨ **옥시졸(Oxisols)** : Al과 Fe의 산화물이 풍부한 적색의 열대토양. 풍화가 가장 많이 진척된 토양
  ⑩ **스포도졸(Spodosols)** : 심하게 용탈된 회백색의 용탈층을 가지고 있는 토양
  ⑪ **울티졸(Ultisols)** : 점토집적층이 있으며, 염기포화도가 35% 이하인 산성토양
  ⑫ **버티졸(Vertisols)** : 팽창성 점토광물 함량이 높아 팽창과 수축이 심하게 일어나는 토양

(2) 우리나라 토양의 특성
  ① 사질(모래)토양　　　　　　② 낮은 유기물함량
  ③ 낮은 염기치환용량　　　　　④ 산성토양(pH 5.5~6)

(3) **암석의 분류** : 암석은 생성과정에 따라 세가지로 분류됩니다.
  ① 화성암

〈규산($SiO_2$)함량에 따른 화성암의 구분〉

| 구분 | 산성암($SiO_2$ > 66%) | 중성암($SiO_2$ 52~66%) | 염기성암($SiO_2$ < 52%) |
|---|---|---|---|
| 심성암 | 화강암 | 섬록암 | 반려암 |
| 반심성암 | 석영반암 | 섬록반암 | 휘록암 |
| 화산암 | 유문암 | 안산암 | 현무암 |

  ② **퇴적암** : 사암, 역암, 혈암, 석회암, 응회암
  ③ **변성암** : 편마암, 점판암, 천매암, 규암, 대리석
  ④ **지구의 6대 조암광물의 구성** : 석영, 장석, 운모, 각섬석, 휘석, 감람석

## 2 토양의 구성

(1) 토양의 3상

고상인 토양입자와 액상인 물과 기상인 토양 내 공기의 집합체

(2) 토양무기물

① **1차광물** : 마그마가 냉각되어 생성된 광물
- 석영, 장석, 운모, 각섬석, 휘석, 감람석

② **2차광물** : 1차광물이 풍화작용이나 변성작용에 의해 새롭게 생성되거나 성질이 변화된 광물

(3) 토양유기물

① **부식질(humus)**
- ㉠ 부식탄(humin)
- ㉡ 펄빅산(fulvic acid)
- ㉢ 휴믹산(humic acid)
- ㉣ 울믹산(ulmic acid)

② **비부식질** : 유기물이 미분해 또는 부분분해 된 토양형태

(4) 토양수분

① 물리적 분류
- ㉠ 중력수
- ㉡ 모세관수(모관결합수)
- ㉢ 흡습수(부착수)
- ㉣ 결합수(화학수)

> 💡 **제거하기 용이한 순서**
> 
> 중력수 > 모세관수 > 흡습수 > 결합수

㉤ pF : 토양수가 입자에 흡착되어 있는 강도를 수주높이에 상용대수를 취하여 나타낸 지표

$$pF = \log h$$

- $h$ : 수주(cm)

> 💡 **토양수분의 측정방법**
> 
> 전기저항법, 중성자법, TDR법, 장력계(tensionmeter)법, psychrometer법

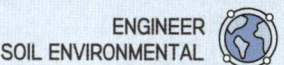

② 생물학적 분류
   ㉠ 과잉수분 : 포장용수량으로 보유되어 있는 수분보다 과잉으로 있는 수분, 식물에 유익하지 않으며, 통기를 저해하고 질산화, 질소고정, 암모니아화 세균의 활동이 저해를 받는다. (토양 내 염류 용탈을 촉진한다.)
   ㉡ 유효수분 : pF 2.5 ~ 4.2의 수분으로 식물이 이용가능한 수분이다.
   ㉢ 무효수분 : 영구 위조점에서 토양에 보유되어 있는 수분으로 일반 고등식물의 생육에 도움이 되지 않으며, 미생물이 이용하기도 어렵다.

(5) 토층

> **토양단면의 형성과정**
> 1. 변형작용 : 풍화, 유기물 분해와 같이 토양성분의 분해와 결합과정
> 2. 이동작용 : 유기 및 무기물질이 물과 유기물에 의해 상하로 이동하는 과정
> 3. 첨가작용 : 잎, 대기먼지, 지하수 등에 의해 성분이 첨가되는 작용
> 4. 제거작용 : 지하수에 의해 토양성분이 빠져나가는 작용

① **O층** : 유기물층으로 토양 단면의 최상층에 위치합니다.
   ㉠ $O_1$ : 유기물의 원형을 육안으로 식별할 수 있는 유기물층입니다.
   ㉡ $O_2$ : 유기물의 원형을 육안으로 식별할 수 없는 유기물층입니다.
② **A층(표토)** : 용탈층으로 광물질이 풍부하며 분해된 유기물이 존재하고 색깔이 짙습니다.
   ㉠ $A_1$ : 부식화된 유기물과 광물질이 섞여있는 암흑백의 층입니다.
   ㉡ $A_2$ : 규산염점토와 철·알루미늄 등의 산화물이 용탈된 용탈층입니다.
   ㉢ $A_3$ : A층에서 B층으로 이행하는 층위이나 A층의 특성을 좀더 지니고 있는 층입니다.
③ **E층** : 광물층으로 최대용탈층이며 탈색된 토색을 가지고 있습니다.
④ **B층(심토)** : 광물층으로 점토, 철/알루미늄 산화물, 유기물이 존재하고, 토양의 구조가 뚜렷하게 구분되어 구조의 발달을 볼 수 있는 층입니다.
   ㉠ $B_1$ : A층에서 B층으로 이행하는 층위이나 A층의 특성을 좀 더 지니고 있는 층입니다.
   ㉡ $B_2$ : 규산염점토와 철·알루미늄 등의 산화물 및 유기물의 일부가 집적되는 층(집적층)입니다.
   ㉢ $B_3$ : C층으로 이행하는 층으로 C층 보다 B층의 특성에 가까운 층입니다.
⑤ **C층** : 모재층으로 바위와 광물이 혼합되어 있는 층입니다.
⑥ **R층** : 기반암, 풍화작용 없습니다.

(6) 토성
① **모래(sand)** : 직경 0.05~2mm
② **미사(silt)** : 직경 0.002~0.05mm(2~5㎛)
③ **점토(clay)** : 직경 0.002mm(2㎛)

### 💡 토성 삼각도

왼쪽은 점토함량, 오른쪽은 미사함량, 아래쪽은 모래함량을 나타내며, 조사하고 싶은 토양의 토성함량을 연장선을 그어 각 연장선이 만나는 점을 찾으면, 그 점에 해당하는 토성이 해당 토양의 토성이 됩니다.

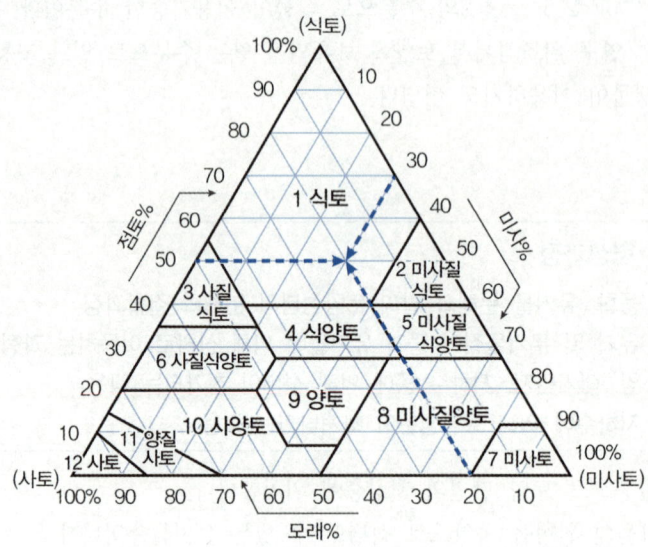

〈토성 삼각도〉  출처 : 농촌진흥청

### 💡 토성 결정방법

촉감법 : 촉감으로 간이로 토성을 판단, 토성명은 결정할 수 있지만, 각각의 함량은 알 수 없습니다.
입경분석법 : 표준체측정법, 침강법, 비중계분석법

### (7) 토양의 물리적 특성

① 밀도

　㉠ 진밀도(토양 중 고상 자체만의 밀도) = $\dfrac{m(\text{토양 중 고상의 질량})}{V(\text{토양 중 고상의 부피})}$

　㉡ 겉보기밀도(공극 포함) = $\dfrac{m(\text{토양의 질량})}{V(\text{토양의 용적})}$

　㉢ 습윤단위중량(전체단위중량) = $\dfrac{\text{전체 토양질량(공극 포함)}}{\text{전체 토양부피(공극 포함)}}$

　㉣ 건조단위중량 = $\dfrac{\text{토양 입자 질량}}{\text{토양 입자 부피}} = \dfrac{\text{습윤단위중량}}{1+\text{함수율}}$

② 입도분포

　㉠ 균등계수 = $\dfrac{D_{60}}{D_{10}}$　　㉡ 곡률계수 = $\dfrac{D_{30}^{\,2}}{D_{60} \times D_{10}}$

③ 공극률 : 토양 부피에 대한 공극의 부피의 비

$$n = \frac{V_v}{V} = \frac{V_v}{V_s + V_v} = \frac{\epsilon}{1+\epsilon} = \frac{\rho_p - \rho_v}{\rho_p} = \left(1 - \frac{\rho_v}{\rho}\right), \quad V_v = n \times V = n \times (V_s + V_v)$$

- $V_v$ : 공극의 부피
- $V$ : 전체토양의 부피
- $V_s$ : 토양입자의 부피
- $\rho_p$ : 토양입자밀도
- $\rho_v$ : 토양용적밀도
- $\epsilon$ : 공극비 = $\frac{V_v}{V_s}$

④ 입단

$$\text{입단화도(\%)} = \frac{(\text{건토 중 체에 남아 있는 양} - \text{습토 중 체에 남아 있는 양})}{\text{체를 통과한 전체 양}} \times 100$$

⑤ 분산도

$$\text{분산계수} = \frac{\text{물에 담그고 24시간 후에 진탕했을 때의 } 0.002mm \text{ 이하의 입자량}}{\text{완전히 분산시킨 경우의 } 0.002mm \text{ 이하의 입자량}} \times 100$$

→ 푸리의 분산계수

$$\text{분산율} = \frac{\text{토양에 100배의 물을 가하여 진탕했을 때 } 0.05mm \text{ 이하의 입자량}}{\text{완전히 분산시킨 경우의 } 0.05mm \text{ 이하의 입자량}} \times 100$$

→ 미들턴의 분산율

⑥ 견지성
　㉠ 강성(견결성)
　㉡ 이쇄성
　㉢ 가소성(소성)

$$\text{소성지수(PI)} = LL - PL$$

- 액성한계(LL) : 토양의 소성을 나타내는 최대의 수분함량
- 소성한계(PL) : 토양의 소성을 나타내는 최소의 수분함량

## 3 점토광물 구조 및 특성

### (1) 결정형 점토광물

규산 사면체와 알루미늄 팔면체가 각각 그 비율을 달리하여 결합하여 만들어진 여러 종류의 광물

① 1 : 1 격자형 점토광물 : 규산판 + 알루미늄판 구조, 비팽창형 광물, 다른 점토광물에 비하여 굵고 잘 부서지지 않으며, 통수 및 통기성이 좋음

㉠ 카올리나이트(고령토) : 낮은 표면적, 낮은 음전하, 젖었을 때 팽창력 낮음, 대부분 pH-의존 음전하, 동형치환이 거의 일어나지 않음
㉡ 할로이사이트 : 카올리나이트의 결정단위층간에 물분자가 끼어 있는 광물, 튜브모양
㉢ 나크라이트, 딕카이트

② 2 : 1 격자형 점토광물 : 2개의 규산판 + 알루미늄판, 물분자가 쉽게 스며들 수 있어 입자는 쉽게 팽창 또는 수축, 입자크기도 1:1보다 작다.
㉠ 버미큘라이트 : 넓은 표면적, 큰 음전하, 약한 팽창성, 가열 시 뒤틀림 현상
㉡ 스멕타이트 : 넓은 표면적, 큰 음전하, 대표적인 팽창형 광물
㉢ 일라이트 : 양전하의 부족량이 K(칼륨)에 의해 충족되어 있는 점이 다르다. Hydrous mica(가수운모)로 불리며, 운모류에서 K(칼륨)이 빠져나가면서 형성되기도 한다. 팽창성이 없다.
㉣ 몬모릴로나이트 : 강수량이 적은 조건에서 생성된다. 영구적 음전하로 여러 양이온을 흡착, 보유한다. 팽창 정도가 버미큘라이트 보다 훨씬 우수하다.
㉤ 논트로나이트 : $Al^{3+}$가 전부 $Fe^{3+}$로 치환된 형태

③ 2 : 1 : 1(2 : 2) 격자형 점토광물 : 2개의 규산판 + 알루미늄판 + 마그네슘판의 4개의 층
- 클로라이트 : 녹니석이라고도 불리며, 2 : 1층의 구조에 브루사이트가 결합된 형태의 광물로 퇴적암에서 흔히 발견된다. 강한 결합성을 가지며 팽창성이 없다.

(2) 비결정형 점토광물

비교적 큰 비표면적과 반응성을 가진다. 비결정형(무정형), 낮은 Si/Al원자비, 강한 인산고정능력
① **알로팬(Allophane)** : 화산재의 풍화로 생성됨, pH의 의존적인 음전하를 가지고 있고 중성이나 약알칼리 조건에서 큰 양이온교환용량을 가진다.
② **이모골라이트(Immogolite)** : 결정화 정도가 매우 큼, 튜브모양, O 3개와 하나의 Si가 결합한 구조


## 4 토양교질물 및 이온교환

(1) 양이온 교환능력(CEC)
① 정의 : 토양이 교환할 수 있는 양이온의 합
② CEC 결정 주요인자
㉠ 점토함량이 높을수록 CEC는 높다.
㉡ 점토종류에 따라 2:1 > 2:1:1 > 1:1
㉢ 유기물함량이 높을수록 CEC는 높다.
㉣ 토양 pH
③ 이온교환크기순서
$Al^{3+}$ > $Ca^{2+}$ > $Mg^{2+}$ > $NH_4^+$ > $K^+$ > $Na^+$

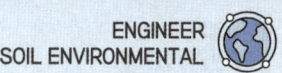

④ 양이온 교환능력의 단위 : 1cmol/kg
  • 1cmol = 0.01eq

〈점토광물별 양이온 교환능력〉

| 구분 | 카올리나이트 | 몬모릴로 나이트 | 버미큘라이트 | 일라이트 | 클로라이트 |
|---|---|---|---|---|---|
| CEC (cmol/kg) | 2~15 | 80~150 | 100~200 | 20~40 | 10~40 |

### (2) 염기포화도(BSP)

전체 교환성 양이온에 대한 교환성 염기의 백분율, 여기서 교환성 염기란, 양이온 중 수소와 알루미늄이온을 제외한 양이온들을 말합니다.

식  $염기포화도(BSP, \%) = \dfrac{교환성\ 염기의\ meq}{양이온교환능력(CEC)} \times 100$

### (3) 수소포화도

전체 교환성 양이온에 대한 수소이온의 백분율

식  $수소포화도(\%) = \dfrac{수소이온의\ meq}{양이온교환능력(CEC)} \times 100$

### (4) pH

식  $pH = \log \dfrac{1}{[H^+]}, \quad [H^+] = 10^{-pH}$

식  $pOH = \log \dfrac{1}{[OH^-]}, \quad [OH^-] = 10^{-pOH}$

식  $14 = pH + pOH, \quad pH = 14 - pOH$

• $[H^+]$ : 수소이온의 몰농도(mol/L)    • $[OH^-]$ : 수산이온의 몰농도(mol/L)

### (5) 음이온 교환

① 음이온 교환
② **음이온교환용량(AEC)** : 토양의 이온교환반응을 통하여 보유할 수 있는 최대의 음이온양(cmol/kg)
  ㉠ pH가 낮아지면 흡착이 증가
  ㉡ Fe나 Al의 수산화물이나 점토광물이 많은 산성토양에서 매우 높은 AEC를 나타냄

### (6) 토양 콜로이드(토양 교질물)

① **콜로이드** : 크기가 1㎛보다 작은 무기입자로, 용존되지도 부유하지도 않는 입자, 대개 음전하를 띰
② **토양 콜로이드의 특징**
  ㉠ 대체로 음전하를 띠고 있으나 콜로이드 용액의 pH에 따라 양전하를 띠기도 함
  ㉡ 큰 비표면적과 표면전하를 지님
  ㉢ 점토와 특성이 매우 비슷(수분보유량 큼)
③ **등전점** : 음전하와 양전하의 양이 같아지는 pH를 콜로이드의 등전점이라 함

## 5 흡착특성

### (1) 이온흡착

### (2) Freundlich 등온흡착식 : 물리적 흡착을 가정합니다.

$$\log X = \frac{1}{n} \log C + \log k$$

$$\frac{X}{M} = K \times C^{\frac{1}{n}}$$

- $X$ : 흡착된 물질의 양
- $C$ : 유출농도
- $M$ : 흡착제의 양
- $K, n$ : 상수

### (3) Langmuir 등온흡착식 : 화학적 흡착을 가정합니다.

$$\frac{C}{q} = \frac{1}{kb} + \frac{C}{b}$$

$$\frac{X}{M} = \frac{abC}{1+bC}$$

- a, b : 경험적인 상수
- C : 흡착이 평형상태에 도달했을 때 용액내에 남아있는 피흡착제의 농도

① 화학적 흡착이나 가역적 반응이다.
② 흡착된 물질 사이에는 인력이나 척력이 작용하지 않기 때문에 상호영향을 받지 않는다.
③ 단분자층(각 흡착지점은 단 한 개의 분자만을 수용한다.)
④ 평형상태에서 흡착속도는 탈착속도와 같다.

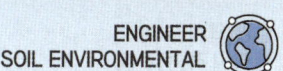

### (4) 물리적 흡착과 화학적 흡착의 비교

| 흡착형태 | 물리적 흡착 | 화학적 흡착 |
| --- | --- | --- |
| 계 | 개방계(가역적) | 폐쇄계(비가역적) |
| 흡착제의 재생여부 | 재생가능 | 재생불가 |
| 흡착형태 | 다분자층 | 단분자층 |
| 선택성 | 비선택적 | 선택적 |
| 흡착온도 | 낮을수록 | 높을수록 |

## 6 토양의 산화·환원

### (1) 산화와 환원

① **산화** : 화합물이 전자를 잃어 산화수가 증가하는 반응
② **환원** : 화합물이 전자를 얻어 산화수가 감소되는 반응

### (2) 산화환원전위(ORP)

물질의 산화와 환원상태를 전기적으로 나타내주는 지표로써 전위값이 +쪽으로 클수록 상대적으로 산화상태, -쪽으로 클수록 상대적으로 환원상태임을 나타냅니다.

### (3) 용해도적(용해도곱, $K_{sp}$)

용해도적이란 물질이 녹아서 평형상태가 되었을 때 생성물의 곱을 말합니다.

> 💡 **용해도적과 침전의 상관관계**
> - $K_{sp} > [C]^c[D]^d$ : 용해도적이 생성물의 곱보다 클 때, 불포화용액으로 침전 없음
> - $K_{sp} = [C]^c[D]^d$ : 용해도적이 생성물의 곱과 같을 때, 포화용액
> - $K_{sp} < [C]^c[D]^d$ : 용해도적이 생성물의 곱보다 작을 때, 과포화용액으로 침전 발생

## 기출문제로 다지기 | UNIT 01 토양의 물리·화학적 특성

**01** 유기질(식물조직)로 이루어진 늪지의 토양을 나타내는 토양목(order)은?

① Andisol  ② Entisol
③ vertisol  ④ Histosol

**02** 토양 콜로이드 입자의 등전점에 관한 설명으로 옳지 않은 것은?

① 콜로이드 입자 표면의 순전하가 0이 되는 용액의 pH를 말함
② pH가 등전점 보다 낮으면 콜로이드 입자 표면에 카드뮴의 흡착이 잘 일어남
③ 카올린 광물의 경우 4전후의 값을 나타냄
④ pH가 등전점 보다 높으면 콜로이드 입자 표면의 전하는 음전하를 나타냄

해설 양이온의 흡착은 pH가 증가할수록 증가한다.

**03** 토양에서 공극비(e)를 바르게 나타낸 것은?

① 공극내 물의 무게/토양 고상의 무게
② 공극내 물의 무게/토양 전체의 무게
③ 공극의 부피/토양 고상의 부피
④ 공극의 부피/토양 전체의 부피

**04** 토양구성 입자의 직경 즉 입도분포를 결정하기 위한 분석과 가장 거리가 먼 것은?

① 비중계분석  ② 비표면적분석
③ 체분석     ④ 침전분석

해설 입경분석법 : 표준체측정법, 침강법, 비중계분석법

**05** 점토광물 중 비표면적이 가장 작은 것은?

① Montmorillonite
② Kaolinite
③ Trioctahedral Vermiculite
④ Chlorite

**06** 용적밀도(Bulk Density)가 1.30g/cm³인 건조한 토양 100cm³을 중량수분함량 30%로 조절하고자 할 때 필요한 수분의 양(g)은?

① 13.0  ② 30.0
③ 39.0  ④ 130.0

해설 식 질량 = 밀도 × 부피
∴ 수분의 양(g) = $\frac{1.3g}{cm^3} \times 100cm^3 \times 0.3 = 39g$

**07** 토양에서 염기포화도(%)의 식으로 옳은 것은?

① (포화성염기총량/교환성염기용량)×100
② (교환성염기총량/포화성염기용량)×100
③ (교환성염기총량/음이온교환용량)×100
④ (교환성염기총량/양이온교환용량)×100

**08** 우리나라 토양의 일반적인 특징에 관한 내용으로 가장 거리가 먼 것은?

① 사질(모래)토양   ② 낮은 유기물함량
③ 중성토양       ④ 낮은 염기치환용량

**정답** 01. ④  02. ②  03. ③  04. ②  05. ②  06. ③  07. ④  08. ③

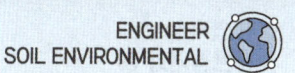

해설 우리나라 토양의 일반적인 특징은 산성토양의 형태를 띤다.

**09** 대표적인 점토광물인 kaolinite에 관한 설명으로 옳지 않은 것은?

① 규소사면체층과 알루미늄팔면체층이 1:1로 결합된 광물이다.
② 우리나라 토양의 대표적 점토광물이다.
③ kaolinite 함량이 높은 토양은 통수 및 통기성이 좋다.
④ kaolinite 광물에서 동형치환이 주로 일어난다.

해설 카올리나이트(kaolinite)는 동형치환이 거의 일어나지 않는다. 동형치환이 잘 일어나는 광물은 스멕타이트이다.

**10** 토양 교질에 가장 강하게 결합될 수 있는 양이온은?

① calcium      ② aluminum
③ sodium       ④ magnesium

**11** 모암의 풍화에 의해 생성된 토양은 물리화학 생물학적 변화를 거쳐 성숙되면서 지표면에 평형층을 형성한다. 토양단면의 형성과정에 대한 설명으로 가장 거리가 먼 것은?

① 변형작용 : 풍화, 유기물 분해와 같이 토양성분의 분해와 결합과정
② 이동작용 : 유기 및 무기물질이 물과 유기물에 의해 상하로 이동하는 과정
③ 첨가작용 : 토양에 새로운 식생이 발현하는 작용이다.
④ 제거작용 : 지하수에 의해 토양성분이 용출되는 작용

해설 첨가작용 : 잎, 대기먼지, 지하수 등에 의해 성분이 첨가되는 작용

**12** 토양의 pH가 증가할 때 음이온치환용량의 변화는?

① 증가           ② 감소
③ 증가 후 감소   ④ 감소 후 증가

**13** 토양을 구성하는 모암 중 퇴적암에 속하지 않는 암석은?

① 사암    ② 혈암
③ 반려암  ④ 석회암

해설 반려암은 화성암에 해당한다.

**14** 토양의 양이온치환용량에 대해서 틀린 것은?

① 확산이중층 내부의 양이온과 유리양이온이 서로 위치를 바꾸는 현상을 양이온치환이라 하며 이의 크기를 양이온치환용량이라 한다.
② 일정량의 토양 또는 교질물이 가지고 있는 치환성양이온의 총량을 당량으로 표시한 것이며, 보통 토양이나 교질물 100g이 보유하는 치환성양이온의 총량을 mg당량으로 나타낸다.
③ 토양이나 교질물 100g이 보유하고 있는 양전하와 음전하의 수의 합과 같다.
④ 일반적으로 pH가 증가할수록 토양의 양이온치환용량은 증가하게 된다.

해설 양이온치환용량(CEC) : 토양이나 교질물 100g이 보유하고 있는 치환성 양이온의 합

정답  09. ④  10. ②  11. ③  12. ②  13. ③  14. ③

**15** 2:1 격자형 점토광물 구조의 설명이 옳은 것은?

① 2개의 알루미나판 사이에 1개의 규산판이 삽입된 구조
② 규산판과 마그네슘판 사이에 알루미나판이 삽입된 구조
③ 1개의 알루미나판 양쪽에 2개의 규산판이 부착된 구조
④ 규산판 2개 다음에 알루미나판이 부착된 구조

**16** 자갈 20%, 모래 25%, 실트 30%, 점토 25%인 토양을 아래 삼각자로 분류법에 의하면 어디에 해당하는가?

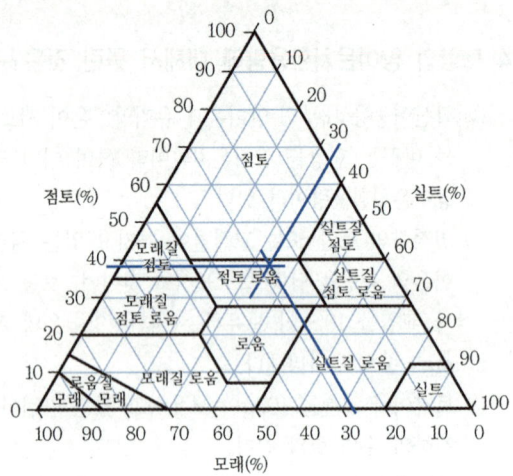

① 점토
② 점토 로움
③ 모래질 점토 로움
④ 실트질 로움

**17** 토양 내에 존재하는 부식물질에 관한 설명으로 틀린 것은?

① 부식탄(부식회, humin)은 알칼리에는 용해되나 산에는 용해되지 않는 물질이다.
② 부식산(humic acid)은 중간 내지 고분자의 산성물질로서 무정형이다.
③ 폴브산(fulviic acid)은 저분자의 부식산과 비부식물질이 결합된 것이다.
④ 부식물질은 비부식물질에 비하여 구조가 복잡하여 분해에 대한 저항성이 크다.

해설 부식탄(humin) : 산과 알칼리에 모두 녹지 않음

**18** 다음 표는 깊이에서의 교환성 양이온 농도를 측정하였다. 토양의 수소 및 염기 포화도(%)는?

| 깊이(cm) | 교환성 양이온(meq/100g) | | | | |
|---|---|---|---|---|---|
| | $Ca^{2+}$ | $Mg^{2+}$ | $K^+$ | $Na^+$ | $H^+$ |
| 15~27 | 13.8 | 4.2 | 0.4 | 0.1 | 11.4 |

① 수소포화도=38.1, 염기포화도=61.9
② 수소포화도=61.9, 염기포화도=38.1
③ 수소포화도=35.9, 염기포화도=64.1
④ 수소포화도=64.1, 염기포화도=35.9

해설 식 염기포화도(%) = $\dfrac{\text{교환성 염기의 } meq}{\text{양이온교환능력}(CEC)} \times 100$

∴ 염기포화도(%)
= $\dfrac{(13.8+4.2+0.4+0.1)}{(13.8+4.2+0.4+0.1+11.4)} \times 100 = 61.87\%$

식 수소포화도(%) = $\dfrac{\text{수소이온의 } meq}{\text{양이온교환능력}(CEC)} \times 100$

∴ 수소포화도(%)
= $\dfrac{11.4}{(13.8+4.2+0.4+0.1+11.4)} \times 100 = 38.13\%$

**19** 지구의 6대 조암광물의 구성으로 옳은 것은?

① 석영, 장석, 운모, 각섬석, 휘석, 감람석
② 석영, 장석, 운모, 석면, 휘석, 감람석
③ 석영, 장석, 석회석, 각섬석, 휘석, 감람석
④ 석영, 장석, 황철석, 각섬석, 석고, 감람석

정답 15. ③  16. ②  17. ①  18. ①  19. ①

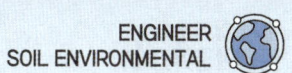

**20** 토양의 연경도를 결정하는 인자가 아닌 것은?

① 이쇄성　② 강성
③ 소성　④ 경도

**21** 토양층위(토양단면)를 위층에서 올바르게 나열한 것은?

① A층-B층-C층-O층
② O층-A층-B층-C층
③ O층-C층-B층-A층
④ A층-A층-B층-C층

**22** 자연토양의 양이온교환용량이 $Ca^{2+}$ : 40cmole/kg, $Mg^{2+}$ : 25cmole/kg, $K^+$ : 20cmole/kg, $Na^+$ : 10cmole/kg, $H^+$ : 15cmole/kg, $Al^{3+}$ : 20cmole/kg 일 때 이 토양의 염기포화도(%)는?

① 11.5　② 26.9
③ 73.1　④ 95.0

해설 식 염기포화도(%) = $\frac{교환성\ 염기의\ meq}{양이온교환능력(CEC)} \times 100$

∴ 염기포화도(%) = $\frac{(40+25+20+10)}{(40+25+20+10+15+20)} \times 100 = 73.08\%$

**23** 오염된 대수층의 입자비중이 2.65이고 공극률이 0.3이라면 용적비중(g/cm³)은?

① 0.79　② 0.92
③ 1.86　④ 7.38

해설 식 $\rho = \frac{m(질량)}{V(전체부피)} = \frac{m(질량)}{V_v(공극부피) + V_p(입자부피)}$

• $\rho_p$(입자밀도) = $\frac{2.65g}{cm^3}$ → 질량 2.65g, 입자부피($V_p$) 1cm³

• 비례식을 이용한 공극부피 구하기
0.3(공극부피) : 0.7(입자부피) = $V_v$(공극부피) : 1(입자부피)
→ $V_v = 0.4285 cm^3$

∴ $\rho = \frac{2.65}{0.4285+1} = 1.86 g/cm^3$

※ 다른 풀이 $\rho = \frac{2.65g}{1cm^3 + \left(0.3 \times \frac{1}{(1-0.3)}\right)cm^3} = 1.86 g/cm^3$

**24** 토양유기물질에 대한 설명으로 맞는 것은?

① 부식산은 염기와 산에 용해된다.
② 부식은 산과 알카리에 모두 용해된다.
③ 펄빅산은 염기에 용해되고 산에 침전된다.
④ 펄빅산은 부식산에 비해 산소나 유황의 함유량이 많고 탄소, 수소, 질소의 함량은 적다.

해설 ④항만 올바르다.
오답해설
① 부식산(휴믹산, Humic acid)은 염기에 용해되고 산에 용해되지 않는다.
② 부식(부식탄, Humin)은 산과 알카리에 모두 용해되지 않는다.
③ 펄빅산은 염기와 산에 모두 용해된다.

**25** 토양층위 중 A층에 대한 설명으로 옳은 것은? (단, 성토층 내 용탈층)

① 유기물의 원형을 식별할 수 있는 유기물 층이다.
② 광물질이 풍부하며 하부에 있는 층보다 색깔이 짙은 것이 특징이다.
③ 풍화작용이 가장 활발하게 진행되고 있는 층이다.
④ 토양의 구조가 뚜렷하게 구분되는 것이 특징이다.

정답　20. ④　21. ②　22. ③　23. ③　24. ④　25. ②

**26** 물기가 있는 토양은 외부의 힘을 가하여 형체를 변형시키면 힘을 제거해도 변형된 그대로의 모양을 유지하는데, 이러한 토양의 성질은?

① 토양 공극성　　② 토양 가소성
③ 토양 흡수성　　④ 토양 복원성

**27** 토양교질(Soil Colloids)에 대한 설명으로 적합하지 않은 것은?

① 분산성의 크기가 1~2μm인 것을 의미한다.
② 미사에 비하여 높은 비표면적을 가지고 있다.
③ 교질함량이 증가할수록 양이온교환용량이 증가한다.
④ 표면전하량이 낮아 교질함량이 증가하면 수분보유능도 낮아진다.

해설　표면전하량이 크며, 교질함량이 증가하면 수분보유능도 커진다.

**28** 토양점토광물 vermiculite에 대한 설명으로 틀린 것은?

① 주로 운모류 광물의 풍화로 생성된 토양에 많이 존재한다.
② 운모와 매우 유사한 2:1의 층상구조를 가진다.
③ kaolinite와 같이 용액 중에서 결정화 과정을 거쳐 생성된다.
④ 일부 팽창이 가능한 광물이다.

해설　버미큘라이트는 카올리나이트나 몬모릴로나이트와 같이 결정화과정을 거쳐 생성되는 광물이 아니며 양이온들이 치환되며 형성된다.

**29** 다음 설명에 해당하는 광물은?

> 녹니석이라고도 하며 점토에서 자주 발견되는 광물로 결합력이 강하여 수분함유량이 증가하여도 팽창하지 않는다.

① 버미큘라이트　　② 클로라이트
③ 몬모릴로나이트　　④ 카올리나이트

**30** $Cd(OH)_2$의 용해도곱 상수($Ksp$)가 25°C에서 $5.3 \times 10^{-15}$일 때 물에 대한 $Cd(OH)_2$의 용해도(mg/L)는? (단, $Cd(OH)_2$의 분자량=146.4)

① 1.11　　② 1.61
③ 1.89　　④ 2.10

해설　반응식　$Cd(OH)_2 \rightleftarrows Cd^{2+} + 2OH^-$
　　　　　　　　　1　 :　 1　 :　 1

식　$K_{sp} = [C_d][2OH]^2 = [X][2X]^2 = 4X^3$
　　$5.3 \times 10^{-15} = 4X^3$,　$X = 1.0983 \times 10^{-5} M(mol/L)$

∴ $X = \dfrac{1.0983 \times 10^{-5} mol}{L} \times \dfrac{146.4g}{1mol} \times \dfrac{10^3 mg}{1g} = 1.61 mg/L$

**31** 미국토양분류 기준인 Soil Taxonomy의 토양목 구분 중 Entisol에 관한 설명으로 옳은 것은?

① 토양층위가 뚜렷하지 않은 미발달 토양
② 유기물함량이 높아 표토가 검은 빛깔인 토양
③ 화산재 토양
④ 유기질로 이루어진 늪지의 토양

정답　26. ②　27. ④　28. ③　29. ②　30. ②　31. ①

**32** 규산 점토 광물에 속하지 않는 것은?

① 일라이트(illite)
② 몬모릴로나이트(montmorillonite)
③ 카올리나이트(kaolinte)
④ 철산화물

**33** 점토광물 중 Illite에 대한 내용으로 틀린 것은?

① Vermiculite와 같이 2 : 1의 층상구조를 가진다.
② 습윤상태에서 팽창이 불가능하다.
③ 토양 중에 흔히 존재하는 점토광물로서 $K^+$ 함량이 많은 퇴적물이 저온 조건하에서 변성 작용을 받을 때 형성되는 것으로 알려져 있다.
④ 운모에 비하여 $K^+$ 함량이 높아 Hydrous mica로 불린다.

**해설** 운모류가 광물의 풍화과정에서 생성될 수도 있어 Hydrous mica(가수운모)로 불리며, 운모류에서 $K^+$이 빠져나가면서 형성되므로 운모보다 $K^+$함량이 낮다.

**34** 주로 점토의 구성 성분인 2차 광물이 아닌 것은?

① 석영           ② 카올리나이트
③ 몬모릴로나이트  ④ 일라이트

**해설** 석영은 1차 광물이다.

**35** 토양의 입단(작은 토양입자들이 서로 응집하여 뭉쳐진 덩어리 형태의 토양)형성 요인에 관한 내용으로 틀린 것은?

① 유기물의 작용 : 유기물은 곰팡이, 세균, 미소동물 등의 에너지원이 되며, 미생물들이 분비하는 점액성의 유기물질들은 토양입단 형성에 유익한 역할을 한다.
② 미생물의 작용 : 입단은 미생물이 유기물을 분해하면서 만들어 내는 균사에 의해서도 만들어진다.
③ 양이온의 작용 : $Na^+$의 농도가 높은 토양에서는 응집 촉진 효과에 의해 입단이 잘 발달된다.
④ 토양개량제의 작용 : 토양개량제의 입단화 효과는 정전기적 또는 교환 반응, 수소결합, 반데발스힘 등에 의해 나타난다.

**해설** $Na^+$의 농도가 높은 토양에서는 응집 효과가 저해되어 입단이 잘 형성되지 않는다.

**36** 토양의 체분석 결과 D10 = 0.05mm, D30 = 0.25mm, D60 = 0.75mm일 때 곡률계수($C_2$)는? (단, 입도분포곡선 기준)

① 0.43           ② 0.89
③ 1.34           ④ 1.67

**해설** 곡률계수 $= \dfrac{D_{30}^2}{D_{60} \times D_{10}}$

∴ 곡률계수 $= \dfrac{0.25^2}{0.75 \times 0.05} = 1.67$

**37** 토양의 점토 구성 중 2차 광물인 illite에 관한 설명으로 틀린 것은?

① 2:1의 층상 구조를 가진다.
② 습윤 상태에서 팽창이 원활하다.
③ $K^+$의 함량이 많은 퇴적물이 저온조건 하에서 변성작용을 받을 때 형성되는 것으로 알려져 있다.
④ 토양 중에 흔히 존재하는 점토광물이다.

**해설** 일라이트는 팽창성이 없다.

**정답** 32. ④  33. ④  34. ①  35. ③  36. ④  37. ②

**38** 다음 물질 중 양이온치환용량(CEC:Cation Exchange Capacity)이 가장 작은 것은?

① 천연산 제올라이트  ② 카올리나이트
③ 부식토           ④ 몬모릴로나이트

**39** 토양단면을 나타내는 기호에 대한 특성으로 설명이 틀린 것은?

① A : 환원층      ② O : 유기물층
③ B : 집적층      ④ R : 암반층

해설 A : 표층(표토)

**40** 토양의 용적비중이 1.17이고, 입자비중이 2.55일 때 토양의 공극률(%)은?

① 약 41.1        ② 약 45.9
③ 약 51.1        ④ 약 54.1

해설 공극률(%) = $\dfrac{V_v}{V_p + V_v} \times 100$

- $V_v = V - V_p = \dfrac{m}{\rho} - \dfrac{m}{\rho_p} = 0.85 - 0.39 = 0.46 m \cdot cm^3/g$
- $V = \dfrac{m}{\rho} = \dfrac{m}{1.17 g/cm^3} = 0.85 m \cdot cm^3/g$
- $V_p = \dfrac{m}{\rho_p} = \dfrac{m}{2.55 g/cm^3} = 0.39 m \cdot cm^3/g$

∴ 공극률(%) = $\dfrac{V_v}{V} \times 100 = \dfrac{0.46 m \cdot cm^3/g}{0.85 m \cdot cm^3/g} \times 100 = 54.12\%$

**41** 토양수직단면에 성층구조를 바르게 설명한 것은?

① A층 : 유기물층   ② B층 : 용탈층
③ C층 : 모재층    ④ O층 : 집적층

**42** 토양수분 중 흡습수에 관한 설명으로 가장 거리가 먼 것은?

① 습도가 높은 대기 중에 토양을 놓아두었을 때 대기로부터 토양에 흡착되는 수분이다.
② pF 4.5 이상이다.
③ 결합수와 달리 식물이 직접 흡수·이용할 수 있다.
④ 105~110℃에서 8~9시간 건조시키면 제거된다.

해설 식물이 직접적으로 이용할 수 없다.

**43** A(식토), B(미사), C(양질사토)의 토양에 대한 비표면적을 크기순으로 배열한 것은?

① B > A > C     ② A > B > C
③ C > A > B     ④ A > C > B

**44** 버미큘라이트(vermiculite)에 관한 설명으로 틀린 것은?

① CEC는 10~40meq/100g으로 클로라이트와 유사하다.
② 2 : 1 격자형 광물이다.
③ 단위층간의 결합력이 약하여 수분함량이 증가하면 팽창된다.
④ 풍화작용에 의해 일라이트(illite)의 층간을 결합하는 이 전부 또는 대부분 빠져 나간 것을 말한다.

해설 버미큘라이트의 CEC는 100~200cmol/kg(=100~200meq/100g)로 클로라이트의 CEC 10~40cmol/kg(10~40meq/kg)보다 크다.

정답 38. ② 39. ① 40. ④ 41. ③ 42. ③ 43. ② 44. ①

**45** 점토 광물(clay minerals) 중 2 : 2형의 대표적인 것은?

① 카올리나이트(kaolinite)
② 할로이사이트(halloysite)
③ 몬모릴로나이트(montmorillonite)
④ 클로라이트(chlorite)

**46** 유기물 함량 2%, 점토 함량 6%, 전용적 밀도($D_b$) 1.5g/cm³, 입자밀도($D_p$) 3.0g/cm³인 토양의 공극률(%)은?

① 9  ② 12
③ 45  ④ 50

해설 공극률(%) = $\dfrac{V_v}{V_p+V_v}\times 100$

- $V_v = V-V_p = \dfrac{m}{\rho}-\dfrac{m}{\rho_p} = \dfrac{m}{1.5g/cm^3}-\dfrac{m}{3.0g/cm^3}$
  $= 0.34 m\cdot cm^3/g$
- $V_p = \dfrac{m}{\rho_p} = \dfrac{m}{3.0g/cm^3} = 0.33 m\cdot cm^3/g$
- ∴ 공극률(%) =
  $\dfrac{V_v}{V_p+V_v}\times 100 = \dfrac{0.34 m\cdot cm^3/g}{0.33 m\cdot cm^3/g + 0.34 m\cdot cm^3/g}\times 100$
  $= 50.75\%$

**47** 일반적인 토양공기에 관한 설명으로 틀린 것은?

① 상대습도는 대기보다 높다.
② 탄산가스의 함량은 대기보다 높다.
③ 산소의 함량은 대기보다 낮다.
④ 아르곤의 함량은 대기보다 낮다.

해설 아르곤의 함량은 대기보다 높다.

**48** 토양전체부피 중에서 토양입자의 부피만을 제외한 부피는?

① 공극률  ② 수분부피함량
③ 가스부피함량  ④ 토양단위용적밀도

**49** 점토 광물 중 외부적인 요인을 배제하고 점토광물 자체에 중금속 흡착율이 가장 낮은 것은?

① 카올리나이트  ② 일라이트
③ 스멕타이트  ④ 몬모릴로나이트

**50** 토양수분장력 중 응집력에 대한 설명으로 맞는 것은?

① 고체-액체 계면의 토양입자와 물분자간에 작용하는 장력
② 고체-액체 계면의 토양입자들 간에 작용하는 장력
③ 고체-액체 계면의 물분자와 계면에서 더 떨어진 물분자들 간에 작용하는 장력
④ 고체-액체 계면의 물분자와 공극 내 가스상 물질의 분자들 간에 작용하는 장력

**51** 토양 중 $Na^+$의 양이 300cmolc/kg일 때 이 토양 500g에 흡착되어 있는 교환성 $Na^+$의 양(g)은? (단, Na의 원자량 = 23)

① 36.8  ② 34.5
③ 38.2  ④ 32.9

해설
식 $Xg = 500g \times \dfrac{300cmol}{kg} \times \dfrac{1kg}{10^3g} \times \dfrac{1mol}{100cmol} \times \dfrac{23g}{1mol} = 34.5g$

 정답  45. ④  46. ④  47. ④  48. ①  49. ①  50. ③  51. ②

**52** 토양단면(층위)을 설명한 내용으로 틀린 것은?

① R층은 단단한 모암층이다.
② A층은 유기물이 퇴적되어 있는 O층 바로 밑의 층이다.
③ C층은 풍화작용이 활발하게 진행되는 모재층이다.
④ B층은 토양의 구조가 뚜렷하게 구분되는 것이 특징이다.

해설 C층은 풍화작용을 받지 않는 층이다. 무기물층으로 아직 토양생성작용을 받지 않은 모재층이다. A층과 B층이 심한 침식을 받는 경우에는 C층이 지표면이 될 수도 있다.

**53** 토양의 수분보유능력이 가장 클 것으로 예상되는 토성은?

① 사토    ② 미사토
③ 양토    ④ 식토

**54** 토양의 공극률(porosity)이 0.3일 때, 이 토양의 공극비는?

① 약 0.23    ② 약 0.33
③ 약 0.43    ④ 약 0.53

해설 식 공극률 = $\frac{공극의 부피(V_v)}{전체부피(V)} = \frac{\epsilon(공극비)}{1+\epsilon(공극비)}$

$0.3 = \frac{\epsilon}{1+\epsilon}$,    ∴ $\epsilon = 0.43$

**55** 물리학적으로 구분된 토양수분 중 흡습수외부에 표면장력과 중력이 평형을 유지하여 존재하는 물로 pF가 2.54~4.5 범위에 있는 것은?

① 결합수    ② 유효수분
③ 중력수    ④ 모세관수

**56** 토양의 입단(粒團)에 관한 내용으로 틀린 것은?

① 작은 토양입자들이 서로 응집한 덩어리 형태의 토양을 말한다.
② 수분 보유력과 통기성 저하의 원인이며 식물 생육에 문제를 발생시킨다.
③ 음으로 하전된 점토 사이에 다가 양이온이 위치하여 정전기적인 힘에 의해 점토가 서로 끌리는 현상에 의해 입단이 일어난다.
④ 양으로 하전된 점토와 음으로 하전된 점토가 서로 끌리는 현상에 의해 입단이 일어난다.

해설 입단이 잘 형성될수록 수분보유력과 통기성을 향상시킴으로서 식물의 생육과 미생물의 성장에 좋은 영향을 끼친다.

**57** 토양이 수분을 보유하는 힘인 토양수분장력을 나타내는 식은? (단, H : 물기둥 높이(cm), P : 압력(mmHg))

① pF = log H    ② pF = log (H/P)
③ pF = log P    ④ pF = log (P/H)

**58** 토양 수직단면을 분류하는 성층구조에서 가장 성층에 존재하는 토양층위는?

① A1    ② B1
③ O1    ④ C

**59** 토양수분의 물리학적 분류에 해당하지 않는 것은?

① 결합수    ② 흡습수
③ 유효수    ④ 모세관수

정답  52. ③  53. ④  54. ③  55. ④  56. ②  57. ①  58. ③  59. ③

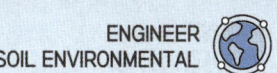

> **들어가며**
>
> 안녕하세요. 잘 지내셨나요? 이번시간은 미생물에 대해 알아보겠습니다. 앞에서 공부를 같이 해오면서 미생물, 유기물이라는 얘기를 꽤나 많이 했던 거 같습니다만, 지금까지는 "미생물은 유기물을 제거한다."라는 단순한 정보만 얘기했던 거 같습니다. 사실 미생물의 종류는 상당히 다양하고, 그 특성도 여러 가지인데 말이죠. 그래서 이번시간에는 미생물의 종류, 특성, 그리고 어떨 때 유기물을 제거하는지, 유기물을 섭취하고 나면 어떻게 되는지에 대해서 같이 알아보는 시간을 갖겠습니다. 그럼 시작하겠습니다.

## UNIT 02 토양미생물 분류 및 정화특성

### 1 토양미생물 분류

> **미생물이란?**
> 인간의 눈으로 분별할 수 없는 작은 생물을 뜻하며, 대략 그 크기가 0.1mm 이하인 작은 생물을 의미합니다. 미생물은 단세포 혹은 다세포로 되어 있습니다.

#### (1) 세균(Bacteria)

색깔이 없고, 원핵세포를 갖는 단세포 미생물로 호기성(공기가 충분한 상태)이나 혐기성(공기가 희박한 상태) 조건 모두에서 존재합니다. (수중 미생물 중 일부는 광합성과 유사한 프로세스를 가지고 있어 식물로 분류되기도 합니다.) 구성성분은 수분이 80%, 고형물이 20%를 차지하고 있으며, 크기는 대략 0.8~5㎛입니다. 형태에 따라 구균, 간균, 나선균으로 분류됩니다.

① **구성성분** : 수분 80%, 고형물 20%, 원핵세포, 단세포
② **형태**
    ㉠ 구균(Coccus) : 공 모양
    ㉡ 간균(Bacillus) : 막대기 모양
    ㉢ 나선균(Spirillum) : 나선형으로 굽은 모양
③ **크기** : 0.8~5㎛
④ **분자식** : $C_5H_7O_2N$
⑤ **종류** : Zooglea, Bacillus, Alcaligenes, Pseudomonas, Acinetobacter, Sphaerotilus(사상균) 등
⑥ **구조** : 고형물 중 90%가 유기물이고 10%는 무기물이며, 세포벽과 세포질, 세포질막이 존재한다.

### (2) 균류(fungi, 곰팡이)

진핵세포 구조를 갖는 다세포 미생물로 토양환경에서 많이 존재하는 균류는 사상균이며, 광합성을 하지 않고 유기물을 섭취합니다. 균류는 세균과 달리 척박한 환경에서 잘 생존하는데, 여기서 척박한 환경이란, 산성조건, 용존산소부족조건, 영양염류부족조건, 고농도의 이산화탄소 등을 말합니다. 크기는 약 5~20㎛ 정도입니다.

① **구성성분** : 수분 80%, 고형물 20%, 다세포, 진핵세포
② **특징** : 산성 조건, 산소 부족 조건, 영양염류 부족 조건 등 척박한 환경에서 잘 생존
③ **크기** : 5~20㎛
④ **분자식** : $C_{10}H_{17}O_6N$
⑤ **종류** : Penicillium, Fusarium, Aspergillus, Mucor 등

### (3) 균근균(mycorrhizal fungi)

사상균과 식물 뿌리와의 공생관계를 가진 균을 의미합니다. 식물은 균근균에게 광합성 산물을 제공하고 균근균은 균사를 뿌리로부터 5~15cm까지 토양 중으로 연장하여 자라므로 근권을 확대하여 10배 높은 양분흡수율을 가지게 됩니다. 또한 균근균은 적은 농도의 양분도 식물이 쉽게 흡수할 수 있도록 도와주면서, 과도한 양의 염류와 독성 금속이온의 흡수를 억제합니다. 게다가 식물의 수분흡수를 도와주어 가뭄(한발)에 대한 저항성을 높여주고 항생물질을 생성하거나 병원성 균과 경합하여 선충으로부터 식물을 보호합니다.

① **종류**
  ㉠ **외생균근** : 뿌리 표면에 서식하는 균
  ㉡ **내생균근** : 뿌리 안쪽에 서식하는 균

### (4) 토양방선균(actinomycetes)

원핵생물로서 그램양성균이며, 호기성입니다. 실모양의 균사상태로 자라면서 포자를 형성합니다. 흙에서 나는 냄새도 방선균의 분비물에 의한 것이 많고 목초지와 경작지에 많습니다. 건조한 환경에서 잘 생장하며 산성에 약하지만 알칼리성에 내성이 있습니다.

① **구성성분** : 원핵생물
② **특징** : 호기성, 건조한 환경에서 잘 생장, 산성에 약하고 알칼리성에 내성이 있음

### (5) 조류(algae)

진핵세포 구조를 가진 단세포 미생물로 엽록소를 가지고 광합성을 합니다. $CO_2$를 흡수하고, 질소를 고정하여 식물에 양분을 공급하며, 산소를 공급하고, 최종적으로 유기물을 생성합니다. 조류는 사상균과 공생하여 지의류를 형성하기도 하며, 지의류는 유기산 분비에 의하여 규산염을 생물학적으로 풍화하는 작용을 하기도 합니다. 조류의 종류는 녹조류, 규조류, 남조류 등이 있습니다.

① **구성성분** : 단세포 or 다세포, 진핵세포
② **특징** : 광합성을 통한 산소공급, 맛과 냄새 및 색도유발, 독성물질 생산, $CO_2$ 흡수를 통한 알칼리도 및 pH 상승

③ 분자식 : $C_5H_8O_2N$
④ 종류
  ㉠ 녹조류 : 운동성이 있는 경우도 있고 없는 경우도 있음, 엽록소 안에 엽록소와 다른 색소를 가짐(ex 클로렐라)
  ㉡ 규조류 : 단세포로 실리카가 주성분, 봄가을에 급성장함
  ㉢ 남조류 : 박테리아와 유사한 형태이며, 단세포이고, 편모가 없음, 엽록소가 엽록체 내부에 있지 않고 세포 전체에 퍼져 있음, 과다증식 시 water bloom(수화현상, 녹조)를 유발
  ㉣ 유글레나류 : 콜로니(군락)을 이루는 성질이 있고, 단세포이며, 편모를 이용하여 운동함

### (6) 원생동물(protozoa)

진핵세포 구조를 갖는 단세포 미생물로 보통 호기성 조건에서 성장하며, 유기물과 세균을 섭취합니다. 크기는 30~100㎛ 정도이며, 종류는 섬모충류, 편모충류, 위족류(아메바), 포자충류가 있습니다.

① **구성성분** : 단세포, 진핵세포
② **특징** : 호기성
③ **크기** : 30~100㎛
④ **형태**
  ㉠ 섬모충류 : 여러개의 가늘고 작은 털로 운동함
  ㉡ 편모충류 : 원통 모양 또는 공 모양으로 하나 또는 여러 개의 긴 고리(편모)로 운동함
  ㉢ 위족류(아메바) : 몸이 고정되지 않고 계속해서 형태가 변하며, 위족을 만들어 아메바상 운동을 함
  ㉣ 포자충류 : 특별한 운동기관이 없는 포자를 형성하는 기생성 미생물
⑤ **종류** : Vorticella, Sarcodina, Suctoria, Mastigophora 등

### (7) 미소후생동물(metazoa)

미소후생동물은 미생물은 아니지만, 수처리에 관여하는 생물입니다. 다세포이며 크기가 수 센티미터 이하이고, 세균과 원생동물을 섭취합니다. 종류에는 윤충류, 갑각류 등이 있습니다.

① **구성성분** : 다세포
② **특징** : 호기성, 운동성이 활발함
③ **종류** : 윤충류(rotifer), 선충류, 갑각류(Crustaceans)

〈원핵생물과 진핵생물의 비교〉

| 구분 | | 원핵생물 | 진핵생물 |
|---|---|---|---|
| 1. 핵구조와 기능 | | | |
| | 핵막 | 없음 | 있음 |
| | 인 | 없음 | 있음 |
| | DNA | 하나의 분자 | 여러개 또는 많은 염색체로 존재 |
| | 분열 | 유사분열이 없음 | 유사분열함 |
| 2. 세포질의 구조와 구성 | | | |
| | 세포막 | 보통 스테롤이 없음 | 보통 스테롤이 있음 |
| | 리보솜 | 70S | 80S |
| | 세포질내 소기관 | 없음 | 액포, 리소자임, 소포체 |
| | 호흡계 | 원형질막 부분 또는 meso some | 미토콘드리아 |
| | 광합성 기구 | 정돈된 내부막 또는 액포 : 엽록체 없음 | 엽록체 |
| | 세포벽 | 대부분 있음 : peptidoglycan으로 구성됨 | 식물, 조류, 곰팡이에 있음. 원생동물에는 없고 보통 다당으로 구성됨 |
| | 내생포자 | 약간 있음 ; 내열성 | 없음 |
| 3. 운동형 | | | |
| | 편모운동 | 편모 : 현미경으로 관찰 안됨 | 편모 또는 섬모 : 현미경으로 관찰 가능 |
| | 비편모성운동 | 활주운동 | 세포질의 유동과 아메바운동 : 활주운동 |
| 4. 미소관 | | 없음 | 널리 분포 |

## ❷ 토양미생물의 기능과 특성

이처럼 미생물은 다양한 종류가 있고, 각각 다른 환경에서 살고 있습니다. 토양에서 미생물의 기능을 살펴보면, 유기물을 기본적으로 세균과 균류가 섭취하고, 세균과 유기물을 원생동물이 섭취하며, 원생동물을 미소후생동물이 섭취하면서 결국 토양의 유기물을 분해합니다. 분해된 유기물은 양이온 교환용량과 pH 완충용량을 늘려주고, 입단형성을 촉진함으로 통기성과 배수성을 높여 줍니다.

### (1) 미생물과 탄소원 및 에너지원

| 탄소원 | $CO_2$(무기물) | 독립영양 |
|---|---|---|
| | 유기물 | 종속영양 |
| 에너지원 | 태양광선 | 광합성 |
| | 산화환원반응 | 화학합성 |

탄소원과 에너지원에 따라 앞의 표처럼 분류되고, 일반적으로 토양환경에서 미생물은 다음과 같이 4가지로 분류됩니다.

① **광합성 독립영양미생물** : $CO_2$ 섭취하고, 태양광선으로 에너지 얻는 미생물(ex green bacteria, cyanobacteria, purple bacteria)

② **화학합성 독립영양미생물** : $CO_2$ 섭취하고, 산화환원반응으로 에너지 얻는 미생물(ex 황세균, 철세균, 질산화세균, 수소산화세균 등)

③ **광합성 종속영양미생물** : 유기물 섭취하고, 태양광선으로 에너지 얻는 미생물

④ **화학합성 종속영양미생물** : 유기물 섭취하고, 산화환원반응으로 에너지 얻는 미생물(ex 세균, 균류, 원생동물, 미소후생동물 등 대부분의 미생물)

### (2) 미생물과 용존산소

미생물이 용존산소를 이용하는 정도와 형태에 따라 다음 세가지로 분류됩니다.

① **호기성** : 용존산소가 풍부한 상태로, 호기성 미생물들은 유리산소($O_2$ 형태의 산소)가 존재해야만 생존이 가능합니다.

② **혐기성** : 용존산소가 거의 없는 상태로 혐기성 미생물들은 결합산소(분자안에 포함된 산소)를 이용하여 생존합니다.

③ **임의성** : 호기성으로 될 수도 있고 혐기성으로 될 수도 있는 상태

> 💡 **통성혐기성균**
> 유리산소($O_2$ 형태의 산소)의 존재 유무에 관계없이 증식이 잘 되지만 유리산소가 존재할 때 증식이 더 활발하게 진행되는 균

> 💡 **미생물의 전자수용체**
> - 호기성 : $O_2$
> - 혐기성 : $SO_4$, $NO_3$, $HCO_3$, $Fe^{3+}$(Ⅲ)

### (3) 미생물과 pH

pH는 미생물 성장속도에 큰 영향을 미칩니다. pH값의 적정범위는 6~8이며, 일반적으로 미생물이 가장 좋아하는 pH는 6.5~7.5입니다. pH가 4.5 이하로 내려가거나 9.0 이상으로 올라가면 대부분의 미생물은 사멸합니다.

### (4) 미생물과 온도

온도는 미생물의 성장속도에 큰 영향을 미치며, 미생물의 반응속도는 온도에 비례합니다. 미생물이 성장이 가능한 온도범위에서 매 10℃ 증가할 때마다 약 2배 정도 증가합니다. 온도에 따라 서식하는 미생물이 다르고 온도에 따른 미생물의 분류는 다음과 같습니다.

| 분류 | 최적온도(℃) |
|---|---|
| 저온성 미생물 | 약 15 |
| 중온성 미생물 | 약 35 |
| 고온성 미생물 | 약 55 |

### 3 미생물의 물질순환 및 광합성

#### (1) 탄소의 순환

광합성을 통한 유기물의 생산과 미생물 및 동물의 소비 및 분해로 인해 지구의 탄소순환이 끊임없이 이루어지고, 또한 그로인해 지구의 탄소균형이 유지됩니다. 토양에서의 탄소순환을 보면, 광합성 미생물 및 식물이 $CO_2$를 흡수하고 자신을 증식시키며 유기물을 만들어내고, 그 유기물을 미생물 및 동물이 섭취하고 분해하는 과정에서 다시 영양물질 및 $CO_2$를 방출합니다.

① 유기물분해 → 이산화탄소 생성
② 이산화탄소 흡수 → 유기물 생성

> 💡 **토양환경과 온실효과**
> 대기 중의 온실가스의 증가는 지구의 온도를 상승시킵니다. 온실가스의 증가는 에너지 소비에 따른 배출도 큰 부분이지만, 토양유기물에서 배출되는 양도 꽤나 많은 부분을 차지합니다. 토양유기물이 분해되면 $CO_2$나 $CH_4$가 배출되므로 탄소를 토양유기물로써 얼마나 많이 저장하느냐에 따라 기후변화의 대응 정도도 커지겠습니다.

#### (2) 질소의 순환

대기 중의 질소는 질소고정미생물에 의해 암모늄으로 전환되어 고정되고 식물이나 미생물에 흡수되어 아미노산과 단백질 및 여러 질소화합물을 합성하는데 사용됩니다. 생산된 질소를 미생물과 동물이 분해하고 분해된 질소는 유기질소와 암모니아성질소로 배출됩니다. 여기서 유기질소와 암모니아성질소는 질산화 박테리아에 의해서 질산화가 진행되고, 질산염을 형성한 후에 탈질과정을 통해 질소가스로 대기로 배출됩니다. 이 순환과정 외에 질소는 하수나 분뇨 그리고 농경지에서 비료의 유출로 인해서도 유입됩니다.

① 질산화 과정

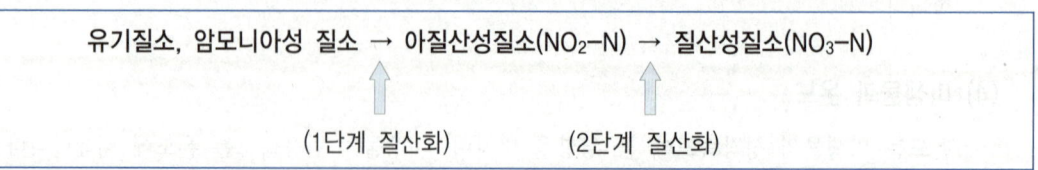

질산화과정에서는 산화과정이 진행되므로, 물의 pH와 알칼리도가 저하됩니다. 또한 수중의 질소형태를 보고 오염된 시간의 예측도 가능합니다. 유기질소나 암모니아성질소가 발견되면 오염이 진행초기, 질산성

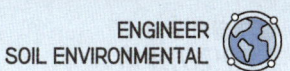

질소가 발견되면 오염이 진행되고 시간이 많이 흘렀음을 알 수 있겠죠?
- ㉠ 1단계 질산화 미생물 : Nitrosomonas, Nitrosococcus, Nitrosospira
- ㉡ 2단계 질산화 미생물 : Nitrobacter, Nitrocystis

> **반응식** $NH_4 + 2O_2 \rightarrow NO_2 + 2H_2O$
> $NO_2 + 0.5O_2 \rightarrow NO_3$

② 탈질화과정

> 질산성질소($NO_3$-N) → 질소가스($N_2$)

탈질화과정에서는 환원반응이 진행되고, 이 과정에서 수소가 소모되고, 수산화이온이 방출되므로 물의 pH와 알칼리도는 증가합니다. 탈질화과정은 유기물이 충분하고 산소가 부족한 혐기성상태에서 진행됩니다.
- 탈질화 미생물 : Pseudomonas, Bacillus, Micrococcus, Achromobacter

> **반응식** $2NO_3 + 5H_2 \rightarrow N_2 + 4H_2O + 2OH$

③ 암모니아 생성

세균, 방선균, 사상균 등에 의해서 유기물분해 시 암모니아가 형성되며 이들 미생물은 단백질분해효소를 분비합니다. 단백질분해효소는 단백질을 아미노산으로 아미노산을 암모니아, 암모늄으로 분해합니다.

> 단백질 → 아미노산 → 암모니아 → 암모늄

④ 질소고정
- ㉠ 단생질소고정균 : 공생하지 않으며 질소를 고정하는 균
  (Azotobacter, Beijerinckia, Derxia, blue-green algae(남조류))
- ㉡ 공생질소고정균 : 주로 콩과식물과 공생하면서 질소를 고정하는 균, 보통 근류균(뿌리혹박테리아)라고 부릅니다.

〈근류균과 동일교호접종군〉

| 근류균 | 공생 콩과식물 |
|---|---|
| Rhizobium leguminosarum | 클로버(clover), 완두, 콩, 렌즈콩(렌틸콩) |
| Rhizobium loti | 트레포일 |
| Rhizobium phaseoli | 콩, 땅콩, 아까시나무 |
| Rhizobium trifolii | 클로버 |
| Rhizobium lupini | 루피너스 |
| Sinnorhizobium meliloti | 스위트클로버, 앨팰퍼, 콩, 트리고넬라 |
| Sinnorhizobium fredii | |
| Bradyrhizobium japonicum | 콩 |

### (3) 황의 순환

황화합물은 혐기성상태에서 혐기성미생물에 의해 황화수소를 생성하고, 황세균은 $H_2S$를 유황으로 변환, 다시 산화하여 황산염($SO_4$)으로 산화하고, 미생물과 식물에 의해 황화합물로 합성합니다. 생성된 황산염($SO_4$)은 유황 동화작용에 의해 유기 유황으로 변환되며, 유기 유황은 광물질화를 통해 황산염으로 축적됩니다.

① **황산화세균** : Beggiatoa, Thiobacillus, Thiothrix

> **반응식** $H_2SO_4 \rightarrow H_2S + 2O_2$

㉠ 유황은 토양과 물에서 광물과 퇴적물 중 풍부하게 들어있어 제한인자로 작용하는 경우가 거의 없다.
㉡ 유황을 함유한 아미노산은 세포 단백질의 필수 구성원이다.
㉢ 시스테인, 시스틴, 메티오닌은 유황을 함유한 아미노산이다.
㉣ 미생물세포에서 탄소대 유황의 비는 100:1로 탄소 대 인의 비와 유사하다.

### (4) 인의 순환

지질의 암석이나 퇴적물에 포함되어 있는 인은 여러 용해과정을 거치면서 수자원이나 토양으로 이동합니다. 토양에서의 인은 미생물이나 식물체를 구성하는 주요 구성원소이다. 하지만, 토양에 존재하는 인의 대부분은 $Al^{3+}$, $Fe^{3+}$, $Ca^{2+}$ 등과 결합하여 불용성 형태로 결합하여 고정되어 이용하기 어려운 상태로 됩니다. 인산가용화균은 유기산을 분비함으로써 불용성 형태의 인을 가용성 인산으로 바꾸어 자신들의 생육과 식물의 생육에 도움을 줍니다. 성장한 생물은 시간이 지나 사체가 되고, 사체는 쌓여서 암석이 되고, 암석에서 존재하는 인은 다시 토양으로 이동합니다. 이 과정의 반복이 인의 순환입니다. 인은 많은 양이 존재하지는 않지만, 생물의 성장에 꼭 필요한 영양소이므로, 제한영양소로 존재합니다. 여기서 제한영양소란 생물의 성장을 결정짓는 영양소 정도로 이해하면 될 거 같습니다. 토양에 유기물과 질소는 어느 정도 보장되는 상황에서 인의 농도에 의해서 증식속도가 결정되는 경우가 많기 때문에 제한영양소 또는 제한기질이라고 불립니다.

### (5) 금속의 순환

금속은 토양에서 산화 및 환원반응으로 순환됩니다. 화학합성 독립영양세균은 금속이 산화될 때 생성되는 에너지를 이용하여 ATP를 합성합니다. 반대로 환원반응은 화학합성 독립영양세균이 산소가 없거나 결핍된 상태에서 산화된 금속을 최종 전자수용체로 이용할 때 일어납니다.

### (6) 생물의 광합성

광합성은 태양광선을 에너지원으로 물을 환원반응의 수소원으로 사용하여 $CO_2$를 환원시킴으로 포도당을 만드는 과정입니다. 광합성의 세부과정은 명반응과 암반응으로 구분됩니다.

① **명반응** : 명반응은 광합성의 단계 중 빛이 있어야 할 수 있는 단계로 엽록체의 광합성색소에서 빛을 흡수하여 시작되고, 조류의 경우 틸라코이드에서 명반응이 진행됩니다. 물은 엽록소에서 흡수한 빛에 의해 광분해가 일어나고 에너지인 ATP가 생성됩니다. 여기서 산소는 공기 중으로 날아가고 수소 분자는 $NADPH_2$ 분자로 생성됩니다.

② **암반응** : 암반응은 광합성의 단계 중 빛이 없어도 되는 단계로 명반응 뒤의 단계입니다. 암반응은 엽록체 중 스트로마에서 일어납니다. 명반응을 통해 남은 ATP와 $NADPH_2$가 대기로부터 흡수한 이산화탄소를 환원하여 포도당을 얻는 과정으로 이때 얻는 포도당은 녹말로 변환되어 세포 속에 남게 됩니다.

## 4 식물체의 구성성분

① **단백질** : 토양미생물에 필요한 질소와 황을 공급하는 중요한 영양원으로 토양미생물은 효소를 분비하여 단백질로부터 아미노산을 생성하고 아미노산은 식물체나 미생물에 흡수되어 영양물질로 이용됩니다.
② **셀룰로오스** : 구조다당류 중 하나로 식물의 세포벽의 지지체의 역할을 합니다.
③ **헤미셀룰로오스** : 셀룰로오스와 마찬가지로 식물의 세포벽과 식물의 건물로서 작용합니다. 셀룰로오스보다는 덜 정교하여 더 쉽게 분해됩니다.
④ **펙틴** : 식물체의 세포벽을 이루는 중요한 구성성분으로서 세포벽과 세포벽을 결합하는 역할을 합니다. 셀룰로오스를 분해하는 대부분의 사상균과 박테리아는 펙틴을 분해할 수 있으며, 펙틴의 분해속도는 헤미셀룰로오스와 비슷합니다.
⑤ **리그닌** : 식물체에서 세 번째로 풍부한 화합물로서 기본구조는 pheylpropene입니다. 리그닌은 대부분이 미생물에 의하여 분해되지 않고 사상균에 의해서 분해됩니다. 분해가 어려워 오히려 미생물이 생성하는 다른 화합물들과 결합하여 토양부식을 형성합니다. 생성된 부식은 분해에 저항성이 아주 큰 물질로서 토양유기물을 구성하는 중요한 성분입니다.
⑥ **전분** : 저장탄수화물로서 알곡, 줄기, 뿌리 등에 존재합니다.

## 5 세포증식과 기질제거

미생물도 사람과 마찬가지로 성장의 단계가 존재합니다. 각 단계별 성장특징에 대해 알아보고 미생물을 통한 토양환경의 유기물 분해를 어떻게 할 수 있는지 생각해보겠습니다.

### (1) 미생물 성장곡선

① **지체기(유도기)** : 균체가 새로운 환경에 적응하여 발육을 준비하는 기간으로 수분 및 영양물질의 흡수가 있을 뿐 균의 증감은 나타나지 않는 단계
② **대수성장기(지수성장기)** : 균의 대사가 왕성하여 세포분열도 활발하고, 균의 체적도 증가하는 단계
③ **감소성장기** : 세균증식으로 인해 영양분이 소실되면서, 일부분의 세균은 사멸하며 성장속도가 줄어들고, 남은 영양물질의 섭취를 위해 미생물들이 모여서 증식하면서 플록(덩어리)을 형성하는 단계
④ **정상기(정체기)** : 균수가 최고에 달하여 증감이 없는 단계
⑤ **내생호흡기** : 영양물질이 소실됨에 따라 세균의 사멸이 증가하고, 세균 스스로 자신의 몸에 있는 원형질을 분해하여 에너지를 사용하면서, 세균의 부피와 무게가 줄어드는 단계로 수중에 유기물 및 영양물질의 함량이 가장 낮은 단계

## 6 유기물분해에 미치는 요인

### (1) 환경요인
① **pH** : 토양의 pH가 중성일 때, 유기물 분해속도는 정상상태가 되고, 산성이나 알칼리성 상태에서 유기물의 분해속도는 느려집니다.
② **산소** : 혐기성보다 호기성에서 유기물의 분해속도는 빨라집니다.
③ **온도** : 적정온도 25~35℃에서 유기물의 분해속도는 가장 빠르고, 온도가 극히 높거나 낮으면 유기물의 분해속도가 느려집니다.

### (2) 유기물의 구성요소
① **리그닌의 함량** : 리그닌이 많이 함유되어 있을수록 분해속도가 느려집니다.
② **페놀화합물 함량** : 페놀화합물이 많이 함유되어 있을수록 분해속도가 느려집니다.

### (3) 탄질률(탄질비, C/N비)
탄질률은 탄소와 질소의 비로 탄질률이 크면 질소가 부족해 분해속도가 느려지고, 탄질률이 작으면 분해속도가 빠르고 그에 따른 암모늄의 생성도 활발합니다. 단, 과도하게 낮은 탄질률은 암모니아의 과생성을 초래하여 질소성분이 휘발되므로 오히려 분해속도가 느려지게 됩니다. 따라서 유기물의 분해속도가 가장 큰 영향을 미치는 요인이라 할 수 있습니다.

### (4) 반응속도
① **0차반응** : 반응속도가 반응물의 농도에 영향을 받지 않는 반응

$$C_o - C_t = k \cdot t$$

② **1차반응** : 반응속도가 반응물의 농도에 비례하는 반응

$$\ln \frac{C_t}{C_o} = -k \cdot t$$

③ **2차반응** : 반응속도가 반응물의 농도의 제곱에 비례하는 반응

$$\frac{1}{C_o} - \frac{1}{C_t} = -k \cdot t$$

- $C_o$ : 초기농도
- $k$ : 반응속도상수
- $C_t$ : $t$시간 후의 농도
- $t$ : 반응시간

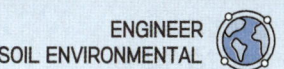

## A-B-A 복습정리 │ UNIT 02 토양미생물 분류 및 정화특성

### 1 토양미생물 분류

(1) 세균(Bacteria)
  ① **구성성분** : 수분 80%, 고형물 20%, 원핵세포, 단세포, 호기성 or 혐기성
  ② **형태**
      ㉠ 구균(Coccus) : 공 모양
      ㉡ 간균(Bacillus) : 막대기 모양
      ㉢ 나선균(Spirillum) : 나선형으로 굽은 모양
  ③ **크기** : 0.8~5㎛
  ④ **분자식** : $C_5H_7O_2N$
  ⑤ **종류** : Zooglea, Bacillus, Alcaligenes, Pseudomonas, Acinetobacter, Sphaerotilus(사상균) 등
  ⑥ **구조** : ㉠ 고형물 중 90%가 유기물이고 10%는 무기물
              ㉡ 세포벽과 세포질, 세포질막이 존재

(2) 균류(fungi, 곰팡이)
  ① **구성성분** : 수분 80%, 고형물 20%, 다세포, 진핵세포
  ② **특징** : 산성 조건, 산소 부족 조건, 영양염류 부족 조건 등 척박한 환경에서 잘 생존
  ③ **크기** : 5~20㎛
  ④ **분자식** : $C_{10}H_{17}O_6N$
  ⑤ **종류** : Penicillium, Fusarium, Aspergillus, Mucor 등

(3) 균근균(mycorrhizal fungi)
  ① 사상균과 식물 뿌리와의 공생관계
  ② 식물의 수분흡수 및 양분흡수를 도와줌
  ③ 항생물질 생성으로 병원성 균과 경합하여 선충으로부터 식물을 보호
  ④ **종류**
      ㉠ 외생균근 : 뿌리 표면에 서식하는 균
      ㉡ 내생균근 : 뿌리 안쪽에 서식하는 균

(4) 토양방선균(actinomycetes)
  ① **구성성분** : 원핵생물
  ② **특징** : 호기성, 건조한 환경에서 잘 생장, 산성에 약하고 알칼리성에 내성이 있음

(5) 조류(algae)
   ① **구성성분** : 단세포 or 다세포, 진핵세포
   ② **특징** : 광합성을 통한 산소공급, 맛과 냄새 및 색도유발, 독성물질 생산, $CO_2$ 흡수를 통한 알칼리도 및 pH 상승
   ③ **분자식** : $C_5H_8O_2N$
   ④ **종류** : 녹조류, 규조류, 남조류, 유글레나류

(6) 원생동물(protozoa) : 세균과 균류를 섭취하는 비교적 큰 미생물
   ① **구성성분** : 단세포, 진핵세포
   ② **특징** : 호기성
   ③ **크기** : $30 \sim 100 \mu m$
   ④ **형태** : 섬모충류, 편모충류, 위족류(아메바), 포자충류
   ⑤ **종류** : Vorticella, Sarcodina, Suctoria, Mastigophora 등

(7) 미소후생동물(metazoa) : 원생동물을 섭취하는 비교적 큰 생물(미생물 X)
   ① **구성성분** : 다세포
   ② **특징** : 호기성, 운동성이 활발함
   ③ **종류** : 윤충류(rotifer), 선충류, 갑각류(Crustaceans)

〈원핵생물과 진핵생물의 비교〉

| 구분 | 원핵생물 | 진핵생물 |
| --- | --- | --- |
| 1. 핵구조와 기능 | | |
| 핵막 | 없음 | 있음 |
| 인 | 없음 | 있음 |
| DNA | 하나의 분자 | 여러개 또는 많은 염색체로 존재 |
| 분열 | 유사분열이 없음 | 유사분열함 |
| 2. 세포질의 구조와 구성 | | |
| 세포막 | 보통 스테롤이 없음 | 보통 스테롤이 있음 |
| 리보솜 | 70S | 80S |
| 세포질내 소기관 | 없음 | 액포, 리소자임, 소포체 |
| 호흡계 | 원형질막 부분 또는 meso some | 미토콘드리아 |
| 광합성 기구 | 정돈된 내부막 또는 액포 : 엽록체 없음 | 엽록체 |
| 세포벽 | 대부분 있음 : peptidoglycan으로 구성됨 | 식물, 조류, 곰팡이에 있음. 원생동물에는 없고 보통 다당으로 구성됨 |
| 내생포자 | 약간 있음 ; 내열성 | 없음 |

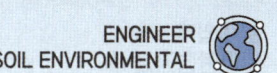

| 구분 | 원핵생물 | 진핵생물 |
|---|---|---|
| 3. 운동형 | | |
|   편모운동 | 편모 : 현미경으로 관찰 안됨 | 편모 또는 섬모 : 현미경으로 관찰 가능 |
|   비편모성운동 | 활주운동 | 세포질의 유동과 아메바운동 : 활주운동 |
| 4. 미소관 | 없음 | 널리 분포 |

## 2 토양미생물의 기능과 특성

### (1) 미생물과 탄소원 및 에너지원

| 탄소원 | $CO_2$(무기물) | 독립영양 |
|---|---|---|
| | 유기물 | 종속영양 |
| 에너지원 | 태양광선 | 광합성 |
| | 산화환원반응 | 화학합성 |

① **광합성 독립영양미생물** : $CO_2$ 섭취하고, 태양광선으로 에너지 얻는 미생물(ex green bacteria, cyanobacteria, purple bacteria)

② **화학합성 독립영양미생물** : $CO_2$ 섭취하고, 산화환원반응으로 에너지 얻는 미생물(ex 황세균, 철세균, 질산화세균, 수소산화세균 등)

③ **광합성 종속영양미생물** : 유기물 섭취하고, 태양광선으로 에너지 얻는 미생물

④ **화학합성 종속영양미생물** : 유기물 섭취하고, 산화환원반응으로 에너지 얻는 미생물(ex 세균, 균류, 원생동물, 미소후생동물 등 대부분의 미생물)

### (2) 미생물과 용존산소

미생물이 용존산소를 이용하는 정도와 형태에 따라 아래 세가지로 분류됩니다.

① **호기성** : 용존산소가 풍부한 상태로, 호기성 미생물들은 유리산소($O_2$ 형태의 산소)가 존재해야만 생존이 가능합니다.

② **혐기성** : 용존산소가 거의 없는 상태로 혐기성 미생물들은 결합산소(분자안에 포함된 산소)를 이용하여 생존합니다.

③ **임의성** : 호기성으로 될 수도 있고 혐기성으로 될 수도 있는 상태

> 💡 **통성혐기성균**
> 유리산소($O_2$ 형태의 산소)의 존재 유무에 관계없이 증식이 잘 되지만 유리산소가 존재할 때 증식이 더 활발하게 진행되는 균

### (3) 미생물과 pH

① pH 값의 적정범위는 6~8이며
② 일반적으로 미생물이 가장 좋아하는 pH는 6.5~7.5
③ pH가 4.5 이하로 내려가거나 9.0 이상으로 올라가면 대부분의 미생물은 사멸

### (4) 미생물과 온도

| 분류 | 최적온도(℃) |
|---|---|
| 저온성 미생물 | 약 15 |
| 중온성 미생물 | 약 35 |
| 고온성 미생물 | 약 55 |

## 3 미생물의 물질순환 및 광합성

### (1) 탄소의 순환

① 유기물분해 → 이산화탄소 생성
② 이산화탄소 흡수 → 유기물 생성

### (2) 질소의 순환

① 질산화 과정

> 유기질소, 암모니아성 질소 → 아질산성질소($NO_2$-N) → 질산성질소($NO_3$-N)

㉠ 1단계 질산화 미생물 : Nitrosomonas, Nitrosococcus, Nitrosospira
㉡ 2단계 질산화 미생물 : Nitrobacter, Nitrocystis
- 산화반응
- pH와 알칼리도는 감소
- 산소가 충분한 호기성 상태에서 진행

② 탈질화 과정

> 질산성질소($NO_3$-N) → 질소가스($N_2$)

- 탈질화 미생물 : Pseudomonas, Bacillus, Micrococcus, Achromobacter

**반응식** $2NO_3 + 5H_2 \rightarrow N_2 + 4H_2O + 2OH$

③ 암모니아생성

세균, 방선균, 사상균 등에 의해서 유기물분해 시 암모니아가 형성되며 이들 미생물은 단백질분해효소를 분비합니다. 단백질분해효소는 단백질을 아미노산으로 아미노산을 암모니아, 암모늄으로 분해합니다.

> 단백질 → 아미노산 → 암모니아 → 암모늄

④ 질소고정

　㉠ 단생질소고정균 : 공생하지 않으며 질소를 고정하는 균
　　(Azotobacter, Beijerinckia, Derxia, blue-green algae(남조류))

　㉡ 공생질소고정균 : 주로 콩과식물과 공생하면서 질소를 고정하는 균, 보통 근류균(뿌리혹박테리아)라고 부릅니다.

### 〈근류균과 동일교호접종군〉

| 근류균 | 공생 콩과식물 |
|---|---|
| Rhizobium leguminosarum | 클로버(clover), 완두, 콩, 렌즈콩(렌틸콩) |
| Rhizobium loti | 트레포일 |
| Rhizobium phaseoli | 콩, 땅콩, 아까시나무 |
| Rhizobium trifolii | 클로버 |
| Rhizobium lupini | 루피너스 |
| Sinnorhizobium meliloti<br>Sinnorhizobium fredii | 스위트클로버, 앨팰퍼, 콩, 트리고넬라 |
| Bradyrhizobium japonicum | 콩 |

### (3) 황의 순환

황화합물 – 황화수소를 생성 – 황세균은 $H_2S$를 유황으로 변환 – 황산염($SO_4$)으로 산화 – 미생물과 식물에 의해 황화합물로 합성

(생성된 황산염($SO_4$)은 유황 동화작용에 의해 유기 유황으로 변환되며, 유기 유황은 광물질화를 통해 황산염으로 축적됩니다.)

① 황산화세균 : Beggiatoa, Thiobacillus, Thiothrix

> **반응식** $H_2SO_4 \rightarrow H_2S + 2O_2$

　㉠ 유황은 토양과 물에서 광물과 퇴적물 중 풍부하게 들어있어 제한인자로 작용하는 경우가 거의 없다.
　㉡ 유황을 함유한 아미노산은 세포 단백질의 필수 구성원이다.
　㉢ 시스테인, 시스틴, 메티오닌은 유황을 함유한 아미노산이다.
　㉣ 미생물세포에서 탄소 대 유황의 비는 100:1로 탄소 대 인의 비와 유사하다.

### (4) 인의 순환

① 토양에서의 인은 미생물이나 식물체를 구성하는 주요 구성원소
② 토양에 존재하는 인의 대부분은 $Al^{3+}$, $Fe^{3+}$, $Ca^{2+}$ 등과 결합하여 불용성 형태로 결합하여 고정되어 이용하기 어려운 상태
③ 인산가용화균은 유기산을 분비함으로써 불용성 형태의 인을 가용성 인산으로 바꾸어 자신들의 생육과 식물의 생육에 도움을 줌
④ 인은 많은 양이 존재하지는 않지만, 생물의 성장에 꼭 필요한 영양소이므로, 제한영양소(제한 기질)로 존재

### (5) 금속의 순환

① 금속은 토양에서 산화 및 환원반응으로 순환
② 화학합성 독립영양세균은 금속이 산화될 때 생성되는 에너지를 이용하여 ATP를 합성
③ 환원반응은 화학합성 독립영양세균이 산소가 없거나 결핍된 상태에서 산화된 금속을 최종 전자수용체로 이용할 때 일어남

### (6) 생물의 광합성

광합성은 태양광선을 에너지원으로 물을 환원반응의 수소원으로 사용하여 $CO_2$를 환원시킴으로 포도당을 만드는 과정
① **명반응** : 명반응은 광합성의 단계 중 빛이 있어야 할 수 있는 단계
② **암반응** : 암반응은 광합성의 단계 중 빛이 없어도 되는 단계로 명반응 뒤의 단계

## 4 식물체의 구성성분

① 단백질
② 셀룰로오스
③ 헤미셀룰로오스
④ 펙틴
⑤ 리그닌
⑥ 전분

## 5 세포증식과 기질제거

① 미생물 성장곡선
　㉠ 지체기(유도기)　　㉡ 대수성장기(지수성장기)
　㉢ 감소성장기　　　　㉣ 정상기(정체기)
　㉤ 내생호흡기

## 6 유기물분해에 미치는 요인

### (1) 환경요인
① **pH** : 토양의 pH가 중성일 때, 유기물 분해속도는 정상상태가 되고, 산성이나 알칼리성 상태에서 유기물의 분해속도는 느려집니다.
② **산소** : 혐기성보다 호기성에서 유기물의 분해속도는 빨라집니다.
③ **온도** : 적정온도 25~35℃에서 유기물의 분해속도는 가장 빠르고, 온도가 극히 높거나 낮으면 유기물의 분해속도가 느려집니다.

### (2) 유기물의 구성요소
① **리그닌의 함량** : 리그닌이 많이 함유되어 있을수록 분해속도가 느려집니다.
② **페놀화합물 함량** : 페놀화합물이 많이 함유되어 있을수록 분해속도가 느려집니다.

### (3) 탄질률(탄질비, C/N비)
탄질률은 탄소와 질소의 비로 탄질률이 크면 질소가 부족해 분해속도가 느려지고, 탄질률이 작으면 분해속도가 빠르고 그에 따른 암모늄의 생성도 활발합니다. 따라서 유기물의 분해속도가 가장 큰 영향을 미치는 요인이라 할 수 있습니다.

### (4) 반응속도
① **0차반응** : 반응속도가 반응물의 농도에 영향을 받지 않는 반응

식 $C_o - C_t = k \cdot t$

② **1차반응** : 반응속도가 반응물의 농도에 비례하는 반응

식 $\ln \dfrac{C_t}{C_o} = -k \cdot t$

③ **2차반응** : 반응속도가 반응물의 농도의 제곱에 비례하는 반응

식 $\dfrac{1}{C_o} - \dfrac{1}{C_t} = -k \cdot t$

- $C_o$ : 초기농도
- $k$ : 반응속도상수
- $C_t$ : $t$시간 후의 농도
- $t$ : 반응시간

## 기출문제로 다지기 — UNIT 02 토양미생물 분류 및 정화특성

**01** 토양미생물 중 호기성 조건에서 생존하고 무기영양 미생물이며 질소의 고정에 관여하는 것은?
① 세균  ② 방선균
③ 조류  ④ 사상균

**02** 토양 중 유기물의 부식화과정에 가장 크게 영향을 미치는 요인은?
① 지형경사도
② 유기물에 함유된 탄소와 질소함량
③ 토양의 수소이온농도
④ 토양광물의 모재

**03** 유기물 60mmol이 미생물 활성에 의하여 12시간 후 40mmol이 되었다면 반응속도상수($hr^{-1}$)는? (단, 1차 반응 기준)
① 0.013  ② 0.033
③ 0.053  ④ 0.073

[해설] 식 $\ln\left(\dfrac{C_t}{C_0}\right) = -k \times t$

$\ln\left(\dfrac{40}{60}\right) = -k \times 12$, ∴ $k = 0.0337/hr$

**04** 토양미생물 중 원핵세포를 가진 미생물은?
① 박테리아(bacteria)  ② 토양조류(soil algae)
③ 원생동물(protozoa)  ④ 곰팡이(fungi)

**05** 토양미생물을 크기에 따라 구분할 때 일반적으로 가장 큰 미생물에 해당하는 것은?
① 박테리아(bacteria)  ② 토양조류(soil algae)
③ 원생동물(protozoa)  ④ 곰팡이(fungi)

**06** 토양 내 방선균에 관한 설명으로 옳지 않은 것은?
① 형태는 사상균과 비슷하지만 세포 내 구조는 세균과 비슷하다.
② 산성 환경에서 생육이 활발하여 산성 토양에서 중요한 분해 작용을 담당하고 있다.
③ 흙 냄새는 방선균인 Actinomyces oderifer가 분비하는 geosmins와 같은 물질에 의한 것이다.
④ 대부분이 산소를 요구하는 호기성균으로 과습한 곳에서는 잘 자라지 않는다.

[해설] 방선균은 산성에는 저항성이 없고, 알칼리성에 저항성이 있다.

**07** 토양 미생물 종류에 대한 설명으로 맞는 것은?
① 에너지원으로 태양을 필요로 하는 것은 화학합성 미생물이다.
② 유기·무기화합물을 에너지원으로 하는 것은 광합성 미생물이다.
③ 생물 내 탄소원으로 $CO_2$를 이용하는 것은 독립 영양 미생물이다.
④ 에너지원으로 $CO_2$를 이용하는 것은 종속영양 미생물이다.

[해설] ③항만 올바르다.

**정답** 01. ③  02. ②  03. ②  04. ①  05. ③  06. ②  07. ③

**오답해설**
① 에너지원으로 태양을 필요로 하는 것은 광합성 미생물이다.
② 유기·무기화합물을 에너지원으로 하는 것은 화학합성 미생물이다.
④ 에너지원으로 $CO_2$를 이용하는 것은 독립영양 미생물이다.

**08** 질산성 질소가 혐기적 조건에서 산소를 잃고 질소가스로 변하는 작용은?

① 무기화 작용  ② 부동화 작용
③ 질산화 작용  ④ 탈질 작용

**09** 토양 내에 미생물 중 세균에 비해 일반적으로 내산성이 강하고 산성 토양에서 유기물 분해의 중요한 작용을 담당하며 토양 중에서 리그닌을 주로 분해하는 것은?

① 방선균  ② 세균
③ 사상균  ④ 조류

**10** 특이적 공생관계를 맺는 질소고정균과 숙주식물의 군을 동일교호접종군(Cross Inoculation Group)이라 한다. 다음 중 근류균과 공생 콩과 식물을 바르게 짝지은 것은?

① Rhizobium lupini – 알팔파
② Rhizobium leguminosarum – 클로버
③ Sinnorhizobim meliloti – 완두
④ Bradyrhizobium japonicum – 땅콩

**해설** [근류균과 동일교호접종군]

| 근류균 | 공생 콩과식물 |
| --- | --- |
| Rhizobium leguminosarum | 클로버(clover), 완두, 콩, 렌즈콩(렌틸콩) |
| Rhizobium loti | 트레포일 |
| Rhizobium phaseoli | 콩, 땅콩, 아까시나무 |
| Rhizobium trifolii | 클로버 |
| Rhizobium lupini | 루피너스 |
| Sinnorhizobium meliloti | 스위트클로버, 앨팰퍼, 콩, 트리고넬라 |
| Sinnorhizobium fredii | |
| Bradyrhizobium japonicum | 콩 |

**정답** 08. ④  09. ③  10. ③

## UNIT 03 토양오염 특성 및 영향

> 💡 **토양오염이란?**
> 오염물질이 외부로부터 토양 내로 유입됨으로써 지구의 환경용량(스스로 자정할수 있는 용량)을 초과하고 토양에 나쁜 영향을 주는 현상입니다. 토양오염은 토양의 기능과 질을 저하시킵니다.

### 1 토양오염의 특성

① **오염영향의 국지성** : 매체의 특성상 국지적 오염이 나타난다.
② **오염경로의 다양성** : 기상, 액상, 고상 등 다양한 물질과 경로로 오염된다.
③ **피해발현의 완만성(시차성)** : 오염물질의 이동이 느려서 오염이 발생한 시점과 오염으로 인한 문제가 발생하는 시점 사이에는 시간차가 존재한다.
④ **원상복구의 어려움(잔류성)** : 오염물질은 토양에서 확산되어 심층으로 퍼지거나, 지하수오염과 연계될 우려가 있어 오염물질의 완전한 제거가 어렵다.
⑤ **타 환경인자와의 영향관계의 모호성** : 오염의 기인이 대기오염인지 수질오염인지, 폐기물인지 영향관계를 도출하기가 어렵다.
⑥ **오염물질의 축적성(잔류성)** : 토양, 지하수, 암석에 잔류하거나 생물농축으로 인한 축적이 존재한다.
⑦ **시료채취의 어려움**
⑧ **피해에 대한 보상의 어려움**
⑨ **오염영향의 부지 특이성** : 토지이용에 따라 오염토양에 의한 영향이 달라짐

### 2 토양오염의 법적근거

**(1) 토양환경보전법**

① **"토양오염"**
  ㉠ 사업활동 기타 사람의 활동에 따라 토양이 오염되는 것으로서 사람의 건강·재산이나 환경에 피해를 주는 상태
  ㉡ 오염물질이 토양의 완충능력의 한계 이상으로 토양에 유입될 때 인간에서 직접적 또는 간접적으로 피해를 야기시킨다.

② 토양오염물질(22종)

| | |
|---|---|
| 1. 카드뮴 및 그 화합물 | 13. 페놀류 |
| 2. 구리 및 그 화합물 | 14. 벤젠 |
| 3. 비소 및 그 화합물 | 15. 톨루엔 |
| 4. 수은 및 그 화합물 | 16. 에틸벤젠 |
| 5. 납 및 그 화합물 | 17. 크실렌 |
| 6. 6가크롬화합물 | 18. 석유계총탄화수소(TPH) |
| 7. 아연 및 그 화합물 | 19. 트리클로로에틸렌(TCE) |
| 8. 니켈 및 그 화합물 | 20. 테트라클로로에틸렌(PCE) |
| 9. 불소화합물 | 21. 벤조(a)피렌 |
| 10. 유기인화합물 | 22. 기타 위 물질과 유사한 토양오염물질로서 토양오염의 방지를 위하여 특별히 관리할 필요가 있다고 인정되어 환경부장관이 고시하는 물질 |
| 11. 폴리클로리네이티드바이페닐(PCB) | |
| 12. 시안화합물(CN) | |

③ 토양오염우려기준과 대책기준

㉠ 토양오염우려기준(대책기준의 약 40%) : 토양오염물질이 일정한 기준을 초과하여 사람의 건강 및 재산과 동식물의 생육에 지장을 초래할 우려가 있는 기준

㉡ 토양오염대책기준 : 우려기준을 초과하여 사람의 건강 및 재산과 동식물의 생육에 지장을 주어 토양오염에 대한 대책을 필요로 하는 기준

## (2) 외국 사례

### ① 러브캐널 사건

후커케미칼사의 화학폐기물 무단매립으로 인해 추후 매립지에 지어진 초등학교, 주거건물에서 피해를 입은 사건으로 주민들에게 기형아, 심장질환, 발암, 피부병 등의 질환을 유발했다. 이 사건을 계기로 CERCLA(Superfund)를 제정하여 유해물질에 의하여 오염된 토양의 정화를 위한 정부의 책무와 오염원인자의 책임을 규정했다.

### ② 이따이이따이병

일본에서는 도야마 현 진즈강 유역의 광산으로부터 카드뮴이 배출되어 토양과 지하수 및 하천을 오염시키고 이따이이따이병을 발생시켰다. 이따이이따이병의 유발에는 여러 유해인자가 기인했으나, 그 중 큰 원인을 카드뮴으로 인정받았다.

## 3 토양오염 물질의 특성 및 영향

### (1) 유류 오염물질

① 유류 오염물질의 종류

㉠ 석유계 총탄화수소(TPH) : 끓는점이 150~500℃로 높은 유류(등유, 경유, 벙커C유, 제트유 등)가 속하며, 일반적인 유류오염 시 검출됩니다.

㉡ BTEX : 벤젠(B), 톨루엔(T), 에틸벤젠(E), 자일렌(X)을 줄인 단어로, 위 4가지의 항목들은 휘발성이 높은 유류로 BTEX의 검출은 휘발성이 높은 유류오염을 의미하며, BTEX는 대표적인 VOCs(휘발성 유기화합물질)입니다. 또한 BTEX는 중추신경계에 악영향을 줍니다.

> 💡 **VOCs**
> 증기압이 높아 대기 중으로 쉽게 증발되는 액체 또는 기체상 유기화합물의 총칭

② 유류오염의 피해

㉠ 종자 및 식물체에 직접 부착 또는 침투하여 발아를 억제하고 생육장해를 일으킴
㉡ 수면을 피복하여 토양으로의 산소공급을 방해
㉢ 수온 및 지온을 상승시켜 토양의 이상환원을 촉진하여 근부현상[1] 및 토양의 물리성을 악화

### (2) 염소계 유기화합물

염소계 유기화합물의 대부분은 농약에서 기인하고 이 물질들은 강한 독성뿐 아니라 잔류성, 난분해성을 가지면서 생태계 내에서 순환하게 되고 이는 생물농축으로 이어지면서 큰 문제를 야기합니다.

① 지방족 염소계 탄화수소

무색이고, 불연성이고 휘발성이 강한 액체로 유기용제로 많이 활용됩니다. (클로로메탄, 디클로로메탄, 트리클로로메탄(THM), 테트라클로로메탄, 1,1-디클로로에탄, 1,1,1-트리클로로에탄, 클로로에텐, 1,2-디클로로에텐, 트리클로로에틸렌(TCE), 테트라클로로에틸렌(PCE))

> 💡 **PCE의 분해과정**
> 테트라클로로에틸렌(PCE) → 트리클로로에틸렌(TCE) → 디클로로에틸렌 → 비닐클로라이드(염화비닐) → 물, 탄산가스, 염산(최종)

② 방향족 염소계 탄화수소

㉠ 헥사클로로벤젠(HCB) : 6개의 염소를 가진 벤젠 고리로 살균제로 많이 사용된다. 잠재적 발암물질입니다.
㉡ 디클로로디페닐트리클로로에탄(DDT) : 살충제로 많이 사용되며, 생물체의 지방에 축적되고, 먹이사슬을 통해 농축될 수 있습니다. 발암가능성 물질입니다.

---

[1] 근부현상 : 뿌리가 썩는 현상

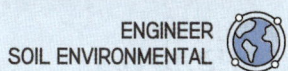

ⓒ 폴리클로리네이티드비페닐(PCBs) : 절연유, 윤활유, 가소제 등으로 사용되고 노후된 변압기, 콘덴서에서 누출되며 독성이 강하고 생물농축성이 큽니다. 가네미유증을 유발합니다.
- PCB의 분해 후 최종산물 : 물, 이산화탄소, 염소

> 💡 **난분해성 유기화학물의 특징**
> ① 분자의 가지구조가 많은 화합물
> ② 분자 내에 많은 수의 할로겐원소를 함유하는 화합물
> ③ 물에 대한 용해도가 낮은 화합물
> ④ 원자의 전하차가 큰 화합물

### (3) 다핵 방향족 탄화수소

2개 이상의 벤젠고리를 가지고 있는 탄화수소를 의미하며, 비극성이며, 소수성이고, 매우 안정적입니다. 발암물질인 경우가 많습니다. (나프탈렌, 벤조(a)피렌, 다이옥신)

- **니트로방향족 화합물(NACs)** : 벤젠고리의 수소원자가 $NO_2$기로 치환된 화합물, 난용성, 폭약의 원료, 발암성·돌연변이성, 폭발성

### (4) 중금속

비중이 5 이상되는 금속을 말합니다. 중금속이 토양에 장기간 축적되면, 대부분이 먹이사슬에 의한 생물농축성이 크고 독성이 강합니다. 이외에 독성이 약하고 생물체에서 미네랄로 작용하는 구리(Cu)와 니켈(Ni), 아연(Zn), 크롬($Cr^{3+}$)의 경우에도 과잉집적될 경우 다른 여러 미량원소의 흡수를 방해할 수 있고 한번 흡수되면 이동이나 다른 물질로의 치환이 어려워 생물성장에 악영향을 줍니다.

① **중금속의 특성에 영향을 끼치는 요인**

  ㉠ pH가 낮을수록 용해도 증가
  따라서 중금속으로 오염된 토양은 석회질 재료를 투여하여 pH를 높여 용해도를 저하시켜야 한다.

  ㉡ 산화·환원 조건에 따라 용해도가 달라져 독성이 다르게 나타나는 것들이 있음
  - 산화 시 불용화 : Fe, Mn (📖 암기법 철망은 잘 산화된다.)
  - 환원 시 불용화 : Cd, Cu, Zn, Cr

  ㉢ 토양 중에서 다른 성분과 결합하여 불용성의 화합물을 생성하는 경우가 있음
  - 철, 망간, 크롬, 납, 아연, 카드뮴은 인산과 결합하여 불용화된다.
  - 카드뮴, 구리, 아연, 크롬은 환원적 토양에서 $H_2S$와 반응하여 난용성 황화물로 전환되어 불용화된다.
  - 비소는 환원 시 아비산이 되어 독성이 증가하므로 산화적인 조건형성이 필요하다.

  ㉣ 인산과 비소의 관계
  - 인산과 비소는 화학적 구조와 반응성이 매우 유사하여 인산이 존재하면 비소가 토양에 흡착되기 어렵고 비소가 존재하면 인산이 토양에 흡착되기 어렵다.
  - 비소가 존재하는 토양에 인산을 투입하면 비소가 용출되어 비소의 이동성이 증대된다.

② 중금속별 질환
　㉠ 수은(Hg) : 미나마타병(신경장애, 마비, 언어장애, 위장염, 구토)
　　• 유기수은 : 가장 독성이 강하고 흡수력이 무기수은 및 금속수은보다 강하며 인체에 치명적인 독성을 나타냄, 중추신경계 및 말초신경계작용, 단백질과 결합하여 부식작용, 잠재적 발암물질, 임산부에게 노출시 태아에게 기형아 확률 증가, 언어장애, 시력 및 청력상실을 유발
　　• 무기수은 : 호흡곤란, 흉통, 구강염, 청색증, 폐부종, 단백뇨, 신부전, 위장기능 장해
　㉡ 카드뮴(Cd) : 이따이이따이병(전신쇠약, 말초신경장애, 빈혈, 당뇨)
　㉢ 납(Pb) : 빈혈, 구토, 근육과 관절장애, 두통, 불면증, 신경과민
　㉣ 비소(As) : 피부염, 피부암, 결막염, 구토, 심장장애
　㉤ 구리(Cu) : 구토, 복통, 설사, 위장장애, 혼수상태, 피부궤양
　㉥ 크롬(Cr) : 피부괴사, 호흡곤란, 폐암, 혈뇨증, 비점막염, 비중격천공
　㉦ 아연(Zn) : 피부염, 구토, 설사, 식욕부진
　㉧ 니켈(Ni) : 피부염, 빈혈, 간장애, 신경장애

③ Yellow Boy 오염현상
　산성을 띠는 광산폐수가 배출되면서 광산폐수 속의 Fe이 산화되어 토양과 강바닥의 바위표면을 노란색에서 주황색으로 변화시키고 Al는 침전물로 변하여 강바닥과 토양에 백화현상을 초래하는 현상

## (5) NAPL(Nonaqueous Phase Liquid)

토양 및 지하수 오염을 유발하는 액상 화합물을 총칭한다. 주로 유류 오염물질이 NAPL에 해당하고, NAPL은 비중에 따라 LNAPL과 DNAPL로 구분된다.

① **LNAPL** : 물보다 가벼운 NAPL, 토양층에 존재하거나 토양층을 따라 내려가서 지하수면 위에 부유한다. (BTEX, VOCs, TPH, MTBE)
② **DNAPL** : 물보다 무거운 NAPL, 지하수 밑으로 계속 가라앉는다. (PCB, TCE, PCE, 클로로페놀, 클로로벤젠 등)

| 구분 | 특성 |
| --- | --- |
| LNAPL<br>(Light NAPL) | ① 물보다 가벼운 화합물<br>② NAPL을 구성하는 성분은 PAH와 같이 대부분이 물에 난용성임<br>③ 소수성의 화합물은 대체로 지방족 또는 방향족화합물(BTEX 포함)임<br>④ 지방족탄수화물은 탄소수가 많을수록, 방향족화합물들은 환이<br>⑤ 많을수록 물에 대한 용해도가 낮음 |
| DNAPL<br>(Dense NAPL) | ① 물보다 무거운 화합물<br>② 물보다 무겁기 때문에 지하수면을 통과하여 불투수층인 하부의<br>③ 반암에 쉽게 도달하게 되며, 반암의 기울기에 따라 이동함.<br>④ 대표적인 DNAPL은 PCB, TCE, 클로로페놀, 클로로벤젠 등임 |

## (6) 영양소

**질소, 인** : 과잉 질소질비료로 인한 질소의 유출은 토양에 질소의 집적을 야기하고 질소가 집적된 토양은 작물 수확량이 줄어들고 병충해에 약하게 됩니다. 유출된 질소는 질산성질소(질산염)형태로 존재하고 질산성질소가 포함된 음용수로 섭취 시 유아에서 발생하는 청색증(블루베이비병, Blue baby syndrome)을 유발합니다. 질소와 인은 또한 수계에서 조류의 이상증식을 유발하여 부영양화를 유발하고 수계의 수질을 악화시킵니다.

> 💡 **부영양화**
> 영양물질(질소, 인)이 수계에 과잉 유입됨으로 조류의 이상증식으로 수표면을 막아 수계의 산소공급을 차단하고 증식 후 사멸한 조류로 인해 유기물양의 증가로 수계의 용존산소를 감소시켜 미생물 및 수중 생물을 폐사시키고 수질이 악화되는 현상

## (7) 유해폐기물

① 침출수 누출
② 매립가스 누출

## (8) 계면활성제

① **ABS** : 난분해성 계면활성제, 농업용 수로로 유입 시 작물의 성장 억제
② **LAS** : 생분해성 계면활성제

> 💡 **유기오염물질의 특성 인자**
> ① 증기압
> ② 옥탄올-물 분배계수
> ③ 분해상수
> ④ 헨리상수(공기/물 분배계수)
> ⑤ 화학적 조성

# 4 독성평가 및 생물농축

## (1) 생태독성시험

### ① 생태독성(TU)

생태독성이란, 생물이 수중의 독성에 반응하는 정도를 의미합니다. 기준이 되는 생물은 수질에 민감한 생물인 물벼룩으로, 물벼룩이 24시간 동안 50%가 치사 혹은 유영저해를 나타낸 농도를 기준으로 합니다.

② 독성시험

　㉠ TLm(Tolerance Limit Medium) : 물고기 중 50%가 생존할 수 있는 독성물질의 농도로 어류에 대한 독성시험의 결과를 나타냅니다.
　㉡ LC50(Lethal Concentration 50) : 시험생물 중 50%가 죽을 수 있는 독성물질의 농도를 나타냅니다.
　㉢ LD50(Lethal Dose 50) : 시험생물 중 50%가 죽을 수 있는 독성물질의 양입니다.

### (2) 생물농축 및 농축계수

① **생물농축**

독성물질이나 유해물질이 생물 체내에 축적되는 현상을 먹이피라미드의 하위생물의 독성섭취에 따라 상위생물로 갈수록 독성의 농축이 심화되는 현상을 말합니다.

② **농축계수**

독성의 농축정도를 나타내는 식입니다.

$$\text{농축계수} = \frac{\text{생물 내 유해물질 농도}}{\text{물속 유해물질 농도}} = \frac{\text{독성물질의 농도}}{\text{독성물질의 기준치}}$$

### (3) 혼합농도공식

$$C_m = \frac{C_1 Q_1 + C_2 Q_2}{Q_1 + Q_2}$$

- $C_1$ : 대상 1 물질의 농도
- $C_2$ : 대상 2 물질의 농도
- $Q_1$ : 대상 1 물질의 양 또는 유량
- $Q_2$ : 대상 2 물질의 양 또는 유량

## 5 토양오염원별 특성 및 영향

### (1) 토양오염원의 종류

① **유류 제조 및 저장시설** : 저장탱크의 노후 및 누출로 인해 오염물질이 배출된다.
　• 주요 오염물질 : BTEX, TPH, PAHs 등
② **유독물질 저장시설** : 저장탱크의 노후 및 누출로 인해 오염물질이 배출된다.
　• 주요 오염물질 : VOCs, PAHs 등

③ **산업지역** : 저장탱크의 노후 및 누출로 인해 오염물질이 배출된다.
  • 주요 오염물질 : 유류, TCE, PCE, 중금속
④ **매립지** : 침출수 누출로 인해 오염물질이 배출된다.
  • 주요 오염물질 : 유기물, 중금속, VOC 등
⑤ **소각장** : 배출가스 및 소각재 배출
  • 주요 오염물질 : 다이옥신, PAHs, 중금속
⑥ **휴 · 폐광산** : 폐광재, 갱내수의 유출
  • 주요 오염물질 : 중금속, 산성폐수
⑦ **군부대** : 폐기물 매립, 유류 누출, 사격장, 훈련장, 비행장에서의 오염물질 누출
  • 주요 오염물질 : BTEX, PAHs, 중금속 등
⑧ **골프장** : 농약 살포
  • 주요 오염물질 : 농약

### (2) 점오염원과 비점오염원

① **점오염원** : 한 점에서 오염이 발생하는 오염원으로 비가 오지 않는 갈수기에 피해가 큼
  (ex 폐기물매립지, 축산업, 산업지역, 운영중인 광산, 송유관, 유류 저장시설, 유독물 저장시설 등)
② **비점오염원** : 여러 지점에서 오염이 발생하는 오염원으로 비가 오는 홍수기에 피해가 큼
  (ex 농경지, 휴 · 폐광산, 과수원, 도로 등)

## A-B-A 복습정리 | UNIT 03 토양오염 특성 및 영향

> **💡 토양오염이란?**
> 오염물질이 외부로부터 토양 내로 유입됨으로써 지구의 환경용량(스스로 자정할수 있는 용량)을 초과하고 토양에 나쁜 영향을 주는 현상입니다. 토양오염은 토양의 기능과 질을 저하시킵니다.

### 1 토양오염의 특성

① 오염영향의 국지성  ② 오염경로의 다양성  ③ 원상복구의 어려움(잔류성)
④ 오염물질의 축적성(잔류성)  ⑤ 시료채취의 어려움  ⑥ 피해에 대한 보상의 어려움
⑦ 오염영향의 부지 특이성

### 2 토양오염의 법적근거

#### (1) 토양환경보전법

① "토양오염"
  ㉠ 사업활동 기타 사람의 활동에 따라 토양이 오염되는 것으로서 사람의 건강·재산이나 환경에 피해를 주는 상태
  ㉡ 오염물질이 토양의 완충능력의 한계 이상으로 토양에 유입될 때 인간에서 직접적 또는 간접적으로 피해를 야기시킨다.

② 토양오염물질(22종)

| | |
|---|---|
| 1. 카드뮴 및 그 화합물 | 13. 페놀류 |
| 2. 구리 및 그 화합물 | 14. 벤젠 |
| 3. 비소 및 그 화합물 | 15. 톨루엔 |
| 4. 수은 및 그 화합물 | 16. 에틸벤젠 |
| 5. 납 및 그 화합물 | 17. 크실렌 |
| 6. 6가크롬화합물 | 18. 석유계총탄화수소(TPH) |
| 7. 아연 및 그 화합물 | 19. 트리클로로에틸렌(TCE) |
| 8. 니켈 및 그 화합물 | 20. 테트라클로로에틸렌(PCE) |
| 9. 불소화합물 | 21. 벤조(a)피렌 |
| 10. 유기인화합물 | 22. 기타 위 물질과 유사한 토양오염물질로서 토양오염의 방지를 위하여 특별히 관리할 필요가 있다고 인정되어 환경부장관이 고시하는 물질 |
| 11. 폴리클로리네이티드바이페닐(PCB) | |
| 12. 시안화합물(CN) | |

③ 토양오염우려기준과 대책기준

㉠ 토양오염우려기준(대책기준의 약 40%) : 토양오염물질이 일정한 기준을 초과하여 사람의 건강 및 재산과 동식물의 생육에 지장을 초래할 우려가 있는 기준
㉡ 토양오염대책기준 : 우려기준을 초과하여 사람의 건강 및 재산과 동식물의 생육에 지장을 주어 토양오염에 대한 대책을 필요로 하는 기준

### (2) 외국 사례

① 러브캐널 사건
② 이따이이따이병

## ③ 토양오염 물질의 특성 및 영향

### (1) 유류 오염물질

① 유류 오염물질의 종류

㉠ 석유계 총탄화수소(TPH)
㉡ BTEX : 벤젠(B), 톨루엔(T), 에틸벤젠(E), 자일렌(X)

> 💡 VOCs
> 증기압이 높아 대기 중으로 쉽게 증발되는 액체 또는 기체상 유기화합물의 총칭

② 유류오염의 피해

㉠ 종자 및 식물체에 직접 부착 또는 침투하여 발아를 억제하고 생육장해를 일으킴
㉡ 수면을 피복하여 토양으로의 산소공급을 방해
㉢ 수온 및 지온을 상승시켜 토양의 이상환원을 촉진하여 근부현상2) 및 토양의 물리성을 악화

### (2) 염소계 유기화합물

① 지방족 염소계 탄화수소

무색이고, 불연성이고 휘발성이 강한 액체로 유기용제로 많이 활용된다. (클로로메탄, 디클로로메탄, 트리클로로메탄(THM), 테트라클로로메탄, 1,1-디클로로에탄, 1,1,1-트리클로로에탄, 클로로에텐, 1,2-디클로로에텐, 트리클로로에틸렌(TCE), 테트라클로로에틸렌(PCE))

---

2) 근부현상 : 뿌리가 썩는 현상

② 방향족 염소계 탄화수소

㉠ 헥사클로로벤젠(HCB) : 6개의 염소를 가진 벤젠 고리로 살균제로 많이 사용됩니다. 잠재적 발암물질입니다.
㉡ 디클로로디페닐트리클로로에탄(DDT) : 살충제로 많이 사용되며, 생물체의 지방에 축적되고, 먹이사슬을 통해 농축될 수 있습니다. 발암가능성 물질입니다.
㉢ 폴리클로리네이티드비페닐(PCBs) : 절연유, 윤활유, 가소제 등으로 사용되고 노후된 변압기, 콘덴서에서 누출되며 독성이 강하고 생물농축성이 큽니다. 가네미유증을 유발합니다.
- PCB의 분해 후 최종산물 : 물, 이산화탄소, 염소

> 💡 **난분해성 유기화학물의 특징**
> ① 분자의 가지구조가 많은 화합물
> ② 분자 내에 많은 수의 할로겐원소를 함유하는 화합물
> ③ 물에 대한 용해도가 낮은 화합물
> ④ 원자의 전하차가 큰 화합물

### (3) 다핵 방향족 탄화수소

2개 이상의 벤젠고리를 가지고 있는 탄화수소를 의미하며, 비극성이며, 소수성이고, 매우 안정적입니다. 발암물질인 경우가 많습니다. (나프탈렌, 벤조(a)피렌, 다이옥신)

- **니트로방향족 화합물(NACs)** : 벤젠고리의 수소원자가 $NO_2$기로 치환된 화합물, 난용성, 폭약의 원료, 발암성·돌연변이성, 폭발성

### (4) 중금속

비중이 5 이상되는 금속을 말합니다.

① 중금속의 특성에 영향을 끼치는 요인

㉠ pH가 낮을수록 용해도 증가
㉡ 산화·환원 조건에 따라 용해도가 달라져 독성이 다르게 나타나는 것들이 있음
- 산화 시 불용화 : Fe, Mn (🔖 **암기법** 철망은 잘 산화된다.)
- 환원 시 불용화 : Cd, Cu, Zn, Cr
㉢ 토양 중에서 다른 성분과 결합하여 불용성의 화합물을 생성하는 경우가 있음

② 중금속별 질환

㉠ 수은(Hg) : 미나마타병(신경장애, 마비, 언어장애, 위장염, 구토)
- 유기수은 : 가장 독성이 강하고 흡수력이 무기수은 및 금속수은보다 강하며 인체에 치명적인 독성을 나타냄, 중추신경계 및 말초신경계작용, 단백질과 결합하여 부식작용, 잠재적 발암물질, 임산부에게 노출시 태아에게 기형아 확률증가, 언어장애, 시력 및 청력상실을 유발
- 무기수은 : 호흡곤란, 흉통, 구강염, 청색증, 폐부종, 단백뇨, 신부전, 위장기능 장해
㉡ 카드뮴(Cd) : 이따이이따이병(전신쇠약, 말초신경장애, 빈혈, 당뇨)

ⓒ 납(Pb) : 빈혈, 구토, 근육과 관절장애, 두통, 불면증, 신경과민
ⓔ 비소(As) : 피부염, 피부암, 결막염, 구토, 심장장애
ⓜ 구리(Cu) : 구토, 복통, 설사, 위장장애, 혼수상태, 피부궤양
ⓗ 크롬(Cr) : 피부괴사, 호흡곤란, 폐암, 혈뇨증, 비점막염, 비중격천공
ⓢ 아연(Zn) : 피부염, 구토, 설사, 식욕부진
ⓞ 니켈(Ni) : 피부염, 빈혈, 간장애, 신경장애

③ Yellow Boy 오염현상

산성을 띠는 광산폐수가 배출되면서 광산폐수 속의 Fe이 산화되어 토양과 강바닥의 바위표면을 노란색에서 주황색으로 변화시키고 Al는 침전물로 변하여 강바닥과 토양에 백화현상을 초래하는 현상

### (5) NAPL(Nonaqueous Phase Liquid)

① **LNAPL** : 물보다 가벼운 NAPL, 토양층에 존재하거나 토양층을 따라 내려가서 지하수면 위에 부유한다. (BTEX, VOCs, TPH, MTBE)
② **DNAPL** : 물보다 무거운 NAPL, 지하수 밑으로 계속 가라앉는다. (PCB, TCE, PCE, 클로로페놀, 클로로벤젠 등)

| 구분 | 특성 |
| --- | --- |
| LNAPL<br>(Light NAPL) | ① 물보다 가벼운 화합물<br>② NAPL을 구성하는 성분은 PAH와 같이 대부분이 물에 난용성임<br>③ 소수성의 화합물은 대체로 지방족 또는 방향족화합물(BTEX 포함)임<br>④ 지방족탄수화물은 탄소수가 많을수록, 방향족화합물들은 환이 많을수록 물에 대한 용해도가 낮음 |
| DNAPL<br>(Dense NAPL) | ① 물보다 무거운 화합물<br>② 물보다 무겁기 때문에 지하수면을 통과하여 불투수층인 하부의 반암에 쉽게 도달하게 되며, 반암의 기울기에 따라 이동함.<br>③ 대표적인 DNAPL은 PCB, TCE, 클로로페놀, 클로로벤젠 등임 |

### (6) 영양소

① **질소, 인** : 과잉 질소질비료로 인한 질소의 유출은 토양에 질소의 집적을 야기하고 질소가 집적된 토양은 작물수확량이 줄어들고 병충해에 약하게 됩니다. 유출된 질소는 질산성질소(질산염)형태로 존재하고 질산성질소가 포함된 음용수로 섭취 시 유아에서 발생하는 청색증(블루베이비병, Blue baby syndrome)을 유발합니다. 질소와 인은 또한 수계에서 조류의 이상증식을 유발하여 부영양화를 유발하고 수계의 수질을 악화시킵니다.

### (7) 유해폐기물

① 침출수 누출
② 매립가스 누출

### (8) 계면활성제

① **ABS** : 난분해성 계면활성제, 농업용 수로로 유입 시 작물의 성장 억제
② **LAS** : 생분해성 계면활성제

> 💡 **유기오염물질의 특성 인자**
> ① 증기압
> ② 옥탄올-물 분배계수
> ③ 분해상수
> ④ 헨리상수(공기/물 분배계수)
> ⑤ 화학적 조성

## 4 독성평가 및 생물농축

### (1) 생태독성시험

① **생태독성(TU)** : 물벼룩이 24시간 동안 50%가 치사 혹은 유영저해를 나타낸 농도
② **독성시험**

  ㉠ TLm(Tolerance Limit Medium) : 물고기 중 50%가 생존할 수 있는 독성물질의 농도로 어류에 대한 독성시험의 결과를 나타냅니다.
  ㉡ LC50(Lethal Concentration 50) : 시험생물 중 50%가 죽을 수 있는 독성물질의 농도를 나타냅니다.
  ㉢ LD50(Lethal Dose 50) : 시험생물 중 50%가 죽을 수 있는 독성물질의 양입니다.

### (2) 생물농축 및 농축계수

① **생물농축**

독성물질이나 유해물질이 생물 체내에 축적되는 현상을 먹이피라미드의 하위생물의 독성섭취에 따라 상위생물로 갈수록 독성의 농축이 심화되는 현상을 말합니다.

② **농축계수** : 독성의 농축정도를 나타내는 식입니다.

$$\text{농축계수} = \frac{\text{생물 내 유해물질농도}}{\text{물속 유해물질농도}} = \frac{\text{독성물질의 농도}}{\text{독성물질의 기준치}}$$

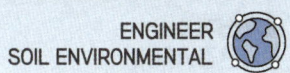

### (3) 혼합농도공식

$$C_m = \frac{C_1 Q_1 + C_2 Q_2}{Q_1 + Q_2}$$

- $C_1$ : 대상 1 물질의 농도
- $Q_1$ : 대상 1 물질의 양 또는 유량
- $C_2$ : 대상 2 물질의 농도
- $Q_2$ : 대상 2 물질의 양 또는 유량

## 5 토양오염원별 특성 및 영향

### (1) 토양오염원의 종류

① **유류 제조 및 저장시설** : 저장탱크의 노후 및 누출로 인해 오염물질이 배출된다.
   - 주요 오염물질 : BTEX, TPH, PAHs 등
② **유독물질 저장시설** : 저장탱크의 노후 및 누출로 인해 오염물질이 배출된다.
   - 주요 오염물질 : VOCs, PAHs 등
③ **산업지역** : 저장탱크의 노후 및 누출로 인해 오염물질이 배출된다.
   - 주요 오염물질 : 유류, TCE, PCE, 중금속
④ **매립지** : 침출수 누출로 인해 오염물질이 배출된다.
   - 주요 오염물질 : 유기물, 중금속, VOC 등
⑤ **소각장** : 배출가스 및 소각재 배출
   - 주요 오염물질 : 다이옥신, PAHs, 중금속
⑥ **휴·폐광산** : 폐광재, 갱내수의 유출
   - 주요 오염물질 : 중금속, 산성폐수
⑦ **군부대** : 폐기물 매립, 유류 누출, 사격장, 훈련장, 비행장에서의 오염물질 누출
   - 주요 오염물질 : BTEX, PAHs, 중금속 등
⑧ **골프장** : 농약 살포
   - 주요 오염물질 : 농약

### (2) 점오염원과 비점오염원

① **점오염원** : 한 점에서 오염이 발생하는 오염원으로 비가 오지 않는 갈수기에 피해가 큼
   (ex 폐기물매립지, 축산업, 산업지역, 운영중인 광산, 송유관, 유류 저장시설, 유독물 저장시설 등)
② **비점오염원** : 여러 지점에서 오염이 발생하는 오염원으로 비가 오는 홍수기에 피해가 큼
   (ex 농경지, 휴·폐광산, 과수원, 도로 등)

## 기출문제로 다지기 — UNIT 03 토양오염 특성 및 영향

**01** 토양오염은 오염물질의 특성에 따라 다르게 나타난다. 유기오염물질의 특성 인자와 가장 거리가 먼 것은?

① 용해도적  ② 증기압
③ 옥탄올-물 분배계수  ④ 분해상수

**02** 광산 활동에 의한 주변 농경지의 오염에 관련된 사항으로 가장 거리가 먼 것은?

① 일반적으로 광산배수의 pH는 강알칼리임
② 농경지 오염은 주로 방치된 광미, 광폐석에 기인됨
③ 아연광산의 경우 제련과정에서 카드뮴이 부산물로 생산됨
④ 중금속이 함유된 농업용수를 이용함으로써 농경지가 오염됨

[해설] 일반적으로 광산배수의 pH는 강산성이다.

**03** 산화적 조건하에서 불용화하는 중금속으로 짝지어진 것은?

① Fe, Mn  ② Cd, Fe
③ Cd, Cr  ④ Zn, Mn

[해설]
• 산화 시 불용화 : Fe, Mn
  (암기법 : 철망은 잘 산화된다.)
• 환원 시 불용화 : Cd, Cu, Zn, Cr

**04** 난분해성 유기화학물과 가장 거리가 먼 것은?

① 분자의 가지구조가 많은 화합물
② 분자 내에 많은 수의 할로겐원소를 함유하는 화합물
③ 물에 대한 용해도가 높은 화합물
④ 원자의 전하차가 큰 화합물

[해설] 난분해성 유기화학물은 물에 대한 용해도가 낮은 화합물을 말한다.

**05** 유기오염물질의 특성을 좌우하는 인자로 가장 거리가 먼 것은?

① 증기압
② 착염물질 형성도
③ 헨리상수(공기/물 분배계수)
④ 옥탄올/물 분배계수

**06** 공동대사작용(cometabolism)으로 호기성 환경에서 트리클로로에틸렌을 분해시킬 때 이용되는 화합물로 가장 적절한 것은?

① 염소  ② 톨루엔
③ 할로겐 화합물  ④ 과산화수소

**07** 가축분뇨나 두엄 등이 유입된 지하수를 음용할 경우 주로 어린아이들에게 청색증을 일으키는 물질은?

① 인산염  ② 황산염
③ 질산염  ④ 염화염

**정답** 01. ①  02. ①  03. ①  04. ③  05. ②  06. ②  07. ③

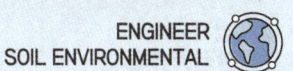

**08** 주로 가정하수로부터 농업용 수로로 논에 유입되는 벼의 성장에 지장을 주는 물질은?

① ABS(Alklbenzene sulfonate)
② BHC(Benzene hexachloride)
③ DDT(Dichlorodiphenyltichloroethane)
④ Parathon

**09** 토양오염의 특징과 가장 거리가 먼 것은?

① 오염경로의 단순성
② 피해발현의 완만성
③ 오염영향의 국지성
④ 오염의 비인지성

해설 토양오염은 오염경로가 다양하다.

**10** 토양 및 토양오염에 관한 내용으로 적절하지 않은 것은?

① 토양은 일단 그 기능을 상실하면 복원이 불가능하거나, 회복에 매우 긴 시간이 요구된다.
② 토양은 환경의 최종수용체로서 다른 매개체로의 오염유발은 적다.
③ 토양오염이란 사업 활동, 기타 사람의 활동에 따라 토양이 오염되는 것으로서 사람의 건강이나 환경에 피해를 주는 상태를 말한다.
④ 토양오염은 토양의 기능, 인간의 건강 및 생태계에 악영향을 미치는 것이다.

해설 토양오염은 이후에 지하수오염 또는 수질오염 등으로 다른 매개체로 오염유발이 가능하다.

**11** 휴·폐금속광산 주변 하천에서 철의 산화에 의하여 적갈색 침전이 나타나는 현상은?

① 블루베이비 침전 현상
② 옐로우보이 침전 현상
③ 백화 현상
④ 환원 현상

**12** 토양오염의 특징으로 적합하지 않은 것은?

① 오염경로의 다양성
② 오염영향의 국지성
③ 피해발현의 긴급성
④ 오염의 비인지성

해설 토양오염은 피해발현의 완만성이 특징적이다.

**13** 총석유계탄화수소(TPH) 50mg/kg으로 오염된 토양 100톤과 85mg/kg으로 오염된 토양 40톤을 혼합하였다. 완전히 혼합된 후의 토양 TPH 농도(mg/kg)는? (단, 혼합과정 중 휘발 등 저감조건은 고려하지 않음)

① 60.0
② 62.5
③ 65.0
④ 67.5

해설 $C_m = \dfrac{C_1 Q_1 + C_2 Q_2}{Q_1 + Q_2} = \dfrac{50 \times 100 + 85 \times 40}{100 + 40} = 60 mg/kg$

**14** 질산성 질소($NO_3-N$)의 농도가 40mg/L라면 $NO_3$의 농도(mg/L)는?

① 168.6
② 177.2
③ 188.6
④ 198.6

정답 08. ① 09. ① 10. ② 11. ② 12. ③ 13. ① 14. ②

해설 식 $NO_3(mg/L) = \dfrac{40mg(NO_3-N)}{L} \times \dfrac{62mg}{14mg}$
$= 177.14 mg/L$

### 15 생물농축에 관한 설명으로 잘못된 것은?

① 생물농축은 먹이연쇄를 통해 이루어진다.
② 동물조직의 지방 함량은 화학물질의 생물농축 경향을 결정짓는 데 중요한 인자이다.
③ 미나마타병은 대표적인 생물농축에 의한 공해병이다.
④ 농축계수란 유해물질의 수중농도를 생물의 체내농도로 나눈 값이다.

해설 농축계수란 생물의 체내농도를 유해물질의 수중농도로 나눈 값이다.

### 16 비점 토양오염원에 해당하는 것은?

① 지하저장 탱크    ② 매립장
③ 산성비          ④ 정화조

### 17 토양오염물질인 BTEX에 포함되지 않는 것은?

① 톨루엔         ② 크실렌
③ 에틸벤젠       ④ 에탄올

해설 BTEX : 벤젠, 톨루엔, 에틸벤젠, 자일렌(크실렌)

### 18 카드뮴 및 그 화합물이 인체에 미치는 영향으로 가장 거리가 먼 것은?

① 급성증상 : 구토 등 소화기 증상, 기관지염, 폐기종, 빈혈, 신장 결석
② 신장피질에 축적 : 미나마타병의 경우 신장이 비가역적으로 손상
③ 저농도 장기간 노출 : 고혈압
④ 고농도 노출 : 돌연변이, 암 유발

해설 미나마타병은 수은관련 질병이다.

### 19 유기오염물질의 생물학적 분해에 영향을 미치는 토양 특성으로 가장 거리가 먼 것은?

① 토양미생물 유형    ② 토양수분 함량
③ 토양 pH          ④ 양이온교환용량

### 20 PCE가 토양 중에서 분해되어 나타나는 최종산물은?

① vinyl chloride
② TCE
③ 물, 이산화탄소, 염소
④ 물, 이산화황, 이산화질소

### 21 구리(Cu)에 대한 설명으로 옳지 않은 것은?

① 돼지의 배설물을 토양에 과잉으로 투기하면 구리(Cu)가 집적될 수 있다.
② 토양 중 구리(Cu) 함량이 높으면 미량원소가 식물에 흡수될 때 영향을 받는다.
③ 토양 중 구리(Cu) 농도가 높으면 식물체에 철(Fe)의 과잉현상이 일어난다.
④ 토양 중 구리(Cu)는 이동성이 적고 치환되기 어렵다.

해설 토양 중 구리(Cu) 농도가 높으면 다른 양이온 금속들이 흡수되기 어려워 다른 금속들은 부족현상이 일어난다.

정답  15. ④  16. ③  17. ④  18. ②  19. ④  20. ③  21. ③

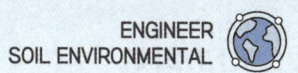

**22** 아연 광산에서 발견되기 쉬우며 대표적으로 이따이이따이병을 유발하는 중금속은?

① 납　　　　　② 수은
③ 불소　　　　④ 카드뮴

**23** 매립장의 폐기물을 수거한 후 토양조사를 실시하여 보니, 6가 크롬 농도가 3mg/kg, 이 농도에 해당하는 토양은 1250ton 이었다. 처리해야 할 6가 크롬의 양(kg)은? (단, 완전 처리기준)

① 3.45　　　　② 3.75
③ 4.25　　　　④ 4.55

해설 식 $Xkg = \dfrac{3mg}{kg} \times 1250톤 \times \dfrac{10^3 kg}{1톤} \times \dfrac{1kg}{10^6 mg}$
$= 3.75kg$

**24** DNAPL에 속하는 물질은?

① 연료유　　　② TCE
③ 톨루엔　　　④ 항공유

**25** 유기수은($CH_3Hg$)에 대한 설명으로 가장 거리가 먼 것은?

① 금속 상태의 수은보다 생물체 내의 흡수력이 강하다.
② 수중 생물의 농축·이동을 통해 이타이이타이병을 유발시킨다.
③ 중추신경계와 말초신경계를 주로 손상시킨다.
④ 생물체 내에 흡수되면 단백질과 결합하여 부식작용을 유발한다.

해설 수중 생물의 농축·이동을 통해 미나마타병을 유발시킨다.

**26** 토양지하수오염으로 인해 그 지역에 거주한 주민들에게 피부병, 심장질환, 뇌종양, 지제장애, 기형아 출산 등 각종 질병이 나타난 사건은?

① 러브캐널 사건　　② 도노라 사건
③ 뮤즈 계곡 사건　　④ 포자리카 사건

정답　22. ④　23. ②　24. ②　25. ②　26. ①

## UNIT 04 토양에서의 오염물질 이동

### ❶ 오염물질의 동태와 이동

#### (1) 물리적 작용
① **투수성** : 토양이 물을 통과시키는 특성으로 토양 중의 오염물질은 대부분이 물과 함께 이동하므로 투수성이 양호한 토양은 여과속도가 빠르지만 지하수오염이 심하고 토양오염은 심하지 않습니다.
② **공극** : 공극의 형태 및 크기에 따라 그 안을 흐르는 물의 속도가 달라집니다. 사질토양(모래)에서는 공극이 큰 대공극이 많고, 식질 토양(점토)에서는 공극이 작은 미세공극이 많이 있습니다. 사질토양에서는 물의 흐름이 빠르고, 식질토양에서는 물의 흐름이 느리게 됩니다. 또한 공극의 크기뿐 아니라 분포와 배열에 의해서도 물의 흐름이 달라집니다.
③ **물리적 흡착** : 토양입자표면에 오염물질이 흡착함으로써 오염물질이 토양에 축적되고 지하수로 침투되는 것이 늦춰집니다.
④ **darcy 법칙** : 다공질 매질에서의 유체흐름을 설명하는 식, 주로 토양에서의 물의 흐름을 설명할 때 사용됩니다.

식 $$V = \frac{KI}{n}$$

- $V$ : 유속
- $K$ : 투수계수(수리전도도, m/sec) ← 투수능 및 배수능의 중요한 지표로 토성과 용적밀도 등 토양특성에 따라 달라집니다.
- $I$ : 동수경사(동수구배, 수두차/길이)
- $n$ : 공극률

> 💡 **수리전도도 특성조사 방법**
> ① 양수시험 : 양수를 시행하여 수위강하와 거리를 측정하여 수리상수를 추정
> ② 단공 시험법 : 구멍을 뚫어 형성한 시험정을 이용하여 지하수위의 상승(회복율)을 통해 수리상수를 산정하는 방법

#### (2) 화학적 작용
① **용해도** : 용해도가 클수록 오염물질이 토양 내 수분에 녹아들어가는 양이 많아집니다.
② **오염물질과 토양계 사이의 이동**
  ㉠ 증발 : 순수한 오염물질과 토양공기 사이에서의 분배와 이동

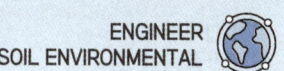

       ⓒ 용해 : 순수한 오염물질과 물 사이에서의 분배와 이동
       ⓒ 휘발 : 물과 토양공기 사이에서의 이동
       ⓔ 흡착 : 오염물질이 물과 토양입자의 경계면 사이에서 분배
   ③ **침전** : 수용액에 존재하던 오염물질이 토양입자표면에 축적되는 현상, 침전은 토양입자의 표면이나 간극수 중에서 일어납니다.

### (3) 생물학적 작용

① **동태**[3] : 미생물에 의한 오염물질의 동태, 미생물에 의한 오염물질의 동태는 온도, 수분함량, 유기물의 양에 따라 달라집니다.
② **분해** : 미생물이 유기탄소를 에너지원을 이용하면서 오염물질을 분해하고 결과적으로 오염물질을 제거하게 됩니다.

## 2 오염물질의 이동 및 저감방안

### (1) 토양수분의 이동

① **토양수분의 퍼텐셜**

> **식** 총 수분퍼텐셜($\Psi_T$) = 매트릭퍼텐셜($\Psi_m$) + 중력퍼텐셜($\Psi_g$) + 압력퍼텐셜($\Psi_p$) + 삼투퍼텐셜($\Psi_o$)

       ⊙ **매트릭퍼텐셜($\Psi_m$)** : 토양 입자와 물 사이에 존재하는 인력에 따라 구속되는 물의 에너지, 토양입자의 표면이나 모세관공극에 흡착되므로 기준상태인 자유수에 비해 매트릭퍼텐셜은 항상 −값을 가집니다. 습한 토양의 매트릭퍼텐셜은 높고, 건조한 토양의 매트릭퍼텐셜은 낮습니다. 매트릭퍼텐셜에 의해 수분이 식물의 뿌리까지 전달됨으로 지속적으로 물을 흡수할 수 있게 됩니다.
       ⓒ **중력퍼텐셜($\Psi_g$)** : 중력에 의해 아래로 내려가려는 물의 에너지
       ⓒ **압력퍼텐셜($\Psi_p$)** : 물의 무게로 인한 압력 때문에 생기는 에너지로 주로 포화수분상태에서만 나타납니다.
       ⓔ **삼투퍼텐셜($\Psi_o$)** : 액체에 용질이 용해되면 용질의 농도에 따라 액체의 농도를 평형상태로 낮추기 위해 물이 이동하는 에너지로 염류가 집적된 토양에서 식물이 물을 흡수하기 어려운 현상을 삼투퍼텐셜로 설명할 수 있습니다.

> 💡 **삼투압**
> 반투막 사이로 왼쪽은 설탕물, 오른쪽은 순수라고 했을 때, 물의 이동은 순수가 반투막을 통과하여 설탕물쪽으로 이동합니다. 저농도의 용액이 고농도의 용액으로 이동하여 농도의 평형을 맞추려고 할 때 생기는 압력, 이 힘이 삼투압입니다.

---
[3] 동태 : 움직이거나 변하는 상태

② 토양수분의 이동특성
  ㉠ 불포화토양에서 토양수분은 수분함량이 많은 곳에서 적은 곳으로 이동합니다.
  ㉡ 불포화상태에서 수분이동은 대공극이 아닌 모세관공극이나 토양입자의 표면에 흡착된 수분층을 따라 일어납니다.
  ㉢ 불포화상태에서는 중력퍼텐셜보다 매트릭퍼텐셜이 더 중요하게 작용합니다.

③ 토양 내에서의 수분이동의 종류
  ㉠ 중력에 의한 이동 : 중력에 의해 아래로 이동
    • 침투 : 물이 토양공극 속으로 들어가서 토양수가 되는 과정
    • 투수 : 침투된 물이 중력작용에 의해 아래쪽으로 이동하는 현상
  ㉡ 표면장력에 의한 이동 : 토양 표면에 흡착된 수분층을 따라 이동하거나 모세관공극을 통해 이동
  ㉢ 수증기에 의한 이동 및 증발 : 거의 대부분 지표면에서 증발의 형태로 일어나고 아주 적은 비중으로 토양공극 내에서 이동(내부이동)이 이루어짐
  ㉣ 유거 : 수분이 지표면을 따라 수평으로 이동하는 현상

④ 비산출율과 비보유율
  ㉠ 비산출율 : 중력의 영향에 의해 배출되는 물, 비산출율을 통해 이용가능한 물의 수량을 알 수 있습니다.
  ㉡ 비보유율 : 암석표면과 작은 공극에 필름처럼 붙어 있는 물, 비보유율을 통해 암석 내 남아있는 물의 양을 알 수 있습니다.

식 $n(\text{공극률}) = S_y(\text{비산출율}) + S_r(\text{비보유율})$

식 $S_y(\text{비산출율}) = \dfrac{V_d(\text{배출되는 물의 부피})}{V_t(\text{전체 부피})}$

식 $S_r(\text{비보유율}) = \dfrac{V_r(\text{남아있는 물의 부피})}{V_t(\text{전체 부피})}$

(2) 물질이동확산
① **이류** : 유체가 이동함에 따라 물질이 같이 이동하는 현상(ex 강의 흐름)
② **확산** : 농도차에 의해 분자가 확산되는 현상, 이 현상은 Fick의 확산법칙으로 설명되고 농도차에 비례하여 확산이 진행되는 현상을 말합니다.

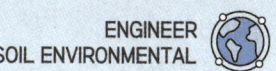

## A-B-A 복습정리 | UNIT 04 토양에서의 오염물질 이동

### ❶ 오염물질의 동태와 이동

**(1) 물리적 작용**

① 투수성
② 공극
③ 물리적 흡착
④ darcy 법칙

식 $V = \dfrac{KI}{n}$

**(2) 화학적 작용**

① 용해도
② 오염물질과 토양계 사이의 이동 : 증발, 용해, 휘발, 흡착
③ 침전

**(3) 생물학적 작용**

① 동태[4]
② 분해

### ❷ 오염물질의 이동 및 저감방안

**(1) 토양수분의 이동**

① 토양수분의 퍼텐셜

식 총 수분퍼텐셜($\Psi_T$) = 매트릭퍼텐셜($\Psi_m$) + 중력퍼텐셜($\Psi_g$) + 압력퍼텐셜($\Psi_p$) + 삼투퍼텐셜($\Psi_o$)

㉠ 매트릭퍼텐셜($\Psi_m$) : 토양 입자와 물 사이에 존재하는 인력에 따라 구속되는 물의 에너지

---

4) 동태 : 움직이거나 변하는 상태

   &copy; 중력퍼텐셜($\psi_g$) : 중력에 의해 아래로 내려가려는 물의 에너지
   &copy; 압력퍼텐셜($\psi_p$) : 물의 무게로 인한 압력 때문에 생기는 에너지
   &copy; 삼투퍼텐셜($\psi_o$) : 액체에 용질이 용해되면 용질의 농도에 따라 액체의 농도를 평형상태로 낮추기 위해 물이 이동하는 에너지

  ② **토양수분의 이동특성**
   ㉠ 불포화토양에서 토양수분은 수분함량이 많은 곳에서 적은 곳으로 이동합니다.
   ㉡ 불포화상태에서 수분이동은 대공극이 아닌 모세관공극이나 토양입자의 표면에 흡착된 수분층을 따라 일어납니다.
   ㉢ 불포화상태에서는 중력퍼텐셜보다 매트릭퍼텐셜이 더 중요하게 작용합니다.

  ③ **토양 내에서의 수분이동의 종류**
   ㉠ 중력에 의한 이동 : 침투, 투수
   ㉡ 표면장력에 의한 이동
   ㉢ 수증기에 의한 이동 및 증발
   ㉣ 유거

  ④ **비산출율과 비보유율**
   ㉠ 비산출율 : 중력의 영향에 의해 배출되는 물
   ㉡ 비보유율 : 암석표면과 작은 공극에 필름처럼 붙어 있는 물

$$n(\text{공극률}) = S_y(\text{비산출율}) + S_r(\text{비보유율})$$

$$S_y(\text{비산출율}) = \frac{V_d(\text{배출되는 물의 부피})}{V_t(\text{전체 부피})}$$

$$S_r(\text{비보유율}) = \frac{V_r(\text{남아있는 물의 부피})}{V_t(\text{전체 부피})}$$

### (2) 물질이동확산

 ① **이류** : 유체가 이동함에 따라 물질이 같이 이동하는 현상(ex 강의 흐름)
 ② **확산** : 농도차에 의해 분자가 확산되는 현상, 이 현상은 Fick의 확산법칙으로 설명되고 농도차에 비례하여 확산이 진행되는 현상을 말합니다.

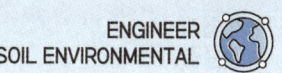

## 기출문제로 다지기 — UNIT 04 토양에서의 오염물질 이동

**01** 원통칼럼에 수리전도도가 0.2m/hr인 토양을 충진하여 수평으로 놓고 토양 내 기포가 생기지 않게 일정한 유량의 물을 흘려보내 주었다. 유량과 단면적의 비 값은 0.05m/hr이었고 칼럼전체의 수두차는 0.25m이었다. 실험에 사용한 원통 칼럼의 길이(m)는?

① 0.1     ② 0.5
③ 1       ④ 2

**해설** **식** $V = \dfrac{KI}{n}$

- $n$ : 주어지지 않았음으로 고려하지 않는다.
- $I = \dfrac{\Delta H(\text{수두차})}{L(\text{길이})}$

$0.05 = 0.2 \times I = 0.2 \times \dfrac{0.25m}{L}, \quad \therefore L = 1m$

**02** 토양 컬럼실험결과 물의 수리전도도가 7m/day이었다. 동일한 조건의 컬럼에서 기름이 통과될 경우의 수리전도도(m/day)는? (단, 물의 동점도 : $1.8 \times 10^{-3}$kg/m·s, 물의 밀도 : 1000kg/m³, 기름의 동점도 : 0.05kg/m·s, 기름의 밀도 : 625kg/m³)

① 약 0.08     ② 약 0.16
③ 약 0.32     ④ 약 0.64

**해설** 수리전도도는 물질의 밀도에 비례, 점도에는 반비례하므로
$\therefore$ 수리전도도 $= \dfrac{7m}{day} \times \dfrac{625kg/m^3}{1000kg/m^3} \times \dfrac{1.8 \times 10^{-3} kg/m \cdot sec}{0.05 kg/m \cdot sec}$
$= 0.1575 m/day$

**03** 토양수의 이동에 대한 내용과 가장 거리가 먼 것은?

① 중력에 의한 이동
② 표면장력에 의한 이동
③ 수증기에 의한 이동 및 증발
④ 토양입자의 인력에 의한 이동

**04** 그림과 같이 매립지 저면은 두께가 1m인 점토차수층(llner)으로 되어 있다. 침출수의 평균수두가 해발표고 11m이고, 점토차수층 하부에 분포된 대수층의 평균수두가 해발 1m이며, 침출수가 이동하는 차수층의 길이는 1m, 점토층의 유효 공극률은 0.2, 수직투수계수는 $10^{-7}$cm/sec일 때 침출수가 점토차수층을 통과하는데 소요되는 시간(day)은? (단, 침출수는 점토 차수층과 반응을 하지 않는다고 가정)

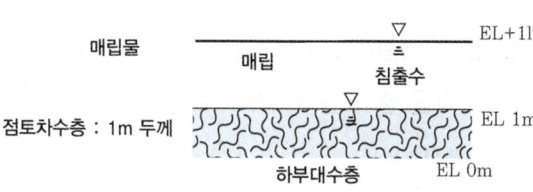

① 약 132      ② 약 231
③ 약 552      ④ 약 1034

**해설** **식** $t = \dfrac{L}{V}$

**식** $V = \dfrac{KI}{n}$

- $K = 10^{-7} cm/\sec$
- $I = \dfrac{\Delta H}{L} = \dfrac{(11-1)m}{1m} = 10$

$V = \dfrac{10^{-7} cm}{\sec} \times \dfrac{10}{0.2} = 5 \times 10^{-6} cm/\sec$

**정답** 01. ③   02. ②   03. ④   04. ②

$$\therefore t = \frac{1m}{5 \times 10^{-6} cm/\sec} \times \frac{1day}{86400\sec} \times \frac{100cm}{1m}$$
$$= 231.48 day$$

**05** 지하수의 수리전도도가 $2.0 \times 10^{-3}$ cm/sec이고, 공극비(e : void ratio)가 0.25일 때 지하수의 평균선형유속(cm/sec)은? (단, 동수구배 = 0.001, Darcy의 법칙 적용)

① $1.0 \times 10^{-5}$  ② $5.0 \times 10^{-5}$
③ $5.0 \times 10^{-7}$  ④ $8.0 \times 10^{-7}$

**해설** **식** $V = \dfrac{KI}{n}$

· 공극률$(n) = \dfrac{\epsilon}{1+\epsilon} = \dfrac{0.25}{1+0.25} = 0.2$

$$\therefore V = \frac{(2 \times 10^{-3} cm/\sec) \times 0.001}{0.2}$$
$$= 1 \times 10^{-5} cm/\sec$$

**06** 지하수 흐름속도는 Darcy의 법칙으로 계산할 수 있다. 다음 중 흐름속도의 계산인자가 아닌 것은?

① 수리전도도  ② 유효공극율
③ 수두구배   ④ 지층두께

**07** 지하수 상류와 하류, 두 지점의 수두차 1.5m, 두 지점 사이의 수평거리 500m, 투수계수 250m/day일 때 대수층의 단면적 4m²인 지하수의 유량(m³/day)은? (단, Darcy 법칙 적용, 기타 사항은 고려하지 않음)

① 1.5  ② 3.0
③ 4.5  ④ 6.0

**해설** **식** $Q = A \times V$

**식** $V = \dfrac{KI}{n}$

· $V = \dfrac{250m}{day} \times \dfrac{1.5m}{500m} = 0.75 m/day$

· $A = 4m^2$

$Q = 4m^2 \times 0.75 m/day = 3 m^3/day$

**08** 공극률 0.2, 다시안 유속(Darcian velocity) 0.2cm/hr인 포화대수층의 공극에서 실제 지하수가 이동하는 속도(cm/hr)는?

① 0.2  ② 0.4
③ 5.0  ④ 1.0

**해설** **식** $V = \dfrac{KI}{n}$

$$\therefore V = \frac{0.2 cm/hr}{0.2} = 1.0 cm/hr$$

**09** 오염물질 저감에 기여하는 요소가 아닌 것은?

① 표면흡착    ② 분자확산
③ 고체내부 확산  ④ 침전

**10** 지하수의 흐름을 설명하기 위한 Darcy법칙에서 사용되는 인자와 가장 거리가 먼 것은?

① 입자비중  ② 단면적
③ 수두차   ④ 수리전도도

**정답** 05. ①  06. ④  07. ②  08. ④  09. ②  10. ①

**11** 오염물질의 이동특성 중 이류(advection)에 해당하는 것은?

① 용액의 농도가 불균일할 때 농도가 높은 곳으로부터 낮은 곳으로 물질이 이동하는 것
② 지하수환경으로 유입된 오염물질이 지하수의 공극유속과 같은 속도로 움직이는 것
③ 용질이 다공질 매체를 통하여 이동하는 과정에서 희석되는 것
④ 용질의 유동이 예상보다 늦어지는 현상

**12** 1m³의 건조모래를 가득 채운 용기에 물을 부어 공극이 완전히 채워졌을 때 사용한 물의 양은 240L이었다. 배수용 꼭지를 틀어 장기간 물을 중력 배수시켰을 때 210L가 중력 배수되었다. 이 때 모래의 비보유율은?

① 0.03　　② 0.05
③ 0.10　　④ 0.15

**해설 식** $S_r(비보유율) = \dfrac{V_r(남아있는 물의 부피)}{V_t(전체 부피)}$

$S_r(비보유율) = \dfrac{(240-210)L}{1m^3} \times \dfrac{1m^3}{10^3 L} = 0.03$

**13** 0~40cm 깊이의 상층부 토양의 중량수분 함량이 15%, 용적밀도가 1.2g/cm³이고, 40~100cm 깊이의 하층부 토양의 중량수분 함량이 25%, 용적밀도가 1.4g/cm³일 때, 이 토양 10ha에서 1m 깊이까지 함유되어 있는 물의 부피(m³)는?

① 18,200　　② 28,200
③ 38,200　　④ 48,200

**해설** 물의 부피 =

$\left[\left((40-0)cm \times \dfrac{1.2g}{cm^3} \times 0.15\right) + \left((100-40)cm \times \dfrac{1.4g}{cm^3} \times 0.25\right)\right]$

$\times 10ha \times \dfrac{10^4 m^2}{1ha} \times \dfrac{10^4 cm^2}{1m^2} \times \dfrac{1톤}{10^6 g} \times \dfrac{1m^3}{1톤} = 28,200 m^3$

정답　11. ②　12. ①　13. ②

## UNIT 05 토양오염대책

### ❶ 특정토양오염관리대상시설 관리

**(1) 특정토양오염관리대상시설의 종류 및 현황**

① 특정토양오염관리대상시설의 종류
  ㉠ 위험물안전관리법에 의한 2만리터 이상 석유류 제조 및 저장시설
  ㉡ 유해화학물질관리법에 의한 유독물 제조 및 저장시설
  ㉢ 송유관안전관리법에 의한 송유관 시설
  ㉣ 기타 환경부장관이 고시한 시설 등

② 특정토양오염관리대상시설 현황
  특정토양오염관리대상시설 설치신고 업소 수는 16년 기준 21,877개소로 2005년 이후부터 비슷한 개소 수를 유지하고 있습니다.

**(2) 토양오염검사**

특정토양오염관리대상시설을 설치한 자는 정기적으로 지방환경관서장이 지정한 토양관련전문기관으로부터 토양오염검사를 받아야 합니다. 토양오염검사는 토양오염도검사와 누출검사를 구분하여 실시하고 있습니다.

① 토양오염도검사
  토양오염도검사는 저장시설의 설치년수 등에 따라 1년~3년 주기로 검사를 받도록 하고 설치 후 15년이 지난 저장시설, 자연환경보전지역, 지하수보전구역, 상수원보호구역, 팔당·대청특별대책지역 내에 있는 특정토양오염관리대상시설은 매년 토양오염검사를 실시하여야 하며, 기타 시설은 설치년수에 따라 1~3년의 범위 내에서 받도록 하여 설치지역과 설치년수에 따라 차등을 두어 토양오염검사를 받도록 하고 있습니다.
  토양오염도 검사결과 토양오염우려기준의 40%를 초과하는 경우에는 의무적으로 누출검사를 실시하여야 하고, 토양오염우려기준을 초과한 경우에는 시장·군수·구청장의 시정명령 등에 따라 시설의 개선이나 정밀조사의 실시 및 오염토양을 정화하여야 합니다.

② 누출검사
  06.7.1부터는 토양오염도검사만으로는 오염물질 누출을 사전에 예방하는 데에 한계가 있어 10년 이상된 저장시설은 4년 또는 6년 주기로 정기적인 누출검사를 받도록 하여 토양오염의 사전예방체계를 강화하고 있습니다.

## (3) 특정토양오염관리대상시설의 관리체계

┌─────────────────────────────────────────┐
│    ㉠ 특정토양관리대상시설 신고                  │
└─────────────────────────────────────────┘
                    ⬇
┌─────────────────────────────────────────┐
│    ㉡ 토양오염방지시설 설치                     │
└─────────────────────────────────────────┘
                    ⬇
┌─────────────────────────────────────────┐
│    ㉢ 토양오염도 검사 or 토양오염도 검사 + 누출검사  │
└─────────────────────────────────────────┘
                    ⬇
┌─────────────────────────────────────────┐
│    ㉣ 시정명령                              │
└─────────────────────────────────────────┘
                    ⬇
┌─────────────────────────────────────────┐
│    ㉤ 토양정화검증 및 완료                     │
└─────────────────────────────────────────┘

〈특정토양오염관리대상시설 관리 체계도〉

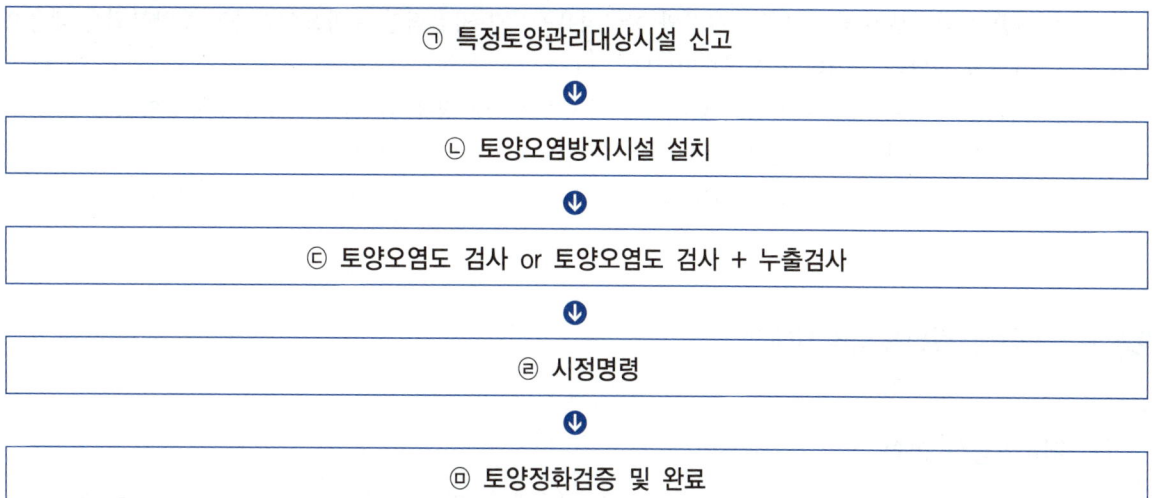

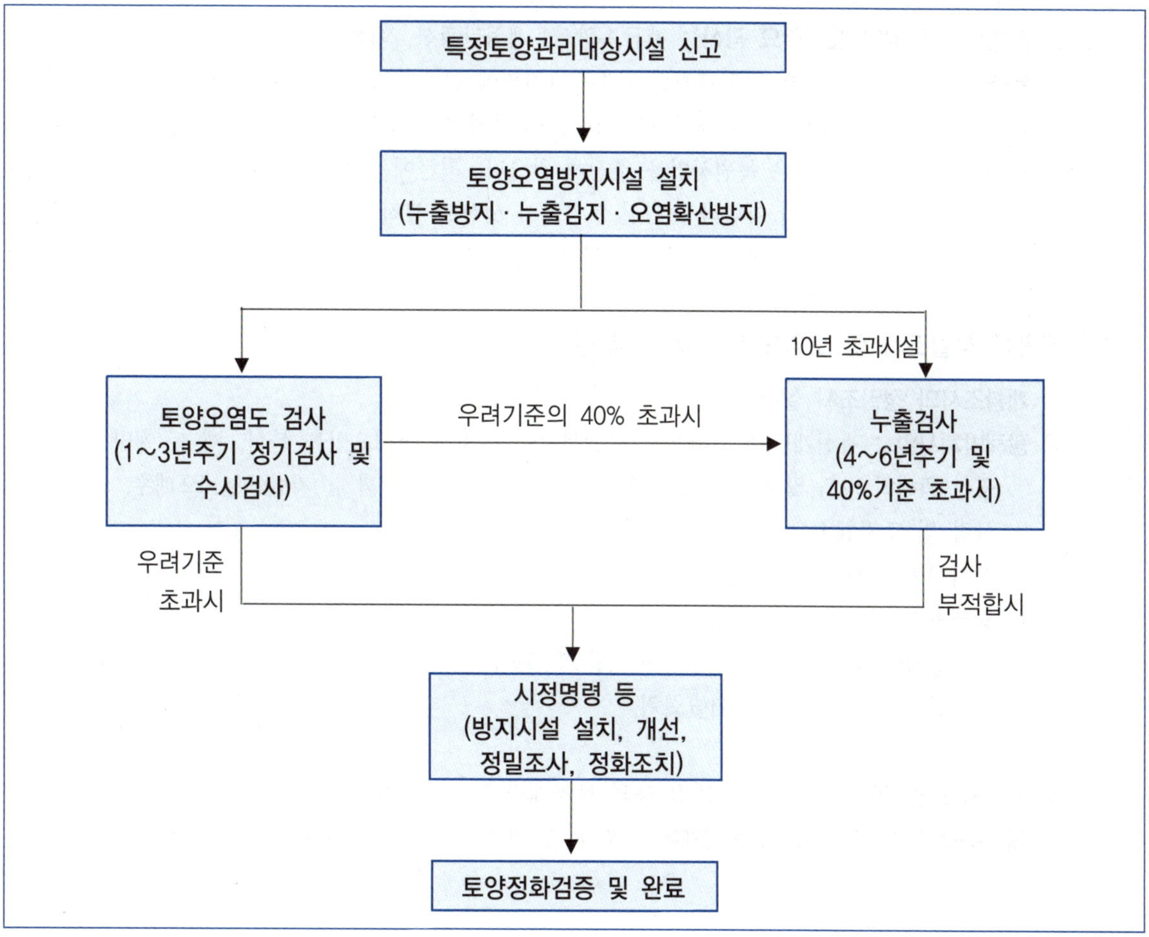

### (4) 오염토양복원을 위한 자발적 협약

① **내용** : 환경부는 국내 4대 정유사와 한국석유공사가 자율적인 토양오염검사와 토양복원을 내용으로 하는 자발적 협약을 체결하여 운영중입니다.
② **의의** : 국내 총 유류 유통량의 대부분을 차지하는 4대 정유사와 한국석유공사가 토양오염 예방 및 복원에 자율적이고 선도적인 역할을 한다는데 큰 의의가 있습니다. 또한 자발적 협약 체결은 자율적인 토양보전 분위기의 확산을 통해 유류 다량취급업체 등을 대상으로 협약체결의 확대도 기대됩니다.

## 2 폐금속광산 토양오염방지대책

### (1) 폐금속광산 현황

① **우리나라 광산** : 우리나라광산은 석탄광산, 금속광산, 기타 석회석광산 등으로 구분되며, 이중 금속광산의 광석에 포함되어 있는 중금속성분과 제련과정에서 사용되는 시안(CN)등 화학약품, 갱구에서 유출되는 갱내수 등이 주요 토양오염원이라 할 수 있습니다.
② **토양오염을 유발하는 주요 광산** : 폐금속광산, 폐석탄광산, 폐석면광산이 대표적입니다.
③ **복원현황** : 1970년도 이전에 폐광된 금속광산지역에 산재한 광미, 갱내수, 폐석 등으로 주변 농경지, 하천 등의 오염으로 환경문제가 대두되어 1992년도부터 폐금속광산 주변지역의 토양에 대한 조사를 시작하여 오염이 심각한 지역은 복원사업을 추진해 왔으나, 최근에는 폐금속광산 주변의 토양오염 범위가 농경지, 하천수, 지하수 뿐만 아니라 오염된 토양에서 생산된 농작물에 2차 오염되어 최근에는 주민들의 건강까지 위협하고 있다는 주장이 제기되고 있습니다.

### (2) 폐광산 정밀조사 및 토양오염방지사업 추진

① **개황조사와 정밀조사 실시**
② **광해방지사업** : 광산개발로 인해 국민건강생활에 미치는 피해요인을 분석, 제거, 예방
　㉠ 광산 광해의 방지 및 훼손지 복구 사업 : 폐석, 침출수, 찌꺼기, 지반균열, 오폐수, 소음, 진동, 먼지, 산림 및 토지훼손
　㉡ 폐시설물 철거 및 처리
　㉢ 광해방지시설 설치 및 운영
　㉣ 광해방지를 위한 조사, 연구, 기술개발 및 교육
　㉤ 광해방지에 관한 국내외 기술협력
　㉥ 토양오염 개량
③ **농경지 토양개량** : 규산질, 석회질 등의 토양개량제를 공급하여 산성토양을 개량
④ **폐금속광산 주변 토양관리 종합계획** : 조사 및 방지사업완료 후 사후관리 등 종합적인 관리

### (3) 정화대책

① **생물학적 분해** : Bioventing, 식물복원방법
② **물리화학적 분해** : 토양세척법, 토양세정법
③ **안정화 및 고형화 처리** : 시멘트화, 유리화

## ❸ 주유소 토양오염관리대책

### (1) 예방대책

① **이중벽 탱크** : 철제탱크의 외부에 강판이나 유리섬유강화플라스틱(FRP) 또는 고밀도폴리에틸렌(HDPE) 등을 피복 처리해 이중벽 구조로 만든 탱크를 말합니다. 이중벽 사이 공간에 누유나 수분을 감지할 수 있는 센서를 갖추고 있어 오염 여부를 사전에 감지할 수 있습니다.
② **이중배관** : 합성수지 계열의 다중 복합체 구조를 가진 배관, 내부가 최소 이중 이상의 구조로 구성되어 안전성과 유연성, 내구성이 뛰어납니다.
③ **섬프(Sump)** : 부식되지 않는 재질의 집유통으로 기름이 흘러내리거나 넘칠 경우 기름이 땅으로 스며들지 않도록 하는 장치입니다. 특히 주유기를 수리하거나 주유기의 부품이 노화되었을 때, 주유기 배관의 연결부위가 훼손되었을 때 기름누출을 막아줍니다.
④ **누유감지 및 경보장치** : 누유 감지관을 통해 탱크 누유와 수분을 감지해 알려주는 장치
⑤ **탱크조실 및 유수분리조** : 탱크조실은 유류 저장탱크가 들어가는 곳에 두께 30cm 이상의 콘크리트 구조물입니다. 유수분리조는 주유소 바닥에 흘러내린 기름이 확산되지 않도록 트렌치에 연결되어 기름과 물을 분리하는 시설로써 대부분 4단 구조로 설치돼 있습니다.
⑥ **유증기 회수장치** : 누출되는 휘발성 유기화합물을 회수하는 시설 장비로 대기오염을 방지하고 유류 저장탱크의 재고를 늘립니다.

### (2) 정화대책

① **생물학적 분해** : Biodegradation, Bioventing, Landfarming 등
② **물리화학적 분해** : 토양세척법, 토양증기추출법(SVE) 등
③ **열적 처리**

### 4 기타 토양오염유발시설 관리대책

#### (1) 골프장 농약사용제한
① 전국 골프장에 대하여 농약사용량 및 잔류량을 연 2회 조사
② 조사결과를 분석하여 골프장의 농약사용으로 인한 환경오염방지대책 자료로 활용
③ [물환경보전법]에서는 골프장을 설치·관리하는 자는 맹독성 및 고독성 농약의 사용을 금지하고 있으나 수목의 해충·전염병 등의 방제를 위하여 관할행정기관의 장이 불가피하다고 인정하는 경우 승인을 받아 사용할 수 있도록 하고 있으며, 이를 위반할 경우에는 1천만원 이하의 과태료 처분을 받게 됩니다.
④ 전국에 운영중인 골프장의 맹·고독성 농약사용 및 농약 과다사용 골프장에 대하여 정기적으로 지방청 및 시·도 합동점검을 실시
⑤ 기존 골프장의 맹·고독성 농약사용 자제, 농약사용 줄이기, 친환경 농약사용 유도 및 신설 골프장의 친환경적인 건설을 유도할 계획

#### (2) 상수원보호구역의 잔류농약조사
① 환경부는 팔당호, 대청호 등 전국 주요 상수원보호구역내의 농경지의 유출수, 토양 및 상수원수에 대한 농약 잔류실태를 연 2회 조사
② 조사회수 및 시기로는 수질은 농약의 다량 사용으로 유출 우려가 높은 시기 중 갈수기 및 장마철에, 토양은 작물재배전, 수확 후로 각각 연 2회 씩 조사
③ 조사대상은 상수원보호구역내의 농경지 중 광역상수원 및 급수인구가 많은 지역위주로 선정하여 조사

---

**A-B-A 복습정리** | **UNIT 05 토양오염대책**

💡 내용이 전부 법령기준이므로 요약이 아닌 전체내용을 숙지하여야 합니다.

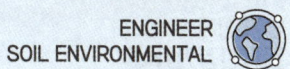

## 기출문제로 다지기 — UNIT 05 토양오염대책

**01** 주유소에 대한 사전오염예방대책과 정화대책을 순서대로 나열한 것은?

① 방조벽 시설 – 고형화 안정화기술
② 이중벽시설 – 중화제를 이용한 화학적 처리기술
③ 추출시설 – 저온 열탈착
④ 부식산화 방지시설 – 토양증기추출법

[해설]
1. 고형화 안정화 기술은 중금속의 처리에 주로 사용
2. 중화제를 이용한 화학적 처리기술은 산성토양에 적용
3. 추출시설은 유증기 및 VOC 물질처리에 이용되고, 저온 열탈착은 고농도 유류오염에 처리된다.

**02** 중금속으로 오염된 토양에 대한 대책 중 적합하지 않은 것은?

① 석회질 자재를 투여하여 토양의 pH를 중금속을 수산화물로 침전
② 인산비료 투여를 줄여 토양 산성화에 따른 난용성의 인산염 생성을 억제
③ 오염된 토양을 깎아 내고 그 위에 객토
④ 토양 중 중금속을 특이적으로 흡수, 농축하는 식물을 이용하여 제거

[해설] 인산비료는 토양 산성화에 따른 중금속을 고착시키는데 효과적인 매체이며 중금속 활성을 억제시키는 효과가 있다.

**03** 토양유실을 위해 토양을 피복하고자 할 때 토양유실 방지를 위한 피복식물로서 가장 효과적인 것은?

① 무우     ② 옥수수
③ 감자     ④ 목초

**04** 중금속으로 오염된 pH가 낮은 산용액을 이용하여, 중금속을 토양으로부터 분리시켜 처리하는 토양복원 방법은?

① 토양유리화방법(vitrification)
② 토양세척법(Soil washing)
③ 토양경작법(Soil landfaeming)
④ 토양증기추출법(Soil vapor extraction)

**05** 식물정화의 처리원리가 식물에 의한 추출인 경우, 중금속, 방사성물질을 효과적으로 처리할 수 있는 대표식물종으로 가장 알맞은 것은?

① 포플러나무     ② 자주개나리
③ 해바라기       ④ 버드나무

**06** 오염토양개선사업의 종류와 가장 거리가 먼 것은?

① 오염수변 지역 정화사업
② 오염토양의 위생적 매립 · 정화사업
③ 객토 및 토양개량제의 사용 등 농토배양 사업
④ 오염물질의 흡수력이 강한 식물식재사업

[해설] 시행령 제13조(오염토양개선사업의 종류)
1. 객토 및 토양개량제의 사용 등 농토배양사업
2. 오염된 수로의 준설사업
3. 오염토양의 위생적 매립 · 정화사업
4. 오염물질의 흡수력이 강한 식물식재사업
5. 그 밖에 특별자치시장 · 특별자치도지사 · 시장 · 군수 · 구청장이 필요하다고 인정하는 사업

정답  01. ④  02. ②  03. ④  04. ②  05. ③  06. ①

**07** 특정토양오염관리대상시설의 종류에 해당하지 않는 것은?

① 특정토양오염물질 제조 및 저장시설
② 석유류의 제조 및 저장시설
③ 유해화학물질의 제조 및 저장시설
④ 송유관시설

해설 [특정토양오염관리대상시설의 종류]
1. 위험물안전관리법에 의한 2만리터 이상 석유류 제조 및 저장시설
2. 유해화학물질관리법에 의한 유독물 제조 및 저장시설
3. 송유관안전관리법에 의한 송유관 시설
4. 기타 환경부장관이 고시한 시설 등

**08** 토양환경평가를 위한 조사 중 시료의 채취 및 분석을 통해 토양오염의 정도와 범위를 조사하는 것은?

① 개황조사   ② 정밀조사
③ 기초조사   ④ 전문조사

해설
1. 기초조사: 자료조사, 현장조사 등을 통한 토양오염 개연성 여부 조사
2. 개황조사: 시료의 채취 및 분석을 통한 토양오염 여부 조사
3. 정밀조사: 시료의 채취 및 분석을 통한 토양오염의 정도와 범위 조사

**09** 중금속으로 오염된 토양을 처리할 경우 효율이 가장 낮은 기술은?

① Bioleaching   ② Stabilization
③ Bioaccumulation   ④ Landfarming

해설 Landfarming(토양 경작법)은 주로 휘발성 성분이 많은 유류오염토양에 적용됩니다.

정답  07. ①  08. ②  09. ④

# 02 CHAPTER | 지하수 환경

## UNIT 01 물의 부존량과 순환

### 1 물의 부존량

#### (1) 수자원 분포

지구상의 수자원 분포는 바다 97.2%, 육지 2.8%이고, 이중 육지의 2.8%는 담수호 0.009%, 염수호와 내해 0.008%, 하천 및 호소수 0.0067%, 토양수분 0.005%, 지하수(지하 4천m 상부) 0.61%, 빙하 2.14%, 대기 (수증기) 0.001%로 담수 중 대부분이 빙하와 지하수가 차지하고 있습니다. 담수의 양 중 빙하를 제외하면 실제로 사용할 수 있는 물 중 가장 많은 것은 지하수이지만, 지하수는 별도의 개발을 하여야만 사용이 가능하여 접근성이 어렵습니다. 사용하기 쉬운물은 하천수와 호소수이고, 그 수량이 수자원 총량에 비해 매우 적습니다.

① **수자원의 분포** : 바다 > 빙하 > 지하수 > 담수호 > 염수호와 내해 > 토양수분 > 하천(강)
② **담수의 분포** : 빙하 > 지하수 > 담수호 > 토양수 > 하천(강)

#### (2) 우리나라의 수자원 현황

우리나라는 연평균 강수량이 1,245mm로 세계의 연 평균 강수량 880mm의 1.4배이지만, 1인당 연 강수총량은 2,591m³로 세계의 강수 총량 19,635m³의 1/8밖에 되지 않아 매우 적은 편입니다. 이렇게 사용할 수 있는 물의 양이 적어지는 이유는 세가지로 정리할 수 있습니다.
첫째, 우리나라의 강수특성이 여름에만 집중적으로 비가 옵니다. 이 특성을 최대유량과 최소유량의 비가 크다, 즉 하상계수가 매우 크다라고 합니다. 둘째, 인구밀도가 높아 1인당 사용할 수 있는 물의 양이 적습니다. 셋째, 토양층이 얇아 토양의 보습능력이 적습니다. 이러한 특성들은 우리나라의 수자원관리를 더욱 어렵게 합니다. 우리나라의 수자원의 이용현황은 다음 표와 같습니다.

〈우리나라 수자원 이용현황〉

| 수자원<br>이용 가능량 | 하천수 이용 | 댐용수 이용 | 지하수 이용 |
|---|---|---|---|
| | 172억 톤(14%) | 103억 톤(8%) | 26억 톤(2%) |
| | 총 301억 톤(총량의 24%) ||||

| 사용수량<br>(총 301억톤) | 생활용수 | 공업용수 | 농업용수 | 유지용수 |
|---|---|---|---|---|
| | 49억 톤(16%) | 23억 톤(8%) | 139억 톤(46%) | 90억 톤(30%) |

*자료 : 한국수자원공사

① 우리나라는 하상계수가 큼
② 수자원 이용가능량 : 하천수 > 댐용수 > 지하수
③ 수자원 사용수량 : 농업용수 > 유지용수 > 생활용수 > 공업용수
④ 국내 지하수 이용현황 : 생활용수(49%) > 농업용수(44%) > 공업용수(5%) > 기타

*자료 : 수자원장기종합계획(2006)

## 2 물의 순환

(1) **증발 및 증산** : 증발은 물이 수증기가 되어 상승하는 것이고, 증산은 식물에서 발생한 물이 대기 중으로 배출되는 것을 말합니다. 증발은 대부분이 바다에서 이루어지기 때문에 물의 순환량 중 가장 큰 비중을 차지합니다.

(2) **응축** : 수증기가 찬 공기를 만나게 되면 물방울이 맺히는 현상으로, 구름이 형성되거나, 이슬이 맺히는 현상을 말합니다.

(3) **강수** : 비나 눈이 내리는 것을 말합니다.

(4) **침투 및 침루** : 빗물이 지면에 투과되는 것을 침투라고 하고, 침투된 물이 지하수대까지 이용하는 것을 침루라고 합니다.

(5) **표면 유출** : 지표면에 내린 강수량이 토양의 침투량보다 많게 되면 토양으로 침투되지 않은 강수는 지표면을 따라 하류방향으로 이동하게 되고 이것을 표면 유출이라 합니다.

# UNIT 02 지하수 수리특성

## 1 지하수

빗물이 토양아래로 침투하여 만들어진 물을 말합니다. 토양을 침투하면서 여과작용을 통해 유기물이 제거되고, 빗물이 가지고 있던 탄산성분과 토양표층이 가지고 있던 유기산성분을 가지고 아래로 침투될 때, 암석의 무기물을 용해시키면서, 지하수의 성분은 유기물은 적고 무기물성분이 많은 물이 됩니다. 따라서 지하수는 지표면아래 불포화층(토양에 고상, 액상, 기상이 존재하는 층)과 포화층(암석층인 고상과 지하수층인 액상이 존재하는 층)에 있는 물을 통합하여 지하수로 지칭합니다.

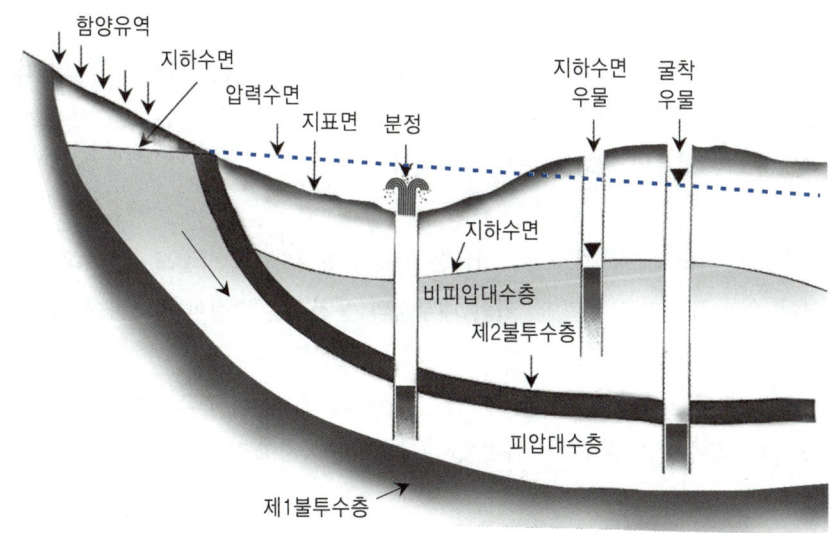

> **💡 대수층의 종류**
> ① 비피압대수층 : 토양층 아래, 암반층 위에 형성된 지하수층으로 자유수면을 가집니다.
>   ㉠ 심정 : 자유수면을 갖는 대수층에 우물바닥이 불투수층까지 도달한 경우의 우물
>   ㉡ 천정 : 자유수면을 갖는 대수층에 우물바닥이 불투수층까지 도달하지 못한 경우의 우물
> ② 피압대수층 : 암반층과 암반층 사이에 형성된 지하수층으로 일반적으로 피압대수층에서의 흐름은 수평방향으로 진행됩니다.
> ③ 부유대수층 : 부분적인 난대수층의 존재로 인해 주 지하수면 보다 높은 위치에 지하수를 함유하고 있는 대수층. 지하수면과 지표 사이에 존재하며 짧은 시간 동안만 존재합니다.
> ④ 누수대수층 : 피압대수층이나 비피압대수층에서 상하의 불투수층들로부터 물이 새어나가거나 들어오는 대수층. 주대수층에 비해 두께가 상대적으로 얇고 수리전도도가 매우 낮습니다.

⑤ 기타
  ㉠ 준(반)대수층(지연대수층) : 물로 포화되어 있지만 대부분이 점토나 실트로 구성되어 아주 적은 양의 물만이 이동되거나 산출될 수 있는 지층, 대수층에 비해 상당히 낮은 투수성을 나타내나 인접한 대수층간의 지하수 이동에 대한 통로 역할을 하며 상당한 양의 물을 포함합니다.
  ㉡ 난대수층 : 물을 포함하고 있을 수 있으나, 보통의 현지조건하에서는 다량의 물을 통과시킬 수 없는 불투수성 지층
  ㉢ 불투수층 : 물을 포함하지도 않고 통과시키지도 않는 불투수성 지층

**(1) 천층수(비피압대수층) :** 지하로 침투한 물이 제2불투수층 위에 고인 물을 말합니다. 지표면을 통과하면서, 부유물질들이 대부분 제거되어 형성됩니다.

**(2) 심층수(피압대수층) :** 제1불투수층과 제2불투수층 사이의 고인 물을 말합니다. 피압대수층이라고도 합니다. 제2불투수층을 통과하면서 정화가 한번 더 이루어지고, 미생물도 적고, 유기물, 부유물질도 거의 없는 상태가 됩니다. 또한 온도와 성분의 변화도 거의 없습니다.

**(3) 용천수 :** 지하수가 자연적으로 지표로 솟아나온 물을 말합니다. 그 성질도 지하수와 비슷하고, 솟아나오는 과정에서 오염될 우려를 가지고 있지만, 거의 대부분의 용천수는 수질이 양호하여 음용수로 사용됩니다.

**(4) 복류수 :** 하천수 또는 호소수에 의하여 생기는 지하수로 하천수가 투수층을 통과하여 불투수층 위에 저류하는 물을 말합니다. 투수층을 통과하는 과정에서 수질이 좋아지고, 광물질 함유량도 그리 높지 않은 특징을 가지고 있습니다.

**(5) 지하수의 특징**
  ① 수온의 변동이 적다.
  ② 경도가 높다.
  ③ 자정작용이 거의 이루어지지 않는다.
  ④ 오염에 직접 노출되어 있지 않다.
  ⑤ 유기물의 함량이 거의 없다.
  ⑥ 용존산소가 적고, 유속이 느리다.
  ⑦ 세균에 의한 분해작용만 존재한다.

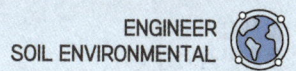

## 2 지하수 수리

### (1) 포화대의 지하수

포화대에서 지하수는 암석층과 지하수층으로 구분되어 있습니다. 여기서 지하수의 흐름은 암석층의 공극률에 따라 달라지고 전체공극크기에서 물이 토립자 사이를 유동할 수 있는 공극을 유효공극이라 합니다. 위 파트에서 배웠던 비보유율과 비산출율의 개념과 같이 생각해보면 포화대의 공극에 남아있는 물을 보유수라 부르고, 전체체적에 대한 보유수의 비를 비보유율이라고 할 수 있습니다. 반대로 중력에 의해서 포화대의 암석층에서 배수되는 물의 체적을 전체체적에 대한 비를 취하면 비산출률이라 할 수 있습니다.

① **유효공극률(ne)** : 물이 토립자 사이를 유동할 수 있는 공극의 비율, 유효공극률은 비산출률과 같게 됩니다.
② 비산출률은 공극률보다 항상 작게 됩니다.

### (2) 지하수의 에너지

$$E_m = gz + \frac{P}{\rho} = gz + \frac{\rho g h_p}{\rho} = g(z + h_p) = gh$$

- $E_m$ : 단위 질량당 에너지
- $z$ : 지하수가 존재하는 위치
- $P$ : 압력
- $h_p$ : 수두(압력을 높이로 환산한 값)
- $g$ : 중력가속도
- $m$ : 지하수의 질량
- $\rho$ : 밀도

### (3) 정상우물수리 : 양수량과 지하수면과의 관계

① 피압대수층 기준

$$h - h_0 = \frac{Q}{2\pi bK} ln\left(\frac{R}{r_0}\right)$$

② 비피압대수층 기준

$$h^2 - h_0^2 = \frac{Q}{\pi K} ln\left(\frac{r}{r_0}\right)$$

- $h$ : 전체수심
- $Q$ : 관정유량(취수유량)
- $K$ : 투수계수
- $r_0$ : 우물 반경
- $h_0$ : 수위
- $b$ : 대수층의 폭
- $R$ : 영향반경

③ 투수량계수($T$) (Thiem 방정식)

$$T = K \times b$$

- $b$ : 대수층의 폭
- $K$ : 투수계수

$$T = \frac{Q}{2\pi(h_2 - h_1)} ln\left(\frac{r_2}{r_1}\right)$$

- $Q$ : 유량(양수량)
- $h_1$ : 양수정에서 $r_1$ 만큼 떨어진 지점의 수위(m)
- $h_2$ : 양수정에서 $r_2$ 만큼 떨어진 지점의 수위(m)

### (4) 지하수 용존오염물질의 거동

① **이송(이류)** : 용질이 지하수의 유동에 따라 운반되는 과정, Darcy의 법칙에 따라 오염물질의 이동속도가 결정됩니다.
② **확산** : Fick의 법칙에 따라 농도차에 의해 이동하는 과정입니다. 고농도에서 저농도로 이동하여 평형을 이룹니다.
③ **분산** : 오염된 지하수는 다공질 기질을 통해 흐르면서 오염되지 않는 지하수에 분산됩니다. 유체의 유선 방향을 따라 섞이는 것을 종분산, 흐름방향과 수직방향의 분산을 횡분산이라 합니다.

> 💡 **종분산의 요인**
> ㉠ 유체가 공극을 통해 흐를 때 공극의 가장자리보다는 중심을 통해 더 빨리 흐른다.
> ㉡ 유체의 일부가 다른 것보다 더 긴 이동 경로를 갖는다.
> ㉢ 큰 공극을 지나는 유체가 작은 공극을 지나는 유체보다 빨리 흐른다.

④ **지연 효과** : 오염물질이 아래와 같은 반응을 할 경우 오염물질의 거동은 지연됩니다.
  ㉠ 흡착                ㉡ 이온교환
  ㉢ 침전                ㉣ 산화·환원

### (5) 추적자 시험
용질이동의 결과를 알아보기 위해 비반응성 물질을 주입하여 이동 후에 추적자 물질을 분석함으로써 이동정도를 분석하는 시험(추적자 물질 : 브롬, 염소이온, 중수소, 삼중수소, 요오드)

① **실내시험**

② **현장 추적자 시험**
  ㉠ 자연 구배법          ㉡ 단일공 순간 주입법
  ㉢ 재순환 시험법        ㉣ 단일공 주입/양수 - 다공 관측 시험법

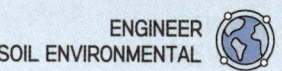

# UNIT 03 지하수 오염의 특성, 영향 및 조사

## 1 지하수 오염의 특성

지하수 오염은 오염물질이 고상에 흡착되고 액상에는 용존된 형태로 존재합니다. 따라서 두 상에 존재하는 오염물질을 동시에 제거하여야 합니다. 지하수 오염은 자연적인 오염과 인위적인 오염이 있습니다. 자연적인 오염의 대표적인 예는 바닷물의 침투에 의한 오염이고, 인위적인 오염의 대표적인 예는 비료와 퇴비에 다량존재하는 암모니아성 질소가 토양층을 통과하며 질산화미생물에 의해 질산성질소로 분해되어 유입됩니다.

### (1) 지하수 오염원
① 농경지
② 지하저장탱크
③ 하수관
④ 정화조
⑤ 매립지

### (2) 암석층별 지하수오염의 정도
① **석회암층** : 지하수 수량이 풍부한데 비해 투수성이 좋아 오염물질의 이동은 쉽고 흡착은 잘 이루어지지 않으므로 오염물질의 지하수로의 이동이 심화됩니다. 석회암층을 통과한 지하수는 칼슘의 농도가 높게 나타납니다.
② **미고결퇴적층** : 지하수 산출량이 비교적 높으며 지형적 위치에 따라 공극률과 투수성이 다르게 나타납니다. 하천에서 퇴적된 충적층은 공극률과 투수성이 높으며 풍부한 지하수를 보유하게 되는 반면, 평야에서 퇴적된 충적층은 공극률과 투수성이 낮은 편에 속합니다.
③ **변성암층** : 다른 암석층에 비해 비교적 공극률이 낮고 투수성도 적습니다.
④ **화강암** : 화강암층을 통과한 지하수는 규소의 농도가 높게 나타납니다.

### (3) 지하수오염물질
① **총대장균** : 하수, 정화조의 누수
② **질산성질소** : 농업활동 및 축산활동
③ **염소이온** : 해수침수
④ **PCE와 TCE** : 산업활동(금속표면의 기름을 세정하는 용매)
⑤ **중금속** : 카드뮴과 비소
⑥ **농약** : 농업활동

## 2 지하수 오염의 영향

### (1) 오염물질별 영향

① **총대장균** : 음용수 및 생활용수 사용 불가, 음용 시 수인성 전염병 유발
② **질산성질소** : 음용수 및 생활용수 사용 불가
③ **염소이온** : 토양 및 지하수의 염도 증가
④ **PCE와 TCE** : 현기증, 간장애, 신장장애, 발암
⑤ **중금속** : 생물농축으로 인한 피해
⑥ **농약** : 토양에 오랜기간 잔류하면서 생물상을 변화시키고 많은 종류의 토양세균을 멸살시킴으로 토양 생태계를 교란시킵니다. 생태계의 교란은 식물의 발육 및 병을 유발합니다.

### (2) 알칼리도

산을 중화시킬 수 있는 능력을 말합니다. 이 알칼리도를 유발하는 물질은 대부분이 공기중의 이산화탄소가 용해되면서 만들어 내는 탄산이온($CO_3^{2-}$), 중탄산이온($HCO_3^-$) 그리고 수산기이온($OH^-$) 등이 있습니다. 수중생물들은 pH 변화에 민감하며, 특히 오염물질 배출시 pH가 저하될 우려가 많이 있고, 알칼리도는 pH 저하를 방지해주면서 수중생물을 보호해줍니다.

① **pH에 따른 탄산염의 비율**

대기 중의 $CO_2$는 pH 6.35까지는 수중의 $CO_2$ 형태로 존재하다가, 6.35 이상부터는 형성된 탄산이 분해되면서 중탄산이온이 형성되고, 10.33 이상부터는 탄산이온으로 분해됩니다. 주로 대부분의 물은 6.35~10.33범위이므로 중탄산이온의 비율이 많습니다.

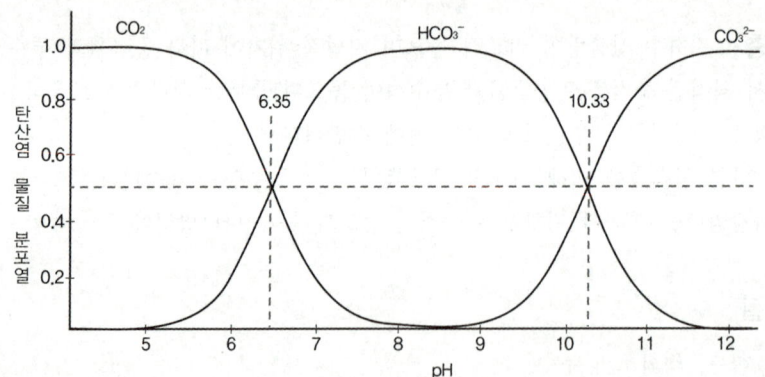

② **알칼리도의 계산**

알칼리도는 주입한 산의 양을 $CaCO_3$로 환산한 값으로 계산됩니다. 수중에 알칼리도 유발물질(탄산이온, 중탄산이온, 수산기이온)은 산을 유발하므로 $CaCO_3$로 환산하여 산출할 수 있습니다.

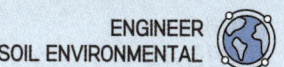

$$\boxed{식}\ 알칼리도(AlK) = \sum 알칼리도유발물질 \times \frac{100/2 mg}{1 meq}$$

- $1meq = 1 \times 10^{-3} eq$

### ③ pH와 알칼리도의 관계

알칼리도의 목표지점은 두 가지로 구분되는데, 첫 번째는 대상 용액의 pH를 4.5까지 떨어뜨렸을 때 알칼리도를 총 알칼리도(T)라고 하고, 두 번째는 대상 용액의 pH를 8.3까지 떨어뜨렸을 때 알칼리도를 페놀프탈레인 알칼리도(P)라고 합니다.

알칼리도를 두 가지로 측정하는 이유는 수산기이온만 많으면 pH가 매우 높고, 탄산이온이 많으면 pH가 9.5 이상, 수산기이온과 탄산이온이 많은 경우에는 pH가 10 이상, 탄산과 중탄산이온이 있는 경우에는 pH가 8.3 이상, 중탄산만 있는 경우에는 pH가 8.3 이하입니다.

### A-B-A 복습정리 | CHAPTER 02 지하수 환경

**UNIT 01** 물의 부존량과 순환

### ❶ 물의 부존량

(1) 수자원 분포

① **수자원의 분포** : 바다 > 빙하 > 지하수 > 담수호 > 염수호와 내해 > 토양수분 > 하천(강)
② **담수의 분포** : 빙하 > 지하수 > 담수호 > 토양수 > 하천(강)

(2) **우리나라의 수자원 현황** : 강수총량은 많으나, 이용하기 어려움

① 우리나라 물 이용이 어려운 이유

㉠ 우리나라의 강수특성이 여름에만 집중적으로 비가 옵니다.
㉡ 인구밀도가 높아 1인당 사용할 수 있는 물의 양이 적습니다.
㉢ 토양층이 얇아 토양의 보습능력이 적습니다.

〈우리나라 수자원 이용현황〉

| 수자원<br>이용 가능량 | 하천수 이용 | 댐용수 이용 | 지하수 이용 | |
|---|---|---|---|---|
| | 172억 톤(14%) | 103억 톤(8%) | 26억 톤(2%) | |
| | 총 301억 톤(총량의 24%) | | | |
| 사용수량<br>(총 301억톤) | 생활용수 | 공업용수 | 농업용수 | 유지용수 |
| | 49억 톤(16%) | 23억 톤(8%) | 139억 톤(46%) | 90억 톤(30%) |

*자료 : 한국수자원공사

① 우리나라는 하상계수가 큼
② 수자원 이용가능량 : 하천수 > 댐용수 > 지하수
③ 수자원 사용수량 : 농업용수 > 유지용수 > 생활용수 > 공업용수
④ 국내 지하수 이용현황 : 생활용수(49%) > 농업용수(44%) > 공업용수(5%) > 기타

*자료 : 수자원장기종합계획(2006)

## 2 물의 순환

(1) 증발 및 증산
(2) 응축
(3) 강수
(4) 침투 및 침루
(5) 표면 유출

## UNIT 02 지하수 수리특성

### 1 지하수 : 불포화층과 포화층에 존재하는 모든 수분

> **대수층의 종류**
> ① 비피압대수층 : 심정, 천정
> ② 피압대수층
> ③ 부유대수층
> ④ 누수대수층
> ⑤ 기타 : ㉠ 준(반)대수층(지연대수층)
>             ㉡ 난대수층
>             ㉢ 불투수층

(1) **천층수(비피압대수층)** : 지하로 침투한 물이 제2불투수층 위에 고인 물

(2) **심층수(피압대수층)** : 제1불투수층과 제2불투수층 사이의 고인 물

(3) **용천수** : 지하수가 자연적으로 지표로 솟아나온 물

(4) **복류수** : 하천수 또는 호소수에 의하여 생기는 지하수로 하천수가 투수층을 통과하여 불투수층 위에 저류하는 물

(5) **지하수의 특징**
  ① 수온의 변동이 적다.
  ② 경도가 높다.
  ③ 자정작용이 거의 이루어지지 않는다.
  ④ 오염에 직접 노출되어 있지 않다.

⑤ 유기물의 함량이 거의 없다.
⑥ 용존산소가 적고, 유속이 느리다.
⑦ 세균에 의한 분해작용만 존재한다.

## 2 지하수 수리

(1) **포화대의 지하수** : 포화대에서 지하수는 암석층과 지하수층으로 구분, 지하수의 흐름은 암석층의 공극률에 따라 달라집니다.

① **유효공극률(ne)** : 물이 토립자 사이를 유동할 수 있는 공극의 비율, 유효공극률은 비산출률과 같게 됩니다.
② 비산출률은 공극률보다 항상 작게 됩니다.

(2) **지하수의 에너지**

$$E_m = gz + \frac{P}{\rho} = gz + \frac{\rho g h_p}{\rho} = g(z + h_p) = gh$$

- $E_m$ : 단위 질량당 에너지
- $z$ : 지하수가 존재하는 위치
- $P$ : 압력
- $h_p$ : 수두(압력을 높이로 환산한 값)
- $g$ : 중력가속도
- $m$ : 지하수의 질량
- $\rho$ : 밀도

(3) **정상우물수리** : 양수량과 지하수면과의 관계

① 피압대수층 기준

$$h - h_0 = \frac{Q}{2\pi bK} ln\left(\frac{R}{r_0}\right)$$

② 비피압대수층 기준

$$h^2 - h_0^2 = \frac{Q}{\pi K} ln\left(\frac{r}{r_0}\right)$$

- $h$ : 전체수심
- $Q$ : 관정유량(취수유량)
- $K$ : 투수계수
- $r_0$ : 우물 반경
- $h_0$ : 수위
- $b$ : 대수층의 폭
- $R$ : 영향반경

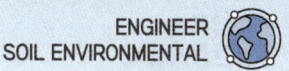

③ 투수량계수($T$)

$$T = K \times b$$

- $b$ : 대수층의 폭
- $K$ : 투수계수

(4) 지하수 용존오염물질의 거동
① 이송(이류)
② 확산 및 분산
③ 흡착

UNIT 03 지하수 오염의 특성, 영향 및 조사

**1 지하수 오염의 특성** : 지하수 오염은 오염물질이 고상에 흡착되고 액상에는 용존된 형태로 존재

(1) 지하수 오염원
① 농경지
② 지하저장탱크
③ 하수관
④ 정화조
⑤ 매립지

(2) 암석층별 지하수오염의 정도
① **석회암층** : 지하수 수량이 풍부한데 비해 투수성이 좋아 오염물질의 이동은 쉽고 흡착은 잘 이루어지지 않으므로 오염물질의 지하수로의 이동이 심화됩니다. 석회암층을 통과한 지하수는 칼슘의 농도가 높게 나타납니다.
② **미고결퇴적층** : 지하수 산출량이 비교적 높으며 지형적 위치에 따라 공극률과 투수성이 다르게 나타납니다. 하천에서 퇴적된 충적층은 공극률과 투수성이 높으며 풍부한 지하수를 보유하게 되는 반면, 평야에서 퇴적된 충적층은 공극률과 투수성이 낮은 편에 속합니다.
③ **변성암층** : 다른 암석층에 비해 비교적 공극률이 낮고 투수성도 적습니다.
④ **화강암** : 화강암층을 통과한 지하수는 규소의 농도가 높게 나타납니다.

(3) 지하수오염물질

① **총대장균** : 하수, 정화조의 누수
② **질산성질소** : 농업활동 및 축산활동
③ **염소이온** : 해수침수
④ **PCE와 TCE** : 산업활동(금속표면의 기름을 세정하는 용매)
⑤ **중금속** : 카드뮴과 비소
⑥ **농약** : 농업활동

## ❷ 지하수 오염의 영향

(1) 오염물질별 영향

① **총대장균** : 음용수 및 생활용수 사용 불가, 음용 시 수인성 전염병 유발
② **질산성질소** : 음용수 및 생활용수 사용 불가
③ **염소이온** : 토양 및 지하수의 염도 증가
④ **PCE와 TCE** : 현기증, 간장애, 신장장애, 발암
⑤ **중금속** : 생물농축으로 인한 피해
⑥ **농약** : 토양에 오랜기간 잔류하면서 생물상을 변화시키고 많은 종류의 토양세균을 멸살시킴으로 토양 생태계를 교란시킵니다. 생태계의 교란은 식물의 발육 및 병을 유발합니다.

(2) **알칼리도** : 산을 중화시킬 수 있는 능력을 말합니다.

(알칼리도 유발물질 : 탄산이온($CO_3^{2-}$), 중탄산이온($HCO_3^-$), 수산기이온($OH^-$))

① pH에 따른 탄산염의 비율

대기 중의 $CO_2$는 pH 6.35까지는 수중의 $CO_2$ 형태로 존재하다가, 6.35 이상부터는 형성된 탄산이 분해되면서 중탄산이온이 형성되고, 10.33 이상부터는 탄산이온으로 분해됩니다. 주로 대부분의 물은 6.35~10.33 범위이므로 중탄산이온의 비율이 많습니다.

② 알칼리도의 계산 : 알칼리도는 주입한 산의 양을 $CaCO_3$로 환산한 값으로 계산

$$\text{알칼리도(AlK)} = \sum \text{알칼리도유발물질} \times \frac{100/2\,mg}{1\,meq}$$

- $1\,meq = 1 \times 10^{-3}\,eq$

③ **pH와 알칼리도의 관계**

알칼리도의 목표지점은 두 가지로 구분되는데, 첫 번째는 대상 용액의 pH를 4.5까지 떨어뜨렸을 때 알칼리도를 총 알칼리도(T)라고 하고, 두 번째는 대상 용액의 pH를 8.3까지 떨어뜨렸을 때 알칼리도를 페놀프탈레인 알칼리도(P)라고 합니다.

알칼리도를 두 가지로 측정하는 이유는 수산기이온만 많으면 pH가 매우 높고, 탄산이온이 많으면 pH가 9.5 이상, 수산기이온과 탄산이온이 많은 경우에는 pH가 10 이상, 탄산과 중탄산이온이 있는 경우에는 pH가 8.3 이상, 중탄산만 있는 경우에는 pH가 8.3 이하입니다.

## 기출문제로 다지기 — CHAPTER 02 지하수 환경

**01** 전지구적인 물 분포 부피비를 크기 순서대로 나열한 것은?

① 빙하, 만년설 > 지하수(지하 약 4km) > 강 > 토양수분
② 지하수(지하 약 4km) > 빙하, 만년설 > 토양수분 > 강
③ 지하수(지하 약 4km) > 빙하, 만년설 > 강 > 토양수분
④ 빙하, 만년설 > 지하수(지하 약 4km) > 토양수분 > 강

**02** 점토나 실트로 구성된 퇴적물이나 셰일과 같은 암석으로 구성된 지층으로 지하수는 다량 포함하고 있으나 투수성이 충분하지 않아 경제적 지하수 개발을 할 수 없는 지층은?

① 지연 대수층
② 피압 대수층
③ 비산출 대수층
④ 비유동 대수층

**03** 수리지질학적 용어 및 내용에 대한 설명으로 잘못된 것은?

① 공극률은 대수층 내에 발달된 틈 및 공간의 양을 나타내는 단위이다.
② 비산출률은 유효공극률이라고도 한다.
③ 비산출률은 공극률보다 항상 작다.
④ 일반적으로 점토의 공극률은 모래의 공극률보다 작다.

[해설] 일반적으로 점토의 공극률은 모래의 공극률보다 크다. 용적밀도와 공극률은 반비례한다. 용적밀도의 크기순서는 모래 > 실트 > 점토 순이고 공극률은 그 반대이다. 한편 투수성은 공극률과 대공극과 미세공극의 비율로 결정된다. 모래의 경우 점토보다 공극률은 작지만, 대공극의 비율이 커 투수성이 더 좋다.

**04** 지하수가 가장 많이 이용(년 이용량 기준)되는 용도는?

① 산림용수
② 생활용수
③ 공업용수
④ 발전용수

**05** 관정의 직경이 50cm, 수심이 10m, 일정한 유량으로 양정을 할 경우 관정의 수위가 일정시간 경과 후 4m에 도달하였다. 이 때의 관정 유량($m^3$/sec)은? (단, 관정은 자유수면에 위치, 투수계수 = 0.1cm/sec, 영향반경 = 1000m)

① 0.023
② 0.032
③ 0.048
④ 0.064

[해설] 식 $h^2 - h_0^2 = \dfrac{Q}{\pi K} ln\left(\dfrac{r}{r_0}\right)$ (비피압대수층 기준)

- $h(수심) = 10m$
- $h_0(수위) = 4m$
- $K = 0.1 cm/sec = 1 \times 10^{-3} m/sec$
- $r(영향반경) = 1000m$
- $r_0(관정반경) = 50cm/2 = 0.25m$

$(10^2 - 4^2) = \dfrac{Q}{\pi \times (1 \times 10^{-3})} \times \ln\left(\dfrac{1000}{0.25}\right)$,

∴ $Q = 0.0318 m^3/sec$

**정답** 01. ④  02. ①  03. ④  04. ②  05. ②

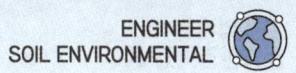

**06** 유류로 오염된 지하수층에 관 측정을 설치하여 유류의 두께를 측정하였더니 1.6m였다. 유류의 비중이 0.8이고, 모세관대의 두께가 30cm일 때 실제 지하 환경에서 모세관대 상부에 분포하고 있는 유류의 두께(cm)는? (단, 물의 비중 = 1)

① 2.0　　② 2.5
③ 3.0　　④ 3.5

해설 식 $H = 1.6m \times \dfrac{1}{0.8} = 2m$

**07** 농약에 의한 지하수오염 가능성이 높은 지역은?

① 지하수면이 깊은 지역
② 농약이동경로에 다량의 점토가 분포하는 지역
③ 주변 지하수 이용시설이 농약살포지 하류구배구간에 위치하는 곳
④ 농약살포지와 지하수 이용시설 간의 거리가 원거리인 경우

해설 지하수내 오염물질의 이동에 영향을 주는 것은 지하수흐름의 구배, 높이, 투수성, 흡착, 공극 등이 있다. ③항을 제외한 나머지 보기는 오염물질의 이동을 더디게 하는 인자로써 작용한다.

**08** 단위 동수경사에서 대수층의 단위폭당 유량, 투수계수와 대수층의 두께를 곱한 값으로 나타내는 대수층 지하수 채수량에 영향을 미치는 인자는?

① 전수계수　　② 투수량계수
③ 저류계수　　④ 비수계수

해설 투수량계수($T$)
식 $T = K \times b$
・$b$ : 대수층의 폭　・$K$ : 투수계수

**09** 지하수에 용해되어 통로를 형성하는 암석으로, 지하수량이 풍부하나 흡착 등 정화기능이 부족하여 지하수 오염 가능성이 큰 암석층은?

① 미고결사암층　　② 석회암층
③ 화강암층　　　　④ 변성암층

**10** 지하수의 알칼리도에 관한 설명으로 틀린 것은?

① 알칼리도는 지하수의 pH가 7 이상이어야만 존재한다.
② 탄산염 및 중탄산염은 알칼리도에 영향을 미친다.
③ 수화물이나 수산기가 물속에 들어 있을 때는 알칼리도에 영향을 미친다.
④ 알칼리도 측정은 페놀프탈레인이나 메틸오렌지 등의 지시약을 사용한다.

해설 알칼리도는 알칼리도 유발물질($HCO_3^-$, $CO_3^{2-}$, $OH^-$)존재량에 따라 그 정도가 결정된다.

**11** 토양에 투입될 경우 지하수로의 이동성이 가장 좋은 물질은?

① 인산　　　　② 카드뮴
③ 질산태 질소　④ 암모늄태 질소

**12** 벤젠이 포화토양층에 평형상태로 용해 또는 흡착되어 있다. 지하수와 토양에서의 벤젠농도는 각각 10mg/L, 50mg/kg이며, 포화토양층의 부피는 2500m³이다. 토양공극률이 0.44, 토양입자밀도가 3.50g일 경우 지하수에 용해된 벤젠의 양(kg)은?

① 11　　② 22
③ 33　　④ 44

정답　06. ①　07. ③　08. ②　09. ②　10. ①　11. ③　12. ①

해설 식 $Xkg = 2500m^3 \times 0.44 \times \dfrac{10mg}{L} \times \dfrac{10^3 L}{1m^3} \times \dfrac{1kg}{10^6 mg}$

$= 11kg$

**13** 벤젠이 포화토양층에 평형상태로 용해 또는 흡착되어 있다. 지하수와 토양에서의 벤젠농도는 각각 10mg/L, 50mg/kg이며, 포화토양층의 부피는 2500m³이다. 토양공극률이 0.44, 토양입자밀도가 3.50g일 경우 토양에 흡착된 벤젠의 양(kg)은?

① 215
② 225
③ 235
④ 245

해설 식 $Xkg = 2500m^3 \times (1-0.44) \times \dfrac{50mg}{L}$

$\times \dfrac{10^3 L}{1m^3} \times \dfrac{1kg}{10^6 mg} \times \dfrac{1L}{1kg} \times \dfrac{3.5kg}{1L} = 245kg$

정답 13. ④

# 03 CHAPTER 토양관리

## UNIT 01 토양의 산성화, 염류화, 사막화 및 토양 침식

### 1 토양의 산성화

(1) 토양의 산도

① **활산도** : 토양용액에서 $H^+$의 활동도를 측정한 값, pH로 측정
② **잠산도** : 토양입자에 흡착되어 있는 교환성 수소와 교환성 알루미늄에 의한 것으로서 교환성 알루미늄과 교환성 수소이온은 토양산도의 주요 원인물질입니다. 이들은 물로 용출되지 않지만 염류용액으로는 용출됩니다. 완충성이 없는 염용액(KCl, NaCl 등)에 의해 용출되는 산도를 교환성 산도 또는 염교환산도라고 하고, 비완충성 염용액으로는 침출되지 않지만 석회물질 또는 특정 pH의 완충용액으로 중화되는 토양산도를 잔류산도라고 합니다.
③ **토양의 완충능력** : 토양에서는 산이나 알칼리를 가해도 pH가 크게 변하지 않는데 이는 토양이 완충능력을 가지고 있기 때문입니다. 앞에 알칼리도 파트에서도 다루었듯이 알칼리도 유발물질이 많을수록 완충정도는 커지게 됩니다. 일반적으로 다른 요인이 같은 조건에서 CEC가 클수록 pH 완충용량이 커지게 됩니다. 따라서 점토나 부식물이 많은 토양일수록 pH 완충용량은 커지게 되어 산성물질에 따른 pH 저하가 일어나지 않고, pH 상승시에도 더 많은 석회를 사용해야 합니다.

(2) 토양산성화의 원인 및 대책

① **토양산성화의 원인**

㉠ 기후와 토양의 반응 : 토양 중의 식물의 뿌리나 미생물의 호흡에서 생성되는 이산화탄소는 물에 녹아 탄산을 형성하고 여기서 탄산의 반응으로 수소이온이 생성됩니다. 또한 미생물에 의하여 유기물이 분해될 때 유기산이 생성되기도 합니다.
㉡ 비료사용 : 비료성분에 존재하는 암모니아성질소(암모니아태질소)는 질산화작용을 거치면서 수소이온을 생성합니다.

반응식 $NH_4^+ + 2O_2 \rightarrow NO_3^- + H_2O + 2H^+$

ⓒ 황화철의 반응 : 토양에 존재하는 황화철이나 살균제나 비료속에 들어있는 황성분은 미생물의 작용이나 화학적 반응을 통하여 황산이온으로 산화되면서 수소이온이 생성됩니다.
ⓔ 작물의 수확 : 농경지 토양에서 작물을 수확하는 과정에서 수확물 중에 Ca, Mg, K이 함께 제거되므로 결국 토양으로부터 염기를 제거하는 결과를 초래하여 토양을 산성화시킵니다.
ⓜ 규산염광물과 가수분해 : 점토광물과 Al의 화수산화물에서 $H^+$가 해리되면서 산성화를 유발합니다.
ⓗ 부식에 의한 산성 : 부식은 $H^+$을 끌어당기거나 해리하고 또한 유기물의 분해에 따른 $CO_2$ 생성과 유기산의 생성으로 토양을 산성화합니다.
ⓢ 산성비 : pH가 낮은 빗물은 수소이온을 방출하고, 교환성 염기를 용탈 및 수계로 방출함으로써 토양을 산성화시킵니다.

② 토양산성화의 피해
㉠ 직접적인 피해 : 뿌리의 단백질 응고, 세포막의 투과성 저하, 효소활성저해, 양분흡수 저해 등
㉡ 간접적인 피해 : 독성 화합물의 용해도 증가, 인산의 고정, 영양소의 불균형, 미생물의 활성저하, 토양의 물리화학적 특성 변화

③ 토양산성화의 대책
㉠ 석회 주입 : 석회는 산성토양에서 H 및 Al에 직접 반응하며, Al를 비활성화시키며, $CO_2$는 대기 중으로 방출합니다. 결과적으로 염기포화도를 높여서 토양용액의 pH를 상승시킵니다.
• 석회요구량 : 토양을 일정수준 pH로 중화시키는데 필요한 석회물질의 양을 $CaCO_3$로 환산하여 나타낸 값
• 교환산도에 의한 방법 : 교환성 Al와 H에 의하여 나타나는 산도를 중화시키기 위한 석회의 양, 실제 값이 여러 인자에 의해 다르기 때문에 계산값에 1.3~1.5의 포장계수를 곱한 값을 사용합니다.
• 완충곡선에 의한 방법 : pH의 변화를 나타내는 완충곡선을 작성하여 원하는 pH까지 되게 하는데 소요되는 석회의 양을 구하는 방법

## 2 토양의 염류화 및 사막화

### (1) 토양의 염류화

① 원인
㉠ 관개수 내의 염류의 증가  ㉡ 지하수위의 상승
㉢ 배수량의 저하  ㉣ 식생의 빈약화
㉤ 온도의 증가  ㉥ 강수량 저하

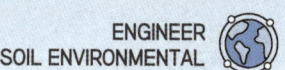

② SAR(소듐흡착비)

소듐(나트륨)의 함량을 통해 흙의 투수성과 공기의 통풍성을 파악하고, 결과적으로 농업용수로의 수질을 판단하는 척도입니다. 소듐(나트륨)이 많을수록 토양의 투수성은 감소되어 경작이 어려워집니다.

$$SAR = \frac{Na^+}{\sqrt{\dfrac{Ca^{2+} + Mg^{2+}}{2}}}$$

 **암기법** 사표를 써(SAR)! 응 나가마!(Na Ca Mg)

💡 **식에 대입되는 원자는 meq/L단위로 대입**
  ⊙ SAR 0~10 : 소듐이 흙에 미치는 영향이 미미
  ⓒ SAR 10~18 : 소듐이 흙에 미치는 영향이 중간정도
  ⓒ SAR 18~26 : 소듐이 흙에 미치는 영향이 비교적 높은 상태
  ⓒ SAR 26 이상 : 소듐이 흙에 미치는 영향이 심각

### (2) 사막화
① **원인** : 산림의 벌목, 농업의 개발, 과방목
② **종류** : 토양의 염류집적, 토양침식

### (3) 토양의 염류화 대책
① **적절한 관개용수의 사용** : 관개용수의 SAR을 평가하여 염류집적 가능성이 낮은 관개용수를 사용합니다.
② **지하수의 상향이동을 억제** : 지하수의 상향이동을 억제하여 토양표면의 염류함량을 저하시킵니다.
③ **나트륨토양의 개량**
  ⊙ 개량목표
    • Na 포화도 감소, Ca 포화도 증대
    • $NaHCO_3$, $Na_2CO_3$, $NaOH$ 농도 감소
  ⓒ 개량방법
    • 토양개량자재의 이용($CaSO_4$, $CaCO_3$, $H_2SO_4$)
    • 적절한 관개용수의 사용
    • 지하수의 상향이동을 억제
    • 제염관개 : $NaHCO_3$, $Na_2CO_3$, $NaOH$를 하층토로 이동시킴
    • 내염성작물 재배
④ **지표면 피복** : 피복을 통해 수분증발을 감소시킴(아스팔트 피막, 비닐 등 피복자재 사용)

### ③ 토양 침식

#### (1) 토양 침식의 종류

① **수식** : 빗물과 지표수에 의해 토양이 침식되는 현상으로 토양의 입자의 크기에 따라

   ⊙ **우적침식** : 강우가 지표면에 떨어지면서 토양을 타격하여 분산시키고 이때 파괴된 토립자는 토양입자의 공극을 메꾸어 투수성을 감소시킵니다. 이로 인해 지하로 침투하지 못한 빗물이 지표로 유출하면서 침식을 가속시키는 현상을 말합니다.

   ⊙ **면상침식** : 강우로 인해 토층이 포화상태가 되면서 경사지 전면에 걸쳐 얇은 층으로 토양이 이동하는 평면적 침식을 말합니다.

   ⊙ **세류침식** : 면상침식이 발전하여 유출수가 비탈면을 고르게 흐르지 않고 작은 여러 물결을 따라 흘러가면서 지표면에 손금과 같이 가늘고 얕은 골을 만드는 침식을 말합니다.

   ⊙ **걸리침식** : 세류침식이 지속되면 깊이와 폭이 큰 개울을 형성하면서 침식을 일으키는 현상을 말합니다.

   ⊙ **하천침식** : 하천 또는 하구에서 파랑이나 조수에 의해 인접한 토지를 붕괴시켜 유실하는 침식을 말합니다.

② **풍식** : 바람에 의해 토양이 침식되는 현상으로 특히 건조 또는 반건조지방의 평원에서 잘 일어납니다. (사질토양이 점토질토양에 비해 풍식을 받기 쉽다.)

   ⊙ **풍식의 유형** : 바람에 실린 입자들이 크기에 따라 그 형태가 다르게 나타납니다.
- **약동** : 바람에 의해 지름이 0.1~0.5mm의 입자가 지표면에서 30cm 이하의 높이로 짧은 거리를 구르거나 뛰는 모양으로 이동
- **포행** : 큰 토양입자가 구르거나 미끄러지며 이동
- **부유** : 모래 이하의 입자가 공중에 떠서 토양 표면과 평행하게 멀리 이동하는 것

③ **빙식** : 얼음에 의해 토양이 침식되는 현상

④ **설식** : 눈에 의해 토양이 침식되는 현상

⑤ **생물적 침식** : 생물체에 의해 토양이 침식되는 현상

> 💡 가장 주된 침식작용은 수식과 풍식

#### (2) 토양 침식의 대책

① 토양침식정도의 조사 – Middleton의 침식율

$$\text{분산율} = \frac{\text{토양에 100배의 물을 가하여 진탕했을 때 } 0.05mm \text{ 이하의 입자량}}{\text{완전히 분산시킨 경우의 } 0.05mm \text{ 이하의 입자량}} \times 100$$

$$\text{침식율(ER)} = \frac{\text{분산율}(DR)}{\text{교질 함량/토양의 수분당량}}$$

㉠ ER값이 2.2~12.2인 토양은 내식성 토양이고, ER값이 12.4~65.2인 토양은 침식을 받기 쉽습니다.

② 풍식 억제 방법

㉠ 바람을 줄이는 방법 : 식생법, 방풍림, 등고선대상재배, 경운법
㉡ 토양조건의 조절방법 : 토양의 수분 보전방법, 표토의 조절방법

③ 식물생육

식물이 지표면을 덮으면 입단을 보호하고, 유거수의 속도를 약화시켜 토양침식을 방지하며, 식물의 뿌리는 투수성을 좋게 하고 유거수에 의한 토양입자를 걸러내는 효과도 있습니다. 침식을 줄일 수 있는 정도는 작물의 종류에 따라 달라집니다.

㉠ 식물체 별 토양침식 방식율

- 목초 : 90~100%
- 콩, 고구마, 양배추, 감자, 밭벼 : 80~90%
- 귀리, 레드클로버, 풋배기옥수수, 메밀 : 70~80%
- 무, 옥수수 : 50~70%
- 밀 : 30~50%
- 유채 : 0~30%

④ 토양개량

㉠ 비모세관공극을 늘려 투수력을 크게 하고 내수성입단을 조성해야 토양침식을 방지할 수 있습니다.
㉡ 토양 유기물 함량을 늘립니다. 탄질률이 높은 유기물이 침식방지에 더 좋습니다.
㉢ 토양개량제(크릴리움, 아크릴소일 등)을 사용하여 내수성입단을 조성합니다.

⑤ 경사지 경작법

㉠ 등고선재배법
㉡ 등고선대상경작법
㉢ 승수구설치재배법
㉣ 계단식 경작법

## A-B-A 복습정리 | UNIT 01 토양의 산성화, 염류화, 사막화 및 토양 침식

### 1 토양의 산성화

(1) 토양의 산도

① **활산도** : 토양용액에서 $H^+$의 활동도를 측정한 값, pH로 측정
② **잠산도** : 토양입자에 흡착되어 있는 교환성수소와 교환성 알루미늄에 의한 것
   ㉠ 물로 용출되지 않지만 염류용액으로는 용출됩니다.
   ㉡ 교환성 산도 또는 염교환산도 : 완충성이 없는 염용액(KCl, NaCl 등)에 의해 용출되는 산도
   ㉢ 잔류산도 : 비완충성 염용액으로는 침출되지 않지만 석회물질 또는 특정 pH의 완충용액으로 중화되는 토양산도
③ **토양의 완충능력** : 토양에서는 산이나 알칼리를 가해도 pH가 크게 변하지 않는데 이는 토양이 완충능력을 가지고 있기 때문입니다. 앞에 알칼리도 파트에서도 다루었듯이 알칼리도 유발물질이 많을수록 완충정도는 커지게 됩니다. 일반적으로 다른 요인이 같은 조건에서 CEC가 클수록 pH 완충용량이 커지게 됩니다. 따라서 점토나 부식물이 많은 토양일수록 pH 완충용량은 커지게 되어 산성물질에 따른 pH 저하가 일어나지 않고, pH 상승시에도 더 많은 석회를 사용해야 합니다.

(2) 토양산성화의 원인 및 대책

① **토양산성화의 원인**
   ㉠ 기후와 토양의 반응
   ㉡ 비료사용
   ㉢ 황화철의 반응
   ㉣ 작물의 수확
   ㉤ 규산염광물과 가수분해
   ㉥ 부식에 의한 산성
   ㉦ 산성비

② **토양산성화의 피해**
   ㉠ 직접적인 피해 : 뿌리의 단백질 응고, 세포막의 투과성 저하, 효소활성저해, 양분흡수 저해 등
   ㉡ 간접적인 피해 : 독성 화합물의 용해도 증가, 인산의 고정, 영양소의 불균형, 미생물의 활성저하, 토양의 물리화학적 특성 변화

③ 토양산성화의 대책

㉠ 석회 주입
- 석회요구량 : 토양을 일정수준 pH로 중화시키는데 필요한 석회물질의 양을 $CaCO_3$로 환산하여 나타낸 값
- 교환산도에 의한 방법 : 교환성 Al와 H에 의하여 나타나는 산도를 중화시키기 위한 석회의 양, 실제 값이 여러 인자에 의해 다르기 때문에 계산값에 1.3~1.5의 포장계수를 곱한 값을 사용합니다.
- 완충곡선에 의한 방법 : pH의 변화를 나타내는 완충곡선을 작성하여 원하는 pH까지 되게 하는데 소요되는 석회의 양을 구하는 방법

## 2 토양의 염류화 및 사막화

### (1) 토양의 염류화

① 원인

㉠ 관개수 내의 염류의 증가
㉡ 지하수위의 상승
㉢ 배수량의 저하
㉣ 식생의 빈약화
㉤ 온도의 증가
㉥ 강수량 저하

② SAR(소듐흡착비) : 소듐을 통한 농업용수로의 수질을 판단하는 척도

$$SAR = \frac{Na^+}{\sqrt{\frac{Ca^{2+} + Mg^{2+}}{2}}}$$

> 암기법 사표를 써(SAR)! 응 나가마!(Na Ca Mg)

> 식에 대입되는 원자는 meq/L단위로 대입
> ㉠ SAR 0~10 : 소듐이 흙에 미치는 영향이 미미
> ㉡ SAR 10~18 : 소듐이 흙에 미치는 영향이 중간정도
> ㉢ SAR 18~26 : 소듐이 흙에 미치는 영향이 비교적 높은 상태
> ㉣ SAR 26 이상 : 소듐이 흙에 미치는 영향이 심각

### (2) 사막화

① **원인** : 산림의 벌목, 농업의 개발, 과방목
② **종류** : 토양의 염류집적, 토양침식

### (3) 토양의 염류화 대책

① 적절한 관개용수의 사용
② 지하수의 상향이동을 억제
③ 나트륨토양의 개량
④ 지표면 피복

## ❸ 토양 침식

### (1) 토양 침식의 종류

① 수식
  ㉠ 우적침식   ㉡ 면상침식
  ㉢ 세류침식   ㉣ 걸리침식
  ㉤ 하천침식

② 풍식
  풍식의 유행 : 바람에 실린 입자들이 크기에 따라 그 형태가 다르게 나타납니다.
  ㉠ 약동   ㉡ 포행   ㉢ 부유

③ 빙식
④ 설식
⑤ 생물적 침식

### (2) 토양 침식의 대책

① 토양침식정도의 조사 – Middleton의 침식율

$$\text{분산율} = \frac{\text{토양에 100배의 물을 가하여 진탕했을 때 } 0.05mm \text{ 이하의 입자량}}{\text{완전히 분산시킨 경우의 } 0.05mm \text{ 이하의 입자량}} \times 100$$

$$\text{침식율(ER)} = \frac{\text{분산율}(DR)}{\text{교질 함량/토양의 수분당량}}$$

㉠ ER값이 2.2~12.2인 토양은 내식성 토양이고, ER값이 12.4~65.2인 토양은 침식을 받기 쉽습니다.

② 풍식 억제 방법

㉠ 바람을 줄이는 방법 : 식생법, 방풍림, 등고선대상재배, 경운법
㉡ 토양조건의 조절방법 : 토양의 수분 보전방법, 표토의 조절방법

③ 식물생육

㉠ 식물체 별 토양침식 방식율
- 목초 : 90~100%
- 콩, 고구마, 양배추, 감자, 밭벼 : 80~90%
- 귀리, 레드클로버, 풋배기옥수수, 메밀 : 70~80%
- 무, 옥수수 : 50~70%
- 밀 : 30~50%
- 유채 : 0~30%

④ 토양개량

㉠ 비모세관공극을 늘려 투수력을 크게 하고 내수성입단을 조성해야 토양침식을 방지할 수 있습니다.
㉡ 토양 유기물 함량을 늘립니다. 탄질률이 높은 유기물이 침식방지에 더 좋습니다.
㉢ 토양개량제(크릴리움, 아크릴소일 등)을 사용하여 내수성입단을 조성합니다.

⑤ 경사지 경작법

㉠ 등고선재배법
㉡ 등고선대상경작법
㉢ 승수구설치재배법
㉣ 계단식 경작법

## 기출문제로 다지기 — UNIT 01 토양의 산성화, 염류화, 사막화 및 토양 침식

**01** 사막화의 과정인 토양의 염류집적 원인과 가장 거리가 먼 것은?

① 지하수위의 상승
② 관개수에 의한 염류의 증가
③ 배수량의 저하
④ 지하수 모관상승의 저하

[해설] 지하수 모관상승의 증가가 원인이 된다.

**02** 나트륨토양 개량방법으로 틀린 것은?

① 지하수위가 높은 경우에는 배수에 의하여 수위를 낮춘다.
② 석회 자재를 투입하여 치환성 Ca 포화도를 높인다.
③ 제염 관개로 NaOH, NaHCO$_3$, Na$_2$CO$_3$를 상층토로 이동시킨다.
④ 내알칼리, 내침수성 식물을 재배하여 유기질 잔사를 포장으로 환원시킨다.

[해설] 제염관개 : NaHCO$_3$, Na$_2$CO$_3$, NaOH를 하층토로 이동시킴

**03** 토양 산성화의 원인이 아닌 것은?

① 기후와 토양 반응
② 과다방목으로 인한 토양 사막화
③ 비료에 의한 산성화
④ 부식에 의한 산성화

**04** 토양의 염류 집적의 주요 원인으로 옳은 것은?

① 지하수위의 상승
② 관개수에 의한 염류의 감소
③ 강수량 증가
④ 양호한 배수조건

**05** 바람에 의한 토양침식에서 토양입자들이 크기에 따라 이용하는 형태를 일컫는 용어가 아닌 것은?

① 약동    ② 포행
③ 침전    ④ 부유

[해설]
㉠ 약동 : 바람에 의해 지름이 0.1~0.5mm의 입자가 지표면에서 30cm 이하의 높이로 짧은 거리를 구르거나 뛰는 모양으로 이동
㉡ 포행 : 큰 토양입자가 구르거나 미끄러지며 이동
㉢ 부유 : 모래 이하의 입자가 공중에 떠서 토양 표면과 평행하게 멀리 이동하는 것

**06** Middleton의 토양침식률 계산에 사용되는 인자가 아닌 것은?

① 교질함량    ② 토양수분당량
③ 분산율    ④ 투수계수

[식] 침식율(ER) = $\dfrac{\text{분산율}(DR)}{\text{교질 함량}/\text{토양의 수분당량}}$

**정답** 01. ④   02. ③   03. ②   04. ①   05. ③   06. ④

**07** 염류화방지를 위한 방법으로 가장 거리가 먼 것은?

① 염류를 함유하지 않은 물을 관개수로 사용
② 지표면 수분증발을 감소시키기 위한 표층토양에 대한 유기물의 혼합
③ 지하수의 상향이동 촉진을 통한 토양표면의 염류량 희석
④ 아스팔트 피막이나 비닐 등의 불투수막을 이용한 토양 하층부의 염류 상승 방지

해설 지하수에는 염농도가 높으므로 상향이동을 억제하여야 한다.

**08** 토양 표면의 약한 흐름이 모여 작은 흐름이 되고 이것이 표토를 씻어 내리는 침식은?

① 면상침식　　② 세류침식
③ 협곡침식　　④ 가속침식

**09** 물로 염분을 세척하는 방법으로 염류토양을 개량하고자 할 때 일어나는 가장 큰 문제는?

① 토양의 급격한 산성화
② 투수력의 급격한 저하
③ 염류의 다량 집적
④ 유기물의 급격한 분해

**10** 물에 의한 토양의 침식을 증가시키는데 가장 크게 기여하는 성질은?

① 높은 미사 함량　　② 높은 투수성
③ 높은 입단 발단　　④ 높은 유기물 함량

**11** 토양반응(soil reaction)에 대한 설명 중 옳지 않은 것은?

① 토양반응의 정도를 나타내는 데에는 pH값이 많이 사용된다.
② 토양산성에 가장 큰 영향을 끼치는 이온은 탄산염, 중탄산염 및 인산염이다.
③ 활산도는 pH값으로 나타내며 토양용액에서 $H^+$의 활동도를 측정한 값이다.
④ 잠산도는 토양입자에 흡착되어 있는 교환성 수소와 교환성 알루미늄에 의한 것이다.

해설 토양산성에 가장 큰 영향을 끼치는 이온은 수소이온과 알루미늄이온이다. 탄산염, 중탄산염 및 인산염은 토양완충작용에 기여한다.

**12** 토양에서 일어나는 양이온교환반응의 중요성(농업생산성과 관련)에 관한 설명으로 틀린 것은?

① 치환성 K, Ca, Mg 등은 식물영양소의 주된 공급원이다.
② 산성 토양의 pH를 높이기 위한 석회요구량은 CEC가 클수록 적어진다.
③ 중금속을 흡착하여 지하수 및 지표수로의 이동을 억제한다.
④ 토양에 비료로 사용한 $K^+$, $NH_4^+$등은 토양에서 이동성이 급격하게 감소된다.

해설 산성 토양의 pH를 높이기 위한 석회요구량은 CEC가 클수록 커진다.

정답 07. ③　08. ②　09. ②　10. ①　11. ②　12. ②

**13** 산성우의 토양에 대한 영향으로 가장 거리가 먼 것은?

① 양이온, 주로 $HCO_3^+$, $Mg^{2+}$의 용탈 증대
② $HCO_3^-$ 농도의 감소
③ $AlSO_4$의 침전에 의한 토양 용액의 $PO_4$ 농도의 증가
④ Zn, Cd 등의 중금속이 토양 용액으로 용출

> 해설 $AlSO_4$의 침전에 의한 토양 용액의 $PO_4$의 용출이 어려워 농도가 감소되고 알루미늄, 망간이온이 용해하기 쉬워진다. 산성토양은 결국 필수물질의 농도를 감소시키고, 유해물질의 농도를 증가시킨다.

**14** 나트륨 토양의 개량을 위해 사용할 수 있는 방법이 아닌 것은?

① 지하수위가 높은 경우 배수로 수위를 낮춘다.
② 치환성 Ca 포화도를 낮춘다.
③ 내알칼리, 내침수성 식물을 재배한다.
④ 깊은 우물을 파서 하토층의 물리성을 개량한다.

> 해설 치환성 Ca 포화도를 높인다.

**15** 물에 의한 토양침식의 진행 정도에 따른 분류와 가장 거리가 먼 것은?

① 주상 침식   ② 면상 침식
③ 세류 침식   ④ 협곡 침식

정답  13. ③   14. ②   15. ①

# UNIT 02 토양 영양관리

식물은 미생물과 동물과 달리 무기물만을 영양소로 흡수합니다. 토양의 영양관리에서는 영양물질들이 유기물질 또는 무기물질로 존재하는지 여부와 식물이 흡수하기에 유리한 상태는 어떤 상태인지 알아보겠습니다.

## 1 영양물질의 종류

### (1) 질소

질소는 암모늄($NH_4^+$)과 질산염($NO_3^-$)으로 흡수되고 물관부를 통하여 지상부로 이동합니다. 흡수된 질소화합물은 최종적으로 단백질이나 핵산의 합성에 이용됩니다. 암모늄보다 질산염이 더 작물의 흡수율이 좋습니다. 질산염과 암모늄의 흡수 사이의 중요한 차이점은 pH에 대한 감도입니다. 암모늄은 중성조건에서 가장 잘 흡수되고, 질산염은 낮은 pH에서 보다 빨리 흡수됩니다. 암석에 거의 없는 질소는 토양이 생성되는 초기 단계에서 가장 결핍되기 쉬운 영양소이며, 식물의 유체가 토양에 잔류함으로 유기태 질소의 함량이 점차 많아집니다. 토양 중에 있는 질소의 80~97%가 유기물에 존재하고 식물이 이용할 수 있는 형태인 무기태 질소는 2~3%에 불과합니다. 질소는 산화·환원과정에서 그 형태가 계속해서 변하며 순환합니다.

① **무기화작용 및 고정화작용**

　㉠ 유기태 질소가 무기태 질소로 변화되는 과정

　　(유기질소 → 아민류 → 암모늄 → 아질산성 질소 → 질산성 질소)

　㉡ 무기태 질소가 유기태 질소의 형태로 변화되는 과정

　　(질산성 질소 → 아질산성 질소 → 암모늄 → 아민류 → 유기질소)

② **질산화작용 및 탈질작용**

③ **질소고정** : 뿌리혹박테리아와 같은 질소고정미생물에 의해 대기 중의 질소가 암모니아로 전환되는 것

④ **휘산** : 토양 표면에서 질소가 기체상태인 암모니아로 대기 중으로 손실되는 현상

⑤ **용탈** : 토양교질에 흡착되지 못한 질소화합물은 강수량 및 관개량이 많은 경우 용탈됩니다. 주로 과잉비료 사용으로 인한 토양에 $NO_3^-$이 과량 존재할 경우 용탈이 많이 일어나고, 식질토양에 비해 사질토양에서 용탈이 훨씬 심하게 일어납니다.

⑥ **흡착과 고정** : 암모늄이온은 점토광물이나 유기물의 표면에 흡착될 수 있습니다.

### (2) 인

식물은 토양용액에 존재하는 무기인산형태의 인을 흡수하고 미생물은 토양으로 유기태 또는 가용성 인을 방

출하며 동시에 토양용액 중에 존재하는 인을 흡수 이용하여 유기태의 인산화합물을 생산합니다. 토양이 발달하면서 무기광물형태의 인은 감소되고 유기태 인의 함량이 증가하는데, 토양에 따라 차이가 많지만 총인 중 유기태 인이 20~80%를 차지하게 됩니다. 무기인산은 반응성이 매우 크므로 이온형태로 존재하지 못하고 다른 원소와 결합하여 불용성 화합물을 형성합니다. 따라서, 토양 중의 인의 총 함량은 식물이 흡수 이용할 수 있는 유효태 인의 함량과 무관하며, 인의 유효도에 따라 이용정도가 달라집니다.

① 인의 유효도

㉠ 인은 용탈로 인한 손실량이 거의 없지만 양분의 유효도가 낮아 작물의 흡수량이 상대적으로 적습니다.
㉡ pH에 의하여 형태별 흡수되는 양이 달라집니다.
- pH 7.22에서는 $H_2PO_4$와 $HPO_4$의 농도가 같아짐
- pH 7.22 이하에서는 $H_2PO_4$가 주종
- pH 7.22 이상에서는 $HPO_4$가 주종
- pH 7 이상인 경우 인산칼슘이 침전물을 형성하며 인산의 유효도가 감소

② 무기태 인

토양 중의 무기태 인은 Ca, Fe, Al과 결합된 형태 그리고 토양광물의 표면에 흡착된 형태로 존재합니다.

### (3) 칼륨

칼륨은 대부분이 광물에 존재합니다. 광물의 구조원소로 존재하거나 2:1층 점토광물의 사이 공간에 고정되어 있기도 합니다. 광물이 풍화되거나 토양용액 중의 칼륨함량이 적어지면 고정된 칼륨은 토양용액[5] 중으로 방출됩니다. 비교적 덜 풍화된 2:1 점토광물은 칼륨공급력이 높은 토양으로 볼 수 있습니다. 토양 내 칼륨의 농도가 높을때에는 낮은 속도의 이송이 진행되고 토양 내 칼륨농도가 부족할 때에는 높은 속도의 이송이 진행됩니다.

### (4) 칼슘

칼슘은 1차광물에 주로 존재하며 특히 석회암을 모암으로 하여 발달한 토양에 많이 존재합니다. 산성토양을 제외하고 모든 토양에서 충분한 칼슘이 존재합니다. 따라서 칼슘의 공급보다 토양의 구조개선과 산도의 교정이 주요 관리목적이 됩니다.

### (5) 마그네슘

1차광물 및 2차광물에 함유되어 있으며, 사질토양에 비해 식질토양에 10배 더 많은 마그네슘이 존재합니다. 대부분의 마그네슘은 비교환성의 광물형태로 존재합니다. 마그네슘은 쉽게 식물에 직접 이용될 수 있으나, 식물의 마그네슘 요구량이 적어, 비교적 더 이용하기 쉬운 2차광물의 풍화과정에서 형성된 마그네슘이 주요 공급원이 됩니다.

---

5) 토양용액 : 토양 내 수분으로 영양물질이 흡수되어 평형상태를 나타내는 수분을 말한다.

**(6) 황**

토양 중의 황은 암석에 분포되어 있는 황화광물에서 유래되었습니다. 황은 가용성 또는 이동성이 매우 크므로 유기물로 동화되지 않으면 용탈에 의하여 쉽게 유실됩니다. 따라서 풍화와 용탈이 심하게 진행된 토양에서는 유기태 황이 전체 황의 대부분을 차지합니다.

**(7) 미량영양원소** : 망간, 철, 구리, 아연, 붕소, 몰리브덴, 염소, 코발트, 니켈, 규소

## 2 영양물질의 기능

**(1) 질소** : 아미노산 및 핵산, 엽록소를 구성하는 필수원소

**(2) 인** : 광합성을 통하여 얻은 에너지를 저장하고 전달, 식물체의 구성원소

**(3) 칼륨** : 이온균형 유지, 공변세포의 팽압을 조절, 기공의 개폐에 관여함으로써 광합성과 증산에 영향을 끼침

**(4) 칼슘** : 칼슘은 식물의 생장과 대사활동에 필수적인 영양소이며, 세포벽과 세포막을 형성합니다.

**(5) 마그네슘** : 광합성에 관여하는 엽록소 분자의 구성원소이며 인산화작용을 활성화시키는 효소들의 보조인자로 작용합니다.

**(6) 황** : 황은 아미노산과 비타민을 구성하며 부족할 경우 단백질합성이 원활하지 못하므로 생육이 억제되고, 결실 또한 지연됩니다.

**(7) 미량영양원소**
① **망간** : 산화환원과정에 관여하여 탈탄산 및 탈수소효소를 활성화하고, 광합성과 질소동화작용에 관여하여 유해 활성 산소를 제거하는데 기여합니다.
② **철** : 산화환원과정에 관여하여 질소고정작용 및 광합성에 기여, 엽록소의 생합성과정에 관여합니다.
③ **구리** : 광합성과정과 단백질이나 탄수화물의 대사과정에 기여합니다.
④ **아연** : RNA의 활성화 및 리보솜구조의 안정화에 기여하여 단백질대사에 크게 영향을 미칩니다.
⑤ **붕소** : 새로운 세포의 발달과 생장에 필수원소로 단백질 합성, 탄수화물대사, 뿌리혹형성에 관여합니다.
⑥ **몰리브덴** : 질소고정에 기여합니다. (필수 영양소 중 식물의 요구도가 가장 낮음)
⑦ **염소** : 광합성에 기여합니다.
⑧ **코발트** : 질소고정에 기여합니다.
⑨ **니켈** : 요소를 암모니아로 전환시키는 반응을 촉진시켜 질소대사과정을 도와줍니다.
⑩ **규소** : 세포조직의 물리적 강도를 높여줌으로써 벼, 밀, 보리 등 밀식재배하는 곡류작물을 직립하여 자라게 해줍니다. 곡류작물의 직립은 잎의 빛흡수를 용이하게 하여 광합성효율을 높이고 병원균의 감염을 방지함으로써 생육과 수량을 증가시켜줍니다.

### 3 옥탄올 - 물 분배계수

옥탄올층과 물층을 형성한 뒤 오염물질을 투입하여 평형상태에서 옥탄올층의 농도와 물속의 농도를 알아봄으로써 물질이 친수성인지 소수성인지 판단하고, 유기물에 오염물질이 흡착하는 정도를 간접적으로 파악할 수 있게 해줍니다. 즉, 옥탄올 - 물 분배계수는 생물권 내에서 유해물질의 이동정도를 결정짓는다고 할 수 있습니다.

$$K_{ow} = \frac{C_o}{C_w}$$

- $C_o$ : 옥탄올 층의 화학물질의 농도
- $C_w$ : 물 층의 화학물질의 농도

💡 옥탄올 값이 1보다 크면 소수성이 강하며, 1보다 작으면 친수성이 강하다.

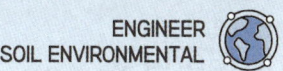

## A-B-A 복습정리 | UNIT 02 토양 영양관리

### 1 영양물질의 종류

**(1) 질소**
- 질소는 암모늄($NH_4^+$)과 질산염($NO_3^-$)으로 흡수
- 질소화합물은 최종적으로 단백질이나 핵산의 합성에 이용
- 암모늄보다 질산염이 작물의 흡수율이 더 좋음
- 토양 중에 있는 질소의 80~97%가 유기물에 존재
- 식물이 이용할 수 있는 형태인 무기태 질소는 2~3%에 불과함

① 무기화작용 및 고정화작용
  ㉠ 유기태 질소가 무기태 질소로 변화되는 과정
    (유기질소 → 아민류 → 암모늄 → 아질산성 질소 → 질산성 질소)
  ㉡ 무기태 질소가 유기태 질소의 형태로 변화되는 과정
    (질산성 질소 → 아질산성 질소 → 암모늄 → 아민류 → 유기질소)

② 질산화작용 및 탈질작용
③ 질소고정
④ 휘산
⑤ 용탈
⑥ 흡착과 고정

**(2) 인**
- 식물은 토양용액에 존재하는 무기인산형태의 인을 흡수하고 미생물은 토양으로 유기태 또는 가용성 인을 방출하며 동시에 토양용액 중에 존재하는 인을 흡수 이용하여 유기태의 인산화합물을 생산
- 토양이 발달하면서 무기광물형태의 인은 감소되고 유기태 인의 함량이 증가하는데, 토양에 따라 차이가 많지만 총인 중 유기태 인이 20~80%를 차지
- 무기인산은 반응성이 매우 크므로 이온형태로 존재하지 못하고 다른 원소와 결합하여 불용성 화합물을 형성
- 토양 중의 인의 총 함량은 식물이 흡수 이용할 수 있는 유효태 인의 함량과 무관하며, 인의 유효도에 따라 이용정도가 달라짐

① 인의 유효도
  ㉠ 인은 용탈로 인한 손실량이 거의 없지만 양분의 유효도가 낮아 작물의 흡수량이 상대적으로 적습니다.

ⓒ pH에 의하여 형태별 흡수되는 양이 달라집니다.
- pH 7.22에서는 $H_2PO_4$와 $HPO_4$의 농도가 같아짐
- pH 7.22 이하에서는 $H_2PO_4$가 주종
- pH 7.22 이상에서는 $HPO_4$가 주종
- pH 7 이상인 경우 인산칼슘이 침전물을 형성하며 인산의 유효도가 감소

② 무기태 인

토양 중의 무기태 인은 Ca, Fe, Al과 결합된 형태 그리고 토양광물의 표면에 흡착된 형태로 존재합니다.

### (3) 칼륨
① 토양용액 중의 칼륨함량이 적어지면 고정된 칼륨은 토양용액[6] 중으로 방출
② 비교적 덜 풍화된 2:1 점토광물은 칼륨공급력이 높은 토양
③ 토양 내 칼륨의 농도가 높을 때에는 낮은 속도의 이송이 진행, 토양 내 칼륨농도가 부족할 때에는 높은 속도의 이송이 진행

### (4) 칼슘
① 석회암을 모암으로 하여 발달한 토양에 많이 존재
② 산성토양을 제외하고 모든 토양에서 충분한 칼슘이 존재
③ 칼슘의 공급보다 토양의 구조개선과 산도의 교정이 주요 관리목적

### (5) 마그네슘
① 사질토양에 비해 식질토양에 10배 더 많은 마그네슘이 존재
② 대부분의 마그네슘은 비교환성의 광물형태로 존재
③ 마그네슘은 쉽게 식물에 직접 이용
④ 식물의 마그네슘 요구량이 적어, 비교적 더 이용하기 쉬운 2차광물의 풍화과정에서 형성된 마그네슘이 주요 공급원

### (6) 황
① 황은 가용성 또는 이동성이 매우 크므로 유기물로 동화되지 않으면 용탈에 의하여 쉽게 유실
② 풍화와 용탈이 심하게 진행된 토양에서는 유기태 황이 전체 황의 대부분을 차지

### (7) 미량영양원소 : 망간, 철, 구리, 아연, 붕소, 몰리브덴, 염소, 코발트, 니켈, 규소

---

6) 토양용액 : 토양 내 수분으로 영양물질이 흡수되어 평형상태를 나타내는 수분을 말한다.

## 2 영양물질의 기능

(1) **질소** : 아미노산 및 핵산, 엽록소를 구성하는 필수원소

(2) **인** : 광합성을 통하여 얻은 에너지를 저장하고 전달, 식물체의 구성원소

(3) **칼륨** : 이온균형 유지, 공변세포의 팽압을 조절, 기공의 개폐에 관여함으로써 광합성과 증산에 영향을 끼침

(4) **칼슘** : 칼슘은 식물의 생장과 대사활동에 필수적인 영양소이며, 세포벽과 세포막을 형성합니다.

(5) **마그네슘** : 광합성에 관여하는 엽록소 분자의 구성원소이며 인산화작용을 활성화시키는 효소들의 보조인자로 작용합니다.

(6) **황** : 황은 아미노산과 비타민을 구성하며 부족할 경우 단백질합성이 원활하지 못하므로 생육이 억제되고, 결실 또한 지연됩니다.

(7) **미량영양원소** : 망간, 철, 구리, 아연, 붕소, 몰리브덴, 염소, 코발트, 니켈, 규소

## 3 옥탄올 – 물 분배계수

식 $K_{ow} = \dfrac{C_o}{C_w}$

- $C_o$ : 옥탄올 층의 화학물질의 농도
- $C_w$ : 물 층의 화학물질의 농도

💡 옥탄올 값이 1보다 크면 소수성이 강하며, 1보다 작으면 친수성이 강하다.

## 기출문제로 다지기 — UNIT 02 토양 영양관리

**01** 인순환에 기여하는 미생물의 역할 중 틀린 것은?

① 난용성 무기형태 인의 용해를 촉진한다.
② 미생물 체내로 $PO_4^{3-}$를 흡수한다.
③ 미생물 중에 존재하는 인의 양은 토양 중 총인 양의 대부분을 차지한다.
④ 유기형태 인의 분해와 그에 따른 $PO_4^{3-}$가 생성된다.

**해설** 총인 양의 대부분은 토양에 흡착되어 있다.

**02** 토양 중 질소의 거동 특성으로 틀린 것은?

① 질소는 매우 유동적인 영양소로서 $NO_3^-$는 음이온으로 토양 중에서 쉽게 이동할 수 있으며, 작물의 흡수에 더하여 용탈이나 침식현상, 탈질현상 등을 통해 토양에서 쉽게 제거된다.
② 토양은 지구상에서 가장 중요한 질소저장고 역할을 하며 토양 중의 총 질소 함량은 0.08~0.4% 정도이며 대부분 유기물의 형태로 존재한다.
③ 유기화합물의 형태로 존재하는 질소 중 일부는 쉽게 분해되어 $NH_4^+$ 또는 $NO_3^-$ 형태의 무기질소로 전환되지만 대부분 토양에서 장기간 유기물의 형태로 존재한다.
④ 질소는 토양 중 철, 알루미늄 산화물 등과 불용성 침전화합물을 형성한다.

**해설** 토양 중 철, 알루미늄 산화물 등과 불용성 침전화합물을 형성하는 것은 인이다.

**03** 비료 중 토양을 산성화시키지 않은 것은?

① 황산암모늄    ② 소석회
③ 요소         ④ 염화칼륨

**04** 토양의 pH가 높은 경우 인산 유효도가 감소되는 원인은?

① calcium phosphate 침전물 형성
② aluminum phosphate 침전물 형성
③ sodium phosphate 침전물 형성
④ iron phosphate 침전물 형성

**05** 토양교질에 흡착되어 있는 상대적 농도 또는 선택적인 흡착순위가 가장 큰 것은?

① 인산    ② 황산
③ 염소    ④ 질산

**해설** 인산은 반응성이 매우 커 다른 원소와 결합하여 불용성 화합물을 형성한다. 따라서 토양 중의 인의 총함량은 많아지나, 식물로의 흡수가 어렵다.

**06** 토양 중 인(P)에 대한 설명으로 옳은 것은?

① 토양에 따라 차이가 많지만 총인 중 유기태 인이 5~10%를 차지한다.
② 식물은 토양용액으로부터 $H_2PO_4^-$이나 $HPO_4^{2-}$과 같은 무기인산형태의 인을 흡수한다.
③ 유기형태의 인은 Ca, Fe 및 Al과 결합된 형태 그리고 토양광물의 표면에 흡착된 형태로 존재한다.
④ 토양용액 중 인의 농도는 작물의 인요구량에 비해 높고, 이동성이 크다.

**정답** 01. ③  02. ④  03. ②  04. ①  05. ①  06. ②

해설 ②항만 올바르다.

오답해설
① 토양에 따라 차이가 많지만 총인 중 유기태 인이 20~80%를 차지한다.
③ 무기형태의 인은 Ca, Fe 및 Al과 결합된 형태 그리고 토양 광물의 표면에 흡착된 형태로 존재한다.
④ 토양용액 중 인의 농도는 작물의 인요구량에 비해 매우 낮다.

**07** 다음 질소에 관한 설명 중 틀린 것은?

① 대기의 기체상태의 질소분자는 토양미생물이나 화학적인 공정을 통하여 고정되어야 식물에 이용될 수 있다.
② 질소는 토양이 생성되는 초기단계에서는 결핍되기 쉬운 영양소이다.
③ 토양 중에 있는 질소의 80~97%가 유기물에 존재한다.
④ 토양 중에 식물이 흡수 이용할 수 있는 형태의 유기태 질소는 0.2~0.5% 정도이다.

해설 토양 중에 식물이 흡수 이용할 수 있는 형태의 무기태 질소는 2~3% 정도이다.

**08** 토양에서 일어나는 양이온교환 반응과 농업생산성과의 관련 내용으로 틀린 것은?

① 치환성 K, Ca, Mg 등은 식물영양소의 주된 공급원이다.
② 산성 토양의 pH를 높이기 위한 석회요구량은 양이온 교환 용량이 클수록 많아진다.
③ 흡착된 $K^+$, $Ca^{2+}$, $Mg^{2+}$, $Na^+$ 등의 이온들은 쉽게 용탈되지 않는다.
④ 토양에 비료로 사용한 $K^+$, $NH_4^+$ 등은 토양에서 이동성이 급격하게 증가된다.

해설 토양에 비료로 사용한 $K^+$, $NH_4^+$ 등은 토양에서 이동성이 급격하게 감소된다.

**09** 옥탄올-물 분배계수에 관한 설명으로 옳지 않은 것은?

① 옥탄올-물 두 환경에서 옥탄올 층의 화학물질 농도와 물 층의 화학물질 농도의 비로 정의된다.
② 적은 양의 데이터로부터 결정될 수 있으므로 매우 폭넓게 이용된다.
③ 옥탄올-물 분배계수의 값이 큰 화학물질은 친수성이며 일반적으로 자연환경에서 이동성이 좋다.
④ 수생 유기체에 의해 화학물질이 얼마나 소모될 지를 알려주는 중요한 지표이다.

해설 옥탄올-물 분배계수의 값이 큰 화학물질은 친유성(소수성)이며 일반적으로 자연환경에서 이동성이 좋다.

정답 07. ④  08. ④  09. ③

### 들어가며

안녕하세요. 잘 지내셨나요? 이번 시간부터 토양환경 공부의 내리막으로 접어들었습니다. 이 과목은 깊은 이해와 계산문제는 없습니다. 쭉쭉 외워나가기만 하면 되는 과목입니다.

그러나 반대로, 얼마나 많은 양을 외우고, 그리고 외운 것을 망각하지 않고 시험장까지 가지고 갈 수 있는지에 대한 싸움입니다. 그래서 우리는 2과목 공부를 위한 몇 가지 전략을 세워야 합니다. 효율적 암기를 위한 전략이죠. 제가 자격증공부를 해오면서, 강의를 해오면서, 알게 된 전략들을 소개합니다.

첫째, 2과목 공부는 이론과 문제를 한번 본 뒤에 최대 1달 전에 공부하자. 2과목 공부는 너무 미리 하면 안됩니다. 만약 시험이 상대평가였다면, 무조건 많이 할수록 좋은 공부가 되겠지만, 자격증시험은 절대평가이기에 필요한 정도의 학습량을 빠르게 습득하고 기억하고 있는 것이 중요합니다. 그렇기 때문에 많은 양의 학습량을 시험직전에 공부하여 머릿속에 남겨두는 것이 효율적입니다.

둘째, 유연하게 암기하자. 암기는 유연하게 해야합니다. 너무 틀에 갇힌 암기방법은 암기효율을 떨어뜨립니다. 눈과 손과 입과 마음을 총동원해서 자신이 가장 좋은 방법으로 외워야 합니다. 여태까지 살아오시면서 알고 계시는 방법들을 동원하셔도 좋구요. 아니시면 제가 제시해 드리는 방법을 사용하시면 됩니다. 그것은 바로 연상암기법입니다. 연상암기법을 통해 여러가지 정보를 하나로 묶어서 외울 수 있는 방법입니다. 이 방법은 다음 챕터를 살펴보면서 하나하나 보여드리겠습니다.

셋째, 문제를 많이 풀자. 자격증시험의 형태는 현재까지도 그리고 꽤나 먼 미래까지도 문제은행식일 것입니다. 이것을 이용해야 합니다. 문제은행식의 출제는 기존의 문제들을 한 대 모은 빅데이터 속에서 무작위로 문제를 추출하여 출제하는 형식입니다. 여기에 새로운 문제 몇 개를 수록하고, 기존의 문제에 단어나 수치를 변경하여 출제합니다. 우리는 기존의 문제에 단어나 수치를 변경하는 문제를 주목해야 합니다. 기존의 문제가 변경되거나 그대로 나오는 문제는 전체문제의 약 90%를 차지하므로 기존에 문제의 지문에 익숙해지는 것은 정답율을 높이는데 아주 좋은 방법이 될 것입니다. 특히나 변경될 수 있는 단어나 수치에 주목하며 공부하는 것이 필요하고 그것들을 역시 다음 챕터들을 살펴보며 같이 짚어나가도록 하겠습니다.

자, 그럼 본격적으로 토양환경에 내리막길을 신나게 내려가보겠습니다. 도착지는 합격입니다.

# PART 2

# 제 2 과 목
# 토양 및 지하수 오염 조사기술

**01**
토양오염 공정시험기준

**02**
토양오염 조사 및 평가

# 01 CHAPTER 토양오염 공정시험기준

## UNIT 01 총칙

### 1 일반사항

**(1) 농도** : 농도를 표시할 때는 다음의 기호를 쓴다.

① 백분율(parts per hundred)은 용액·가스 100mL 중의 물질 무게(g) 또는 용액·가스 100mL 중의 물질 부피(mL)를 표시할 때 %의 기호를 쓴다.
② 천분율(ppt, parts per thousand)을 표시할 때는 g/L, g/kg의 기호를 쓴다.
③ 백만분율(ppm, parts per million)을 표시할 때는 mg/L, mg/kg의 기호를 쓴다.
④ 십억분율(ppb, parts per billion)을 표시할 때는 μg/L, μg/kg의 기호를 쓰며, 1ppm의 1/1,000이다.
⑤ 가스체의 농도는 표준상태(0℃, 1기압, 상대습도 0%)로 환산 표시한다.

**(2) 온도**

① **온도의 표시** : 셀시우스(Celsius)법에 따라 아라비아숫자의 오른쪽에 ℃를 붙인다.
② **표준온도** : 0℃
③ **상온** : 15℃~25℃
④ **실온** : 1℃~35℃ (암기법 실은 너 하나를 사모해)
⑤ **찬 곳** : 0℃~15℃, **냉수** : 15℃ 이하 (암기법 뺑찬공 일오(15) 버렸어요, 일오(15)케 차가운 물)
⑥ **온수** : 60℃~70℃ (암기법 뜨거운 6수 7분간 끓이자)
⑦ **열수** : 약 100℃ (암기법 열받는다 = 끓는다, 끓는물 100℃)
⑧ **"수욕상 또는 수욕중에서 가열한다"** : 따로 규정이 없는 한 수온 100℃에서 가열함을 뜻하고 약 100℃의 증기욕을 쓸 수 있다.
⑨ **제반시험 조작** : 따로 규정이 없는 한 상온에서 실시하고 조작 직후 그 결과를 관찰하는 것으로 한다. 단, 온도의 영향이 있는 것의 판정은 표준온도를 기준으로 한다.

### (3) 액체의 농도

① 액체의 농도를 (1→10), (1→100) 또는 (1→1000) 등으로 표시하는 것은 고체 성분에 있어서는 1g, 액체 성분에 있어서는 1mL를 용매에 녹여 전체 양을 10mL, 100mL 또는 1000mL로 하는 비율을 표시한 것이다. (ex 1→10 수산화소듐 용액 만들기 : 1g의 수산화소듐시약을 물에 녹여 총 10mL 용액으로 만듦)

② 액체시약의 농도에 있어서 예를 들어 염산(1+2)이라고 되어 있을 때에는 염산 1mL와 물 2mL를 혼합하여 조제한 것을 말한다.

### (4) 시약 및 용액, 완충용액, 표준액, 규정액

① **시약**

시험에 사용하는 시약은 따로 규정이 없는 한 1급 이상 또는 이와 동등한 규격의 시약을 사용하여 각 시험항목별 제4장 시약 및 표준용액에 따라 조제하여야 한다.

② **용액**

㉠ 용액의 앞에 몇 %라고 한 것(ex 20% 수산화나트륨 용액)은 수용액을 말하며, 따로 조제방법을 기재하지 아니하였으며, 일반적으로 용액 100mL에 녹아있는 용질의 g수를 나타낸다.
  (ex 수산화나트륨(소듐) 20% 만들기 : 수산화나트륨(소듐) 20g을 물 100mL에 녹인다.)

㉡ 용액 다음의 (  )안에 몇 N, 몇 M 또는 %라고 한 것(ex 아황산나트륨용액(0.1N), 아질산나트륨(0.1M), 구연산이암모늄용액(20%))은 용액의 조제방법에 따라 조제하여야 한다.

③ **완충용액, 표준액 및 규정액** : 각 시험항목별 시약 및 표준용액에 따라 조제하여야 한다.

> 💡 **강산, 강염기용액 조제 시 주의사항**
> 강산, 강염기용액의 조제 시 정제수(증류수)를 먼저 용기에 넣고 강산, 강염기물질을 서서히 투입하여 조제하여야 한다. 만약, 두 종류 이상의 반응성용액이 있다면, 물을 넣은 후에 반응성이 덜 한 물질 먼저 넣고 이후에 더 강한 물질을 넣어 조제한다.

### (5) 용기

① "밀폐용기"라 함은 취급 또는 저장하는 동안에 이물질이 들어가거나 또는 내용물이 손실되지 아니하도록 보호하는 용기를 말한다.

② "기밀용기"라 함은 취급 또는 저장하는 동안에 밖으로부터의 공기 또는 다른 가스가 침입하지 아니하도록 내용물을 보호하는 용기를 말한다.

③ "밀봉용기"라 함은 취급 또는 저장하는 동안에 기체 또는 미생물이 침입하지 아니하도록 내용물을 보호하는 용기를 말한다.

④ "차광용기"라 함은 광선이 투과하지 않는 용기 또는 투과하지 않게 포장을 한 용기이며 취급 또는 저장하는 동안에 내용물이 광화학적 변화를 일으키지 아니하도록 방지할 수 있는 용기를 말한다.

### (6) 기구 및 기기

① 공정시험기준에서 사용하는 모든 유리기구는 KS L 2302 이화학용 유리기구의 모양 및 치수에 적합한 것 또는 이와 동등 이상의 규격에 적합한 것으로, 국가 또는 국가에서 지정하는 기관에서 검정을 필한 것을 사용하여야 한다.

② 공정시험기준에서 사용하는 모든 기구 및 기기는 측정결과에 대한 오차가 허용되는 범위 이내인 것을 사용하여야 한다.

### (7) 누출검사대상시설

"누출검사대상시설"이라 함은 토양환경보전법시행규칙 제1조의3[별표2]의 특정토양오염관리대상시설중 저장시설 또는 배관이 땅속에 묻혀 있거나 땅에 붙어 있어 누출 여부를 눈으로 확인할 수 없는 시설을 말한다.

① **"부속배관"** : 누출검사대상시설에 용접 또는 나사조임방식으로 직접 연결되는 배관을 말한다.

② **"지하매설배관"** : 부속배관의 경로 중 지하에 매설되어 누출여부를 육안으로 직접 확인할 수 없는 배관을 말한다.

③ **"배관접속부"** : 누출검사대상시설과 부속배관, 부속배관과 배관을 연결하기 위하여 용접접합 또는 나사조임방식 등으로 접속한 부분을 말한다.

④ **"누출검지관"** : 액체의 누출여부를 누출검사대상시설 외부에서 직접 또는 간접적으로 확인하기 위해 설치된 관을 말한다.

### (8) 기타

① **방울수** : 20℃에서 정제수 20방울을 적하할 때, 그 부피가 약 1mL 되는 것을 뜻한다.

② **"항량으로 될 때까지 건조한다"** : 같은 조건에서 1시간 더 건조할 때 전후 무게의 차가 g당 0.3mg 이하일 때를 말한다. (**암기법** 항정살(점3) 1인분)

③ **감압 또는 진공** : 따로 규정이 없는 한 15mmHg 이하를 말한다. (**암기법** 공 일오(15)버렸어요.)

④ 시험에 사용하는 물은 따로 규정이 없는 한 정제수 또는 탈염수를 말한다.

⑤ 액체의 산성, 알칼리성 또는 중성을 검사할 때는 따로 규정이 없는 한 유리전극에 의한 pH측정기로 측정하고 액성을 구체적으로 표시할 때는 pH 값을 쓴다.

⑥ **"약"** : 기재된 양에 대하여 ±10% 이상의 차가 있어서는 안된다.

⑦ "이상"과 "초과", "이하", "미만"이라고 기재하였을 때는 "이상"과 "이하"는 기산점 또는 기준점인 숫자를 포함하며, "초과"와 "미만"의 기산점 또는 기준점인 숫자를 포함하지 않는 것을 뜻한다.

⑧ **"정확히 단다"** : 규정된 양의 검체를 취하여 분석용 저울로 0.1mg까지 다는 것을 말한다.

⑨ **"정확히 취하여"** : 규정한 양의 검체 또는 시액을 홀피펫(부피피펫)으로 눈금까지 취하는 것을 말한다.
(부피측정기구의 정확도 크기 : 홀피펫, 메스(용량)플라스크 > 메스피펫 > 비커, 삼각플라스크)

⑩ "냄새가 없다"라고 기재한 것은 냄새가 없거나, 또는 거의 없는 것을 표시하는 것이다.

⑪ 여과용 기구 및 기기를 기재하지 아니하고 "여과한다"라고 하는 것은 KS M 7602 거름종이 5종 A 또는 이와 동등한 여과지를 사용하여 여과함을 말한다.

⑫ 분석용 저울은 0.1mg까지 달 수 있는 것이어야 하며 분석용 저울 및 분동은 국가검정을 필한 것을 사용하여야 한다.
⑬ 연속측정 또는 현장측정의 목적으로 사용하는 측정기기는 공정시험기준에 의한 측정치와의 정확한 보정을 행한 후 사용할 수 있다.
⑭ 이 공정시험기준에 수재되어 있지 아니한 방법이라도 측정결과가 같거나 그 이상의 정확도가 있다고 판단될 경우로서 국내외의 공인기관에서 인정하고 있는 방법은 그 방법을 사용할 수 있다.
⑮ 하나 이상의 시험기준으로 시험한 결과가 서로 달라 제반 기준의 적부 판정에 영향을 줄 경우에는 항목별 시험기준의 주시험기준에 의한 분석 성적에 의하여 판정한다. 단, 주시험기준은 따로 규정이 없는 한 항목별 시험방법의 1법으로 한다.
⑯ 정량한계는 지정된 시험기준에 따라 시험하였을 경우 그 시험기준에 대한 최소 정량한계를 의미하며, 그 미만은 불검출된 것으로 간주한다.
⑰ 시험결과는 따로 규정이 없는 한 KS Q 5002(데이터의 통계적 해석방법-제1부 : 데이터 통계적 기술) 4.2.2.2 4사5입법의 수치의 맺음법을 따른다.
⑱ 재검토 기간 :「훈령·예규 등의 발령 및 관리에 관한 규정」(대통령훈령 제334호)에 따라 이 고시에 대하여 2016년 1월 1일 기준으로 매 3년이 되는 시점(매 3년째의 12월 31일까지를 말한다)마다 그 타당성을 검토하여 개선 등의 조치를 하여야 한다.

## 2 정도보증/정도관리

### (1) 개요

① 목적

환경측정의 정도보증/정도관리는 측정·분석 결과의 정밀·정확도를 관리하고 보증하여 국가적인 환경정책 결정, 산업체의 오염물질 관리 및 국민의 삶의 질 관리에 기여하는 것을 그 목적으로 한다.

② 적용범위

이 규격은 토양오염공정시험기준의 시험분석 결과에 영향을 미치는 정도보증/정도관리 및 목표 설정의 일반적인 절차에 적용한다.

### (2) 정도관리 요소

① 바탕시료

㉠ 방법바탕시료

방법바탕시료(method blank)란 시료와 유사한 매질을 선택하여 추출, 농축, 정제 및 분석 과정에 따라 측정한 것을 말하며, 이때 매질, 실험절차, 시약 및 측정 장비 등으로부터 발생하는 오염물질을 확인할 수 있다.

ⓒ 시약바탕시료

시약바탕시료(reagent blank)란 시료를 사용하지 않고 추출, 농축, 정제 및 분석 과정에 따라 모든 시약과 용매를 처리하여 측정한 것을 말하며, 이때 실험절차, 시약 및 측정 장비 등으로부터 발생하는 오염물질을 확인할 수 있다.

② 검정곡선

검정곡선(calibration curve)은 분석물질의 농도변화에 따른 지시값을 나타낸 것으로 시료 중 분석 대상 물질의 농도를 포함하도록 범위를 설정하고, 검정곡선 작성용 표준용액은 가급적 시료의 매질과 비슷하게 제조하여야 한다.

㉠ 절대검정곡선법

ⓐ 절대검정곡선법(external standard method)이란 시료의 농도와 지시값과의 상관성을 검정곡선 식에 대입하여 작성하는 방법이다.
ⓑ 검정곡선은 직선성이 유지되는 농도범위 내에서 제조농도 3~5개를 사용한다.
ⓒ 제조한 n개의 검정곡선 작성용 표준용액을 분석하여 농도와 지시값의 자료를 각각 얻는다.
ⓓ n개의 시료에 대하여 농도와 지시값 쌍을 각각 $(x_1, y_1), \cdots\cdots, (x_n, y_n)$이라 하고, 아래 그림과 같이 농도에 대한 지시값의 검정곡선을 도시한다.

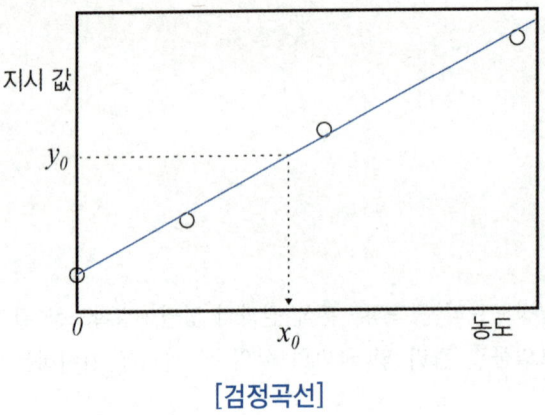

[검정곡선]

ⓔ 검정곡선 작성용 표준용액의 농도와 지시값의 상관성을 1차식으로 표현하는 경우 검정곡선식은 다음과 같다.

$$\text{식 } y = a_0 + a_1 \cdot x$$

여기서 y는 지시값, x는 농도, $a_0$, $a_1$는 계수로서 시료의 농도는 시료의 지시값을 검정곡선 식에 대입하여 구한다.

ⓒ 표준물질첨가법

표준물질첨가법(standard addition method)이란 시료와 동일한 매질에 일정량의 표준물질을 첨가하여 검정곡선을 작성하는 방법으로서, 매질효과가 큰 시험 분석 방법에서 분석 대상 시료와 동일한 매질의 표준시료를 확보하지 못한 경우에 매질효과를 보정하여 분석할 수 있는 방법이다.

ⓐ 분석대상 시료를 n개로 나눈 후 분석하려는 대상 성분의 표준물질을 0배, 1배, ········, n-1배로 각각의 시료에 첨가한다.

ⓑ n개의 첨가 시료를 분석하여 첨가 농도와 지시값의 자료를 각각 얻는다. 이때 첨가 시료의 지시값은 바탕값을 보정(바탕시료 및 바탕선의 보정 등)하여 사용하여야 한다.

ⓒ n개의 시료에 대하여 첨가 농도와 지시값 쌍을 각각 $(x_1, y_1), \cdots, (x_n, y_n)$이라 하고, 아래 그림과 같이 첨가 농도에 대한 지시값의 검정곡선을 도시하면, 시료의 농도는 $|x_0|$이다.

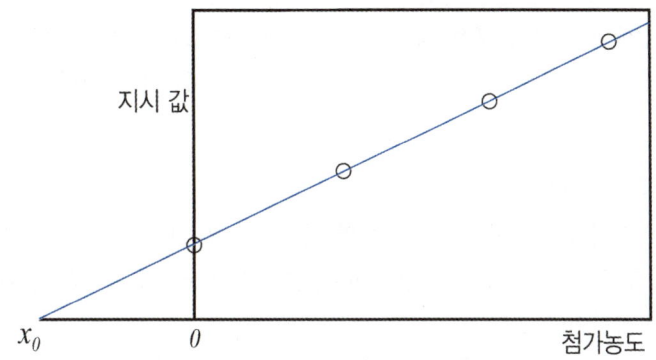

[표준물첨가법에 의한 검정곡선]

ⓒ 상대검정곡선법

상대검정곡선법(internal standard method)이란 검정곡선 작성용 표준용액과 시료에 동일한 양의 내부표준물질을 첨가하여 시험분석 절차, 기기 또는 시스템의 변동으로 발생하는 오차를 보정하기 위해 사용하는 방법이다. 상대검정곡선법은 시험 분석하려는 성분과 물리·화학적 성질은 유사하나 시료에는 없는 순수 물질을 내부표준물질로 선택한다. 일반적으로 내부표준물질로는 분석하려는 성분에 동위원소가 치환된 것을 많이 사용하며, 절차는 다음과 같다.

ⓐ 동일한 양의 내부표준물질을 분석 대상 시료와 검정곡선 작성용 표준용액에 각각 첨가한다. 내부표준물질의 농도는 분석 대상 성분의 기기 지시값과 비슷한 수준이 되도록 한다.

ⓑ 분석기기를 이용하여 시료와 검정곡선 작성용 표준용액의 내부표준물질과 측정 성분의 지시값을 각각 구한다.

ⓒ 검정곡선 작성을 위하여 가로축에 성분 농도($C_x$)와 내부표준물질 농도($C_s$)의 비($C_x/C_s$)를 취하고 세로축에는 분석 성분의 지시값($R_x$)과 내부표준물질 지시값($R_s$)의 비($R_x/R_s$)를 취하여 다음 그림과 같이 작성한다.

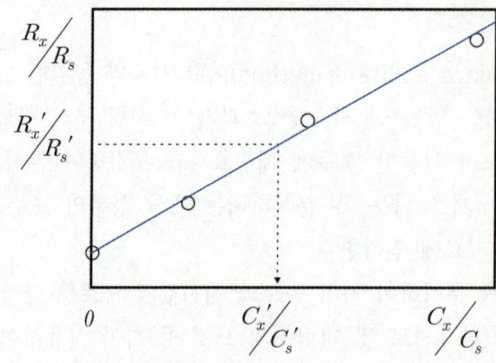

[상대검정곡선법에 의한 검정곡선]

ⓓ 시료를 분석하여 얻은 분석 성분의 지시값($R_x'$)과 내부표준물질 지시값 ($R_s'$)의 비($R_x'/R_s'$)를 구한 후 검정곡선에 대입하여 분석 성분 농도($C_x'$)와 내부표준물질 농도($C_s'$)와의 비($C_x'/C_s'$)를 구한다. 분석 성분 농도($C_x'$)와 내부표준물질 농도($C_s'$)의 비($C_x'/C_s'$)에 첨가한 내부표준물질 농도($C_s'$)를 곱하여 시료의 농도($C_x'$)를 구한다.

ⓔ 검정곡선의 작성 및 검증

  ⓐ 검정곡선을 작성하고 얻어진 검정곡선의 결정계수($R_2$) 또는 감응계수(RF, response factor)의 상대표준편차가 일정 수준 이내이어야 하며, 결정계수나 감응계수의 상대표준편차가 허용범위를 벗어나면 재작성하여야 한다.
  ⓑ 감응계수는 검정곡선 작성용 표준용액의 농도(C)에 대한 반응값(R, response)으로 다음과 같이 구한다.

> **식** 감응계수 $= \dfrac{Rr}{Cr}$

  ⓒ 검정곡선은 분석할 때마다 작성하는 것이 원칙이며, 분석 과정 중 검정곡선의 직선성을 검증하기 위하여 각 시료군(시료 20개 이내)마다 1회의 검정곡선 검증을 실시한다.
  ⓓ 검증은 방법검출한계의 5배 ~ 50배 또는 검정곡선의 중간 농도에 해당하는 표준용액에 대한 측정값이 검정곡선 작성 시의 지시값과 10% 이내에서 일치하여야 한다. 만약 이 범위를 넘는 경우 검정곡선을 재작성하여야 한다.

③ **검출한계**

㉠ 기기검출한계

기기검출한계(IDL, instrument detection limit)란 시험분석 대상물질을 기기가 검출할 수 있는 최소한의 농도로서, 일반적으로 S/N비의 2배 ~ 5배 농도 또는 바탕시료를 반복 측정 분석한 결과의 표준편차에 3배한 값 등을 말한다.

㉡ 방법검출한계

방법검출한계(MDL, method detection limit)란 시료와 비슷한 매질 중에서 시험분석 대상을 검출할 수 있는 최소한의 농도로서, 제시된 정량한계 부근의 농도를 포함하도록 준비한 n개의 시료를 반복 측정하여 얻은 결과의 표준편차(s)에 99% 신뢰도에서의 t-분포값을 곱한 것이다. 산출된 정량한계는 제시한 **정량한계 값** 이하이어야 한다.

$$\text{방법검출한계} = t_{(n-1,\ \alpha=0.01)} \times s$$

ⓒ 정량한계

정량한계(LOQ, limit of quantification)란 시험분석 대상을 정량화할 수 있는 측정값으로서, 제시된 정량한계 부근의 농도를 포함하도록 시료를 준비하고 이를 반복 측정하여 얻은 결과의 표준편차(s)에 10배한 값을 사용한다.

$$\text{정량한계} = 10 \times s$$

ⓔ 정밀도

정밀도(precision)는 시험분석 결과의 반복성을 나타내는 것으로 반복 시험하여 얻은 결과를 상대표준편차(RSD, relative standard deviation)로 나타내며, 연속적으로 n회 측정한 결과의 평균값($\bar{x}$)과 표준편차(s)로 구한다.

$$\text{정밀도(\%)} = \frac{s}{\bar{x}} \times 100$$

⑤ 정확도

㉠ 정확도(accuracy)란 시험분석 결과가 참값에 얼마나 근접하는가를 나타내는 것으로 동일한 매질의 인증시료를 확보할 수 있는 경우에는 표준절차서(SOP, standard operational procedure)에 따라 인증표준물질을 분석한 결과값($C_M$)과 인증값($C_C$)과의 상대백분율로 구한다.
㉡ 인증시료를 확보할 수 없는 경우에는 해당 표준물질을 첨가하여 시료를 분석한 분석값($C_{AM}$)과 첨가하지 않은 시료의 분석값($C_S$)과의 차이를 첨가 농도($C_A$)의 상대백분율 또는 회수율로 구한다.

$$\text{정확도(\%)} = \frac{C_M}{C_C} \times 100 = \frac{C_{AM} - C_S}{C_A} \times 100$$

⑥ 현장이중시료

현장이중시료(field duplicate samples)는 동일 위치에서 동일한 조건으로 중복 채취한 시료로서 독립적으로 분석하여 비교한다. 현장이중시료는 필요시 하루에 20개 이하의 시료를 채취할 경우에는 1개를, 그 이상의 시료를 채취할 때에는 시료 20개당 1개를 추가로 채취하며, 동일한 조건에서 측정한 두 시료의 측정값 차를 두 시료 측정값의 평균값으로 나누어 상대편차백분율(RPD, relative producibility deviation)로 구한다.

$$\text{상대편차백분율(\%)} = \frac{C_2 - C_1}{\bar{x}} \times 100\%$$

## 기출문제로 다지기 — UNIT 01 총칙

**01** 토양오염공정시험기준에서 사용하는 용어 등에 관한 설명으로 틀린 것은?

① 가스체의 농도는 표준상태(0℃, 1기압, 상대습도 100%)로 환산 표시한다.
② 실온은 1~35℃로 하며, 찬 곳은 따로 규정이 없는 한 0~15℃인 곳을 뜻한다.
③ 제반시험 조작은 따로 규정이 없는 한 상온에서 실시하고 조작 직후 그 결과를 관찰하는 것으로 하고, 온도의 영향이 있는 것의 판정은 표준온도를 기준으로 한다.
④ 액체시약의 농도에 있어서 염산 (1+2)이라고 되어 있을 때에는 염산 1mL와 물 2mL를 혼합하여 조제한 것을 말한다.

해설 가스체의 농도는 표준상태(0℃, 1기압, 상대습도 0%)로 환산 표시한다.

**02** 용액 100mL 중의 성분 무게(g)를 백분율로 표시할 때 사용하는 농도표시 기호는?

① g/L  ② mg/L
③ V/V(%)  ④ W/V(%)

**03** 방울수란 20℃에서 정제수 20방울을 적하할 때 그 부피가 몇 mL가 되는 것을 뜻하는가?

① 약 0.5mL  ② 약 1.0mL
③ 약 2.0mL  ④ 약 5.0mL

**04** 정도보증/정도관리에 적용되는 감응계수의 산정식으로 옳은 것은? (단, C:검정곡선 작성용 표준용액의 농도, R:반응값)

① 감응계수=C/R  ② 감응계수=R/C
③ 감응계수=R×C  ④ 감응계수=R2×C

**05** 용기에 관한 설명으로 ( )에 알맞은 것은?

( )라 함은 취급 또는 저장하는 동안에 기체 또는 미생물이 침입하지 아니하도록 내용물을 보호하는 용기를 말한다.

① 밀폐용기  ② 기밀용기
③ 밀봉용기  ④ 차단용기

**06** 다음 중 농도가 가장 낮은 것은? (단, 비중은 1.0 기준)

① 0.01ppm  ② 1mg/L
③ 100ppb  ④ 1mg/kg

해설 ① 0.01ppm
② 1mg/L = 1ppm
③ 100ppb = 0.1ppm
④ 1mg/kg = 1ppm

**정답** 01. ①  02. ④  03. ②  04. ②  05. ③  06. ①

**07** 총칙의 내용으로 ( )에 옳은 것은?

> "정확히 단다"라 함은 규정된 양의 검체를 취하여 분석용 저울로 ( )까지 다는 것을 말한다.

① 1.0mg  ② 0.1mg
③ 0.01mg  ④ 0.0001mg

**08** 정량한계 산정식으로 옳은 것은? (단, S=표준편차, X=평균값)

① 정량한계 = 3.3×S
② 정량한계 = (10×X)/S
③ 정량한계 = (3.3×X)/S
④ 정량한계 = 10×S

**09** 다음 용어에 대한 설명으로 옳지 않은 것은?

① 가스체의 농도는 표준상태(0℃, 1기압, 상대습도(0%))로 환산 표시한다.
② 방울수라 함은 20℃에서 정제수 20방울을 적하할 때, 그 부피가 약 1mL가 되는 것을 뜻한다.
③ 진공(감압)이라 함은 따로 규정이 없는 한 15mmH$_2$O 이하를 말한다.
④ "약"이라 함은 기재된 양에 대하여 ±10% 이상의 차가 있어서는 안된다.

해설 진공(감압)이라 함은 따로 규정이 없는 한 15mmHg 이하를 말한다.

**10** 정도보증/정도관리에 관한 내용 중 검정곡선의 작성 및 검증에 관한 사항으로 ( )에 옳은 것은?

> 검증은 방법검출한계의 5~50배 또는 검정곡선의 중간 농도에 해당하는 표준용액에 대한 측정값이 검정곡선 작성 시의 지시값과 ( ) 이내에서 일치하여야 한다.

① 5%  ② 10%
③ 15%  ④ 25%

**11** 다음 중 1ppb와 같은 농도는?

① 1μg/m$^3$  ② 1mg/kg
③ 0.001%  ④ 0.001ppm

해설
① 1μg/m$^3$ = 1μg/10$^3$L = 0.001ppb
② 1mg/kg = 1ppm
③ 0.001% = 10ppm
④ 0.001ppm = 1ppb

**12** 밀폐용기에 관한 정의로 가장 적합한 것은?

① 취급 또는 저장하는 동안에 이물질이 들어가거나 또는 내용물이 손실되지 아니하도록 보호하는 용기를 말한다.
② 취급 또는 저장하는 동안에 밖으로부터의 공기 또는 다른 가스가 침입되지 아니하도록 내용물을 보호하는 용기를 말한다.
③ 취급 또는 저장하는 동안에 기체 또는 미생물이 침입하지 아니하도록 내용물을 보호하는 용기를 말한다.
④ 취급 또는 저장하는 동안에 내용물이 광화학적 변화를 일으키지 아니하도록 방지할 수 있는 용기를 말한다.

**정답** 07. ②  08. ④  09. ③  10. ②  11. ④  12. ①

**13** 누출검사대상시설에 관한 설명으로 틀린 것은?

① "부속배관"이라 함은 누출검사대상시설에 용접 또는 나사조임방식으로 직접 연결되는 배관을 말한다.
② "지하매설배관"이라 함은 부속배관의 경로 중 지하에 매설되어 누출 여부를 육안으로 직접 확인하기 위해 설치된 배관을 말한다.
③ "배관접속부"라 함은 누출검사대상시설과 부속배관, 부속배관과 배관을 연결하기 위하여 용접 접합 또는 나사조임방식 등으로 접속한 부분을 말한다.
④ "누출검지관"이라 함은 액체의 누출 여부를 누출검사대상시설 외부에서 직접 또는 간접적으로 확인하기 위해 설치된 관을 말한다.

해설 "지하매설배관" : 부속배관의 경로 중 지하에 매설되어 누출여부를 육안으로 직접 확인할 수 없는 배관을 말한다.

**14** 정도관리요소인 검정곡선 중 상대검정곡선법의 내부표준물질에 관한 설명으로 옳은 것은?

① 상대검정곡선법은 시험 분석하려는 성분과 물리, 화학적으로 성질은 유사하나 시료에는 없는 순수물질을 내부표준물질로 선택한다.
② 상대검정곡선법은 시험 분석하려는 성분과 물리, 화학적으로 성질은 유사하며 시료에 함유된 순수물질을 내부표준물질로 선택한다.
③ 상대검정곡선법은 시험 분석하려는 성분과 물리, 화학적으로 성질은 다르며 시료에 함유된 순수물질을 내부표준물질로 선택한다.
④ 상대검정곡선법은 시험 분석하려는 성분과 물리, 화학적으로 성질은 다르고 시료에 없는 순수물질을 내부표준물질로 선택한다.

**15** 토양오염공정시험기준에서 정의하는 온도에 대한 설명으로 틀린 것은?

① 온수 : 60~70℃  ② 상온 : 10~20℃
③ 실온 : 1~35℃   ④ 찬곳 : 0~15℃

해설 상온 : 15~25℃

**16** 실험 총칙의 내용으로 틀린 것은?

① 감압 또는 진공이라 함은 따로 규정이 없는 한 15mmHg 이하를 말한다.
② 가스체에 농도는 표준상태(0℃, 1기압, 상대습도 0%)로 환산하여 표시한다.
③ 제반 시험 조작은 따로 규정이 없는 한 실온에서 실시하고 조작 직후 그 결과를 관찰하는 것으로 한다.
④ "항량으로 될 때까지 건조한다"라 함은 같은 조건에서 1시간 더 건조할 때 전후 무게 g당 0.3mg 이하일 때를 말한다.

해설 제반시험 조작 : 따로 규정이 없는 한 상온에서 실시하고 조작 직후 그 결과를 관찰하는 것으로 한다. 단, 온도의 영향이 있는 것의 판정은 표준온도를 기준으로 한다.

**17** 크로마토그래피를 사용한 정량법 중에서 시료전처리, 시약 취급, 시료 주입 등에서 발생할 수 있는 오차를 최소화시키기 위해 사용하는 방법은?

① 외부표준법     ② 표준물질첨가법
③ 외삽법        ④ 내부표준법

정답 13. ② 14. ① 15. ② 16. ③ 17. ④

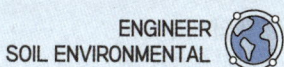

**18** 질산(1+1)용액을 제조할 때 설명으로 알맞은 것은?

① 1L 부피플라스크에 진한질산($HNO_3$, 63.01) 500mL를 넣은 다음 정제수로 정확히 1L가 되도록 채운다.
② 1L 부피플라스크에 정제수를 약 400mL를 넣은 다음 진한질산($HNO_3$ 63.01) 500mL를 넣은 다음 정제수로 정확히 1L가 되도록 채운다.
③ 1L 부피플라스크에 진한질산($HNO_3$, 63.01)을 약 400L 넣은 다음 정제수 500mL를 넣은 후 진한질산으로 정확히 1L가 되도록 채운다.
④ 1L 부피플라스크에 정제수를 약 500mL를 넣은 다음 진한질산($HNO_3$, 63.01) 400mL를 넣고 정제수로 정확히 1L가 되도록 채운다.

**해설** 강산용액조제 시 반드시 물을 먼저 넣은 후 서서히 산용액을 넣어 조제하여야 한다.

**정답** 18. ②

# UNIT 02 누출검사방법

## 1 저장물질이 없는 누출검사대상시설 – 비파괴검사

### (1) 개요
① **목적** : 비파괴시험법은 물리적 현상의 원리(빛, 열, 방사선, 음파, 전기, 전기에너지, 자기)를 이용하여 검사할 대상물을 손상시키지 아니하고, 그 대상물에 존재하는 불완전성을 조사하고 판단하는 기술적 행위이다. 일반적인 비파괴시험법으로는 방사선투과법(RT), 초음파 탐사법(UT), 자분탐상법(MT), 와전류탐상법(ECT), 액체침투탐상법(PT), 음향방출탐사법(AET), 누설검사법(LT), 육안검사(VT) 등이 있다.
② **적용범위** : 이 방법은 단일벽 또는 이중벽 구조의 저장시설의 누출 및 결함 유무를 판단하기 위하여 적용한다.

### (2) 용어정의
① **자분탐상시험(MT)** : 강자성체인 시험체를 자화시켰을 때 시험체 조직의 변화 또는 결함 등의 불연속이 존재하면 이 위치에서 자력선의 연속성이 깨어져 누설자장(magnetic flux leakage)이 형성되고 자속밀도(flux density)가 증가하게 되며, 이때 시험체의 표면에 자분(magnetic particle)을 살포하여 누설자장이 형성된 부위에 자분이 부착되어 시험체 조직의 변화 또는 결함 등의 존재 유무, 위치, 크기, 방향 등을 확인하는 시험방법이다.
② **침투탐상시험(PT)** : 시험체 표면에 침투액을 적용하면 열린(open) 결함이 있는 경우 모세관 현상에 의하여 침투액이 열린 결함으로 침투하게 되며 이때 현상액을 적용하여 표면결함 속에 침투된 침투액을 현상함으로써 육안으로 결함 유무를 식별하는 시험방법이다.
③ **초음파두께측정(ultrasonic thickness gauging)** : 시험체에 초음파를 전달시켜 시험체 내에 존재하는 불연속으로부터 반사한 초음파의 에너지양, 초음파의 진행시간 등을 분석하여 불연속의 위치 및 크기 등을 알아내는 시험방법이다.
④ **외관검사(visual inspection)** : 저장시설을 구성하는 시설 전반에 대하여 검사자의 육안으로 누설징후, 변형, 부식, 손상, 이탈 등의 유무를 확인하는 검사이다.

### (3) 검사절차
저장시설의 비파괴검사는 검사를 실시하는 저장시설의 재료, 검사범위 등에 따라 자분탐상시험 또는 침투탐상시험 중 선택하여 실시하여야 한다. 비파괴검사의 실시범위는 지하매설저장시설의 경우에는 탱크의 전 용접선, 옥외저장시설에 있어서는 지면과 접촉되어 있어 외부에서 누출이 확인되지 않는 바닥판(애뉼러판을 포함한다)의 전용접선으로 하고, 용접부(weld metal)와 모재(base metal)의 경계선에서 모재 쪽으로 모재 두께의 2분의 1 이상의 길이를 더한 범위로 한다.

① **자분탐상시험**
   ㉠ 시험실시 전에 시험범위에 있는 녹, 스케일, 스패터(spatter), 기름 등 시험에 지장을 주는 부착물을 깨끗하게 제거하고, 검사부의 온도가 시험에 지장이 없는 범위로 유지되도록 한다.
   ㉡ 시험범위에 대한 자화장치의 배치는 용접선에 대하여 거의 직각이 되도록 하고 시험 면에 평행방향의 자장이 형성되도록 하며, 인접한 탐상 유효범위가 서로 중복되도록 하여야 한다.
   ㉢ 자분적용에 대한 자화의 시기는 연속법으로 하여야 하며 특별히 인정된 경우를 제외하고는 습식법을 사용하여야 한다.
   ㉣ 검사액의 적용은 탐상 유효범위의 바깥쪽부터 탐상유효범위 전면을 적시도록 하여야 한다.
   ㉤ 통전시간 중의 검사액의 적용시간은 1단위시험 조작당 3초 이상을 표준으로 하여야 하며 통전시간은 검사액의 적용 시작시부터 그 탐상 유효범위 내의 검사액의 유동이 정지할 때까지로 한다.
   ㉥ 결함자분 모양의 관찰은 다음의 방법에 따라 실시한다.
      ⓐ 결함자분 모양의 관찰은 1단위 시험의 조작 시마다 한다.
      ⓑ 결함자분 모양이 나타났을 경우에는 결함자분모양을 제거한 후 다시 시험을 하여 결함자분모양이 전회의 시험결과와 동일하게 검출되는지를 확인하여야 한다.
      ⓒ 확인된 결함자분 모양 중 유사 자분모양은 평가대상에서 제외하여야 하며 결함자분 모양과 유사자분 모양과의 판별이 곤란한 것은 허용한도 이내에서 표면을 매끄럽게 하고 재시험을 하여야 한다.
   ㉦ 탐상 유효범위의 설정은 다음의 방법에 따라 실시한다.
      ⓐ 탐상 유효범위의 설정은 자화장치, 용접선에 대한 자화장치의 배치, 검사액, 검사액의 적용방법, 검사액의 적용시간, 통전시간, 탐상 유효범위의 자외선강도, 가시광선의 강도 등의 시험조건 및 실제 시험을 실시할 때의 조건 등을 고려하여 정한다.
      ⓑ 탐상유효범위는 용접선에 흠이 평행 및 직각이 되도록 붙인 A형 표준시험편에 명료한 결함자분 모양이 얻어지는 범위로 한다.
      ⓒ 시험개시 전, 시험조건 변경 시, 시험 중 의문이 발생했을 경우 등 필요한 경우에는 탐상유효범위를 재설정하여야 한다.

② **침투탐상시험**
   ㉠ 침투탐상시험은 염색침투탐상시험 또는 형광침투탐상시험 중 적절한 시험방법을 선택하여 실시한다.
   ㉡ 시험실시 전에 시험범위에 있는 녹, 스케일, 스패터, 기름 등 검사에 지장을 주는 부착물은 완전히 제거하여 깨끗하게 한 후 시험면 및 결함 내에 잔류하는 용제, 수분 등을 충분히 건조시키고, 시험체의 온도는 섭씨 5℃ 내지 40℃의 범위 내에서 시험을 하여야 한다. 이 경우 온도가 시험실시 범위를 벗어나는 경우에는 비교시험편을 이용하여 그 성능을 확인한 후 적절한 시험방법을 정하여야 한다.
   ㉢ 침투액은 시험제품의 시험부위 및 침투액의 종류에 따라 분무, 솔질 등의 방법을 적용하고 침투에 필요한 시간동안 시험하는 부분의 표면을 침투액으로 적셔두어야 한다.
   ㉣ 침투처리 후 표면에 부착되어 있는 침투액은 마른 천으로 닦은 후 용제 세정액을 소량 스며들게 한 천으로 완전히 닦아내야 한다. 이 경우에 결함 속에 침투되어 있는 침투액을 유출시킬 만큼 많은 세정액을 사용해서는 안된다.

ⓑ 잘 저어서 분산시킨 속건식 현상제를 분무상태로 시험 표면에 분무시켜 시험면 바탕의 소재가 희미하게 투시되어 보일 정도로 얇고 균일하게 도포하여야 한다. 이 경우 분무노즐과 시험면의 거리는 300 mm 이상으로 한다.

ⓗ 현상제를 도포하고 10분이 경과한 후에 관찰한다. 다만, 결함지시 모양의 등급분류 시 결함지시 모양이 지나치게 확대되어 실제의 결함과 크게 다른 경우에는 현상여건을 감안하여 그 시간을 단축시킬 수 있다.

③ **초음파 두께측정**

㉠ 초음파 두께측정은 지하매설저장시설에 있어서는 동체(shell) 각 플레이트(plate)의 상하좌우 4방향과 경판(head plate)의 상하좌우 및 중앙부 등 5개 지점에 대하여, 옥외저장시설에 있어서는 아래의 박스에 나타난 측정지점에 대하여 초음파 두께측정기로 두께를 측정하여야 한다.

> 💡 **옥외저장시설의 측정지점** ★★★ 중요
> 
> 가. 에뉼러판 : 옆판 내면으로부터 탱크중심방향으로 0.5m 간격마다의 범위에서 원주방향으로 2m 이하의 간격마다 1개 지점
> 나. 밑판(구형탱크는 본체전부를 밑판으로 보며, 지중탱크의 옆판 중 지반면 하에 매설된 부분은 밑판으로 본다) : 1매당 3개 지점
> 다. 보수 중 덧붙인 판 또는 교체한 판 : 1매당 1개 지점
> 라. 누설자장 등을 이용하여 점검을 실시한 밑판 및 에뉼러판 : 1매당 1개 지점

㉡ 두께측정 전에 시험범위에 있는 녹, 스케일, 스패터 등 검사에 지장을 주는 부착물은 완전히 제거하여 깨끗하게 한 후, 국부적으로 심한 부식이 진행되는 개소에 대하여는 그라인더 등을 써서 표면을 매끄럽게 갈아 낸 다음 잔존 두께를 측정하여야 한다.

④ **외관검사**

㉠ 외관검사는 저장시설을 구성하는 시설 전반에 대하여 검사자가 육안으로 검사하여야 한다.
㉡ 저장탱크의 동체 및 경판의 모재와 용접부의 누설징후, 변형, 국부적인 부식, 손상 등이 없는지 확인하여야 한다.
㉢ 과충전 방지장치의 이탈, 파손 유무를 확인하여야 한다.
㉣ 배관 접속부의 변형, 손상 등의 유무를 확인하여야 한다.

⑤ **시험오류의 원인 및 제거** : 각 시험방법에 따라 오류를 유발할 수 있으므로 다음과 같은 사항을 특히 유의하여 오류 요인을 제거해야 한다.

㉠ 시험하는 장비나 검사액의 성능이 현저히 열화된 경우에는 검출능력이 떨어질 수 있으므로 시험을 개시하기에 앞서 표준시험편을 사용하여 장비 및 검사액의 성능을 확인하여야 한다.
㉡ 시험면 전처리가 검사에 충분하지 않은 경우에는 검출능력이 떨어지거나 시험 오류를 유발할 수 있으므로 시험 전에 시험하고자 하는 표면의 이물질은 완전히 제거하여야 한다.
㉢ 시험체의 온도가 현저히 낮은 경우에는 검출능력이 떨어질 수 있으므로 시험하고자 하는 조건에서 대비시편을 사용하여 시험조건을 설정하여야 한다.

② 침투탐상시험 시 세척 후 충분히 건조시키지 않은 상태에서 침투액을 뿌리거나 여액의 침투액을 닦아내는 과정에서 과도한 세척제를 사용하는 경우는 결함부에 제대로 침투되지 않아 결함 검출능력이 떨어질 수 있다.

⑩ 침투탐상시험에 있어 과도한 현상액을 도포하거나 침투시간이나 현상시간이 너무 짧은 경우에는 검출능력이 떨어져 제대로 확인되지 않을 수 있다.

⑪ 초음파 두께측정 시험 시 측정 전에 장비의 영점조정이 부적절하거나 재료에 따른 주파수를 설정이 잘못된 경우 측정값이 부정확할 수 있다.

⑫ 초음파 두께측정 시험 시 측정표면의 이물질이 완전히 제거되지 않거나 접촉매질을 충분히 사용하지 않은 경우 측정오차가 발생할 수 있다.

⑥ **주의사항**

㉠ 탱크 내부에 진입하기 전에 가연성가스 농도측정기를 사용하여 내부의 가스농도를 측정하여 당해 위험물의 폭발하한의 4분의 1 이하임을 확인하여야 하며, 산소농도측정기를 사용하여 산소농도가 20.5% 이상임을 확인하여야 한다.

㉡ 탱크내부에 진입하여 시험하는 동안에는 방폭형 환풍기를 설치하여 외부로부터 신선한 공기를 지속적으로 공급하거나 내부의 공기를 외부로 배출시켜야 한다.

㉢ 에어졸 제품의 검사액을 사용하는 경우에는 가연성가스의 배출에 특히 주의하고, 쓰고 남은 캔은 안전하게 처리하여야 한다.

㉣ 탱크내의 잔류 폐위험물, 슬러지, 세정오수 등은 안전과 환경을 고려하여 적절한 방법으로 처리하여야 한다.

㉤ 시험자는 시험장비 외에 안전모와 방호복을 착용하고 방폭형 공구 등을 휴대 사용하여 안전하게 시험하여야 한다.

㉥ 시험현장에는 외부인의 출입 등을 통제하고 소화기 비치 등 화재위험에 대비할 수 있는 조치를 하여야 한다.

㉦ 불가피한 경우를 제외하고는 기상변화가 심하거나 일출 전, 일몰 후에는 시험을 실시하지 아니한다.

㉧ 탱크검사는 최소 2인 이상 1조가 시험하여야 하며, 1명은 탱크외부에서 내부에 진입한 시험자의 안전을 감시할 수 있도록 하여야 한다.

## 2 저장물질이 없는 누출검사대상시설 – 가압시험법

### (1) 개요

① **목적** : 가압시험방법은 저장물이 없는 누출검사대상시설에 질소 등 불활성가스를 주입하여 일정한 시험압력상태를 유지하고, 측정시간 동안의 압력 변동량을 측정함으로써 누출검사대상시설 및 (분리하여 폐쇄가 불가능한) 그 부속배관의 누출여부를 판단하는 기밀시험방법이다.

② **적용범위** : 이 방법은 단일벽 또는 이중벽 구조의 누출검사대상시설 및 (분리하여 폐쇄가 불가능한) 그 부속배관의 누출여부를 판단하기 위하여 적용한다.

### (2) 용어 정의

① **불활성가스(비활성기체)** : 다른 원소와 화학반응을 일으키기 어려운 기체원소, 좁은 뜻으로는 헬륨, 네온, 아르곤, 크립톤, 크세논, 라돈의 희유원소를 말하며, 넓은 뜻으로는 화학반응성이 낮은 질소 등을 포함하여 이른다.

② **기밀시험** : 용기나 함선 또는 건축물 등의 밀폐도나 내압강도를 확인하고 조사하는 시험을 말한다.

### (3) 검사기기 및 기구

① **압력계(압력자기기록계)** : 최소눈금이 시험압력의 5% 이내이고, 이를 읽고 측정압력의 기록이 가능한 압력계이어야 한다.

② **온도계** : 시험압력에 충분히 견딜 수 있는 것으로서 최소눈금 1℃ 이하를 읽고 기록이 가능한 온도계이어야 한다.

③ **가압장치** : 불활성가스 용기 및 압력조정장치를 말한다.

④ **사용가스** : 가압매체로 질소 등 불활성가스를 사용한다.

⑤ **안전밸브** : $0.7 kgf/cm^2$ 이하에서 작동되어야 한다.

⑥ **기타** : 시설물을 밀폐하기 위해 필요한 기기 및 기구 등이 있다.

### (4) 검사절차

① **측정방법**

㉠ 누출검사대상시설의 내용물을 완전히 비우고, 개구부를 밸브 또는 막음판 등을 사용하여 완전히 폐쇄한다.

㉡ 누출검사대상시설 및 이와 연결된 지하매설배관은 질소 등 불활성가스를 사용하여 $0.2 kgf/cm^2$의 시험압력으로 가압한 후 10분 동안 유지시켜 안정된 시험압력을 확인하고, 그 후 1시간 동안의 압력변화를 측정한다. ("안정된 시험압력"이라 함은 가압 후 유지시간동안 압력강하가 시험압력의 10% 이하인 압력을 말한다.)

㉢ 시험하는 동안 누출검사대상시설 내 온도 및 압력변화량을 관찰·기록한다.

㉣ 시험하는 동안 누출검사대상시설 내의 온도변화가 심할 경우에는 다음 식에 의하여 온도변화에 따른 압력을 보정하여 판정한다.

$$\boxed{식} \; \Delta P = P_1 - P_2 \times \frac{T_1}{T_2}$$

- $\Delta P$ : 50분간 온도 보정을 한 압력강하
- $P_1$ : 가압 후 10분일 때의 안정된 시험압력
- $P_2$ : 가압 후 60분일 때의 압력
- $T_1$ : 가압 후 10분일 때의 평균절대온도(K)
- $T_2$ : 가압 후 60분일 때의 평균절대온도(K)

㉤ 누출여부에 대한 추가확인을 위하여 비눗물, 마이크로폰 등 추가적인 도구를 사용할 수 있다.

② **시험오류의 원인 및 제거** : 압력을 이용한 누출여부 측정 오류요인은 다음과 같은 경우가 많으므로 미리 충분히 검토하여야 한다.
  ㉠ 누출검사대상시설 이외의 연결관 및 연결부의 오류로 인한 누출
  ㉡ 최고 설정압력의 오류
  ㉢ 시험압력 유지시간이 너무 짧을 때
  ㉣ 측정기간 중 과도한 온도변화에 의한 내용물의 체적변화
  ㉤ 기타
③ **주의사항** : 누출검사대상시설의 누출시험 중 다음 사항에 주의한다.
  ㉠ 누출여부판단을 위한 누출검사대상시설의 가압을 위해서 과도한 속도로 압력이 상승되지 않도록 한다.
  ㉡ 시험기간 동안 화기의 사용을 금한다.
  ㉢ 시험기간 동안 진동 등 압력변화에 영향을 주는 경우가 없도록 한다.
  ㉣ 기상변화가 심할 때는 시험을 실시하지 않는다.

### (5) 결과의 보고

① **측정결과 및 보고서 작성**
  ㉠ 가압 중 노출배관은 비눗물 등을 도포하여 누출여부를 확인하고 보고서를 작성한다.
  ㉡ 안정된 압력 확인 후 50분 동안 측정된 압력변화를 확인하여 보고서를 작성한다.
② **판정기준** : 측정결과 비눗물 등으로 누출여부가 확인되거나 압력강하가 시험압력의 10%를 초과하는 경우에는 불합격으로 한다.

## ❸ 저장물질이 있는 누출검사대상시설 – 기상부의 시험법

### (1) 개요

① **목적** : 저장물질이 있는 누출검사대상시설의 저장물질이 담겨져 있지 않은 부분에 대한 누출여부를 검사하는 방법으로 저장시설내부로 가압매체를 주입하여 대기압보다 높은(가압) 압력을 작용시키거나 저장시설내부로부터 가스를 배출하여 대기압보다 낮은(감압) 압력을 작용시켜 그 압력변화를 측정함으로써 누출여부를 판단하는 방법이다.
② **적용범위** : 이 방법은 누출검사대상시설의 기상부 및 기상부에 접속되어 있고 저장시설과 분리하여 폐쇄할 수 없는 부속배관부의 누출여부를 판단하는 기밀시험이다. 단, 미감압법은 10만L 미만의 시설에 적용할 수 있다.

### (2) 용어정의

① **기상부 검사** : 탱크와 같은 저장시설에 저장물질이 담겨져 있지 않은 부분(Ullage)에 대한 검사를 말한다.
② **미가압 시험** : 대기압보다 높은 압력($200mmH_2O$)을 사용하여 누출여부를 판정하는 방법이다.
③ **미감압 시험** : 대기압보다 낮은 압력($-200mmH_2O$, $-400mmH_2O$, $-1,000mmH_2O$)을 사용하여 누출여부를 판정하는 방법이다.

### (3) 검사기기 및 기구

① **압력계(압력자기기록계)** : 최소 눈금 $1mmH_2O$를 읽을 수 있는 정밀도를 가진 압력계를 말한다.
② **온도계** : 시험압력에 충분히 견딜 수 있는 것으로서 최소눈금이 1℃ 이하를 읽고 기록이 가능한 온도계를 말한다.
③ **가압장치** : 가압 시 최대압력 $300mmH_2O$ 이하가 되도록 조정되는 것이어야 한다.
④ **감압장치**
  ㉠ 가스를 배출하는 방법
    • 이젝터 : 불활성가스의 분출력을 이용한 것 또는 에어콤프레셔의 분출력을 이용한 것
    • 펌프 : 수동 및 동력에 의한 것
  ㉡ 액체를 뽑아내는 방식
    • 고체 급유설비 : 계량기 펌프를 이용한 것
    • 송유설비 : 누출검사대상시설 등에 송유하기 위해 개설된 펌프
    • 가변식 펌프 : 그 외 가압에 적합한 펌프
⑤ **사용가스** : 불활성가스를 가압매체로 사용한다.
⑥ **안전장치**
⑦ **기타 검사대상시설을 밀폐를 위해 필요한 장치 및 도구**

### (4) 검사절차

① **미가압법 측정방법**
  ㉠ 누출검사대상시설내 기상부 높이가 400mm 이상인가를 확인하여 가압으로 인해 저장액이 탱크외부로 배관을 통해 나오는 것을 방지한다.
  ㉡ 충분한 기상부의 높이가 확인되었다면 누출검사대상시설의 개구부를 밸브 또는 막음판 등을 사용하여 완전히 폐쇄하고 5분 이상 압력을 안정시킨다.
  ㉢ 질소가스 등으로 $200mmH_2O$의 압력이 될 때까지 공간용적 $1m^3$당 1분 이상의 시간을 두고 천천히 가압한다.
  ㉣ 가압속도는 누출검사대상시설 공간용적 $1m^3$당 1분 이상이 되도록 가압시간을 조정한다.
  ㉤ 가압 중에 노출되어 있는 배관접속부 등에 비눗물 등을 뿌려 누출여부를 확인하여야 한다.
  ㉥ 가압 후 15분 이상 유지시간을 두어 안정시키고, 그 이후 15분 동안의 압력강하를 측정한다.
  ㉦ 시험하는 동안 누출검사대상시설내의 온도변화를 측정하여 다음 식에 의하여 온도변화에 따른 압력보정을 하여 판정한다.

$$\boxed{식}\ \Delta P = P_1 - P_2 \times \frac{T_1}{T_2}$$

- $\Delta P$ : 15분간 온도 보정을 한 압력강하
- $P_1$ : 가압 후 15분일 때의 안정된 시험압력
- $P_2$ : 가압 후 15분일 때의 압력
- $T_1$ : 가압 후 15분일 때의 평균절대온도(K)
- $T_2$ : 가압 후 15분일 때의 평균절대온도(K)

ⓞ 이 방법에 의해 시험을 하는 경우 액체가 채워진 부분에 대해서는 액면레벨측정법에 의한 누출시험을 별도로 실시하여야 한다.

② **미감압법 측정방법**

㉠ 증기압이 높은 내용물(가솔린류)을 저장하는 누출검사대상시설에 있어서는 기상부의 공간용적이 3,000L 이상인지를 확인한다.

㉡ 시험압력은 누출검사대상시설의 설치년수, 노후정도를 고려하여 이젝터 또는 진공펌프로 $-200 mmH_2O$, $-400 mmH_2O$ 및 $-1,000 mmH_2O$ 중에서 선택하여 안전하게 감압시킨다.

㉢ 시험을 위한 진공속도는 매분 $100 mmH_2O$ 미만이 되도록 한다.

㉣ 시험압력 설정치까지 서서히 감압시킨 후, 진공펌프를 정지하고 압력 안정화를 위하여 5분 동안 유지한다.

㉤ 압력 안정화 유지시간 이후부터 매 5분마다 60분 또는 70분 동안의 압력변화를 측정한다.

㉥ 매 5분마다 측정된 압력변화값은 자동으로 기록되도록 한다.

㉦ 시험경과 시간별로 다음의 G, T, P값을 측정한다.
- G값 : 측정 개시 시점과 60분 경과시점의 압력차
- T값 : 측정 개시 후 60분 경과시점과 70분 경과시점의 압력차
- P값 : 측정 개시 후 30분 경과시점과 60분 경과시점의 압력차

ⓞ 압력측정기간 동안 저장내용물의 온도는 0~30℃ 범위 이내에서만 측정한다.

㉨ 이 방법에 의해 시험을 하는 경우 액체가 채워진 부분에 대하여는 액면레벨측정법에 의한 누출시험을 별도로 실시하여야 한다.

㉩ 누출여부에 대한 추가확인을 위하여 마이크로폰 등 추가적인 도구를 사용할 수 있다.

③ **시험오류의 원인 및 제거** : 압력을 이용한 누출여부 측정 오류요인은 다음과 같은 경우가 많으므로 미리 충분히 검토하여야 한다.

㉠ 누출검사대상시설 이외의 연결관 및 연결부의 누출
㉡ 최고설정압력의 오류
㉢ 시험압력 유지시간이 너무 짧을 때
㉣ 측정기간 중 과도한 온도 변화에 의한 유류의 체적변화
㉤ 기타

④ **주의사항**

㉠ 기상변화가 심할 때는 시험을 실시하지 않는다.

ⓛ 과도한 속도로 가압과 감압을 하지 않도록 한다.
ⓒ 미감압시험의 경우, 저장물질이 20℃에서 점도가 150cSt 이하인 물질인 경우에 적용한다.
② 미감압시험의 경우, 내용적 10만L 미만의 액체를 저장하는 지하매설저장시설에 적용한다.
⑩ 가압장치는 300mmH₂O 이상의 압력이 가해지지 않도록 안전장치를 설치한다. 안전장치는 수중드롭 방식으로 하고 드롭파이프의 지름은 밸브측 배관지름보다 크게 한다.
ⓗ 가압시험종료 후 가스방출과 감압을 위해 누출검사대상시설로부터 배출된 기체 및 액체는 안전한 공간으로 배출한다.
ⓐ 시험기간 동안 진동 등 압력변화에 영향을 주는 경우가 없도록 하며, 시험 중 항상 압력을 관찰하도록 한다.
ⓞ 시험기간 동안 화기의 사용을 금한다.

### (5) 결과보고

#### ① 누출결과확인 및 보고서작성

㉠ 미가압법 : 측정한 누출검사대상시설내의 압력변화량을 확인하고 보고서를 작성한다.
㉡ 미감압법 : 누출검사대상시설은 다음에 따라 측정한 G, T, P의 값이 나타내는 수치를 확인하고 보고서를 작성한다.

〈미감압법에 의한 판정표〉

| 시험대상탱크 | | 20kL 이상~100kL 미만 | | |
|---|---|---|---|---|
| 감압치(mmH₂O) | | 200±5 | 400±10 | 1000±20 |
| 측정시간(분) | | 50 이상 | | |
| 액체온도(℃) | | 0~30 | | |
| 가솔린류 | G | 95 미만 | 110 미만 | 290 미만 |
| | G | 95~100 | 110~120 | 290~310 |
| | T | 4 이하 | 8 이하 | 20 이하 |
| 용제류 | G | 45 미만 | 55 미만 | 140 미만 |
| | G | 45~50 | 55~60 | 140~160 |
| | T | 4 이하 | 8 이하 | 20 이하 |
| 등경유류 | P | 4 이하 | 8 이하 | 20 이하 |

[비고 1] 측정시간은 소정의 감압치에 도달한 시점부터 측정 종료시까지로 한다. T값에 있어서 판정할 필요가 있으면 연장한다.
[비고 2] 액온은 액면으로부터 2~3cm의 지점에서 시험시작 및 종료시 2회 이상 측정한다.
[비고 3] 판정치 G, T, P의 수치의 단위는 mmH₂O로 한다.

## 4  저장물질이 있는 누출검사대상시설 – 액상부의 시험법

### (1) 개요

① **목적** : 이 방법은 일정 체적을 가진 누출검사대상시설에 일정량의 액체가 담겨 있을 때, 전자기파(electromagnetic wave), 초음파, 압력변화, 부력, 자기변형, 정전용량 또는 이와 동등한 방식을 이용하여 누출검사 대상시설 내 액량변화를 측정하여 누출량을 산정한다. 다만, 누출량 산정에 온도보정을 요하는 측정방식은 측정시간동안 온도변화를 측정하여 보정한다.

② **적용범위** : 이 방법은 누출검사대상시설에 담겨 있는 액상부의 누출량을 측정하는데 적용한다. 액상부의 누출검사는 누출검사대상시설의 액량이 검사업체에서 보유하고 있는 누출측정기기가 측정할 수 있는 저장시설 높이의 범위인 경우에 적용한다.

### (2) 용어 정의

① **액상부 검사** : 탱크와 같은 저장시설에 저장물질이 담겨져 있는 부분(underfill)에 대한 검사

② **액면레벨** : 탱크 내 저장물질의 수위를 나타내며, 온도변화 등에 따라 보정된 수위의 변화를 측정하여 저장물질의 누출이나 외부물질의 유입 등을 판정하게 된다.

③ **누출판정기준** : 누출과 비누출을 판정하는 누출속도이며 검사대상시설의 용량에 따라 차등 적용된다.

④ **기기고유 누출판정기준(threshold value)** : 액상부 검사에 사용되는 해당누출측정기기가 가지고 있는 누출판정기준으로 해당 누출율 이상이면 누출의 가능성이 있다고 할 수 있다. 보통 누출판정기준보다 낮은 누출율을 가진다.

### (3) 검사기기 및 기구

다양한 측정원리에 따라 누출량을 산정하여 시간당 일정 이상의 액량 변화를 판독할 수 있는 기구 및 기기

① **온도계** : 액온 변화를 0.5℃ 이하의 분해능으로 읽고 기록 가능한 것

② **Data 분석장치** : 온도 및 액량 변화를 분석하는 장치

### (4) 검사절차

① **측정방법**

㉠ 검사기기 및 기구를 누출검사대상시설에 적정하게 설치한다.

㉡ 측정을 실시하기 전에 탱크저장물의 추가유입이 있었는지에 대한 확인을 하고, 추가유입으로 인한 온도 및 액면의 안정이 이루어지지 못했다고 판단될 경우, 측정기기의 매뉴얼에서 요구하는 시간(waiting time) 이상을 기다려야 한다.

㉢ 측정시간 동안의 액면 변화량을 측정하고 온도보정을 요하는 측정방식은 동시에 온도변화를 측정한다.

㉣ 측정시간은 온도와 액면이 안정된 것을 확인한 후부터 당해 장비에 대해 장비제작업체 및 검·교정기관에서 인정한 측정시간 이상 연속하여 측정한다.

ⓜ 측정결과를 액량 변화량으로 환산한다.
　　　ⓗ 이 경우 기상부 및 기상부에 접속한 부속배관부에 대하여는 미가압법 또는 미감압법에 의한 누출시험을 별도로 실시하여야 한다. 단, 저장물질의 누출이 육안으로 확인이 가능한 지상저장시설의 기상부 및 기상부에 접속한 부속배관부에 대한 누출시험은 실시하지 아니할 수 있다.
　② **시험오류의 원인 및 제거** : 측정오류의 원인은 다음과 같은 경우가 많으므로 충분히 검토하여야 한다.
　　　㉠ 측정 중 충격 및 진동에 의한 액면의 변동
　　　㉡ 측정시간이 지나치게 짧을 때
　　　㉢ 측정 중 과도한 온도 변화에 의한 유류의 체적변화
　　　㉣ 액량변화를 감지하는 기구가 적정한 위치에 있지 않을 때
　　　㉤ 기타
　③ **주의사항**
　　　㉠ 기상변화가 심할 때에는 측정하지 않는다.
　　　㉡ 측정 중 온도변화를 관찰하도록 한다.
　　　㉢ 측정 중 화기의 사용을 금한다.
　　　㉣ 측정 중 진동 등에 의해 누출량 측정에 영향을 주는 경우가 없도록 한다.
　　　㉤ 지하수와 그 수위에 대한 철저한 검사를 한다.
　　　㉥ 최소한 하루 전에 탱크를 채우고 검사하기 직전에 탱크를 채우지 않아야 하며 온도와 탱크변형이 안정화 될 수 있는 충분한 여유시간을 둔다. 가능하면 안정화시간을 길게 한다.
　　　㉦ 가능한 긴 시간동안 검사를 지속하며 한번의 긴 시간 검사가 어려우면 짧은 검사를 반복하여 수행한다.
　　　㉧ 검사결과가 예상과 다르다면, 재검사를 실시한다.

## (5) 결과보고

① **누출검사결과확인 및 보고서 작성** : 누출검사대상시설의 용량에 따른 누출판정기준에 따라 각각의 누출측정기기마다 다양하게 정해지는 고유누출판정기준(threshold value)을 초과하는지 여부를 확인하고 보고서를 작성한다.
② **판정기준** : 누출검사대상기기가 고유누출판정기준 이상을 나타내면 불합격으로 한다.

| 탱크용량 | 누출율(L/hr) |
| --- | --- |
| 10만 리터 이하 | 0.4 |
| 10만 리터 초과 100만 리터 이하 | 0.8 |
| 100만 리터 초과 160만 리터 이하 | 1.2 |
| 160만 리터 초과 320만 리터 이하 | 1.6 |
| 320만 리터 초과 480만 리터 이하 | 2.4 |
| 480만 리터 초과 | 3.2 |

## 5 배관시설 – 가압 및 미감압시험법

### (1) 개요

① **목적** : 이 방법은 저장물을 이송하는 배관시설에 대한 누출검사방법으로 배관시설 내 내용물을 비운 상태로 압력을 작용시켜 그 압력변화를 측정함으로써 누출여부를 판단하는 방법이다.

② **적용범위** : 이 방법은 누출검사대상시설로부터 분리하여 양단을 폐쇄할 수 있는 부속배관부의 누출여부를 판단하는 시험이다.

### (2) 용어 정의

① **부속배관** : 저장시설에 연결되어 저장물질의 이송에 이용되는 시설을 말한다.

### (3) 검사기기 및 기구

① **압력계(압력자기기록계)** : 최소눈금 $1mmH_2O$를 읽을 수 있는 정밀도를 가진 압력계 또는 최소눈금이 시험압력의 5% 이내이고, 이를 읽고 측정압력의 기록이 가능한 압력계이어야 한다.

② **온도계** : 시험압력에 충분히 견딜 수 있는 것으로서 최소눈금이 1℃ 이하를 읽고 기록이 가능한 온도계이어야 한다.

③ **가압장치** : 가압 시 시험압력까지 이르도록 조정되는 것이어야 한다.

④ **사용가스** : 불활성가스를 가압매체로 사용한다.

⑤ **안전장치** : 시험압력의 1.1배 부근에서 작동할 수 있는 안전밸브를 갖추어야 한다.

⑥ 기타 검사대상시설의 밀폐를 위해 필요한 장치 및 도구

### (4) 검사절차

① **가압법**

㉠ 가압할 때는 점검대상의 배관을 비운다.

㉡ 누출검사대상시설의 개구부를 밸브 또는 막음판 등을 사용하여 완전히 폐쇄하고 5분 이상 압력을 안정시킨다.

㉢ 질소가스를 사용하여 탱크시설의 가압시험압력과 같은 $0.2kgf/cm^2$ 상당의 압력을 시험압력으로 한다.

㉣ 가압속도는 누출검사대상시설 공간용적 $1m^3$ 당 1분 이상이 되도록 가압시간을 조정한다.

㉤ 가압 중에 노출되어 있는 배관접속부 등에 비눗물 등을 뿌려 누출여부를 확인하여야 한다.

㉥ 가스에 의한 가압의 경우, 가압 후 10분 이상 정치시간을 두어 안정시키고, 안정된 이후 50분 동안의 압력강하를 측정한다.

㉦ 시험하는 동안 누출검사대상시설의 온도변화를 측정하여 다음 식에 의하여 온도변화에 따른 압력보정을 하여 판정한다.

$$\Delta P = P_1 - P_2 \times \frac{T_1}{T_2}$$

- $\Delta P$ : 50분간 온도 보정을 한 압력강하
- $P_2$ : 측정 후 50분일 때의 압력
- $T_2$ : 측정 후 50분일 때의 평균절대온도(K)
- $P_1$ : 측정이 시작되는 안정된 시험압력
- $T_1$ : 측정이 시작되는 때의 평균절대온도(K)

② **미감압법**

㉠ 시험압력은 누출검사대상시설의 설치년수, 노후정도를 고려하여 이젝터 또는 진공펌프로 $-200mmH_2O$, $-400mmH_2O$ 및 $-1,000mmH_2O$ 중에서 선택하여 안전하게 감압시킨다.
㉡ 시험을 위한 진공속도는 매분 $100mmH_2O$ 미만이 되도록 한다.
㉢ 시험압력 설정치까지 서서히 감압시킨 후, 진공펌프를 정지하고 압력 안정화를 위하여 5분 동안 유지한다.
㉣ 압력 안정화 유지시간 이후부터 매 5분마다 60분 또는 70분 동안의 압력변화를 측정한다.
㉤ 매 5분마다 측정된 압력변화값은 자동으로 기록되도록 한다.
㉥ 시험경과 시간별로 다음의 T, P값을 측정한다.
- T값 : 측정 개시 후 60분 경과시점과 70분 경과시점의 압력차
- P값 : 측정 개시 후 30분 경과시점과 60분 경과시점의 압력차

㉦ 압력측정기간 동안 저장내용물의 온도는 0~30℃ 범위 이내에서만 측정한다.
㉧ 이 방법에 의해 시험을 하는 경우 액체가 채워진 부분에 대하여는 액면레벨측정법에 의한 누출시험을 별도로 실시하여야 한다.
㉨ 누출여부에 대한 추가확인을 위하여 누출검사자는 마이크로폰 등 추가적인 도구를 사용할 수 있다.

③ **시험오류의 원인 및 제거** : 압력을 이용한 누출여부 측정 오류요인은 다음과 같은 경우가 많으므로 미리 충분히 검토하여야 한다.

㉠ 누출검사대상시설 이외의 연결관 및 연결부의 누출
㉡ 최고설정압력의 오류
㉢ 시험압력 유지시간이 너무 짧을 때
㉣ 측정기간 중 과도한 온도 변화에 의한 유류의 체적변화
㉤ 기타

④ **주의사항**

㉠ 기상변화가 심할 때는 시험을 실시하지 않는다.
㉡ 과도한 속도로 가압과 감압을 하지 않도록 한다.
㉢ 가압시험종료 후 가스방출과 감압을 위해 누출검사대상시설로부터 배출된 기체 및 액체는 안전한 공간으로 배출한다.
㉣ 시험기간 동안 진동 등 압력변화에 영향을 주는 경우가 없도록 하며, 시험 중 항상 압력을 관찰하도록 한다.
㉤ 시험기간 동안 화기의 사용을 금한다.

## (5) 결과보고

① 누출결과 확인 및 보고서작성

  ㉠ 가압법 : 측정한 배관내의 압력변화량을 확인하고 보고서를 작성한다.
  ㉡ 미감압법 : 측정한 T, P의 값을 확인하고 보고서를 작성한다.

② 판정기준

  ㉠ 가압법에 의한 시험결과, 시험압력의 10% 이상의 압력변화량이 있으면 불합격으로 한다.
  ㉡ 미감압법에 의한 시험결과, 판정표의 T, P의 값을 초과하면 불합격으로 한다.

〈판정표〉

| 시험대상시설 | | | 지하매설배관 | | |
|---|---|---|---|---|---|
| 감압치($mmH_2O$) | | | 200±5 | 400±10 | 1000±20 |
| 측정시간(분) | | | 30 이상 | | |
| 액체온도(℃) | | | 0~30 | | |
| 가솔린류 | 판정치 | G | P | 4 미만 | 8 미만 | 20 미만 |
| | | G T | P T | 4~5  2 이하 | 8~16  4 이하 | 20~40  10 이하 |
| 용제류 | | G | P | 4 미만 | 8 미만 | 20 미만 |
| | | G T | P T | 4~8  2 이하 | 8~16  4 이하 | 20~40  10 이하 |
| 등경유류 | | P | | 4 이하 | 8 이하 | 20 이하 |

## 기출문제로 다지기 — UNIT 02 누출검사방법

**01** 저장물질이 없는 누출검사대상시설-가압시험법을 적용하여 누출검사를 할 때 주의사항과 가장 거리가 먼 것은?

① 가압으로 배출된 가스를 별도로 안전한 공간으로 이동시킨다.
② 기상변화가 심할 때는 시험을 실시하지 않는다.
③ 누출여부판단을 위한 누출검사대상시설의 가압을 위해서 과도한 속도로 압력이 상승되지 않도록 한다.
④ 시험기간 동안 화기의 사용을 금한다.

**해설** 누출검사대상시설의 누출시험 중 다음 사항에 주의한다.
㉠ 누출여부판단을 위한 누출검사대상시설의 가압을 위해서 과도한 속도로 압력이 상승되지 않도록 한다.
㉡ 시험기간 동안 화기의 사용을 금한다.
㉢ 시험기간 동안 진동 등 압력변화에 영향을 주는 경우가 없도록 한다.
㉣ 기상변화가 심할 때는 시험을 실시하지 않는다.

**02** 저장물질이 없는 누출검사대상시설-가압시험법의 검사기기 및 기구에 대한 설명으로 틀린 것은?

① 사용가스 : 불활성가스를 가압매체로 사용
② 온도계 : 시험압력에 충분히 견딜 수 있는 것으로서 최소눈금이 1℃ 이하를 읽고 기록이 가능한 온도계
③ 가압장치 : 가압 시 최대 압력 $100mmH_2O$ 이하가 되도록 조정되는 것
④ 압력계 : 최소눈금이 시험압력의 5% 이내

**해설** 가압장치 : 불활성가스 용기 및 압력조정장치를 말한다.

**03** 저장물질이 있는 누출검사대상시설-기상부의 시험법 중 미감압법 측정방법의 설명으로 옳지 않은 것은?

① 시험을 위한 진공속도는 매분 100mmHg 미만이 되도록 한다.
② 매 5분마다 측정된 압력변화값은 자동으로 기록되도록 한다.
③ 누출여부에 대한 추가확인을 위하여 마이크로폰 등 추가적인 도구를 사용할 수 있다.
④ 압력 안정화 유지시간 이후부터 매 5분마다 60분 또는 70분 동안의 압력변화를 측정한다.

**해설** 시험을 위한 진공속도는 매분 $100mmH_2O$ 미만이 되도록 한다.

**04** 저장물질이 있는 누출검사 대상시설-기상부의 시험법인 미가압법 측정방법에 관한 설명으로 틀린 것은?

① 가압 후 15분 이상 유지시간을 두어 안정시키고 그 이후 15분 동안의 입력강하를 측정한다.
② 가압 중에 노출되어 있는 배관접속부 등에 비눗물 등을 뿌려 누출여부를 확인하여야 한다.
③ 가압속도는 누출검사대상시설 공간용적 $1m^3$당 1분 이상이 되도록 가압시간을 조정한다.
④ 누출검사대상시설 내 기상부 높이가 200mm 이상 인가를 확인한 후 가압한다.

**해설** 누출검사대상시설 내 기상부 높이가 400mm 이상 인가를 확인한 후 가압한다.

**정답** 01. ① 02. ③ 03. ① 04. ④

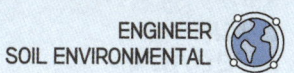

**05** 저장물질이 있는 누출검사대상 시설의 경우 액상부의 시험법에 의한 측정 시 측정오류의 원인으로 틀린 것은?

① 측정 중 충격 및 진동에 의한 액면의 변동
② 측정시간이 지나치게 많을 때
③ 측정 중 과도한 온도 변화에 의한 유류의 색상변화
④ 액량변화를 감지하는 기구가 적정한 위치에 있지 않을 때

해설 측정 중 과도한 온도 변화에 의한 유류의 체적변화

**06** 저장물질이 없는 누출검사대상시설-가압시험법에 적용되는 검사기기 및 기구 중 안전 밸브에 관한 기준으로 옳은 것은?

① $0.5kgf/cm^2$ 이하에서 작동되어야 한다.
② $0.7kgf/cm^2$ 이하에서 작동되어야 한다.
③ $0.9kgf/cm^2$ 이하에서 작동되어야 한다.
④ $1.2kgf/cm^2$ 이하에서 작동되어야 한다.

**07** 저장물질이 없는 누출검사 대상 시설의 가압 시험법에 사용되는 기구 및 기기에 대한 설명으로 틀린 것은?

① 압력계는 최소 눈금이 시험압력의 5% 이내이고, 이를 읽고 측정압력의 기록이 가능하여야 한다.
② 온도계는 시험압력에 충분히 견딜 수 있는 것으로서 최소눈금 1℃ 이하를 읽고 기록이 가능하여야 한다.
③ 사용가스는 가압 매체로 질소 등 불활성 가스를 사용한다.
④ 안전밸브는 $0.1kgf/cm^2$ 이하에서 작동되어야 한다.

해설 안전밸브는 $0.7kgf/cm^2$ 이하에서 작동되어야 한다.

**08** 저장물질이 없는 누출검사 대상 시설에 대한 비파괴검사시험법 중 초음파 두께 측정을 하려고 한다. 옥외저장시설의 측정지점에 관한 내용으로 틀린 것은?

① 에뉼러판 : 옆판 내면으로부터 탱크 중심 방향으로 0.5m 간격마다의 범위에서 원주방향으로 2m 이하의 간격마다 1개 지점
② 누설자장 등을 이용하여 점검을 실시한 밑 판 및 에뉼러판 : 1매당 2개 지점
③ 밑판(구형 탱크는 본체 전부를 밑판으로 보며, 지중 탱크의 옆판 중 지반면 하에 매설된 부분은 밑판으로 본다.) : 1매당 3개 지점
④ 보수 중 덧붙인 판 또는 교체한 판 : 1매당 1개 지점

해설 누설자장 등을 이용하여 점검을 실시한 밑 판 및 에뉼러판 : 1매당 1개 지점

**09** 저장물질이 없는 누출검사 대상시설의 가압 시험법에 의한 누출검사에서 안정된 시험압력이라 함은 가압 후 유지시간 동안 압력강하가 시험압력의 몇 % 이하인 압력을 말하는가?

① 10%  ② 15%
③ 20%  ④ 25%

**10** 배관시설에 대한 누출검사방법으로 가압 및 미감압 시험법 적용 시 검사기기 및 기구 중 안전장치에 관한 내용으로 ( )에 옳은 것은?

> 시험압력의 ( ) 부근에서 작동할 수 있는 안전밸브를 갖추어야 한다.

① 1.1배  ② 3.3배
③ 5.5배  ④ 7.7배

 05. ③  06. ②  07. ④  08. ②  09. ①  10. ①

**11** 저장물질이 있는 지하매설저장시설의 누출검사와 관련한 설명으로 틀린 것은?

① 기상부의 누출검사는 20℃에서 점도가 100cSt 미만, 내용적이 1000L 미만의 액체를 저장하는 지하매설저장시설에 적용한다.
② 기상부의 누출검사 시 지하매설저장시설내의 기상부 높이는 400mm 이상이어야 한다.
③ 기상부의 누출검사시 가솔린을 저장하는 시설에 있어서 기상부의 공간면적은 3000L 이상이어야 한다.
④ 액상부의 누출검사는 시설의 액량이 누출측정기기가 측정할 수 있는 저장시설 높이의 범위인 경우에 적용한다.

해설 기상부 누출검사는 20℃, 점도 150cSt 미만, 내용적 100,000L 미만의 액체를 저장하는 지하매설저장시설에 적용한다.

**12** 저장물질이 없는 누출검사대상시설의 누출검사방법인 가압시험법에 사용되는 기기 및 기구에 관한 설명으로 틀린 것은?

① 가압장치 : 불활성가스 용기 및 압력조정장치
② 안전밸브 : 5kgf/cm² 이하에서 작동될 것
③ 압력계(압력자기기록계) : 최소눈금이 시험압력의 5% 이내이고, 이를 읽고 측정압력의 기록이 가능한 압력계
④ 온도계 : 시험압력에 충분히 견딜 수 있는 것으로서 최소 눈금 1℃ 이하를 읽고 기록이 가능한 온도계

해설 안전밸브는 0.7kgf/cm² 이하에서 작동되어야 한다.

**13** 저장물질이 없는 누출검사대상시설에 대하여 비파괴 검사를 실시할 때 주의 사항으로 (  )에 옳은 내용은?

> 탱크 내부에 진입하기 전에 가연성가스 농도측정기를 사용하여 내부의 가스농도를 측정하여 당해 위험물의 촉발하한의 (  )임을 확인하여야 하며, 산소농도측정기를 사용하여 산소농도가 20.5% 이상임을 확인하여야 한다.

① 2분의 1 이하     ② 4분의 1 이하
③ 8분의 1 이하     ④ 10분의 1 이하

**14** 저장물질이 없는 누출검사대상시설-가압시험법에서 '안정된 시험압력'이라 함은 가압 후 유지시간동안 압력강하가 시험압력의 몇 % 이하인 압력을 말하는가?

① 5%     ② 10%
③ 15%    ④ 20%

**15** 저장물질이 있는 누출검사대상시설의 기상부 시험 시 주의사항으로 틀린 것은?

① 기상변화가 심할 때는 시험을 실시하지 않는다.
② 미감압시험의 경우, 저장물질이 20℃에서 점도 150cSt 이상인 물질인 경우에 적용한다.
③ 가압장치는 700mmH₂O 이상의 압력이 가해지지 않도록 안전장치를 설치한다.
④ 시험기간 동안 진동 등 압력변화에 영향을 주는 경우가 없도록 하며, 시험 중 항상 압력을 관찰하도록 한다.

해설 가압장치는 300mmH₂O 이상의 압력이 가해지지 않도록 안전장치를 설치한다.

정답  11. ①  12. ②  13. ②  14. ②  15. ③

**16** 저장물질이 있는 누출검사대상시설-기상부의 시험법에서 사용하는 검사기기 및 기구 중 감압장치(액체를 뽑아내는 방식 기준)에 해당되지 않는 것은?

① 이젝터　　② 송유설비
③ 가변식 펌프　　④ 고체 급유설비

해설 [감압장치]
① 가스를 배출하는 방법
　㉠ 이젝터 : 불활성가스의 분출력을 이용한 것 또는 에어콤프레셔의 분출력을 이용한 것
　㉡ 펌프 : 수동 및 동력에 의한 것
② 액체를 뽑아내는 방식
　㉠ 고체 급유설비 : 계량기 펌프를 이용한 것
　㉡ 송유설비 : 누출검사대상시설 등에 송유하기 위해 개설된 펌프
　㉢ 가변식 펌프 : 그 외 가압에 적합한 펌프

**17** 저장물질이 있는 누출검사대상시설의 기상부 누출검사 방법인 미가압시험법의 판정기준으로 맞는 것은?

① 측정한 누출검사대상시설내의 압력강하량이 $1mmH_2O$를 초과한 경우에는 불합격으로 한다.
② 측정한 누출검사대상시설내의 압력강하량이 $2mmH_2O$를 초과한 경우에는 불합격으로 한다.
③ 측정한 누출검사대상시설내의 압력강하량이 $3mmH_2O$를 초과한 경우에는 불합격으로 한다.
④ 측정한 누출검사대상시설내의 압력강하량이 $6mmH_2O$를 초과한 경우에는 불합격으로 한다.

정답  16. ①　17. ④

## UNIT 03 토양오염도 일반 시험방법

### 1 시료채취방법

토양 시료채취는 간단한 작업이지만 토양은 수직으로나 수평적으로 균일하지 않으므로, 채취한 시료가 대상지역의 토양을 대표해야 한다는 점에서 세심한 주의를 기울여야 한다. 시료채취 오차는 분석측정 오차보다 항상 크기 때문에 토양시료는 신중하고 정확하게 채취해야 한다.

#### (1) 일반지역

① 시료채취지점 선정

㉠ 대상지역을 대표할 수 있는 토양시료를 채취하기 위해, 농경지의 경우는 대상지역 내에서 **지그재그형**으로 5~10개 지점을 선정한다. 공장지역·매립지역·시가지지역 등 농경지가 아닌 기타지역의 경우는 대상지역의 중심이 되는 1개 지점과 주변 4방위의 5~10m 거리에 있는 1개 지점씩 총 5개 지점을 선정하되, 대상지역에 시설물 등이 있어 각 지점 간의 간격이 불충분할 경우 간격을 적절히 조절할 수 있다.

㉡ 시안, 유기인화합물, 벤조(a)피렌, 석유계총탄화수소, 페놀, 폴리클로리네이티드비페닐, 벤젠, 톨루엔, 에틸벤젠, 크실렌, 트리클로로에틸렌 및 테트라클로로에틸렌 시험용 시료는 농경지 또는 기타지역의 구분에 관계없이 대상지역을 대표할 수 있는 1개 지점 또는 오염의 개연성이 높은 1개 지점을 선정한다.

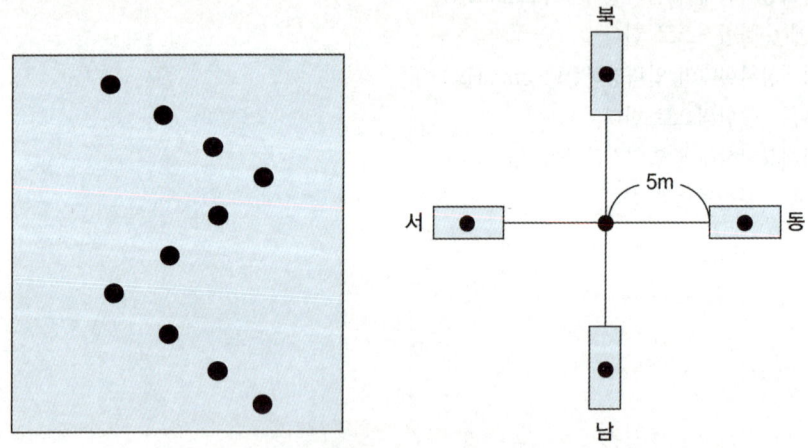

[토양시료 채취지점도]

② 시료의 채취 및 보관

㉠ 토양오염도검사를 위해서는 표토층(0~15cm) 또는 필요에 따라 일정 깊이 이하의 토양시료를 채취할 수 있다. 토양시료 채취시 토양표면의 잡초나 유기물 등 이물질층을 제거한 후 그림 2와 같은 토양시료채취기(sampler)로 약 0.5kg을 채취한다.

㉡ 토양시료채취기가 없을 때는 조사대상 물질의 특성을 고려하여 결정한다. 유기물질을 조사할 때에는 스테인리스강 재질의 모종삽 또는 삽 등과 같은 기구를 사용하고 중금속류의 경우는 플라스틱 재질이 적합하며 아래 그림 2와 같이 A부분의 흙을 제거한 다음 B부분의 흙을 채취한다. 시료채취 시 토양에 직접 접촉하는 부분은 도색, 그리스 등의 화학약품이 처리되지 않은 기구를 사용한다.

㉢ 채취한 토양시료 중 약 300g을 분취하여 수소이온농도, 중금속 및 불소 시험용 시료는 폴리에틸렌 봉투에, 시안 및 유기물질 시험용 시료는 입구가 넓은 유리병에 넣어 보관한다. 또한 벤조(a)피렌, 석유계총탄화수소, 벤젠, 톨루엔, 에틸벤젠, 크실렌 및 트리클로로에틸렌, 테트라클로로에틸렌 시험용 시료의 분취는 "(2) 토양오염관리대상시설지역"시설의 시료의 채취 및 보관에 따른다.

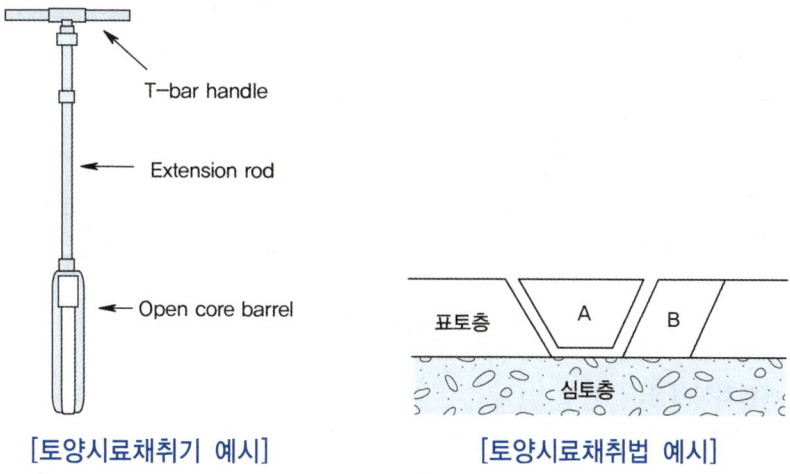

[토양시료채취기 예시]　　　　　　[토양시료채취법 예시]

㉣ 채취한 토양시료 중 나머지는 입구가 넓은 200mL 이상 용량의 유리병에 가득 담고 마개로 막아 밀봉한 후 0~4℃의 냉장상태로 실험실로 운반하여 수분보정용 시료로 사용한다.

㉤ 시료용기에는 채취날짜, 위치, 시료명, 토양깊이, 채취자 등 시료내역을 기재한다. 특히 석유계총탄화수소 시험용 시료의 시료용기에는 저장시설에 보관된 유류의 종류 및 제조회사명을 기재한다.

## (2) 토양오염관리대상시설지역

### ① 시료채취지점 선정

㉠ 부지 내

ⓐ 지상저장시설

아래 그림과 같이 토양오염물질(유류 등)의 누출이 인지되거나 토양오염의 개연성이 높은 3개 지점을 선정하되, 저장시설의 끝단으로부터 수평방향으로 1m 이상 떨어진 지점에서 이격거리의 1.5배 깊이까지로 한다. 다만, 방유조(tank dike) 외부에서 시료를 채취하고자 할 경우에는 방유조 끝단을 기준으로 한다.

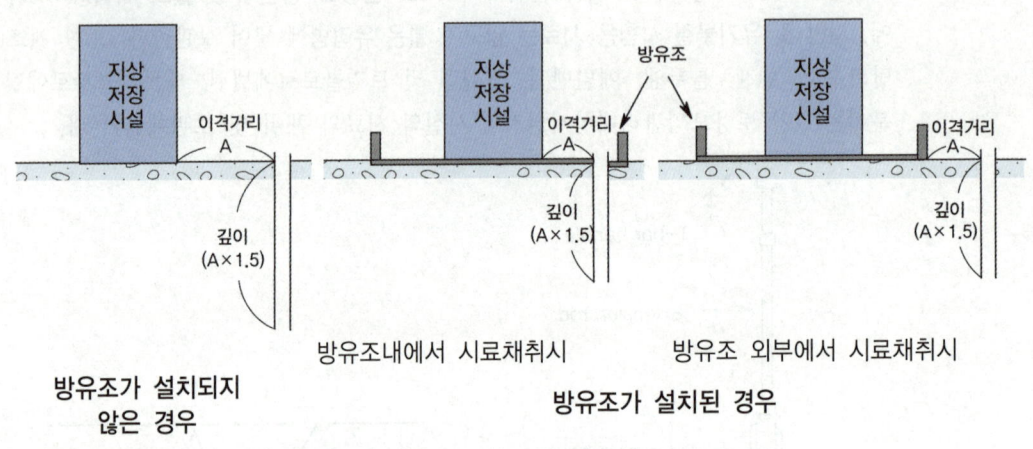

[지상저장시설의 토양시료채취지점 깊이 예시]

ⓑ 지하매설저장시설

다음 그림과 같이 저장시설을 중심으로 각각 서로 반대방향에 있는 배관부위와 저장시설 부위에서 누출 개연성이 높은 곳을 각각 1~2개 지점씩 3개 지점을 선정한다.

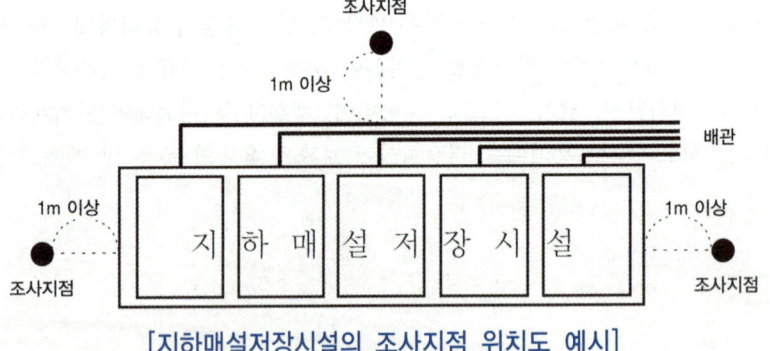

[지하매설저장시설의 조사지점 위치도 예시]

ⓒ 아래 그림과 같이 저장시설 부위에서 채취하는 2개 지점은 저장시설 아랫면의 끝단에서 수평방향으로 1m 이상 떨어진 지점(이격거리, A)에서부터 이격거리의 1.5배 깊이까지로 하며, 배관부위에서 채취하는 1개 지점은 저장시설로부터 가장 멀리 떨어진 배관에서 수평방향으로 1m 이상 떨어진 지점(이격거리, A)에서부터 이격거리의 1.5배 깊이까지로 한다.

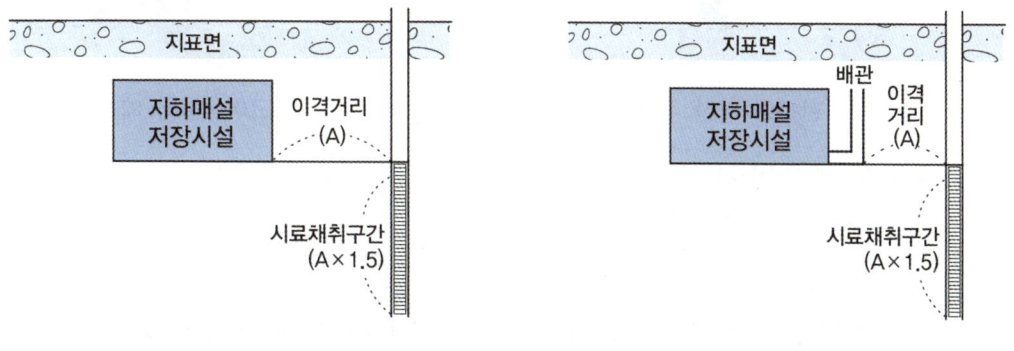

[지하매설저장시설의 토양시료채취지점 깊이 예시]

ⓛ 주변지역

ⓐ 토양오염관리대상시설 부지의 경계선으로부터 1m 이내의 지역 중, 당해시설이 아닌 다른 오염원으로부터 오염되었을 개연성이 없다고 판단되는 1개 지점에서 부지내의 시료채취지점 중 깊이가 가장 깊은 곳을 기준으로 하고, 그 깊이는 표토에서 해당 깊이까지로 한다. 단, 판매시설 등의 경우에는 부지의 경계선에서 부지내 시료채취지점의 방향 등을 고려하여 선정한다.

ⓑ 시료채취지점의 토질이 암반 등으로 시료를 채취할 수 없는 경우에는 그 깊이를 조정할 수 있다.

② 시료의 채취 및 보관

㉠ 토양시료는 직경 2.5cm 이상의 시료채취 봉이 들어있는 타격식이나 나선형식의 토양시추장비로 채취한다. 이때 사용하는 시추장비는 시추 중에 물이나 기름이 유입되지 않는 것이어야 한다.

㉡ 시료채취 봉을 꺼내어 오염의 개연성이 가장 높다고 판단되는 부위 ±15cm를 시료부위로 한다. 다만, 오염의 개연성이 판단되지 않을 경우는 **제일 하부의 토양 30cm**를 시료부위로 한다.

㉢ 벤젠, 톨루엔, 에틸벤젠, 크실렌, 트리클로로에틸렌 및 테트라클로로에틸렌 시험용 시료의 경우, 시료부위의 토양을 즉시 한쪽이 터진 10mL 정도의 스테인리스, 알루미늄 또는 유리재질의 주사기(다음 그림 1) 또는 코어샘플러(다음 그림 2)를 사용하여 3곳에서 각각 약 2mL씩 채취한 5~10g의 토양을 미리 준비한 시험관에 넣고, 마개로 막아 밀봉한 후 0~4℃의 냉장상태로 실험실로 운반한다.

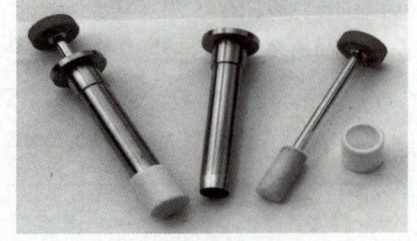

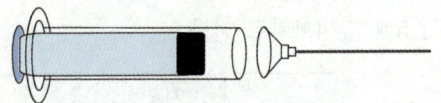

[한쪽이 터진 주사기 예시]    [코어샘플러 예시]

ⓔ 수분보정용 시료는 입구가 넓은 200mL 이상의 유리병에 가득 담고 밀봉한 후 같은 방법으로 실험실로 운반하여 사용한다.

> 💡 비고 1
> 미리 준비한 시험관이란 마개가 있는 30mL 용량의 시험관에 벤젠, 톨루엔, 에틸벤젠, 크실렌, 트리클로로에틸렌 및 테트라클로로에틸렌 시험용 메틸알코올 10mL를 넣고 미리 소수점 4째 자리에서 반올림하여 소수점 3째 자리까지 무게를 정확히 단 것을 말한다.

ⓜ 벤조(a)피렌, 석유계총탄화수소 시험용 시료의 경우, 시료부위의 토양을 입구가 넓은 200mL 이상의 유리병에 공간이 없도록 가득 담고 마개로 막아 밀봉한 후 0~4℃의 냉장상태로 실험실로 운반하여 벤조(a)피렌, 석유계총탄화수소 시험용 및 수분보정용 시료로 사용한다.

ⓗ 시료용기에는 의뢰자, 시료명, 검사항목, 채취일시 및 장소, 토성, 중량 및 채취자, 입회자 등을 지워지지 않도록 기재한다. 특히 석유계총탄화수소 시험용 시료의 시료용기에는 저장시설에 보관된 유류의 종류 및 제조회사명을 기재한다.

ⓐ 벤조(a)피렌, 석유계총탄화수소, 트리클로로에틸렌, 테트라클로로에틸렌, 벤젠, 톨루엔, 에틸벤젠, 크실렌 및 이외 토양오염물질을 저장하는 시설에 대한 시료채취 및 보관도 이와 동일하게 실시한다.

> 💡 비고 2
> 토양을 시추할 때는 토양오염관리대상시설 관계자의 의견을 들어 지하매설시설 등이 손상되지 않도록 주의하여 작업하여야 한다.

## 2 시료조제방법

### (1) 수소이온농도, 불소 및 중금속 시험용 시료

① 각각의 채취지점에서 채취한 토양시료를 법랑제 또는 폴리에틸렌제 밧트(vat) 위에 균일한 두께로 하여 직사광선이 닿지 않는 장소에서 통풍이 잘 되도록 펼쳐 놓고 풍건시킨 다음, 나무망치 등으로 분쇄한다.
② 분석대상물질에 따라 표준체로 체걸음 한 뒤에 시료를 각각 균등량(약 200g)씩 취하여 사분법 등에 의해 균일하게 혼합하여 분석용 시료로 한다.
　㉠ 수소이온농도는 눈금간격 2mm의 표준체(10메쉬)
　㉡ 중금속 전함량 분석대상 물질은 눈금간격 0.15mm의 표준체(100메쉬)
　㉢ 불소는 눈금간격 0.075mm의 표준체(200메쉬)

### (2) 시안, 6가크롬 및 유기물질 시험용 시료

① 채취지점에서 채취한 토양시료에서 돌, 나무 등 협잡물을 제거한 후 분석용 시료로 한다.
② 벤조(a)피렌, 석유계총탄화수소, 벤젠, 톨루엔, 에틸벤젠, 크실렌, 트리클로로에틸렌 및 테트라클로로에틸렌 시험용 시료는 "(2) 토양오염관리대상시설지역"시설의 시료의 채취 및 보관에 따른다.

## 3 분석용 시료의 함수율 보정

### (1) 분석용 시료의 함수율 보정

시안, 6가크롬, 유기인화합물, 벤조(a)피렌, 석유계총탄화수소, 페놀, 폴리클로리네이트비페닐, 벤젠, 톨루엔, 에틸벤젠, 크실렌, 트리클로로에틸렌 및 테트라클로로에틸렌 시험용 시료는 분석결과에 대한 수분을 보정하기 위해 함수율을 측정한다.

### (2) 수분 함량(함수율)

① 목적

　이 시험방법은 토양의 수분 함량을 측정하는 방법으로 시료를 105~110℃에서 4시간 이상 건조하고 데시케이터에서 식힌 후 항량으로 하고 무게를 정확히 달아 수분 함량(%)을 구한다.

② 적용범위

　㉠ 이 시험방법은 습윤 토양시료의 건조중량을 계산하기 위하여 적용한다.
　㉡ 이 시험방법에 의해 토양 중 수분을 0.1%까지 측정한다.

③ 간섭 물질

돌, 나무 등 눈에 보이는 협잡물 등은 제거한 후 시험해야한다.

④ 분석기기 및 기구

㉠ 칭량병 또는 증발접시 : 칭량병 또는 증발접시는 시료의 두께를 10mm 이하로 넓게 펼 수 있는 정도로 하부 면적이 넓은 것을 사용하여야 하며 가급적 무게가 적은 것을 사용한다.

㉡ 저울 : 시료 용기와 시료의 무게를 잴 수 있는 것으로 0.1mg까지 측정할 수 있는 것을 사용한다.

⑤ 시료채취 및 관리

㉠ 토양시료 채취는 시료의 채취 및 조제 방법에 따르고 시료는 유리병에 채취하며 가능한 빨리 측정한다.

㉡ 시료를 보관하여야 할 경우 미생물에 의한 분해를 방지하기 위해 0~4℃로 보관한다.

㉢ 시료는 24시간 이내에 증발처리를 하여야 하나 최대한 7일을 넘기지 말아야 한다. 시료를 분석하기 전에 상온이 되게 한다.

⑥ 분석절차

㉠ 칭량병 또는 증발접시를 미리 105~110℃에서 1시간 건조시킨 다음 실리카겔(실리카젤) 등 흡습제가 있는 데시케이터 안에서 식힌 후 사용하기 직전에 무게를 잰다.

㉡ 시료 적당량을 취하여 칭량병 또는 증발접시와 시료의 무게를 정확히 단다.

㉢ 105~110℃의 건조기 안에서 4시간 이상 항량이 될 때까지 건조시킨 다음 실리카겔 등 흡습제가 있는 데시케이터 안에 넣어 식힌 후 무게를 정확히 단다.

⑦ 결과보고

시료와 칭량병 또는 증발접시의 무게로부터 다음 식에 따라 시료의 수분 함량(%)을 계산한다.

$$\text{수분}(\%) = \frac{(W_2 - W_3)}{(W_2 - W_1)} \times 100 = \frac{\text{수분}}{\text{시료}} \times 100$$

- $W_1$ = 칭량병 또는 증발접시의 무게(g)
- $W_2$ = 건조 전의 칭량병 또는 증발접시와 시료의 무게(g)
- $W_3$ = 건조 후의 칭량병 또는 증발접시와 시료의 무게(g)

## UNIT 03 토양오염도 일반시험방법

**01** 시료의 수분측정 결과 건조된 증발접시의 무게($W_1$)는 20.25g, 건조 전 증발접시와 시료의 무게($W_2$)는 41.50g, 건조 후 증발접시와 시료의 무게($W_3$)는 35.50g이었다면 시료의 수분 함량(%)은?

① 42.2　② 38.2
③ 32.2　④ 28.2

**해설 식** 수분(%) = $\dfrac{(W_2 - W_3)}{(W_2 - W_1)} \times 100$

∴ 수분(%) = $\dfrac{(41.5 - 35.5)}{(41.5 - 20.25)} \times 100 = 28.24\%$

**02** 토양시료 채취방법에 관한 설명으로 가장 적합한 것은?

① 시안, 석유계 총탄화수소 등 시험용 시료는 농경지의 경우에는 중심이 되는 1개 지점과 주변 4방위의 1~3m 거리에 있는 1개 지점씩 총 5개 지점을 선정한다.
② 토양시료채취기가 없을 경우에 유기물질을 조사할 때에는 플라스틱 재질을 사용하고, 중금속의 경우에는 스테인리스강 재질의 모종삽 또는 삽 등과 같은 기구가 적합하다.
③ 공장지역·매립지역 등 농경지가 아닌 기타지역의 경우는 대상지역의 중심이 되는 1개 지점과 주변 4방위의 5~10m 거리에 있는 1개 지점과 주변 4방위의 5~10m 거리에 있는 1개 지점씩 총 5개 지점을 선정한다.
④ 채취한 토양시료 중 나머지는 입구가 넓은 500mL 이상 용량의 플라스틱병에 가득 담고 마개로 막아 밀봉한 후 냉동상태로 실험실로 운반하여 수분보정용 시료로 사용한다.

**해설** ③항만 올바르다.

**오답해설**
① 시안, 석유계 총탄화수소 등 시험용 시료는 농경지 또는 기타지역의 구분에 관계없이 대상지역을 대표할 수 있는 1개 지점 또는 오염의 개연성이 높은 1개 지점을 선정한다.
② 토양시료채취기가 없을 때는 조사대상 물질의 특성을 고려하여 결정한다. 유기물질을 조사할 때에는 스테인리스강 재질의 모종삽 또는 삽 등과 같은 기구를 사용하고 중금속류의 경우는 플라스틱 재질이 적합하다.
④ 채취한 토양시료 중 나머지는 입구가 넓은 200mL 이상 용량의 유리병에 가득 담고 마개로 막아 밀봉한 후 0~4℃의 냉장상태로 실험실로 운반하여 수분보정용 시료로 사용한다.

**03** 토양 중 수분함량 측정에 관한 설명으로 옳지 않은 것은?

① 토양 중 수분을 0.01%까지 측정한다.
② 돌, 나무 등 눈에 보이는 협잡물 등은 제거한 후 시험해야 한다.
③ 시료를 105~110℃의 건조 안에서 4시간 이상 항량이 될 때까지 건조한다.
④ 채취된 시료는 24시간 이내에 증발 처리하여야 한다.

**해설** 토양 중 수분을 0.1%까지 측정한다.

**04** 지하매설저장시설 내 배관으로부터 3m 지점에서 토양시료를 채취하였다면 토양시료 채취지점에서 최대한의 시료채취 깊이(m)는?

① 3　② 3.5
③ 4　④ 4.5

**해설** 이격거리의 1.5배의 깊이에서 채취한다.

**정답** 01. ④　02. ③　03. ①　04. ④

**05** 일반지역(농경지)의 토양 시료 채취 방법 중 시료채취지점 선정에 관한 내용으로 옳은 것은?

① 대상지역 내에서 나선형으로 5~10개 지점
② 대상지역 내에서 지그재그형으로 5~10개 지점
③ 대상지역에서 대표치를 구할 수 있는 1개 지점
④ 대상지역의 중심 지점과 주변 4방위 총 5개 지점

**06** 시료의 채취에 관한 내용으로 (    )에 옳은 것은?

> 토양오염도검사를 위해서는 표토층 또는 필요에 따라 일정 깊이 이하의 토양시료를 채취할 수 있다. 토양시료 채취 시 토양 표면의 잡초나 유기물 등 이물질층을 제거한 후 토양시료채취기로 (    ) 채취한다.

① 약 0.1kg   ② 약 0.2kg
③ 약 0.5kg   ④ 약 1.0kg

**07** 토양오염도를 측정하기 위한 시료의 조제 시 눈금간격 0.075mm의 표준체(200 메쉬)로 체거름하여 조제하는 시료는?

① 비소       ② 카드뮴
③ 니켈       ④ 불소

**08** 농경지 또는 기타지역의 구분에 관계없이 대상지역을 대표할 수 있는 1개 지점 또는 오염의 개연성이 높은 1개 지점을 선정하여 시험용 시료를 채취하는 물질이 아닌 것은?

① 유기인화합물   ② 시안
③ 페놀류        ④ 6가 크롬

해설 ) 시안, 유기인화합물, 벤조(a)피렌, 석유계총탄화수소, 페놀, 폴리클로리네이티드비페닐, 벤젠, 톨루엔, 에틸벤젠, 크실렌, 트리클로로에틸렌 및 테트라클로로에틸렌 시험용 시료는 농경지 또는 기타지역의 구분에 관계없이 대상지역을 대표할 수 있는 1개 지점 또는 오염의 개연성이 높은 1개 지점을 선정한다.

**09** 토양의 수분함량 측정에 관한 설명으로 틀린 것은?

① 시료를 100~110℃에서 2시간 이상 건조하고 데시케이터에서 식힌 후 항량으로 하고 무게를 정확히 단다.
② 토양 중 수분을 0.1%까지 측정한다.
③ 시료는 24시간 이내에 증발처리를 하여야 하며 최대한 7일을 넘기지 말아야 한다.
④ 시료를 보관하여야 할 경우 미생물에 의한 분해를 방지하기 위하여 0~4℃로 보관한다.

해설 ) 시료를 100~110℃에서 4시간 이상 건조하고 데시케이터에서 식힌 후 항량으로 하고 무게를 정확히 단다.

**10** 토양오염관리대상시설지역에서 시료의 채취 및 보관에 관한 설명으로 (    ) 안에 옳은 내용은? (단, 봉이 들어있는 타격식, 나선식 토양시추 장비 기준)

> 시료채취 봉을 꺼내어 오염의 개연성이 가장 높다고 판단되는 부위 (    )를 시료부위로 한다.

① ±5cm    ② ±10cm
③ ±15cm   ④ ±30cm

정답  05. ②  06. ③  07. ④  08. ④  09. ①  10. ③

11 토양시료채취기가 없을 때 모종삽 또는 삽 등과 같은 기구를 사용하여 표토층 시료를 채취할 경우 다음 그림의 어느 부분에서 채취하는 것이 가장 적당한가? (단, 일반지역 기준)

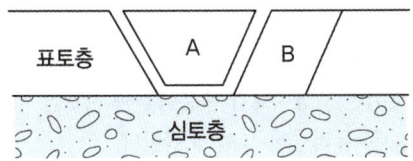

① A부분의 흙을 채취한다.
② A와 B부분의 흙을 1:1로 혼합하여 채취한다.
③ A와 B부분의 흙을 1:2로 혼합하여 채취한다.
④ A부분을 제거한 다음 B부분의 흙을 채취한다.

12 토양 중 토양수분(moisture content)을 측정하기 위하여 은박 증발접시(3g)를 이용하여 110℃에서 항량이 될 때까지 건조시킨 다음, 건조 전 토양시료만의 무게(10g)와 건조 후 토양시료만의 무게(9g)를 측정하였다. 토양수분 함량(%)으로 적절한 것은?

① 2%
② 5%
③ 10%
④ 15%

해설 식 수분(%) = $\frac{(W_2 - W_3)}{(W_2 - W_1)} \times 100 = \frac{수분}{시료} \times 100$

∴ 수분(%) = $\frac{(10-9)}{10} \times 100 = 10\%$

13 일반지역에서 시안시험용 시료 채취지점에 관한 설명으로 옳은 것은?

① 농경지 또는 기타 지역의 구분 없이 대상지역을 대표할 수 있는 1개 지점을 선정한다.
② 농경지 또는 기타 지역의 구분 없이 대상지역을 대표할 수 있는 5~10개 지점을 선정한다.
③ 농경지는 지그재그형으로 5~10개 지점을 선정하고 기타 지역은 중심과 주변 4방위 1개 지점씩 총 5개 지점을 선정한다.
④ 농경지는 지그재그형으로 5~10개 지점을 선정하고 기타 지역은 중심과 주변 4방위 1개 지점씩 총 9개 지점을 선정한다.

14 토양 내 수분 함량 측정을 위한 시료 관리에 관한 내용으로 (   )에 내용으로 옳은 것은?

> 시료는 24시간 이내에 증발처리를 하여야 하나 최대한 (   )을 넘기지 말아야 한다. 시료를 분석하기 전에 상온이 되게 한다.

① 2일
② 3일
③ 5일
④ 7일

15 토양오염관리대상시설지역 토양시료의 채취 및 보관에 관한 설명으로 틀린 것은?

① 토양시료는 직경 2.5cm 이상의 시료채취봉이 들어있는 타격식이나 나선형식의 토양시추 장비로 채취한다.
② 시료채취 봉을 꺼내어 오염의 개연성이 가장 높다고 판단되는 부위 ±15cm를 시료부위로 한다.
③ 오염의 개연성이 판단되지 않을 경우는 시료채취 봉 중앙의 토양 15cm를 시료부위로 한다.
④ 토양시추장비는 시추 중에 물이나 기름이 유입되지 않는 것이어야 한다.

정답  11. ④  12. ③  13. ①  14. ④  15. ③

해설 오염의 개연성이 판단되지 않을 경우는 제일 하부의 토양 30cm를 시료부위로 한다.

**16** 시험용 시료의 조제방법에 관한 설명으로 ( )에 가장 적합한 것은?

> 중금속 전함량 분석대상 물질은 눈금간격 0.15mm의 표준체(100메쉬), 수소이온농도는 눈금간격 2mm의 표준체(10메쉬), 불소는 눈금간격 ( )로 체거름 한 시료를 각각 균등량(약 200g)씩 취하여 사분법 등에 의해 균일하게 혼합하여 분석용 시료로 한다.

① 0.075mm의 표준체(200메쉬)
② 0.05mm의 표준체(300메쉬)
③ 0.01mm의 표준체(1500메쉬)
④ 0.005mm의 표준체(300메쉬)

**17** 일반지역에서 채취하는 토양의 시료용기에 기재하여야 하는 내용이 아닌 것은?

① 토양깊이  ② 채취위치
③ 오염 정도  ④ 채취자

해설 시료용기에는 채취날짜, 위치, 시료명, 토양깊이, 채취자 등 시료내역을 기재한다. 특히 석유계총탄화수소 시험용 시료의 시료용기에는 저장시설에 보관된 유류의 종류 및 제조회사명을 기재한다.

**18** 일반지역의 토양오염도 검사를 위해 채취한 시료 보관에 대한 내용 중 틀린 것은?

① 채취한 토양시료가 불소 시험용인 경우는 폴리에틸렌 봉지에 넣어 보관한다.
② 채취한 토양시료가 유기물질 시험용인 경우는 폴리에틸렌봉지에 넣어 보관한다.
③ 채취한 토양시료가 수분측정용 시료인 경우는 입구가 넓은 유리병에 넣어 보관한다.
④ 채취한 토양시료가 시안 시험용 시료인 경우는 넓은 유리병에 넣어 보관한다.

해설 채취한 토양시료 중 약 300g을 분취하여 수소이온농도, 중금속 및 불소 시험용 시료는 폴리에틸렌 봉투에, 시안 및 유기물질 시험용 시료는 입구가 넓은 유리병에 넣어 보관한다.

정답 16. ① 17. ③ 18. ②

# UNIT 04 토양오염도 기기 분석방법

## 1 자외선/가시선분광법(UV측정법)

### (1) 원리 및 적용범위

이 시험방법은 시료물질이나 시료물질의 용액 또는 여기에 적당한 시약을 넣어 발색시킨 용액의 흡광도를 측정하여 시료중의 목적성분을 정량하는 방법으로 파장 200nm ~ 1,200nm에서의 액체의 흡광도를 측정함으로써 다양한 오염물질 분석에 적용한다. 파장은 근적외부, 가시부, 자외부로 구분된다.

① 개요

램버어트 비어(Lambert-Beer)의 법칙에 의하여 시료의 액층을 통과한 후 흡광도를 측정하여 목적성분의 농도를 정량하는 방법이다.

$$\text{식} \quad I_t = I_o \cdot 10^{-\epsilon c \ell}$$

- $I_o$ : 입사광의 강도
- $I_t$ : 투사광의 강도
- $C$ : 농도
- $\ell$ : 빛의 투사거리
- $\epsilon$ : 비례상수로서 흡광계수라 하고,
- $C$ = 1mol, $\ell$ = 10mm일 때의 $\varepsilon$의 값을 몰흡광계수라 하며 K로 표시한다.

㉠ 투과도($t$)

$$\text{식} \quad \frac{I_t}{I_o} = t$$

㉡ 흡광도($A$) : 투과도의 역수의 상용대수

$$\text{식} \quad \log\frac{1}{t} = A = \epsilon C \ell$$

### (2) 장치의 구성 및 특성

① 장치

㉠ 장치의 구성 : 암기법 광 파 시 고!

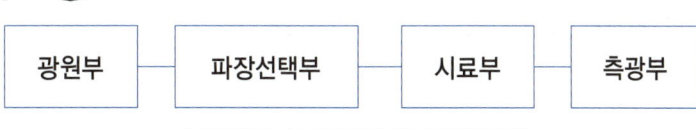

[자외선/가시선분광법 분석장치]

ⓛ 광원부

    ⓐ 텅스텐램프 : 가시부와 근적외부

    ⓑ 중수소방전관 : 자외부

    🔖 **암기법** 가시오가피 연근 탕수육 중자!

ⓒ 파장선택부

    ⓐ 단색화장치 : 프리즘, 회절격자 또는 두가지를 조합시킨 것을 사용하며 단색광을 내기 위하여 슬릿을 부속시킨다.

    🔖 **암기법** 프 레 즐 (프리즘, 회절격자, 슬릿)

    ⓑ 필터 : 색유리 필터, 젤라틴 필터, 간접 필터 등을 사용한다.

ⓔ 시료부

    시료부는 흡수셀과 대조셀, 셀홀더를 사용한다.

    ⓐ 흡수셀 : 유리, 석영, 플라스틱제를 사용
- 플라스틱셀 : 근적외부
- 유리셀 : 가시부 및 근적외부
- 석영셀 : 자외부

    ⓑ 대조셀

    ⓒ 셀홀더

ⓜ 측광부

    광전관, 광전자증배관, 광전도셀, 광전지 등을 사용한다.

    ⓐ 광전관, 광전자증배관 : 자외부 및 가시부

    ⓑ 광전지 : 가시부

    ⓒ 광전도셀 : 근적외부

    🔖 **암기법** 석자 / 광전관 자가 / 광전지 가 / 유리 가근 / 셀프 근

### (3) 조작 및 결과분석방법

① 장치의 설치

    ㉠ 전원의 전압 및 주파수의 변동이 적을 것

    ㉡ 직사광선을 받지 않을 것

    ㉢ 습도가 높지 않고 온도변화가 적을 것

    ㉣ 부식성 가스나 먼지가 없을 것

    ㉤ 진동이 없을 것

② 장치의 보정
    ㉠ 파장 눈금의 교정 : 홀뮴유리 (파울)
    ㉡ 흡광도 눈금의 보정 : 다이크롬산칼륨 (보크)

③ 흡수셀의 준비
    ㉠ 시료액의 흡수파장이 약 370nm 이상일 때는 석영 또는 경질유리 흡수셀을 사용하고 약 370nm 이하일때는 석영흡수셀을 사용한다. 시료셀에 용액은 셀의 약 80%까지 넣는다.
    ㉡ 흡수셀은 탄산소듐용액에 소량의 음이온 계면활성제를 가한 용액에 흡수셀을 담가 놓는다.
    ㉢ 급히 사용하고자 할 때는 물기를 제거한 후 에틸알코올로 씻고 다시 에틸에테르로 씻은 후 드라이어로 건조해도 무방하다.
    ㉣ 빈번하게 사용할 때는 물로 잘 씻은 다음 증류수를 넣은 용기에 담가 두어도 무방하다.

    **암기법** 항상 탄산음료 먹고, 급할 때 알콜먹어야 한다면, 빈번하게 물 먹자!

④ 정량방법
    ㉠ 검정곡선 작성 : 검량선은 표준용액의 여러 가지 농도에 대하여 적당한 대조용액을 사용하며 흡광도를 측정하고 표준용액의 농도를 횡축, 흡광도를 종축에 취하여 그래프 용지 위에 양지의 관계선을 구하여 작성한다.
    ㉡ 정량조건의 검토
        ⓐ 발색반응의 검토
        ⓑ 측정조건의 검토
    ㉢ 정량조작
        ⓐ 시료용액을 메스플라스크 같은 용기에 담는다.
        ⓑ 시약을 가한다.
        ⓒ 충분한 발색이 되도록 한다.
        ⓓ 광도계를 준비한다.
        ⓔ 발색액의 일부를 흡수셀에 넣어 흡광도를 측정한다.
        ⓕ 검정곡선에 흡광도를 대입하여 목적성분의 농도를 구한다.

## 2 원자흡수분광광도법(AA)

### (1) 원리 및 적용범위

이 시험방법은 시료를 적당한 방법으로 해리시켜 중성원자로 증기화하여 생긴 **기저상태**(Ground State or Normal State, 바닥상태)의 원자가 이 원자 증기층을 투과하는 특유파장의 빛을 흡수하는 현상을 이용하여 광전측광과 같은 개개의 특유 파장에 대한 흡광도를 측정하여 시료중의 원소농도를 정량하는 방법으로 대기 또는 배출 가스 중의 유해 중금속, 기타 원소의 분석에 적용한다.

① 용어
ⓐ 역화 : 불꽃의 연소속도가 크고 혼합기체의 분출속도가 작을 때 연소현상이 내부로 옮겨지는 것
ⓑ 원자흡광도 : 어떤 진동수 i의 빛이 목적원자가 들어 있지 않는 불꽃을 투과했을 때의 강도를 Iov, 목적원자가 들어 있는 불꽃을 투과했을 때의 강도를 Iv라 하고 불꽃중의 목적원자농도를 c, 불꽃중의 광도의 길이(Path Length)를 ℓ라 했을 때

$$E_{AA} = \frac{\log_{10} \cdot I_0 \nu / I \nu}{c \cdot \ell}$$

로 표시되는 양을 말한다.
ⓒ 원자흡광(분광)분석 : 원자흡광 측정에 의하여 하는 화학분석
ⓓ 원자흡광(분광)측광 : 원자흡광 스펙트럼을 이용하여 시료 중의 특정원소의 농도와 그 휘선의 흡광정도(보통은 보정되지 않은 흡광도로 나타냄)와의 상관관계를 측정하는 것
ⓔ 원자흡광스펙트럼 : 물질의 원자증기층을 빛이 통과할 때 각각 특유한 파장의 빛을 흡수한다. 이 빛을 분산하여 얻어지는 스펙트럼을 말한다.
ⓕ 공명선 : 원자가 외부로부터 빛을 흡수했다가 다시 먼저 상태로 돌아갈 때 방사하는 스펙트럼선
ⓖ 근접선 : 목적하는 스펙트럼선에 가까운 파장을 갖는 다른 스펙트럼선
ⓗ 중공음극램프(속빈음극램프) : 원자흡광분석의 광원이 되는 것으로 목적원소를 함유하는 중공음극 한 개 또는 그 이상을 저압의 네온과 함께 채운 방전관
ⓘ 다음극 중공음극램프 : 두개 이상의 중공음극을 갖는 중공음극램프
ⓙ 다원소 중공음극램프 : 한 개의 중공음극에 두 종류 이상의 목적원소를 함유하는 중공음극램프
ⓚ 충전가스 : 중공음극램프에 채우는 가스
ⓛ 소연료불꽃 : 가연성가스와 조연성 가스의 비를 적게 한 불꽃 즉, 가연성 가스/조연성 가스의 값을 적게 한 불꽃
ⓜ 다연료 불꽃 : 가연성 가스/조연성 가스의 값을 크게 한 불꽃
ⓝ 분무기 : 시료를 미세한 입자로 만들어 주기 위하여 분무하는 장치
ⓞ 분무실 : 분무기와 함께 분무된 시료용액의 미립자를 더욱 미세하게 해주는 한편 큰 입자와 분리시키는 작용을 갖는 장치
ⓟ 슬롯버너 : 가스의 분출구가 세극상으로 된 버너
ⓠ 전체분무버너 : 시료용액을 빨아올려 미립자로 되게 하여 직접 불꽃중으로 분무하여 원자증기화하는 방식의 버너
ⓡ 예복합 버너 : 가연성 가스, 조연성 가스 및 시료를 분무실에서 혼합시켜 불꽃 중에 넣어주는 방식의 버너
ⓢ 선폭 : 스펙트럼선의 폭
ⓣ 선프로파일 : 파장에 대한 스펙트럼선의 강도를 나타내는 곡선

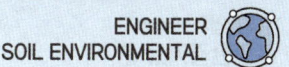

ⓤ 멀티 패스 : 불꽃 중에서의 광로를 길게 하고 흡수를 증대시키기 위하여 반사를 이용하여 불꽃 중에 빛을 여러번 투과시키는 것

### (2) 장치의 구성 및 특성

① 장치의 개요

광원부 – 시료원자화부 – 단색화장치 – 광전자 증폭검출기 – 슬릿 – 기록부

㉠ 광원부

중공음극램프(속빈음극램프) : 원자흡광 스펙트럼선의 선폭보다 좁은 선폭을 갖고 휘도가 높은 스펙트럼을 방사하는 중공음극램프가 많이 사용된다.

㉡ 시료원자화부

시료원자화부는 시료를 원자증기화하기 위한 시료원자화 장치와 원자증기 중에 빛을 투과시키기 위한 광학계로 되어 있다.

㉢ 불꽃

ⓐ 대부분의 원소분석 : 수소-공기, 아세틸렌-공기

ⓑ 원자 외 영역 : 수소-공기

ⓒ 불꽃온도가 낮고 일부 원소에 대하여 높은 감도를 나타냄 : 프로판-공기

ⓓ 불꽃의 온도가 높아 내화성산화물을 만들기 쉬운 원소분석 : 아세틸렌-아산화질소

💡 **암기법** 대부분은 수공아공 외수공 감프공 높아질

### (3) 조작 및 결과분석방법

① 검정곡선의 작성과 정량법

㉠ 검정곡선의 직선영역 ( 💡 **암기법** 검 저 양)

검정곡선은 일반적으로 **저농도** 영역에서는 **양호**한 직선성을 나타내지만 고농도 영역에서는 여러가지 원인에 의하여 휘어진다.

㉡ 정량방법

ⓐ 검정곡선법
ⓑ 표준첨가법
ⓒ 내부표준물질법

→ 자세한 설명은 위의 정도관리/정도보증 파트 참고

ⓒ 간섭 (암기법 화분에 물주자)

ⓐ 화학적 간섭

> 💡 불꽃 중에서 원자가 이온화하는 경우
> 
> **대책** 이온화 전압이 더 낮은 원소 등을 첨가하여 목적원소의 이온화를 방지하여 간섭을 피할 수 있다.

> 💡 공존물질과 작용하여 해리하기 어려운 화합물이 생성되어 흡광에 관계하는 기저상태의 원자수가 감소하는 경우
> 
> **대책**
> - 이온교환이나 용매추출 등에 의한 방해물질의 제거
> - 과량의 간섭원소의 상대원소 첨가
> - 간섭을 피하는 양이온(보기 : 란타늄, 스트론튬, 알칼리 원소 등), 음이온 또는 은폐제, 킬레이트제 등의 첨가
> - 목적원소의 용매추출
> - 표준첨가법의 이용

ⓓ 분광학적 간섭 : 이 종류의 간섭은 장치나 불꽃의 성질에 기인하는 것으로서 다음과 같은 경우에 일어난다.

> 💡 ① 분석에 사용하는 스펙트럼선이 다른 인접선과 완전히 분리되지 않는 경우
> ② 분석에 사용하는 스펙트럼의 불꽃 중에서 생성되는 목적원소의 원자증기 이외의 물질에 의하여 흡수되는 경우
> 
> **대책**
> - 분해능이 좋은 분광기를 선택
> - 적절한 파장의 선택 및 다른 분석 파장을 선택
> - 원자화 장치에 높은 온도 이용

ⓔ 물리적 간섭 : 시료용액의 점성이나 표면장력 등 물리적 조건의 영향에 의하여 일어나는 것으로 보기를 들면 시료용액의 점도가 높아지면 분무 능률이 저하되며 흡광의 강도가 저하된다. 이러한 종류의 간섭은 표준시료와 분석시료와의 조성을 거의 같게 하여 피할 수 있다.

### ③ 유도결합플라즈마 원자발광분광법(ICP)

**(1) 원리 및 적용범위**

시료를 고주파유도코일에 의하여 형성된 알곤 플라즈마에 주입하여 6,000~8,000K에서 여기된 원자가 바닥상태로 이동할 때 방출하는 발광선 및 발광강도를 측정하여 원소의 정성 및 정량분석에 이용하는 방법이다.

### (2) 개요

① ICP는 알곤가스를 플라즈마 가스로 사용하여 수정발진식 고주파발생기로부터 발생된 주파수 27.13㎒ 영역에서 유도코일에 의하여 플라즈마를 발생시킨다.
② ICP의 토치(Torch)는 3중으로 된 석영관이 이용되며 제일 안쪽으로는 시료가 운반가스(알곤, 0.4~2.0L/min)와 함께 흐르며, 가운데 관으로는 보조가스(알곤, 플라즈마 가스, 0.5~2.0L/min), 제일 **바깥쪽**관에는 냉각가스(알곤, 10~20L/min)가 주입되는데 토치(Torch)의 **상단부분**에는 물을 순환시켜 냉각시키는 유도코일이 감겨 있다.
③ 유도코일을 통하여 **고주파**를 가해주면 고주파가 알곤가스 매체중에 유도되어 플라즈마를 형성하게 되는데 이때 테슬라코일에 의하여 방전하면 알곤가스의 일부가 전리되어 플라즈마가 점등한다.
④ 방전시에 생성되는 전자는 **고주파** 전류가 유도코일을 흐를 때 발생하는 자기장에 의하여 가속되어 주위의 알곤가스와 충돌하여 이온화되고 새로운 전자와 알곤이온을 생성한다. 이와같이 생성된 전자는 다시 알곤가스를 전리하여 전자의 증식작용을 하므로서 전자밀도가 대단히 **큰** 플라즈마 상태를 유지하게 된다.
⑤ 알곤플라즈마는 토치 위에 불꽃형태(직경 12~15㎜, 높이 약 30㎜)로 생성되지만 온도, 전자 밀도가 가장 **높은** 영역은 중심축보다 약간 **바깥쪽**(2~4㎜)에 위치한다.
⑥ ICP의 구조는 중심에 저온, 저전자 밀도의 영역이 형성되어 도넛 형태로 되는데 이 도넛 모양의 구조가 ICP의 특징이다.
⑦ 에어로졸 상태로 분무된 시료는 가장 안쪽의 관을 통하여 플라즈마(도넛모양)의 중심부에 주입되는데 이때 시료는 도넛 내부의 좁은 부위에 한정되므로 광학적으로 발광되는 부위가 좁아져 강한 발광을 관측할 수 있으며 화학적으로 불활성인 위치에서 원자화가 이루어지게 된다.
⑧ 플라즈마의 온도는 최고 15,000K까지 이르며 보통시료는 6,000~8,000K의 고온에 주입되므로 거의 완전한 원자화가 일어나 분석에 장애가 되는 많은 간섭을 배제하면서 **고감도**의 측정이 가능하게 된다. 또한 플라즈마는 그 자체가 광원으로 이용되기 때문에 매우 넓은 농도범위에서 여러개의 시료를 동시에 측정할 수 있다.

### (3) 장치의 구성 및 특성

① **장치의 구성** ( 암기법 시 고 광 분 연 기)

시료주입부 - 고주파전원부 - 광원부 - 분광부 - 연산처리부 및 기록부

② **장치별 특성**

㉠ **시료주입부** : 분무기(Nebulizer) 및 챔버로 이루어져 있으며 시료용액을 흡입하여 에어로졸 상태로 플라즈마에 주입시키는 부분이다. 감도 및 정확도를 높게 하기 위하여 가능한 한 적은 에어로졸을 많이 안정하게 생성시킬 수 있어야 한다.

㉡ **고주파 전원부** : 현재 널리 사용하고 있는 고주파 전원은 수정발전식의 27.13㎒로 1~3㎾의 출력이다. 수용액 시료의 경우 보통 1~1.5㎾가 사용되지만 유기용매의 경우에는 2㎾정도에서 사용된다.

ⓒ 광원부 : 3중으로 된 석영제방전관(토치, torch)의 중간을 흐르는 알곤가스를 테슬라코일에서 일부 전리시킴과 동시에 방전관 상단에 감겨져 있는 유도코일에 고주파 전류를 흐르게 하면 방전관내부에 루우프 형태의 자기장을 형성하게 되며 이 자기장의 주위에는 와전류가 흐르게 된다. 이 와전류에 의하여 전리된 알곤가스의 전자나 이온은 가속을 받게 되어 알곤분자와 충돌을 반복하게 되며 계속하여 새로운 전자와 이온을 생성하므로서 안정된 도넛 형태의 플라즈마를 형성한다. 시료 중의 원자는 이 도넛형의 플라즈마 중심부에 주입되어 6,000~8,000K의 고온에서 가열 여기되고 발광하게 된다.

ⓓ 분광부 및 측광부 : 플라즈마 광원으로부터 발광하는 스펙트럼선을 선택적으로 분리하기 위해서는 분해능이 우수한 회절격자가 많이 사용된다. 분광기는 그 기능에 따라 단색화분광기와 다색화분광기로 구분되는데 단색화분광기는 광을 받는 부분(슬릿 및 광전증배관)이 하나로 회절격자를 회전시켜 저파장에서 고파장으로 주사(Scanning)하면서 각 파장별로 많은 원소를 연속 측정할 수 있으며(Sequential type), 다색화분광기는 회절격자를 고정시켜 놓고 목적원소의 파장 위치에 각각의 슬릿 및 광전증배관을 고정시켜 여러 가지 원소를 동시에 측정(Simultaneous type)할 수 있도록 한 것이다.

ⓔ 연산처리부 : 광전증배관(Photomultiplier)에 들어간 광은 전류로 변화되어 광의 강도에 비례하는 전류가 콘덴서에 저장되며, 콘덴서에 축적된 전하량은 컴퓨터 콘덴서의 전하량과 비례관계에 있기 때문에 농도를 측정할 수 있다.

### (4) 조작 및 결과분석방법

① 장치의 조작법

㉠ 플라즈마 가스의 준비

알곤가스 : 액체 알곤 또는 압축 알곤가스로 순도 99.99%(V/V%) 이상의 것

㉡ 조작순서

ⓐ 주전원 스위치를 넣고 유도코일의 냉각수가 흐르는가를 확인한 다음 기기를 안정화시킨다.

ⓑ 여기원(R F Power)의 전원스위치를 넣고 알곤가스를 주입하면서 테슬코일에 방전시켜 플라즈마를 점등한다.

ⓒ 점등 후 약 1분간 플라즈마를 안정화시킨다.

ⓓ 수은램프의 발광선을 이용하여 분광기의 파장을 교정하고 분석 파장을 정확히 설정한다.

ⓔ 적당한 농도로 조제된 표준용액(또는 혼합표준용액)을 플라즈마에 주입하여 각 원소의 스펙트럼선 강도를 측정하고 설정파장의 적부를 확인한다.

② 시료의 분석

㉠ 정성분석

ⓐ 시료용액을 플라즈마에 주입하여 스펙트럼선 강도를 측정한다.

ⓑ 각 원소를 특유의 스펙트럼선(파장과 발광강도비)을 검색하여 그 존재유무를 확인한다.

ⓛ 정량분석

    ⓐ 검정곡선법
    ⓑ 내부표준법(상대검정곡선법)
    ⓒ 표준첨가법

③ 간섭과 대책

ⓘ 간섭

    ⓐ 광학 간섭 : 분석하는 금속원소 이외에서 발광하는 파장은 측정을 간섭한다. 어떤 원소가 동일 파장에서 발광할 때, 파장의 스펙트럼선이 넓어질 때, 이온과 원자의 재결합으로 연속발광할 때, 분자 띠 발광 시에 간섭이 발생한다.
    ⓑ 물리적 간섭 : 시료의 분무 또는 운반과정에서 물리적 특성, 즉 점도와 표면장력의 변화 등에 의해 발생한다. 시료 중에 산의 농도가 10% 이상으로 높거나, 용존 고형물질이 1,500mg/L 이상으로 높은 반면, 검량용 표준용액의 산의 농도는 5% 이하로 낮을 때에 발생하며 이때 시료를 희석하거나 표준용액을 시료의 매질과 유사하게 하거나 표준물질첨가법을 사용하면 간섭효과를 줄일 수 있다.
    ⓒ 화학적 간섭 : 분자생성, 이온화 효과, 열화학 효과 등이 시료 분무와 원자화 과정에서 방해요인으로 나타난다. 이 영향은 별로 심하지 않으며 적절한 운전 조건의 선택으로 최소화 할 수 있다.

ⓛ 대책

    ⓐ 바탕선 보정
    ⓑ 연속 희석법
    ⓒ 표준물질 첨가법
    ⓓ 전파장 분석

## 4 기체크로마토그래피법(GC)

### (1) 원리 및 적용범위

이 법은 기체시료 또는 기화한 액체나 고체시료를 운반가스(carrier gas)에 의하여 분리, 관내에 전개시켜 기체상태에서 분리되는 각 성분을 크로마토그래피 적으로 분석하는 방법으로 일반적으로 무기물 또는 유기물의 대기오염 물질에 대한 정성, 정량 분석에 이용한다.

### (2) 장치의 구성 및 특성

① 장치의 구성 ( 암기법 시 분 검 기)

운반가스입구 – 유량조절기 – 압력계/유량계 – 시료도입부 – 분리관 – 검출기 – 기록부

㉠ 구분
   ⓐ 기체-고체 크로마토그래피 : 충전물로서 흡착성 고체분말을 사용
   ⓑ 기체-액체 크로마토그래피 : 적당한 담체(solid support)에 고정상 액체를 함침시킨 것을 사용

② 검출기

㉠ 열전도도 검출기(TCD, thermal conductivity detector)

금속 필라멘트(filament)와 전기저항체(thermistor)를 검출소자로 하여 금속판(block) 안에 들어 있는 본체와 안정된 직류전기를 공급하는 전원회로, 전류조절부, 신호검출 전기회로, 신호 감쇄부 등으로 구성된다. 네 개로 구성된 필라멘트에 전류를 흘려주면 필라멘트가 가열되는데, 이 중 2개의 필라멘트는 운반 기체인 헬륨에 노출되고 나머지 두 개의 필라멘트는 운반 기체에 의해 이동하는 시료에 노출된다. 이 둘 사이의 열전도도 차이를 측정함으로써 시료를 검출하여 분석한다. 열전도도 검출기는 모든 화합물을 검출할 수 있어 분석 대상에 제한이 없고 값이 싸며 시료를 파괴하지 않는 장점이 있는 데 반하여 다른 검출기에 비해 감도(sensitivity)가 낮다.

→ 거의 모든 물질의 분석이 가능하고, 특히나 CO 검출에 효과적
→ 운반기체 : 수소 또는 헬륨

㉡ 불꽃이온화 검출기(flame ionization detector, FID)

수소 연소 노즐(nozzle), 이온 수집기(ion collector)와 전극 및 배기구로 구성되는 본체와 이 전극 사이에 직류전압을 주어 흐르는 이온전류를 측정하기 위한 직류전압 변환회로, 감도조절부, 신호감쇄부 등으로 구성된다. 대부분의 유기화합물은 수소와 공기의 연소 불꽃에서 전하를 띤 이온을 생성하는데 생성된 이온에 의한 전류의 변화를 측정한다. 불꽃이온화 검출기는 대부분의 화합물에 대하여 열전도도 검출기보다 약 1,000배 높은 감도를 나타내고 대부분의 유기화합물의 검출이 가능하므로 가장 흔히 사용된다. 특히 탄소 수가 많은 유기물은 10pg까지 검출할 수 있어 대기 오염 분석에서 미량의 유기물을 분석할 경우에 유용하다. 불꽃이온화 검출기에 응답하지 않는 물질로는 비활성 기체, $O_2$, $N_2$, $H_2O$, CO, $CO_2$, $CS_2$, $H_2S$, $NH_3$, $N_2O$, NO, $NO_2$, $SO_2$, $SiF_4$ 및 $SiCl_4$ 등이 있다. 또한 감도가 다소 떨어지는 시료로는 할로겐, 아민, 히드록시기 등의 치환기를 갖는 시료로서 치환기가 증가함에 따라 감도는 더욱 감소한다.

→ 대부분의 유기화합물(탄화수소류 등)의 검출이 가능하고, 가장 많이 사용된다.
→ 운반기체 : 질소 또는 헬륨

㉢ 전자 포획 검출기(electron capture detector, ECD)

방사성 물질인 Ni-63 혹은 삼중수소로부터 방출되는 β선이 운반 기체를 전리하여 이로 인해 전자 포획 검출기 셀(cell)에 전자구름이 생성되어 일정 전류가 흐르게 된다. 이러한 전자 포획 검출기 셀에 전자친화력이 큰 화합물이 들어오면 셀에 있던 전자가 포획되어 이로 인해 전류가 감소하는 것을 이용하는 방법으로 유기 할로겐 화합물, 니트로 화합물 및 유기 금속 화합물 등 전자 친화력이 큰 원소가 포함된 화합물의 수 ppt의 매우 낮은 농도까지 선택적으로 검출할 수 있다. 따라서 유기 염소계의 농약분석이나 PCB(polychlorinated biphenyls) 등의 환경오염 시료의 분석에 많이 사용되고 있다. 그

러나 탄화수소, 알코올, 케톤 등에는 감도가 낮다. 전자 포획 검출기 사용 시 주의 사항으로는 운반 기체에 수분이나 산소 등의 오염물이 함유되어 있는 경우에는 감도의 저하나 검정곡선의 직선성을 잃을 수도 있으므로 고순도(99.9995%)의 운반 기체를 사용하여야 하고 반드시 수분 트랩(trap)과 산소 트랩을 연결하여 수분과 산소를 제거할 필요가 있다.

→ 할로겐, 벤젠, 유기염소계(벤조피렌, PCB 등), 니트로 화합물, 유기금속화합물의 분석에 많이 사용된다.

→ 운반기체 : 질소 또는 헬륨

ⓔ 질소인 검출기(nitrogen phosphorous detector, NPD)

불꽃이온화 검출기와 유사한 구성에 알칼리금속염의 튜브를 부착한 것으로 운반 기체와 수소 기체의 혼합부, 조연기체 공급구, 연소노즐, 알칼리원, 알칼리원 가열기구, 전극 등으로 구성된다. 가열된 알칼리금속염은 촉매 작용으로 질소나 인을 함유하는 화합물의 이온화를 증진시켜 유기 질소 및 유기 인 화합물을 선택적으로 검출할 수 있다. 질소-인 검출기에서 질소나 인을 함유하는 화합물에 대한 감도는 일반 탄화수소 화합물에 대한 감도의 약 100,000배로 질소 또는 인 화합물에 대한 선택성이 커서, 살충제나 제초제의 분석에 일반적으로 사용된다.

→ 질소, 인 화합물의 검출에 많이 사용된다.

ⓜ 불꽃 광도 검출기(flame photometric detector, FPD)

구성은 불꽃이온화 검출기와 유사하고 운반기체와 조연기체의 혼합부, 수소 기체 공급구, 연소 노즐, 광학 필터, 광전증배관(photomultiplier tube) 및 전원 등으로 구성되어 있다. 기본 원리는 황이나 인을 포함한 탄화수소 화합물이 불꽃이온화 검출기 형태의 불꽃에서 연소될 때 화학적인 발광을 일으키는 성분을 생성하는데 시료의 특성에 따라 황 화합물은 393nm, 인 화합물은 525nm의 특정 파장의 빛을 발산한다. 이들 빛은 광학 필터(황 화합물은 393nm, 인 화합물은 525nm)를 통해 광전증배관에 도달하고, 이에 연결된 전자 회로에 신호가 전달되어 황이나 인을 포함한 화합물을 선택적으로 분석할 수 있다. 불꽃 광도 검출기에 의한 황 또는 인 화합물의 감도(sensitivity)는 일반 탄화수소 화합물에 비하여 100,000배 커서, $H_2S$나 $SO_2$와 같은 황 화합물은 약 200ppb까지, 인 화합물은 약 10ppb까지 검출이 가능하다.

→ 황 또는 인 화합물의 검출에 많이 사용된다. 특히 $CS_2$의 검출에 유효하다.

③ 운반가스

운반가스(carrier gas)는 충전물이나 시료에 대하여 불활성이고 사용하는 검출기의 작동에 적합한 것을 사용한다.

㉠ 열전도도형 검출기(TCD)에서는 순도 99.8% 이상의 수소 또는 헬륨을 사용 (암기법 열 수 헬)

㉡ 불꽃이온화 검출기(FID)에서는 순도 99.8% 이상의 질소 또는 헬륨을 사용 (암기법 불 질 헬)

④ 정제용 컬럼

㉠ 실리카겔(실리카젤) 컬럼
㉡ 플로리실 컬럼
㉢ 활성탄 컬럼

### (3) 조작 및 결과분석방법

① 조작법

㉠ 가스크로마토그래피의 설치장소

설치장소는 진동이 없고 분석에 사용하는 유해물질을 안전하게 처리할 수 있으며 부식가스나 먼지가 적고 실온 5℃ ~ 35℃, 상대습도 85% 이하로서 직사광선이 쪼이지 않는 곳으로 한다.

㉡ 전원

공급전원은 지정된 전력 및 주파수이어야 하고, 전원변동은 지정전압의 10% 이내로서 주파수의 변동이 없는 것이어야 한다.

㉢ 전자기유도

대형변압기, 고주파가열로와 같은 것으로부터 전자기의 유도를 받지 않는 것이어야 한다.

② 분리의 평가

㉠ 분리관 효율

> 식 이론단수$(n) = 16 \times \left(\dfrac{t_R}{W}\right)^2$

- $t_R$ : 시료도입점으로부터 봉우리 최고점까지의 길이(보유시간)
- $W$ : 봉우리의 좌우 변곡점에서 접선이 자르는 바탕선의 길이
- $HETP = \dfrac{L}{n}$
- $L$ : 분리관의 길이(mm)

㉡ 분리능

> 식 분리계수$(d) = \dfrac{t_{R2}}{t_{R1}}$

> 식 분리도$(R) = \dfrac{2(t_{R2} - t_{R1})}{W_1 + W_2}$

- $t_{R1}$ : 시료도입점으로부터 봉우리 1의 최고점까지의 길이
- $t_{R2}$ : 시료도입점으로부터 봉우리 2의 최고점까지의 길이
- $W_1$ : 봉우리 1의 좌우 변곡점에서의 접선이 자르는 바탕선의 길이
- $W_2$ : 봉우리 2의 좌우 변곡점에서의 접선이 자르는 바탕선의 길이

③ **정량분석** (  암기법  정양에게 절대 상표 보이지 마라!)

  ㉠ 절대검정곡선법 : 정량하려는 성분으로 된 순물질을 단계적으로 취하여 크로마토그램을 기록하고 피크 넓이 또는 피크높이를 구한다. 이것으로부터 성분량을 횡축에 피크넓이 또는 피크를 높이를 종축에 취하여 검정곡선을 작성한다.

  ㉡ 상대검정곡선법(내부표준법) : 정량하려는 성분의 순물질(X) 일정량에 내부표준물질(S)의 일정량을 가한 혼합시료의 크로마토그램을 기록하여 피크넓이를 측정한다. 횡축에 정량하려는 성분량(MX)과 내부표준물질량(MS)의 비(MX/MS)를 취하고 종축에 분석시료의 크로마토그램에서 측정한 정량한 성분의 피크넓이(AX)와 표준물질 피크넓이(AS)의 비(AX/AS)를 취하여 같은 검정곡선을 작성한다.

  ㉢ 표준물첨가법 : 시료의 크로마토그램으로부터 피검성분 A 및 다른 임의의 성분 B의 피크 넓이 $a_1$ 및 $b_1$을 구한다.

  ㉣ 보정넓이 백분율법 : 주입한 시료의 전성분이 용출하며 또한 용출 전성분의 상대감도가 구해진 경우에는 다음 식에 의하여 정확한 함유율을 구할 수 있다.

$$\boxed{식}\ X_i(\%) = \frac{\dfrac{A_i}{f_i}}{\sum_{i=1}^{n} \dfrac{A_i}{f_i}} \times 100$$

  ㉤ 넓이 백분율법 : 크로마토그램으로부터 얻은 시료 각 성분의 피크면적을 측정하고 그것들의 합을 100으로 하여 이에 대한 각각의 피크넓이 비를 각 성분의 함유율로 한다.

## 5 이온크로마토그래피법(IC)

### (1) 원리 및 적용범위

이 방법은 이동상으로는 액체, 그리고 고정상으로는 이온교환수지를 사용하여 이동상에 녹는 혼합물을 고분리능 고정상이 충전된 분리관내로 통과시켜 시료성분의 용출상태를 전도도 검출기 또는 광학 검출기로 검출하여 그 농도를 정량하는 방법으로 일반적으로 강수(비, 눈, 우박 등), 대기먼지, 하천수 중의 이온성분($Cl$, $F$, $Br$, $NO_3$, $NO_2$, $SO_4$, $PO_4$ 등 주로 음이온)을 정성, 정량 분석하는데 이용한다.

### (2) 장치의 구성 및 특성

① **장치의 개요** (  암기법  용 액 시료 분리관 써)

일반적으로 사용하는 이온크로마토그래프는 다음 그림과 같이 용리액조, 송액펌프, 시료주입장치, 분리관, 써프렛서, 검출기 및 기록계로 구성되며 분리관에서 검출기까지는 측정목적에 따라 다소 차이가 있다.

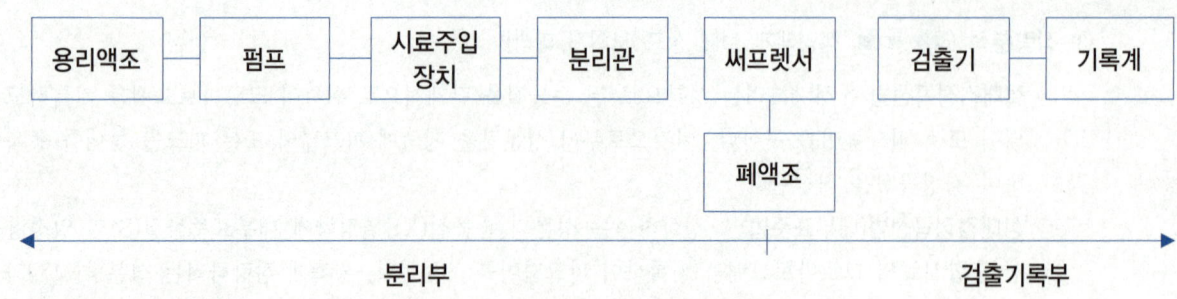

〈이온크로마토그래프의 구성〉

② **장치별 특성**

　㉠ **시료주입장치** (　암기법　시 루 떡)

　　일정량의 시료를 밸브조작에 의해 분리관으로 주입하는 **루프주입방식**이 일반적이며 **셉텀**(Septum)방법, 셉텀레스(Septumless)방식 등이 사용되기도 한다.

　㉡ **써프렛서**

　　써프렛서란 용리액에 사용되는 전해질 성분을 제거하기 위하여 **분리관 뒤에 직렬로 접속시킨 것**으로써 전해질을 물 또는 저전도의 용매로 바꿔줌으로써 전기 전도도 셀에서 목적이온 성분과 전기 전도도만을 고감도로 검출할 수 있게 해주는 것이다.
　　써프렛서는 관형과 이온교환막형이 있으며, 관형은 음이온에는 스티롤계 강산형 ($H^+$) 수지가, 양이온에는 스티롤계 강염기형 ($OH^-$)의 수지가 충진된 것을 사용한다.

### (3) 조작 및 결과분석방법

① **설치조건**

　㉠ 실온 10℃ ~ 25℃, 상대습도 30% ~ 85% 범위로 급격한 온도변화가 없어야 한다.
　㉡ 진동이 없고 직사광선을 피해야 한다.
　㉢ 부식성 가스 및 먼지발생이 적고 환기가 잘 되어야 한다.
　㉣ 대형변압기, 고주파가열 등으로부터의 전자유도를 받지 않아야 한다.
　㉤ 공급전원은 기기의 사양에 지정된 전압 전기용량 및 주파수로 전압변동은 10% 이하이고 주파수 변동이 없어야 한다.

② **검출한계**

　　검출한계는 각 분석방법에서 규정하는 조건에서 출력신호를 기록할 때 잡음신호(Noise)의 2배에 해당하는 목적성분의 농도를 검출한계로 한다.

## 6 이온전극법

### (1) 원리 및 적용범위

시료중의 분석대상 이온의 농도(이온활량)에 감응하여 비교전극과 이온전극간에 나타나는 전위차를 이용하여 목적이온의 농도를 정량하는 방법으로서 시료중 음이온($Cl^-$, $F^-$, $NO_2^-$, $NO_3^-$, $CN^-$) 및 양이온($NH_4^+$, 중금속 이온 등)의 분석에 이용된다.

### (2) 장치의 구성 및 특성

① 장치의 구성

전위차계, 이온전극, 비교전극, 시료용기 및 자석교반기, 온도계

㉠ 이온전극 : 분석대상 이온에 대한 고도의 선택성이 있고 이온농도에 비례하여 전위를 발생할 수 있는 전극으로서 그 감응막의 구성에 따라 측정되는 이온이 달라진다.

> 💡 **전극별 측정이온**
> ① 유리막전극 : $Na^+$, $K^+$, $NH_4^+$
> ② 격막형전극 : $NH_4$, $NO_2$, $CN$
> ③ 고체막전극 : F, Cl, CN, Pb, Cd, Cu, $NO_3$, Cl, $NH_4$

㉡ 비교전극 : 이온전극과 조합하여 이온농도에 대응하는 전위차를 나타낼 수 있는 것으로서 표준전위가 안정된 전극이 필요하다. 일반적으로 내부전극으로서 염화제일수은전극(칼로멜전극) 또는 은-염화은전극이 많이 사용된다.

② 특성

㉠ 측정범위 : 이온농도의 측정범위는 일반적으로 $10^{-1} \sim 10^{-4}$ mol/L (또는 $10^{-7}$ mol/L)이다.

㉡ 이온강도 : 이온의 활량계수는 이온강도의 영향을 받아 변동되기 때문에 용액중의 이온강도를 일정하게 유지해야 할 필요가 있다. 따라서 분석대상 이온과 반응하지 않고 전극전위에 영향을 일으키지 않는 염류를 이온강도 조절용 완충용액으로 첨가하여 시험한다.

㉢ pH : 이온전극의 종류나 구조에 따라서 사용 가능한 pH의 범위가 있기 때문에 주의하여야 한다.

㉣ 온도 : 측정용액의 온도가 10℃ 상승하면 전위구배는 1가이온이 약 2㎷, 2가이온이 약 1㎷ 변화한다. 그러므로 검량선 작성시의 표준용액의 온도와 시료용액의 온도는 항상 같아야 한다.

㉤ 교반 : 시료용액의 교반은 이온전극의 전극전위, 응답속도, 정량하한값에 영향을 나타낸다. 그러므로 측정에 방해되지 않는 범위 내에서 세게 일정한 속도로 교반해야 한다.

### (3) 조작 및 결과분석방법(참고)

① 시료 중에 방해이온이 존재할 경우에는 적당한 방법으로 제거하거나 pH 및 이온강도를 조절하여 시료용액으로 한다.
② 먼저 각각 농도가 다른 표준용액을 단계적으로 조제하여 이온강도 조절용액을 첨가하고 적당량의 비커에 옮긴다.
③ 이온전극과 비교전극을 물로 깨끗이 씻은 후 수분을 제거하고 전위차계에 연결한다. 이온전극과 비교전극을 표준용액이 담긴 비커에 침적시키고 교반하면서 전위를 측정하여 안정될 때의 값을 읽는다.
④ 같은 방법으로 낮은 농도부터 높은 농도의 순서로 표준용액의 전위차를 측정하고 편대수그래프지(semilog 그래프지)의 대수측에 표준용액의 농도를 균등측에 전위차를 플로트하여 검량선을 작성한다. 다음에 준비된 시료에 대하여 같은 방법으로 전위차를 측정하고 작성된 검량선으로부터 이온농도(mg/L)를 산출한다.

## 기출문제로 다지기 | UNIT 04 토양오염도 기기 분석방법

**01** 원자흡수분광광도법에 대한 설명으로 가장 거리가 먼 것은?

① 장치는 광원부 – 시료원자화부 – 단색화부 – 측광부로 배열된다.
② 광원은 원자흡광 스펙트럼선의 선폭보다 좁은 선폭을 갖고 휘도가 높은 스펙트럼을 방사하는 중공음극램프가 많이 사용된다.
③ 원자흡광분석에 사용되는 어떠한 불꽃이라도 가연성 가스와 조연성가스의 혼합비는 감도에 크게 영향을 준다.
④ 표준첨가법에 의한 검량선 작성은 측정치가 흩어져 상쇄하기 쉬우므로 분석값의 재현성이 높다.

해설 상대검정곡선법(내부표준법)에 의한 검량선 작성은 측정치가 흩어져 상쇄하기 쉬우므로 분석값의 재현성이 높고 정밀도가 향상된다.

**02** 유도결합플라즈마발광광도법에 대한 설명으로 틀린 것은?

① 시료를 고주파유도코일에 의해 형성된 아르곤 플라즈마에 도입하여 분석한다.
② 중금속 원자의 바닥상태(ground state)에서 여기상태(excite state)로 이동할 때 흡수되는 발광선 및 발광강도를 측정하여 정성 및 정량분석한다.
③ 플라즈마 자체가 광원으로 이용되기 때문에 매우 넓은 농도범위에서 측정이 가능하다.
④ ICP의 구조는 중심에 저온, 저전자 밀도의 영역이 형성되어 도너츠 형태로 되는 것이 특징이다.

해설 여기된 원자가 바닥상태로 이동할 때 방출하는 발광선 및 발광강도를 측정한다.

**03** 원자흡수분광광도법의 분석에서 사용되는 조연성가스와 가연성가스에 대한 설명으로 거리가 먼 것은?

① 일반적으로 가연성가스로 아세틸렌을 조연성가스로 공기를 사용한다.
② 수소–공기와 아세틸렌–공기는 거의 대부분의 원소 분석에 유효하게 사용할 수 있다.
③ 어떠한 종류의 불꽃이라도 가연성 가스와 조연성 가스의 혼합비는 감도에 크게 영향을 주므로 금속의 종류에 따라 최적혼합비를 선택하여 사용한다.
④ 수소–공기는 원자 외 영역에서 불꽃자체에 의한 흡수가 많기 때문에 이 파장영역에서 흡수선을 찾는 원소의 분석에 적당하지 않다.

해설 수소–공기는 원자 외 영역에서 불꽃자체에 의한 흡수가 적기 때문에 이 파장영역에서 흡수선을 찾는 원소의 분석에 적당하다.

**04** 흡광광도 시험을 위한 흡수셀의 재질에 따른 측정파장범위로 옳은 것은?

① 유리재질 흡수셀은 근자외부 파장범위 측정
② 석영재질 흡수셀은 자외부 파장범위 측정
③ 플라스틱재질 흡수셀은 주로 가시광선 및 근적외부 파장범위 측정
④ 아크릴재질 흡수셀은 근자외부 파장범위 측정

해설 ②항만 올바르다.
오답해설
① 유리재질 흡수셀은 가시부, 근적외부 파장범위 측정
③ 플라스틱재질 흡수셀은 주로 근적외부 파장범위 측정
④ 아크릴재질 흡수셀은 근적외부, 가시부 파장범위 측정

정답  01. ④  02. ②  03. ④  04. ②

**05** 기체크로마토그래피 검출기 중 유기질소 화합물 및 유기인 화합물을 선택적으로 검출할 수 없는 것은?

① 열전도도검출기(TCD)   ② 질소인검출기(NPD)
③ 불꽃광도검출기(FPD)   ④ 전자포착검출기(ECD)

**06** 기체크로마토그래피로 유기인화합물을 측정할 때 사용되는 정제용 칼럼으로 가장 거리가 먼 것은?

① 실리카겔 칼럼   ② 플로리실 칼럼
③ 활성탄 칼럼     ④ 폴리아미드 칼럼

**07** 원자흡수분광분석방법에서 방해물질을 최소화하는 방법이 아닌 것은?

① 적절한 파장 선택
② 이온교환이나 용매추출 등을 통한 방해물질 제거
③ 음이온 또는 킬레이트 첨가
④ 내부 표준법 사용

[해설] 원자흡수분광분석방법에서 방해물질을 최소화하는 방법에는 표준물질첨가법이 사용된다.

**08** 유도결합플라즈마-원자발광분광법에서 플라즈마 가스로 사용되는 것은?

① 수소    ② 질소
③ 아르곤  ④ 헬륨

**09** 자외선가시선분광법에서 투과율 35%시 흡광도는?

① 0.35   ② 0.38
③ 0.41   ④ 0.46

[해설] [식] $A = \log \dfrac{1}{t} = \log \dfrac{1}{0.35} = 0.46$

**10** 기체크로마토그래피를 이용하여 분석할 수 있는 물질로 짝지은 것은?

① PCB, 수은       ② 유기인화합물, TPH
③ BTEX, 비소      ④ 불소, TPH

[해설] 중금속과 불소는 기체크로마토그래피로 측정이 어렵다.

**11** ICP-AES를 구성하는 요소와 가장 거리가 먼 것은?

① 고주파전원부   ② 시료도입부
③ 분광부         ④ 시료원자화부

[해설] 시료원자화부는 원자흡수분광광도법을 구성하는 장치이다.

**12** 이온전극법을 이용하여 측정하기에 가장 적합한 항목은?

① 불소
② 아연
③ 트리클로로에틸렌
④ 폴리클로리네이티드비페닐

[해설] 이온전극법은 이온성물질의 측정에 적합하다.

**13** 유도결합플라즈마 발광광도계에 대한 설명으로 틀린 것은?

① 아르곤을 플라즈마 가스로 이용한다.
② 동시에 다성분의 분석은 불가능하다.
③ 분석 성분의 농도는 방출되는 광선의 세기에 비례한다.
④ 여기된 원자가 바닥상태로 이동할 때 방출하는 광선을 이용하여 측정한다.

[해설] 동시에 다성분의 분석이 가능하다.

**정답** 05. ①  06. ④  07. ④  08. ③  09. ④  10. ②  11. ④  12. ①  13. ②

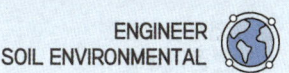

**14** 원자흡수분광광도계의 일반적인 구성 순서로 올바른 것은?

① 광원부 → 시료원자화부 → 파장선택부 → 측광부
② 광원부 → 파장선택부 → 시료원자화부 → 측광부
③ 광원부 → 측광부 → 시료원자화부 → 파장선택부
④ 광원부 → 측광부 → 파장선택부 → 시료원자화부

**15** 원자흡수분광광도계에 불꽃을 만들기 위해 조연성 가스와 가연성 가스를 사용하는데 일반적으로 사용하는 가연성 가스와 조연성 가스의 조합은?

① 수소-공기
② 아세틸렌-공기
③ 프로판-공기
④ 아세틸렌-이산화질소

**16** 원자흡수분광광도법에 대한 설명으로 틀린 것은?

① 일반적으로 광원부, 시료원자부, 파장선택부 및 측광부로 구성된다.
② 원자흡수분광광도계에 불꽃을 만들기 위해 조연성 가스와 가연성 기체를 사용하는데, 일반적으로 가연성 가스로 아세틸렌을, 조연성가스로 공기를 사용한다.
③ 원자흡수분광광도계에 사용하는 광원으로 좁은 선폭과 높은 휘도를 갖는 스펙트럼을 방사하는 불꽃이온화검출기(FID)를 사용한다.
④ 어떠한 종류의 불꽃이라도 가연성의 가스와 조연성 가스의 혼합비는 감도에 크게 영향을 주므로 금속의 종류에 따라 최적혼합비를 선택하여 사용한다.

**해설** 원자흡수분광광도계에 사용하는 광원으로 좁은 선폭을 갖고 휘도가 높은 스펙트럼을 방사하는 중공음극램프가 많이 사용된다.

**17** 원자흡수분광광도계에 불꽃을 만들기 위해 가연성가스로 아세틸렌을 사용한다. 조연성 가스로 적합한 것은?

① 수소
② 공기
③ 프로판
④ 아르곤

**18** 원자흡수분광광도법 적용 시 사용되는 다음의 용어 설명 중 옳지 않은 것은?

① 공명선(Resonance line) : 원자가 외부로부터 빛을 흡수했다가 다시 먼저 상태로 돌아갈 때 방사하는 스펙트럼선
② 다연료 불꽃(Fuel-rich Flame) : 조연성 가스/가연성 가스의 비를 크게 한 불꽃
③ 중공음극 램프(Hollow Cathode Lamp) : 원자흡수분광광도법의 광원이 되는 것으로 목적 원소를 함유하는 중공음극 한 개 또는 그 이상을 저압의 네온과 함께 채운 방전관
④ 분무기(Nebulizer or Atomizer) : 시료를 미세한 입자로 만들어 주기 위하여 분무하는 장치

**해설** 가연성 가스/조연성 가스의 비를 크게 한 불꽃

**19** 유도결합플라즈마 발광광도법(ICP)에 대한 설명으로 틀린 것은?

① 4,000~6,000K의 고온에서 시료를 여기하므로 중질유 등과 같이 휘발성이 낮은 물질의 측정에 적합하다.
② 플라즈마의 최고온도는 15,000K까지 이른다.
③ 플라즈마는 그 자체가 광원으로 이용되기 때문에 매우 넓은 농도범위에서 시료를 측정할 수 있다.
④ ICP의 토치는 3중으로 된 석영관이 이용된다.

**해설** 4,000~6,000K의 고온에서 시료를 여기하므로 중금속 등과 같이 휘발성이 낮은 물질의 측정에 적합하다.

 14. ① 15. ② 16. ③ 17. ② 18. ② 19. ①

**20** 원자흡수분광광도법에 대한 설명으로 틀린 것은?

① 이 시험방법은 빛이 시료용액 중을 통과할 때 흡수나 산란 등에 의하여 강도가 변화하는 것을 이용한 것이다.
② 시료 중의 목적성분을 정량하기 위해 파장 200~900nm에서 액체의 흡광도를 측정한다.
③ 원자흡수분광광도법은 일반적으로 광원에서 나오는 빛을 다색화장치 등을 통과하게 하여 넓은 파장범위의 빛을 이용한다.
④ 투사광과 입사광의 강도는 램버트비어(Lambert-Beer)의 법칙에 따른다.

[해설] 원자흡수분광광도법은 일반적으로 광원에서 나오는 빛을 단색화장치를 통과하게 하여 좁은 파장범위의 빛을 이용한다.

정답 20. ③

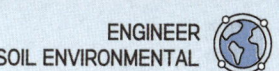

## UNIT 05 토양오염도 항목별 시험방법

### 1 수소이온농도 – 유리전극법

**(1) 개요**

① **목적** : 이 시험방법은 토양의 pH를 측정하는 방법으로 토양시료의 무게에 5배의 정제수를 사용하여 혼합한 후 pH를 유리전극과 기준전극으로 구성된 pH 측정기를 사용하여 측정한다.

② **적용범위**
㉠ 이 시험방법은 토양 시료의 pH 측정에 적용한다.
㉡ 이 시험방법으로 pH를 0.1까지 측정한다.

**(2) 간섭 물질**

① 토양을 오랫동안 방치하면 미생물의 작용으로 탄산가스가 발생하여 pH가 낮아질 수 있다.
② pH 11 이상의 시료는 오차가 크게 발생할 수 있으므로 오차가 적은 특수전극을 사용한다.
③ 유리전극은 일반적으로 용액의 색도, 탁도, 콜로이드성 물질들, 산화 및 환원성 물질들 그리고 염의 농도에 의해 간섭을 받지 않는다. 따라서 전극을 넣을 때 토양현탁을 만들어 주고 곧 넣어서 측정한다.
④ 올바른 수치가 나오지 않으면 표준전극의 미세구멍이 부분적으로 막혔을 가능성이 높다. 이는 토양입자로 인하여 미세구멍이 막혔거나 전극 주위에 염화칼륨 결정이 과다하게 발생하였거나 포화 염화칼륨의 흐름을 억제하는 전극의 공기구멍이 적절하게 조정되지 않았기 때문이다. 이들 문제는 주기적으로 공기구멍을 열어 주거나 정제수로 염화칼륨 결정을 세척하거나 포화 염화칼륨을 몇 차례 교환하거나 미세구멍이 있는 초자구가 약간 젖는 것같이 보일 때까지 고운 금강사로 전극하단을 주의하여 가는 것으로 해결될 수 있다.
⑤ 토양 중 염류의 농도가 높아지면 pH 값이 낮아지는 경우가 있다.
⑥ 기름 층이나 작은 입자상이 전극을 피복하여 pH 측정을 방해할 수 있는데 이 피복물을 부드럽게 문질러 닦아내거나 세척제로 닦아낸 후 증류수로 세척하여 부드러운 천으로 제거하여 사용한다. 염산(1+9)용액을 사용하여 피복물을 제거할 수 있다.
⑦ pH는 온도변화에 따라 영향을 받는다.

**(3) 용어 정의**

① **pH** : pH는 보통 유리전극과 비교전극으로 된 pH 측정기를 사용하여 측정하는데 양전극간에 생성되는 기전력의 차를 이용하여 산출된다.
② **기준전극** : 은-염화은, 칼로멜 전극 등으로 구성된 전극으로 pH 측정기에서 측정 전위값의 기준이 된다.
③ **유리전극(작용전극)** : pH 측정기에 유리전극으로서 수소이온의 농도가 감지되는 전극이다.

### (4) 분석기기 및 기구

① pH 측정기

pH 측정기는 보통 유리전극 및 기준전극으로 된 검출부와 검출된 pH를 지시하는 지시부로 되어 있다. 지시부에는 비대칭 전위조절(영점조절) 기능 및 온도보정 기능이 있다. 온도보정 기능이 없는 경우는 온도보정용 감온부가 있다.

㉠ 기준전극 : 은-염화은의 칼로멜 전극 등이 사용될 수 있다. 기준전극과 작용전극이 결합된 전극이 측정하기에 편리하다.

㉡ 자석 교반기 또는 테플론으로 피복된 자석 바를 사용한다.

㉢ pH 측정기는 다음 조작법에 따라 임의의 한 종류의 pH 표준액에 대하여 검출부를 물로 잘 씻은 다음 5회 되풀이하여 pH를 측정했을 때 그 값의 편차가 ±0.05 이내의 것을 쓴다.

### (5) 시약 및 표준용액

① 시약

㉠ 정제수

㉡ 표준용액

- 수산염 표준용액(0.05M - pH 1.68)
- 프탈산염 표준용액(0.05M - pH 4.00)
- 인산염 표준용액(0.025M - pH 6.88)
- 붕산염 표준용액(0.05M - pH 9.22)
- 탄산염 표준용액(0.025M - pH 10.07)
- 수산화칼슘 표준용액(0.02M, 25℃ 포화용액 - pH 12.45)

② 표준용액의 pH 순서 ( 암기법 수 - 프 - 인 - 붕 - 탄 - 슘)

수산염 표준용액(pH 1.68) < 프탈산염 표준용액(pH 4.00) < 인산염 표준용액(pH 6.88) < 붕산염 표준용액(pH 9.22) < 탄산염 표준용액(pH 10.07) < 수산화칼슘 표준용액(pH 12.45)

### (6) 결과보고

pH 측정기의 값을 0.1 단위까지 직접 읽고 온도를 함께 측정한다.

## 2 불소 – 자외선/가시선 분광법

### (1) 개요

① **목적** : 이 시험방법은 토양 중 불소를 측정하는 방법으로 불소가 진홍색의 지르코늄(zirconium)–발색시약과의 반응으로 무색의 음이온복합체($ZrF_6^{2-}$)를 형성하는 과정을 이용하여 불소의 양이 많아질수록 색깔이 엷어지게 된다.

② **적용범위**
  ㉠ 이 시험방법은 토양 중 불소 분석에 적용한다.
  ㉡ 이 시험방법에 따라 시험할 경우 토양 중 정량한계는 10mg/kg이다.

### (2) 간섭 물질

① 불소이온과 지르코늄(zirconium) 이온 사이의 반응속도는 반응혼합물의 산도에 따라 달라진다.
② 다량의 염소이온이 함유되어 있으면 과량의 $Ag^+$이온을 첨가하여 염소를 제거한다.
③ 시료에 잔류염소가 함유되어 있으면 잔류염소 0.1mg 당 아비산나트륨용액 한 방울을 가하고 혼합하여 제거한다.

### (3) 분석기기 및 기구

① **자외선/가시선 분광광도계** : 광원부, 파장선택부, 시료부 및 측광부로 구성되어 있고 빛 경로길이가 1cm 이상 되며, 570nm의 파장에서 흡광도의 측정이 가능하여야 한다.
② **불소증류장치** : 불소증류장치를 이용하여 시료를 전처리한다.

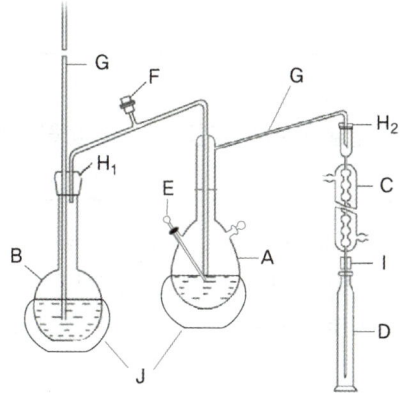

A : 300mL 삼구 플라스크
B : 1L 수증기발생용 플라스크
C : 냉각기
D : 수기(500mL 용량 플라스크)
E : 온도계
F : 조절용 콕부
G : 유리관
$H_1$~$H_2$ : 고무마개
I : 고무관
J : 히팅 멘틀

[불소 증류장치]

③ **전기로**
④ **니켈도가니**

### (4) 시약 및 표준용액

① 시약
- ㉠ 산화칼슘(생석회)
- ㉡ 과염소산(70%)
- ㉢ 과염소산은 용액(17.5%)
- ㉣ 니트로페놀 지시약(0.5%)
- ㉤ 수산화나트륨용액(50%)
- ㉥ 지르코닐산-SPADNS 혼합액
- ㉦ 아비산나트륨용액
- ㉧ 정제수

② 표준용액
- ㉠ 불소표준원액(1,000mg/L)
- ㉡ 불소표준용액(10.0mg/L)

### (5) 정밀도 및 정확도

① 정밀도는 측정값의 상대표준편차(% RSD)로 산출하며 그 값이 30% 이내이어야 한다.
② 정확도는 첨가한 표준물질의 농도에 대한 측정 평균값의 상대 백분율로서 나타내고 그 값이 70~130% 이내이어야 한다.

### (6) 측정법

① 전처리한 시료에서 50mL를 취하여 100mL 부피플라스크에 넣고 지르코닐산-SPADNS 혼합액 10mL를 가하여 잘 혼합한다.

> **💡 비고 3**
> 시료에 잔류염소가 함유되어 있으면 잔류염소 0.1mg당 아비산나트륨 용액 한 방울을 가하고 혼합하여 제거한다.

② 이 용액의 일부를 10mm 흡수셀에 옮겨 시료용액으로 하여 570nm에서 흡광도를 측정한다.
③ 정제수 50mL를 취하여 시험하여 바탕시험액으로 한다. 바탕시험액을 대조액으로 하여 시료용액의 흡광도를 570nm에서 측정하고 미리 작성한 검정곡선으로부터 불소이온의 양을 구하고 함량(mg/kg)을 산출한다.

> **💡 비고 4**
> 시료 중 불소함량이 정량범위를 초과할 경우 시료를 검정곡선 범위 이내에 들도록 희석한 다음 다시 측정한다.

### 3 시안 – 자외선/가시선 분광법

### (1) 개요

① **목적** : 이 시험방법은 토양 중에 시안화합물을 측정하는 방법으로, pH 2 이하의 산성에서 EDTA를 넣고 가열 증류하여 시안화물 및 시안착화합물을 시안화수소로 유출시키고 수산화나트륨용액에 포집한 다음 중화하고 클로라민 T와 피리딘·피라졸론 혼합액을 넣어 나타나는 청색을 620nm에서 측정하는 방법이다.

② **적용범위**
　㉠ 이 시험방법은 토양 중에 시안화물 및 시안착화합물 등의 총시안 농도의 분석에 적용한다.
　㉡ 이 시험방법으로는 각 시안화합물의 종류를 구분하여 정량할 수 없다.
　㉢ 이 시험방법에 의한 토양 중 시안의 정량한계는 0.2mg/kg이다.

### (2) 간섭 물질

① 시안화합물을 측정할 때 방해물질들은 증류하면 대부분 제거된다. 그러나 다량의 지방성분, 잔류염소, 황화합물은 시안화합물을 분석할 때 간섭될 수 있다.
② 다량의 지방성분을 함유한 시료는 아세트산 또는 수산화나트륨 용액으로 pH 6~7로 조절한 후 시료의 약 2%에 해당하는 부피의 노말헥산 또는 클로로포름을 넣어 추출하여 유기층은 버리고 수층을 분리하여 사용한다.
③ 잔류염소가 함유된 시료는 잔류염소 20mg당 L-아스코르빈산(10%) 0.6mL 또는 아비산나트륨용액(10%) 0.7mL를 넣어 제거한다.
④ 황화합물이 함유된 시료는 아세트산 아연 용액(10%) 2mL를 넣어 제거한다. 이 용액 1mL는 황화물이온 약 14mg에 해당된다.

### (3) 분석기기 및 기구

① **자외선/가시선 분광광도계** : 자외선/가시선 분광광도계는 광원부, 파장선택부, 시료부 및 측광부로 구성되어 있고 빛 경로길이가 1cm 이상되며, 620nm의 파장에서 흡광도의 측정이 가능하여야 한다.
② **시안증류장치** : 시안증류장치를 이용하여 시료를 전처리한다.

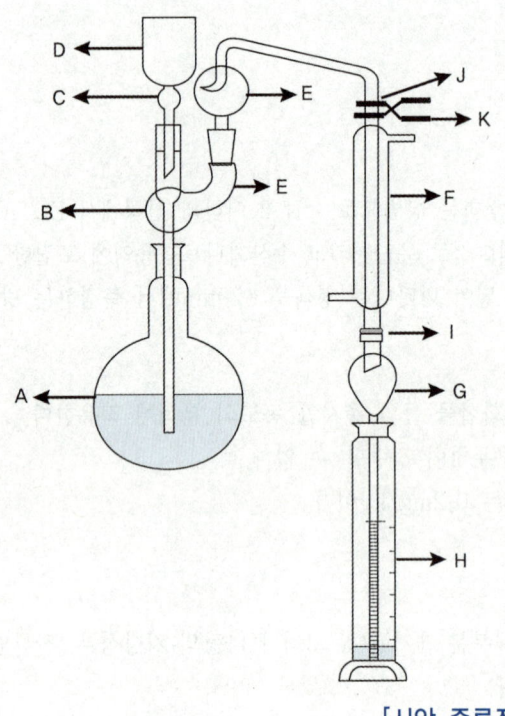

[시안 증류장치]

A : 500~1,000mL 증류플라스크
B : 연결관
C : 콕
D : 안전깔때기
E : 분리관
F : 냉각관
G : 역류방지관
H : 수기
I : 접합부
J : 볼접합부
K : 집게

### (4) 시약 및 표준용액

① **시약** : 페놀프탈레인·에틸알코올용액(0.5%), 인산, 수산화나트륨용액(2%), 슬퍼민산암모늄용액(10%), 에틸렌디아민테트라아세트산나트륨용액(EDTA 용액), 클로로포름, 아세트산(1+9), 아세트산아연 용액(10%), 인산염완충액(pH 6.8), 클로라민 T용액(1%), 피리딘피라졸론혼액, p-디메틸아미노벤지리덴로다닌아세톤용액(0.02%), 정제수

② **표준용액** : 시안표준원액(1,000mg/L), 시안표준용액(1.0mg/L)

### (5) 정밀도 및 정확도

① 정밀도는 측정값의 상대표준편차(% RSD)로 산출하며 그 값이 30% 이내이어야 한다.
② 정확도는 첨가한 표준물질의 농도에 대한 측정 평균값의 상대 백분율로서 나타내고 그 값이 70~130% 이내이어야 한다.

### (6) 측정법

① 전처리한 시료 20mL를 정확히 취하여 50mL 부피플라스크에 넣고 지시약으로 페놀프탈레인·에틸알코올용액(0.5%) 1방울을 넣어 조심하여 흔들어 주면서 용액의 적색이 없어질 때까지 아세트산(1+8)을 넣는다(약 1mL 소요).
② 인산염완충용액(pH 6.8) 10mL, 클로라민T용액(1%) 0.25mL를 넣고 마개를 막아 조심하여 섞는다. 약

5분간 방치하고 피리딘·피라졸론혼합액 15mL를 넣고 정제수를 넣어 표선을 채운 다음 조심하여 섞고 25℃의 수욕조에서 30분간 방치한다.

③ 이 용액의 일부를 층장 10mm 흡수셀에 옮겨 시료용액으로 한다. 따로 정제수 20mL를 취하여 시료의 시험방법에 따라 시험하여 바탕시험액으로 한다.

④ 바탕시험액을 대조용액으로 하여 620nm에서 시료용액의 흡광도를 측정하고 미리 작성한 검정곡선으로부터 시안의 양(mg)을 계산한다.

## 4 금속류 – 원자흡수분광광도법(주 시험법)

### (1) 개요

① **목적** : 이 시험방법은 토양 중 금속류를 측정하는 방법으로, 토양을 염산과 질산으로 산분해하여 전처리한 시료 용액을 직접 불꽃으로 주입하여 원자화한 후 원자흡수분광광도법으로 분석한다.

② **적용범위**
  ㉠ 이 시험방법은 토양 중에 구리, 납, 니켈, 아연, 카드뮴 등의 금속류의 분석에 적용한다.
  ㉡ 구리, 납, 니켈, 아연, 카드뮴 등의 금속류는 공기-아세틸렌 불꽃에 주입하여 분석한다.
  ㉢ 낮은 농도의 납은 암모늄 피롤리딘 다이티오카바메이트와 착물을 생성시켜 메틸 아이소 부틸 케톤으로 추출하여 공기-아세틸렌 불꽃에 주입하여 분석한다.

### (2) 간섭 물질

① 화학물질이 공기-아세틸렌 불꽃에서 분자상태로 존재하여 낮은 흡광도를 보일 때가 있다. 이는 불꽃의 온도가 너무 낮아 원자화가 일어나지 않는 경우와 안정한 산화물질로 바뀌어 불꽃에서 원자화가 일어나지 않는 경우에 발생한다.

② 염이 많은 시료를 분석하면 버너 헤드 부분에 고체가 생성되어 불꽃이 자주 꺼지고 버너 헤드를 청소해야 하는데 이를 방지하기 위해서는 시료를 묽혀 분석하거나, MIBK 등을 사용하여 추출하여 분석한다.

③ 시료 중에 칼륨, 나트륨, 리튬, 세슘과 같이 쉽게 이온화되는 원소가 1,000mg/L 이상의 농도로 존재할 때에는 금속측정을 간섭한다. 이때에는 검정곡선용 표준물질에 시료의 매질과 유사하게 첨가하여 보정한다.

④ 니켈, 아연, 카드뮴 분석시 시료 중에 알칼리금속의 할로겐 화합물을 다량 함유하는 경우에는 분자 흡수나 광 산란에 의하여 오차를 발생하므로 추출법으로 카드뮴을 분리하여 시험한다.

### (3) 용어 정의

① **바탕보정** : 원자흡수분광법에서 용액에 공존하는 여러 물질들에 의해 발생하는 스펙트럼 방해를 최소화시키기 위한 방법으로, 분석파장 변화, 불꽃 온도 상승, 복사선 완충제 추가, 또는 두 선 보정법, 연속 광원법, 제만(Zeeman) 효과법 등의 방법으로 스펙트럼 방해를 줄여 바탕보정을 실시할 수 있다.

② **인증표준시료** : 공인된 인증서가 첨부되고 각 지정된 양에 대하여 인증값, 측정불확도 및 소급성을 검증할 수 있는 표준시료로서, 현재 국내외에 상품화되어 있어 이를 용도 및 목적에 따라 선택, 구입할 수 있다.

### (4) 분석기기 및 기구

① **원자흡수분광광도계** : 원자흡수분광광도계(AAS)는 일반적으로 광원부, 시료원자화부, 파장선택부 및 측광부로 구성되어 있으며 단광속형과 복광속형으로 구분된다. 다원소 분석이나 내부표준물질법을 사용할 수 있는 복합 채널형(multi-channel)도 있다.
② **광원램프** : 원자흡수분광광도계에 사용하는 광원으로 좁은 선폭과 높은 휘도를 갖는 스펙트럼을 방사하는 속빈음극램프를 사용한다.
③ **전처리 장치** : 반응용기, 환류냉각관, 흡수용기

### (5) 시약 및 표준용액

① **시약** : 질산, 염산, 질산(0.5M), 질산(1+3), 바탕용액, 정제수
② **표준용액** : 모든 표준원액은 표준용액을 제조하는데 사용한다. 표준원액은 최대 1년까지 사용할 수 있으나 10mg/L 이하의 표준용액은 최소한 1개월 마다 새로 조제해야 한다.

### (6) 정밀도 및 정확도

① 정밀도는 측정값의 상대표준편차(% RSD)로 산출하며 그 값이 30% 이내이어야 한다.
② 정확도는 첨가한 표준물질의 농도에 대한 측정 평균값의 상대 백분율로서 나타내고 그 값이 70~130% 이내이어야 한다.

〈원자흡수분광광도법에 의한 금속별 주요정보〉

| 금속종류 | 측정파장(nm) | 불꽃기체 | 정량한계 |
|---|---|---|---|
| 구리 | 324.7 | A-Ac (공기-아세틸렌) | 1mg/kg |
| 납 | 283.3 | A-Ac (공기-아세틸렌) | 4mg/kg |
| 니켈 | 232.0 | A-Ac (공기-아세틸렌) | 4mg/kg |
| 아연 | 213.9 | A-Ac (공기-아세틸렌) | 2mg/kg |
| 카드뮴 | 228.8 | A-Ac (공기-아세틸렌) | 0.4mg/kg |

\* A-Ac : 공기-아세틸렌

## 5 금속류 – 유도결합플라스마 – 원자발광분광법

### (1) 개요

① **목적** : 이 시험방법은 토양 중에 금속류를 측정하는 방법으로, 시료를 고주파유도코일에 의하여 형성된 아르곤 플라즈마에 주입하여 6,000~8,000K에서 들뜬 원자가 바닥상태로 이동할 때 방출하는 발광선 및 발광강도를 측정하여 원소의 정성 및 정량분석을 수행한다.

② **적용범위** : 이 시험방법은 토양 중에 구리, 납, 니켈, 비소, 아연, 카드뮴 등의 금속류의 분석에 적용한다.

### (2) 분석기기 및 기구

① **유도결합플라스마-원자발광분광계(ICP-AES)** : 유도결합플라스마-원자발광분광계는 시료도입부, 고주파전원부, 광원부, 분광부, 연산처리부 및 기록부로 구성되어 있으며, 분광부는 검출 및 측정에 따라 연속주사형 단원소측정장치와 다원소동시측정장치로 구분된다.

② **아르곤 가스** : 액화 또는 압축 아르곤으로서 99.99% 이상의 순도를 갖는 것이어야 한다.

③ **전처리 장치** : 반응용기, 환류냉각관, 흡수용기

### (3) 시약 및 표준용액

① **시약** : 질산, 염산, 질산(0.5M), 질산(1+1), 바탕용액, 정제수

② **표준용액** : 모든 표준원액은 표준용액을 제조하는데 사용한다. 표준원액은 최대 1년까지 사용할 수 있으나 10mg/L 이하의 표준용액은 최소한 1개월 마다 새로 조제해야 한다.

〈유도결합플라스마-원자발광광도법에 의한 금속별 측정 파장〉

| 금속종류 | 측정파장(nm) | 제2 측정파장(nm) | 정량한계 |
|---|---|---|---|
| 구리 | 324.754 | 327.396 | 1mg/kg |
| 납 | 220.353 | 216.999 | 1.5mg/kg |
| 니켈 | 231.604 | 221.647 | 0.4mg/kg |
| 비소 | 193.696 | 189.979 | 1.5mg/kg |
| 아연 | 213.856 | 206.200 | 1mg/kg |
| 카드뮴 | 226.502 | 214.438 | 0.1mg/kg |

## 6 비소 – 수소화물생성 – 원자흡수분광광도법

### (1) 개요

① **목적** : 이 시험방법은 토양 중에 비소의 측정방법으로, 토양에 염산과 질산으로 산분해하여 전처리한 시료

용액 중의 비소를 3가 비소로 예비 환원한 다음 수소화붕소나트륨 용액과 반응하여 생성된 비화수소를 원자화시켜 193.7nm에서 수소화물생성-원자흡수분광광도법에 따라 정량하는 방법이다.

② **적용범위**
　㉠ 이 시험방법은 토양 중 비소의 분석에 적용한다.
　㉡ 이 시험에 의한 토양 중 비소의 정량한계는 0.1mg/kg이다.

### (2) 간섭 물질
① 고농도(4000mg/L 이상)의 코발트, 구리, 철, 수은, 니켈 등은 비소분석을 방해한다.
② 미량의 과산화물 및 산분해 후 시료 중 남아있는 유기물 역시 비소 분석을 방해할 수 있다.

### (3) 용어 정의
① **바탕보정** : 원자흡수분광법에서 용액에 공존하는 여러 물질들에 의해 발생하는 스펙트럼 방해를 최소화시키기 위한 방법으로, 분석파장 변화, 불꽃 온도 상승, 복사선 완충제 추가, 또는 두 선 보정법, 연속 광원법, 제만(Zeeman) 효과법 등의 방법으로 스펙트럼 방해를 줄여 바탕보정을 실시할 수 있다.
② **인증표준시료** : 공인된 인증서가 첨부되고 각 지정된 양에 대하여 인증값, 측정불확도 및 소급성을 검증할 수 있는 표준시료로서, 현재 국내외에 상품화되어 있어 이를 용도 및 목적에 따라 선택, 구입할 수 있다.

### (4) 분석기기 및 기구
① **원자흡수분광광도계** : 원자흡수분광광도계(AAS)는 일반적으로 광원부, 시료원자화부, 파장선택부 및 측광부로 구성되어 있으며 단광속형과 복광속형으로 구분된다. 다원소 분석이나 내부표준물질법을 사용할 수 있는 복합 채널형도 있다.
② **광원램프** : 원자흡수분광광도계에 사용하는 광원으로 좁은 선폭과 높은 휘도를 갖는 스펙트럼을 방사하는 비소속빈음극램프를 사용한다.
③ **수소화물발생장치** : 비소 분석을 위하여 회분식 또는 연속흐름방식에 의해 수소화물을 발생시키는 장치로서, 원자흡수분광광도계와 호환이 가능하여야 한다. 수소화물발생장치의 운영은 사용장비의 매뉴얼에 따른다.

### (5) 가스
① 일반적으로 가연성가스로 아세틸렌을 조연성가스로 공기를 사용한다.
② 어떠한 종류의 불꽃이라도 가연성 가스와 조연성 가스의 혼합비는 감도에 크게 영향을 주므로 금속의 종류에 따라 최적혼합비를 선택하여 사용한다.
③ 운반 가스로 아르곤 가스(순도 99.99% 이상)를 사용한다.

### (6) 시약 및 표준용액

① **시약** : 질산, 염산, 질산(0.5M), 질산(1+1), 염산(1+9), 희석용액(1+9), 예비환원용액, 수소화붕소나트륨 용액

② **표준용액** : 모든 표준원액은 표준용액을 제조하는데 사용한다. 표준원액은 최대 1년까지 사용할 수 있으나 10mg/L 이하의 표준용액은 최소한 1개월 마다 새로 조제해야 한다.
  ㉠ 비소 표준원액(1,000mg/L)
  ㉡ 비소 표준용액(100mg/L)
  ㉢ 비소 표준용액(1.0mg/L)

### (7) 정밀도 및 정확도

① 정밀도는 측정값의 상대표준편차(% RSD)로 산출하며 그 값이 30% 이내이어야 한다.
② 정확도는 첨가한 표준물질의 농도에 대한 측정 평균값의 상대 백분율로서 나타내고 그 값이 70~130% 이내이어야 한다.

### (8) 측정법

① 전처리한 바탕시험용액과 시료용액 2mL를 각각 50mL 부피플라스크에 취한 후 염산 5mL와 예비환원용액 5mL를 가하여 혼합하고 1시간 동안 상온에서 방치한 후 정제수를 채우고 분석 전에 1시간 더 방치한다.
② 수소화물발생장치를 원자흡수분광광도계에 설치하고 예비환원시킨 바탕시료용액과 시료용액을 수소화붕소나트륨 용액과 반응시켜 비화수소를 발생시킨 후 공기-아세틸렌 불꽃 중에 도입하여 193.7nm에서 흡광도를 측정한다. 수소화물발생장치의 운영은 사용장비의 매뉴얼에 따른다.
③ 시료에서 측정한 비소의 측정값을 검정곡선의 y값에 대입하여 농도(mg/L)를 계산한다. 시료가 검정 범위를 벗어날 경우 희석용액(1+9)으로 적절히 희석한 후 예비환원시켜 다시 분석한다.

## 7 수은 – 냉증기 원자흡수분광광도법

### (1) 개요

① **목적** : 이 시험방법은 토양 중 수은의 측정방법으로, 시료중의 수은을 염화제일주석용액에 의해 원자 상태로 환원시켜 발생되는 수은증기를 253.7nm에서 냉증기 원자흡수분광광도법에 따라 정량하는 방법이다.

② **적용범위**
  ㉠ 이 시험방법은 토양 중 수은의 분석에 적용한다.
  ㉡ 이 시험방법은 냉증기 원자흡수분광광도법을 이용하여 토양의 왕수 추출액에서 수은을 정량하기 위한 방법을 포함한다.
  ㉢ 이 방법에 따라 정량한계는 0.05mg/kg이다.

### (2) 용어 정의
① **바탕보정** : 원자흡수분광법에서 용액에 공존하는 여러 물질들에 의해 발생하는 스펙트럼 방해를 최소화시키기 위한 방법으로, 분석파장 변화, 불꽃 온도 상승, 복사선 완충제 추가, 또는 두 선 보정법, 연속 광원법, 제만(Zeeman) 효과법 등의 방법으로 스펙트럼 방해를 줄여 바탕보정을 실시할 수 있다.
② **인증표준시료** : 공인된 인증서가 첨부되고 각 지정된 양에 대하여 인증값, 측정불확도 및 소급성을 검증할 수 있는 표준시료로서, 현재 국내외에 상품화되어 있어 이를 용도 및 목적에 따라 선택, 구입할 수 있다.

### (3) 분석기기 및 기구
① **원자흡수분광광도계** : 원자흡수분광광도계(AAS)는 일반적으로 광원부, 시료원자화부, 파장선택부 및 측광부로 구성되어 있으며 단광속형과 복광속형으로 구분된다. 다원소 분석이나 내부표준물질법을 사용할 수 있는 복합 채널(multi-channel)도 있다.
② **광원램프** : 원자흡수분광광도계에 사용하는 광원으로 좁은 선폭과 높은 휘도를 갖는 스펙트럼을 방사하는 수은속빈음극 램프를 사용한다.
③ **가스** : 99.99%의 순도를 갖는 아르곤 또는 질소를 운반 가스로 이용한다.
④ **냉증기 발생장치** : 회분식 또는 자동화된 연속 흐름 방식에 의해 시료와 환원용액인 염화주석(Ⅱ) 용액이 반응하여 수은 증기를 발생시키는 장치로서 발생된 수은 증기를 원자흡수분광광도계로 운반하기 위해 불활성기체인 아르곤 또는 질소 가스를 사용한다. 원자흡수분광광도계에 적합한 규사 셀을 갖춘다. 냉증기 발생장치의 운영은 사용장비의 매뉴얼에 따른다.

### (4) 시약 및 표준용액
① **시약** : 질산, 염산, 질산(1+4), 희석용액(1+9), 염화제일주석용액, 정제수
② **표준용액** : 수은표준원액(1,000mg/L), 수은표준용액(20.0mg/L), 수은표준용액(0.2mg/L)

### (5) 정밀도 및 정확도
① 정밀도는 측정값의 상대표준편차(% RSD)로 산출하며 그 값이 30% 이내이어야 한다.
② 정확도는 첨가한 표준물질의 농도에 대한 측정 평균값의 상대 백분율로서 나타내고 그 값이 70~130% 이내이어야 한다.

### (6) 측정법
① 전처리한 시약바탕시료용액과 시료용액 10mL를 100mL 부피플라스크에 넣고 표선까지 정제수를 가한다.
② 원자흡수분광광도계에 설치된 냉증기 발생장치로 10배 희석한 시약바탕시료용액과 시료용액을 염화제일주석용액과 반응시켜 수은 증기를 발생시킨 후 규사 셀로 도입하여 253.7nm에서 흡광도를 측정한다. 냉증기 발생장치의 운영은 사용 장비의 매뉴얼에 따른다.
③ 시료에서 측정한 수은의 측정값을 검정곡선의 y값에 대입하여 농도(mg/L)를 계산한다. 시료가 검정곡선 범위를 벗어날 경우 희석용액(1+9)으로 적절히 희석한 후 다시 분석한다.

## 8 수은 – 열적 분해 아말감 원자흡수분광광도법

### (1) 개요

① **목적** : 이 시험기준은 토양 중 수은의 측정방법으로, 시료 중의 수은을 열분해하고 금아말감에 포집된 수은증기를 253.7nm에서 원자흡수분광광도법에 따라 정량하는 방법이다.

② **적용범위**
  ㉠ 이 시험기준은 토양 중 수은의 분석에 적용한다.
  ㉡ 이 시험기준에 따라 정량한계는 0.01mg/kg이다.

### (2) 간섭 물질

① 분석에 사용하는 기구, 시약, 운반기체 등이 수은을 함유하여 바탕시험 값을 상승시킬 수 있다. 기구는 산세척(10% 질산 등)이나 고온 강열하여 사용하는 것이 바람직하다.
② 기기에 넣는 시료 용기(sample boat)는 솔질하여 씻은 후 산세척(10% 질산 등) 또는 시료 연소 온도와 같은 온도로 강열한 후 데시케이터에서 식혀서 사용하는 것이 바람직하다.
③ 고농도 시료 측정 후, 바로 다음 시료 측정시 앞 시료의 영향(메모리 효과)을 받을 수 있으므로 빈 시료 용기(sample boat)를 2~3회 측정하고 다음 시료 분석을 수행한다.

### (3) 용어 정의

① **인증표준시료** : 공인된 기구에 의해 발급된 문서를 동반하는, 유효한 절차를 사용하여 한 개 이상의 명시한 특성값과 연계 불확도, 그리고 소급성을 제공하는 표준시료로서, 현재 국내외에 상품화되어 있어 이를 용도 및 목적에 따라 선택, 구입할 수 있다.
② **열적 분해** : 고온의 열을 이용하여 부분 또는 전체 시료를 분해하여 휘발성 성분인 수분, 이산화탄소, 유기물질, 산화물 또는 화합물 형태의 원소 및 원소화된 가스를 배출시키는 방법을 말한다. 열적 분해 아말감 원자흡수분광광도계의 건조 및 분해로와 수은 추출로는 적어도 750℃는 유지할 수 있어야 한다.
③ **금아말감** : 금과 결합하는 수은의 특성을 이용하여 수은을 포집하는 과정을 말한다.
④ **금아말가메이터** : 수은 증기를 포집하기 위한 목적으로 표면적이 넓고 금으로 도포된 기기 구성품을 말한다.
⑤ **초기 검정곡선** : 신규 장비 운영 초기와 주요 장비 부품(열분해 튜브, 아말가메이터, 산소 탱크 등)이 교체된 후 수행되는 검정곡선이다.
⑥ **일일 검정곡선** : 초기 검정곡선의 검증을 위해 표준용액 또는 인증표준시료로 검량하는 것으로서 초기 검정곡선에 근거하여 2개의 표준물질로 참값의 10% 범위 안에 들어오는지를 확인한다.
⑦ **메모리 효과** : 수은 증기는 시료관, 아말가메이터 또는 흡수셀에 흡착될 수 있으며, 다음 시료 분석시 배출되어 수은의 농도를 증가시키는 오차로 작용한다. 특히 고농도 수은 분석 이후 저농도 수은 분석시 발생할 수 있다.
⑧ **시료 용기** : 수은과 아말감 반응을 하지 않고, 고온에서 안정한 물질을 사용한다.

**(4) 분석기기 및 기구**

① 분석기기
  ㉠ 열적 분해 아말감 원자흡수분광광도계 : 열적 분해 아말감 원자흡수분광광도계는 아래 그림과 같이 시료도입부, 건조 및 분해로, 수은 추출로(금아말가레이터), 측광부, 기록계로 구성된다.

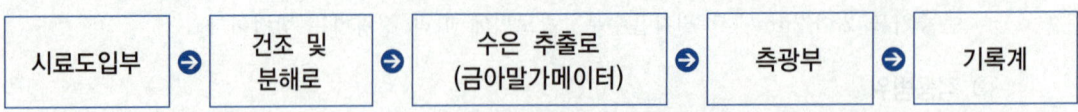

〈열적 분해 아말감 원자흡수분광광도계〉

  ㉡ 시료도입부 : 분석대상 고체 또는 액체 시료를 시료 용기(sample boat, 0.5~1.0mL)에 담고 시료 무게를 잰 후, 시료도입부에 올려 놓는다.
  ㉢ 건조 및 분해로 : 관의 재질은 석영 또는 세라믹으로 되어 있고 촉매제가 내장되어 있다. 기능은 시료 내의 수분과 유기용매의 건조 후 시료는 고온에서 물리화학적으로 수은을 완전히 산소 열분해하여 원자화시킨다.
  ㉣ 수은 추출로 : 관의 재질은 석영으로 되어 있고 아말가메이터의 재질은 금으로 되어 있다. 완전히 분해된 물질은 산소의 흐름을 따라 아말가메이터에 도착하고 여기에서 수은만 선택적으로 금아말감으로 분리되어지고 다시 아말가메이터를 고온으로 가열하여 수은 원자화하여 흡광셀에 주입된다.
  ㉤ 측광부 : 금아말감에 포집된 수은증기를 253.7nm에서 원자흡수분광광도법에 따라 측정한다.
  ㉥ 연소 및 운반기체 : 연소 및 운반기체는 부피백분율 99.995 % 이상의 고순도 산소로서 유량은 300 mL/min 이하이다.

② 분석기구 : 분석용 저울, 시료 용기용 집게(소형 핀셋, 전기로용 긴 집게), 스테인리스 또는 테프론 재질의 시약 숟가락(소형), 시료 용기(sample boat)

③ 표준용액 : 수은표준원액(1,000mg/L), 수은표준용액(100mg/L), 수은표준용액(10mg/L)

**(5) 정밀도 및 정확도**

① 정밀도는 측정값의 상대표준편차(% RSD)로 산출하며 그 값이 30% 이내이어야 한다.
② 정확도는 첨가한 표준물질의 농도에 대한 측정 평균값의 상대 백분율로서 나타내며 그 값이 70% ~ 130% 이내이어야 한다.

## 9  6가크롬 – 자외선/가시선 분광법

### (1) 개요

① **목적** : 이 시험방법은 토양 중 6가크롬을 자외선/가시선 분광법으로 측정하는 방법으로 시료 중에 6가크롬을 디페닐카바지드와 반응시켜 생성하는 적자색의 착화합물의 흡광도를 540nm에서 측정하여 6가크롬을 정량하는 방법이다.( 암기법  6가(유가)상승으로 페카(차) 적자 오사(540nm))

② **적용범위**
   ㉠ 이 방법은 토양 중에 6가크롬의 측정에 적용된다.
   ㉡ 이 방법에 의한 토양 중 6가크롬의 정량한계는 0.5mg/kg이다.

### (2) 간섭 물질

① 시료 중에 잔류염소가 공존하면 발색을 방해한다. 이때는 시료에 수산화나트륨용액(20%)을 넣어 pH 12 정도로 조절한 다음 입상활성탄을 10% 정도 되게 넣고 자석교반기로 약 30분간 교반하여 여과한 액을 시료로 사용한다.
② 시료 중 철이 2.5mg 이하로 공존할 경우에는 디페닐카바지드 용액을 넣기 전에 5% 피로인산나트륨-10수화물용액 2mL를 넣어 주면 영향이 없다.
③ 흡수셀이 더러우면 측정값에 오차가 발생하므로 "토양오염공정시험기준"에 세척방법에 따라 세척한다.

### (3) 분석기기 및 기구

① **흡광광도계** : 광원부 – 파장선택부 – 시료부 – 측광부( 암기법  광 파 시 고!)

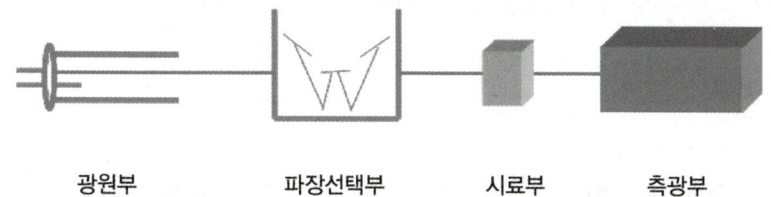

광원부    파장선택부    시료부    측광부

② **흡수셀**
   ㉠ 시료액의 흡수파장이 약 370nm 이상일 때는 석영 또는 경질유리 흡수셀을 사용하고 약 370nm 이하일 때는 석영 흡수셀을 사용한다.
   ㉡ 따로 흡수셀의 길이를 지정하지 않았을 때는 10mm 셀을 사용한다.
   ㉢ 시료셀에는 시험용액을, 대조셀에는 따로 규정이 없는 한 정제수를 넣는다. 넣고자 하는 용액으로 흡수셀을 씻은 다음 셀의 약 80%까지 넣고 외면이 젖어 있을 때는 깨끗이 닦는다. 필요하면(휘발성 용매를 사용할 때와 같은 경우) 흡수셀에 마개를 하고 흡수셀에 방향성이 있을 때는 항상 방향을 일정하게 하여 사용한다.

### (4) 시약 및 표준용액

① **시약** : 질산, 질산용액(5M), 황산, 황산(20%)분해용액, 인산완충용액(0.1M), 디페닐카르바지드용액(0.5%)

② **표준용액** : 크롬 표준원액(100mg/L), 크롬 표준용액(10.0mg/L)

### (5) 정밀도 및 정확도

① 정밀도는 측정값의 상대표준편차(% RSD)로 산출하며 그 값이 30% 이내이어야 한다.

② 정확도는 첨가한 표준물질의 농도에 대한 측정 평균값의 상대 백분율로서 나타내고 그 값이 70~130% 이내이어야 한다.

## ❿ 6가 크롬 – 이온크로마토그래피 – 가시선/자외선 분광법

### (1) 개요

① **목적** : 이 시험기준은 토양 중 6가크롬을 이온크로마토그래피-가시선/자외선 분광법(IC-UV/VIS, ion chromatography-ultraviolet/visible spectrometry)으로 측정하는 방법이다. 시료 중에 6가크롬을 분리컬럼을 이용하여 분리한 후 디페닐카르바지드(diphenyl carbazide, DPC)와 반응시켜 생성되는 적자색의 착화합물을 540nm에서 측정하여 정량하는 방법이다.

② **적용범위**

㉠ 이 방법은 토양 중에 6가크롬의 측정에 적용된다.

㉡ 이 방법에 의한 토양 중 6가크롬의 정량한계는 0.5mg/kg이다.

### (2) 분석기기 및 기구

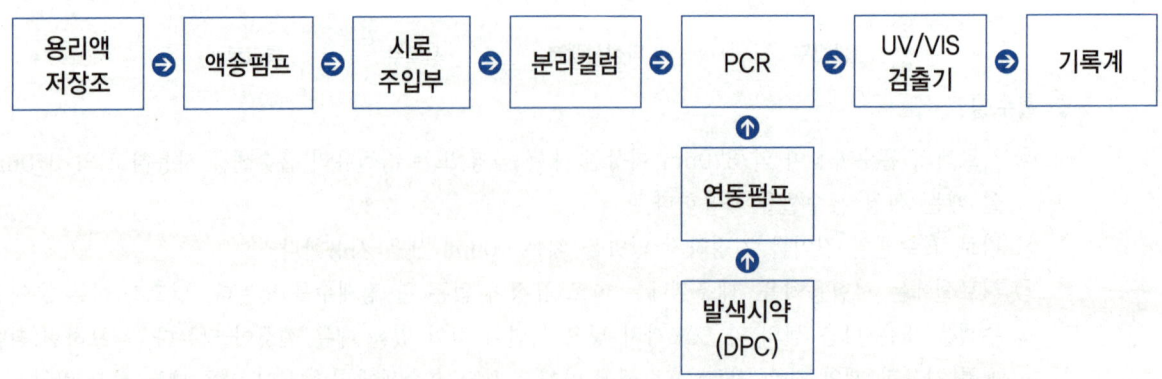

〈이온크로마토그래피-자외선/가시선 분광계 모식도〉

### (3) 시약 및 표준용액

① **시약** : 질산, 질산용액(5M), 분해용액인산완충용액(0.1M), 용리액완충용액디페닐카르바지드용액(DPC, diphenyl carbazide)

② **표준용액** : 6가크롬 표준원액(100mg/L), 6가크롬 표준용액(10.0mg/L), 6가크롬 표준용액(1.0mg/L)

### (4) 정밀도 및 정확도

① 정밀도는 측정값의 상대표준편차(% RSD)로 산출하며 그 값이 30% 이내이어야 한다.
② 정확도는 첨가한 표준물질의 농도에 대한 측정 평균값의 상대 백분율로서 나타내고 그 값이 70% ~ 130% 이내이어야 한다.

### (5) 측정법

① 측정시 pH에 영향을 받으므로 검액을 희석하거나 보관할 때에는 희석용액(pH 9~pH 9.5)을 사용해야 한다. 기기 측정 전 검액의 상태에 따라 0.45㎛ 막여과지로 여과하여 분석한다.
② 이온크로마토그래피-가시선/자외선 분광계를 작동시켜 UV/VIS 검출기를 540nm로 고정하고 용리액의 유속을 1.0mL/min, 발색시약의 유속을 0.4mL/min로 조정 후 용리액 및 발색시약을 흘려보내면서 펌프의 압력 및 검출기의 전도도 값이 일정하게 유지될 때까지 기다린다. 이때 용리액 및 발색시약의 유속 등은 사용장비의 매뉴얼을 따를 수 있다.
③ 펌프의 압력이 일정하게 유지되고 용리액의 전도도 및 기록계의 기준선이 안정화되면 시료를 주입하여 크로마토그램을 작성하고 6가크롬의 머무름 시간을 확인한다.
④ 미리 작성한 검정곡선으로부터 6가크롬의 농도(mg/L)를 계산한다. 이때 측정농도가 검정 범위를 벗어날 경우 희석용액으로 적절히 희석하여 다시 측정한다.

## 11 유기인화합물 – 기체크로마토그래피

### (1) 개요

① **목적** : 이 시험방법은 토양 중 유기인화합물(이피엔, 파라티온, 메틸디메톤, 다이아지논 및 펜토에이트)의 측정방법으로서, 유기인 화합물을 기체크로마토그래프로 분리한 다음 질소인검출기(NPD)로 분석하는 방법이다.

② **적용범위**
㉠ 이 시험방법은 토양 중 유기인화합물(이피엔, 파라티온, 메틸디메톤, 다이아지논 및 펜토에이트)의 분석에 적용한다.

ⓒ 이 시험방법은 기체크로마토그래프로 분리한 다음 질소인검출기 또는 불꽃광도검출기로 측정하는 방법으로 정량한계는 각 항목별 0.05mg/kg이다.

## (2) 간섭 물질

① 해당 매질 또는 추출 용매 안에 함유하고 있는 불순물이 분석을 방해할 수 있다. 이 경우 방법바탕시료나 시약바탕시료를 분석하여 확인할 수 있다. 방해물질이 존재하면 용매를 증류하거나 정제용 컬럼을 이용하여 제거한다. 고순도의 시약이나 용매를 사용하면 방해물질을 최소화할 수 있다.

② 초자류는 사용 전에 아세톤, 분석 용매 순으로 각각 3회 세정한 후 건조시킨 것을 사용하여 오염을 최소화할 수 있다.

## (3) 분석기기 및 기구

① **기체크로마토그래프**

  ㉠ 컬럼은 안지름 0.20~0.35mm, 필름두께 0.1~0.50μm, 길이 15~60m의 cross-linked methylsilicon(DB-1, HP-1 등) 또는 cross-linked 5% phenylmethylsilicon(DB-5, HP-5 등) 모세관이나 동등한 분리성능을 가진 모세관으로 분석 대상 물질의 분리가 양호한 것을 택하여 시험한다.

  ㉡ 운반기체는 부피백분율 99.999% 이상의 헬륨(또는 질소)을 사용하며 유량은 0.5~4mL/min, 시료도입부 온도는 200~250℃, 컬럼온도는 40~300℃로 사용한다.

  ㉢ 질소인검출기 또는 불꽃광도검출기 : 질소인검출기(nitrogen phosphorus detector, NPD) 또는 불꽃광도검출기(flame photometric detector : FPD)는 질소나 인이 불꽃 또는 열에서 생성된 이온이 루비듐 염과 반응하여 전자를 전달하여 이때 흐르는 전자가 포착되어 전류의 흐름으로 바꾸어 측정하는 방법으로 유기인화합물 및 유기질소화합물을 선택적으로 검출할 수 있다. [비고 1] 검출기는 불꽃광도검출기 대신에 불꽃열이온검출기(flame thermionic detector, FTD) 또는 전자포착검출기(electron capture detector, ECD)를 사용할 수 있다.

> 💡 **유기인화합물의 기체크로마토그래피 사용가능 검출기** : NPD, FPD, FTD, ECD (TCD만 불가)

② **농축장치** : 구데르나다니쉬(K.D.)농축기 또는 회전증발농축기

③ **정제용 컬럼** : 플로리실 컬럼, 활성탄 컬럼, 실리카겔(실리카젤) 컬럼(📖 암기법 불확실(플확실))

## (4) 시약 및 표준용액

① **시약** : 염산용액(1 N), 노말헥산, 무수황산나트륨, 아세톤, 디클로로메탄, 디클로로메탄과 노말헥산의 혼액(15:85), 정제수, 실리카겔, 플로리실, 활성탄

② **표준용액**

  ㉠ 혼합표준원액(1,000mg/L) : 이피엔+파라티온+메틸디메톤+다이아지논+펜토에이트+아세톤
  ㉡ 혼합표준용액(100.0mg/L) : 표준원액+아세톤

### (5) 정밀도 및 정확도

① 정밀도는 측정값의 상대표준편차(% RSD)로 산출하며 그 값이 30% 이내이어야 한다.
② 정확도는 첨가한 표준물질의 농도에 대한 측정 평균값의 상대 백분율로서 나타내고 그 값이 70~130% 이내이어야 한다.

### (6) 분석절차

① **전처리** : 추출 → 정제
② **측정법** : 추출액 1~3μL를 취하여 기체크로마토그래프에 주입하여 분석한다.
크로마토그램으로부터 각 분석성분의 머무름시간(retention time)에 해당하는 피크로부터 면적을 측정한다.

## ⑫ 유기인화합물 – 기체크로마토그래피 – 질량분석법

### (1) 개요

① **목적** : 이 시험방법은 토양 중 유기인화합물(이피엔, 파라티온, 메틸디메톤, 다이아지논 및 펜토에이트)의 측정방법으로서, 유기인화합물을 기체크로마토그래프로 분리한 다음 질량검출기로 분석하는 방법이다.

② **적용범위**
  ㉠ 이 시험방법은 토양 중 유기인화합물(이피엔, 파라티온, 메틸디메톤, 다이아지논 및 펜토에이트)의 분석에 적용한다.
  ㉡ 이 시험방법은 기체크로마토그래프로 분리한 다음 질량분석기로 측정하는 방법으로 정량한계는 각 항목별 0.05mg/kg이다.

### (2) 간섭 물질

① 해당 매질 또는 추출 용매 안에 함유하고 있는 불순물이 분석을 방해할 수 있다. 이 경우 바탕시료나 시약 바탕시료를 분석하여 확인할 수 있다. 방해물질이 존재하면 용매를 증류하거나 컬럼 크로마토그래피를 이용하여 제거한다. 고순도의 시약이나 용매를 사용하면 방해물질을 최소화할 수 있다.
② 초자류는 사용 전에 아세톤, 분석 용매 순으로 각각 3회 세정한 후 건조시킨 것을 사용하여 오염을 최소화할 수 있다.

### (3) 분석기기 및 기구

① **기체크로마토그래프**
  ㉠ 컬럼은 안지름 0.20~0.35mm, 필름두께 0.1~0.50μm, 길이 15~60m의 cross-linked methylsilicon

또는 cross-linked 5% phenylmethylsilicon 등의 모세관이나 동등한 분리성능을 가진 모세관으로 대상 분석 물질의 분리가 양호한 것을 택하여 시험한다.

ⓛ 운반기체는 부피백분율 99.999% 이상의 질소(또는 헬륨)를 사용하며 유량은 0.5~4mL/min, 시료도입부 온도는 200~250℃, 컬럼온도는 40~280℃로 사용한다.

② 질량분석기(mass spectrometer)

㉠ 이온화방식은 전자충격법(EI, electron impact)을 사용하며 이온화에너지는 35~70eV을 사용한다.
㉡ 질량분석기는 자기장형(magnetic sector), 사중극자형(quadrupole) 및 이온트랩형(ion trap) 등의 성능을 가진 것을 사용한다.
㉢ 정량분석에는 선택이온검출법(SIM, selected ion monitoring)을 이용하는 것이 바람직하다.

③ **농축장치** : 구데르나다니쉬(K.D.)농축기 또는 회전증발농축기

④ **정제용 컬럼** : 플로리실 컬럼, 활성탄 컬럼, 실리카겔 컬럼(암기법 불확실(플확실))

### (4) 측정법

① 추출액 1~3μL를 취하여 기체크로마토그래프에 주입하여 분석한다.
② 크로마토그램으로부터 각 분석성분 및 내부표준물질의 머무름시간에 해당하는 피크로부터 면적을 측정한다.

## 13 벤조(a)피렌 - 기체크로마토그래피 - 질량분석법

### (1) 개요

① **목적** : 이 시험방법은 토양 중 벤조(a)피렌을 분석하는 방법으로, 속슬레 추출이나 초음파 추출방법으로 추출하여 실리카겔 또는 알루미나 컬럼을 통과시켜 정제한 다음, 농축하여 기체크로마토그래프-질량분석계로 측정하는 방법이다.

② **적용범위**

㉠ 이 시험방법은 토양시료 중 벤조(a)피렌을 기체크로마토그래프-질량분석계(GC-MS)로 분석하는 방법에 적용한다.
㉡ 이 시험방법에 의한 토양 중 벤조(a)피렌의 정량한계는 0.005mg/kg이다.

### (2) 간섭물질

① 해당 매질 또는 추출 용매 안에 함유하고 있는 불순물이 분석을 방해할 수 있다. 이 경우 방법바탕시료나 시약바탕시료를 분석하여 확인할 수 있다. 방해물질이 존재하면 용매를 증류하거나 정제용 컬럼을 이용하

여 제거한다. 고순도의 시약이나 용매를 사용하면 방해물질을 최소화할 수 있다.
② 초자류는 사용 전에 아세톤, 분석 용매 순으로 각각 3회 세정한 후 건조시킨 것을 사용하여 오염을 최소화할 수 있다.
③ 높은 농도의 시료와 낮은 농도의 시료를 연속하여 측정할 때에는 오염의 가능성이 있으므로 용매를 사용하여 점검하는 것이 좋다.

### (3) 용어 정의

① **동위원소 치환 내부표준물질** : 동위원소 치환 내부표준물질은 분석물질에 동위원소로 치환한 물질로 물리적 및 화학적 성질이 유사하여 정량분석에서 내부표준물질로 사용하면 좋다.

### (4) 분석기기 및 기구

① 농축장치
  ㉠ 회전증발 농축기
  ㉡ 질소 농축기

② **추출장치**(암기법 속 초)
  ㉠ 속슬레 추출장치
  ㉡ 초음파 추출기

③ 정제용 컬럼
  ㉠ 4% 함수실리카겔 컬럼
  ㉡ 알루미나 컬럼

④ 분석용 저울

⑤ 미량주사기

⑥ **기체크로마토그래프** : 운반기체는 부피백분율 99.999% 이상의 헬륨 또는 질소로서 유량은 0.5 ~ 5mL/min, 시료도입부 온도는 200~300℃, 컬럼온도는 50~300℃로 사용한다.

⑦ **질량분석기**(mass spectrometer)
  ㉠ 질량분석기(mass spectrometer)는 70eV의 전자에너지를 이용하여 1초 미만의 스캔 싸이클 타임(scan cycle time)으로 35~500amu까지 매스 스캐닝(mass scanning)이 가능한 전자 충격 이온화 방식(EI)의 것을 사용한다.
  ㉡ 질량분석기는 자기장형(magnetic sector), 사중극자형(quadrupole) 및 이온트랩형(ion trap) 등의 성능을 가진 것을 사용한다.

(5) 시약 및 표준용액

① **시약** : 노말헥산, 무수황산나트륨, 아세톤, 아세톤/노말헥산(1:1), 디클로로메탄, 디클로로메탄/노말헥산(1:9), 디클로로메탄/노말헥산(1:1)

② **표준용액** : 벤조(a)피렌 표준원액(1,000mg/L), 벤조(a)피렌 표준용액(100mg/L), 벤조(a)피렌 표준용액(25mg/L)

③ **대체표준용액** : 대체표준물질(surrogate)은 크리센-d12(chrysene-d12)으로 희석하여 사용한다.
  ㉠ 대체표준원액(1,000mg/L)
  ㉡ 대체표준용액(100mg/L)
  ㉢ 대체표준용액(25mg/L)

④ **내부표준용액** : 피렌 + 노말헥산
  ㉠ 내부표준원액(1,000mg/L)
  ㉡ 내부표준용액(100mg/L)
  ㉢ 내부표준용액(25mg/L)

(6) 정밀도 및 정확도

① 정밀도는 측정값의 상대표준편차(% RSD)로 산출하며 그 값이 30% 이내이어야 한다.
② 정확도는 첨가한 표준물질의 농도에 대한 측정 평균값의 상대 백분율로서 나타내고 그 값이 60~130% 이내이어야 한다.

(7) 측정법

① 시험용액 일정량(2μL)을 미량주사기로 기체크로마토그래프에 주입하여 크로마토그램을 작성한다.
② 크로마토그램으로부터 벤조(a)피렌에 해당되는 피크의 높이 또는 면적과 내부표준물질의 피크의 높이 또는 면적을 구한다.

> 💡 비고 1
> 시료의 피크 면적이 검정곡선의 상한치를 초과할 경우에는 검정곡선의 범위에 들어올 수 있도록 하여 측정한다.

## 14 석유계총탄화수소 – 기체크로마토그래피

(1) 개요

① **목적** : 이 방법은 토양 중에 비등점이 높은(150~500℃) 유류에 속하는 제트유, 등유, 경유, 벙커C유, 윤활유, 원유 등의 측정에 적용한다. 시료 중의 제트유, 등유, 경유, 벙커C유, 윤활유, 원유 등을 디클로로메

탄으로 추출하여 정제한 후 기체크로마토그래피에 따라 짝수의 노말알칸(C8~C40) 표준물질의 총면적과 시료 피크의 총면적을 비교하여 석유계총탄화수소를 정량한다.

### ② 적용범위

㉠ 이 시험방법은 토양 중에 석유계총탄화수소의 분석에 적용한다.
㉡ 이 시험방법에 따라 시험할 경우 정량한계는 석유계총탄화수소로 50mg/kg이다.

## (2) 간섭 물질

① 해당 매질 또는 추출 용매에는 분석성분의 머무름 시간에서 피크가 나타나는 간섭물질이 있을 수 있다. 간섭물질이 발견되면 증류하거나 정제 컬럼에 의해 제거한다.
② 비극성과 약한 극성 화합물(즉 할로겐화 탄화수소)과 극성 화합물의 함량이 많을 경우 분석을 간섭할 수 있다.

## (3) 분석기기 및 기구

### ① 기체크로마토그래프

㉠ 운반기체는 부피백분율 99.999% 이상의 헬륨으로서(또는 질소) 유량은 0.5~4mL/min, 시료도입부 온도는 150~250℃, 컬럼온도는 30~250℃로 사용한다.
㉡ 불꽃이온화검출기(FID) : 불꽃이온화검출기는 수소연소노즐, 이온 수집기로 구성되는 본체와 이 전극 사이에 직류전압을 주어 흐르는 이온전류를 측정하기 위한 직류전압 변환회로, 감도 조절부, 신호감쇄부 등으로 구성된다.

### ② 속슬레 추출장치

### ③ 초음파 추출기

### ④ 농축장치 : 구데르나다니쉬(K.D.) 농축기 또는 회전증발농축기를 사용한다.

## (4) 시약 및 표준용액

### ① 시약

㉠ 메틸알코올
㉡ 무수황산나트륨
㉢ 디클로로메탄
㉣ 실리카겔

### ② 표준용액 : 노말알칸표준원액(C8~C40)

③ 대체표준물질
　㉠ ortho-terphenyl(2,000㎍/mL) 및 nonatriacotane(C39, 3,000㎍/mL) 표준원액
　㉡ ortho-terphenyl(50㎍/mL) 및 nonatriacotane(C39, 100㎍/mL) 표준용액

**(5) 시료채취 및 관리** : 채취한 시료를 즉시 실험할 수 없을 경우 0~4℃ 냉암소에서 보존하고 14일 이내에 추출하여야 하며, 시료채취일로부터 40일 이내에 분석하여야 한다.

**(6) 정밀도 및 정확도**
① 정밀도는 측정값의 상대표준편차(% RSD)로 산출하며 그 값이 30% 이내이어야 한다.
② 정확도는 첨가한 표준물질의 농도에 대한 측정 평균값의 상대 백분율로서 나타내고 그 값이 70~130% 이내이어야 한다.

## 15 페놀류 – 기체크로마토그래피

**(1) 개요**

① **목적** : 이 시험방법은 토양 중 페놀 및 펜타클로로페놀을 아세톤/노말헥산(1:1)으로 추출하여 기체크로마토그래프로 정량하는 방법이다.

② **적용범위**
　㉠ 이 시험방법은 토양 중 페놀 및 펜타클로로페놀의 분석에 적용한다.
　㉡ 이 방법에 따라 시험할 경우 불꽃이온화검출기에 검출되는 정량한계는 페놀이 0.02mg/kg, 펜타클로로페놀이 0.1mg/kg이다.

**(2) 간섭 물질**
① 해당 매질 또는 추출 용매에는 분석성분의 머무름 시간에서 피크가 나타나는 간섭물질이 있을 수 있다. 간섭물질이 발견되면 증류하거나 정제 컬럼에 의해 제거한다.
② 이 시험으로 끓는점이 높거나 극성 유기화합물들이 함께 추출되므로 이들 중에는 분석을 간섭하는 물질이 있을 수 있다.
③ 디클로로메탄과 같이 머무름 시간이 짧은 화합물은 용매의 피크와 겹쳐 분석을 방해할 수 있다.
④ 시료에 혼합표준액 일정량을 첨가하여 크로마토그램을 작성하고 미지의 다른 성분과 피크의 중복여부를 확인한다. 만일 피크가 중복될 경우 극성이 다르고 분리가 양호한 컬럼을 선택하여 시험한다.

### (3) 분석기기 및 기구

① **기체크로마토그래프** : 운반기체는 부피백분율 99.999% 이상의 헬륨으로서(또는 질소) 유량은 0.5~4mL/min, 시료도입부 온도는 150~320℃, 컬럼온도는 60~310℃로 사용한다.

② **불꽃이온화검출기** : 불꽃이온화검출기(FID)는 수소연소노즐(nozzle), 이온 수집기로 구성되는 본체와 이 전극 사이에 직류전압을 주어 흐르는 이온전류를 측정하기 위한 직류전압 변환회로, 감도 조절부, 신호감쇄부 등으로 구성된다.

③ **농축장치** : 구데르나다니쉬(K.D.) 농축기 또는 회전증발농축기를 사용한다.

④ **정제 컬럼**

⑤ **수욕조**

⑥ **속슬레 추출장치**

### (4) 시약 및 표준용액

① **시약**
- ㉠ 무수황산나트륨
- ㉡ 아세톤
- ㉢ 노말헥산
- ㉣ 아세톤/노말헥산(1:1) → 추출용액
- ㉤ 메틸알코올

② **표준용액**
- ㉠ 페놀 표준원액(1,000mg/L)
- ㉡ 페놀 표준용액(10.0mg/L)
- ㉢ 펜타클로로페놀 표준원액(1,000mg/L)
- ㉣ 펜타클로로페놀 표준용액(10.0mg/L)

### (5) 정밀도 및 정확도

① 정밀도는 측정값의 상대표준편차(% RSD)로 산출하며 그 값이 30% 이내이어야 한다.

② 정확도는 첨가한 표준물질의 농도에 대한 측정 평균값의 상대 백분율로서 나타내고 그 값이 70~130% 이내이어야 한다.

## 16 폴리클로리네이티드비페닐(PCB) - 기체크로마토그래피

### (1) 개요

① **목적** : 이 방법은 토양 중 폴리클로리네이티드비페닐(polychlorinated biphenyls, PCBs)을 분석하는 방법으로, 토양을 알칼리 분해한 다음 노말헥산으로 추출하여 실리카겔 또는 다층실리카겔을 통과시켜 정제한다. 이 액을 농축시킨 다음 기체크로마토그래프에 주입하여 크로마토그램에 나타난 피크 패턴에 따라 PCBs를 확인하고 정량하는 방법이다.

② **적용범위**
㉠ 이 방법은 토양 중에 PCBs의 분석에 적용한다.
㉡ 이 방법은 나타난 피크의 패턴에 따라 PCBs를 확인하고 정량하는 방법으로, 정량한계는 0.05mg/kg 이다.

### (2) 간섭물질

① 초자류는 사용 전에 아세톤, 분석 용매 순으로 각각 3회 세정한 후 건조시킨 것을 사용하여 오염을 최소화할 수 있다.
② 고순도의 시약이나 용매를 사용하여 방해물질을 최소화하여야 한다.
③ 전자포착검출기(ECD)를 사용하여 PCB를 측정할 때 프탈레이트가 방해할 수 있는데 이는 플라스틱 용기를 사용하지 않음으로서 최소화 할 수 있다.
④ 실리카겔 컬럼 정제는 산, 염화페놀, 폴리클로로페녹시페놀 등의 극성화합물을 제거하기 위하여 수행하며, 사용 전에 정제하고 활성화시켜야 한다.

### (3) 분석기기 및 기구

① **기체크로마토그래프**
㉠ 운반기체는 부피백분율 99.999% 이상의 질소 또는 헬륨으로서 유량은 0.5~3mL/min, 시료도입부 온도는 250~300℃, 컬럼온도는 50~320℃, 검출기온도는 270~320℃로 사용한다.
㉡ 검출기는 전자포착검출기(ECD, electron capture detector) 또는 이와 동등 이상의 검출성능을 가진 것을 사용한다.

② **농축장치** : 구데르나다니쉬(K.D.)농축기 또는 회전증발농축기를 사용한다.

### (4) 시약 및 표준용액

① **시약** : 수산화칼륨·에틸알코올용액(1M), 노말헥산, 무수황산나트륨, 실리카겔, 정제수, 헥산세정수
② **표준용액** : PCBs 표준원액(1,000mg/L), PCBs 혼합표준용액(100mg/L), PCBs 혼합표준액

③ **대체표준용액** : 시판되고 있는 10염화비페닐(IUPAC No. PCB-209) 표준제품을 구입하여 시험에 적당한 농도로 희석하여 사용한다.

  ㉠ PCB 대체표준원액(1,000mg/L)
  ㉡ PCB 대체표준용액(100mg/L)
  ㉢ PCB 대체표준용액(10.0mg/L)

## (5) 정밀도 및 정확도

① 정밀도는 측정값의 상대표준편차(% RSD)로 산출하며 그 값이 30% 이내이어야 한다.
② 정확도는 첨가한 표준물질의 농도에 대한 측정 평균값의 상대 백분율로서 나타내고 그 값이 60~130% 이내이어야 한다.

## (6) 분석 절차

① **전처리** : 추출 및 알칼리 분해

② **정제**

  ㉠ 실리카겔 : 실리카겔 컬럼으로 정제하고 용출시킨다.
  ㉡ 다층 실리카겔 : 다층 실리카겔 컬럼으로 용출실험을 수행한 후, 농축하여 시험용액으로 한다.

③ **확인시험**

  ㉠ 전처리에서 얻어진 시료용액 1~3μL를 미량주사기를 사용하여 기체크로마토그래프에 주입하고 크로마토그램을 작성한다.
  ㉡ 시료로부터 얻은 크로마토그램을 사용하여 단일 PCBs 제품 또는 두 종류 이상의 PCBs 제품인지를 표준물질과 비교하여 판단한다.
  ㉢ 시료로부터 얻은 크로마토그램에서 두 종류 이상의 PCBs 제품이 포함된 것으로 확인된 경우 각 제품만이 포함하고 있는 PCBs 피크를 지표 피크(index peak)로 선정하여 PCBs 제품(Arochlor)의 조성비를 정수비로 구한다.

## (7) 측정법

① 시험용액 1~3μL를 취하여 기체크로마토그래프에 주입하여 분석한다.
② 크로마토그램으로부터 검정곡선에서 측정한 정량피크(index peak)의 머무름시간(retention time)에 해당하는 피크로부터 총면적을 측정한다.

> 비고 : 시료분석결과 검정곡선 농도범위를 벗어나면 시료를 희석하여 재분석하여야 한다.

> 비고 : 정량피크(index peak)는 검정곡선에서 사용한 피크를 사용한다.

## ⓱ 휘발성유기화합물 – 퍼지 – 트랩 기체크로마토그래피 – 질량분석법

### (1) 개요

① **목적**: 이 시험방법은 토양 중 휘발성유기화합물들을 동시 측정하는 방법으로, 시료 중에 휘발성 유기화합물을 불활성기체로 퍼지시켜 기상으로 추출한 다음 트랩 관으로 흡착·농축하고, 가열·탈착시켜 모세관 컬럼을 사용한 기체크로마토그래프-질량분석기로 분석하는 방법이다.

② **적용범위**
  ㉠ 이 시험방법은 토양 중에 벤젠, 톨루엔, 에틸벤젠, 크실렌(xylene), 트리클로로에틸렌(TCE), 테트라클로로에틸렌(PCE), 1-2-디클로로에탄 등의 휘발성유기화합물의 분석에 적용한다.
  ㉡ 이 시험방법에 의한 휘발성유기화합물의 각 항목별 정량한계는 0.1mg/kg이다.
  ㉢ 이 시험방법에 의해 분리되지 않는 m, p-크실렌 이성질체들은 합하여 정량한다.

### (2) 간섭 물질

① 퍼지 기체나 트랩 연결관 등의 오염이나 실험실 공기 속에 기화된 용매가 오염원이 될 수 있다. 따라서 바탕시료를 사용하여 이를 점검하여야 한다.
② 테프론 재질이 아닌 튜브, 봉합제 및 유속조절제의 사용을 피해야 한다.
③ 높은 농도의 시료와 낮은 농도의 시료를 연속하여 분석할 때에 오염이 될 수 있으므로 시료 분석 사이에 정제수로 세척하여야 한다. 높은 농도의 시료를 분석한 후에는 바탕시료를 분석하는 것이 좋다.
④ 많은 양의 수용성 물질, 부유물질, 고비점 또는 휘발성 물질을 함유하는 시료를 분석한 후에는 퍼지 장치들을 세척하여 105℃ 오븐 안에서 건조시킨 후 사용하는 것이 필요하다.

### (3) 분석기기 및 기구

① **퍼지-트랩장치**: 퍼지부, 트랩관, 탈착부 및 냉각응축부(cryofocus) 등으로 구성된다.

② **기체크로마토그래프**
  ㉠ 컬럼은 안지름 0.20~0.35mm, 필름두께 0.2~0.50μm, 길이 15~60m의 DB-1, DB-5 및 DB-624 등의 모세관이나 동등한 분리성능을 가진 모세관으로 대상 분석 물질의 분리가 양호한 것을 택하여 시험한다.
  ㉡ 운반기체는 부피백분율 99.999% 이상의 헬륨으로서(또는 질소) 유량은 0.5~4mL/min, 시료도입부 온도는 120~250℃, 컬럼온도는 30~250℃로 사용한다.

③ **질량분석기(mass spectrometer)**
  ㉠ 이온화방식은 전자충격법(EI, electron impact)을 사용하며 이온화에너지는 35~70eV을 사용한다.
  ㉡ 질량분석기는 자기장형(magnetic sector), 사중극자형(quadrupole) 및 이온트랩형(ion trap) 등을 사용한다.
  ㉢ 정량분석에는 선택이온검출법(SIM, selected ion monitoring)을 이용하는 것이 바람직하다. 선택하는 이온들은 표 3의 이온을 사용할 수 있다.

ㄹ 정량분석에는 선택이온검출법(SIM, selected ion monitoring)을 이용하는 것이 바람직하다.

④ **원심분리기** : 4℃ 이하에서 원심분리가 가능한 것으로 사용한다.

### (4) 시약 및 표준용액

① **시약** : ㉠ 정제수, ㉡ 메틸알코올 ← 추출용액, ㉢ 무수황산나트륨

② **표준용액** : 혼합표준원액(1,000mg/L), 혼합표준용액(200mg/L), 내부표준용액(10,000mg/L), 대체표준원액(1,000mg/L), 대체표준용액(200mg/L)

### (5) 시료채취 및 관리 : 시험관에 채취된 시료를 즉시 실험할 수 없는 경우에는 0~4℃ 냉암소에서 보관하고 채취 후 14일 이내에 분석해야한다.

### (6) 정밀도 및 정확도

① 정밀도는 측정값의 상대표준편차(% RSD)로 산출하며 그 값이 30% 이내이어야 한다.
② 정확도는 첨가한 표준물질의 농도에 대한 측정 평균값의 상대 백분율로서 나타내고 그 값이 70~130% 이내이어야 한다.

## 18 벤젠, 톨루엔, 에틸벤젠, 크실렌 – 퍼지 – 트랩 기체크로마토그래피

### (1) 개요

① **목적** : 이 방법은 토양 중 벤젠, 톨루엔, 에틸벤젠, 크실렌의 측정방법으로, 이 방법은 납사, 휘발유 등의 저비점 석유류 중에 다량 함유되어 있는 벤젠, 톨루엔, 에틸벤젠, 크실렌의 측정에 적용한다. 시료중의 벤젠, 톨루엔, 에틸벤젠, 크실렌을 메틸알코올로 추출하여 얻어진 시료용액을 기체크로마토그래프(불꽃이온화검출기)에 부착된 퍼지트랩에 주입하여 이들 물질을 각각 정량하는 방법이다.

② **적용범위**

㉠ 이 시험방법은 토양 중 벤젠, 톨루엔, 에틸벤젠, 크실렌의 분석에 적용한다.
㉡ 이 방법에 따라 시험할 경우 정량한계는 벤젠 0.2mg/kg, 톨루엔 0.1mg/kg, 에틸벤젠 0.1mg/kg, 크실렌 0.5mg/kg이다.

### (2) 간섭 물질

① 해당 매질 또는 추출 용매에는 분석성분의 머무름 시간에서 피크가 나타나는 간섭물질이 있을 수 있다. 간섭물질이 발견되면 증류하거나 정제 컬럼에 의해 제거한다.
② 시료에 혼합표준액 일정량을 첨가하여 크로마토그램을 작성하고 미지의 다른 성분과 피크의 중복여부를 확인한다. 만일 피크가 중복될 경우 극성이 다르고 분리가 양호한 컬럼을 선택하여 시험한다.

### (3) 분석기기 및 기구

① **퍼지-트랩장치** : 퍼지부, 트랩관, 탈착부 및 냉각응축부(cryofocus) 등으로 구성된다.

② **기체크로마토그래프**
  ㉠ 운반기체는 부피백분율 99.999% 이상의 헬륨(또는 질소)으로서 유량은 0.5~4mL/min, 시료도입부 온도는 150~250℃, 컬럼온도는 30~250℃로 사용한다.
  ㉡ 불꽃이온화검출기 : 불꽃이온화검출기(FID, flame ionization detector)는 수소연소노즐(nozzle), 이온 수집기(ion collector)로 구성되는 본체와 이 전극 사이에 직류전압을 주어 흐르는 이온전류를 측정하기 위한 직류전압 변환회로, 감도 조절부, 신호감쇄부 등으로 구성된다.

③ **원심분리기** : 4℃ 이하에서 원심분리가 가능한 것으로 사용한다.

## 19 트리클로로에틸렌, 테트라클로로에틸렌 – 퍼지 – 트랩 기체크로마토그래피

### (1) 개요

① **목적** : 이 방법은 토양 중 트리클로로에틸렌, 테트라클로로에틸렌의 측정방법으로 시료 중의 트리클로로에틸렌, 테트라클로로에틸렌을 메틸알코올로 추출하여 얻어진 시료용액을 기체크로마토그래프(전자포착검출기)에 부착된 퍼지-트랩에 주입하여 이들 물질을 각각 정량하는 방법이다.

② **적용범위**
  ㉠ 이 시험방법은 토양 중 트리클로로에틸렌, 테트라클로로에틸렌의 분석에 적용한다.
  ㉡ 이 방법에 따라 시험할 경우 트리클로로에틸렌, 테트라클로로에틸렌의 정량한계는 각 항목별로 0.1mg/kg이다.

### (2) 간섭 물질

① 해당 매질 또는 추출 용매에는 분석성분의 머무름 시간에서 피크가 나타나는 간섭물질이 있을 수 있다. 간섭물질이 발견되면 증류하거나 정제 컬럼에 의해 제거한다.

② 시료에 혼합표준액 일정량을 첨가하여 크로마토그램을 작성하고 미지의 다른 성분과 피크의 중복여부를 확인한다. 만일 피크가 중복될 경우 극성이 다르고 분리가 양호한 컬럼을 선택하여 시험한다.

### (3) 분석기기 및 기구

① **퍼지-트랩장치** : 퍼지부, 트랩관, 탈착부 및 냉각응축부(cryofocus) 등으로 구성된다.

② **기체크로마토그래프**
  ㉠ 컬럼은 안지름 0.20~0.35mm, 필름두께 0.1~0.50㎛, 길이 15~60m의 DB-1, DB-5 및 DB-624

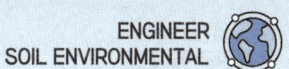

등의 모세관이나 동등한 분리성능을 가진 모세관으로 대상 분석 물질의 분리가 양호한 것을 택하여 시험한다.

ⓒ 운반기체는 부피백분율 99.999% 이상의 헬륨(또는 질소)으로서 유량은 0.5~4mL/min, 시료도입부 온도는 150~250℃, 컬럼온도는 30~250℃로 사용한다.

ⓒ 전자포착검출기(ECD)

③ **원심분리기** : 4℃ 이하에서 원심분리가 가능한 것으로 사용한다.

〈물질별 필수정보 정리〉

| 오염물질 | 측정방법 | 정량한계 |
|---|---|---|
| 불소 | 자외선/가시선 분광법(570nm) | 10mg/kg |
| 시안 | 자외선/가시선 분광법(620nm) | 0.2mg/kg |
| 구리 | AA(324.7nm)<br>ICP(324.754nm) | 1mg/kg |
| 납 | AA(283.3nm)<br>ICP(220.353nm) | 4mg/kg<br>1.5mg/kg |
| 니켈 | AA(232.0nm)<br>ICP(213.856nm) | 4mg/kg<br>0.4mg/kg |
| 아연 | AA(213.9nm)<br>ICP(213.856nm) | 2mg/kg<br>1mg/kg |
| 카드뮴 | AA(228.8nm)<br>ICP(213.856nm) | 2mg/kg<br>1mg/kg |
| 비소 | ICP(193.696nm)<br>AA(수소화물 생성, 193.7nm) | 1.5mg/kg<br>0.1mg/kg |
| 수은 | AA(냉증기, 253.7nm)<br>AA(열적 분해 아말감, 253.7nm) | 0.05mg/kg<br>0.01mg/kg |
| 6가 크롬 | 자외선/가시선 분광법(540nm)<br>IC-자외선/가시선 분광법(540nm) | 0.5mg/kg |
| 유기인 | 기체크로마토그래피<br>기체크로마토그래피-질량분석법 | 0.05mg/kg |
| 벤조(a)피렌 | 기체크로마토그래피-질량분석법 | 0.005mg/kg |
| TPH | 기체크로마토그래피 | 50mg/kg |
| 페놀류 | 기체크로마토그래피 | 0.05mg/kg |
| VOC | 퍼지트랩-기체크로마토그래피-질량분석법 | 0.1mg/kg |
| BTEX | 퍼지트랩-기체크로마토그래피 | 벤젠 0.2mg/kg<br>톨루엔 0.1mg/kg<br>에틸벤젠 0.1mg/kg<br>자일렌 0.5mg/kg |
| TCE, PCE | 퍼지트랩-기체크로마토그래피 | 0.1mg/kg |

## 기출문제로 다지기 — UNIT 05 토양오염도 항목별 분석방법

**01** 6가 크롬에 작용시켜 생성하는 적자색의 착화합물의 흡광도를 540nm에서 측정하여 6가 크롬을 정량하는 방법은?

① 디에틸디티오카르바민산은법
② 디메틸글리옥심법
③ 디페닐카르바지드법
④ 피리딘-피라졸론법

**02** 유기인화합물 기체크로마토그래피-질량분석법으로 분석할 때, 사용하는 정제용 컬럼으로 틀린 것은?

① 실리카겔 컬럼
② 플로리실 컬럼
③ 활성탄 컬럼
④ 알루미나 컬럼

**03** PCB를 기체크로마토그래피법으로 정량화할 때에 관한 내용으로 틀린 것은?

① PCB를 노말헥산으로 추출한다.
② 추출액은 실리카겔 또는 다층실리카겔을 통과시켜 정제한다.
③ 검출기는 전자포획검출기(ECD) 또는 이와 동등 이상의 검출성능을 가진 것을 사용한다.
④ 운반기체는 네온 또는 수소를 이용한다.

해설 운반기체는 부피백분율 99.999% 이상의 질소 또는 헬륨을 이용한다.

**04** pH 값이 20℃에서 가장 낮은 값을 나타내는 pH 표준액은?

① 수산화칼슘 표준액
② 탄산염 표준액
③ 인산염 표준액
④ 붕산염 표준액

해설 수산염 표준용액(pH 1.68) < 프탈산염 표준용액(pH 4.00) < 인산염 표준용액(pH 6.88) < 붕산염 표준용액(pH 9.22) < 탄산염 표준용액(pH 10.07) < 수산화칼슘 표준용액(pH 12.45) (암기법) 수 - 프 - 인 - 붕 - 탄 - 슘

**05** 페놀류를 기체크로마토그래피로 정량할 때 추출용액은?

① 아세톤/메틸알콜(1:1)
② 사염화탄소/메틸알콜(1:2)
③ 아세톤/노말헥산(1:1)
④ 사염화탄소/아세톤(2:1)

**06** 토양의 pH를 측정(유리 전극법)하기 위한 분석절차에 관한 내용으로 (   )안에 알맞은 것은?

조제된 분석용 시료 5g을 무게를 달아 50mL 비이커에 취하고 정제수 25mL를 넣어 가끔 유리막대로 저어주면서 (    ) 방치한다.

① 10분
② 15분
③ 30분
④ 1시간

정답 01. ③  02. ④  03. ④  04. ③  05. ③  06. ④

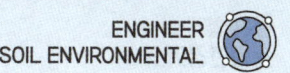

**07** 다음 표준액 중 pH가 가장 높은 것은? (단, 0℃ 기준)

① 붕산염 표준액  ② 프탈산염 표준액
③ 인산염 표준액  ④ 수산염 표준액

해설 수산염 표준용액(pH 1.68) < 프탈산염 표준용액(pH 4.00) < 인산염 표준용액(pH 6.88) < 붕산염 표준용액(pH 9.22) < 탄산염 표준용액(pH 10.07) < 수산화칼슘 표준용액(pH 12.45) 암기법 수 - 프 - 인 - 붕 - 탄 - 슘

**08** 기체크로마토그래피를 이용하여 PCBs를 분석할 때 간섭물질에 관한 내용으로 틀린 것은?

① 고순도의 시약이나 용매를 사용하여 방해물질을 최소화하여야 한다.
② 초자류는 사용 전에 아세톤, 분석 용매 순으로 각각 3회 세정한 후 건조시킨 것을 사용하여 오염을 최소화할 수 있다.
③ 전자포착검출기를 사용하여 PCB를 측정할 때 프탈레이트가 방해할 수 있는데 이는 플라스틱 용기를 사용하지 않음으로서 최소화할 수 있다.
④ 플로리실 컬럼 정제는 산, 염화페놀, 폴리클로로페녹시페놀 등의 극성화합물을 제거하기 위하여 수행하며, 사용 전에 정제하고 활성화시켜야 한다.

해설 실리카겔 컬럼 정제는 산, 염화페놀, 폴리클로로페녹시페놀 등의 극성화합물을 제거하기 위하여 수행하며, 사용 전에 정제하고 활성화시켜야 한다.

**09** 저비점 석유류 중에 다량 함유되어 있는 BTEX의 측정에 적용하는 기체크로마토그래피 검출기의 종류가 아닌 것은?

① FID  ② PID
③ ECD  ④ GC/MS

해설 ECD는 할로겐, 유기염소계, 벤조피렌의 측정에 용이하다.

**10** 토양 중 불소(자외선/가시선 분광법) 측정에 관한 설명으로 옳지 않은 것은?

① 불소가 진홍색의 지르코늄-발색시약과의 반응으로 무색의 음이온복합체를 형성하는 과정을 이용한다.
② 다량의 염소이온이 함유되어 있으면 염화주석용액으로 염소를 제거한다.
③ 토양 중 정량한계는 10mg/kg이다.
④ 불소이온과 지르코늄 이온 사이의 반응속도는 반응 혼합물의 산도에 따라 달라진다.

해설 다량의 염소이온이 함유되어 있으면 과량의 Ag$^+$이온을 첨가하여 염소를 제거한다.

**11** pH 4인 수용액의 수소이온 농도는?

① 0.001  ② 0.004
③ 0.0001  ④ 0.0004

해설 식 $pH = \log \dfrac{1}{[H^+]}$, $[H^+] = 10^{-pH}$

∴ $[H^+] = 10^{-4} = 0.0001$

**12** 석유계총탄화수소를 분석하기 위한 추출방법으로 옳은 것은? (단, 기체크로마토그래피 기준)

① 가온추출법  ② 자기장추출법
③ 적외선추출법  ④ 초음파추출법

해설 석유계총탄화수소(TPH)의 추출방법에는 속슬레추출법과 초음파추출법이 있다. 암기법 속 초

정답  07. ①  08. ④  09. ③  10. ②  11. ③  12. ④

**13** 토양오염공정시험기준상 불소 측정에 적용 가능한 시험방법은?

① 자외선/가시선 분광법
② 원자흡수분광광도법
③ 기체크로마토그래프법
④ 유도결합플라즈마 원자방광분광법

**14** PCB를 측정하기 위해 기체크로마토그래프를 사용할 때 운반가스의 유속(mL/min)은?

① 0.5~3
② 5~10
③ 10~20
④ 20~50

**15** 중크롬산칼륨용액의 흡광도가 270nm에서 0.745이었다. 이 흡광도 데이터를 투과율(%)로 환산한 것은?

① 12.0
② 15.8
③ 18.0
④ 21.3

**해설** **식** $A = \log \dfrac{1}{t}$

$0.745 = \log \dfrac{1}{t}$, ∴ $t = 0.18 = 18\%$

**16** 토양 중 벤조(a)피렌을 분석하기 위해 속슬레추출법을 사용하는 경우 적절한 추출조건은?

① 시간당 3~5싸이클을 유지하면서 24시간 동안 추출
② 시간당 4~6싸이클을 유지하면서 16시간 동안 추출
③ 시간당 6~8싸이클을 유지하면서 16시간 동안 추출
④ 시간당 7~8싸이클을 유지하면서 18시간 동안 추출

**17** 토양오염공정시험방법에서 분석대상 유기인계화합물로 규정되지 않은 성분은?

① 알드린
② 이피엔
③ 메틸디메톤
④ 펜토에이트

**해설** 유기인화합물 : 이피엔, 파라티온, 메틸디메톤, 다이아지논 및 펜토에이트

**18** 토양의 pH를 측정하기 위해서 토양과 산을 포함하는 정제수의 비율로 적절한 것은? (단, 토양의 밀도(비중)는 1.0은 아님)

① 토양시료의 무게에 5배의 정제수를 사용
② 토양시료의 부피에 5배의 정제수를 사용
③ 토양시료의 무게에 2배의 정제수를 사용
④ 토양시료의 부피에 2배의 정제수를 사용

**19** 기체크로마토그래프법으로 TPH를 정량하는 방법에 대한 설명으로 옳지 않은 것은?

① 검출기는 불꽃이온화검출기(FID)를 사용한다.
② 비등점이 높은 벙커C유·윤활유·유원유 등의 측정에는 적용하지 않는다.
③ 토양시료 중의 TPH 성분은 디클로로메탄으로 추출한다.
④ 정량한계는 석유계총탄화수소로 50mg/kg이다.

**해설** 토양 중에 비등점이 높은(150~500℃) 유류에 속하는 제트유·등유·경유·벙커C유·윤활유·원유 등의 측정에 적용한다.

**정답** 13. ① 14. ① 15. ③ 16. ② 17. ① 18. ① 19. ②

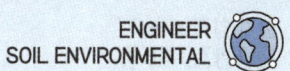

20 페놀류 및 페놀류-기체크로마토그래피에 대한 설명으로 틀린 것은?

① 페놀류는 방부제, 소독제 등으로 쓰이며, 피크린산의 약염료 등의 제조 원료로 사용되고 화학공장과 석탄가스공장, 코크스제조공장의 폐수 중에 함유될 수 있다.
② 페놀류는 피부와 접촉되면 발진이 생기고 체내에서는 소화기나 신경계통에 장애를 일으킨다. 상수에 유입될 경우 염소와 반응하여 독성이 보다 높은 클로로페놀이 형성되며, 미량이 존재하더라도 악취가 심한 것이 특징이다.
③ 페놀류-기체크로마토그래피는 토양 중 페놀 및 펜타클로로페놀을 아세톤/노말헥산(1:1)으로 추출하여 기체크로마토그래피로 정량하는 방법이다. 정량한계는 페놀이 0.02mg/kg, 펜타클로로페놀이 0.1mg/kg이다.
④ 페놀류-기체크로마토그래피 시험기준으로 분석할 경우, 페놀류 분석을 위해 특별히 고안된 분석방법이므로 간섭물질이 있을 수 없다.

해설 매질 또는 추출용매, 극성 유기화합물, 디클로로메탄에 간섭물질이 존재할 수 있다.

21 6가크롬(자외선/가시선 분광법) 측정 시 잔류염소가 시료에 공존하여 발색을 방해할 때 조치내용으로 (   )에 옳은 것은?

시료에 수산화나트륨용액(20%)을 넣어 ( ㉠ ) 정도로 조절한 다음, ( ㉡ ) 정도 되게 넣어 제거한다.

① ㉠ pH 12, ㉡ 피로인산나트륨을 5mL
② ㉠ pH 12, ㉡ 입상활성탄을 10%
③ ㉠ pH 10, ㉡ 아스코르빈산나트륨을 5mL
④ ㉠ pH 10, ㉡ 아비산나트륨을 2%

22 금속류를 원자흡수분광광도법으로 특정 시 정확도에 관한 내용으로 가장 적합한 것은?

① 정확도는 첨가한 표준물질의 농도에 대한 측정 평균값의 상대 백분율로서 나타내고 그 값이 70~130% 이내이어야 한다.
② 정확도는 첨가한 표준물질의 농도에 대한 측정 평균값의 상대 백분율로서 나타내고 그 값이 75~125% 이내이어야 한다.
③ 정확도는 측정값의 상대표준편차를 산출하며 그 값이 25% 이내이어야 한다.
④ 정확도는 측정값의 상대표준편차를 산출하며 그 값이 30% 이내이어야 한다.

23 트랩 기체크로마토그래피로 BTEX를 정량하는 방법에 대한 설명으로 틀린 것은?

① 검출기는 불꽃이온검출기(FID), 관이온화검출기(PID) 또는 GC/MS를 사용한다.
② 시료도입부 온도는 150~250℃이다.
③ 트랩은 Tenax, Carbopack, OV-1/Tenax/Silicagel/Charcoal 또는 동등 이상 성능을 가진 것을 사용한다.
④ BTEX의 유효측정농도는 0.05mg/kg 이상으로 한다.

해설 BTEX의 유효측정농도는 0.1mg/kg 이상으로 한다.

정답  20. ④  21. ②  22. ①  23. ④

**24** 비소-수소화물생성-원자흡수분광광도법에 관한 설명으로 ( )에 알맞은 것은?

> 산분해하여 전처리한 시료 용액 중의 비소를 3가 비소로 예비 환원한 다음 ( ㉠ ) 용액과 반응하여 생성된 비화수소를 원자화시켜 193.7mm에서 수소화물생성-원자흡수분광광도법에 따라 정량하는 방법이며, 이 시험에 의한 토양 중 비소의 정량한계는 ( ㉡ )mg/kg이다.

① ㉠ 수소화주석나트륨, ㉡ 0.1
② ㉠ 수소화붕소나트륨, ㉡ 0.1
③ ㉠ 수소화주석나트륨, ㉡ 0.01
④ ㉠ 수소화붕소나트륨, ㉡ 0.01

**25** 유기인을 기체크로마토그래피법으로 측정할 경우 기체크로마토그래피의 구성 기기별 온도 조건이 맞게 연결된 것은?

① 시료주입구 온도 : 150℃
② 칼럼온도 : 100℃
③ 검출기 온도 : 280℃
④ 오븐 최종온도 : 170℃

해설 ③항만 올바르다.
오답해설
① 시료주입구 온도 : 200~250℃
② 칼럼온도 : 40~300℃
④ 오븐 최종온도 : 명시되지 않음

**26** 기체크로마토그래프법으로 PCB를 정량하는 방법에 대한 설명으로 옳지 않은 것은?

① 검출기는 열전도도검출기(TCD)를 사용한다.
② 검출기의 온도는 270~320℃로 운영한다.
③ 농축장치는 구데르나다니쉬 농축기 또는 회전증발농축기를 사용한다.
④ PCB의 추출은 노말헥산 용액을 사용한다.

해설 검출기는 전자포획형 검출기(ECD)를 사용한다.

**27** 원자흡수분광광도법에 의한 금속별 측정파장 및 불꽃기체로 적절한 것은?

① 니켈 324.7(nm), 공기-아세틸렌
② 납 283.3(nm), 공기-아세틸렌
③ 아연 213.9(nm), 헬륨-아세틸렌
④ 카드뮴 228.8(nm), 헬륨-아세틸렌

해설 ②항만 올바르다.
오답해설
① 니켈 232.0(nm), 공기-아세틸렌
③ 아연 213.9(nm), 공기-아세틸렌
④ 카드뮴 228.8(nm), 공기-아세틸렌

**28** 토양 중 불소측정방법에 대한 설명으로 틀린 것은?

① 불소가 진홍색의 zirconium-발색시약과의 반응으로 음이온복합체($ZrF_6^{2-}$)를 형성하는 과정을 이용한 방법이다.
② 불소의 양이 많아질수록 색깔이 짙어지게 된다.
③ 불소이온과 zirconium 이온 사이의 반응속도는 반응 혼합물의 산도에 따라 달라진다.
④ 토양시료는 막자사발에서 갈아 0.075mm(20 메쉬)의 표준체로 체걸음한 것을 분석에 사용한다.

해설 불소의 양이 많아질수록 색깔이 엷어지게 된다.

정답 24. ② 25. ③ 26. ① 27. ② 28. ②

**29** 자외선/가시선 분광법을 적용한 6가 크롬 정량에 관한 다음 내용의 ( )에 옳은 내용은?

> 시료 중에 6가 크롬을 (    )와(과) 반응시켜 생성하는 적자색의 착화합물의 흡광도를 540nm에서 측정하여 6가 크롬을 정량하는 방법

① 피리딘-피라졸론
② 디페닐카르바지드
③ 디에틸디티오가르바민산은
④ 메틸디메톤

**30** 자외선/가시선 분광법을 이용하여 시안의 농도를 측정 시, 방해물질이 함유되어 있을 경우 전처리를 하여야 한다. 이 때 방해물질별 전처리 방법이 틀린 것은?

① 다량의 지방성분 함유시료 : 아세트산 또는 수산화나트륨 용액으로 pH 6~7로 조절하고 시료의 약 2%에 해당되는 부피의 노말헥산 또는 클로로포름을 넣어 추출하여 유기층은 버리고 수층을 분리하여 사용한다.
② 잔류염소 함유시료 : 잔류염소 20mg당 L-아스코르빈산(10%) 0.6mL를 넣어 제거한다.
③ 잔류염소 함유시료 : 잔류염소 20mg당 아비산나트륨 용액(10%) 0.7mL를 넣어 제거한다.
④ 황화합물 함유시료 : 질산나트륨(10%) 2mL를 넣어 제거한다.

[해설] 황화합물이 함유된 시료는 아세트산 아연 용액(10%) 2mL를 넣어 제거한다.

**31** 금속류-원자흡수분광광도법에 대한 설명 중 틀린 것은?

① 토양 중 금속류를 측정하는 방법으로 토양을 황산으로 산분해하여 전처리한 시료 용액을 직접 불꽃으로 주입하여 원자화한 후 원자흡수분광광도법으로 분석한다.
② 이 시험기준은 토양 중에 구리, 납, 니켈, 아연, 카드뮴 등의 금속류의 분석에 적용한다.
③ 구리, 납, 니켈, 아연, 카드뮴 등의 금속류는 공기-아세틸렌 불꽃에 주입하여 분석한다.
④ 낮은 농도의 납은 암모늄 피롤리딘 다이티오카바메이트(APDC : ammonium pyrrolidne dithio-carbamate)와 착물을 생성시켜 메틸 아이소 부틸 케톤(MIBK : methul isobutyl ketone)으로 추출하여 공기-아세틸렌 불꽃에 주입하여 분석한다.

[해설] 토양 중 금속류를 측정하는 방법으로, 토양을 염산과 질산으로 산분해하여 전처리한 시료 용액을 직접 불꽃으로 주입하여 원자화한 후 원자흡수분광광도법으로 분석한다.

**32** 시안분석(자외선/가시선 분광법)에 대한 설명으로 틀린 것은?

① 시안화합물은 측정할 때 방해물질들은 증류하면 대부분 제거된다.
② 잔류염소가 함유된 시료는 잔류염소 20mg 당 L-아스코르빈산(10%) 0.6mL 또는 아비산 나트륨 용액(10%) 0.7mL를 넣어 제거한다.
③ 황화합물이 함유된 시료는 아세트산 아연용액(10%) 2mL를 넣어 제거한다.
④ 다량의 지방성분을 함유한 시료는 pH 4 이하로 조절한 후 시료에 약 10%에 해당하는 부피의 노말헥산 또는 클로로포름으로 추출하여 제거한다.

[해설] 다량의 지방성분을 함유한 시료는 아세트산 또는 수산화나트륨 용액으로 pH 6~7로 조절한 후 시료의 약 2%에 해당하는 부피의 노말헥산 또는 클로로포름을 넣어 추출하여 유기층은 버리고 수층을 분리하여 사용한다.

29. ②　30. ④　31. ①　32. ④

**33** 자외선/가시선 분광법을 적용한 불소 측정에 관한 설명으로 ( )에 옳은 내용은?

> 토양 중 불소를 측정하는 방법으로 불소가 진홍색의 지르코늄-발색시약과 반응으로 ( )의 음이온복합체를 형성하는 과정을 이용한다.

① 무색
② 청색
③ 황갈색
④ 적자색

**34** 석유계총탄화수소를 기체크로마토그래피로 측정할 때의 설명으로 틀린 것은?

① 정량한계는 석유계총탄화수소로 50mg/kg이다.
② 비극성과 약한 극성화합물(즉 할로겐화 탄화수소)과 극성 화합물의 함량이 많을 경우 분석을 간섭할 수 있다.
③ 정확도는 측정값의 상대표준편차(%RSD)로 산출하며 그 값이 15% 이내이어야 한다.
④ 채취한 시료를 즉시 시험할 수 없을 경우 0~4℃ 냉암소에 보존하고 14일 이내에 추출하여야 하며, 시료 채취일로부터 40일 이내에 분석하여야 한다.

해설 정밀도는 측정값의 상대표준편차(% RSD)로 산출하며 그 값이 30% 이내이어야 한다. 정확도는 첨가한 표준물질의 농도에 대한 측정 평균값의 상대 백분율로서 나타내고 그 값이 70~130% 이내이어야 한다.

**35** 토양 중 6가 크롬을 측정하기 위한 자외선/가시선 분광광도계의 흡수셀에 대한 설명으로 틀린 것은?

① 시료액의 흡수파장이 약 370nm 이상일 때는 석영 또는 경질유리 흡수셀을 사용한다.
② 시료액의 흡수파장이 약 370nm 이하일 때는 석영 흡수셀을 사용한다.
③ 따로 흡수셀의 길이를 지정하지 않을 때는 15mm 셀을 사용한다.
④ 흡수셀이 더러우면 측정값에 오차가 발생하므로 세척하여 사용한다.

해설 따로 흡수셀의 길이를 지정하지 않을 때는 10mm 셀을 사용한다.

**36** 시료에 염화제일주석을 넣어 금속수은으로 환원시킨 다음 이 용액에 통기하여 발생되는 수은증기를 이용하여 수은을 정량하는 방법은?

① 유리전극법
② 냉증기 원자흡수분광광도법
③ 자외선/가시선 분광법
④ 유도결합플라스마-원자발광분광법

**37** 납(Pb) 분석에 관한 설명으로 가장 거리가 먼 것은?

① 원자흡수분광광도법으로 측정할 수 있다.
② 원자흡수분광광도법의 측정파장은 220nm이다.
③ 니켈, 아연, 카드뮴 분석 시 시료 중에 알칼리금속의 할로겐 화합물을 다량 함유하는 경우에는 분자 흡수나 광 산란에 의하여 오차를 발생하므로 추출법으로 카드뮴을 분리하여 시험한다.
④ 유도결합플라스마-원자발광광도법에 사용되는 아르곤가스는 액화 또는 압축아르곤으로 순도 99.99 V/V% 이상이다.

해설 납의 원자흡수분광광도법의 측정파장은 283.3nm이다.

**38** BTEX를 기체크로마토그래프법에 의해 정량할 때 추출용액은?

① 사염화탄소
② 아세톤
③ 메틸알콜
④ 톨루엔

정답 33. ① 34. ③ 35. ③ 36. ② 37. ② 38. ③

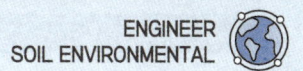

**39** TPH 측정에 관한 설명으로 틀린 것은?

① 유효 측정농도는 10mg/kg 이상으로 한다.
② 기체크로마토그래피법에 의해 분석한다.
③ 메틸알코올을 사용하여 추출한다.
④ 노말알칸(C8~C40) 표준물질의 총 면적과 피크의 총 면적을 비교하여 정량한다.

해설 디클로로메탄으로 추출한다.

**40** 원자흡수분광광도법을 이용하여 카드뮴을 분석할 때의 내용으로 가장 거리가 먼 것은?

① 측정 파장은 228nm이다.
② 시안화칼륨이 존재하는 알칼리에서 디티존과 반응시킨다.
③ 유효 측정농도는 0.002μg/g 이상으로 한다.
④ 시료 중에 알칼리금속의 할로겐 화합물이 다량 함유된 경우에는 분자흡수나 광산란에 의하여 오차가 발생한다.

해설 ②항은 납-자외선/가시선 분광법에 대한 내용이다.

**41** 니켈의 함량을 측정하고자 할 때 검량선에서 얻어진 니켈의 농도가 5.5mg/L이었다면 토양 중 니켈의 함량(mg/kg)은? (단, 수분 보정한 토양시료의 무게 3g, 시료용기의 부피 0.1L, 바탕시험용액의 니켈 농도 0.3mg/L, 최종증류액 500mL)

① 약 183.3  ② 약 175.5
③ 약 173.3  ④ 약 193.3

해설 $Xmg/kg = \dfrac{(5.5-0.3)mg}{L} \times \dfrac{0.1L}{3g} \times \dfrac{10^3 g}{1kg}$
$= 173.33 mg/kg$

**42** 원자흡수분광광도법을 사용한 아연 분석 시 정확도 범위로 옳은 것은?

① 25%~75%
② 70%~130%
③ 상대표준편차가 15%~25%
④ 상대표준편차가 25%~30%

**43** 유기인화합물을 기체크로마토그래피로 측정할 때 정밀도(% RSD) 기준으로 옳은 것은? (단, 정도보증/정도관리에 따라 산정)

① 정밀도는 측정값의 상대표준편차로 산출하며 그 값이 5% 이내이어야 한다.
② 정밀도는 측정값의 상대표준편차로 산출하며 그 값이 10% 이내이어야 한다.
③ 정밀도는 측정값의 상대표준편차로 산출하며 그 값이 20% 이내이어야 한다.
④ 정밀도는 측정값의 상대표준편차로 산출하며 그 값이 30% 이내이어야 한다.

**44** 유도결합플라스마-원자발광분광법에서 내부표준 원소로 사용하는 물질로 적합한 것은?

① 이트리움  ② 란타늄
③ 스트론튬  ④ 세슘

정답  39. ③  40. ②  41. ③  42. ②  43. ④  44. ①

# 02 CHAPTER 토양오염 조사 및 평가

## UNIT 01 토양오염 정밀조사

### 1 조사방법

**(1) 조사항목** : 다음 각 목에서 정한 항목에 대해 조사한다.

① 토양측정망 운영 및 토양오염실태 조사결과, 토양오염우려기준을 초과하는 토양오염물질 및 토양 pH
② 토양측정망 및 토양오염실태조사 지점 외의 지역으로서 우려기준을 초과하거나 초과할 가능성이 있다고 판단되는 토양오염물질 및 토양 pH

**(2) 조사절차**

토양정밀조사는 기초조사, 개황조사, 정밀조사의 순서에 따라 3단계로 실시한다. 다만, 토양오염도검사 결과 우려기준을 초과한 특정토양오염관리대상시설과 토양오염물질 운반차량 전복, 지상저장시설의 파손에 따른 오염물질의 유출 등 오염사고 발생지역에 대하여는 개황조사를 생략하고 바로 정밀조사를 실시할 수 있다.

① 기초조사

자료조사, 청취조사 및 현지조사 등을 통하여 토양오염 가능성 유무를 판단하기 위한 것으로 다음과 같은 방법으로 조사한다.

㉠ 토지사용 이력 및 오염현황 조사

ⓐ 토지이용의 이력 및 과거의 사업활동을 파악(관련 인·허가 서류와 해당 토지의 지적공부 등을 확보)
ⓑ 대상 부지의 토양오염검사 자료 확인(토양오염도검사, 누출검사, 지하수 오염검사 등)

㉡ 시설내역조사

ⓐ 대상물질을 포함한 원·부재료, 사용약품 등의 종류와 사용량, 보관장소, 보관방법 및 보관량, 사용기간 등
ⓑ 시설의 파손, 사고 등에 의한 대상물질의 누출유무 및 누출량
ⓒ 과거 및 현재의 관련시설 설치 및 운영현황(필요한 경우 항공사진 등 입수) 등

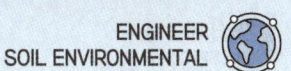

ⓒ 현지 확인조사
  ⓐ 부지의 이용현황, 관련 시설의 설치 및 가동상태 등을 확인
  ⓑ 토지현황 및 시설내역 조사결과 등을 토대로 토양오염물질의 성상(액상, 겔 상태의 고상 등), 오염물질의 확산방향 및 오염범위의 추정(ex 광산지역의 경우 폐석 및 광미의 양, 매립지의 경우 폐기물 종류 및 매립량 등을 고려하여 확인)

② 기타
  ⓐ 대상지역의 지적도 및 지형도, 오염 영향권 내에 위치하는 시설의 종류 및 위치, 인구수, 식생상태와 연간 강수량 등
  ⓑ 폐수 및 폐기물 등의 발생경로(폐기물을 매립 또는 재활용한 경우 그 장소를 파악)
  ⓒ 기타, 토양오염의 영향을 파악할 수 있는 관련자료

② **개황조사** : 오염토양 정화 및 토양오염 방지를 위한 조치가 필요한 지역의 오염물질 종류, 오염면적 및 오염범위 등을 파악하기 위한 사전 개략조사이며, 이를 기준으로 정밀조사를 실시한다.

㉠ 광산활동 관련지역
  ⓐ **대상지역** : 광산(휴·폐광산 포함) 및 제련소 부지와 오염가능 주변지역
  ⓑ **대상시료** : 토양(표토, 심토). 필요 시 하천수, 농업용수, 수로저질을 조사대상에 포함
  ⓒ 시료채취 밀도 및 심도
    가. 표토(지표면 하부 15cm까지를 말한다. 이하 같다)
      시료채취 지점 수는 오염가능지역의 면적이 100,000㎡ 이하일 경우에는 10,000㎡당 1개 이상의 지점으로 하고, 100,000㎡를 초과할 경우에는 100,000㎡까지는 10,000㎡당 1개 이상의 지점과 100,000㎡을 초과할 때부터는 50,000㎡당 1개 이상의 지점을 선정

〈표 1〉 광산활동 관련지역의 시료채취 지점 수 산정기준

| 조사 면적 | 시료채취 지점 수 산정기준 | 최소지점 수 |
|---|---|---|
| 면적≤10,000㎡ | 10,000㎡당 1개 이상 | 1 |
| 10,000㎡<면적≤20,000㎡ | | 2 |
| : | | : |
| 90,000㎡<면적≤100,000㎡ | | 10 |
| 100,000㎡<면적≤150,000㎡ | 100,000㎡까지는 10,000㎡당 1개 이상과 100,000㎡를 초과할 때부터는 50,000㎡당 1개 이상 추가 | 11 |
| 150,000㎡<면적≤200,000㎡ | | 12 |
| 200,000㎡<면적≤250,000㎡ | | 13 |
| : | | : |

나. 심토
  ㉠ 표토 시료 수 3개 지점 당 1개 지점 이상의 비율(최소 1개 지점 이상)로 지표면에서 1m까지를 기준으로 토양을 채취하며, 시료는 0~15cm, 15~30cm, 30~60cm, 60~100cm 깊이의 간격에서 각각 1점 이상씩 채취

(ㄴ) 오염물질 종류, 오염원인 및 지질상태 등을 고려하여 지표면에서 1m 이상 깊이까지 오염물질이 확산될 우려가 있다고 판단되는 경우 1m까지는 (ㄱ)의 방법에 따라 시료를 채취하고, 1m를 초과한 깊이에서는 50㎝ 간격으로 시료를 추가 채취

ⓓ 시료채취방법

가. 광산 : 광산부지와 광산하류의 주변 하천에 인접한 농경지에 대해 하천수의 흐름방향, 농경지에 하천수의 이용여부 및 광미 등 오염물질의 농경지로의 유실가능성 등을 고려하여 거리별로 시료를 채취

나. 제련소 : 대상지역의 풍향을 고려하여 방위별로 시료를 채취하되, 1개 지점의 면적은 600~1,000㎡를 1구역(區域)으로 하고, 그 지점의 시료 채취

다. 주변지역 : 광산 및 제련소로 인해 주변지역의 오염이 우려되는 경우 영향권 내의 주변지역에 대하여도 조사를 실시

ⓒ 폐기물 매립 및 재활용지역

ⓐ 대상지역 : 폐기물 매립시설과 폐기물이 성토재 등으로 토양에 사용되어 오염이 우려되는 지역과 주변지역

ⓑ 대상시료 : 토양(표토 및 심토). 필요 시 폐기물, 하천수, 농업용수, 수로저질을 조사대상에 포함

ⓒ 시료채취 밀도 및 심도

가. 표토

시료채취 지점수는 오염가능지역의 면적이 10,000㎡ 이하일 경우에는 1,000㎡당 1개 이상 지점으로 하고, 10,000㎡를 초과할 경우에는 10,000㎡까지는 1,000㎡당 1개 이상의 지점과 10,000㎡을 초과할 때부터는 2,000㎡당 1개 이상의 지점을 선정

〈표 2〉 폐기물 매립 및 재활용지역 시료채취 지점 수 산정기준

| 조사 면적 | 시료채취 지점 수 산정기준 | 최소지점 수 |
|---|---|---|
| 면적≤1,000㎡ | 1,000㎡당 1개 이상 | 1 |
| 1,000㎡<면적≤2,000㎡ | | 2 |
| : | | : |
| 9,000㎡<면적≤10,000㎡ | | 10 |
| 10,000㎡<면적≤12,000㎡ | 10,000㎡까지는 1,000㎡당 1개 이상과 10,000㎡를 초과할 때부터는 2,000㎡당 1개 이상 추가 | 11 |
| 12,000㎡<면적≤14,000㎡ | | 12 |
| : | | : |

나. 심토

(ㄱ) 오염우려심도가 15m 이내일 경우

표토 시료 수 3개 지점 당 1개 지점 이상의 비율로 채취(최소 1개지점 이상)하며, 그 깊이는 원칙적으로 지표면에서 15m 깊이까지로 하여 2.5m 이내의 간격에 1점 이상의 시료를 채취하고, 15m 이내에 암반층(불투수층을 말한다. 이하 같다)이 나타나면 그 깊이까지로 함.

〈표 3〉 심도별 시료채취 지점 수

| 조사 깊이(m) | 시료채취 지점수 | 시료채취 간격(m) |
|---|---|---|
| 0~5.0 | 총 5점 이상 | 1.0 이내 |
| 0~7.5 | | 1.5 이내 |
| 0~10 | | 2.0 이내 |
| 0~15 | 총 6점 이상 | 2.5 이내 |
| 15 초과 | 2.5m 당 1점 이상 추가 | 2.5 이내 |

ⓒ 오염우려심도가 깊이 15m를 초과하는 경우

토양이 오염된 깊이까지 시료를 채취하되, 15m를 초과하는 지점부터는 2.5m 간격에 1점 이상의 토양시료를 추가로 채취

ⓓ 매립 또는 재활용 층이 깊이 15m를 초과한 경우

폐기물 매립 또는 재활용 층의 하단부가 지표면에서 깊이 15m를 초과한 지점에 위치한 경우 그 하단부에서 최소 5m 이상의 깊이까지 2.5m 간격에 1점 이상의 시료를 추가로 채취

> 💡 시료채취 지점 수 산정(예시 : 매립하단부가 20m에 위치한 경우)
> 깊이 15m까지 6점 이상, 15m부터 25m까지 2.5m 간격으로 4점 이상을 추가로 채취하여 총 10점 이상의 시료를 채취

ⓓ 시료채취방법

가. 매립지의 지형특성에 따른 시료채취 방법

ⓐ 평지에 위치하고 있는 경우

그림 1과 같이 오염물질이 확산되는 4방위 지역 및 그 주변 영향범위까지를 확산지역으로 선정하고, 확산지역에 대한 시료채취 지점 수는 상기 시료채취 밀도에 따름

ⓑ 산간 계곡에 위치한 경우

그림 2와 같이 자료조사 및 현장조사를 통하여 오염확산 및 추정지역의 영향범위를 선정하고, 영향범위에 대한 시료채취 지점 수는 상기 시료채취 밀도에 따름

[그림 1] 평지인 경우

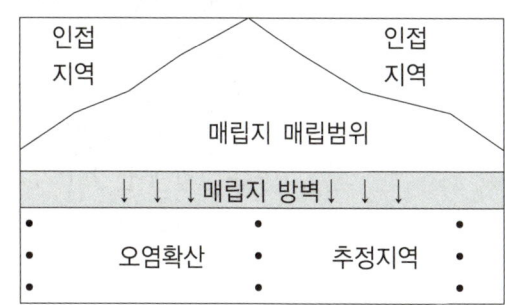

[그림 2] 산간 계곡인 경우

나. 폐기물 매립시설 또는 재활용지역 하부토양의 시료채취 방법

매립 또는 재활용(매립중이거나 사후관리 중인 매립시설은 제외)된 폐기물 층의 하부 심토에 대한 조사가 필요한 경우, 매립층 하단부에서 5m 이상까지 2.5m 간격에 1점 이상의 시료를 채취

ⓒ 산업지역
　ⓐ 대상지역 : 산업단지, 공장 등
　ⓑ 대상시료 : 토양(표토·심토)
　ⓒ 시료채취 밀도 및 심도
　　가. 표토
　　　시료채취 지점수는 오염가능지역의 면적이 1,000㎡ 이하일 경우에는 500㎡당 1개 이상 지점으로 하고, 1,000㎡를 초과할 경우에는 1,000㎡까지는 500㎡당 1개 이상의 지점과 10,000㎡를 초과할 때부터는 1,000㎡ 초과할 때마다 1개 이상의 지점을 선정

〈표 4〉 산업지역의 시료채취 지점 수 산정기준

| 조사 면적 | 시료채취 지점 수 산정기준 | 최소지점 수 |
|---|---|---|
| 면적≤500㎡ | 500㎡당 1개 이상 | 1 |
| 500㎡<면적≤1,000㎡ | | 2 |
| 1,000㎡<면적≤2,000㎡ | 1,000㎡까지는 500㎡당 1개 이상과 1,000㎡를 초과할 때부터는 1,000㎡당 1개 이상 추가 | 3 |
| 2,000㎡<면적≤3,000㎡ | | 4 |
| 3,000㎡<면적≤4,000㎡ | | 5 |
| ⋮ | | ⋮ |

　　나. 심토
　　　㉠ 표토 시료 수 3개 지점 당 1개 지점 이상 비율로 채취(최소 1개 지점 이상)하며, 그 깊이는 원칙적으로 지표면에서 15m 깊이까지로 하여 2.5m 이내 간격으로 1점 이상의 시료를 채취하되, 15m 이내에서 암반층이 나타나면 그 깊이까지로 함(표 3 참조)
　　　㉡ 심토 채취대상 중 토양오염물질 저장시설이 15m를 초과한 깊이까지 설치된 경우 저장시설 하부에서 5m 깊이까지 2.5m 간격으로 1점 이상의 시료를 추가로 채취함
　ⓓ 시료채취방법
　　가. 심토의 시료채취 지점은 토양오염물질 저장 또는 사용시설 설치지역 등 토양오염의 우려가 큰 지점을 우선 대상으로 선정
　　나. 토양오염물질 저장시설에 저장조실벽이 있는 경우 그림 3과 같이 4면에서 시료를 채취
　　다. 여러 개의 토양오염물질 저장시설 또는 토양오염물질 사용시설이 대상지역 내에 분산되어 있을 경우 그림 4와 같이 각각의 시설 외곽 경계선을 기준을 4방위에서 시료를 채취

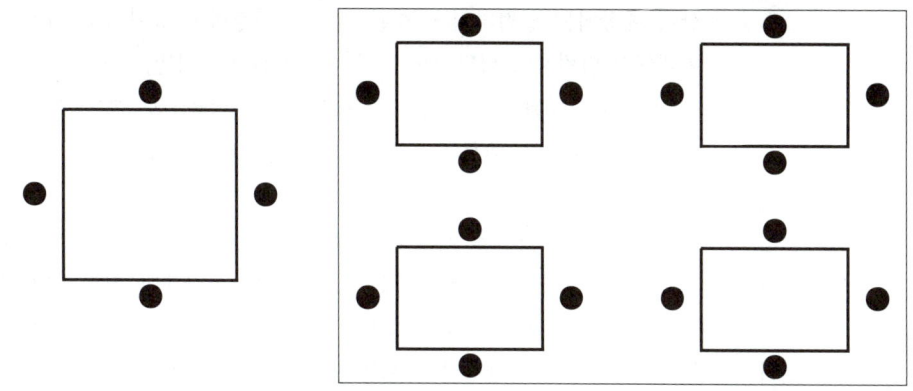

[그림 3] 저장조실벽이 있는 경우    [그림 4] 여러시설이 혼재하는 경우

라. 산업지역에 유류 및 유독물 등 저장시설이 설치된 경우 저장시설과 주변 오염예상 지역에 대하여는 "㉣ 유류 및 유독물 등 저장시설"의 조사방법을, 그 외의 지역은 산업지역의 조사방법에 따라 구분하여 조사 실시

마. 개황조사 과정에서 저장시설 설치부지 주변지역이 오염될 우려가 있는 경우 해당 부지를 조사 대상에 포함

㉣ 유류 및 유독물 등 저장시설

ⓐ 대상지역 : 토양오염물질 저장시설 설치부지 및 주변지역
ⓑ 대상시료 : 토양(표토·심토), 필요 시 지하수를 조사대상에 포함
ⓒ 시료채취 밀도 및 심도

　가. 지상저장시설

　　(ㄱ) 표토

　　　우려기준을 초과하거나 초과할 우려가 있는 시설(토양오염도검사 결과에 따른 정밀조사 시에는 초과한 시설을 말한다)에 대해 저장시설 별로 주변의 4방위와 오염심도를 고려하여 오염된 지점으로부터 일정거리 이격된 지점에서 시료를 채취(그림 3 및 그림 4 참조)

　　(ㄴ) 심토

　　　우려기준을 초과하거나 초과할 우려가 있는 시설(토양오염도검사 결과에 따른 정밀조사 시에는 초과한 시설을 말함)의 주변 4방위의 시료채취 지점 중 오염의 우려가 큰 1개 지점 이상과 오염의 확산이 예상되는 일정거리 이격된 지역에서 1개 지점 이상을 선정, 15m 깊이까지 채취하되, 15m 이내에서 암반층이 나타나면 그 깊이까지로 함(심도별 시료채취 지점은 〈표 3〉 참조)

　나. 지하저장시설(반지하 저장시설을 포함)

　　(ㄱ) 표토 및 심토

　　　우려기준을 초과하거나 초과할 우려가 있는 시설(토양오염도검사 결과에 따른 정밀조사 시에는 초과한 시설을 말함)의 주변 4방위와 토양오염의 우려가 있는 지점을 기준으로 오염확

산이 예상되는 일정거리 이격된 지점을 선정하여 깊이 15m까지의 시료를 채취하되, 15m 이내에서 암반층이 나타나면 그 깊이까지로 함. 다만, 저장시설의 바닥이 깊이 15m를 초과한 위치에 설치된 경우 저장시설 하부 5m 이상까지로 하되, 2.5m 이내 간격으로 1점 이상의 시료를 추가로 채취(심도별 지점 수는 〈표 3〉 참조)

ⓓ 시료채취방법
가. 토양오염물질 저장시설에 저장조실벽이 있는 경우 그림 3과 같이 4면에서 시료를 채취
나. 여러 개의 토양오염물질 저장 또는 사용시설이 조사대상 지역 내에 분산되어 있을 경우 그림 4와 같이 각각의 시설 외곽 경계선을 기준을 4방위에서 시료를 채취
다. 개황조사 과정에서 저장시설 설치부지 주변지역이 오염될 우려가 있는 경우 인근 부지를 조사 대상에 포함하여야 함

ⓜ 사격장
ⓐ 대상지역 : 사격장으로 사용 중이거나 사용되었던 지역과 주변지역
ⓑ 대상시료 : 토양(표토·심토), 필요 시 지하수와 주변 수계의 하천수를 포함
ⓒ 시료채취 밀도 및 심도
㉠ 표토
시료채취 지점 수는 사격장 부지 및 영향지역의 면적이 10,000㎡이하일 경우에는 1,000㎡ 당 1개 이상의 지점으로 하고, 10,000㎡를 초과할 경우에는 10,000㎡까지는 1,000㎡당 1개 이상의 지점과 10,000㎡을 초과할 때부터는 2,000㎡당 1개 이상의 지점을 선정(시료채취 지점 수 산정은 〈표 2〉 참조)
㉡ 심토
표토 시료 수 3개 지점 당 1개 지점 이상의 비율로 채취(최소 1개 지점 이상)하며, 시료채취 심도는 오염이 확산된 깊이까지로 하되, 1m까지는 0~15㎝, 15~30㎝, 30~60㎝, 60~100㎝에서, 그 이하는 1m 간격으로 각각 1점 이상의 시료를 채취
㉢ 주변 수계
하천 등 지표수에 의한 오염의 수계확산이 우려될 경우 위 표토 및 심토 시료채취 기준에 따라 시료채취
ⓓ 시료채취방법
시료채취는 피탄지를 중심으로 오염특성에 따른 확산가능성을 고려하여 방위별로 시료를 채취하며, 수계확산 우려지역의 경우 주오염원인 피탄지를 기점으로 하천에 인접한 부지에 대하여 오염원의 특성과 수계 상황 등을 고려하여 거리별로 시료를 채취

ⓗ 기타 지역
ⓐ 대상지역 : 유류사고 지역 등 토양오염물질 유출로 인한 토양오염발생 가능지역
ⓑ 대상시료 : 토양(표토·심토), 오염확산의 우려 등 필요한 경우 지하수 및 주변수계의 하천수 등을 포함

ⓒ 시료채취 밀도 및 심도
　가. 표토
　　시료채취 지점 수는 오염가능지역의 면적이 1,000㎡ 이하일 경우에는 500㎡당 1개 지점 이상으로 하고, 1,000㎡를 초과할 경우에는 1,000㎡까지는 500㎡당 1개 이상의 지점과 1,000㎡을 초과할 때부터는 1,000㎡당 1개 이상의 지점을 선정(시료채취 지점 수 산정은 〈표 4〉 참조). 다만, 토양오염물질 유출 등의 사고가 발생된 지역은 유출 및 확산우려 지역을 대상으로 시료를 채취
　나. 심토
　　㉠ 오염사고 발생지역
　　　사고로 토양오염물질이 누출된 경우 누출 및 확산우려 지역을 중심으로 지질특성을 고려하여 시료채취 깊이를 2m 이상으로 하되, 2m까지는 50㎝, 2m 초과 지점은 1m 간격으로 시료를 채취
　　㉡ 기타 지역
　　　표토 시료 수 3개 지점 당 1개 지점 이상의 비율로 채취(최소 1개 지점 이상)하며, 그 깊이는 지표면에서 15m 깊이까지로 하여 2.5m 이내 간격으로 1점 이상씩 시료를 채취하고, 15m 이내에 암반층이 나타나면 그 깊이까지로 함(〈표 3〉참조).
ⓓ 시료채취방법 : 시료채취는 오염가능성이 큰 지점을, 토양오염물질 운송차량 전복 등 오염사고 발생지역은 오염물질 유출지역을 중심으로 시료를 채취

③ 상세조사(정밀조사)

개황조사 결과 우려기준을 초과하거나 오염이 우려되는 농도(중금속과 불소는 우려기준의 70%, 그 밖의 오염물질은 우려기준의 40%를 초과하는 농도를 말한다. 이하 같다)에 해당하는 지역과 심도를 대상으로 상세조사를 실시한다.

㉠ 광산활동 관련지역
　ⓐ 대상시료
　　가. 토양(표토 및 심토)
　　나. 농업용수 : 3~8지점 (조사면적을 감안하여 조정)
　　다. 수로저질 : 3~8지점 (농업용수와 동일 지점)
　　라. 광재 : 2점
　　마. 갱내수 : 갱구 당 1점
　ⓑ 시료채취 밀도 및 심도
　　가. 토양
　　　㉠ 표토(0~15㎝) 시료는 조사대상 지역에 대하여 1,500㎡당 1개 지점 이상을 선정하여 채취
　　　㉡ 심토는 표토 시료 수 3개 지점 당 1개 지점 이상의 비율로 하되, 오염이 우려되는 농도의 깊이까지로 하며, 깊이별로 시료는 0~15㎝, 15~30㎝, 30~60㎝, 60~100㎝, 1m 초과 시 50㎝ 간격으로 채취

ⓒ 1m 깊이까지 시료채취 시 1m 이내에 암반층이 나타나면 그 깊이까지로 함.

ⓔ 대상지역의 오염상황에 따라 필요할 경우 시료채취 밀도를 높일 수 있으며 개황조사 지점과 중복되지 아니하여야 함

나. **농업용수 등 기타**
오염위치, 오염물질 확산방향 등 현장여건을 고려하여 오염여부를 확인할 수 있는 적정한 지점을 선정하여 시료를 채취

ⓒ 시료채취방법

가. 시료채취는 면적 1,500㎡(약 500평)당 1개 이상의 지점을 선정

나. 심토의 시료는 정밀조사 대상 면적에서 일정한 거리간격으로 채취

다. 그 밖의 사항은 개황조사 방법에 따름

ⓒ 폐기물 매립 및 재활용지역

ⓐ 대상시료 : 토양, 지하수(필요시 매립 또는 재활용 폐기물 포함)

ⓑ 시료채취 밀도 및 심도

가. 토양 : 조사대상 지역이 10,000㎡ 이하일 경우에는 500㎡당 1개 이상 지점으로 하고, 10,000㎡를 초과할 경우에는 10,000㎡까지는 500㎡당 1개 이상의 지점과 10,000㎡를 초과할 때부터 1,000㎡ 초과할 때부터 1개 이상의 지점을 선정

나. 지하수 : 지하수의 흐름방향을 고려하여 평지의 경우 6개 지점 이상, 구배가 있는 지형일 경우 지하수 흐름 하류방향 3개 지점 이상에 간이 관측정을 설치. 기존 관측정이 있을 경우에는 이를 이용. 지하수는 지하수위를 기준으로 그 이하까지 간이 관측정을 설치하여 지하수를 채취하고 사용 후에는 양질의 토사로 되메움하여야 함. 다만 암반층까지 굴착하여도 지하수가 나타나지 않을 경우 지하수 조사는 제외

다. 시료채취 심도 : 개황조사 결과 오염이 우려되는 농도의 깊이까지 채취하되, 암반층이 나타나면 해당 지점에서는 그 깊이까지로 함

ⓒ 시료채취방법

가. 시료채취 깊이는 1m 간격으로 1점 이상의 시료를 채취

나. 그 밖의 사항은 개황조사 방법에 따름

ⓒ 산업지역

ⓐ 대상 시료 : 토양, 지하수(필요시 하천수 포함)

ⓑ 시료채취 밀도 및 심도

가. 토양 : 조사대상 지역이 1,000㎡ 이하일 경우 100㎡에 1개 이상의 지점으로 하고, 1,000㎡를 초과하는 경우에는 1,000㎡까지는 100㎡당 1개 이상의 지점과 1,000㎡를 초과할 때부터 500㎡당 1개 이상의 지점을 선정

나. 지하수 : 개황조사 결과에 따른 토양오염도를 고려하여 3개 이상 지점에 지하수위를 기준으로 그 이하까지 간이 관측정을 설치하여 지하수를 채취하고 사용 후에는 양질의 토사로 되메움하여야 함. 다만, 암반층까지 굴착하여도 지하수가 나타나지 않을 경우 지하수 조사는 제외

다. 시료채취 심도 : 개황조사 결과 오염이 우려되는 농도의 깊이까지 채취하며, 암반층이 나타나면 해당 지점에서는 그 깊이까지로 함

ⓒ 시료채취방법

가. 개황조사 결과 토양오염도가 지하수의 흐름방향에 따라 일정하게 나타날 경우에는 대상지역을 중심으로 조사밀도를 높여 시료를 채취

나. 시료채취 간격 : 토양시료는 깊이 1m 간격으로 시료를 채취

다. 그 밖의 사항은 개황조사 방법에 따름

② 유류 및 유독물 등 저장시설

ⓐ 대상시료 : 토양, 지하수(필요시 하천수 포함)

ⓑ 시료채취 밀도 및 심도

가. 토양 : 조사대상 지역이 1,000㎡ 이하일 경우 75㎡에 1개 이상의 지점으로 하고, 1,000㎡를 초과하는 경우 1,000㎡까지는 75㎡당 1개 이상의 지점과 1,000㎡를 초과하는 경우 300㎡당 1개 이상의 지점을 선정

나. 지하수 : 개황조사 결과에 따른 토양오염도를 고려하여 3개 이상 지점에 지하수위를 기준으로 그 이하까지 간이 관측정을 설치하여 지하수를 채취하고 사용 후에는 양질의 토사로 되메움하여야 함. 다만, 암반층까지 굴착하여도 지하수가 나타나지 않을 경우 지하수 조사는 제외

다. 채취심도 : 토양시료는 개황조사 결과 오염이 우려되는 농도의 깊이까지 채취하며, 암반층이 나타나면 해당 지점에서는 그 깊이까지로 함

라. 특정토양오염관리대상시설에 대해 개황조사를 생략하고 정밀조사를 실시하는 경우에는 우려기준 초과지점과 오염확산 등을 고려하여 오염현황을 파악할 수 있는 상당거리 이격된 지점 1개 이상을 선정, 개황조사의 심토 채취방법에 따라 시료를 채취하여 지질 및 오염현황을 분석하여야 함

ⓒ 시료채취방법

가. 개황조사 결과 토양오염도가 지하수의 흐름방향에 따라 일정하게 나타날 경우에는 대상지역을 중심으로 조사밀도를 높여 시료를 채취

나. 시료채취 간격 : 토양시료는 깊이 1m 간격으로 채취하여야 함

다. 그 밖의 사항은 개황조사 방법에 따름

㉤ 사격장

ⓐ 대상시료 : 토양, 지하수(필요시 하천수 및 수로저질 등 포함)

ⓑ 시료채취 밀도 및 심도

가. 토양 : 조사대상 지역이 10,000㎡ 이하일 경우 500㎡ 당 1개 이상 지점으로 하고, 10,000㎡를 초과할 경우에는 10,000㎡까지는 500㎡당 1개 이상의 지점과 10,000㎡을 초과할 때부터는 1,000㎡당 1개 이상의 지점을 선정

나. 지하수 : 개황조사 결과에 따른 토양오염도를 고려하여 3개 이상 지점에 지하수위를 기준으로 그 이하까지 간이 관측정을 설치하여 지하수를 채취하고 사용 후에는 양질의 토사로 되메움하

여야 함. 다만, 암반층까지 굴착하여도 지하수가 나타나지 않을 경우 지하수 조사는 제외
다. **채취심도** : 토양시료는 개황조사 결과 오염이 우려되는 농도의 깊이까지 채취하며, 암반층이 나타나면 해당 지점에서는 그 깊이까지로 함
ⓒ **시료채취방법**
가. 개황조사 결과 토양오염도가 지하수의 흐름방향에 따라 일정하게 나타날 경우에는 대상지역을 중심으로 조사밀도를 높여 시료를 채취
나. **시료채취 간격** : 토양시료는 오염우려 깊이 1m까지는 0~15㎝, 15~30㎝, 30~60㎝, 60~100㎝에서, 그 이하는 50㎝ 간격으로 각각 1점 이상씩 채취
다. 그 밖의 사항은 개황조사 방법에 따름

ⓑ **기타 지역**
ⓐ **대상시료** : 토양, 지하수, 필요시 하천수 포함
ⓑ **시료채취 밀도 및 심도**
가. **토양** : 조사대상 지역이 1,000㎡ 이하일 경우에는 100㎡당 1개 지점 이상으로 하고, 1,000㎡를 초과할 경우에는 1,000㎡까지는 100㎡당 1개 이상의 지점과 1,000㎡을 초과할 때부터는 500㎡당 1개 이상의 지점을 선정. 다만, 토양오염물질 운송차량의 전복, 지상저장시설의 파손 등 오염사고 발생지역은 75㎡당 1개 이상의 지점을 선정
나. **지하수** : 개황조사 결과에 따른 토양오염도를 고려하여 3개 이상 지점에 지하수위를 기준으로 그 이하까지 간이 관측정을 설치하여 지하수를 채취하고 사용 후에는 양질의 토사로 되메움하여야 함. 다만 암반층까지 굴착하여도 지하수가 나타나지 않을 경우 지하수 조사는 제외
다. **채취심도** : 토양시료는 개황조사 결과 오염이 우려되는 농도의 깊이[개황조사가 생략된 경우 ⓒ 다. 에 따라 확인된 깊이]까지 채취하며, 암반층이 나타나면 해당 지점에서는 그 깊이까지로 함
ⓒ **시료채취방법**
가. 개황조사 결과 토양오염도가 지하수의 흐름방향에 따라 일정하게 나타날 경우에는 대상지역을 중심으로 조사밀도를 높여 시료를 채취
나. **시료채취 간격** : 토양시료는 깊이 1m 간격으로 채취. 다만, 운반차량의 전복, 지상저장시설의 파손 등 오염사고 발생지역은 50㎝ 간격으로 채취
다. 유류 오염사고가 발생된 지역으로 개황조사를 생략하고 정밀조사를 실시하는 경우 오염물질이 바로 유출된 지점과 오염물질의 확산으로 오염이 우려되는 최대거리 등 2개 지점 이상을 선정, 4m 이상 깊이까지 시료를 채취하여 오염심도 등을 조사하여야 함
라. 그 밖의 사항은 개황조사 방법에 따름

④ **공통사항**
㉠ 시료채취 등 조사지점 선정에 대하여 개황조사 또는 정밀조사 방법에서 별도의 규정이 없는 경우에는 시료채취밀도를 고려하여 "고정격자법" 또는 "임의격자법"에 준하여 선정하는 것을 원칙으로 함. 다만, 조사지점에 건물 등 지장물이 위치하여 시료채취가 불가능한 등 불가피한 경우 일부 지점의 위치를 조정하여 선정 가능

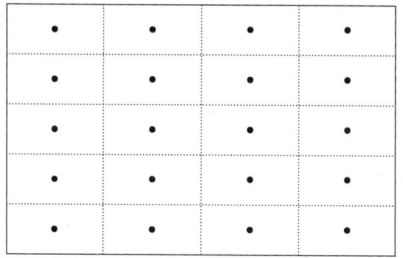 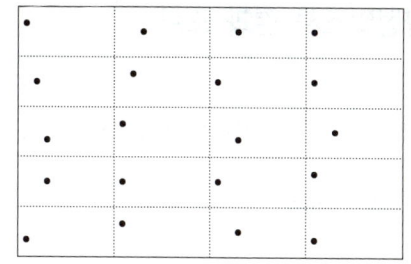

〈고정격자법〉   〈임의격자법〉

ⓒ **시료량, 시료의 운반 및 보관** : 토양오염공정시험기준과 수질오염공정시험기준 및 폐기물공정시험기준에서 규정한 시료채취 및 보관 방법 등을 따름

ⓒ **분석방법** : 항목별 분석방법 및 계산과정은 시험기록부에 기록
  ⓐ **토양(수로주변 및 하부저질 포함)** : 토양오염공정시험기준
  ⓑ **농업용수, 갱내수, 지하수** : 수질오염공정시험기준
  ⓒ **광재 등 폐기물** : 폐기물공정시험기준
  ⓓ 시료는 토양오염공정시험기준 ES 07130 시료의 채취 및 조제 중 2.1 일반지역의 기준에 따라 채취

ⓔ **정화대상 오염토양 산정방법** : 토양정밀조사 결과 오염물질의 종류, 오염물질별 오염범위 및 오염심도를 기준으로 오염물질별 정화 대상 량을 산정

ⓜ **시료채취 지점도 및 오염분포도 작성**
  ⓐ 축적 1/500(조사범위가 40,000㎡ 이상인 경우에는 1/5,000) 지도에 시료채취 지점 표기
  ⓑ 우려기준 초과 물질에 대한 오염지도를 작성
  ⓒ 오염등급을 4등급으로 구분·작성(별표 참조)
  ⓓ 오염지도 축적은 시료채취 지점도와 동일한 것 사용(기준초과 지역에 대해서는 오염지도에 지번, 지적자료 첨부)

ⓗ 시료채취, 굴착 등 조사 상황을 확인할 수 있는 사진 등의 자료 확보

ⓢ **기록유지** : 시료채취기록부 및 시험기록부(3년간 보관하되, 전자거래기본법에 의한 전자문서로 보관 가능)

ⓞ 토양오염조사기관이 지중탐사장비를 보유하고 있을 경우 개황조사 시 이를 활용하여 오염원으로부터 거리별 채취지점과 지점별 채취심도를 선정하는 등 조사에 활용 가능

ⓩ 토양정밀조사를 위해 필요한 경우 토양의 이화학 특성분석, 현장 수리시험 등을 실시할 수 있음

## 2 토양정밀조사 결과 조치

### (1) 토양정밀조사 결과보고서 작성

① 조사 개요
- ⓘ 과업 명
- ⓛ 조사의 배경과 목적
- ⓒ 조사 기간 : ⓐ 현장 시료채취(개황조사와 정밀조사 기간 구분)
  - ⓑ 시료분석 및 평가
- ⓔ 조사 참여자 명단(시료채취와 분석, 평가 등으로 구분)

② 조사결과
- ⓘ 주변지역의 실태(거주인구, 가구 수, 농경지 현황 등)를 요약기술
- ⓛ 오염원으로 나타난 시설의 규모(종류, 발생량, 적치량, 용량 등)와 위치를 지도(A4)에 표시
- ⓒ 토양오염도 조사결과는 오염원으로부터 이격거리별로 오염분포도 제시[이격거리, 오염도(평균, 최고, 최저) 등]
- ⓔ 토양, 수질, 폐기물, 대기질, 수로저질 등에 대해서는 조사지점별, 깊이별, 항목별로 일목요연하게 정리하여 제시
- ⓜ 굴착 및 시료채취 등의 현장 작업사진과 시료채취 지점도(토양, 지하수 등) 등 조사관련 자료 첨부
- ⓗ 정밀조사를 일부 조정하여 실시한 경우 그 구체적인 사유를 기재하고 이를 증명할 수 있는 자료를 첨부

> 💡 조사지역에 암반층이 있을 경우 이를 확인할 수 있는 자료(사진 등)를 첨부하여야 함

③ 오염도 등 조사결과에 따른 분석
- ⓘ 오염원의 종류·규모, 오염물질의 종류, 오염정도, 오염기간, 오염범위 및 주변 토지이용실태 등에 따른 종합적인 토양오염상태 및 조사자 의견제시
- ⓛ 정밀조사 결과를 확인된 오염면적과 오염심도를 토대로 오염물질 별 오염토양의 양을 산정하여 제시

④ 토양오염방지 및 오염토양 정화를 위한 방안
- ⓘ 구체적인 토양오염방지를 위한 대책
  - ⓐ 토양 등의 오염범위, 오염정도를 감안하여 대상지역의 토양오염방지를 위한 사업추진 필요성과 구체적인 방법 제시
  - ⓑ 특정토양오염관리대상시설 등 오염을 유발할 가능성이 있는 시설이 있을 경우 적정관리방안 제시
- ⓛ 오염토양의 정화방법 등 정화 대책
  조사지역의 지형, 지질 등 입지상태와 오염물질의 종류 및 오염도를 고려하여 기술적으로 적용 가능한 오염토양 정화방법 등을 비교 제시

⑤ 향후 관리방안 : 오염토양 정화과정과 정화 이후 오염확산 방지를 위한 방안 제시

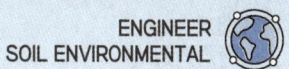

[별표1]

## 오염등급의 구분

| 등급 | 등급기준 | 색 구분 | 예시 |
|---|---|---|---|
| I | 토양오염우려기준의 40%(중금속과 불소는 70%) 이하인 지역 | 흰색 | 4(7) 이하 |
| II | 토양오염우려기준의 40%(중금속과 불소는 70%) 초과부터 토양오염우려기준 이하인 지역 | 녹색 | 4(7) 초과 10 이하 |
| III | 토양오염우려기준 초과부터 토양오염대책기준 이하인 지역 | 노란색 | 10 초과 20 이하 |
| IV | 토양오염대책기준 초과지역 | 빨강색 | 20 초과 |

예시 : 토양오염우려기준이 10mg/kg, 토양오염대책기준이 20mg/kg으로 가정하였을 경우 오염등급 판정

### UNIT 02 토양오염평가

## 1 위해성 평가방법 및 절차

### (1) 위해성평가 방법

① 평가대상지역
  ㉠ 상시측정·토양오염실태조사 또는 토양정밀조사의 결과 우려기준을 넘는 지역 중 오염원인자를 알 수 없거나 오염원인자에 의한 정화가 곤란하다고 인정되는 지역
  ㉡ 토양보전대책지역(이하 "대책지역"이라 한다)에서 오염원인자가 존재하지 아니하거나 오염원인자에 의한 오염토양개선사업의 실시가 곤란하다고 인정되는 지역
    ⓐ 대책기준을 넘는 지역이나 대책기준을 초과하지 아니하더라도 시장·군수·구청장이 대책지역으로 지정해 줄 것을 요청한 지역 중 대책지역으로 지정된 지역
    ⓑ 재배작물중 오염물질함량이 「식품위생법」 중금속잔류허용기준을 초과한 면적이 1만제곱미터 이상인 농경지로서 대책지역으로 지정된 지역
    ⓒ 중금속·유류 등 토양오염물질에 의하여 토양·지하수 등이 복합적으로 오염되어 사람의 건강에 피해를 주거나 환경상의 위해가 있어 특별한 대책이 필요한 지역으로서 대책지역으로 지정된 지역

② 평가대상 오염물질 선정
  ㉠ 토양오염 위해성평가 대상 오염물질은 토양환경보전법의 규정에 따른 다음 각호의 토양오염물질에 한한다.
    ⓐ 유류 : 벤젠, 에틸벤젠, 톨루엔, 크실렌, 석유계총탄화수소(TPH)
    ⓑ 중금속류 : 카드뮴, 구리, 비소, 수은, 납, 6가크롬, 아연, 니켈
  ㉡ 토양오염 위해성평가 대상지역에서 다양한 오염원인 물질이 존재할 경우 발암(의심)물질에 대해 우선적으로 위해성평가를 실시한다. 단, 발암(의심)물질은 벤젠, 비소, 카드뮴(흡입경로), 크롬(흡입경로), 니켈(흡입경로)로 하며, 이외의 물질은 비발암물질로 구분한다.

③ 평가수행자 선정 및 수행
  ㉠ 시·도지사 또는 시장·군수·구청장은 다음 각호의 기관에 토양오염 위해성평가를 의뢰할 수 있다.
    ⓐ 토양관련전문기관과 더불어 위해성평가 전문가를 포함하는 연구기관 및 대학
    ⓑ 기타 환경부 장관이 인정하는 전문가를 포함한 기관
  ㉡ 선정된 평가수행자는 본 지침에 따라 위해성평가를 수행해야 한다.

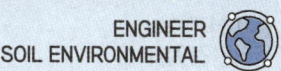

## (2) 위해성평가 수행절차

### ① 위해성평가 절차 및 내용

㉠ 토양오염 위해성평가 수행 절차는 [별표 1]과 같다.

㉡ 토양오염 위해성평가의 내용은 다음 각호와 같다.

ⓐ 오염범위 및 노출농도 결정

ⓑ 노출평가

ⓒ 독성평가

ⓓ 위해도 결정

### ② 오염범위 및 노출농도 결정 : 위해성평가를 위한 대상 토양오염범위를 정하고 노출농도를 결정하기 위하여 다음의 사항을 고려하여야 한다.

㉠ 자료 조사 : 부지내 토양오염물질의 존재를 확인할 수 있는 토지이용도 이력, 과거 토양조사 자료, 오염물질 사용 자료 등을 조사한다.

㉡ 토양시료채취계획 수립

ⓐ 토양오염우려기준을 초과하는 지역에 대해서는 법 제5조제4항에 의해 토양정밀조사를 실시하여야 하며, 토양시료채취밀도, 시료채취방법, 오염분포도 작성 등에 관한 구체적인 사항 및 토양오염 위해성평가를 위한 오염범위 결정에 대한 방법은 환경부고시 제2001-186호(토양정밀조사지침)에 준한다.

ⓑ 토양정밀조사 계획 수립시 [별지 제1호서식]의 "(1) 변동계수", "(2) 시료채취개수"의 과정에 의해 토양오염 위해성평가에 사용될 수 있는 토양정밀조사 시료채취 개수의 타당성을 확인하여야 하며, 토양정밀조사 시료채취 개수가 토양오염 위해성평가에서 요구되는 수량에 미치지 못할 경우에는 해당하는 수량만큼의 토양시료채취지점에 대한 토양조사를 추가로 실시한다.

㉢ 노출농도 결정

ⓐ 토양정밀조사결과로부터 [별지 제1호서식]의 "(3) 토양노출농도 결정" 과정에 의해 상위 95% 신뢰구간에 해당하는 토양노출농도를 결정한다.

ⓑ 결정된 토양노출농도로부터 [별지 제1호서식]의 "(4) 지하수노출농도" 과정에 의해 지하수노출농도를 산정한다.

ⓒ 유류(4개성분)에 대해서는 [별지 제1호서식]의 "(5) 토양공기 휘발노출농도" 과정에 의해 토양노출농도로부터 토양공기 휘발노출농도를 산정한다.

ⓓ [별지 제1호서식]의 "(6) 토양공기 실내유입노출농도"에 의해 토양노출농도로부터 토양공기 실내유입노출농도를 산정한다.

### ③ 노출평가

다양한 노출경로에 의한 토양오염물질의 인체노출량을 계산하고자 할 경우 다음의 사항을 고려하여야 한다.

㉠ 노출경로 결정

ⓐ [별지 제2호서식]에 의해 노출경로를 결정한다. 단, 현장 상황에 따라 필요한 기타 경로를 추가할 수 있다.

ⓑ 중금속류의 노출경로에는 농작물섭취, 지하수섭취, 토양섭취, 토양접촉, 비산먼지 흡입(실내외)만 고려한다.

ⓒ 유류의 노출경로에는 지하수섭취, 토양섭취, 토양접촉, 휘발물질 흡입(실내외)만 고려한다.

㉡ 토지이용도 구분 : 토지이용도는 주거/농업용지와 상업/산업용지로 구분한다.

㉢ 수용체 구분 : 수용체는 성인과 어린이(만 1~6세)로 구분한다.

㉣ 노출경로별 인체노출량 산정 : 결정된 노출경로로부터 [별지 제3호서식]에 의해 노출경로별 인체노출량을 산정하고, 총 인체노출량을 계산한다.

㉤ 농작물 내 오염물질농도 : 가능한 한 실측하여야 하며, 실측이 어려운 경우는 토양-식물간 생물축적계수를 고려하여 계산할 수 있다.

㉥ 노출인자 : 노출인자는 해당 토지이용도 및 수용체에 해당하는 기본값을 선택한다. 다만, 위해성평가 수행자가 현장특이적 노출인자를 사용할 수 있으며 이 경우 명확한 근거를 제시하여야 한다.

④ 독성평가

㉠ 평가대상물질을 발암물질과 비발암물질로 구분한다. 이 지침의 발암위해성평가 대상물질은 발암물질과 발암의심물질(미국 환경청 발암등급상 A와 B, 또는 국제암연구센터 발암등급상 1과 2 등을 고려할 수 있다)을 모두 포함한다.

ⓐ 발암위해도 초과오염물질

(ㄱ) 유류 : 벤젠

(ㄴ) 중금속 : 카드뮴(흡입), 비소, 6가크롬(흡입), 니켈(흡입)

ⓑ 비발암위해도 초과오염물질

(ㄱ) 유류 : 벤젠, 에틸벤젠, 톨루엔, 크실렌

(ㄴ) 중금속 : 카드뮴, 구리, 비소, 수은, 납, 6가크롬, 아연, 니켈

㉡ 물질에 따른 발암계수와 비발암참고치는 노출경로별로 선택한다.

⑤ 위해도 결정

토양오염물질이 인체에 미치는 위해도를 결정하고자 할 경우 다음의 사항을 고려하여야 한다.

㉠ 평가대상물질을 발암물질과 비발암물질로 구분하여 위해도를 각각 계산한다.

㉡ 발암물질의 위해도는 [별지 제3호서식]에 제시된 발암계수와 인체노출평가를 통해 산정된 일일평균 인체노출량의 곱으로 결정된다.

㉢ 비발암물질의 위해도는 [별지 제3호서식]에 제시된 비발암참고치와 인체노출평가를 통해 산정된 일일평균 인체노출량의 비율로 결정된다.

㉣ 허용 가능한 초과발암위해도는 $10^{-6} \sim 10^{-4}$ 의 범위에서 결정하며, 결정된 허용가능한 초과발암위해도보다 계산된 초과발암위해도가 크면 발암 위해성이 있는 것으로 판단한다.

ⓐ 총 초과발암위해도(TCR) > 허용가능한 초과발암위해도($10^{-4} \sim 10^{-6}$) : 발암 위해성이 있는 것으로 판단

ⓑ 총 초과발암위해도(TCR) < 허용가능한 초과발암위해도($10^{-4} \sim 10^{-6}$) : 발암 위해성이 없는 것으로 판단
㉤ 허용가능한 위험지수는 1로 보고 계산된 위험지수가 1보다 크면 비발암 위해성이 있는 것으로 판단한다.
　ⓐ 위험지수(HI) > 1 : 비발암 위해성이 있음
　ⓑ 위험지수(HI) < 1 : 비발암 위해성이 없음

### ⑥ 정화목표치 설정

위해성평가 결과 위해성이 있다고 결정되면 [별지 제4호서식]에 의해 발암 및 비발암 정화목표치를 환경매체별(토양, 지하수 등)로 설정한다. 이 경우 목표위해도값은 허용가능한 초과발암위해도를 결정할 때 사용한 값과 동일한 값을 사용한다. 단, 위해도평가에 따른 정화목표치는 토양오염 대책기준을 초과할 수 없다.

[별표 1]

## 토양오염 위해성평가 수행 절차도

```
┌─────────────────────────┐
│  시료채취계획 수립 및    │
│      노출농도 결정       │
└─────────────────────────┘
             ↓
┌─────────────────────────┐
│        노출경로 선택     │
└─────────────────────────┘
             ↓
┌─────────────────────────┐
│   노출경로별 인체노출량 산정  │
└─────────────────────────┘
             ↓
┌─────────────────────────┐
│        위해도 결정       │
└─────────────────────────┘
             ↓
┌─────────────────────────┐
│       위해성 판단방법     │
└─────────────────────────┘
             ↓
┌─────────────────────────┐
│    정화목표치 계산방법    │
│       (노출경로별)       │
└─────────────────────────┘
```

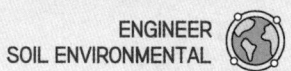

[별표 4]

# 용어정의

- 노출(exposure): 독성물질과 수용체간의 접촉(contact)
- 노출경로(exposure route): 섭취, 흡입, 피부 접촉과 같이 독성물질과 수용체간의 접촉 방법
- 노출농도(exposure concentration): 토양, 지하수, 토양공기 등에 존재하는 오염물질이 인체에 노출되는 농도. 평균농도의 95% 상위신뢰구간에 해당하는 농도로 결정함.
- 노출평가(exposure assessment): 오염물질의 인체노출량을 산정하는 과정으로 노출기간, 노출빈도, 노출경로 등을 결정해야 함.
- 무관찰영향농도(no-observed-effect concentration, NOEC): 대조군과 비교하여 통계적으로 차이점이 관찰되지 않는 오염물질의 최대농도
- 발암계수(slope factor, SF): 발암물질에 대한 저용량-반응관계식의 기울기에서 95%에 해당하는 상한 신뢰도한계
- 불확실성계수(uncertainty factor): 외삽을 위한 불확실성을 고려하기 위한 계수. 경우에 따라 수치가 다름
- 수용체(receptors): 오염물질에 영향을 받는 인체 또는 생태계 구성요소
- 용량(dose): 생물체에 섭취, 흡입, 흡수된 물질의 총량
- 용량-반응평가(dose-response assessment): 노출량과 반응의 관계식을 통해 독성종말점을 결정하는 과정
- 유해성(hazard): 위해성의 원인(sourse of risk)
- 인체노출량(Intake) 또는 일일평균노출량(average daily intake, ADI): 일일평균 단위체중당 인체로 유입되는 오염물질량(mg/kg-day)
- 인체흡수량(Absorbed dose): 노출량 중 혈류로 유입되는 오염물질량(mg/kg-day). 흡수계수를 고려하여 산정됨
- 위해도(risk): 독성물질에 노출됨으로써 악영향을 받게 될 개연성(probability)
- 위해성관리(risk management): 위해성에 대한 정치적, 사회적인 의사결정과정
- 위해성평가(risk assessment): 위해성을 정량적으로 측정하는 과학적인 과정
- 위험비율(hazard quotient): 용량-반응평가를 통해 산출된 참고치(RfD 또는 RfC)와 노출평가를 통해 산정된 일일평균노출량의 비율
- 위험지수(hazard index): 노출경로별 위험비율의 합계. 비발암위해도를 의미
- 접촉율(contact rate): 단위시간당 접촉되는 오염매체량. 통계자료가 있으면 95% 상한치를 사용.
- 토양위해성평가(soil risk assessment): 오염토양에 수용체가 노출됨으로써 발생할 위해도를 정량적으로 결정하는 과정
- 참고농도(reference concentration, RfC): 악영향이 관찰되지 않은 독성물질의 역치농도
- 참고치(reference dose, RfD): 악영향이 관찰되지 않는 독성물질의 역치용량. ADI와 같은 의미이나 미국환경청에서는 RfD를 사용함. 독성물질에 노출된 인체에서의 잠재적인 비발암 효과를 평가한 독성값으로 사용됨
- 총 초과발암위해도(total carcinogenic risk): 노출경로별 초과발암위해도의 합
- 최소관찰영향농도(lowest-observed-effect concentration): 대조군과 비교하여 통계적으로 차이점이 관찰되는 독성물질의 최소농도
- 최적최대농도(reasonable maximum exposure, RME): 오염현장에서 발생 가능한 최대 농도
- 허용가능한 초과발암위해도: ($10^{-6} \sim 10^{-4}$)의 범위에서 결정되는 초과발암위해도
- 허용일일용량(acceptable daily dose, ADD): 악영향이 관찰되지 않는 독성물질의 역치용량

## ❷ 토양환경평가방법 및 절차

토양환경평가는 기초조사, 개황조사, 정밀조사로 구분하여 단계별로 실시한다. 평가방법 및 절차는 다음과 같으며, 토양환경평가 대상부지의 오염개연성 여부에 따라 개황조사 또는 정밀조사를 실시하지 아니하고 토양환경평가를 종료할 수 있다. 다만, 토양오염관리대상시설을 양수 또는 인수한 자가 양수 또는 인수이전에 토양환경평가를 받았다고 하더라도 토양오염관리대상시설의 오염정도가 우려기준 이하인 것을 확인하지 않을 경우 오염원인자에 해당할 수 있다.

### (1) 기초조사

대상부지의 토양오염개연성 여부를 판단하기 위해 자료조사, 현장조사 및 청취조사 등을 실시한다. 오염개연성이 있는 경우 오염가능성이 있는 지역과 오염물질의 종류 등을 추정한다.

① **자료조사** : 대상부지의 토양환경 관련 자료를 검토하여 토양오염 상태를 판단하는 과정으로 다음 사항에 대해 조사한다.

㉠ 일반현황

ⓐ 위치 및 입지조건(대상부지 및 주변지역 지적도 및 지형도, 항공사진, 지하 장애물 등)
ⓑ 연혁 및 토지이용 현황(토지대장, 건축물대장, 인허가 서류, 부지이용이력 등)
ⓒ 시설운영 현황(설비 및 운전 등 생산공정, 취급한 원자재 및 생산품, 사용된 화학약품, 토양오염을 유발할 수 있는 폐수·폐기물·대기·VOC·잔류유해화학물질·오염가능물질의 배출자 신고필증 및 처리·발생현황 등)
ⓓ 대상부지의 소유권에 대한 기록, 감정서 등

㉡ 환경관리

ⓐ 특정토양오염관리대상시설 설치신고서
ⓑ 토양오염도검사 또는 누출검사 자료
ⓒ 대상부지 및 주변지역 지하수 오염도 검사자료
ⓓ 환경오염사고 관련자료(언론보도, 민원발생기록 등)
ⓔ 부지의 굴토 및 복토 등에 관한 자료
ⓕ 오·폐수 및 우수 흐름도
ⓖ 기타 토양오염 상태의 확인에 필요한 자료

② **현장조사**

현장을 방문하여 대상부지의 오염상태를 확인하는 과정으로 다음 사항을 조사한다.

㉠ 토양오염관리대상시설의 설치장소 확인 및 오염물질의 보관상태
㉡ 대상부지와 주변지역의 지형·지질, 식물 생장상태, 토양오염관리대상시설 등
㉢ 오염 예상지역의 누출흔적 및 변색 등 토양오염 징후
㉣ 기타 토양오염 상태를 확인할 수 있는 사항

③ 청취조사

대상부지의 소유자, 관리자, 장기 근무자, 지역 공무원 또는 주변지역 거주자 등과의 접촉을 통하여 토양오염 상태를 확인하는 과정으로 직접 방문하여 면담하거나 전화 또는 서면으로 조사할 수 있다. 청취조사 대상자로는 다음 사항에 대해 알고 있는 자를 선정한다.
- ㉠ 대상부지의 주요 시설현황 및 폐쇄 또는 이전 사항
- ㉡ 오염물질 관리상태
- ㉢ 외부로 알려지지 아니한 오염사고 사례
- ㉣ 기타 토양오염 상태를 확인할 수 있는 사항

④ 평가의견

자료조사, 현장조사 및 청취조사 등의 결과를 종합적으로 평가하여 토양오염의 개연성 여부를 평가하고, 오염개연성이 있는 경우 오염가능성이 있는 지역과 오염물질의 종류 등을 판단한다. 토양환경평가기관은 과학적이고 객관적인 근거에 따라 오염개연성 여부를 [별표 1]의 체크리스트를 참고하여 평가기관의 책임 하에 판단해야하며, 필요한 경우 시료채취 및 분석을 통하여 오염여부를 확인할 수 있다. 기초조사만으로 오염개연성이 없다고 판단될 경우, 다음 단계를 실시하지 아니하고 토양환경평가를 종료할 수 있다.

⑤ 보고서 작성

토양환경평가기관은 예시한 양식에 따라 토양환경평가보고서를 작성하여야 하며, 이 보고서에는 평가의견 등을 객관적으로 입증할 수 있는 자료가 포함되어야 한다.

보고서에는 자료조사, 현장조사 및 청취조사를 수행한 책임자와 토양환경평가기관 장의 서명을 병기하여야 한다.

(2) 개황조사

기초조사 결과 오염개연성이 확인된 지역의 오염물질의 종류와 개략적인 오염범위 등을 확인하기 위해 시료채취 및 분석을 포함하는 개황조사를 실시한다. 필요한 경우, 오염가능 물질의 종류, 건물 등 지장물과 지질여건 등 객관적인 자료를 토대로 평가결과에 영향을 주지 아니하는 범위 내에서 토양환경평가기관의 책임 하에 평가면적, 평가대상 오염물질의 종류, 시료채취 밀도 및 심도를 일부 조정하여 평가를 실시할 수 있다. 평가내용을 일부 조정하여 실시한 경우 토양환경평가기관은 조정사유를 결과보고서에 포함하여 작성하여야 한다.

① 시료채취 방법

㉠ 시료채취 밀도 및 심도

ⓐ 표토(비포장 지역인 경우 지표면 하부 15cm, 포장된 지역인 경우 포장면 하부 15cm까지를 의미한다.) 시료채취 지점수는 오염가능지역의 면적이 500㎡ 이하일 경우에는 5개 이상 지점으로 하고, 1,000㎡까지는 6개 이상의 지점, 1,000㎡을 초과할 때부터는 1,000㎡당 1개 이상의 지점을 추가로 선정한다.

〈표 1〉 시료채취 지점 수 산정기준

| 조사면적 | 시료채취 지점 수 산정기준 | 최소지점 수 |
|---|---|---|
| 면적 ≤ 500m² | 최소 채취지점수 5개 이상 | 5 |
| 500m² < 면적 ≤ 1,000m² | 500m²당 1개 이상 | 6 |
| 1,000m² < 면적 ≤ 2,000m² | 1,000m²를 초과할 때 부터는 1,000m²당 1개 이상 추가 | 7 |
| 2,000m² < 면적 ≤ 3,000m² | | 8 |
| 3,000m² < 면적 ≤ 4,000m² | | 9 |
| ... | | ... |

ⓑ 심토

표토 시료 수 3개 지점 당 1개 지점 이상 비율로 채취(최소 1개 지점 이상)하며, 그 깊이는 원칙적으로 지표면에서 15m 깊이까지로 하여 2.5m 이내 간격으로 1점 이상의 시료를 채취하되, 15m 이내에서 암반층이 나타나면 그 깊이까지로 한다. 다만, 기초조사 결과를 검토하여 지하저장시설이나 배관의 설치깊이 및 폐기물매립 가능성 등을 고려해 심도를 조정할 수 있다. 또한, 효과적인 조사를 위해 필요한 경우 트렌치조사 등을 시행할 수 있다.

ⓒ 유류 및 유독물 등 저장시설이 설치된 경우 지상저장시설과 지하저장시설별로 저장시설과 주변 오염 예상 지역에 대해 시료를 추가로 채취한다.

　가. 지상저장시설

　　㈀ 표토시료 : 저장시설 별로 주변의 4방위 지점 및 일정거리 이격된 지점에서 채취한다.

　　㈁ 심토시료 : 표토시료 채취지점 중 오염우려가 큰 1개 이상의 지점 및 오염확산이 예상되는 일정거리 이격된 1개 이상의 지점에서 15m 깊이까지 채취한다. 15m 이내에서 암반층이 나타나면 그 깊이까지로 한다.

　나. 지하저장시설

　　저장시설 별로 주변의 4방위 지점 및 일정거리 이격된 1개 이상의 지점에서 표토시료 및 15m 깊이까지의 심토시료를 채취한다. 15m 이내에서 암반층이 나타나면 그 깊이까지로 한다. 저장시설의 바닥이 깊이 15m를 초과한 위치에 설치된 경우 저장시설 하부 5m 이상까지로 하되, 2.5m 이내 간격으로 1점 이상의 시료를 추가로 채취한다.

ⓛ 시료채취 지점

　ⓐ 심토의 시료채취 지점은 토양오염물질 저장 또는 사용시설 설치지역 등 토양오염의 우려가 큰 지점을 우선 대상으로 선정한다.

　ⓑ 토양오염물질 저장시설에 저장조실벽이 있는 경우 저장조실벽 외부로의 누출을 고려하여 시료채취 지점을 선정한다.

　ⓒ 여러 개의 토양오염물질 저장시설 또는 토양오염물질 사용시설이 대상지역 내에 분산되어 있을 경우 각각의 시설 외곽 경계선을 기준으로 4방위에서 시료를 채취한다.

　ⓓ 기타 일반사항은 토양오염공정시험기준을 따른다.

② 평가의견

시료채취 결과를 종합적으로 평가하여 토양오염의 여부를 평가한다. 토양오염우려기준을 초과하거나 오염이 우려되는 농도(중금속과 불소는 우려기준의 70%, 그 밖의 오염물질은 우려기준의 40%를 초과하는 농도)를 초과하는 등 오염이 있는 경우 오염이 있는 지역과 오염물질의 종류 등을 판단한다. 개황조사만으로 오염이 없다고 판단될 경우, 다음단계를 실시하지 아니하고 토양환경평가를 종료할 수 있다.

③ 보고서 작성

토양환경평가기관은 양식에 따라 토양환경평가 개황조사보고서를 작성하여야 한다. 토양오염이 확인되어 정밀조사를 시행하는 경우 개황조사보고서를 별도로 작성하지 않을 수 있다.

### (3) 정밀조사(상세조사)

개황조사결과 토양오염우려기준을 초과하거나 오염이 우려되는 농도(중금속과 불소는 우려기준의 70%, 그 밖의 오염물질은 우려기준의 40%를 초과하는 농도)를 초과하는 등 오염이 확인된 부지에 대해 오염물질의 종류 및 농도, 오염면적 및 범위를 평가하여 오염특성과 현황을 파악할 수 있도록 충분한 정보를 제시하도록 한다. 토양환경평가기관은 대상부지 및 오염물질의 특성과 확산 등을 고려해 시료채취 밀도와 심도 및 방법을 조정할 수 있다. 필요한 경우 대상부지 내의 지하수 오염도를 조사·분석할 수 있다.

① 기초조사 보고서 및 기존자료의 검토

대상부지와 주변지역의 오염특성과 현황을 구체적으로 파악하기 위해, 기초조사 및 개황조사 보고서와 기존 자료를 검토한다.

② 시료채취 및 분석방법

대상부지의 토양환경을 객관적으로 조사할 수 있도록 시료채취 및 시료의 운반·보관 등 시료채취계획을 수립한다.

㉠ 시료채취 밀도 및 심도

ⓐ 토양

가. 조사대상 지역이 1,000㎡ 이하일 경우 100㎡에 1개 이상의 지점으로 하고, 1,000㎡를 초과하는 경우에는 1,000㎡까지는 100㎡당 1개 이상의 지점과 1,000㎡를 초과할 때부터 500㎡당 1개 이상의 지점을 선정한다.

나. 개황조사 결과 토양오염도가 지하수의 흐름방향에 따라 일정하게 나타날 경우에는 대상지역을 중심으로 조사밀도를 높여 시료를 채취한다.

다. 개황조사 결과 오염이 우려되는 농도의 깊이까지 1m 심도 간격으로 채취하며, 암반층이 나타나면 해당 지점에서는 그 깊이까지로 한다.

라. 기타 일반사항은 토양오염공정시험기준 및 개황조사방법을 따른다.

ⓑ 지하수

　　지하수 구배를 확인하기 위해 오염이 예상되는 지역의 지하수 흐름방향 상류 쪽에 최소한 1개의 관측정을 위치시키고, 하류에 2개 이상의 관측정을 설치한다. 관측정 사용 후에는 케이싱과 스크린을 제거하고 그라우트 실 등으로 되메우는 등 적정한 절차에 따라 폐공처리한다.

　ⓒ 시료량, 시료의 운반 및 보관

　토양오염공정시험기준과 수질오염공정시험기준 및 폐기물공정시험기준에서 규정한 시료채취 및 보관방법 등을 따른다.

　ⓒ 안전 및 위생

　조사자 개개인의 건강과 안전을 확보할 수 있는 작업계획을 수립한다.

　② 시료분석

　채취된 시료에 존재할 것으로 예상되는 오염물질을 검출할 수 있도록 오염현황을 분석한다. 토양오염물질에 대해서는 토양오염공정시험기준에 따라 분석하되, 국내법 규정에 없는 오염물질에 대해서는 필요시 국제적으로 공인된 시험방법에 따른다. 항목별 분석방법 및 계산과정은 시험기록부에 기록한다.

　　ⓐ 토양(수로주변 및 하부저질 포함) : 토양오염공정시험기준
　　ⓑ 농업용수, 갱내수, 지하수 : 수질오염공정시험기준
　　ⓒ 광재 등 폐기물 : 폐기물공정시험기준
　　ⓓ 시료는 토양오염공정시험기준 ES 07130 시료의 채취 및 조제 중 2.1 일반지역의 기준에 따라 채취한다.
　　ⓔ 기타 정확한 토양환경평가를 위해 토양의 이화학 특성분석, 현장 수리시험 등 필요한 사항에 대한 분석을 실시할 수 있다.

　⑩ 정도관리(QA/QC)

　분석된 자료의 신뢰성과 정확성을 보증할 수 있는 적정한 정도관리를 실시한다. 정도관리에는 시료채취방법, 채취장비 및 측정분석장비의 관리 및 기기보정, 시료·바탕시료 및 표준물질의 조제 등에 관한 제반 사항이 포함되어야 한다.

③ **평가 및 조사결과 해석**

　㉠ 조사결과의 확인

　시료에서 검출된 오염물질이 실제로 대상부지에서 폐기 또는 누출된 오염물질에 의한 것인지 아니면 자연적인 현상이나 그 밖에 원인에 의한 것인지를 평가한다.

　㉡ 오염토양 산정

　오염물질의 종류, 오염물질별 오염범위 및 오염심도를 기준으로 오염물질별 정화대상 오염토양을 산정한다.

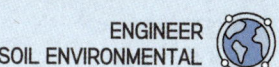

ⓐ **시료채취 지점도 작성** : 축적 1/500(조사범위가 40,000㎡ 이상인 경우에는 1/5,000) 지도에 시료채취 지점을 표기한 시료채취 지점도를 작성한다.

ⓑ **오염분포도 작성** : 시료채취 지점도와 동일한 축적으로 우려기준 초과 물질에 대한 오염지도를 작성한다. 오염등급을 4등급으로 구분하여 작성한다.(별표 참조)

ⓒ **조사결과 해석** : 양도인 또는 양수인이 조사결과에 대한 추가적 평가를 요구할 때 그 타당성 여부를 결정한다.

④ **보고서 작성**

토양환경평가기관은 [별표 4]에서 예시한 양식에 따라 토양환경평가(정밀조사)보고서를 작성하여야 하며, 보고서에는 다음과 같은 사항이 포함되어야 한다.

㉠ 기본요건

최종보고서는 과학적인 구성요소 · 학술적인 서술 · 명확하고 정확한 기술 등 3가지 조건을 갖추어야 한다.

㉡ 보고서

ⓐ 요약문    ⓑ 서론
ⓒ 배경      ⓓ 조사방법
ⓔ 결과      ⓕ 평가의견
ⓖ 고찰      ⓗ 부록

㉢ 기타

추가적인 상세 평가의견, 추가평가를 위한 권고사항, 복원기술 및 복원비용 산정 등에 대해서는 양도인 또는 양수인이 동의하면 보고서에 포함시킬 수 있다.

## 기출문제로 다지기 — CHAPTER 02 토양오염 조사 및 평가

**01** 토양정밀조사의 세부방법 가운데 오염토양정화 및 토양오염방지를 위한 조치가 필요한 지역의 오염물질 종류, 오염면적 및 오염범위 등을 파악하기 위한 사전 개략조사는?

① 개황조사  ② 기초조사
③ 상황조사  ④ 자료조사

**02** 토양환경평가를 수행한 결과 오염면적이 40,000m² 인 것으로 나타났으며, 오염깊이는 1m인 것으로 조사되었다. 이 지역의 오염토양량(m³)은?

① 40,000  ② 50,000
③ 60,000  ④ 80,000

[해설] 부피 = 높이 × 면적 = $1m \times 40,000m^2 = 40,000m^3$

**03** 토양정밀조사지침에 의한 기초조사 내용에 포함되지 않는 것은?

① 토지사용 이력조사
② 시설내역조사
③ 오염물질 성상 확인 및 분석
④ 오염물질의 진행방향 및 오염범위 추정

[해설] 기초조사에서 오염물질의 분석은 이루어지지 않는다.
[토양정밀조사지침에 의한 기초조사]
(1) 토지사용 이력 및 오염현황 조사
(2) 시설내역조사
(3) 현지 확인조사(토양오염물질의 성상, 오염물질의 확산방향 및 오염범위의 추정)

**04** 광산활동지역에 대한 개황조사를 실시하는 경우 채취해야 할 총 시료의 수(개)는? (광산활동지역의 조사면적은 170,000m²)

① 9   ② 10
③ 11  ④ 12

[해설] [광산활동 관련지역의 시료채취 지점 수 산정기준]

| 조사 면적 | 시료채취 지점 수 산정기준 | 최소지점 수 |
|---|---|---|
| 면적 ≤ 10,000㎡ | 10,000㎡당 1개 이상 | 1 |
| 10,000㎡ < 면적 ≤ 20,000㎡ | | 2 |
| : | | : |
| 90,000㎡ < 면적 ≤ 100,000㎡ | | 10 |
| 100,000㎡ < 면적 ≤ 150,000㎡ | 100,000㎡까지는 10,000㎡당 1개 이상과 100,000㎡를 초과할 때부터는 50,000㎡당 1개 이상 추가 | 11 |
| 150,000㎡ < 면적 ≤ 200,000㎡ | | 12 |
| 200,000㎡ < 면적 ≤ 250,000㎡ | | 13 |
| : | | : |

**05** 토양오염 위해성평가 시 유류의 노출경로에 해당되지 않는 것은?

① 지하수섭취  ② 토양섭취
③ 농작물섭취  ④ 토양접촉

[해설] 유류의 노출경로 : 지하수섭취, 토양섭취, 토양접촉, 휘발물질 흡입(실내외)

정답 01. ①  02. ①  03. ③  04. ④  05. ③

**06** 토양정밀조사의 단계별 조사와 내용으로 틀린 것은?

① 기초조사 : 자료조사, 청취조사 및 현지조사 등을 통하여 토양오염 가능성 유무를 판단하기 위한 조사
② 개황조사 : 오염토양 개선대책이 요구되는 지역의 오염면적 및 오염범위를 파악하기 위한 사전 개략조사
③ 정밀조사 : 개황조사결과 토양오염 우려기준을 초과하거나 이에 근접하는 지역에 대한 정밀조사
④ 실태조사 : 토양오염이 우려되는 지역에 대한 오염실태 평가를 위한 조사

**07** 토양오염 우려기준 및 대책기준 중 1지역에 해당하지 않는 것은?

① 광천지  ② 학교용지
③ 묘지   ④ 종교용지

해설 종교용지는 2지역에 해당한다.

**08** 토양오염 위해성 평가지침에 의한 평가대상 오염물질이 아닌 것은?

① 벤젠  ② 톨루엔
③ 크롬  ④ 아연

해설 토양오염 위해성 평가지침에 의한 평가대상 오염물질
㉠ 발암위해도 초과오염물질
• 유류 : 벤젠
• 중금속 : 카드뮴(흡입), 비소, 6가크롬(흡입), 니켈(흡입)
㉡ 비발암위해도 초과오염물질
• 유류 : 벤젠, 에틸벤젠, 톨루엔, 크실렌, TPH
• 중금속 : 카드뮴, 구리, 비소, 수은, 납, 6가크롬, 아연, 니켈

**09** 오염개연성이 확인된 산업단지에 대한 토양환경평가 개황조사 계획을 수립하고자 한다. 조사면적에 대한 시료채취 지점수량 선정이 잘못된 것은?

① 면적(m²) : 400, 최소 지점수(개) : 4
② 면적(m²) : 600, 최소 지점수(개) : 6
③ 면적(m²) : 1400, 최소 지점수(개) : 7
④ 면적(m²) : 2800, 최소 지점수(개) : 8

해설 면적(m²) : 400, 최소 지점수(개) : 5

| 조사면적 | 시료채취 지점 수 산정기준 | 최소 지점 수 |
|---|---|---|
| 면적 ≤ 500m² | 최소 채취지점수 5개 이상 | 5 |
| 500m² < 면적 ≤ 1,000m² | 500m²당 1개 이상 | 6 |
| 1,000m² < 면적 ≤ 2,000m² | 1,000m²를 초과할 때부터는 1,000m²당 1개 이상 추가 | 7 |
| 2,000m² < 면적 ≤ 3,000m² | | 8 |
| 3,000m² < 면적 ≤ 4,000m² | | 9 |
| … | | … |

**10** 토양오염 정밀조사결과보고서에 수록되는 시료채취 지점도 및 오염분포도에 표기되어 있는 축척은?

① 축척 1/500(조사범위가 20,000m² 이상인 경우에는 1/5000) 지도에 시료채취 지점 표기
② 축척 1/2500(조사범위가 20,000m² 이상인 경우에는 1/5000) 지도에 시료채취 지점 표기
③ 축척 1/500(조사범위가 40,000m² 이상인 경우에는 1/5000) 지도에 시료채취 지점 표기
④ 축척 1/500(조사범위가 40,000m² 이상인 경우에는 1/2500) 지도에 시료채취 지점 표기

정답  06. ④  07. ④  08. ③  09. ①  10. ③

**11** 토양정밀조사결과를 오염등급에 따라 4등급(Ⅰ, Ⅱ, Ⅲ, Ⅳ)으로 구분하는 경우, '토양오염대책기준 초과지역'의 등급기준을 나타내는 색은?

① 빨강색  ② 청색
③ 노란색  ④ 검정색

해설 [오염등급의 구분]

| 등급 | 등급기준 | 색 구분 | 예시 |
|---|---|---|---|
| Ⅰ | 토양오염우려기준의 40%(중금속과 불소는 70%) 이하인 지역 | 흰색 | 4(7) 이하 |
| Ⅱ | 토양오염우려기준의 40%(중금속과 불소는 70%) 초과부터 토양오염우려기준 이하인 지역 | 녹색 | 4(7) 초과 10 이하 |
| Ⅲ | 토양오염우려기준 초과부터 토양오염대책기준 이하인 지역 | 노란색 | 10 초과 20 이하 |
| Ⅳ | 토양오염대책기준 초과지역 | 빨강색 | 20 초과 |

**12** 토양오염물질 위해성평가의 내용과 가장 거리가 먼 것은?

① 노출평가  ② 영향평가
③ 독성평가  ④ 위해도 결정

해설 [토양오염 위해성평가]
(1) 오염범위 및 노출농도 결정
(2) 노출평가
(3) 독성평가
(4) 위해도 결정
(5) 정화목표치 설정

**13** 토양정밀조사 절차 단계와 가장 거리가 먼 것은?

① 기초조사  ② 지역조사
③ 개황조사  ④ 정밀조사

해설 토양정밀조사는 기초조사, 개황조사, 정밀조사의 순서에 따라 3단계로 실시한다.

**14** 다음의 토양오염 위해성 평가 수행 절차 중 가장 먼저 수행하여야 하는 단계는?

① 위해도 결정  ② 노출경로 결정
③ 조치 계획 작성  ④ 정화 목표치 설정

해설 [토양오염 위해성평가 수행절차]
(1) 시료채취계획 수립 및 노출농도 결정
(2) 노출경로 선택
(3) 노출경로별 인체노출량 산정
(4) 위해도 결정
(5) 위해성 판단방법
(6) 정화 목표치 계산방법

**15** 토양환경평가방법 및 절차 단계 중 1단계(기초조사)에서 이루어지는 과정의 내용과 가장 거리가 먼 것은?

① 조사계획 수립  ② 자료 조사
③ 방문 조사  ④ 청취 조사

해설 기초조사는 자료조사, 현장조사, 청취조사로 이루어진다.

정답 11. ① 12. ② 13. ② 14. ② 15. ①

> **꿈은**
> 날짜와 함께 적으면 목표가 되고,
> 목표를 잘게 나누면 계획이 되며,
> 계획을 실행에 옮기면 꿈은 실현된다.

― 그레그 ―

### 들어가며

안녕하세요. 잘 지내셨나요? 토양환경의 꽃, 3과목을 시작합니다. 이 과목은 모든 정화기술의 공정을 이해하고 있으셔야만, 필기시험의 고득점뿐만 아니라 이후에 있을 실기시험에도 아주 유리하므로 입체적인 이해를 권장드립니다. 여기서 입체적인 이해란 각각의 정화기술을 학습하면서 정화되는 과정을 동영상을 보듯 머릿속에서 재생시키며 이해해보는 것을 말합니다. 그럼 지금부터 동영상의 재생버튼을 누르겠습니다.

# PART 3

# 제 3 과 목
# 토양 및 지하수 오염 정화기술

**01**
복원기술의 개요

**02**
토양오염 정화기술

# 01 복원기술의 개요
**CHAPTER**

> 오염된 토양 및 지하수를 처리하는 방법은 장소와 굴착유무, 처리공정, 오염물질의 위치(포화대, 불포화대)에 따라 분류됩니다.

## UNIT 01 개요

### 1 처리장소
① On site : 오염현장 내 처리
② Off site : 현장 외 처리

### 2 굴착여부
① in-situ : 지중처리, 오염토양 및 지하수를 굴착하거나 양수하지 않고 오염현장 위치에서 그대로 처리
② ex-situ : 지상처리, 오염토양 및 지하수를 굴착하거나 양수하여 오염현장 밖으로 옮겨 처리하는 방법

### 3 오염물질의 위치
① 불포화대 : 지하수위 상부의 오염토양이 그 대상이 되며, 토양처리기술을 적용
② 포화대 : 지하수위 하부의 오염토양이 그 대상이 되며, 지하수처리기술을 적용

### 4 처리공정원리
① 물리·화학적 처리 : 휘발, 세정, 화학적 분해 등 물리·화학적 원리를 이용하여 오염토양을 처리
② 생물학적 처리 : 미생물 및 식물의 생물학적인 원리를 활용하여 오염토양을 처리하는 기술
③ 열적 처리 : 열을 이용하여 오염토양을 처리

## 5 처리방법

① 토양 중의 오염물질을 분해 및 무해화
② 토양으로부터 오염물질을 분리 및 추출
③ 오염물질을 고정화

## 6 토양지하수 복원기술 종류

토양지하수 복원기술은 대부분의 오염부지의 오염물질과 수리지질 특성이 다양하고 복잡하므로 단일 기술보다 여러 가지 복원기술을 복합적으로 조합하는 것이 효과적인 경우가 많습니다.

| 처리공정원리 | 기술명 | 처리위치 | 대상매체 |
| --- | --- | --- | --- |
| 물리·화학적 처리 | 토양세정법(Soil flushing) | in-situ | 토양 |
| | 토양세척법(Soil washing) | ex-situ | 토양 |
| | 토양증기추출법(Soil vapor extraction) | in-situ | 토양 |
| | 안정화 및 고형화(Stabilization/Solidification) | in-situ, ex-situ | 토양 |
| | 용제추출법 | ex-situ | 토양 |
| | 화학산화법(Chemical oxidation) | in-situ, ex-situ | 토양, 지하수 |
| | 투과성반응벽체(Permeable reactive barrier) | in-situ | 지하수 |
| | 동전기법(Electrokinetic separation) | in-situ | 토양, 지하수 |
| 생물학적 처리 | 생물학적 분해법(Biodegradation) | in-situ | 토양, 지하수 |
| | 생물학적 통풍법(Bioventing) | in-situ | 토양 |
| | 바이오파일법(biopile) | ex-situ | 토양 |
| | 토양경작법(Landfarming) | ex-situ | 토양 |
| | 퇴비화법 | ex-situ | 토양 |
| | 식물재배 정화법(phytoremediation) | in-situ | 토양 |
| | 공기공급법(air sparging) | in-situ | 토양, 지하수 |
| | 자연분해법(Natural attenuation) | in-situ | 토양, 지하수 |
| 열적 처리 | 열탈착법(Thermal desorption) | in-situ, ex-situ | 토양 |
| | 소각법 | ex-situ | 토양 |
| | 열분해법 | ex-situ | 토양 |

# UNIT 02  공학계산

## 1 밀도

식 밀도($\rho$) = $\dfrac{질량}{단위부피}$

식 질량 = 밀도 × 부피

식 부피 = $\dfrac{질량}{밀도}$

## 2 차원과 시간의 관계

식 유량(Q) = $A$(면적) × $V$(속도)

식 $A = \dfrac{Q}{V}$

식 $V = \dfrac{Q}{A}$

식 $\forall = Q \times t$

## 3 침강속도와 부상속도

(1) 침강속도

식 $V_s = \dfrac{d_p^{\,2}(\rho_p - \rho)g}{18\mu}$

- $d_p$ : 입자의 직경(입경)
- $\rho$ : 유체의 밀도
- $\mu$ : 유체의 점도
- $\rho_p$ : 입자의 밀도
- $g$ : 중력가속도(9.8m/sec$^2$)

(2) 부상속도식

$$V_b = \frac{d_p^2(\rho - \rho_p)g}{18\mu}$$

- $d_p$ : 입자의 직경(입경)
- $\rho$ : 유체의 밀도
- $\mu$ : 유체의 점도
- $\rho_p$ : 입자의 밀도
- $g$ : 중력가속도(9.8m/sec$^2$)

## 4 darcy 법칙

$$V = \frac{KI}{n}$$

- $V$ : 유속
- $I$ : 동수경사(동수구배) = $\frac{\Delta h (수두차)}{L (길이)}$
- $K$ : 투수계수(수리전도도, m/sec)
- $n$ : 공극률

## 기출문제로 다지기 — CHAPTER 01 복원기술의 개요

**01** 토양정화기술 중에서 Ex-situ 정화기술과 가장 거리가 먼 것은?

① 토양세정법(soil flushing)
② 용제추출법(solvent extraction)
③ 퇴비화법(composting)
④ 할로겐분리법(glycolate dehalogenation)

**해설** 토양세정법은 in-situ 정화기술이다.

**02** 공장 내 토양오염 정밀조사를 위해 토양시료를 깊이 3m 간격으로 채취하였다. 각 깊이별 오염 면적은 지표로부터 3m 깊이까지 500m², 3m 깊이에서 6m 깊이까지 600m², 6m 깊이에서 9m 깊이까지 700m²로 조사되었다. 겉보기 비중이 1.7ton/m³인 오염토양의 총 무게(ton)는?

① 12,420
② 9,180
③ 5,940
④ 7,920

**해설** 총 무게(ton) = 부피 × 밀도 = 면적 × 높이 × 밀도
∴ 총 무게(ton) =
$(500m^2 \times 3m + 600m^2 \times 3m + 700m^2 \times 3m) \times \dfrac{1.7 ton}{m^3} = 9,180 ton$

**03** 지하저장탱크에서 톨루엔이 누출되어 부지조사 결과 탱크 주변의 오염된 토양의 부피가 110m³, 평균 톨루엔 농도가 2,000mg/kg일 때 해당 부지에 오염된 톨루엔의 총 함량(kg)은? (단, 토양의 용적밀도 = 1.5g/cm³)

① 330
② 447
③ 584
④ 640

**해설 식** 총 함량 = 토양의 부피 × 토양밀도 × 오염물질의 농도

• 토양의 용적밀도 = $\dfrac{1.5g}{cm^3} \times \dfrac{1kg}{1000g} \times \dfrac{10^6 cm^3}{1m^3}$
  $= 1500 kg/m^3$

∴ 총 함량 = $110m^3 \times \dfrac{1500kg}{m^3} \times \dfrac{2000mg}{kg} \times \dfrac{1kg}{10^6 mg}$
  $= 330 kg$

**04** 기름으로 오염된 지하수를 1,000m³/day의 유량으로 추출하여 처리하고자 한다. 기름분리를 위한 중력부상식 유수분리조의 최소 표면적(m²)은? (단, 기름 입경 = 0.3mm, 기름 밀도 = 0.92g/cm³, 물 밀도 = 1.0g/cm³, 물 점성도 0.01g/cm·sec, Stokes의 법칙 이용)

① 2.95
② 13.29
③ 26.4
④ 32.9

**해설 식** $V_b = \dfrac{d_p^2 (\rho - \rho_p)g}{18\mu}$

• 기름 입경 = $0.3mm = 0.03cm$
  $V_b = \dfrac{0.03^2 \times (1 - 0.92) \times 980}{18 \times 0.01} = 0.392 cm/\sec$

∴ $A = \dfrac{Q}{V} = \dfrac{1000m^3/day}{0.392cm/\sec} \times \dfrac{100cm}{1m} \times \dfrac{1day}{86400\sec}$
  $= 2.95 m^2$

**정답** 01. ① 02. ② 03. ① 04. ①

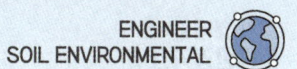

**05** 지중 내 오염운(contaminated plume) 폭 100m, 포화대수층두께 50m, 지반의 평균수리 전도도 0.0036m/h, 동수구배 0.7m/m인 경우 지중 오염운을 이동시키는데 사용된 지하수의 유량($m^3$/h)은? (단, Darcy의 법칙을 이용)

① 388.8  ② 97.2
③ 25.7   ④ 12.6

해설 식 $V = \dfrac{KI}{n}$

- $V = 0.0036 \times 0.7 = 2.52 \times 10^{-3} m/hr$
- $A = W \times H = 100m \times 50m = 5000m^2$
- ∴ $Q = A \times V = 5000 \times 2.52 \times 10^{-3} = 12.6 m^3/hr$

**06** 오염토양을 처리하는 생물학적 기술은?

① 토양경작법   ② 토양세정법
③ 용제추출법   ④ 안정화법

**07** 오염지하수를 2m 두께의 반응벽체로 처리하고자 한다. 지하수 Darcy 속도가 4m/d인 조건에서 반응벽체 내 체류시간을 6시간으로 설계하고자 할 경우 반응벽체의 공극률은?

① 0.40   ② 0.45
③ 0.50   ④ 0.55

해설 식 $V = \dfrac{KI}{n}$

- $V = \dfrac{L}{t} = \dfrac{2m}{6hr} = 0.3333 m/hr = 8 m/day$

$8 m/day = \dfrac{4m/day}{n}$, ∴ $n = 0.5$

**08** TCE로 오염된 지하수를 양수하여 포기조 내에서 공기 분산법으로 제거하는 경우, 포기조 부피가 750$m^3$인 처리장에 1일 3000$m^3$의 오염 지하수가 유입된다면 포기 시간(hr)은?

① 4    ② 6
③ 8    ④ 10

해설 식 $t = \dfrac{\forall}{Q} = \dfrac{750 m^3}{3000 m^3/day} = 0.25 day = 6 hr$

**09** 기름의 입경 0.2mm, 기름의 비중 0.94g/$cm^3$, 물의 비중 1g/$cm^3$, 물의 점성도 0.01g/cm·sec일 때 기름의 부상속도(cm/min)는? (단, Stokes 법칙 이용)

① 5.84   ② 6.84
③ 7.84   ④ 8.84

해설 식 $V_b = \dfrac{d_p^2 (\rho - \rho_p) g}{18 \mu}$

- 기름 입경 $= 0.2 mm = 0.02 cm$
- ∴ $V_b = \dfrac{0.02^2 \times (1 - 0.94) \times 980}{18 \times 0.01} = 0.13 cm/\sec$
  $= 7.84 cm/\min$

**10** 중금속으로 오염된 토양을 pH가 낮은 산용액을 이용하여 중금속을 토양으로부터 분리시켜 처리하는 토양복원 방법은?

① 토양유리화방법(Vitrification)
② 토양세척법(Soil washing)
③ 토양경작법(Soil landfarming)
④ 토양증기추출법(Soil vapor extraction)

**정답** 05. ④  06. ①  07. ③  08. ②  09. ③  10. ②

**11** 양수처리방법으로 오염지하수를 정화하고자 한다. 오염운을 함유하고 있는 대수층 부피는 10,000m³이며 공극률은 0.45이다. 양수펌프의 용량이 500liter/hr일 경우 오염운을 양수하는 데 필요한 시간은?

① 450hr
② 1,000hr
③ 4,500hr
④ 9,000hr

**해설** **식** $t = \dfrac{\forall}{Q}$

- $\forall = 10000m^3 \times 0.45 = 4500m^3$

∴ $t = \dfrac{\forall}{Q} = \dfrac{4500m^3}{500L/hr} \times \dfrac{1000L}{1m^3} = 9000hr$

**정답** 11. ④

# 02 CHAPTER 토양오염 정화기술

## UNIT 01 물리·화학적 정화기술

### 1 물리·화학적 복원기술

**(1) 토양증기추출법(SVE, ISV) – [in-situ]**

① 원리

오염된 토양층(불포화층)에 인위적인 가스추출정을 설치하여 토양을 진공상태로 만들어 준 후 송풍기를 이용하여 휘발성 및 반휘발성 오염물질을 흡인하고 흡인된 가스 중 오염물질은 흡착처리(활성탄, 바이오필터 이용)하여 처리하는 지중처리기술(in-situ)입니다.

> 💡 **장치구성**
> 가스추출정, 진공펌프, 송풍기, 유량계, 조절밸브, 배기가스처리장치, 기액 분리장치

② 영향인자

㉠ 토양투수성에 영향을 미치는 인자 : 고유투수계수, 지하수위, 토양구조 및 지층구조, 수분함량, 토양 pH

ⓐ 오염토양의 고유투수계수 : 투수계수에 따라 오염물질의 이동성이 달라진다.

| 고유투수계수(k, cm$^2$) | 토양증기추출법의 적용성 |
|---|---|
| k ≥ $10^{-8}$ (모래, 실트) | 적합 |
| $10^{-8}$ ≥ k ≥ $10^{-10}$ (실트, 점토) | 부분적 적합 |
| k ≤ $10^{-10}$ (점토질 실트, 점토) | 부적합 |

ⓑ 지하수위 : 토양증기추출법은 지하수위가 3m 이상인 경우에 적용성이 크다.

ⓒ 토양구조 및 지층구조 : 토양 내 미세균열 또는 다층구조의 토양에서는 추출이 정상적으로 진행되기 어렵다.

ⓓ 수분함량 : 과도한 수분함량은 토양투수성을 감소시킨다.

ⓒ 오염물질 휘발성에 영향을 미치는 인자 : 증기압, 오염물질의 구성 및 비등점(끓는점), 헨리 상수
ⓒ 오염물질 분포 : 토양농도, 수중농도, 공기중 농도를 모두 고려하여야 한다.
(토양밀도, 토양농도, 수분함량, 공기함량, 수중 농도, 공기중 농도)

③ 특징

ⓐ 휘발성이 큰 휘발유, 항공유, BTEX에 잘 적용됩니다. (경유, 난방유, 윤활유는 어려움)
ⓑ 매립지의 가스제거, 저하저장탱크의 누출물질제거, 유해 폐기물 오염지역에 많이 이용됩니다.
ⓒ 초기에는 제거효율이 좋고, 시간이 지남에 따라 휘발성이 낮은 물질이 잔류하므로 제거효율이 감소합니다.
ⓓ 토양의 투수 및 통기가 충분히 확보가능한 경우 적용이 용이합니다. 따라서 입경이 큰 토양일수록 처리효율이 증가합니다.

④ 장단점

| 장점 | 단점 |
|---|---|
| ⓐ 운전효과가 증명되어 있음 | ⓐ 90% 이상 농도 감소 어려움 |
| ⓑ 필요장비의 조달이 용이 | ⓑ 중질유, 중금속, PCB, 다이옥신, PAHs 등의 정화에는 부적합 |
| ⓒ 정화공사 중에도 부지를 활용가능 | ⓒ 저투과성의 토양(미세토양, 수분함량 높은 토양 등)이나 점토질 함량 높은 토양에 효과가 낮음 |
| ⓓ 짧은 복원 기간 | |
| ⓔ 비용이 적절 | ⓓ 유기물의 함량이 많고 매우 건조한 토양은 VOCs의 흡착능이 높아 제거율이 감소 |
| ⓕ 다른 기술과 조합 시 효과 증대 | ⓔ 추출가스의 2차 처리 문제 |
| ⓖ 휘발성이 낮은 유기물질의 생분해 촉진 | ⓕ 배출가스에 대한 기준 필요 |
| | ⓖ 불포화토양에 한하여 적용이 용이 |

⑤ 모니터링

> 💡 **모니터링 항목**
> ⓐ 정화효율 : 관정 내 추출가스 측정(주 1회), 배기가스 처리시설 토출구 측정(일일 2회)
> ⓑ 공정운영 : 공기 추출유량/압력(일일 1회), 영향반경(주 1회), 배관압력 및 밸브 점검(주 1회), 추출관정 상부점검(주 1회)
> ⓒ 부지조건 : 지하수위, 유동유분측정(주 1회)

[출처 : 오염토양 정화공법별 세부시설 및 성능기준 개발연구, 장윤영, 2015]

## (2) 토양세척법(soil washing) - [ex-situ]

① 원리

오염된 토양층을 굴착한 후 적절한 세척제를 사용하여 토양입자에 결합되어 있는 유해한 유기오염물질의 표면장력을 약화시키거나 오염물질을 용해하여 순수토양과 분리시켜 처리하는 기술입니다. 세척제로는 물을 많이 사용하고 첨가제로 pH조절제, 계면활성제, 착화제, 산화제, 응집제 등을 사용합니다.

> 💡 **장치구성**
>
> 파쇄기, 선별기, 분리장치, 혼합 및 추출장치(필요에 따라 선택), 세척액 처리장치(회전형, 교반형(스크류형), 진동형, 유동상형), 대기오염방지장치

② 특징

 ㉠ 채광공정과 폐수처리공정을 응용하여 개발되었다.
 ㉡ 오염물질이 미세토양에 많이 흡착되어 있는 경우 분리 후 토양의 부피가 현저히 감소된다.
 ㉢ 토양입자와 화학적으로 강하게 결합되지 않은 오염물질은 물리적인 방법으로 쉽게 제거된다.
 ㉣ 유기오염물질, 유류 및 중금속 오염에 적용이 가능하다.
 ㉤ 점토, 암반의 비중이 높아 투수성이 매우 낮은 경우, 수압파쇄를 통해 투수성을 높일 수 있다.
 ㉥ 빠른시간에 긴급히 처리해야 할 때 유용하게 사용할 수 있다.
 ㉦ 모래에 효과가 크고, 미사에는 부분적 효과, 점토에는 효과가 없다. (미세토양 부식물질의 혼합률 30% 초과 시 비경제적)

③ 장단점

| 장점 | 단점 |
| --- | --- |
| ㉠ 생물학적 분해가 어려운 유해화학물질이나 중금속을 빠른 시간 안에 처리할 수 있다.<br>㉡ 세척제의 종류에 따라 광범위한 유기 및 무기오염 물질을 제거할 수 있다.<br>㉢ 처리대상 오염토양의 부피를 줄일 수 있다.<br>㉣ 오염이 덜한 굵은 토양은 선별 후 원래의 부지에 재활용될 수 있다.<br>㉤ 타 공정과 복합적으로 사용할 경우 그 활용도가 더 높아질 수 있다. | ㉠ 방사성 물질 및 화약류의 오염의 정화에 적용이 어렵다.<br>㉡ 중금속의 제거의 경우 pH의 변화에 영향이 크다.<br>㉢ 오염물질이 복합적으로 존재할 경우 적정한 세척제의 선정 및 제조가 용이하지 않다.<br>㉣ 처리 후 세척액의 후처리가 필요하다.<br>㉤ 타 공정에 비해 경제성이 낮다. |

### (3) 토양세정법(soil flushing) - [in-situ]

① 원리

오염된 토양층에 관정을 통하여 세정제를 토양 공극내에 주입함으로써 토양에 흡착된 오염물질을 탈착시켜 통과시킨 후, 통과한 세정액을 지상으로 추출하여 처리하는 기술입니다. 양수된 물은 지상에서 수처리하여 방류합니다. 세정액은 알콜, 착염물질, 산, 염기, 계면활성제 등을 사용합니다.

② 특징

 ㉠ 중금속의 처리에 효과가 좋다.
 ㉡ 고려대상 인자가 많다. (유기물 함량, 점토함량, 분배계수, 완충능력, CEC, 용해도)
 ㉢ 처리대상부지에 상황을 고려하여 알맞은 계면활성제를 선택하여 사용한다.

ⓐ 양이온 계면활성제 : 음이온을 띠는 입자와 결합 시 토양내에 공극을 폐쇄하여 세척효율을 감소시킴, 일반적으로 미생물에 독성이 있음
ⓑ 음이온 계면활성제 : 무독성, 오염물질의 표면장력을 낮추어 분리시키고 오염물질과 마이셀을 형성하여 물에 용해시킴
ⓒ 비이온 계면활성제 : 친수성 부분이 전하를 띠지 않음, 표면 자체가 전기적 성질을 변화시키지 않음
ⓓ 양성 계면활성제 : 분자의 계면활성 부분이 양전하와 음전하를 동시에 띠고 있음, 토양 입자체의 전기적 성질을 바꿀 수 있음, pH에 영향을 많이 받음

③ 장단점

| 장점 | 단점 |
| --- | --- |
| ㉠ 중금속, 고농도의 휘발성 유기화합물질, 준휘발성 유기화합물질, 연료유, 살충제 등 다양한 오염물질에 적용가능하다.<br>㉡ 양수처리방법의 단점을 보완하고 제거효율을 높일 수 있다.<br>㉢ 세정액이 미생물의 활성도를 증가시켜 부가적인 생분해효과를 얻을 수 있다. | ㉠ 투수성이 낮은 토양의 경우 적용이 어렵다.<br>㉡ 살충제, VOCs, 준 VOCs 등을 처리할 때 경제성이 떨어진다.<br>㉢ 세정용액에 의한 2차오염의 우려가 있다.<br>  (토양의 물리·화학적 특성 변화)<br>㉣ 방사성 물질 및 화약류에 적용이 어렵다.<br>㉤ 계면활성제를 처리할 때 계면활성제가 토양에 부착되어 토양의 공극을 감소시키는 경우가 있다.<br>㉥ 타 공정에 비해 경제성이 낮다.<br>㉦ 처리 후 세정액의 후처리가 필요하다. |

### (4) 안정화 및 고형화처리기술(Stabilization/Solidification technology) - [in-situ/ex-situ]

① 원리

오염토양을 안정화/고형화제를 투입하여 고형물질을 형성함으로써 오염물질의 이동을 방지하는 방법입니다. 고형화제로는 시멘트, 석회, Petrifix, 비산재, 규산, 점토, 제올라이트, 아스팔트, 폴리에스테르 등이 주로 사용되며 유리를 이용하여 유리화를 하는 방법도 고형화처리에 해당됩니다.
㉠ 무기접합제 : 시멘트, 석회, 비산재, 소각재, 규산, 점토, 지올라이트
㉡ 유기접합제 : 아스팔트, 폴리에틸렌, 에폭시, 우레아, 폴리에스테르

② 특징
㉠ 유해성 중금속으로 오염된 토양을 정화하는데 가장 많이 이용된다.
㉡ 폐기물의 유해성분의 이동을 억제하는데에도 이용된다.

③ 장단점

| 장점 | 단점 |
|------|------|
| ㉠ 다른 처리방법과 결합하여 사용이 가능하다.<br>㉡ 방사능오염물질, 유기오염물질, 중금속 처리에 적용이 가능하다. | ㉠ 오염물질이 분포하고 있는 깊이에 따라 정 장치를 설치해야 한다.<br>㉡ 지상공정보다 시약의 주입과 효과적인 혼합이 어렵다.<br>㉢ 휘발성 유기오염물질과 유류 및 화약류의 정화가 어렵다.<br>㉣ 처리효율을 확인하기가 어렵다.<br>㉤ 부지가 멀리 떨어진 경우에는 경제성이 떨어진다. |

## (5) 용제추출법(Solvent Extraction) – [ex-situ]

① 원리

오염토양을 굴착하여 추출기로 이동시킨 후 추출기 내에서 용제와 혼합시켜 용해시킨 후 분리기에서 분리하여 처리하는 방법으로 전체적인 오염토양의 부피를 감소시키는 방법입니다.

> 💡 **장치 구성**
> 토양 선별 – 추출물질과 혼합 – 액상과 고상의 분리 – 정화된 토양의 처리 – 물정화 및 슬러지 처리

② **특징** : 비할로겐, 할로겐 VOCs, 유류의 정화가 가능하다.

③ 장단점

| 장점 | 단점 |
|------|------|
| PAHs, PCB와 같은 난분해성 물질을 단기간에 정화하는데 매우 효과적이다. | ㉠ 수분함량이 높거나 유화제가 오염토양에 존재할 경우 처리가 어렵다.<br>㉡ 중금속, 방사성물질, 화약류의 정화가 어렵다.<br>㉢ 추출용매가 토양에 잔류하여 2차 오염을 유발할 수 있다. |

## (6) 화학적 산화/환원법 – [in-situ]

① 원리

산화제/환원제를 오염물질에 접촉시켜 무독성 또는 저독성으로 전환하여 처리하는 방법입니다. 산화제로는 오존, 과산화수소, 펜톤시약, 과망간산, 과황산, 차아염소산, 이산화염소, 염소가스가 주로 사용됩니다.

② 특징

㉠ 투수성이 높은 토양에 적합합니다.(모세관대, 포화지역)
㉡ 시안으로 오염된 토양에 적합합니다.
㉢ 토양에 그리스(grease) 성분이 적어야 적용하기 용이합니다.
㉣ 염소계 화합물질은 주로 환원으로 처리하나 산화로도 처리가 가능하긴 합니다.

③ 장단점

| 장점 | 단점 |
|---|---|
| ㉠ 오염물질의 분해가 매우 빠름 | ㉠ 초기투자비용 및 운영비가 많이 소요됨(오염물질의 농도가 높을수록) |
| ㉡ 펜톤 산화를 제외한 다른 산화제의 경우 부산물이 발생하지 않음 | ㉡ 휘발성/반휘발성 오염물질, 유류, 비할로겐물질 등에 대해서 효과가 낮음 |
| ㉢ 일부 산화제는 MTBE를 완전히 산화시킬 수 있음 | ㉢ 범위가 넓은 저농도오염지역에는 비경제적 펜톤 산화 시 폭발성 배기가스 발생 |
| ㉣ 자연정화법과 연계하여 사용할 수 있음 | ㉣ 제거 후의 오염물질의 농도가 다시 증가할 수 있음 |
| ㉤ 독성 및 난분해성 오염물질처리에 적합 | ㉤ 산화제의 취급 시 안전 문제 |
|  | ㉥ 토양 유기물이 존재하는 경우에 효율이 저하됨 |
|  | ㉦ 산화반응으로 인한 대수층의 지구화학적인 성질 변화의 우려가 있음 |

### (7) 투과성 반응벽체(PRBs, Permeable reactive barrier) - [in-situ]

① **원리** : 오염지하수에 다양한 물질이 함유된 반응벽체를 설치하거나 벽체에 오염지하수를 통과시켜 여과하여 오염물을 처리하는 방법입니다. 반응벽체의 충진물질로는 영가철을 포함한 철화합물, 고로 슬래그, 석회석, 제올라이트, 활성탄이 사용되고 그 중 영가철이 주로 사용됩니다.

② **특징**

㉠ 지하수 오염대의 수리학적 흐름을 이용하여 반응매질과 오염물질의 화학적 반응을 유도시켜 오염원을 제거가능

㉡ 비교적 20m 이내의 오염원에 적용이 가능

㉢ 반응벽체의 형태로는 연속형, 유도벽 부착형이 있고, 막힘 현상이 최소화하도록 설계하여야 함

㉣ 반응벽체 체류시간은 최대화하고 반응매체의 사용은 최소화할 수 있게 설계하여야 함

㉤ 반응물질은 유해한 화학반응이나 새로운 오염물질이 형성되지 않는 물질로 사용하여야 함

㉥ 처리 매체별 특징

ⓐ 석회 : 카드뮴, 철, 크롬 금속을 제거하는 데 효과적, 산성 지하수 중화효과

ⓑ 제올라이트 : 수명이 짧고 고가이며, 스트론튬, 비소, 크롬, 암모늄, 과염소산염의 제거가 가능함

ⓒ 활성탄 : 유기물질로 오염된 지하수의 정화에 효과적

ⓓ 영가철 : 2가철로 산화되면서 염소계화합물의 탈염소반응을 일으킴으로 무해한 물질로 전환하며, Al, Ba, Cu, Cr, Fe, Mn, Pb, Zn도 제거할 수 있음

③ 장단점

| 장점 | 단점 |
|---|---|
| ㉠ 오염된 지하수의 흐름을 유지한 채로 그 위치에서 정화할 수 있으므로 부가적인 에너지 소비, 지표 처리시설, 매립 및 처분시설이 필요로 하지 않음 | 오염원에 대한 직접 처리가 어려운 경우에만 부분적으로 사용가능 |
| ㉡ 운영을 위한 인위적 동력이 필요하지 않음 | |

## (8) 동전기법(동전기정화기법, 전기동력학적 정화기법) – [in-situ]

### ① 원리

이온상태의 오염물을 양극과 음극에 전기장에 의하여 이동속도를 촉진시켜 포화 오염토양을 처리하는 방법(전기삼투, 전기영동, 이온이동)

㉠ 전기삼투 : 전기경사에 의한 공극수(간극수)의 이동으로 양이온들이 음극을 향해 이동할 때 공극수와 함께 이동한 현상
㉡ 전기영동 : 전기경사에 의한 전하를 띤 입자의 이동으로 전하를 띤 콜로이드가 이동하는 현상이다.
㉢ 이온이동 : 전기경사에 의한 전하를 띤 화학물질의 이동으로 양이온은 음극으로 음이온은 양극으로 이동하는 현상이다.

> **동전기 양(+)극에서 발생되는 현상**
> 반응식 $2H_2O - 4e^- \rightarrow O_2\uparrow + 4H^+$

> **동전기 음(-)극에서 발생되는 현상**
> 반응식 $2H_2O + e^- \rightarrow 2OH^- + H_2$

### ② 특징

㉠ 이온성물질에 잘 적용된다. (음이온, 양이온, 중금속)
㉡ 영향인자
　ⓐ 오염토양 특성 : 토성 및 구조, 공극수의 전기전도도, 수분함량, CEC, 염도, 유기물 함량, pH
　ⓑ 오염물질 특성 : 오염물질의 종류 및 농도, 전하

### ③ 장단점

| 장점 | 단점 |
|---|---|
| ㉠ 투수계수가 낮은 토양에서도 높은 처리효율을 낼 수 있다.<br>㉡ 중금속이온, 용존하고 있는 유기물질, BTEX, TCE, 페놀을 효과적으로 제거<br>㉢ 여러 가지 종류로 혼합된 오염물질을 동시에 제거<br>㉣ 여러 종류의 토양층으로 구성된 이질성이 큰 토양에서도 제거가 가능 | ㉠ 소요전기량이 많아 운영비가 높다.<br>㉡ 산화/환원 반응에 의해 불필요한 부산물이 생성될 수 있다.<br>㉢ 수분함량이 10% 미만인 경우 오염물질의 정화효율이 급격하게 감소된다.<br>㉣ 효과적인 제거를 위해서 토양의 산성화가 필요하고, 처리 후에 중화처리가 필요하다.<br>㉤ 침전물로 인해 효율이 감소될 수 있다.<br>㉥ 전기저항이 높아지면 온도가 증가하여 제거 효율이 감소될 수 있다. |

[출처 : 토양환경센터]

## 기출문제로 다지기 — UNIT 01 물리·화학적 정화기술

**01** 토양증기추출법을 적용하기 위해 오염부지 내 존재하는 총 오염물질 양을 계산하고자 한다. 다음 중 계산과정에 없어도 무방한 특성값은?

① 토양단위 용적밀도 ② 오염물질의 헨리상수
③ 토양입경 ④ 수분함량비

**해설** 오염물질의 양을 계산하기 위해서는 토양농도, 수중농도, 공기중 농도를 모두 고려하여야 한다. (토양밀도, 토양농도, 수분함량, 공기함량, 수중 농도, 공기중 농도)

**02** 토양증기추출법으로 오염물을 제거하는 경우, 추출정으로부터 배출되는 가스의 오염물농도는 10mg/L였다. 특정 유기오염물의 대기방출허용 농도가 1mg/L이기 때문에 추출정의 배출가스를 생물막필터 후처리 공정을 이용하여 배출가스 농도를 대기방출허용농도까지 낮추려고 한다면, 생물막필터 공정의 제거효율은 최소 몇 % 이상이어야 하는가?

① 60% 이상 ② 70% 이상
③ 80% 이상 ④ 90% 이상

**해설** **식** $\eta(\%) = \left(1 - \dfrac{C_o}{C_i}\right) \times 100$

∴ $\eta(\%) = \left(1 - \dfrac{1}{10}\right) \times 100 = 90\%$

**03** 토양세척공정에 관한 설명으로 가장 거리가 먼 것은?

① 외부환경의 영향이 크며 자체적 조건조절이 가능한 개방형 공정이다.
② 오염된 처리수는 폐수처리시설에서 정화된 후 재순환 되는 것이 일반적이다.
③ 토양세척의 효과를 결정짓는 것은 물질의 종류에 의한 차이보다 토양의 성상에 따른 영향이 크다.
④ 오염물질의 물리화학적 특징 중 세척효율을 높일 수 있는 요인은 수용성과 휘발성이다.

**해설** 외부환경의 영향이 적고, 자체적 조건조절이 가능한 폐쇄형 공정이다.

**04** 토양세척기법(soil washing)이 가장 효과적인 토양은?

① 점토가 주를 이루는 토양
② 모래와 자갈이 고루 섞인 토양
③ 실트와 모래가 고루 섞인 토양
④ 점토와 실트가 고루 섞인 토양

**해설** 토양세척법은 모래에 효과가 크고, 미사에는 부분적 효과, 점토에는 효과가 없다.

**05** 일반적인 토양세척법(soil washing)의 영향인자로 가장 거리가 먼 것은?

① 입경분포 ② 토양투수계수
③ 유기물 함량 ④ 수분함량

**해설** 토양의 투수계수는 토양세정법(soil flushing)에서 고려된다.

**06** 미국의 Superfund site 중에서 유해성 중금속으로 오염된 토양을 정화하는 데 가장 많이 이용되며, 폐기물의 유해성분의 유동성을 감소시키는 것을 목적으로 처리하는 기술은?

① 토양증기추출법 ② 토양세척법
③ 고형화/안정화 ④ 열탈착

**정답** 01. ③  02. ④  03. ①  04. ②  05. ②  06. ③

**07** 토양증기추출법으로 유류오염 토양을 정화하는 현장의 모니터링 항목 중에 운전초기에 매일 측정해야 하는 항목이 아닌 것은?

① 흡입 공기량
② 휘발성 유기화합물질 농도
③ 처리대상 물질 농도
④ 관정 내 압력

**08** 오염토양 처리기술 중 채광공정과 폐수처리공정을 응용한 처리기술은?

① 토양증기추출법　② 토양경작법
③ 토양세척법　　　④ 저온열탈착법

**09** 투수성반응벽체법의 충진물질로서 국내·외에서 가장 많이 활용되고 있는 것은?

① 활성탄　② 석회석
③ 영가철　④ 제올라이트

**10** 토양세척공정에 대한 설명으로 틀린 것은?

① 미세토양 부식물질의 혼합률 30% 이하를 경제적 한계로 본다.
② 세척장치는 기능별로 회전형, 교반형, 진동형, 유동상형으로 분류한다.
③ 토양 내의 오염물을 세척수와 화학적 마찰력을 위주로 이용하여 분리하는 기술이다.
④ 세척 후 발생되는 오염 미세토양 및 처리수에 대한 후처리를 고려해야 한다.

해설  토양 내의 오염물을 세척수를 사용하여 표면장력을 약화시키거나 물리적 마찰력 또는 오염물질을 용해하여 분리하는 기술이다.

**11** 암반, 점토 등과 같이 투수성이 매우 낮아 토양세척 등의 공법을 직접 적용하기 어려운 경우에 물리적인 힘을 가하여 지반에 균열을 발생시켜 투수성을 증가시키는 효과적인 방법은?

① 계면활성제주입공법　② 동전기주입공법
③ 스팀주입공법　　　　④ 수압파쇄공법

**12** 토양증기추출 시스템 처리효율에 영향을 미치는 오염물질 특성 인자와 가장 거리가 먼 것은?

① 증기압　② 수분함량
③ 헨리상수　④ 흡착계수

해설  수분함량은 오염물질의 인자가 아닌 토양층의 인자에 해당한다.

**13** 토양증기추출법에 대한 설명으로 옳지 않은 것은?

① 휘발성 오염물질의 처리에 적합한 지중처리 방식이다.
② 토양 내 포화지역 및 불포화지역에 적용이 가능하다.
③ 점토질 토양에 적용 시 효율이 떨어진다.
④ 추출가스 처리를 위한 설비가 필요하다.

해설  토양 내 불포화지역에 한해서만 적용이 가능하다.

**14** Soil Flushing에 관한 설명으로 옳지 않은 것은?

① 휘발성 유기화합물질, 준휘발성 유기화합물질 처리 시에는 경제성이 떨어진다.
② 세정용액에 의해 2차 오염이 유발될 수 있다.
③ 투수성이 낮은 토양에서는 처리하기가 어렵다.
④ 중금속 오염토양처리에는 효과가 없다.

해설  중금속 오염토양처리에 효과가 좋다.

정답  07. ③　08. ③　09. ③　10. ③　11. ④　12. ②　13. ②　14. ④

**15** 오염지하수를 반응벽체공법으로 처리할 때 반응벽체의 두께는 2.4m, 지하수의 선속도가 0.2m/hr일 경우 반응벽체 통과시간(day)은?

① 0.5
② 1
③ 1.5
④ 2

**해설** 식 $t = \dfrac{거리}{속도} = \dfrac{2.4m}{0.2m/hr} \times \dfrac{1day}{24hr} = 0.5day$

**16** 동전기정화기술에서 양극에서 발생되는 현상으로 토양 내의 중금속을 탈착시키는데 기여하는 물질이 생성되는 현상은?

① $2H_2O - 4e^- \rightarrow O_2\uparrow + 4H^+$
② $2H_2O - 2e^- \rightarrow O_2\uparrow + 2H^+$
③ $H_2O - 4e^- \rightarrow O_2\uparrow + 4H^+$
④ $2H_2O - 4e^- \rightarrow H\uparrow + 4OH^-$

**17** 토양세척공법에 관한 설명으로 가장 거리가 먼 것은?

① 비교적 다양한 오염 토양 농도에 적용 가능하다.
② 미세 토양입자 분리를 위해 응집제 첨가가 필요할 수 있다.
③ 토양 내에 고농도 휴믹물질이 존재 시 토양세척 처리 효율이 높게 나타날 수 있다.
④ 토양 분리 장치로서 회전 스크린, 교반기, 진동장치 등이 필요하다.

**해설** 토양 내에 고농도 휴믹물질이 존재 시 토양세척 처리 효율이 낮아진다.

**18** 투과성(투수성) 반응벽의 처리매체에 대한 내용으로 옳지 않은 것은?

① 석회는 산성 지하수를 중성화할 필요성이 있는 경우에 사용될 수 있다.
② 석회는 카드뮴, 철, 크롬 금속을 제거하는 데에는 효과적이지 못하다.
③ 제올라이트와 합성이온교환수지는 수명이 짧고 고가이며 재활성화하는 데 문제가 있어 경제적인 면에서 적용성이 적다.
④ 활성탄은 유기물질로 오염된 지하수를 제어하는 데 사용될 수 있다.

**해설** 석회는 카드뮴, 철, 크롬 금속을 제거하는 데에 효과적이다.

**19** 토양복원기술 중 토양세척(soil washing) 기법에 대한 설명으로 가장 거리가 먼 것은?

① 외부환경의 조건변화에 대한 영향이 적고 자체적인 조건조절이 가능한 폐쇄형 공정이다.
② 적용 가능한 오염물 종류의 범위가 넓다.
③ 오염 토양 내 수분공급으로 미생물에 의한 처리 효율을 높일 수 있다.
④ 오염토양 부피의 단시간 내의 효율적인 급감으로 2차 처리비용이 절감된다.

**해설** ③항은 생물학적 통풍법에 대한 설명이다.

**정답** 15. ① 16. ① 17. ③ 18. ② 19. ③

**20** 지중 유리화기법(Vitrification, in-situ)에 관한 설명으로 옳지 않은 것은?

① 오염토양을 전기적으로 용융시킴으로써 용출 특성이 매우 적은 결정구조로 만드는 기법이다.
② 중금속 등 무기물질 용융제거에 주로 활용되며 휘발성유기물질이 분포된 지역은 적용하지 않는다.
③ 정화된 토양에 유리화된 물질이 포함되어 있기 때문에 분리하지 않으면 다시 토양을 사용하는 데 많은 제약이 따른다.
④ 대수면 아래에 분포하고 있는 오염물질을 처리하는 경우에는 재오염 방지기술이 필요하다.

해설 중금속 등 무기물질 용융제거에 주로 활용되며 휘발성유기물질이 분포된 지역도 적용이 가능하나, 휘발성유기물질과 유류, 화약류의 정화에 효과적이지는 못하다.

**21** 반응성 투수벽체에 관한 설명으로 틀린 것은?

① 영가철은 2가철로 산화되면서 염소계화합물의 탈염소반응을 일으킨다.
② 반응벽체의 막힘 현상을 최소화하도록 설계하여야 한다.
③ 반응벽체의 운영을 위한 인위적 동력이 필요하지 않다.
④ 반응벽체 체류시간은 최소화하고 반응매체의 사용은 최대화할 수 있게 설계한다.

해설 반응벽체 체류시간은 최대화하고 반응매체의 사용은 최소화할 수 있게 설계한다.

**22** 용매추출법 장치의 구성(추출장치의 기본과정)으로 ( )에 들어갈 순서로 맞는 것은?

> 토양의 선별 → ( ) → 액상과 고상의 분리 → ( ) → ( )

① 추출물질과 혼합, 물세척, 정화된 토양의 처리
② 추출물질과 혼합, 물정화 및 슬러지처리, 정화된 토양의 처리
③ 추출물질과 혼합, 정화된 토양의 처리, 유기 오염 물질 분리
④ 추출물질과 혼합, 정화된 토양의 처리, 물정화 및 슬러지 처리

**23** 토양증기추출법(Soil Vapor Extraction) 시스템의 구성요소와 가장 거리가 먼 것은?

① 추출정  ② 중력선별장치
③ 기액 분리장치  ④ 배가스 처리장치

**24** 토양오염 정화방법 중 토양증기추출법에 대한 설명으로 옳지 않은 것은?

① 증기압이 낮은 오염물질의 제거 효율이 높다.
② 짧은 설치기간과 비교적 빠른 처리결과를 기대할 수 있다.
③ 추출된 기체는 대기오염 방지를 위해 후처리가 필요하다.
④ 휘발성 유기물질 제거에 유리하다.

해설 증기압이 높은 오염물질의 제거 효율이 높다.

정답 20. ② 21. ④ 22. ④ 23. ② 24. ①

**25** 토양오염확산방지기술인 고형화/안정화에 관한 설명으로 틀린 것은?

① 폐기물 표면적을 증가시켜 안정화 속도를 빠르게 하는 장점이 있다.
② 일차적으로 폐기물 내 유해성분의 유동성을 감소시키는 것을 목적으로 한다.
③ 폐기물의 용해성이 감소하는 장점이 있다.
④ 폐기물의 취급이 용이해지는 장점이 있다.

[해설] 폐기물 표면적을 감소시켜 안정화 속도를 빠르게 한다.

**26** 다음 오염물질 중 토양증기추출법의 적용이 가장 용이한 것은?

① PAH   ② PCB
③ TCE 및 PCE   ④ PCDD

**27** 고형화 또는 안정화에서 첨가되는 화학물질로서 가장 적절치 않은 것은?

① 착염물질   ② 포틀랜드시멘트
③ 회분(fly ash)   ④ 점토

**28** 화학적 산화법을 적용하여 오염토양을 정화하는 경우의 유의사항에 대한 설명으로 틀린 것은?

① 부지내에 비수용액체상(NAPL)이 존재하는 경우 이를 회수하거나 처리해야 한다.
② 지하저장조나 배관 등의 저장물이 있는 경우
③ 오염지역에 투수성이 낮은 토양이 존재하는 경우에는 충분한 접촉시간을 고려하여야 한다.
④ 토양내에 휴믹질 등 유기물이 존재하는 경우에 보다 효율적이다.

[해설] 토양내에 휴믹질 등 유기물이 존재하는 경우에 효율이 저하된다.

**29** 토양증기추출의 적용조건으로 틀린 것은?

① 객토에 의한 처리가 불가능한 경우
② 처리대상 토양의 양이 소규모일 경우
③ 오염물질의 헨리상수 0.01 이상
④ 상온에서 휘발성을 갖는 유기물질

[해설] 처리대상 토양의 양의 대규모일 경우 적용한다.

**30** 오염지하수의 정화를 위해 지하수 흐름방향의 하류에 설치되는 투수성반응벽체의 경우, 오염물질과 반응하여 오염물질을 무해화하거나 흡착하는데 사용되는 반응물질(reactivematerial)로 사용될 수 없는 것은?

① 영가철($Fe^0$)   ② 석회
③ 활성탄   ④ 영가납($Pb^0$)

**31** 양수 후 처리방법에 관한 설명으로 가장 거리가 먼 것은?

① 양수를 중단하였다가 일정기간 이후 재개할 경우 오염물질 농도는 급격히 증가한다.
② 정화기간이 비교적 길어질 수 있다.
③ 비수용상액체가 존재하는 한 계속 운영되어야 할 것이다.
④ 많은 복원비용이 소요된다.

[해설] 복원비용이 비교적 적게 소요된다.

정답  25. ①  26. ③  27. ①  28. ④  29. ②  30. ④  31. ④

**32** 수리전도도가 불량하고 과잉 압밀된 오염지반에 압축공기를 주입하여 여타 지중정화 기술 적용 시 오염물 처리 및 추출효율을 증대시키는 방법은?

① Pneumatic fracturing
② Co-metabolic
③ Precipitation
④ Direction wall

해설 Pneumatic fracturing(수압파쇄)

**33** 토양증기추출법을 지하수위가 높은 경우에 적용할 때 발생하는 문제점이 아닌 것은?

① 진공 압력에 의한 지하수위 상승
② 관정 스크린 막힘 현상
③ 토양 공극의 확장 현상
④ 공기흐름의 감소

해설 토양 공극이 축소된다.

**34** 반응속도 및 반응기에 대한 설명으로 틀린 것은?

① 반응차수가 0이 된다면 반응속도는 농도와 무관하다.
② 반응차수가 1이 된다면 반응속도는 농도와 비례하게 된다.
③ 0차 반응속도상수 단위는 농도/시간이다.
④ 완전혼합반응기가 관류형반응기보다 처리소요시간이 짧다.

해설 완전혼합반응기가 관류형반응기보다 처리소요시간이 길다.

**35** 토양증기추출에 관한 설명으로 옳은 것은?

① 오염물질의 잔존 독성이 없음
② 지반구조와 상관없이 총 처리시간 예측이 용이함
③ 추출된 기체의 후처리가 필요함
④ 증기압이 낮은 오염물의 제거효율이 높음

해설 ③항만 올바르다.
오답해설
① 오염물질의 잔존 독성이 있음
② 지반구조에 따라 처리시간이 달라짐
④ 증기압이 높은 오염물의 제거효율이 높음

**36** 반응성 투수벽체내 반응에 관한 설명으로 틀린 것은?

① 영가철은 2가철로 환원되면서 염소계화합물의 탈염소반응을 일으킨다.
② 6가크롬은 전자를 받아 3가크롬의 침전물을 형성한다.
③ perchlorate는 영가철로서 처리할 수 없다.
④ 톨루엔은 영가철로서 처리할 수 있다.

해설 2가철로 산화되면서 염소계화합물의 탈염소반응을 일으킴으로 무해한 물질로 전환

**37** 토양증기추출법(SVE : Soil Vapor Extraction)의 장·단점으로 틀린 것은?

① 투과성이 낮은 토양에서는 효과가 적다.
② 짧은 시간에 설치할 수 있다.
③ 지반구조의 복잡성으로 총 처리시간을 예측하기 어렵다.
④ 추출된 기체 처리를 위한 대기오염방지 시설이 필요 없다.

해설 추출된 기체 처리를 위한 대기오염방지 시설이 필요하다.

 정답 32. ① 33. ③ 34. ④ 35. ③ 36. ① 37. ④

## UNIT 02 생물학적 정화기술

### 1 생물학적 복원기술

〈생물학적 복원기술의 장단점〉

| 장점 | 단점 |
| --- | --- |
| ① 자연친화적이다. | ① 미생물 의존도가 높다. |
| ② 토양과 지하수에 모두 적용가능하다. | ② 난분해성 물질의 처리시간이 매우 길다. |
| ③ 부대 처리시설이 필요없다. | ③ 고농도 오염물질 처리에 어려움이 있다. |
| ④ 비용이 상대적으로 낮다. | ④ 무기물 처리에는 어려움이 있다. |
| ⑤ 오염물질이 다른 매체로 전달되지 않는다. | ⑤ 부산물로 독성물질이 발생할 수 있다. |
| ⑥ 처리가 영구적이다. | |

> 💡 **오염물질의 생분해**
> ① 할로겐화합물 : 할로겐 원소수가 커질수록 생분해 지속도는 증가
> ② 가지를 많이 가진 물질구조 : 가지를 가진 구조의 물질일수록 생분해 지속도가 증가, 불포화탄화수소는 포화탄화수소보다 생분해 지속도가 증가
> ③ 용해도가 낮은 물질 : 용해도가 낮은 물질은 미생물이 이용할 수 있는 부분이 상대적으로 적어 생분해도가 낮을 수 있음

**(1) 생물학적 통풍법(Bioventing) - [in-situ]**

① **원리**

불포화층의 토양에 흡착되어 있는 오염물질을 미생물을 이용하여 처리하는 방법으로 미생물의 활동성을 증가시키기 위하여 주입정 또는 추출정으로 통하여 공기 또는 영양분을 주입하는 방법입니다. 이 과정에서 휘발성유기화합물의 제거가 이루어지기도 하지만, 미생물의 활성을 증가시키는 것이 이 공정의 주된 목적입니다.

② **특징**

㉠ SVE와 다르게 휘발을 최소화하고 미생물을 이용하여 유기물을 분해하는 방법이다.
㉡ 석유화학물질의 처리에 효과적이다. 특히나 중간무게인 경유나 제트유의 제거에 효과적이다.
㉢ 오염물질의 농도가 너무 높은 경우에 미생물에게 독성을 유발하고, 너무 낮은 경우 미생물의 성장속도가 매우 느리게 된다.
㉣ SVE에 비해 공기의 흐름을 약 10배 정도 낮게 유지한다.
㉤ 불포화지역에 한해서 적용이 가능하다.

③ 고려사항

ㄱ. 토양가스 : 토양 내 산소농도는 낮고 이산화탄소 농도는 높아야 한다.
ㄴ. 토양의 공기투과성(투수성 및 통기성) : 토양의 종류는 모래, 실트일수록 좋다. 공기투과성에 따라 우물의 수나 공기송풍기의 크기가 결정된다. (토양 투수성이 $10^{-5}$cm/sec 이상 되어야 한다.)
ㄷ. 생물학적 분해성 : 일반적으로 토양미생물은 적절한 산소나 온도, 영양소 조건만 갖추어지면 분자량에 관계없이 석유화학물질은 분해가 가능하다. 영양소가 부족한 경우 질소나 인을 주입하여야 한다. (적정 영양소 범위 → 탄소 : 질소 : 인 = 100 : 10 : 1(또는 0.5))
ㄹ. 휘발성 : 1mmHg 이하의 낮은 증기압 물질은 휘발로 제거되지 않으며 미생물 분해에 의해서만 제거된다. 반면 760mmHg 이상의 높은 증기압 물질은 분해되기 전에 휘발되어 버린다.
ㅁ. 토양수분함량(함수율) : 토양의 수분은 공극을 막아 공기의 흐름을 감소시킴으로써 공기전달을 감소시킨다. 지하수위도 수분함량에 영향을 주는데, 지하수위가 약 3m 이하인 지역에서는 증기추출에 의해 지하수가 상승할 수 있고, 상승된 지하수가 우물의 스크린을 폐쇄하거나 추출하는 오염물질의 흐름을 막을 수 있다. (주입정의 경우에는 해당없음)
ㅂ. 지층구조나 성층 : 지층구조나 성층에 따라 공기의 이동방향이 달라진다.
ㅅ. pH : 미생물의 생존이 용이한 pH는 6~8정도이다. 정상범위가 아닌 경우 공정 시행전에 pH를 조절해 주어야 한다.
ㅇ. 토착미생물 개체수 : 토착미생물 개체수가 충분한지 확인하여야 한다.
ㅈ. 오염물질 특성 : 화학구조, 농도, 독성, 증기압, 비등점, 구성, 헨리상수 등 오염물질의 특성을 고려한다.
ㅊ. 진공압이 높을수록 영향반경이 크고, 시간이 단축되며, 처리효율이 증대되는 한편, 진공압이 낮을수록 시설비용 및 유지비용이 낮아지고 균일한 처리가 가능하다.

④ 장단점

| 장점 | 단점 |
|---|---|
| ㄱ. 유류, 할로겐, 비할로겐 VOCs의 처리용이<br>ㄴ. 휘발성이 낮은 유기물질도 처리가능<br>ㄷ. 다른 정화기술과의 조합이 가능함(공기공급법, 양수처리방법 등)<br>ㄹ. 소요 장비의 조달이 용이하며 설치가 간단함<br>ㅁ. 정화비용이 비교적 저렴 | ㄱ. 중금속, 무기물질, 방사성물질의 분해가 전혀 이루어지지 않음<br>ㄴ. 오염물질의 농도가 적당해야만 적용이 용이(높거나 낮으면 처리 어려움)<br>ㄷ. 처리효율을 고효율로 운전하기 어려움<br>(매우 낮은 농도까지 처리 어려움)<br>ㄹ. 투수성이 낮거나 점토질의 함량이 높은 경우 적용이 제한됨<br>ㅁ. 경우에 따라 배출가스 처리를 위한 비용이 추가됨 |

⑤ 적용성 실험 항목

ㄱ. 실험실 미생물 생분해 실험 : 오염물질의 생분해 정도 및 무기성 영양염류의 공급여부를 평가하기 위해 수행한다. 실험에는 슬러리실험법과 컬럼실험법이 있다.
ㄴ. 미생물 호흡률 측정실험(현장 호흡률 실험) : 미생물을 통한 토양 내 오염물질의 분해속도를 계산하기 위해 수행한다.

식 산소소모율(%/day) = $\frac{Q}{\forall}$ × (초기 $O_2$(%) − 배기가스 중 $O_2$(%))

- $Q$ : 주입공기유량
- $\forall$ : 토양공극의 부피

> **측정방법**
> ① 산소가스의 기록 : 산소농도가 5% 미만이거나 또는 산소농도가 더 이상 감소되지 않을 때까지 수행
> ② 측정주기 : 2시간 간격으로 하다가 점차 4시간, 8시간 등으로 측정간격을 조절
> ③ 측정시간 : 일반적으로 50시간 동안 시행
> ④ 미생물 호흡률 측정결과 : 산소이용률이 약 1%/day 이상일 경우 적용가능, 1%/day 이하일 경우 미생물 살포 또는 영양물질 첨가 등이 수행되어야 함

ⓒ 추출/주입 관정실험(영향반경 실험) : 추출 또는 주입 시 공기흐름이 가능한 최대거리를 산정하기 위해 수행한다.

[출처 : 환경부/한국환경산업기술원]

### (2) 공기공급법(에어스파징) – [in-situ]

① **원리**

포화층(지하수)에 공기를 공급함으로써 오염물질을 휘발시키고, 휘발된 가스 및 공기방울은 증기추출배관으로 오염물질을 이동시킵니다. 이 과정을 통해 지하수 및 불포화토양을 복원하는 공정입니다.

② **특징**

ⓐ 오염물질의 물리적 제거 및 생물학적 제거까지 도모한다.
ⓑ 공기주입과 추출과정에서 오염물질과 지하수가 확산된다.
ⓒ 공기 주입에 따른 지하수위의 상승현상이 일어난다.
ⓓ 투수계수 $10^{-3}$cm/sec 이상에 적용가능

③ **영향인자**

ⓐ 통기성
ⓑ 지하수의 유량
ⓒ DNAPL의 존재여부
ⓓ 오염물질의 분포 깊이
ⓔ 오염물질의 휘발성과 용해성

④ 장단점

| 장점 | 단점 |
|---|---|
| ㉠ 비용-경제적이다.<br>㉡ VOC 제거에 탁월하다. | ㉠ 투과성이 좋은 토양에만 적용가능하다.<br>㉡ 포화지역에서의 공기의 흐름은 일정하지 않을 수 있다.<br>㉢ 오염물질의 확산이 증가할 수 있고 이로 인해 2차오염을 유발할 수 있다.<br>㉣ 중금속 및 휘발성이 낮은 물질의 처리가 어렵다.<br>㉤ DNAPL의 제거가 어렵다. |

### (3) 바이오스파징 - [in-situ]

① 원리

포화층(지하수)에 있는 미생물을 이용하여 복원하는 방법으로 포화층으로 공기 또는 영양분을 공급하여 미생물의 활성을 증가시켜 오염물질을 제거하는 방법입니다.

② 특징

㉠ 공기공급법에 비해 휘발을 최대한 억제하고 미생물의 활성을 증가시키는 쪽으로 운전한다.
㉡ 오염물질의 확산이 증가할 수 있고 이로 인해 2차오염을 유발할 수 있다.
㉢ 투수계수 $10^{-3}$cm/sec 이하에 적용가능

③ 장단점

| 장점 | 단점 |
|---|---|
| ㉠ 설치 및 운전이 용이<br>㉡ 시설이 비교적 간단함<br>㉢ 처리기간이 비교적 짧음<br>㉣ 비용이 저렴<br>㉤ 광범위한 유류오염물에 적용가능<br>㉥ 지하수의 2차처리 불필요<br>㉦ 오염가스의 2차처리 불필요 | ㉠ 투과성이 좋은 토양에만 적용가능<br>㉡ 복잡한 물리화학적 및 생물학적 상호반응에 대한 이해 부족<br>㉢ 현장 및 실험실 자료 불충분<br>㉣ 무기물 처리에는 어려움이 있음<br>㉤ 오염성분들의 이동을 촉진할 가능성이 있음 |

### (4) 바이오슬러핑 - [in-situ]

① 원리

생물학적 통풍법과 토양증기추출법을 적용하여 지하수면에 존재하는 LNAPL를 회수하면서 공기를 주입하는 방법입니다. 생물학적 통풍법과 토양증기추출법, 유류회수의 세가지 기술의 조합이라 할 수 있습니다.

② 특징

㉠ 하나의 추출정에 2개의 관을 설치하여 LNAPL과 지하수 및 토양증기를 분리하여 기존의 회수시스템의 낮은 회수효율을 보완하였다.

  &copy; LNAPL 추출 후에 바이오벤팅공법으로 전환하기 용이하다.
  &copy; 물과 증기를 동시에 추출하는 단일펌프와 물과 증기를 따로 추출하는 이중펌프시스템으로 구분된다.

 ③ 장단점

| 장점 | 단점 |
|---|---|
| ㉠ 포화영역과 불포화 영역의 오염을 동시에 복원 | ㉠ 투과성이 좋은 토양에만 적용가능 |
| ㉡ 회수된 유류에 대한 지하수의 비율이 상대적으로 낮음 | ㉡ 온도가 낮은 경우 처리속도가 느림 |
| ㉢ 유류 및 BTEX에 잘 적용됨 | ㉢ 토양의 수분함량이 적은 경우 비효율적임 |
| ㉣ 지하수면이 깊은 지역에도 적용가능 | ㉣ 회수된 LNAPL의 2차처리 필요 (추출된 지하수는 처리필요없음) |
| ㉤ 수리제어를 통해 오염운의 이동의 억제가능 | ㉤ 중금속 및 무기물처리 어려움 |

### (5) 토양경작법(land farming) - [ex-situ]

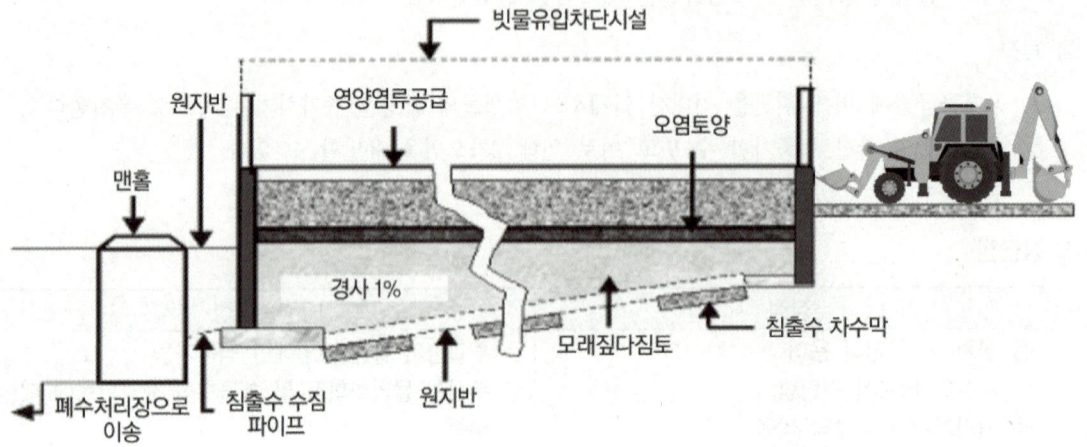

 ① 원리

  오염토양을 굴착 후 넓게 펴서 공기를 공급하거나 영양분 및 수분을 조절하여 미생물의 활성을 증가시켜 오염물질을 처리하는 방법입니다.

 ② 특징

  ㉠ 분자가 무거울수록 분해율이 더 낮아짐
  ㉡ 지중처리기술에 비해 처리기간을 단축할 수 있음

 ③ 적용성 평가

  ㉠ 미생물군집농도 : 1,000CFU/g 이상 건조토양
  ㉡ 토양 pH : 6~8
  ㉢ 수분함량 : 토양의 수분보유능의 약 40~85%
  ㉣ 토양온도 : 10~45℃

ⓜ 영양염류 농도 : 탄소 : 질소 : 인 = 100 : 10 : 1(또는 0.5)이고 칼륨의 첨가가 필요한 경우에는 인의 절반정도의 양을 추가할 수 있다.
ⓑ 오염물질 특성 : 휘발성, 화학구조, 농도, 독성
ⓢ 기후조건 : 대기온도, 강우, 풍속

④ 장단점

| 장점 | 단점 |
| --- | --- |
| ㉠ 설계와 작업이 용이 | ㉠ 95% 이상의 효율달성이 어려움 |
| ㉡ 처리기간이 비교적 짧음(다른 생물학적 처리에 비해) | ㉡ 아주 높은 농도의 처리 어려움 |
| ㉢ 거의 모든 종류의 유류 및 살충제에 적용가능 | ㉢ 토양이 염소화 혹은 질산화되면 분해가 어려움 |
| ㉣ 비용이 저렴 | ㉣ 높은 중금속 농도(2,500mg/kg 이상) 처리 어려움 |
| ㉤ 느린 생분해율을 가진 유기오염물에 적합 | ㉤ 넓은 부지 면적 소요 |
|  | ㉥ 휘발가스 및 먼지의 발생 |
|  | ㉦ 침출수 발생의 우려 |
|  | ㉧ 기후에 영향을 받음(대기온도, 강우, 풍속) |

## (6) 바이오파일 - [ex-situ]

① 원리

오염토양을 굴착후 파일(더미)를 쌓은 후 배관을 파일바닥에 설치하여 공기와 영양물질을 주입하여 미생물의 활성을 극대화시켜 처리하는 방법입니다.

② 특징

토양경작법보다 적은 부지를 소요합니다.

③ 장단점

| 장점 | 단점 |
|---|---|
| ㉠ 설계와 작업이 용이 | ㉠ 95% 이상의 효율달성이 어려움 |
| ㉡ 처리기간이 비교적 짧음(다른 생물학적 처리에 비해) | ㉡ 아주 높은 농도의 처리 어려움 |
| ㉢ 비용이 저렴 | ㉢ 높은 중금속 농도의 처리 어려움 |
| ㉣ 느린 생분해율을 가진 유기오염물에 적합 | ㉣ 휘발가스의 발생으로 인한 2차처리 필요 |
| ㉤ 폐쇄형 시설로 설치가능(배출가스의 처리가능) | ㉤ 침출수 발생의 우려 |
| ㉥ 다양한 지역조건에 적용가능 | ㉥ 점토성 토양의 경우 공기주입이 어려움 |

### (7) 퇴비화법(Composting) - [ex-situ]

① 원리

오염토양을 굴착후 파일(더미)를 쌓은 후 인위적으로 퇴적·분해시킨 후 미생물의 반응을 통해 최종적으로 토양개량제로 사용하는 방법입니다.

② 특징

㉠ 온도조절과 통기성확보를 위한 통기개량제(팽화제)가 필요하다.
㉡ 수분함량(50~60%), pH(6.5~8), 산소, 온도(50~55℃), C/N비(25~30)가 적절해야 한다.
㉢ 유류, 할로겐, 화약류의 오염물질 정화에 적용가능하다.
㉣ 퇴비화 초기에는 유기산의 영향으로 pH가 7 이하로 낮아진다.

> 💡 **통기개량제(팽화제)의 종류**
> 낙엽, 볏짚, 톱밥

> 💡 **C/N란?**
> C/N는 탄소(C)와 질소(N)의 비율을 말합니다. 보통의 퇴비화시 탄소는 볏집으로 질소는 분뇨로써 그 비율을 맞추어 퇴비화가 진행됩니다. 탄소의 비율이 너무 높으면 분해가 잘 이루어지지 않고, 질소의 비율이 너무 높으면, 분해시 급격한 분해가 일어나 좋은 퇴비가 형성되지 않습니다.

③ 장단점

| 장점 | 단점 |
|---|---|
| ㉠ 만들어진 퇴비는 토양개량제로 이용이 가능하다.<br>㉡ 퇴비화과정 중 온도상승으로 병원균사멸효과가 있다. | 비정상적인 부숙의 퇴비의 경우, 악취문제가 있다. |

### (8) 식물재배 정화법(phytoremediation) - [in-situ]

① 원리

오염토양에 정화식물을 식재하여 오염물질을 정화하는 방법입니다. 대상토양마다 적합한 식물종이 다르기 때문에 토양환경을 잘 조사하여 적절한 종류를 선택해서 적용해야 합니다.

- ㉠ **식물추출(phytoextraction)** : 식물의 뿌리가 오염물질을 흡수하여 줄기, 잎, 목부 등 식물체의 조직 내로 수송하여 제거하는 방법으로 체내에 고농도로 축적시킬 수 있는 축적종을 이용합니다. 중금속이나 방사능 물질의 제거에 사용됩니다. (사용식물 : 인도겨자, 해바라기, 보리)
- ㉡ **식물안정화(phytostabilization)** : 비독성 금속의 고정이나 토양개량제의 처리 없이 식물을 재배함으로 뿌리 주변 토양의 pH 변화로 중금속의 산화도를 변경하여 독성 금속을 불활성화시키는 방법입니다. pH의 영향을 받는 중금속 및 탄화수소로의 정화에 사용됩니다. 식물추출 및 식물분해와의 차이점은 식물체내로 오염물질이 흡수되지 않고 오염물질의 처리가 이루어진다는 점입니다. (사용식물 : 포플러나무)
- ㉢ **식물휘발화(phytovolatilization)** : 식물이 오염물을 흡수, 대사하여 기체상으로 변환하고 공기로 방출시키는 방법입니다.
- ㉣ **식물변형(phytotrasformation)** : 식물의 본체 또는 뿌리에서 오염물질을 덜 해로운 물질로 변환시키는 방법입니다.
- ㉤ **식물분해(phytodegradation)** : 식물이 오염물질을 흡수하여 그 안에서 대사에 의해 분해되거나 식물체 밖으로 분비되는 효소 등에 의하여 분해되는 과정을 말합니다.
- ㉥ **근권여과(rhizofiltration)** : 식물의 뿌리주변에 축적 또는 식물체로 흡수되며 오염물질을 제거하는 방법입니다. 이 방법은 토양보다 수환경 정화를 대상으로 합니다.
- ㉦ **근권분해(rhizodegradation)** : 뿌리부근에서 미생물 군집이 식물체의 도움으로 유기 오염물질을 분해하는 과정입니다.
- ㉧ **수리적 조절(hydraulic control)** : 식물에 의하여 환경의 물을 제거함으로서 수용성 오염물질의 이동 및 확산을 차단하는 과정입니다. 지하수 및 수분이 많은 토양을 대상으로 합니다.
- ㉨ **인공습지(constructed wetlands)** : 식물을 이용하여 습지를 조성하여 소규모 생태계를 통한 자연정화를 활성화시키는 방법입니다.

② 특징

- ㉠ 유류, 할로겐, 중금속, BTEX, 영양염류, 난분해성 물질에 적용가능하다.
- ㉡ 공학기술 및 농업기술이 동원된다.
- ㉢ 식물정화공정에 활용되고 있는 식물 : 해바라기, 계피나무, 포플러, 미루나무, 버드나무
- ㉣ 정화처리 중 부지접근 및 사용금지의 안내가 필요하다.

③ 장단점

| 장점 | 단점 |
|---|---|
| ㉠ 경제적이다.<br>㉡ 자연친화적이다.<br>㉢ 2차 부산물이 적다.<br>㉣ 난분해성 유기물질 및 중금속, 준금속, 방사성물질의 분해가 가능하다. | ㉠ 얕은 토양, 수변, 지하수에 한정적으로 적용가능하다.<br>㉡ 처리기간이 길다.<br>㉢ 화약류나 무기물질, 독성물질의 처리가 어렵다.<br>㉣ 화학적으로 강하게 흡착된 화합물은 분해되기 어렵다.<br>㉤ 너무 높은 농도의 오염물질에 적용이 어렵다.<br>㉥ 분해정도의 확인이 어렵다.<br>㉦ 아직 연구가 많이 필요하다. |

### (9) 자연저감법(natural attenuation, MNA) - [in-situ]

① 원리

오염된 토양이나 지하수가 존재하는 자연상태에서 미생물에 의해 오염물질의 자체적인 분산, 희석, 흡착, 휘발 및 생분해를 통해 오염물이 감소하는 현상을 말합니다. 자연저감법의 적용은 반드시 자연정화를 통해 처리대상 부지의 오염물질 농도가 법적 요구조건을 만족시킬 수 있는 경우에만 적용이 가능합니다. 그렇기에 세부적이고 정기적인 모니터링이 필수적입니다.

② 특징

㉠ 공법 시행 전과 후의 주기적인 모니터링
㉡ 호기성 미생물(물과 이산화탄소로 분해) 및 혐기성 미생물(메탄형성, 황산, 질산 환원)에 의해서도 오염물질이 제거된다.

> 💡 **미생물의 전자수용체 우선사용순위**
> 산소 > 질산성질소 > 망간산화물 > 황산이온

㉢ 유류 및 할로겐물질, 살충제, 염소계 유기용매, BTEX에 적용가능

③ 자연저감의 평가단계

㉠ 1단계 : 오염지역 자료수집 및 개략적인 개념도 작성
㉡ 2단계 : 오염물질의 생물학적 분해가능성 조사
㉢ 3단계 : 자연분해에 관련된 오염지역의 추가자료 수집
㉣ 4단계 : 오염지역의 자연분해에 관련된 자료정리 및 예비모델 수행
㉤ 5단계 : 자연분해 정도 추계
㉥ 6단계 : 오염물의 인간 및 지표수 등과의 접촉경로 분석
㉦ 7단계 : 부가적인 오염원 제거방법 평가
㉧ 8단계 : 장기 자연분해 모니터링 계획 수립

④ 모니터링

㉠ 생분해시 물질의 변화

ⓐ 오염물질 : 감소
ⓑ 용존산소 : 감소
ⓒ 질산성질소(질산염) : 감소
ⓓ 망간 : 증가
ⓔ 철 : 증가
ⓕ 황산이온(황산염) : 감소
ⓖ 메탄 : 증가
ⓗ 염소이온 : 증가
ⓘ 산화환원전위 : 감소
ⓙ 알칼리도 : 증가

㉡ 화학분석자료

ⓐ 전자공여체 및 전자수용체의 감소
ⓑ 생분해 반응 부산물의 농도 증가
ⓒ 오염물질의 농도 감소
ⓓ 2차 화합물의 농도 증가

⑤ 장단점

| 장점 | 단점 |
|---|---|
| ㉠ 경제적이다.<br>㉡ 다양한 오염물질에 적용가능하다.<br>㉢ 복원 후 발생되는 폐기물량이 적다.<br>㉣ 오염물의 지상구조물의 침투가 적다.<br>㉤ 오염지역 전체 또는 일부지역에 적용할 수 있다.<br>㉥ 다른 기술과 병행하여 사용할 수 있다. | ㉠ 무기물질, 방사성물질, 화약류의 적용이 어렵다.<br>㉡ 복원에 시간이 오래 걸린다.<br>㉢ 특성조사가 복잡하여 조사비용 및 시간이 많이 든다. (조사비용에 한함, 복원비용은 저렴)<br>㉣ 오염물의 이동이 지속되며 수리학적·지질학적 상태가 변하여 복원에 영향을 줄 수 있다.<br>㉤ 장기적인 모니터링이 필요하다. |

## 기출문제로 다지기 — UNIT 02 생물학적 정화기술

**01** 생물학적 통풍법을 적용하기 위해 검토해야 하는 토양의 주요인자가 아닌 것은?

① 고유투수계수  ② 지하수위
③ 양이온 교환능력  ④ 토양미생물

**해설** 생물학적 통풍법(바이오벤팅) 적용 시 검토해야 하는 인자는 토양가스성분, 투수성, 통기성, 생물학적 분해성(산소농도, 영양소 조건), 휘발성, 함수율, 지층구조나 성층, pH, 지하수위가 있다.

**02** 지중 생물학적 처리(in-situ Bioremediation)기술에 대한 설명으로 틀린 것은?

① 투수성이 낮은 대수층에서는 적용하기 어렵다.
② 용해도가 높고, 농도가 높은 경우는 생물학적 분해가 불가능하다.
③ 지하수에 용해되어 있거나 대수층에 흡착된 휘발성 유기화합물에 효과적이다.
④ 수리전도도가 $10^{-4}$ cm/s 이상인 대수층에서 효과적이다.

**해설** 용해도가 높을수록 생분해도는 높은 경향이 있으며, 농도가 높은 경우는 생물학적 분해속도는 저하될 수 있으나 적용은 가능하다.

**03** 토양오염지역을 bioventing기술로 처리하고자 한다. 대상부지의 산소소모율을 계산하기 위해 평균공극률이 0.4인 토양 100m³을 대상으로 조사를 실시하였다. 주입공기의 유량은 50m³/day, 초기의 산소농도 21%가 배기가스로 배출될 때 11%로 떨어졌을 때 산소소모율(% O₂/day)은?

① 약 8.5  ② 약 12.5
③ 약 16.5  ④ 약 25.5

**해설** **식** 산소소모율(%/day) =
$\dfrac{Q}{\forall} \times (초기\ O_2 - 배기가스\ 중\ O_2)$

∴ 산소소모율(%/day) = $\dfrac{50 m^3/day}{100 m^3 \times 0.4} \times (21\% - 11\%)$
= 12.5%

**04** 자연저감법을 이용하여 지하수 중의 BTEX를 처리할 경우, 생분해가 진행됨에 따라 전자수용체 변화 양상의 설명으로 틀린 것은?

① 용존산소 감소  ② $NO_3^-$ 감소
③ 철(3가) 증가  ④ $SO_4^{2-}$ 증가

**해설** 자연저감법에서는 호기성 미생물(물과 이산화탄소로 분해) 및 혐기성 미생물(메탄형성, 황산, 질산 환원)에 의해서도 오염물질이 제거된다. 따라서 황산염($SO_4^{2-}$)과 질산염($NO_3^-$)의 분해가 활발히 진행된다.

**05** 오염부지에 자연저감관측법을 적용하여 오염운을 모니터링하였다. 다음 중 오염원으로부터 가장 멀리 떨어진 지역의 오염운에서 지배적으로 일어나는 자연저감과정은?

① 3가철 환원  ② 탈질화
③ 황산염 환원  ④ 메탄산화

**정답** 01. ③  02. ②  03. ②  04. ④  05. ②

## 06 생물학적 산화환원반응의 종류 중 에너지 효율이 가장 좋은 것은?

① 황산염 환원  ② 호기성 호흡
③ 메탄 발효  ④ 질산염 환원

**해설** 호기성반응이 혐기성반응보다 훨씬 더 반응속도가 빠르게 진행된다. 황산염 환원, 메탄 발효, 질산염 환원, 유기산 생성은 혐기성 반응에 해당한다.

## 07 생물학적 복원공법을 적용하여 오염토양을 처리하고자 할 때 필요한 중요 환경조절인자와 가장 거리가 먼 것은?

① 전자 수용체  ② pH
③ 토양밀도  ④ 영양물질

## 08 생물학적 처리 시 일반적으로 난분해성을 가지는 대상 오염 물질이 아닌 것은?

① 할로겐화된 화합물
② 가지구조가 많은 화합물
③ 물에 대한 용해도가 낮은 화합물
④ 원자의 전하차가 작은 화합물

**해설** [난분해성 유기화학물질의 특징]
① 분자의 가지구조가 많은 화합물
② 분자 내에 많은 수의 할로겐원소를 함유하는 화합물
③ 물에 대한 용해도가 낮은 화합물
④ 원자의 전하차가 큰 화합물

## 09 Composting 공법에 대해 설명한 내용으로 틀린 것은?

① 퇴비화과정에서 공기가 적게 공급되면 pH가 7~8로 증가한다.
② 보통 초기 제어 함수율은 40~60%이다.
③ 퇴비화 시 심한 악취가 나는 것은 산소부족에 기인된 것이다.
④ 적정 영양물질의 비율은 C/N비로 25~30:1이다.

**해설** 공기가 적게 공급되면 혐기성반응을 초래해 유기산이 생성되므로 pH는 7 이하로 떨어진다.

## 10 오염토양 내에 인위적으로 산소를 공급하여 토양 내에 존재하는 토착 미생물의 활성을 촉진시켜 생분해도를 극대화하여 오염토양을 정화하는 기법은?

① 공기분사기법(air sparging)
② 토양증기추출기법(soil vapor extraction)
③ 토양세척(soil washing)
④ 바이오벤팅기법(bioventing)

## 11 토양경작법 운용 시 고려해야 할 토양 조건 중 가장 거리가 먼 것은?

① 수분함량  ② 온도
③ 산화환원전위  ④ 제타포텐셜

**해설** 제타포텐셜(척력=분자 간 밀어내는 힘)은 흡착법 사용시 고려되는 인자이다.
① 수분함량 : 토양의 통기성 및 미생물의 활성에 영향
② 온도 : 미생물의 활성에 영향
③ 산화환원전위 : 산화 및 환원정도에 따라 혐기성상태인지 호기성상태인지 판단

**정답** 06. ②　07. ③　08. ④　09. ①　10. ④　11. ④

**12** 생물학적 통기법을 효과적으로 적용하기 위해서는 현장에서의 산소소모율을 조사한다. 평균산소 소모율(% $O_2$/day)을 구하는 식의 인자와 가장 거리가 먼 것은?

① 주입공기 유량  ② 배가스 중의 산소농도
③ 토양 체적  ④ 토양 투수계수

**해설** **식** 산소소모율(%/day) = $\frac{Q}{\forall} \times$ (초기 $O_2$ - 배기가스 중 $O_2$)
- $Q$ : 주입공기유량
- $\forall$ : 토양공극의 부피(토양부피×공극률)

**13** 오염지하수의 생물학적 처리에 대한 설명으로 틀린 것은?

① 생물학적 처리 전후에 물리화학적 처리를 병행하는 경우가 있다.
② 생물학적 처리방식은 부유상 처리방법과 고정상 처리방법으로 구분할 수 있다.
③ 일반적으로 염소로 치환된 지방족화합물의 분해율이 방향족화합물보다 수십 배 이상 빠르다.
④ 생물학적 처리의 운전방식은 연속식, 회분식, 반회분식으로 구분할 수 있다.

**해설** 일반적으로 방향족화합물의 분해율이 염소로 치환된 지방족화합물보다 수십 배 이상 빠르다.

**14** 벤젠($C_6H_6$) 40kg으로 오염된 토양을 원위치 생물학적 복원기술로 정화하고자 한다. 벤젠이 완전분해되는 데 필요한 산소를 과산화수소로 공급한다면 필요한 과산화수소의 양(kg)은? (단, $2H_2O_2 \rightarrow 2H_2O + O_2$)

① 143  ② 184
③ 226  ④ 262

**해설** 과산화수소 2당 1의 산소가 발생된다는 것을 이용하여 반응식을 완성한 후 비례식으로 계산하여 답을 산출한다.
**반응식** $C_6H_6 + 7.5O_2 \rightarrow 6CO_2 + 3H_2O$
**반응식** $2H_2O_2 \rightarrow 2H_2O + O_2$
  2 : 1
  15 : 7.5
**반응식** $C_6H_6 + 15H_2O_2 \rightarrow 6CO_2 + 18H_2O$
  78kg : 15×34kg
  40kg : $X$
∴ $X = 261.54 kg$

**15** 식물에 의한 안정화(phtostabilization)처리에 적합한 식물의 특징이 아닌 것은?

① 대상 오염물질에 대한 높은 내성을 갖고 있어야 한다.
② 뿌리 부분의 수분함량이 커야 한다.
③ 뿌리 부분의 생체량(biomass)이 커야 한다.
④ 오염물질을 뿌리로부터 지상부(shoot)로 이동시키지 않고 뿌리 내에 함유하는 능력이 커야 한다.

**해설** 식물에 의한 안정화는 뿌리 주변 토양의 pH 변화를 주요 반응으로 중금속의 산화도를 변경하며 불용성상태로 전환하는 방법으로 다량의 수분존재 시 pH의 변화가 어려워진다.

**16** 토양, 지하수를 정화하는 식물정화법 중 식물에 의한 추출을 효과적으로 이룰 수 있는 대표 식물종으로 가장 거리가 먼 것은? (단, 중금속 기준)

① 인도겨자  ② 해바라기
③ 버드나무  ④ 보리

정답 12. ④  13. ③  14. ④  15. ②  16. ③

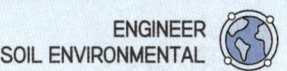

**17** 매립지 토양층에서 발생하는 혐기성 분해에 의해 100g의 glucose($C_6H_{12}O_6$)가 완전히 분해되어 발생되는 토양층에서의 메탄가스 용적(L)은? (단, 토양층에서 1mol 메탄가스의 용적 = 25L)

① 약 22  ② 약 32
③ 약 36  ④ 약 42

해설 식 $C_6H_{12}O_6 \rightarrow 3CO_2 + 3CH_4$
　　　　180g　:　3×25L
　　　　100g　:　X
　　　　∴ $X = 41.67L$

**18** 바이오스파징(biosparging)의 장·단점에 대한 설명으로 틀린 것은?

① 시설이 비교적 간단함
② 지하수의 부가적인 처리가 필요함
③ 지상의 영업 및 활동에 방해 없이 정화작업 수행이 가능함
④ 휘발보다 생분해가 주요 제거메카니즘이므로 배출가스처리가 필요 없을 수 있음

해설 지하수와 오염가스의 2차처리가 필요 없다.

**19** 독립영양미생물(화학합성-자가영양)의 탄소원과 에너지원을 바르게 짝지은 것은?

① $CO_2$ - 무기물의 산화환원반응
② $CO_2$ - 빛
③ 유기탄소 - 무기물의 산화환원반응
④ 유기탄소 - 빛

**20** 식물복원공정(Phytoremediation) 기법에 속하지 않는 것은?

① 식물추출(Phytoextraction)
② 식물안정화(Phytostabilization)
③ 근권분해(Rhizodegradation)
④ 생물증대(Bioaugmentation)

**21** 생물학적 통풍법에 대한 설명으로 틀린 것은?

① 소요 장비의 조달이 용이하며 설치가 간단하다.
② 공기분산법이나 지하수양수처리법 등의 정화기술과 조합이 가능하다.
③ 건물하부와 같은 접근이 불가능한 곳은 적용이 어렵다.
④ 매우 낮은 농도까지 처리가 어렵다.

해설 in-situ 공법으로 건물하부와 같은 접근이 불가능한 곳에도 적용이 가능하다.

**22** 미생물 중에서 $NO_2$를 $NO_3$로 산화시키는 질산화 미생물로 가장 옳은 것은?

① Nitrosomonas　② Nitrobacter
③ Rhodopseudomonas　④ Thiobacillus

**23** 바이오벤팅공정에서 주입되는 공기유량이 100m³/day이며 초기 주입 산소농도가 21%이었다. 이 오염부지의 평균산소소모율이 30%/day일 경우 배가스 중의 산소농도(%)는? (단, 토양체적 = 50m³, 토양공극률 = 0.5)

① 7.5　② 9.5
③ 11.5　④ 13.5

17. ④　18. ②　19. ①　20. ④　21. ③　22. ②　23. ④

해설
식 산소소모율(%/day) = $\frac{Q}{\forall} \times$ (초기 $O_2$ - 배기가스 중 $O_2$)

$30(\%/day) = \frac{100 m^3/day}{50 m^3 \times 0.5} \times (21\% -$ 배기가스 중 $O_2)$

∴ 배기가스 중 $O_2$ = 13.5%

## 24 바이오벤팅(Bioventing)기법 적용 시의 영향인자에 관한 설명으로 가장 거리가 먼 것은?

① 오염물질특성 : 적용되는 오염물질은 휘발성 및 생분해성을 가지고 있어야 한다.
② 토양의 투수성 : 공기를 토양 내에 강제 순환시킬 때 매우 중요한 영향 인자이다.
③ 중금속 처리농도 : 미생물 활성을 유지하기 위한 중요한 인자이다.
④ 토양 함수율 : 공기흐름 속도는 공기가 채워진 토양 공극률에 비례한다.

해설 바이오벤팅기법은 중금속 처리가 어렵다.

## 25 식물복원공정(Phytoremediation)의 원리에 대한 설명으로 틀린 것은?

① 식물추출(Phytoextraction) : 오염물질을 식물체 내로 흡수, 농축시킨 후 식물체를 제거하는 방법
② 식물안정화(Phytostabilization) : 오염물질이 뿌리 주변에 비활성의 상태로 축적되거나 식물체에 의하여 이동 · 차단되는 원리를 이용한 방법
③ 식물휘발화(Phytovolatilization) : 오염물질이 식물체에 의하여 흡수, 대사되어 휘발성 산물로 변형 후 대기로 방출되는 것을 이용한 방법
④ 근권분해(Rhizodegradation) : 수용성 오염물질이 생물 또는 비생물적인 과정에 의하여 뿌리 주변에 축적되거나 식물체로 흡수되는 것을 이용하는 방법

해설 ④항은 근권여과에 대한 설명이다. 근권분해는 뿌리부근의 미생물군집으로 유기오염물질이 분해되는 과정을 말한다.

## 26 토양정화에서 자연저감(Natural attenuation)이 일어나고 있다면 생분해 지표로서 배경보다 높은 값을 나타내는 것은?

① 질산염
② 황산염
③ 산화환원포텐셜
④ 염소

해설 염소이온은 생분해 시 증가된다.

## 27 자연저감기법(Natual Attenuation)의 영향인자 중 수리 · 지질학적 인자와 가장 거리가 먼 것은?

① 동수 구배
② 토양입경의 분포
③ 오염물질의 농도
④ 지표수와 지하수의 관계

## 28 토양경작의 효과를 증진시키기 위해 일반적으로 사용되는 탄소 : 질소 : 인의 비율은?

① 25 : 10 : 1
② 50 : 10 : 1
③ 100 : 10 : 1
④ 200 : 10 : 1

## 29 생분해가 어려운 물질의 일반적인 조건(특성)과 가장 거리가 먼 것은?

① 원자의 전하차가 적은 화합물
② 물에 대한 용해도가 낮은 화합물
③ 가지구조가 많은 화합물
④ 분자 내에 많은 수의 할로겐원소를 함유하는 화합물

정답 24. ③  25. ④  26. ④  27. ③  28. ③  29. ①

해설 [난분해성 유기화학물질의 특징]
① 분자의 가지구조가 많은 화합물
② 분자 내에 많은 수의 할로겐원소를 함유하는 화합물
③ 물에 대한 용해도가 낮은 화합물
④ 원자의 전하차가 큰 화합물

**30** 생물학적 복원기법에서 복원효율을 증진시키기 위하여 산소를 주입하는 경우의 주입방법으로 틀린 것은?

① 대기 중의 공기 주입방법
② 압축산소 주입방법
③ 과산화수소($H_2O_2$) 주입방법
④ 오존($O_3$) 주입방법

**31** 자연저감법에 대한 설명으로 옳지 않은 것은?

① 자연저감법은 난분해성 오염물질 정화에 주로 사용된다.
② 포화대 및 불포화대에 적용이 가능하다.
③ 부지 특성에 따라 모니터링 비용 등이 과다하게 소요되어 경제성이 떨어진다.
④ 부지의 사용제한이나 처리기간이 장기간 소요된다.

해설 자연저감법은 유류, 할로겐물질, 살충제, 염소계 유기용매의 제거에 주로 사용된다. 난분해성물질의 처리는 시간이 오래 걸려 적용 가능한 경우가 드물다.

**32** 토양경작법의 장점이 아닌 것은?

① 유류성분의 경우 저농도보다는 고농도 오염에 효과적이다.
② 일반적으로 설계가 용이하다.
③ 일반적으로 비용이 저렴하다.
④ 일반적으로 지중처리보다 처리효율이 높다.

해설 토양경작법은 고농도처리가 어렵다.

**33** 식물을 이용하여 오염된 토양과 지하수를 정화하는 식물정화법의 기작이 아닌 것은?

① 식물에 의한 추출(phytoextraction)
② 식물에 의한 분해(phytodegradation)
③ 식물에 의한 안정화(phytostabilization)
④ 식물에 의한 고형화(phytosolidification)

**34** 식물정화법의 처리 원리 중 식물에 의한 안정화 방식으로 활용 가능한 대표적인 식물종은?

① 포플러나무  ② 인도겨자
③ 보리  ④ 해바라기

**35** 분자식이 $C_6H_{12}O_6$인 포도당 300g이 완전 산화할 때 소모되는 이론 산소량은?

① 약 130g  ② 약 180g
③ 약 280g  ④ 약 320g

해설 식 $C_6H_{12}O_6 + 6O_2 \rightarrow 6CO_2 + 6H_2O$
180g : 6×32g
300g : X, ∴ $X = 320g$

**36** 생물학적 통기법(bioventing)에서 주입되는 공기유량은 100m³/day이며 초기 주입 산소 함유비가 21%이었다. 토양공기 내 및 배기가스 내 산소함유비가 16% 정도일 경우 이 오염 부지의 평균 산소이용률(%/day)은? (단, 토양체적=50m³, 토양공극률=0.5)

① 15  ② 20
③ 25  ④ 30

**정답** 30. ④  31. ①  32. ①  33. ④  34. ①  35. ④  36. ②

해설 산소이용률과 산소소모율은 같은 의미이다.

식 산소소모율(%/day) = $\frac{Q}{\forall}\times$(초기 $O_2$ - 배기가스 중 $O_2$)

∴ 산소소모율(%/day) = $\frac{100m^3/day}{50m^3 \times 0.5}\times(21\% - 16\%)$
= 20%

**37** 생물학적 통풍법을 적용하기 위한 적용성 실험 항목이 아닌 것은?

① 미생물 생분해 실험   ② 미생물호흡률 측정실험
③ 영향반경시험         ④ 미생물 추적자 실험

**38** 실트질 점토 내 유류오염농도 범위는 10,000~50,000mg/kg이었다. 자연 생분해 속도가 4.0mg/kg·day라면 이 지역의 자연저감기간(years)은?

① 6~45   ② 16~35
③ 6~35   ④ 16~45

해설 $t = \frac{10,000mg}{kg}\times\frac{kg\cdot day}{4mg}\times\frac{1year}{365day}$
= 6.85year (최소)

$t = \frac{50,000mg}{kg}\times\frac{kg\cdot day}{4mg}\times\frac{1year}{365day}$
= 34.25year (최대)

∴ $t$ = 6.85~34.25year

**39** 생물학적 복원기법에서 호기성 조건을 위하여 주입하게 되는데 적정한 산소주입방법이 아닌 것은?

① 대기 중의 공기 주입
② 압축산소 주입
③ 과산화질소($N_2O_2$) 주입
④ 과산화수소($H_2O_2$) 주입

**40** 토양경작법(land farming)의 적용성에 대해 잘못 기술한 것은?

① 총 종속영양미생물의 농도가 1,000CFU/g 건조 토양 이상일 경우 적합하다.
② 토양의 pH는 6~8 정도의 중성일 때 적합하다.
③ 토양의 온도는 10~45℃ 정도를 유지해야 한다.
④ 미생물의 적절한 성장을 위해 수분의 함량을 5~15% 정도로 유지해야 한다.

해설 미생물의 적절한 성장을 위해 수분의 함량을 토양의 수분보유능의 약 40~85% 정도로 유지해야 한다.

**41** 바이오스파징의 장점으로 틀린 것은?

① 휘발보다 생분해가 주요 제거 메카니즘으로 배출가스 처리가 필요 없을 수 있음
② 오염물질의 이동 및 확산 우려가 없음
③ 지하수의 부가적인 처리가 없음
④ 지상의 영업 및 활동에 방해 없이 정화작업 수행

해설 오염물질의 이동 및 확산이 증가할 수 있고 이로 인해 2차오염을 유발할 수 있다.

**42** 지하수 내 벤젠의 농도가 50mg/L이다. 일차감쇄상수(first-order decay rate)가 0.005day$^{-1}$ 일 때 3년 후 지하수 내 벤젠의 농도(mg/L)는?

① 0.21   ② 0.31
③ 0.41   ④ 0.51

해설 식 $\ln\left(\frac{C_t}{C_0}\right) = -k\times t$

$\ln\left(\frac{C_t}{50}\right) = -0.005/day\times(3\times 365day)$

∴ $C_t = 0.21mg/L$

정답  37. ④  38. ③  39. ③  40. ④  41. ②  42. ①

**43** 지중생물학적 정화법의 설계인자에 대한 설명 중 가장 알맞지 않은 것은?

① 수리전도도가 비교적 낮은 투수계수($10^{-4} \sim 10^{-6}$cm/sec)에서는 효과적이지 않다.
② 미생물의 수가 1000CFU/g 이상인 경우에는 높은 처리효율을 기대할 수 없다.
③ 중금속 2,500ppm 이상인 경우 호기성 미생물의 생육을 방해할 수 있다.
④ TPH 50,000ppm 이상인 경우 호기성 미생물의 생육을 방해할 수 있다.

해설 미생물의 수가 1,000 CFU/g 이하인 경우에는 높은 처리효율을 기대할 수 없다.

**44** 토양경작법으로 처리하기에 가장 부적합한 경우는?

① 95% 정화 목표를 가지고 있는 오염토양
② 28% 수분 함유 오염토양
③ 토양경작 기간 중 50mm의 강우가 내린 경우
④ pH 4.9 상태에서 석회석과 혼합한 오염토양

해설 95% 이상의 효율달성 어려움

**45** 지중에서 생물학적 처리를 할 경우 미생물이 전자수용체로서 우선적으로 사용되는 물질의 순서가 맞는 것은?

① 산소 > 질산성질소 > 황산이온 > 망간산화물
② 질산성질소 > 황산이온 > 망간산화물 > 산소
③ 망간산화물 > 황산이온 > 질산성질소 > 산소
④ 산소 > 질산성질소 > 망간산화물 > 황산이온

**46** 벤젠($C_6H_6$)이 호기성반응으로 완전생분해 될 때 산소 1.0mg/L으로 생분해할 수 있는 벤젠의 양(mg/L)은?

① 약 0.54  ② 약 0.48
③ 약 0.32  ④ 약 0.21

해설 반응식 $C_6H_6 + 7.5O_2 \rightarrow 6CO_2 + 3H_2O$
78kg : 7.5×32kg
$X$ : 1mg/L
∴ $X = 0.325 mg/L$

**47** 퇴비화공법의 처리 조건으로 적절하지 않는 것은?

① 제어 온도를 35~45℃로 유지
② C : N의 비율을 27 : 1 정도로 유지
③ pH는 중성에 가깝게 유지
④ 함수율을 50~60% 정도로 유지

해설 제어 온도를 50~55℃로 유지

**48** 바이오파일의 장·단점으로 가장 거리가 먼 것은?

① 설계 및 운영이 쉽다.
② 휘발물질 유출방지가 가능하다.
③ 배기가스 처리가 필요없다.
④ 지하수오염 방지 라이너시설이 필요하다.

해설 배기가스 처리가 필요하다.

**49** 자연정화기법에 의하여 오염부지를 처리하는 경우에 작용하는 현상이 아닌 것은?

① 오염물질의 자체적인 분산, 희석, 흡착, 휘발 현상
② 지하수 함량에 의한 희석과 혼합 현상
③ 토양 내 생분해로 인한 생물학적 분해 및 전이 현상
④ 계면활성제의 주입에 의한 오염물질 탈착 현상

해설 ④항은 토양세척 또는 토양세정법에 대한 설명이다.

**50** 중금속으로 오염된 토양을 처리할 경우 효율이 가장 낮은 기술은?

① Bioleaching　　② Stabilization
③ Bioaccumulation　　④ Landfarming

해설 토양경작법(Landfarming)은 중금속처리에는 효과적이지 않다.
① Bioleaching(미생물제련) : 금속의 침출능력을 갖는 미생물을 이용하여 유가금속을 회수하는 방법
② Stabilization(안정화) : 화학약품을 투여하여 토양오염물질의 이동성, 용해성, 용출특성을 억제시키는 방법
③ Bioaccumulation(생물축적) : 생물체에 특정물질이 농축되는 현상으로 특히나 중금속이 그 대상이 된다.

**51** 생물학적 복원기술에 관한 설명 중 틀린 것은?

① 저농도 및 광범위한 오염에 적합하다.
② 유해한 중간물질을 만드는 경우가 있어 분해생성물의 유무를 조사할 필요가 있다.
③ 다양한 물질에 의해 오염되어 있는 경우에도 별도의 기술개발이 필요 없다.
④ 약품을 많이 사용하지 않기 때문에 2차 오염이 적다.

해설 생물학적 복원기술은 비교적 다양한 물질에 적용가능하나, 각각의 공정마다 적용하기 어려운 물질이 존재하고 적용이 가능하더라도 시간이 많이 걸리고, 제거효율이 낮은 오염물질이 존재한다. 따라서 효율증대를 위한 기술개발이 계속해서 필요한 실정이다.

**52** 오염토양의 생물통기법 적용가능성을 판단하기 위해 실시하는 호흡률 측정방법에 대한 설명으로 틀린 것은?

① 미생물호흡률 측정은 일반적으로 50시간 정도 실시한다.
② 호흡률 측정 결과가 1%/day 이하인 경우에 적용성이 우수한 것으로 판단한다.
③ 호흡률 측정은 초기에는 2시간 간격으로 실시하고 점차 간격을 늘려 간다.
④ 산소농도가 5% 미만이거나 더 이상 감소되지 않을 때까지 실시한다.

해설 미생물 호흡률 측정결과 : 산소이용률이 약 1%/day 이상일 경우 적용가능, 1%/day 이하일 경우 미생물 살포 또는 영양물질 첨가 등이 수행되어야 함

**53** 식물정화법의 장점이라 볼 수 없는 것은?

① 비용이 적게 든다.
② 다양한 오염물질에 적용 가능하다.
③ 다른 방법에 비해 효과가 빠르다.
④ 넓은 부지의 오염지역에 적용이 가능하다.

해설 다른 방법에 비해 효과가 느리고 효과의 판별이 어렵다.

**54** 생물통기법 등 생물학적 정화공법 적용을 위해 산소 소모량을 산정할 때 수행하는 실험방법은?

① 순간수위변화시험　　② 생분해도 실험
③ 현장 호흡률 시험　　④ 양수실험

정답　49. ④　50. ④　51. ③　52. ②　53. ③　54. ③

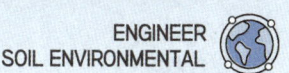

**55** 실험실에서의 예비실험 결과 독성물질의 1차반응 분해 상수가 0.03day$^{-1}$임을 알았다. 이 물질의 반감기와 가장 가까운 것은? (단, 자연지수 기준)

① 약 23일
② 약 26일
③ 약 28일
④ 약 30일

해설 반감기 : 물질의 50%가 분해되는데 걸리는 시간
식 $\ln\left(\dfrac{C_t}{C_0}\right) = -k \times t$
$\ln\left(\dfrac{0.5C_0}{C_0}\right) = -0.03 \times t$, ∴ $t = 23.1 day$

**56** 식물정화법(phytoremediation) 대상 오염물질 중에서 식물에 의한 안정화에 의하여 영향을 받는 물질이 아닌 것은?

① 유기인화합물
② 중금속
③ 방향족 탄화수소
④ 할로겐화 방향족 탄화수소

**57** 토양경작법의 장·단점에 대한 설명으로 틀린 것은?

① 설계와 운영이 용이하다.
② 오염물의 저감에 한계가 있다.
③ 처리부지가 대규모로 필요하다.
④ 생물학적 처리공법으로 2차오염이 없다.

해설 토양경작법은 토양을 넓게 펴고 뒤섞는 과정에서 휘발물질과 먼지의 발생으로 인한 대기오염이 발생한다.

**58** 휘발유로 오염된 토양의 초기 TPH 농도가 4,000ppm이었고, 50일 후 2,500ppm으로 저감되었다. 오염농도는 1차 반응의 자연저감에 의한 것일 때, 초기 농도가 100ppm까지 저감되는데 소요되는 기간(day)은?

① 약 183
② 약 248
③ 약 393
④ 약 443

해설 식 $\ln\left(\dfrac{C_t}{C_0}\right) = -k \times t$
$\ln\left(\dfrac{2,500}{4,000}\right) = -k \times 50 day$, $k = 9.4 \times 10^{-3}/day$
$\ln\left(\dfrac{100}{4,000}\right) = -9.4 \times 10^{-3} \times t$, ∴ $t = 392.43 day$

**59** 바이오스파징 기술의 특징이 아닌 것은?

① 공기를 공급한다는 면에서 바이오벤팅과 유사하다.
② 투수계수가 10$^{-3}$cm/s 이상에서 적용하는 것이 바람직하다.
③ 대상부지의 지층이 균일해야 한다.
④ Air Sparging 기술과는 미생물을 이용한다는 점에서 다르다.

해설 투수계수가 10$^{-3}$cm/s 이하에서 적용하는 것이 바람직하다.

정답 55. ① 56. ① 57. ④ 58. ③ 59. ②

## UNIT 03 열적 정화기술

### (1) 열탈착법 - [ex-situ]

① 원리

오염된 토양층을 굴착한 후 통제된 환경에서 토양을 가열하여 토양에 흡착된 오염물질을 휘발 및 탈착시키는 지상처리기술입니다. 오염물질에 따라 저온 열탈착(90~350℃)과 중·고온 열탈착(350~800℃)으로 구분됩니다.

> 💡 **장치구성**
>
> 선별기 - 분쇄기(파쇄기) - 열탈착기(열 건조기) - 2차 처리장치(후연소장치, 촉매산화탑, 흡수탑(스크러버), 원심력집진장치, 여과집진장치(백 필터), 열산화기) - 열 교환기(응축기)

㉠ 저온 열탈착(LTTD)

운전온도범위는 90~350℃로, 주로 경유계열의 유류오염정화에 효과적이다. 제거효율은 95% 이상이며, 처리 후에도 토양의 물리적인 특성 및 유기물을 유지할 수 있기 때문에 생물학적 활성의 유지가 가능하다.

- 제거대상 오염물질 : 비할로겐 VOC, 경유, 등유, 제트유, SVOCs(준 휘발성유기화합물)

㉡ 고온 열탈착(HTTD) : 운전온도범위는 350~800℃로, 주로 중유의 유류오염정화에 효과적이다.

- 제거대상 오염물질 : SVOCs(준 휘발성유기화합물), 중유, PAHs, PCB, 살충제

㉢ 열탈착기의 종류

ⓐ 로터리 킬른 : 원통형의 킬른을 15° 경사지게 하여 회전시키면서 열을 가하는 방식으로 가장 많이 이용되는 방식이다. (탄소강방식 : 150~300℃, 합금방식 : 300~600℃)

ⓑ 열 스크류 : 회전하는 스크류로 토양을 이송하며 가열하는 장치로, 장치크기에 비해 열전달 표면적이 넓고, 열전달효율이 높다. 열 스크류 공정은 고형물의 온도가 최대 허용가능한 열전달 유체의 온도에 의해 제한된다. 100~200℃로 운전된다.

ⓒ 유동상 : 오염토양에 고온의 공기를 주입하여 토양을 공기로 장치내에서 혼합시키면 가열하는 장치이다.

ⓓ 컨베이어 퍼니스(컨베이어로방식) : 가열된 컨베이어에 오염토양을 통과시키는 방법으로 300~400℃로 운전된다.

ⓔ 아스팔트 플랜트 어그리게이트 드라이어 : 150~300℃로 운전된다.

ⓕ 마이크로파 탈착장치 : 마이크로파를 이용하여 오염토양을 가열한다.

② 특징
　㉠ 휘발유, 항공유, 중유, 경유, 난방유, 윤활유, 할로겐, 비할로겐, VOC의 처리에 적용된다.
　㉡ 가스상 물질의 제거를 위한 2차처리장치가 필요하다. (후처리)
　㉢ 자갈을 선별하기 위한 선별장치가 필요하다. (전처리)
　㉣ 열탈착 전 분쇄 및 파쇄과정을 거치게 된다. (전처리)
　㉤ 유기염소 및 유기인 살충제의 제거가 가능하다.
　㉥ 탈착속도는 유기물질의 화학적 구성에 큰 영향을 받으며 대개 분자량이 클수록 느리다.

③ 영향인자
　㉠ 토양의 성상
　　ⓐ 토양가소성 : 가소성이 높은 토양은 스크린 및 장비에 엉겨 붙어 운영에 지장을 초래할 수 있다.
　　ⓑ 입도분포 : 사전처리공정과 열탈착기의 종류의 선정을 위한 인자이다. 입경이 너무 크면 분쇄가 필요하고 입경이 작으면 건조 시 많은 먼지발생 문제가 있다.
　　ⓒ 수분함량 : 최적의 수분함량은 15~25% 범위이며, 수분함량 20% 이상의 토양은 건조 및 탈수 후 처리하여야 한다.
　　ⓓ 유기물의 농도 : 휴믹물질은 특정 유기물질을 흡착하여 저온열탈착법 적용 시 탈착을 어렵게 한다.
　　ⓔ 금속농도 : 토양 내 납성분의 존재는 고형폐기물 처리의 제한과 대기로의 방출문제가 있으므로 처리 전 반드시 분석하여야 한다.
　　ⓕ 열용량 : 1,100kcal/kg보다 높은 열량을 가진 토양은 처리 전 일반토양과 섞어 처리하여야 한다.
　　ⓖ 겉보기 밀도 : 오염토양의 무게를 추정하는데 사용된다.
　㉡ 오염물질의 성상
　　ⓐ 농도 : 오염물질의 농도에 따라 토양 처리온도 및 체류시간이 설정된다. 또한 초기농도가 폭발하한계의 25% 이하로 제한하여 폭발하지 않도록 하여야 한다. 일반적으로 처리가능한 TPH 농도는 1%이며, 3% 초과 시 농도가 낮은 토양과 혼합하거나, 낮은 산소조건하에 열스크류 탈착장치을 이용하여야 한다.
　　ⓑ 끓는점 : 끓는점에 따라 체류시간 및 온도가 설정된다.

> 💡 **석유계화합물 물질별 적정처리온도 – 처리온도는 끓는점과 비례**
> ㉠ 휘발유 : 60~200℃
> ㉡ JP-4 : 150~220℃, JP-5 : 200~300℃ ← 제트유
> ㉢ 케로젠 : 200~290℃
> ㉣ 등유 : 250~350℃ (준휘발성)
> ㉤ 경유 : 250~350℃ (준휘발성)
> ㉥ 중유(난방유) : 300~550℃(A, B, C 또는 No.3, No.4, No.6로 분류)
> ㉦ 윤활유 : 400~650℃ (비휘발성)
> [순서] 휘발유 < 제트유 < 등유 < 경유 < No.3 < No.4 < No.6 < 윤활유
> (순서만 암기해 주세요^^)

ⓒ 증기압 : 휘발성을 측정하는데 사용한다.
ⓓ 흡착특성(옥탄올·물분배계수) : 유기화합물질이 토양 내 흡착되는 정도를 나타내는 지표이다.
ⓔ 수용성 : 분자질량이 높을수록 수용성은 낮아지므로, 수용성을 통해 분자질량을 판단하고 분자질량에 비례하여 체류시간과 에너지량을 결정한다. 즉, 분자질량(분자량)이 클수록 탈착속도는 느려지고, 소모되는 에너지는 많아진다.
ⓕ 다이옥신 생성가능성 : 염소계 화합물을 저온열탈착법으로 처리 시 생성될 수 있다. 폐유에는 염화탄화수소를 포함할 수 있어 특히나 폐유 오염 시 PCB, 염화탄화수소 및 염소계 화합물의 분석을 수행하여야 한다.

ⓒ 공정운영 조건 : 탈착장비의 종류, 배출가스 처리, 처리온도, 체류시간

ⓔ 오염물질 특성에 따른 탈착속도
　ⓐ 분자(분자량)가 클수록 탈착속도가 느려진다. (반비례)
　ⓑ 오염경과기간이 길어질수록 탈착속도는 느려진다. (반비례)
　ⓒ 휘발성이 낮을수록 탈착속도는 느려진다. (비례)
　ⓓ 토양층이 깊을수록 탈착속도는 느려진다. (반비례)

④ 장단점

| 장점 | 단점 |
|---|---|
| ㉠ 장비의 조달이 쉬움 | ㉠ 카드뮴이나 수은을 제외한 중금속처리에는 불가능함 |
| ㉡ 빠른 처리기간 | ㉡ 무기물질 및 방사성 물질의 처리가 어려움 |
| ㉢ 높은 제거효율 | ㉢ 경제성이 낮은 편임 |
| ㉣ 유류처리에 탁월한 효율 | ㉣ 점토 및 휴믹산 등을 높게 함유한 토양의 경우 반응시간이 길어지고 처리비용이 증가함 |
| ㉤ 고농도의 오염물질도 처리가 용이 | ㉤ 넓은 소요 부지 면적 필요 |
| ㉥ 토양의 형태나 오염물질의 종류에 관계없이 처리 효율 양호 | ㉥ 수분이 많은 토양에 부적합 |
| ㉦ 처리할 토양부피가 클수록 경제성 좋음 | ㉦ 지하수위 밑에서 굴착된 토양의 경우 탈수과정 필요 |
| ㉧ 다른 공법과 쉽게 병행 적용 가능 | |
| ㉨ On site 및 Off site에 적용이 가능하다. | |

(2) 원위치 열처리기술 - [in-situ]

① 원리
　토양층에 주입정을 설치하여 고온 또는 중온의 공기나 스팀을 주입하여 오염물질을 휘발시켜 제거하는 방법입니다.

② 특징
　㉠ 생물학적 통풍법이나 토양증기추출법에서 처리가 어려웠던 저농도물질 제거의 단점을 해결해준다.
　㉡ 정화시간이 상당히 단축된다.

③ 장단점

| 장점 | 단점 |
|---|---|
| ㉠ 저휘발성 물질의 휘발성을 촉진시켜 정화기간을 단축할 수 있다.<br>㉡ 점토질과 같은 저투수층에 존재하는 오염물의 이동성과 공기접촉기회의 증가를 통해 정화효과를 촉진한다.<br>㉢ 고온주입에 의한 미생물활성도 증가로 생분해 효과를 증대시킨다. | ㉠ 순간 유지관리비가 많이 소요된다.<br>㉡ 생분해를 위한 수분공급이 필요하다.<br>㉢ 폭발의 우려가 있다. |

### (3) 소각법 – [ex-situ]

① 원리

토양을 굴착 후 산소가 공급되는 조건에서 850℃ 이상의 고온으로 처리하여 유기물질을 소각하여 처리하는 기술입니다.

② 특징

㉠ 토양의 미생물과 유기물질이 모두 분해된다.
㉡ 열탈착법과 매우 유사하다.

③ 장단점

| 장점 | 단점 |
|---|---|
| ㉠ 제거효율이 99% 이상으로 높다.<br>㉡ 난분해성 물질 및 대부분의 유기오염의 처리가 가능하다. | ㉠ 처리비용이 타 기술에 비해 높다.<br>㉡ 중금속을 처리 시 소각재의 중금속이 포함된다.<br>㉢ 무기물질 및 방사성 물질의 처리는 어렵다.<br>㉣ 토양의 미생물까지 분해되기 때문에 토양의 생물학적 기능을 상실하게 된다.<br>㉤ 유해가스를 처리해야한다. |

### (4) 열분해법 – [ex-situ]

① 원리 : 토양을 굴착 후 산소가 없는 혐기성 조건에서 고온으로 처리하여 유기물질을 분해하여 처리하는 기술입니다.

② 특징

㉠ 토양의 미생물과 유기물질이 모두 분해된다.
㉡ 환원성 분위기에서 정화가 이루어진다.
㉢ 분해된 유기물질은 가스 및 액체, 고체연료로 전환된다.
㉣ 할로겐 및 비할로겐 물질, 유류, VOCs의 정화에 적용된다.

③ 장단점

| 장점 | 단점 |
|---|---|
| ㉠ 오염물질을 단기간에 처리할 수 있다.<br>㉡ 소각법에 비해 유해가스 처리문제가 현저히 적다.<br>㉢ 부산물로 연료를 얻을 수 있다. | ㉠ 무기물질, 방사성물질, 화약류의 정화에 효과적이지 못하다.<br>㉡ 보조연료의 사용이 필수적이다.<br>㉢ 토양의 미생물까지 분해되기 때문에 토양으로서의 기능을 상실하게 된다. |

## 기출문제로 다지기 — UNIT 03 열적 정화기술

**01** 저온열탈착법의 적용인자에 대한 설명으로 틀린 것은?

① 토양의 함수율이 높으면 유동성이 좋아 정화효율이 상승한다.
② 오염토양 내에 납 등 중금속이 포함된 경우 후단 처리시설에 주의를 요한다.
③ 조대물질의 경우에는 기계적인 무리를 줄 수 있어 전처리가 필요하다.
④ 고농도 유류 오염토양에 적용성이 우수하다.

**해설** 토양의 함수율이 높으면 열효율이 낮아져 정화효율이 저하되므로 건조 및 탈수 후에 처리한다.

**02** 오염 토양을 열처리하여 복원하는 대표적인 열탈착 장치의 종류가 아닌 것은?

① 열스크루 탈착장치
② 로터리 탈착장치
③ 세정식 탈착장치
④ 유동상 탈착장치

**03** 토양의 열처리 기술인 열탈착 기술에 관한 설명으로 틀린 것은?

① 휘발성 유기화합물의 처리효율이 준휘발성 유기화합물의 처리효율보다 낮다.
② 토양으로부터 검출한계 이하로 유기염소 및 유기인 살충제의 제거가 가능하다.
③ 토양으로부터 검출한계 이하로 휘발성 유기화합물의 제거가 가능하다.
④ 다양한 수분함량과 오염농도를 가진 여러 종류의 토양에 적용이 가능하다.

**해설** 휘발성 유기화합물의 처리효율이 준휘발성 유기화합물의 처리효율보다 높다.

**04** 열탈착기술 적용 시 2차 오염물질의 발생을 제어하는 기본적 장치에 대한 설명으로 틀린 것은?

① 조대입자는 먼저 사이클론으로 제거한다.
② 미세입자는 백필터나 전기집진기를 설치하여 제거한다.
③ 잔존 유기물 제거는 벤투리 세정기를 이용한다.
④ 폐기물 중에 황, 시안 등이 있을 경우 세정장치가 필요하다.

**해설** 잔존 유기물은 활성탄으로 제거한다. 벤투리 세정기는 산성 증기의 제거에 이용한다.

**05** 토양정화 방법 중 열탈착기술의 특징이 아닌 것은?

① 저온 열처리 기술이다.
② 다양한 수분함량과 오염농도를 가진 여러 종류의 토양에 적용이 가능하다.
③ 토양으로부터 휘발성 유기화합물을 검출한계 이하로 제거가 가능하다.
④ 다이옥신(dioxin) 및 푸란(furan)을 생성시키는 단점이 있다.

**해설** 고온 열탈착의 경우에는 다이옥신(dioxin) 및 푸란(furan)을 제거할 수 있다. 다만, 저온 열탈착법에서 염소계화합물 처리 시 발생될 수 있다.

**정답** 01. ①  02. ③  03. ①  04. ③  05. ④

**06 열탈착법에 관한 설명으로 틀린 것은?**

① 가소성이 낮은 토양은 스크린 및 장비에 엉겨 붙어 운영에 지장을 초래할 수 있다.
② 20% 이상 수분을 포함하는 토양은 건조 및 탈수 후 처리하여야 한다.
③ 1,100kcal/kg 보다 높은 열량을 가진 토양은 처리 전 일반토양과 섞어 처리하여야 한다.
④ 저온 열탈착조는 90~320℃ 범위에서 운영된다.

해설 가소성이 높은 토양은 스크린 및 장비에 엉겨 붙어 운영에 지장을 초래할 수 있다.

**07 열탈착공정의 일반적인 구성장치가 아닌 것은?**

① 고에너지 스크러버  ② 열 교환기
③ 열 건조기  ④ 발열반응기

**08 열처리 기술에 대한 설명으로 틀린 것은?**

① 저온 열탈착은 유기물을 분해하지 않는다.
② 고온 열탈착은 871~1204℃로 가열하는 공정이다.
③ 중금속으로 오염된 토양을 처리하는 데에도 효과가 뛰어나다.
④ 준휘발성 유기화합물 처리에 있어 다른 기술보다 경제성이 떨어진다.

해설 고온 열탈착은 350~800℃로 가열하는 공정이다.

**09 고온 열탈착 공법(HTTD)에 관한 내용과 가장 거리가 먼 것은?**

① 큰 입경의 토양을 정기적으로 운전하면 시설을 손상시킬 수 있다.
② 점토, 휴믹산을 많이 함유한 토양은 오염물질과 단단히 결합되어 반응시간이 길어진다.
③ 적절한 토양함수비를 맞추기 위한 가수분해과정이 필요하다.
④ 방사능물질이나 독성물질로 오염된 토양으로부터 오염물질을 분리하는 데 적용할 수 있다.

해설 적절한 토양함수비를 맞추기 위한 가수분해과정이 필요하지 않다.

**10 오염토양 열처리프로세스 중 장치 용적에 비해 열전달 표면적이 넓고, 같은 처리용량의 장치에 비해 크기가 작고, 열전달효율이 높고, 고형물의 온도가 최대허용 가능한 열전달 유체의 온도에 의해 제한되는 것은?**

① 로터리탈착장치  ② 열스크류
③ 유동상탈착장치  ④ 마이크로파 탈착장치

**11 유류오염 토양 중 열탈착 (적정)온도가 가장 높은 것은?**

① 난방유  ② 경유
③ 휘발유  ④ 등유

**12 고농도의 윤활유로 오염된 지역에 가장 적합한 정화기술은?**

① 토양세정법  ② 토양증기추출법
③ 열탈착법  ④ 퇴비화법

정답 06. ① 07. ④ 08. ② 09. ③ 10. ② 11. ① 12. ③

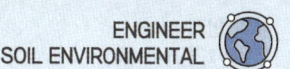

**13** 저온열탈착법에 대한 설명으로 가장 거리가 먼 것은?

① 대부분의 석유계화합물질에 적용이 가능하다.
② 카드뮴이나 수은 등을 비롯한 거의 모든 중금속 정화에 효과가 탁월하다.
③ 타기술에 비해 높은 에너지 비용이 단점이다.
④ 처리효율이 높고 적용범위가 넓다.

해설 카드뮴이나 수은을 제외하고 중금속의 처리가 불가능하다.

**14** 토양오염정화 중 열탈착 기술에 관한 설명으로 옳지 않은 것은?

① 탈착속도는 유기물질의 화학적 구성에 큰 영향을 받으며 대개 분자량이 클수록 빠르다.
② 휘발성 유기화합물(VOCs)뿐만 아니라 준휘발성 유기화합물(SVOCs)의 제거도 가능하다.
③ 유기염소 및 유기인 살충제 처리 시 푸란과 다이옥신류를 생성하지 않는다.
④ 열탈착 공정에서 발생하는 가스량은 같은 용량의 소각공정에 비해 상대적으로 적다.

해설 탈착속도는 유기물질의 화학적 구성에 큰 영향을 받으며 대개 분자량이 클수록 느리다.

**15** 열탈착기법에 관한 설명으로 (   ) 안에 들어갈 알맞은 온도 범위는?

> 고온 열탈착기법(HTTD)은 오염토양에 포함되어 있는 물이나 유기오염물질이 휘발되도록 (   )℃로 가열시키는 full-scale 기술이다.

① 80~120　　② 120~200
③ 320~560　　④ 850~1000

**16** 토양오염정화기법 중 열적처리기술인 소각법에 대한 설명으로 틀린 것은?

① 토양 내 미생물, 유기물질이 소멸되지 않는 친환경적인 공법이다.
② PCB, 다이옥신 등 난분해성물질의 분해에도 적용성이 우수하다.
③ 중금속을 함유한 오염토양의 경우에는 배기가스처리시설이나 소각재 처리에 주의하여야 한다.
④ 처리효율이 높지만 에너지 소요량이 많아 타 공법에 비해 처리단가가 높다.

해설 토양 내 미생물, 유기물질이 소멸되어 토양의 생물학적 기능을 상실하게 된다.

**17** 오염토양정화 기술 중 저온열탈착공법의 특징에 대한 설명으로 틀린 것은?

① 오염토양 내 TPH 농도가 높을수록 열량이 높아 적용성이 좋다.
② 토양 내 함수율이 높으면 에너지소모량이 많아져 전처리가 요구된다.
③ 오염토가 지하 8m 이하에 위치하는 경우에는 토공비용의 상승으로 경제성이 낮아진다.
④ 토양 내 자갈 등 조대물질이 존재하는 경우에는 선별 등 전처리가 필요하다.

해설 오염토양 내 TPH 농도는 3% 초과시 폭발의 우려가 높으므로, 3% 초과 시 농도가 낮은 토양과 혼합하거나, 낮은 산소조건하에 열스크류 탈착장치를 이용하여야 한다.

**18** 저온열탈착 공법으로 적용하기에 부적합한 물질은?

① 중유　　② 윤활유
③ PCBs　　④ 크롬

해설 카드뮴과 수은을 제외한 중금속처리가 불가능하다.

**정답** 13. ②　14. ①　15. ③　16. ①　17. ①　18. ④

**19** 유류 오염 토양처리를 위한 열탈착의 적정 온도가 가장 낮게 조정될 수 있는 것은?

① 연료유 No.6  ② 경유
③ 윤활유  ④ 등유

**20** 오염토양 정화 중 열탈착기술에 대한 설명으로 틀린 것은?

① 열탈착 공정에서 발생하는 가스는 같은 용량의 소각 공정에 비하여 가스량이 상대적으로 적게 발생된다.
② 열탈착기술은 유기염소 및 유기인 살충제의 제거가 가능하다.
③ 열탈착기술로 처리하는 동안 생성되는 다이옥신류 및 퓨란의 처리가 용이하다.
④ 열탈착기술은 다양한 수분함량과 오염농도를 가진 여러 종류의 토양에 적용이 가능하다.

해설 염소계화합물의 처리 시 다이옥신류 및 퓨란의 발생우려가 있다.

**21** 오염토양 정화기술 중 열탈착에 대한 설명으로 적절하지 않은 것은?

① 비공극성 입자의 경우 탈착속도는 초기에 크고 빠르게 일어난다.
② 유기물질의 휘발성이 작을수록 탈착되는 속도가 느리다.
③ 대개 유기물질의 분자량이 클수록 탈착되는 속도가 빠르다.
④ 오염기간이 긴 오염매체일수록 탈착이 어렵다.

해설 대개 유기물질의 분자량이 클수록 탈착되는 속도가 느리다.

**22** 열탈착기술에 사용되는 장치와 가장 거리가 먼 것은?

① 로터리 탈착장치  ② 열스크류장치
③ 자외선 탈착장치  ④ 스팀주입 탈착장치

해설 열탈착에는 열을 가하기 위해 적외선을 사용한다.

**23** 토양 열처리프로세스 종류에 해당하지 않는 것은?

① 로터리 탈착장치  ② 열스크류
③ 회분식 탈착장치  ④ 마이크로파 탈착장치

**24** 열탈착기술의 2차 오염물질과 제어방법이 잘못 열결된 것은?

① 미세입자 - 사이클론
② 다이옥신 - 집진장치
③ 배가스 유기물 - 활성탄
④ 산성 증기 - 벤투리세정기

해설 미세입자 - 여과집진기, 전기집진기

**25** 열탈착법의 장·단점으로 틀린 것은?

① 수분함량이 높은 오염토의 전처리가 필요 없는 장점이 있다.
② 빠른 처리가 가능한 장점이 있다.
③ 토양 굴착이 필요한 단점이 있다.
④ 운영을 위한 큰 부지가 필요하다는 단점이 있다.

해설 수분함량이 높은 오염토의 전처리(건조, 탈수)가 필요하다.

정답 19. ④  20. ③  21. ③  22. ③  23. ③  24. ①  25. ①

**26** 토양의 열처리 기술 중 열스크류 공정에 대한 설명으로 틀린 것은?

① 열스크류 장치는 장치 용적에 비해 열전달 표면적이 비교적 넓다.
② 열스크류 공정의 열전달 유체는 직접연소 또는 전기적 장치에 의해서 가열된다.
③ 열스크류 공정은 고형물의 온도가 최대 허용가능한 열전달 유체의 온도에 의해 제한된다.
④ 열스크류 장치는 같은 용량의 장치에 비해 장치가 크고 열전달효율이 낮은 단점이 있다.

해설 열스크류 장치는 같은 용량의 장치에 비해 장치가 작고 열전달효율이 큰 장점이 있다.

**27** 열탈착기술의 기본적인 제어장치가 아닌 것은?

① 분진 제거를 위한 사이클론과 백필터
② 잔존 유기물 제거를 위한 활성탄
③ 산성 증기 제거를 위한 벤투리 세정기
④ 탈수를 위한 필터프레스

정답 26. ④  27. ④

| UNIT | 04 | 기타 정화기술 |

## 1 폐광산 토양복구기술

### (1) 오염원 격리공법
① **복토법** : 오염물질이 강우 또는 하천수와 반응하여 지표 및 지하수를 오염시키는 것을 방지하기 위해 상부에는 불투수층 물질로 덮고 하부에 수로를 만들어 오염수를 모아 처리하는 방법이다.
② **수직 차단벽법** : 오염물질이 지하수로 이동되어 수평으로 이동되는 것을 방지하기 위해 수직벽체를 설치하여 오염지하수의 유동을 최소화하고 외부 지하수의 유입을 제한하는 방법이다.
③ **수평벽법** : 오염물질을 퍼내지 않고 수평의 벽을 만들어 오염물질의 하부 이동을 저감시키는 기술로써 수직보링법과 수평드릴링법 등이 있다.

### (2) 오염토양 정화기술
① **토양개량법** : 주로 농경지 토양에 적용하며 오염물질 농도 저감 등을 통해 작물재배에 알맞게 토양을 개량하는 방법이다.
  ㉠ 복토법 : 오염된 토양 위에 신선한 토양을 깔아 덮는 방법
  ㉡ 혼합법 : 오염된 토양과 비오염된 토양을 섞는 방법
  ㉢ 중화법 : pH가 상이한 재료를 섞어 중화하여 중금속의 유동성을 낮추는 방법
② **고형화/안정화방법** : "물리화학적 정화방법"에서 설명
③ **식물재배정화법** : "생물학적 정화방법"에서 설명
④ **토양경작법** : "생물학적 정화방법"에서 설명
⑤ **토양세정법** : "물리화학적 정화방법"에서 설명
⑥ **토양세척법** : "물리화학적 정화방법"에서 설명
⑦ **동전기법** : "물리화학적 정화방법"에서 설명
⑧ **생물학적 분해법** : "생물학적 정화방법"에서 설명

### (3) 광산배수 처리기술
① **Limestone Drains(석회배수)** : 석회석의 중화특성을 이용하여 산성광산배수(AMD)를 알칼리수로 변화시키는 방법
② **인공소택지법** : 물이 고여있는 소택지의 자연정화특성을 극대화한 방법
  ㉠ 호기성소택지 : 산화작용을 증대시킬 목적으로 산성광산배수(AMD)를 산화, 수화, 침전작용을 통해 정화하는 방법

ⓒ 혐기성소택지 : 환원반응이 발생할 수 있는 조건의 소택지에서 황환원반응을 유도하여 알칼리도를 발생시켜 금속원소를 황화물 형태로 침전하여 정화하는 방법
③ SAPS(Successive Alkalinity Producing Systems) : 석회석층에 PVC 유공관을 수직상으로 설치하여 광산배수가 위에서 아래로 강제순환하도록 하는 방법이다. 광산배수의 산도가 높고, $Fe^{3+}$의 농도가 높아서 기존의 처리시스템으로 산성광산배수(AMD)의 처리가 어려울 때 적용한다.
④ DW(Diversion Well) : 석회석을 가득 채운 웅덩이에 산성광산배수(AMD)을 2~2.5m 높이에서 떨어뜨려 석회층을 교란시킴으로써 금속수산화물에 의한 석회석 표면의 피막형성을 억제한다. 중금속의 농도가 높더라도 사용가능하나 수차에 의해 석회석이 서로 부딪혀 마모가 심하므로 석회석을 자주 보충해주어야 한다.

## 2 양수처리기술

### (1) 원리
pump를 통해 오염된 지하수를 지표면으로 끌어 올리는 방법입니다. 끌어 올린 후 활성탄처리나 공기를 공급하여 오염물질을 제거한 후 다시 지하로 넣거나 지상에 방류하여 처리합니다.

### (2) 특징
① 투수성이 좋아 오염지하수의 펌핑이 용이하여야 하며, 투수성 향상을 위해 Fracturing(수압파쇄)공법 등을 사용하기도 한다.
② 끌어 올려진 지하수를 처리할 지상의 공간이 마련되어야 한다.
③ 오염물질의 용해도에 영향을 많이 받는다.

### (3) 정화기간 산정
정화기간을 산정할때는 공극체적의 수를 산출하여 정화기준에 도달하는 시간을 산정한다.

식 $PV = -R \times \ln\left(\dfrac{C_c}{C_0}\right)$

- $PV$ : 정화기준에 도달하기 위해 반드시 채수해 내야 하는 공극체적 수
- $R$ : 지연계수
- $C_c$ : 정화기준
- $C_0$ : 지하수 내 오염물질의 초기농도

### (4) 장단점

| 장점 | 단점 |
|---|---|
| ① 비교적 비용이 적게 든다.<br>② 투수성이 높은 곳에서 적용성이 높다. | ① 리바운드 현상의 우려가 있다.<br>② 처리기간이 길어질 경우 비용상승의 요인이 된다.<br>③ 투수성이 낮은 곳에 적용하기 어렵다. |

> 💡 **리바운드 현상**
>
> 대상지역의 오염물질이 화학적으로 복잡하거나 수리지질학적으로 복잡성을 띠는 경우에 비록 정화목표에 도달한 경우에도 펌프가동을 중지하면 오염운이 다시 성장하는 현상
>
> **리바운드 현상의 원인**
> 추출 제거되지 않는 NAPL이 다시 용출될 때
> 저투수성 구간 내에 잔존해 있던 오염물질이 다시 확산될 때

## ③ 바이오필터(bio filter)

### (1) 원리

충전탑 내에 미생물이 성장할 수 있는 메디아[7](media)를 충진하여 생물을 증식시킨 후 오염가스를 통과시켜 미생물을 이용하여 오염물질을 분해하는 방법입니다.

### (2) 특징

① 분해산물이 물, 이산화탄소, 염이다.
② 생물상의 온도가 미생물의 활동에 의해 상승함에 따라 유입가스에 비해 유출가스 중의 수분함량이 증가하여 수분증발이 일어나 주기적인 수분공급이 필요하다.
③ 시간이 지남에 따라 충전층이 압밀되어 바이오필터를 통과하는 배가스의 압력손실[8]이 점차 커진다.
④ 오염물질 분해반응에 따라 pH가 낮아지는 현상이 발생한다.

### (3) 장단점

| 장점 | 단점 |
|---|---|
| ① 환경친화적이다.<br>② 별도의 포집가스 처리시설이 필요없다. | ① 고농도의 처리가 어렵다.<br>② 장치 안정화에 걸리는 시간이 길다.<br>③ 환경에 영향을 받는다. (온도, pH, 습도 독성물질 등) |

---

7) 메디아 : 미생물이 부착할 수 있는 상, 보통 자갈이나 목재, 성형된 다공성 플라스틱을 이용한다.
8) 압력손실 : 유체가 이동을 방해받는 힘 또는 정도

## 4 슬러리 월(Slurry wall)

### (1) 원리
오염물질이 지하수로 이동되어 수평으로 이동되는 것을 방지하기 위해 수직벽체를 설치하는 방법입니다.

① **용도에 따른 슬러리 월의 설치형태**
- ㉠ 경계 봉쇄구조물 : 일시적으로 오염물질의 이동성을 감소시키기 위해서 사용된다.
- ㉡ 전면 고립화 방법 : 오염지역 전체를 둘러싸는 가장 적극적인 차단방법으로 상류로부터 오염지역 내로 유입되는 비오염 지하수의 양을 거의 차단할 수 있어 침출수의 유출을 억제시킬 수 있는 가장 효과적인 방법이나 공사비가 고가이다.
- ㉢ 상류구배 배치방법 : 오염지역에서 지하수가 유입되는 면에 차단벽을 설치하는 방법으로 오염지역 상류와 하류의 수두경사가 큰 경우에 오염지역 주변의 깨끗한 유입지하수를 오염지역 외부로 우회시키기 위하여 사용된다. 전체봉합방법보다 비용이 저렴하나 흐름의 정확한 예측이 요구되며, 오염물 주위로 지하수 흐름의 부분적 우회(동수경사가 대체로 높은 지역)가 가능하다.
- ㉣ 하류구배 배치방법 : 지하수 및 산성광산배수가 유출되는 하류 면에 차단벽을 설치하는 시스템으로 주로 계곡 매립지 부분에서 침출수 및 지하수가 계곡 하류 쪽으로 모일 경우에 사용된다. 설치가 제한적이기 때문에 일부 유출을 피할 수 없으나, 완전 고립화에 따른 설치비가 너무 고가일 경우 단계적 지하수 차단으로서 사용된다.

② **슬러리 월의 종류**
- ㉠ 슬러리 월 : 트렌치(도랑) 굴착 후 낮은 수리전도도를 갖는 흙이나 다른 첨가제 등을 수직 트렌치 내에 충진하여 벽체를 시공함으로써 오염물질의 거동을 방지하는 방법이다. 충진재로는 토양-벤토나이트나 시멘트-벤토나이트가 많이 사용된다.
- ㉡ 그라우트 커튼 : 속이 빈 튜브를 지층에 삽입한 후, 부지 주변 토양에 그라우트제를 주입, 고화시킴으로써 오염물질의 흐름을 저감시키는 방법이다. 지반종류에 따라서 다양한 그라우트재를 선정할 수 있다. 유동액이 잘 통과할 수 있는 입상토에 효과적이며, 다층토나 불량암반의 경우 불균일한 그라우트 주입현상이 발생한다. 그라우트재로는 점토, 알칼리규산염, 시멘트, 유기폴리머 등을 사용하며 일반적으로 점토가 가장 많이 사용된다.
- ㉢ 스틸시트 파일링 : 시트파일을 지층에 박아 연속벽체를 형성하여 오염물질의 이동을 차단한다. 시트파일에 부식방지를 위해 코팅처리를 하기도 하며, 지반굴착이 필요 없다. 오염지역의 깊이가 얕거나 슬러리 월의 설치가 곤란할 때 토양-벤토나이트 슬러리와 연계하여 사용한다.
- ㉣ 진동빔 차단벽
- ㉤ 얇은 막벽

### (2) 사용 슬러리

① **벤토나이트(몬모릴로나이트)** : 점토광물로 매우 큰 표면적을 가지고 있으며 수화되었을 때는 매우 점성이 높아진다.
② 완전히 수화가 되려면 장소에 따라 30분에서 24시간이 걸리며 물과 벤토나이트를 탱크에서 섞는데 충분히 수화가 일어나려면 30~40분이 걸린다.
③ 벤토나이트-물 슬러리는 일반적으로 무게중량으로 2~4%의 벤토나이트가 함유되어 있다.

### (3) 특징

① 일시적인 장벽으로서 지하수 정화 시 지하수로 오염물질이 유입되는 것을 막기 위한 것이고 정호로 유입되는 지하수양을 감소시켜 양수처리 기술을 사용할 때 효율을 증대시킬 수 있다.
② 점토질이나 기반암층과 같은 피압층 아래로 오염물질의 이동을 막는데 주 목적이 있다.
③ 투수계수가 높은 지역에 유용하다.
④ 주변 지하 매질보다 낮은 수리전도도를 가진 물질을 사용한다. (주변 지하 매질과 수리전도도의 차이가 클수록 차단효과가 높아진다.)

### (4) 장단점

| 장점 | 단점 |
| --- | --- |
| ① 시공방법이 간단하다.<br>② 유지관리비가 적게 소요된다.<br>③ 지하수위 강하에 따른 주변지역의 영향을 줄일 수 있다. | ① 유해성이 큰 침출수에 노출될 경우 벤토나이트 특성이 저하된다. (강산, 강염기, 농집된 유기물 등)<br>② 현지 지형, 지질, 부지의 형태에 따라 제약을 받는다. |

## 5 Directional wall

### (1) 원리

오염지대에 수평정호를 굴착하고 직접적인 수직시추에 의한 오염물질 접근을 어렵게 하는 기술을 말합니다.

### (2) 장단점

| 장점 | 단점 |
| --- | --- |
| ① 모든 범위의 오염물질에 적용 가능하다.<br>② 양수처리나 바이오벤팅, 토양공기추출, 토양세정법, 공기공급법 등을 이용해 효과를 향상시킬 수 있다. | ① 정호 붕괴의 위험이 있다.<br>② 특별한 장비가 필요하다.<br>③ 정호를 설치하기 어렵다.<br>④ 설치비가 비싸다.<br>⑤ 50ft 깊이까지만 가능하다. |

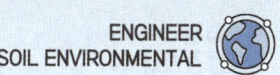

## 기출문제로 다지기 | UNIT 04 기타 정화기술

**01** 폐광산에서 유출되는 산성광산배수의 처리를 위한 기술로 틀린 것은?

① SAPS(successive alkalinity producing system)
② 인공 소택지법(호기성, 혐기성)
③ 산화 · 응집공법(ALD: alkalinity lime draining)
④ DW(diversion well)

**02** 바이오필터의 운전에 따른 문제점으로 틀린 것은?

① 생물학적 처리와 물리학적 처리의 동시진행을 위한 별도의 포집가스 처리시설이 필요하다.
② 생물상의 온도가 미생물의 활동에 의해 상승함에 따라 유입가스에 비해 유출가스 중의 수분함량이 증가하여 수분증발이 일어나 주기적인 수분공급이 필요하다.
③ 시간이 지남에 따라 충전층이 압밀되어 바이오필터를 통과하는 배가스의 압력손실이 점차 커진다.
④ 오염물질 분해반응에 따라 pH가 낮아지는 현상이 발생한다.

[해설] 별도의 포집가스 처리시설이 필요없다.

**03** 수직차단벽으로서의 슬러리월(slurry walls)의 역할이 아닌 것은?

① 오염물질의 분해 또는 지체 효과를 증진시킨다.
② 오염물질을 고형화하여 용출률을 낮춘다.
③ 지하로의 침출수 흐름을 제어한다.
④ 오염되지 않은 지하수를 오염된 지역으로부터 격리시킨다.

[해설] ②항은 고형화방법에 대한 설명이다. 슬러리월은 수직벽체를 설치하여 오염물질이 지하수로 이동하지 못하도록 하는 방법이다.

**04** 슬러리월의 장 · 단점으로 옳지 않은 것은?

① 유해성이 큰 침출수에 노출될 경우 벤토나이트 특성이 저하된다.
② 지하수위 강하에 따른 주변지역의 영향이 크다.
③ 시공방법이 간단하다.
④ 유지 관리비가 적게 소요된다.

[해설] 지하수위 강하에 따른 주변지역의 영향을 줄일 수 있다.

**05** 오염 차단시설 중 그라우트 커튼의 장 · 단점으로 옳지 않은 것은?

① 그라우트 유동액이 통과할 수 있는 입상토에 주로 효과적이다.
② 지반 종류에 따른 다양한 그라우트재를 선정할 수 있다.
③ 벽체내의 모든 공극이 효과적으로 주입되었는지 확인하는 방법이 어렵다.
④ 다층토의 경우에도 균질한 그라우트 주입현상이 형성된다.

[해설] 다층토나 단층, 불량암반에 대해서 불균일한 그라우트 주입현상이 형성된다.

 정답  01. ③  02. ①  03. ②  04. ②  05. ④

**06 슬러리월의 역할과 가장 거리가 먼 것은?**

① 오염되지 않은 지하수를 오염된 지역으로부터 격리시킨다.
② 지하로의 침출수흐름을 제어한다.
③ 오염물질의 지체효과를 증진시킨다.
④ 투수성 슬러리를 적용하여 오염물질의 분해를 증진시킨다.

해설 불투수성 슬러리를 적용하여 오염물질의 이동을 차단한다.

**07 지하수와 오염물질들의 수평이동을 제어하기 위해서 지주에 설치하는 수직차단벽(vertical cutoff walls)에 대한 설명으로 옳은 것은?**

① 슬러리월(slurry walls)은 주변보다 높은 수리전도도를 가진 물질을 이용하여 오염물질의 이동을 촉진 시키는 방법이다.
② 수직차단벽은 주변 지하 매질과 수직차단벽의 수리전도도 차이가 적을수록 차단 효과가 높다.
③ 슬러리월(slurry walls)은 오염되지 않은 지하수를 오염된 지역으로부터 격리시키는데 사용될 수 있다.
④ 슬러리월(slurry walls)은 지하로의 침출수 흐름을 제어할 수 있으나 오염물질의 분해 또는 지체효과를 증진시킬 수는 없다.

해설 ③항만 올바르다.
오답해설
① 슬러리월(slurry walls)은 주변보다 낮은 수리전도도를 가진 물질을 이용하여 오염물질의 이동을 억제시키는 방법이다.
② 수직차단벽은 주변 지하 매질과 수직차단벽의 수리전도도 차이가 클수록 차단 효과가 높다.
④ 슬러리월(slurry walls)은 지하로의 침출수 흐름을 제어할 수 있으며 오염물질의 분해 또는 지체효과를 증진시킨다.

**08 수직차단벽인 키드인 슬러리 월(keyed-in slurry wall)의 수평적 도식형태 중 부분봉쇄(partial barrier, 상방향(up-gradient))에 대한 설명으로 틀린 것은?**

① 오염부지로부터의 직접적 침출액 발생을 조절하는데 효과적이다.
② 지하수 흐름 방향의 정확한 예측이 요구된다.
③ 오염물 주위로 지하수 흐름의 부분적 우회(동수경사가 대체로 높은 지역)가 가능하다.
④ 전체봉합방법보다 비용이 저렴하다.

해설 오염부지로부터의 직접적 침출액 발생을 조절할 수는 없다. 발생된 침출액의 이동을 차단하는 역할을 한다.

**09 수직방어벽인 슬러리월에 관한 설명으로 틀린 것은?**

① 지하수의 흐름을 다른 곳으로 우회시켜 오염되지 않은 지하수를 오염된 지역으로 격리시킨다.
② 지하수의 흐름을 다른 곳으로 우회시켜 오염물질의 분해 또는 지체효과를 감소시킨다.
③ 낮은 수리전도도를 가진 흙이나 가용한 다른 첨가제 등 오염물질의 거동을 제어하는 물질을 지중 트렌치에 채운다.
④ 투수계수가 다소 높은 지역에 유용하다.

**10 양수 후 처리방법에 관한 설명으로 가장 거리가 먼 것은?**

① 양수를 중단하였다가 일정기간 이후 재개할 경우 오염물질 농도는 급격히 증가한다.
② 정화기간이 비교적 길어질 수 있다.
③ 비수용상액체가 존재하는 한 계속 운영되어야 할 것이다.
④ 많은 복원비용이 소요된다.

해설 비교적 비용이 적게 든다.

정답 06. ④  07. ③  08. ①  09. ②  10. ④

11 차단시설인 시이트 파일의 장단점과 가장 거리가 먼 내용은?

① 지반굴착이 필요
② 내구년수 연장하고 부식방지를 위하여 코팅 가능
③ 강재의 화학적 침해 가능
④ 팽창지수재 사용시 불투수 가능

해설 지반굴착이 필요없다.

12 지하수오염 확산 방지를 위한 차단시설이 아닌 것은?

① 슬러리 월
② 브이 와이어
③ 그라우팅
④ 시트파일

13 양수 및 처리법(Pump and Treat)으로 오염된 지하수를 정화하고자 할 때에는 충분한 양수를 통하여 오염구간을 씻어내야 한다. 간단히 배치 플러시 모델(Batch Flush Model)을 적용하였을 때 정화목표 농도에 필요한 공극부피(Pore Volume = PV)의 수는? (단, 지연계수 R = 1.5, 초기 오염물질 농도 = 15mg/L, 목표농도 = 1.5mg/L)

① 3.45
② 2.75
③ 3.64
④ 2.78

해설 식 $PV = -R \times \ln\left(\dfrac{C_c}{C_0}\right)$

- $PV$ : 정화기준에 도달하기 위해 반드시 채수해 내야 하는 공극체적 수
- $R$ : 지연계수 = 1.5
- $C_c$ : 정화기준 = 1.5mg/L
- $C_0$ : 지하수 내 오염물질의 초기농도 = 15mg/L

∴ $PV = -1.5 \times \ln\left(\dfrac{1.5}{15}\right) = 3.45$

정답  11. ①  12. ②  13. ①

알기 쉽게 풀어쓴 **토양환경기사** 필기

# PART 4

## 제 4 과 목
## 토양 및 지하수 환경관계법규

**01** 토양환경보전법

**02** 지하수법

# 01 토양환경보전법

## UNIT 01 토양환경보전법

### 1 총칙

**제1조(목적)** 이 법은 토양오염으로 인한 국민건강 및 환경상의 위해(危害)를 예방하고, 오염된 토양을 정화하는 등 토양을 적정하게 관리·보전함으로써 토양생태계를 보전하고, 자원으로서의 토양가치를 높이며, 모든 국민이 건강하고 쾌적한 삶을 누릴 수 있게 함을 목적으로 한다.

**제2조(정의)** 이 법에서 사용하는 용어의 뜻은 다음 각 호와 같다.
1. "토양오염"이란 사업활동이나 그 밖의 사람의 활동에 의하여 토양이 오염되는 것으로서 사람의 건강·재산이나 환경에 피해를 주는 상태를 말한다.
2. "토양오염물질"이란 토양오염의 원인이 되는 물질로서 **환경부령**으로 정하는 것을 말한다.
3. "토양오염관리대상시설"이란 토양오염물질의 생산·운반·저장·취급·가공 또는 처리 등으로 토양을 오염시킬 우려가 있는 시설·장치·건물·구축물(構築物) 및 그 밖에 환경부령으로 정하는 것을 말한다.
4. "특정토양오염관리대상시설"이란 토양을 현저하게 오염시킬 우려가 있는 토양오염관리대상시설로서 환경부령으로 정하는 것을 말한다.
5. "토양정화"란 생물학적 또는 물리적·화학적 처리 등의 방법으로 토양 중의 오염물질을 감소·제거하거나 토양 중의 오염물질에 의한 위해를 완화하는 것을 말한다.
6. "토양정밀조사"란 제4조의2에 따른 우려기준을 넘거나 넘을 가능성이 크다고 판단되는 지역에 대하여 오염물질의 종류, 오염의 정도 및 범위 등을 환경부령으로 정하는 바에 따라 조사하는 것을 말한다.
7. "토양정화업"이란 토양정화를 수행하는 업(業)을 말한다.

**제3조(적용 제외)**
① 이 법은 방사성물질에 의한 토양오염 및 그 방지에 관하여는 적용하지 아니한다.
1. "토양오염"이란 사업활동이나 그 밖의 사람의 활동에 의하여 토양이 오염되는 것으로서 사람의 건강·재산이나 환경에 피해를 주는 상태를 말한다.

② 오염된 농지를「농지법」제21조에 따른 토양의 개량사업으로 정화하는 경우에는 제15조의3 및 제15조의6을 적용하지 아니한다.

### 제4조(토양보전기본계획의 수립 등)
① 환경부장관은 토양보전을 위하여 10년마다 토양보전에 관한 기본계획(이하 "기본계획"이라 한다)을 수립·시행하여야 한다.
② 환경부장관은 기본계획을 수립할 때에는 관계 중앙행정기관의 장과 협의하여야 한다.
③ 기본계획에는 다음 각 호의 사항이 포함되어야 한다.
  1. 토양보전에 관한 시책방향
  2. 토양오염의 현황, 진행상황 및 장래예측
  3. 토양오염의 방지에 관한 사항
  4. 토양정화 및 정화된 토양의 이용에 관한 사항
  5. 토양정화와 관련된 기술의 개발 및 관련 산업의 육성에 관한 사항
  6. 토양정화를 위한 기술인력의 교육 및 양성에 관한 사항
  7. 그 밖에 토양보전에 필요한 사항
④ 특별시장·광역시장·특별자치시장·도지사·특별자치도지사(이하 "시·도지사"라 한다)는 기본계획에 따라 관할구역의 지역 토양보전계획(이하 "지역계획"이라 한다)을 수립하여 환경부장관의 승인을 받아 시행하여야 한다. 지역계획을 변경할 때에도 또한 같다.
⑤ 기본계획 및 지역계획의 수립방법, 수립절차와 그 밖에 필요한 사항은 대통령령으로 정한다.

### 제4조의2(토양오염의 우려기준)
사람의 건강·재산이나 동물·식물의 생육에 지장을 줄 우려가 있는 토양오염의 기준(이하 "우려기준"이라 한다)은 환경부령으로 정한다.

### 제4조의3(정보시스템 구축·운영)
① 환경부장관은 다음 각 호의 정보에 국민이 쉽게 접근할 수 있도록 정보시스템을 구축·운영하여야 한다.
  1. 토양오염관리대상시설 등 조사 결과
  1의2. 토양오염 이력정보
  2. 상시측정, 토양오염실태조사, 토양정밀조사 결과
  3. 토양관련전문기관 지정현황
  4. 토양정화업 등록현황
  5. 특정토양오염관리대상시설 설치현황 등
  6. 그 밖에 환경부령으로 정하는 정보
② 제1항에 따른 정보시스템의 구축·운영 등에 필요한 사항은 환경부장관이 정한다.

### 제4조의4(토양오염관리대상시설 등 조사)

① 환경부장관은 기본계획과 지역계획, 표토 침식 방지 및 복원대책, 토양보전대책지역에 관한 계획을 합리적으로 수립 또는 승인하거나 토양오염도 측정을 효율적으로 수행하기 위하여 토양오염관리대상시설의 분포현황 및 토양정밀조사, 토양정밀조사, 오염토양의 정화 또는 오염토양 개선사업의 실시현황을 정기적으로 조사(이하 이 조에서 "토양오염관리대상시설 등 조사"라 한다)하여야 한다.

② 환경부장관은 토양오염관리대상시설 등 조사를 위하여 관계 기관의 장에게 필요한 자료의 제출을 요청할 수 있다. 이 경우 요청을 받은 관계 기관의 장은 특별한 사유가 없으면 그 요청에 따라야 한다.

③ 토양오염관리대상시설 등 조사의 방법, 대상, 절차 등에 필요한 사항은 환경부령으로 정한다.

### 제4조의5(토양오염 이력정보의 작성·관리)

환경부장관은 토양오염이 발생하였거나 상시측정, 토양오염실태조사, 토양정밀조사를 실시한 토지에 대하여 토지의 용도, 토양오염관리대상시설의 설치현황, 오염 정도, 정화 조치 여부 등 토양오염 이력정보를 작성하여 관리하여야 한다.

### 제5조(토양오염도 측정 등)

① 환경부장관은 전국적인 토양오염 실태를 파악하기 위하여 측정망(測定網)을 설치하고, 토양오염도(土壤汚染度)를 상시측정(常時測定)하여야 한다.

② 시·도지사 또는 시장·군수·구청장(자치구의 구청장을 말한다. 이하 같다)은 관할구역 중 토양오염이 우려되는 해당 지역에 대하여 토양오염실태를 조사(이하 "토양오염실태조사"라 한다)하여야 한다. 이 경우 시장·군수·구청장은 환경부령으로 정하는 바에 따라 토양오염실태조사의 결과를 시·도지사에게 보고하여야 하며, 시·도지사는 환경부령으로 정하는 바에 따라 그가 실시한 토양오염실태조사의 결과와 시장·군수·구청장이 보고한 토양오염실태조사의 결과를 환경부장관에게 보고하여야 한다.

③ 제1항에 따른 측정망의 설치기준과 토양오염실태조사의 대상 지역 선정기준, 조사 방법 및 절차와 그 밖에 필요한 사항은 환경부령으로 정한다.

④ 환경부장관, 시·도지사 또는 시장·군수·구청장은 토양보전을 위하여 필요하다고 인정하면 다음 각 호의 어느 하나에 해당하는 지역에 대하여 토양정밀조사를 할 수 있다.

1. 제1항에 따른 상시측정(이하 "상시측정"이라 한다)의 결과 우려기준을 넘는 지역
2. 토양오염실태조사의 결과 우려기준을 넘는 지역
3. 다음 각 목의 어느 하나에 해당하는 지역으로서 환경부장관, 시·도지사 또는 시장·군수·구청장이 우려기준을 넘을 가능성이 크다고 인정하는 지역
   가. 토양오염사고가 발생한 지역
   나. 「산업입지 및 개발에 관한 법률」제2조제5호에 따른 산업단지(농공단지는 제외한다)
   다. 「광산피해의 방지 및 복구에 관한 법률」제2조제4호에 따른 폐광산(廢鑛山)의 주변지역
   라. 「폐기물관리법」제2조제8호에 따른 폐기물처리시설 중 매립시설과 그 주변지역
   마. 그 밖에 환경부령으로 정하는 지역

⑤ 상시측정, 토양오염실태조사 및 제4항에 따른 토양정밀조사의 결과는 공개하여야 한다.

**제6조(측정망설치계획의 결정·고시)** 환경부장관은 측정망의 위치·구역 등을 구체적으로 밝힌 측정망설치계획을 결정하여 고시하고, 누구든지 그 도면을 열람할 수 있게 하여야 한다. 측정망설치계획을 변경하였을 때에도 또한 같다.

**제6조의2(표토의 침식 현황 조사)**
① 환경부장관은 표토(表土)의 침식(浸蝕)으로 인한 토양환경의 실태를 파악하기 위하여 다음 각 호의 어느 하나에 해당하는 지역에 대하여 표토의 침식 현황 및 정도에 대한 조사를 할 수 있다.
  1. 「수도법」 제7조에 따라 지정·공고된 상수원보호구역
  2. 「한강수계 상수원수질개선 및 주민지원 등에 관한 법률」 제4조, 「낙동강수계 물관리 및 주민지원 등에 관한 법률」 제4조, 「금강수계 물관리 및 주민지원 등에 관한 법률」 제4조 및 「영산강·섬진강수계 물관리 및 주민지원 등에 관한 법률」 제4조에 따라 각각 지정·고시된 수변구역
② 환경부장관은 제1항에 따른 조사 결과 표토의 침식 정도가 환경부령으로 정하는 기준을 초과하는 경우에는 이에 대한 대책을 수립하여 시행하여야 한다.
③ 제1항에 따른 조사의 절차와 방법 등에 관하여 필요한 사항은 환경부령으로 정한다.

**제6조의3(국유재산 등에 대한 토양정화)**
① 환경부장관은 다음 각 호의 어느 하나에 해당하는 경우에는 토양오염의 확산을 방지하기 위하여 토양정밀조사를 한 후 토양정화를 할 수 있다. 이 경우 이미 토양정밀조사가 실시되었을 경우에는 토양정밀조사를 생략할 수 있다.
  1. 「국유재산법」 제2조제1호에 따른 국유재산으로 인하여 우려기준을 넘는 토양오염이 발생하여 토양정화가 필요한 경우로서 국가가 제10조의4제1항에 따른 정화책임자(淨化責任者. 이하 "정화책임자"라 한다)인 경우
  2. 제15조제3항 단서에 따라 토양정화를 하는 경우로서 긴급한 토양정화가 필요하다고 시·도지사 또는 시장·군수·구청장이 요청하는 경우
  3. 제19조제3항에 따라 오염토양 개선사업을 하는 경우로서 긴급한 토양정화가 필요하다고 특별자치시장·특별자치도지사·시장·군수·구청장이 요청하는 경우
② 환경부장관은 제1항에 따라 토양정화를 하려는 경우 같은 항 제1호의 경우에는 그 중앙관서의 장과, 같은 항 제2호 및 제3호의 경우에는 시·도지사 또는 시장·군수·구청장 및 정화책임자와 토양정화의 시기, 면적 및 비용 등에 관하여 미리 협의하여야 한다. 이 경우 제1항제2호 및 제3호에 따른 정화 등에 소요되는 비용은 환경부령으로 정하는 범위에서 토양정화를 요청한 지방자치단체에게 부담하게 할 수 있다.
③ 환경부장관은 제1항에 따라 토양정화를 하려는 경우에는 환경부령으로 정하는 바에 따라 다음 각 호의 사항이 포함된 토양정화계획을 수립하고 이를 고시하여야 한다.
  1. 토양정화의 시기 및 기간
  2. 토양정화 대상 토지의 소재지
  3. 토양정화 대상 토지 소유자의 성명 및 주소
  4. 그 밖에 환경부령으로 정하는 사항
④ 제1항제2호 및 제3호에 해당하는 경우 토양정밀조사 또는 토양정화에 소요된 비용은 해당 정화책임자에게 구상(求償)할 수 있다.

### 제7조(토지 등의 수용 및 사용)

① 환경부장관, 시·도지사 또는 시장·군수·구청장은 다음 각 호의 어느 하나에 해당하는 측정, 조사, 설치 및 토양정화를 위하여 필요한 경우에는 해당 지역 또는 구역의 토지·건축물이나 그 토지에 정착된 물건을 수용(제2호 및 제4호에만 적용한다) 또는 사용할 수 있다.
  1. 상시측정, 토양오염실태조사, 토양정밀조사
  2. 측정망 설치
  3. 표토의 침식 현황 및 정도에 대한 조사
  4. 국유재산 등에 대한 토양정화
② 제6조의3제3항에 따라 환경부장관이 토양정화계획을 고시한 때에는 「공익사업을 위한 토지 등의 취득 및 보상에 관한 법률」 제20조제1항 및 제22조에 따른 사업인정 및 사업인정의 고시가 있은 것으로 보며, 재결신청은 같은 법 제23조제1항 및 제28조제1항에도 불구하고 토양정화계획에서 정하는 토양정화 기간 내에 할 수 있다.
③ 제1항에 따른 수용 또는 사용의 절차와 손실보상 등에 관하여는 이 법에 특별한 규정이 있는 경우를 제외하고는 「공익사업을 위한 토지 등의 취득 및 보상에 관한 법률」에서 정하는 바에 따른다.

### 제8조(타인 토지에의 출입 등)

① 환경부장관, 시·도지사, 시장·군수·구청장 또는 토양관련전문기관(이하 "토양관련전문기관"이라 한다)은 상시측정, 토양오염실태조사, 토양정밀조사, 표토의 침식 현황 및 정도에 대한 조사와 위해성평가를 위하여 필요하면 소속 공무원 또는 직원으로 하여금 타인의 토지에 출입하여 그 토지에 있는 나무·돌·흙이나 그 밖의 장애물을 변경 또는 제거하게 할 수 있다. 이 경우 토양관련전문기관의 장은 특별자치시장·특별자치도지사·시장·군수·구청장의 허가를 받아야 한다.
② 제1항에 따라 장애물을 변경 또는 제거하려는 경우에는 장애물의 소유자·점유자 또는 관리인의 동의를 받아야 한다. 다만, 장애물의 소유자·점유자 또는 관리인이 현장에 없거나 주소 또는 거소(居所)를 알 수 없어 그 동의를 받을 수 없는 경우에는 관할 특별자치시장·특별자치도지사·시장·군수·구청장의 동의를 받아 장애물을 변경하거나 제거할 수 있다.
③ 제1항에 따라 타인의 토지에 출입하거나 그 토지 위의 장애물을 변경 또는 제거하려는 경우에는 출입할 날 또는 장애물을 변경·제거할 날의 3일 전까지 그 토지 또는 장애물의 소유자·점유자 또는 관리인에게 이를 알려야 한다. 다만, 그 토지 또는 장애물의 소유자·점유자 또는 관리인의 주소 및 거소를 알 수 없는 경우에는 통지를 아니할 수 있다.
④ 해 뜨기 전이나 해가 진 후에는 해당 토지 점유자의 승낙 없이는 택지 또는 담장이나 울로 둘러싸인 타인의 토지에 출입할 수 없다.
⑤ 토지의 점유자는 정당한 사유 없이 제1항에 따른 관계 공무원 및 토양관련전문기관 직원의 행위를 방해하거나 거절하지 못한다.
⑥ 제1항에 따라 타인의 토지에 출입하려는 공무원 및 토양관련전문기관의 직원은 그 권한을 나타내는 증표를 지니고 이를 관계인에게 보여주어야 한다.

## 제9조(손실보상)

① 국가·지방자치단체 또는 토양관련전문기관은 제8조에 따른 행위로 인하여 타인에게 손실을 입혔을 때에는 대통령령으로 정하는 바에 따라 그 손실을 보상하여야 한다.
② 제1항에 따라 보상을 받으려는 자는 환경부장관, 시·도지사, 시장·군수·구청장 또는 토양관련전문기관의 장에게 청구하여야 한다.
③ 환경부장관, 시·도지사, 시장·군수·구청장 또는 토양관련전문기관의 장은 제2항에 따라 청구를 받았을 때에는 그 손실을 입은 자와 협의하여 보상할 금액 등을 결정하고 청구인에게 이를 알려야 한다.
④ 제3항에 따른 협의가 성립되지 아니하거나 협의할 수 없는 경우 환경부장관, 시·도지사, 시장·군수·구청장, 토양관련전문기관의 장 또는 손실을 입은 자는 대통령령으로 정하는 바에 따라 관할 토지수용위원회에 재결(裁決)을 신청할 수 있다.
⑤ 제4항에 따른 재결을 받아들이지 아니하는 자는 재결서의 정본(正本)을 송달받은 날부터 1개월 이내에 중앙토지수용위원회에 이의(異議)를 신청할 수 있다.

## 제10조의2(토양환경평가)

① 다음 각 호의 어느 하나에 해당하는 시설이 설치되어 있거나 설치되어 있었던 부지, 그 밖에 토양오염의 우려가 있는 토지를 양도·양수 또는 임대·임차하는 경우에 양도인·양수인·임대인 또는 임차인은 해당 부지와 그 주변지역, 그 밖에 토양오염의 우려가 있는 토지에 대하여 토양환경평가기관으로부터 토양오염에 관한 평가(이하 "토양환경평가"라 한다)를 받을 수 있다.
  1. 토양오염관리대상시설
  2. 「산업집적활성화 및 공장설립에 관한 법률」 제2조제1호에 따른 공장
  3. 「국방·군사시설 사업에 관한 법률」 제2조제1항에 따른 국방·군사시설
② 제1항 각 호의 어느 하나에 해당하는 시설이 설치되어 있거나 설치되어 있었던 부지, 그 밖에 토양오염의 우려가 있는 토지를 양수한 자가 양수 당시 같은 항에 따라 토양환경평가를 받고 그 부지 또는 토지의 오염 정도가 우려기준 이하인 것을 확인한 경우에는 토양오염 사실에 대하여 선의이며 과실이 없는 것으로 추정한다.
③ 토양환경평가는 다음 각 호에 따라 실시하여야 하며, 토양환경평가의 실시에 따른 구체적인 사항과 그 밖에 필요한 사항은 대통령령으로 정한다.
  1. 토양환경평가 항목: 토양오염물질과 토양환경평가를 위하여 필요하여 대통령령으로 정하는 오염물질
  2. 토양환경평가 절차: 기초조사와 개황조사, 정밀조사로 구분하여 실시
  3. 토양환경평가 방법: 오염물질의 오염도 등의 조사·분석 및 평가, 대상 부지의 이용현황, 토양오염관리대상시설에 해당하는지 여부

## 제10조의3(토양오염의 피해에 대한 무과실책임 등)

① 토양오염으로 인하여 피해가 발생한 경우 그 오염을 발생시킨 자는 그 피해를 배상하고 오염된 토양을 정화하는 등의 조치를 하여야 한다. 다만, 토양오염이 천재지변이나 전쟁, 그 밖의 불가항력으로 인하여 발생하였을 때에는 그러하지 아니하다.
② 토양오염을 발생시킨 자가 둘 이상인 경우에 어느 자에 의하여 제1항의 피해가 발생한 것인지를 알 수 없을 때에는 각자가 연대하여 배상하고 오염된 토양을 정화하는 등의 조치를 하여야 한다.

**제10조의4(오염토양의 정화책임 등)**

① 다음 각 호의 어느 하나에 해당하는 자는 정화책임자로서 제11조제3항, 제14조제1항, 제15조제1항·제3항 또는 제19조제1항에 따라 토양정밀조사, 오염토양의 정화 또는 오염토양 개선사업의 실시(이하 "토양정화등"이라 한다)를 하여야 한다.

1. 토양오염물질의 누출·유출·투기(投棄)·방치 또는 그 밖의 행위로 토양오염을 발생시킨 자
2. 토양오염의 발생 당시 토양오염의 원인이 된 토양오염관리대상시설의 소유자·점유자 또는 운영자
3. 합병·상속이나 그 밖의 사유로 제1호 및 제2호에 해당되는 자의 권리·의무를 포괄적으로 승계한 자
4. 토양오염이 발생한 토지를 소유하고 있었거나 현재 소유 또는 점유하고 있는 자

② 제1항에도 불구하고 다음 각 호의 어느 하나에 해당하는 경우에는 같은 항 제4호에 따른 정화책임자로 보지 아니한다. 다만, 1996년 1월 6일 이후에 제1항제1호 또는 제2호에 해당하는 자에게 자신이 소유 또는 점유 중인 토지의 사용을 허용한 경우에는 그러하지 아니하다.

1. 1996년 1월 5일 이전에 양도 또는 그 밖의 사유로 해당 토지를 소유하지 아니하게 된 경우
2. 해당 토지를 1996년 1월 5일 이전에 양수한 경우
3. 토양오염이 발생한 토지를 양수할 당시 토양오염 사실에 대하여 선의이며 과실이 없는 경우
4. 해당 토지를 소유 또는 점유하고 있는 중에 토양오염이 발생한 경우로서 자신이 해당 토양오염 발생에 대하여 귀책 사유가 없는 경우

③ 시·도지사 또는 시장·군수·구청장은 제11조제3항, 제14조제1항, 제15조제1항·제3항 또는 제19조제1항에 따라 토양정화등을 명할 수 있는 정화책임자가 둘 이상인 경우에는 대통령령으로 정하는 바에 따라 해당 토양오염에 대한 각 정화책임자의 귀책정도, 신속하고 원활한 토양정화의 가능성 등을 고려하여 토양정화등을 명하여야 하며, 필요한 경우에는 제10조의9에 따른 토양정화자문위원회에 자문할 수 있다.

④ 토양정화 등의 명령을 받은 정화책임자가 자신의 비용으로 토양정화등을 한 경우에는 다른 정화책임자의 부담부분에 관하여 구상권을 행사할 수 있다.

⑤ 국가 및 지방자치단체는 다음 각 호의 어느 하나에 해당하는 경우에는 토양정화 등을 하는 데 드는 비용(제4항에 따른 구상권 행사를 통하여 상환받을 수 있는 비용 및 토양정화등으로 인한 해당 토지 가액의 상승분에 상당하는 금액은 제외한다. 이하 같다)의 전부 또는 일부를 대통령령으로 정하는 바에 따라 지원할 수 있다.

1. 정화책임자가 토양정화 등을 하는 데 드는 비용이 자신의 부담부분을 현저히 초과하거나 해당 토양오염관리내상시설의 소유·점유 또는 운영을 통하여 얻었거나 향후 얻을 수 있을 것으로 기대되는 이익을 현저히 초과하는 경우
2. 2001년 12월 31일 이전에 해당 토지를 양수하였거나 양도 또는 그 밖의 사유로 소유하지 아니하게 된 자가 제1항제4호의 정화책임자로서 토양정화등을 하는 데 드는 비용이 해당 토지의 가액을 초과하는 경우
3. 2002년 1월 1일 이후에 해당 토지를 양수한 자가 제1항제4호의 정화책임자로서 토양정화등을 하는 데 드는 비용이 해당 토지의 가액 및 토지의 소유 또는 점유를 통하여 얻었거나 향후 얻을 수 있을 것으로 기대되는 이익을 현저히 초과하는 경우
4. 그 밖에 토양정화등의 비용 지원이 필요한 경우로서 대통령령으로 정하는 경우

⑥ 토양오염이 발생한 토지를 소유 또는 점유하고 있는 자로서 정화책임자가 아닌 자는 해당 토양오염에 대한 정화책임자가 제11조제3항, 제14조제1항, 제15조제1항·제3항 또는 제19조제1항에 따라 토양정화등의 명령을 받아 토양정화등을 하려는 경우에는 정당한 사유가 없으면 이에 협조하여야 한다.

⑦ 정화책임자는 제6항에 따른 협조로 인하여 토지를 소유 또는 점유하고 있는 자에게 발생한 손실을 보상하여야 한다.

### 제10조의5(토양정화 공제조합의 설립)
① 특정토양오염관리대상시설의 설치자·운영자 및 제23조의7제1항에 따라 토양정화업의 등록을 한 자(이하 "토양정화업자"라 한다)는 제11조제3항에 따른 오염토양의 정화를 보증하고 토양정화에 드는 재원을 확보하기 위하여 환경부장관의 허가를 받아 토양정화 공제조합(이하 "조합"이라 한다)을 설립할 수 있다.

② 조합은 법인으로 한다.

③ 조합은 주된 사무소의 소재지에서 설립등기를 함으로써 성립한다.

### 제10조의6(조합의 사업) 조합은 다음 각 호의 사업을 수행한다.
1. 조합원의 토양정화를 위한 공제사업
2. 토양오염의 방지 및 토양정화를 위하여 필요한 기술의 조사·개발 및 보급에 관한 사업

### 제10조의7(분담금)
① 조합의 조합원은 제10조의6에 따른 사업을 하는 데에 필요한 분담금을 조합에 내야 한다.

② 제1항에 따른 분담금의 산정기준 및 납부절차와 그 밖에 필요한 사항은 조합의 정관으로 정하는 바에 따른다.

### 제10조의8(「민법」의 준용) 조합에 관하여 이 법에서 규정한 것 외에는 「민법」 중 사단법인에 관한 규정을 준용한다.

### 제10조의9(토양정화자문위원회)
① 제10조의4제3항에 따른 시·도지사 또는 시장·군수·구청장의 자문에 응하기 위하여 환경부에 토양정화자문위원회(이하 "위원회"라 한다)를 둔다.

② 위원회는 위원장을 포함하여 5명 이상 9명 내외의 위원으로 구성한다.

③ 위원회의 구성·운영 등에 필요한 사항은 대통령령으로 정한다.

### 제10조의10(토양환경센터의 설치·운영 등)
① 환경부장관은 토양보전과 관련된 다음 각 호의 업무를 효율적으로 추진하기 위하여 토양환경센터를 설치·운영할 수 있다.
1. 토양환경산업과 관련된 연구 및 기술의 개발·활용에 관한 사항
2. 토양보전과 관련된 기술의 보급, 실용화 촉진 및 해외시장 진출 지원
3. 토양환경산업과 관련된 정보의 수집·활용·교육·홍보 및 국제협력에 관한 사항
4. 토양환경산업 활성화에 관한 사항

5. 제1호부터 제4호까지의 업무와 관련하여 국가, 지방자치단체, 「공공기관의 운영에 관한 법률」 제4조에 따른 공공기관으로부터 위탁받은 업무
② 환경부장관은 제1항에 따른 업무의 수행에 필요한 비용의 전부 또는 일부를 지원할 수 있다.
③ 환경부장관은 토양환경센터의 운영 업무를 「한국환경산업기술원법」에 따른 한국환경산업기술원에 위탁할 수 있다.
④ 토양환경센터의 운영 및 감독 등에 관하여 필요한 사항은 대통령령으로 정한다.

## 2 토양오염의 규제

**제11조(토양오염의 신고 등)**
① 다음 각 호의 어느 하나에 해당하는 경우에는 지체 없이 관할 특별자치시장·특별자치도지사·시장·군수·구청장에게 신고하여야 한다.
  1. 토양오염물질을 생산·운반·저장·취급·가공 또는 처리하는 자가 그 과정에서 토양오염물질을 누출·유출한 경우
  2. 토양오염관리대상시설을 소유·점유 또는 운영하는 자가 그 소유·점유 또는 운영 중인 토양오염관리대상시설이 설치되어 있는 부지 또는 그 주변지역의 토양이 오염된 사실을 발견한 경우
  3. 토지의 소유자 또는 점유자가 그 소유 또는 점유 중인 토지가 오염된 사실을 발견한 경우
② 특별자치시장·특별자치도지사·시장·군수·구청장은 제1항에 따른 신고를 받거나, 토양오염물질이 누출·유출된 사실을 발견하거나 그 밖에 토양오염이 발생한 사실을 알게 된 경우에는 소속 공무원으로 하여금 해당 토지에 출입하여 오염 원인과 오염도에 관한 조사를 하게 할 수 있다.
③ 제2항의 조사를 한 결과 오염도가 우려기준을 넘는 토양(이하 "오염토양"이라 한다)에 대하여는 대통령령으로 정하는 바에 따라 기간을 정하여 정화책임자에게 토양관련전문기관에 의한 토양정밀조사의 실시, 오염토양의 정화 조치를 할 것을 명할 수 있다.
④ 토양관련전문기관은 제3항에 따라 토양정밀조사를 하였을 때에는 조사 결과를 관할 특별자치시장·특별자치도지사·시장·군수·구청장에게 지체 없이 통보하여야 한다.
⑤ 제2항에 따라 타인의 토지에 출입하려는 공무원은 그 권한을 나타내는 증표를 지니고 이를 관계인에게 보여주어야 한다.
⑥ 특별자치시장·특별자치도지사·시장·군수·구청장은 제2항에 따라 소속 공무원으로 하여금 해당 토지에 출입하여 오염 원인과 오염도에 관한 조사를 하게 한 경우에는 그 사실을 지방환경관서의 장에게 지체 없이 알려야 한다.

## 제12조(특정토양오염관리대상시설의 신고 등)

① 특정토양오염관리대상시설을 설치하려는 자는 대통령령으로 정하는 바에 따라 그 시설의 내용과 토양오염방지시설의 설치계획을 관할 특별자치시장·특별자치도지사·시장·군수·구청장에게 신고하여야 한다. 신고한 사항 중 환경부령으로 정하는 내용을 변경(특정토양오염관리대상시설의 폐쇄를 포함한다)할 때에도 또한 같다.

② 특별자치시장·특별자치도지사·시장·군수·구청장은 제1항 전단에 따른 신고를 받은 날부터 10일 이내에, 같은 항 후단에 따른 변경신고를 받은 날부터 7일 이내에 신고수리 여부를 신고인에게 통지하여야 한다.

③ 특별자치시장·특별자치도지사·시장·군수·구청장이 제2항에서 정한 기간 내에 신고수리 여부 또는 민원 처리 관련 법령에 따른 처리기간의 연장을 신고인에게 통지하지 아니하면 그 기간(민원 처리 관련 법령에 따라 처리기간이 연장 또는 재연장된 경우에는 해당 처리기간을 말한다)이 끝난 날의 다음 날에 신고를 수리한 것으로 본다.

④ 「위험물안전관리법」 및 「화학물질관리법」과 그 밖에 환경부령으로 정하는 법령에 따라 특정토양오염관리대상시설의 설치에 관한 허가를 받거나 등록을 한 경우에는 제1항에 따른 신고를 한 것으로 본다. 이 경우 허가 또는 등록기관의 장은 환경부령으로 정하는 토양오염방지시설에 관한 서류를 첨부하여 그 사실을 그 특정토양오염관리대상시설이 설치된 지역을 관할하는 특별자치시장·특별자치도지사·시장·군수·구청장에게 통보하여야 한다.

⑤ 특정토양오염관리대상시설의 설치자(그 시설을 운영하는 자를 포함한다. 이하 같다)는 대통령령으로 정하는 바에 따라 토양오염을 방지하기 위한 시설(이하 "토양오염방지시설"이라 한다)을 설치하고 적정하게 유지·관리하여야 한다.

## 제12조의2(다른 법률에 따른 변경신고의 의제)

① 제12조제1항 후단에 따라 변경신고를 한 경우에는 그 특정토양오염관리대상시설에 관련된 다음 각 호의 변경신고를 한 것으로 본다. 다만, 변경신고의 사항이 사업장의 명칭 또는 대표자가 변경되는 경우로 한정한다.
  1. 「물환경보전법」 제33조제2항 단서 및 같은 조 제3항에 따른 배출시설의 변경신고
  2. 「대기환경보전법」 제44조제2항에 따른 배출시설의 변경신고

② 제1항에 따른 변경신고의 의제를 받고자 하는 자는 변경신고의 신청을 하는 때에 해당 법률이 정하는 관련 서류를 함께 제출하여야 한다.

③ 제1항에 따라 변경신고를 접수하는 행정기관의 장은 변경신고를 처리한 때에는 지체 없이 제1항 각 호의 변경신고 소관 행정기관의 장에게 그 내용을 통보하여야 한다.

④ 제1항에 따라 변경신고를 한 것으로 보는 경우에는 관계 법률에 따라 부과되는 수수료를 면제한다.

## 제13조(토양오염검사)

① 특정토양오염관리대상시설의 설치자는 대통령령으로 정하는 바에 따라 토양관련전문기관으로부터 그 시설의 부지와 그 주변지역에 대하여 토양오염검사(이하 "토양오염검사"라 한다)를 받아야 한다. 다만, 토양시료(土壤試料)의 채취가 불가능하거나 토양오염검사가 필요하지 아니한 경우로서 대통령령으로 정하는 요건에 해당하여 특별자치시장·특별자치도지사·시장·군수·구청장의 승인을 받은 경우에는 토양오염검사를 받지 아니한다.

② 제1항 단서에 따른 승인의 절차는 환경부령으로 정하며, 승인을 신청하는 자는 토양관련전문기관의 의견을 첨부하여야 한다. 다만, 여러 개의 같은 종류의 저장시설 중 일부 시설을 폐쇄하는 경우 등 대통령령으로 정하는 경우에는 토양관련전문기관의 의견을 첨부하지 아니할 수 있다.

③ 토양오염검사는 토양오염도검사와 누출검사로 구분하여 한다. 다만, 누출검사는 저장시설 또는 배관이 땅속에

문혀 있거나 땅에 붙어 있어 누출 여부를 눈으로 확인할 수 없는 시설로서 환경부령으로 정하는 바에 따라 특별자치시장·특별자치도지사·시장·군수·구청장이 인정하는 경우에만 실시한다.

④ 토양관련전문기관은 토양오염검사를 하였을 때에는 특정토양오염관리대상시설의 설치자, 관할 특별자치시장·특별자치도지사·시장·군수·구청장 및 관할 소방서장에게 검사 결과를 통보(소방서장에 대한 통보는 「위험물안전관리법」에 따라 허가를 받은 시설 중 누출검사 결과 오염물질의 누출이 확인된 시설인 경우로 한정한다)하여야 하며, 특정토양오염관리대상시설의 설치자는 환경부령으로 정하는 바에 따라 통보받은 검사 결과를 보존하여야 한다. 이 경우 특정토양오염관리대상시설의 설치자는 통보받은 검사 결과를 「전자문서 및 전자거래 기본법」 제2조제1호에 따른 전자문서로 보존할 수 있다.

⑤ 토양오염검사를 위한 시료채취의 방법과 그 밖에 필요한 사항은 환경부령으로 정한다.

⑥ 관할 특별자치시장·특별자치도지사·시장·군수·구청장은 제4항에 따라 토양관련전문기관으로부터 통보받은 토양오염검사 결과를 토대로 정밀한 검사가 필요하다고 인정되는 경우에는 환경부령으로 정하는 토양관련전문기관에 토양오염검사를 의뢰할 수 있다.

### 제14조(특정토양오염관리대상시설의 설치자에 대한 명령)

① 특별자치시장·특별자치도지사·시장·군수·구청장은 특정토양오염관리대상시설의 설치자가 다음 각 호의 어느 하나에 해당하면 대통령령으로 정하는 바에 따라 기간을 정하여 토양오염방지시설의 설치 또는 개선이나 그 시설의 부지 및 주변지역에 대하여 토양관련전문기관에 의한 토양정밀조사 또는 오염토양의 정화 조치를 할 것을 명할 수 있다.
1. 토양오염방지시설을 설치하지 아니하거나 그 기준에 맞지 아니한 경우
2. 토양오염도검사 결과 우려기준을 넘는 경우
3. 누출검사 결과 오염물질이 누출된 경우

② 토양관련전문기관은 제1항에 따라 토양정밀조사를 하였을 때에는 조사 결과를 지체 없이 특정토양오염관리대상시설의 설치자 및 관할 특별자치시장·특별자치도지사·시장·군수·구청장에게 통보하여야 한다.

③ 특별자치시장·특별자치도지사·시장·군수·구청장은 특정토양오염관리대상시설의 설치자가 제1항에 따른 명령을 이행하지 아니하거나 그 명령을 이행하였더라도 그 시설의 부지 및 그 주변지역의 토양오염의 정도가 제15조의3제1항에 따른 정화기준 이내로 내려가지 아니한 경우에는 그 특정토양오염관리대상시설의 사용중지를 명할 수 있다.

### 제15조(토양오염방지 조치명령 등)

① 시·도지사 또는 시장·군수·구청장은 해당하는 지역의 정화책임자에 대하여 대통령령으로 정하는 바에 따라 기간을 정하여 토양관련전문기관으로부터 토양정밀조사를 받도록 명할 수 있다.

② 토양관련전문기관은 제1항에 따라 토양정밀조사를 하였을 때에는 정화책임자 및 관할 시·도지사 또는 시장·군수·구청장에게 조사 결과를 지체 없이 통보하여야 한다.

③ 시·도지사 또는 시장·군수·구청장은 상시측정, 토양오염실태조사 또는 토양정밀조사의 결과 우려기준을 넘는 경우에는 대통령령으로 정하는 바에 따라 기간을 정하여 다음 각 호의 어느 하나에 해당하는 조치를 하도록 정화책임자에게 명할 수 있다. 다만, 정화책임자를 알 수 없거나 정화책임자에 의한 토양정화가 곤란하다고 인정하는 경우에는 시·도지사 또는 시장·군수·구청장이 오염토양의 정화를 실시할 수 있다.

1. 토양오염관리대상시설의 개선 또는 이전
2. 해당 토양오염물질의 사용제한 또는 사용중지
3. 오염토양의 정화

④ 환경부장관은 제5조에 따른 토양오염도 측정 결과 우려기준을 넘는 경우에는 관할 시·도지사 또는 시장·군수·구청장에게 제3항에 따른 조치명령을 할 것을 요청할 수 있다.

⑤ 시·도지사 또는 시장·군수·구청장은 제6항에 따른 환경부장관의 요청을 받았을 때에는 제3항에 따른 조치명령을 하여야 하며, 그 조치명령의 내용 및 결과를 환경부령으로 정하는 바에 따라 환경부장관에게 보고하여야 한다.

## 제15조의2(명령의 이행완료 보고)

① 조치명령 또는 중지명령을 받은 자가 그 명령을 이행하였을 때에는 **환경부령**으로 정하는 바에 따라 지체 없이 이를 시·도지사 또는 시장·군수·구청장에게 보고하여야 한다. 이 경우 시·도지사 또는 시장·군수·구청장은 환경부령으로 정하는 바에 따라 명령 이행 상태를 확인하여야 한다.

② 특별자치시장·특별자치도지사·시장·군수·구청장은 조치명령을 받은 자가 제1항에 따라 이행완료 보고를 하였을 때는 해당 이행완료보고서를 지방환경관서의 장에게 **환경부령**으로 정하는 바에 따라 통보하여야 한다.

## 제15조의3(오염토양의 정화)

① 오염토양은 대통령령으로 정하는 정화기준 및 정화방법에 따라 정화하여야 한다.

② 오염토양은 토양정화업자(제3항 단서에 따라 오염토양을 반출하여 정화하는 경우에는 반입하여 정화하는 시설을 등록한 토양정화업자를 말한다)에게 위탁하여 정화하여야 한다. 다만, 유기용제류(有機溶劑類)에 의한 오염토양 등 대통령령으로 정하는 종류와 규모에 해당하는 오염토양은 정화책임자가 직접 정화할 수 있다.

③ 오염토양을 정화할 때에는 오염이 발생한 해당 부지에서 정화하여야 한다. 다만, 부지의 협소 등 환경부령으로 정하는 불가피한 사유로 그 부지에서 오염토양의 정화가 곤란한 경우에는 토양정화업자가 보유한 시설(제23조의7제1항에 따라 오염토양을 반입하여 정화하기 위하여 등록한 시설을 말한다)로 환경부령으로 정하는 바에 따라 오염토양을 반출하여 정화할 수 있다.

④ 제3항 단서에 따라 오염토양을 반출하여 정화하려는 자는 환경부령으로 정하는 바에 따라 오염토양반출정화계획서를 관할 특별자치시장·특별자치도지사·시장·군수·구청장에게 제출하여 적정통보를 받아야 한다. 제5항에 따라 적정통보를 받은 오염토양반출정화계획 중 환경부령으로 정하는 중요 사항을 변경하려는 때에도 또한 같다.

⑤ 특별자치시장·특별자치도지사·시장·군수·구청장은 제4항에 따라 제출된 오염토양반출정화계획서를 다음 각 호의 사항에 관하여 검토한 후 그 적정 여부를 오염토양반출정화계획서를 제출한 자에게 통보하여야 한다.
 1. 제3항 단서에 따라 반출하여 정화할 수 있는 오염토양에 해당하는지 여부
 2. 오염토양의 반출·정화 계획이 적정한지 여부

⑥ 제5항에 따라 적정통보를 받은 자는 오염토양을 반출·운반·정화 또는 사용(정화된 토양을 최초로 사용하는 것을 말한다. 이하 같다)할 때마다 토양 인수인계서를 제9항에 따른 오염토양 정보시스템에 입력하여야 한다.

⑦ 오염토양을 정화하는 자는 다음 각 호의 행위를 하여서는 아니 된다.
 1. 오염토양에 다른 토양을 섞어서 오염농도를 낮추는 행위
 2. 제3항 단서에 따라 오염토양을 반출하여 정화하는 경우 제23조의7제1항에 따라 등록한 시설의 용량을 초

과하여 오염토양을 보관하는 행위
⑧ 제6항에 따른 토양 인수인계서의 작성방법, 작성시기 및 토양인계시기 등 필요한 사항은 환경부령으로 정한다.
⑨ 환경부장관은 오염토양의 반출·운반·정화 또는 사용 과정을 전산처리할 수 있는 오염토양 정보시스템을 설치·운영하여야 한다.

**제15조의4(오염토양의 투기 금지 등)** 누구든지 다음 각 호의 어느 하나에 해당하는 행위를 하여서는 아니 된다.
1. 오염토양을 버리거나 매립하는 행위
2. 보관, 운반 및 정화 등의 과정에서 오염토양을 누출·유출하는 행위
3. 정화가 완료된 토양을 그 토양에 적용된 것보다 엄격한 우려기준이 적용되는 지역의 토양에 사용하는 행위

**제15조의5(위해성평가)**
① 환경부장관, 시·도지사, 시장·군수·구청장 또는 정화책임자는 제23조의2제2항제1호에 따라 지정을 받은 위해성평가기관으로 하여금 오염물질의 종류 및 오염도, 주변 환경, 장래의 토지이용계획과 그 밖에 필요한 사항을 고려하여 해당 부지의 토양오염물질이 인체와 환경에 미치는 위해의 정도를 평가(이하 "위해성평가"라 한다)하게 한 후 그 결과를 토양정화의 범위, 시기 및 수준 등에 반영할 수 있다.
② 위해성평가는 다음 각 호의 어느 하나(정화책임자의 경우에는 제4호 및 제5호만 해당한다)에 해당하는 경우에 실시할 수 있다.
1. 제6조의3에 따라 토양정화를 하려는 경우
2. 제15조제3항 각 호 외의 부분 단서에 따라 오염토양을 정화하려는 경우
3. 제19조제3항에 따라 오염토양 개선사업을 하려는 경우
4. 자연적인 원인으로 인한 토양오염이라고 대통령령으로 정하는 방법에 따라 입증된 부지의 오염토양을 정화하려는 경우(제15조의3제3항 단서에 따라 오염토양을 반출하여 정화하는 경우는 제외한다)
5. 그 밖에 위해성평가를 할 필요가 있는 경우로서 대통령령으로 정하는 경우
③ 시·도지사, 시장·군수·구청장 및 정화책임자가 위해성평가의 결과를 토양정화의 시기, 범위 및 수준 등에 반영하려는 경우에는 환경부장관에게 미리 검증을 받아야 한다.
④ 위해성평가의 항목·방법 및 그 밖에 필요한 사항과 위해성평가 결과의 검증 절차와 방법 등은 환경부령으로 정한다.

**제15조의6(토양정화의 검증)**
① 정화책임자는 오염토양을 정화하기 위하여 토양정화업자에게 토양정화를 위탁하는 경우에는 제23조의2제2항제2호에 따라 지정을 받은 토양오염조사기관으로 하여금 정화과정 및 정화완료에 대한 검증을 하게 하여야 한다. 다만, 토양정밀조사를 한 결과 오염토양의 규모가 작거나 오염의 농도가 낮은 경우 등 오염토양이 대통령령으로 정하는 규모 및 종류에 해당하는 경우에는 정화과정에 대한 검증을 생략할 수 있다.
② 정화책임자는 제1항 본문에 따라 토양오염조사기관으로 하여금 오염토양의 정화과정 및 정화완료에 대한 검증을 하게 할 때에는 환경부령으로 정하는 내용 및 절차에 따라 오염토양정화계획을 작성하여 관할 특별자치시장·특별자치도지사·시장·군수·구청장에게 제출하여야 한다. 제출한 계획 중 환경부령으로 정하는 사항을

변경할 때에도 또한 같다.
③ 토양관련전문기관은 제1항에 따른 검증을 할 때 정화책임자로부터 검증수수료를 받을 수 있다. 이 경우 검증수수료의 산정기준에 관하여는 환경부령으로 정한다.
④ 제1항에 따른 검증의 절차·내용 및 방법과 그 밖에 검증에 필요한 사항은 환경부령으로 정한다.
⑤ 토양정화업자가 제1항에 따라 정화과정 및 정화완료에 대한 검증을 받는 경우 토양관련전문기관에 의한 검증이 완료되지 아니한 상태에서 오염토양을 반출하여서는 아니 된다.

### 제15조의7(토양관리단지의 지정 등)
① 환경부장관은 제15조의3제3항 단서에 따라 오염토양을 반출하여 정화하거나 정화된 토양을 재활용하기 위하여, 토양정화에 필요한 시설을 일정 지역에 집중시켜 효율적으로 토양정화를 할 필요가 있다고 인정하는 경우에는 「국유재산법」에 따른 국유재산 중 환경부장관이 중앙관서의 장인 토지를 토양관리단지로 지정할 수 있다.
② 환경부장관은 제1항에 따라 토양관리단지를 지정하려는 경우에는 대통령령으로 정하는 바에 따라 토양관리단지 조성계획을 수립하여 관할 시·도지사의 의견을 듣고, 관계 중앙행정기관의 장과 협의하여야 한다. 토양관리단지 조성계획 중 대통령령으로 정하는 중요한 사항을 변경하려는 경우에도 또한 같다.
③ 환경부장관은 제1항에 따른 토양관리단지에서 토양정화업을 하려는 자에게 「국유재산법」에도 불구하고 토양관리단지의 토지 일부를 수의계약으로 사용·수익하게 하거나 대부 또는 매각할 수 있다.
④ 환경부장관은 제1항에 따른 토양관리단지를 원활하게 운영하기 위하여 도로 등 기반시설의 설치 등에 필요한 지원을 할 수 있다.

### 제15조의8(잔류성오염물질 등에 의한 토양오염)
① 토양오염이 발생한 해당 부지 또는 그 주변지역(국가가 정화책임이 있는 부지 또는 그 주변지역으로 한정한다. 이하 이 조에서 같다)이 우려기준을 넘는 토양오염물질 외에 「잔류성유기오염물질 관리법」 제2조제1호에 따른 잔류성유기오염물질(토양오염물질로서 이 법 제15조의3제1항에 따른 정화기준이 정하여진 물질은 제외하며, 이하 "잔류성오염물질"이라 한다)로도 함께 오염된 경우에는 이 법 또는 다른 법령에 따른 정화책임이 있는 중앙행정기관의 장(이하 이 조에서 "토양오염정화자"라 한다)은 다음 각 호의 사항이 포함된 정화계획안을 작성하여 해당 지역주민의 의견을 들어야 한다.
  1. 잔류성오염물질을 포함한 오염토양의 정화시기 및 정화기간
  2. 잔류성오염물질을 포함한 오염토양의 정화목표치 및 정화방법
  3. 그 밖에 잔류성오염물질을 포함한 오염토양의 정화에 관한 사항
② 토양오염정화자는 제1항에 따른 지역주민의 의견을 반영한 정화계획안에 대하여 환경부장관과의 협의를 거쳐 정화계획을 수립하여야 한다. 이 경우 협의 요청을 받은 환경부장관은 제15조의3제1항 및 제3항에도 불구하고 정화방법 등을 달리 정하도록 할 수 있다.
③ 토양오염정화자는 제2항에 따라 수립된 정화계획에 따라 오염된 토양을 정화하는 경우에는 토양정화업자(오염된 토양을 반출하여 정화하는 경우에는 제23조의7제1항에 따라 반입하여 정화하는 시설을 등록한 토양정화업자를 말한다)에게 위탁하여 정화하여야 하며, 제23조의2제2항제2호에 따라 지정을 받은 토양오염조사기관으로 하여금 정화과정 및 정화완료에 대한 검증을 하게 하여야 한다.

④ 제3항에 따른 검증에 관한 구체적인 절차, 내용 및 방법 등은 제15조의6제2항부터 제5항까지의 규정을 준용한다. 이 경우 "정화책임자"는 "토양오염정화자"로 본다.

## ❸ 토양보전대책지역의 지정 및 관리

**제16조(토양오염대책기준)** 우려기준을 초과하여 사람의 건강 및 재산과 동물·식물의 생육에 지장을 주어서 토양오염에 대한 대책이 필요한 토양오염의 기준(이하 "대책기준"이라 한다)은 환경부령으로 정한다.

**제17조(토양보전대책지역의 지정)**
① 환경부장관은 대책기준을 넘는 지역이나 제2항에 따라 특별자치시장·특별자치도지사·시장·군수·구청장이 요청하는 지역에 대해서는 관계 중앙행정기관의 장 및 관할 시·도지사와 협의하여 토양보전대책지역(이하 "대책지역"이라 한다)으로 지정할 수 있다. 다만, 대통령령으로 정하는 경우에 해당하는 지역에 대해서는 대책지역으로 지정하여야 한다.
② 특별자치시장·특별자치도지사·시장·군수·구청장은 관할구역 중 특히 토양보전이 필요하다고 인정하는 지역에 대하여는 그 지역의 토양오염의 정도가 대책기준을 초과하지 아니하더라도 관할 시·도지사와 협의하여 그 지역을 대책지역으로 지정하여 줄 것을 환경부장관에게 요청할 수 있다.
③ 제1항에 따른 대책지역의 지정기준, 지정절차와 그 밖에 필요한 사항은 대통령령으로 정한다.
④ 환경부장관은 제1항에 따라 대책지역을 지정할 때에는 그 지역의 위치, 면적, 지정 연월일, 지정 목적과 그 밖에 환경부령으로 정하는 사항을 고시하여야 한다. 고시된 사항을 변경하였을 때에도 또한 같다.

**제18조(대책계획의 수립·시행)**
① 특별자치시장·특별자치도지사·시장·군수·구청장[해당 대책지역이 둘 이상의 특별자치시·시·군·구(자치구를 말한다. 이하 같다)에 걸쳐 있는 경우에는 대통령령으로 정하는 특별자치시장·시장·군수·구청장을 말한다]은 대책지역에 대하여는 토양보전대책에 관한 계획(이하 "대책계획"이라 한다)을 수립하여 관할 시·도지사와의 협의를 거친 후 환경부장관의 승인을 받아 시행하여야 한다.
② 대책계획에는 다음 각 호의 사항이 포함되어야 한다.
   1. 오염토양 개선사업
   2. 토지 등의 이용 방안
   3. 주민건강 피해조사 및 대책
   4. 피해주민에 대한 지원 대책
   5. 그 밖에 해당 대책계획을 수립·시행하기 위하여 필요하다고 인정하여 환경부령으로 정하는 사항
③ 특별자치시장·특별자치도지사·시장·군수·구청장은 제2항제4호에 따른 피해주민에 대한 지원 대책에 소요되는 비용의 일부를 그 정화책임자에게 부담하게 할 수 있다.

④ 제2항제1호에 따른 오염토양 개선사업의 종류·기준과 그 밖에 필요한 사항은 대통령령으로 정한다.
⑤ 제2항제3호에 따른 주민건강 피해조사와 같은 항 제4호에 따른 지원 대책 등에 관한 구체적인 사항은 대통령령으로 정한다.
⑥ 환경부장관은 제1항에 따른 대책계획을 승인할 때에는 관계 중앙행정기관의 장과 협의하여야 하며, 대책계획을 승인하였을 때에는 이를 관계 중앙행정기관의 장에게 통보하고 필요한 조치를 하여 줄 것을 요청할 수 있다. 이 경우 관계 중앙행정기관의 장은 특별한 사유가 없으면 이에 따라야 한다.

**제18조의2(대책계획 시행 결과의 보고)** 특별자치시장·특별자치도지사·시장·군수·구청장은 대책계획의 시행 결과를 환경부장관에게 보고하여야 한다.

**제19조(오염토양 개선사업)**
① 특별자치시장·특별자치도지사·시장·군수·구청장은 제18조제2항제1호에 따른 오염토양 개선사업의 전부 또는 일부의 실시를 그 정화책임자에게 명할 수 있다. 이 경우 특별자치시장·특별자치도지사·시장·군수·구청장은 토양보전을 위하여 필요하다고 인정하면 환경부령으로 정하는 토양관련전문기관으로 하여금 오염토양 개선사업을 지도·감독하게 할 수 있다.
② 제1항에 따라 정화책임자가 오염토양 개선사업을 하려는 경우에는 환경부령으로 정하는 바에 따라 오염토양 개선사업계획을 작성하여 특별자치시장·특별자치도지사·시장·군수·구청장의 승인을 받아야 한다. 승인받은 사항 중 환경부령으로 정하는 중요사항을 변경하려는 경우에도 또한 같다.
③ 제1항의 경우에 그 정화책임자가 존재하지 아니하거나 정화책임자에 의한 오염토양 개선사업의 실시가 곤란하다고 인정할 때에는 특별자치시장·특별자치도지사·시장·군수·구청장이 그 오염토양 개선사업을 할 수 있다.
④ 제3항의 경우에 해당 대책지역이 둘 이상의 특별자치시·시·군·구에 걸쳐 있을 경우에는 대통령령으로 정하는 특별자치시장·시장·군수·구청장이 해당 오염토양 개선사업을 하여야 한다.
⑤ 제3항 또는 제4항에 따라 특별자치시장·특별자치도지사·시장·군수·구청장이 오염토양 개선사업을 하는 경우로서 기술 부족, 사업비 과다 등의 사유로 그 실시가 곤란한 경우에는 특별자치시장·특별자치도지사·시장·군수·구청장의 요청에 따라 환경부장관 또는 시·도지사는 그 사업에 대하여 기술적·재정적 지원을 할 수 있다.

**제20조(토지이용 등의 제한)** 특별자치시장·특별자치도지사·시장·군수·구청장은 대책지역에서는 그 지정 목적을 해할 우려가 있다고 인정되는 토지의 이용 또는 시설의 설치를 대통령령으로 정하는 바에 따라 제한할 수 있다.

**제21조(행위제한)**
① 누구든지 대책지역에서는 「물환경보전법」 제2조제8호에 따른 특정수질유해물질, 「폐기물관리법」 제2조제1호에 따른 폐기물, 「화학물질관리법」 제2조제7호에 따른 유해화학물질, 「하수도법」 제2조제1호·제2호에 따른 오수·분뇨 또는 「가축분뇨의 관리 및 이용에 관한 법률」 제2조제2호에 따른 가축분뇨를 토양에 버려서는 아니 된다. 다만, 환경부령으로 정하는 행위는 제외한다.

② 누구든지 대책지역에서는 그 지정 목적을 해할 우려가 있다고 인정되는 대통령령으로 정하는 시설을 설치하여서는 아니 된다.
③ 특별자치시장·특별자치도지사·시장·군수·구청장은 제1항 및 제2항에 따른 행위 또는 시설의 설치로 인하여 토양이 오염되었거나 오염될 우려가 있다고 인정하는 경우에는 해당 행위자 또는 시설의 설치자에게 토양오염물질의 제거나 시설의 철거 등을 명할 수 있다.

### 제22조(대책지역의 지정해제 등)
① 환경부장관은 제17조제1항에 따라 지정된 대책지역이 다음 각 호의 어느 하나에 해당하는 경우에는 그 지정을 해제하거나 변경할 수 있다.
  1. 대책계획의 수립·시행으로 토양오염의 정도가 제15조의3제1항에 따른 정화기준 이내로 개선된 경우
  2. 공익상 불가피한 경우
  3. 천재지변이나 그 밖의 사유로 대책지역으로서의 지정 목적을 상실한 경우
② 제1항에 따른 대책지역 지정의 해제 또는 변경에 관하여는 제17조제2항 및 제4항을 준용한다.

### 제23조[종전 제23조는 제10조의3으로 이동]

## 4 토양관련전문기관 및 토양정화업

### 제23조의2(토양관련전문기관의 종류 및 지정 등)
① 토양관련전문기관은 다음 각 호와 같이 구분한다.
  1. 토양환경평가기관: 토양환경평가를 하는 기관
  2. 위해성평가기관: 위해성평가를 하는 기관
  3. 토양오염조사기관: 다음 각 목의 업무를 수행하는 기관
     가. 토양정밀조사
     나. 제13조제3항에 따른 토양오염도검사
     다. 제15조의6제1항에 따른 토양정화의 검증
     라. 제19조제1항에 따른 오염토양 개선사업의 지도·감독
     마. 그 밖에 이 법 또는 다른 법령에 따라 토양오염의 현황 등을 파악하기 위하여 실시하는 조사
  4. 누출검사기관: 제13조제3항에 따른 누출검사를 하는 기관
② 제1항 각 호의 구분에 따라 토양관련전문기관이 되려는 자는 대통령령으로 정하는 바에 따라 검사시설, 장비 및 기술능력을 갖추어 다음 각 호의 구분에 따른 환경부장관 또는 시·도지사의 지정을 받아야 한다. 지정받은 사항 중 대통령령으로 정하는 사항을 변경할 때에도 또한 같다.
  1. 제1항제1호에 따른 토양환경평가기관 및 같은 항 제2호에 따른 위해성평가기관: 환경부장관
  2. 제1항제3호에 따른 토양오염조사기관 및 같은 항 제4호에 따른 누출검사기관: 시·도지사

③ 제1항제3호에 따른 토양오염조사기관은 다음 각 호의 어느 하나에 해당하는 기관 중에서 지정한다. 다만, 대통령령으로 정하는 기관은 제1항에 따른 토양오염조사기관으로 지정된 것으로 본다.
 1. 지방환경관서
 2. 국공립연구기관
 3. 「고등교육법」 제2조제1호부터 제6호까지의 대학
 4. 특별법에 따라 설립된 특수법인
 5. 환경부장관의 설립허가를 받은 비영리법인
④ 환경부장관 또는 시·도지사는 토양관련전문기관을 지정하였을 때에는 지정서를 발급하고, 지정 사실을 공고하여야 한다.
⑤ 토양관련전문기관의 준수사항 및 검사수수료와 그 밖에 필요한 사항은 환경부령으로 정한다.
⑥ 제2항제1호에 따라 지정을 받은 토양환경평가기관 및 위해성평가기관은 토양환경평가 또는 위해성평가를 위한 토양 시료채취 및 분석을 같은 항 제2호에 따라 지정을 받은 토양오염조사기관으로 하여금 대행하게 할 수 있다.

**제23조의3(토양관련전문기관의 결격사유)** 다음 각 호의 어느 하나에 해당하는 자는 토양관련전문기관으로 지정될 수 없다.
 1. 피성년후견인 또는 피한정후견인
 2. 파산선고를 받고 복권되지 아니한 사람
 3. 제23조의6에 따라 지정이 취소(이 조 제1호 또는 제2호에 해당하여 지정이 취소된 경우는 제외한다)된 후 2년이 지나지 아니한 자
 4. 이 법을 위반하여 징역 이상의 실형을 선고받고 그 집행이 끝나거나(집행이 끝난 것으로 보는 경우를 포함한다) 면제된 날부터 2년이 지나지 아니한 사람
 5. 임원 중에 제1호부터 제4호까지의 어느 하나에 해당하는 사람이 있는 법인

**제23조의4(토양관련전문기관 지정서 등의 대여 금지)** 토양관련전문기관의 지정을 받은 자는 다른 자에게 자기의 명의를 사용하여 토양관련전문기관의 업무를 하게 하거나 그 지정서를 다른 자에게 빌려 주어서는 아니 된다.

**제23조의5(겸업 금지)** 토양관련전문기관 중 제23조의2제2항제1호에 따라 위해성평가기관으로 지정된 자 및 같은 항 제2호에 따라 토양오염조사기관으로 지정된 자는 토양정화업을 겸업(兼業)할 수 없다.

**제23조의6(토양관련전문기관의 지정취소 등)**
① 환경부장관 또는 시·도지사는 토양관련전문기관이 다음 각 호의 어느 하나에 해당하는 경우에는 토양관련전문기관의 지정을 취소하여야 한다.
 1. 속임수나 그 밖의 부정한 방법으로 지정을 받은 경우
 2. 제23조의3 각 호의 어느 하나에 해당하게 된 경우. 다만, 법인의 임원 중 제23조의3제5호에 해당하는 사람이 있는 경우에 3개월 이내에 그 임원을 바꾼 경우는 제외한다.

  3. 제23조의5를 위반하여 토양정화업을 겸업한 경우
② 환경부장관 또는 시·도지사는 토양관련전문기관이 다음 각 호의 어느 하나에 해당하는 경우에는 토양관련전문기관의 지정을 취소하거나 6개월 이내의 기간을 정하여 그 업무의 정지를 명할 수 있다.
  1. 제23조의2제2항에 따른 지정기준에 미달하게 된 경우
  2. 제23조의4를 위반하여 다른 자에게 자기의 명의를 사용하여 토양관련전문기관의 업무를 하게 하거나 지정서를 다른 자에게 빌려준 경우
  3. 고의 또는 중대한 과실로 검사 또는 평가 결과를 거짓으로 작성하거나 부실하게 작성한 경우
  4. 고의 또는 중대한 과실로 제11조제3항, 제14조제1항 또는 제15조제1항에 따른 토양정밀조사를 부실하게 하여 제15조의6제1항 단서에 따른 정화과정에 대한 검증 대상 규모 미만으로 오염토양의 규모가 축소되게 한 경우
  5. 업무정지처분 기간에 토양오염도검사, 누출검사, 토양환경평가 또는 위해성평가와 관련된 업무를 한 경우
  6. 제23조의2제2항의 기술능력 지정요건에 해당하는 기술인력이 아닌 사람이 검사 또는 평가하여 그 결과를 통보한 경우
③ 환경부장관 또는 시·도지사는 토양관련전문기관이 다음 각 호의 어느 하나에 해당하는 경우에는 6개월 이내의 기간을 정하여 그 업무의 정지를 명할 수 있다.
  1. 제15조의6에 따른 토양정화의 검증을 부실하게 하여 오염토양을 제15조의3제1항에 따른 정화기준 이내로 처리되지 아니하게 한 경우
  2. 토양관련전문기관으로 지정(제23조의2제3항 단서에 따라 토양오염조사기관으로 지정받은 것으로 보는 경우는 제외한다)받은 후 2년 이내에 업무를 시작하지 아니하거나 정당한 사유 없이 계속하여 2년 이상 업무실적이 없는 경우
  3. 제11조제4항, 제14조제2항 및 제15조제2항에 따라 정밀조사 결과를 관할 시·도지사 또는 시장·군수·구청장에게 지체 없이 통보하지 아니한 경우
  4. 제13조제2항에 따른 토양오염검사 면제 승인과 관련하여 사실과 다른 의견을 제시한 경우
  5. 제13조제4항에 따라 토양오염검사 결과를 관할 특별자치시장·특별자치도지사·시장·군수·구청장 및 관할 소방서장에게 통보하지 아니한 경우
  6. 제23조의2제5항에 따른 토양관련전문기관의 준수사항을 위반한 경우
  7. 제26조의2제2항을 위반하여 보고나 자료 제출을 하지 아니하거나, 보고나 자료 제출을 거짓으로 한 경우

### 제23조의7(토양정화업의 등록 등)
① 토양정화업을 하려는 자는 대통령령으로 정하는 바에 따라 시설(제15조의3제3항 단서에 따라 오염토양을 반출하여 정화하는 경우에는 이를 반입하여 정화하는 시설을 포함한다), 장비 및 기술인력 등을 갖추어 시·도지사에게 등록하여야 한다. 등록한 사항 중 대통령령으로 정하는 사항을 변경할 때에도 또한 같다.
② 시·도지사는 토양정화업을 등록하였을 때에는 환경부령으로 정하는 바에 따라 등록증을 발급하여야 한다.

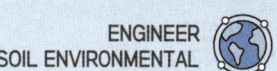

### 제23조의8(토양정화업 등록의 결격사유)
토양정화업을 등록하려는 자에게는 제23조의3을 준용한다. 이 경우 "토양관련전문기관"은 "토양정화업"으로, "지정"은 "등록"으로 각각 본다.

### 제23조의9(토양정화업자의 준수사항)
① 토양정화업자는 다른 자에게 자기의 성명 또는 상호를 사용하여 토양정화업을 하게 하거나 등록증을 다른 자에게 빌려 주어서는 아니 된다.
② 토양정화업자는 토양정화를 위하여 도급받은 공사(이하 "토양정화공사"라 한다)를 일괄하여 하도급하거나 토양정화공사 중 토양정화와 직접 관련되는 공사로서 대통령령으로 정하는 공사를 하도급하여서는 아니 된다. 다만, 천재지변 등 대통령령으로 정하는 불가피한 사유가 발생하였을 경우에는 그러하지 아니하다.
③ 제1항 및 제2항에서 규정한 사항 외에 토양정화업자가 토양정화 업무를 수행할 때 준수하여야 할 사항은 환경부령으로 정한다.

### 제23조의10(토양정화업의 등록취소 등)
① 시·도지사는 토양정화업자가 다음 각 호의 어느 하나에 해당하는 경우에는 등록을 취소하여야 한다.
 1. 속임수나 그 밖의 부정한 방법으로 등록을 한 경우
 2. 제23조의8에 따라 준용되는 제23조의3 각 호의 어느 하나에 해당하게 된 경우. 다만, 법인의 임원 중 제23조의3제5호에 해당하는 사람이 있는 경우에 3개월 이내에 그 임원을 바꾼 경우는 제외한다.
 3. 영업정지처분 기간 중에 영업행위를 한 경우
② 시·도지사는 토양정화업자가 다음 각 호의 어느 하나에 해당하는 경우에는 토양정화업자의 등록을 취소하거나 6개월 이내의 기간을 정하여 그 영업의 정지를 명할 수 있다.
 1. 제15조의3제1항에 따른 정화기준 및 정화방법에 따라 정화하지 아니한 경우
 2. 제15조의3제3항을 위반하여 오염이 발생한 해당 부지 및 토양정화업자가 보유한 시설이 아닌 장소로 오염토양을 반출하여 정화한 경우
 3. 제15조의3제7항제1호를 위반하여 오염토양을 다른 토양과 섞어서 오염농도를 낮추는 행위를 한 경우
 4. 제15조의3제7항제2호를 위반하여 토양정화업자가 등록한 시설의 용량을 초과하여 오염토양을 보관한 경우
 5. 제15조의4를 위반하여 수탁받은 오염토양을 버리거나 매립 또는 누출·유출하는 행위를 한 경우
 6. 제15조의6제5항을 위반하여 토양관련전문기관에 의한 검증이 완료되지 아니한 상태에서 오염토양을 반출한 경우
 7. 제23조의7제1항에 따른 등록기준에 미달하게 된 경우
 8. 제23조의9제1항을 위반하여 다른 자에게 자기의 성명 또는 상호를 사용하여 토양정화업을 하게 하거나 등록증을 빌려준 경우
 9. 제23조의9제2항을 위반하여 도급받은 토양정화공사를 하도급한 경우
③ 시·도지사는 토양정화업자가 등록을 한 후 2년 이내에 영업을 시작하지 아니하거나 정당한 사유 없이 계속하여 2년 이상 영업 실적이 없는 경우에는 6개월 이내의 기간을 정하여 그 영업의 정지를 명할 수 있다.

### 제23조의11(등록취소 또는 영업정지된 토양정화업자의 계속공사 등)

① 제23조의10에 따라 등록취소 또는 영업정지처분을 받은 자는 그 처분을 받기 전에 착공한 토양정화공사만 시공할 수 있다. 이 경우 토양정화공사를 계속하는 자는 그 공사를 끝낼 때까지 이 법에 따른 토양정화업자로 본다.

② 제23조의10에 따라 등록취소 또는 영업정지처분을 받은 자는 그 처분의 내용을 지체 없이 해당 토양정화공사의 발주자 및 수급인에게 알려야 한다.

③ 토양정화공사를 토양정화업자에게 발주한 자 또는 토양정화업자로부터 토양정화공사를 도급받은 자는 특별한 사유가 있는 경우를 제외하고는 그 토양정화업자로부터 제2항에 따른 통지를 받거나 그 사실을 안 날부터 30일 이내에만 도급계약을 해지할 수 있다.

### 제23조의12(권리·의무의 승계)

① 다음 각 호의 어느 하나에 해당하는 자는 제23조의2에 따른 토양관련전문기관의 지정을 받은 자 또는 제23조의7에 따른 토양정화업의 등록을 한 자의 지정 또는 등록에 따른 권리·의무를 승계한다. 이 경우 상속인이 제23조의3 또는 제23조의8에 따른 결격사유에 해당하는 경우에는 3개월 이내에 토양관련전문기관 또는 토양정화업을 다른 사람에게 양도하여야 한다.

  1. 토양관련전문기관의 지정을 받은 자 또는 토양정화업의 등록을 한 자가 사망한 경우 그 상속인
  2. 토양관련전문기관의 지정을 받은 자가 토양관련전문기관을 양도하거나 토양정화업의 등록을 한 자가 토양정화업을 양도한 경우 그 양수인
  3. 법인인 토양관련전문기관의 지정을 받은 자 또는 토양정화업자의 등록을 한 자가 합병한 경우 합병 후 존속하는 법인 또는 합병으로 설립되는 법인

② 다음 각 호의 어느 하나에 해당하는 절차에 따라 토양관련전문기관 또는 토양정화업을 인수한 자는 이 법에 따른 종전의 지정 또는 등록에 따른 권리·의무를 승계한다.

  1. 「민사집행법」에 따른 경매
  2. 「채무자 회생 및 파산에 관한 법률」에 따른 환가
  3. 「국세징수법」, 「관세법」 또는 「지방세징수법」에 따른 압류재산의 매각
  4. 제1호부터 제3호까지의 규정 중 어느 하나에 준하는 절차

③ 제1항 또는 제2항에 따라 토양관련전문기관 또는 토양정화업자의 지위를 승계한 자는 승계한 날부터 1개월 이내에 환경부령으로 정하는 바에 따라 환경부장관 또는 시·도지사에게 신고하여야 한다.

### 제23조의13(행정처분효과의 승계)

제23조의2에 따른 토양관련전문기관의 지정을 받은 자 또는 제23조의7에 따른 토양정화업의 등록을 한 자가 사망한 경우나 토양관련전문기관 또는 토양정화업을 양도한 경우 또는 법인이 합병한 경우에는 종전의 토양관련전문기관 또는 토양정화업자에 대하여 제23조의6 또는 제23조의10 각 호의 사항을 위반한 사유로 한 행정처분의 효과는 그 처분기간이 끝난 날부터 1년간 양수인, 상속인 또는 합병 후 신설되거나 존속하는 법인에 승계되며, 행정처분의 절차가 진행 중일 때에는 양수인, 상속인 또는 합병 후 신설되거나 존속하는 법인에 대하여 그 절차를 계속 진행할 수 있다. 다만, 양수인 또는 합병 후 신설되거나 존속하는 법인이 양수 또는 합병을 할 때 그 처분이나 위반사실을 알지 못하였다는 것을 증명하면 그러하지 아니하다.

**제23조의14(토양관련전문기관 등의 기술인력 교육)**
① 토양관련전문기관 및 토양정화업에 종사하는 기술인력은 환경부령으로 정하는 바에 따라 교육을 받아야 한다.
② 제1항에 따라 교육을 받아야 할 사람을 고용한 자는 해당자에게 그 교육을 받게 하여야 한다. 이 경우 교육에 드는 경비는 고용한 자가 부담하여야 한다.

## 5 보칙

**제24조(대집행)** 특별자치시장·특별자치도지사·시장·군수·구청장은 제13조제1항에 따라 토양오염검사를 받아야 하는 자나 다음 각 호의 어느 하나에 해당하는 명령을 받은 자가 토양오염검사를 받지 아니하거나 그 명령을 이행하지 아니하는 경우에는 「행정대집행법」에서 정하는 바에 따라 대집행(代執行)을 하고 그 비용을 명령위반자로부터 징수할 수 있다.
    1. 제11조제3항 및 제14조제1항에 따른 명령
    2. 제15조제1항에 따른 토양정밀조사명령
    3. 제15조제3항에 따른 명령
    4. 제19조제1항에 따른 오염토양 개선사업 실시명령
    5. 제21조제3항에 따른 토양오염물질의 제거 또는 시설 철거 등의 명령

**제25조(관계 기관의 협조)** 환경부장관은 이 법의 목적을 달성하기 위하여 필요하다고 인정하면 다음 각 호의 조치를 관계 중앙행정기관의 장 또는 시·도지사에게 요청할 수 있다.
    1. 토양오염방지를 위한 객토(客土) 등 농토배양사업
    2. 폐광지역의 광물 찌꺼기 등으로 인한 주변 농경지 등의 광산공해방지대책
    3. 산업시설 등의 설치로 인하여 훼손된 토양의 복구
    4. 그 밖에 토양보전을 위하여 필요한 사항으로서 환경부령으로 정하는 사항

**제26조(국고보조 등)** 국가는 예산의 범위에서 지방자치단체가 추진하는 토양보전을 위한 사업에 필요한 비용을 보조하거나 융자할 수 있다.

**제26조의2(보고 및 검사 등)**
① 특별자치시장·특별자치도지사·시장·군수·구청장은 다음 각 호의 어느 하나에 해당하는 경우 특정토양오염관리대상시설의 설치자에게 감독상 필요한 자료의 제출을 명할 수 있으며, 소속 공무원으로 하여금 특정토양오염관리대상시설에 출입하여 토양오염방지시설의 설치, 토양오염검사 및 그 결과의 보존 여부 등을 검사하게 할 수 있다.
    1. 제12조에 따른 특정토양오염관리대상시설의 설치신고 및 토양오염방지시설의 설치·유지·관리 상태를 확인하기 위하여 필요한 경우

    2. 제13조에 따른 토양오염검사의 실시 및 적정 여부를 확인하기 위하여 필요한 경우
    3. 제14조제1항 각 호의 어느 하나에 해당하거나 그에 해당하는지 여부를 확인하기 위하여 필요한 경우
    4. 제14조제1항 또는 제3항에 따른 명령의 이행 여부를 확인하기 위하여 필요한 경우
    5. 그 밖에 이 법에 따른 특정토양오염관리대상시설의 설치자의 의무 이행 여부를 확인하기 위하여 필요한 경우

② 환경부장관 또는 시·도지사는 다음 각 호의 어느 하나에 해당하는 경우 토양관련전문기관 또는 토양정화업자에게 감독상 필요한 보고나 자료 제출을 하게 할 수 있으며, 소속 공무원으로 하여금 토양관련전문기관 또는 토양정화업자의 사무실·사업장이나 그 밖에 필요한 장소에 출입하여 서류, 시설, 장비 등을 검사하게 할 수 있다.
    1. 제23조의6제1항 각 호, 같은 조 제2항 각 호 또는 같은 조 제3항 각 호의 어느 하나에 해당하는지 여부를 확인하기 위하여 필요한 경우
    2. 제23조의10제1항 각 호 또는 같은 조 제2항 각 호의 어느 하나에 해당하는지 여부를 확인하기 위하여 필요한 경우
    3. 그 밖에 이 법에 따른 토양관련전문기관 또는 토양정화업자의 의무 이행 여부를 확인하기 위하여 필요한 경우

③ 시·도지사 또는 시장·군수·구청장은 다음 각 호의 어느 하나에 해당하는 경우 토양오염이 발생한 토지 또는 토양오염관리대상시설의 소유자·점유자 또는 운영자에게 필요한 자료의 제출을 명하거나 소속 공무원으로 하여금 해당 토지 또는 해당 토양오염관리대상시설에 출입하여 서류·시설·장비 등을 검사하게 할 수 있다.
    1. 제11조제3항에 따른 조치를 명하기 위하여 필요한 경우
    2. 제15조제1항에 따른 토양정밀조사 또는 같은 조 제3항 각 호의 어느 하나에 해당하는 조치를 명하기 위하여 필요한 경우
    3. 제19조제1항에 따른 오염토양 개선사업의 전부 또는 일부의 실시를 그 정화책임자에게 명하기 위하여 필요한 경우
    4. 그 밖에 이 법에 따른 토양오염이 발생한 토지 또는 토양오염관리대상시설의 소유자·점유자 또는 운영자의 의무 이행 여부를 확인하기 위하여 필요한 경우

④ 제1항부터 제3항까지에 따른 검사를 하는 공무원은 그 권한을 나타내는 증표를 지니고 이를 관계인에게 보여 주어야 한다.
⑤ 그 밖에 제1항부터 제3항까지의 규정에 따른 보고 및 검사 등에 필요한 사항은 환경부령으로 정한다.

### 제26조의3(특정토양오염관리대상시설 설치현황 등의 보고)

① 시장·군수·구청장은 환경부령으로 정하는 바에 따라 다음 각 호의 전년도 자료를 매년 1월 말까지 시·도지사에게 제출하여야 한다.
    1. 특정토양오염관리대상시설 설치 현황
    2. 제13조제4항에 따라 통보받은 토양오염검사 결과
    3. 제14조에 따른 조치명령 및 조사 결과의 내용
② 시·도지사는 제1항에 따라 받은 자료를 종합하여 매년 2월 말까지 환경부장관에게 보고하여야 한다.

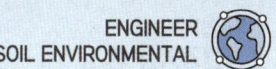

**제26조의4(행정처분의 기준)** 제23조의6 및 제23조의10에 따른 행정처분의 세부적인 기준은 그 위반행위의 종류와 위반 정도 등을 고려하여 환경부령으로 정한다.

**제26조의5(청문)** 환경부장관, 시·도지사 또는 시장·군수·구청장은 다음 각 호의 어느 하나에 해당하는 처분을 하려면 청문을 하여야 한다.
1. 제21조제3항에 따른 시설의 철거명령
2. 제23조의6에 따른 토양관련전문기관의 지정취소
3. 제23조의10에 따른 토양정화업의 등록취소

**제27조(권한의 위임·위탁)**
① 이 법에 따른 환경부장관의 권한은 대통령령으로 정하는 바에 따라 그 일부를 소속 기관의 장에게 위임할 수 있다.
② 환경부장관은 이 법에 따른 업무의 일부를 대통령령으로 정하는 바에 따라 「한국환경공단법」에 따른 한국환경공단과 한국환경산업기술원에 위탁할 수 있다.

## 6 벌칙

**제28조(벌칙)** 제19조제1항에 따른 실시명령을 이행하지 아니한 자나 실시명령을 받고 같은 조 제2항에 따른 승인을 받지 아니하고 오염토양 개선사업을 한 자는 5년 이하의 징역 또는 5천만원 이하의 벌금에 처한다.

**제29조(벌칙)** 다음 각 호의 어느 하나에 해당하는 자는 2년 이하의 징역 또는 2천만원 이하의 벌금에 처한다.
1. 제11조제3항 또는 제14조제1항에 따른 정화 조치명령을 이행하지 아니한 자
2. 제14조제3항에 따른 특정토양오염관리대상시설의 사용 중지명령을 이행하지 아니한 자
3. 제15조제3항에 따른 명령을 이행하지 아니한 자
4. 제15조의3제2항을 위반하여 오염토양의 정화를 위탁한 자
5. 제15조의4제1호를 위반하여 오염토양을 버리거나 매립한 자
6. 제21조제3항에 따른 토양오염물질의 제거 또는 시설의 철거 등의 명령을 이행하지 아니한 자
7. 제23조의2제2항에 따른 지정을 받지 아니하고 토양관련전문기관의 업무를 한 자
8. 제23조의7제1항에 따른 등록을 하지 아니하고 토양정화업을 한 자

**제30조(벌칙)** 다음 각 호의 어느 하나에 해당하는 자는 1년 이하의 징역 또는 1천만원 이하의 벌금에 처한다.
1. 고의 또는 중대한 과실로 제10조의2제3항에 따른 항목·방법 및 절차를 위반하여 토양환경평가를 사실과 다르게 한 자
1의2. 제11조제1항을 위반하여 생산·운반·저장·취급·가공 또는 처리하는 과정에서 토양오염물질을 누출·유출한 사실을 신고하지 아니한 자
1의3. 고의 또는 중대한 과실로 제11조제3항, 제14조제1항 또는 제15조제1항에 따른 토양정밀조사를 부실하게 하여 제15조의6제1항 단서에 따른 정화과정에 대한 검증 대상의 규모 미만으로 오염 규모가 축소되도록 한 자
2. 제12조제1항 전단에 따른 신고를 하지 아니하고 특정토양오염관리대상시설을 설치하거나 거짓으로 신고한 자
3. 제12조제5항을 위반하여 토양오염방지시설을 설치하지 아니한 자
4. 제14조제1항에 따른 토양오염방지시설의 설치 또는 개선에 관한 명령을 이행하지 아니한 자
5. 제15조의3제1항을 위반하여 오염토양을 정화한 자
6. 제15조의3제3항을 위반하여 오염이 발생한 해당 부지가 아닌 곳이나 토양정화업자가 보유한 시설이 있는 장소가 아닌 장소로 오염토양을 반출하여 정화한 자
7. 제15조의3제7항제1호를 위반하여 오염토양에 다른 토양을 섞어서 오염농도를 낮춘 자
8. 제15조의4제2호를 위반하여 오염토양을 누출 또는 유출시킨 자
8의2. 제15조의4제3호를 위반하여 정화가 완료된 토양을 그 토양에 적용된 것보다 엄격한 우려기준이 적용되는 지역의 토양에 사용한 자
9. 제15조의6제1항을 위반하여 토양관련전문기관에 의한 검증을 하게 하지 아니한 자
10. 고의 또는 중대한 과실로 제15조의6제4항에 따른 검증의 절차·내용 및 방법을 지키지 아니하여 오염토양을 제15조의3제1항에 따른 정화기준 이내로 처리되지 아니하게 한 자
11. 제15조의6제5항을 위반하여 토양관련전문기관에 의한 검증이 완료되지 아니한 상태에서 오염토양을 반출한 자
12. 제21조제2항을 위반하여 대책지역에 시설을 설치한 자
13. 속임수나 그 밖의 부정한 방법으로 토양관련전문기관의 지정을 받거나 토양정화업의 등록을 한 자
14. 제23조의4를 위반하여 다른 자에게 자기의 명의를 사용하여 토양관련전문기관의 업무를 하게 하거나 지정서를 다른 자에게 빌려준 자
15. 제23조의9제1항을 위반하여 다른 자에게 자기의 성명 또는 상호를 사용하여 토양정화업을 하게 하거나 등록증을 다른 자에게 빌려준 자
16. 제23조의9제2항을 위반하여 도급받은 토양정화공사를 하도급한 자
17. 제26조의2제2항에 따른 공무원의 출입·검사를 거부·방해 또는 기피한 자

**제31조(양벌규정)** 법인의 대표자나 법인 또는 개인의 대리인, 사용인, 그 밖의 종업원이 그 법인 또는 개인의 업무에 관하여 제28조부터 제30조까지의 어느 하나에 해당하는 위반행위를 하면 그 행위자를 벌하는 외에 그 법인 또는 개인에게도 해당 조문의 벌금형을 과(科)한다. 다만, 법인 또는 개인이 그 위반행위를 방지하기 위하여 해당 업무에 관하여 상당한 주의와 감독을 게을리하지 아니한 경우에는 그러하지 아니하다.

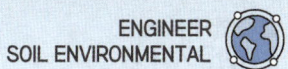

### 제32조(과태료)

① 다음 각 호의 어느 하나에 해당하는 자에게는 300만원 이하의 과태료를 부과한다.
  1. 제11조제1항을 위반하여 토양이 오염된 사실을 발견하고도 그 사실을 신고하지 아니한 자
  2. 제15조의3제6항을 위반하여 토양 인수인계서를 오염토양 정보시스템에 입력하지 아니한 자
  3. 제26조의2제1항 또는 제3항에 따른 공무원의 출입·검사를 거부·방해 또는 기피한 자

② 다음 각 호의 어느 하나에 해당하는 자에게는 200만원 이하의 과태료를 부과한다.
  1. 정당한 사유 없이 제8조제5항에 따른 관계 공무원 또는 토양관련전문기관 직원의 행위를 방해 또는 거절한 자
  1의2. 제10조의4제6항을 위반하여 정화책임자의 토양정화등에 협조하지 아니한 자
  2. 제11조제3항·제14조제1항 또는 제15조제1항에 따른 토양정밀조사명령을 이행하지 아니한 자
  3. 제11조제4항·제14조제2항 또는 제15조제2항을 위반하여 토양정밀조사결과를 지체 없이 시·도지사 또는 시장·군수·구청장에게 통보하지 아니한 자
  4. 제12조제1항 후단을 위반하여 변경(시설의 폐쇄를 포함한다)신고를 하지 아니한 자
  5. 제13조제1항 또는 제4항에 따른 검사를 받지 아니하거나 검사결과를 보존하지 아니한 자
  5의2. 제13조제4항을 위반하여 토양오염검사 결과를 특별자치시장·특별자치도지사·시장·군수·구청장 및 관할 소방서장에게 통보하지 아니한 자
  5의3. 제15조의3제4항을 위반하여 오염토양반출정화계획에 관한 적정통보를 받지 아니하고 오염토양을 반출하여 정화한 자
  5의4. 제15조의3제6항에 따른 토양 인수인계서를 거짓으로 입력한 자 또는 입력내용의 일부를 누락하는 등 부실하게 입력한 자
  6. 제15조의6제2항에 따른 오염토양정화계획 또는 오염토양정화변경계획을 제출하지 아니한 자
  7. 제19조제1항에 따른 지도·감독을 거부·방해 또는 기피한 자
  8. 제21조제1항을 위반하여 대책지역에서 특정수질유해물질, 폐기물, 유해화학물질, 오수·분뇨 또는 가축분뇨를 버린 자
  9. 제23조의2제2항 각 호 외의 부분 후단에 따른 변경지정을 받지 아니한 자
  10. 제23조의2제5항 또는 제23조의9제3항에 따른 준수사항을 지키지 아니한 자
  11. 제23조의7제1항 후단에 따른 변경등록을 하지 아니한 자
  11의2. 제23조의12제3항을 위반하여 신고를 하지 아니한 자
  12. 제23조의14제1항 또는 제2항을 위반하여 교육을 받지 아니한 자 또는 교육을 받게 하지 아니한 자
  13. 제26조의2제1항 또는 제2항을 위반하여 보고 또는 자료 제출을 하지 아니하거나 거짓으로 보고 또는 자료 제출을 한 자

③ 제1항 및 제2항에 따른 과태료는 대통령령으로 정하는 바에 따라 환경부장관, 시·도지사 또는 시장·군수·구청장이 부과·징수한다.


### 부칙

이 법은 공포 후 6개월이 경과한 날부터 시행한다. 다만, 제23조의3제3호의 개정규정은 공포한 날부터 시행한다.

## 기출문제로 다지기 — UNIT 01 토양환경보전법

**01** 토양환경보전법에서 사용하는 용어의 정의로 옳지 않은 것은?

① 토양오염물질 : 토양오염의 원인이 되는 물질로서 환경부령이 정하는 것을 말한다.
② 특정토양오염관리대상시설 : 토양을 현저히 오염시킬 우려가 있는 토양오염관리대상시설로서 환경부령이 정하는 것을 말한다.
③ 토양정화 : 생물학적 또는 물리·화학적 처리등의 방법으로 토양 중의 오염물질을 감소·제거하거나 토양 중의 오염물질에 의한 위해를 완화하는 것을 말한다.
④ 토양오염관리대상시설 : 토양오염물질을 생산·운반·저장·취급·가공 또는 처리 등으로 토양을 오염시킬 우려가 있는 시설·장치·건물·구축물 및 그 밖에 지자체장이 정하는 것을 말한다.

[해설] 법 제2조(정의)
"토양오염관리대상시설"이란 토양오염물질의 생산·운반·저장·취급·가공 또는 처리 등으로 토양을 오염시킬 우려가 있는 시설·장치·건물·구축물(構築物) 및 그 밖에 환경부령으로 정하는 것을 말한다.

**02** 환경부장관이 토양보전을 위해 수립하는 토양보전기본계획의 수립 주기는?

① 3년  ② 5년
③ 10년  ④ 15년

**03** 오염토양을 버리거나 매립한 자에 대한 벌칙기준은?

① 6월 이하의 징역 또는 5백만원 이하의 벌금
② 1년 이하의 징역 또는 1천만원 이하의 벌금
③ 2년 이하의 징역 또는 2천만원 이하의 벌금
④ 3년 이하의 징역 또는 3천만원 이하의 벌금

**04** 특정토양오염관리대상시설의 설치자는 대통령령이 정하는 바에 따라 토양오염을 방지하기 위한 시설을 설치하고 관리하여야 한다. 이를 위반하여 토양오염방지시설을 설치하지 아니한 자에 대한 벌칙 기준은?

① 1년 이하의 징역 또는 1천만원 이하의 벌금
② 2년 이하의 징역 또는 2천만원 이하의 벌금
③ 3년 이하의 징역 또는 3천만원 이하의 벌금
④ 5년 이하의 징역 또는 5천만원 이하의 벌금

**05** 토양보전기본계획에 포함되어야 할 사항으로 가장 거리가 먼 것은?

① 토양보전에 관한 시책방향
② 토양오염의 방지에 관한 사항
③ 토양정화 및 정화된 토양의 이용에 관한 사항
④ 토양오염 현황 및 측정에 관한 사항

[해설] 법 제4조(토양보전기본계획의 수립 등) 기본계획에는 다음 각 호의 사항이 포함되어야 한다.
1. 토양보전에 관한 시책방향
2. 토양오염의 현황, 진행상황 및 장래예측
3. 토양오염의 방지에 관한 사항
4. 토양정화 및 정화된 토양의 이용에 관한 사항
5. 토양정화와 관련된 기술의 개발 및 관련 산업의 육성에 관한 사항
6. 토양정화를 위한 기술인력의 교육 및 양성에 관한 사항
7. 그 밖에 토양보전에 필요한 사항

**정답** 01. ④  02. ③  03. ③  04. ①  05. ④

**06** 환경부장관이 관계중앙행정기관의 장 또는 시·도지사에게 요청할 수 있는 조치와 가장 거리가 먼 것은?

① 토양오염방지를 위한 객토 등 농토배양사업
② 산업시설 등의 조치로 인하여 훼손된 토양의 복구
③ 주변토양을 오염시킬 우려가 있는 시설에 대한 이전
④ 폐광지역의 광물 찌꺼기 등으로 인한 주변농경지 등의 광산공해방지대책

해설 법 제25조(관계 기관의 협조) 환경부장관은 이 법의 목적을 달성하기 위하여 필요하다고 인정하면 다음 각 호의 조치를 관계 중앙행정기관의 장 또는 시·도지사에게 요청할 수 있다.
1. 토양오염방지를 위한 객토(客土) 등 농토배양사업
2. 폐광지역의 광물 찌꺼기 등으로 인한 주변 농경지 등의 광산공해방지대책
3. 산업시설 등의 설치로 인하여 훼손된 토양의 복구
4. 그 밖에 토양보전을 위하여 필요한 사항으로서 환경부령으로 정하는 사항

**07** 토양보전이 필요하다고 인정되는 지역에 대해 토양정밀조사를 명할 수 있는 자가 아닌 것은?

① 군수와 구청장
② 토양관련전문기관장
③ 도지사 또는 시장
④ 환경부장관

**08** 토양정화업에 관한 설명 중 맞는 것은?

① 토양정화업자는 도급받은 토양정화 극대화를 위해서 일괄하여 하도급할 수 있다.
② 정당한 사유 없이 2년 이상 영업 실적이 없는 때는 그 등록은 1년 이내의 기간동안 영업정지를 받을 수 있다.
③ 등록의 취소를 받은 자는 그 처분이 있기 전에 착공한 토양정화공사는 시공할 수 있다.
④ 토양정화업자의 지위를 승계한 자는 승계한 날로부터 14일 이내에 환경부장관에게 신고하여야 한다.

해설 ③항만 올바르다.
오답해설
① 토양정화업자는 토양정화를 위하여 도급받은 공사(이하 "토양정화공사"라 한다)를 일괄하여 하도급하거나 토양정화공사 중 토양정화와 직접 관련되는 공사로서 대통령령으로 정하는 공사를 하도급하여서는 아니 된다.
② 정당한 사유 없이 2년 이상 영업 실적이 없는 때는 그 등록은 6개월 이내의 기간동안 영업정지를 받을 수 있다.
④ 토양관련전문기관 또는 토양정화업자의 지위를 승계한 자는 승계한 날부터 1개월 이내에 환경부령으로 정하는 바에 따라 환경부장관 또는 시·도지사에게 신고하여야 한다.

**09** 오염토양의 정화책임자와 가장 거리가 먼 것은?

① 토양오염물질의 누출·유출·투기·방치 또는 그 밖의 행위로 토양오염을 발생시킨 자
② 토양오염의 발생 당시 토양오염의 원인이 된 토양오염관리대상시설의 소유자·점유자 또는 운영자
③ 합병·상속이나 그 밖의 사유로 정화책임의 권리·의무를 포괄적으로 승계한 자
④ 해당 토지를 소유 또는 점유하고 있는 중에 토양오염이 발생한 경우로서 자신이 해당 토양오염 발생에 대하여 귀책사유가 없는 경우

해설 법 제10조의4(오염토양의 정화책임 등) ① 다음 각 호의 어느 하나에 해당하는 자는 정화책임자로서 토양정밀조사, 오염토양의 정화 또는 오염토양 개선사업의 실시(이하 "토양정화 등"이라 한다)를 하여야 한다.
1. 토양오염물질의 누출·유출·투기(投棄)·방치 또는 그 밖의 행위로 토양오염을 발생시킨 자
2. 토양오염의 발생 당시 토양오염의 원인이 된 토양오염관리대상시설의 소유자·점유자 또는 운영자
3. 합병·상속이나 그 밖의 사유로 정화책임의 권리·의무를 포괄적으로 승계한 자
4. 토양오염이 발생한 토지를 소유하고 있었거나 현재 소유 또는 점유하고 있는 자

정답 06. ③ 07. ② 08. ③ 09. ④

**10** 시·도지사가 상시측정, 토양오염실태조사 또는 토양정밀조사의 결과, 우려기준을 넘는 경우에 정화책임자에게 명할 수 있는 조치내용이 아닌 것은?

① 토양오염방지시설의 설치 또는 개선
② 오염토양의 정화
③ 토양오염관리대상시설의 개선 또는 이전
④ 해당 토양오염물질의 사용제한 또는 사용중지

**해설** 법 제15조(토양오염방지 조치명령 등) ③ 시·도지사 또는 시장·군수·구청장은 상시측정, 토양오염실태조사 또는 토양정밀조사의 결과 우려기준을 넘는 경우에는 대통령령으로 정하는 바에 따라 기간을 정하여 다음 각 호의 어느 하나에 해당하는 조치를 하도록 정화책임자에게 명할 수 있다. 다만, 정화책임자를 알 수 없거나 정화책임자에 의한 토양정화가 곤란하다고 인정하는 경우에는 시·도지사 또는 시장·군수·구청장이 오염토양의 정화를 실시할 수 있다.
1. 토양오염관리대상시설의 개선 또는 이전
2. 해당 토양오염물질의 사용제한 또는 사용중지
3. 오염토양의 정화

**11** 토양환경보전법상 토양관리전문기관이 토양오염도 조사 중 타인에게 손실을 입힌 때에 대한 설명으로 틀린 것은?

① 손실보상을 청구하고자 하는 자는 손실보상청구서와 증빙서류를 토양관련전문기관의 장에게 제출한다.
② 손실보상청구서에는 손실액의 산출방법이 포함된다.
③ 손실보상청구에 대한 협의가 성립되지 아니한 경우 손실을 입은 자는 환경부장관에게 재결을 신청할 수 있다.
④ 손실보상청구 협의에 대한 재결을 받아들이지 아니한 자는 중앙토지수용위원회에 이의를 신청할 수 있다.

**해설** 법 제9조(손실보상) 협의가 성립되지 아니하거나 협의할 수 없는 경우 환경부장관, 시·도지사, 시장·군수·구청장, 토양관련전문기관의 장 또는 손실을 입은 자는 대통령령으로 정하는 바에 따라 관할 토지수용위원회에 재결(裁決)을 신청할 수 있다.
[시행령 제5조(손실보상)]
토지수용위원회에 재결을 신청하고자 하는 자는 다음 각 호의 사항을 기재한 재결신청서를 관할토지수용위원회에 제출하여야 한다.
1. 재결신청인과 상대방의 성명 및 주소
2. 사업의 종류
3. 손실발생의 사실
4. 처분청이 결정한 손실보상액과 손실보상신청인이 요구한 손실액의 내역
5. 협의의 경위

**12** 토양정화업은 누구에게 등록해야 하는가?

① 대통령         ② 국무총리
③ 환경부장관     ④ 시·도지사

**해설** 법 제23조의7(토양정화업의 등록 등) ① 토양정화업을 하려는 자는 대통령령으로 정하는 바에 따라 시설(제15조의3제3항 단서에 따라 오염토양을 반출하여 정화하는 경우에는 이를 반입하여 정화하는 시설을 포함한다), 장비 및 기술인력 등을 갖추어 시·도지사에게 등록하여야 한다. 등록한 사항 중 대통령령으로 정하는 사항을 변경할 때에도 또한 같다.

**13** 토양관련전문기관 중 토양오염조사기관의 업무가 아닌 것은?

① 토양오염도검사
② 토양정밀조사
③ 토양환경평가
④ 오염토양 개선사업의 지도·감독

**해설** 법 제23조의2(토양관련전문기관의 종류 및 지정 등)
3. 토양오염조사기관: 다음 각 목의 업무를 수행하는 기관
  가. 토양정밀조사
  나. 제13조제3항에 따른 토양오염도검사
  다. 제15조의6제1항에 따른 토양정화의 검증
  라. 제19조제1항에 따른 오염토양 개선사업의 지도·감독

마. 그 밖에 이 법 또는 다른 법령에 따라 토양오염의 현황 등을 파악하기 위하여 실시하는 조사

### 14 토양오염도 측정에 관한 사항으로 맞는 것은?

① 지방환경청장은 관할지역의 토양오염실태를 파악하기 위하여 측정망을 설치하고 토양오염도를 상시측정하여야 한다.
② 시·도지사는 관할구역안의 토양오염실태를 파악하기 위하여 토양정밀조사를 한다.
③ 토양오염우려기준을 넘을 가능성이 크다고 인정되는 지역에 대해 환경부장관, 시·도지사 또는 시장·군수·구청장이 토양오염정밀조사를 실시할 수 있다.
④ 시장·군수·구청장은 토양오염실태조사결과를 환경부장관에게 바로 보고하여야 한다.

**해설** ③항만 올바르다. ← 법 제5조(토양오염도 측정 등) 관련
**오답해설**
① 환경부장관은 전국적인 토양오염 실태를 파악하기 위하여 측정망을 설치하고 토양오염도를 상시측정하여야 한다.
② 시·도지사 또는 시장·군수·구청장은 관할구역안의 토양오염실태를 파악하기 위하여 토양실태조사를 한다.
④ 시장·군수·구청장은 환경부령으로 정하는 바에 따라 토양오염실태조사의 결과를 시·도지사에게 보고하여야 하며, 시·도지사는 환경부령으로 정하는 바에 따라 그가 실시한 토양오염실태조사의 결과와 시장·군수·구청장이 보고한 토양오염실태조사의 결과를 환경부장관에게 보고하여야 한다.

### 15 환경부장관 또는 시장·군수·구청장이 청문을 실시하여야 하는 경우에 해당하는 것은?

① 토양정화업의 등록취소
② 토양관련전문기관에 대한 업무정지
③ 오염된 토양의 정화 조치
④ 토양오염유발시설의 이전

**해설** 법 제26조의5(청문) 환경부장관, 시·도지사 또는 시장·군수·구청장은 다음 각 호의 어느 하나에 해당하는 처분을 하려면 청문을 하여야 한다. 〈개정 2012.6.1.〉
1. 제21조제3항에 따른 시설의 철거명령
2. 제23조의6에 따른 토양관련전문기관의 지정취소
3. 제23조의10에 따른 토양정화업의 등록취소

### 16 토양관련전문기관의 결격사유가 아닌 것은?

① 피성년후견인 또는 피한정후견인
② 파산선고를 받고 복권되지 아니한 자
③ 지정이 취소된 후 2년이 지나지 아니한 자
④ 토양환경보전법을 위반하여 구류 이상의 형을 선고받고 그 집행이 종료된 날로부터 2년이 경과되지 아니한 자

**해설** 법 제23조의3(토양관련전문기관의 결격사유) 다음 각 호의 어느 하나에 해당하는 자는 토양관련전문기관으로 지정될 수 없다.
1. 피성년후견인 또는 피한정후견인
2. 파산선고를 받고 복권되지 아니한 사람
3. 제23조의6에 따라 지정이 취소(이 조 제1호 또는 제2호에 해당하여 지정이 취소된 경우는 제외한다)된 후 2년이 지나지 아니한 자
4. 이 법을 위반하여 징역 이상의 실형을 선고받고 그 집행이 끝나거나(집행이 끝난 것으로 보는 경우를 포함한다) 면제된 날부터 2년이 지나지 아니한 사람
5. 임원 중에 제1호부터 제4호까지의 어느 하나에 해당하는 사람이 있는 법인

### 17 토양관련전문기관의 결격사유에서 다음 중 토양관련전문기관으로 지정될 수 있는 자는?

① 피성년후견인
② 피한정후견인
③ 지정이 취소된 후 2년이 지나지 아니한 자
④ 파산선고를 받고 복권되지 2년이 지나지 아니한 자

**정답** 14. ③  15. ①  16. ④  17. ④

> [해설] 법 제23조의3(토양관련전문기관의 결격사유) 다음 각 호의 어느 하나에 해당하는 자는 토양관련전문기관으로 지정될 수 없다.
> 1. 피성년후견인 또는 피한정후견인
> 2. 파산선고를 받고 복권되지 아니한 사람
> 3. 제23조의6에 따라 지정이 취소(이 조 제1호 또는 제2호에 해당하여 지정이 취소된 경우는 제외한다)된 후 2년이 지나지 아니한 자
> 4. 이 법을 위반하여 징역 이상의 실형을 선고받고 그 집행이 끝나거나(집행이 끝난 것으로 보는 경우를 포함한다) 면제된 날부터 2년이 지나지 아니한 사람
> 5. 임원 중에 제1호부터 제4호까지의 어느 하나에 해당하는 사람이 있는 법인

**18** 위해성평가기관이 어떤 부지의 토양오염 물질이 인체와 환경에 미치는 위해의 정도를 평가하기 위하여 평가 시 고려해야 할 사항이 아닌 것은?

① 오염물질의 종류   ② 오염물질의 오염도
③ 주변 환경        ④ 토지이용 현황

> [해설] 법 제15조의5(위해성평가) ① 환경부장관, 시·도지사, 시장·군수·구청장 또는 정화책임자는 지정을 받은 위해성평가기관으로 하여금 **오염물질의 종류 및 오염도, 주변 환경, 장래의 토지이용계획과 그 밖에 필요한 사항**을 고려하여 해당 부지의 토양오염물질이 인체와 환경에 미치는 위해의 정도를 평가(이하 "위해성평가"라 한다)하게 한 후 그 결과를 토양정화의 범위, 시기 및 수준 등에 반영할 수 있다.

**19** 토양오염이 발생한 토지를 소유하고 있었거나 현재 소유 또는 점유하고 있는 자임에도 불구하고 정화책임자로 보는 경우는?

① 토양오염이 발생한 토지를 양수할 당시 토양오염 사실에 대하여 선의이며 과실이 없는 경우
② 해당 토지를 소유 또는 점유하고 있는 중에 토양오염이 발생한 경우로서 자신이 해당 토양오염 발생에 대하여 귀책 사유가 없는 경우
③ 1996년 1월 6일 이후에 토양오염의 원인이 된 토양오염관리대상시설의 운영자에게 자신이 소유 또는 점유 중인 토지의 사용을 허용한 경우
④ 1996년 1월 5일 이전에 양도 또는 그 밖의 사유로 해당 토지를 소유하지 아니하게 된 경우

> [해설] 법 제10조의4(오염토양의 정화책임 등) ② 제1항에도 불구하고 다음 각 호의 어느 하나에 해당하는 경우에는 같은 항 제4호에 따른 정화책임자로 보지 아니한다. 다만, 1996년 1월 6일 이후에 제1항제1호 또는 제2호에 해당하는 자에게 자신이 소유 또는 점유 중인 토지의 사용을 허용한 경우에는 그러하지 아니하다.

**20** 토양환경보전법상 정의에 대해 틀린 것은?

① 토양정밀조사란 토양오염우려기준을 넘거나 넘을 가능성이 크다고 판단되는 지역에 대하여 오염의 정도 및 범위를 조사하는 것이다.
② 특정토양오염관리대상시설이란 토양을 현저하게 오염시킬 우려가 있는 토양오염관리 대상 시설로서 시·도지사 또는 시장·군수·구청장이 정하는 것을 말한다.
③ 토양오염이란 사업활동이나 그 밖의 사람을 활동에 의하여 토양이 오염되는 것으로서 사람의 건강·재산이나 환경에 피해를 주는 상태를 말한다.
④ 토양오염물질이란 토양오염의 원인이 되는 물질로서 환경부령이 정하는 것을 말한다.

> [해설] 법 제2조(정의) 이 법에서 사용하는 용어의 뜻은 다음 각 호와 같다.
> 4. "특정토양오염관리대상시설"이란 토양을 현저하게 오염시킬 우려가 있는 **토양오염관리대상시설로서 환경부령**으로 정하는 것을 말한다.

정답  18. ④   19. ③   20. ②

**21** 사람의 건강 및 재산과 동·식물의 생육에 지장을 주어서 토양오염에 대한 대책을 필요로 하는 토양오염의 기준은?

① 토양오염조사기준  ② 토양오염우려기준
③ 토양오염대책기준  ④ 토양오염정화기준

해설  법 제16조(토양오염대책기준) 우려기준을 초과하여 사람의 건강 및 재산과 동물·식물의 생육에 지장을 주어서 토양오염에 대한 대책이 필요한 토양오염의 기준(이하 "대책기준"이라 한다)은 환경부령으로 정한다.

**22** 토양보전대책지역을 지정하는 권한을 가진 자는?

① 환경부장관  ② 시·도지사
③ 지방환경관서의 장  ④ 시장·군수·구청장

해설  법 제17조(토양보전대책지역의 지정) ① 환경부장관은 대책기준을 넘는 지역이나 특별자치시장·특별자치도지사·시장·군수·구청장이 요청하는 지역에 대해서는 관계 중앙행정기관의 장 및 관할 시·도지사와 협의하여 토양보전대책지역(이하 "대책지역"이라 한다)으로 지정할 수 있다. 다만, 대통령령으로 정하는 경우에 해당하는 지역에 대해서는 대책지역으로 지정하여야 한다.

**23** 환경부장관, 시도지사 또는 시장, 군수, 구청장은 토양보전을 위하여 필요하다고 인정하는 경우에는 다음의 각호에 해당하는 지역에 대한 토양정밀조사를 실시할 수 있다. 이에 해당되지 않는 것은?

① 토양오염 측정망 설치 지점 중 환경부장관, 시도지사 또는 시장, 군수, 구청장 등이 전답, 임야, 공원 등 토양의 용도변경을 인정하고자 하는 지역
② 상시측정의 결과 우려기준을 넘는 지역
③ 토양오염실태조사의 결과 우려기준을 넘는 지역
④ 토양오염사고 등으로 인하여 환경부장관, 시도지사 또는 시장, 군수, 구청장이 우려기준을 넘을 가능성이 크다고 인정하는 지역

해설  법 제5조(토양오염도 측정 등) ④ 환경부장관, 시·도지사 또는 시장·군수·구청장은 토양보전을 위하여 필요하다고 인정하면 다음 각 호의 어느 하나에 해당하는 지역에 대하여 토양정밀조사를 할 수 있다.
1. 상시측정(이하 "상시측정"이라 한다)의 결과 우려기준을 넘는 지역
2. 토양오염실태조사의 결과 우려기준을 넘는 지역
3. 다음 각 목의 어느 하나에 해당하는 지역으로서 환경부장관, 시·도지사 또는 시장·군수·구청장이 우려기준을 넘을 가능성이 크다고 인정하는 지역
   가. 토양오염사고가 발생한 지역
   나. 「산업입지 및 개발에 관한 법률」 제2조제5호에 따른 산업단지(농공단지는 제외한다)
   다. 「광산피해의 방지 및 복구에 관한 법률」 제2조제4호에 따른 폐광산(廢鑛山)의 주변지역
   라. 「폐기물관리법」 제2조제8호에 따른 폐기물처리시설 중 매립시설과 그 주변지역
   마. 그 밖에 환경부령으로 정하는 지역

**24** 다음 중 정화책임자로 볼 수 없는 경우는?

① 토양오염물질의 누출·유출·투기·방치 또는 그 밖의 행위로 토양오염을 발생시킨 자
② 토양오염의 발생 당시 토양오염의 원인이 된 토양오염관리대상시설의 소유자·점유자 또는 운영자
③ 합병·상속이나 그 밖의 사유로 토양오염관리대상시설의 권리·의무를 포괄적으로 승계한 자
④ 해당 토지를 소유 또는 점유하고 있는 중에 토양오염이 발생한 경우로서 자신이 해당 토양오염 발생에 대하여 귀책 사유가 없는 경우

해설  법 제10조의4(오염토양의 정화책임 등)
① 다음 각 호의 어느 하나에 해당하는 자는 정화책임자이다.
1. 토양오염물질의 누출·유출·투기(投棄)·방치 또는 그 밖의 행위로 토양오염을 발생시킨 자
2. 토양오염의 발생 당시 토양오염의 원인이 된 토양오염관리대상시설의 소유자·점유자 또는 운영자
3. 합병·상속이나 그 밖의 사유로 제1호 및 제2호에 해당되는 자의 권리·의무를 포괄적으로 승계한 자
4. 토양오염이 발생한 토지를 소유하고 있었거나 현재 소유 또는 점유하고 있는 자

 정답  21. ③  22. ①  23. ①  24. ④

② 다음 각 호의 어느 하나에 해당하는 경우에는 같은 항 제4호에 따른 정화책임자로 보지 아니한다. 다만, 1996년 1월 6일 이후에 제1항제1호 또는 제2호에 해당하는 자에게 자신이 소유 또는 점유 중인 토지의 사용을 허용한 경우에는 그러하지 아니하다.
1. 1996년 1월 5일 이전에 양도 또는 그 밖의 사유로 해당 토지를 소유하지 아니하게 된 경우
2. 해당 토지를 1996년 1월 5일 이전에 양수한 경우
3. 토양오염이 발생한 토지를 양수할 당시 토양오염 사실에 대하여 선의이며 과실이 없는 경우
4. 해당 토지를 소유 또는 점유하고 있는 중에 토양오염이 발생한 경우로서 자신이 해당 토양오염 발생에 대하여 귀책 사유가 없는 경우

**25** 다음 사항을 위반하여 토양이 오염된 사실을 발견하고도 그 사실을 신고하지 아니한 자에 대한 과태료 부과 기준은?

> 토양오염물질을 생산·운반·저장·취급·가공 또는 처리하는 자가 그 과정에서 토양오염물질을 누출·유출한 때, 토양오염관리대상시설을 소유·점유 또는 운영하는 자가 그 소유·점유 또는 운영 중인 토양오염관리대상시설에서 토양이 오염된 사실을 발견한 때에는 지체 없이 관할 특별자치도지사·시장·군수·구청장에게 신고하여야 한다.

① 1000만원 이하　② 500만원 이하
③ 300만원 이하　④ 100만원 이하

해설 법 제32조(과태료) ① 다음 각 호의 어느 하나에 해당하는 자에게는 300만원 이하의 과태료를 부과한다.
1. 제11소세1항을 위반하여 토양이 오염된 사실을 발견하고도 그 사실을 신고하지 아니한 자

**26** 시장, 군수, 구청장이 오염토양개선사업의 전부 또는 일부의 실시를 그 정화책임자에게 명할 수 있다. 이 경우 실시 명령을 이행하지 아니한 자 또는 실시 명령을 받고 승인을 얻지 아니하고 오염토양개선사업을 실시한 자가 받는 벌칙기준은?

① 5년 이하 징역 또는 5천만원 이하 벌금
② 3년 이하 징역 또는 3천만원 이하 벌금
③ 2년 이하 징역 또는 2천만원 이하 벌금
④ 1년 이하 징역 또는 1천만원 이하 벌금

해설 법 제28조(벌칙) 제19조제1항에 따른 실시명령을 이행하지 아니한 자나 실시명령을 받고 같은 조 제2항에 따른 승인을 받지 아니하고 오염토양 개선사업을 한 자는 5년 이하의 징역 또는 5천만원 이하의 벌금에 처한다.

**27** 오염토양을 정화하는 자는 오염토양에 다른 토양을 섞어서 오염농도를 낮추는 행위를 하여서는 아니된다. 이를 위반하여 오염토양에 다른 토양을 섞어서 오염농도를 낮춘 자에 대한 벌칙 기준은?

① 3년 이하의 징역 또는 3천만원 이하의 벌금
② 2년 이하의 징역 또는 2천만원 이하의 벌금
③ 1년 이하의 징역 또는 1천만원 이하의 벌금
④ 300만원 이하의 과태료

해설 법 제30조(벌칙) 다음 각 호의 어느 하나에 해당하는 자는 1년 이하의 징역 또는 1천만원 이하의 벌금에 처한다.
7. 제15조의3제7항제1호를 위반하여 오염토양에 다른 토양을 섞어서 오염농도를 낮춘 자

정답　25. ③　26. ①　27. ③

### 28 토양환경보전법상 용어의 정의로 틀린 것은?

① "토양오염"이란 사업활동이나 그 밖의 사람의 활동에 의하여 토양이 오염되는 것으로서 사람의 건강·재산이나 환경에 피해를 주는 상태를 말한다.
② "토양오염물질"이란 토양오염의 원인이 되는 물질로서 환경부령이 정하는 것을 말한다.
③ "토양오염관리대상시설"이란 토양오염물질의 생산·운반·저장·취급·가공 또는 처리 등으로 토양을 오염시킬 우려가 있는 시설·장치·건물·구축물 및 그 밖에 환경부령으로 정하는 것을 말한다.
④ "특정토양오염유발대상시설"이란 특정토양 오염물질의 누출로 인한 토양오염의 우려가 현저한 시설로서 환경부령이 정하는 것을 말한다.

해설 "특정토양오염유발대상시설"에 대한 용어의 정의는 없다.
← 법 제2조(정의) 의거

### 29 토양오염조사기관의 업무가 아닌 것은?

① 토양정밀조사
② 토양정화의 검증
③ 토양오염도검사
④ 오염유발시설 누출검사

해설 법 제23조의2(토양관련전문기관의 종류 및 지정 등)
3. 토양오염조사기관: 다음 각 목의 업무를 수행하는 기관
 가. 토양정밀조사
 나. 토양오염도검사
 다. 토양정화의 검증
 라. 오염토양 개선사업의 지도·감독
 마. 그 밖에 이 법 또는 다른 법령에 따라 토양오염의 현황 등을 파악하기 위하여 실시하는 조사

### 30 토양환경보전법에 명시된 용어의 정의가 틀린 것은?

① '토양오염관리대상시설'이란 토양오염물질을 생산·운반·저장·취급·가공 또는 처리 등으로 토양을 오염시킬 우려가 있는 시설·장치·건물·구축물 및 장소 등을 말한다.
② '토양오염물질'이란 토양오염의 원인이 되는 물질로서 환경부령이 정하는 것을 말한다.
③ '특정토양오염관리대상시설'이란 토양을 오염시킬 우려가 있는 토양오염관리 대상시설로서 대통령령이 정하는 것을 말한다.
④ '토양정화'란 생물학적 또는 물리·화학적 처리 등의 방법으로 토양중의 오염물질을 감소·제거하거나 토양중의 오염물질에 의한 위해를 완화하는 것을 말한다.

해설 법 제2조(정의)
4. "특정토양오염관리대상시설"이란 토양을 현저하게 오염시킬 우려가 있는 토양오염관리대상시설로서 **환경부령**으로 정하는 것을 말한다.

### 31 토양환경보전법의 목적이 아닌 것은?

① 토양오염물질의 발생을 최대한 억제
② 토양을 적정하게 관리·보전함으로써 토양생태계를 보전
③ 자원으로서의 토양가치를 높임
④ 모든 국민이 건강하고 쾌적한 삶을 누릴 수 있게 함

해설 법 제1조(목적) 이 법은 토양오염으로 인한 국민건강 및 환경상의 위해(危害)를 예방하고, 오염된 토양을 정화하는 등 토양을 적정하게 관리·보전함으로써 토양생태계를 보전하고, 자원으로서의 토양가치를 높이며, 모든 국민이 건강하고 쾌적한 삶을 누릴 수 있게 함을 목적으로 한다.

 정답  28. ④  29. ④  30. ③  31. ①

**32** 토양환경보전법상 용어의 정의로 옳지 않은 것은?

① 토양오염물질 : 토양오염의 원인이 되는 물질로서 환경부령으로 정하는 것을 말한다.
② 특정토양오염관리대상시설 : 토양을 현저하게 오염시킬 우려가 있는 토양오염 관리대상시설로서 환경부령으로 정하는 것을 말한다.
③ 토양오염 : 사업활동이나 그 밖의 사람의 활동에 의하여 토양이 오염되는 것으로서 사람의 건강·재산이나 환경에 피해를 주는 상태를 말한다.
④ 토양처리업 : 토양을 적절한 방법으로 정화처리 하는 업을 말한다.

해설 토양처리업의 용어의 정의는 없다.
[유사용어정리] 법 제2조(정의)
7. "토양정화업"이란 토양정화를 수행하는 업(業)을 말한다.

정답 32. ④

# UNIT 02 토양환경보전법 시행령

**제1조(목적)** 이 영은 「토양환경보전법」에서 위임된 사항과 그 시행에 관하여 필요한 사항을 규정함을 목적으로 한다.

## 제4조(기본계획 및 지역계획의 수립방법 등)

① 환경부장관은 「토양환경보전법」 제4조제1항에 따른 토양보전기본계획의 수립을 위하여 필요하다고 인정하는 경우에는 관계중앙행정기관의 장과 특별시장·광역시장·특별자치시장·도지사 또는 특별자치도지사(이하 "시·도지사"라 한다) 및 관계기관·단체의 장에게 기본계획의 수립에 필요한 자료의 제출을 요청할 수 있다.

② 환경부장관은 기본계획이 수립되거나 법 제4조제4항의 규정에 의하여 지역토양보전계획(이하 "지역계획"이라 한다)을 승인한 때에는 지체없이 관계행정기관의 장에게 통보하여야 하며, 통보를 받은 관계행정기관의 장은 특별한 사유가 있는 경우를 제외하고는 기본계획 및 지역계획의 시행을 위하여 필요한 조치를 하여야 한다.

## 제5조(손실보상)

① 법 제9조제1항의 규정에 의한 손실보상은 토지·건물·입목·토석 기타 공작물의 거래가격·임대료·수익성 등을 고려한 가격으로 하여야 한다.

② 법 제9조제2항의 규정에 의하여 손실보상을 청구하고자 하는 자는 다음 각호의 사항을 기재한 손실보상청구서에 손실에 관한 증빙서류를 첨부하여 환경부장관, 시·도지사, 시장·군수·구청장(자치구의 구청장을 말한다. 이하 같다) 또는 법 제23조의2의 규정에 의한 토양관련전문기관(이하 "토양관련전문기관"이라 한다)의 장에게 제출하여야 한다.
  1. 청구인의 성명·생년월일 및 주소
  2. 손실을 입은 일시 및 장소
  3. 손실의 내용
  4. 손실액과 그 내역 및 산출방법

③ 환경부장관, 시·도지사, 시장·군수·구청장 또는 토양관련전문기관의 장은 제2항의 규정에 의한 손실보상청구서를 받은 때에는 지체없이 다음 각호의 사항을 청구인에게 통지하여야 한다.
  1. 협의기간 및 방법
  2. 보상의 시기·방법 및 절차

④ 법 제9조제4항의 규정에 의하여 토지수용위원회에 재결을 신청하고자 하는 자는 다음 각호의 사항을 기재한 재결신청서를 관할토지수용위원회에 제출하여야 한다.
  1. 재결신청인과 상대방의 성명 및 주소
  2. 사업의 종류
  3. 손실발생의 사실
  4. 처분청이 결정한 손실보상액과 손실보상신청인이 요구한 손실액의 내역
  5. 협의의 경위

### 제5조의2(토양환경평가)

① 법 제10조의2에 따른 토양환경평가는 다음 각 호의 구분에 따라 기초조사, 개황조사, 정밀조사의 순서로 실시하되, 기초조사 또는 개황조사만으로 대상 부지가 오염되지 아니하였다는 것을 알 수 있을 때에는 다음 순서의 조사를 생략하고 토양환경평가를 종료할 수 있다.
1. 기초조사: 자료조사, 현장조사 등을 통한 토양오염 개연성 여부 조사
2. 개황조사: 시료의 채취 및 분석을 통한 토양오염 여부 조사
3. 정밀조사: 시료의 채취 및 분석을 통한 토양오염의 정도와 범위 조사

② 토양환경평가의 절차 및 방법의 구체적인 사항은 환경부장관이 정하여 고시한다.

### 제5조의3(둘 이상의 정화책임자에 대한 토양정화 등의 명령 등)

① 법 제10조의4제3항에 따라 시·도지사 또는 시장·군수·구청장은 법 제10조의4제1항에 따른 정화책임자(이하 "정화책임자"라 한다)가 둘 이상인 경우에는 다음 각 호의 순서에 따라 법 제11조제3항, 제14조제1항, 제15조제1항·제3항 또는 제19조제1항에 따른 토양정밀조사, 오염토양의 정화 또는 오염토양 개선사업의 실시(이하 "토양정화등"이라 한다)를 명하여야 한다.
1. 정화책임자와 그 정화책임자의 권리·의무를 포괄적으로 승계한 자
2. 정화책임자 중 토양오염관리대상시설의 점유자 또는 운영자와 그 점유자 또는 운영자의 권리·의무를 포괄적으로 승계한 자
3. 정화책임자 중 토양오염관리대상시설의 소유자와 그 소유자의 권리·의무를 포괄적으로 승계한 자
4. 정화책임자 중 토양오염이 발생한 토지를 현재 소유 또는 점유하고 있는 자
5. 정화책임자 중 토양오염이 발생한 토지를 소유하였던 자

② 시·도지사 또는 시장·군수·구청장은 제1항에도 불구하고 다음 각 호의 어느 하나에 해당하는 경우 제1항 각 호의 순서 중 후순위의 정화책임자 중 어느 하나에게 선순위의 정화책임자에 앞서 토양정화등을 명할 수 있다.
1. 선순위의 정화책임자를 주소불명 등으로 확인할 수 없는 경우
2. 선순위의 정화책임자가 후순위의 정화책임자에 비하여 해당 토양오염에 대한 귀책사유가 매우 적은 것으로 판단되는 경우
3. 선순위의 정화책임자가 부담하여야 하는 정화비용이 본인 소유의 재산가액을 현저히 초과하여 토양정화등을 실시하는 것이 불가능하다고 판단되는 경우
4. 선순위의 정화책임자가 토양정화등을 실시하는 것에 대하여 후순위의 정화책임자가 이의를 제기하거나 협조하지 아니하는 경우
5. 선순위의 정화책임자를 확인하기 위하여 필요한 조사 또는 그 밖의 조치에 후순위의 정화책임자가 협조하지 아니하는 경우

③ 시·도지사 또는 시장·군수·구청장은 제1항 또는 제2항에 따라 토양정화등을 명할 하나의 정화책임자를 정하기 곤란한 경우에는 법 제10조의9에 따른 토양정화자문위원회(이하 "위원회"라 한다)의 정화책임자 선정 및 각 정화책임자의 부담 부분 등에 대한 자문을 거쳐 둘 이상의 정화책임자에게 공동으로 토양정화등을 명할 수 있다.

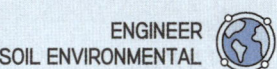

④ 시·도지사 또는 시장·군수·구청장은 법 제10조의4제3항에 따라 위원회에 자문하는 경우 자문에 필요한 자료를 위원회에 제출하여야 한다.

### 제5조의4(토양정화등의 비용 지원)

① 환경부장관은 법 제10조의4제5항에 따라 토양정화등을 하는 데 드는 비용을 지원하려는 경우 해당 토양정화등을 명한 시·도지사 또는 시장·군수·구청장의 지원 요청을 받은 후 비용 지원 여부, 규모 및 방법 등을 정하고, 이를 해당 시·도지사 또는 시장·군수·구청장에게 알려야 한다.
② 시·도지사 또는 시장·군수·구청장은 법 제10조의4제5항에 따라 토양정화등을 하는 데 드는 비용을 지원하려는 경우에는 환경부장관에게 비용 지원 대상 여부 및 규모 등에 관한 검토를 요청할 수 있다.
③ 환경부장관은 「한국환경공단법」에 따른 한국환경공단(이하 "한국환경공단"이라 한다)에 제1항 및 제2항에 따른 비용의 지원과 관련된 기술적 사항에 대한 검토를 요청할 수 있다.
④ 제1항부터 제3항까지에서 규정한 사항 외에 비용 지원 절차 등 지원에 필요한 세부사항은 환경부장관이 정하여 고시한다.
⑤ 법 제10조의4제5항제4호에서 "대통령령으로 정하는 경우"란 다음 각 호의 어느 하나에 해당하는 경우를 말한다.
  1. 2001년 12월 31일 이전에 해당 토지를 양수하고 2002년 1월 1일 이후에 해당 토지를 양도 또는 그 밖의 사유로 소유하지 아니하게 된 자가 법 제10조의4제1항제4호의 정화책임자로서 토양정화등을 하는 데 드는 비용이 해당 토지의 가액을 초과하는 경우
  2. 2002년 1월 1일 이후에 해당 토지를 양수하고 그 이후 해당 토지를 양도 또는 그 밖의 사유로 소유하지 아니하게 된 자가 법 제10조의4제1항제4호의 정화책임자로서 토양정화등을 하는 데 드는 비용이 해당 토지의 가액 및 소유 또는 점유를 통하여 얻은 이익을 현저히 초과하는 경우

### 제5조의5(위원회의 구성·운영)

① 위원회의 위원장은 위원 중에서 환경부장관이 임명 또는 위촉하고, 위원은 토양환경 관련 분야의 학식과 경험이 풍부한 사람으로서 다음 각 호의 어느 하나에 해당하는 사람을 환경부장관이 성별을 고려하여 임명 또는 위촉한다.
  1. 토양환경 관련 업무에 10년 이상 종사한 사람
  2. 「고등교육법」 제2조에 따른 학교에서 조교수 이상으로 재직하고 있거나 재직하였던 사람
  3. 변호사로 5년 이상 실무에 종사한 사람
  4. 관계 공무원
  5. 시민사회단체로부터 추천을 받은 사람
② 위원회의 사무를 처리하기 위하여 위원회에 간사 1명을 두며, 간사는 환경부 소속 공무원 중에서 환경부장관이 임명한다.
③ 위원회 위촉 위원의 임기는 2년으로 한다.
④ 위원장은 위원회를 대표하며 위원회의 업무를 총괄한다.
⑤ 위원회의 회의는 위원장을 포함한 재적위원 과반수의 출석으로 개의(開議)하고, 출석위원 과반수의 찬성으로 의결한다.

⑥ 위원회는 자문사항을 전문적으로 연구·검토하기 위하여 분야별로 전문위원회를 둘 수 있으며, 필요한 경우 한국환경공단에 자문과 관련된 기술적 사항에 대한 검토를 요청할 수 있다.

⑦ 제1항부터 제6항까지에서 규정한 사항 외에 위원회의 구성·운영 등에 필요한 사항은 위원회의 의결을 거쳐 위원장이 정한다.

### 제5조의6(토양환경센터의 운영 등)

① 법 제10조의10에 따른 토양환경센터(이하 "토양환경센터"라 한다)의 장은 법 제10조의10제1항 각 호의 사업 수행에 관한 사항 및 그에 필요한 예산에 관한 다음 연도의 토양환경센터 사업운영계획서를 매년 12월 15일까지 환경부장관에게 제출하여야 한다.

② 토양환경센터의 장은 해당 연도의 토양환경센터 사업운영보고서를 다음 연도의 1월 31일까지 환경부장관에게 제출하여야 한다.

③ 제1항 및 제2항에서 규정한 사항 외에 토양환경센터의 운영 및 감독에 필요한 사항은 환경부장관이 정한다.

### 제5조의7(토양환경센터의 운영 위탁)

환경부장관은 다음 각 호의 업무를 「한국환경산업기술원법」에 따른 한국환경산업기술원에 위탁한다.
1. 토양환경센터의 토양환경산업과 관련된 연구 및 기술의 개발·활용
2. 토양환경센터의 토양보전과 관련된 기술의 보급, 실용화 촉진 및 해외시장 진출 지원
3. 토양환경센터의 토양환경산업과 관련된 정보의 수집·활용·교육·홍보 및 국제협력
4. 토양환경산업 활성화

### 제5조의8(정밀조사명령 등)

① 특별자치시장·특별자치도지사·시장·군수·구청장은 법 제11조제3항에 따라 정화책임자에게 토양정밀조사를 실시할 것을 명하는 때에는 토양오염지역의 범위 등을 감안하여 6개월의 범위에서 그 이행기간을 정하여야 한다. 다만, 조사지역의 규모 등으로 인하여 부득이하게 이행기간 내에 조사를 하기 어려운 사유가 있는 자에 대해서는 6개월의 범위에서 1회로 한정하여 그 이행기간을 연장할 수 있다.

② 특별자치시장·특별자치도지사·시장·군수·구청장은 법 제11조제3항에 따라 정화책임자에게 오염토양(토양오염도가 법 제4조의2의 규정에 의한 토양오염우려기준을 넘는 토양을 말한다. 이하 같다)의 정화조치를 명하는 때에는 오염토양의 규모 등을 감안하여 2년의 범위에서 그 이행기간을 정하여야 한다. 다만, 정화공사의 규모, 정화공법 등으로 인하여 부득이하게 이행기간 내에 정화조치명령을 이행하기 어려운 사유가 있는 자에 대해서는 매회 1년의 범위에서 2회까지 그 이행기간을 연장할 수 있다.

### 제6조(특정토양오염관리대상시설의 신고 등)

① 특정토양오염관리대상시설의 설치신고를 하려는 자는 특정토양오염관리대상시설설치신고서에 다음 각 호의 서류를 첨부하여 특별자치시장·특별자치도지사·시장·군수·구청장에게 제출하여야 한다. 다만, 「국방·군사시설 사업에 관한 법률」에 따른 군용 유류저장시설의 경우에는 **환경부령**으로 정하는 바에 따라 일부 서류의 제출을 면제하거나 기재사항의 **일부를 생략**하게 할 수 있다.

1. 특정토양오염관리대상시설의 위치·구조 및 설비에 관한 도면
2. 「위험물안전관리법」에 따른 위험물 제조소·저장소·취급소의 설치허가서 및 저장시설별 구조 설비 명세표
3. 그 밖에 토양오염을 방지하기 위하여 특별자치시장·특별자치도지사·시장·군수·구청장이 필요하다고 인정하는 사항에 관한 서류

② 법 제12조제1항 후단에 따라 특정토양오염관리대상시설의 변경(폐쇄를 포함한다)신고를 하려는 자는 특정토양오염관리대상시설설치변경(폐쇄)신고서에 변경(폐쇄)내역서를 첨부하여 특별자치시장·특별자치도지사·시장·군수·구청장에게 제출하여야 한다.

## 제7조(특정토양오염관리대상시설의 토양오염방지시설 설치 등)

① 특정토양오염관리대상시설의 설치자(그 시설을 운영하는 자를 포함한다. 이하 같다)는 법 제12조제3항의 규정에 의하여 특정토양오염관리대상시설별로 다음 각호에 해당하는 토양오염방지시설을 설치하고 적정하게 유지·관리하여야 한다.
1. 특정토양오염관리대상시설의 부식·산화방지를 위한 처리를 하거나 토양오염물질이 누출되지 아니하도록 하기 위하여 누출방지성능을 가진 재질을 사용하거나 이중벽탱크 등 누출방지시설을 설치하고 적정하게 유지·관리할 것
2. 특정토양오염관리대상시설중 지하에 매설되는 저장시설의 경우에는 토양오염물질이 누출되는 것을 감지하거나 누출여부를 확인할 수 있는 측정기기등의 시설을 설치하고 적정하게 유지·관리할 것
3. 특정토양오염관리대상시설로부터 토양오염물질이 누출될 경우에 대비하여 오염확산방지 또는 독성저감등의 조치에 필요한 시설을 설치하고 적정하게 유지·관리할 것

② 제1항에 따른 토양오염방지시설의 설치·유지·관리기준 및 그 밖에 필요한 사항은 환경부장관이 관계중앙행정기관의 장과의 협의를 거쳐 이를 고시한다.

## 제7조의2(토양오염의 방지에 효과적인 시설 설치의 권장 및 지원)

① 환경부장관은 특정토양오염관리대상시설을 설치하려는 자에게 제7조제1항 각 호에 따른 토양오염방지시설을 설치하고 유지·관리함에 있어서 같은 조 제2항에 따라 고시된 설치·유지·관리기준보다 토양오염의 사전예방과 확산의 방지에 효과적인 기준인 환경부령으로 정하는 설치·유지·관리기준에 맞게 시설을 설치하고 유지·관리하도록 권장할 수 있다.
② 제1항에 따라 권장하는 설치·유지·관리기준(이하 "권장 설치·유지·관리기준"이라 한다)에 맞게 토양오염방지시설을 설치하고 유지·관리하는 경우 제7조제2항에 따라 고시된 설치·유지·관리기준에 적합한 것으로 본다.
③ 환경부장관은 제1항의 권장 설치·유지·관리기준에 맞게 시설을 설치하고 유지·관리하는 특정토양오염관리대상시설 설치자에게 행정적·재정적 지원을 할 수 있다.

## 제8조(특정토양오염관리대상시설의 토양오염검사)

① 특정토양오염관리대상시설의 설치자는 다음 각 호의 구분에 따라 정기적으로 법 제13조제1항에 따른 토양오염검사를 받아야 한다. 다만, 제1호에 따른 토양오염도검사와 제2호에 따른 누출검사를 받아야 하는 연도가

같을 경우에는 토양오염도검사를 다음 연도에 받을 수 있다.
1. 매년 1회 환경부령으로 정하는 때에 토양관련전문기관으로부터 토양오염도검사를 받을 것. 다만, 제7조에 따른 토양오염방지시설을 설치하고 적정하게 유지·관리하고 있는 경우에는 환경부령으로 정하는 기준에 따라 검사주기를 5년의 범위에서 조정할 수 있다.
2. 법 제13조제3항 단서에 해당하는 특정토양오염관리대상시설(「위험물안전관리법 시행령」 제17조에 따른 정기검사의 대상시설을 제외한다. 이하 "누출검사대상시설"이라 한다)을 설치한 후 10년이 경과하였을 때에는 6개월 이내에 토양관련전문기관으로부터 누출검사를 받아야 하며, 그 후에는 환경부령으로 정하는 바에 따라 누출검사를 받을 것

② 특정토양오염관리대상시설의 설치자는 제1항에 따른 토양오염검사 외에 토양관련전문기관으로부터 다음 각 호에 따른 검사를 받아야 한다. 다만, 제1항제1호에 따른 토양오염도검사를 받은 후 3개월 이내에 제1호부터 제3호까지의 어느 하나에 해당하는 사유가 발생하는 경우에는 그러하지 아니하다.
1. 특정토양오염관리대상시설의 설치자가 그 시설의 사용을 종료하거나 이를 폐쇄할 경우에는 사용종료일 또는 폐쇄일 3개월 전부터 사용종료일 전일 또는 폐쇄일 전일까지의 기간 동안에 토양오염도검사를 받을 것
2. 특정토양오염관리대상시설의 양도·임대 등으로 인하여 그 시설의 운영자가 달라지는 경우에는 변경일 3개월 전부터 변경일 전일까지의 기간 동안에 토양오염도검사를 받을 것
3. 특정토양오염관리대상시설의 설치자가 그 시설을 교체하거나 그 시설에 저장하는 토양오염물질의 종류를 변경할 경우에는 교체 또는 변경일 3개월 전부터 교체 또는 변경일 전일까지의 기간 동안에 토양오염도검사를 받을 것
4. 누출검사대상시설의 경우 다음 각 목의 어느 하나에 해당하는 토양오염도검사 결과 환경부령으로 정하는 기준 이상으로 토양이 오염된 사실이 확인되었을 때에는 지체 없이 누출검사를 받을 것
 가. 제1항제1호 또는 제2호에 따른 토양오염도검사
 나. 제3호 중 특정토양오염관리대상시설에 저장하는 토양오염물질의 종류 변경에 따른 토양오염도검사
5. 특정토양오염관리대상시설에서 토양오염물질이 누출된 사실을 알게 된 때에는 지체 없이 토양오염도검사 및 누출검사(누출검사대상시설만 해당한다)를 받을 것

③ 제2항제1호부터 제3호까지 또는 제5호에 따른 토양오염도검사를 받은 경우에는 제1항제1호에 따른 다음 회의 토양오염도검사를 받은 것으로 보며, 제2항제4호 또는 제5호에 따른 누출검사를 받은 경우에는 그 검사를 받은 날을 기준으로 제1항제2호에 따른 누출검사를 받아야 한다.
④ 제2항제1호부터 제3호까지의 어느 하나에 해당하는 경우라 하더라도 해당 검사기간 내에 같은 항 제5호에 따른 검사를 받았을 경우에는 별도의 토양오염검사를 받지 아니한다.
⑤ 토양오염검사의 항목에 관하여 필요한 사항은 환경부령으로 정한다.

### 제8조의2(토양오염검사의 면제 등)

① 특별자치시장·특별자치도지사·시장·군수·구청장이 법 제13조제1항 단서에 따라 특정토양오염관리대상시설에 대한 토양오염검사면제의 승인을 할 수 있는 경우는 다음 각 호와 같다.
1. 특정토양오염관리대상시설중 「송유관 안전관리법」 제2조제2호에 따른 송유관으로서 유류의 유출여부를 확인할 수 있는 장치가 설치된 경우(토양오염도검사로 한정한다) 또는 같은 법 제8조에 따른 안전검사를 받

는 경우(누출검사로 한정한다)
2. 토양시추를 할 수 없는 지반 또는 건물지하 등에 설치되어 토양시료의 채취가 불가능하다고 토양오염조사기관이 인정하는 경우
3. 저장시설에 1년 이상 토양오염물질을 저장하지 아니한 경우 등 토양관련전문기관이 토양오염검사가 필요하지 아니하다고 인정하는 경우
4. 동종의 토양오염물질을 저장하는 다수의 시설중 일부시설의 사용을 종료하거나 폐쇄하는 경우(제8조제2항제1호에 따른 토양오염도검사로 한정한다)
4의2. 권장 설치·유지·관리기준에 맞게 토양오염방지시설을 설치한 날부터 15년 이내인 경우(제8조제1항에 따른 정기토양오염검사로 한정한다)
5. 제8조제5항에 따른 검사항목이 같은 종류의 토양오염물질로 저장물질을 변경하려는 경우(제8조제2항제3호에 따른 토양오염도검사로 한정한다)
6. 그 밖에 토양정화명령을 받고 정화중인 경우 등 특별자치시장·특별자치도지사·시장·군수·구청장이 토양오염검사가 필요하지 아니하다고 인정하는 경우

② 제1항제1호·제4호·제5호 및 제6호의 경우에는 법 제13조제2항 단서에 따라 토양오염검사면제승인 신청시 토양관련전문기관의 의견을 첨부하지 아니할 수 있다.

③ 제1항제1호에 따른 특정토양오염관리대상시설이 둘 이상의 특별자치시장·시장·군수·구청장의 관할구역에 걸쳐있는 경우에는 주된 시설이 설치된 지역을 관할하는 특별자치시장·시장·군수·구청장이 토양오염검사면제의 승인을 한다.

④ 특별자치시장·특별자치도지사·시장·군수·구청장은 토양오염검사를 면제받은 특정토양오염관리대상시설의 면제사유가 소멸된 때에는 지체없이 그 면제승인을 철회하여야 한다.

### 제8조의3(시정명령 등)

① 특별자치시장·특별자치도지사·시장·군수·구청장은 법 제14조제1항에 따라 특정토양오염관리대상시설의 설치자에게 토양오염방지시설의 설치 또는 개선이나 토양정밀조사의 실시를 명하는 때에는 제8조에 따른 토양오염검사의 결과와 특정토양오염관리대상시설의 종류·규모 등을 감안하여 6개월의 범위에서 그 이행기간을 정하여야 한다. 다만, 조사지역의 규모 등으로 인하여 부득이하게 이행기간 내에 명령을 이행하기 어려운 사유가 있는 자에 대해서는 6개월의 범위에서 1회에 한정하여 그 이행기간을 연장할 수 있다.

② 특별자치시장·특별자치도지사·시장·군수·구청장은 법 제14조제1항에 따라 특정토양오염관리대상시설의 설치자에게 오염토양의 정화조치를 명하는 경우에는 2년의 범위에서 그 이행기간을 정하여야 한다. 다만, 공사의 규모·공법 등으로 인하여 부득이하게 이행기간 내에 정화조치를 이행하기 어려운 사유가 있는 자에 대해서는 매회 1년의 범위에서 2회까지 그 이행기간을 연장할 수 있다.

### 제9조(토양정밀조사명령)
시·도지사 또는 시장·군수·구청장은 법 제15조제1항에 따라 정화책임자에게 토양정밀조사를 받을 것을 명할 때에는 토양오염지역의 범위 등을 감안하여 6개월의 범위에서 그 이행기간을 정하여야 한다. 다만, 조사지역의 규모 등으로 인하여 부득이하게 이행기간 내에 조사를 이행하기 어려운 사유가 있는 자에 대해서는 6개월의 범위에서 1회에 한정하여 그 이행기간을 연장할 수 있다.

### 제9조의2(조치명령 등)

① 시·도지사 또는 시장·군수·구청장은 법 제15조제3항에 따라 정화책임자에게 토양오염방지를 위한 조치의 명령(이하 "조치명령"이라 한다)을 할 때에는 토양오염물질 및 시설의 종류·규모 등을 감안하여 2년의 범위에서 그 이행기간을 정하여야 한다.

② 시·도지사 또는 시장·군수·구청장은 공사의 규모·공법 등으로 인하여 부득이하게 제1항의 이행기간 내에 조치명령을 이행하기 어려운 사유가 있는 자에 대해서는 매회 1년의 범위에서 2회까지 그 이행기간을 연장할 수 있다.

### 제10조(오염토양의 정화기준 및 정화방법)

① 법 제15조의3제1항의 규정에 의한 오염토양의 정화기준은 법 제4조의2의 규정에 의한 토양오염우려기준으로 한다.

② 법 제15조의3제1항의 규정에 의한 오염토양의 정화방법은 다음 각 호와 같다.
   1. 미생물이나 식물을 이용한 오염물질의 분해·흡수 등 생물학적 처리
   2. 오염물질의 차단·분리추출·세척처리 등 물리·화학적 처리
   3. 오염물질의 소각·분해 등 열적 처리(열탈착법, 열분해법, 유리화법, 소각법 등)

③ 제2항 각호의 규정에 의한 정화방법의 세부적인 사항은 환경부장관이 정하여 고시한다.

### 제11조(정화책임자에 의한 직접 정화)
다음 각 호의 어느 하나에 해당하는 오염토양에 대하여는 법 제15조의3제2항 단서에 따라 정화책임자가 법 제23조의7제1항에 따른 토양정화업의 등록을 한 자(이하 "토양정화업자"라 한다)에게 위탁하지 아니하고 직접 정화할 수 있다.
   1. 「국방·군사시설 사업에 관한 법률」에 의한 군부대시설안의 오염토양 또는 군사활동으로 인한 오염토양으로서 그 양이 50세제곱미터 미만인 것
   2. 유기용제 또는 유류에 의한 오염토양으로서 그 양이 5세제곱미터 미만인 것

### 제11조의2(위해성평가의 대상 등)

① 법 제15조의5제2항제4호에서 "대통령령으로 정하는 방법"이란 다음 각 호의 어느 하나에 해당하는 방법을 말한다.
   1. 해당 오염물질의 농도가 주변지역의 토양분석결과와 비슷함을 증명할 것
   2. 해당 오염물질이 대상 부지의 기반암으로부터 기인하였음을 증명할 것
   3. 그 밖에 과학적인 방법으로 해당 오염물질이 자연적인 원인으로 발생하였음을 증명할 것

② 시·도지사, 시장·군수·구청장 또는 정화책임자는 법 제15조의5제2항제4호에 따른 위해성평가를 실시하려는 경우에는 토양관련전문기관이 작성한 제1항 각 호의 사항에 대한 보고서를 환경부장관에게 제출하여야 한다.

③ 환경부장관은 제2항에 따라 제출한 보고서를 확인하고 자연적 요인에 의한 토양오염 여부 등 그 결과를 시·도지사, 시장·군수·구청장 또는 정화책임자에게 통보하여야 한다.

④ 법 제15조의5제2항제5호에서 "대통령령으로 정하는 경우"란 도로, 철도, 건축물 등 시설물 아래의 오염토양(국가, 지방자치단체 또는 「공공기관의 운영에 관한 법률」 제4조에 따른 공공기관이 정화책임자인 경우로 한정

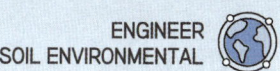

한다)을 정화하려는 경우로서 환경부장관이 환경부령으로 정하는 바에 따라 위해성평가가 필요하다고 인정하는 경우를 말한다.
⑤ 제4항에 따른 시설물의 범위 및 인정기준에 관한 사항은 환경부장관이 정하여 고시한다.

**제11조의3(정화과정 검증의 생략)** 법 제15조의6제1항 단서의 규정에 의하여 오염토양의 양이 1,000세제곱미터 미만[중금속에 의한 오염토양중 토양오염도가 법 제16조의 규정에 의한 토양오염대책기준(이하 "대책기준"이라 한다)을 초과하는 것으로서 500세제곱미터 이상인 것을 제외한다]인 경우에는 정화과정에 대한 검증을 생략할 수 있다.

**제11조의4(토양관리단지 조성계획의 수립)** 환경부장관은 법 제15조의7제2항에 따라 토양관리단지 조성계획을 수립할 때에는 다음 각 호의 사항을 포함하여야 한다.
1. 조성목적, 필요성, 조성 및 운영 기간
2. 위치·면적 등 조성 대상 부지의 현황
3. 조성 대상 부지의 확보 방안
4. 조성을 위한 사업비 확보 및 재원조달 방법
5. 교통시설 등 주요 기반시설 설치 및 운영 계획
6. 환경보전계획
7. 오염토양 정화처리 용량
8. 정화된 토양의 재활용 및 보급에 관한 사항

**제11조의5(토양관리단지 조성계획의 변경)** 법 제15조의7제2항 후단에서 "대통령령으로 정하는 중요한 사항을 변경하려는 경우"란 다음 각 호의 어느 하나에 해당하는 경우를 말한다.
1. 조성 대상 부지면적의 20퍼센트를 초과하여 변경하려는 경우
2. 오염토양 정화처리 용량의 20퍼센트를 초과하여 변경하려는 경우

**제12조(토양보전대책지역의 지정)**
① "대통령령이 정하는 경우에 해당하는 지역"이라 함은 다음 각 호와 같다.
1. 재배작물중 오염물질함량이 「식품위생법」 제7조의 규정에 의한 중금속잔류허용기준(이하 "중금속잔류허용기준"이라 한다)을 초과한 면적이 1만제곱미터 이상인 농경지
2. 중금속·유류 등 토양오염물질에 의하여 토양·지하수 등이 복합적으로 오염되어 사람의 건강에 피해를 주거나 환경상의 위해가 있어 특별한 대책이 필요한 지역
② 특별자치시장·특별자치도지사·시장·군수·구청장은 법 제17조제2항에 따라 환경부장관에게 토양보전대책지역의 지정을 요청하는 때에는 토양보전대책지역 지정신청서를 환경부장관에게 제출하여야 한다.
③ 법 제17조제3항에 따른 토양보전대책지역의 지정기준은 다음 각 호와 같다.
1. 농경지의 경우에는 지표면으로부터 30센티미터까지의 토양오염도가 대책기준을 초과하거나 특별자치시장·특별자치도지사·시장·군수·구청장이 재배작물중 오염물질함량이 중금속잔류허용기준을 초과하여

대책지역지정을 요청한 지역일 것
2. 농경지외의 지역의 경우에는 지표면으로부터 지하수(대수층)면 상부 토양사이의 토양오염도가 대책기준을 초과한 지역 또는 특별자치시장·특별자치도지사·시장·군수·구청장이 대책지역지정을 요청한 지역으로서 인체에 대한 피해가 우려되고 그 면적이 1만제곱미터 이상인 지역일 것

④ 환경부장관은 법 제17조제4항에 따라 대책지역을 지정·고시한 때에는 그 내용과 관계서류를 해당 특별자치시장·특별자치도지사·시장·군수·구청장에게 보내야 한다. 이 경우 특별자치시장·특별자치도지사·시장·군수·구청장은 그 내용을 일반인에게 열람하도록 하고, 해당 대책지역 내의 일반인이 보기 쉬운 곳에 지정내용을 알리는 표지판을 설치하여야 한다.

**제12조의2(대책계획의 수립)** 법 제18조제1항에 따른 대책지역이 둘 이상의 특별자치시·시·군·구에 걸치는 경우에는 해당 대책지역의 면적이 넓은 지역의 관할 특별자치시장·시장·군수·구청장이 대책계획을 수립하여야 한다. 이 경우 대책계획을 수립하는 특별자치시장·시장·군수·구청장은 다른 대책지역을 관할하는 특별자치시장·시장·군수·구청장과 협의하여야 한다.

**제13조(오염토양개선사업의 종류)** 법 제18조제4항에 따른 오염토양개선사업의 종류는 다음 각 호와 같다.
1. 객토 및 토양개량제의 사용등 농토배양사업
2. 오염된 수로의 준설사업
3. 오염토양의 위생적 매립·정화사업
4. 오염물질의 흡수력이 강한 식물식재사업
5. 그 밖에 특별자치시장·특별자치도지사·시장·군수·구청장이 필요하다고 인정하는 사업

**제13조의2(주민건강피해조사 등)** 법 제18조제5항에 따른 주민건강피해조사 및 대책의 내용에 포함하여야 하는 사항은 다음 각 호와 같다.
1. 건강피해조사의 대상 및 방법
2. 건강피해조사 기관
3. 건강피해의 판정 및 대책
4. 그 밖에 건강피해조사 및 대책에 필요한 사항

**제14조(대책지역의 관할조정)**
① 법 제19조제4항에 따른 대책지역의 오염토양개선사업은 관할지역별로 실시하되, 지역별로 구분하여 실시하기가 곤란한 경우에는 오염면적이 넓은 지역의 관할 특별자치시장·시장·군수·구청장이 오염토양개선사업을 실시하여야 한다.
② 제1항에 따른 사업실시주체가 아닌 관계 특별자치시장·시장·군수·구청장은 해당 오염토양개선사업의 실시에 적극 협조하여야 한다.

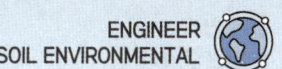

**제15조(토지이용 등의 제한)** 법 제20조에 따라 특별자치시장·특별자치도지사·시장·군수·구청장이 대책지역 안에서 토지의 이용 또는 시설의 설치를 제한하려는 경우에는 그 대상·방법·기간·구역등을 정하여 고시하여야 한다. 이 경우에는 「국토의 계획 및 이용에 관한 법률」상 용도지역의 지정목적 및 행위제한과의 형평성을 고려하여야 한다.

**제16조(대책지역안에서의 시설설치 제한)** 법 제21조제2항에서 "대책지역안에서 그 지정목적을 해할 우려가 있다고 인정되는 대통령령이 정하는 시설"이라 함은 대책지역 지정의 주요원인이 된 오염물질을 배출하는 시설, 오염물질이 함유된 원료를 사용하는 시설 또는 오염물질이 함유된 제품을 생산하는 시설을 말한다.

**제17조(폐금속광산지역에 관한 특례)** 특별자치시장·특별자치도지사·시장·군수·구청장은 관할지역중 「광산안전법」 제18조에 따른 광업권자 또는 조광권자이었던 자의 책임이 소멸된 금속광산지역의 현황을 파악하여 시·도지사 및 환경부장관에게 보고하여야 한다.

**제17조의2(토양관련전문기관의 지정기준 등)** ① 법 제23조의2제2항 각 호 외의 부분 전단에 따라 토양관련전문기관으로 지정받으려는 자가 갖추어야 하는 검사시설·장비 및 기술인력은 별표 1과 같다.

[시행령 별표 1]

## 토양관련전문기관의 지정기준

### 1. 토양오염조사기관

#### 가. 장비

| 번호 | 장비명 | 수량<br>(단위: 대) |
|---|---|---|
| 1 | 흡광광도계(UV/Vis Spectrophotometer) | 1 |
| 2 | 원자흡광광도계(Atomic Absorption Spectrophotometer) 또는<br>유도결합플라즈마광도계(Inductively Coupled Plasma) | 1 |
| 3 | 퍼지·트랩장치(Purge & Trap) | 1 |
| 4 | 가스크로마토그래프 전자포획기(GC/ECD) | 1 |
| 5 | 가스크로마토그래프 질량분석기(GC/MSD) | 1 |
| 6 | 가스크로마토그래프 불꽃이온화검출기(GC/FID) | 1 |
| 7 | 초음파추출장치(Ultrasonic Disruptor) | 1 |
| 8 | 자가동력시추기(타격식이나 나선형식으로 시추깊이가 최소 6미터 이상일 것) | 1 |
| 9 | 그 밖에 토양시료를 채취하여 분석하는데 필요한 장비 | |

※ 비고 : 위 표 제1호부터 제8호까지의 장비는 「환경분야 시험·검사 등에 관한 법률」 제6조제1항제9호의 토양오염물질 분야 환경오염공정시험기준에 따른 시험·검사 등의 방법에서 해당 장비와 같은 기능으로 사용되는 장비로 대체할 수 있다.

나. 기술인력

| 기술인력 | 해당 분야 |
|---|---|
| 1) 박사 또는 기술사 1명 이상 | 토양환경, 환경공학, 자연환경, 폐기물처리, 수질환경, 대기환경, 화학공학, 공업화학, 자원, 시추, 토목시공, 토목, 응용지질 관련 분야 |
| 2) 기사 1명 이상 | |
| 3) 산업기사 2명 이상 | |
| 4) 「고등교육법」 제2조에 따른 학교의 해당 분야 졸업자 또는 이와 동등 이상의 자격이 있는 사람 4명 이상 | 환경학, 환경공학, 환경위생, 화학공학, 공업화학, 유기화학, 생화학, 자원공학, 지질학, 토목공학, 생물학, 기계공학, 농화학, 물리학, 보건학, 의학, 화학 관련 학과 |

※ 비고
1. 박사 또는 기술사는 해당 분야 기사 자격취득 후 토양 관련 분야 또는 해당 전문기술 분야에서 5년 이상 종사한 사람으로 대체할 수 있다.
2. 기사는 해당 분야 산업기사 자격취득 후 토양 관련 분야 또는 해당 전문기술 분야에서 4년 이상 종사한 사람으로 대체할 수 있다.
3. 산업기사는 「고등교육법」 제2조에 따른 학교의 해당 분야를 졸업하고 토양 관련 분야 또는 해당 전문기술 분야에서 3년 이상 종사한 사람이나 환경부장관이 인정하는 토양지하수전문인력 양성 교육과정을 수료한 사람으로 대체할 수 있다.
4. 「고등교육법」 제2조에 따른 학교의 해당 분야 졸업자는 공업계고등학교를 졸업하고 토양 관련 분야 또는 해당 전문기술 분야에서 3년 이상 종사한 사람으로 대체할 수 있다.
5. 나목1)란부터 3)란까지에 해당하는 기술인력 중 1명 이상은 토양환경기술사 또는 토양환경기사로 하여야 한다.
6. 누출검사기관이 토양오염조사기관으로 지정받으려는 경우의 기술인력은 토양오염조사기관 지정에 필요한 기술인력의 2분의 1 이상을 확보하여야 한다. 이 경우 나목1)란부터 3)란까지에 해당하는 기술인력의 경우에는 자격 등급을 구분하지 않는다.
7. 토양환경평가기관 또는 위해성평가기관이 토양오염조사기관으로 지정받으려는 경우에는 토양오염조사기관의 지정에 필요한 기술인력을 확보하여야 한다. 다만, 시료채취 및 분석을 자체 수행하는 경우에는 필요한 기술인력(나목1)란부터 3)란까지에 해당하는 기술인력의 경우에는 자격등급을 구분하지 아니한다)의 2분의 1 이상을 확보하여야 한다.

## 2. 누출검사기관

### 가. 장비

다음에 해당하는 장비를 모두 갖출 것. 다만, 2)부터 5)까지의 장비는 「환경분야 시험·검사 등에 관한 법률」 제6조제1항제9호의 토양오염물질 분야 환경오염공정시험기준에 따른 시험·검사 등의 방법에서 해당 장비와 같은 기능으로 사용되는 장비로 대체할 수 있다.

1) 「환경분야 시험·검사 등에 관한 법률」 제6조제1항제9호의 토양오염물질 분야 환경오염공정시험기준에 따라 토양오염물질의 누출을 검사할 수 있는 다음의 장비(측정원리가 과학적으로 합당하여야 하고, 국립환경과학원장이 정하는 기준 이상의 성능을 유지하여야 한다)를 각각 1대 이상 갖추어야 한다.

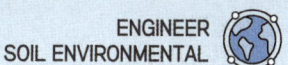

　　　　가) 지하매설저장시설 및 이와 연결된 지하매설배관의 액체가 채워져 있는 부위에서 누출되는 액체의 양을 시간단위로 측정(누출량측정법)할 수 있는 장비
　　　　나) 지하매설저장시설의 기체가 있는 상부공간 및 배관 등에 구멍이 있는지 여부를 검사(누출여부판단법)할 수 있는 장비
　　2) 자기탐상(磁氣探傷) 시험장비 또는 침투탐상(浸透探傷) 시험설비
　　3) 초음파두께측정기(100분의 1밀리미터 이상의 정밀도를 갖는 것)
　　4) 가연성가스농도측정기
　　5) 산소농도측정기

**나. 기술인력**

| 기술인력 | 해당 분야 |
|---|---|
| 1) 박사 또는 기술사 1명 이상 | 토양환경, 환경공학, 화학공학, 공업화학, 화공안전, 소방설비, 비파괴검사, 기계공학, 설비공학, 전자공학, 전기공학 또는 제어계측 관련 분야 |
| 2) 기사 1명 이상 | |
| 3) 산업기사 2명 이상 | |
| 4) 「고등교육법」 제2조에 따른 학교의 해당 분야 졸업자 또는 이와 동등 이상의 자격이 있는 자 3명 이상 | 환경학, 환경공학, 화학공학, 공업화학, 유기화학, 지질학, 토목공학, 기계공학, 금속공학, 물리학, 설비공학, 전자공학, 전기공학 또는 제어계측공학 관련 학과 |

※ 비고
1. 박사 또는 기술사는 해당 분야 기사 자격취득 후 토양 관련 분야 또는 해당 전문기술 분야에서 5년 이상 종사한 사람으로 대체할 수 있다.
2. 기사는 해당 분야 산업기사 자격취득 후 토양 관련 분야 또는 해당 전문기술 분야에서 4년 이상 종사한 사람으로 대체할 수 있다.
3. 산업기사는 「고등교육법」 제2조에 따른 학교의 해당 분야를 졸업하고 토양 관련 분야 또는 해당 전문기술 분야에서 3년 이상 종사한 사람 또는 환경부장관이 인정하는 토양지하수전문인력 양성 교육과정을 수료한 사람으로 대체할 수 있다.
4. 「고등교육법」 제2조에 따른 학교의 해당 분야 졸업자는 공업계고등학교를 졸업하고 토양 관련 분야 또는 해당 전문기술 분야에서 3년 이상 종사한 사람으로 대체할 수 있다.
5. 나목1)란부터 3)란까지에 해당하는 기술인력 중 1명 이상은 토양환경기술사 또는 토양환경기사로 하여야 한다.
6. 나목2)란 및 3)란에 해당하는 기술인력 중 1명 이상은 비파괴검사기사로 하여야 한다.
7. 토양오염조사기관이 누출검사기관으로 지정받으려는 경우의 기술인력은 누출검사기관의 지정에 필요한 기술인력의 2분의 1 이상을 확보하여야 한다. 이 경우 나목1)란부터 3)란까지에 해당하는 기술인력의 경우에는 자격등급을 구분하지 않는다.
8. 토양정화업자가 누출검사기관으로 지정받고자 하는 경우에는 나목1)란에 해당하는 기술인력을 중복하여 갖추지 않을 수 있다.
9. 토양환경평가기관 또는 위해성평가기관이 누출검사기관으로 지정받으려는 경우에는 누출검사기관의 지정에 필요한 기술인력을 확보하여야 한다. 다만, 시료채취 및 분석을 자체 수행하는 경우에는 기술인력(나목1)란부터 3)란까지에 해당하는 기술인력의 경우에는 자격등급을 구분하지 않는다)의 2분의 1 이상을 추가로 확보하여야 한다.

## 3. 토양환경평가기관

### 가. 장비

| 번호 | 장비명 | 수량<br>(단위: 대) |
|---|---|---|
| 1 | 흡광광도계(UV/Vis Spectrophotometer) | 1 |
| 2 | 원자흡광광도계(Atomic Absorption Spectrophotometer) 또는<br>유도결합플라즈마광도계(Inductively Coupled Plasma) | 1 |
| 3 | 퍼지 · 트랩장치(Purge & Trap) | 1 |
| 4 | 가스크로마토그래프 전자포획기(GC/ECD) | 1 |
| 5 | 가스크로마토그래프 질량분석기(GC/MSD) | 1 |
| 6 | 가스크로마토그래프 불꽃이온화검출기(GC/FID) | 1 |
| 7 | 초음파추출장치(Ultrasonic Disruptor) | 1 |
| 8 | 자가동력시추기(타격식이나 나선형식으로 시추깊이가 최소 6미터 이상일 것) | 1 |
| 9 | 그 밖에 토양시료를 채취하여 분석하는 데 필요한 장비 | |

※ 비고
1. 토양환경평가기관으로 지정받으려는 자가 토양 시료채취 및 분석을 토양오염조사기관에 대행하게 하는 경우에는 장비 기준을 갖추지 않을 수 있다.
2. 위 표 제1호부터 제8호까지의 장비는 「환경분야 시험 · 검사 등에 관한 법률」 제6조제1항제9호의 토양오염물질 분야 환경오염공정시험기준에 따른 시험 · 검사 등의 방법에서 해당 장비와 같은 기능으로 사용되는 장비로 대체할 수 있다.

### 나. 기술인력

| 기술인력 | 해당 분야 |
|---|---|
| 1) 박사 또는 기술사 1명 이상<br>2) 기사 1명 이상<br>3) 산업기사 1명 이상 | 토양환경, 환경공학, 환경과학, 환경보건, 환경위생, 환경화학, 자연환경, 폐기물처리, 대기환경, 수질환경, 화학공학, 공업화학, 자원, 시추, 토목시공, 토목, 응용지질 관련 분야 |
| 4) 「고등교육법」 제2조에 따른 학교의 해당 분야 졸업자 또는 이와 동등 이상의 자격이 있는 사람 1명 이상 | 환경(과)학, 환경공학, 환경보건, 환경위생, 환경화학, 화학공학, 공업화학, 유기화학, 생화학, 자원공학, 지질학, 토양환경, 토목공학, 도시계획학, 생물학, 자원공학, 기계공학, 농화학, 물리학, 보건학, 의학, 화학 관련 학과 |

※ 비고
1. 박사 또는 기술사는 해당 분야 기사 자격취득 후 토양 관련 분야 또는 해당 전문기술 분야에서 5년 이상 종사한 사람으로 대체할 수 있다.
2. 기사는 해당 분야 산업기사 자격취득 후 토양 관련 분야 또는 해당 전문기술 분야에서 4년 이상 종사한 사람으로 대체할 수 있다.

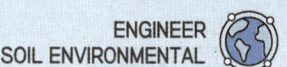

3. 산업기사는 「고등교육법」 제2조에 따른 학교의 해당 분야를 졸업하고 토양 관련 분야 또는 해당 전문기술 분야에서 3년 이상 종사한 사람이나 환경부장관이 인정하는 토양지하수전문인력 양성 교육과정을 수료한 사람으로 대체할 수 있다.
4. 「고등교육법」 제2조에 따른 학교의 해당 분야 졸업자는 공업계고등학교를 졸업하고 토양 관련 분야 또는 해당 전문기술 분야에서 3년 이상 종사한 사람으로 대체할 수 있다.
5. 나목1)란부터 3)란까지에 해당하는 기술인력 중 1명 이상은 토양환경기술사 또는 토양환경기사로 하여야 한다.
6. 토양환경평가 기관이 시료채취 및 분석을 자체 수행할 경우 기술인력은 기사 1명 이상, 산업기사 2명 이상, 「고등교육법」 제2조에 따른 학교의 해당 분야 졸업자 또는 이와 동등 이상의 자격이 있는 자 2명 이상을 추가해야 하며, 각 기술인력의 해당 분야는 토양오염조사기관 지정기준과 동일하다.
7. 토양오염조사기관 또는 누출검사기관이 토양환경평가기관으로 지정받으려는 경우에는 토양환경평가기관 지정에 필요한 기술인력(나목1)란부터 3)란까지에 해당하는 기술인력의 경우에는 자격등급을 구분하지 않는다)의 2분의 1 이상을 확보하여야 한다.
8. 위해성평가기관 또는 토양정화업자가 토양환경평가기관으로 지정받으려는 경우에는 나목1)란에 해당하는 기술인력을 중복하여 갖추지 않을 수 있다.

### 4. 위해성평가기관

#### 가. 장비

| 번호 | 장비명 | 수량<br>(단위: 대) |
|---|---|---|
| 1 | 흡광광도계(UV/Vis Spectrophotometer) | 1 |
| 2 | 원자흡광광도계(Atomic Absorption Spectrophotometer) 또는<br>유도결합플라즈마광도계(Inductively Coupled Plasma) | 1 |
| 3 | 퍼지·트랩장치(Purge & Trap) | 1 |
| 4 | 가스크로마토그래프 전자포획기(GC/ECD) | 1 |
| 5 | 가스크로마토그래프 질량분석기(GC/MSD) | 1 |
| 6 | 가스크로마토그래프 불꽃이온화검출기(GC/FID) | 1 |
| 7 | 초음파추출장치(Ultrasonic Disruptor) | 1 |
| 8 | 자가동력시추기(타격식이나 나선형식으로 시추깊이가 최소 6미터 이상일 것) | 1 |
| 9 | 그 밖에 토양시료를 채취하여 분석하는데 필요한 장비 | |

※ 비고
1. 위해성평가기관으로 지정받으려는 자가 토양 시료채취 및 분석을 토양오염조사기관에 대행하게 하는 경우에는 장비 기준을 갖추지 않을 수 있다.
2. 위 표 제1호부터 제8호까지의 장비는 「환경분야 시험·검사 등에 관한 법률」 제6조제1항제9호의 토양오염물질 분야 환경오염공정시험기준에 따른 시험·검사 등의 방법에서 해당 장비와 같은 기능으로 사용되는 장비로 대체할 수 있다.

나. 기술인력

| 기술인력 | 해당 분야 |
|---|---|
| 1) 박사 또는 기술사 1명 이상 | 토양환경, 환경공학, 환경과학, 환경보건, 환경위생, 환경화학, 독성학, 수질환경, 대기환경, 폐기물처리, 자연환경 관련 분야 |
| 2) 기사 1명 이상 | |
| 3) 산업기사 2명 이상 | |
| 4) 「고등교육법」 제2조에 따른 학교의 해당 분야 졸업자 또는 이와 동등 이상의 자격이 있는 사람 1명 이상 | 환경(과)학, 환경공학, 환경보건, 환경위생, 환경화학, 독성학, 화학공학, 공업화학, 유기화학, 생화학, 자원공학, 지질학, 토양환경, 토목공학, 도시계획학, 생물학, 자원공학, 기계공학, 농화학, 물리학, 보건학, 의학, 화학 관련 학과 |

※ 비고
1. 기사는 해당 분야 산업기사 자격취득 후 토양 관련 분야 또는 해당 전문기술 분야에서 4년 이상 종사한 사람으로 대체할 수 있다.
2. 산업기사는 「고등교육법」 제2조에 따른 학교의 해당 분야를 졸업하고 토양 관련 분야 또는 해당 전문기술 분야에서 3년 이상 종사한 사람이나 환경부장관이 인정하는 토양지하수전문인력 양성 교육과정을 수료한 사람으로 대체할 수 있다.
3. 「고등교육법」 제2조에 따른 학교의 해당 분야 졸업자는 공업계고등학교를 졸업하고 토양 관련 분야 또는 해당 전문기술 분야에서 3년 이상 종사한 사람으로 대체할 수 있다.
4. 나목1)란부터 3)란까지에 해당하는 기술인력 중 1명 이상은 토양환경기술사 또는 토양환경기사로 하여야 한다.
5. 위해성평가기관이 시료채취 및 분석을 자체 수행할 경우 기술인력은 기사 1명 이상, 산업기사 2명 이상, 「고등교육법」 제2조에 따른 학교의 해당 관련 분야 졸업자 또는 이와 동등 이상의 자격이 있는 자 2명 이상을 추가해야 하며, 각 기술인력의 해당 분야는 토양오염조사기관 지정기준과 동일하다.
6. 토양오염조사기관 또는 누출검사기관이 위해성평가기관으로 지정받으려는 경우에는 위해성평가기관 지정에 필요한 기술인력(나목1)란부터 3)란까지에 해당하는 기술인력의 경우에는 자격등급을 구분하지 않는다)의 2분의 1 이상을 확보하여야 한다.
7. 토양환경평가기관이 위해성평가기관으로 지정받으려는 경우에는 나목1)란에 해당하는 기술인력을 중복하여 갖추지 않을 수 있다.

② 법 제23조의2제2항 각 호 외의 부분 후단에 따라 변경지정을 받아야 하는 사항은 다음 각 호와 같다.
1. 상호 또는 사업장 소재지의 변경
2. 대표자의 변경
3. 기술인력의 변경

③ 제2항 각 호의 사항을 변경하고자 하는 때에는 변경사유가 발생한 날부터 60일 이내에 변경지정을 받아야 한다.

**제17조의3(토양오염조사기관)** 법 제23조의2제3항 각 호 외의 부분 단서에서 "대통령령으로 정하는 기관"이란 다음 각 호와 같다.
1. 국립환경과학원
2. 시·도 보건환경연구원

3. 유역환경청 또는 지방환경청
4. 한국환경공단

### 제17조의4(토양정화업의 등록요건 등)

① 법 제23조의7제1항 전단의 규정에 의하여 토양정화업의 등록을 하고자 하는 자가 갖추어야 하는 시설 · 장비 및 기술인력은 별표 2와 같다.

---

시행령 [별표 2]

## 토양정화업의 등록요건

### 1. 시설

가. 반입정화시설 : 정화시설 400제곱미터 이상, 보관시설 400제곱미터 이상

※ 비고: 나목의 반입정화시설은 오염토양을 반입하여 정화하는 경우만 해당하며, 반입정화시설의 바닥의 포장, 벽면 · 지붕설치 및 오염방지시설 등 세부설치기준은 환경부장관이 정하여 고시한다.

### 2. 장비

가. 시료채취기 1대(깊이 6미터 이상 시료채취가 가능할 것)
나. 휴대용 가스측정장비 1식[휘발성유기화합물질(VOC), 산소, 이산화탄소 및 메탄의 측정이 가능할 것]
다. 현장용 수질측정기 1식[수소이온농도(pH), 수온, 전기전도도, 용존산소 및 산화환원전위의 측정이 가능할 것]
라. 지하수위측정기

### 3. 기술인력

| 기술인력 | 해당 분야 |
|---|---|
| 가. 박사 또는 기술사 1명 이상<br>나. 기사 1명 이상<br>다. 산업기사 2명 이상 | 토양환경, 자연환경, 폐기물처리, 대기환경, 수질환경, 화학공학, 공업화학, 화공안전, 자원, 시추, 토목시공, 토목, 소방설비, 응용지질, 산업위생, 기계공학, 설비공학, 전자공학, 전기공학 또는 제어계측 관련 분야 |
| 라. 「고등교육법」 제2조에 따른 학교의 해당 관련 분야 졸업자 또는 이와 동등 이상의 자격이 있는 사람 3명 이상 | 환경학, 환경공학, 환경위생, 화학공학, 공업화학, 유기화학, 생화학, 자원공학, 지질학, 토목공학, 생물학, 기계공학, 농화학, 금속공학, 물리학, 화학, 설비공학, 전자공학, 전기공학 또는 제어계측공학 관련 학과 |

> ※ 비고
> 1. 박사 또는 기술사는 해당 분야 기사 자격취득 후 토양 관련 분야 또는 해당 전문기술 분야에서 5년 이상 종사한 사람으로 대체할 수 있다.
> 2. 기사는 해당 분야 산업기사 자격취득 후 토양 관련 분야 또는 해당 전문기술 분야에서 4년 이상 종사한 사람으로 대체할 수 있다.
> 3. 산업기사는 「고등교육법」 제2조에 따른 학교의 해당 분야를 졸업하고 토양 관련 분야 또는 해당 전문기술 분야에서 3년 이상 종사한 사람 또는 환경부장관이 인정하는 토양지하수전문인력 양성 교육과정을 수료한 사람으로 대체할 수 있다.
> 4. 「고등교육법」 제2조에 따른 학교의 해당 관련 분야 졸업자는 공업계고등학교를 졸업하고 토양 관련 분야 또는 해당 전문기술 분야에서 3년 이상 종사한 사람으로 대체할 수 있다.
> 5. 위 제3호가목란부터 다목란까지에 해당하는 기술인력 중 1명 이상은 토양환경기술사 또는 토양환경기사로 하여야 한다.
> 6. 누출검사기관 또는 토양환경평가기관이 토양정화업의 등록을 하려는 경우에는 위 제3호가목란에 해당하는 기술인력은 중복하여 갖추지 아니할 수 있다.

② 변경등록을 하여야 하는 사항은 다음 각 호와 같다.
  1. 상호 또는 사업장 소재지의 변경
  2. 대표자의 변경
  3. 기술인력의 변경
  4. 별표 2 제1호 나목의 규정에 의한 반입정화시설의 변경
③ 제2항제1호 내지 제3호의 사항을 변경하고자 하는 때에는 변경사유가 발생한 날부터 30일 이내에 변경등록을 하여야 하며, 제2항제4호의 사항을 변경하고자 하는 때에는 미리 변경등록을 하여야 한다.
④ 시·도지사는 법 제23조의7제1항에 따른 등록신청이 있을 때에는 다음 각 호의 어느 하나에 해당하는 경우를 제외하고는 등록을 해 주어야 한다.
  1. 법 제23조의5에 따른 겸업의 금지대상에 해당하는 경우
  2. 법 제23조의8에 따른 결격사유에 해당하는 경우
  3. 다른 법령에 따라 시설의 설치·운영이 금지 또는 제한되는 지역에 시설을 설치하고자 하는 경우(반입정화시설을 설치하는 경우에만 적용한다)
  4. 제1항에 따른 시설·장비 및 기술인력을 갖추지 못한 경우
  5. 그 밖에 이 법령 또는 다른 법령에 따른 제한에 위반되는 경우

### 제17조의5(하도급의 금지)
① 법 제23조의9제2항 본문에서 "대통령령으로 정하는 공사"란 토양정화시설의 운영공종을 말한다.
② 법 제23조의9제2항 단서에서 "대통령령으로 정하는 불가피한 사유"란 다음 각 호의 어느 하나에 해당하는 사유를 말한다.
  1. 천재지변의 발생으로 긴급한 토양정화가 필요한 경우
  2. 「재난 및 안전관리 기본법」 제60조에 따라 특별재난지역으로 선포되어 긴급한 토양정화가 필요한 경우

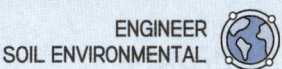

### 제18조(권한의 위임·위탁)

① 법 제27조제1항에 따라 환경부장관은 다음의 권한을 유역환경청장 또는 지방환경청장에게 위임한다.
1. 법 제5조제1항의 규정에 의한 측정망의 설치 및 상시측정
2. 법 제5조제4항제1호·제2호 및 같은 항 제3호가목에 따른 토양정밀조사
3. 법 제7조제1항의 규정에 의한 토지등의 수용 또는 사용
4. 법 제23조의2제2항제1호 및 같은 조 제4항에 따른 토양환경평가기관의 지정 및 공고
5. 법 제23조의6에 따른 토양환경평가기관에 대한 행정처분
5의2. 법 제23조의12제3항에 따른 토양환경평가기관의 지위승계 신고의 접수·처리
6. 법 제26조의2제2항에 따른 토양환경평가기관에 대한 보고·자료제출 요구 및 검사
7. 법 제26조의5제2호에 따른 토양환경평가기관의 지정취소에 대한 청문
8. 법 제32조에 따른 과태료의 부과·징수(유역환경청장 또는 지방환경청장에게 위임된 권한과 관련된 과태료의 부과·징수만 해당한다)

② 법 제27조제1항에 따라 환경부장관은 다음 각 호의 권한을 국립환경과학원장에게 위임한다.
1. 법 제4조의3에 따른 정보시스템의 구축·운영
1의2. 법 제15조의3제9항에 따른 오염토양 정보시스템의 설치·운영
1의3. 법 제23조의2제2항제1호 및 같은 조 제4항에 따른 위해성평가기관의 지정 및 공고
2. 법 제23조의6에 따른 위해성평가기관에 대한 행정처분
3. 법 제23조의12제3항에 따른 위해성평가기관의 지위승계 신고의 접수 및 처리
4. 법 제26조의2제2항에 따른 위해성평가기관에 대한 보고·자료제출 요구 및 검사
5. 법 제26조의5제2호에 따른 위해성평가기관의 지정취소에 대한 청문
6. 법 제32조에 따른 과태료의 부과·징수(국립환경과학원장에게 위임된 권한과 관련된 과태료의 부과·징수만 해당한다)

③ 법 제27조제2항에 따라 환경부장관은 다음 각 호의 업무를 한국환경공단에 위탁할 수 있다. 이 경우 환경부장관은 그 위탁 일시와 업무를 고시하여야 한다.
1. 토양오염관리대상시설 등 조사
1의2. 토양오염 이력정보의 작성 및 관리
2. 법 제5조제4항제3호나목부터 마목까지의 규정에 따른 토양정밀조사
3. 표토(表土)의 침식(浸蝕) 현황 및 정도에 대한 조사
4. 토양정밀조사 및 토양정화
5. 토지 등의 수용 또는 사용에 관련된 업무. 다만, 환경부장관으로부터 위탁받은 업무에 필요한 범위로 한정한다.
6. 토양관리단지 조성계획 수립·변경, 의견청취, 협의
7. 토양관리단지 토지 일부의 사용·수익, 대부 또는 매각에 관련된 업무

### 제18조의2(규제의 재검토)
환경부장관은 다음 각 호의 사항에 대하여 다음 각 호의 기준일을 기준으로 3년마다(매 3년이 되는 해의 기준일과 같은 날 전까지를 말한다) 그 타당성을 검토하여 개선 등의 조치를 하여야 한다.

1. 시정명령 등: 2014년 1월 1일
2. 토양관련전문기관의 지정기준 등: 2014년 1월 1일
3. 토양정화업의 등록요건 등: 2014년 1월 1일

**제19조(과태료의 부과기준)** 과태료의 부과기준은 별표 3과 같다.

> 시행령 [별표 3]
>
> ## 과태료의 부과기준
>
> ### 1. 일반기준
>
> 가. 위반행위의 횟수에 따른 과태료의 가중된 부과기준은 최근 1년간 같은 위반행위로 과태료 부과처분을 받은 경우에 적용한다. 이 경우 기간의 계산은 위반행위에 대하여 과태료 부과처분을 받은 날과 그 처분 후 다시 같은 위반행위를 하여 적발된 날을 기준으로 한다.
>
> 나. 가목에 따라 가중된 부과처분을 하는 경우 가중처분의 적용 차수는 그 위반행위 전 부과처분 차수(가목에 따른 기간 내에 과태료 부과처분이 둘 이상 있었던 경우에는 높은 차수를 말한다)의 다음 차수로 한다.
>
> 다. 부과권자는 다음의 어느 하나에 해당하는 경우에는 제2호에 따른 과태료 금액의 2분의 1의 범위에서 그 금액을 감경할 수 있다. 다만, 과태료를 체납하고 있는 위반행위자의 경우에는 그러하지 아니하다.
>   1) 위반행위자가 「질서위반행위규제법 시행령」 제2조의2제1항 각 호의 어느 하나에 해당하는 경우
>   2) 위반행위자의 사소한 부주의나 오류로 인한 것으로 인정되는 경우
>   3) 위반행위자가 위반행위를 바로 정정하거나 시정하여 해소한 경우
>   4) 그 밖에 위반행위의 정도, 동기와 그 결과 등을 고려하여 감경할 필요가 있다고 인정하는 경우
>
> ### 2. 개별기준
>
> (단위: 만원)
>
> | 위반행위 | 근거 법조문 | 과태료 금액 | | |
> |---|---|---|---|---|
> | | | 1차 위반 | 2차 위반 | 3차 이상 위반 |
> | 가. 정당한 사유 없이 관계 공무원 또는 토양관련전문기관 직원의 행위를 방해 또는 거절한 경우 | 법 제32조제2항제1호 | 100 | 150 | 200 |
> | 나. 법 제10조의4제6항을 위반하여 정화책임자의 토양정화등에 협조하지 않은 경우 | 법 제32조제2항제1호의2 | 100 | 150 | 200 |

| 위반행위 | 근거 법조문 | 1차 | 2차 | 3차 |
|---|---|---|---|---|
| 다. 토양이 오염된 사실을 발견하고도 그 사실을 신고하지 않은 경우 | 법 제32조제1항제1호 | 100 | 200 | 300 |
| 라. 토양정밀조사명령을 이행하지 않은 경우 | 법 제32조제2항제2호 | 100 | 150 | 200 |
| 마. 토양정밀조사결과를 지체 없이 시·도지사 또는 시장·군수·구청장에게 통보하지 않은 경우 | 법 제32조제2항제3호 | 50 | 100 | 200 |
| 바. 법 제12조제1항 후단을 위반하여 변경(시설의 폐쇄를 포함한다)신고를 하지 않은 경우 | 법 제32조제2항제4호 | 50 | 70 | 100 |
| 사. 검사를 받지 않거나 검사결과를 보존하지 않은 경우 | 법 제32조제2항제5호 | | | |
|   1) 검사를 받지 않은 경우 | | 100 | 150 | 200 |
|   2) 토양관련전문기관으로부터 통보받은 검사결과를 보존하지 않은 경우 | | 50 | 70 | 100 |
| 아. 법 제13조제4항을 위반하여 토양오염검사 결과를 특별자치시장·특별자치도지사·시장·군수·구청장 및 관할 소방서장에게 통보하지 않은 경우 | 법 제32조제2항제5호의2 | 100 | 150 | 200 |
| 자. 법 제15조의3제4항을 위반하여 오염토양반출정화계획에 관한 적정통보를 받지 않고 오염토양을 반출하여 정화한 경우 | 법 제32조제2항제5호의3 | 100 | 150 | 200 |
| 차. 법 제15조의3제6항을 위반하여 토양 인수인계서를 오염토양 정보시스템에 입력하지 아니한 경우 | 법 제32조제1항제2호 | 100 | 200 | 300 |
| 카. 법 제15조의3제6항에 따른 토양 인수인계서를 거짓으로 입력한 경우 또는 입력내용의 일부를 누락하는 등 부실하게 입력한 경우 | 법 제32조제2항제5호의4 | 100 | 150 | 200 |
| 타. 법 제15조의6제2항에 따른 오염토양정화계획 또는 오염토양정화변경계획을 제출하지 않은 경우 | 법 제32조제2항제6호 | | | |
|   1) 오염토양정화계획을 제출하지 않은 경우 | | 100 | 150 | 200 |
|   2) 오염토양정화변경계획을 제출하지 않은 경우 | | 50 | 70 | 100 |
| 파. 지도·감독을 거부·방해 또는 기피한 경우 | 법 제32조제2항제7호 | 100 | 150 | 200 |

| | | | | |
|---|---|---|---|---|
| 하. 대책지역에서 특정수질유해물질, 폐기물, 유해화학물질, 오수·분뇨 또는 가축분뇨를 버린 경우 | 법 제32조제2항제8호 | 150 | 170 | 200 |
| 거. 법 제23조의2제2항 각 호 외의 부분 후단에 따른 변경지정을 받지 않은 경우 | 법 제32조제2항제9호 | 50 | 100 | 200 |
| 너. 법 제23조의2제5항 또는 제23조의9제3항에 따른 준수사항을 지키지 않은 경우 | 법 제32조제2항제10호 | 50 | 100 | 200 |
| 더. 변경등록을 하지 않은 경우 | 법 제32조제2항제11호 | 50 | 100 | 200 |
| 러. 법 제23조의12제3항을 위반하여 신고를 하지 않은 경우 | 법 제32조제2항제11호의2 | 50 | 100 | 200 |
| 머. 교육을 받지 않은 경우 또는 교육을 받게 하지 않은 경우 | 법 제32조제2항제12호 | 50 | 100 | 200 |
| 버. 공무원의 출입·검사를 거부·방해 또는 기피한 경우 | 법 제32조제1항제3호 | 100 | 200 | 300 |
| 서. 보고 또는 자료제출을 하지 않거나 허위로 보고 또는 자료를 제출한 경우 | 법 제32조제2항제13호 | 100 | 150 | 200 |

[부칙]

이 영은 공포한 날부터 시행한다.

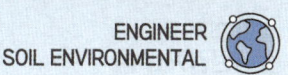

## 기출문제로 다지기 — UNIT 02 토양환경보전법 시행령

**01** 규정을 위반하여 대책지역 안에서 특정수질유해물질, 폐기물, 유해화학물질, 오수·분뇨 또는 가축분뇨를 버린 자에 대한 과태료 부과기준은?

① 100만원 이하  ② 200만원 이하
③ 300만원 이하  ④ 400만원 이하

해설 시행령 별표 3(과태료의 부과기준)
하. 법 제21조제1항을 위반하여 대책지역에서 특정수질유해물질, 폐기물, 유해화학물질, 오수·분뇨 또는 가축분뇨를 버린 경우
• 과태료 금액 : 150만원(1차 위반) – 170만원(2차 위반) – 200만원(3차 위반)

**02** 정당한 사유 없이 관계 공무원 또는 토양관련전문기관의 직원의 행위를 방해 또는 거절한 자에 대한 과태료 처분 기준은?

① 100만원 이하  ② 200만원 이하
③ 300만원 이하  ④ 500만원 이하

해설 시행령 별표 3(과태료의 부과기준)
가. 정당한 사유 없이 법 제8조제5항에 따른 관계 공무원 또는 토양관련전문기관 직원의 행위를 방해 또는 거절한 경우
• 과태료 금액 : 100만원(1차 위반) – 150만원(2차 위반) – 200만원(3차 위반)

**03** 토양정화업의 등록요건 중 장비에 관한 기준으로 틀린 것은?

① 현장용 수질측정기 1식(pH, 수온, 전기전도도, 용존산소, 산화환원전위의 측정이 가능할 것)
② 휴대용 가스측정장비 1식(VOC, 산소, 이산화탄소 및 메탄의 측정이 가능할 것)
③ 시료채취기 1대(깊이 6미터 이상 시료채취가 가능할 것)
④ 자가동력시추기(타격식이나 나선형식으로 시추깊이가 최소 6미터 이상일 것)

해설 자가동력시추기는 토양정화업의 등록요건의 장비에 해당하지 않는다.
[시행령 별표 2(토양정화업의 등록요건)]
2. 장비
  가. 시료채취기 1대(깊이 6미터 이상 시료채취가 가능할 것)
  나. 휴대용 가스측정장비 1식[휘발성유기화합물질(VOC), 산소, 이산화탄소 및 메탄의 측정이 가능할 것]
  다. 현장용 수질측정기 1식[수소이온농도(pH), 수온, 전기전도도, 용존산소 및 산화환원전위의 측정이 가능할 것]
  라. 지하수위측정기

**04** 주민건강피해조사 및 대책의 내용에 포함될 사항으로 틀린 것은?

① 건강피해의 판정 및 대책
② 건강피해지역 통제계획
③ 건강피해조사의 대상 및 방법
④ 건강피해조사 기관

해설 시행령 제13조의2(주민건강피해조사 등) 법 제18조제5항에 따른 주민건강피해조사 및 대책의 내용에 포함하여야 하는 사항은 다음 각 호와 같다.
1. 건강피해조사의 대상 및 방법
2. 건강피해조사 기관
3. 건강피해의 판정 및 대책
4. 그 밖에 건강피해조사 및 대책에 필요한 사항

정답  01. ②  02. ②  03. ④  04. ②

**05** 토양보전대책지역의 지정기준에 관한 내용으로 (  )의 내용으로 옳은 것은?

> 농경지의 지역의 경우에는 지표면으로부터 지하수(대수층)면 상부 토양 사이의 토양오염도가 대책기준을 초과한 지역 또는 특별자치도지사·시장·군수·구청장이 대책지역지정을 요청한 지역으로서 인체에 대한 피해가 우려되고 그 면적이 (  ) 이상인 지역일 것

① 1만 제곱미터  ② 2만 제곱미터
③ 3만 제곱미터  ④ 5만 제곱미터

**해설** 시행령 제12조(토양보전대책지역의 지정)
2. 농경지외의 지역의 경우에는 지표면으로부터 지하수(대수층)면 상부 토양 사이의 토양오염도가 대책기준을 초과한 지역 또는 특별자치시장·특별자치도지사·시장·군수·구청장이 대책지역지정을 요청한 지역으로서 인체에 대한 피해가 우려되고 그 면적이 1만제곱미터 이상인 지역일 것

**06** 토양환경평가에 관한 내용으로 옳지 않은 것은?

① 토양환경평가의 절차 및 방법의 구체적인 사항은 환경부장관이 정하여 고시한다.
② 개황조사 : 시료의 채취 및 분석을 통한 토양오염의 정도와 범위조사
③ 토양환경평가는 기초조사, 개황조사, 정밀조사의 순서로 실시한다.
④ 기초조사 : 자료조사, 현장조사 등을 통한 토양오염 개연성 여부 조사

**해설** 시행령 제5조의 2(토양환경평가)
2. 개황조사: 시료의 채취 및 분석을 통한 토양오염 여부 조사

**07** 토양 관련 전문기관의 지정기준에서 토양오염 조사기관의 장비 중 자가동력시추기에 관한 내용으로 (  )에 맞는 것은?

> 타격식이나 나선형식으로 시추 깊이가 최소 (  ) 이상일 것

① 2m  ② 4m
③ 6m  ④ 8m

**해설** 시행령 별표 1(토양관련전문기관의 지정기준)
1. 토양오염조사기관
  가. 장비
    자가동력시추기(타격식이나 나선형식으로 시추깊이가 최소 6미터 이상일 것)

**08** 토양정밀 조사명령에 관한 내용으로 (  ) 안에 알맞은 것은?

> 시·도지사 또는 시장, 군수, 구청장은 법규정에 의하여 정화책임자에게 토양정밀 조사를 받을 것을 명할 때에는 토양오염 지역의 범위 등을 감안하여 (  )의 범위 안에서 그 이행기간을 정하여야 한다.

① 1월  ② 2월
③ 3월  ④ 6월

**해설** 시행령 제5조의8(정밀조사명령 등) ① 특별자치시장·특별자치도지사·시장·군수·구청장은 법 제11조제3항에 따라 정화책임자에게 토양정밀조사를 실시할 것을 명하는 때에는 토양오염지역의 범위 등을 감안하여 6개월의 범위에서 그 이행기간을 정하여야 한다.

**정답** 05. ①  06. ②  07. ③  08. ④

**09** 토양관련전문기관인 토양오염조사기관의 지정기준(기술인력)으로 옳지 않은 것은?

① 박사는 해당 분야 기사 자격취득 후 토양관련 분야 또는 해당 전문기술 분야에서 5년 이상 종사한 사람으로 대체할 수 있다.
② 기술사는 해당 분야 기사 자격취득 후 토양관련 분야 또는 해당 전문기술 분야에서 5년 이상 종사한 사람으로 대체할 수 있다.
③ 기사는 해당 분야 산업기사 자격취득 후 토양관련 분야 또는 해당 전문기술 분야에서 3년 이상 종사한 사람으로 대체할 수 있다.
④ 산업기사는 고등교육법에 따른 학교의 해당 분야를 졸업하고 토양 관련 분야 또는 해당 전문기술 분야에서 3년 이상 종사한 사람이나 환경부장관이 인정하는 토양 지하수전문인력양성 교육과정을 수료한 사함으로 대체할 수 있다.

**해설** 시행령 별표 1(토양관련전문기관의 지정기준)
나. 기술인력
※ 비고
1. 박사 또는 기술사는 해당 분야 기사 자격취득 후 토양관련 분야 또는 해당 전문기술 분야에서 5년 이상 종사한 사람으로 대체할 수 있다.
2. 기사는 해당 분야 산업기사 자격취득 후 토양 관련 분야 또는 해당 전문기술 분야에서 4년 이상 종사한 사람으로 대체할 수 있다.
3. 산업기사는 「고등교육법」 제2조에 따른 학교의 해당 분야를 졸업하고 토양 관련 분야 또는 해당 전문기술 분야에서 3년 이상 종사한 사람이나 환경부장관이 인정하는 토양지하수전문인력 양성 교육과정을 수료한 사람으로 대체할 수 있다.
4. 「고등교육법」 제2조에 따른 학교의 해당 분야 졸업자는 공업계고등학교를 졸업하고 토양 관련 분야 또는 해당 전문기술 분야에서 3년 이상 종사한 사람으로 대체할 수 있다.
5. 나목1)란부터 3)란까지에 해당하는 기술인력 중 1명 이상은 토양환경기술사 또는 토양환경기사로 하여야 한다.
6. 누출검사기관이 토양오염조사기관으로 지정받으려는 경우의 기술인력은 토양오염조사기관 지정에 필요한 기술인력의 2분의 1 이상을 확보하여야 한다. 이 경우 나목1)란부터 3)란까지에 해당하는 기술인력의 경우에는 자격등급을 구분하지 않는다.
7. 토양환경평가기관 또는 위해성평가기관이 토양오염조사기관으로 지정받으려는 경우에는 토양오염조사기관의 지정에 필요한 기술인력을 확보하여야 한다. 다만, 시료채취 및 분석을 자체 수행하는 경우에는 필요한 기술인력(나목1)란부터 3)란까지에 해당하는 기술인력의 경우에는 자격등급을 구분하지 아니한다)의 2분의 1 이상을 확보하여야 한다.

**10** 정화책임자가 둘 이상인 경우 다음 중에서 정화책임의 가장 후순위를 가지는 자는?

① 정화책임자 중 토양오염관리대상시설의 소유자와 그 소유자의 권리·의무를 포괄적으로 승계한 자
② 정화책임자 중 토양오염이 발생한 토지를 소유하였던 자
③ 정화책임자 중 토양오염이 발생한 토지를 현재 소유 또는 점유하고 있는 자
④ 정화책임자 중 토양오염관리대상시설의 점유자 또는 운영자와 그 점유자 또는 운영자의 권리·의무를 포괄적으로 승계한 자

**해설** 시행령 제5조의3(둘 이상의 정화책임자에 대한 토양정화등의 명령 등) ① 시·도지사 또는 시장·군수·구청장은 정화책임자가 둘 이상인 경우에는 다음 각 호의 순서에 따라 토양정밀조사, 오염토양의 정화 또는 오염토양 개선사업의 실시(이하 "토양정화등"이라 한다)를 명하여야 한다.
1. 정화책임자와 그 정화책임자의 권리·의무를 포괄적으로 승계한 자
2. 정화책임자 중 토양오염관리대상시설의 점유자 또는 운영자와 그 점유자 또는 운영자의 권리·의무를 포괄적으로 승계한 자
3. 정화책임자 중 토양오염관리대상시설의 소유자와 그 소유자의 권리·의무를 포괄적으로 승계한 자
4. 정화책임자 중 토양오염이 발생한 토지를 현재 소유 또는 점유하고 있는 자
5. 정화책임자 중 토양오염이 발생한 토지를 소유하였던 자

09. ③  10. ②

**11** 토양관련전문기관 및 토양정화업에 종사하는 기술인력은 환경부령으로 정하는 바에 따라 교육을 받아야 한다. 이를 위반하여 교육을 받지 않은 경우 또는 교육을 받게 하지 않은 경우가 3회 이상 위반 시 과태료 기준은?

① 100만원　　② 200만원
③ 300만원　　④ 500만원

해설 시행령 별표 3(과태료의 부과기준)
　머. 법 제23조의14제1항 또는 제2항을 위반하여 교육을 받지 않은 경우 또는 교육을 받게 하지 않은 경우
　　・과태료 금액 : 50(1차 위반) – 100(2차 위반) – 200(3차 이상 위반)

**12** 오염토양개선사업의 종류와 가장 거리가 먼 것은?

① 오염수변 지역 정화사업
② 오염토양의 위생적 매립·정화사업
③ 객토 및 토양개량제의 사용 등 농토배양사업
④ 오염물질의 흡수력이 강한 식물식재사업

해설 시행령 제13조(오염토양개선사업의 종류) 법 제18조제4항에 따른 오염토양개선사업의 종류는 다음 각 호와 같다.
　1. 객토 및 토양개량제의 사용등 농토배양사업
　2. 오염된 수로의 준설사업
　3. 오염토양의 위생적 매립·정화사업
　4. 오염물질의 흡수력이 강한 식물식재사업
　5. 그 밖에 특별자치시장·특별자치도지사·시장·군수·구청장이 필요하다고 인정하는 사업

**13** 토양정화업의 등록을 한 자에게 위탁하지 아니하고 오염원인자가 직접 정화할 수 있는 경우에 관한 내용으로 ( ) 안에 알맞은 것은?

> 유기용제 또는 유류에 의한 오염토양으로서 그 양이 ( ) 미만인 것

① 5세제곱미터　　② 10세제곱미터
③ 30세제곱미터　　④ 50세제곱미터

해설 시행령 제11조(정화책임자에 의한 직접 정화) 다음 각 호의 어느 하나에 해당하는 오염토양에 대하여는 법 제15조의3제2항 단서에 따라 정화책임자가 법 제23조의7제1항에 따른 토양정화업의 등록을 한 자(이하 "토양정화업자"라 한다)에게 위탁하지 아니하고 직접 정화할 수 있다.
　1. 「국방·군사시설 사업에 관한 법률」에 의한 군부대시설안의 오염토양 또는 군사활동으로 인한 오염토양으로서 그 양이 50세제곱미터 미만인 것
　2. 유기용제 또는 유류에 의한 오염토양으로서 그 양이 5세제곱미터 미만인 것

**14** 토양관련전문기관 지정을 위한 토양오염조사기관의 기술인력기준에 대한 설명이 틀린 것은?

① 해당 분야 박사 또는 기술사 1명 이상
② 해당 분야 기사 1명 이상
③ 해당 분야 산업기사 3명 이상
④ 고등교육법 제2조에 따른 학교의 해당 분야 졸업자 또는 이와 동등 이상의 자격이 있는 사람 4명 이상

해설 시행령 별표 1(토양관련전문기관의 지정기준)
　나. 기술인력
　　3) 해당 분야 산업기사 2명 이상

**15** 토양보전대책지역에서 실시하는 일반적인 오염토양개선사업의 종류가 아닌 것은? (단, 기타 시·도지사가 필요하다고 인정하는 사업은 고려하지 않음)

① 오염물질의 흡수력이 강한 식물식재사업
② 오염된 수로의 준설사업
③ 오염토양의 위생적 매립사업
④ 오염토양의 열분해 등 정화사업

정답　11. ②　12. ①　13. ①　14. ③　15. ④

> **해설** 시행령 제13조(오염토양개선사업의 종류) 법 제18조제4항에 따른 오염토양개선사업의 종류는 다음 각 호와 같다.
> 1. 객토 및 토양개량제의 사용등 농토배양사업
> 2. 오염된 수로의 준설사업
> 3. 오염토양의 위생적 매립 · 정화사업
> 4. 오염물질의 흡수력이 강한 식물식재사업
> 5. 그 밖에 특별자치시장 · 특별자치도지사 · 시장 · 군수 · 구청장이 필요하다고 인정하는 사업

**16** 300만원 이하 과태료 부과 대상에 해당되지 아니한 자는?

① 토양오염사실을 발견하고도 신고하지 아니한 자
② 토양정화업자 사업장에 공무원의 출입 · 검사를 방해한 자
③ 오염토양 반출계획에 관한 적정 통보를 받지 아니하고 오염토양을 반출하여 정화한 자
④ 토양 인수인계서를 오염토양정보시스템에 입력하지 아니한 경우

> **해설** 시행령 별표 3(과태료의 부과기준)
> 자. 오염토양 반출계획에 관한 적정 통보를 받지 아니하고 오염토양을 반출하여 정화한 자
> • 과태료 금액 : 100만원(1차 위반) - 150만원(2차 위반) - 200만원(3차 위반)

**17** 토양보전대책지역의 지정기준으로 (   )에 맞는 것은?

| 농경지의 경우, 지표면으로부터 (   )까지의 토양오염도가 대책기준을 초과한 경우 |
|---|

① 90cm
② 60cm
③ 30cm
④ 10cm

> **해설** 시행령 제12조(토양보전대책지역의 지정)
> 1. 농경지의 경우에는 지표면으로부터 30센티미터까지의 토양오염도가 대책기준을 초과하거나 특별자치시장 · 특별자치도지사 · 시장 · 군수 · 구청장이 재배작물 중 오염물질함량이 중금속잔류허용기준을 초과하여 대책지역지정을 요청한 지역일 것

**18** 손실보상을 청구하고자 하는 자는 손실보상 청구서에 손실에 관한 증빙서류를 첨부하여 환경부장관, 시 · 도지사, 시장 · 군수 · 구청장 또는 토양관련전문기관의 장에게 제출하여야 한다. 손실보상청구서에 기재할 사항에 해당되지 않는 것은?

① 청구인의 성명 · 생년월일 및 주소
② 손실을 입은 일시 및 장소
③ 손실의 내용
④ 손실액과 그 예산 및 집행방법

> **해설** 시행령 제5조(손실보상) 손실보상을 청구하고자 하는 자는 다음 각호의 사항을 기재한 손실보상청구서에 손실에 관한 증빙서류를 첨부하여 환경부장관, 시 · 도지사, 시장 · 군수 · 구청장 또는 토양관련전문기관의 장에게 제출하여야 한다.
> 1. 청구인의 성명 · 생년월일 및 주소
> 2. 손실을 입은 일시 및 장소
> 3. 손실의 내용
> 4. 손실액과 그 내역 및 산출방법

**19** 특정토양오염관리대상시설에 대한 토양오염 검사면제 승인을 할 수 있는 경우와 가장 거리가 먼 것은?

① 특정오염관리대상시설 중 송유관 시설로서 유류의 유출여부를 확인할 수 있는 장치가 설치된 경우
② 토양시추를 할 수 없는 지반 또는 건물지하등에 설치되어 토양시료의 채취가 불가능하다고 토양오염조사기관이 인정하는 경우
③ 정자시설에 1년 이상 토양오염물질을 저장하지 아니한 경우 등 토양관련 전문기관이 토양오염검사가 필요하지 아니하다고 인정하는 경우
④ 특정토양오염관리대상시설의 설치자가 전체 시설의 사용을 종료하거나 이를 폐쇄하고자 하는 경우

**정답** 16. ③  17. ③  18. ④  19. ④

해설 시행령 제8조의2(토양오염검사의 면제 등)
4. 동종의 토양오염물질을 저장하는 다수의 시설 중 일부시설의 사용을 종료하거나 폐쇄하는 경우(제8조제2항제1호에 따른 토양오염도검사로 한정한다)

**20** 다음에서 언급한 '대통령령으로 정하는 중요한 사항을 변경하는 경우'에 관한 내용(기준)으로 옳은 것은?

> 환경부장관은 토양관리단지를 지정하려는 경우에는 대통령령으로 정하는 바에 따라 토양관리 단지 조성계획을 수립하여 관할 시·도지사의 의견을 듣고, 관계 중앙행정기관의 장과 협의하여야 한다. 토양관리 단지조성계획 중 '대통령령으로 정하는 중요한 사항을 변경하려는 경우'에도 또한 같다.

① 오염토양 정화처리 용량의 20퍼센트를 초과하여 변경하려는 경우
② 오염토양 정화처리 용량의 25퍼센트를 초과하여 변경하려는 경우
③ 오염토양 정화처리 용량의 30퍼센트를 초과하여 변경하려는 경우
④ 오염토양 정화처리 용량의 35퍼센트를 초과하여 변경하려는 경우

해설 시행령 제11조의5(토양관리단지 조성계획의 변경) 법 제15조의7제2항 후단에서 "대통령령으로 정하는 중요한 사항을 변경하려는 경우"란 다음 각 호의 어느 하나에 해당하는 경우를 말한다.
1. 조성 대상 부지면적의 20퍼센트를 초과하여 변경하려는 경우
2. 오염토양 정화처리 용량의 20퍼센트를 초과하여 변경하려는 경우

**21** 특정토양오염관리대상시설의 양도·임대 등으로 인하여 그 시설의 운영자가 달라지는 경우에는 변경일 몇 개월 전부터 변경일 전일까지의 기간 동안에 토양오염도검사를 받아야 하는가?

① 1개월   ② 3개월
③ 6개월   ④ 12개월

해설 시행령 제8조(특정토양오염관리대상시설의 토양오염검사)
② 특정토양오염관리대상시설의 설치자는 제1항에 따른 토양오염검사 외에 토양관련전문기관으로부터 다음 각 호에 따른 검사를 받아야 한다. 다만, 제1항제1호에 따른 토양오염도검사를 받은 후 3개월 이내에 제1호부터 제3호까지의 어느 하나에 해당하는 사유가 발생하는 경우에는 그러하지 아니하다.
1. 특정토양오염관리대상시설의 설치자가 그 시설의 사용을 종료하거나 이를 폐쇄할 경우에는 사용종료일 또는 폐쇄일 3개월 전부터 사용종료일 전일 또는 폐쇄일 전일까지의 기간 동안에 토양오염도검사를 받을 것
2. 특정토양오염관리대상시설의 양도·임대 등으로 인하여 그 시설의 운영자가 달라지는 경우에는 변경일 3개월 전부터 변경일 전일까지의 기간 동안에 토양오염도검사를 받을 것
3. 특정토양오염관리대상시설의 설치자가 그 시설을 교체하거나 그 시설에 저장하는 토양오염물질의 종류를 변경할 경우에는 교체 또는 변경일 3개월 전부터 교체 또는 변경일 전일까지의 기간 동안에 토양오염도검사를 받을 것
4. 누출검사대상시설의 경우 다음 각 목의 어느 하나에 해당하는 토양오염도검사 결과 환경부령으로 정하는 기준 이상으로 토양이 오염된 사실이 확인되었을 때에는 지체 없이 누출검사를 받을 것
가. 제1항제1호 또는 제2호에 따른 토양오염도검사
나. 제3호 중 특정토양오염관리대상시설에 저장하는 토양오염물질의 종류 변경에 따른 토양오염도검사
5. 특정토양오염관리대상시설에서 토양오염물질이 누출된 사실을 알게 된 때에는 지체 없이 토양오염도검사 및 누출검사(누출검사대상시설만 해당한다)를 받을 것

정답 20. ① 21. ②

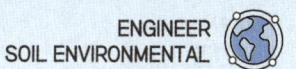

**22** 오염원인자가 토양정화업자에게 위탁하지 아니 하고 직접 정화할 수 있는 경우의 기준으로 ( ) 안에 들어갈 내용으로 옳은 것은?

> 국방·군사시설 사업에 관한 법률에 의한 군부대 시설안의 오염토양 또는 군사활동으로 인한 오염토양으로서 그 양이 ( ) 미만인 것

① 5세제곱미터  ② 10세제곱미터
③ 25세제곱미터  ④ 50세제곱미터

**23** 시·도지사가 실시하는 오염토양개선사업에 해당되지 않는 것은?

① 객토 및 토양개량제의 사용 등 농토배양사업
② 오염된 수로의 준설사업
③ 오염토양 부지의 정지사업
④ 오염토양의 위생매립사업

**해설** 시행령 제13조(오염토양개선사업의 종류) 법 제18조제4항에 따른 오염토양개선사업의 종류는 다음 각 호와 같다.
1. 객토 및 토양개량제의 사용등 농토배양사업
2. 오염된 수로의 준설사업
3. 오염토양의 위생적 매립·정화사업
4. 오염물질의 흡수력이 강한 식물식재사업
5. 그 밖에 특별자치시장·특별자치도지사·시장·군수·구청장이 필요하다고 인정하는 사업

**24** 시료의 채취 및 분석을 통한 토양오염의 정도와 범위를 조사하는 토양환경평가 조사단계(순서)는?

① 개황 조사  ② 기초 조사
③ 정밀 조사  ④ 오염도 조사

**해설** 시행령 제5조의2(토양환경평가) ① 법 제10조의2에 따른 토양환경평가는 다음 각 호의 구분에 따라 기초조사, 개황조사, 정밀조사의 순서로 실시하되, 기초조사 또는

개황조사만으로 대상 부지가 오염되지 아니하였다는 것을 알 수 있을 때에는 다음 순서의 조사를 생략하고 토양환경평가를 종료할 수 있다.
1. 기초조사: 자료조사, 현장조사 등을 통한 토양오염 개연성 여부 조사
2. 개황조사: 시료의 채취 및 분석을 통한 토양오염 여부 조사
3. 정밀조사: 시료의 채취 및 분석을 통한 토양오염의 정도와 범위 조사

**25** 자연적인 원인에 의한 토양오염임을 입증하기 위해 대통령령으로 정하는 방법으로 ( )에 알맞은 것은?

> 해당 오염물질이 ( )으로부터 기인하였음을 증명할 것

① 대상 지역의 변성  ② 대상 지역의 기후변동
③ 대상 부지의 지각변동  ④ 대상 부지의 기반암

**해설** 법 제15조의5(위해성평가) 제2항의 제4호
4. 자연적인 원인으로 인한 토양오염이라고 대통령령으로 정하는 방법에 따라 입증된 부지의 오염토양을 정화하려는 경우(제15조의3제3항 단서에 따라 오염토양을 반출하여 정화하는 경우는 제외한다)
시행령 제11조의2(위해성평가의 대상 등) ① 법 제15조의5제2항제4호에서 "대통령령으로 정하는 방법"이란 다음 각 호의 어느 하나에 해당하는 방법을 말한다.
1. 해당 오염물질의 농도가 주변지역의 토양분석결과와 비슷함을 증명할 것
2. 해당 오염물질이 대상 부지의 기반암으로부터 기인하였음을 증명할 것
3. 그 밖에 과학적인 방법으로 해당 오염물질이 자연적인 원인으로 발생하였음을 증명할 것

**정답** 22. ④  23. ③  24. ③  25. ④

**26** 토양정화업의 등록요건 중 장비기준으로 틀린 것은?

① 휴대용 가스측정장비 1식(휘발성유기화합물질, 산소, 이산화탄소 및 메탄의 측정이 가능할 것)
② 현장용 수질측정기 1식(수소이온농도, 수온, 전기전도도, 용존산소 및 산화환원전위의 측정이 가능할 것)
③ 지하수위측정기
④ 시료채취기 1대(깊이 2m 이내 시료채취가 가능할 것)

**해설** 시행령 별표 2(토양정화업의 등록요건)
2. 장비
  가. 시료채취기 1대(깊이 6미터 이상 시료채취가 가능할 것)
  나. 휴대용 가스측정장비 1식[휘발성유기화합물질(VOC), 산소, 이산화탄소 및 메탄의 측정이 가능할 것]
  다. 현장용 수질측정기 1식[수소이온농도(pH), 수온, 전기전도도, 용존산소 및 산화환원전위의 측정이 가능할 것]
  라. 지하수위측정기

**27** 대통령령으로 정하는 오염토양의 정화방법이 아닌 것은?

① 미생물을 이용한 생물학적 처리
② 오염물질의 분해 등 방사능 처리
③ 오염물질의 소각 등 열적 처리
④ 오염물질의 차단 등 물리적 처리

**해설** 시행령 제10조(오염토양의 정화기준 및 정화방법)
② 법 제15조의3제1항의 규정에 의한 오염토양의 정화방법은 다음 각 호와 같다.
  1. 미생물이나 식물을 이용한 오염물질의 분해·흡수 등 생물학적 처리
  2. 오염물질의 차단·분리추출·세척처리 등 물리·화학적 처리
  3. 오염물질의 소각·분해 등 열적 처리

**28** 토양관리단지 조성계획 중 대통령령으로 정하는 중요한 사항을 변경하는 경우에 해당하는 내용으로 ( )에 옳은 것은?

- 조성 대상 부지면적의 ( ㉠ )를 초과하여 변경하려는 경우
- 오염토양 정화처리 용량의 ( ㉡ )를 초과하여 변경하려는 경우

① ㉠ 20%, ㉡ 20%    ② ㉠ 20%, ㉡ 30%
③ ㉠ 30%, ㉡ 20%    ④ ㉠ 30%, ㉡ 30%

**해설** 시행령 제11조의5(토양관리단지 조성계획의 변경) 법 제15조의7제2항 후단에서 "대통령령으로 정하는 중요한 사항을 변경하려는 경우"란 다음 각 호의 어느 하나에 해당하는 경우를 말한다.
1. 조성 대상 부지면적의 20퍼센트를 초과하여 변경하려는 경우
2. 오염토양 정화처리 용량의 20퍼센트를 초과하여 변경하려는 경우

**29** 토양관련전문기관의 지정기준 중 토양오염 조사기관 장비에 해당되지 않는 것은?

① 가연성가스농도측정기
② 가스크로마토그래프 질량분석기
③ 초음파추출장치
④ 퍼지·트랩장치

**해설** 시행령 별표 1(토양관련전문기관의 지정기준)
가. 장비

| 번호 | 장비명 | 수량 (단위: 대) |
|---|---|---|
| 1 | 흡광광도계 (UV/Vis Spectrophotometer) | 1 |
| 2 | 원자흡광광도계 (Atomic Absorption Spectrophotometer) 또는 유도결합플라즈마광도계 (Inductively Coupled Plasma) | 1 |

정답 26. ④  27. ②  28. ①  29. ①

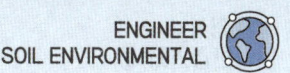

| 3 | 퍼지·트랩장치(Purge & Trap) | 1 |
|---|---|---|
| 4 | 가스크로마토그래프 전자포획기(GC/ECD) | 1 |
| 5 | 가스크로마토그래프 질량분석기(GC/MSD) | 1 |
| 6 | 가스크로마토그래프 불꽃이온화검출기(GC/FID) | 1 |
| 7 | 초음파추출장치(Ultrasonic Disruptor) | 1 |
| 8 | 자가동력시추기(타격식이나 나선형식으로 시추깊이가 최소 6미터 이상일 것) | 1 |
| 9 | 그 밖에 토양시료를 채취하여 분석하는 데 필요한 장비 | |

**30** 토양환경보전법령에서 정하고 있는 오염토양의 정화방법으로 가장 거리가 먼 것은?

① 오염물질의 분리추출  ② 오염물질의 매립
③ 오염물질의 소각  ④ 오염물질의 차단

**해설** 시행령 제10조(오염토양의 정화기준 및 정화방법) ② 법 제15조의3제1항의 규정에 의한 오염토양의 정화방법은 다음 각 호와 같다.
  1. 미생물이나 식물을 이용한 오염물질의 분해·흡수 등 생물학적 처리
  2. 오염물질의 차단·분리추출·세척처리 등 물리·화학적 처리
  3. 오염물질의 소각·분해 등 열적 처리

**31** 토양환경평가를 위한 조사 중 시료의 채취 및 분석을 통해 토양오염의 정도와 범위를 조사하는 것은?

① 개황조사  ② 정밀조사
③ 기초조사  ④ 전문조사

**해설** 시행령 제5조의2(토양환경평가)
  1. 기초조사: 자료조사, 현장조사 등을 통한 토양오염 개연성 여부 조사
  2. 개황조사: 시료의 채취 및 분석을 통한 토양오염 여부 조사
  3. 정밀조사: 시료의 채취 및 분석을 통한 토양오염의 정도와 범위 조사

**32** 특정토양오염관리대상시설을 설치한 후 10년이 경과하는 때에는 몇 개월 이내에 토양관련전문기관으로부터 누출검사를 받아야 하는가?

① 1개월  ② 3개월
③ 6개월  ④ 9개월

**해설** 시행령 제8조(특정토양오염관리대상시설의 토양오염검사)
  2. 특정토양오염관리대상시설을 설치한 후 10년이 경과하였을 때에는 6개월 이내에 토양관련전문기관으로부터 누출검사를 받아야 하며, 그 후에는 환경부령으로 정하는 바에 따라 누출검사를 받을 것

**33** 시·도지사가 오염 원인자에게 토양정밀조사를 받을 것을 명할 때에는 토양오염지역의 범위등을 감안하여 얼마의 기간 범위 안에서 이행기간을 정하여야 하는가? (단, 연장 기간은 고려하지 않음)

① 30일의 범위 안  ② 60일의 범위 안
③ 3월의 범위 안  ④ 6월의 범위 안

**해설** 시행령 제5조의8(정밀조사명령 등) ① 특별자치시장·특별자치도지사·시장·군수·구청장은 법 제11조제3항에 따라 정화책임자에게 토양정밀조사를 실시할 것을 명하는 때에는 토양오염지역의 범위 등을 감안하여 6개월의 범위에서 그 이행기간을 정하여야 한다. 다만, 조사지역의 규모 등으로 인하여 부득이하게 이행기간 내에 조사를 하기 어려운 사유가 있는 자에 대해서는 6개월의 범위에서 1회로 한정하여 그 이행기간을 연장할 수 있다.

 30. ②  31. ②  32. ③  33. ④

**34** 특정토양오염관리대상시설의 설치자에 대하여 토양정밀조사 또는 오염토양의 정화조치 등의 시정을 명할 수 있다. 이 경우 토양정밀조사명령과 오염토양 정화조치명령 각각의 이행기간에 대한 설명 중 틀린 것은?

① 토양정밀조사의 이행기간은 6개월 이내에 정한다.
② 토양정밀조사의 이행기간을 부득이하게 준수하지 못한 경우 한차례에 한해서 6개월 연장할 수 있다.
③ 오염토양 정화조치의 이행기간은 2년의 범위에서 정하여야 한다.
④ 오염토양 정화조치의 이행기간을 부득이하게 준수하지 못한 경우 한차례에 한해서 1년 연장할 수 있다.

**해설** 시행령 제5조의8(정밀조사명령 등) ② 특별자치시장·특별자치도지사·시장·군수·구청장은 법 제11조제3항에 따라 정화책임자에게 오염토양(토양오염도가 법 제4조의2의 규정에 의한 토양오염우려기준을 넘는 토양을 말한다. 이하 같다)의 정화조치를 명하는 때에는 오염토양의 규모 등을 감안하여 2년의 범위에서 그 이행기간을 정하여야 한다. 다만, 정화공사의 규모, 정화공법 등으로 인하여 부득이하게 이행기간 내에 정화조치명령을 이행하기 어려운 사유가 있는 자에 대해서는 매회 1년의 범위에서 2회까지 그 이행기간을 연장할 수 있다.

**35** 토양정밀조사명령 등에 관한 설명으로 ( )에 들어갈 적합한 숫자가 순서대로 나열된 것은?

> 시·도지사 또는 시장·군수·구청장은 법 제15조제1항에 따라 정화책임자에게 토양정밀조사를 받을 것을 명할 때에는 토양오염지역의 범위 등을 감안하여 ( )월의 범위안에서 그 이행기간을 정하여야 한다. 다만, 시·도지사 또는 시장·군수·구청장은 조사지역의 규모 등으로 인하여 부득이하게 이행기간 내에 조사를 이행하지 못한 자에 대하여는 ( )월의 범위에서 1회로 한정하여 그 이행기간을 연장할 수 있다.

① 6, 6    ② 8, 6
③ 6, 8    ④ 8, 8

**해설** 시행령 제5조의8(정밀조사명령 등) ① 특별자치시장·특별자치도지사·시장·군수·구청장은 법 제11조제3항에 따라 정화책임자에게 토양정밀조사를 실시할 것을 명하는 때에는 토양오염지역의 범위 등을 감안하여 6개월의 범위에서 그 이행기간을 정하여야 한다. 다만, 조사지역의 규모 등으로 인하여 부득이하게 이행기간 내에 조사를 하기 어려운 사유가 있는 자에 대해서는 6개월의 범위에서 1회로 한정하여 그 이행기간을 연장할 수 있다.

**36** 토양정화업의 등록요건 중 반입정화시설에 관한 기준으로 ( )에 알맞은 내용은?

> 반입정화시설 : 정화시설 ( ㉠ ), 보관시설 ( ㉡ )
> (비고 : 반입정화시설은 오염토양을 반입하여 정화하는 경우만 해당하며, 반입정화시설의 바닥의 포장, 벽면 지붕설치 및 오염방지시설 등 세부 설치기준은 환경부장관이 정하여 고시한다.)

① ㉠ 200제곱미터 이상, ㉡ 400제곱미터 이상
② ㉠ 400제곱미터 이상, ㉡ 200제곱미터 이상
③ ㉠ 200제곱미터 이상, ㉡ 200제곱미터 이상
④ ㉠ 400제곱미터 이상, ㉡ 400제곱미터 이상

**해설** 시행령 별표 2(토양정화업의 등록요건)
나. 반입정화시설: 정화시설 400제곱미터 이상, 보관시설 400제곱미터 이상
※ 비고: 나목의 반입정화시설은 오염토양을 반입하여 정화하는 경우만 해당하며, 반입정화시설의 바닥의 포장, 벽면·지붕설치 및 오염방지시설 등 세부설치기준은 환경부장관이 정하여 고시한다.

정답  34. ④  35. ①  36. ④

### 37 정화책임자가 오염토양을 직접 정화할 수 있는 경우가 아닌 것은?

① 유류에 의한 오염토양으로서 그 양이 8세제곱미터인 것
② 군사활동으로 인한 오염토양으로서 그 양이 32세제곱미터인 것
③ 유기용제에 의한 오염토양으로서 그 양이 4세제곱미터인 것
④ 군부대시설안의 오염토양으로서 그 양이 19세제곱미터인 것

해설 시행령 제11조(정화책임자에 의한 직접 정화) 다음 각 호의 어느 하나에 해당하는 오염토양에 대하여는 법 제15조의3제2항 단서에 따라 정화책임자가 법 제23조의7제1항에 따른 토양정화업의 등록을 한 자(이하 "토양정화업자"라 한다)에게 위탁하지 아니하고 직접 정화할 수 있다.
1. 「국방·군사시설 사업에 관한 법률」에 의한 군부대시설안의 오염토양 또는 군사활동으로 인한 오염토양으로서 그 양이 50세제곱미터 미만인 것
2. 유기용제 또는 유류에 의한 오염토양으로서 그 양이 5세제곱미터 미만인 것

### 38 다음 사항을 위반하여 오염토양정화계획 또는 오염토양정화변경계획을 제출하지 아니한 자에 대한 과태료 부과 기준은?

> 오염원인자는 토양 오염조사기관으로 하여금 오염토양의 정화과정 및 정화 완료에 대한 검증을 하게 할 때에는 환경부령으로 정하는 내용 및 절차에 따라 오염토양 정화계획을 작성하여 관할 특별자치도지사, 시장, 군수, 구청장에게 제출하여야 하며 제출한 계획 중 환경부령으로 정하는 사항을 변경할 때에도 또한 같다.

① 200만원 이하의 과태료
② 300만원 이하의 과태료
③ 500만원 이하의 과태료
④ 1000만원 이하의 과태료

해설 시행령 별표 3(과태료의 부과기준)
타. 법 제15조의6제2항에 따른 오염토양정화계획 또는 오염토양정화변경계획을 제출하지 않은 경우
1) 오염토양정화계획을 제출하지 않은 경우 : 100(1차) - 150(2차) - 200(3차)
2) 오염토양정화변경계획을 제출하지 않은 경우 : 50(1차) - 70(2차) - 100(3차)

### 39 다음 기관 중 토양오염조사기관이 아닌 것은?

① 시·도 보건환경연구원
② 국립환경과학원
③ 유역환경청
④ 농림토양과학원

해설 시행령 제17조의3(토양오염조사기관) 법 제23조의2제3항 각 호 외의 부분 단서에서 "대통령령으로 정하는 기관"이란 다음 각 호와 같다.
1. 국립환경과학원
2. 시·도 보건환경연구원
3. 유역환경청 또는 지방환경청
4. 한국환경공단

### 40 특정토양오염관리대상시설의 토양오염검사에 관한 설명으로 (  )에 적합한 것은?

> 특정토양오염관리대상시설의 설치자는 매년 ( ㉠ )회 토양관련전문기관으로부터 토양오염도 검사를 받아야 하지만, 토양오염방지시설을 설치한 경우 검사주기를 ( ㉡ )년의 범위에서 조정할 수 있다.

① ㉠ 1, ㉡ 2
② ㉠ 1, ㉡ 5
③ ㉠ 2, ㉡ 2
④ ㉠ 2, ㉡ 5

해설 시행령 제8조(특정토양오염관리대상시설의 토양오염검사)
1. 매년 1회 환경부령으로 정하는 때에 토양관련전문기관으로부터 토양오염도검사를 받을 것. 다만, 제7조에 따른 토양오염방지시설을 설치하고 적정하게 유지·

정답 37. ① 38. ① 39. ④ 40. ②

관리하고 있는 경우에는 환경부령으로 정하는 기준에 따라 검사주기를 5년의 범위에서 조정할 수 있다.

### 41 토양오염 조사기관의 장비, 기술인력에 대한 지정기준으로 적합하지 않은 것은?

① 기사는 해당 분야 산업기사 자격 취득 후 토양관련분야 또는 해당 전문기술분야에서 4년 이상 종사한 사람으로 대체할 수 있다.
② 기체크로마토그래프 또는 기체크로마토그래프 질량분석기 중 1대를 구비하여야 한다.
③ 박사 또는 기술사는 당해 분야 기사 자격 취득 후 토양관련분야 또는 해당 전문기술분야에서 5년 이상 종사한 사람으로 대체할 수 있다.
④ 누출검사기관이 토양오염조사기관으로 지정받으려는 경우, 기술인력은 토양오염조사기관 지정에 필요한 기술인력의 2분의 1 이상을 확보해야 한다.

**해설** 기체크로마토그래피 전자포획기, 질량분석기, 불꽃이온화 검출기 각각 1대씩 구비하여야 한다.
[시행령 별표 1(토양관련전문기관의 지정기준)]
1. 토양오염조사기관
   가. 장비

| 번호 | 장비명 | 수량<br>(단위: 대) |
|---|---|---|
| 1 | 흡광광도계<br>(UV/Vis Spectrophotometer) | 1 |
| 2 | 원자흡광광도계<br>(Atomic Absorption Spectrophotometer)<br>또는 유도결합플라즈마광도계<br>(Inductively Coupled Plasma) | 1 |
| 3 | 퍼지·트랩장치(Purge & Trap) | 1 |
| 4 | 가스크로마토그래프<br>전자포획기(GC/ECD) | 1 |
| 5 | 가스크로마토그래프<br>질량분석기(GC/MSD) | 1 |
| 6 | 가스크로마토그래프<br>불꽃이온화검출기(GC/FID) | 1 |
| 7 | 초음파추출장치(Ultrasonic Disruptor) | 1 |
| 8 | 자가동력시추기(타격식이나 나선형식으로 시추깊이가 최소 6미터 이상일 것) | 1 |
| 9 | 그 밖에 토양시료를 채취하여 분석하는 데 필요한 장비 | |

### 42 토양오염방지를 위한 조치명령에 관한 내용으로 ( ) 안에 알맞은 것은? (단, 연장기간은 고려하지 않음)

시·도지사 또는 시장·군수·구청장은 정화책임자에게 토양오염방지를 위한 조치의 명령을 할 때에는 토양오염물질 및 시설의 종류·규모 등을 감안하여 ( )의 범위에서 그 이행기간을 정하여야 한다.

① 3월  ② 6월
③ 1년  ④ 2년

**해설** 시행령 제5조의8(정밀조사명령 등) ② 특별자치시장·특별자치도지사·시장·군수·구청장은 법 제11조제3항에 따라 정화책임자에게 오염토양(토양오염도가 법 제4조의2의 규정에 의한 토양오염우려기준을 넘는 토양을 말한다. 이하 같다)의 정화조치를 명하는 때에는 오염토양의 규모 등을 감안하여 2년의 범위에서 그 이행기간을 정하여야 한다. 다만, 정화공사의 규모, 정화공법 등으로 인하여 부득이하게 이행기간 내에 정화조치명령을 이행하기 어려운 사유가 있는 자에 대해서는 매회 1년의 범위에서 2회까지 그 이행기간을 연장할 수 있다.

**정답** 41. ② 42. ④

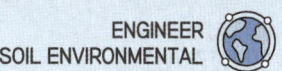

# UNIT 03 토양환경보전법 시행규칙

**제1조(목적)** 이 규칙은 「토양환경보전법」 및 동법 시행령에서 위임된 사항과 그 시행에 관하여 필요한 사항을 규정함을 목적으로 한다.

**제1조의2(토양오염물질)** 「토양환경보전법」(이하 "법"이라 한다) 제2조제2호의 규정에 의한 토양오염물질은 별표 1과 같다.

| 시행규칙 별표 1 (토양오염물질) ||
|---|---|
| 1. 카드뮴 및 그 화합물 | 14. 벤젠 |
| 2. 구리 및 그 화합물 | 15. 톨루엔 |
| 3. 비소 및 그 화합물 | 16. 에틸벤젠 |
| 4. 수은 및 그 화합물 | 17. 크실렌 |
| 5. 납 및 그 화합물 | 18. 석유계총탄화수소 |
| 6. 6가크롬화합물 | 19. 트리클로로에틸렌 |
| 7. 아연 및 그 화합물 | 20. 테트라클로로에틸렌 |
| 8. 니켈 및 그 화합물 | 21. 벤조(a)피렌 |
| 9. 불소화합물 | 22. 1,2-디클로로에탄 |
| 10. 유기인화합물 | 23. 다이옥신(푸란을 포함한다) |
| 11. 폴리클로리네이티드비페닐 | 24. 그 밖에 위 물질과 유사한 토양오염물질로서 토양오염의 방지를 위하여 특별히 관리할 필요가 있다고 인정되어 환경부장관이 고시하는 물질 |
| 12. 시안화합물 | |
| 13. 페놀류 | |

**제1조의3(특정토양오염관리대상시설)** 법 제2조제4호의 규정에 의한 특정토양오염관리대상시설은 별표 2와 같다.

| 시행규칙 별표 2 (특정토양오염관리대상시설) ||
|---|---|
| 종류 | 대상범위 |
| 1. 석유류의 제조 및 저장시설 | 「위험물안전관리법 시행령」 별표 1의 제4류 위험물중 제1·제2·제3·제4석유류에 해당하는 인화성액체의 제조·저장 및 취급을 목적으로 설치한 저장시설로서 총 용량이 2만리터 이상인 시설(이동탱크저장시설을 제외한다) |
| 2. 유해화학물질의 제조 및 저장시설 | 「화학물질관리법」 제28조에 따른 유해화학물질 영업의 허가를 받은 자가 설치한 저장시설 중 별표 1에 따른 토양오염물질을 저장하는 시설[유용용제류의 경우는 트리클로로에틸렌(TCE), 테트라클로로에틸렌(PCE), 1,2-디클로로에탄 저장시설에 한정한다] |
| 3. 송유관시설 | 「송유관 안전관리법」 제2조제2호의 규정에 의한 송유관시설중 송유용 배관 및 탱크 |
| 4. 기타 위 관리대상시설과 유사한 시설로서 특별히 관리할 필요가 있다고 인정되어 환경부장관이 관계중앙행정기관의 장과 협의하여 고시하는 시설 ||

※ 비고 : 제1호의 규정에 의한 석유류의 제조 및 저장시설의 용량산출은 다음 각호의 규정에 의한다.
1. 동일한 부지안의 특정토양오염관리대상시설에 대하여는 각 시설의 용량을 합산한다.
2. 부지가 연접되고 특정토양오염관리대상시설의 설치자가 동일한 특정토양오염관리대상시설에 대하여는 각 시설의 용량을 합산한다.

**제1조의4(토양정밀조사)** 토양정밀조사는 토양오염이 발생한 장소와 그 주변지역의 토지이용용도, 오염물질의 종류·특성 및 오염물질의 확산 가능성 등을 감안하여 가장 적합한 방법에 의하여 조사하여야 하며, 구체적인 토양정밀조사의 방법은 환경부장관이 정하여 고시한다.

**제1조의5(토양오염우려기준)** 토양오염우려기준은 별표 3과 같다.

### 시행규칙 별표 3 (토양오염우려기준)

(단위: mg/kg)

| 물질 | 1지역 | 2지역 | 3지역 |
|---|---|---|---|
| 카드뮴 | 4 | 10 | 60 |
| 구리 | 150 | 500 | 2,000 |
| 비소 | 25 | 50 | 200 |
| 수은 | 4 | 10 | 20 |
| 납 | 200 | 400 | 700 |
| 6가크롬 | 5 | 15 | 40 |
| 아연 | 300 | 600 | 2,000 |
| 니켈 | 100 | 200 | 500 |
| 불소 | 400 | 400 | 800 |
| 유기인화합물 | 10 | 10 | 30 |
| 폴리클로리네이티드비페닐 | 1 | 4 | 12 |
| 시안 | 2 | 2 | 120 |
| 페놀 | 4 | 4 | 20 |
| 벤젠 | 1 | 1 | 3 |
| 톨루엔 | 20 | 20 | 60 |
| 에틸벤젠 | 50 | 50 | 340 |
| 크실렌 | 15 | 15 | 45 |
| 석유계총탄화수소(TPH) | 500 | 800 | 2,000 |
| 트리클로로에틸렌(TCE) | 8 | 8 | 40 |
| 테트라클로로에틸렌(PCE) | 4 | 4 | 25 |
| 벤조(a)피렌 | 0.7 | 2 | 7 |
| 1,2-디클로로에탄 | 5 | 7 | 70 |
| 다이옥신(퓨란을 포함한다) | 160 | 340 | 1,000 |

※ 비고
1. 1지역: 지목이 전·답·과수원·목장용지·광천지·대·학교용지·구거(溝渠)·양어장·공원·사적지·묘지인 지역과 어린이 놀이시설(실외에 설치된 경우에만 적용한다) 부지
2. 2지역: 지목이 임야·염전·대(1지역에 해당하는 부지 외의 모든 대를 말한다)·창고용지·하천·유지·수도용지·체육용지·유원지·종교용지 및 잡종지인 지역
3. 3지역: 지목이 공장용지·주차장·주유소용지·도로·철도용지·제방·잡종지(2지역에 해당하는 부지 외의 모든 잡종지를 말한다)인 지역과 국방·군사시설 부지
4. 취득한 토지를 반환하거나「주한미군 공여구역주변지역 등 지원 특별법」제12조에 따라 반환공여구역의 토양 오염 등을 제거하는 경우에는 해당 토지의 반환 후 용도에 따른 지역 기준을 적용한다.

5. 벤조(a)피렌 항목은 유독물의 제조 및 저장시설과 폐받침목을 사용한 지역(예: 철도용지, 공원, 공장용지 및 하천 등)에만 적용한다.
6. 토양정밀조사의 실시나 오염토양의 정화 등을 명하는 경우 토양오염우려기준은 조치명령 당시의 지목을 기준으로 한다. 다만, 정밀조사 기간 또는 정화 기간이 완료되기 전에 지목이 변경된 경우에는 변경된 지목을, 다음 각 목의 어느 하나에 해당하여 지목변경이 예정된 경우에는 변경 예정 지목을 기준으로 한다.
    가. 「국토의 계획 및 이용에 관한 법률」 등 관계 법령에 따라 개발행위 허가 또는 실시계획 인가 등을 받고 토지의 형질변경 등의 공사가 착공된 경우
    나. 건축물의 용도변경을 위하여 「건축법」에 따라 용도변경 허가를 받았거나 신고한 후 공사가 착공된 경우
    다. 다른 법령에 따라 지목변경 사유에 해당하는 공사가 착공된 경우
7. 「공간정보의 구축 및 관리 등에 관한 법률」에 따른 지목이 등록되어 있지 않은 토지에 대하여 토양정밀조사의 실시나 오염토양의 정화 등을 명하는 경우 토양오염우려기준은 「국토의 계획 및 이용에 관한 법률」, 「공유수면 관리 및 매립에 관한 법률」 등 관계 법령에 따른 개발행위 허가 또는 실시계획 인가 등의 관계 서류를 통하여 확인할 수 있는 토지의 용도에 부합하는 지목을 기준으로 한다. 다만, 관계 서류를 통하여 그 용도를 확인할 수 없는 경우에는 1지역에 해당하는 지목을 기준으로 한다.

## 제1조의6(토양오염관리대상시설 등 조사)
① 환경부장관은 토양오염관리대상시설 등 조사(이하 "토양오염관리대상시설 등 조사"라 한다)를 실시하기 위하여 매년 조사일정, 범위, 기준 등이 포함된 토양오염관리대상시설 등 조사계획을 수립하여야 한다.
② 토양오염관리대상시설 등 조사는 자료조사, 현장조사 또는 의견청취의 방법으로 실시할 수 있다.
③ 토양오염관리대상시설 등 조사에는 다음 각 호의 사항이 포함되어야 한다.
    1. 대상시설의 상호, 소재지
    2. 대상시설의 설치연도, 면적, 시설용량, 취급물질 등 현황
    3. 대상시설의 최근 5년간 토양오염검사, 토양정밀조사 또는 오염토양의 정화 등에 관한 자료
    4. 그 밖에 토양오염관리대상시설 등 조사를 위하여 환경부장관이 필요하다고 인정하는 사항
④ 「한국환경공단법」에 따른 한국환경공단(이하 "한국환경공단"이라 한다)은 제1항에 따른 조사계획에 따라 토양오염관리대상시설 등 조사를 실시하여야 한다.
⑤ 한국환경공단은 토양오염관리대상시설 등 조사를 실시한 경우에는 그 결과를 법 제4조의3에 따른 정보시스템으로 관리할 수 있도록 국립환경과학원장에게 제출하여야 한다.
⑥ 제1항부터 제5항까지에서 규정한 사항 외에 토양오염관리대상시설 등 조사를 효율적으로 하기 위하여 필요한 사항은 환경부장관이 정하여 고시한다.

## 제2조(토양오염도 측정망의 설치)
환경부장관은 법 제5조제1항에 따라 측정망을 설치하는 때에는 전국토를 일정단위로 구획하여 설치하되 전·답, 임야, 공원 등 토지의 용도를 고려하여 측정지점의 수를 조정할 수 있다.

## 제3조(토양오염실태조사)
① 특별시장·광역시장·특별자치시장·도지사·특별자치도지사(이하 "시·도지사"라 한다) 또는 시장·군수·구청장(자치구의 구청장을 말한다. 이하 같다)은 법 제5조제2항에 따라 토양오염실태조사를 할 때에는 공장·산

업지역, 폐금속광산, 폐기물매립지역, 사격장 및 폐받침목 사용지역 주변 등 토양오염의 가능성이 큰 장소를 선정하여 조사하여야 한다.

② 시장·군수·구청장은 별지 제1호서식의 토양오염실태조사결과보고서를 매년 12월 31일까지 시·도지사에게 제출하여야 하며, 시·도지사는 그가 실시한 토양오염실태조사의 결과 및 시장·군수·구청장이 보고한 토양오염실태조사결과를 취합하여 별지 제1호서식의 토양오염실태조사결과보고서를 다음연도 1월 31일까지 환경부장관에게 제출하여야 한다.

③ 토양오염실태조사의 방법·절차 등에 관하여 필요한 세부사항은 환경부장관이 정한다.

### 제4조(토양정밀조사 지역)
1. 국방·군사시설과 그 주변지역
2. 철도시설과 그 주변지역
3. 다음 각 목의 시설과 그 주변지역
    가. 석유정제업자의 석유 정제시설 및 저장시설
    나. 석유수출입업자의 석유 저장시설
    다. 석유판매업자의 석유 저장시설 및 판매시설
    라. 석유대체연료 제조·수출입업자의 석유대체연료 제조시설 및 저장시설
    마. 석유대체연료 판매업자의 석유대체연료 저장시설 및 판매시설
4. 자연적 원인에 의한 토양오염물질이 검출되는 지역
5. 자연재해 등으로 토양환경이 변화되어 토양정밀조사가 필요하다는 토양환경 전문가의 의견이 있는 지역

### 제5조(측정망설치계획의 고시)
① 법 제6조의 규정에 의하여 환경부장관이 고시하는 측정망설치계획에는 다음 각호의 사항이 포함되어야 한다.
1. 측정망 설치시기
2. 측정망 배치도
3. 측정지점의 위치 및 면적

② 측정망설치계획의 고시는 최초로 측정망을 설치하게 되는 날 3월전에 하여야 한다.

### 제5조의2(표토의 침식 현황 조사)
① 환경부장관은 법 제6조의2에 따른 표토의 침식현황 및 정도에 대한 조사를 하는 경우에는 모니터링, 자료조사 및 침식량 산정 등의 방법으로 실시해야 한다.

② 제1항에 따른 조사에는 다음 각 호의 사항을 포함해야 한다.
1. 위치, 표고, 지형(경사도, 경사장)
2. 토지 이용 현황
3. 토성(土性), 용적밀도, 유기물함량, 토양 구조, 투수등급
4. 강우특성
5. 식생 및 작물재배 현황

6. 표토유실방지 및 복원대책 등 관리현황
7. 토양 침식량
③ 그 밖에 제1항에 따른 조사에 필요한 세부사항은 환경부장관이 정하여 고시한다.

**제5조의3(지방자치단체의 정화비용 부담)** 법 제6조의3제2항 후단에 따라 환경부장관이 지방자치단체에게 부담하게 할 수 있는 비용은 토양정화 등에 소요되는 비용 총액의 100분의 50 이내로 한다.

**제5조의4(토양정화계획의 수립)**
① 환경부장관은 법 제6조의3제3항에 따른 토양정화계획을 수립하는 경우에는 같은 조 제1항의 토양정밀조사 결과 확인된 토양오염의 정도를 반영하여 토양정화 우선순위를 정해야 한다.
② 법 제6조의3제3항제4호에서 "환경부령으로 정하는 사항"이란 다음 각 호와 같다.
  1. 시설개선 및 오염확산 방지 등 응급조치 계획
  2. 정화 후 부지 활용계획

**제8조의2(특정토양오염관리대상시설의 변경신고)** 다음 각 호의 어느 하나에 해당하는 경우에는 그 사유가 발생한 날부터 30일 이내에 법 제12조제1항 후단에 따라 특정토양오염관리대상시설의 변경신고를 하여야 한다.
  1. 사업장의 명칭 또는 대표자가 변경되는 경우
  2. 특정토양오염관리대상시설의 사용을 종료하거나 폐쇄하는 경우
  3. 특정토양오염관리대상시설을 교체하거나 토양오염방지시설을 변경하는 경우
  4. 특정토양오염관리대상시설에 저장하는 오염물질을 변경하는 경우
  5. 특정토양오염관리대상시설의 저장용량을 신고용량 대비 **30퍼센트 이상 증설**(신고용량 대비 30퍼센트 미만의 증설이 누적되어 신고용량의 30퍼센트 이상이 되는 경우를 포함한다)하는 경우

**제10조(특정토양오염관리대상시설의 신고증)** 특별자치시장 · 특별자치도지사 · 시장 · 군수 · 구청장은 신고를 받은 경우에는 특정토양오염관리대상시설 신고증을 신고인에게 발급하여야 하며, 변경(폐쇄를 포함한다)신고를 받은 경우에는 특정토양오염관리대상시설 신고증의 뒷면에 변경사항을 적어 신고인에게 발급하여야 한다.

**제10조의2(다른 법령에 의한 허가 또는 등록의 통보)**
① 법 제12조제2항 전단에서 "환경부령으로 정하는 법령"이란 「송유관안전관리법」을 말한다.
② 법 제12조제2항 전단에 따라 특정토양오염관리대상시설의 설치신고가 의제되는 허가 또는 등록을 행하는 행정기관의 장이 같은 항 후단에 따라 그 허가 또는 등록의 사실을 관할 특별자치시장 · 특별자치도지사 · 시장 · 군수 · 구청장에게 통보할 때에는 그 통보서에 다음 각 호의 서류를 첨부하여야 한다.
  1. 제조소 등 설치허가의 경우에는 설치허가신청서(변경허가신청서) 및 구조설비명세표 사본 1부
  2. 유해화학물질 영업허가의 경우에는 다음 각 목의 서류
    가. 신청서 및 유해화학물질을 취급하는 시설 · 장비 등의 내역서 사본 1부
    나. 변경사항을 증명할 수 있는 서류 사본 1부
  3. 공사계획의 인가의 경우에는 송유용시설의 위치도(관경, 긴급차단밸브 위치 기재) 사본 1부

**제10조의3(토양오염방지시설의 권장기준)** 토양오염방지시설의 권장 설치·유지·관리기준은 별표 3의2와 같다.

| 시행규칙 별표 3의2 (토양오염방지시설의 권장 설치·유지·관리 기준) |||
|---|---|---|
| **1. 설치기준** |||
| 구분 | 시설명 | 세부기준 |
| 저장시설 부문 | 이중벽 탱크 | 강철 + 유리섬유강화플라스틱(FRP, Fiber Reinforced Plastics), 강철 + 고밀도폴리에틸렌(HDPE, High Density PolyEthlene), FRP + FRP 또는 강철 + 강철의 이중구조 |
| | 탱크 전용실 | 두께 0.3m 이상의 콘크리트구조 또는 이와 동등한 강도를 갖춘 구조 |
| | 넘침(Over Flow) 방지장치 | 유류 등 저장물질이 90% 이상 주입될 시 자동으로 주입구가 폐쇄되거나 공급이 차단되는 구조 |
| | 탱크 집유통 (集油桶, sump) | • 외부의 토압(土壓)에 변형되지 아니하는 구조<br>• 방수, 방유가 될 수 있는 기밀구조이고, 내식성이 있는 재질 사용 |
| | 누유(漏油)감지 및 경보장치 | 누유여부를 모니터링할 수 있고 누유 시 램프 점등 및 경보가 울리는 구조 |
| 주유·이송 부문 | 이중 배관 | • 주 배관은 내관 및 외관의 이중 구조로 하여 누출여부를 외부에서 쉽게 확인할 수 있는 구조<br>• 연결부위가 없는 구조로 시공 |
| | 주유기 집유통 | 방수 및 방유가 될 수 있는 기밀구조이고 내식성이 있는 재질사용 |
| 기타 | 유수분리시설 | 콘크리트와 같이 내유성이 있고 차량하중에 견딜 수 있는 재료를 이용하고 4단 이상의 구조로 시공 |
| **2. 유지·관리기준** |||
| 구분 || 세부기준 |
| 운영관리자 지정 || 시설 운영관리자 1명 이상 지정·운영 |
| 정기 점검 | 탱크부/ 계측구 | • 저장탱크의 급격한 재고 증감여부 및 주요원인 파악<br>• 탱크 내부 누유여부(누유감지센서 활용) 확인<br>• 주유소 지반 침하 및 바닥 균열여부 확인 |
| | 맨홀부 | • 맨홀뚜껑 상태, 맨홀 상부 수분 및 유류 등 저장물질 존재여부 확인<br>• 탱크섬프, 배관 관통부 봉인(sealing) 상태 점검 |
| | 주유기 | • 주유기 섬프 내, 주유기 하단 및 배관 누유상태 점검<br>• 주유기 본체와 호스, 호스와 노즐 연결 부위의 누유확인 및 균열, 마모 등을 점검 (주유기와 주유배관 연결부 누유여부 확인)<br>• 체크밸브(check valve) 정상작동 여부 확인 |
| | 배관이음쇄 (Quick coupling) | • 뚜껑의 설치 상태 확인(사용 후에는 뚜껑을 닫아 두는지 여부)<br>• 배관이음쇄의 풀림이나 변형 등의 손상여부 확인 |
| | 주입박스 | • 주입 종료 시 유출여부 확인<br>• 주입구 박스 봉인(sealing) 상태 및 파손여부 점검<br>• 주입절차 준수 확인 |

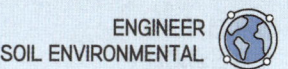

| 유수분리조 | • 유수분리조 내 기름띠 확인<br>• 유수분리조 내 유류 및 슬러지 등 이물질 침전상태 점검 및 청소<br>• 유수분리조 변형 및 파손상태 확인 |
|---|---|
| 기름도랑<br>(trench) | • 기름도랑 내 각종 오염물질 및 이물질 점검 및 청소<br>• 기름도랑의 변형 및 파손 상태 확인 |

※ 비고: 정기점검은 매월 1회 이상 실시하여야 한다.

**제11조(검사신청 절차 등)** ① 토양오염검사를 받고자 하는 자는 별지 제7호서식의 토양오염검사신청서(전자문서로 된 신청서를 포함한다)에 특정토양오염관리대상시설의 도면을 첨부하여 법 제23조의2에 따른 토양관련전문기관(이하 "토양관련전문기관"이라 한다)에 제출하여야 한다.

② 토양관련전문기관은 제1항의 규정에 의한 토양오염검사신청서를 받은 때에는 다음 각호에 의한 검사 및 분석을 하여야 한다.
  1. 검사신청서를 받은 날부터 7일 이내에 시료채취 또는 누출검사
  2. 특별한 사유가 없는 한 시료채취일부터 14일 이내에 이·화학적 분석

**제12조(토양오염도검사 주기 등)** ① 특정토양오염관리대상시설의 설치자는 영 제8조제1항제1호 본문에 따라 다음 각 호의 구분에 따른 날부터 6개월 이내에 토양오염도검사를 받아야 한다.
  1. 석유류의 제조 및 저장시설의 경우에는 「위험물안전관리법」 제9조의 규정에 의하여 시설설치에 따른 완공검사를 받아 적합하다고 인정받은 날
  2. 유해화학물질의 제조 및 저장시설의 경우에는 「화학물질관리법」 제28조에 따른 유해화학물질 영업의 허가를 받은 날
  3. 환경부장관이 고시하는 시설의 경우에는 법 제12조제1항의 규정에 의한 신고를 한 날

② 영 제8조제1항제1호 단서에 따라 토양오염방지시설을 설치한 경우의 토양오염도검사주기와 같은 항 제2호에 따른 누출검사대상시설을 설치한 경우의 누출검사주기는 별표 4와 같다.

### 시행규칙 별표 4 (특정토양오염관리대상시설의 토양오염검사주기)

1. 영 제8조제1항제1호 단서에 따라 토양오염방지시설을 설치한 경우의 토양오염도검사주기는 다음 각 목과 같다.
   가. 제12조제1항 각 호의 구분에 따른 날부터 5년·10년·15년이 되는 날 이후 90일 이내에 각각 1회
   나. 가목에 따른 검사가 종료된 이후에는 제12조제1항 각 호의 구분에 따른 날부터 15년이 되는 날을 기준으로 매 2년이 되는 날 이후 90일 이내에 1회
   다. 동일부지 내 저장시설의 설치연도가 각각 다를 경우에는 유출방지턱(Dike) 내 설치된 저장시설(이하 "블록"이라 한다) 중 설치연도가 가장 오래된 저장시설의 토양오염도검사 주기에 따라 블록별로 적용한다.
2. 영 제8조제1항제2호에 따라 저장시설 설치 후 10년이 지난 날부터 매 8년이 되는 날 이후 90일 이내에 검사방식에 관계없이 1회 누출검사를 받아야 한다.
3. 제1호에도 불구하고 다음 각 목의 지역에 설치된 시설은 매년 토양오염도 검사를 받아야 한다. 다만, 가목 또는 라목의 지역(나목 또는 다목의 지역에 해당하지 않는 경우로 한정한다)에 설치된 시설에 대한 토양오염도검사 결과 토양오염물질이 불검출로 확인된 경우에는 해당 시설은 다음 연도 토양오염도검사를 받지 않을 수 있다.

가. 「국토의 계획 및 이용에 관한 법률」 제6조제4호에 따른 자연환경보전지역
나. 「지하수법」 제12조에 따른 지하수보전구역
다. 「수도법」 제7조에 따른 상수원보호구역
라. 「환경정책기본법」 제22조에 따른 특별대책지역(대기보전과 관련된 특별대책지역은 제외한다)

### 제13조(누출검사 등)

① "환경부령으로 정하는 기준"이란 별표 3의 토양오염우려기준 중 3지역에 적용되는 기준을 말한다.
② 제1항의 규정에 의한 누출검사는 토양오염도검사결과를 통보받은 날부터 30일 이내에 받아야 한다.

### 제14조(검사항목) 특정토양오염관리대상시설별 토양오염검사항목은 별표 5와 같다.

| 시행규칙 별표 5 (특정토양오염관리대상시설별 토양오염검사항목) ||
|---|---|
| 특정토양오염관리대상시설 | 검사 항목 |
| 1. 석유류의 제조 및 저장 시설 | 벤젠·톨루엔·에틸벤젠·크실렌·석유계총탄화수소(TPH) |
| 2. 유해화학물질의 제조 및 저장시설 | 카드뮴·구리·비소·수은·납·6가크롬·아연·니켈·불소·유기인화합물·폴리클로리네이티드비페닐·시안·페놀·트리클로로에틸렌(TCE)·테트라클로로에틸렌(PCE)·1,2-디클로로에탄 및 벤조(a)피렌 중 해당 항목 |
| 3. 송유관 시설 | 벤젠·톨루엔·에틸벤젠·크실렌·석유계총탄화수소(TPH) |
| 4. 그 밖에 제1호부터 제3호까지의 관리대상시설과 유사한 시설로서 특별히 관리할 필요가 있다고 인정되어 환경부장관이 관계 중앙행정기관의 장과 협의하여 고시하는 시설 | 대상시설별로 환경부장관이 고시한 검사항목 |

※ 비고
1. 석유류의 제조 및 저장시설 중 나프타, 휘발유 등 방향족탄화수소류가 주성분인 석유류를 저장하고 있는 시설의 경우에는 벤젠, 톨루엔, 에틸벤젠, 크실렌 4개 항목을, 항공유, 등유, 경유, 중유, 윤활유, 원유 등 지방족탄화수소류가 주성분인 석유류를 저장하고 있는 시설의 경우에는 석유계총탄화수소(TPH) 항목만을 검사하고, 벤젠, 톨루엔, 에틸벤젠, 크실렌을 각각 저장하고 있는 시설의 경우에는 해당하는 항목만을 검사한다.
2. 그 밖의 유송(油種)으로서 구성성분을 고려하여 한 가지 검사항목만으로 오염도검사가 가능한 경우에는 해당 검사항목만을 적용한다.

### 제15조(토양오염검사 면제승인신청) 
토양오염검사의 면제승인을 신청하려는 자는 별지 제7호의2서식의 토양오염검사면제승인신청서(전자문서로 된 신청서를 포함한다)에 면제요건에 해당하는 것을 증명할 수 있는 서류를 첨부하여 특별자치시장·특별자치도지사·시장·군수·구청장에게 제출하여야 한다.

### 제15조의2(누출검사 대상시설)

① 누출검사대상시설로 인정받으려는 자는 별지 제4호서식의 특정토양오염관리대상시설 설치신고서 또는 별지 제5호서식의 특정토양오염관리대상시설 설치변경신고서를 특별자치시장·특별자치도지사·시장·군수·구청

장에게 제출하여야 한다.
② 제1항에 따라 신청을 받은 특별자치시장·특별자치도지사·시장·군수·구청장은 해당시설이 누출검사대상시설인지 여부를 판단하여 신청자에게 통보해야 한다.

**제16조(검사결과의 통보 등)** 토양관련전문기관은 토양오염검사를 실시한 때에는 검사 종료 후 7일 이내에 별지 제8호서식에 따라 특정토양오염관리대상시설의 설치자, 관할 특별자치시장·특별자치도지사·시장·군수·구청장 및 관할 소방서장(「위험물안전관리법」에 따라 허가를 받은 시설 중 누출검사 결과 오염물질의 누출이 확인된 경우로 한정한다)에게 그 검사결과를 통보하여야 하며, 검사결과를 통보받은 특정토양오염관리대상시설의 설치자는 검사결과를 5년간 보존하여야 한다.

**제17조(시료채취방법 등)** 토양오염검사를 위한 시료채취는 별표 6의 방법에 의한다.

### 시행규칙 별표 6 (시료채취방법 등)

1. 특정토양오염관리대상시설 부지에서의 시료채취는 다음과 같이 한다. 다만, 종류가 다른 토양오염물질(유류로서 종류가 다른 것은 동일물질로 본다)을 개별저장시설에 저장하는 경우에는 개별 시설별로 3개 지점에서 시료를 채취한다.
   가. 개별 저장시설 용량이 50만리터 이하인 저장시설이 1개 이상 있는 경우에는 3개 지점에서 시료채취. 다만, 개별 저장시설 간의 거리가 100미터 이상 떨어진 경우에는 2개 지점을 추가하여 시료채취를 한다.
   나. 개별 저장시설 용량이 50만리터를 초과하는 경우에는 개별 저장시설별로 3개 지점에서 시료채취
   다. 개별 저장시설 용량이 50만리터 초과시설과 그 미만인 시설이 혼재되어 있는 경우에는 50만리터 초과시설은 개별 저장시설별로 각각 3개 지점에서 시료를 채취하고, 나머지는 50만리터 미만 저장시설은 그 용량합계가 50만리터를 초과하는 경우에 한하여 누출우려가 높은 저장시설에서 2개 지점을 추가하여 시료 채취
2. 특정토양오염관리대상시설 주변지역에서의 시료채취는 주변지역 내에서 1개 지점을 선정하여 실시한다.
3. 철강슬래그가 건축·토목공사의 성토재, 보조기층재 등으로 사용된 지역의 경우 사용된 대상물이 아닌 그 주변지역에서 시료를 채취한다.
4. 그 밖에 시료채취 등 토양오염검사방법에 관한 세부적인 사항은 「환경분야 시험·검사 등에 관한 법률」 제6조제1항제9호에 따른 환경오염공정시험기준에 따른다.

**제17조의2(정밀한 검사를 위한 토양관련전문기관)** "환경부령으로 정하는 토양관련전문기관"이란 다음 각 호의 기관을 말한다.
   1. 유역환경청 또는 지방환경청
   2. 시·도(특별시·광역시·특별자치도·도를 말한다. 이하 같다) 보건환경연구원

**제17조의3(지방자치단체의 장의 조치결과 보고)** 시·도지사 또는 시장·군수·구청장은 법 제15조제7항의 규정에 의하여 환경부장관이 요청한 사항을 조치한 때에는 지체없이 정화책임자, 조치명령의 내용 및 이행기간 등을 환경부장관에게 보고하여야 하며, 정화책임자가 조치명령의 이행을 완료한 때에도 이행완료 내역을 환경부장관에게 보고하여야 한다.

**제18조(조치명령 등에 따른 이행보고)** ① 법 제15조의2에 따른 조치명령 또는 중지명령의 이행보고는 별지 제9호서식의 이행보고서(전자문서로 된 보고서를 포함한다)에 다음 각 호의 구분에 따른 서류를 첨부하여야 한다.
1. 정밀조사명령의 경우
   가. 부지 및 주변지역 오염범위 조사명세서
   나. 각 개선지점별 토양오염도검사결과
2. 시설의 설치·개선·이전 또는 정화조치 명령의 경우
   가. 시설개선·오염토양정화 등 개선명세서 또는 토양정화검증보고서. 이 경우 토양정화검증보고서에는 정화방법의 적정성 검토 내용, 정화방법별 정화과정, 토양오염도 변화추이, 환경관리 사항, 토양정화일지, 오염토양의 반출 내역, 정화토양의 재사용 내역을 포함하여야 한다.
   나. 제1호나목의 서류. 다만, 부지 밖에서 처리하는 경우에는 각 개선지점별 토양오염도검사 실시 후 이전된 토양처리내용 증명자료[이전장소, 이전물량 및 처리내용(처리자, 영수증, 사진 등)]를 제출한다.
   다. 토양정화검증서(토양정화검증대상사업인 경우만 해당한다)
② 시·도지사 또는 시장·군수·구청장은 제1항의 이행보고를 받은 때에는 관계공무원으로 하여금 서류 및 현장조사를 통하여 지체없이 그 명령의 이행상태를 확인하게 하여야 한다.

**제19조(반출정화대상)** 다음 각 호의 어느 하나에 해당하는 경우에는 법 제15조의3제3항 단서에 따라 오염토양(토양오염도가 제1조의5에 따른 토양오염우려기준을 넘는 토양을 말한다. 이하 같다)을 반출하여 정화할 수 있다.
1. 「국토의 계획 및 이용에 관한 법률」에 의한 도시지역안의 건설공사 현장 등 환경부장관이 정하여 고시하는 경우
2. 토양오염물질 운송차량의 전복 등 긴급한 사고로 인한 오염토양으로서 즉시 처리하여야 하는 경우
3. 오염토양의 양이 5세제곱미터 미만으로서 현장에서 정화하는 때에는 정화효율이 현저하게 저하되는 경우
4. 영 제5조의8제2항, 제8조의3제2항 또는 제9조의2제1항에 따라 오염토양의 정화 조치명령을 받은 자가 오염토양 정화공사를 시행하였으나 오염물질의 종류, 오염정도 및 기술적 한계 등으로 최초 조치명령기간 내에 이를 완료하지 못한 경우로서 법 제15조의6제1항 본문에 따른 토양오염조사기관의 정화과정 검증결과 반출하여 정화할 필요가 있다고 인정한 경우. 다만, 법 제15조의6제1항 단서에 따라 정화과정에 대한 검증을 생략할 수 있는 경우에는 최초 조치명령기간 내에 본문에 따른 이유로 이를 이행하지 못하면 별도의 검증절차 없이 반출하여 정화할 수 있다.
5. 토양오염이 발생한 부지가 같은 시·군·구 내에 흩어져 있는 경우로서 오염부지의 소유자 또는 정화책임자가 같고 각각의 오염부지에 토양정화시설을 모두 설치하기 곤란하여 토양정화업자가 오염부지 중 어느 한 곳에 설치한 시설을 이용하여 한꺼번에 정화하는 경우(정화 대상 오염토양 전부를 하나의 토양정화업자에게 위탁한 경우만 해당한다)
6. 오염토양을 연구목적으로 이용하려는 경우로서 국립환경과학원장의 의견을 들어 환경부장관이 승인한 경우

**제19조의2(오염토양의 반출절차 및 방법 등)** ① 법 제15조의3제3항 단서에 따라 오염토양을 반출하여 정화하려는 자는 별지 제9호의2서식의 오염토양반출정화(변경)계획서(전자문서로 된 계획서를 포함한다)에 다음 각 호의 서류를 첨부하여 관할 특별자치시장·특별자치도지사·시장·군수·구청장에게 미리 제출하여야 한다.

1. 운반위탁계약서 사본(운반을 위탁하는 경우만 해당한다)
2. 정화사업계약서 사본
3. 정화검증계약서 사본

② 특별자치시장·특별자치도지사·시장·군수·구청장은 오염토양반출정화(변경)계획서를 검토하여 반출정화의 계획이 적정한 경우에는 10일 이내에 적정통보를 하여야 하며, 제19조의 규정에 의한 반출정화대상에 해당하지 아니하는 등 반출정화계획의 내용이 적정하지 아니한 경우에는 10일 이내에 오염토양반출정화(변경)계획서를 반려하거나 보완을 요구하여야 한다.

③ 특별자치시장·특별자치도지사·시장·군수·구청장은 제2항에 따라 적정하다고 통보한 때에는 반출정화계획의 내용을 반입지를 관할하는 시·도지사 및 시장·군수·구청장에게 통보하여야 한다.

④ 법 제15조의3제4항 후단에서 "환경부령으로 정하는 중요 사항"이란 다음 각 호를 말한다.
1. 반출 오염토양의 양 또는 오염범위(20퍼센트 이상 증감하는 경우만 해당한다)
2. 반출 오염토양의 오염정도(20퍼센트 이상 증감하는 경우만 해당한다) 또는 토양오염물질 종류
3. 정화방법, 정화소요기간, 토양정화업자 또는 검증할 토양관련전문기관

⑤ 오염토양반출정화계획 중 제4항 각 호의 어느 하나에 해당하는 사항을 변경하려는 자는 별지 제9호의2서식의 오염토양반출정화(변경)계획서에 변경내용과 관련된 서류를 첨부하여 관할 특별자치시장·특별자치도지사·시장·군수·구청장에게 제출하여야 한다. 이 경우 제2항 및 제3항을 준용한다.

⑥ 토양 인수인계서의 입력 방법 및 입력 시기는 별표 6의2와 같다.

#### 시행규칙 별표 6의2 (토양 인수인계서의 입력 방법 및 입력 시기)

1. 법 제15조의3제5항에 따라 적정통보를 받은 자(이하 이 표에서 "반출자"라 한다)는 오염토양을 반입정화시설로 위탁하여 운반하는 자(이하 이 표에서 "운반자"라 한다)에게 오염토양을 인계하기 전에 오염토양 인계정보 및 운반자 인계인수 정보가 포함된 오염토양 인수인계서를 오염토양 정보시스템에 입력하여야 한다.
2. 정화처리자(법 제23조의7제1항에 따라 토양정화업을 등록한 자 중 반입정화시설을 보유하여 오염토양을 인계받아 정화하는 자를 말한다. 이하 이 표에서 같다)는 운반자로부터 오염토양을 인수한 날부터 2일 이내에 오염토양 인계정보를 확인한 후 오염토양 인수정보가 포함된 오염토양 인수인계서를 오염토양 정보시스템에 입력하여야 한다.
3. 정화처리자는 정화를 완료한 토양을 사용자에게 인계하기 전에 정화토양 사용정보 및 정화토양 인수정보가 포함된 정화토양 인수인계서를 오염토양 정보시스템에 입력하여야 한다.
4. 제1호부터 제3호까지에서 규정한 사항 외에 토양 인수인계서의 입력 방법 및 절차 등에 관하여 필요한 세부사항은 환경부장관이 정하여 고시한다.

⑦ 제1항부터 제6항까지에서 정한 사항 외에 오염토양의 반출 또는 정화에 필요한 사항은 환경부장관이 정하여 고시한다.

**제19조의3(위해성평가의 항목 및 방법)** ① 위해성평가(이하 "위해성평가"라 한다) 대상 오염물질은 다음 각 호와 같다.
1. 유류: 벤젠, 톨루엔, 에틸벤젠, 크실렌, 석유계총탄화수소
2. 중금속류: 카드뮴, 구리, 비소, 수은, 납, 6가크롬, 아연, 니켈
2의2. 불소
3. 그 밖에 환경부장관이 인체와 환경에 위해를 줄 우려가 있다고 인정하여 고시하는 물질

② 영 제11조의2제4항에 따라 환경부장관의 인정을 받으려는 자는 별지 제9호의3서식의 위해성평가 대상 인정 신청서(전자문서로 된 신청서를 포함한다)에 다음 각 호의 서류(전자문서를 포함한다)를 첨부하여 환경부장관에게 제출하여야 한다. 이 경우 신청을 받은 담당 공무원은 행정정보의 공동이용을 통하여 해당 부지의 소유권에 관한 토지등기사항증명서 및 건물등기사항증명서를 확인하여야 한다.
1. 오염부지의 현황 및 오염이력에 관한 사항
2. 토지이용현황 및 장래의 토지이용 계획
3. 시설물의 위치도 및 평면도
4. 토양정밀조사 결과
5. 그 밖에 위해성평가 대상에 해당한다는 것을 증명할 수 있는 서류

③ 환경부장관은 제2항에 따라 신청을 받은 날부터 90일 이내에 인정 여부를 결정하고, 그 결과를 신청인 및 관할 시·도지사 또는 시장·군수·구청장에게 통보하여야 한다. 다만, 기술적 검토가 필요한 경우 등 부득이한 사유가 있는 경우에는 60일의 범위에서 한 차례에 한정하여 그 기간을 연장할 수 있다.

④ 환경부장관은 제3항에 따른 인정 여부를 결정하려는 경우에는 미리 관할 시·도지사 또는 시장·군수·구청장 및 제19조의4제4항에 따른 위해성평가 검증위원회의 의견을 들어야 한다.

⑤ 위해성평가를 하려는 자는 위해성평가 대상지역의 특성을 고려하여 다음 각 호의 사항을 포함한 위해성평가 계획서를 작성해야 한다. 이 경우 시·도지사, 시장·군수·구청장 또는 정화책임자는 위해성평가 계획서를 환경부장관에게 제출하여 검토를 받아야 한다.
1. 제1항에 따른 오염물질 중 위해성평가를 실시할 오염물질
2. 현장조사 방법
3. 오염물질의 노출경로
4. 독성평가 자료

⑥ 환경부장관, 시·도지사, 시장·군수·구청장 또는 정화책임자는 위해성평가기관으로 하여금 제5항에 따른 위해성평가 계획서에 따라 다음 각 호의 항목에 대하여 위해성평가를 하고 위해성평가서를 작성하게 해야 한다.
1. 오염범위 및 노출농도
2. 노출평가 및 독성평가 결과
3. 위해의 정도 및 정화시기, 정화범위, 정화수준

⑦ 정화책임자는 위해성평가서를 환경부장관 또는 관할 특별자치시장·특별자치도지사·시장·군수·구청장에게 제출해야 한다.

⑧ 환경부장관, 시·도지사 또는 시장·군수·구청장은 위해성평가서에 대한 다음 각 호의 사항을 해당 기관의 인터넷홈페이지 등에 20일 이상 공고하고 위해성평가대상 오염토양으로 영향을 받게 되는 지역 또는 위해성평가 대상지역이 포함된 해당 특별자치시·특별자치도·시·군·구의 주민이 위해성평가서를 공람할 수 있도록 해야 한다.
1. 위해성평가서의 요약본
2. 위해성평가서의 공람기간 및 공람장소
3. 위해성평가서에 대한 의견의 제출시기 및 방법

⑨ 위해성평가대상 오염토양으로 영향을 받게 되는 지역 또는 위해성평가 대상지역이 포함된 해당 특별자치시·

특별자치도·시·군·구의 주민은 위해성평가서에 대한 의견을 관할 특별자치시장·특별자치도지사·시장·군수·구청장에게 제출할 수 있다.

### 제19조의4(위해성평가의 검증절차)
① 시·도지사, 시장·군수·구청장 또는 정화책임자는 위해성평가의 결과를 토양정화의 시기, 범위 및 수준 등에 반영하려는 경우에는 위해성평가서 및 지역주민의 의견을 환경부장관에게 제출하여 검증을 받아야 한다.
② 환경부장관은 제1항에 따라 위해성평가서를 검증하는 경우에는 다음 각 호의 사항에 대하여 검토해야 한다.
  1. 위해성평가 실시 오염물질의 적정여부
  2. 위해성평가 과정
  3. 위해의 정도 및 정화시기, 정화범위, 정화수준의 적정여부
③ 환경부장관은 제1항에 따라 위해성평가서를 검증하는 경우에는 그 기술적 사항을 검토하기 위하여 국립환경과학원 또는 한국환경공단의 의견을 들을 수 있다.
④ 환경부장관은 제1항에 따른 위해성평가서의 검증 및 제19조의3제4항에 따른 의견 제시를 위하여 다음 각 호의 사람으로 구성된 위해성평가 검증위원회를 구성·운영할 수 있다.
  1. 국립환경과학원 및 한국환경공단의 토양환경 담당자
  2. 위해성평가 관련 전문가
  3. 토양환경에 관한 전문적인 학식과 경험을 가진 자로서 토양관련전문기관 또는 토양정화업자로부터 추천을 받은 사람
  4. 토양환경에 관한 전문적인 학식과 경험을 가진 자로서 시민사회단체에서 추천을 받은 사람
  5. 위해성평가 대상 지역 또는 위해성평가 대상 오염토양으로 영향을 받게 되는 지역 주민
⑤ 시·도지사, 시장·군수·구청장 또는 정화책임자는 특별한 사유가 없는 한 제1항에 따른 검증 결과를 위해성평가서에 반영해야 한다.

### 제19조의5(위해성평가 대상지역의 관리 등)
① 환경부장관, 시·도지사, 시장·군수·구청장 또는 정화책임자는 법 제15조의5제3항에 따라 위해성평가의 결과를 토양정화의 시기에 반영하려는 경우 위해성평가의 최초검증 후 매년 토양관련전문기관으로 하여금 위해성평가 대상지역에 대한 오염토양 모니터링을 실시하도록 해야 한다. 이 경우 시·도지사, 시장·군수·구청장 또는 정화책임자는 모니터링 결과를 환경부장관에게 제출하여 위해성평가에 따른 정화시기를 재검증 받아야 한다.
② 그 밖에 위해성평가에 관한 세부사항은 환경부장관이 정하여 고시한다.

### 제19조의6(오염토양정화계획의 제출 등)
① 법 제15조의6제2항에 따라 오염토양정화계획 또는 오염토양정화변경계획을 제출하려는 자는 별지 제9호의4서식의 오염토양정화(변경)계획서(전자문서로 된 계획서를 포함한다)에 다음 각 호의 서류를 첨부하여 정화공사 착공 7일 전까지 또는 정화계획 변경 사유가 발생한 날부터 7일 이내에 관할 특별자치시장·특별자치도지사·시장·군수·구청장에게 제출하여야 한다. 다만, 오염토양을 반출하여 정화하려는 자가 오염토양반출정화(변경)계획서를 제출하여 적정통보를 받은 경우에는 오염토양정화(변경)계획서를 제출한 것으로 본다.

1. 오염토양정화공사계획서
2. 정화시설 설치·운영계획서
3. 정화사업계약서 사본
4. 정화검증계약서 사본

② 법 제15조의6제2항 후단에서 "환경부령으로 정하는 사항"이란 다음 각 호의 사항을 말한다.
1. 오염토양의 양 또는 오염범위(20퍼센트 이상 증감하는 경우만 해당한다)
2. 토양오염물질의 오염정도(20퍼센트 이상 증감하는 경우만 해당한다) 또는 토양오염물질 종류
3. 정화방법, 정화소요기간, 토양정화업자 또는 검증할 토양관련전문기관
4. 정화시설 설치·운영계획의 변경

③ 제2항 각 호의 어느 하나에 해당하는 사항을 변경하려는 자는 별지 제9호의4서식의 오염토양정화(변경)계획서(전자문서로 된 계획서를 포함한다)에 변경내용과 관련된 서류를 첨부하여 관할 특별자치시장·특별자치도지사·시장·군수·구청장에게 제출하여야 한다.

**제19조의7(검증의 절차·방법 등)** ① 법 제15조의6제1항의 규정에 의한 정화과정 및 정화완료에 대한 검증은 정화착공에서 정화완료까지 토양정화의 단계별로 오염토양이 적정하게 정화되도록 하여야 하며, 검증의 절차·내용 및 방법에 관한 구체적인 사항은 환경부장관이 정하여 고시한다.
② 법 제15조의6제3항 후단에 따른 검증수수료의 산정기준은 별표 6의3와 같다.

[시행규칙 별표 6의3]

## 검증수수료의 산정기준

### 1. 산정기준

「엔지니어링기술진흥법」 제10조제2항에 따른 엔지니어링사업대가의 기준에 따른 실비정액가산방식을 준용하여 산출하되, 비목별 세부산정방식은 다음 각 목에서 정하는 바에 따른다.

### 가. 직접인건비

1) 한국엔지니어링진흥협회에서 매년 공표하는 엔지니어링기술자 노임단가 중 건설 및 기타부문의 기술자 노임단가를 적용하여 계산한다.
2) 오염토양의 양에 따라 1년간 투입되는 다음 표의 등급별 기술자 인원으로 산정한다.

| 오염토양의 양($m^3$) | 등급별 기술자 투입인원(인·일/년) | | | |
|---|---|---|---|---|
| | 특급 | 고급 | 중급 | 초급 |
| 1,000 미만 | 1 | 3 | 4 | 2 |
| 1,000 이상 ~ 3,000 미만 | 3 | 11 | 14 | 6 |
| 3,000 이상 ~ 5,000 미만 | 4.5 | 14 | 17 | 10 |

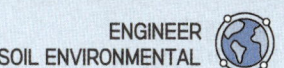

| 5,000 이상 ~ 10,000 미만 | 6 | 22 | 26 | 18 |
| --- | --- | --- | --- | --- |
| 10,000 이상 ~ 20,000 미만 | 8 | 34 | 35 | 20 |
| 20,000 이상 ~ 50,000 미만 | 15 | 45 | 58 | 29 |
| 50,000 이상 ~ 100,000 미만 | 28 | 81 | 89 | 58 |

3) 등급별 기술자 투입인력 중 상위 기술자가 없는 경우에는 차하위 기술자로 대체하여 투입할 수 있다.
4) 직접인건비는 1년의 정화기간을 기준으로 산정하되, 정화기간에 따라서 다음의 요율을 곱하여 산정한다.
　가) 정화기간이 1년 미만인 경우: 요율 1.0 적용
　나) 정화기간이 1년 이상 1년 6개월 미만인 경우: 요율 1.3 적용
　다) 정화기간이 1년 6개월 이상 2년 미만인 경우: 요율 1.6 적용
　라) 정화기간이 연장될 경우: 6개월 연장에 대하여 기준금액의 30% 이내의 범위에서 정한다.
5) 오염토양의 양이 10만㎥ 이상일 경우에는 오염토양의 양을 10만㎥로 나누고, 각각의 오염토양의 양에 대하여 위의 기준을 적용한다.

## 나. 직접경비

1) 검증업무 수행에 필요한 출장비, 시료채취·분석비 및 보고서 인쇄비 등으로 그 실비를 적용하여 계산한다.
2) 토양 시료채취 및 분석비
　가) 별표 11 제1호 토양오염도검사수수료에 따른다.
　나) 시료채취지점 및 시료수 산정기준에 따라 지점수를 산정하고, 산정된 지점수에 지점별 시료수를 곱하여 완료검증 시료수량을 산정한다.
　　(1) 완료검증 시료채취 지점 및 시료수 산정기준

| 면적(㎡) | 지점수(점) | 격자간격(m) |
| --- | --- | --- |
| 500 미만 | 5 이상 | 10 ~ 14 이내 |
| 500 이상 ~ 1,000 미만 | 6 이상 | 13 ~ 17 이내 |
| 1,000 이상 ~ 2,000 미만 | 7 이상 | 18 ~ 22 이내 |
| 2,000 이상 ~ 3,000 미만 | 9 이상 | 20 ~ 24 이내 |
| 3,000 이상 ~ 4,000 미만 | 11 이상 | 21 ~ 25 이내 |
| 4,000 이상 ~ 5,000 미만 | 13 이상 | 21 ~ 25 이내 |
| 5,000 이상 ~ 6,000 미만 | 15 이상 | 22 ~ 26 이내 |
| 6,000 이상 ~ 7,000 미만 | 17 이상 | 22 ~ 26 이내 |
| 7,000 이상 ~ 8,000 미만 | 19 이상 | 22 ~ 26 이내 |
| 8,000 이상 ~ 9,000 미만 | 20 이상 | 23 ~ 27 이내 |
| 9,000 이상 ~ 10,000 미만 | 21 이상 | 24 ~ 28 이내 |

| | | |
|---|---|---|
| 10,000 이상 ~ 15,000 미만 | 25 이상 | 27 ~ 31 이내 |
| 15,000 이상 ~ 20,000 미만 | 30 이상 | 29 ~ 33 이내 |
| 20,000 이상 ~ 25,000 미만 | 35 이상 | 30 ~ 34 이내 |
| 25,000 이상 ~ 30,000 미만 | 40 이상 | 30 ~ 34 이내 |
| 30,000 이상 ~ 35,000 미만 | 45 이상 | 31 ~ 35 이내 |
| 35,000 이상 ~ 40,000 미만 | 50 이상 | 31 ~ 35 이내 |
| 40,000 이상 ~ 45,000 미만 | 52 이상 | 33 ~ 37 이내 |
| 45,000 이상 ~ 50,000 미만 | 55 이상 | 34 ~ 38 이내 |

※ 비고
(가) 오염면적이 5만㎡ 이상일 경우에는 면적을 5만㎡로 나누고, 각각의 면적에 대하여 위의 기준을 적용한다.
(나) 시료는 채취지점의 깊이 1m 간격으로 1개씩 채취하며, 오염이 확산되지 아니하는 깊이까지 채취한다.
(다) 굴착(땅파기)처리하는 경우 굴착 전의 오염분포에 따라서 지점 및 시료수를 산정한다.
(라) 지하수 시료수는 오염지역의 지하수 현황에 따라서 별도 산정한다.

(2) 과정검증 시료채취 지점 및 시료수 산정기준

완료검증 시료수의 20% 이상을 과정검증의 시료수로 산정하고, 정화방법의 특성 및 기간을 고려·배분하여 검증한다.

다) 총 시료수량은 완료검증 시료수량에 과정검증 시료수량을 합한 수량으로 한다.
3) 출장비:「공무원여비규정」에 따른다.
4) 보고서 인쇄비: 보고서 인쇄 실비를 산정하여 적용한다.
5) 그 밖에 검증에 필요한 비용은 그 실비를 산정하여 적용할 수 있다.

**다. 제경비:** 직접인건비의 110%로 계산한다.
**라. 기술료:** 직접인건비와 제경비를 합한 금액의 20%로 계산한다.

## 2. 검증수수료의 징수 및 환급

가. 검증기관은 토양정화공사에 대한 검증수수료를 징수하는 경우에는 이에 대한 산출내역을 기재한 납부고지서를 신청인에게 고지하여야 한다.
나. 검증기관은 신청인이 납부한 검증수수료 중 다음의 어느 하나에 해당되는 경우에는 그 금액을 신청인에게 환급하여야 한다.
 1) 신청인이 착오로 이중 또는 초과 납부한 경우
 2) 신청인이 검증신청을 취하한 경우
 3) 그 밖에 검증기관의 착오로 인하여 검증수수료를 초과 징수한 경우

제20조(토양오염대책기준) 토양오염대책기준은 별표 7과 같다.

### 시행규칙 별표 7 (토양오염대책기준)

(단위: mg/kg)

| 물질 | 1지역 | 2지역 | 3지역 |
|---|---|---|---|
| 카드뮴 | 12 | 30 | 180 |
| 구리 | 450 | 1,500 | 6,000 |
| 비소 | 75 | 150 | 600 |
| 수은 | 12 | 30 | 60 |
| 납 | 600 | 1,200 | 2,100 |
| 6가크롬 | 15 | 45 | 120 |
| 아연 | 900 | 1,800 | 5,000 |
| 니켈 | 300 | 600 | 1,500 |
| 불소 | 800 | 800 | 2,000 |
| 유기인화합물 | – | – | – |
| 폴리클로리네이티드비페닐 | 3 | 12 | 36 |
| 시안 | 5 | 5 | 300 |
| 페놀 | 10 | 10 | 50 |
| 벤젠 | 3 | 3 | 9 |
| 톨루엔 | 60 | 60 | 180 |
| 에틸벤젠 | 150 | 150 | 1,020 |
| 크실렌 | 45 | 45 | 135 |
| 석유계총탄화수소(TPH) | 2,000 | 2,400 | 6,000 |
| 트리클로로에틸렌(TCE) | 24 | 24 | 120 |
| 테트라클로로에틸렌(PCE) | 12 | 12 | 75 |
| 벤조(a)피렌 | 2 | 6 | 21 |
| 1,2-디클로로에탄 | 15 | 20 | 210 |
| 다이옥신(퓨란을 포함한다) | 500 | 1,000 | 3,000 |

※ 비고

1. 1지역: 우려기준과 동일
2. 2지역: 우려기준과 동일
3. 3지역: 우려기준과 동일
4. 벤조(a)피렌 항목: 우려기준과 동일
5. 토양오염대책지역을 지정하는 경우 토양오염대책기준은 지정 당시의 지목을 기준으로 한다. 다만, 지정기간이 완료되기 전에 지목이 변경된 경우에는 변경된 지목을, 다음 각 목의 어느 하나에 해당하여 지목변경이 예정된 경우에는 변경 예정 지목을 기준으로 한다.
    가. 「국토의 계획 및 이용에 관한 법률」 등 관계 법령에 따라 개발행위 허가 또는 실시계획 인가 등을 받고 토지의 형질변경 등의 공사가 착공된 경우
    나. 건축물의 용도변경을 위하여 「건축법」에 따라 용도변경 허가를 받았거나 신고한 후 공사가 착공된 경우
    다. 다른 법령에 따라 지목변경 사유에 해당하는 공사가 착공된 경우

**제22조(대책지역의 지정·고시사항)** 환경부장관이 대책지역을 지정할 때에 고시에 포함되어야 할 사항은 다음 각호와 같다.
    1. 대책지역의 지정기한을 정할 경우에는 그 기한
    2. 기타 환경부장관이 필요하다고 인정하여 정하는 사항

**제23조(대책지역 지정 표지판)** 표지판의 규격은 별표 8과 같다.

| 시행규칙 별표 8 (토양보전대책지역 지정표지판) |
|---|
| 1. 지정목적<br>2. 지정일자 :    년    월    일<br>3. 토양보전대책지역안에서 제한되는 행위<br>4. 토양보전대책지역 내역<br>    가. 주소<br>    나. 면적<br>    다. 약도 |

※ 비고
1. 표지판의 규격은 가로 3미터, 세로 2미터, 높이 1.5미터 이상으로 하여야 한다.
2. 글자는 페인트 등을 사용하여 지워지지 아니하도록 하여야 한다.
3. 약도는 표지판 설치 위치에서 방향 및 지점 등을 누구나 알 수 있도록 작성하여야 한다.
4. 표지판은 사방에서 잘 보이는 곳에 견고하게 설치하여야 한다.

**제24조(대책계획의 수립 등)** 대책계획에 포함되어야 할 사항은 다음 각 호와 같다.
    1. 오염토양개선사업의 종류 및 방법
    2. 단위사업별 주체 및 사업기간
    3. 총소요비용 및 조달방안
    4. 오염토양개선사업의 기대효과
    5. 기타 환경부장관이 필요하다고 인정하는 사항

**제25조(오염토양개선사업의 지도·감독기관)** "환경부령으로 정하는 토양관련전문기관"이란 시·도 보건환경연구원을 말한다.

**제26조(개선사업계획의 승인)** ① 오염토양개선사업(이하 "개선사업"이라 한다)계획의 승인을 받으려는 정화책임자는 별지 제11호서식의 개선사업계획(변경)승인신청서를 사업개시일 15일 전까지 특별자치시장·특별자치도지사·시장·군수·구청장에게 제출하여야 한다.
② "환경부령이 정하는 중요사항"이란 다음 각 호의 사항을 말한다.
    1. 개선사업의 방법 및 종류
    2. 사업기간 및 사업지역
    3. 시설용량 또는 설치면적(100분의 30 이상 증감하는 경우만 해당한다)

4. 분야별 소요사업비(100분의 30 이상 증감하는 경우만 해당한다)

③ 제2항 각 호의 어느 하나에 해당하는 사항을 변경하려는 자는 별지 제11호서식의 개선사업계획(변경)승인신청서를 관할 특별자치시장·특별자치도지사·시장·군수·구청장에게 제출하여야 한다.

**제27조(대책지역안에서 허용되는 행위)** 행위제한에서 제외되는 행위는 다음 각호와 같다.
1. 농경지에 퇴비 및 유기농법의 수단으로 분뇨등을 사용하는 행위
2. 기타 환경부장관이 대책지역의 지정목적을 해할 우려가 없다고 인정하는 행위

**제28조(토양관련전문기관의 지정신청)** ① 토양관련전문기관으로 지정받으려는 자는 별지 제12호서식의 토양관련전문기관지정신청서(전자문서로 된 신청서를 포함한다)에 다음 각 호의 서류(전자문서를 포함한다)를 첨부하여 시·도지사, 유역환경청장·지방환경청장(이하 "지방환경관서의 장"이라 한다) 또는 국립환경과학원장에게 제출하여야 한다.
1. 검사절차가 포함된 검사업무에 관한 규정
2. 검사시설·장비 및 기술인력을 증명하는 서류

② 제1항에 따른 신청서를 제출받은 담당 공무원은 「전자정부법」 제36조제1항에 따른 행정정보의 공동이용을 통하여 법인인 경우에는 법인 등기사항증명서, 개인인 경우에는 사업자등록증을 확인하여야 한다. 다만, 신청인이 사업자등록증의 확인에 동의하지 아니하는 경우에는 그 서류를 첨부하도록 하여야 한다.

③ 법 제23조의2제4항에 따라 시·도지사, 지방환경관서의 장 또는 국립환경과학원장은 토양관련전문기관으로 지정받은 자에게 별지 제13호서식의 토양관련전문기관지정서를 교부하여야 한다.

**제29조(지정사항의 변경신청)** 토양관련전문기관이 법 제23조의2제2항 각 호 외의 부분 후단에 따라 지정받은 사항을 변경하려는 때에는 별지 제12호서식의 토양관련전문기관변경지정신청서(전자문서로 된 신청서를 포함한다)에 그 변경하려는 내용에 관한 서류와 토양관련전문기관지정서를 첨부하여 시·도지사, 지방환경관서의 장 또는 국립환경과학원장에게 제출하여야 한다.

**제30조(토양관련전문기관의 지정 등의 공고)** 시·도지사, 지방환경관서의 장 또는 국립환경과학원장은 다음 각 호의 어느 하나에 해당하는 때에는 이를 관보에 공고하여야 한다.
1. 법 제23조의2제4항에 따라 토양관련전문기관을 지정한 때
2. 법 제23조의6의 규정에 의하여 지정을 취소한 때
3. 토양관련전문기관의 신청에 의하여 그 지정을 취소한 때

### 제31조(토양관련전문기관의 준수사항 등)

① 토양관련전문기관의 준수사항은 별표 10과 같다.

#### 시행규칙 별표 10 (토양관련전문기관의 준수사항)

1. 토양시료의 채취는 토양관련전문기관(변경)지정시 신고된 기술요원이 하여야 하며, 시료를 채취하는 때에는 도면상에 시료채취지점을 표기하고 시료채취자가 서명하여야 한다. 다만, 시료채취를 위한 시추장비 등의 운전은 기술요원이 아닌 다른 인력이 할 수 있으나, 이 경우 기술요원은 시료채취 과정을 감독하여야 한다.
2. 누출검사는 반드시 토양관련전문기관 지정(변경)시 신고된 기술인력이 실시하여야 하며, 누출검사자는 누출측정결과 보고서에 서명하여야 한다.
3. 토양관련전문기관은 매년 1월 31일까지 토양오염도검사·누출검사·토양정밀조사·토양환경평가·위해성평가·토양정화의 검증 등 전년도 검사실적을 지방환경관서의 장 또는 국립과학원장에게 보고하여야 한다. 이 경우 검사실적은 당해 연도말까지의 검사결과 통보분을 의미한다.
4. 토양관련전문기관은 검사일지, 검사결과기록부, 시약소모대장, 검사신청접수 및 결과 발송대장, 차량운행일지 등을 영업소소재지에 작성·비치하여야 한다.
5. 토양시료의 분석은 토양관련전문기관(변경)지정시 신고된 기술요원이 하여야 하고, 「환경분야 시험·검사 등에 관한 법률」 제9조제1항 본문에 따른 형식승인을 받고 같은 법 제11조에 따른 정도검사(精度檢査)를 받은 장비를 사용하여 분석하여야 한다.
6. 토양관련전문기관은 도급받은 토양관련전문기관의 업무 전부를 다시 하도급해서는 아니 된다.

② 토양오염검사수수료는 별표 11과 같다.

#### 시행규칙 별표 11 (토양오염검사수수료)

1. 토양오염도검사수수료

| 검사항목 | | 검사수수료(단위: 원) | 비고 |
|---|---|---|---|
| 카드뮴·구리·납 | | 44,200 | 항목당 |
| 비소 | | 44,200 | |
| 수은 | | 44,200 | |
| 6가크롬 | | 44,200 | |
| 아연·니켈 | | 44,200 | 항목당 |
| 불소 | | 71,100 | |
| 유기인 | | 35,100 | |
| 폴리클로리네이티드비페닐 | | 114,000 | |
| 시안 | | 17,700 | |
| 페놀류 | | 56,100 | |
| 유류 | 벤젠 | 40,600 | 4개의 검사항목 전부를 검사받지 아니하고, 검사항목 각각에 대하여 별도로 검사를 받는 경우에는 개별 검사항목당 26,900원 |
| | 톨루엔 | | |
| | 에틸벤젠 | | |
| | 크실렌 | | |
| 석유계총탄화수소(TPH) | | 62,700 | |

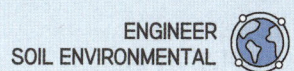

| 검사항목 | | | 단위 | 수수료 |
|---|---|---|---|---|
| 트리클로로에틸렌(TCE),<br>테트라클로로에틸렌(PCE),<br>1,2-디클로로에탄 | | | 26,900 | 항목당 |
| 벤조(a)피렌 | | | 114,000 | |
| 다이옥신 | | | 2,568,500 | |
| 시료채취비 | | | 91,900/공 | |

※ 비고 : 도서지역(낙도)의 경우 「공무원여비규정」에 준하는 출장비를 추가할 수 있다.

### 2. 누출검사수수료

| 검사항목 | | | 단위 | 검사수수료<br>(단위: 원) |
|---|---|---|---|---|
| 탱크부 | 간접방식 | 10만리터 이하 | 탱크1기 | 441,000 |
| | | 10만리터 초과 30만리터 이하 | 〃 | 646,000 |
| | | 30만리터 초과 100만리터 이하 | 〃 | 1,498,000 |
| | | 100만리터 초과 160만리터 이하 | 〃 | 1,690,000 |
| | | 160만리터 초과 320만리터 이하 | 〃 | 1,921,000 |
| | | 320만리터 초과 480만리터 이하 | 〃 | 2,161,000 |
| | | 480만 리터 초과 | 〃 | 2,386,000 |
| | 직접방식 | 비파괴검사 | m당 | 9,200 |
| 배관부 | 간접방식 | 기본수수료 | 라인당 | 110,000 |
| | | 체적수수료 | ㎥당 | 22,500 |

※ 비고
1. 배관부의 누출검사수수료는 배관 1라인(시점 및 종점)을 기준으로 산정된 기본수수료와 체적수수료를 합한 것으로 한다.
2. 같은 사업장에 2개 이상의 저장탱크가 설치되어 있어 동시에 검사가 가능한 경우의 검사수수료는 1개의 저장탱크에 대하여 개별 산정된 검사수수료에 다음 각 목의 검사수수료를 합한 것으로 한다.
   가. 1개를 초과하는 탱크부에 대하여 개별 산정된 검사수수료의 25퍼센트
   나. 1개를 초과하는 배관부에 대하여 개별 산정된 검사수수료의 30퍼센트
3. 도서지역(낙도)의 경우 「공무원여비규정」에 준하는 출장비를 추가할 수 있다.

**제31조의2(토양정화업의 등록 신청 등)** ① 토양정화업을 등록하려는 자는 별지 제15호서식의 토양정화업등록신청서(전자문서로 된 신청서를 포함한다)에 다음 각 호의 서류(전자문서를 포함한다)를 첨부하여 시·도지사에게 제출하여야 한다.
　1. 시설·장비 및 기술인력을 증명하는 서류
　2. 반입정화시설의 설치 내역서 및 도면(반입정화시설을 설치하는 경우만 해당한다)
② 제1항에 따른 등록 신청 절차에 관하여는 제28조제2항을 준용한다.
③ 법 제23조의7제2항에 따라 시·도지사는 토양정화업을 등록한 자에게 별지 제16호서식의 토양정화업등록증을 교부하여야 한다.

④ 토양정화업의 등록을 한 자가 법 제23조의7제1항 후단에 따라 등록한 사항을 변경하려는 때에는 별지 제15호서식의 토양정화업변경등록신청서(전자문서로 된 신청서를 포함한다)에 그 변경하려는 내용에 관한 서류와 제3항에 따른 토양정화업등록증을 첨부하여 시·도지사에게 제출하여야 한다.

제31조의3(토양정화업의 등록 등의 공고) 시·도지사는 법 제23조의7에 따라 토양정화업을 등록하거나 법 제23조의10에 따라 등록을 취소한 때에는 이를 공고하여야 한다. 토양정화업자의 신청에 의하여 등록을 취소한 때에도 또한 같다.

제31조의4(토양정화업자의 준수사항) 토양정화업자의 준수사항은 별표 11의2와 같다.

| 시행규칙 별표 11의2 (토양정화업자의 준수사항) |
|---|
| 1. 기술인력은 해당분야에 종사하게 하여야 한다.<br>2. 토양정화업자는 매년 1월 31일까지 전년도의 토양정화실적을 시·도지사에게 보고하여야 한다.<br>3. 오염토양을 운반하는 때에는 오염토양이 흩날리지 않도록 하여야 하며, 침출수가 유출되지 아니하도록 하여야 한다.<br>4. 위탁받은 오염토양을 반입정화시설이 아닌 다른 곳에 보관하여서는 아니되며, 반입정화시설 또는 정화현장 입구에는 오염토양 정화 또는 반입정화시설임을 표시하는 가로 100센티미터 이상, 세로 50센티미터 이상의 표지판을 지상 100센티미터 이상의 높이에 설치하여야 한다. 이 경우 표지판에는 오염토양의 양, 정화공법, 정화기간 및 관리자의 주소·성명·전화번호 등을 기재하여야 한다.<br>5. 정화현장에 오염토양의 정화공정도 및 정화일지를 작성하여 비치하고, 정화일지는 2년간 보관하여야 한다.<br>6. 토양관련전문기관의 정화검증을 위한 정화현장 방문, 시료의 채취 등 검증업무수행을 방해하여서는 아니된다. |

제31조의5(지위승계의 신고) 토양관련전문기관 또는 토양정화업자의 지위를 승계한 자는 별지 제17호서식의 토양관련전문기관(토양정화업)승계신고서(전자문서로 된 신고서를 포함한다)에 승계를 증명하는 서류(전자문서를 포함한다)와 토양관련전문기관지정서 또는 토양정화업등록증을 첨부하여 시·도지사, 지방환경관서의 장 또는 국립환경과학원장에게 제출하여야 한다. 다만, 「전자정부법」 제36조제1항에 따라 행정정보의 공동이용을 통하여 첨부서류에 대한 정보를 확인할 수 있는 경우에는 그 확인으로 첨부서류에 갈음할 수 있다.

제32조(기술인력의 교육) ① 토양관련전문기관 또는 토양정화업의 기술인력은 다음의 구분에 따라 국립환경인력개발원장이 개설하는 토양환경관리의 교육과정을 이수하여야 한다.
  1. 신규교육 : 토양관련전문기관 또는 토양정화업 분야의 기술인력으로 최초로 종사한 날부터 1년 이내에 18시간
  2. 보수교육 : 신규교육을 받은 날을 기준으로 5년마다 8시간
② 제1항에 따른 교육은 집합교육 또는 원격교육으로 한다.

제32조의2(교육계획 등) ① 국립환경인력개발원장은 매년 11월 30일까지 교육과정 및 교육내용을 포함한 다음연도의 교육계획을 수립하여 환경부장관에게 제출하여야 한다.
② 국립환경인력개발원장은 제32조의 규정에 의한 교육을 실시한 때에는 매분기의 교육실적을 그 분기종료후 15일 이내에 환경부장관에게 보고하여야 한다.
③ 교육대상자별 교육의 방법, 그 밖에 교육에 관하여 필요한 구체적인 사항은 환경부장관이 정하여 고시한다.

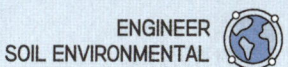

**제33조(관계 기관의 협조)** "토양보전을 위하여 필요한 사항으로서 환경부령으로 정하는 사항"이란 다음 각 호의 사항을 말한다.
1. 각종 개발사업 등으로 인하여 중대한 토양오염이 우려되는 지역에 대한 방지대책 및 오염된 토양의 정화조치
2. 토양오염방지 및 오염토양정화분야 전문인력의 확보대책
3. 군사지역안에서의 토양오염방지대책 및 오염된 토양의 정화조치
4. 토양환경분야 전문기술인력 양성을 위한 교육사업 추진
5. 토양오염 사고에 따른 오염토양 정화시설 설치를 위한 부지확보
6. 기타 환경부장관이 필요하다고 인정하여 정하는 사항

**제34조(출입검사 등)** ① 법 제26조의2제1항에 따라 특별자치시장·특별자치도지사·시장·군수·구청장은 다음 각 호의 어느 하나에 해당되는 경우 특정토양오염관리대상시설 설치자에게 자료의 제출을 명하거나 소속 공무원으로 하여금 출입하여 검사하게 할 수 있다.
1. 법 제14조제1항 각 호의 어느 하나에 해당되는 경우
2. 토양오염물질의 누출사고로 인하여 주민의 건강 또는 생태계에 유해한 영향을 미치거나 미칠 우려가 있는 경우
3. 기타 토양오염방지시설 및 토양오염검사의 적정여부 확인 등을 위하여 시장·군수·구청장이 필요하다고 인정하는 경우

② 특별자치시장·특별자치도지사·시장·군수·구청장이 제1항에 따른 출입검사를 하는 때에는 그 3일 전까지 출입검사의 일시·이유 및 내용 등에 관한 검사계획을 피검사자에게 통지하여야 한다. 다만, 긴급을 요하거나 사전 통지할 경우 증거의 인멸 등으로 검사의 목적을 달성할 수 없다고 인정하는 때에는 그러하지 아니하다.

③ 특별자치시장·특별자치도지사·시장·군수·구청장은 제1항에 따라 자료를 받거나 출입검사를 한 때에는 그 결과를 특정토양오염관리대상시설관리표에 기재하여야 한다.

**제36조(행정처분의 기준)** 행정처분의 기준은 별표 12와 같다.

---

시행규칙 [별표 12]

## 행정처분의 기준

### 1. 일반기준

가. 위반행위의 횟수에 따른 행정처분의 기준은 최근 1년간 같은 위반행위로 행정처분을 받은 경우에 적용한다. 이 경우 행정처분기준의 적용은 같은 위반행위에 대한 행정처분일과 그 처분 후에 다시 적발된 날을 기준으로 한다.

나. 위반행위가 둘 이상인 경우로서 그에 해당하는 각각의 처분기준이 다른 경우에는 그 중 무거운 처분기준에 따른다. 다만, 둘 이상의 처분기준이 동일한 영업정지 또는 업무정지인 경우에는, 각 처분기준을 합산한 기간을 넘지 아니하는 범위에서 무거운 처분기준의 2분의 1 범위에서 가중할 수 있다.

다. 처분권자는 위반행위의 동기·내용·횟수 및 위반의 정도 등 다음 각 목에 해당하는 사유를 고려하여 그 처분을 감경할 수 있다. 이 경우 그 처분이 영업정지 또는 업무정지인 경우에는 그 처분기준의 2분의 1의 범위에서 감경할 수 있고, 지정취소 또는 등록취소인 경우에는 6개월 이상의 영업정지 또는 업무정지 처분으로 감경할 수 있다.
   1) 위반행위가 고의나 중대한 과실이 아닌 사소한 부주의나 오류로 인한 것으로 인정되는 경우
   2) 위반의 내용·정도가 경미하여 제3자 또는 주변환경에 미치는 피해가 적다고 인정되는 경우
   3) 위반 행위자가 처음 해당 위반행위를 한 경우로서, 3년 이상 토양관련전문기관 및 토양정화업을 모범적으로 해 온 사실이 인정되는 경우
   4) 위반 행위자가 해당 위반행위로 인하여 검사로부터 기소유예 처분을 받거나 법원으로부터 선고유예의 판결을 받은 경우
   5) 위반 행위자가 해당 위반행위로 인하여 업무정지 또는 영업정지 이상의 제재를 받을 경우 생계를 유지하기 관란한 등의 사유가 인정되는 경우

## 2. 개별기준

### 가. 토양관련전문기관에 대한 행정처분기준

| 위반사항 | 근거법령 | 행정처분기준 | | | |
|---|---|---|---|---|---|
| | | 1차 | 2차 | 3차 | 4차 |
| 1) 고의 또는 중대한 과실로 토양정밀조사를 부실하게 하여 법 제15조의6제1항 단서에 따른 정화과정에 대한 검증 대상 규모 미만으로 오염토양의 규모가 축소되게 한 경우 | 법 제23조의6 제2항제4호 | 업무정지 1개월 | 업무정지 3개월 | 업무정지 6개월 | 지정취소 |
| 2) 법 제11조제4항, 법 제14조제2항 및 법 제15조제2항에 따른 정밀조사 결과를 관할 시·도지사 또는 시장·군수·구청장에게 지체 없이 통보하지 않은 경우 | 법 제23조의6 제3항제3호 | 경고 | 업무정지 10일 | 업무정지 20일 | 업무정지 30일 |
| 3) 법 제13조제2항에 따른 토양오염검사 면제 승인과 관련하여 사실과 다른 의견을 제시한 경우 | 법 제23조의6 제3항제4호 | 경고 | 업무정지 10일 | 업무정지 20일 | 업무정지 30일 |
| 4) 법 제13조제4항에 따른 토양오염검사 결과를 관할 특별자치시장·특별자치도지사·시장·군수·구청장 및 관할 소방서장에게 통보하지 않은 경우 | 법 제23조의6 제3항제5호 | 경고 | 업무정지 10일 | 업무정지 20일 | 업무정지 30일 |

| 위반행위 | 근거 법조문 | 1차 | 2차 | 3차 | 4차 |
|---|---|---|---|---|---|
| 5) 법 제15조의6에 따른 토양정화의 검증을 부실하게 하여 오염토양을 법 제15조의3제1항에 따른 정화기준 이내로 처리되지 아니하게 한 경우 | 법 제23조의6 제3항제1호 | 업무정지 10일 | 업무정지 20일 | 업무정지 30일 | 업무정지 60일 |
| 6) 법 제23조의2제2항에 따른 지정기준에 미달하게 된 경우 | 법 제23조의6 제2항제1호 | | | | |
| 가) 지정기준의 기술능력에 속하는 기술인력이 부족한 경우 | | 경고 | 업무정지 1개월 | 업무정지 3개월 | 업무정지 6개월 |
| 나) 지정기준의 기술능력에 속하는 기술인력이 전혀 없는 경우 | | 지정취소 | | | |
| 다) 갖추어야 할 장비가 부족한 경우 | | 경고 | 업무정지 1개월 | 업무정지 3개월 | 업무정지 6개월 |
| 라) 갖추어야 할 장비가 전혀 없는 경우 | | 지정취소 | | | |
| 7) 법 제23조의2제5항에 따른 토양관련전문기관의 준수사항을 위반한 경우 | 법 제23조의6 제3항제6호 | 경고 | 업무정지 1개월 | 업무정지 3개월 | 업무정지 6개월 |
| 8) 법 제23조의3 각 호의 어느 하나에 해당하게 된 경우 | 법 제23조의6 제1항제2호 | | | | |
| 가) 법 제23조의3제1호부터 제4호까지의 어느 하나에 해당하는 경우 | | 지정취소 | | | |
| 나) 법인의 임원이 법 제23조의3제1호부터 제4호까지의 어느 하나에 해당함에도 3개월 이내에 그 임원을 바꾸지 아니한 경우 | | 지정취소 | | | |
| 9) 속임수 그 밖의 부정한 방법으로 토양관련전문기관의 지정을 받은 경우 | 법 제23조의6 제1항제1호 | 지정취소 | | | |
| 10) 다른 사람에게 자기의 명의를 사용하여 토양관련전문기관의 업무를 하게 하거나 지정서를 다른 사람에게 빌려준 경우 | 법 제23조의6 제2항제2호 | 업무정지 6개월 | 지정취소 | | |
| 11) 고의 또는 중대한 과실로 검사 또는 평가 결과를 거짓으로 작성하거나 부실하게 작성한 경우 | 법 제23조의6 제2항제3호 | 업무정지 6개월 | 지정취소 | | |
| 12) 토양관련전문기관으로 지정(토양오염조사기관으로 지정받은 것으로 보는 경우는 제외한다)받은 후 2년 이내에 업무를 시작하지 아니하거나 정당한 사유 없이 계속하여 2년 이상 업무 실적이 없는 경우 | 법 제23조의6 제3항제2호 | 경고 | 업무정지 1개월 | 업무정지 3개월 | 업무정지 6개월 |

| 위반사항 | 근거법령 | 행정처분기준 | | | |
|---|---|---|---|---|---|
| | | 1차 | 2차 | 3차 | 4차 |
| 13) 법 제23조의5를 위반하여 토양정화업을 겸업한 경우 | 법 제23조의6 제1항제3호 | 지정취소 | | | |
| 14) 법 제26조의2제2항을 위반하여 보고나 자료 제출을 하지 아니하거나, 보고나 자료 제출을 거짓으로 한 경우 | 법 제23조의6 제3항제7호 | 경고 | 업무정지 10일 | 업무정지 20일 | 업무정지 30일 |
| 15) 업무정지처분 기간에 토양오염도검사, 누출검사, 토양환경평가 또는 위해성평가와 관련된 업무를 한 경우 | 법 제23조의6 제2항제5호 | 업무정지 6개월 | 지정취소 | | |
| 16) 기술능력 지정요건에 해당하는 기술인력이 아닌 사람이 검사 또는 평가하여 그 결과를 통보한 경우 | 법 제23조의6 제2항제6호 | 업무정지 1개월 | 업무정지 3개월 | 업무정지 6개월 | 지정취소 |

**나. 토양정화업자에 대한 행정처분기준**

| 위반사항 | 근거법령 | 행정처분기준 | | | |
|---|---|---|---|---|---|
| | | 1차 | 2차 | 3차 | 4차 |
| 1) 속임수나 그 밖의 부정한 방법으로 등록을 한 경우 | 법 제23조의10 제1항제1호 | 등록취소 | | | |
| 2) 등록을 한 후 2년 이내에 영업을 시작하지 않거나 정당한 사유 없이 계속하여 2년 이상 영입 실직이 없는 경우 | 법 제23조의10 제3항 | 경고 | 영업정지 1개월 | 영업정지 3개월 | 영업정지 6개월 |
| 3) 법 제23조의3 각 호의 어느 하나에 해당하게 된 경우<br>가) 법 제23조의3제1호부터 제4호까지의 어느 하나에 해당하는 경우<br>나) 법인의 임원이 법 제23조의3제1호부터 제4호까지의 어느 하나에 해당함에도 3개월 이내에 그 임원을 바꾸지 않은 경우 | 법 제23조의10 제1항제2호 | 등록취소<br><br>등록취소 | | | |
| 3)의2 영업정지처분 기간 중에 영업행위를 한 경우 | 법 23조의10 제1항제3호 | 등록취소 | | | |
| 4) 법 제15조의3제1항에 따른 정화기준 및 정화방법에 따라 정화하지 않은 경우 | 법 제23조의10 제2항제1호 | 영업정지 1개월 | 영업정지 3개월 | 영업정지 6개월 | 등록취소 |

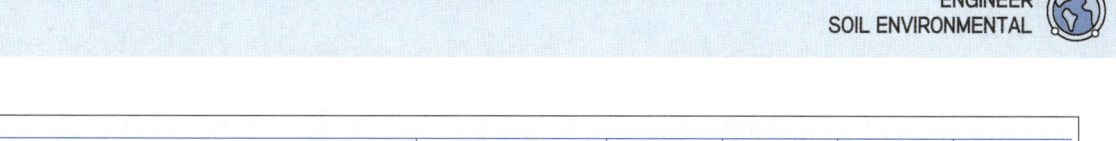

| 위반행위 | 근거 법조문 | 1차 | 2차 | 3차 | 4차 |
|---|---|---|---|---|---|
| 5) 법 제15조의3제3항을 위반하여 오염이 발생한 해당 부지 및 토양정화업자가 보유한 시설이 아닌 장소로 오염토양을 반출하여 정화한 경우 | 법 제23조의10 제2항제2호 | 영업정지 1개월 | 영업정지 3개월 | 영업정지 6개월 | 등록취소 |
| 6) 법 제15조의3제7항제1호를 위반하여 오염토양을 다른 토양과 섞어서 오염농도를 낮추는 행위를 한 경우 | 법 제23조의10 제2항제3호 | 영업정지 1개월 | 영업정지 3개월 | 영업정지 6개월 | 등록취소 |
| 7) 법 제15조의3제7항제2호를 위반하여 토양정화업자가 등록한 시설의 용량을 초과하여 오염토양을 보관한 경우 | 법 제23조의10 제2항제4호 | 영업정지 1개월 | 영업정지 3개월 | 영업정지 6개월 | 등록취소 |
| 8) 수탁받은 오염토양을 버리거나 매립 또는 누출·유출하는 행위를 한 경우 | 법 제23조의10 제2항제5호 | 영업정지 1개월 | 영업정지 3개월 | 영업정지 6개월 | 등록취소 |
| 9) 법 제15조의6제5항을 위반하여 토양관련전문기관에 의한 검증이 완료되지 않은 상태에서 오염토양을 반출한 경우 | 법 제23조의10 제2항제6호 | 영업정지 1개월 | 영업정지 3개월 | 영업정지 6개월 | 등록취소 |
| 10) 법 제23조의7제1항에 따른 등록기준에 미달하게 된 경우 | 법 제23조의10 제2항제7호 | | | | |
| 가) 등록요건의 기술인력이 부족한 경우 | | 경고 | 영업정지 1개월 | 영업정지 3개월 | 영업정지 6개월 |
| 나) 등록요건의 기술인력이 전혀 없는 경우 | | 등록취소 | | | |
| 다) 갖추어야 할 장비가 부족한 경우 | | 경고 | 영업정지 1개월 | 영업정지 3개월 | 영업정지 6개월 |
| 라) 갖추어야 할 장비가 전혀 없는 경우 | | 등록취소 | | | |
| 11) 법 제23조의9제1항을 위반하여 다른 자에게 자기의 성명 또는 상호를 사용하여 토양정화업을 하게 하거나 등록증을 빌려준 경우 | 법 제23조의10 제2항제8호 | 영업정지 6개월 | 등록취소 | | |
| 12) 법 제23조의9제2항을 위반하여 도급받은 토양정화공사를 하도급한 경우 | 법 제23조의10 제2항제9호 | 영업정지 1개월 | 영업정지 3개월 | 영업정지 6개월 | 등록취소 |

**제37조(규제의 재검토)** 환경부장관은 다음 각 호의 사항에 대하여 다음 각 호의 기준일을 기준으로 3년마다(매 3년이 되는 해의 기준일과 같은 날 전까지를 말한다) 그 타당성을 검토하여 개선 등의 조치를 하여야 한다.

1. 특정토양오염관리대상시설의 변경신고 대상: 2014년 1월 1일
2. 반출정화대상: 2014년 1월 1일
3. 〈삭제〉
4. 토양정화업자의 준수사항: 2014년 1월 1일
5. 〈삭제〉
6. 기술인력 교육의 종류·주기·시간: 2014년 1월 1일

[부칙]

이 규칙은 공포한 날부터 시행한다.

## UNIT 03 토양환경보전법 시행규칙

**01** 환경부장관은 토양오염관리대상시설에 대한 조사계획을 매년 수립해야 한다. 이 때 포함되어야 할 사항으로 틀린 것은?

① 조사일정  ② 조사순서
③ 조사기준  ④ 조사범위

**해설** 시행규칙 제1조의6(토양오염관리대상시설 등 조사)
① 환경부장관은 토양오염관리대상시설 등 조사(이하 "토양오염관리대상시설 등 조사"라 한다)를 실시하기 위하여 매년 **조사일정, 범위, 기준** 등이 포함된 토양오염관리대상시설 등 조사계획을 수립하여야 한다.

**02** 토양오염도의 상시측정에 대한 법적 규정 중 틀린 것은?

① 환경부장관은 전국적인 토양오염실태를 파악하기 위하여 측정망을 설치하고 토양오염도를 상시측정하여야 한다.
② 측정망 설치계획은 고시되어야 하며, 누구든지 열람할 수 있게 하여야 한다.
③ 측정망 설치 최소 6월 전에는 측정망설치계획이 고시되어야 한다.
④ 측정망 설치계획에는 측정망설치시기, 측정망배치도, 측정지점 위치 및 면적이 포함되어야 한다.

**해설** 시행규칙 제5조(측정망설치계획의 고시) ② 측정망설치계획의 고시는 최초로 측정망을 설치하게 되는 날 **3월 전**에 하여야 한다.

**03** 토양정화업을 수행 중 도급받은 토양정화공사를 일괄하여 하도급한 때 행정처분기준으로 적합한 것은?

① 1차 : 경고
② 2차 : 영업정지 1개월
③ 3차 : 영업정지 3개월
④ 4차 : 등록취소

**해설** 시행규칙 별표 12(행정처분의 기준)
12) 법 제23조의9제2항을 위반하여 도급받은 토양정화공사를 하도급한 경우
① 1차 : 영업정지 1개월
② 2차 : 영업정지 3개월
③ 3차 : 영업정지 6개월
④ 4차 : 등록취소

**04** 토양오염 검사수수료에 관한 내용 중 누출검사 수수료(배관부)에 관한 내용으로 ( )에 옳은 것은?

> 배관부의 누출검사수수료는 배관 ( )을(를) 기준으로 산정된 기본수수료와 체적수수료를 합한 것으로 한다.

① 1라인(시점 및 종점)  ② m당(누출 지점)
③ $m^2$당(누출 면적)  ④ 1기당(탱크)

**해설** 시행규칙 별표 11(토양오염검사수수료)
※ 비고
1. 배관부의 누출검사수수료는 배관 1라인(시점 및 종점)을 기준으로 산정된 기본수수료와 체적수수료를 합한 것으로 한다.

정답  01. ②  02. ③  03. ④  04. ①

**05** 특정토양오염관리대상시설의 종류로 가장 거리가 먼 것은?

① 위험물의 제조 및 저장시설
② 송유관 시설
③ 유해화학물질의 제조 및 저장시설
④ 석유류의 제조 및 저장시설

**해설** 시행규칙 별표 2(특정토양오염관리대상시설)

| 종류 | 대상범위 |
|---|---|
| 1. 석유류의 제조 및 저장시설 | 「위험물안전관리법 시행령」별표 1의 제4류 위험물중 제1·제2·제3·제4석유류에 해당하는 인화성액체의 제조·저장 및 취급을 목적으로 설치한 저장시설로서 총 용량이 2만리터 이상인 시설(이동탱크저장시설을 제외한다) |
| 2. 유해화학물질의 제조 및 저장시설 | 「화학물질관리법」제28조에 따른 유해화학물질 영업의 허가를 받은 자가 설치한 저장시설 중 별표 1에 따른 토양오염물질을 저장하는 시설[유기용제류의 경우는 트리클로로에틸렌(TCE), 테트라클로로에틸렌(PCE), 1,2-디클로로에탄 저장시설에 한정한다] |
| 3. 송유관시설 | 「송유관 안전관리법」제2조제2호의 규정에 의한 송유관시설중 송유용 배관 및 탱크 |
| 4. 기타 위 관리대상시설과 유사한 시설로서 특별히 관리할 필요가 있다고 인정되어 환경부장관이 관계중앙행정기관의 장과 협의하여 고시하는 시설 | |

**06** 토양오염방지시설의 권장 설치·유지·관리 기준에 관한 내용으로 ( )에 옳은 내용은?

> 정기점검은 ( ) 이상 실시하여야 한다.

① 매주 1회    ② 매월 1회
③ 매 분기 1회  ④ 매년 1회

**해설** 시행규칙 별표 3의2(토양오염방지시설의 권장 설치·유지·관리 기준)
※ 비고: 정기점검은 매월 1회 이상 실시하여야 한다.

**07** 토양관련기관 또는 토양정화업 기술인력의 교육에 대한 설명으로 틀린 것은?

① 신규교육은 토양관련전문기관 또는 토양정화업 분야의 기술인력으로 최초로 종사한 날부터 1년 이내에 18시간을 이수하여야 한다.
② 보수교육은 신규교육을 받은 날을 기준으로 5년마다 8시간 이수하여야 한다.
③ 교육은 집합교육 또는 원격교육으로 한다.
④ 원격교육은 최근 2년간 토양관련 법령을 위반한 사실이 없는 기술인력에 한하여 설치할 수 있다.

**해설** 시행규칙 제32조(기술인력의 교육) ① 법 제23조의14 제1항에 따라 토양관련전문기관 또는 토양정화업의 기술인력은 다음의 구분에 따라 국립환경인력개발원장이 개설하는 토양환경관리의 교육과정을 이수하여야 한다.
   1. 신규교육 : 토양관련전문기관 또는 토양정화업 분야의 기술인력으로 최초로 종사한 날부터 1년 이내에 18시간
   2. 보수교육 : 신규교육을 받은 날을 기준으로 5년마다 8시간
② 제1항에 따른 교육은 집합교육 또는 원격교육으로 한다.

**08** 토양오염대책기준으로 옳은 것은? (단, 1지역 기준, 단위 : mg/kg)

① 구리 450    ② 아연 600
③ 불소 400    ④ 카드뮴 30

**해설** ①항만 올바르다.
시행규칙 별표 7(토양오염대책기준)
**오답해설**
② 아연 900
③ 불소 800
④ 카드뮴 12

정답 05. ① 06. ② 07. ④ 08. ①

**09** 토양오염도검사수수료가 가장 비싼 항목은?

① 카드뮴  ② 유기인
③ 수은    ④ 불소

해설 시행규칙 별표 11(토양오염검사수수료)
① 카드뮴, 구리, 납 : 44,200원
② 유기인 : 35,100원
③ 수은 : 44,200원
④ 불소 : 71,100원

**10** 사람의 건강·재산이나 동물식물의 생육에 지장을 줄 우려가 있는 토양오염의 기준 중 1지역의 기준이 맞는 것은?

① 카드뮴 10.0mg/kg
② 수은 10.0mg/kg
③ 유기인화합물 10.0mg/kg
④ 톨루엔 10.0mg/kg

해설 ③항만 올바르다. ← 시행규칙 별표 3(토양오염우려기준) 의거

오답해설
① 카드뮴 4mg/kg
② 수은 4mg/kg
④ 톨루엔 20.0mg/kg

**11** 오염원인자가 오염토양개선사업 계획의 승인을 얻고자 할 때에는 개선사업계획(변경) 승인 신청서를 사업개시일 며칠 전까지 특별자치도지사·시장·군수·구청장에게 제출하여야 하는가?

① 7일    ② 15일
③ 20일   ④ 30일

해설 시행규칙 제26조(개선사업계획의 승인) ① 오염토양개선사업(이하 "개선사업"이라 한다)계획의 승인을 받으려는 정화책임자는 개선사업계획(변경)승인신청서를 사업개시일 15일 전까지 특별자치시장·특별자치도지사·시장·군수·구청장에게 제출하여야 한다.

**12** 오염토양(토양오염도가 규정에 의한 토양오염 우려기준을 넘는 토양) 중에 반출정화 대상 토양에 대한 내용으로 (   ) 안에 알맞은 것은?

> 오염토양의 양이 (   )으로서 현장에서 정화하는 때에는 정화효율이 현저하게 저하되는 경우

① 5세제곱미터 미만   ② 5세제곱미터 이상
③ 50세제곱미터 미만  ④ 50세제곱미터 이상

해설 시행규칙 제19조(반출정화대상)
3. 오염토양의 양이 5세제곱미터 미만으로서 현장에서 정화하는 때에는 정화효율이 현저하게 저하되는 경우

**13** 토양환경보전법에 의한 토양오염물질이 아닌 것은?

① 구리 및 그 화합물   ② 아연 및 그 화합물
③ 니켈 및 그 화합물   ④ 동·식물성 유류

해설 시행규칙 별표 1(토양오염물질)

1. 카드뮴 및 그 화합물
2. 구리 및 그 화합물
3. 비소 및 그 화합물
4. 수은 및 그 화합물
5. 납 및 그 화합물
6. 6가크롬화합물
7. 아연 및 그 화합물
8. 니켈 및 그 화합물
9. 불소화합물
10. 유기인화합물
11. 폴리클로리네이티드비페닐
12. 시안화합물
13. 페놀류

정답  09. ④  10. ③  11. ②  12. ①  13. ④

14. 벤젠
15. 톨루엔
16. 에틸벤젠
17. 크실렌
18. 석유계총탄화수소
19. 트리클로로에틸렌
20. 테트라클로로에틸렌
21. 벤조(a)피렌
22. 1,2-디클로로에탄
23. 다이옥신(푸란을 포함한다)
24. 그 밖에 위 물질과 유사한 토양오염물질로서 토양오염의 방지를 위하여 특별히 관리할 필요가 있다고 인정되어 환경부장관이 고시하는 물질

**14** 토양관련전문기관은 토양오염검사신청서를 받은 날로부터 며칠 이내에 시료채취 또는 누출검사를 하여야 하는가?

① 1일　　② 7일
③ 14일　　④ 21일

**해설** 시행규칙 제11조(검사신청 절차 등) ② 토양관련전문기관은 제1항의 규정에 의한 토양오염검사신청서를 받은 때에는 다음 각호에 의한 검사 및 분석을 하여야 한다.
1. 검사신청서를 받은 날부터 7일 이내에 시료채취 또는 누출검사
2. 특별한 사유가 없는 한 시료채취일부터 14일 이내에 이·화학적 분석

**15** 토양보전대책지역 지정표지판에 관한 설명으로 틀린 것은?

① 지정목적을 표기한다.
② 토양보전대책지역 내역(주소, 면적, 약도)을 표기한다.
③ 표지판의 규격은 가로 3미터, 세로 2미터, 높이 1.5미터 이상으로 하여야 한다.
④ 흰색 바탕의 표지판에 검정색 페인트를 사용하여 표기하여야 한다.

**해설** 시행규칙 별표 8(토양보전대책지역 지정표지판)
1. 지정목적
2. 지정일자 :　년　월　일
3. 토양보전대책지역안에서 제한되는 행위
4. 토양보전대책지역 내역
　가. 주소
　나. 면적
　다. 약도

※ 비고
1. 표지판의 규격은 가로 3미터, 세로 2미터, 높이 1.5미터 이상으로 하여야 한다.
2. 글자는 페인트 등을 사용하여 지워지지 아니하도록 하여야 한다.
3. 약도는 표지판 설치 위치에서 방향 및 지점 등을 누구나 알 수 있도록 작성하여야 한다.
4. 표지판은 사방에서 잘 보이는 곳에 견고하게 설치하여야 한다.

**16** 토양오염도 검사 수수료 중 시료채취비에 관한 설명으로 옳은 것은?

① 62,700원/공　　② 71,900원/공
③ 91,900원/공　　④ 114,000원/공

**해설** 시행규칙 별표 11(토양오염검사수수료)
시료채취비 91,900원/공

**17** 환경부장관이 고시하는 측정망 설치계획에 포함되어야 하는 사항이 아닌 것은?

① 측정망 배치도
② 측정지점의 위치 및 면적
③ 측정망 설치시기
④ 측정항목 및 기준

**해설** 시행규칙 제5조(측정망설치계획의 고시) ① 법 제6조의 규정에 의하여 환경부장관이 고시하는 측정망설치계획에는 다음 각호의 사항이 포함되어야 한다.
1. 측정망 설치시기

**정답** 14. ②　15. ④　16. ③　17. ④

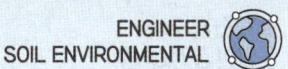

   2. 측정망 배치도
   3. 측정지점의 위치 및 면적

**18** 오염토양 정화방법 중 열적처리방법으로 짝지어진 것은?

① 열탈착법, 유리화법   ② 동전기법, 소각법
③ 열분해법, 안정화법   ④ 소각법, 고형화법

해설 **열적처리방법** : 열탈착법, 열분해법, 소각법, 유리화법
(유리화법은 고형화처리에 속하지만, 열적처리로 더 많이 분류된다.)

**19** 토양관련전문기관이 토양오염검사신청서를 받은 때 하는 검사 및 분석에 대한 설명으로 올바른 것은?

① 검사신청서를 받은 날부터 7일 이내에 이·화학적 분석
② 검사신청서를 받은 날부터 7일 이내에 시료채취 또는 누출검사
③ 특별한 사유가 없는 한 시료채취일부터 7일 이내에 이·화학적 분석
④ 특별한 사유가 없는 한 시료채취일부터 7일 이내에 시료채취 또는 누출검사

해설 시행규칙 제11조(검사신청 절차 등) ② 토양관련전문기관은 제1항의 규정에 의한 토양오염검사신청서를 받은 때에는 다음 각호에 의한 검사 및 분석을 하여야 한다.
   1. 검사신청서를 받은 날부터 7일 이내에 시료채취 또는 누출검사
   2. 특별한 사유가 없는 한 시료채취일부터 14일 이내에 이·화학적 분석

**20** 토양정화업자의 준수사항으로 (   )에 옳은 것은?

정화현장에 오염토양의 정화공정도 및 정화일지를 작성하여 비치하고, 정화일지는 (   ) 보관하여야 한다.

① 1년간   ② 2년간
③ 3년간   ④ 4년간

해설 시행규칙 별표 11의 2(토양정화업자의 준수사항)
1. 기술인력은 해당분야에 종사하게 하여야 한다.
2. 토양정화업자는 매년 1월 31일까지 전년도의 토양정화실적을 시·도지사에게 보고하여야 한다.
3. 오염토양을 운반하는 때에는 오염토양이 흩날리지 않도록 하여야 하며, 침출수가 유출되지 아니하도록 하여야 한다.
4. 위탁받은 오염토양을 반입정화시설이 아닌 다른 곳에 보관하여서는 아니되며, 반입정화시설 또는 정화현장 입구에는 오염토양 정화 또는 반입정화시설임을 표시하는 가로 100센티미터 이상, 세로 50센티미터 이상의 표지판을 지상 100센티미터 이상의 높이에 설치하여야 한다. 이 경우 표지판에는 오염토양의 양, 정화공법, 정화기간 및 관리자의 주소·성명·전화번호 등을 기재하여야 한다.
5. 정화현장에 오염토양의 정화공정도 및 정화일지를 작성하여 비치하고, 정화일지는 2년간 보관하여야 한다.
6. 토양관련전문기관의 정화검증을 위한 정화현장 방문, 시료의 채취 등 검증업무수행을 방해하여서는 아니된다.

**21** 토양보전대책지역 지정표지판에 기록할 내용으로 틀린 것은?

① 지정일자
② 토양보전대책지역에서 제한되는 행위
③ 지정기관 및 전화번호
④ 지정목적

해설 시행규칙 별표 8(토양보전대책지역 지정표지판)

정답  18. ①   19. ②   20. ②   21. ③

1. 지정목적
2. 지정일자 :　　년　　월　　일
3. 토양보전대책지역안에서 제한되는 행위
4. 토양보전대책지역 내역
　　가. 주소
　　나. 면적
　　다. 약도

※ 비고
1. 표지판의 규격은 가로 3미터, 세로 2미터, 높이 1.5미터 이상으로 하여야 한다.
2. 글자는 페인트 등을 사용하여 지워지지 아니하도록 하여야 한다.
3. 약도는 표지판 설치 위치에서 방향 및 지점 등을 누구나 알 수 있도록 작성하여야 한다.
4. 표지판은 사방에서 잘 보이는 곳에 견고하게 설치하여야 한다.

## 22 특정토양오염관리대상시설의 변경신고 사항과 가장 거리가 먼 내용은?

① 사업장 명칭 변경
② 대표자 변경
③ 사업장 관할 지자체장 변경
④ 특정토양오염관리대상시설에 저장하는 오염물질 변경

**해설** 시행규칙 제8조의2(특정토양오염관리대상시설의 변경신고) 다음 각 호의 어느 하나에 해당하는 경우에는 그 사유가 발생한 날부터 30일 이내에 법 제12조제1항 후단에 따라 특정토양오염관리대상시설의 변경신고를 하여야 한다.
1. 사업장의 명칭 또는 대표자가 변경되는 경우
2. 특정토양오염관리대상시설의 사용을 종료하거나 폐쇄하는 경우
3. 특정토양오염관리대상시설을 교체하거나 토양오염방지시설을 변경하는 경우
4. 특정토양오염관리대상시설에 저장하는 오염물질을 변경하는 경우
5. 특정토양오염관리대상시설의 저장용량을 신고용량 대비 30퍼센트 이상 증설(신고용량 대비 30퍼센트 미만의 증설이 누적되어 신고용량의 30퍼센트 이상이 되는 경우를 포함한다)하는 경우

## 23 검사항목별 '1지역-2지역' 토양오염대책기준(단위: mg/kg)이 잘못 짝지어진 것은?

① BTEX : 80-20
② TPH : 2000-2400
③ TCE : 24-24
④ PCE : 12-12

**해설** 시행규칙 별표 7(토양오염대책기준)

(단위 : mg/kg)

| 물질 | 1지역 | 2지역 | 3지역 |
|---|---|---|---|
| 벤젠 | 3 | 3 | 9 |
| 톨루엔 | 60 | 60 | 180 |
| 에틸벤젠 | 150 | 150 | 1,020 |
| 크실렌 | 45 | 45 | 135 |
| 석유계총탄화수소(TPH) | 2,000 | 2,400 | 6,000 |
| 트리클로로에틸렌(TCE) | 24 | 24 | 120 |
| 테트라클로로에틸렌(PCE) | 12 | 12 | 75 |

## 24 특정토양오염관리대상시설의 변경신고 사유로 틀린 것은?

① 사업장의 명칭 또는 대표자가 변경되는 경우
② 특정토양오염관리대상시설의 조업이 정지되거나 일부 폐쇄하는 경우
③ 특정토양오염관리대상시설을 교체하거나 토양오염방지시설을 변경하는 경우
④ 특정토양오염관리대상시설에 저장하는 오염물질을 변경하는 경우

**해설** 시행규칙 제8조의2(특정토양오염관리대상시설의 변경신고) 다음 각 호의 어느 하나에 해당하는 경우에는 그 사유가 발생한 날부터 30일 이내에 법 제12조제1항 후단에 따라 특정토양오염관리대상시설의 변경신고를 하여야 한다.
1. 사업장의 명칭 또는 대표자가 변경되는 경우
2. 특정토양오염관리대상시설의 사용을 종료하거나 폐쇄하는 경우
3. 특정토양오염관리대상시설을 교체하거나 토양오염방지시설을 변경하는 경우
4. 특정토양오염관리대상시설에 저장하는 오염물질을 변경하는 경우

**정답** 22. ③　23. ①　24. ②

5. 특정토양오염관리대상시설의 저장용량을 신고용량 대비 30퍼센트 이상 증설(신고용량 대비 30퍼센트 미만의 증설이 누적되어 신고용량의 30퍼센트 이상이 되는 경우를 포함한다)하는 경우

**25** 특정토양오염관리대상시설의 설치자는 토양오염 검사에 의하여 토양관련 전문기관으로부터 통보받은 토양오염 검사결과를 몇 년간 보존하여야 하는가?

① 1년　　　　　② 2년
③ 3년　　　　　④ 5년

**해설** 시행규칙 제16조(검사결과의 통보 등) 토양관련전문기관은 토양오염검사를 실시한 때에는 법 제13조제4항에 따라 검사 종료 후 7일 이내에 별지 제8호서식에 따라 특정토양오염관리대상시설의 설치자, 관할 특별자치시장 · 특별자치도지사 · 시장 · 군수 · 구청장 및 관할 소방서장(「위험물안전관리법」에 따라 허가를 받은 시설 중 누출검사 결과 오염물질의 누출이 확인된 경우로 한정한다)에게 그 검사결과를 통보하여야 하며, 검사결과를 통보받은 특정토양오염관리대상시설의 설치자는 검사결과를 5년간 보존하여야 한다.

**26** 위해성평가 대상지역의 관리에 관한 내용으로 (　)에 알맞은 것은?

> 환경부장관, 시 · 도지사, 시장 · 군수 · 구청장 또는 정화책임자는 법에 따라 위해성 평가의 결과를 토양정화의 시기에 반영하려는 경우 위해성평가의 최초검증 후 (　) 토양관련전문기관으로 하여금 위해성평가 대상지역에 대한 오염토양 모니터링을 실시하도록 해야 한다.

① 매년　　　　② 2년 마다
③ 3년 마다　　④ 5년 마다

**해설** 시행규칙 제19조의5(위해성평가 대상지역의 관리 등)
① 환경부장관, 시 · 도지사, 시장 · 군수 · 구청장 또는 정화책임자는 법 제15조의5제3항에 따라 위해성평가의 결과를 토양정화의 시기에 반영하려는 경우 위해성평가의 최초검증 후 매년 토양관련전문기관으로 하여금 위해성평가 대상지역에 대한 오염토양 모니터링을 실시하도록 해야 한다. 이 경우 시 · 도지사, 시장 · 군수 · 구청장 또는 정화책임자는 모니터링 결과를 환경부장관에게 제출하여 위해성평가에 따른 정화시기를 재검증 받아야 한다.

**27** 국립환경인력개발원장이 개설하는 토양환경관리의 교육과정에 관한 설명으로 (　)에 알맞은 것은?

> 신규교육 : 토양관련전문기관 또는 토양정화업 분야의 기술인력으로 최초로 종사한 날부터 (　㉠　) 이내에 (　㉡　)

① ㉠ 6월, ㉡ 8시간　　② ㉠ 1년, ㉡ 8시간
③ ㉠ 6월, ㉡ 18시간　　④ ㉠ 1년, ㉡ 18시간

**해설** 시행규칙 제32조(기술인력의 교육) ① 토양관련전문기관 또는 토양정화업의 기술인력은 다음의 구분에 따라 국립환경인력개발원장이 개설하는 토양환경관리의 교육과정을 이수하여야 한다.
　1. 신규교육 : 토양관련전문기관 또는 토양정화업 분야의 기술인력으로 최초로 종사한 날부터 1년 이내에 18시간
　2. 보수교육 : 신규교육을 받은 날을 기준으로 5년마다 8시간
② 제1항에 따른 교육은 집합교육 또는 원격교육으로 한다.

**28** 오염토양개선사업을 지도 · 감독할 수 있도록 환경부령으로 정하는 토양관련 전문기관에 해당하는 것은?

① 국립환경과학원　　② 시 · 도 보건환경연구원
③ 지방 유역환경청　　④ 한국환경공단

**해설** 시행규칙 제25조(오염토양개선사업의 지도 · 감독기관) 법 제19조제1항 후단에서 "환경부령으로 정하는 토양관련전문기관"이란 시 · 도 보건환경연구원을 말한다.

정답　25. ④　26. ①　27. ④　28. ②

**29** 30일 이내에 특정 토양오염관리대상시설의 변경신고 대상이 아닌 것은?

① 사업장의 명칭 또는 대표자가 변경되는 경우
② 특정토양오염관리대상시설의 사용을 종료하거나 폐쇄하는 경우
③ 특정토양오염관리대상시설에 저장하는 오염물질을 변경하는 경우
④ 저장용량을 신고용량 대비 20퍼센트 이하 증설(신고용량 대비 30퍼센트 미만의 증설이 누적되어 신고용량의 30퍼센트 이하가 되는 경우)하는 경우

**해설** 시행규칙 제8조의2(특정토양오염관리대상시설의 변경신고) 다음 각 호의 어느 하나에 해당하는 경우에는 그 사유가 발생한 날부터 30일 이내에 법 제12조제1항 후단에 따라 특정토양오염관리대상시설의 변경신고를 하여야 한다.
1. 사업장의 명칭 또는 대표자가 변경되는 경우
2. 특정토양오염관리대상시설의 사용을 종료하거나 폐쇄하는 경우
3. 특정토양오염관리대상시설을 교체하거나 토양오염방지시설을 변경하는 경우
4. 특정토양오염관리대상시설에 저장하는 오염물질을 변경하는 경우
5. 특정토양오염관리대상시설의 저장용량을 신고용량 대비 30퍼센트 이상 증설(신고용량 대비 30퍼센트 미만의 증설이 누적되어 신고용량의 30퍼센트 이상이 되는 경우를 포함한다)하는 경우

**30** 토양환경보전법의 규정에 의하여 환경부 장관이 고시하는 측정망설치계획에 포함되지 않는 것은?

① 측정망 설지시기
② 측정망 배치도
③ 측정지점의 위치 및 면적
④ 측정망 폐쇄시기

**31** 다음 오염물질 중 토양오염우려기준이 나머지와 다른 것은? (단, 1지역 기준)

① 카드뮴　　② 페놀
③ 수은　　　④ 납

**32** 환경부장관이 고시하는 측정망설치계획에 포함되어야 하는 사항으로 가장 거리가 먼 것은?

① 측정망 배치도　　② 측정지점의 위치 및 면적
③ 측정항목 및 방법　④ 측정망 설치시기

**해설** 시행규칙 제5조(측정망설치계획의 고시) ① 법 제6조의 규정에 의하여 환경부장관이 고시하는 측정망설치계획에는 다음 각호의 사항이 포함되어야 한다.
1. 측정망 설치시기
2. 측정망 배치도
3. 측정지점의 위치 및 면적

**33** 특정토양오염관리대상시설별 토양오염검사항목 중 유해화학물질의 제조 및 저장시설의 검사 항목이 아닌 것은?

① 에틸벤젠　　　② 카드뮴
③ 유기인화합물　④ 트리클로로에틸렌

**해설** 시행규칙 별표 5(특정토양오염관리대상시설별 토양오염검사항목)

| 특정토양오염관리대상시설 | 검사 항목 |
|---|---|
| 1. 석유류의 제조 및 저장시설 | 벤젠 · 톨루엔 · 에틸벤젠 · 크실렌 · 석유계총탄화수소(TPH) |
| 2. 유해화학물질의 제조 및 저장시설 | 카드뮴 · 구리 · 비소 · 수은 · 납 · 6가크롬 · 아연 · 니켈 · 불소 · 유기인화합물 · 폴리클로리네이티드비페닐 · 시안 · 페놀 · 트리클로로에틸렌(TCE) · 테트라클로로에틸렌(PCE) · 1,2-디클로로에탄 및 벤조(a)피렌 중 해당 항목 |

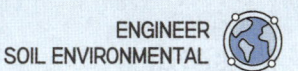

| 3. 송유관 시설 | 벤젠 · 톨루엔 · 에틸벤젠 · 크실렌 · 석유계총탄화수소(TPH) |
|---|---|
| 4. 그 밖에 제1호부터 제3호까지의 관리대상시설과 유사한 시설로서 특별히 관리할 필요가 있다고 인정되어 환경부장관이 관계 중앙행정기관의 장과 협의하여 고시하는 시설 | 대상시설별로 환경부장관이 고시한 검사항목 |

## 34 토양보전대책계획의 수립에서 반드시 포함되지 않아도 되는 사항은?

① 오염토양 개선사업의 종류 및 방법
② 단위사업별 주체 및 사업기간
③ 단위사업별 참여 기술인력의 구성
④ 총 소요비용 및 조달방안

**해설** 시행규칙 제24조(대책계획의 수립등) 법 제18조제2항 제5호에 따라 대책계획에 포함되어야 할 사항은 다음 각 호와 같다.
1. 오염토양개선사업의 종류 및 방법
2. 단위사업별 주체 및 사업기간
3. 총소요비용 및 조달방안
4. 오염토양개선사업의 기대효과
5. 기타 환경부장관이 필요하다고 인정하는 사항

## 35 토양오염대책기준으로 옳은 것은? (1지역 기준)

① 카드뮴 : 75mg/kg
② 납 : 600mg/kg
③ 아연 : 1200mg/kg
④ 불소 : 300mg/kg

**해설** ②항만 올바르다. ← 시행규칙 별표 7(토양오염대책기준)
**오답해설**
① 카드뮴 : 12mg/kg
③ 아연 : 900mg/kg
④ 불소 : 800mg/kg

## 36 토양정화업자의 준수사항으로 틀린 것은?

① 토양정화업자는 매년 1월 31일까지 전년도의 토양정화실적을 시·도지사에게 보고하여야 한다.
② 정화현장에 오염토양의 정화공정도 및 정화일지를 작성하여 비치하고, 정화일지는 3년간 보관하여야 한다.
③ 토양관리전문기관의 정화검증을 위한 정화현장 방문, 시료의 채취 등 검증업무수행을 방해해서는 아니된다.
④ 기술인력은 해당분야에 종사하게 하여야 한다.

**해설** 시행규칙 별표 11의2(토양정화업자의 준수사항)
1. 기술인력은 해당분야에 종사하게 하여야 한다.
2. 토양정화업자는 매년 1월 31일까지 전년도의 토양정화실적을 시·도지사에게 보고하여야 한다.
3. 오염토양을 운반하는 때에는 오염토양이 흩날리지 않도록 하여야 하며, 침출수가 유출되지 아니하도록 하여야 한다.
4. 위탁받은 오염토양을 반입정화시설이 아닌 다른 곳에 보관하여서는 아니되며, 반입정화시설 또는 정화현장 입구에는 오염토양 정화 또는 반입정화시설임을 표시하는 가로 100센티미터 이상, 세로 50센티미터 이상의 표지판을 지상 100센티미터 이상의 높이에 설치하여야 한다. 이 경우 표지판에는 오염토양의 양, 정화공법, 정화기간 및 관리자의 주소·성명·전화번호 등을 기재하여야 한다.
5. 정화현장에 오염토양의 정화공정도 및 정화일지를 작성하여 비치하고, 정화일지는 **2년간** 보관하여야 한다.
6. 토양관련전문기관의 정화검증을 위한 정화현장 방문, 시료의 채취 등 검증업무수행을 방해하여서는 아니된다.

## 37 토양오염우려기준의 오염지역을 1지역, 2지역, 3지역으로 구분하는데, 2지역에 해당되지 않는 것은?

① 도로용지
② 유원지
③ 종교용지
④ 창고용지

**해설** 도로용지는 3지역에 해당한다.
시행규칙 별표 3(토양오염우려기준)
※ 비고
1. 1지역: 「공간정보의 구축 및 관리 등에 관한 법률」에 따른

**정답** 34. ③  35. ②  36. ②  37. ①

지목이 전·답·과수원·목장용지·광천지·대(「공간정보의 구축 및 관리 등에 관한 법률 시행령」제58조제8호가목 중 주거의 용도로 사용되는 부지만 해당한다)·학교용지·구거(溝渠)·양어장·공원·사적지·묘지인 지역과 「어린이놀이시설 안전관리법」제2조제2호에 따른 어린이 놀이시설(실외에 설치된 경우에만 적용한다) 부지
2. 2지역: 「공간정보의 구축 및 관리 등에 관한 법률」에 따른 지목이 임야·염전·대(1지역에 해당하는 부지 외의 모든 대를 말한다)·창고용지·하천·유지·수도용지·체육용지·유원지·종교용지 및 잡종지(「공간정보의 구축 및 관리 등에 관한 법률 시행령」제58조제28호가목 또는 다목에 해당하는 부지만 해당한다)인 지역
3. 3지역: 「공간정보의 구축 및 관리 등에 관한 법률」에 따른 지목이 공장용지·주차장·주유소용지·도로·철도용지·제방·잡종지(2지역에 해당하는 부지 외의 모든 잡종지를 말한다)인 지역과 「국방·군사시설 사업에 관한 법률」제2조제1호가목부터 마목까지에서 규정한 국방·군사시설 부지

## 38 석유류의 제조 및 저장시설 중 BTEX 항목만을 검사할 수 있는 시설은?

① 나프타 저장시설　② 원유 저장시설
③ 등유 저장시설　④ 윤활유 저장시설

**해설** 시행규칙 별표 5(특정토양오염관리대상시설별 토양오염검사항목)
※ 비고
1. 석유류의 제조 및 저장시설 중 나프타, 휘발유 등 방향족탄화수소류가 주성분인 석유류를 저장하고 있는 시설의 경우에는 벤젠, 톨루엔, 에틸벤젠, 크실렌 4개 항목을, 항공유, 등유, 경유, 중유, 윤활유, 원유 등 지방족탄화수소류가 주성분인 석유류를 저장하고 있는 시설의 경우에는 석유계총탄화수소(TPH) 항목만을 검사하고, 벤젠, 톨루엔, 에틸벤젠, 크실렌을 각각 저장하고 있는 시설의 경우에는 해당하는 항목만을 검사한다.
2. 그 밖의 유종(油種)으로서 구성성분을 고려하여 한 가지 검사항목만으로 오염도검사가 가능한 경우에는 해당 검사항목만을 적용한다.

## 39 특정토양오염관리대상시설의 변경신고 사유가 아닌 것은?

① 특정토양오염관리대상시설을 교체하거나 토양오염방지시설을 변경하는 경우
② 특정토양오염관리대상시설의 사용을 종료하거나 폐쇄하는 경우
③ 사업장의 위치 또는 사업자가 변경되는 경우
④ 특정토양오염관리대상시설에 저장하는 오염물질을 변경하는 경우

**해설** 시행규칙 제8조의2(특정토양오염관리대상시설의 변경신고) 다음 각 호의 어느 하나에 해당하는 경우에는 그 사유가 발생한 날부터 30일 이내에 법 제12조제1항 후단에 따라 특정토양오염관리대상시설의 변경신고를 하여야 한다.
1. 사업장의 명칭 또는 대표자가 변경되는 경우
2. 특정토양오염관리대상시설의 사용을 종료하거나 폐쇄하는 경우
3. 특정토양오염관리대상시설을 교체하거나 토양오염방지시설을 변경하는 경우
4. 특정토양오염관리대상시설에 저장하는 오염물질을 변경하는 경우
5. 특정토양오염관리대상시설의 저장용량을 신고용량 대비 30퍼센트 이상 증설(신고용량 대비 30퍼센트 미만의 증설이 누적되어 신고용량의 30퍼센트 이상이 되는 경우를 포함한다)하는 경우

## 40 카드뮴을 토양오염우려기준(단위 : mg/kg)은?

① 20　② 40
③ 60　④ 120

**해설** 시행규칙 별표 3(토양오염우려기준)
카드뮴 : 4(1지역) - 10(2지역) - 60(3지역)
(단위 : mg/kg)

**41** 특정토양오염관리대상시설의 종류에 해당하지 않는 것은?

① 특정토양오염물질 제조 및 저장시설
② 석유류의 제조 및 저장시설
③ 유해화학물질의 제조 및 저장시설
④ 송유관시설

> **해설** 시행규칙 별표 2(특정토양오염관리대상시설)
> 1. 석유류의 제조 및 저장시설
> 2. 유해화학물질의 제조 및 저장시설
> 3. 송유관시설
> 4. 기타 위 관리대상시설과 유사한 시설로서 특별히 관리할 필요가 있다고 인정되어 환경부장관이 관계중앙행정기관의 장과 협의하여 고시하는 시설

**42** 토양관련전문기관 및 토양정화업 기술인력 교육계획을 수립하여 환경부장관에게 제출하여야 하는 자는?

① 국립환경과학원장  ② 국립환경인력개발원장
③ 시·도보건환경연구원장  ④ 환경보전협회장

> **해설** 시행규칙 제32조(기술인력의 교육) ① 법 제23조의14 제1항에 따라 토양관련전문기관 또는 토양정화업의 기술인력은 다음의 구분에 따라 국립환경인력개발원장이 개설하는 토양환경관리의 교육과정을 이수하여야 한다.

**43** 오염토양의 반출절차 및 방법에 관한 내용으로 ( )에 옳은 것은?

> 특별자치도지사·시장·군수·구청장은 오염토양반출정화(변경)계획서를 검토하여 반출정화의 계획이 적정한 경우에는 ( )에 적정통보하여야 한다.

① 7일 이내  ② 10일 이내
③ 15일 이내  ④ 30일 이내

> **해설** 시행규칙 제19조의2(오염토양의 반출절차 및 방법 등) ② 특별자치시장·특별자치도지사·시장·군수·구청장은 오염토양반출정화(변경)계획서를 검토하여 반출정화의 계획이 적정한 경우에는 10일 이내에 적정통보를 하여야 하며, 제19조의 규정에 의한 반출정화대상에 해당하지 아니하는 등 반출정화계획의 내용이 적정하지 아니한 경우에는 10일 이내에 오염토양반출정화(변경)계획서를 반려하거나 보완을 요구하여야 한다.

**44** 토양환경보전법에 의하여 환경부장관이 고시하는 측정망설치계획에 포함되지 않는 것은?

① 측정망 설치시기
② 측정망 배치도
③ 측정지점의 위치 및 면적
④ 측정망 폐쇄시기

> **해설** 시행규칙 제5조(측정망설치계획의 고시) ① 법 제6조의 규정에 의하여 환경부장관이 고시하는 측정망설치계획에는 다음 각호의 사항이 포함되어야 한다.
> 1. 측정망 설치시기
> 2. 측정망 배치도
> 3. 측정지점의 위치 및 면적

**45** 특정토양오염관리대상시설의 변경신고 사유로 틀린 것은?

① 대표자가 변경되는 경우
② 특정토양오염관리대상시설의 관리자를 변경하는 경우
③ 특정토양오염관리대상시설의 사용을 종료하거나 폐쇄하는 경우
④ 특정토양오염관리대상시설에 저장하는 오염물질을 변경하는 경우

> **해설** 시행규칙 제8조의2(특정토양오염관리대상시설의 변경신고) 다음 각 호의 어느 하나에 해당하는 경우에는 그 사유가 발생한 날부터 30일 이내에 법 제12조제1항 후단에 따라 특정토양오염관리대상시설의 변경신고를 하여

**정답** 41. ①  42. ②  43. ②  44. ④  45. ②

야 한다.
1. 사업장의 명칭 또는 대표자가 변경되는 경우
2. 특정토양오염관리대상시설의 사용을 종료하거나 폐쇄하는 경우
3. 특정토양오염관리대상시설을 교체하거나 토양오염방지시설을 변경하는 경우
4. 특정토양오염관리대상시설에 저장하는 오염물질을 변경하는 경우
5. 특정토양오염관리대상시설의 저장용량을 신고용량 대비 30퍼센트 이상 증설(신고용량 대비 30퍼센트 미만의 증설이 누적되어 신고용량의 30퍼센트 이상이 되는 경우를 포함한다)하는 경우

**46** 특정토양오염관리대상시설의 검사항목 중, 석유계총탄화수소(TPH)를 검사해야하는 유종에 해당하는 것은?

① 경유  ② 나프타
③ 휘발유  ④ 벤젠

**해설** 시행규칙 별표 5(특정토양오염관리대상시설별 토양오염 검사항목)
※ 비고
1. 석유류의 제조 및 저장시설 중 나프타, 휘발유 등 방향족탄화수소류가 주성분인 석유류를 저장하고 있는 시설의 경우에는 벤젠, 톨루엔, 에틸벤젠, 크실렌 4개 항목을, 항공유, 등유, 경유, 중유, 윤활유, 원유 등 지방족탄화수소류가 주성분인 석유류를 저장하고 있는 시설의 경우에는 석유계총탄화수소(TPH) 항목만을 검사하고, 벤젠, 톨루엔, 에틸벤젠, 크실렌을 각각 저장하고 있는 시설의 경우에는 해당하는 항목만을 검사한다.
2. 그 밖의 유종(油種)으로서 구성성분을 고려하여 한 가지 검사항목만으로 오염도검사가 가능한 경우에는 해당 검사항목만을 적용한다.

정답 46. ①

# CHAPTER 02 지하수법

## UNIT 01 지하수법

### 1 총칙

**제1조(목적)** 이 법은 지하수의 적절한 개발·이용과 효율적인 보전·관리에 관한 사항을 정함으로써 적정한 지하수개발·이용을 도모하고 지하수오염을 예방하여 공공의 복리증진과 국민경제의 발전에 이바지함을 목적으로 한다.

**제2조(정의)** 이 법에서 사용하는 용어의 뜻은 다음과 같다.
1. "지하수"란 지하의 지층(地層)이나 암석 사이의 빈틈을 채우고 있거나 흐르는 물을 말한다.
1의2. "유출지하수"란 지하시설물 또는 건축물의 공사 등 인위적인 행위로 인하여 자연히 흘러나오는 지하수를 말한다.
2. "지하수영향조사"란 지하수의 개발·이용이 주변지역에 미치는 영향을 분석·예측하는 조사를 말한다.
3. "지하수보전구역"이란 지하수의 수량(水量)이나 수질을 보전하기 위하여 필요한 구역으로서 제12조에 따라 지정된 구역을 말한다.
4. "지하수개발·이용시공업"이란 지하수개발·이용을 위한 시설(이하 "지하수개발·이용시설"이라 한다)을 시공하는 사업을 말한다.
4의2. "유출지하수 이용시설"이란 유출지하수를 이용할 수 있도록 처리하는 시설을 말한다.
5. "지하수정화업"이란 지하수에 함유된 오염물질을 제거·분해 또는 희석하여 지하수의 수질을 개선하는 사업을 말한다.
6. "원상복구"란 원상복구 대상인 시설 또는 토지에 오염물질의 유입을 막고 사람의 보건 및 안전에 위험을 주지 아니하도록 해당 시설을 해체하거나 해당 토지를 적절하게 되메우는 것을 말한다.

**제3조(국가 등의 책무)**
① 국가는 공적 자원인 지하수를 효율적으로 보전·관리함으로써 모든 국민이 양질의 지하수를 이용할 수 있도록 지하수에 관한 종합적인 계획을 수립하고 합리적인 시책을 마련할 책무를 진다.
② 국가와 지방자치단체는 지하수 오염물질 및 지하수 오염원의 원천적인 감소를 통한 사전예방적 오염관리에 우선적인 노력을 기울여야 하며, 지하수를 개발·이용하는 자로 하여금 지하수 오염을 예방하기 위하여 스스로

노력하도록 촉진하기 위한 시책을 마련하여야 한다.
③ 국민은 국가의 지하수 보전·관리시책에 협력하고, 지하수 보전과 오염 방지를 위하여 노력하여야 한다.
④ 자기의 행위 또는 사업활동으로 지하수 오염 또는 훼손의 원인을 발생시킨 자는 그 오염·훼손을 방지하고 오염·훼손된 지하수를 회복·복원할 책임을 지며, 지하수 오염 또는 훼손으로 인한 피해의 구제에 드는 비용을 부담함을 원칙으로 한다.

**제4조(다른 법률과의 관계)** 지하수의 조사, 개발·이용 및 보전·관리에 관하여 다른 법률에 특별한 규정이 있는 경우에는 그 법률에서 정하는 바에 따른다. 다만, 제14조부터 제16조까지의 규정은 그러하지 아니하다.

## 2 지하수의 조사 및 개발·이용

### 제5조(지하수의 조사)
① 환경부장관은 대통령령으로 정하는 바에 따라 전국의 지하수에 대하여 부존(賦存) 특성, 개발 가능량, 수질 특성 및 지하수개발·이용시설 등에 관한 기초적인 조사를 실시하고 그 결과를 **환경부령**으로 정하는 바에 따라 공표하여야 한다.
② 환경부장관은 대통령령으로 정하는 바에 따라 제1항에 따른 기초적인 조사를 완료한 지역에 대하여 **10년**마다 보완조사를 실시하여야 한다.
③ 관계 중앙행정기관의 장이나 특별시장·광역시장·특별자치시장·도지사 또는 특별자치도지사 및 시장·군수·구청장은 지하수와 관련된 소관 업무의 수행을 위하여 필요할 때에는 지하수의 개발·이용 및 보전·관리를 위한 조사를 할 수 있다.
④ 관계 중앙행정기관의 장, 시·도지사, 시장·군수·구청장은 제3항의 조사를 하려면 **대통령령**으로 정하는 바에 따라 미리 환경부장관과 협의하거나 환경부장관에게 통보하여야 하며, 조사를 마쳤을 때에는 그 결과를 **환경부장관에게 통보**하여야 한다. 다만, 대통령령으로 정하는 긴급한 사유가 있는 경우에는 그러하지 아니하다.
⑤ 환경부장관, 관계 중앙행정기관의 장, 시·도지사, 시장·군수·구청장은 대통령령으로 정하는 바에 따라 지하수 관련 조사전문기관이 대행하게 할 수 있다.
⑥ 환경부장관, 관계 중앙행정기관의 장, 시·도지사, 시장·군수·구청장은 지하수와 관련된 소관 업무의 수행을 위하여 필요하다고 인정할 때에는 대통령령으로 정하는 바에 따라 관계 기관에 제1항부터 제3항까지 및 제5항의 조사자료를 요구하거나 협조를 요청할 수 있다.
⑦ 환경부장관은 대통령령으로 정하는 바에 따라 제1항부터 제3항까지 및 제5항의 조사자료를 종합관리하고, 관계 기관 또는 지하수를 개발·이용하는 자가 활용할 수 있도록 하여야 한다.
⑧ 시장·군수·구청장은 제4항에 따른 협의를 하려면 미리 시·도지사와의 협의를 거쳐야 한다.
⑨ 시장·군수·구청장은 대통령령으로 정하는 바에 따라 관할구역의 지하수의 수량·수질 등 이용실태를 조사하여 환경부장관 및 관계 시·도지사에게 보고하여야 한다. 다만, 특별자치시장이 지하수의 이용실태를 조사한 때에는 환경부장관에게만 보고하여야 한다.

⑩ 관계 중앙행정기관의 장 또는 지방자치단체의 장이 관계 법률에 따라 지하수개발·이용을 허가 또는 인가하거나 신고를 받았을 때에는 제9항에 따른 지하수의 이용실태 조사를 위하여 환경부령으로 정하는 바에 따라 관계 시장·군수·구청장에게 이를 통보하여야 한다.

### 제5조의2(지하수정보체계의 구축·운영)
① 환경부장관, 시·도지사 및 시장·군수·구청장은 지하수 조사자료와 그 밖에 지하수보전·관리에 필요한 자료를 효율적으로 활용하기 위하여 지하수정보체계를 구축·운영할 수 있다.
② 환경부장관은 제1항에 따른 지하수정보체계를 구축하기 위하여 필요한 경우 물관리 정책과 관련된 중앙행정기관의 장에게 자료를 요구하거나 협조를 요청할 수 있다.
③ 시·도지사 및 시장·군수·구청장이 지하수정보체계를 구축하려면 미리 환경부장관과 협의하여야 한다.
④ 지하수정보체계의 구축 범위, 운영절차 등에 관하여 필요한 사항은 대통령령으로 정한다.
⑤ 환경부장관, 시·도지사 및 시장·군수·구청장은 지하수정보체계의 구축·운영에 관한 업무를 지하수조사전문기관이 대행하게 할 수 있다.

### 제6조(지하수관리기본계획의 수립)
① 환경부장관은 지하수의 체계적인 개발·이용 및 효율적인 보전·관리를 위하여 다음 각 호의 사항이 포함된 10년 단위의 지하수관리기본계획을 수립하여야 한다.
  1. 지하수의 부존 특성 및 개발 가능량
  2. 지하수의 이용실태
  3. 지하수의 이용계획
  3의2. 유출지하수의 관리 및 이용계획
  4. 지하수의 보전계획
  5. 지하수의 수질관리 및 정화계획
  6. 그 밖에 지하수의 관리에 관한 사항
② 환경부장관은 기본계획이 수립된 날부터 5년마다 그 타당성을 검토하여 필요한 경우에는 이를 변경하여야 한다.
③ 삭제
④ 기본계획에는 「온천법」에 따른 온천수, 「농어촌정비법」에 따른 농어촌용수(지하수만 해당한다), 「먹는물관리법」에 따른 먹는샘물·먹는염지하수 및 「제주특별자치도 설치 및 국제자유도시 조성을 위한 특별법」에 따른 제주특별자치도지역 지하수에 관한 사항이 포함되어야 한다. 이 경우 행정안전부장관·농림축산식품부장관은 각각 관계 법률에 따른 지하수 관리의 실태 및 계획 등을 미리 환경부장관에게 통보하여야 한다.
⑤ 환경부장관은 기본계획을 수립하려면 미리 시·도지사의 의견을 듣고 관계 중앙행정기관의 장과 협의하여야 한다. 수립한 기본계획을 변경하려는 경우에도 또한 같다. 다만, 대통령령으로 정하는 경미한 사항을 변경하려는 경우에는 그러하지 아니하다.
⑥ 환경부장관은 기본계획을 수립하였을 때에는 대통령령으로 정하는 바에 따라 지체 없이 이를 공고하고 관계 기관에 통보하여야 한다. 수립한 기본계획을 변경(제5항 단서에 따른 경미한 사항의 변경은 제외한다)하는 경우에도 또한 같다.

⑦ 관계 중앙행정기관의 장은 관계 법률에 따라 지하수의 개발·이용 및 보전·관리를 할 때 기본계획에 적합하도록 하여야 한다.
⑧ 기본계획의 수립절차 등에 관하여 필요한 사항은 대통령령으로 정한다.

### 제6조의2(지역지하수관리계획의 수립·시행)

① 시·도지사는 기본계획에 따라 관할구역의 지역지하수관리계획을 수립하여 환경부장관의 승인을 받아야 한다. 수립한 지역관리계획을 변경하려는 경우에도 또한 같다. 다만, 대통령령으로 정하는 경미한 사항을 변경하려는 경우에는 그러하지 아니하다.
② 시장·군수·구청장은 관할구역에서 지하수의 수위저하, 수질오염 등 대통령령으로 정하는 지하수 장해가 발생하는 경우 시·도지사와 협의한 후 지역관리계획을 수립하여 환경부장관에게 승인을 요청할 수 있다.
③ 삭제
④ 시·도지사 또는 시장·군수·구청장은 제1항 또는 제2항에 따라 지역관리계획의 승인을 받았을 때에는 대통령령으로 정하는 바에 따라 지체 없이 이를 공고하고 시·도지사는 관계 행정기관의 장 및 시장·군수·구청장에게, 시장·군수·구청장은 시·도지사에게 이를 통보하여야 한다. 수립된 지역관리계획을 변경(제1항 단서에 따른 경미한 사항의 변경은 제외한다)하는 경우에도 또한 같다.
⑤ 지역관리계획에는 제6조제1항 각 호의 사항과 관할지역 지하수의 수량관리를 위한 사항이 포함되어야 한다.
⑥ 지역관리계획의 수립절차 등에 관하여 필요한 사항은 대통령령으로 정한다.
⑦ 시·도지사 또는 시장·군수·구청장은 지역관리계획의 수립에 관한 업무를 지하수조사전문기관이 대행하게 할 수 있다.

### 제7조(지하수개발·이용의 허가)

① 지하수를 개발·이용하려는 자는 대통령령으로 정하는 바에 따라 미리 시장(특별자치시장을 포함한다. 이하 같다)·군수·구청장의 허가를 받아야 한다. 다만, 다음 각 호의 어느 하나에 해당하는 경우에는 그러하지 아니하다.
　1. 자연히 흘러나오는 지하수 또는 다른 법률에 따른 허가·인가 등을 받거나 신고를 하고 시행하는 사업 등으로 인하여 부수적으로 발생하는 지하수를 이용하는 경우
　2. 농력상치를 사용하지 아니하고 가정용 우물 또는 공동우물을 개발·이용하는 경우
　3. 제13조제1항제1호에 따른 허가를 받은 경우
② 제1항에 따른 허가를 신청하려는 자는 제27조에 따른 지하수영향조사기관이 실시하는 지하수영향조사를 받은 후 지하수영향조사기관이 작성한 지하수영향조사서를 제출하여야 하며, 시장·군수·구청장은 대통령령으로 정하는 바에 따라 지하수영향조사서를 심사하여 그 결과를 허가 내용에 반영하여야 한다. 이 경우 시장·군수·구청장은 기본계획 및 지역관리계획을 고려하여 심사하여야 한다.
③ 시장·군수·구청장은 다음 각 호의 어느 하나의 경우에는 제1항에 따른 허가를 하지 아니하거나 취수량을 제한할 수 있다.
　1. 지하수 채취로 인하여 인근 지역의 수원(水源)의 고갈 또는 지반의 침하를 가져올 우려가 있거나 주변 시설물의 안전을 해칠 우려가 있는 경우

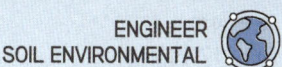

  2. 지하수를 오염시키거나 자연생태계를 해칠 우려가 있는 경우
  3. 지하수의 적정 관리 또는 「국토의 계획 및 이용에 관한 법률」에 따른 도시·군관리계획, 그 밖에 공공사업에 지장을 줄 우려가 있는 경우
  4. 그 밖에 지하수를 보전하기 위하여 필요하다고 인정되는 경우로서 대통령령으로 정하는 경우
④ 시장·군수·구청장은 제3항에 따라 허가를 하지 아니하는 경우에는 신청인에게 그 사유를 서면으로 알려야 한다.
⑤ 삭제
⑥ 허가받은 사항 중 대통령령으로 정하는 사항을 변경하려는 경우에는 제1항부터 제4항까지의 규정을 준용한다. 다만, 허가받은 사항의 변경으로 인하여 해당 지하수개발·이용이 제8조제1항제2호 또는 제5호에 해당하는 경우에는 같은 항 각 호 외의 부분에 따라 시장·군수·구청장에게 신고하고 같은 조 제3항에 따라 신고가 수리된 경우에 지하수를 계속 이용할 수 있다.
⑦ 삭제
⑧ 지하수영향조사의 항목·조사방법·평가기준, 지하수영향조사서의 작성지침·작성내용, 그 밖에 필요한 사항은 대통령령으로 정한다.

## 제7조의2(하천 인근에서의 지하수개발·이용허가)

① 시장·군수·구청장은 허가를 할 때 하천구역의 경계로부터 대통령령으로 정하는 범위 내의 지역에서 지하수를 개발·이용하는 경우에는 지하수영향조사서를 첨부하여 환경부장관과 미리 협의하여야 한다.
② 환경부장관은 지하수개발·이용이 하천의 수량에 영향을 미친다고 인정하는 경우에는 취수량·취수기간의 제한 및 취수 금지 등을 요청할 수 있으며, 시장·군수·구청장은 특별한 사유가 없으면 요청에 따라야 한다. 이 경우 환경부장관은 해당 허가로 인하여 기득하천사용자가 손실을 받을 것이 명백한 경우에는 허가를 신청한 자가 기득하천사용자로부터 동의를 받도록 하여야 한다.

## 제7조의3(지하수개발·이용허가의 유효기간)

① 지하수개발·이용허가의 유효기간은 5년으로 한다.
② 시장·군수·구청장은 지하수개발·이용허가를 받은 자가 신청하면 유효기간의 연장을 허가할 수 있다. 이 경우 그 연장기간은 5년으로 한다.
③ 제2항에 따른 유효기간의 연장신청절차 등에 관하여 필요한 사항은 대통령령으로 정한다.

## 제8조(지하수개발·이용의 신고)

① 다음 각 호의 어느 하나에 해당하는 경우에는 제7조에도 불구하고 대통령령으로 정하는 바에 따라 미리 시장·군수·구청장에게 신고하고 지하수를 개발·이용할 수 있다.
  1. 국방·군사시설사업에 의하여 설치된 시설에서 지하수를 개발·이용하는 경우
  2. 농업과 어업을 영위할 목적으로 대통령령으로 정하는 규모 이하로 지하수를 개발·이용하는 경우
  3. 재해나 그 밖의 천재지변으로 인하여 긴급히 지하수를 개발·이용할 필요가 있다고 시장·군수·구청장이 인정하는 경우
  4. 전쟁이나 그 밖의 비상사태 발생에 대비하여 국가 또는 지방자치단체가 비상급수용으로 지하수를 개발·이

용하는 경우
   5. 제1호부터 제4호까지의 규정 외의 경우로서 대통령령으로 정하는 규모 이하로 지하수를 개발·이용하는 경우
② 제1항에 따라 신고한 사항 중 대통령령으로 정하는 중요한 사항을 변경할 때에는 시장·군수·구청장에게 신고하여야 한다. 다만, 신고한 사항의 변경으로 인하여 해당 지하수개발·이용이 제1항 각 호의 어느 하나에 해당되지 아니하는 경우에는 제7조에 따라 시장·군수·구청장의 허가를 받아야 한다.
③ 시장·군수·구청장은 제1항 또는 제2항 본문에 따른 신고 또는 변경신고를 받은 경우 그 내용을 검토하여 이 법에 적합하면 신고를 수리하여야 한다.
④ 시장·군수·구청장은 제1항에 따른 지하수개발·이용이 제7조제3항 각 호의 어느 하나에 해당되는 경우에는 제27조에 따른 지하수영향조사기관이 실시한 지하수영향조사를 받아 그 결과를 토대로 취수량 및 취수기간을 제한할 수 있고, 대통령령으로 정하는 바에 따라 시정명령·이용중지명령 또는 공동이용명령 등 필요한 조치를 할 수 있으며, 정당한 사유 없이 이를 이행하지 아니한 자에게는 해당 개발·이용시설의 폐쇄를 명할 수 있다.

**제8조의2(신고의 효력 상실)** 지하수개발·이용의 신고는 다음 각 호의 어느 하나에 해당하는 경우에 그 효력을 잃는다. 이 경우 시장·군수·구청장은 신고인에게 신고의 효력 상실에 관한 사항을 지체 없이 알려야 한다.
   1. 신고한 자가 지하수를 개발·이용할 의사가 없음을 시장·군수·구청장에게 알리거나 시장·군수·구청장이 이를 확인한 경우
   2. 신고한 날부터 3개월 이내에 정당한 사유 없이 공사를 시작하지 아니하거나 공사 시작 후 계속하여 3개월 이상 공사를 중지한 경우

**제9조(준공신고)**
① 제7조에 따라 허가를 받거나 제8조에 따라 신고한 자가 그 공사를 준공하였을 때에는 대통령령으로 정하는 바에 따라 시장·군수·구청장에게 신고하여야 한다.
② 시장·군수·구청장은 제1항에 따른 신고를 받은 경우 그 내용을 검토하여 이 법에 적합하면 신고를 수리하여야 한다.
③ 시장·군수·구청장은 제1항에 따라 신고한 내용 중 지하수개발·이용시설의 위치 등 대통령령으로 정하는 사항이 제7조에 따라 허가를 받거나 제8조에 따라 신고한 내용과 다르게 준공된 경우에는 대통령령으로 정하는 바에 따라 그 시정을 명하거나 필요한 조치를 할 수 있으며, 정당한 사유 없이 이를 이행하지 아니하는 자에게는 해당 개발·이용시설의 폐쇄를 명할 수 있다.

**제9조의2(유출지하수의 이용 등)**
① 다음 각 호의 시설물 또는 건축물을 설치하려는 자는 환경부령으로 정하는 기준 이상으로 유출지하수가 발생하는 경우 환경부령으로 정하는 바에 따라 시장·군수·구청장에게 그 발생현황을 신고하여야 한다.
   1. 지하철·터널 등 지하시설물
   2. 환경부령으로 정하는 규모 이상의 건축물이나 그 밖의 시설물
   3. 그 밖에 유출지하수 관리를 위하여 시(특별자치시를 포함한다)·군 또는 자치구의 조례로 정한 시설물

② 제1항 각 호에 해당하는 시설물 또는 건축물 등의 지하층 공사를 완료한 후 환경부령으로 정하는 기준 이상으로 유출지하수가 발생하는 경우에는 환경부령으로 정하는 바에 따라 이를 대통령령으로 정하는 용도로 이용할 수 있도록 유출지하수 이용시설의 설치·운영에 관한 사항을 포함한 이용계획을 수립하여 시장·군수·구청장에게 신고하여야 한다.

③ 시장·군수·구청장은 제1항에 따른 지하수의 유출감소대책을 시행하지 아니하는 자 또는 제2항에 따른 유출지하수의 이용계획을 시행하지 아니하거나 이용률이 현저히 낮다고 인정되는 자에게는 환경부령으로 정하는 바에 따라 기간을 정하여 그 개선을 명하여야 한다.

④ 시장·군수·구청장은 제2항에 따른 유출지하수의 이용계획을 시행하지 아니하거나 이용률이 현저히 낮다고 인정되는 자 또는 제6항에 따라 환경부령으로 정하는 유출지하수 이용시설의 시설·관리기준을 준수하지 아니한 자에게는 환경부령으로 정하는 바에 따라 기간을 정하여 그 개선을 명하여야 한다. 〈개정 2013. 3. 23., 2018. 6. 8., 2021. 1. 5., 2023. 1. 3.〉

⑤ 시장·군수·구청장은 제1항에 따른 발생현황 및 제2항에 따른 이용계획을 매년 환경부령에 따라 시·도지사에게, 시·도지사는 환경부장관에게 보고하여야 한다. 다만, 특별자치시장은 환경부장관에게만 보고하여야 한다. 〈신설 2021. 1. 5.〉

⑥ 제2항에 따른 지하층 공사의 완료 기준과 유출지하수 이용시설의 시설·관리기준 및 그 밖에 필요한 사항은 환경부령으로 정한다. 〈신설 2021. 1. 5., 2023. 1. 3.〉

⑦ 환경부장관은 유출지하수 이용 촉진 등을 위하여 필요한 경우 지방자치단체의 장에게 행정적·기술적·재정적 지원을 하거나 제2항에 따른 유출지하수 이용시설의 설치·운영자에게 기술적 지원을 할 수 있다. 〈신설 2023. 1. 3.〉

⑧ 지방자치단체의 장은 제2항에 따른 유출지하수 이용시설의 설치·운영자에게 필요한 행정적·기술적·재정적 지원을 할 수 있다. 〈신설 2023. 1. 3.〉

⑨ 지방자치단체는 유출지하수 이용시설을 설치·운영하는 시설물의 소유자 또는 관리자에 대하여 조례로 정하는 바에 따라 하수도사용료를 경감할 수 있다. 〈신설 2023. 1. 3.〉

**제9조의3(지하수개발·이용의 종료신고)** ① 이 법 또는 다른 법률에 따른 허가·인가 등을 받거나 신고를 하고 지하수를 개발·이용하는 자는 제15조제1항제3호부터 제5호까지의 어느 하나에 해당되는 경우에는 **환경부령**으로 정하는 바에 따라 이에 관한 사항을 **시장·군수·구청장**에게 신고하여야 한다.

② 시장·군수·구청장은 제1항에 따른 신고를 받은 경우 그 내용을 검토하여 이 법에 적합하면 신고를 수리하여야 한다.

**제9조의4(지하수에 영향을 미치는 굴착행위의 신고 등)**

① 다음 각 호의 어느 하나에 해당하는 행위를 하기 위하여 토지를 굴착하려는 자는 환경부령으로 정하는 바에 따라 그 내용을 미리 시장·군수·구청장에게 신고하여야 한다. 신고한 사항 중 대통령령으로 정하는 중요한 사항을 변경하려 하거나 해당 행위를 종료한 경우에도 또한 같다.

1. 지하수의 조사
2. 지하수영향조사

3. 제8조제1항에 따른 지하수개발·이용
4. 제16조의2제1항에 따른 수질측정
5. 그 밖에 지하수의 수량 또는 수질에 영향을 미치는 행위로서 대통령령으로 정하는 행위

② 시장·군수·구청장은 제1항에 따른 신고를 받은 경우 그 내용을 검토하여 이 법에 적합하면 신고를 수리하여야 한다.

③ 시장·군수·구청장은 제1항에 따라 신고를 한 자에게 토지의 굴착에 따른 지질·수량, 그 밖에 지하수 관리에 필요한 자료를 요청할 수 있으며, 그 요청을 받은 자는 특별한 사유가 없으면 요청에 따라야 한다.

④ 시장·군수·구청장은 제1항에 따른 굴착행위로 인하여 대통령령으로 정하는 정도로 지하수의 수량 또는 수질에 영향을 미치거나 미칠 우려가 있는 경우에는 시설의 개선을 명하거나 필요한 조치를 할 수 있다.

⑤ 제1항에 따른 토지의 굴착신고, 제3항에 따른 지하수 관리에 필요한 자료의 제공절차 등에 관하여 필요한 사항은 환경부령으로 정한다.

### 제9조의5(지하수개발·이용시설의 사후관리 등)

① 이 법 또는 다른 법률에 따른 허가·인가 등을 받거나 신고를 하고 지하수를 개발·이용하는 자(이하 "지하수개발·이용자"라 한다)는 지하수 수질보전 등을 위하여 지하수개발·이용시설의 정비 등 사후관리를 하여야 한다.

② 지하수개발·이용자가 제1항에 따른 사후관리를 이행하려는 때에는 환경부령으로 정하는 바에 따라 시장·군수·구청장에게 신고하여야 한다. 해당 행위를 종료한 때에도 또한 같다.

③ 시장·군수·구청장은 제2항에 따른 신고를 받은 경우 그 내용을 검토하여 이 법에 적합하면 신고를 수리하여야 한다.

④ 시장·군수·구청장은 사후관리를 이행하지 아니하거나 거짓으로 신고한 자에게는 대통령령으로 정하는 바에 따라 시정명령 또는 이용중지 등 필요한 조치를 할 수 있다.

⑤ 제1항에 따른 사후관리 대상 시설, 용도, 검사주기, 그 밖에 필요한 사항은 대통령령으로 정한다.

### 제9조의6(지하수자원확보시설의 설치 등)

① 환경부장관 및 지방자치단체의 장은 안정적인 수자원의 확보와 가뭄 등에 대비하여 다음 각 호의 어느 하나에 해당하는 지역에 지하수자원확보시설(국가 또는 지방자치단체가 지하수자원을 확보하기 위하여 설치·관리하는 지하수댐, 지하수 함양시설 등을 말한다)을 설치 및 관리할 수 있다.
1. 안정적인 수자원의 확보가 어려운 도서·해안 지역
2. 가뭄 등에 취약하여 비상시에 대비한 수자원의 확보가 필요한 지역
3. 그 밖에 지하수 수위가 불안정하거나 대체수원을 필요로 하는 등 지하수자원의 확보를 위하여 대통령령으로 정하는 지역

② 제1항의 지하수자원확보시설의 설치는 환경부장관의 경우 기본계획, 지방자치단체의 장의 경우 지역관리계획의 범위에서 하여야 한다.

③ 제1항에 따른 지하수자원확보시설의 설치·관리에 관한 기준 등에 관하여는 환경부령으로 정한다.

④ 환경부장관 또는 지방자치단체의 장은 제1항에 따른 지하수자원확보시설의 설치·관리에 관한 업무를 대통령령으로 정하는 기관에 대행하게 할 수 있다.

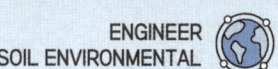

## 제9조의7(지하수의 냉난방에너지지원으로 이용 등)

① 환경부장관은 지하수를 냉난방에너지지원으로 이용하는 데 필요한 지하수의 적정한 개발·이용 및 보전·관리를 위한 시책을 강구하여야 한다.
② 환경부장관은 제1항에 따른 시책을 이행하기 위하여 필요한 경우 시장·군수·구청장에 대하여 기술적·재정적 지원을 할 수 있다.
③ 환경부장관은 지하수를 냉난방에너지지원으로 이용하기 위한 시설에 대한 설치기준을 환경부령으로 정한다.

## 제10조(허가의 취소 등)

① 시장·군수·구청장은 허가를 받은 자가 다음 각 호의 어느 하나에 해당하는 경우에는 그 허가를 취소할 수 있다. 다만, 제1호·제7호·제8호 및 제8호의2에 해당하는 경우에는 허가를 취소하여야 한다.
  1. 부정한 방법으로 지하수개발·이용의 허가를 받은 경우
  2. 제7조제3항 각 호의 어느 하나에 해당하는 경우
  3. 제9조제1항에 따른 준공신고를 하지 아니하거나 거짓으로 신고한 경우
  4. 허가를 받은 날부터 3개월 이내에 정당한 사유 없이 공사를 시작하지 아니하거나 공사 시작 후 계속하여 3개월 이상 공사를 중지한 경우
  5. 지하수의 개발·이용을 위하여 굴착한 장소에서 지하수가 채취되지 아니한 경우
  6. 수질불량으로 지하수를 개발·이용할 수 없는 경우
  7. 허가를 받은 목적에 따른 개발·이용이 불가능하게 된 경우
  8. 지하수의 개발·이용을 종료한 경우
  8의2. 제17조제1항 또는 제2항에 따른 지하수의 변동실태 조사 결과 지하수의 수위가 지속적으로 낮아지거나 수질이 지속적으로 나빠지는 지역으로서 환경부장관이 대통령령으로 정하는 바에 따라 정밀조사한 결과 지하수의 개발·이용을 제한할 필요가 있어 시장·군수·구청장에게 허가의 취소를 요청한 경우
  9. 제20조제2항에 따른 지하수의 이용중지 또는 수질개선 등의 조치명령을 위반한 경우
② 제1항제6호에 따른 수질불량의 정도에 관하여는 대통령령으로 정한다.
③ 시장·군수·구청장은 제1항에 따라 허가를 취소하기 전에 대통령령으로 정하는 바에 따라 기간을 정하여 그 시정을 명하거나 필요한 조치를 할 수 있다. 다만, 제1항제1호·제7호·제8호 및 제8호의2의 경우에는 그러하지 아니하다.
④ 시장·군수·구청장은 제1항에 따라 허가를 취소하는 경우에는 허가를 받은 자에게 그 사유를 서면으로 알려야 한다.

## 제11조(권리·의무의 승계 등)

① 지하수개발·이용자가 지하수개발·이용시설을 양도하거나 사망한 경우 또는 다른 법인과 합병한 경우에 그 양수인·상속인 또는 합병으로 설립되거나 합병 후 존속하는 법인이 종전 허가·변경허가·신고 또는 변경신고에 따른 지하수개발·이용자의 권리·의무를 승계하려는 경우에는 그 양도일, 상속일 또는 합병일부터 30일 이내에 환경부령으로 정하는 바에 따라 그 사실을 시장·군수·구청장에게 신고하여야 한다.

② 다음 각 호의 어느 하나에 해당하는 절차에 따라 지하수개발·이용자의 지하수개발·이용시설을 인수한 자는 인수한 날부터 30일 이내에 환경부령으로 정하는 바에 따라 시장·군수·구청장에게 신고하여야 한다.
　1. 「민사집행법」에 따른 경매
　2. 「채무자 회생 및 파산에 관한 법률」에 따른 환가(換價)
　3. 「국세징수법」, 「관세법」 또는 「지방세징수법」에 따른 압류재산의 매각
　4. 그 밖에 제1호부터 제3호까지의 규정에 준하는 절차
③ 시장·군수·구청장은 제1항 또는 제2항에 따른 신고를 받은 경우 그 내용을 검토하여 이 법에 적합하면 신고를 수리하고, 신고수리 여부를 신고인에게 통지하여야 한다.
④ 제1항 또는 제2항에 따른 신고가 수리된 경우 양수인, 상속인, 합병으로 설립되거나 합병 후 존속하는 법인 또는 인수인은 그 양수일, 상속일, 합병일 또는 인수일부터 종전 허가·변경허가·신고 또는 변경신고에 따른 권리·의무를 승계한다.

## 3 지하수의 보전·관리

**제12조(지하수보전구역의 지정)**
① 시·도지사는 지하수의 보전·관리를 위하여 필요한 경우에는 다음 각 호의 어느 하나에 해당하는 지역을 지하수보전구역으로 지정할 수 있다.
　1. 지하수를 이용하는 하류지역과 수리적으로 연결된 지하수의 공급원이 되는 상류지역
　2. 주된 용수공급원이 되는 지하수가 상당히 부존된 지층이 있는 지역
　3. 대통령령으로 정하는 공공급수용 지하수개발·이용시설의 중심에서 대통령령으로 정하는 반지름 이내에 제13조제1항제2호에 따른 시설이 설치되어 수질의 저하가 우려되는 지역
　4. 지하수개발·이용량이 기본계획 또는 지역관리계획에서 정한 지하수개발 가능량에 비하여 현저하게 높다고 판단되는 지역
　5. 지하수의 지나친 개발·이용으로 인하여 지하수의 고갈현상, 지반침하 또는 하천이 마르는 현상이 발생하거나 발생할 우려가 있는 지역
　6. 지하수의 개발·이용으로 인하여 주변 생태계에 심각한 악영향을 미치거나 미칠 우려가 있는 지역
　7. 그 밖에 지하수의 수량이나 수질을 보전하기 위하여 필요한 지역으로서 대통령령으로 정하는 지역
② 시·도지사는 제1항에 따라 지하수보전구역을 지정하거나 그 지정을 변경하려면 관계 행정기관의 장과 협의하여야 한다. 다만, 대통령령으로 정하는 경미한 사항을 변경하려는 경우에는 그러하지 아니하다.
③ 둘 이상의 특별시·광역시·특별자치시 또는 도의 행정구역에 걸쳐 지하수보전구역을 지정할 필요가 있는 경우에는 관계 시·도지사는 협의하여 이를 공동으로 지정하거나 지정할 자를 정한다.
④ 환경부장관은 제3항에 따른 협의가 성립되지 아니한 경우에는 관계 중앙행정기관의 장과 협의하여 지정할 자를 지정하고, 이를 고시하여야 한다.
⑤ 시·도지사는 제1항에 따라 지하수보전구역을 지정하거나 그 지정을 변경하였을 때에는 지체 없이 이를 고시하고, 환경부장관에게 보고하여야 하며, 시장(특별자치시장은 제외한다)·군수·구청장에게 알려야 한다.

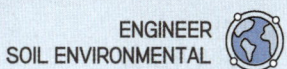

⑥ 시장·군수·구청장은 지하수보전구역의 지정 또는 지정 변경 사실 및 그 내용을 일반인이 열람할 수 있도록 하여야 한다.

⑦ 환경부장관은 제1항 각 호의 어느 하나에 해당하는 지역이 다음 각 호의 어느 하나에 해당하는 경우에는 시·도지사에게 지하수보전구역의 지정을 명할 수 있다.

　1. 지하수의 보전·관리를 위하여 지하수보전구역을 지정할 필요가 있는데도 지정을 하지 아니하여 지하수의 보전·관리에 지장을 초래할 우려가 있다고 판단되는 지역

　2. 수질보전을 위하여 필요하다고 인정되는 지역

　3. 그 밖에 지하수의 보전·관리에 필요하다고 인정되는 경우로서 대통령령으로 정하는 지역

⑧ 시·도지사는 지하수보전구역이 지정된 경우에는 그 지역의 지하수를 보전·관리하기 위한 대책을 수립·시행하여야 한다.

⑨ 환경부장관은 제1항 각 호에 해당하는 경우 그 지역의 안정적인 지하수자원 확보를 위하여 필요하다고 인정하는 경우에는 미리 시·도지사의 의견을 듣고 지하수를 보전·관리하기 위한 대책을 수립·시행할 수 있다.

⑩ 지하수보전구역의 지정 범위, 절차, 그 밖에 필요한 사항은 대통령령으로 정한다.

## 제12조의2(주민의 의견 청취)

① 시·도지사는 제12조에 따라 지하수보전구역을 지정하거나 그 지정을 변경하려면 주민의 의견을 들어야 하며, 그 의견이 타당하다고 인정할 때에는 이를 반영하여야 한다. 다만, 국방상 또는 국가안전보장상 기밀을 요하는 사항(관계 중앙행정기관의 장이 요청하는 것으로 한정한다)이거나 **대통령령**으로 정하는 경미한 사항인 경우에는 그러하지 아니하다.

② 제1항에 따른 주민의 의견 청취에 필요한 사항은 **대통령령**으로 정하는 기준에 따라 해당 특별시·광역시·특별자치시·도 또는 특별자치도의 조례로 정한다.

## 제13조(지하수보전구역에서의 행위 제한)

① 지하수보전구역에서 다음 각 호의 어느 하나에 해당하는 행위를 하려는 자는 시장·군수·구청장의 허가를 받아야 한다. 다만, 관계 법률에 따라 승인을 받거나 허가를 받아 제2호의 시설을 설치한 경우에는 허가를 받은 것으로 본다.

　1. 제8조제1항제5호에 따라 신고하도록 되어 있는 규모의 범위에서 대통령령으로 정하는 규모 이상의 지하수를 개발·이용하는 행위

　2. 다음 각 목의 어느 하나에 해당하는 물질을 배출·제조 또는 저장하는 시설로서 대통령령으로 정하는 시설의 설치

　　가. 특정수질유해물질

　　나. 폐기물

　　다. 오수·분뇨 및 가축분뇨

　　라. 유해화학물질

　　마. 토양오염물질

　3. 지하수의 수위저하·수질오염 또는 지반침하 등 명백한 위험을 가져오는 행위로서 대통령령으로 정하는 행위

② 시장·군수·구청장은 대통령령으로 정하는 바에 따라 지하수보전구역에서 새로운 지하수의 개발·이용을 금지할 수 있다.

### 제14조(이행보증금의 예치)
① 이 법 또는 다른 법률에 따른 허가·인가 등을 받거나 신고를 하고 지하수를 개발·이용하는 자 또는 제9조의4에 따라 굴착행위 신고를 하고 토지를 굴착하는 자는 원상복구의 이행을 담보하기 위하여 이행보증금을 예치하여야 한다. 다만, 다음 각 호의 어느 하나에 해당하는 경우에는 그러하지 아니하다.
  1. 국가·지방자치단체 또는 「공공기관의 운영에 관한 법률」에 따른 공공기관이 지하수를 개발·이용하는 경우 또는 제9조의4에 따라 굴착행위신고를 하고 토지를 굴착하는 경우
  2. 그 밖에 원상복구가 확실시되는 경우로서 대통령령으로 정하는 경우
② 제1항에 따른 이행보증금의 금액, 예치의 시기·방법·절차 및 이행보증금의 반환 등에 관하여 필요한 사항은 대통령령으로 정한다.

### 제15조(원상복구 등)
① 이 법 또는 다른 법률에 따른 허가·인가 등을 받거나 신고를 하고 지하수를 개발·이용하는 자(제13조에 따른 허가를 받고 같은 조 제1항 각 호의 어느 하나에 해당하는 행위를 하는 자를 포함한다)가 다음 각 호의 어느 하나에 해당하는 경우에는 해당 시설 및 토지를 원상복구하여야 한다. 다만, 원상복구할 필요가 없는 경우로서 대통령령으로 정하는 경우에는 그러하지 아니하다.
  1. 이 법 또는 다른 법률에 따른 허가·인가 등이 취소된 경우
  2. 이 법 또는 다른 법률에 따른 허가·인가 등에 의한 개발·이용기간이 끝난 경우
  3. 지하수의 개발·이용을 위하여 굴착한 장소에서 지하수가 채취되지 아니한 경우
  4. 수질불량으로 지하수를 개발·이용할 수 없는 경우
  5. 지하수의 개발·이용을 종료한 경우
  6. 제8조의2에 따라 신고의 효력이 상실된 경우
  7. 제9조의4에 따라 신고를 하고 토지를 굴착한 경우로서 같은 조 제1항 각 호의 어느 하나에 해당하는 행위를 종료한 경우
  8. 그 밖에 원상복구가 필요한 경우로서 대통령령으로 정하는 경우
② 시장·군수·구청장은 제1항에 따라 원상복구를 하여야 하는 자가 정당한 사유 없이 그 의무를 이행하지 아니하는 경우에는 일정한 기간을 정하여 원상복구를 명하여야 한다.
③ 시장·군수·구청장은 다음 각 호의 어느 하나에 해당하는 자에게 일정한 기간을 정하여 원상복구를 명하여야 한다.
  1. 이 법 또는 다른 법률에 따라 지하수의 개발·이용에 관한 허가·인가 등을 받아야 하는 경우 그 허가·인가 등을 받지 아니하고 지하수를 개발·이용하는 자
  2. 이 법 또는 다른 법률에 따라 지하수의 개발·이용에 관한 신고를 하여야 하는 경우 그 신고를 하지 아니하거나 거짓으로 신고하고 지하수를 개발·이용하는 자. 다만, 원상복구명령을 하기 전에 계속하여 지하수를 이용하기 위하여 이 법에 따라 신고한 자는 제외한다.

④ 시장·군수·구청장은 다음 각 호의 어느 하나에 해당되는 경우에는 대통령령으로 정하는 바에 따라 원상복구 의무자를 대신하여 직접 해당 시설 및 토지를 원상복구하여야 한다. 이 경우 제1호에 따른 원상복구를 위하여 제14조에 따른 이행보증금을 사용할 수 있다.
  1. 원상복구 의무자가 제2항에 따른 원상복구명령을 이행하지 아니하여 시급한 원상복구가 요청되는 경우
  2. 원상복구 의무자가 불분명하여 지하수개발·이용시설 또는 토지의 굴착시설 등이 방치된 경우
⑤ 제1항부터 제4항까지의 규정에 따른 원상복구의 기준·방법·기간 등에 필요한 사항은 대통령령으로 정한다.

## 제16조(지하수 오염방지명령 등)

① 이 법 또는 다른 법률에 따라 허가·인가 등을 받거나 신고를 하고 지하수를 개발·이용하는 자(제13조에 따른 허가를 받고 같은 조 제1항 각 호의 어느 하나에 해당하는 행위를 하는 자를 포함한다)는 대통령령으로 정하는 바에 따라 지하수 오염방지를 위한 시설의 설치 등 필요한 조치를 하여야 한다.
② 환경부장관 또는 시장·군수·구청장은 지하수 오염방지를 위하여 특히 필요하다고 인정할 때에는 대통령령으로 정하는 바에 따라 지하수를 오염시키거나 현저하게 오염시킬 우려가 있는 시설의 설치자 또는 관리자에게 지하수 오염방지를 위한 조치를 하도록 명할 수 있다.
③ 환경부장관 또는 시장·군수·구청장은 지하수를 오염시킨 시설의 설치자 또는 관리자가 제2항에 따른 명령을 이행하지 아니하거나 이행 후 해당 부지와 그 주변지역의 지하수오염 정도가 환경부령으로 정하는 오염지하수 정화기준 이내로 감소되지 아니할 경우에는 해당 시설의 운영 및 사용을 중지하게 하거나 폐쇄·철거 또는 이전을 명할 수 있다.
④ 시장·군수·구청장은 지하수 오염의 원인을 제공한 시설의 설치자 또는 관리자가 불분명하거나 지하수 오염의 원인을 제공한 시설의 설치자 또는 관리자에 의한 정화작업이 곤란하다고 인정하는 경우에는 직접 해당 정화작업을 할 수 있다. 이 경우 지하수 정화작업에 소요된 비용은 해당 설치자 또는 관리자가 부담하며, 그 징수에 관하여는 「행정대집행법」 제5조 및 제6조를 준용한다.

## 제16조의2(지하수오염유발시설의 오염방지 등)

① 지하수를 오염시키거나 현저하게 오염시킬 우려가 있는 시설로서 다음 각 호의 어느 하나에 해당하는 시설(이하 "지하수오염유발시설"이라 한다)의 설치자 또는 관리자(이하 "지하수오염유발시설관리자"라 한다)는 대통령령으로 정하는 바에 따라 지하수 오염방지를 위한 조치를 하고, 지하수 오염 관측정(觀測井)을 설치하여 수질측정을 하여야 하며, 그 측정 결과를 시장·군수·구청장에게 보고하여야 한다.
  1. 지하수보전구역에 설치된 환경부령으로 정하는 시설
  2. 지하수의 오염방지를 위하여 오염 여부에 대한 지속적인 관측이 필요하다고 인정되는 시설로서 환경부령으로 정하는 시설
② 지하수오염유발시설관리자는 해당 시설을 운영하는 과정에서 대통령령으로 정하는 지하수오염이 우려되거나 지하수오염이 발생하였을 때에는 지체 없이 적절한 조치를 하고 이를 시장·군수·구청장에게 신고하여야 한다. 이 경우 시장·군수·구청장은 신고 내용을 조사·확인하여 오염방지 등 적절한 대책을 마련하여야 한다.

### 제16조의3(지하수오염유발시설관리자에 대한 조치)

① 환경부장관 또는 시장·군수·구청장은 제16조의2제1항에 따른 수질측정 결과 지하수의 수질이 환경부령으로 정한 기준에 적합하지 아니하게 된 경우에는 대통령령으로 정하는 바에 따라 그 오염의 원인을 제공한 지하수오염유발시설관리자에게 지하수의 수질을 복원할 수 있는 정화작업과 그 밖에 필요한 조치를 하도록 명하여야 한다.

② 환경부장관 또는 시장·군수·구청장은 지하수오염유발시설관리자가 제1항에 따른 명령을 이행하지 아니하거나 이행 후 해당 부지와 그 주변지역의 지하수오염 정도가 환경부령으로 정하는 오염지하수 정화기준 이내로 감소되지 아니할 경우에는 해당 지하수오염유발시설의 운영 및 사용을 중지하게 하거나 지하수오염유발시설의 폐쇄·철거 또는 이전을 명할 수 있다.

③ 제1항에 따른 지하수오염유발시설관리자에 대한 명령절차 등에 관하여 필요한 사항은 대통령령으로 정한다.

④ 시장·군수·구청장은 지하수 오염의 원인을 제공한 지하수오염유발시설관리자가 불분명하거나 지하수 오염의 원인을 제공한 지하수오염유발시설관리자에 의한 정화작업이 곤란하다고 인정하는 경우에는 직접 해당 정화작업을 할 수 있다. 이 경우 정화작업에 소요된 비용은 해당 설치자 또는 관리자가 부담하며, 그 징수에 관하여는 「행정대집행법」 제5조 및 제6조를 준용한다.

### 제16조의4(오염지하수 정화계획의 승인 등)

① 지하수오염유발시설관리자는 제16조의2제2항에 따라 오염된 지하수를 정화하거나 제16조의3제1항에 따른 정화명령을 받았을 때에는 환경부령으로 정하는 오염지하수 정화기준에 맞도록 하여야 하며, 대통령령으로 정하는 바에 따라 오염지하수 정화계획을 작성한 후 시장·군수·구청장에게 제출하여 승인을 받아야 한다. 승인을 받은 사항 중 환경부령으로 정하는 중요한 사항을 변경하려는 경우에도 또한 같다.

② 시장·군수·구청장이 제1항에 따라 승인을 하는 경우에는 정화사업의 시행기간을 명시하여야 한다.

### 제17조(지하수의 측정 등)

① 환경부장관은 전국적인 지하수측정시설(이하 "국가측정망"이라 한다)을 설치하여 대통령령으로 정하는 바에 따라 지하수의 변동실태를 조사하여야 한다.

② 시장·군수·구청장은 관할구역의 지하수의 변동실태를 파악·분석하기 위하여 국가측정망을 보완하는 지역 지하수측정시설(이하 "보조측정망"이라 한다)을 설치하고 대통령령으로 정하는 바에 따라 지하수의 변동실태를 조사하여 그 결과를 환경부장관에게 보고하여야 한다.

③ 시장·군수·구청장이 제2항에 따라 보조측정망을 설치하려면 측정망의 위치, 구조도, 측정 장비 등이 포함된 보조측정망 설치계획을 수립하여 환경부장관 및 시·도지사에게 통보하여야 한다. 다만, 특별자치시장이 보조측정망을 설치할 때에는 환경부장관에게만 통보하여야 한다.

④ 환경부장관 및 시장·군수·구청장은 제1항 및 제2항에 따른 측정망의 위치 및 구조도, 측정 항목 등을 명시한 측정망 설치계획을 결정하여 고시(기본계획에 측정망 설치계획을 포함하여 공고한 경우에는 측정망 설치계획을 고시한 것으로 본다)하고, 일반인이 이를 열람할 수 있게 하여야 한다. 측정망 설치계획을 변경하려는 경우에도 또한 같다.

⑤ 환경부장관 및 시장·군수·구청장은 제1항 및 제2항에 따른 지하수의 변동실태 조사 결과 제6조의2제2항에 따른 지하수 장해가 발생한 경우에는 대통령령으로 정하는 바에 따라 필요한 조치를 하여야 한다.

⑥ 환경부장관 및 시장·군수·구청장은 제1항 및 제2항에 따른 지하수의 변동실태 조사에 관한 업무를 지하수조사전문기관에 대행하게 할 수 있다.
⑦ 제1항부터 제3항까지의 규정에 따른 측정망의 설치기준, 측정망의 수, 측정방법 등에 관하여 필요한 사항은 환경부령으로 정한다.

### 제18조의2(토지 등의 수용 및 사용)
① 환경부장관 또는 시장·군수·구청장은 제17조에 따른 국가측정망 또는 보조측정망의 설치를 위하여 필요한 경우에는 해당 지역의 토지 또는 그 토지에 정착된 물건을 수용하거나 사용할 수 있다.
② 제1항에 따른 수용 또는 사용의 절차와 손실보상 등에 관하여는 「공익사업을 위한 토지 등의 취득 및 보상에 관한 법률」에서 정하는 바에 따른다.

### 제20조(수질검사 등)
① 허가를 받거나 신고하고 지하수를 개발·이용하는 자로서 대통령령으로 정하는 자는 정기적으로 지하수 관련 검사전문기관의 수질검사를 받아야 한다.
② 환경부장관 또는 시장·군수·구청장은 제1항에 따른 수질검사 결과 그 수질이 환경부령으로 정하는 수질기준에 적합하지 아니한 경우에는 대통령령으로 정하는 바에 따라 지하수의 이용중지 또는 수질개선 등 필요한 조치를 명할 수 있다.
③ 수질검사의 항목·기준·절차 및 검사전문기관 등에 관하여 필요한 사항은 대통령령으로 정한다.
④ 수질검사를 받은 자는 검사결과서를 갖추어 두어야 한다.

### 제21조(출입조사 등)
① 시장·군수·구청장은 허가를 받거나 신고하고 지하수를 개발·이용하는 자와 지하수오염유발시설관리자로 하여금 1개월 이내의 기간을 정하여 수질검사 이행 여부, 수질검사결과서, 지하수개발·이용상황 또는 지하수오염방지 조치상황 등에 대한 자료를 제출하게 하거나 보고하게 할 수 있다.
② 제출 자료 및 보고 내용을 검토한 결과 조사 목적을 달성하기 어려운 경우에는 관계 공무원이 해당 사업장 등에 출입하여 해당 사항을 조사하게 할 수 있다.
③ 조사를 하는 경우에는 조사 7일 전까지 조사 일시, 조사 이유 및 조사 내용 등에 대한 조사계획을 조사대상자에게 알려야 한다. 다만, 긴급한 경우이거나 사전에 알리면 증거인멸 등으로 조사 목적을 달성할 수 없다고 인정하는 경우에는 그러하지 아니할 수 있다.
④ 검사를 하는 공무원은 그 신분을 나타내는 증표를 관계인에게 보여 주어야 하며, 출입 시 성명, 출입시간, 출입 목적 등이 표시된 문서를 관계인에게 발급하여야 한다.

## 4 지하수개발·이용시공업(施工業)

**제23조(결격사유)** 다음 각 호의 어느 하나에 해당하는 자는 지하수개발·이용시공업의 등록을 할 수 없다.
1. 피성년후견인 및 피한정후견인
2. 파산선고를 받고 복권되지 아니한 자
3. 이 법을 위반하여 징역 이상의 실형을 선고받고 그 집행이 끝나거나(집행이 끝난 것으로 보는 경우를 포함한다) 집행이 면제된 날부터 2년이 지나지 아니한 사람
4. 이 법을 위반하여 금고 이상의 형의 집행유예를 선고받고 그 유예기간 중에 있는 사람
5. 지하수개발·이용시공업의 등록이 취소(제1호 또는 제2호에 해당하여 등록이 취소된 경우는 제외한다)된 후 2년이 지나지 아니한 자
6. 임원 중에 제1호부터 제5호까지의 어느 하나에 해당하는 사람이 있는 법인

**제25조(등록의 취소 등)**
① 시장·군수·구청장은 지하수개발·이용시공업자가 다음 각 호의 어느 하나에 해당하는 경우에는 지하수개발·이용시공업의 등록을 취소할 수 있다. 다만, 제1호·제4호·제5호 및 제7호에 해당하는 경우에는 등록을 취소하여야 한다.
1. 부정한 방법으로 등록을 한 경우
2. 등록기준에 미치지 못하게 된 경우
3. 변경등록을 하지 아니하거나 부정한 방법으로 변경등록을 한 경우
4. 제23조 각 호의 어느 하나에 해당하게 된 경우. 다만, 법인의 임원 중에 제23조제1호부터 제5호까지의 어느 하나에 해당하는 자가 있는 경우 3개월 이내에 해당 임원을 교체 임명하였을 때에는 그러하지 아니하다.
5. 제26조를 위반하여 다른 자에게 자기의 상호 또는 명칭을 사용하여 지하수개발·이용시공업을 하게 하거나 등록증을 대여한 경우
6. 계속하여 2년 이상 영업을 하지 아니한 경우
7. 고의 또는 중대한 과실로 지하수개발·이용시설의 공사를 부실하게 한 경우
8. 「국세징수법」, 「지방세징수법」 등 관계 법률에 따라 국가 또는 지방자치단체가 요구하는 경우
② 등록의 취소처분을 받은 지하수개발·이용시공업자는 그 처분이 있기 전에 시작한 공사에 대하여는 대통령령으로 정하는 바에 따라 시공을 계속할 수 있다.
③ 등록취소의 절차 등에 관하여 필요한 사항은 대통령령으로 정한다.

**제26조(명의 대여의 금지 등)** 지하수개발·이용시공업자는 다른 자에게 자기의 상호 또는 명칭을 사용하여 지하수개발·이용시공업을 하게 하거나 그 등록증을 대여하여서는 아니 된다.

# UNIT 02 지하수법 시행령

**제1조(목적)** 이 영은 「지하수법」에서 위임된 사항과 그 시행에 필요한 사항을 규정함을 목적으로 한다.

### 제2조(지하수의 조사)

① 환경부장관은 「지하수법」(이하 "법"이라 한다) 제5조제1항에 따라 지질조사·물리탐사·시추조사(試錐調査) 및 지하수의 수위(水位)·수질조사 등을 통하여 전국의 지하수에 대하여 부존(賦存) 특성, 개발 가능량, 수질 특성, 지하수개발·이용시설과 유출지하수 등에 관한 기초적인 조사를 해야 한다.

② 환경부장관은 기초적인 조사를 하였을 때에는 다음 각 호의 사항이 포함된 **축척 5만분의 1의 수문지질도**(水文地質圖)를 작성하여야 한다. 다만, 조사의 내용 등을 고려하여 부득이하다고 인정되는 경우에는 5만분의 1이 아닌 축척의 수문지질도를 작성할 수 있다.
  1. 지형 및 지하지질의 분포
  2. 지하수의 수위 분포
  3. 지하수를 함유하고 있는 지층의 구조와 수리적(水理的) 특성
  4. 지하수의 수질 특성
  5. 지하수의 개발 가능량
  6. 그 밖에 지하수의 부존 특성 등에 관한 기초적인 조사를 위하여 필요한 사항

③ 환경부장관은 전국의 지하수에 대하여 매년 지역별 조사계획을 수립하고 이에 따라 지하수의 부존 특성, 개발 가능량, 수질 특성, 지하수개발·이용시설과 유출지하수 등에 관한 기초적인 조사를 해야 한다. 다만, 지하수를 용수원(用水源)으로 시급히 개발할 필요가 있는 지역으로서 관계 중앙행정기관의 장이나 특별시장·광역시장·특별자치시장·도지사 또는 특별자치도지사(이하 "시·도지사"라 한다)가 요청하는 지역에 대해서는 다른 지역보다 우선하여 조사를 할 수 있다.

④ 환경부장관은 법 제5조제2항에 따라 다음 각 호의 사항에 대하여 보완조사를 실시하여야 한다.
  1. 지하수의 수위 분포
  2. 지하수의 수질 특성
  3. 지하수개발·이용 실태
  4. 그 밖에 보완조사를 위하여 필요한 사항

### 제3조(지하수 조사의 협의 등)

① 관계 중앙행정기관의 장, 시·도지사 또는 시장·군수·구청장은 지하수와 관련된 소관 업무의 수행을 위한 조사를 하려면 다음 각 호의 구분에 따라 미리 환경부장관과 협의하거나 환경부장관에게 통보해야 한다.
  1. 협의해야 하는 경우: 제2조제2항제2호부터 제5호까지에서 정한 사항에 관한 조사
  2. 통보해야 하는 경우: 제1호에 해당하지 않는 조사

② 관계 중앙행정기관의 장, 시·도지사 또는 시장·군수·구청장은 제1항에 따른 조사를 마쳤을 때에는 환경부령으로 정하는 바에 따라 조사를 마친 날부터 1개월 이내에 환경부장관에게 그 결과를 통보하여야 한다.

③ 법 제5조제4항 단서에서 "대통령령으로 정하는 긴급한 사유가 있는 경우"란 전쟁, 천재지변 그 밖의 재해로 인하여 지하수를 긴급히 개발·이용하여야 하는 경우를 말한다.

### 제4조(조사업무의 대행)
① 환경부장관, 관계 중앙행정기관의 장, 시·도지사 또는 시장·군수·구청장은 다음 각 호의 어느 하나에 해당하는 지하수 관련 조사전문기관으로 하여금 지하수에 관한 조사업무를 대행하게 할 수 있다.
  1. 한국지질자원연구원
  2. 한국광물자원공사
  3. 한국수자원공사
  4. 한국농어촌공사
  5. 한국건설기술연구원
  6. 한국환경공단
  7. 법 제26조의2에 따라 설립된 협회
② 지하수에 관한 조사업무를 대행하는 지하수조사전문기관은 조사를 시작하는 날부터 15일 이내에 조사계획을 환경부장관, 관계 중앙행정기관의 장, 시·도지사 또는 시장·군수·구청장에게 통보하여야 한다.

### 제5조(조사자료의 요구 등)
① 환경부장관, 관계 중앙행정기관의 장, 시·도지사 또는 시장·군수·구청장은 관계 기관에 대하여 지하수 조사자료를 요구하거나 협조를 요청하는 경우에는 필요한 조사자료의 내용, 협조하여야 할 사항과 자료의 제출기간을 명백히 하여야 한다.
② 조사자료를 요구받거나 협조를 요청받은 관계 기관은 특별한 사유가 없으면 그 요구나 요청에 따라야 한다.

### 제6조(조사자료의 종합관리)
① 환경부장관은 법 제5조제7항에 따라 매년 12월 31일을 기준으로 법 제5조제1항부터 제3항까지 및 제5항에 따른 지하수에 관한 조사와 법 제5조제9항에 따른 지하수의 이용실태 조사 등을 토대로 전국의 지하수에 관한 조사자료를 종합하여 지하수조사연보를 발행해야 한다.
② 환경부장관은 지하수조사연보를 발행하였을 때에는 관계 기관에 보내고 일반인이 활용할 수 있도록 하여야 한다.

### 제6조의2(지하수 이용실태의 조사)
① 시장·군수·구청장은 법 제5조제9항 본문에 따라 매년 다음 각 호의 사항을 포함하여 지하수의 이용실태를 조사해야 한다.
  1. 지하수의 위치·수량 등 지하수의 일반현황
  2. 지하수의 이용자·용도·이용량 등 지하수의 이용현황
  3. 지하수개발·이용시설의 깊이·지름·양수설비 등 형태 및 특성
  4. 제30조제5항의 수질검사자료를 포함한 지하수의 수질

5. 법 제30조의3제1항에 따른 지하수이용부담금 부과·징수 현황

② 시장·군수·구청장은 법 제5조제9항 본문에 따라 지하수 이용실태의 조사결과를 환경부령으로 정하는 바에 따라 다음 해 3월 31일까지 환경부장관과 관계 시·도지사에게 보고해야 한다.

③ 특별자치시장은 법 제5조제9항 단서에 따라 지하수 이용실태 조사의 결과를 환경부령으로 정하는 바에 따라 다음 해 3월 31일까지 환경부장관에게 보고해야 한다.

### 제7조(지하수관리기본계획)

① 환경부장관이 지하수관리기본계획(이하 "기본계획"이라 한다)을 수립하기 위하여 필요하다고 인정하는 경우에는 관계 중앙행정기관의 장, 시·도지사 또는 시장·군수·구청장에게 필요한 자료의 제출을 요청할 수 있다.

② 환경부장관은 기본계획을 수립하거나 변경한 경우에는 다음 각 호의 사항을 관보에 공고하여야 한다.
   1. 기본계획의 목적
   2. 기본계획의 목표기간
   3. 지하수의 부존 특성 및 개발 가능량
   4. 지하수의 조사 및 이용계획
   5. 지하수의 보전 및 관리계획
   6. 지하수의 수질관리 및 정화계획
   7. 그 밖에 환경부령으로 정하는 사항

③ 환경부장관은 기본계획을 공고한 경우에는 지체 없이 이를 관계 중앙행정기관의 장 및 시·도지사에게 통보하여야 한다.

④ 기본계획을 통보받은 시·도지사는 이를 해당 시장·군수·구청장에게 보내야 하며, 시장·군수·구청장은 기본계획을 20일 이상 일반인이 열람할 수 있도록 하여야 한다. 다만, 특별자치시장은 기본계획을 20일 이상 일반인이 열람할 수 있도록 하여야 한다.

⑤ 지하수의 수질관리 및 정화계획에는 다음 각 호의 사항이 포함되어야 한다.
   1. 지하수의 수질관리 및 정화계획에 관한 기본방향
   2. 지하수 오염의 현황 및 예측
   3. 지하수의 수질보호계획
   4. 〈삭제〉
   5. 지하수의 수질에 관한 정보화계획
   6. 그 밖에 지하수의 수질관리 및 정화에 필요한 사항

⑥ 법 제6조제1항제6호에서 "그 밖에 지하수의 관리에 관한 사항"은 다음 각 호의 사항으로 한다.
   1. 지하수의 조사계획 및 관측망 설치·운영계획
   2. 지하수의 관리계획
   3. 지하수의 관리에 관한 투자계획
   4. 지하수정보체계의 구축·운영계획

⑦ 〈삭제〉

⑧ 법 제6조제5항 단서에서 "대통령령으로 정하는 경미한 사항을 변경하려는 경우"란 다음 각 호의 경우를 말한다.
　1. 법 제5조제9항에 따른 지하수의 이용실태 조사 결과에 따라 법 제6조제1항제2호의 사항을 변경하는 경우
　2. 제6항제3호의 사항을 변경하는 경우

### 제7조의2(지역지하수관리계획)
① 경미한 사항의 변경은 제7조제8항 각 호의 어느 하나에 해당하는 경우로 한다.
② 시·도지사 또는 시장·군수·구청장은 지역지하수관리계획(이하 "지역관리계획"이라 한다)을 수립하여 환경부장관의 승인을 받았을 때에는 다음 각 호의 사항을 공보에 공고하여야 한다. 지역관리계획을 변경할 때에도 또한 같다.
　1. 지역관리계획의 목적
　2. 지역관리계획의 목표기간
　3. 지하수의 부존 특성 및 개발 가능량
　4. 지하수의 수량관리 및 이용계획
　5. 지하수의 보전 및 관리계획
　6. 지하수의 수질관리계획
　7. 관계 서류의 열람기간 및 열람장소에 관한 사항
　8. 지역관리계획의 변경사유 및 변경내용(계획 변경의 경우만 해당한다)
③ "대통령령으로 정하는 지하수 장해가 발생하는 경우"란 다음 각 호의 어느 하나에 해당하는 경우를 말한다.
　1. 지하수의 지나친 개발·이용으로 지하수의 수위가 현저하게 낮아져 수원(水源) 고갈이나 지반이 내려앉는 현상이 발생하는 경우
　2. 지하수 수질이 악화되어 수질의 개선 또는 정화가 요구되는 경우
　3. 해안지역과 섬지역에서 지하수의 지나친 개발·이용으로 대수층(帶水層) 안으로 바닷물이 침입한 경우
　4. 그 밖에 지하수의 보전 및 관리를 위하여 필요한 조치를 하지 아니하면 지하수의 이용이 어렵게 되는 경우
④ 법 제6조의2제1항에 따라 지역관리계획의 승인을 받은 특별자치시장, 법 제6조의2제2항에 따라 지역관리계획의 승인을 받은 시장·군수·구청장과 같은 조 제4항에 따라 시·도지사로부터 지역관리계획을 통보받은 시장·군수·구청장은 그 내용을 20일 이상 일반인이 열람할 수 있도록 하여야 한다.

### 제12조(지하수영향조사의 항목·조사방법 등)
① 지하수영향조사의 항목·조사방법 및 평가기준은 별표1과 같다. 다만, 시장·군수·구청장은 지하수의 보전을 위하여 특히 필요하다고 인정되는 경우에는 해당 시(특별자치시를 포함한다. 이하 같다)·군·구(자치구를 말한다. 이하 같다)의 조례로 정하는 바에 따라 조사항목 및 조사방법을 추가하거나 「먹는물관리법」 제13조에 따른 환경영향조사의 항목·조사방법 및 평가기준에 따를 수 있다.

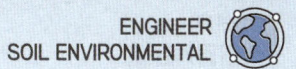

② 지하수영향조사서의 작성지침 및 작성내용은 별표 2와 같다.

| 지하수법 시행령 별표 1 (지하수영향조사의 항목·조사방법 및 평가기준) |||
|---|---|---|
| 조사항목 | 조사방법 | 평가기준 |
| 1. 수문지질(水文地質) 현황 및 개발가능한 원수의 양 | 가. 조사대상지역은 개발예정지점을 중심으로 반지름 0.5킬로미터를 기준으로 하되 지역 여건에 따라 시·군·구의 조례로 정하는 바에 따라 2분의 1의 범위에서 늘리거나 줄일 수 있다. 다만, 지하수의 영향 범위가 조사대상 지역을 초과하는 경우에는 그 영향 범위까지를 조사대상 지역으로 한다.<br>나. 조사지역의 기존 자료를 수집·검토하고 현지 답사를 통하여 아래의 수문 및 수리지질(水理地質: 땅속의 물, 특히 지하수와의 관련성 측면에서의 지질) 현황을 조사한다.<br>　1) 우물, 샘, 유출지하수 등의 이용현황<br>　2) 하천의 현황<br>　3) 잠재오염원 분포현황<br>다. 지하수관리기본계획 등 기존 자료를 활용하여 조사지역의 지하수 함양량과 개발 가능량을 산정한다.<br>라. 다목에서 산정된 조사지역의 지하수 개발 가능량을 토대로 기존 지하수 이용량 등을 고려한 지하수 신규 개발 가능량을 산정한다. | 허가신청량이 신규 개발 가능량 이내일 것 |
| 2. 적정 취수량 및 영향 범위 산정 | 가. 대수성시험(帶水性試驗)을 통하여 대수층의 특성 및 지하수의 산출 특성을 파악한다.<br>　1) 단계대수성시험<br>　　가) 단계대수성시험은 최소 3단계 이상 하여야 하며, 각 단계별 시험의 필요한 시간은 1시간 이상이어야 한다.<br>　　나) 양수정(揚水井) 안에 수중모터펌프를 설치하여 각 단계별로 양수율을 일정하게 유지하면서 양수정에서의 양수시간에 따른 지하수 수위의 강하를 측정한다.<br>　2) 연속대수성시험<br>　　가) 단계대수성시험을 마친 후 지하수의 수위가 회복된 다음에 일정 양수율 조건에서 양수정과 관측정에서의 양수시간에 따른 지하수 수위의 강하를 측정한다. 다만, 관측정이 없는 경우에는 양수정에서만 지하수 수위의 강하를 측정할 수 있다.<br>　　나) 연속대수성시험기간은 12시간 이상 연속으로 함을 원칙으로 한다.<br>　　다) 양수시간에 따른 지하수 수위 강하를 측정한 자료를 통하여 대수층의 특성을 나타내는 수리상수(水理常數: 지하 수류의 침투 또는 투수에 관한 흙의 성질을 대표하는 계수)인 수리전도도(水理傳導度), 투수량 계수, 저류(貯留) 계수, 비양수량(比揚水量) 등을 조사한다.<br>　3) 수위회복시험<br>　　가) 연속대수성시험을 마침과 동시에 펌프 작동을 중지하고 양수시간에 따른 회복수위를 2시간 이상 측정한다. | • 허가신청량이 1일 적정 취수량 이내일 것<br>• 영향 범위 내 기존 시설물이나 잠재오염원이 있어 영향을 받는 경우 이에 대한 대책을 마련할 것 |

|   |   |   |
|---|---|---|
|   | 나) 양수시간에 따른 회복수위를 측정한 자료를 통하여 수리상수를 조사하고 연속대수성시험의 결과와 비교한다.<br>4) 양수정과 관측정에서의 지하수 수위 측정 시간간격은 다음과 같다.<br>　가) 시험 시작 후 5분까지: 1분 간격<br>　나) 시험 시작 후 5분부터 1시간까지: 5분 간격<br>　다) 시험 시작 후 1시간부터 2시간까지: 15분 간격<br>　라) 시험 시작 후 2시간부터 6시간까지: 1시간 간격<br>　마) 시험 시작 후 6시간부터 종료 시까지: 2시간 간격<br>나. 각각의 대수성과 시험 결과를 이용하여 예정된 지하수개발·이용시설의 1일 적정 취수량을 결정하고 그 영향반경을 산정한다.<br>다. 이 조사에서 결정된 1일 적정 취수량으로 지하수를 취수할 때에 5년 후의 영향 범위를 적절한 분석기법을 이용하여 분석·제시한다.<br>라. 산정된 영향 범위에 기존 시설물이나 잠재오염원이 있을 경우 기존 시설물이나 취수정에 미칠 수 있는 영향을 검토·제시한다. |   |
| 3. 수질 | 현장조사를 통하여 원수의 수질상태를 조사해야 하며, 수질검사의 방법과 항목은 제31조를 준용한다. | 사용 용도에 따른 수질의 적정성 |

※ 비고
1. 지하수개발·이용시설에 대한 변경허가를 신청하는 경우에는 적정 취수량 및 영향 범위에 관한 사항으로 조사항목을 한정할 수 있으며, 제11조제1항제2호의 경우에는 지하수영향조사서를 갈음하여 제30조제1항에 따른 수질검사전문기관이 작성한 수질검사서로 대체할 수 있다.
2. 지하수개발·이용의 연장허가를 신청하는 경우에는 적정 취수량 및 영향 범위와 수질에 관한 사항으로 조사항목을 한정할 수 있으며, 적정 취수량 및 영향 범위의 조사방법은 연속대수성시험과 수위회복시험으로 한정할 수 있다.

### 지하수법 시행령 별표 2 (지하수영향조사서의 작성지침과 작성내용)

1. **작성지침**
　가. 조사방법에 따라 수집·분석한 내용을 조사항목별로 체계적·논리적으로 작성한다.
　나. 평가기준에 대한 조사자의 분석 결과를 작성한다.
　다. 그 밖의 참고자료를 첨부하되, 착정(鑿井), 수위, 대수성시험, 수질 등 현장조사자료는 환경부장관이 배포한 프로그램에 입력하여 제출한다.

2. **작성내용**
　가. 서론
　　1) 지하수개발이용계획의 개요
　　2) 조사 결과의 요약
　　3) 지하수개발·이용 방안
　나. 수문지질현황 및 개발 가능한 원수의 양
　　1) 수문(水文) 및 수리지질(水理地質) 현황 조사
　　　가) 우물, 샘, 유출지하수 등의 이용현황
　　　나) 하천의 현황
　　　다) 잠재오염원 분포현황

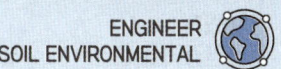

          2) 조사지역의 지하수 함양량, 개발 가능량 조사
          3) 신규 지하수 개발 가능량 산정
        다. 적정 취수량 및 영향 범위 산정
          1) 대수성시험성과를 토대로 1일 적정 취수량 및 영향반경을 기술
          2) 5년 이후의 영향 범위 분석성과를 기술
          3) 지하수 개발 시 주변 잠재오염원에 의한 영향 검토성과를 기술
          4) 지하수의 개발로 인하여 주변 지역에 미치는 영향의 범위 및 정도를 기술
        라. 수질의 적정성 평가 : 수질분석성과를 토대로 수질의 적정성을 기술
        마. 시설설치계획 : 시설의 설계내용 및 설치계획을 기술
        바. 그 밖의 사항
          1) 그 밖의 영향조사 시 굴착한 관정의 활용계획·오염방지계획과 활용하지 않는 관정 처리계획 등을 기술
          2) 우물 및 샘과 잠재오염원의 위치를 표기한 축척 5천분의 1의 지형도, 관정의 지질주상도(地質柱狀圖)와 구조도, 지하수의 수질분석자료, 현장사진 등을 첨부

**제15조의2(지하수 변동실태 정밀조사)** 정밀조사에는 다음 각 호의 사항이 포함되어야 한다.
  1. 주변 환경조사
  2. 지하수의 수위·수질 조사
  3. 지하수 수위변동 또는 수질오염의 원인분석
  4. 그 밖에 정밀조사를 위하여 필요한 사항

**제19조(지하수보전구역의 지정 대상지역)**
  ① 법 제12조제1항제3호에서 "대통령령으로 정하는 공공급수용 지하수개발·이용시설"이란 「수도법」 제3조에 따른 광역상수도·지방상수도·마을상수도·전용상수도 또는 소규모급수시설에 지하수를 공급하기 위하여 이용되는 지하수개발·이용시설(이하 "공공급수용시설"이라 한다)을 말하며, "대통령령으로 정하는 반지름"이란 50미터를 말한다.
  ② 법 제12조제1항제7호에서 "대통령령으로 정하는 지역"이란 다음 각 호의 어느 하나에 해당하는 지역을 말한다.
    1. 기본계획 또는 지역관리계획에 따라 지하수를 보전하거나 그 개발을 제한할 필요가 있다고 인정된 지역
    2. 해안지역과 섬지역에서 지하수의 지나친 개발·이용으로 지하수가 부존된 지층 안으로 바닷물이 침입하였거나 침입할 우려가 있는 지역
    3. 지하수개발·이용시설이 설치됨으로 인하여 공공급수용시설의 지하수 수량이 줄어들 우려가 있는 지역으로서 공공급수용시설의 중심에서 반지름 100미터 이내의 지역
  ③ 삭제
  ④ 법 제12조제7항제3호에서 "대통령령으로 정하는 지역"이란 기본계획에 따라 지하수보전구역의 지정이 필요하다고 인정된 지역을 말한다.
  ⑤ 법 제12조제1항에 따른 지하수보전구역의 지정 범위는 별표 3과 같다.

**제20조(지하수보전구역의 지정절차 등)**

① 관계 중앙행정기관의 장 또는 시장(특별자치시장은 제외한다. 이하 이 조에서 같다)·군수·구청장은 법 제12조제1항에 따른 지하수보전구역의 지정 또는 지정의 변경(해제를 포함한다. 이하 같다)이 필요하다고 인정되는 경우에는 환경부령으로 정하는 바에 따라 시·도지사에게 지하수보전구역의 지정 또는 지정의 변경을 요청할 수 있다.

② 관계 중앙행정기관의 장 또는 시장·군수·구청장은 제1항에 따라 지하수보전구역의 지정 또는 지정의 변경을 요청하는 경우에는 요청서에 다음 각 호의 서류를 첨부하여야 한다.
1. 지정 또는 변경지정의 목적이나 사유를 적은 서류
2. 지정 또는 변경지정의 내용을 적은 서류
3. 지정하거나 변경지정하려는 지역의 범위 및 면적을 표시한 축척 5천분의 1 이상의 지형도
4. 해당 지역의 지번·지목·면적이 표시된 토지의 조서
5. 그 밖에 환경부령으로 정하는 서류

③ 시·도지사는 제1항에 따른 지하수보전구역의 지정 또는 변경지정 요청이 타당하다고 인정되는 경우에는 지하수보전구역을 지정하거나 지정을 변경하여야 한다.

④ 시·도지사는 법 제12조제1항에 따라 지하수보전구역을 지정하거나 지정을 변경하려는 경우에는 다음 각 호의 사항을 고려하여야 한다.
1. 지하수의 부존 특성 및 이용실태
2. 지하수의 수질 특성 및 오염상태
3. 지하수 개발로 인하여 자연생태계에 미치는 영향
4. 해당 지역의 토지 이용현황
5. 해당 지역의 제26조의2제1항에 따른 지하수오염유발시설의 설치현황
6. 다른 법령에 따른 개발계획과의 관련성

⑤ 경미한 사항의 변경은 다음 각 호의 어느 하나에 해당하는 경우로 한다.
1. 지하수보전구역의 명칭을 변경하는 경우
2. 지하수보전구역의 면적을 지정면적의 100분의 10의 범위에서 늘리거나 줄이는 경우

⑥ 시·도지사는 지하수보전구역을 지정하거나 지정을 변경한 경우에는 법 제12조제5항에 따라 다음 각 호의 사항을 공보 등에 고시하여야 한다.
1. 지하수보전구역의 지정일 또는 변경일
2. 지하수보전구역의 명칭
3. 지하수보전구역의 위치 및 면적
4. 지하수보전구역의 지정 또는 변경지정 사유
5. 축척 5천분의 1 이상의 지형도면으로 작성된 도면
6. 그 밖에 환경부령으로 정하는 사항

⑦ 특별자치시장, 시장·군수·구청장은 법 제12조제6항에 따라 지하수보전구역의 지정 또는 지정 변경 사실 및 그 내용을 20일 이상 일반인이 열람할 수 있도록 하여야 한다.

⑧ 시·도지사는 지하수보전구역을 지정하거나 지정을 변경한 경우에는 그 지하수보전구역에 대한 지적고시(地籍

告示)를 하여야 한다. 다만, 지하수보전구역의 지정을 해제한 경우에는 그러하지 아니하다.
⑨ 시·도지사는 법 제12조제1항 각 호의 사유가 소멸되었다고 인정되는 경우에는 지하수보전구역의 지정을 해제하여야 한다.
⑩ 제8항에 따른 지적고시에 필요한 사항은 환경부령으로 정한다.

### 제20조의2(주민의 의견 청취)
① 시·도지사는 법 제12조의2제1항 본문에 따라 지하수보전구역의 지정 또는 변경지정에 관하여 주민의 의견을 들으려는 경우에는 지하수보전구역 지정안 또는 변경지정안의 주요 내용이 포함된 공고안을 해당 시장(특별자치시장은 제외한다. 이하 이 조에서 같다)·군수·구청장에게 통보해야 한다.
② 법 제12조의2제1항 본문에 따라 주민의 의견을 들으려는 특별자치시장은 지하수보전구역의 지정 또는 변경지정안의 주요 내용을, 제1항에 따라 통보를 받은 시장·군수·구청장은 그 내용을 법 제12조의2제2항에 따른 조례로 정하는 바에 따라 공고해야 한다.
③ 특별자치시장과 시장·군수·구청장은 제2항에 따라 공고하는 경우에는 그 내용을 법 제12조의2제2항에 따른 조례로 정하는 바에 따라 14일 이상의 기간 동안 주민이 공람할 수 있도록 해야 한다.
④ 제2항 및 제3항에 따라 공고·공람된 지하수보전구역 지정 또는 변경지정의 내용에 대하여 의견이 있는 자는 공람기간 내에 시·도지사에게 서면으로 의견을 제출할 수 있다.
⑤ 시·도지사는 공람기간이 끝난 날부터 30일 이내에 제4항에 따라 제출된 의견을 지하수보전구역의 지정 또는 변경지정 시에 반영할 것인지를 검토하여 그 결과를 해당 의견을 제출한 자에게 통보해야 한다.
⑥ 법 제12조의2제1항 단서에서 "대통령령으로 정하는 경미한 사항"이란 지하수보전구역의 지정 또는 변경지정의 내용 중 면적 산정의 착오를 정정하기 위한 경우를 말한다.

### 제21조(지하수보전구역에서의 행위 제한)
① 법 제13조제1항제1호에서 "대통령령으로 정하는 규모 이상"이란 지하수보전구역(다음 각 호의 지역은 제외한다)에서 개발·이용하려는 지하수의 1일 양수능력이 30톤 이상인 경우를 말한다. 이 경우 안쪽 지름이 32밀리미터 이상인 토출관을 사용하는 경우에는 1일 양수능력을 30톤 이상으로 본다.
  1. 법 제12조제1항제3호에 따른 지역
  2. 제19조제2항제1호에 따른 지역(지하수의 수질 보전을 위한 지역에 한정한다)
② 제1항에 따른 양수능력의 산정에 관하여는 제13조제5항을 준용한다.
③ 법 제13조제1항제2호 각 목 외의 부분에서 "대통령령으로 정하는 시설"이란 「물환경보전법」, 「폐기물관리법」, 「화학물질관리법」, 「토양환경보전법」, 「하수도법」 또는 「가축분뇨의 관리 및 이용에 관한 법률」에 따른 허가·승인·신고 등의 대상이 되는 시설을 말한다.
④ "대통령령으로 정하는 행위"란 다음 각 호의 어느 하나에 해당하는 행위를 말한다.
  1. 터널공사 등 지하수의 유동로(流動路) 및 유동속도를 변경시킬 우려가 있는 지하굴착공사
  2. 지하유류저장고 등 지하수를 오염시킬 우려가 있는 구조물의 설치
  3. 폐기물 매립장, 특정 폐기물 보관시설 및 집단묘지 등의 설치

4. 지하수의 수량 및 수질에 현저한 영향을 줄 수 있는 행위로서 환경부령으로 정하는 규모 이상의 채광(採鑛), 토석(土石) 채취 및 가축 등의 사육

⑤ 시장·군수·구청장은 지하수보전구역에서 새로운 지하수개발·이용행위를 금지하려는 경우에는 다음 각 호의 사항을 공보 등에 고시하여야 하며, 그 고시내용을 20일 이상 일반인이 열람할 수 있도록 하여야 한다.
1. 지하수보전구역의 지정일 또는 변경일
2. 지하수보전구역의 명칭
3. 지하수보전구역의 위치 및 면적
4. 축척 5천분의 1 이상의 지형도면으로 작성된 도면
5. 금지되는 지하수개발·이용행위의 내용 및 금지되는 기간

### 제23조(원상복구의 예외 등)

① "대통령령으로 정하는 경우"란 다음 각 호의 어느 하나에 해당하는 경우를 말한다.
1. 허가·인가 등을 받거나 신고를 하고 계속 지하수를 개발·이용하는 경우
2. 법 제17조제1항에 따른 국가측정망(이하 "국가측정망"이라 한다) 또는 같은 조 제2항에 따른 보조측정망(이하 "보조측정망"이라 한다)으로 이용할 필요가 있다고 시장·군수·구청장이 인정하는 경우
3. 지형 여건상 원상복구할 필요가 없다고 시장·군수·구청장이 인정하는 경우

② "그 밖에 원상복구가 필요한 경우로서 대통령령으로 정하는 경우"란 다음 각 호의 어느 하나에 해당하는 경우를 말한다.
1. 지하수의 수위저하로 인하여 지반 또는 구조물이 내려앉거나 내려앉을 우려가 있는 경우
2. 지하수의 수위저하로 인하여 지하수가 고갈되거나 고갈될 우려가 있는 경우

### 제24조(원상복구의 기준·방법·기간 등)

① 시장·군수·구청장은 원상복구를 명할 때에는 1개월 이내의 기간을 정하여 원상복구 의무자에게 그 내용을 서면으로 통지하여야 한다. 이 경우 원상복구 의무자는 원상복구를 하기 전에 시장·군수·구청장에게 전화 등의 방법으로 원상복구 실시일을 통보하고 원상복구하여야 한다.

② 시장·군수·구청장은 천재지변이나 그 밖의 부득이한 사유가 있다고 인정하는 경우에는 제1항에 따라 통지한 기간을 2회(매회 연장기간은 처음 통지한 기간이 범위를 초과할 수 없다)까지 연장할 수 있다. 이 경우 기간을 연장받으려는 자는 통지(연장한 경우에는 연장 통지를 말한다)받은 기간이 끝나기 3일 전까지 시장·군수·구청장에게 기간 연장을 신청하여야 한다.

③ 시장·군수·구청장은 법 제15조제4항에 따라 원상복구 의무자를 대신하여 직접 원상복구를 하여야 하는 경우에는 원상복구 착공 예정일 7일 전까지 원상복구 의무자에게 그 내용을 문서로 통지하여야 한다.

④ 법 제15조에 따른 원상복구는 다음 각 호의 방법으로 한다. 다만, 시장·군수·구청장이 다음 각 호의 방법으로는 원상복구를 하기에 충분하지 아니하다고 인정하여 원상복구방법을 따로 정하는 경우에는 그 방법으로 한다.
1. 굴착시설 내부를 확인하여 설치자재 및 오염물질을 제거하고 처음에 굴착한 바닥부터 지표까지 시멘트 슬러리, 점토(粘土) 등 물이 스며들기 어려운 재료로 되메울 것. 다만, 지표하부보호벽(이하 이 항에서 "보호벽"이라 한다)의 하부에는 모래 등 물이 스며들기 쉬운 재료를 주입하여 되메울 수 있다.

2. 보호벽을 제거할 것. 다만, 보호벽을 제거하기가 곤란한 경우에는 주변의 토양을 터파기한 후 지표로부터 깊이 1미터 이상 보호벽을 절단할 것
⑤ 시장·군수·구청장은 원상복구의 명령을 받은 원상복구 의무자가 복구기간 내에 제4항에 적합하게 원상복구를 하였는지를 확인하여야 한다.

## 제25조(지하수 오염방지조치 등)

① 지하수 오염방지를 위한 시설의 설치 등 필요한 조치를 하여야 하는 자(이하 "지하수 오염방지 의무자"라 한다)는 다음 각 호의 기준에 따라 지하수 오염방지조치를 하여야 한다.
  1. 지하수개발·이용시설의 상부보호공 및 지표하부보호벽을 설치하고 지하수개발·이용시설 주변에 일정한 경사도를 유지하여 지표 또는 다른 지하수개발·이용시설로부터 오염물질이 흘러들지 아니하도록 할 것 다만, 다음 각 목의 어느 하나에 해당하는 경우에는 상부보호공의 설치를 하지 아니할 수 있다.
     가. 오염물질이 흘러들 우려가 없는 건축물에서 지하수를 개발·이용하는 경우
     나. 정착된 동력장치를 이용하지 아니하고 농·어업용수를 개발·이용 시 제4호에 따른 오염방지조치를 한 경우
  2. 정착된 동력장치를 이용하지 아니하는 농·어업용 지하수개발·이용시설에 설치되는 토출관을 지표면으로부터 30센티미터 이상 높게 하고, 그 토출관의 끝부분을 "ㄱ"자 모양으로 한 후 뚜껑을 씌워 오염물질이 흘러들지 아니하도록 할 것
  3. 그 밖에 환경부장관이 지하수의 오염방지를 위하여 정하는 조치를 이행할 것

## 제26조(지하수 오염방지명령 등)

① 환경부장관 또는 시장·군수·구청장은 법 제16조제2항에 따라 지하수를 오염시키거나 현저하게 오염시킬 우려가 있는 시설의 설치자 또는 관리자에게 지하수 오염방지를 위하여 다음 각 호의 조치를 하도록 명할 수 있다.
  1. 지하수 오염 관측정(觀測井: 지하수 오염 감시 및 수위, 수량 등을 관측하기 위해 파놓은 샘)의 설치 및 수질측정
  2. 지하수 오염 진행상황의 평가
  3. 지하수오염물질 누출방지시설의 설치
  4. 오염된 지하수의 정화
  5. 해당 시설의 설비·운영의 개선
② 제1항에 따른 지하수 오염방지를 위한 조치명령에 필요한 사항은 환경부령으로 정한다.

## 제26조의2(지하수오염유발시설의 오염방지 등)

① 지하수오염유발시설(이하 "지하수오염유발시설"이라 한다)의 설치자 또는 관리자(이하 "지하수오염유발시설관리자"라 한다)는 지하수 오염방지를 위하여 다음 각 호의 조치를 하여야 한다.
  1. 지하수오염물질 누출방지시설의 설치
  2. 지하수오염물질의 누출 여부를 확인할 수 있는 시설의 설치
  3. 지하수오염유발시설의 상류·하류 구간에 대한 지하수 오염 관측정의 설치
  4. 지하수 수질의 정기적 측정 및 시장·군수·구청장에 대한 수질측정 결과의 보고

② 법 제16조의2제2항 전단에서 "대통령령으로 정하는 지하수오염이 우려되거나 지하수오염이 발생하였을 때"란 지하수오염유발시설을 운영하는 과정에서 오염물질이 인근 지하수로 누출되었을 때를 말한다.

③ 지하수오염유발시설관리자는 해당 시설이 제2항에 해당할 때에는 지체 없이 다음 각 호의 조치를 하여야 한다.
 1. 법 제16조의2제1항에 따른 지하수의 수질측정
 2. 오염물질의 제거
 3. 오염물질의 확산을 방지하기 위한 시설의 설치

④ 지하수오염유발시설관리자는 제3항에 따른 조치를 한 경우에는 지체 없이 시장·군수·구청장에게 다음 각 호의 사항을 신고하여야 한다.
 1. 지하수오염사고의 발생 일시·장소 및 사고의 원인과 내용
 2. 지하수오염물질의 종류·농도 및 누출량
 3. 오염피해가 우려되는 지역과 수질을 측정한 지점
 4. 오염사고의 수습을 위한 각종 조치의 내용
 5. 지하수오염사고의 발생위치를 표시한 지적도 또는 임야도

⑤ 제1항에 따른 지하수 오염 관측정의 설치방법, 수질측정의 주기·방법 및 수질측정 결과의 보고방법 등에 관하여 필요한 사항은 환경부령으로 정한다.

### 제26조의3(지하수오염유발시설관리자에 대한 조치)

① 환경부장관 또는 시장·군수·구청장은 법 제16조의2제1항에 따른 수질측정 결과 법 제16조의3제1항에 따른 환경부령으로 정하는 수질기준에 맞지 아니하게 된 경우에는 그 오염의 원인을 제공한 지하수오염유발시설관리자에게 환경부령으로 정하는 바에 따라 지하수오염으로 인한 위해성, 오염 범위, 오염 원인에 대한 평가 및 오염방지대책 등을 적은 보고서(이하 "지하수오염평가보고서"라 한다)를 제출하도록 명하여야 한다.

② 환경부장관 또는 시장·군수·구청장은 지하수오염평가보고서를 기초로 하여 지하수오염 유발시설관리자에게 다음 각 호의 조치 중 필요한 조치를 하도록 명하여야 한다.
 1. 지하수오염 범위에 대한 정밀조사
 2. 지하수오염물질의 누출을 방지하기 위한 추가적인 시설의 설치
 3. 지하수오염물질의 운송·저장·처리 방식의 변경
 4. 오염된 지하수의 정화사업
 5. 해당 시설의 설비·운영의 개선
 6. 지하수의 자연적 감소에 의하여 오염된 지하수가 자연정화되고 있는지 또는 자연정화될 수 있는지에 대한 조사

③ 지하수오염평가보고서의 작성지침, 작성내용, 그 밖에 필요한 사항은 환경부장관이 정하여 고시한다.

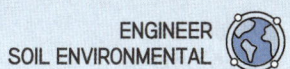

## 💡 지하수오염평가보고서의 작성에 관한 규정

1. 목적 : 이 고시는 지하수오염평가보고서의 작성지침과 작성내용을 규정함을 목적으로 한다.
2. 지하수오염평가보고서의 작성지침
   가. 조사방법에 따라 수집·분석한 내용을 조사항목별로 체계적·논리적으로 기술
   나. 조사결과에 대한 조사자의 분석결과를 기술
   다. 그 밖의 참고자료를 첨부
3. 지하수오염평가보고서의 작성내용
   가. 지하수오염으로 인한 위해성
      (1) 수질기준 초과 관측정에 대하여 오염항목의 수질기준과 수질측정결과를 제시
      (2) 오염항목 각각에 대해 WHO, EPA 등 국제기관에서 공인한 평가방법에 의해 위해성을 평가
   나. 오염범위
      (1) 수질기준 초과 관측정의 주변지역에 대해 자료수집, 수리지질조사, 지구물리탐사, 토양조사를 실시
      (2) 조사결과를 토대로 개략적인 오염범위를 추정
      (3) 추정된 오염범위에 대해 추가 관측정을 설치하고 오염물질 및 수리지질을 조사
      (4) 등수위선도를 작성하여 수리지질 특성 및 지하수 유동특성을 분석
      (5) 오염범위·농도를 2차원 및 3차원 도면으로 나타내고 오염물질 총량을 추정
   다. 오염원인에 대한 평가
      (1) 지하수오염유발시설의 현황자료를 제시
         - 시설의 배치를 알 수 있는 평면도와 시설의 기초·깊이를 알 수 있는 측면도
         - 시설, 배관 등에 관한 재질 및 설치·운영내용을 알 수 있는 자료
         - 유해물질 저장시설의 경우에는 저장물질의 명칭, 성상, 농도, 용량, 사용내역 등을 알 수 있는 자료
      (2) 지하수오염유발시설의 현황자료와 오염범위·농도를 나타낸 도면 등을 토대로 오염원인 및 오염경로를 평가
      (3) 인근지역에 잠재오염원이 있을 경우에는 잠재오염원에 대한 분석자료(잠재오염원의 위치를 표기한 축척 5천분의 1의 지형도 포함)
   라. 오염방지대책
      (1) 지하수오염물질의 누출을 방지하기 위한 추가적인 시설의 설치
      (2) 지하수오염물질의 운송·저장·처리방식의 변경
      (3) 오염된 지하수의 정화사업
         - 정화방법 선정시 타지역 운반처리보다 현장처리를 우선적으로 고려
         - 정화방법별 비용·효과분석을 실시
         - 제한된 기간내에 정화사업이 완료될 수 있는 공법을 선택
         - 정화방법에 따라 소규모 현장적용시험을 거침
         - 정화과정이 간단하고 정화결과에 대한 검증이 용이하여야 함
         - 정화과정에서 2차오염이 없어야 함
      (4) 당해 시설의 설비·운영의 개선
      (5) 자연적 감소에 의하여 오염된 지하수가 자연정화되고 있는지 또는 자연정화될 수 있는지 여부의 조사

마. 그 밖의 사항
  (1) 그 밖의 지하수조사시 굴착한 관정의 활용계획·오염방지계획과 폐관정처리계획 등을 기술
  (2) 관측정의 배치도, 지하수의 수질분석자료, 현장사진 등을 첨부
4. 작성절차
지하수오염평가보고서의 작성 절차는 다음과 같다.
  가) 지하수오염으로 인한 위해성
  나) 개략적인 오염범위 추정을 위한 자료수집 및 현장조사
  다) 추가 관측정 설치를 통한 오염물질 분석, 수리지질조사 및 오염범위 분석
  라) 지하수 유동특성 분석
  마) 오염도 작성 및 오염물질 총량 추정
  바) 시간경과에 따른 오염물질 거동 예측
  사) 오염원인 및 오염경로에 대한 평가
  아) 지하수 오염방지대책 제시

## 제26조의4(오염지하수 정화계획의 승인 등)

① 지하수오염유발시설관리자는 법 제16조의4제1항에 따라 오염지하수 정화계획을 작성한 후에 법 제16조의2제2항에 따른 지하수 정화조치가 시작되기 30일 이전 또는 법 제16조의3제1항에 따른 정화명령을 받은 날부터 6개월 이내에 시장·군수·구청장의 승인을 받아야 한다.
② 오염지하수 정화계획에는 다음 각 호의 사항이 포함되어야 한다.
  1. 정화사업의 방법과 종류
  2. 정화사입기간 및 정화사업지역(지하수오염유발시설의 위치·면적과 비용부담 적용대상 지역의 범위를 포함한다)
  3. 시설용량·설치면적 등 정화작업의 규모
  4. 총소요사업비와 분야별 소요사업비
  5. 재원조달방법
  6. 정화작업이 계획대로 수행되지 아니할 경우의 비상대책
③ 오염지하수 정화계획의 작성에 필요한 세부 사항은 환경부장관이 정하여 고시한다.

## 제27조(지하수 변동실태의 조사 등)

① 환경부장관은 법 제17조제1항에 따라 국가측정망별로 지하수의 변동실태를 조사해야 한다. 다만, 「농어촌정비법」 제15조에 따른 농어촌용수구역에서 농림축산식품부장관이 지하수 측정망을 설치·운영하는 경우에는 국가측정망을 설치하지 않고 그 지하수 측정망을 이용하여 변동실태를 조사할 수 있다.
② 시장·군수·구청장은 법 제17조제2항에 따라 보조측정망별로 지하수의 변동실태를 조사해야 한다.
③ 환경부장관은 제1항에 따라 실시한 지하수의 변동실태 조사 결과를 종합하여 매년 12월 31일을 기준으로 지하수관측연보를 발행하고, 장기적인 지하수의 변동 추세를 분석해야 한다.
④ 제1항부터 제3항까지에서 규정한 사항 외에 지하수 변동실태의 조사에 필요한 사항은 환경부장관이 정하여 고시한다.

### 제28조(지하수 장해 발생 시 조치)

① 환경부장관과 시장·군수·구청장은 법 제17조제1항 및 제2항에 따른 지하수의 변동실태 조사 결과 법 제6조의2제2항에 따른 지하수 장해가 발생한 경우에는 법 제17조제5항에 따라 그 원인을 분석하기 위하여 해당 지역 지하수의 부존 특성, 개발 가능량, 수질 특성, 개발·이용실태 등에 관한 세부적인 조사를 실시해야 한다.

② 환경부장관과 시장·군수·구청장은 제1항에 따른 조사 결과 해당 지역을 법 제12조제1항에 따른 지하수보전구역으로 지정할 필요가 있다고 인정되는 경우에는 제20조제1항에 따라 관할 시·도지사에게 그 지정을 요청할 수 있다.

### 제29조(수질검사 등)

① "대통령령으로 정하는 자"란 다음 각 호의 어느 하나에 해당되는 지하수를 개발·이용하는 자를 말한다. 다만, 공공급수용으로 지하수를 개발·이용하는 자로서 수질검사를 받은 자는 제외한다.
  1. 음용수
  2. 환경부령으로 정하는 규모, 세부 용도 등에 해당되는 생활용수, 공업용수 및 농·어업용수

② 제1항에 해당하는 자는 환경부령으로 정하는 기간마다 지하수 관련 검사전문기관(이하 "수질검사전문기관"이라 한다)으로부터 지하수의 수질검사를 받아야 한다. 이 경우 해당 지하수를 음용수로 개발·이용할 때에는 검사기관에서 수질검사를 받아야 한다.

### 제30조(수질검사전문기관 등)

① 수질검사전문기관은 다음 각 호의 어느 하나에 해당하는 기관으로 한다.
  1. 지하수조사전문기관
  2. 「먹는물관리법」에 따른 검사기관
  3. 「수도법」에 따른 일반수도사업자
  4. 농촌진흥청 국립농업과학원
  5. 「지방자치단체의 행정기구와 정원기준 등에 관한 규정」에 따른 도농업기술원
  6. 국방·군사시설사업으로 설치된 시설에서 지하수를 개발·이용하는 경우에는 환경부령으로 정하는 수질검사기관

② 수질검사전문기관은 수질검사의 결과가 수질기준에 맞지 아니한 경우에는 지체 없이 그 사실을 환경부장관 또는 시장·군수·구청장에게 통보하여야 한다.

③ 환경부장관 또는 시장·군수·구청장은 제2항에 따른 통보를 받았을 때에는 해당 지하수를 이용하는 자에 대하여 이용중지를 명하거나 다음 각 호의 어느 하나에 해당하는 방법으로 수질개선 등 필요한 조치를 할 것을 명할 수 있다.
  1. 지하수의 정수처리(지하수의 개발·이용 목적상 정수처리가 필요하다고 시장·군수·구청장이 인정한 경우만 해당한다)
  2. 지하수개발·이용시설의 보완

④ 환경부장관 또는 시장·군수·구청장은 제3항에 따른 지하수의 이용중지·수질개선 등의 조치를 명하려는 경우에는 그 조치의 상세 내용을 문서에 구체적으로 밝혀 해당 지하수개발·이용자에게 통보하여야 한다.

⑤ 수질검사전문기관은 수질검사의 기록을 2년간 보존하여야 하며, 매 분기 말 현재의 기록을 환경부령으로 정하는 바에 따라 매 분기 종료일의 다음 달 말일까지 환경부장관 또는 시장·군수·구청장에게 통보하여야 한다.

### 제31조(수질검사의 항목 등)
① 수질검사의 항목은 다음 각 호와 같다.
  1. 음용수의 경우: 「먹는물관리법」 제5조에 따른 먹는물의 수질기준 설정 항목
  2. 생활용수, 공업용수 및 농·어업용수의 경우: 환경부령으로 정하는 지하수의 수질기준 설정 항목
② 법 제20조제3항에 따른 수질검사의 방법은 다음 각 호와 같다.
  1. 음용수의 경우: 「환경분야 시험·검사 등에 관한 법률」 제6조제1항제6호에 따른 환경오염공정시험기준에 따를 것
  2. 생활용수, 공업용수 및 농·어업용수의 경우: 「환경분야 시험·검사 등에 관한 법률」 제6조제1항제5호에 따른 환경오염공정시험기준에 따를 것

# UNIT 03 지하수법 시행규칙

**제1조(목적)** 이 규칙은 「지하수법」 및 같은 법 시행령에서 위임된 사항과 그 시행에 필요한 사항을 규정함을 목적으로 한다.

**제1조의2(지하수 조사 결과의 공표)** 환경부장관은 「지하수법」(이하 "법"이라 한다) 제5조제1항에 따라 전국의 지하수에 대하여 조사를 실시한 경우에는 조사 기간·대상이 포함된 조사 개요 및 조사 결과를 환경부 인터넷 홈페이지에 게시하거나 「신문 등의 진흥에 관한 법률」 제9조제1항에 따라 등록한 전국을 보급지역으로 하는 일반일간신문에 게재하여야 한다.

**제2조(지하수조사의 협의 등)** ① 관계 중앙행정기관의 장, 특별시장·광역시장·특별자치시장·도지사 또는 특별자치도지사(이하 "시·도지사"라 한다) 및 시장·군수·구청장은 「지하수법 시행령」 지하수조사에 관한 협의를 하려는 경우에는 환경부장관에게 다음 각 호의 서류를 제출하여야 한다.
   1. 조사의 목적 및 내용을 적은 서류
   2. 조사하려는 지역의 범위 및 면적을 표시한 축척 2만5천분의 1 이상의 지형도
② 관계 중앙행정기관의 장, 시·도지사 또는 시장·군수·구청장은 영 제3조제2항에 따라 지하수조사 결과를 통보하려는 경우에는 별지 제1호서식의 통보서에 조사명세서 또는 용역보고서를 첨부하여 환경부장관에게 제출하여야 한다.

**제3조(지하수조사계획서)** 지하수조사계획에는 다음 각 호의 사항이 포함되어야 한다.
   1. 조사지역
   2. 조사기간
   3. 조사내용
   4. 원상복구계획

**제4조(공고사항)** "환경부령으로 정하는 사항"이란 다음 각 호의 사항을 말한다.
   1. 지하수관리기본계획의 개요
   2. 지하수관리기본계획을 변경한 경우에는 변경내용 및 변경사유
   3. 관계 서류의 열람기간 및 열람장소에 관한 사항

**제8조의2(시정명령 등 조치의 이행완료 통보)**
① 시정명령 등의 이행사항을 통보하려는 자는 별지 제10호서식의 시정명령 등 조치 이행완료 통보서에 시정명령 등 조치의 이행완료를 증명할 수 있는 서류를 첨부하여 시장·군수·구청장에게 제출하여야 한다.
② 시장·군수·구청장은 제1항에 따른 시정명령 등 조치 이행완료 통보서를 받았을 때에는 그 통보를 받은 날부터 15일 이내에 시정명령 등 조치의 이행완료 여부를 확인하여야 한다.

**제10조(시정·조치 완료의 통보 등)**
① 영 제16조제3항에 따른 통보를 하려는 자는 별지 제10호서식의 시정·조치 완료통보서에 시정·조치의 완료를 증명할 수 있는 서류를 첨부하여 시장·군수·구청장에게 제출하여야 한다.
② 시장·군수·구청장은 제1항에 따른 시정·조치 완료통보서를 받은 날부터 10일 이내에 시정 또는 조치 완료 여부를 확인하여야 한다.

**제12조(지하수보전구역의 지정 요청 등)**
① 지하수보전구역의 지정 또는 변경지정의 요청은 별지 제26호서식의 지하수보전구역 지정(변경지정) 요청서에 따른다.
② "환경부령으로 정하는 서류"란 지하수보전구역의 지정 또는 변경지정에 따른 효과 등을 적은 서류를 말한다.

**제13조(지적고시 등)**
① 시·도지사는 지하수보전구역의 지정 또는 변경지정을 하였을 때에는 지정 또는 변경지정의 고시일부터 6개월 이내에 해당 구역의 토지에 대하여 지적고시(地籍告示)를 하여야 한다.
② 지적고시는 지번·지목 등이 표시된 지형도로 하여야 한다. 다만, 고시할 지적의 경계가 행정구역의 경계와 일치되는 경우에는 지적도로 갈음할 수 있다.

**제21조(지하수 이용실태 조사의 보고)** 지하수 이용실태 조사보고는 별지 제31호서식에 따른다. 이 경우 지하수 이용실태 조사 결과를 시·군·구 행정종합정보시스템(이하 "행정종합정보시스템"이라 한다)에 입력하는 것으로 보고를 갈음할 수 있다.

**제22조(관계 법률에 따른 허가 등의 통보)** 관계 중앙행정기관의 장 또는 지방자치단체의 장은 법 제17조제8항에 따라 관계 법률에 따라 지하수개발·이용을 허가 또는 인가하거나 신고를 받았을 때에는 허가 또는 인가하거나 신고를 받은 날부터 15일 이내에 관계 시장·군수·구청장에게 별지 제32호서식에 따라 통보하여야 한다.

[부칙]
이 규칙은 공포한 날부터 시행한다.

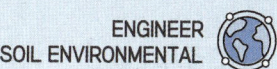

## UNIT 04 지하수의 수질보전 등에 관한 규칙

**제1조(목적)** 이 규칙은 「지하수법」 및 같은 법 시행령에서 위임된 지하수의 수질보전 및 정화에 관한 사항과 그 시행에 관하여 필요한 사항을 규정함을 목적으로 한다.

**제2조(오염방지시설의 설치기준 등)** 「지하수법 시행령」 지하수오염방지시설의 설치기준은 별표 1과 같다.

---

지하수의 수질보전 등에 관한 규칙 [별표 1]

### 지하수오염방지시설의 설치기준

#### 1. 상부보호공을 설치하는 지하수오염방지시설의 세부 설치기준

**가. 공통사항**

1) 시설은 부식을 최소화할 수 있는 재료를 사용하여야 한다.
2) 시설은 외부 오염물질이 유입되지 않는 구조로 설치되어야 한다.
3) 시설은 견고하고 외부충격에 강한 구조로 설치하여 양수시설물의 훼손을 방지하여야 한다.
4) 지표하부보호벽(케이싱)의 하단부는 지표 이하 3m 이상 깊이까지 설치하며, 암반층을 굴착(땅파기)하는 경우에는 암반(연암층)선 아래로 1m 이상 깊게 설치하여야 한다.
5) 케이싱 외부의 그라우팅 두께는 5㎝ 이상이 되어야 하며, 차수용 재료를 사용하되, 케이싱 하부로 누출되지 아니하도록 케이싱의 하단부에서부터 채워 올려야 한다. 다만, 개발목표 깊이까지 굴착한 후 그라우팅하는 경우에는 차폐장치를 설치한 후 차수용 재료를 케이싱의 하단부부터 채워 올려야 한다.
6) 지하수개발·이용시설 안에 설치하는 양수시설물은 수질오염의 우려가 없는 재료를 사용하여야 한다.

**나. 일반 상부보호공의 설치기준**

1) 상부보호공은 지하수 개발·이용시설의 보호 및 원활한 유지·관리가 가능한 크기로 하여 지표면 위에 설치하여야 한다. 다만, 지형 여건상 지표면 아래에 설치하여도 지하수의 오염 방지에 지장이 없다고 시장·군수가 인정하는 경우에는 지표면 아래에 설치할 수 있다.
2) 상부보호공의 덮개는 외부로부터 오염물질·지표수 등의 유입을 막고 파손을 방지할 수 있는 재질과 구조로 설치하여야 한다.
3) 케이싱의 윗부분은 지표면 위로 30㎝ 이상 높게 설치하고, 덮개를 씌워 외부 오염물질이 유입되지 아니하도록 하여야 한다.
4) 케이싱의 덮개에는 방충망을 구비한 공기출입로를 설치하여야 한다.

### 다. 지하수오염방지시설(일반 상부보호공)의 구조도

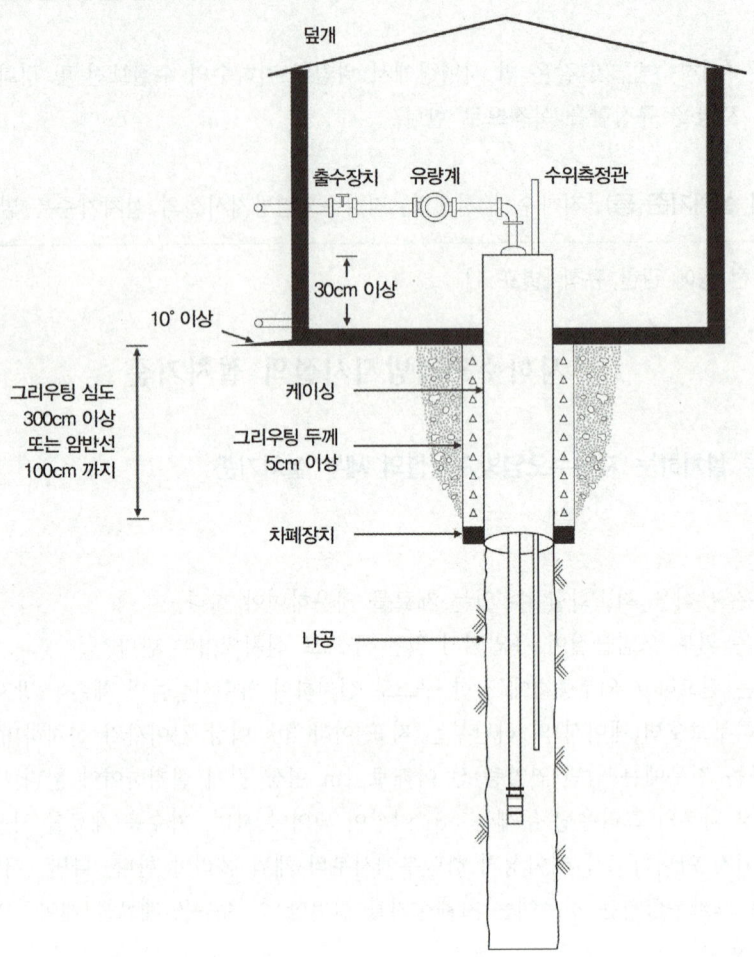

※ 차폐장치는 개발목표 깊이까지 굴착한 후 그라우팅하는 경우 적용

### 라. 밀폐식으로 설치하는 상부보호공의 설치기준

1) 시설의 덮개부가 완전히 밀폐되어 외부로부터 오염물질이 유입될 수 없는 구조여야 한다.
   가) 상부보호공 몸체에 대한 수밀시험 결과 $5kg/cm^2$ 이상의 수압을 5분간 가할 때에도 누수가 발생하지 않아야 한다.
   나) 상부보호공 내부의 양수파이프 거치부에 대한 인장하중시험 결과 $5,000kg$의 하중, $10mm/min$ 속도로 수직인장을 가할 때에도 변형이 발생하지 않아야 한다.
2) 상부보호공 내부의 급수배관 연결부분은 조립된 상태에서 누수가 발생하지 않도록 수밀시험 결과 $20kg/cm^2$에서 5분간 지속될 수 있는 성능을 갖추어야 한다.
3) 자동개폐 기능을 가진 공기출입구가 설치되어야 한다.
4) 내·외부 급수배관을 포함한 각종 시설물의 동파를 방지할 수 있는 구조를 갖추어야 한다.

### 2. 상부보호공을 설치하지 않는 지하수오염방지시설의 세부 설치기준

가. 오염물질이 유입될 우려가 없는 건축물 안에서 지하수를 개발·이용하는 경우에는 다음의 기준에 적합해야 한다.

1) 해당 건축물 안의 적절한 곳에 적산유량계(합산유량계) 및 출수장치를 설치하여 지하수의 개발량·이용량 및 수질을 측정할 수 있도록 하여야 한다. 다만, 1일 양수능력이 30톤 미만(안쪽 지름이 32밀리미터 이하인 토출관을 사용하는 경우만 해당한다)인 가정용 또는 국방·군사용 지하수개발·이용시설의 경우는 제외한다.

2) 지하수개발·이용시설에 지하수 수위측정관을 설치하여 지하수 수위측정이 가능하도록 하여야 한다. 다만, 다음의 어느 하나에 해당하는 지하수 개발·이용시설의 경우는 제외한다.

가) 굴착 지름이 100밀리미터 이하인 지하수개발·이용시설

나) 1일 양수능력이 30톤 미만(안쪽 지름이 32밀리미터 이하인 토출관을 사용하는 경우만 해당한다)인 가정용 또는 국방·군사용 지하수개발·이용시설

나. 정착된 동력장치를 이용하지 아니하고 농·어업용수를 개발·이용하는 경우에는 토출관을 지표면으로부터 30센티미터 이상 높게 하고, 그 토출관의 끝부분을 "ㄱ자형"으로 한 후 뚜껑을 씌워 오염물질이 유입되지 아니하도록 하여야 한다.

다. 케이싱의 하단부는 제1호가목4) 및 5)에 따른다.

**제2조의2(지하수오염유발시설의 종류)** 지하수오염유발시설(이하 "지하수오염유발시설"이라 한다)의 종류는 별표 2와 같다.

---

지하수의 수질보전 등에 관한 규칙 [별표 2]

## 지하수오염유발시설의 종류

### 1. 지하수보전구역에 설치된 다음의 시설

가. 특정토양오염관리대상시설
나. 폐수배출시설
다. 매립시설
라. 그 밖에 가목부터 다목까지의 시설과 유사한 시설로서 특별히 관리할 필요가 있다고 인정되어 환경부장관이 관계 중앙행정기관의 장과 협의하여 고시하는 시설

### 2. 지하수보전구역 외의 지역에 설치된 다음의 시설

가. 특정토양오염관리대상시설(해당 시설이 설치된 부지 및 그 주변지역에 대하여 토양정밀조사 실시 명령을 받거나 토양정밀조사를 실시하지 않고 오염토양의 정화조치 명령을 받은 경우만 해당한다)

나. 매립시설

다. 그 밖에 가목 또는 나목의 시설과 유사한 시설로서 특별히 관리할 필요가 있다고 인정되어 환경부장관이 관계 중앙행정기관의 장과 협의하여 고시하는 시설

※ 비고: 지하수시료의 채취가 불가능하거나 지하수 오염검사가 필요하지 아니하여 시장·군수의 승인을 받은 때에는 지하수오염유발시설에서 제외한다.

### 제3조(조치명령 등)

① 지방환경관서의 장, 시장·군수 또는 자치구의 구청장(이하 "시장·군수"라 한다)은 영 제26조의 규정에 따라 지하수를 오염시키거나 현저하게 오염시킬 우려가 있는 시설의 설치자 또는 관리자에게 지하수오염방지를 위한 조치명령을 하고자 하는 때에는 그 사유·이행방법·이행기간 등을 문서로 통보하여야 한다.

② 제1항에 따라 지하수오염관측정을 설치하도록 명령을 받은 자는 별표 3 제2호가목에 따라 지하수오염관측정을 설치하여야 한다.

③ 제1항에 따라 오염된 지하수를 정화하도록 명령을 받은 자는 지하수의 수질이 제7조제1항 각 호의 기준에 맞도록 정화하여야 한다.

④ 제1항에 따른 조치명령을 받은 자는 천재·지변 그 밖에 부득이한 사유로 인하여 이행기간 내에 조치명령을 완료할 수 없는 경우에는 그 이행기간이 종료되기 3일전까지 지방환경관서의 장 또는 시장·군수에게 이행기간의 연장신청을 하여야 한다.

⑤ 제1항에 따른 조치명령을 이행한 자는 그 조치명령을 이행한 날부터 15일 이내에 별지 제1호서식의 조치명령완료보고서에 다음 각 호의 서류를 첨부하여 지방환경관서의 장 또는 시장·군수에게 제출하여야 한다.

1. 조치명령의 이행완료를 증명할 수 있는 서류
2. 현장사진

⑥ 지방환경관서의 장 또는 시장·군수는 제5항에 따른 조치명령완료보고서를 제출받은 날부터 15일 이내에 조치명령의 이행완료 여부를 확인하여야 한다.

### 제5조(지하수오염 조치결과의 신고) 시장·군수는 제1항에 따라 신고를 받은 날부터 15일 이내에 신고 내용 및 조치사항을 확인하여야 한다.

**제6조(지하수오염관측정의 설치방법 등)** ① 지하수오염관측정의 설치방법, 수질측정의 주기·방법 등은 별표 3과 같다.

---

지하수의 수질보전 등에 관한 규칙 [별표 3]

## 지하수오염관측정의 설치방법 및 수질측정의 주기·방법

### 1. 별표 2 제1호 및 제2호나목·다목에 해당하는 시설

가. 관측정의 설치방법

(1) 구조도

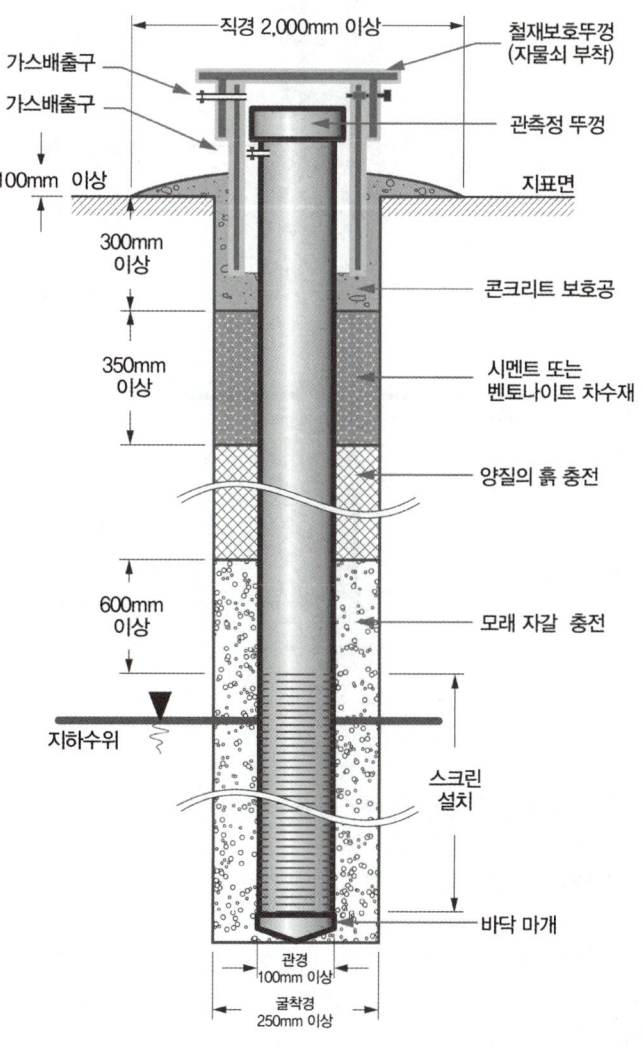

## 2. 별표 2 제2호가목에 해당하는 시설

### 가. 관측정의 설치방법

(1) 구조도

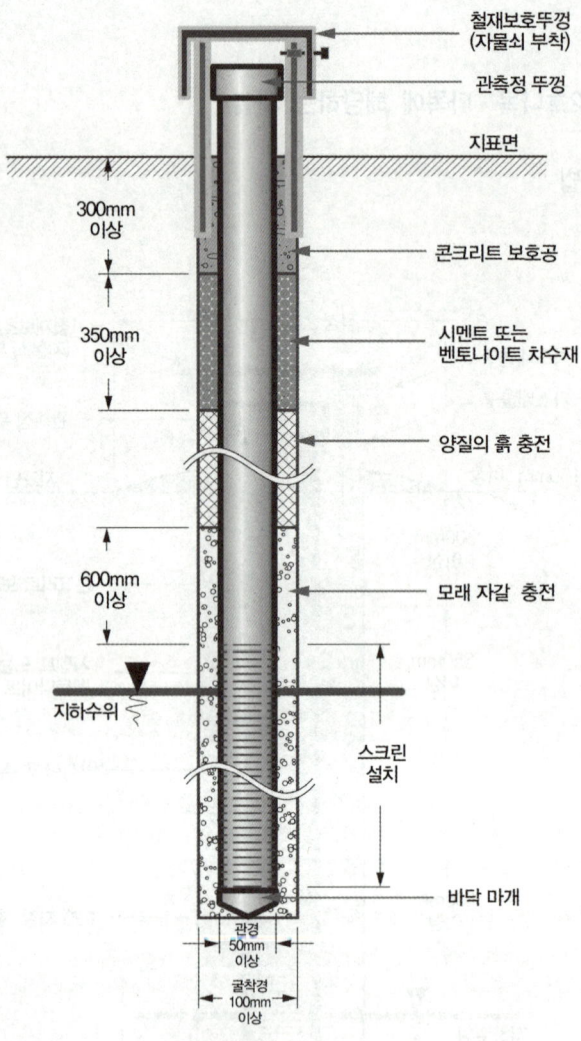

※ 비고
1. 관측정 재질은 유기용제 등을 포함한 중금속 등에 부식 또는 흡착되지 않고 내구성이 있는 스테인레스 스틸, 테프론 등의 재질이어야 한다.
2. 관측정은 오염된 토양의 위치를 고려하여 지하수오염 여부를 확인할 수 있는 깊이까지 설치하여야 한다.
3. 관측정 설치 현장의 여건에 따라 지중 매립형으로 설치할 수 있다. 이 경우 외부로부터 오염물질이 관측정 내부로 유입되지 않도록 설치하여야 하며, 지방환경관서의 장 또는 시장·군수에게 현장사진 및 시공도면 등의 자료를 제출하여 그 사실을 확인받아야 한다.

### (2) 설치지점 및 개수

| 지점 | 관측정 수 |
| --- | --- |
| 가) 지하수오염유발시설의 경계선에서 지하수 주 흐름의 상류지점으로서 오염이 발생되기 전의 대표적인 지하수 수질을 채취 · 분석할 수 있는 지점 | 1개 이상 |
| 나) 지하수오염유발시설의 경계선에서 지하수 주 흐름의 하류지점으로서 오염물질이 주위 지하수층으로 이동하는 것을 즉시 탐지할 수 있는 지점 | 1개 이상 |

※ 비고
1. 지방환경관서의 장 또는 시장·군수가 지하수오염유발시설의 규모, 오염물질의 성상을 고려하여 인정하는 경우에는 가) 또는 나)의 지점에 관측정을 설치하는 대신 해당 부지의 지하수 관정을 이용하여 수질측정을 할 수 있다.
2. 토양정밀조사의 실시 명령을 받은 경우에는 토양정밀조사를 완료하기 전까지, 토양정밀조사를 실시하지 않고 오염토양의 정화조치 명령을 받은 경우에는 오염토양의 정화조치 명령을 받은 날부터 3개월 이내에 관측정을 설치하여야 한다. 다만, 부득이한 사유로 해당 기한까지 설치가 어렵다고 지방환경관서의 장 또는 시장·군수가 인정하는 경우에는 그 설치 기한을 3개월 이내의 범위에서 연장할 수 있다.
3. 수질측정이 종료된 경우에는 관측정을 설치한 곳을 원상 복구할 수 있다.

### 나. 수질측정의 항목 · 주기 및 방법

(1) **측정항목**: 지하수위, 전기전도도, 수온, 수소이온농도, 「토양환경보전법」 제11조, 제14조 또는 제15조에 따른 토양정밀조사의 실시 명령 또는 오염토양의 정화조치 명령의 원인이 된 오염물질

(2) **측정주기**

　(가) 관측정의 설치를 완료한 날부터 (나) 또는 (다)에 따라 측정이 종료되기 전까지 분기별 1회 이상 측정한다. 다만, 오염토양 정화공사를 실시하여 관측정의 운영이 불가능하다고 지방환경관서의 장 또는 시장·군수가 인정하는 경우에는 해당 기간 동안 수질측정을 하지 않을 수 있다.

　(나) (가)에 따른 측정결과가 계속하여 제7조제1항에 따른 오염지하수 정화기준(이하 "오염지하수 정화기준"이라 한다) 이내인 경우에는 오염토양 정화공사를 완료한 날부터 1년 동안 반기별 1회 이상 측정하여 그 결과가 오염지하수 정화기준 이내이면 지방환경관서의 장 또는 시장·군수의 인정을 받아 해당 관측정의 수질측정을 종료할 수 있다.

　(다) (가)에 따른 측정결과가 오염지하수 정화기준을 1회 이상 초과한 경우에는 지하수 정화조치를 완료한 날부터 1년 동안 분기별 1회 이상 측정하여 그 결과가 오염지하수 정화기준 이내이면 지방환경관서의 장 또는 시장·군수의 인정을 받아 해당 관측정의 수질측정을 종료할 수 있다.

　(라) (가)부터 (다)까지의 규정에도 불구하고 오염토양의 정화조치 명령 없이 토양정밀조사만 실시한 경우에는 관측정의 설치를 완료한 날부터 1년 동안 분기별 1회 이상 측정한다. 다만, 측정결과가 오염지하수 정화기준을 1회 이상 초과한 경우에는 지하수 정화조치를 완료한 날부터 1년 동안 분기별 1회 이상 측정하여 그 결과가 오염지하수 정화기준 이내이면 지방환경관서의 장 또는 시장·군수의 인정을 받아 해당 관측정의 수질측정을 종료할 수 있다.

> (3) 측정방법
> (가) 지하수오염유발시설관리자는 영 제30조에 따른 수질검사전문기관 또는 「환경분야 시험·검사 등에 관한 법률」제16조에 따른 측정대행업자로 하여금 시료채취 및 수질측정을 하도록 하여야 한다.
> (나) 측정항목별 측정방법은 「환경분야 시험·검사 등에 관한 법률」제6조제5호에 따른 환경오염 공정시험기준을 따르며, 해당 항목에 대한 기준이 없는 경우에는 국제적으로 공인된 시험방법에 따른다.

② 제1항의 규정에 따라 실시한 수질측정의 기록은 별지 제3호서식의 수질측정기록부에 의하며, 법 제16조의2제1항에 따른 지하수오염유발시설관리자(이하 "지하수오염유발시설관리자"라 한다)는 그 측정결과를 매분기 종료후 10일까지 시장·군수에게 제출하여야 한다.
③ 제2항의 규정에 의한 수질측정기록부의 보존기간은 최종기재를 한 날부터 3년으로 한다.

## 제7조(오염지하수정화기준 등)
① "환경부령으로 정한 기준"이란 다음 각 호의 기준을 말한다.
  1. 특정유해물질이 별표 4 제2호의 생활용수의 특정유해물질에 관한 수질기준 이내일 것
  2. 석유계총탄화수소가 리터당 1.5밀리그램 이하일 것
② "환경부령으로 정하는 오염지하수정화기준"이란 각각 제1항 각 호의 기준을 말한다.

## 제7조의2(지하수오염유발시설관리자에 대한 조치 등)
① 지방환경관서의 장 또는 시장·군수가 지하수오염유발시설관리자에게 영 제26조의3제1항에 따른 지하수오염평가보고서(이하 "지하수오염평가보고서"라 한다)의 제출을 명하는 경우에는 6개월 이내의 범위에서 제출기한을 정하여야 한다. 다만, 지하수오염유발시설관리자가 부득이한 사유로 제출이 어려워 제출기한의 3일 전까지 연장을 신청한 경우에는 지방환경관서의 장 또는 시장·군수가 6개월의 범위에서 1회에 한정하여 그 기한을 연장할 수 있다.
② 지하수오염유발시설관리자는 법 제27조제1항에 따른 지하수영향조사기관 또는 법 제29조의2제1항에 따른 지하수정화업자로 하여금 지하수오염평가보고서를 작성하게 할 수 있다.
③ 지방환경관서의 장 또는 시장·군수가 지하수오염유발시설관리자에게 영 제26조의3제2항 각 호의 조치를 명하는 경우에는 1년 이내의 범위에서 이행기한을 정하여야 한다. 다만, 지하수오염유발시설관리자가 천재지변, 공사의 규모·공법 또는 그 밖의 부득이한 사유로 이행이 어려워 이행기한의 3일 전까지 연장을 신청한 경우에는 지방환경관서의 장 또는 시장·군수가 6개월의 범위에서 1회에 한정하여 그 기한을 연장할 수 있다.
④ 제3항에도 불구하고 영 제26조의3제2항제4호에 따른 조치는 2년 이내의 범위에서 이행기한을 정할 수 있으며, 매회 1년의 범위에서 그 기한을 연장할 수 있다.
⑤ 영 제26조의3제2항 각 호의 조치명령을 이행한 자는 그 조치명령을 이행한 날부터 15일 이내에 별지 제1호서식의 조치명령완료보고서에 다음 각 호의 서류를 첨부하여 지방환경관서의 장 또는 시장·군수에게 제출하여

야 한다.
1. 조치명령의 이행완료를 증명할 수 있는 서류
2. 현장사진

**제8조(오염지하수정화계획 변경승인 등)** 오염지하수정화계획의 변경승인을 얻어야 하는 경우는 다음 각 호와 같다.
1. 영 제26조의4제2항제1호·제2호·제5호 또는 제6호의 사항을 변경하고자 하는 경우
2. 시설용량 또는 설치면적의 100분의 30 이상을 변경하고자 하는 경우
3. 총 소요사업비의 100분의 30 이상을 변경하고자 하는 경우

**제9조(수질측정망 설치 및 수질오염실태 측정 계획의 수립·고시)**
① 환경부장관은 법 제18조에 따른 수질측정망 설치 및 수질오염실태 측정 계획(이하 "수질측정망 설치·측정계획"이라 한다)을 수립·고시하고, 그 계획에 따라 수질측정망을 설치하며 수질오염실태를 측정하여야 한다.
② 제1항에 따른 수질측정망 설치·측정계획에는 다음 각 호의 사항이 포함되어야 한다.
  1. 수질측정망의 설치시기
  2. 수질측정망의 배치도
  3. 수질측정소를 설치할 토지 또는 시설물의 위치
  4. 수질오염실태의 측정방법
  5. 그 밖에 수질측정망의 설치 및 수질오염실태의 측정에 관하여 필요한 사항

**제10조(수질검사대상)** 수질검사대상이 되는 지하수는 다음 각 호의 어느 하나에 해당하는 지하수로 한다. 다만, 시장·군수가 비상급수시설로 지정한 지하수의 경우에는 수질검사대상에서 제외한다.
1. 생활용수로서 1일 양수능력이 30톤 이상인 경우. 다만, 청소용·조경용·공사용·소방용 등 보건위생과 사용 후 생태계 보전 등에 지장이 없는 용도로 이용하는 생활용수의 경우를 제외한다.
2. 공업용수로서 1일 양수능력이 30톤 이상인 경우
3. 농·어업용수로서 1일 양수능력이 100톤 이상인 경우

**제11조(지하수의 수질기준)** 지하수의 수질기준은 별표 4와 같다.

지하수의 수질보전 등에 관한 규칙 [별표 4]

# 지하수의 수질기준

## 1. 지하수를 음용수로 이용하는 경우

「먹는물관리법」제5조에 따른 먹는물의 수질기준(소독제 및 소독제 부산물질에 관한 기준은 제외한다)

## 2. 지하수를 생활용수, 농·어업용수, 공업용수로 이용하는 경우

(단위: mg/L)

| 항목 | 이용목적별 | 생활용수 | 농·어업용수 | 공업용수 |
|---|---|---|---|---|
| 일반<br>오염<br>물질<br>(4개) | 수소이온농도(pH) | 5.8~8.5 | 6.0~8.5 | 5.0~9.0 |
| | 총대장균군 | 5,000 이하(균수/100mL) | – | – |
| | 질산성질소 | 20 이하 | 20 이하 | 40 이하 |
| | 염소이온 | 250 이하 | 250 이하 | 500 이하 |
| 특정<br>유해<br>물질<br>(16개) | 카드뮴 | 0.01 이하 | 0.01 이하 | 0.02 이하 |
| | 비소 | 0.05 이하 | 0.05 이하 | 0.1 이하 |
| | 시안 | 0.01 이하 | 0.01 이하 | 0.2 이하 |
| | 수은 | 0.001 이하 | 0.001 이하 | 0.001 이하 |
| | 다이아지논 | 0.02 이하 | 0.02 이하 | 0.02 이하 |
| | 파라티온 | 0.06 이하 | 0.06 이하 | 0.06 이하 |
| | 페놀 | 0.005 이하 | 0.005 이하 | 0.01 이하 |
| | 납 | 0.1 이하 | 0.1 이하 | 0.2 이하 |
| | 크롬 | 0.05 이하 | 0.05 이하 | 0.1 이하 |
| | 트리클로로에틸렌 | 0.03 이하 | 0.03 이하 | 0.06 이하 |
| | 테트라클로로에틸렌 | 0.01 이하 | 0.01 이하 | 0.02 이하 |
| | 1.1.1-트리클로로에탄 | 0.15 이하 | 0.3 이하 | 0.5 이하 |
| | 벤젠 | 0.015 이하 | – | – |
| | 톨루엔 | 1 이하 | – | – |
| | 에틸벤젠 | 0.45 이하 | – | – |
| | 크실렌 | 0.75 이하 | – | – |

※ 비고
1. 다음 각 목의 어느 하나에 해당하는 경우에는 염소이온기준을 적용하지 아니할 수 있다.
   가. 어업용수
   나. 지하수의 이용 목적상 염소이온의 농도가 인체에 해가 되지 아니하는 경우
   다. 해수침입 등으로 인하여 일시적으로 염소이온 농도가 증가한 경우
2. 농·어업용수 및 공업용수가 생활용수의 목적으로도 이용되는 경우에는 생활용수의 수질기준을 적용한다.

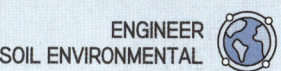

### 제12조(수질검사의 주기)

① 영 제29조제2항에서 "환경부령으로 정하는 기간"이란 영 제14조제3항에 따른 준공확인증을 받은 날을 기준으로 다음 각 호의 구분에 따른 기간을 말한다.
  1. 음용수: 2년. 다만, 1일 양수능력이 30톤 이하인 경우에는 3년
  2. 생활용수, 농·어업용수 및 공업용수: 3년
② 시장·군수는 제1항의 규정에 의한 수질검사결과 수소이온농도를 제외한 전항목이 제11조의 규정에 의한 지하수수질기준의 100분의 70 이하이고, 수질오염의 우려가 없다고 인정되는 지하수개발·이용시설에 대하여는 동항의 수질검사의 주기를 조정할 수 있다.

### 제13조(수질검사의 절차)

① 법 제20조제1항에 따라 수질검사를 받으려는 자는 영 제29조제2항 전단에 따른 수질검사전문기관(이하 "수질검사전문기관"이라 한다)에 수질검사를 신청하여야 하며, 신청을 받은 수질검사전문기관은 별지 제4호서식의 지하수수질검사접수·처리기록부에 이를 기록하여야 한다.
② 수질검사전문기관은 제1항에 따라 수질검사의 신청을 받은 경우에는 수질검사를 위한 시료채취기간을 정하여 시료채취 실시 3일전까지 검사를 받을 자 및 시장·군수에게 이를 통보하여야 한다.
③ 수질검사전문기관은 수질검사를 실시하는 경우에는 수질검사 신청인이 보는 앞에서 시료채취를 한 후 채취한 시료를 봉인하여야 하며, 별지 제4호의2서식의 지하수수질검사시료 채취확인서를 작성하여야 한다.
④ 제1항부터 제3항까지의 규정에도 불구하고 수질검사 대상 지하수가 소재하는 지역이 시장·군수가 수질검사전문기관에 의한 시료채취가 어렵다고 인정하는 도서(島嶼)·산간 등의 지역인 경우에는 시·군·구 소속 공무원이 시료채취 및 봉인을 한 후 수질검사전문기관에 수질검사를 의뢰할 수 있다. 이 경우 그 절차에 관하여는 제1항부터 제3항까지의 규정을 준용하며, "수질검사전문기관"은 "시장·군수"로, "검사를 받을 자 및 시장·군수"는 "검사를 받을 자"로 본다.
⑤ 제4항에 따라 시료채취 및 봉인을 하는 공무원은 국립환경인력개발원 또는 수질검사전문기관이 환경분야 시료채취 및 수질분석에 관하여 실시하는 교육을 8시간 이상 이수하여야 한다.
⑥ 시장·군수는 제2항에 따라 통보를 받은 경우에는 소속 공무원으로 하여금 제3항에 따른 시료채취를 참관하게 할 수 있다.

### 제14조(검사기관) 수질검사기관은 다음 각 호와 같다.
  1. 육군 각 군수지원사령부 식품검사대
  2. 함대사령부 의무대
  3. 전투비행단 의무대
  4. 국군의학연구소

**제15조(수질검사결과통보서)**
① 지하수수질검사결과 통보는 별지 제5호서식에 의한다.
② 수질검사전문기관은 수질검사 기록을 별지 제6호서식에 따라 환경부장관이 관리하는 지하수 수질 관련 전산망에 입력하는 방법으로 통보하여야 한다.
③ 시장·군수는 수질검사결과를 통보받은 때에는 시·군·구행정정보시스템에 입력하여야 한다.


**[부칙]**
이 규칙은 공포한 날부터 시행한다.

## 기출문제로 다지기 — CHAPTER 02 지하수법

**01** 지하수개발·이용시공업자의 영업 등록 취소 요건이 아닌 것은?

① 부정한 방법으로 등록을 한 경우
② 등록기준에 미치지 못하게 된 경우
③ 계속해서 1년 이상 영업을 하지 아니한 경우
④ 고의 또는 중대한 과실로 지하수개발·이용시설의 공사를 부실하게 한 경우

**해설** 지하수법 제25조(등록의 취소 등) ① 시장·군수·구청장은 지하수개발·이용시공업자가 다음 각 호의 어느 하나에 해당하는 경우에는 지하수개발·이용시공업의 등록을 취소할 수 있다.
1. 부정한 방법으로 제22조제1항에 따른 등록을 한 경우
2. 등록기준에 미치지 못하게 된 경우
3. 변경등록을 하지 아니하거나 부정한 방법으로 변경등록을 한 경우
4. 제23조 각 호의 어느 하나에 해당하게 된 경우. 다만, 법인의 임원 중에 제23조제1호부터 제5호까지의 어느 하나에 해당하는 자가 있는 경우 3개월 이내에 해당 임원을 교체 임명하였을 때에는 그러하지 아니하다.
5. 제26조를 위반하여 다른 자에게 자기의 상호 또는 명칭을 사용하여 지하수개발·이용시공업을 하게 하거나 등록증을 대여한 경우
6. 계속하여 2년 이상 영업을 하지 아니한 경우
7. 고의 또는 중대한 과실로 지하수개발·이용시설의 공사를 부실하게 한 경우
8. 「국세징수법」,「지방세징수법」 등 관계 법률에 따라 국가 또는 지방자치단체가 요구하는 경우

**02** 지하수 개발 및 이용의 종료신고 시, 시장·군수 구청장에게 첨부하여 제출해야 하는 서류로 적합한 것은?

① 원상복구계획서
② 굴착행위(변경)신고증
③ 지하수영향조사서
④ 지하수의 관측 및 조사자료

**해설** 지하수법 시행규칙 제12조(지하수개발·이용의 신고 등) ⑦ 법 제8조제2항 본문(토지를 사용·수익할 수 있는 권리를 증명하는 서류, 원상복구계획서) 및 영 제13조제7항에 따라 지하수개발·이용의 변경신고를 하려는 자는 별지 제11호서식의 지하수개발·이용 변경신고서에 변경내용을 증명할 수 있는 서류를 첨부하여 시장·군수·구청장에게 제출해야 한다.

**03** 시·도지사가 지하수의 보전·관리를 위하여 필요하다고 인정하는 경우에 지정할 수 있는 지하수보전구역으로 틀린 것은?

① 지하수를 이용하는 하류지역과 수리적으로 연결된 지하수의 공급원이 되는 상류지역
② 지하수의 지나친 개발·이용으로 인하여 지하수의 고갈현상, 지반침하 또는 하천이 마르는 현상이 발생하거나 발생할 우려가 있는 지역
③ 지하수의 개발·이용으로 주민들의 민원이 제기된 지역
④ 지하수의 개발·이용으로 인하여 주변 생태계에 심각한 악영향을 미치거나 미칠 우려가 있는 지역

**해설** 지하수법 제12조(지하수보전구역의 지정) ① 시·도지사는 지하수의 보전·관리를 위하여 필요한 경우에는 다음 각 호의 어느 하나에 해당하는 지역을 지하수보전구역으로 지정할 수 있다.
1. 지하수를 이용하는 하류지역과 수리적으로 연결된 지하수의 공급원이 되는 상류지역
2. 주된 용수공급원이 되는 지하수가 상당히 부존된 지층이 있는 지역
3. 대통령령으로 정하는 공공급수용 지하수개발·이용시설의 중심에서 대통령령으로 정하는 반지름 이내에 제13조제1항제2호에 따른 시설이 설치되어 수질의 저하가 우려되는 지역
4. 지하수개발·이용량이 기본계획 또는 지역관리계획에서 정한 지하수개발 가능량에 비하여 현저하게 높다고 판단되는 지역
5. 지하수의 지나친 개발·이용으로 인하여 지하수의 고갈현상, 지반침하 또는 하천이 마르는 현상이 발생하

 정답  01. ③   02. ①   03. ③

거나 발생할 우려가 있는 지역
6. 지하수의 개발·이용으로 인하여 주변 생태계에 심각한 악영향을 미치거나 미칠 우려가 있는 지역
7. 그 밖에 지하수의 수량이나 수질을 보전하기 위하여 필요한 지역으로서 대통령령으로 정하는 지역

## 04 지하수정화업에 대한 정의로 ( )에 들어갈 내용은?

> 지하수정화업이란 지하수에 함유된 물질은 ( ), ( ) 또는 ( )하여 지하수의 수질개선을 하는 사업을 말한다.

① 처리, 분해, 추출
② 제거, 분해, 추출
③ 제거, 분해, 희석
④ 저감, 분해, 희석

**해설** 지하수법 제2조(정의) 5. "지하수정화업"이란 지하수에 함유된 오염물질을 제거·분해 또는 희석하여 지하수의 수질을 개선하는 사업을 말한다.

## 05 지하수를 개발·이용하려는 자는 대통령령으로 정하는 바에 따라 미리 시장·군수·구청장의 허가를 받아야 하지만, 허가를 받지 않아도 되는 경우도 있다. 다음 중 허가를 받아야 되는 경우는?

① 자연히 흘러나오는 지하수를 이용하는 경우
② 다른 법률에 따른 허가·인가 등을 받거나 신고를 하고 시행하는 사업 등으로 인하여 부수적으로 발생하는 지하수를 이용하는 경우
③ 하천구역의 경계로부터 대통령령으로 정하는 범위 내의 지역에서 지하수를 개발·이용하는 경우
④ 동력장치를 사용하지 아니하고 공동우물을 개발·이용하는 경우

**해설** 지하수법 제7조의2(하천 인근에서의 지하수개발·이용 허가) ① 시장·군수·구청장은 허가를 할 때 하천구역의 경계로부터 대통령령으로 정하는 범위 내의 지역에서 지하수를 개발·이용하는 경우에는 지하수영향조사서를 첨부하여 환경부장관과 미리 협의하여야 한다.
지하수법 제7조(지하수개발·이용의 허가) ① 지하수를 개발·이용하려는 자는 미리 시장·군수·구청장의 허가를 받아야 한다. 다만, 다음 각 호의 어느 하나에 해당하는 경우에는 그러하지 아니하다.
1. 자연히 흘러나오는 지하수 또는 다른 법률에 따른 허가·인가 등을 받거나 신고를 하고 시행하는 사업 등으로 인하여 부수적으로 발생하는 지하수를 이용하는 경우
2. 동력장치를 사용하지 아니하고 가정용 우물 또는 공동우물을 개발·이용하는 경우
3. 제13조제1항제1호에 따른 허가를 받은 경우

## 06 다음 중 지하수오염관측정의 설치 및 수질측정에 관한 설명으로 틀린 것은?

① 지하수오염유발시설의 경계선에서 지하수 주흐름의 상류방향으로 오염발생 이전의 대표적인 지하수의 수질을 채취·분석할 수 있는 지점에 1개소 설치
② 지하수오염유발시설의 경계선에서 지하수 주흐름의 하류방향으로 오염물질 성분이 주위 지하수층으로 이동하는 것을 즉시 탐지할 수 있는 지점에 3개소 이상 설치
③ 지하수수질기준 항목중 일반오염물질과 전기전도도, 지하수위는 분기 1회 이상 측정
④ 지하수수질기준 항목중 특정유해물질과 지하수오염유발시설로부터 검출가능성이 있는 유해물질은 월 1회 이상 측정

**해설** 지하수의 수질보전 등에 관한 규칙 별표 3(지하수오염 관측정의 설치방법 및 수질측정의 주기·방법)
나. 수질측정의 항목·주기 및 방법
(1) 측정항목: 지하수위, 전기전도도, 수온, 생활용수의 수질기준항목 및 환경오염공정시험기준의 시험항목 중 해당 지하수오염유발시설의 특징을 고려하여 측정이 필요하다고 지방환경관서의 장 또는 시장·군수가 인정하는 항목
(2) 측정주기: 관측정의 설치를 완료한 날부터 분기별 1회 이상 측정한다.

**정답** 04. ③  05. ③  06. ④

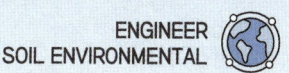

**07** 지하수의 수질기준 설정 항목(일반오염물질)에 해당되는 것은? (단, 지하수를 생활용수로 사용하는 경우)

① 부유물질
② 화학적 산소요구량
③ 염소이온
④ 생물화학적 산소요구량

해설 지하수의 수질보전등에 관한 규칙 별표 4(지하수의 수질기준)
일반오염물질(4개) : 수소이온농도(pH), 총대장균군, 질산성질소, 염소이온

**08** 지하수를 공업용수로 사용할 경우 수소이온농도(pH)의 수질 기준은?

① 1.0 ~ 3.0   ② 3.5 ~ 5.5
③ 5.0 ~ 9.0   ④ 8.5 ~ 12.0

해설 지하수의 수질보전등에 관한 규칙 별표 4(지하수의 수질기준)
[공업용수 기준]
pH(수소이온농도) : 5~9

**09** 지하수의 관측 및 조사 등에 관한 설명으로 (  )에 순서대로 나열된 것은?

( )은 전국적인 지하수관측시설을 설치하여 ( )이 정하는 바에 따라 지하수의 수위변동실태를 조사하여야 한다.

① 국토교통부장관 – 환경부령
② 국토교통부장관 – 대통령령
③ 환경부장관 – 대통령령
④ 시·도지사 – 환경부령

해설 지하수법 제17조(지하수의 관측 및 조사 등) ① 환경부장관은 전국적인 지하수관측시설(이하 "국가관측망"이라 한다)을 설치하여 대통령령으로 정하는 바에 따라 지하수의 수위변동실태를 조사하여야 한다.

**10** 오염지하수 중 특정유해물질에 대한 정화기준 또는 정화기준 항목에 대한 설명으로 적합하지 않은 것은?

① 석유계총탄화수소가 1.5mg/L 이하
② 시안은 0.01mg/L 이하
③ 지하수를 생활용수로 이용하는 지하수의 특정유해물질은 16개 항목 준수
④ 생활용수 기준 중 벤젠, 톨루엔, 에틸벤젠, 크실렌은 총 함량 기준 준수

해설 지하수의 수질보전등에 관한 규칙 별표 4(지하수의 수질기준)
[생활용수 기준]
• 벤젠 : 0.015mg/L 이하
• 톨루엔 : 1mg/L 이하
• 에틸벤젠 : 0.45mg/L 이하
• 크실렌 : 0.75mg/L 이하

**11** 지하수의 체계적인 개발·이용 및 효율적인 보전·관리를 위하여 지하수관리기본계획의 수립 시 포함되어야 할 사항으로 틀린 것은?

① 지하수의 이용실태
② 지하수의 보전계획
③ 지하수의 조사에 관한 투자계획
④ 지하수의 수질관리 및 정화계획

해설 지하수법 제6조(지하수관리기본계획의 수립) ① 환경부장관은 지하수의 체계적인 개발·이용 및 효율적인 보전·관리를 위하여 다음 각 호의 사항이 포함된 10년 단위의 지하수관리기본계획을 수립하여야 한다.
1. 지하수의 부존 특성 및 개발 가능량
2. 지하수의 이용실태

 07. ③   08. ③   09. ③   10. ④   11. ③

3. 지하수의 이용계획
3의2. 유출지하수의 관리 및 이용계획
4. 지하수의 보전계획
5. 지하수의 수질관리 및 정화계획
6. 그 밖에 지하수의 관리에 관한 사항

**12** 지하수오염평가에서 고려하여야 하는 항목·절차에 해당하지 않은 것은?

① 개략적인 오염범위 추정을 위한 자료수집 및 현장조사
② 오염도 작성 및 오염물질 총량 추정
③ 오염지하수에 의한 주변지역에 미치는 영향
④ 오염된 지하수의 자연정화 가능성 평가

해설 [별표 2] 지하수오염평가보고서의 작성방법(제3조 관련)
나. 작성절차
지하수오염평가보고서의 작성 절차는 다음과 같다.
가) 지하수오염으로 인한 위해성
나) 개략적인 오염범위 추정을 위한 자료수집 및 현장조사
다) 추가 관측정 설치를 통한 오염물질 분석, 수리지질조사 및 오염범위 분석
라) 지하수 유동특성 분석
마) 오염도 작성 및 오염물질 총량 추정
바) 시간경과에 따른 오염물질 거동 예측
사) 오염원인 및 오염경로에 대한 평가
아) 지하수 오염방지대책 제시
라. 오염방지대책
1) 지하수오염물질의 누출을 방지하기 위한 추가적인 시설의 설치
2) 지하수오염물질의 운송·저장·처리방식의 변경
3) 오염된 지하수의 정화사업
4) 당해 시설의 설비·운영의 개선
5) 자연적 감소에 의하여 오염된 지하수가 자연정화되고 있는지 또는 자연정화될 수 있는지 여부의 조사

**13** 지하수의 개발·이용의 허가에 관한 사항으로 옳지 않은 것은?

① 동력장치를 사용하지 아니하고 가정용 우물 또는 공동 우물을 개발하여 이용하려는 경우 시장·군수·구청장의 허가를 얻을 필요가 없다.
② 허가를 신청하려는 자는 지하수영향조사를 받은 후 결과를 제출하여야 하며, 시장·군수·구청장은 지하수영향조사서를 심사하여야 한다.
③ 시장·군수·구청장은 지하수영향조사서를 심사하고 그 결과를 허가내용에 반영하여야 하며 기본계획 및 지역관리계획을 고려하여 심사하여야 한다.
④ 토양오염물질이나 유해화학물질을 배출·제조·저장하는 시설로서 관계법령에 따라 허가를 득하였다고 하더라도 그 설치지역이 지하수 보존 구역이라면 시장·군수·구청장의 허가를 얻어야 한다.

해설 ④항의 사항은 존재하지 않는다.
**지하수법 제7조(지하수개발·이용의 허가)** ① 지하수를 개발·이용하려는 자는 미리 시장·군수·구청장의 허가를 받아야 한다. 다만, 다음 각 호의 어느 하나에 해당하는 경우에는 그러하지 아니하다.
1. 자연히 흘러나오는 지하수 또는 다른 법률에 따른 허가·인가 등을 받거나 신고를 하고 시행하는 사업 등으로 인하여 부수적으로 발생하는 지하수를 이용하는 경우
2. 동력장치를 사용하지 아니하고 가정용 우물 또는 공동우물을 개발·이용하는 경우
3. 제13조제1항제1호에 따른 허가를 받은 경우
② 허가를 신청하려는 자는 지하수영향조사기관이 실시하는 지하수영향조사를 받은 후 지하수영향조사기관이 작성한 지하수영향조사서를 제출하여야 하며, 시장·군수·구청장은 지하수영향조사서를 심사하여 그 결과를 허가 내용에 반영하여야 한다. 이 경우 시장·군수·구청장은 기본계획 및 지역관리계획을 고려하여 심사하여야 한다.

정답 12. ③  13. ④

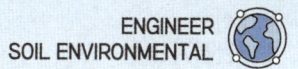

**14** 지하수법에서 명시하는 정의가 잘못된 것은?

① 지하수 : 지하의 지층이나 암석 사이의 빈틈을 채우고 있거나 흐르는 물
② 지하수개발·이용시공업 : 지하수개발·이용을 위한 시설을 시공하는 사업
③ 지하수 영향구역 : 지하수의 수량이나 수질보전이 필요하여 지하수의 수질을 개선하는 사업
④ 지하수 정화업 : 지하수에 함유된 오염물질을 제거·분해 또는 희석하여 지하수의 수질을 개선하는 사업

> 해설 지하수법 제2조(정의) "지하수 영향구역"에 대한 정의는 없다.
> ※ 유사용어 : 2. "지하수영향조사"란 지하수의 개발·이용이 주변지역에 미치는 영향을 분석·예측하는 조사를 말한다.

**15** 지하수를 공업용수로 사용하는 경우 지하수의 수질기준 항목에 해당하지 않는 것은?

① 일반세균   ② 카드뮴
③ 유기인    ④ 염소이온

> 해설 지하수의 수질보전 등에 관한 규칙 별표 4(지하수의 수질기준)
> [공업용수 기준] - 수질기준 항목
> 일반오염물질 : 수소이온농도, 질산성질소, 염소이온
> 특정유해물질 : 카드뮴, 비소, 시안, 수은, 다이아지논, 파라티온, 페놀, 납, 크롬, 트리클로로에틸렌, 테트라클로로에틸렌, 1.1.1-트리클로로에탄

**16** 지하수의 수질보전 등에 관한 규칙상 수질검사대상이 되는 농업용수 및 어업용수용 지하수 양수 능력 기준은?

① 1일 10톤 이상   ② 1일 20톤 이상
③ 1일 50톤 이상   ④ 1일 100톤 이상

> 해설 지하수의 수질보전 등에 관한 규칙 제10조(수질검사대상) 영 제29조제1항제2호에 따른 수질검사대상이 되는 지하수는 다음 각 호의 어느 하나에 해당하는 지하수로 한다. 다만, 「민방위기본법 시행규칙」 제15조제1항에 따라 시장·군수가 비상급수시설로 지정한 지하수의 경우에는 수질검사대상에서 제외한다.
> 1. 생활용수로서 1일 양수능력이 30톤 이상인 경우. 다만, 청소용·조경용·공사용·소방용 등 보건위생과 사용 후 생태계 보전 등에 지장이 없는 용도로 이용하는 생활용수의 경우를 제외한다.
> 2. 공업용수로서 1일 양수능력이 30톤 이상인 경우
> 3. 농·어업용수로서 1일 양수능력이 100톤 이상인 경우

**17** 지하수 오염방지시설로서 밀폐식이 아닌 상부보호공을 설치하는 경우 상단부의 높이는 지표면보다 최소 얼마 이상 높게 설치되어야 하는가?

① 10cm   ② 20cm
③ 30cm   ④ 40cm

> 해설 지하수의 수질보전 등에 관한 규칙 별표 1(지하수오염방지시설의 설치기준)
> 1. 상부보호공을 설치하는 지하수오염방지시설의 세부 설치기준
>   나. 일반 상부보호공의 설치기준
>     3) 케이싱의 윗부분은 지표면 위로 30㎝ 이상 높게 설치하고, 덮개를 씌워 외부 오염물질이 유입되지 아니하도록 하여야 한다.

**18** 지하수개발·이용허가의 유효기간은?

① 3년   ② 5년
③ 7년   ④ 10년

> 해설 지하수법 제7조의3(지하수개발·이용허가의 유효기간)
> ① 제7조제1항에 따른 지하수개발·이용허가의 유효기간은 5년으로 한다.

 14. ③   15. ①   16. ④   17. ③   18. ②

**19** 지하수법 용어의 정의 중 틀린 것은?

① 지하수란 지하의 지층이나 암석 사이의 빈틈을 채우고 있거나 흐르는 물을 말한다.
② 지하수영향조사란 지하수의 개발·이용이 주변지역에 미치는 영향을 분석·예측하는 조사를 말한다.
③ 지하수보전구역이란 지하수의 수량이나 수질을 보전하기 위하여 필요한 구역으로서 시·도지사에 의해 지정된 구역을 말한다.
④ 지하수정화업이란 지하수에 함유된 오염물질을 희석하지 않고 제거 또는 분해하여 지하수를 이용하는 사업을 말한다.

**해설** 지하수법 제2조(정의) 5. "지하수정화업"이란 지하수에 함유된 오염물질을 제거·분해 또는 희석하여 지하수의 수질을 개선하는 사업을 말한다.

**20** 지하수의 보전·관리를 위하여 필요한 경우에 지정하는 지하수보전구역이 아닌 것은?

① 지하수개발·이용량이 기본계획 또는 지역관리계획에서 정한 지하수개발 가능량에 비하여 현저하게 높다고 판단되는 지역
② 지하수의 지나친 개발·이용으로 인하여 지하수의 고갈현상, 지반침하 또는 하천이 마르는 현상이 발생하거나 발생할 우려가 있는 지역
③ 지하수의 개발·이용으로 인하여 주변 생태계에 심각한 악영향을 미치거나 미칠 우려가 있는 지역
④ 지하수의 개발·이용으로 인하여 상수원으로 이용하는 호소수가 줄어들 우려가 있는 지역

**해설** 지하수법 제12조(지하수보전구역의 지정) ① 시·도지사는 지하수의 보전·관리를 위하여 필요한 경우에는 다음 각 호의 어느 하나에 해당하는 지역을 지하수보전구역으로 지정할 수 있다.
 1. 지하수를 이용하는 하류지역과 수리적으로 연결된 지하수의 공급원이 되는 상류지역
 2. 주된 용수공급원이 되는 지하수가 상당히 부존된 지층이 있는 지역
 3. 대통령령으로 정하는 공공급수용 지하수개발·이용시설의 중심에서 대통령령으로 정하는 반지름 이내에 제13조제1항제2호에 따른 시설이 설치되어 수질의 저하가 우려되는 지역
 4. 지하수개발·이용량이 기본계획 또는 지역관리계획에서 정한 지하수개발 가능량에 비하여 현저하게 높다고 판단되는 지역
 5. 지하수의 지나친 개발·이용으로 인하여 지하수의 고갈현상, 지반침하 또는 하천이 마르는 현상이 발생하거나 발생할 우려가 있는 지역
 6. 지하수의 개발·이용으로 인하여 주변 생태계에 심각한 악영향을 미치거나 미칠 우려가 있는 지역
 7. 그 밖에 지하수의 수량이나 수질을 보전하기 위하여 필요한 지역으로서 대통령령으로 정하는 지역

**21** 지하수오염방지시설의 설치기준 중 상부보호공을 설치하는 지하수오염방지시설의 세부 설치기준으로 ( )에 맞는 내용은?

> 케이싱의 하단부는 지표 이하 ( ) 이상 깊이까지 설치하며, 암반층을 굴착하는 경우에는 암반(연암층)선 아래로 1m 이상 깊게 설치하여야 한다.

① 10m  ② 5m
③ 3m   ④ 2m

**해설** 지하수의 수질보전 등에 관한 규칙 별표 1(지하수오염방지시설의 설치기준)
 1. 상부보호공을 설치하는 지하수오염방지시설의 세부 설치기준
  가. 공통사항
   4) 지표하부보호벽(케이싱)의 하단부는 지표 이하 3m 이상 깊이까지 설치하며, 암반층을 굴착(땅파기)하는 경우에는 암반(연암층)선 아래로 1m 이상 깊게 설치하여야 한다.

정답 19. ④  20. ④  21. ③

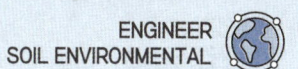

**22** 오염지하수 정화계획 수립 시에 고려할 사항이 아닌 것은?

① 정화대상지역 선정  ② 적용성 시험
③ 오염지역 부동산 시세  ④ 정화사업의 규모

해설 지하수법 시행령 제26조의4(오염지하수 정화계획의 승인 등) ② 오염지하수 정화계획에는 다음 각 호의 사항이 포함되어야 한다.
1. 정화사업의 방법과 종류
2. 정화사업기간 및 정화사업지역(지하수오염유발시설의 위치·면적과 비용부담 적용대상 지역의 범위를 포함한다)
3. 시설용량·설치면적 등 정화작업의 규모
4. 총소요사업비와 분야별 소요사업비
5. 재원조달방법
6. 정화작업이 계획대로 수행되지 아니할 경우의 비상대책

**23** 지하수의 개발·이용에 관한 허가·인가 등을 받거나 신고를 한 자는 그 공사의 착공일 전까지 이행보증금을 현금 또는 국토교통부령이 정하는 보증서·유가증권 등으로 예치하여야 한다. 이 때 이행보증금의 예치기간은?

① 공사의 착공일부터 1년
② 공사의 착공일부터 2년
③ 공사의 착공일부터 3년
④ 공사의 착공일부터 5년

해설 지하수법 시행령 제22조(이행보증금의 금액 및 예치시기 등) ③ 이행보증금의 예치기간은 공사의 착공일부터 5년으로 한다. 다만, 시장·군수·구청장은 지역 여건이나 지하수개발·이용시설의 상태 등을 고려하여 특히 필요하다고 인정되는 경우에는 5년마다 이행보증금을 계속 예치하게 할 필요가 있는지를 검토하여 이행보증금을 계속 예치하게 할 수 있다.

**24** 지하수를 생활용수로 이용하는 경우 질산성질소의 지하수의 수질기준(mg/L)은?

① 1 이하  ② 10 이하
③ 15 이하  ④ 20 이하

해설 지하수의 수질보전등에 관한 규칙 별표 4(지하수의 수질기준)
〈생활용수 기준〉 - 수질기준 항목
일반오염물질 : 수소이온농도, 질산성질소, 염소이온
특정유해물질 : 카드뮴, 비소, 시안, 수은, 다이아지논, 파라티온, 페놀, 납, 크롬, 트리클로로에틸렌, 테트라클로로에틸렌, 1.1.1-트리클로로에탄

**25** 국토교통부장관이 지하수의 체계적인 개발·이용 및 효율적인 보전·관리를 위하여 수립하는 지하수관리기본계획의 주기는?

① 3년  ② 5년
③ 10년  ④ 15년

해설 지하수법 제6조(지하수관리기본계획의 수립) ① 환경부장관은 지하수의 체계적인 개발·이용 및 효율적인 보전·관리를 위하여 다음 각 호의 사항이 포함된 10년 단위의 지하수관리기본계획(이하 "기본계획"이라 한다)을 수립하여야 한다.

**26** 지하수의 수질보전을 위하여 수질측정망 설치 및 수질오염실태 측정 계획을 수립·고시하여야 하는 자는?

① 환경부장관  ② 국토교통부장관
③ 농림축산식품부장관  ④ 시·도지사

정답 22. ③  23. ④  24. ④  25. ③  26. ①

**27** 지하수오염평가보고서의 작성내용과 가장 거리가 먼 것은?

① 지하수오염으로 인한 위해성
② 오염범위
③ 오염원인에 대한 평가
④ 원상복구계획

해설 지하수법 시행령 제26조의3(지하수오염평가보고서의 작성지침과 작성내용)
3. 지하수오염평가보고서의 작성내용
　가. 지하수오염으로 인한 위해성
　나. 오염범위
　다. 오염원인에 대한 평가
　라. 오염방지대책
　마. 그 밖의 사항

**28** 지하수에 관한 조사업무를 대행할 수 있는 지하수 관련 전문조사기관이 아닌 것은?

① 한국수자원공사　② 한국농어촌공사
③ 한국건설기술연구원　④ 한국환경보전협회

해설 제4조(조사업무의 대행) ① 환경부장관, 관계 중앙행정기관의 장, 시·도지사 또는 시장·군수·구청장은 다음 각 호의 어느 하나에 해당하는 지하수 관련 조사전문기관으로 하여금 지하수에 관한 조사업무를 대행하게 할 수 있다.
1. 한국지질자원연구원
2. 한국광물자원공사
3. 한국수자원공사
4. 한국농어촌공사
5. 한국건설기술연구원
6. 한국환경공단
7. 법 제26조의2에 따라 설립된 협회

**29** 지하수관리기본계획에 포함되지 않는 사항은?

① 온천수　② 용천수
③ 제주도지역 지하수　④ 먹는 샘물

해설 지하수법 제6조(지하수관리기본계획의 수립) ④ 기본계획에는 「온천법」에 따른 온천수, 「농어촌정비법」에 따른 농어촌용수(지하수만 해당한다), 「먹는물관리법」에 따른 먹는샘물·먹는염지하수 및 「제주특별자치도 설치 및 국제자유도시 조성을 위한 특별법」에 따른 제주특별자치도 지역 지하수에 관한 사항이 포함되어야 한다.

**30** 지하수관리 기본계획에 포함되어야 할 사항이 아닌 것은?

① 지하수의 이용실태 및 계획
② 지하수의 부존 특성 및 개발 가능량
③ 지하공간 개발계획
④ 지하수의 수질관리 및 정화계획

해설 지하수법 제6조(지하수관리기본계획의 수립) ① 환경부장관은 지하수의 체계적인 개발·이용 및 효율적인 보전·관리를 위하여 다음 각 호의 사항이 포함된 10년 단위의 지하수관리기본계획(이하 "기본계획"이라 한다)을 수립하여야 한다.
1. 지하수의 부존 특성 및 개발 가능량
2. 지하수의 이용실태
3. 지하수의 이용계획
4. 지하수의 보전계획
5. 지하수의 수질관리 및 정화계획
6. 그 밖에 지하수의 관리에 관한 사항

**31** 수질검사전문기관은 수질검사의 기록에 대한 보존 및 보고의 의무를 갖는다. 이에 해당하는 내용으로 가장 적합한 것은?

① 1년간 보존, 매 분기 종료일의 다음달 말일까지 보고
② 2년간 보존, 매 분기 종료일로부터 2달 이내 보고
③ 1년간 보존, 매 분기 종료일로부터 2달 이내 보고
④ 2년간 보존, 매 분기 종료일의 다음달 말일까지 보고

해설 지하수법 시행령 제30조(수질검사전문기관 등) ⑤ 수질검사전문기관은 수질검사의 기록을 2년간 보존하여야 하

정답　27. ④　28. ④　29. ②　30. ③　31. ④

며, 매 분기 말 현재의 기록을 환경부령으로 정하는 바에 따라 매 분기 종료일의 다음 달 말일까지 환경부장관 또는 시장·군수·구청장에게 통보하여야 한다.

**32** 환경부장관 또는 시장·군수·구청장이 지하수를 현저하게 오염시킬 우려가 있는 시설의 설치자 또는 관리자에게 지하수오염방지를 위하여 명할 수 있는 조치가 아닌 것은?

① 오염된 지하수의 정화
② 지하수 오염 관측정의 설치 및 수질측정
③ 지하수오염물질 누출방지시설의 설치
④ 지하수영향조사 실시

> 해설 지하수법 시행령 제26조(지하수 오염방지명령 등)
> 제26조(지하수 오염방지명령 등) ① 환경부장관 또는 시장·군수·구청장은 법 제16조제2항에 따라 지하수를 오염시키거나 현저하게 오염시킬 우려가 있는 시설의 설치자 또는 관리자에게 지하수 오염방지를 위하여 다음 각 호의 조치를 하도록 명할 수 있다.
> 1. 지하수 오염 관측정(觀測井: 지하수 오염 감시 및 수위, 수량 등을 관측하기 위해 파놓은 샘)의 설치 및 수질측정
> 2. 지하수 오염 진행상황의 평가
> 3. 지하수오염물질 누출방지시설의 설치
> 4. 오염된 지하수의 정화
> 5. 해당 시설의 설비·운영의 개선
> 6. 해당 시설의 폐쇄·이전 또는 철거

**33** 지하수의 개발·이용의 허가 시 시장, 군수가 허가를 하지 않거나 취수량을 제한하는 경우는?

① 동력장치를 사용하지 아니하고 가정용 우물 또는 공동우물을 개발·이용하는 경우
② 지하수의 채취로 인하여 인근지역의 수원의 고갈 또는 지반의 침하를 가져올 우려가 있거나 주변시설물의 안전을 해할 우려가 있는 경우
③ 「국방·군사시설 사업에 관한 법률」 제2조의 규정에 의한 국방·군사시설사업에 의하여 설치된 시설에서 지하수를 개발·이용하는 경우
④ 자연히 흘러나오는 지하수 또는 다른 법률의 규정에 의한 허가·인가 등을 받거나 신고를 하고 시행하는 사업 등으로 인하여 부수적으로 발생하는 지하수를 이용하는 경우

> 해설 지하수법 제7조(지하수개발·이용의 허가) ③ 시장·군수·구청장은 다음 각 호의 어느 하나의 경우에는 제1항에 따른 허가를 하지 아니하거나 취수량을 제한할 수 있다.
> 1. 지하수 채취로 인하여 인근 지역의 수원(水源)의 고갈 또는 지반의 침하를 가져올 우려가 있거나 주변 시설물의 안전을 해칠 우려가 있는 경우
> 2. 지하수를 오염시키거나 자연생태계를 해칠 우려가 있는 경우
> 3. 지하수의 적정 관리 또는 「국토의 계획 및 이용에 관한 법률」에 따른 도시·군관리계획, 그 밖에 공공사업에 지장을 줄 우려가 있는 경우
> 4. 그 밖에 지하수를 보전하기 위하여 필요하다고 인정되는 경우로서 대통령령으로 정하는 경우

정답 32. ④  33. ②

온라인 교육의 명품브랜드 — www.edupd.com
에듀피디 EDUPD

알기 쉽게 풀어쓴 **토양환경기사** 필기

# 5 PART

# 부록

## 과년도 기출문제

**01** 2019년 토양환경기사 1회 필기

**02** 2019년 토양환경기사 2회 필기

**03** 2019년 토양환경기사 4회 필기

**04** 2021년 토양환경기사 1회 필기

**05** 2021년 토양환경기사 2회 필기

**06** 2021년 토양환경기사 4회 필기

**07** 2022년 토양환경기사 1회 필기

**08** 2022년 토양환경기사 2회 필기

# 2019년 토양환경기사 1회 필기

**01** 2:1 격자형 점토광물 구조의 설명이 옳은 것은?

① 2개의 알루미나판 사이에 1개의 규산판이 삽입된 구조
② 규산판과 마그네슘판 사이에 알루미나판이 삽입된 구조
③ 1개의 알루미나판 양쪽에 2개의 규산판이 부착된 구조
④ 규산판 2개 다음에 알루미나판이 부착된 구조

**02** 오염 지하수 처리기술 중 air sparging 기술에 대한 설명이 아닌 것은?

① 오염물질의 용해도가 작을수록 적용이 어렵다.
② 오염확산의 위험이 있으므로 불균질매질에 적용이 어렵다.
③ 증기압이 0.5mmHg 이상인 오염물질에 적용이 가능하다.
④ 공기의 이동경로의 생성을 방해하므로 낮은 투수성의 매질에는 적용이 어렵다.

**03** 지렁이를 이용한 퇴비화(composting)에 의해 처리하기 곤란한 것은?

① 하수 슬러지
② 음식물 쓰레기
③ 잔디구장에서 잘라낸 잔디
④ 지하수위가 높은 땅 속에 묻혀 있는 분뇨

**04** 인순환에 기여하는 미생물의 역할 중 틀린 것은?

① 난용성 무기형태 인의 용해를 촉진한다.
② 미생물 체내로 $PO_4^{3-}$를 흡수한다.
③ 미생물 중에 존재하는 인의 양은 토양 중 총인 양의 대부분을 차지한다.
④ 유기형태 인의 분해와 그에 따른 $PO_4^{3-}$가 생성된다.

**05** 토양오염물질 중 DNAPL(dense nonaqueous phase liquid)이 아닌 것은?

① 1, 1, 1-TCA
② TCE
③ 클로로페놀
④ 톨루엔

**06** 자갈 20%, 모래 25%, 실트 30%, 점토 25%인 토양을 아래 삼각자로 분류법에 의하면 어디에 해당하는가?

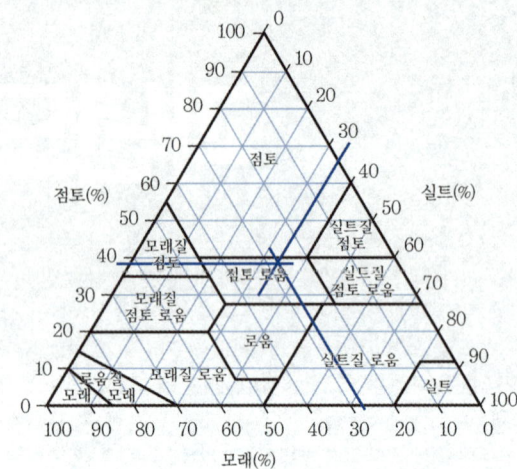

① 점토
② 점토 로움
③ 모래질 점토 로움
④ 실트질 로움

**07** 지구의 6대 조암광물의 구성으로 옳은 것은?

① 석영, 장석, 운모, 각섬석, 휘석, 감람석
② 석영, 장석, 운모, 석면, 휘석, 감람석
③ 석영, 장석, 석회석, 각섬석, 휘석, 감람석
④ 석영, 장석, 황철석, 각섬석, 석고, 감람석

**08** 토양의 연경도를 결정하는 인자가 아닌 것은?

① 이쇄성　② 강성
③ 소성　　④ 경도

**09** 주로 가정하수로부터 농업용 수로로 논에 유입되는 벼의 성장에 지장을 주는 물질은?

① ABS(Alklbenzene sulfonate)
② BHC(Benzene hexachloride)
③ DDT(Dichlorodiphenyltichloroethane)
④ Parathon

**10** 토양 내에 존재하는 부식물질에 관한 설명으로 틀린 것은?

① 부식탄(부식회, humin)은 알칼리에는 용해되나 산에는 용해되지 않는 물질이다.
② 부식산(humic acid)은 중간 내지 고분자의 산성물질로서 무정형이다.
③ 폴브산(fulvic acid)은 저분자의 부식산과 비부식물질이 결합된 것이다.
④ 부식물질은 비부식물질에 비하여 구조가 복잡하여 분해에 대한 저항성이 크다.

**11** 다음 표와 깊이에서의 교환성 양이온 농도를 측정하였다. 토양의 수소 및 염기 포화도(%)는?

| 깊이 (cm) | 교환성 양이온(meq/100g) | | | | |
|---|---|---|---|---|---|
| | $Ca^{2+}$ | $Mg^{2+}$ | $K^+$ | $Na^+$ | $H^+$ |
| 15~27 | 13.8 | 4.2 | 0.4 | 0.1 | 11.4 |

① 수소포화도=38.1, 염기포화도=61.9
② 수소포화도=61.9, 염기포화도=38.1
③ 수소포화도=35.9, 염기포화도=64.1
④ 수소포화도=64.1, 염기포화도=35.9

**12** 질산성 질소($NO_3$-N)의 농도가 30mg/L인 경우, $NO_3$의 농도(mg/L)는?

① 133　② 156
③ 164　④ 176

**13** 용적밀도가 1.5g/cm³, 중량수분함량이 30%인 토양의 용적수분함량(%)은?

① 12.5　② 20
③ 45　　④ 57.5

**14** 토양오염의 특징과 가장 거리가 먼 것은?

① 오염경로의 단순성　② 피해발현의 완만성
③ 오염영향의 국지성　④ 오염의 비인지성

**15** 토양공극률 0.42, 토양입자밀도 2.65g/cm³일 때 지역 토양 단위용적밀도(g/m³)는?

① 1.24　② 1.54
③ 1.72　④ 1.83

**16** 토양 및 토양오염에 관한 내용으로 적절하지 않은 것은?

① 토양은 일단 그 기능을 상실하면 복원이 불가능하거나, 회복에 매우 긴 시간이 요구된다.
② 토양은 환경의 최종수용체로서 다른 매개체로의 오염 유발은 적다.
③ 토양오염이란 사업 활동, 기타 사람의 활동에 따라 토양이 오염되는 것으로서 사람의 건강이나 환경에 피해를 주는 상태를 말한다.
④ 토양오염은 토양의 기능, 인간의 건강 및 생태계에 악영향을 미치는 것이다.

**17** 토양미생물 중 원핵세포를 가진 미생물은?

① 박테리아(bacteria)  ② 토양조류(soil algae)
③ 원생동물(protozoa)  ④ 곰팡이(fungi)

**18** 지하수의 유량을 조사할 때 Darcy의 법칙(Q=K·I·A)이 사용되는데, 이 때 K와 I가 의미하는 것은?

① k=점성계수, I=수리적 구배
② k=투수계수, I=수심
③ k=점성계수, I=경심
④ k=수리적 전도도, I=수두 구배

**19** 벤젠(분자량 78.1)이 공기와 평형관계에 있을 경우 공기 내 존재할 수 있는 최대농도($mg/m^3$)는? (단, 1기압, 25℃ 기준, 벤젠의 증기압 = 0.125atm)

① 약 400000  ② 약 450000
③ 약 500000  ④ 약 550000

**20** 토양층위(토양단면)를 위층에서 올바르게 나열한 것은?

① A층-B층-C층-O층  ② O층-A층-B층-C층
③ O층-C층-B층-A층  ④ A층-A층-B층-C층

**21** 토양오염공정시험기준상 불소 측정에 적용 가능한 시험방법은?

① 자외선/가시선 분광법
② 원자흡수분광광도법
③ 기체크로마토그래프법
④ 유도결합플라즈마 원자방광분광법

**22** PCB를 측정하기 위해 기체크로마토그래프를 사용할 때 운반가스의 유속(mL/min)은?

① 0.5~3  ② 5~10
③ 10~20  ④ 20~50

**23** 과망간산칼륨 10%(W/V) 수용액을 만드는 방법으로 옳은 것은?

① 과망간산칼륨 10g을 물에 녹여 100mL로 한다.
② 과망간산칼륨 15g을 물에 녹여 100mL로 한다.
③ 과망간산칼륨 20g을 물에 녹여 100mL로 한다.
④ 과망간산칼륨 50g을 물에 녹여 100mL로 한다.

**24** 총칙의 내용으로 (  )에 옳은 것은?

> "정확히 단다" : 규정된 양의 검체를 취하여 분석용 저울로 (  )까지 다는 것을 말한다.

① 1.0mg  ② 0.1mg
③ 0.01mg  ④ 0.0001mg

**25** 가압시험법 측정오류의 원인으로 가장 거리가 먼 것은?

① 최저 설정압력의 오류
② 시험압력 유지시간이 너무 짧을 때
③ 연결관 및 연결부의 오류로 인한 누출
④ 측정시간 중 과도한 온도변화에 의한 내용물의 체적 변화

**26** 지하매설저장시설 내 배관으로부터 3m 지점에서 토양시료를 채취하였다면 토양시료 채취지점에서 최대한의 시료채취 깊이(m)는?

① 3  ② 3.5
③ 4  ④ 4.5

**27** 저장물질이 없는 누출검사대상시설의 누출검사방법 중 가압시험법에 사용되는 기구 및 기기에 관한 설명으로 옳지 않은 것은?

① 온도계는 시험압력에 충분히 견딜 수 있는 것으로서 최소눈금 1℃ 이하를 읽고 기록이 가능해야 한다.
② 압력계는 최소눈금이 시험압력의 5% 이내이고, 이를 읽고 측정압력의 기록이 가능한 것을 사용한다.
③ 안전밸브는 $2.0kgf/cm^2$ 이하에서 작동되어야 한다.
④ 사용가스는 가압매체로 질소 등 불활성가스를 사용한다.

**28** 저장물질이 없는 누출검사 대상시설에서 저장시설의 용접부, 모재부에 대한 결함유무를 확인, 누출가능성 유무를 판단하는 시험 방법은?

① 가압 시험법    ② 미가압 시험법
③ 액면레벨 측정법  ④ 비파괴 검사법

**29** 일반지역(농경지)의 토양 시료 채취 방법 중 시료채취지점 선정에 관한 내용으로 옳은 것은?

① 대상지역 내에서 나선형으로 5~10개 지점
② 대상지역 내에서 지그재그형으로 5~10개 지점
③ 대상지역에서 대표치를 구할 수 있는 1개 지점
④ 대상지역의 중심 지점과 주변 4방위 총 5개 지점

**30** 중크롬산칼륨용액의 흡광도가 270nm에서 0.745이었다. 이 흡광도 데이터를 투과율(%)로 환산한 것은?

① 12.0    ② 15.8
③ 18.0    ④ 21.3

**31** 토양 중 벤조(a)피렌을 분석하기 위해 속슬레추출법을 사용하는 경우 적절한 추출조건은?

① 시간당 3~5싸이클을 유지하면서 24시간 동안 추출
② 시간당 4~6싸이클을 유지하면서 16시간 동안 추출
③ 시간당 6~8싸이클을 유지하면서 16시간 동안 추출
④ 시간당 7~8싸이클을 유지하면서 18시간 동안 추출

**32** 시료의 채취에 관한 내용으로 ( )에 옳은 것은?

> 토양오염도검사를 위해서는 표토층 또는 필요에 따라 일정 깊이 이하의 토양시료를 채취할 수 있다. 토양시료 채취 시 토양 표면의 잡초나 유기물 등 이물질층을 제거한 후 토양시료채취기로 ( ) 채취한다.

① 약 0.1kg    ② 약 0.2kg
③ 약 0.5kg    ④ 약 1.0kg

**33** 95% 황산(비중 1.84)의 노말(N) 농도는?

① 10.7    ② 25.5
③ 35.7    ④ 40.5

**34** 원자흡수분광광도계의 일반적인 구성 순서로 올바른 것은?

① 광원부 → 시료원자화부 → 파장선택부 → 측광부
② 광원부 → 파장선택부 → 시료원자화부 → 측광부
③ 광원부 → 측광부 → 시료원자화부 → 화장선택부
④ 광원부 → 측광부 → 파장선택부 → 시료원자화부

**35** 토양오염공정시험방법에서 분석대상 유기인계화합물로 규정되지 않은 성분은?

① 알드린    ② 이피엔
③ 메틸디메톤  ④ 펜토에이트

**36** 원자흡수분광광도계에 불꽃을 만들기 위해 조연성 가스와 가연성 가스를 사용하는데 일반적으로 사용하는 가연성 가스와 조연성 가스의 조합은?

① 수소-공기
② 아세틸렌-공기
③ 프로판-공기
④ 아세틸렌-이산화질소

**37** 정량한계 산정식으로 옳은 것은? (단, S=표준편차, X=평균값)

① 정량한계=3.3×S
② 정량한계=(10×X)/S
③ 정량한계=(3.3×X)/S
④ 정량한계=10×S

**38** 검량선에서 얻어진 TPH의 검출량이 1550.5ng 이었을 때 토양 중 TPH의 농도(mg/kg)는? (단, 수분 보정한 토양무게=26.5g, 용매의 최종액량=2mL, 검액의 주입량=2$\mu l$)

① 58.5
② 68.7
③ 48.5
④ 75.8

**39** 토양의 pH를 측정하기 위해서 토양과 산을 포함하는 정제수의 비율로 적절한 것은? (단, 토양의 밀도(비중)는 1.0은 아님)

① 토양시료의 무게에 5배의 정제수를 사용
② 토양시료의 부피에 5배의 정제수를 사용
③ 토양시료의 무게에 2배의 정제수를 사용
④ 토양시료의 부피에 2배의 정제수를 사용

**40** 기체크로마토그래프법으로 TPH를 정량하는 방법에 대한 설명으로 옳지 않은 것은?

① 검출기는 불꽃이온화검출기(FID)를 사용한다.
② 비등점이 높은 벙커C유·윤활유·유원유 등의 측정에는 적용하지 않는다.
③ 토양시료 중의 TPH 성분은 디클로로메탄으로 추출한다.
④ 정량한계는 석유계총탄화수소로 50mg/kg이다.

**41** 투수성반응벽체법의 충진물질로서 국내·외에서 가장 많이 활용되고 있는 것은?

① 활성탄
② 석회석
③ 영가철
④ 제올라이트

**42** 열탈착공정의 일반적인 구성장치가 아닌 것은?

① 고에너지 스크러버
② 열 교환기
③ 열 건조기
④ 발열반응기

**43** 열처리 기술에 대한 설명으로 틀린 것은?

① 저온 열탈착은 유기물을 분해하지 않는다.
② 고온 열탈착은 871~1204°C로 가열하는 공정이다.
③ 중금속으로 오염된 토양을 처리하는 데에도 효과가 뛰어나다.
④ 준휘발성 유기화합물 처리에 있어 다른 기술보다 경제성이 떨어진다.

**44** 토양세척공정에 대한 설명으로 틀린 것은?

① 미세토양 부식물질의 혼합률 30% 이하를 경제적 한계로 본다.
② 세척장치는 기능별로 회전형, 교반형, 진동형, 유동산형으로 분류한다.
③ 토양내의 오염물을 세척수와 화학적 마찰력을 위주로 이용하여 분리하는 기술이다.
④ 세척 후 발생되는 오염 미세토양 및 처리수에 대한 후처리를 고려해야 한다.

**45** 암반, 점토 등과 같이 투수성이 매우 낮아 토양세척 등의 공법을 직접 적용하기 어려운 경우에 물리적인 힘을 가하여 지반에 균열을 발생시켜 투수성을 증가시키는 효과적인 방법은?

① 계면활성제주입공법   ② 동전기주입공법
③ 스팀주입공법         ④ 수압파쇄공법

**46** 토양증기추출 시스템 처리효율에 영향을 미치는 오염물질 특성 인자와 가장 거리가 먼 것은?

① 증기압       ② 수분함량
③ 헨리상수     ④ 흡착계수

**47** 고온 열탈착 공법(HTTD)에 관한 내용과 가장 거리가 먼 것은?

① 큰 입경의 토양을 정기적으로 운전하면 시설을 손상시킬 수 있다.
② 점토, 휴민산을 많이 함유한 토양은 오염물질과 단단히 결합되어 반응시간이 길어진다.
③ 적절한 토양함수비를 맞추기 위한 가수분해과정이 필요하다.
④ 방사능물질이나 독성물질로 오염된 토양으로부터 오염물질을 분리하는 데 적용할 수 있다.

**48** 식물에 의한 안정화(phtostabilization)처리에 적합한 식물의 특징이 아닌 것은?

① 대상 오염물질에 대한 높은 내성을 갖고 있어야 한다.
② 뿌리 부분의 수분함량이 커야 한다.
③ 뿌리 부분의 생체량(biomass)이 커야 한다.
④ 오염물질을 뿌리로부터 지상부(shoot)로 이동시키지 않고 뿌리 내에 함유하는 능력이 커야 한다.

**49** 기름으로 오염된 지하수를 1000m³/day의 유량으로 추출하여 처리하고자 한다. 기름분리를 위한 중력부상식 유수분리조의 최소 표면적(m²)은? (단, 기름 입경=0.3mm, 기름 밀도=0.92g/cm³, 물 밀도=1.0g/cm³, 물 점성도 0.01g/cm·sec, Stokes의 법칙 이용)

① 2.95    ② 13.29
③ 26.4    ④ 32.9

**50** 점토모양 중 양이온교환 능력이 가장 높은 것은?

① 일라이트     ② 몬모릴로나이트
③ 클로라이트   ④ 카올리나이트

**51** 토양, 지하수를 정화하는 식물정화법 중 식물에 의한 추출을 효과적으로 이룰 수 있는 대표 식물종으로 가장 거리가 먼 것은? (단, 중금속 기준)

① 인도겨자   ② 해바라기
③ 버드나무   ④ 보리

**52** 토양증기추출법에 대한 설명으로 옳지 않은 것은?

① 휘발성 오염물질의 처리에 적합한 지중처리 방식이다.
② 토양 내 포화지역 및 불포화지역에 적용이 가능하다.
③ 점토질 토양에 적용 시 효율이 떨어진다.
④ 추출가스 처리를 위한 설비가 필요하다.

**53** 매립지 토양층에서 발생하는 혐기성분해에 의해 100g의 glucose($C_6H_{12}O_6$)가 완전히 분해되어 발생되는 토양층에서의 메탄가스 용적(L)은? (단, 토양층에서 1mol 메탄가스의 용적=25L)

① 약 22   ② 약 32
③ 약 36   ④ 약 42

**54** 오염토양 열처리프로세스 중 장치 용적에 비해 열전달 표면적이 넓고, 같은 처리용량의 장치에 비해 크기가 작고, 열전달효율이 높고, 고형물의 온도가 최대허용 가능한 열전달 유체의 온도에 의해 제한되는 것은?

① 로터리탈착장치　② 열스크류
③ 유동상탈착장치　④ 마이크로파 탈착장치

**55** 바이오스파징(biosparging)의 장·단점에 대한 설명으로 틀린 것은?

① 시설이 비교적 간단함
② 지하수의 부가적인 처리가 필요함
③ 지상의 영업 및 활동에 방해 없이 정화작업 수행이 가능함
④ 휘발보다 생분해가 주요 제거메카니즘이므로 배출가스처리가 필요 없을 수 있음

**56** 오염지역의 지하수 수두구배 0.003, 수리 전도도 $10^{-5}$cm/sec, 지하수위 지표하 10m, 지하수 유입 단면적이 300m$^2$일 때, 오염플림으로 유입되는 지하수의 유입 유량(L/min)은?

① $5.4 \times 10^{-2}$　② $5.4 \times 10^{-3}$
③ $5.4 \times 10^{-4}$　④ $5.4 \times 10^{-5}$

**57** 유류오염 토양 중 열탈착 (적정)온도가 가장 높은 것은?

① 난방유　② 경유
③ 휘발유　④ 등유

**58** 독립영양미생물(화학합성-자가영양)의 탄소원과 에너지원을 바르게 짝지은 것은?

① $CO_2$ - 무기물의 산화환원반응
② $CO_2$ - 빛
③ 유기탄소 - 무기물의 산화환원반응
④ 유기탄소 - 빛

**59** 식물복원공정(Phytoremediation) 기법에 속하지 않는 것은?

① 식물추출(Phytoextraction)
② 식물안정화(Phytostabiliztion)
③ 근권분해(Rhizodegradation)
④ 생물증대(Bioaugmentation)

**60** 지중 내 오염운(contaminated plume) 폭 100m, 포화대수층두께 50m, 지반의 평균수리 전도도 0.0036m/h, 동수구배 0.7m/m인 경우 지중 오염운을 이동시키는데 사용된 지하수의 유량(m$^3$/h)은? (단, Darcy의 법칙을 이용)

① 388.8　② 97.2
③ 25.7　④ 12.6

**61** 환경부장관은 토양오염관리대상시설에 대한 조사계획을 매년 수립해야 한다. 이 때 포함되어야 할 사항으로 틀린 것은?

① 조사일정　② 조사순서
③ 조사기준　④ 조사범위

**62** 대통령령으로 정하는 오염토양의 정화방법이 아닌 것은?

① 미생물을 이용한 생물학적 처리
② 오염물질의 분해 등 방사능 처리
③ 오염물질의 소각 등 열적 처리
④ 오염물질의 차단 등 물리적 처리

**63** 토양정화업자의 준수사항으로 ( )에 옳은 것은?

> 정화현장에 오염토양의 정화공정도 및 정화일지를 작성하여 비치하고, 정화일지는 ( ) 보관하여야 한다.

① 1년간   ② 2년간
③ 3년간   ④ 4년간

**64** 규정을 위반하여 대책지역 안에서 특정수질 유해물질, 폐기물, 유해화학물질, 오수·분뇨 또는 가축분뇨를 버린 자에 대한 과태료 부과기준은?

① 100만원 이하   ② 200만원 이하
③ 300만원 이하   ④ 400만원 이하

**65** 수질검사전문기관은 수질검사의 기록에 대한 보존 및 보고의 의무를 갖는다. 이에 해당하는 내용으로 가장 적합한 것은?

① 1년간 보존, 매 분기 종료일의 다음달 말일까지 보고
② 2년간 보존, 매 분기 종료일로부터 2달 이내 보고
③ 1년간 보존, 매 분기 종료일로부터 2달 이내 보고
④ 2년간 보존, 매 분기 종료일의 다음달 말일까지 보고

**66** 토양환경보전법의 규정에 의하여 환경부 장관이 고시하는 측정망설치계획에 포함되지 않는 것은?

① 측정망 설치시기
② 측정망 배치도
③ 측정지점의 위치 및 면적
④ 측정망 폐쇄시기

**67** 지하수오염평가보고서의 작성내용과 가장 거리가 먼 것은?

① 지하수오염으로 인한 위해성
② 오염범위
③ 오염원인에 대한 평가
④ 원상복구계획

**68** 특정토양오염관리대상시설의 변경신고 사항과 가장 거리가 먼 내용은?

① 사업장 명칭 변경
② 대표자 변경
③ 사업장 관할 지자체장 변경
④ 특정토양오염관리대상시설에 저장하는 오염물질 변경

**69** 토양보전대책지역 지정표지판에 기록할 내용으로 틀린 것은?

① 지정일자
② 토양보전대책지역에서 제한되는 행위
③ 지정기관 및 전화번호
④ 지정목적

**70** 토양관련전문기관의 지정기준 중 토양오염 조사기관 장비에 해당되지 않는 것은?

① 가연성가스농도측정기
② 가스크로마토그래프 질량분석기
③ 초음파추출장치
④ 퍼지·트랩장치

**71** 정당한 사유 없이 관계 공무원 또는 토양관련전문기관의 직원의 행위를 방해 또는 거절한 자에 대한 과태료 처분 기준은?

① 100만원 이하
② 200만원 이하
③ 300만원 이하
④ 500만원 이하

**72** 토양환경보전법에서 명시한 토양보전에 관한 기본계획의 수립 시기는?

① 3년마다
② 5년마다
③ 7년마다
④ 10년마다

**73** 특정토양오염관리대상시설에 대한 토양오염 검사면제 승인을 할 수 있는 경우와 가장 거리가 먼 것은?

① 특정오염관리대상시설 중 송유관 시설로서 유류의 유출여부를 확인할 수 있는 장치가 설치된 경우
② 토양시추를 할 수 없는 지반 또는 건물지하등에 설치되어 토양시료의 채취가 불가능하다고 토양오염조사기관이 인정하는 경우
③ 정자시설에 1년 이상 토양오염물질을 저장하지 아니한 경우 등 토양관련 전문기관이 토양오염검사가 필요하지 아니하다고 인정하는 경우
④ 특정토양오염관리대상시설의 설치자가 전체 시설의 사용을 종료하거나 이를 폐쇄하고자 하는 경우

**74** 토양오염도의 상시측정에 대한 법적 규정 중 틀린 것은?

① 환경부장관은 전국적인 토양오염실태를 파악하기 위하여 측정망을 설치하고 토양오염도를 상시측정하여야 한다.
② 측정망 설치계획은 고시되어야 하며, 누구든지 열람할 수 있게 하여야 한다.
③ 측정망 설치 최소 6월 전에는 측정망설치계획이 고시되어야 한다.
④ 측정망 설치계획에는 측정망설치시기, 측정망배치도, 측정지점 위치 및 면적이 포함되어야 한다.

**75** 토양관련전문기관 또는 토양정화업의 기술 인력의 보수교육 기준으로 (    )에 옳은 것은?

> 신규교육을 받은 날을 기준으로 ( ㉠ )마다 ( ㉡ )

① ㉠ 1년간, ㉡ 12시간
② ㉠ 3년간, ㉡ 24시간
③ ㉠ 3년간, ㉡ 12시간
④ ㉠ 5년간, ㉡ 8시간

**76** 토양환경보전법에 의한 위해성평가 시 허용 가능한 초과발암위해도의 범위는?

① $10^{-2} \sim 10^{-3}$
② $10^{-3} \sim 10^{-4}$
③ $10^{-4} \sim 10^{-5}$
④ $10^{-5} \sim 10^{-6}$

**77** 지하수관리기본계획에 포함되지 않는 사항은?

① 온천수
② 용천수
③ 제주도지역 지하수
④ 먹는샘물

**78** 손실보상을 청구하고자 하는 자는 손실보상 청구서에 손실에 관한 증빙서류를 첨부하여 환경부장관, 시·도지사, 시장·군수·구청장 또는 토양관련전문기관의 장에게 제출하여야 한다. 손실보상청구서에 기재할 사항에 해당되지 않는 것은?

① 청구인의 성명·생년월일 및 주소
② 손실을 입은 일시 및 장소
③ 손실의 내용
④ 손실액과 그 예산 및 집행방법

**79** 토양환경보전법상 토양관리전문기관이 토양오염도 조사 중 타인에게 손실을 입힌 때에 대한 설명으로 틀린 것은?

① 손실보상을 청구하고자 하는 자는 손실보상청구서와 증빙서류를 토양관련전문기관의 장에게 제출한다.
② 손실보상청구서에는 손실액의 산출방법이 포함된다.
③ 손실보상청구에 대한 협의가 성립되지 아니한 경우 손실을 입은 자는 환경부장관에게 재결을 신청할 수 있다.
④ 손실보상청구 협의에 대한 재결을 받아들이지 아니한 자는 중앙토지수용위원회에 이의를 신청할 수 있다.

**80** 특정토양오염관리대상시설의 설치자는 대통령령이 정하는 바에 따라 토양오염을 방지하기 위한 시설을 설치하고 관리하여야 한다. 이를 위반하여 토양오염방지시설을 설치하지 아니한 자에 대한 벌칙 기준은?

① 1년 이하의 징역 또는 1천만원 이하의 벌금
② 2년 이하의 징역 또는 2천만원 이하의 벌금
③ 3년 이하의 징역 또는 3천만원 이하의 벌금
④ 5년 이하의 징역 또는 5천만원 이하의 벌금

# 2019년 토양환경기사 2회 필기

**01** 주유소에 대한 사전오염예방대책과 정화대책을 순서대로 나열한 것은?

① 방조벽시설 – 고형화 안정화기술
② 이중벽시설 – 중화제를 이용한 화학적 처리기술
③ 추출시설 – 저온 열탈착
④ 부식산화 방지시설 – 토양증기추출법

**02** 유기오염물질의 특성을 좌우하는 인자로 가장 거리가 먼 것은?

① 증기압
② 착염물질 형성도
③ 헨리상수(공기/물 분배계수)
④ 옥탄올/물 분배계수

**03** 토양에서 염기포화도(%)의 식으로 옳은 것은?

① (포화성염기총량/교환성염기용량)×100
② (교환성염기총량/포화성염기용량)×100
③ (교환성염기총량/음이온교환용량)×100
④ (교환성염기총량/양이온교환용량)×100

**04** 토양 컬럼실험결과 물의 수리전도도가 7m/day이었다. 동일한 조건의 컬럼에서 기름이 통과될 경우의 수리전도도(m/day)는? (단, 물의 동점도 : $1.8×10^{-3}$kg/m·s, 물의 밀도 : 1000kg/$m^3$, 기름의 동점도 : 0.05kg/m·s, 기름의 밀도 : 625kg/$m^3$)

① 약 0.08
② 약 0.16
③ 약 0.32
④ 약 0.64

**05** 공동대사작용(cometabolism)으로 호기성환경에서 트리클로로에틸렌을 분해시킬 때 이용되는 화합물로 가장 적절한 것은?

① 염소
② 톨루엔
③ 할로겐 화합물
④ 과산화수소

**06** 우리나라 토양의 일반적인 특징에 관한 내용으로 가장 거리가 먼 것은?

① 사질(모래)토양
② 낮은 유기물함량
③ 중성토양
④ 낮은 염기치환용량

**07** 물에 포화된 토양컬럼(water saturated soil column) 입구에 4가지 물질을 동시에 주입하고 출구에서 4가지 물질의 농도를 분석하였다. 출구에서 가장 먼저 검출되는 물질은?

① 염소이온(Chloride)
② 사염화탄소(Carbon tetrachloride)
③ 트리클로로에틸렌(Trichloroethylene)
④ 테트라클로로에틸렌(Tetrachloroethylene)

**08** 대표적인 점토광물인 kaolinite에 관한 설명으로 옳지 않은 것은?

① 규소사면체층과 알루미늄팔면체층이 1:1로 결합된 광물이다.
② 우리나라 토양의 대표적 점토광물이다.
③ kaolinite 함량이 높은 토양은 통수 및 통기성이 좋다.
④ kaolinite 광물에서 동형치환이 주로 일어난다.

**09** 토양수의 이동에 대한 내용과 가장 거리가 먼 것은?

① 중력에 의한 이동
② 표면장력에 의한 이동
③ 수증기에 의한 이동 및 증발
④ 토양입자의 인력에 의한 이동

**10** 유기물 60mmol이 미생물 활성에 의하여 12시간 후 40mmol이 되었다면 반응속도상수($hr^{-1}$)는? (단, 1차 반응 기준)

① 0.013
② 0.033
③ 0.053
④ 0.073

**11** 가축분뇨나 두엄 등이 유입된 지하수를 음용할 경우 주로 어린아이들에게 청색증을 일으키는 물질은?

① 인산염
② 황산염
③ 질산염
④ 염화염

**12** 토양 중 유기물의 부식화과정에 가장 크게 영향을 미치는 요인은?

① 지형경사도
② 유기물에 함유된 탄소와 질소함량
③ 토양의 수소이온농도
④ 토양광물의 모재

**13** 토양 교질에 가장 강하게 결합될 수 있는 양이온은?

① calcium
② aluminum
③ sodium
④ magnesium

**14** 유류에 의해 오염된 지하수환경에서 자연저감이 일어나고 있다. 오염원 중심에서 질산염의 농도와 배경수질 농도가 각각 35mg/L와 5mg/L일 때 질산염에 의한 생분해능(EAC, mg/L)은?

① 6.3
② 10
③ 16.5
④ 31

**15** 모암의 풍화에 의해 생성된 토양은 물리화학 생물학적 변화를 거쳐 성숙되면서 지표면에 평형층을 형성한다. 토양단면의 형성과정에 대한 설명으로 가장 거리가 먼 것은?

① 변형작용 : 풍화, 유기물 분해와 같이 토양성분의 분해와 결합과정
② 이동작용 : 유기 및 무기물질이 물과 유기물에 의해 상하로 이동하는 과정
③ 첨가작용 : 토양에 새로운 식생이 발현하는 작용이다.
④ 제거작용 : 지하수에 의해 토양성분이 용출되는 작용

**16** 그림과 같이 매립지 저면은 두께가 1m인 점토차수층(liner)으로 되어 있다. 침출수의 평균수두가 해발표고 11m이고, 점토차수층 하부에 분포된 대수층의 평균수두가 해발 1m이며 점토층의 유효 공극률은 0.2, 수직투수계수는 $10^{-7}$cm/sec일 때 침출수가 점토차수층을 통과하는데 소요되는 시간(day)은? (단, 침출수는 점토 차수층과 반응을 하지 않는다고 가정)

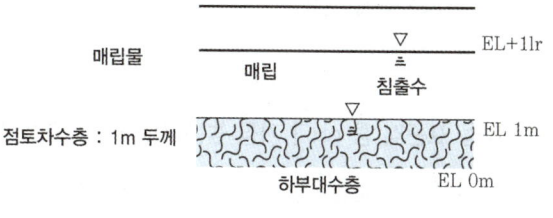

① 약 132
② 약 231
③ 약 552
④ 약 1034

**17** DNAPL(Dense Non Aqueous Phase Liquids)인 것은?

① 가솔린 ② 식용유
③ 벤젠 ④ 클로로벤젠

**18** 토양의 pH가 증가할 때 음이온치환용량의 변화는?

① 증가 ② 감소
③ 증가후 감소 ④ 감소후 증가

**19** 토양을 구성하는 모암 중 퇴적암에 속하지 않는 암석은?

① 사암 ② 혈암
③ 반려암 ④ 석회암

**20** 토양의 양이온치환용량에 대해서 틀린 것은?

① 확산이중층 내부의 양이온과 유리양이온이 서로 위치를 바꾸는 현상을 양이온치환이라 하며 이의 크기를 양이온치환용이라 한다.
② 일정량의 토양 또는 교질물이 가지고 있는 치환성양이온의 총량을 당량으로 표시한 것이며, 보통 토양이나 교질물 100g이 보유하는 치환성양이온의 총량을 mg당량으로 나타낸다.
③ 토양이나 교질물 100g이 보유하고 있는 양전하와 음전하의 수의 합과 같다.
④ 일반적으로 pH가 증가할수록 토양의 양이온치환용량은 증가하게 된다.

**21** 다음 표준액 중 pH가 가장 높은 것은? (단, 0℃ 기준)

① 붕산염 표준액 ② 프탈산염 표준액
③ 인산염 표준액 ④ 수산염 표준액

**22** 용기에 관한 설명으로 ( )에 알맞은 것은?

( )라 함은 취급 또는 저장하는 동안에 기체 또는 미생물이 침입하지 아니하도록 내용물을 보호하는 용기를 말한다.

① 밀폐용기 ② 기밀용기
③ 밀봉용기 ④ 차단용기

**23** 크로마토그래피를 사용한 정량법 중에서 시료전처리, 시약 취급, 시료 주입 등에서 발생할 수 있는 오차를 최소화시키기 위해 사용하는 방법은?

① 외부표준법 ② 표준물질첨가법
③ 외삽법 ④ 내부표준법

**24** 토양시료 채취방법에 관한 설명으로 가장 적합한 것은?

① 시안, 석유계 총탄화수소 등 시험용 시료는 농경지의 경우에는 중심이 되는 1개 지점과 주변 4 방위의 1~3m 거리에 있는 1개 지점씩 총 5개 지점을 선정한다.
② 토양시료채취기가 없을 경우에 유기물질을 조사할 때에는 플라스틱 재질을 사용하고, 중금속의 경우에는 스테인리스 강 재질의 모종삽 또는 삽 등과 같은 기구가 적합하다.
③ 공장지역·매립지역 등 농경지가 아닌 기타지역의 경우는 대상지역의 중심이 되는 1개 지점과 주변 4 방위의 5~10m 거리에 있는 1개 지점과 주변 4 방위의 5~10m 거리에 있는 1개 지점씩 총 5개 지점을 선정한다.
④ 채취한 토양시료 중 나머지는 입구가 넓은 500mL 이상 용량의 플라스틱병에 가득 담고 마개로 막아 밀봉한 후 냉동상태로 실험실로 운반하여 수분보정용 시료로 사용한다.

**25** 기체크로마토그래피를 이용하여 PCBs를 분석할 때 간섭물질에 관한 내용으로 틀린 것은?

① 고순도의 시약이나 용매를 사용하여 방해물질을 최소화하여야 한다.
② 초자류는 사용 전에 아세톤, 분석 용매 순으로 각각 3회 세정한 후 건조시킨 것을 사용하여 오염을 최소화할 수 있다.
③ 전자포착검출기를 사용하여 PCB를 측정할 때 프탈레이트가 방해할 수 있는데 이는 플라스틱 용기를 사용하지 않음으로서 최소화할 수 있다.
④ 플로리실 컬럼 정제는 산, 염화페놀, 폴리클로로페녹시페놀 등의 극성화합물을 제거하기 위하여 수행하며, 사용 전에 정제하고 활성화시켜야 한다.

**26** 다음 중 농도가 가장 낮은 것은? (단, 비중은 1.0 기준)

① 0.01ppm　　② 1mg/L
③ 100ppb　　　④ 1mg/kg

**27** 저비점 석유류 중에 다량 함유되어 있는 BTEX의 측정에 적용하는 기체크로마토그래피 검출기의 종류가 아닌 것은?

① FID　　　　② PID
③ ECD　　　　④ GC/MS

**28** 토양 중 수분함량 측정에 관한 설명으로 옳지 않은 것은?

① 토양 중 수분을 0.01%까지 측정한다.
② 돌, 나무 등 눈에 보이는 협잡물 등은 제거한 후 시험해야 한다.
③ 시료를 105~110℃의 건조 안에서 4시간 이상 항량이 될 때까지 건조한다.
④ 채취된 시료는 24시간 이내에 증발 처리하여야 한다.

**29** 토양 중 불소(자외선/가시선 분광법) 측정에 관한 설명으로 옳지 않은 것은?

① 불소가 진홍색의 지르코늄-발색시약과의 반응으로 무색의 음이온복합체를 형성하는 과정을 이용한다.
② 다량의 염소이온이 함유되어 있으면 염화주석용액으로 염소를 제거한다.
③ 토양 중 정량한계는 10mg/kg이다.
④ 불소이온과 지르코늄 이온 사이의 반응속도는 반응 혼합물의 산도에 따라 달라진다.

**30** 검량선에서 얻어진 경유성분의 검출량이 305.5ng일 때, 토양 중 TPH(석유계총탄화수소)농도(mg/kg)는? (단, 수분보정한 토양무게=20.5g, 용매의 최종액량=2mL, 검액의 주입량은 2μL로 희석하지 않았다.)

① 20.5　　② 18.7
③ 14.9　　④ 12.6

**31** pH 4인 수용액의 수소이온 농도는?

① 0.001　　② 0.004
③ 0.0001　　④ 0.0004

**32** 토양 중 금속류의 함량분석을 위해 묽은질산(1+3)을 제조하는 방법으로 (　)에 알맞은 것은?

진한 질산 (　)mL를 물 500mL에 넣은 다음 물을 넣어 정확히 1L가 되도록 채운다.

① 150　　② 250
③ 300　　④ 350

**33** ICP-AES를 구성하는 요소와 가장 거리가 먼 것은?
① 고주파전원부  ② 시료도입부
③ 분광부  ④ 시료원자화부

**34** 흡광광도법에서 투과도가 0.4일 때 흡광도는?
① 약 0.2  ② 약 0.4
③ 약 0.6  ④ 약 0.8

**35** 이온전극법을 이용하여 측정하기에 가장 적합한 항목은?
① 불소
② 아연
③ 트리클로로에틸렌
④ 폴리클로리네이티드비페닐

**36** 유도결합플라즈마 발광광도계에 대한 설명으로 틀린 것은?
① 아르곤을 플라즈마 가스로 이용한다.
② 동시에 다성분의 분석은 불가능하다.
③ 분석 성분의 농도는 방출되는 광선의 세기에 비례한다.
④ 여기된 원자가 바닥상태로 이동할 때 방출하는 광선을 이용하여 측정한다.

**37** 저장물질이 없는 누출검사대상시설-가압시험법의 검사기기 및 기구에 대한 설명으로 틀린 것은?
① 사용가스: 불활성가스를 가압매체로 사용
② 온도계: 시험압력에 충분히 견딜 수 있는 것으로서 최소눈금이 1℃ 이하를 읽고 기록이 가능한 온도계
③ 가압장치: 가압 시 최대 압력 100mmH₂O 이하가 되도록 조정되는 것
④ 압력계: 최소눈금이 시험압력의 5% 이내

**38** 토양오염물질 위해성평가의 내용과 가장 거리가 먼 것은?
① 노출평가  ② 영향평가
③ 독성평가  ④ 위해도 결정

**39** 석유계총탄화수소를 분석하기 위한 추출방법으로 옳은 것은? (단, 기체크로마토그래피 기준)
① 가온추출법  ② 자기장추출법
③ 적외선추출법  ④ 초음파추출법

**40** 저장물질이 있는 누출검사대상시설-기상부의 시험법 중 미감압법 측정방법의 설명으로 옳지 않은 것은?
① 시험을 위한 진공속도는 매분 100mmHg 미만이 되도록 한다.
② 매 5분마다 측정된 압력변화값은 자동으로 기록되도록 한다.
③ 누출여부에 대한 추가확인을 위하여 마이크로폰 등 추가적인 도구를 사용할 수 있다.
④ 압력 안정화 유지시간 이후부터 매 5분마다 60분 또는 70분 동안의 압력변화를 측정한다.

**41** 일반적인 토양세척법(soil washing)의 영향인자로 가장 거리가 먼 것은?
① 입경분포  ② 토양투수계수
③ 유기물 함량  ④ 수분함량

**42** 대수층의 두께가 평균 100m이고 공극률이 0.3인 자유면 대수층에서 2000m³/day의 양수량으로 5년간 장기적으로 취수할 경우 관정관통상의 취수정 보호를 위한 고정반경(m)은?
① 173.5  ② 196.8
③ 205.4  ④ 302.4

**43** 바이오필터의 운전에 따른 문제점으로 틀린 것은?

① 생물학적 처리와 물리학적 처리의 동시진행을 위한 별도의 포집가스 처리시설이 필요하다.
② 생물상의 온도가 미생물의 활동에 의해 상승함에 따라 유입가스에 비해 유출가스 중의 수분함량이 증가하여 수분증발이 일어나 주기적인 수분공급이 필요하다.
③ 시간이 지남에 따라 충전층이 압밀되어 바이오필터를 통과하는 배가스의 압력손실이 점차 커진다.
④ 오염물질 분해반응에 따라 pH가 낮아지는 현상이 발생한다.

**44** 매립지에서 염소의 농도가 1000mg/L인 침출수가 누출되어 다음과 같은 특성을 지닌 대수층으로 유입되고 있다. 다음 조건을 이용하여 산출된 평균선형유속(m/s)은?

- 수리전도도 = $2.0 \times 10^{-3}$ cm/s
- dh/dL = 0.002
- 유효공극률 = 0.46

① $8.7 \times 10^{-8}$
② $5.3 \times 10^{-8}$
③ $3.6 \times 10^{-8}$
④ $2.8 \times 10^{-8}$

**45** 열탈착기술 적용 시 2차 오염물질의 발생을 제어하는 기본적 장치에 대한 설명으로 틀린 것은?

① 조대입자는 먼저 사이클론으로 제거한다.
② 미세입자는 백필터나 전기집진기를 설치하여 제거한다.
③ 잔존 유기물 제거는 벤투리 세정기를 이용한다.
④ 폐기물 중에 황, 시안 등이 있을 경우 세정장치가 필요하다.

**46** 생물학적 처리 시 일반적으로 난분해성을 가지는 대상 오염 물질이 아닌 것은?

① 할로겐화된 화합물
② 가지구조가 많은 화합물
③ 물에 대한 용해도가 낮은 화합물
④ 원자의 전하차가 작은 화합물

**47** Composting 공법에 대해 설명한 내용으로 틀린 것은?

① 퇴비화과정에서 공기가 적게 공급되면 pH가 7~8로 증가한다.
② 보통 초기 제어 함수율은 40~60%이다.
③ 퇴비화 시 심한 악취가 나는 것은 산소부족에 기인된 것이다.
④ 적정 영양물질의 비율은 C/N비로 25~30:1이다.

**48** 오염토양 내에 인위적으로 산소를 공급하여 토양 내에 존재하는 토착 미생물의 활성을 촉진시켜 생분해도를 극대화하여 오염토양을 정화하는 기법은?

① 공기분사기법(air sparging)
② 토양증기추출기법(soil vapor extraction)
③ 토양세척(soil washing)
④ 바이오벤팅기법(bioventing)

**49** 미국의 Superfund site 중에서 유해성 중금속으로 오염된 토양을 정화하는 데 가장 많이 이용되며, 폐기물의 유해성분의 유동성을 감소시키는 것을 목적으로 처리하는 기술은?

① 토양증기추출법
② 토양세척법
③ 고형화/안정화
④ 열탈착

**50** 토양정화 방법 중 열탈착기술의 특징이 아닌 것은?

① 자온 열처리 기술이다.
② 다양한 수분함량과 오염농도를 가진 여러 종류의 토양에 적용이 가능하다.
③ 토양으로부터 휘발성 유기화합물을 검출한계 이하로 제거가 가능하다.
④ 다이옥신(dioxin) 및 푸란(furan)을 생성시키는 단점이 있다.

**51** 수직차단벽으로서의 슬러리월(slurry walls)의 역할이 아닌 것은?

① 오염물질의 분해 또는 지체 효과를 증진시킨다.
② 오염물질을 고형화하여 용출률을 낮춘다.
③ 지하로의 침출수 흐름을 제어한다.
④ 오염되지 않은 지하수를 오염된 지역으로부터 격리시킨다.

**52** 토양경작법 운용 시 고려해야 할 토양 조건 중 가장 거리가 먼 것은?

① 수분함량　　② 온도
③ 산화환원전위　④ 제타포텐셜

**53** 생물학적 통기법을 효과적으로 적용하기 위해서는 현장에서의 산소소모율을 조사한다. 평균산소 소모율(% $O_2$/day)을 구하는 식의 인자와 가장 거리가 먼 것은?

① 주입공기 유량　② 배가스 중의 산소농도
③ 토양 체적　　　④ 토양 투수계수

**54** 오염지하수의 생물학적 처리에 대한 설명으로 틀린 것은?

① 생물학적 처리 전후에 물리화학적 처리를 병행하는 경우가 있다.
② 생물학적 처리방식은 부유상 처리방법과 고정상 처리방법으로 구분할 수 있다.
③ 일반적으로 염소로 치환된 지방족화합물의 분해율이 방향족화합물보다 수십배 이상 빠르다.
④ 생물학적 처리의 운전방식은 연속식, 회분식, 반회분식으로 구분할 수 있다.

**55** 열탈착법에 관한 설명으로 틀린 것은?

① 가소성이 낮은 토양은 스크린 및 장비에 엉겨 붙어 운영에 지장을 초래할 수 있다.
② 20% 이상 수분을 포함하는 토양은 건조 및 탈수 후 처리하여야 한다.
③ 1,100kcal/kg 보다 높은 열량을 가진 토양은 처리 전 일반토양과 섞어 처리하여야 한다.
④ 저온 열탈착조는 90~320℃ 범위에서 운영된다.

**56** 유기오염물질로 오염된 사질 대수층이 있다. 수리전도도가 $3.0 \times 10^{-3}$cm/sec, 유효 공극률이 0.3, 수두구배가 0.01일 때 오염운의 평균 이동속도(cm/sec)는? (단, 흡착 등에 의한 지연은 고려하지 않는다.)

① $10^{-3}$　　② $10^{-4}$
③ $10^{-5}$　　④ $10^{-6}$

**57** 벤젠($C_6H_6$) 40kg으로 오염된 토양을 원위치 생물학적 복원기술로 정화하고자 한다. 벤젠이 완전분해되는 데 필요한 산소를 과산화수소로 공급한다면 필요한 과산화수소의 양(kg)은? (단, $2H_2O_2 \rightarrow 2H_2O + O_2$)

① 143　　② 184
③ 226　　④ 262

**58** 열처리기법의 일종으로 4000℃ 고온에서 이온화된 가스를 이용하여 오염토양을 마그마와 같이 용융시켜 유리화시키는 기법은?

① 전기저항가열기법  ② 무선주파수기법
③ 플라즈마기법  ④ 전기스팀기법

**59** 토양증기추출법으로 유류오염 토양을 정화하는 현장의 모니터링 항목 중에 운전초기에 매일 측정해야 하는 항목이 아닌 것은?

① 흡입 공기량
② 휘발성 유기화합물질 농도
③ 처리대상 물질 농도
④ 관정 내 압력

**60** 오염토양 처리기술 중 채광공정과 폐수처리공정을 응용한 처리기술은?

① 토양증기추출법  ② 토양경작법
③ 토양세척법  ④ 저온열탈착법

**61** 다음 오염물질 중 토양오염우려기준이 나머지와 다른 것은? (단, 1지역 기준)

① 카드뮴  ② 페놀
③ 수은  ④ 납

**62** 시료의 채취 및 분석을 통한 토양오염의 정도와 범위를 조사하는 토양환경평가 조사단계(순서)는?

① 개황 조사  ② 기초 조사
③ 정밀 조사  ④ 오염도 조사

**63** 환경부장관이 토양보전을 위해 수립하는 토양보전기본계획의 수립 주기는?

① 3년  ② 5년
③ 10년  ④ 15년

**64** 국립환경인력개발원장이 개설하는 토양환경관리의 교육과정에 관한 설명으로 (  )에 알맞은 것은?

> 신규교육 : 토양관련전문기관 또는 토양정화업 분야의 기술인력으로 최초로 종사한 날부터 ( ㉠ ) 이내에 ( ㉡ )

① ㉠ 6월, ㉡ 8시간   ② ㉠ 1년, ㉡ 8시간
③ ㉠ 6월, ㉡ 18시간  ④ ㉠ 1년, ㉡ 18시간

**65** 자연적인 원인에 의한 토양오염임을 입증하기 위해 대통령령으로 정하는 방법으로 (  )에 알맞은 것은?

> 해당 오염물질이 (    )으로부터 기인하였음을 증명할 것

① 대상 지역의 변성
② 대상 지역의 기후변동
③ 대상 부지의 지각변동
④ 대상 부지의 기반암

**66** 토양관련 전문기관의 지정기준에 관한 내용으로 (  )에 옳은 것은? (단, 토양오염조사기관, 기술인력 기준)

> 기사는 해당 분야 산업기사 자격취득 후 토양 관련 분야 또는 해당 전문기술 분야에서 (    ) 이상 종사한 사람으로 대체할 수 있다.

① 5년  ② 4년
③ 3년  ④ 2년

**67** 오염토양개선사업을 지도·감독할 수 있도록 환경부령으로 정하는 토양관련 전문기관에 해당하는 것은?

① 국립환경과학원  ② 시·도 보건환경연구원
③ 지방 유역환경청  ④ 한국환경공단

**68** 위해성평가 대상지역의 관리에 관한 내용으로 ( )에 알맞은 것은?

> 환경부장관, 시·도지사, 시장·군수·구청장 또는 정화책임자는 법에 따라 위해성 평가의 결과를 토양정화의 시기에 반영하려는 경우 위해성평가의 최초검증 후 ( ) 토양관련전문기관으로 하여금 위해성평가 대상지역에 대한 오염토양 모니터링을 실시하도록 해야 한다.

① 매년  ② 2년 마다
③ 3년 마다  ④ 5년 마다

**69** 토양정화업의 등록요건 중 장비기준으로 틀린 것은?

① 휴대용 가스측정장비 1식(휘발성유기화합물질, 산소, 이산화탄소 및 메탄의 측정이 가능할 것)
② 현장용 수질측정기 1식(수소이온농도, 수은, 전기전도도, 용존산소 및 산화환원전위의 측정이 가능할 것)
③ 지하수위측정기
④ 시료채취기 1대(깊이 2m 이내 시료채취가 가능할 것)

**70** 토양환경평가기관의 지정기준 중 자가동력시추기에 관한 내용으로 ( )에 옳은 것은?

> 타격식이나 나선형식으로 시추 깊이가 최소 ( ) 이상일 것

① 2m  ② 4m
③ 6m  ④ 8m

**71** 특정토양오염관리대상시설의 종류로 가장 거리가 먼 것은?

① 위험물의 제조 및 저장시설
② 송유관 시설
③ 유해화학물질의 제조 및 저장시설
④ 석유류의 제조 및 저장시설

**72** 특정토양오염관리대상시설의 설치자는 토양오염 검사에 의하여 토양관련 전문기관으로부터 통보받은 토양오염 검사결과를 몇 년간 보존하여야 하는가?

① 1년  ② 2년
③ 3년  ④ 5년

**73** 검사항목별 '1지역-2지역' 토양오염대책기준(단위: mg/kg)이 잘못 짝지어진 것은?

① BTEX : 80-20  ② TPH : 2000-2400
③ TCE : 24-24  ④ PCE : 12-12

**74** 특정토양오염관리대상시설의 변경신고 사유로 틀린 것은?

① 사업장의 명칭 또는 대표자가 변경되는 경우
② 특정토양오염관리대상시설의 조업이 정지되거나 일부 폐쇄하는 경우
③ 특정토양오염관리대상시설을 교체하거나 토양오염방지시설을 변경하는 경우
④ 특정토양오염관리대상시설에 저장하는 오염물질을 변경하는 경우

**75** 지하수개발·이용시공업자의 영업 등록 취소 요건이 아닌 것은?

① 부정한 방법으로 등록을 한 경우
② 등록기준에 미치지 못하게 된 경우
③ 계속해서 1년 이상 영업을 하지 아니한 경우
④ 고의 또는 중대한 과실로 지하수개발·이용시설의 공사를 부실하게 한 경우

**76** 시·도지사가 상시측정, 토양오염실태조사 또는 토양정밀조사의 결과, 우려기준을 넘는 경우에 정화책임자에게 명할 수 있는 조치내용이 아닌 것은?

① 토양오염방지시설의 설치 또는 개선
② 오염토양의 정화
③ 토양오염관리대상시설의 개선 또는 이전
④ 해당 토양오염물질의 사용제한 또는 사용중지

**77** 주민건강피해조사 및 대책의 내용에 포함될 사항으로 틀린 것은?

① 건강피해의 판정 및 대책
② 건강피해지역 통제계획
③ 건강피해조사의 대상 및 방법
④ 건강피해조사 기관

**78** 지하수법 용어의 정의 중 틀린 것은?

① 지하수란 지하의 지층이나 암석 사이의 빈틈을 채우고 있거나 흐르는 물을 말한다.
② 지하수영향조사란 지하수의 개발·이용이 주변지역에 미치는 영향을 분석·예측하는 조사를 말한다.
③ 지하수보전구역이란 지하수의 수량이나 수질을 보전하기 위하여 필요한 구역으로서 시·도지사에 의해 지정된 구역을 말한다.
④ 지하수정화업이란 지하수에 함유된 오염물질을 희석하지 않고 제거 또는 분해하여 지하수를 이용하는 사업을 말한다.

**79** 지하수의 보전·관리를 위하여 필요한 경우에 지정하는 지하수보전구역이 아닌 것은?

① 지하수개발·이용량이 기본계획 또는 지역관리계획에서 정한 지하수개발 가능량에 비하여 현저하게 높다고 판단되는 지역
② 지하수의 지나친 개발·이용으로 인하여 지하수의 고갈현상, 지반침하 또는 하천이 마르는 현상이 발생하거나 발생할 우려가 있는 지역
③ 지하수의 개발·이용으로 인하여 주변 생태계에 심각한 악영향을 미치거나 미칠 우려가 있는 지역
④ 지하수의 개발·이용으로 인하여 상수원으로 이용하는 호소수가 줄어들 우려가 있는 지역

**80** 오염토양을 버리거나 매립한 자에 대한 벌칙기준은?

① 6월 이하의 징역 또는 5백만원 이하의 벌금
② 1년 이하의 징역 또는 1천만원 이하의 벌금
③ 2년 이하의 징역 또는 2천만원 이하의 벌금
④ 3년 이하의 징역 또는 3천만원 이하의 벌금

# 2019년 토양환경기사 4회 필기

**01** 유기질(식물조직)로 이루어진 늪지의 토양을 나타내는 토양목(order)은?

① Andosol　　② Entisol
③ vertisol　　④ Histosol

**02** 일반적으로 페트라 클로로에틸렌(PCE)이 토양 중에서 분해되어 나타나는 최종 산물은?

① 트리클로에틸렌(TCE)
② 비닐클로라이드
③ 물, 탄산가스, 염산
④ 물, 탄산가스

**03** 토양수분의 측정방법과 가장 거리가 먼 것은?

① 중량법
② 장력계(Tensiometer)법
③ 중성자(Neutron)법
④ 비중계분석법

**04** 토양 중 유기성분의 부식작용으로 가장 거리가 먼 것은?

① 온도의 유지
② 비료 질소의 흡수
③ 토양의 함수량 증대
④ 토양 미생물의 에너지 공급원

**05** 토양 콜로이드 입자의 등전점에 관한 설명으로 옳지 않은 것은?

① 콜로이드 입자 표면의 순전하가 0이 되는 용액의 pH를 말함
② pH가 등전점 보다 낮으면 콜로이드 입자 표면에 카드뮴의 흡착이 잘 일어남
③ 카올린 광물의 경우 4전후의 값을 나타냄
④ pH가 등전점 보다 높으면 콜로이드 입자 표면의 전하는 음전하를 나타냄

**06** 토양에서 공극비(e)를 바르게 나타낸 것은?

① 공극내 물의 무게/토양 고상의 무게
② 공극내 물의 무게/토양 전체의 무게
③ 공극의 부피/토양 고상의 부피
④ 공극의 부피/토양 전체의 부피

**07** 토양구성 입자의 직경 즉 입도분포를 결정하기 위한 분석과 가장 거리가 먼 것은?

① 비중계분석　　② 비표면적분석
③ 체분석　　　　④ 침전분석

**08** 사막화의 과정인 토양의 염류집적 원인과 가장 거리가 먼 것은?

① 지하수위의 상승
② 관개수에 의한 염류의 증가
③ 배수량의 저하
④ 지하수 모관상승의 저하

09 토양오염은 오염물질의 특성에 따라 다르게 나타난다. 유기오염물질의 특성 인자와 가장 거리가 먼 것은?
① 용해도적
② 증기압
③ 옥탄올-물 분배계수
④ 분해상수

10 광산 활동에 의한 주변 농경지의 오염에 관련된 사항으로 가장 거리가 먼 것은?
① 일반적으로 광산배수의 pH는 강알칼리임
② 농경지 오염은 주로 방치된 광미, 광폐석에 기인됨
③ 아연광산의 경우 지련과정에서 카드뮴이 부산물로 생산됨
④ 중금속이 함유된 농업용수를 이용함으로써 농경지가 오염됨

11 원통칼럼에 수리전도도가 0.2m/hr인 토양을 충진하여 수평으로 놓고 토양 내 기포가 생기지 않게 일정한 유량의 물을 흘려보내 주었다. 유량과 단면적의 비 값은 0.05m/hr이었고 칼럼전체의 수두차는 0.25m이었다. 실험에 사용한 원통 칼럼의 길이(m)는?
① 0.1
② 0.5
③ 1
④ 2

12 두 지점의 수두차 1m, 두 지점 사이의 수평거리 800m, 투수계수 300m/day일 때 대수층의 두께 4m, 폭 3m인 지하수의 유량($m^3$/day)은?
① 1.5
② 3.0
③ 4.5
④ 6.0

13 벤젠이 포화토양층에 평형상태로 용해 또는 흡착되어 있다. 지하수와 토양에서의 벤젠의 농도는 각각 10mg/L, 50mg/kg이며, 포화토양층의 부피는 2500$m^3$이다. 토양 공극률이 0.44, 토양입자밀도가 3.50g/$cm^3$일 경우 토양에 흡착된 벤젠의 양(kg)은?
① 215
② 225
③ 235
④ 245

14 토양미생물 중 호기성 조건에서 생존하고 무기영양 미생물이며 질소의 고정에 관여하는 것은?
① 세균
② 방선균
③ 조류
④ 사상균

15 토양에 투입 될 경우 지하수로의 이동성이 가장 좋은 물질은?
① 인산
② 카드뮴
③ 질산태 질소
④ 암모늄태 질소

16 산화적 조건하에서 불용화하는 중금속으로 짝지어진 것은?
① Fe, Mn
② Cd, Fe
③ Cd, Cr
④ Zn, Mn

17 나트륨 토양의 개량을 위해 사용할 수 있는 방법이 아닌 것은?
① 지하수위가 높은 경우 배수로 수위를 낮춘다.
② 치환성 Ca 포화도를 낮춘다.
③ 내알칼리, 내침수성 식물을 재배한다.
④ 깊은 우물을 파서 하토층의 물리성을 개량한다.

**18** 점토광물 중 비표면적이 가장 작은 것은?

① Montmorillonite
② Kaolinite
③ Trioctahedral Vermiculite
④ Chlorite

**19** 난분해성 유기화학물과 가장 거리가 먼 것은?

① 분자의 가지구조가 많은 화합물
② 분자 내에 많은 수의 할로겐원소를 함유하는 화합물
③ 물에 대한 용해도가 높은 화합물
④ 원자의 전하차가 큰 화합물

**20** 용적밀도(Bulk Density)가 $1.30g/cm^3$인 건조한 토양 $100cm^3$을 중량수분함량 30%로 조절하고자 할 때 필요한 수분의 양(g)은?

① 13.0  ② 30.0
③ 39.0  ④ 130.0

**21** 0.05N의 $KMnO_4$ 용액 2000mL를 조제하고자 할 때 필요한 $KMnO_4$의 양(g)은? (단, $KMnO_4$의 분자량=158)

① 0.79  ② 1.58
③ 3.16  ④ 6.32

**22** 시료의 수분측정 결과 건조된 증발접시의 무게($W_1$)는 20.25g, 건조 전 증발접시와 시료의 무게($W_2$)는 41.50g, 건조 후 증발접시와 시료의 무게($W_3$)는 35.50g이었다면 시료의 수분 함량(%)은?

① 42.2  ② 38.2
③ 32.2  ④ 28.2

**23** 질산(1+1)용액을 제조할 때 설명으로 알맞은 것은?

① 1L 부피플라스크에 진한질산($HNO_3$, 63.01) 500mL를 넣은 다음 정제수로 정확히 1L가 되도록 채운다.
② 1L 부피플라스크에 정제수를 약 400mL를 넣은 다음 진한질산($HNO_3$ 63.01) 500mL를 넣은 다음 정제수로 정확히 1L가 되도록 채운다.
③ 1L 부피 플라스크에 진한질산($HNO_3$, 63.01)을 약 400L 넣은 다음 정제수 500mL를 넣은 후 진한질산으로 정확이 1L가 되도록 채운다.
④ 1L 부피플라스크에 정제수를 약 500mL를 넣은 다음 진한질산($HNO_3$, 63.01) 400mL를 넣고 정제수로 정확히 1L가 되도록 채운다.

**24** 6가 크롬에 작용시켜 생성하는 적자색의 착화합물의 흡광도를 540nm에서 측정하여 6가 크롬을 정량하는 방법은?

① 디에틸디티오카르바민산은법
② 디메틸글리옥심법
③ 디페닐카르바지드법
④ 피리딘-피라졸론법

**25** 유기인화합물 기체크로마토그래피-질량분석법으로 분석할 때, 사용하는 정제용 컬럼으로 틀린 것은?

① 실리카겔 컬럼  ② 플로리실 컬럼
③ 활성탄 컬럼    ④ 알루미나 컬럼

**26** 원자흡수분광분석방법에서 방해물질을 최소화 하는 방법이 아닌 것은?

① 적절한 파장 선택
② 이온교환이나 용매추출 등을 통한 방해물질제거
③ 음이온 또는 킬레이트 첨가
④ 내부 표준법 사용

27 저장물질이 없는 누출검사대상시설-가압시험법을 적용하여 누출 검사를 할 때 주의사항과 가장 거리가 먼 것은?

① 가압으로 배출된 가스를 별도로 안전한 공간으로 이동시킨다.
② 기상변화가 심할 때는 시험을 실시하지 않는다.
③ 누출여부판단을 위한 누출검사대상시설의 가압을 위해서 과도한 속도로 압력이 상승되지 않도록 한다.
④ 시험기간 동안 화기의 사용을 금한다.

28 용액 100mL 중의 성분 무게(g)를 백분율로 표시할 때 사용하는 농도표시 기호는?

① g/L
② mg/L
③ V/V(%)
④ W/V(%)

29 PCB를 기체크로마토그래피법으로 정량화할 때에 관한 내용으로 틀린 것은?

① PCB를 노말헥산으로 추출한다.
② 추출액은 실리카겔 또는 다층실리카겔을 통과시켜 정제한다.
③ 검출기는 전자포획검출기(ECD) 또는 이와 동등 이상의 검출성능을 가진 것을 사용한다.
④ 운반기체는 네온 또는 수소를 이용한다.

30 pH 값이 20°C에서 가장 낮은 값을 나타내는 pH 표준액은?

① 수산화칼슘 표준액
② 탄산염 표준액
③ 인산염 표준액
④ 붕산염 표준액

31 유도결합플라스마-원자발광분광법에서 플라스마 가스로 사용되는 것은?

① 수소
② 질소
③ 아르곤
④ 헬륨

32 누출검사대상시설에 대한 용어 설명으로 틀린 것은?

① 부속배관: 누출검사대상시설에 용접 또는 나사조임방식으로 직접 연결되는 배관을 말한다.
② 지하매설배관: 부속배관의 경로 중 지하에 매설되어 누출여부를 육안으로 직접 확인할 수 없는 배관을 말한다.
③ 배관접속부: 누출검사대상시설과 부속배관, 부속배관과 배관을 연결하기 위하여 용접접합 또는 나사조임 방식 등으로 접속한 부분을 말한다.
④ 누출검지관: 기체의 누출여부를 누출검사대상시설 내부에서 직접 또는 간접적으로 확인하기 위해 설치한 관을 말한다.

33 토양에 함유되어 있는 중금속 성분을 분석하기 위하여 조제할 때 사용되는 표준체가 다른 성분은?

① 납
② 구리
③ 6가 크롬
④ 비소

34 토양오염관리대상시설 지역 중 시료 채취 및 보관방법에 관한 설명으로 가장 거리가 먼 것은?

① 토양시료는 직경 2.0cm 이하의 시료채취봉이 들어있는 토양시추장비로 채취한다.
② 시료채취 봉을 꺼내어 오염의 개연성이 가장 높다고 판단되는 부위 ±15cm를 시료부위로 한다.
③ 토양시추장비는 시추 중에 물이나 기름이 유입되지 않는 것이어야 한다.
④ 토양시추장비는 시료채취 봉이 들어있는 타격식이나 나선형식이 있다.

**35** 방울수란 20℃에서 정제수 20방울을 적하할 때 그 부피가 몇 mL가 되는 것을 뜻하는가?

① 약 0.5mL  ② 약 1.0mL
③ 약 2.0mL  ④ 약 5.0mL

**36** 페놀류를 기체크로마토그래피로 정량할 때 추출용액은?

① 아세톤/메틸알콜(1:1)
② 사염화탄소/메틸알콜(1:2)
③ 아세톤/노말헥산(1:1)
④ 사염화탄소/아세톤(2:1)

**37** 자외선가시선분광법에서 투과율 35%시 흡광도는?

① 0.35  ② 0.38
③ 0.41  ④ 0.46

**38** 기체크로마토그래피를 이용하여 분석할 수 있는 물질로 짝지은 것은?

① PCB, 수은  ② 유기인화합물, TPH
③ BTEX, 비소  ④ 불소, TPH

**39** 정도보증/정도관리에 적용되는 감응계수의 산정식으로 옳은 것은? (단, C:검정곡선 작성용 표준용액의 농도, R:반응값)

① 감응계수=C/R  ② 감응계수=R/C
③ 감응계수=R×C  ④ 감응계수=R2×C

**40** 토양의 pH를 측정(유리 전극법)하기 위한 분석절차에 관한 내용으로 ( )안에 알맞은 것은?

> 조제된 분석용 시료 5g을 무게를 달아 50mL 비이커에 취하고 정제수 25mL를 넣어 가끔 유리막대로 저어주면서 ( ) 방치한다.

① 10분  ② 15분
③ 30분  ④ 1시간

**41** 생물학적통풍법을 적용하기 위해 검토해야 하는 토양의 주요인자가 아닌 것은?

① 고유투수계수  ② 지하수위
③ 양이온 교환능력  ④ 토양미생물

**42** 토양정화기술 중에서 Ex-situ 정화기술과 가장 거리가 먼 것은?

① 토양세정법(soil flushing)
② 용제추출법(solvent extraction)
③ 퇴비화법(composting)
④ 할로겐분리법(glycolate dehalogenation)

**43** 토양증기추출법을 적용하기 위해 오염부지 내 존재하는 총 오염물질 양을 계산하고자 한다. 다음 중 계산과정에 없어도 무방한 특성값은?

① 토양단위용적밀도  ② 오염물질의 헨리상수
③ 토양입경  ④ 수분함량비

**44** 토양증기추출법으로 오염물을 제거하는 경우, 추출정으로부터 배출되는 가스의 오염물농도는 10mg/L였다. 특정 유기오염물의 대기방출허용 농도가 1mg/L이기 때문에 추출정의 배출가스를 생물막필터 후처리 공정을 이용하여 배출가스 농도를 대기방출허용농도까지 낮추려고 한다면, 생물막필터 공정의 제거효율은 최소 몇 % 이상이어야 하는가?

① 60% 이상  ② 70% 이상
③ 80% 이상  ④ 90% 이상

**45** 저온열탈착법의 적용인자에 대한 설명으로 틀린 것은?

① 토양의 함수율이 높으면 유동성이 좋아 정화효율이 상승한다.
② 오염토양 내에 납 등 중금속이 포함된 경우 후단 처리시설에 주의를 요한다.
③ 조대물질의 경우에는 기계적인 무리를 줄 수 있어 전처리가 필요하다.
④ 고농도 유류 오염토양에 적용성이 우수하다.

**46** 총 3기의 유류저장 탱크가 설치된 탱크박스에서 2기의 15,000L와 1기의 20,000L 저장 탱크를 제거하였다. 탱크박스 부피는 500m³이며 박스 내 토양이 오염되었다. 탱크박스·내오염토양의 굴토 양(ton)은? (단, 토량환산계수=1.1, 굴토 전 원지반의 밀도=1.8g/cm³, 굴토 후 오염토양의 밀도=1.64g/cm³)

① 750.4  ② 788.4
③ 811.8  ④ 926.1

**47** 지중 생물학적 처리(in-situ Bioremediation)기술에 대한 설명으로 틀린 것은?

① 투수성이 낮은 대수층에서는 적용하기 어렵다.
② 용해도가 높고, 농도가 높은 경우는 생물학적 분해가 불가능하다.
③ 지하수에 용해되어 있거나 대수층에 흡착된 휘발성 유기화합물에 효과적이다.
④ 수리전도도가 $10^{-4}$cm/s 이상인 대수층에서 효과적이다.

**48** 토양오염지역을 bioventing기술로 처리하고자 한다. 대상부지의 산소소모율을 계산하기 위해 평균공극률이 0.4인 토양 100m³을 대상으로 조사를 실시하였다. 주입공기의 유량은 50m³/day, 초기의 산소농도 21%가 배기가스로 배출될 때 11%로 떨어졌을 때 산소소모율(% $O_2$/day)은?

① 약 8.5  ② 약 12.5
③ 약 16.5  ④ 약 25.5

**49** 공장 내 토양오염 정밀조사를 위해 토양시료를 깊이 3m 간격으로 채취하였다. 각 깊이별 오염 면적은 지표로부터 3m 깊이까지 500m², 3m 깊이에서 6m 깊이까지 600m², 6m 깊이에서 9m 깊이까지 700m²로 조사되었다. 겉보기 비중이 1.7ton/m³인 오염토양의 총무게(ton)는?

① 12420  ② 9180
③ 5940   ④ 7920

**50** 토양세척공정에 관한 설명으로 가장 거리가 먼 것은?

① 외부환경의 영향이 크며 자체적 조건조절이 가능한 개방형 공정이다.
② 오염된 처리수는 폐수처리시설에서 정화된 후 재순환 되는 것이 일반적이다.
③ 토양세척의 효과를 결정짓는 것은 물질의 종류에 의한 차이보다 토양의 성상에 따른 영향이 크다.
④ 오염물질의 물리화학적 특징 중 세척효율을 높일 수 있는 요인은 수용성과 휘발성이다.

**51** 오염토양을 열탈착공정으로 정화하고자 할 때 공정 설계에 필요하지 않은 참고 기준치는?

① 토양의 비열　② 토양의 증발열
③ 물의 비열　④ 물의 증발열

**52** 토양세척기법(soil washing)이 가장 효과적인 토양은?

① 점토가 주를 이루는 토양
② 모래와 자갈이 고루 섞인 토양
③ 실트와 모래가 고루 섞인 토양
④ 점토와 실트가 고루 섞인 토양

**53** 자연저감법을 이용하여 지하수중의 BTEX를 처리할 경우, 생분해가 진행됨에 따라 전자수용체 변화양상의 설명으로 틀린 것은?

① 용존산소 감소　② $NO_3^-$ 감소
③ 철(3가) 증가　④ $SO_4^{2-}$ 증가

**54** 지하저장탱크에서 톨루엔이 누출되어 부지조사 결과 탱크 주변의 오염된 토양의 부피가 110m³, 평균 톨루엔 농도가 2,000mg/kg일 때 해당 부지에 오염된 톨루엔의 총 함량(kg)은? (단, 토양의 용적밀도=1.5g/cm³)

① 330　② 447
③ 584　④ 640

**55** 오염 토양을 열처리하여 복원하는 대표적인 열탈착 장치의 종류가 아닌 것은?

① 열스크루 탈착장치　② 로터리 탈착장치
③ 세정식 탈착장치　④ 유동상 탈착장치

**56** 토양오염 처리기술의 개념에 관한 설명으로 옳지 않은 것은?

① Biodegradation – 미생물을 활용하여 유기오염물질을 분해
② Dual Phasa Extraction – 유기오염물질과 중금속을 동시에 제거하기 위해 고압의 수증기를 주입
③ Pneumatic Fracturing(PF) – 통기성이 낮거나 압밀된 토양에 균열을 증가시키기 위해 지표 아래로 압축공기 주입
④ Vitrification – 오염토양을 전기적으로 용융시켜 용출특성이 낮은 결정구조로 만듦

**57** 오염부지에 자연저감관측법을 적용하여 오염운을 모니터링하였다. 다음 중 오염원으로부터 가장 멀리 떨어진 지역의 오염운에서 지배적으로 일어나는 자연저감과정은?

① 3가철 환원　② 탈질화
③ 황산염 환원　④ 메탄산화

**58** 생물학적 산화환원반응의 종류 중 에너지 효율이 가장 좋은 것은?

① 황산염 환원  ② 호기성 호흡
③ 메탄 발효   ④ 질산염 환원

**59** 생물학적 복원공법을 적용하여 오염토양을 처리하고자 할 때 필요한 중요 환경조절인자와 가장 거리가 먼 것은?

① 전자 수용체  ② pH
③ 토양밀도    ④ 영양물질

**60** 토양의 열처리 기술인 열탈착 기술에 관한 설명으로 틀린 것은?

① 휘발성 유기화합물의 처리효율이 분휘발성 유기화합물의 처리효율보다 낮다.
② 토양으로부터 검출한계 이하로 유기염소 및 유기인 살충제의 제거가 가능하다.
③ 토양으로부터 검출한계 이하로 휘발성 유기화합물의 제거가 가능하다.
④ 다양한 수분함량과 오염농도를 가진 여러 종류의 토양에 적용이 가능하다.

**61** 토양관련전문기관의 준수사항이 아닌 것은?

① 토양시료채취는 토양관련전문기관 지정 시 신고된 기술요원이 하여야 한다.
② 토양관련전문기관은 도급받은 토양관련 전문기관의 업무 일부를 하도급 할 수 있다.
③ 토양관련전문기관은 매년 1월 31일까지 전년도 검사 실적을 지방환경관서의 장에게 보고하여야 한다.
④ 토양시료의 분석은 형식승인과 정도검사를 받은 장비를 사용하여 분석하여야 한다.

**62** 토양보전기본계획에 포함되어야 할 사항으로 가장 거리가 먼 것은?

① 토양보전에 관한 시책방향
② 토양오염의 방지에 관한 사항
③ 토양정화 및 정화된 토양의 이용에 관한 사항
④ 토양오염 현황 및 측정에 관한 사항

**63** 지하수를 공업용수로 사용할 경우 수소이온농도(pH)의 수질 기준은?

① 1.0~3.0   ② 3.5~5.5
③ 5.0~9.0   ④ 8.5~12.0

**64** 특정토양오염관리대상시설별 토양오염검사항목 중 유해화학물질의 제조 및 저장시설의 검사 항목이 아닌 것은?

① 에틸벤젠     ② 카드뮴
③ 유기인화합물  ④ 트리클로로에틸렌

**65** 토양오염도 측정에 관한 사항으로 맞는 것은?

① 지방환경청장은 관할지역의 토양오염실태를 파악하기 위하여 측정망을 설치하고 토양오염도를 상시측정하여야 한다.
② 시·도지사는 관할구역안의 토양오염실태를 파악하기 위하여 토양정밀조사를 한다.
③ 토양오염우려기준을 넘을 가능성이 크다고 인정되는 지역에 대해 환경부장관, 시·도지사 또는 시장·군수·구청장이 토양오염정밀조사를 실시할 수 있다.
④ 시장·군수·구청장은 토양오염실태조사결과를 환경부장관에게 바로 보고하여야 한다.

**66** 토양오염방지를 위한 조치명령에 관한 내용으로 ( ) 안에 알맞은 것은? (단, 연장기간은 고려하지 않음)

> 시·도지사 또는 시장·군수·구청장은 정화 책임자에게 토양오염방지를 위한 조치의 명령을 할 때에는 토양오염물질 및 시설의 종류·규모 등을 감안하여 ( )의 범위에서 그 이행기간을 정하여야 한다.

① 3월  ② 6월
③ 1년  ④ 2년

**67** 오염지하수정화계획 수립 시에 고려할 사항이 아닌 것은?

① 정화대상지역 선정
② 적용성 시험
③ 오염지역 부동산 시세
④ 정화사업의 규모

**68** 토양환경보전법에서 사용하는 용어의 정의로 옳지 않은 것은?

① 토양오염물질: 토양오염의 원인이 되는 물질로서 환경부령이 정하는 것을 말한다.
② 특정토양오염관리대상시설: 토양을 현저히 오염시킬 우려가 있는 토양오염관리대상시설로서 환경부령이 정하는 것을 말한다.
③ 토양정화: 생물학적 또는 물리·화학적 처리등의 방법으로 토양 중의 오염물질을 감소·제거하거나 토양 중의 오염물질에 의한 위해를 완화하는 것을 말한다.
④ 토양오염관리대상시설: 토양오염물질을 생산·운반·저장·취급·가공 또는 처리 등으로 토양을 오염시킬 우려가 있는 시설·장치·건물·구축물 및 그 밖에 지자체장이 정하는 것을 말한다.

**69** 토양정화업의 등록요건 중 장비에 관한 기준으로 틀린 것은?

① 현장용 수질측정기 1식(pH, 수온, 전기전도도, 용존산소, 산화환원전위의 측정이 가능할 것)
② 휴대용 가스측정장비 1식(VOC, 산소, 이산화탄소 및 메탄의 측정이 가능할 것)
③ 시료채취기 1대(깊이 6미터 이상 시료채취가 가능할 것)
④ 자가동력시추기(타격식이나 나선형식으로 시추깊이가 최소 6미터 이상일 것)

**70** 지하수관리 기본계획에 포함되어야 할 사항이 아닌 것은?

① 지하수의 이용실태 및 계획
② 지하수의 부존 특성 및 개발 가능량
③ 지하공간 개발계획
④ 지하수의 수질관리 및 정화계획

**71** 다음에서 언급한 '대통령령으로 정하는 중요한 사항을 변경하는 경우'에 관한 내용(기준)으로 옳은 것은?

> 환경부장관은 토양관리단지를 지정하려는 경우에는 대통령령으로 정하는 바에 따라 토양관리 단지 조성계획을 수립하여 관할 시·도지사의 의견을 듣고, 관계 중앙행정기관의 장과 협의하여야 한다. 토양관리 단지조성계획 중 '대통령령으로 정하는 중요한 사항을 변경하려는 경우'에도 또한 같다.

① 오염토양 정화처리 용량의 20퍼센트를 초과하여 변경하려는 경우
② 오염토양 정화처리 용량의 25퍼센트를 초과하여 변경하려는 경우
③ 오염토양 정화처리 용량의 30퍼센트를 초과하여 변경하려는 경우
④ 오염토양 정화처리 용량의 35퍼센트를 초과하여 변경하려는 경우

**72** 특정토양오염관리대상시설의 양도·임대 등으로 인하여 그 시설의 운영자가 달라지는 경우에는 변경일 몇 개월 전부터 변경일 전일까지의 기간 동안에 토양오염도검사를 받아야 하는가?

① 1개월　　② 3개월
③ 6개월　　④ 12개월

**73** 환경부장관이 관계중앙행정기관의 장 또는 시·도지사에게 요청할 수 있는 조치와 가장 거리가 먼 것은?

① 토양오염방지를 위한 객토 등 농토배양사업
② 산업시설 등의 조치로 인하여 훼손된 토양의 복구
③ 주변토양을 오염시킬 우려가 있는 시설에 대한 이전
④ 폐광지역의 광물 찌꺼기 등으로 인한 주변농경지 등의 광산공해방지대책

**74** 토양보전이 필요하다고 인정되는 지역에 대해 토양정밀조사를 명할 수 있는 자가 아닌 것은?

① 군수와 구청장　　② 토양관련전문기관장
③ 도지사 또는 시장　　④ 환경부장관

**75** 토양정화업에 관한 설명 중 맞는 것은?

① 토양정화업자는 도급받은 토양정화 극대화를 위해서 일괄하여 하도급할 수 있다.
② 정당한 사유 없이 2년 이상 영업 실적이 없는 때는 그 등록은 1년 이내의 기간동안 영업정지를 받을 수 있다.
③ 등록의 취소를 받은 자는 그 처분이 있기 전에 착공한 토양정화공사는 시공할 수 있다.
④ 토양정화업자의 지위를 승계한 자는 승계한 날로부터 14일 이내에 환경부장관에게 신고하여야 한다.

**76** 지하수개발·이용허가의 유효기간은?

① 3년　　② 5년
③ 7년　　④ 10년

**77** 오염원인자가 토양정화업자에게 위탁하지 아니 하고 직접 정화할 수 있는 경우의 기준으로 (　) 안에 들어갈 내용으로 옳은 것은?

> 국방·군사시설 사업에 관한 법률에 의한 군부대시설안의 오염토양 또는 군사활동으로 인한 오염토양으로서 그 양이 (　　) 미만인 것

① 5세제곱미터
② 10세제곱미터
③ 25세제곱미터
④ 50세제곱미터

**78** 오염토양의 정화책임자와 가장 거리가 먼 것은?

① 토양오염물질의 누출·유출·투기·방치 또는 그 밖의 행위로 토양오염을 발생시킨 자
② 토양오염의 발생 당시 토양오염의 원인이 된 토양오염관리대상시설의 소유자·점유자 또는 운영자
③ 합병·상속이나 그 밖의 사유로 정화책임의 권리·의무를 포괄적으로 승계한 자
④ 해당 토지를 소유 또는 점유하고 있는 중에 토양오염이 발생한 경우로서 자신이 해당 토양오염 발생에 대하여 귀책사유가 없는 경우

**79** 30일 이내에 특정 토양오염관리대상시설의 변경신고 대상이 아닌 것은?

① 사업장의 명칭 또는 대표자가 변경되는 경우
② 특정토양오염관리대상시설의 사용을 종료하거나 폐쇄하는 경우
③ 특정토양오염관리대상시설에 저장하는 오염물질을 변경하는 경우
④ 저장용량을 신고용량 대비 20퍼센트 이하 증설(신고용량 대비 30퍼센트 미만의 증설이 누적되어 신고용량의 30퍼센트 이하가 되는 경우)하는 경우

**80** 시·도지사가 실시하는 오염토양개선사업에 해당되지 않는 것은?

① 객토 및 토양개량제의 사용 등 농토배양사업
② 오염된 수로의 준설사업
③ 오염토양 부지의 정지사업
④ 오염토양의 위생매립사업

## 2021년 토양환경기사 1회 필기

**01** 토양반응에 관한 설명으로 옳지 않은 것은?

① 토양반응의 정도를 나타내기 위해 pH 값이 많이 사용된다.
② 토양산성에 가장 큰 영향을 끼치는 이온은 탄산염, 중탄산염 및 인산염이다.
③ 활산도는 토양용액에 해리되어 있는 수소이온과 알루미늄이온에 의한 산도이다.
④ 잠산도는 토양입자에 흡착되어 있는 교환성 수소 및 교환성 알루미늄에 의한 산도이다.

**02** 토양의 체분석 결과 $D_{10}$ = 0.05mm, $D_{30}$ = 0.25mm, $D_{60}$ = 0.75mm일 때 곡률계수($C_z$)는? (단, 입도 분포 곡선 기준)

① 0.43   ② 0.89
③ 1.34   ④ 1.67

**03** 점토광물인 montmorillonite에 관한 설명으로 옳지 않은 것은?

① 대표적인 2:1 층상 광물이다.
② 수분조건에 따라 쉽게 팽창 또는 수축한다.
③ kaolinite에 비하여 양이온교환능력이 매우 작다.
④ 층 전하는 주로 $Mg^{2+}$에 의한 $Al^{3+}$의 동형치환에 의하여 발생한다.

**04** 피압 대수층에서 단위 수위강하 혹은 수위상승에 의해 단위 면적을 통해 자유면대수층의 저류지하수로부터 유입 혹은 유출되는 물의 부피를 나타내는 지하수 및 대수층 관련 용어는?

① 비산출율       ② 비저류계수
③ 수리전도율     ④ 수두구배계수

**05** 토양 내의 중금속에 관한 설명으로 옳지 않은 것은?

① 카드뮴 : 생물농축되어 독성이 증가함
② 크롬 : 6가 크롬이 3가 크롬에 비하여 이동성이 크고 독성이 강함
③ 비소 : 3가 비소가 5가 비소에 비하여 이동성이 크고 독성이 강함
④ 수은 : 3가 수은이 0가 수은에 비하여 이동성이 크고 독성이 강함

**06** 토양 유기물의 간접적인 기능 및 작용에 관한 설명으로 옳은 것은?

① 금속 이온과의 착체 형성
② 급격한 pH 변화에 대한 상승작용
③ N, P, S 및 기타 필수 원소의 소비 작용
④ 토양 화학성의 개선 및 토양구조의 활성화

**07** 식물의 필수양분 중 다음 특성을 갖는 것은?

> - 필수 영양소 중 식물의 요구도가 가장 낮음
> - 여러 효소의 보조인자로 산화환원반응에 관여함
> - 질소대사와 밀접한 관련이 있음
> - 질소고정을 하는 콩과작물에 많이 필요함
> - $NO_3^-$를 질소원으로 이용하는 식물에 필수적임

① Co  ② Mo
③ Ni  ④ S

**08** 토양오염물질의 이동특성과 이동경로에 영향을 미치는 유기오염물질의 주요 인자로 가장 거리가 먼 것은?

① 증기압  ② 용해도적
③ 헨리상수  ④ 옥탄올/물 분배계수

**09** 수리전도도(hydraulic conductivity)를 결정하는 주요 인자에 해당하지 않는 것은?

① 수두  ② 중력가속도
③ 유체의 밀도  ④ 유체의 점도

**10** 에틸벤젠에 관한 설명으로 옳지 않은 것은?

① 25℃에서 증기압은 9.53mmHg 정도이다.
② 분자량은 120g/mol이며 휘발유 냄새가 난다.
③ 흡입에 의한 만성증상으로 인간의 혈관계에 영향을 준다.
④ 흡입에 의한 급성증상으로 목에 자극을 주거나 가슴이 답답해지는 현상을 유발한다.

**11** 다음 중 토양의 수분보유능력이 가장 큰 토성은?

① 사토  ② 양토
③ 식토  ④ 마사토

**12** 수리전도도(K) = $2.0 \times 10^{-3}$ cm/s, 유효 공극률(ne) = 0.25, 수두구배(dh/dl) = 0.002 일 때 지하수의 평균선속도(cm/s)는?

① $2.0 \times 10^{-6}$  ② $1.2 \times 10^{-6}$
③ $1.6 \times 10^{-5}$  ④ $2.2 \times 10^{-5}$

**13** 식물의 필수양분 중 다음 특성을 갖는 것은?

> 직물이나 모피공장에서 사용되고 있으며, 세정제에도 상당량 포함되어 있다. 대부분 독성이 강하기 때문에 살균제, 제초제, 살충제 등 여러 농약으로도 사용된다.

① 비소  ② 시안
③ 카드뮴  ④ 유기인

**14** 비수용성유체(NAPL)의 이동과 분포에 영향을 미치는 주된 요인으로 가장 거리가 먼 것은?

① 누출 후 경과 시간
② 양이온 치환능에 따른 잔류 포화도의 크기
③ 지하수면과 누출지점간의 거리 또는 불포화대 두께
④ 지하의 수분 이동(불포화대) 또는 지하수 이동(포화대) 조건

**15** 토양층위란 토양의 수직단면 성층구조를 뜻한다. 토양층위의 지표면으로부터 지하로의 구성순서로 옳은 것은? (단, 왼쪽에 있을수록 지표면과 가까움)

① A → B → C → R → O
② C → B → A → O → R
③ O → A → B → C → R
④ R → O → C → B → A

**16** 토양에 사용되는 관개용수의 수질분석결과 Na$^+$ = 150mg/L, Ca$^{2+}$ = 170mg/L, Mg$^{2+}$ = 155mg/L, K$^+$ = 110mg/L일 때, 나트륨흡착비는?

① 0.86  ② 1.22
③ 2.00  ④ 2.82

**17** 토양 중의 농약을 분해하는 주요 작용에 해당하지 않는 것은?

① 광분해  ② 미생물분해
③ 물리적 분해  ④ 순수한 화학분해

**18** 미나마타병 원인 물질로 신경계통에 장애를 주어 언어, 지각장애 등을 유발하는 오염물질은?

① 비소  ② 수은
③ PCB  ④ 카드뮴

**19** 토양공기에 관한 설명으로 옳지 않은 것은?

① 토양공기 중의 질소함량은 대기 중의 질소함량과 비슷하다.
② 토양공기 중의 이산화탄소가 많아지는 양은 산소가 줄어드는 양에 비례한다.
③ 토양의 깊이가 깊어짐에 따라 산호함량이 적어지는 정도는 토양공극의 특성과 밀접한 관계가 있다.
④ 심층토는 표층토에 비해 미세공극이 적어 산소의 공급이나 이산화탄소의 제거가 원활하지 않다.

**20** 양이온교환능력(CEC) 값이 가장 작은 점토광물과 비표면적이 가장 큰 점토광물을 순서대로 나열한 것은?

① illite → vermiculite
② illite → montmorillonite
③ kaolinite → vermiculite
④ kaolinite → montmorillonite

**21** 토양오염공정시험기준의 자외선/가시광선분광법에 따라 토양 중의 6가크롬을 분석하고자 한다. 이 때 사용하는 자외선/가시선 분광광도계의 흡수셀에 관한 내용으로 옳지 않은 것은?

① 시료액의 흡수파장이 약 370nm 이하일 때는 석영 흡수셀을 사용한다.
② 따로 흡수셀의 길이를 지정하지 않았을 때는 15nm 셀을 사용한다.
③ 시료셀에는 시험용액을, 대조셀에는 따로 규정이 없는 한 정제수를 넣는다.
④ 시료액의 흡수파장이 약 370nm 이상일 때는 석영 또는 경질유리 흡수셀을 사용한다.

**22** 토양오염공정시험기준상의 페놀류 및 페놀류 기체크로마토그래피에 관한 내용으로 옳지 않은 것은?

① 정량한계는 페놀이 0.02mg/kg, 펜타클로로페놀이 0.1mg/kg이다.
② 페놀류 분석을 위해 특별히 고안된 분석방법이므로 간섭물질이 있을 수 없다.
③ 운반기체는 부피백분율 99.999% 이상의 헬륨으로서 유량은 0.5~4m/min, 시료도입부 온도는 150~320℃로 한다.
④ 토양 중 페놀 및 펜타클로로페놀을 아세톤/노말헥산(1:1)으로 추출하여 기체크로마토그래피로 정량하는 방법이다.

**23** 토양오염공정시험기준 총칙에 따른 용어설명으로 옳지 않은 것은?

① "감압"이라 함은 따로 규정이 없는 한 15mmH₂O 이하를 말한다.
② "방울수"라 함은 20℃에서 정제수 20방울을 적하할 때, 그 부피가 약 1mL 되는 것을 뜻한다.
③ "정확히 단다"라 함은 규정된 양의 검체를 취하여 분석용 저울로 0.1mg까지 다는 것을 말한다.
④ "항량으로 될 때까지 건조한다"라 함은 같은 조건에서 1시간 더 건조할 때 전후 무게차가 0.3mg 이하일 때를 말한다.

**24** 토양오염공정시험기준의 저장물질이 없는 누출검사대상시설 – 가압시험법에서 안정된 시험압력이라 함은 가압 후 유지시간동안의 입력강하가 시험압력의 몇 % 이하인 것을 뜻하는가?

① 10%    ② 15%
③ 20%    ④ 25%

**25** 토양오염공정시험기준의 자외선/가시선분광법에 따라 시료 중의 불소 함량을 측정하고자 한다. 검량선에서 얻어진 불소의 농도가 1.2mg/L일 때, 시료 중의 불소 농도(mg/kg)는? (단, 용액의 최종 부피 = 0.5L, 토양시료의 건조 중량 = 1.0g, 바탕시험용액의 불소 농도 = 0.2mg/L)

① 500    ② 600
③ 650    ④ 700

**26** 토양오염공정시험기준 상의 토양오염관리대상시설 지역의 시료 채취 및 보관에 관한 내용이다. ( )에 들어갈 내용은?

> 토양시료는 직경 ( ㉠ ) 이상의 시료채취 봉이 들어있는 타격식이나 나선형식의 토양시추장비로 채취한다. 시료채취 봉을 꺼내어 오염의 개연성이 가장 높다고 판단되는 부위 ( ㉡ )를 시료부위로 한다. 다만, 오염의 개연성이 판단되지 않을 경우는 제일 하부의 토양 ( ㉢ )를 시료부위로 한다.

① ㉠ 2.5cm, ㉡ ±15cm, ㉢ 30cm
② ㉠ 2.5cm, ㉡ ±30cm, ㉢ 60cm
③ ㉠ 5.0cm, ㉡ ±15cm, ㉢ 30cm
④ ㉠ 5.0cm, ㉡ ±30cm, ㉢ 60cm

**27** 토양오염공정시험기준의 저장물질이 누출검사대상시설-기상부의 시험법에 따라 시험을 수행할 때, 주의사항으로 옳지 않은 것은?

① 시험기간 동안 화기의 사용을 금한다.
② 기상변화가 심할 때는 시험을 실시하지 않는다.
③ 미감압시험의 경우 30℃에서 저장물질의 정도가 450cSt 이상일 때 적용한다.
④ 시험기간 동안 진동 등 압력변화에 영향을 주는 경우가 없도록 하며, 시험 중 항상 압력을 관찰하도록 한다.

**28** 토양오염공정시험기준 총칙에 따른 밀폐용기의 정의는?

① 취급 또는 저장하는 동안에 이물질이 들어가거나 내용물이 손실되지 아니하도록 보호하는 용기를 말한다.
② 취급 또는 저장하는 동안에 기체 또는 미생물이 침입하지 아니하도록 내용물을 보호하는 용기를 말한다.
③ 취급 또는 저장하는 동안에 내용물이 광화학적 변화를 일으키지 아니하도록 방지하는 용기를 말한다.
④ 취급 또는 저장하는 동안에 외부로부터 공기 또는 다른 가스가 침입하지 아니하도록 내용물을 보호하는 용기를 말한다.

29 기체크로마토그래피의 머무름시간(retention time)에 관한 결정시험을 실시해야 할 경우에 해당하지 않는 것은?

① 컬럼교체　② 가스교체
③ 기기의 고장수리　④ 시료주입부 청소

30 토양정밀조사의 조사절차에 해당하지 않는 것은?

① 기초조사　② 정밀조사
③ 실태조사　④ 개황조사

31 토양환경보전법에 따라 오염영향지역의 면적이 13,050m²인 폐기물 매립지역에 대하여 개황조사를 실시하고자 한다. 채취해야하는 표토시료의 개수(개)는?

① 6　② 8
③ 10　④ 12

32 자외선/가시선분광법에서 사용하는 흡수셀에 관한 내용으로 옳지 않은 것은?

① 석영제는 주로 자외부 파장범위에서 사용된다.
② 유리제는 주로 근적외부 파장범위에서 사용된다.
③ 유리제는 주로 가시부 파장범위에서 사용된다.
④ 플라스틱제는 근자외부 파장범위에서 사용된다.

33 토양오염공정시험기준의 트리클로로에틸렌(TCE)-퍼지-트랩 기체크로마토그래피에 관한 내용으로 옳지 않은 것은?

① 이 시험기준은 테트라클로로에틸렌의 분석에 적용할 수 있으며 정량한계는 0.1mg/kg이다.
② 토양 중의 트리클로로에틸렌을 메틸알코올로 추출하여 얻은 시료용액을 기체크로마토그래프로 정량한다.
③ 불꽃이온화검출기(FID)를 사용하여 유기할로겐화합물, 니트로화합물 및 유기 금속화합물을 선택적으로 검출한다.
④ 내부표준법을 사용하여 크로마토그램으로부터 각 분석성분 및 내부표준물질의 봉우리 면적을 측정하여 휘발성 유기화합물의 피크면적과 내부표준물질의 봉우리 면적과의 비를 구한다.

34 토양오염공정시험기준의 원자흡수분광광도법에 따라 토양 중의 아연을 분석하고자 한다. 검량선에서 얻어진 아연의 농도가 2.5mg/L일 때, 토양 중의 아연 농도(mg/kg)는? (단, 시료용기의 부피 = 0.1L, 수분 보정한 토양의 무게 = 2.7g, 바탕시험용액의 아연농도 = 0.2mg/L)

① 45.2　② 67.3
③ 78.7　④ 85.2

35 토양오염공정시험기준의 이온크로마토그래피-자외선/가시선 분광법에 따라 토양 중의 6가 크롬을 분석하고자 한다. 이 때 사용하는 이온크로마토그래피-자외선/가시선 분광계의 구성 순서는?

① 액송펌프 → 용리액 저장조 → 시료주입부 → 분리컬럼 → PCR → UV/VIS 검출기 → 기록계
② 용리액 저장조 → 액송펌프 → 시료주입부 → 분리컬럼 → PCR → UV/VIS 검출기 → 기록계
③ 용리액 저장조 → 시료주입부 → 액송펌프 → 분리컬럼 → PCR → UV/VIS 검출기 → 기록계
④ 용리액 저장조 → 시료주입부 → 분리컬럼 → 액송펌프 → PCR → UV/VIS 검출기 → 기록계

**36** 토양의 pH를 측정할 때 사용하는 pH 표준액 중 pH가 가장 중성에 가까운 것은?

① 인산염 표준액
② 수산염 표준액
③ 탄산염 표준액
④ 수산화칼슘 표준액

**37** 토양오염공정시험기준의 비소-수소화물 생성-원자흡수분광광도법에 관한 내용으로 옳지 않은 것은?

① 토양 중 비소의 정량한계는 0.10mg/kg이다.
② 비화수소를 원자화시켜 258nm에서 정량한다.
③ 불꽃을 만들기 위한 가연성가스로 아세틸렌을, 조연성 가스로 공기를 사용한다.
④ 좁은 선폭과 높은 휘도를 갖는 스펙트럼을 방사하는 비소속빈음극 램프를 광원으로 사용한다.

**38** 토양오염공정시험기준에 따라 일반지역의 토양 시료를 채취할 때, 채취지점을 선정하는 방법으로 옳지 않은 것은?

① 농경지 : 대상지역 내에서 지그재그 형으로 5~10개 지점 선정
② 벤젠 : 농경지 또는 기타지역의 구분에 관계없이 대상지역을 대표할 수 있는 1개 지점 선정
③ 유기인화합물 : 농경지 또는 기타지역의 구분에 관계없이 대상지역을 대표할 수 있는 1개 지점 선정
④ 공장지역 : 대상지역의 중심이 되는 1개 지점과 주변 4방위의 3~5m 거리에 있는 1개 지점씩 총 5개 지점 선정

**39** 토양오염공정시험기준의 퍼지-트랩 기체크로마토그래피-질량분석법에 따라 토양시료 중의 트리클로로에틸렌, 테트라클로로에틸렌 및 BTEX 등의 물질을 일반적으로 사용하는 용매는?

① 아세톤
② 부틸알코올
③ 메틸알코올
④ 디클로로메탄

**40** 토양오염공정시험기준의 저장물질 없는 누출검사대상시설-가압시험법에 따라 누출여부를 측정할 때, 오류가 발생하는 원인으로 가장 거리가 먼 것은?

① 긴 시험압력 유지시간
② 최고 설정압력의 오류
③ 측정기간중 과도한 온도변화에 의한 내용물의 체적변화
④ 누출검사대상시설 이외의 연결관 및 연결부의 오류로 인한 누출

**41** 식물정화법 중 오염물질이 뿌리 주변에 비활성의 상태로 축척되거나 식물체에 의하여 이동이 차단되는 원리를 이용한 방법은?

① 근권여과
② 식물분해
③ 식물추출
④ 식물안정화

**42** 폐기물의 고형화/안정화의 장점으로 가장 거리가 먼 것은?

① 폐기물의 용해성이 감소한다.
② 폐기물의 부피감소가 가능하여 취급이 용이해진다.
③ 폐기물의 비표면적증가로 매립지반의 안정성이 증가한다.
④ 폐기물내의 오염물질이 특성형태에서 비독성형태로 변형된다.

**43** 토양의 사막화 요인으로 가장 거리가 먼 것은?

① 가축의 과방목
② 염류집적 토양의 비율 감소
③ 식량생산을 위한 관개농업의 확대
④ 토지확보를 위한 지나친 산림벌목

**44** 생물학적 통기법에 관한 설명으로 옳지 않은 것은?

① 오염물질을 매우 낮은 농도까지 처리하기가 어렵다.
② 소요 장비의 조달이 용이하며 설치가 간단하다.
③ 건물 하부와 같이 접근이 불가능한 곳에는 적용이 어렵다.
④ 공기분산법, 지하수양수처리법 등의 정화기술과 조합이 가능하다.

**45** 어느 건설 현장에서 공극률이 35%, 초기 수분포화도가 20%인 오염토양이 18,000m³ 발생했다. 이 오염토양의 수분 포화도를 60%로 조절하기 위하여 필요한 수분량(m³)은?

① 2,520
② 3,780
③ 4,680
④ 7,200

**46** 저온열탈착법에 관한 설명으로 가장 거리가 먼 것은?

① 처리효율이 높고 적용범위가 넓다.
② 대부분의 석유계 화학물질 처리에 적용 가능하다.
③ 다른 기술에 비해 에너지 비용이 많이 소요되는 것이 단점이다.
④ 카드뮴, 수은 등을 비롯한 대부분의 중금속 처리에 효과가 탁월하다.

**47** Air sparging에 관한 설명으로 옳지 않은 것은?

① 불균질 기질에는 적용이 어렵다.
② 피압대수층에는 적용이 불가능하다.
③ 자유상 DNAPL의 제거 효율이 높다.
④ 호기성 생분해 가능성이 높은 오염물질을 제거하는데 효과적이다.

**48** 지하수와 오염물질의 수평이동을 제어하기 위하여 지중에 설치하는 수직 차단벽에 관한 설명으로 옳은 것은?

① 주변 지하 매질과 수직 차단벽의 수리전도도 차이가 작을수록 차단효과가 높다.
② 슬러리월(slurry wall)은 오염되지 않은 지하수를 오염된 지역으로부터 격리하는데 사용될 수 있다.
③ 슬러리월(slurry wall)은 지하로의 침출수 흐름을 제어할 수 있으나 오염물질의 분해 또는 지체효과를 증진시킬 수는 없다.
④ 슬러리월(slurry wall)은 주변보다 높은 수리전도도를 가진 물질을 사용하여 오염물질의 이동을 촉진시키는 방법이다.

**49** 토양세척장치는 세척방식에 따라 분류될 수 있다. 스크루형 장치가 속하는 세척방식은?

① 회전형
② 교반형
③ 진동형
④ 유동형

**50** Bioventing 기법을 적용하여 오염토양을 정화할 때, 영향을 미치는 인자와 그에 관한 내용으로 옳지 않은 것은?

① 중금속 처리농도 : 미생물의 활성을 유지하기 위한 중요한 인자이다.
② 오염물질의 특성 : 적용되는 오염물질은 휘발성 및 생분해성을 가지고 있어야 한다.
③ 토양의 투수성 : 오염물질의 휘발작용과 미생물에 공급할 수 있는 산소량을 결정하는 요소이다.
④ 토양 함수율 : 함수율이 너무 높은 경우에는 공기투과성이 감소하며, 너무 낮은 경우에는 미생물의 활성이 감소한다.

**51** NO₂를 NO₃로 산화시키는 질산화 미생물은?

① nitrobacter
② thiobacillus
③ nitrosomonas
④ rhodopseudomonas

**52** 6가크롬으로 오염된 토양을 생물학적으로 정화할 때에 관한 설명으로 옳지 않은 것은? (단, 환원처리조에서 토양을 처리)

① 분리조로부터 순산화크롬이 분리된다.
② 영양분과 세균을 환원처리조에 첨가한다.
③ 6가크롬은 물에 용해되기 어려우므로 우선 폭기조로 산화시킨다.
④ 환원처리조에서 세균의 호흡에 의해 산소가 소실되면 6가크롬의 환원이 시작된다.

**53** 양수처리법을 적용하여 지하수를 정화하고자 한다. 오염운을 포함하고 있는 대수층의 부피가 20,000m³, 토양의 단위용적밀도가 1.6g/cm³, 양수펌프의 용량이 400L/h 일 때, 오염운을 제거하는데 걸리는 시간(d)은? (단, 토양입자의 밀도는 2.65g/cm³ 이고 지속적인 오염유입은 없음)

① 825
② 867
③ 908
④ 950

**54** 양수처리법을 적용하여 오염부지를 정화할 때, 포획구간의 범위 결정과 관계없는 것은?

① 양수량
② 용해도
③ 수리구배
④ 지하수층 두께

**55** 열탈착기술에 관한 설명으로 옳지 않은 것은?

① 열탈착공정에서 발생하는 가스량은 같은 용량의 소각공정에 비해 적다.
② 유기염소 및 유기인 살충제를 처리할 때 퓨란과 다이옥신류가 생성되지 않는다.
③ 휘발성 유기화합물(VOCs)뿐만 아니라 준휘발성 유기화합물(SVOCs)도 제거 가능하다.
④ 탈착속도는 유기물질의 화학구성에 큰 영향을 받는데 일반적으로 분자량이 클수록 탈착속도가 빠르다.

**56** 동전기정화기술을 적용하여 토양내의 중금속을 탈착시킬 때, 양극에서 중금속 탈착에 기여하는 물질이 생성되는 현상에 관한 반응식은?

① $2H_2O + 4e^- \rightarrow O_2 \uparrow + 4H^+$
② $2H_2O + 2e^- \rightarrow O_2 \uparrow + 4H^+$
③ $H_2O + 4e^- \rightarrow O_2 \uparrow + 2H^+$
④ $H_2O + 4e^- \rightarrow O_2 \uparrow + 2OH^-$

**57** 자연정화법에 관한 설명으로 옳지 않은 것은?

① 종합적인 정화방법의 일개부분으로 사용된다.
② 모든 오염물질의 정화에 사용될 수 있는 효과적인 정화방법이다.
③ 장시간의 모니터링이 필요하여 다른 정화기법에 비해 비용이 많이 들 수 있다.
④ 오염물질이 더 이상 확산되지 않고 감소하고 있음을 증명하기 위한 주기적인 실험과 자료 수집이 필요하다.

**58** 토양의 열처리공정에 관한 설명으로 옳지 않은 것은?

① 발생원으로 고온의 기름, 용융염 등이 사용된다.
② 스팀주입공법은 원위치(in-site) 처리방법이다.
③ 유동상 탈착장치 내에서 오염토양은 중력에 의하여 유동된다.
④ 로타리킬른(rotary kilns)이 회전함에 따라 내부의 폐기물이 산소와 연속적으로 접촉함으로서 연소된다.

**59** 반응벽체공법을 적용하여 오염지하수를 처리하고자 한다. 오염지하수의 Darcy 속도가 5m/d이고 반응벽체의 길이가 5m, 반응벽체의 공극률이 0.65일 때, 오염지하수가 반응벽체 내에 체류하는 시간(h)은?

① 12.6
② 13.6
③ 14.6
④ 15.6

**60** Bioventing 기법을 적용하여 오염토양을 정화하기 위해서는 대상 부지에 대한 정확한 산소소모율 산정이 중요하다. 이를 구하기 위하여 필요한 인자로 가장 거리가 먼 것은?

① 토양 공극률
② 주입공기 유량
③ 초기산소 농도
④ 토양입자 밀도

**61** 토양오염조사 기관을 지정하는 행정기관장은?

① 시·도지사
② 환경부장관
③ 군수·구청장
④ 지방 유역환경청장

**62** 토양정화업의 등록요건 중 반입정화시설에 관한 기준은?

① 정화시설 200$m^2$ 이상, 보관시설 200$m^2$ 이상
② 정화시설 400$m^2$ 이상, 보관시설 200$m^2$ 이상
③ 정화시설 200$m^2$ 이상, 보관시설 400$m^2$ 이상
④ 정화시설 400$m^2$ 이상, 보관시설 400$m^2$ 이상

**63** 특정토양오염관리대상시설의 설치자가 특정토양오염관리대상시설별로 설치하여야 하는 토양오염방지시설에 해당하지 않는 것은?

① 누출된 오염물질의 위해성과 독성을 측정하는데 필요한 시설
② 누출될 경우에 대비한 오염확산방지 또는 독성저감등의 조치에 필요한 시설
③ 토양오염물질이 누출되지 아니하도록 하기 위한 이중벽탱크 등의 누출방지시설
④ 지하에 매설되는 저장시설의 경우 토양오염물질이 누출되는 것을 감지하거나 누출여부를 확인할 수 있는 측정기기 등의 시설

**64** 정화책임자가 오염토양개선사업 계획의 승인을 얻고자 할 때, 개선사업계획(변경)승인 신청서를 사업개시일 며칠 전까지 특별자치시장·특별자치도지사·시장·군수·구청장에게 제출하여야 하는가?

① 7일
② 15일
③ 20일
④ 30일

**65** 토양환경평가에 관한 내용으로 옳지 않은 것은?

① 토양환경평가의 결과는 양도·양수 시점의 토양오염 정도를 나타내고 있어야 한다.
② 토양오염관리대상시설이 설치되어 있거나 설치되어 있었던 부지에 대하여 실시할 수 있다.
③ 토양오염의 우려가 있는 토지를 양도·양수하는 경우에 실시할 수 있다.
④ 토양오염의 우려가 있는 토지를 임대·임차하는 경우에 실시할 수 있다.

**66** 위해성 평가 대상 오염물질에 해당하지 않는 것은? (단, 중금속류 기준)

① 구리
② 시안
③ 니켈
④ 아연

**67** 토양정화업을 변경등록하여야 하는 경우에 해당하지 않는 것은?

① 대표자의 변경
② 기술인력의 변경
③ 상호 또는 사업장 소재지의 변경
④ 운행 차량(임시 차량 포함)의 증차

**68** 토양오염조사기관의 장비 중 자가동력시추기에 관한 지정기준이다. ( ) 안에 들어갈 내용으로 옳은 것은?

> 타격식이나 나선형식으로 시추깊이가 최소 ( ) 이상일 것

① 22m  ② 4m
③ 6m   ④ 8m

**69** 토양관련 전문기관 또는 토양정화업의 기술인력이 보수 교육을 받아야 하는 주기는?

① 신규교육을 받은 날을 기준으로 3년마다 8시간
② 신규교육을 받은 날을 기준으로 3년마다 24시간
③ 신규교육을 받은 날을 기준으로 5년마다 8시간
④ 신규교육을 받은 날을 기준으로 5년마다 24시간

**70** 특정토양오염관리대상시설의 토양오염검사 면제조건에 해당하지 않는 경우는?

① 유해화학물질관리법 규정에 의한 안전검사를 받은 경우
② 송유관으로서 유류의 유출여부를 확인할 수 있는 장치가 설치된 경우
③ 검사항목이 같은 종류의 토양오염물질로 저장물질을 변경하고자 하는 경우
④ 토양시료의 채취가 불가능하다고 토양오염조사기관이 인정하는 경우

**71** 토양정화업의 등록을 한 자에게 위탁하지 아니하고 정화책임자가 직접 정화할 수 있는 경우에 관한 기준이다. ( ) 안에 들어갈 내용으로 옳은 것은?

> 유기용제 또는 유류에 의한 오염토양으로서 그 양이 ( ) 미만인 것

① $5m^3$   ② $10m^3$
③ $30m^3$  ④ $50m^3$

**72** 토양환경평가를 위한 조사 중 시료의 채취 및 분석을 통해 토양오염 여부를 조사하는 것은?

① 정밀조사   ② 기초조사
③ 정도조사   ④ 개황조사

**73** 지하수 오염을 방지하기 위한 각종 관리에 대한 내용으로 옳지 않은 것은?

① 오염지하수정화계획을 작성하는 경우에는 정화사업의 시행기간을 명시하여야 한다.
② 환경부장관은 지하수 오염방지를 위하여 특히 필요하다고 인정될 경우 시설의 설치자 또는 관리자에게 지하수오염방지를 위한 조치를 하도록 명할 수 있다.
③ 정화명령을 받은 지하수오염유발시설 관리자는 대통령령이 정하는 바에 따라 오염지하수정화계획을 작성하여 환경부장관에게 제출하여 승인을 얻어야 한다.
④ 환경부장관은 수질측정결과 지하수 수질이 환경부령으로 정한 기준에 적합하지 아니할 경우 오염원 인자인 지하수오염유발시설 관리자에게 수질 복원을 위한 정화작업을 명할 수 있다.

**74** 토양보전대책지역의 지정표지판에 관한 내용으로 가장 거리가 먼 것은?

① 지정목적을 표기한다.
② 토양보전대책지역 내역(주소, 면적, 약도)을 표기한다.
③ 흰색바탕의 표지판에 검정색 페인트를 사용하여 표기한다.
④ 표지판의 규격은 가로 3m, 세로 2m, 높이 1.5m 이상으로 하여야 한다.

**75** 지하수오염유발시설의 설치자 또는 관리자가 지하수오염방지를 위하여 취하여야 할 조치에 해당하지 않는 것은?

① 지하수오염물질 누출방지시설의 설치
② 지하수오염물질 누출여부를 확인할 수 있는 시설의 설치
③ 지하수오염유발시설의 1m 이격거리에 지하수오염관측의 설치
④ 지하수 수질의 정기적 측정 및 시장·군수·구청장에 대한 수질측정결과의 보고

**76** 토양관련전문기관이 토양오염검사를 실시한 후 누출에 관한 검사 결과를 통보할 대상에 해당하지 않는 것은?

① 지방환경청장
② 관할 소방서장
③ 관할 시장·군수·구청장
④ 특정토양오염유발시설의 설치자

**77** 지하수보전구역에서 대통령령이 정하는 규모 이상의 지하수를 개발·이용하는 행위를 하고자 하는 자는 시장·군수의 허가를 받아야 한다. 여기서 "대통령령이 정하는 규모 이상"에 해당하는 경우는?

① 1일 양수능력이 30톤 이상인 경우
② 1일 양수능력이 50톤 이상인 경우
③ 1일 양수능력이 70톤 이상인 경우
④ 1일 양수능력이 100톤 이상인 경우

**78** 오염토양의 반출절차 및 방지법에 관한 내용이다. (　) 안에 들어갈 내용으로 옳은 것은?

> 특별자치도지사·시장·군수·구청장은 오염토양반출정화(변경)계획서를 검토하여 반출정화의 계획이 적정한 경우에는 (　) 이내에 적정통보를 하여야 한다.

① 7일
② 10일
③ 15일
④ 30일

**79** 토양정밀 조사명령에 관한 내용이다. (　) 안에 들어갈 숫자를 순서대로 나열한 것은?

> 시·도지사 또는 시장·군수·구청장은 법 제15조제1항에 따라 정화책임자에게 토양정밀 조사를 받을 것을 명할 때에는 토양오염지역의 범위등을 감안하여 ( ㉠ )개월의 범위에서 그 이행 기간을 정하여야 한다. 다만, 조사지역의 규모등으로 인하여 부득이하게 이행기간 내에 조사를 이행하지 못한 자에 대하여는 ( ㉡ )개월의 범위에서 1회에 한정하여 그 이행기간을 연장할 수 있다.

① ㉠ 6, ㉡ 6
② ㉠ 8, ㉡ 6
③ ㉠ 6, ㉡ 8
④ ㉠ 8, ㉡ 8

**80** 토양보전대책지역의 토양보전대책을 위한 계획에 포함되는 오염토양개선사업에 해당하지 않는 것은?

① 오염된 수로의 준설사업
② 오염토양 처리기술 개발·개선사업
③ 오염물질의 흡수력이 강한 식물식재사업
④ 객토 및 토양개량제의 사용등의 농토배양사업

# 2021년 토양환경기사 2회 필기

01 휴·폐금속광산 일대에서 철 수산화물의 침전으로 강 바닥이나 주변 암석이 적갈색을 띄는 현상은?

① 블루베이비 현상  ② 옐로우보이 현상
③ 백화현상  ④ 글레이화 현상

02 토양의 입단화에 관한 설명으로 가장 거리가 먼 것은?

① 미생물이 유기물을 분해하며 만들어내는 균류의 균사에 의해 입단이 형성된다.
② 식물이 수분을 흡수하면 뿌리 주위의 토양수분이 줄어 토양수축이 일어나고, 입단 형성이 억제된다.
③ 양으로 하전된 점토와 음으로 하전된 점토가 서로 끌리는 현상에 의해 입단이 형성된다.
④ 수화도가 큰 이온은 입단화작용이 약하고, 수화도가 작은 이온은 입단화작용이 강하다.

03 다음에서 설명하는 용어는?

- 자유면 대수층에서 지하수면의 단위 상승 혹은 강하에 의해 단위 면적을 통해 유입 또는 유출되는 물의 부피
- 중력에 의해 배출되는 물의 부피와 대수층 부피의 비

① 비산출률  ② 비저류계수
③ 수리전도도  ④ 비보유율

04 나트륨토양의 개량방법으로 가장 거리가 먼 것은?

① 석회 자재를 투입하여 치환성 Ca포화도를 높인다.
② 토양 중의 공기를 빼내 토양을 음(−)압으로 만들어 준다.
③ 지하수위가 높은 경우에는 배수에 의하여 수위를 낮춘다.
④ 내알칼리, 내침수성 식물을 재배하여 유기질 잔사를 포장하여 환원시킨다.

05 A지역에서 기름이 유출되어 500m 떨어진 B지역의 토양으로 흘러 들어갔다. A지역의 수위가 65m, B지역의 수위가 50m, 오염물질이 이동한 토양의 공극률이 40%, 수리전도도가 0.01cm/s일 때, 오염물질이 A지역에서 B지역으로 실제로 이동하는데 걸리는 시간(d)은?

① 178  ② 232
③ 772  ④ 1930

06 토양 중의 유기물분해에 관한 내용으로 옳지 않은 것은?

① 리그닌은 당류에 비해 분해가 빠르게 일어난다.
② 유기물의 분해는 혐기성조건보다 호기성조건에서 빠르게 일어난다.
③ 탄질률이 큰 유기물은 탄질률이 작은 유기물에 비해 분해가 느리게 일어난다.
④ 토양 공극의 약 60%가 물로 채워져 있을 때 산소의 유통이 원활할 뿐만 아니라 미생물의 활성에 필요한 수분도 적절하게 공급할 수 있다.

**07** 다음 중 2:1형 점토광물에 해당하는 것은?

① Vermiculite  ② Kaolinite
③ Halloysite   ④ Nacrite

**08** 다음 토양오염물질 중 DNAPL에 해당하지 않는 것은?

① TCE         ② 클로로페놀
③ 1,1,1,-TCA  ④ 톨루엔

**09** 토양의 양이온교환용량에 관한 설명으로 옳지 않은 것은?

① 일반적으로 점토 함량이 높은 토양의 양이온교환용량이 높다.
② 양이온교환용량이 클수록 토양이 양분을 보유할 수 있는 능력이 감소한다.
③ 모래와 미사는 표면적이 매우 작아 토양의 양이온교환용량에 거의 기여하지 않는다.
④ 토양의 양이온교환용량은 무기 또는 유기콜로이드가 흡착할 수 있는 양이온의 총량이다.

**10** 토양의 수직단면 성층구조를 나타내는 토양층위에 해당하지 않는 것은?

① O층  ② D층
③ C층  ④ A층

**11** 토양공기에 관한 일반적인 설명으로 옳지 않은 것은?

① 수증기의 함량은 일반대기보다 높다.
② 산소의 함량은 일반대기보다 낮다.
③ 아르곤의 함량은 일반대기보다 낮다.
④ 이산화탄소의 함량은 일반대기보다 높다.

**12** 토양의 용적비중이 1.17, 입자비중이 2.55일때, 토양의 공극률(%)은?

① 41.1  ② 45.9
③ 51.1  ④ 54.1

**13** 대수층의 비보유율(Sr)이 20%이고, 총 공극률이 30%일 때, 비산출률(%)은?

① 10  ② 15
③ 20  ④ 60

**14** 다음 중 양이온교환용량이 가장 큰 점토광물은?

① Illite     ② Chlorite
③ Kaolinite  ④ Montmorillonite

**15** MTBE가 포화토양층에 평형상태로 용해 또는 흡착되어 있다. 지하수와 토양에서의 MTBE의 농도가 각각 200mg/L, 100mg/kg이며, 포화토양층의 부피가 500m³이다. 토양의 공극률이 20%, 입자밀도가 2.75g/cm³일 때, 토양에 흡착된 MTBE양(kg)과 지하수에 용해된 MTBE양(kg)을 순서대로 나열한 것은?

① 110, 10   ② 110, 20
③ 220, 10   ④ 220, 20

**16** 포화대의 수리지질학적인 특성은 지하수의 흐름특성과 저류특성으로 구분될 수 있다. 저류특성에 해당하지 않는 것은?

① 공극률    ② 비산출률
③ 비저류계수 ④ 투수량계수

**17** 다음에서 설명하는 용어는?

> 치환성 염기 중 치환성 나트륨의 비율을 나타낸 것으로 식물장해 평가에 사용된다.

① CEC  ② RSC
③ TDS  ④ SAR

**18** 토양오염의 일반적인 특징으로 가장 거리가 먼 것은?

① 피해발현의 긴급성  ② 오염경로의 다양성
③ 오염영향의 국지성  ④ 지속성 및 잔류성

**19** 토양이 산성화될 때 양이온교환용량과 염기포화도의 변화에 관한 설명으로 옳은 것은?

① 양이온교환용량과 염기포화도가 모두 증가한다.
② 양이온교환용량과 염기포화도가 모두 감소한다.
③ 양이온교환용량은 감소하나 염기포화도는 변화가 없다.
④ 양이온교환용량은 변화가 없으나 염기포화도는 감소한다.

**20** 유류오염물질의 성질에 관한 설명으로 가장 거리가 먼 것은?

① 휘발유는 윤활유보다 생분해성이 높다.
② 윤활유에는 단환고리방향족탄화수소(PAHs)가 다량 함유되어 있다.
③ 디젤유가 지하대수층에 도달하면 DNAPL층을 형성한다.
④ 지하저장탱크로부터 발생하는 유류오염은 누출이나 쏟아짐 등으로 인해 발생한다.

**21** 토양 분석을 위하여 진한 염산(12N)으로 0.1N의 염산 250mL을 만들고자 한다. 필요한 진한 염산(12N)의 양(mL)은?

① 1.5  ② 2.1
③ 3.4  ④ 5.2

**22** 유리전극법에 따라 토양의 pH를 측정할 때에 관한 내용이다. ( )안에 알맞은 말은?

> 토양시료 무게의 ( )배의 정제수를 사용하여 혼합한 후 pH를 유리전극과 기준전극으로 구성된 pH 측정기를 사용하여 측정한다.

① 5   ② 10
③ 15  ④ 20

**23** 광산활동 지역에 대해 상세조사를 수행하기 위해 30개의 지점에서 표토시료를 채취하였다. 조사지역의 최대 오염토양면적($m^2$)은?

① 30,000   ② 45,000
③ 67,500   ④ 135,000

**24** 수소화물생성-유도결합플라스마-원자발광분광법에 따라 토양 중의 비소를 분석할 때, 토양 내에 고농도(4,000mg/L 이상)로 존재하여 화학적 간섭을 일으키는 물질에 해당하지 않은 것은?

① 니켈  ② 아연
③ 수은  ④ 코발트

**25** 토양오염 위해성평가 단계에 해당하지 않은 것은?

① 노출평가  ② 독성평가
③ 유해성 결정  ④ 오염범위 및 노출농도 결정

**26** 저장물질이 없는 누출검사대상시설-가압시험법에 따라 시료를 분석할 때 사용하는 검사기기 및 기구에 관한 기준으로 옳지 않은 것은?

① 안전밸브 : $0.7 kgf/cm^2$ 이하에서 작동되어야 한다.
② 가압장치 : 불활성가스 용기 및 압력조정장치를 말한다.
③ 온도계 : 시험압력에 충분히 견딜 수 있는 것으로 최소눈금 1℃ 이하를 읽고 기록이 가능하여야 한다.
④ 압력계(압력자기기록계) : 최소눈금이 시험압력의 30% 이내이고 이를 읽고 측정압력의 기록이 가능하여야 한다.

**27** 기체크로마토그래피 검출기 중 유기질소 화합물 및 유기인 화합물을 선택적으로 검출할 수 없는 것은?

① 열전도도검출기(TCD)
② 질소인검출기(NPD)
③ 불꽃광도검출기(FPD)
④ 전자포착검출기(ECD)

**28** 유도결합플라스마-원자발광분광법에 따라 토양 중의 중금속을 분석할 때, 광학간섭이 발생할 경우에 해당하지 않는 것은?

① 파장의 스펙트럼선이 넓어질 경우
② 원소가 동일 파장에서 발광할 경우
③ 이온과 원자의 재결합으로 연속발광할 경우
④ 원자가 산화 또는 환원하여 이온화합물을 형성할 경우

**29** 자외선/가시선 분광법에 따라 토양 중의 불소를 측정할 때에 관한 내용이다. ( ) 안에 알맞은 말은?

> 불소가 진홍색의 지르코늄 – 발색시약과의 반응으로 ( )의 음이온복합체를 형성하는 과정을 이용한다.

① 적색
② 청색
③ 황갈색
④ 무색

**30** 정도관리요소인 검정곡선을 작성하는 방법 중 상대검정곡선법에 관한 내용이다. ( ) 안에 알맞은 말은?

> 상대검정곡선법은 시험 분석하려는 성분과 물리·화학적 성질이 ( ) 순수물질을 내부표준물질로 선택한다.

① 유사하며 시료에는 없는
② 유사하며 시료에 함유된
③ 다르며 시료에 함유된
④ 다르며 시료에는 없는

**31** 원자흡수분광광도계를 사용하여 염화제일주석용액에 의해 원자상태로 환원시켜 정량하는 시료는?

① 납
② 구리
③ 아연
④ 수은

**32** 수소화물생성-원자흡수분광광도법에 따라 토양 중의 비소 함량을 분석할 때 사용하는 요오드화칼륨과 아스코르빈산의 역할은?

① 시료 중의 비소를 3가비소로 환원
② 시료 중의 비소를 6가비소로 산화
③ 시료 중의 비소를 비화수소로 환원
④ 시료 중의 비소를 비화수소로 산화

**33** 누출검사대상시설 중 "부속배관"에 관한 설명으로 옳은 것은?

① 누출검사대상시설에 용접 또는 나사조임 방식으로 직접 연결되는 배관을 말한다.
② 지하매설저장시설에 연결되어 누출여부의 판단이 어려운 배관을 말한다.
③ 지하에 매설되어 누출여부를 육안으로 직접 확인할 수 없는 배관을 말한다.
④ 액체의 누출여부를 누출검사대상시설 외부에서 직접 또는 간접적으로 확인하기 위하여 설치된 배관을 말한다.

**34** 토양오염관리대상시설지역의 시료채취 및 보관방법에 관한 내용으로 옳은 것은?

① 오염의 개연성이 판단되지 않을 경우 제일 상부의 토양 20cm를 시료부위로 한다.
② 시료채취봉을 꺼내어 오염의 개연성이 가장 낮다고 판단되는 부위 ±10cm를 시료부위로 한다.
③ 토양을 시추할 때는 토양오염관리대상시설 관계자의 의견을 들어 지하매설시설 등이 손상되지 않도록 주의한다.
④ 토양시료는 직경 5cm 이하의 시료채취봉이 들어있는 타격식이나 나선형식의 토양시추장비로 채취한다.

**35** 자외선/가시선 분공법에 따라 토양 중의 시안을 분석할 때 사용하는 인산이수소칼륨 34g과 무수인산일수소나트륨 35.5g을 정제수에 녹여 1L로 한 용액의 이름은?

① 인산탄산염 완충액
② 인산염 완충액(pH 6.8)
③ 무수인산나트륨 완충액
④ 인산이수소칼륨 완충액(pH 9.0)

**36** 저장물질이 없는 누출검사대상시설-가입시험법에 따라 시험을 수행할 때 판정기준은?

① 압력강하가 시험압력의 1%를 초과하는 경우에는 불합격으로 한다.
② 압력강하가 시험압력의 5%를 초과하는 경우에는 불합격으로 한다.
③ 압력강하가 시험압력의 10%를 초과하는 경우에는 불합격으로 한다.
④ 압력강하가 시험압력의 15%를 초과하는 경우에는 불합격으로 한다.

**37** 토양오염공정시험기준 총칙의 내용으로 옳지 않은 것은?

① 감압 또는 진공이라 함은 따로 규정이 없는 한 15mmHg 이하를 말한다.
② 가스체의 농도는 표준상대(0℃, 1기압, 상대습도 0%)로 환산하여 표시한다.
③ 제반 시험 조작은 따로 규정이 없는 한 실온에서 실시하고 조작 직후 그 결과를 관찰하는 것으로 한다.
④ "항량으로 될 때까지 건조한다"라 함은 같은 조건에서 1시간 더 건조할 때 전후 무게차가 g당 0.3mg 이하일 때를 말한다.

**38** 퍼지-트랩 기체크로마토그래피법에 따라 토양 중의 BTEX를 분석할 때에 관한 내용으로 옳지 않은 것은?

① 간섭물질이 발견되면 증류하거나 정제컬럼에 의해 제거한다.
② 원심분리기는 4℃ 이하에서 원심분리가 가능하여야 한다.
③ 시료 중의 BTEX를 헥산 또는 사염화탄소로 추출하여 검액을 얻는다.
④ 시험관에 채취된 시료를 즉시 실험할 수 없는 경우에는 0~4℃의 냉암소에서 보존하고 14일 이내에 분석에 사용하여야 한다.

**39** 몇 년마다 토양오염공정시험기준의 타당성을 검토하고 개선 등의 조치를 취하여야 하는가?

① 1　　　　② 2
③ 3　　　　④ 5

**40** 자외선/가시선 분광법에 따라 시료를 분석할 경우 흡광도의 눈금 보정 방법에 관한 설명이다. ( ) 안에 알맞은 말은?

> 110℃에서 ( ㉠ )이상 건조한 중크롬산칼륨(1급 이상)을 ( ㉡ )수산화칼륨용액에 녹여 중크롬산칼륨용액을 만든다. 그 농도는 시약의 순도를 고려하여 $K_2Cr_2O_7$으로서 ( ㉢ )g/L가 되도록 한다.

① ㉠ 2시간, ㉡ N/20, ㉢ 0.0303
② ㉠ 3시간, ㉡ N/20, ㉢ 0.0303
③ ㉠ 3시간, ㉡ N/10, ㉢ 0.0303
④ ㉠ 3시간, ㉡ N/20, ㉢ 0.1303

**41** 일반적으로 유기화학물질의 생분해능은 화합물의 분자구조에 의해 크게 좌우된다. 다음 중 생분해기능이 가장 높은 화합물은?

① 할로겐화된 화합물
② 가지구조가 많은 화합물
③ 원자의 전하차가 작은 화합물
④ 물에 대한 용해도가 낮은 화합물

**42** 생물학적 복원기법에서는 호기성 조건을 형성하기 위하여 산소를 주입하여야 한다. 적정한 산소주입 방법에 해당하지 않는 것은?

① 압축산소 주입
② 대기 중의 공기 주입
③ 과산화질소($N_2O_2$) 주입
④ 과산화수소($H_2O_2$) 주입

**43** 바이오스파징(Biosparging)에 관한 내용으로 가장 거리가 먼 것은?

① 지하수의 부가적인 처리가 필요 없다.
② 오염물질이 확산될 가능성이 낮다.
③ 지상의 영업이나 활동에 방해받지 않고 정화작업을 수행할 수 있다.
④ 생분해가 주요 제거 메커니즘이므로 배출가스의 처리가 필요없을 수 있다.

**44** 열탈착기술에 관한 설명으로 옳지 않은 것은?

① 중금속으로 오염된 토양을 처리하는 데에는 부적합하다.
② 유기염소와 유기인 살충제를 검출한계 이하까지 제거할 수 있다.
③ 같은 용량의 소각 공정에 비해 발생하는 가스량이 상대적으로 적다.
④ 다양한 수분함량과 오염농도를 가진 여러 종류의 토양에 적용이 가능하다.

**45** 오염된 토양을 세척기법으로 정화 처리할 때, 작업 절차를 순서대로 나열한 것은?

① 토사굴착-토사입자분리-토사전처리-조립자처리-세립자처리-오염수처리-잔류물처리
② 토사굴착-토사전처리-토사입자분리-조립자처리-세립자처리-오염수처리-잔류물처리
③ 토사굴착-토사전처리-조립자처리-세립자처리-토사입자처리-오염수처리-잔류물처리
④ 토사굴착-토사전처리-오염수처리-토사입자분리-조립자처리-세립자처리-잔류물처리

**46** 열처리기법의 일종으로 4,000℃ 고온에서 이온화된 가스를 이용하여 오염토양을 마그마와 같이 용융시켜 유리화시키는 기법은?

① 전기저항가열기법  ② 무선주파수기법
③ 플라즈마기법  ④ 전기스팀기법

**47** 열탈착공정의 일반적인 구성장치에 해당하지 않는 것은?

① 열 교환기  ② 열 건조기
③ 발열반응기  ④ 고에너지 스크러버

**48** 매립지토양에서 100g의 glucose($C_6H_{12}O_6$)가 혐기성 조건에서 분해되었다. 토양층에서 발생하는 메탄가스의 부피(L)는? (단, 토양층에서 발생하는 메탄가스 1mol의 부피는 25L라 가정)

① 22  ② 32
③ 36  ④ 42

**49** 자연저감법에 관한 설명으로 옳지 않은 것은?

① 수은과 같은 무기물질은 비유동성이며 잘 분해되지 않는다.
② 오염물질의 농도가 감소할 때까지는 오염현장을 재사용할 수 없다.
③ 장기간 모니터링으로 인해 다른 기술을 적용할 때보다 비용이 많이 소요될 수 있다.
④ 자연저감 기간 중 시스템 내 물리·화학적 특성변화가 발생하여 오염물질이 확산될 우려가 없다.

**50** 투수성 반응벽체에 관한 내용으로 옳지 않은 것은?

① 오염지역 밖으로 지하수의 이동을 막는다.
② 미생물의 과대증식으로 인한 막힘 현상이 있다.
③ 영가철은 2가철로 산화되면서 염소계 화합물의 탈염소반응을 일으킨다.
④ 오염물질을 처리지대로 이동시키는 자연유하에 의존하기 때문에 반응벽체의 운영을 위한 인위적 동력이 필요하지 않다.

**51** 생물학적 처리를 위해 조절되어야 할 인자로 가장 거리가 먼 것은?

① 전자수용체
② 질소와 인
③ 칼륨과 철
④ 미생물 성장에 필요한 pH

**52** 토양의 고형화·안정화 처리에 사용되는 무기접착제에 해당하지 않는 것은?

① 석회  ② 점토
③ 아스팔트  ④ 제올라이트

**53** 중금속으로 오염된 토양을 고형화/안정화 처리할 때에 관한 내용으로 옳지 않은 것은?

① 폐석이나 암석들은 공정 전에 제거되어야 한다.
② 평균 입자크기를 증가시켜 입자의 확산을 감소시킨다.
③ 부수적인 희석을 제외하고 금속의 총 함량 감소는 없다.
④ 결합제의 수화반응으로 휘발성물질의 제어가 가능하다.

54 오염토양 20,000mg/kg을 열탈착반응조에 투입하여 처리하고자 한다. 오염물질이 0차반응에 의해 분해될 경우, 오염물질을 모두 제거하는 데 소요되는 시간(min)은? (단, 속도상수는 4mol/kg·h, 오염물질의 분자량은 10g/mol)

① 20
② 30
③ 120
④ 180

55 화학적 산화·환원법에 관한 내용으로 가장 거리가 먼 것은?

① 오염물질을 원위치에서 정화할 수 있다.
② 자연정화법과 연계하여 사용할 수 있다.
③ 산화제로 오존, 과망간산이온, 철/과산화수소 등이 사용된다.
④ 부지 내에 존재하는 NAPL를 효과적으로 제거할 수 있다.

56 운영조건이 다음과 같을 때, 토양증기추출법에 의한 누적 오염물질의 저감량(kg)은?

- 시스템 운영기간 = 100d
- 증기 유출 유속 = 10m³/hr
- 오염증기 농도 = 1.2kg/m³

① 28,800
② 23,500
③ 18,200
④ 15,500

57 동전기정화기술을 적용하여 오염물질을 처리할 때 발생하는 현상과 가장 거리가 먼 것은?

① 전기이동
② 전기영동
③ 전기삼투
④ 전기역전

58 토양증기추출기법에 관한 내용으로 옳지 않은 것은?

① 중금속, PCB로 오염된 토양의 정화에는 부적합하다.
② 헨리상수가 0.01 이상인 휘발성오염물질에 적용하는 것이 효과적이다.
③ 유기물함량이 높은 토양은 VOC의 흡착능력이 낮아 제거효율이 높다.
④ 미세토양이나 수분함량이 높은 토양은 공기의 투과성이 낮으므로 증기압을 높여야 한다.

59 Bioventing 공정에 주입되는 공기 유량이 200m³/d, 초기산소농도가 20.9%, 배기가스 중의 산소농도가 5.9%, 토양 체적이 5,000m³, 토양의 공극률이 15%일 때, 평균 산소 소모율(% $O_2$/d)은?

① 1
② 2
③ 3
④ 4

60 토양경작법에 관한 설명으로 옳지 않은 것은?

① 무기물질의 처리에 효과적이다.
② 대기오염물질이 발생하므로 최종방출 전에 처리해야 한다.
③ 고농도의 중금속으로 오염된 토양의 처리에는 비효율적이다.
④ 휘발성유기물질의 농도는 생분해보다 휘발에 의해 감소된다.

61 토양환경보전법령상 대책지역에 대한 토양보전대책에 관한 계획에 포함되어야 하는 사항에 해당하지 않는 것은?

① 토양오염도 조사
② 오염토양 개선사업
③ 토지 등의 이용 방안
④ 주민건강 피해조사 및 대책

**62** 토양환경보전법령상의 용어 정의로 옳지 않은 것은?

① 토양처리업 : 토양을 적절한 방법으로 정화 처리하는 업을 말한다.
② 토양오염물질 : 토양오염의 원인이 되는 물질로서 환경부령으로 정하는 것을 말한다.
③ 토양오염 : 사업활동이나 그 밖의 사람의 활동에 의하여 토양이 오염되는 것으로서 사람의 건강·재산이나 환경에 피해를 주는 상태를 말한다.
④ 특정토양오염관리대상시설 : 토양을 현저하게 오염시킬 우려가 있는 토양오염관리대상시설로서 환경부령으로 정하는 것을 말한다.

**63** 지하수의 수질기준 항목 중 특정유해물질에 해당하지 않는 것은?

① 비소
② 톨루엔
③ 염소이온
④ 트리클로로에틸렌

**64** 토양환경보전법령상 위해성평가에 관한 내용으로 옳지 않은 것은?

① 현재 위해성평가 대상 중금속류 물질은 카드뮴, 구리, 비소, 수은, 납, 6가크롬, 아연, 니켈이다.
② 위해성평가서의 요약본을 해당 기관의 인터넷홈페이지 등에 20일 이상 공고하고 위해성 평가대상 오염토양으로 영향을 받게 되는 지역의 주민이 위해성평가서를 공람할 수 있도록 해야 한다.
③ 환경부장관이 위해성평가서를 검증하는 경우 기술적 사항을 검토하기 위하여 국립환경과학원 또는 한국환경공단의 의견을 들을 수 있다.
④ 위해성평가의 결과를 토양정화의 시기에 반영하려는 경우 위해성평가의 최초검증 후 매년 토양관련전문기관으로 하여금 대상지역에 대한 오염토양 모니터링을 실시하도록 해야한다.

**65** 다음 중 토양환경보전법령상 토양오염도 검사수수료가 가장 비싼 검사항목은?

① 불소
② 비소
③ 수은
④ 유기인

**66** 토양환경보전법령상 토양정화업자의 준수사항으로 옳지 않은 것은?

① 기술인력은 해당분야에 종사하게 해야 한다.
② 토양정화업자는 매년 12월 31일까지 토양정화실적을 시·도지사에게 보고해야 한다.
③ 정화현장에 오염토양의 정화공정도 및 정화일지를 작성하여 비치하고, 정화일지는 2년간 보관해야 한다.
④ 토양관련전문기관의 정화검증을 위한 정화현장 방문, 시료의 채취 등 검증 업무수행을 방해해서는 아니된다.

**67** 토양환경보전법령상 보관, 운반 및 정화 등의 과정에서 오염토양을 누출·유출시킨 자에 대한 벌칙기준은?

① 3백만원 이하의 벌금
② 5백만원 이하의 벌금
③ 1년 이하의 징역 또는 1천만원 이하의 벌금
④ 2년 이하의 징역 또는 2천만원 이하의 벌금

**68** 토양환경평가기관으로 지정받기 위하여 필요한 기술인력에 관한 내용으로 옳지 않은 것은?

① 해당 분야 기사 1명 이상
② 해당 분야 산업기사 2명 이상
③ 해당 분야 박사 또는 기술사 1명 이상
④ 「고등교육법」에 따른 학교의 해당 분야 졸업자 또는 이와 동등 이상의 자격이 있는 사람 1명 이상

**69** 토양환경보전법령상 특정토양오염관리 대상시설의 토양오염도검사에 관한 내용으로 옳지 않은 것은?

① 매년 1회 환경부령으로 정하는 때에 토양관련전문기관으로부터 토양오염도검사를 받아야 한다.
② 토양관련전문기관은 검사신청서를 받은 날로부터 30일 이내에 시료채취를 해야한다.
③ 토양오염방지시설을 설치하고 적정하게 유지·관리하고 있는 경우에는 검사주기를 5년의 범위에서 조정할 수 있다.
④ 누출검사대상시설을 설치한 후 10년이 경과하였을 때에는 6개월 이내에 토양관련 전문기관으로부터 누출검사를 받아야 한다.

**70** 지하수보전구역에 설치된 지하수오염 유발시설에 해당하지 않는 것은?

① 폐기물관리법 시행령에 따른 소각시설
② 폐기물관리법 시행령에 따른 매립시설
③ 물환경보전법 시행규칙에 따른 폐수배출시설
④ 토양환경보전법 시행규칙에 따른 특정토양오염관리대상시설

**71** 지하수법령상의 용어 정의로 옳지 않은 것은?

① "지하수"는 지하의 지층이나 암석 사이의 빈틈을 채우고 있거나 흐르는 물을 말한다.
② "지하수개발·이용시공업"은 지하수 개발·이용을 위한 시설을 시공하는 사업을 말한다.
③ "지하수영향조사"란 지하수가 사람의 보건 및 안전에 미치는 영향을 분석하는 조사를 말한다.
④ "지하수보전구역"은 지하수의 수량이나 수질을 보존하기 위하여 필요한 구역으로 지정된 구역을 말한다.

**72** 토양환경보전법령상 토양정화업에 등록하기 위해 구비하여야 하는 장비에 해당하지 않는 것은?

① 지하수위측정기
② 깊이 6미터 이하 채취가 가능한 시료채취기 1대
③ 휘발성유기화합물질, 산소, 이산화탄소, 메탄의 측정이 가능한 휴대용 가스측정장비 1식
④ pH, 수온, 전기전도도, 용존산소, 산화환원전위의 측정이 가능한 현장용 수질측정기 1식

**73** 토양환경보전법령상 토양오염물질에 해당하지 않는 것은?

① 구리 및 그 화합물
② 망간 및 그 화합물
③ 벤조(a)피렌
④ 불소화합물

**74** 토양환경보전법령상 기술인력의 토양환경관리 교육과정 이수에 관한 내용이다. (   ) 안에 알맞은 말은?

- 신규교육 : 토양관련전문기관 또는 토양정화업 분야의 기술인력으로 최초의 종사한 날부터 1년 이내에 ( 가 )
- 보수교육 : 신규교육을 받은 날을 기준으로 ( 나 ) 마다 8시간

① 가: 12시간, 나: 3년
② 가: 18시간, 나: 3년
③ 가: 12시간, 나: 5년
④ 가: 18시간, 나: 5년

**75** 토양환경보전법령상 오염토양 개선사업에 관한 내용으로 옳지 않은 것은?

① 시장·군수·구청장은 오염토양 개선사업의 전부 또는 일부의 실시를 정화책임자에게 명할 수 있다.
② 정화책임자가 오염토양개선사업을 실시하고자 할 때에는 오염토양 개선사업 계획을 작성하여 시장·군수·구청장의 승인을 얻어야 한다.
③ 대책지역이 둘 이상의 특별자치시·시·군·구에 걸쳐 있어 구분이 어려울 경우에는 관할지역별로 오염토양개선사업을 실시하여야 한다.
④ 정화책임자가 존재하지 아니하거나 정화책임자에 의한 오염토양개선사업의 실시가 곤란하다고 인정될 경우에는 시장·군수·구청장이 그 오염토양개선사업을 실시할 수 있다.

**76** 토양환경보전법령상 토양보전대책지역의 지정표지판에 기록할 내용에 해당하지 않는 것은?

① 지정일자
② 지정목적
③ 지정기관 및 전화번호
④ 토양보전대책지역 안에서 제한되는 행위

**77** 토양환경보전법령상 대통령령으로 정하는 오염토양의 정화방법에 해당하지 않는 것은?

① 오염물질의 소각 등 열적 처리
② 미생물을 이용한 생물학적 처리
③ 오염물질의 분해 등 방사능 처리
④ 오염물질의 차단 등 물리·화학적 처리

**78** 토양환경보전법령상 토양관련전문기관의 결격사유에 해당하지 않는 것은?

① 피성년후견인 또는 피한정후견인
② 파산선고를 받고 복권되지 아니한 자
③ 토양오염조사기관으로 지정된 자가 토양정화업을 겸업하여 지정이 취소된 후 2년이 지나지 아니한 자
④ 토양환경보전법을 위반하여 구류의 형을 선고받고 그 집행이 종료된 날로부터 2년이 지나지 아니한 자

**79** 토양환경보전법령상 특별시장·광역시장·도지사 또는 시장·군수·구청장은 토양오염실태조사를 할 때 토양오염의 가능성이 큰 장소를 선정하여 조사하여야 한다. 여기에 해당하지 않는 곳은?

① 학교
② 폐금속광산
③ 공장·산업지역
④ 폐기물매립지역

**80** 토양환경보전법령상 정화책임자가 둘 이상인 경우 정화책임의 가장 후순위를 가지는 자는?

① 정화책임자 중 토양오염이 발생한 토지를 소유하였던 자
② 정화책임자 중 토양오염이 발생한 토지를 현재 소유 또는 점유하고 있는 자
③ 정화책임자 중 토양오염관리대상시설의 소유자와 그 소유자의 권리·의무를 포괄적으로 승계한 자
④ 정화책임자 중 토양오염관리대상시설의 점유자 또는 운영자와 그 점유자 또는 운영자의 권리·의무를 포괄적으로 승계한 자

# 2021년 토양환경기사 4회 필기

**01** Langmuir 등온 흡착식의 기본 가정으로 옳지 않은 것은?

① 흡착은 가역적이다.
② 흡착지점들 사이에 상호작용이 일어난다.
③ 각 흡착지점은 단 한 개의 분자만을 수용한다.
④ 유한개의 흡착지점은 각각의 오염물질에 대해 동일한 친화력을 가진다.

**02** 토양공기에 관한 일반적인 설명으로 옳지 않은 것은?

① 토양공기 중의 $N_2$ 농도는 대기 중의 농도와 비슷하다.
② 토양공기 중의 $CO_2$, $O_2$ 농도는 대기 중의 농도보다 낮다.
③ 토양공기 중의 $O_2$ 농도는 토양의 깊이가 증가할수록 감소한다.
④ 토양공기 중의 $CO_2$ 농도는 여름에는 높고 겨울에는 낮은 편이다.

**03** 모래에 지하수를 장기간 중력 배수시켰을 때, 모래의 비산출률이 0.3이고, 모래의 공극률이 0.6이었다. 비보유율은?

① 0.02  ② 0.3
③ 0.5   ④ 2.0

**04** 토양 수분장력(pF)이 4.18일 때, 물기둥의 높이(cm)는?

① 13,300   ② 15,136
③ 17,300   ④ 19,336

**05** 토양오염에 관한 설명으로 가장 적합한 것은?

① 오염경로가 다양하지 않으며 타 매체와의 연관성이 낮다.
② 오염의 발생과 오염에 따른 문제발생 간에 시간차가 매우 적다.
③ 토양 내의 중금속은 토양입자에 흡착된 중금속의 탈착에 의해서만 수계로 유입된다.
④ 수계에서 중금속의 대부분은 토양입자와 함께 침강하여 저니토(sediment)로 간다.

**06** 중금속에 의한 토양오염의 특성에 관한 설명으로 옳은 것은?

① 카드뮴은 식물에 흡수되지 않는 것으로 알려져 있다.
② 인산비료를 사용하면 토양 중 비소의 이동성이 감소한다.
③ 토양 중에 비소가 존재하면 토양 중 인의 정량이 용이해진다.
④ 토양 중 구리는 이동성이 낮기 때문에 점토질 토양의 아랫방향으로 이동하는 현상이 거의 발생하지 않는다.

**07** 질소 또는 황 순환에 관한 설명으로 옳지 않은 것은?

① Azotobacter는 질소고정에 관여하는 미생물이다.
② Nitrosomonas는 $NO^{-2}$를 $NO^{-3}$로 변화시키는데 관여하는 미생물이다.
③ Desulfovibrio는 황산염을 황화수소로 환원시키는데 관여하는 미생물이다.
④ 대기 중 기체상태의 $N_2$는 토양미생물이나 화학적 공정을 통해 고정되어야 식물에 이용될 수 있다.

**08** 토양 중의 질소가 공중질소로 전환되는 과정에 관여하는 화학반응은?

① 산화작용  ② 환원작용
③ 중화작용  ④ 염기화작용

**09** 어떤 화산분출암 잔적토가 40%의 사질토, 60%의 점토로 구성되어 있고 점토 부분은 Halloysite와 Smectite로 이루어져 있다. 잔적토 전체의 양이온 교환능력(CEC)이 건조토양 100g당 40meq일 때, 잔적토 전체에서 각 점토 광물의 구성비는?
(단, Halloysite의 CEC=15meq/건조토양 100g, Smectite의 CEC=90meq/건조토양 100g)

① Smectite: 33%, Halloysite: 66%
② Smectite: 66%, Halloysite: 33%
③ Smectite: 20%, Halloysite: 40%
④ Smectite: 40%, Halloysite: 20%

**10** 토양 산성화에 의한 토양 특성에 관한 설명으로 옳은 것은?

① 토양용액의 $Al^{3+}$ 농도 감소
② 토양용액의 $PO_4^{3-}$ 농도 증가
③ 토양용액의 $HCO_3^-$ 농도 증가
④ $Mg^{2+}$, $Ca^{2+}$ 등의 염기 용출 가속화

**11** 대수층에 관한 설명으로 옳지 않은 것은?

① 지하수면의 압력이 대기압보다 높은 대수층을 자유면대수층이라 한다.
② 비피압대수층의 지하수를 자유면지하수 또는 천층수라고 한다.
③ 피압대수층의 지하수는 수온과 수질의 계절적 변화가 작다.
④ 피압대수층은 제1불투수층과 제2불투수층 사이에 위치하는 대수층을 말한다.

**12** DNAPL(Dense non aqueous phase liquid)에 해당하지 않는 오염물질은?

① PCE  ② TCE
③ 1,1,1-TCA  ④ BTEX

**13** 토양의 염류화방지를 위한 방법으로 가장 적합하지 않은 것은?

① 염류를 함유하지 않은 물을 관개수로 사용
② 지하수의 상향이동 촉진을 통한 토양표면의 염류량 희석
③ 지표면에서의 수분증발을 감소시키기 위한 피복
④ 아스팔트 피막이나 비닐 등의 불투수막을 이용한 하층부의 염류 상승 방지

**14** 두께가 5m인 피압대수층에 시공된 양수정으로부터 Q=0.08m³/s의 유량으로 양수하고 있다. 양수정으로부터 10m, 20m 이격된 지점의 수위퍼텐셜이 각각 12m, 15m일 때 이 대수층의 투수량계수(m²/s)는? (단, Thiem 방정식을 이용, 자연로그 기준)

① $1.3 \times 10^{-3}$  ② $3.0 \times 10^{-3}$
③ $6.0 \times 10^{-2}$  ④ $3.0 \times 10^{-2}$

**15** 다음 표는 특정 깊이(15~27cm)에서 교환성 양이온의 농도를 측정한 결과이다. 이를 바탕으로 구한 토양의 수소 및 염기포화도(%)는?

| 깊이(cm) | 교환성 양이온(meq/100g) | | | | |
|---|---|---|---|---|---|
| | $Ca^{2+}$ | $Mg^{2+}$ | $K^+$ | $Na^+$ | $H^+$ |
| 15~27 | 13.8 | 4.2 | 0.4 | 0.1 | 11.4 |

① 수소포화도=38.1, 염기포화도=61.9
② 수소포화도=61.9, 염기포화도=38.1
③ 수소포화도=35.9, 염기포화도=64.1
④ 수소포화도=64.1, 염기포화도=35.9

16 폐기물 매립방법 검토 시 고려해야 할 토양 특성으로 가장 적합하지 않은 것은?
① 토성
② 투수계수
③ 양이온함량
④ 양이온교환용량

17 토양 내 비소의 이동성에 영향을 미치는 토양 성분으로 가장 적합하지 않은 것은?
① 칼슘
② 망간
③ 알루미늄
④ 철

18 다음 식은 무엇을 구하기 위한 것인가?

$$\text{식} \quad x = \frac{\text{유입·유출되는 지하수량}(m^3)}{\text{면적}(m^2) \times \text{수두변화량}(m)}$$

① 저류계수
② 비저류계수
③ 비산출율
④ 수리전도도

19 다음 중 양이온교환능력(CEC)이 가장 큰 것은?
① Vermiculite
② Illite
③ Kaolinite
④ Chlorite

20 토양의 습윤단위중량이 $1.8t/m^3$이고, 함수비가 25%일 때, 건조단위중량과 공극비는? (단, 토양 입자의 비중은 2.65, 공극의 부피는 $42m^3$, 토양 고상(흙)의 부피는 $50m^3$)
① 건조단위중량: $1.44t/m^3$, 공극비: 0.54
② 건조단위중량: $1.44t/m^3$, 공극비: 0.84
③ 건조단위중량: $2.12t/m^3$, 공극비: 0.25
④ 건조단위중량: $2.12t/m^3$, 공극비: 1.25

21 토양오염공정시험기준상 기체크로마토그래피법에 따라 분석하는 유기인 화합물에 해당하지 않는 것은?
① 이피엔
② 파라티온
③ 말라티온
④ 다이아지온

22 저장물질이 있는 누출검사대상시설-기상부의 시험법 중 미가압법 측정방법에 관한 설명으로 옳지 않은 것은?
① 누출검사대상시설내 기상부 높이가 200mm 이하인지를 확인한 후 가압한다.
② 가압속도가 누출검사대상시설 공간용적 $1m^3$당 1분 이상이 되도록 가압시간을 조정한다.
③ 가압 중에 노출되어 있는 배관접속부 등에 비눗물 등을 뿌려 누출여부를 확인해야 한다.
④ 가압 후 15분 이상 유지시간을 두어 안정시키고 그 이후 15분 동안의 압력강하를 측정한다.

23 토양오염공정시험기준상의 시약과 용액에 관한 설명으로 옳지 않은 것은?
① 따로 규정이 없는 한 1급 이상 또는 이와 동등한 규격의 시약을 사용해야 한다.
② 용액 다음의 ( )안에 N, 몇 M이라고 한 것은 용액의 조제방법에 따라 조제해야 한다.
③ 완충용액, 표준액 및 규정액은 각 시험항목별 시약 및 표준용액에 명시된 제조방법에 따라 제조해야 한다.
④ 용액의 앞에 몇 %라고 한 것은 수용액을 말하며, 일반적으로 용액 1000mL에 녹아있는 용액의 g 수를 나타낸다.

**24** 광선이 투과하지 않는 용기 또는 투과하지 않게 포장을 한 용기로 취급 또는 저장하는 동안 내용물이 광화학적 변화를 일으키지 아니하도록 방지할 수 있는 것은?

① 밀폐용기 ② 기밀용기
③ 밀봉용기 ④ 차광용기

**25** 냉증기 원자흡수광광도법에 따라 토양 중의 수은을 분석할 때에 관한 내용이다. ( ) 안에 알맞은 것은?

> 시료 중의 수은을 ( )에 의해 원자 상태로 환원시켜 발생되는 수은증기를 253.7nm에서 냉증기 원자흡수분광광도법에 따라 정량하는 방법이다.

① 염화제일주석용액 ② 아연분말
③ 사염화탄소 ④ 시안화칼륨용액

**26** 토양환경평가방법의 절차로 옳은 것은?

① 기체조사, 정밀조사로 구분하여 단계별로 실시한다.
② 개황조사, 정밀조사로 구분하여 단계별로 실시한다.
③ 기초조사, 개황조사, 정밀조사로 구분하여 단계별로 실시한다.
④ 개황조사, 정밀조사, 평가로 구분하여 단계별로 실시한다.

**27** 기체크로마토그래피법에 따라 토양 중의 석유계총 탄화수소를 분석할 때 추출방법은?

① 가온추출법 ② 자기장추출법
③ 적외선추출법 ④ 초음파추출법

**28** 일반지역에서 토양 시료를 채취할 때, 시료 용기에 기재해야하는 사항에 해당하지 않는 것은?

① 채취날짜 ② 토양형태
③ 시료명 ④ 토양깊이

**29** 온도에 관한 설명으로 옳지 않은 것은?

① 냉수는 4℃ 이하로 한다.
② 온수는 60~70℃로 한다.
③ 찬 곳은 따로 규정이 없는 한 0~15℃의 곳을 뜻한다.
④ "수욕상 또는 수욕중에서 가열한다"라 함은 따로 규정이 없는 한 수온 100℃에서 가열함을 뜻하고 약 100℃의 증기욕을 쓸 수 있다.

**30** 퍼지-트랩 기체크로마토그래피법에 따라 토양 중의 트리클로로에틸렌 또는 테트라클로로에틸렌을 분석할 때 사용하는 검출기는?

① 전자포착검출기(ECD)
② 불꽃이온화검출기(FID)
③ 열전도검출기(TCD)
④ 광이온화검출기(PID)

**31** 퍼지-트랩 기체크로마토그래피법에 따라 토양 중의 BTEX를 분석할 때 추출액으로 사용하는 물질은?

① 에틸알코올 ② 메틸알코올
③ 디클로메탄 ④ 사염화탄소

**32** 지상저장시설과 지하매설저장시설의 토양 시료채취 지점선정 방법으로 옳은 것은?

① 지하매설저장시설의 경우 저장시설을 중심으로 서로 반대방향에 있는 배관부위와 저장시설 부위에서 누출 개연성이 높은 곳을 각각 4개 지점씩 선정한다.
② 지상저장시설의 경우 토양오염의 개연성이 높은 3개 지점을 선정하되 저장시설의 끝단으로부터 수평방향으로 1m 이상 떨어진 지점에서 이격거리의 1.5배 깊이까지로 한다.
③ 지하매설저장시설의 경우 저장시설부위에서 채취하는 1개 지점은 저장시설 아랫면의 끝단에서 수직방향으로 1m 이하 떨어진 지점에서부터 이격거리의 1.5배 깊이까지로 한다.
④ 지하매설저장시설의 경우 배관부위에서 채취하는 1개 지점은 저장시설로부터 가장 가까이 위치한 배관에서 수직방향으로 1m 이상 떨어진 지점에서부터 이격거리의 1.5배 깊이까지로 한다.

**33** 토양정밀조사결과를 오염등급에 따라 4등급(Ⅰ,Ⅱ,Ⅲ,Ⅳ)으로 구분하는 경우, "토양오염 대책기준 초과지역"의 등급기준을 나타내는 색은? (단, 토양정밀조사의 세부방법에 관한 규정 기준)

① 청색  ② 빨강색
③ 노란색  ④ 검정색

**34** 저장물질이 있는 누출검사대상시설-기상부의 시험법 중 미감압법을 적용할 경우, 측정 방법을 순서대로 나열한 것은?

① 감압조작 → 압력안정화 → 압력변화측정 → G,T,P값 측정
② 감압조작 → 압력변화측정 → 압력안정화 → G,T,P값 측정
③ 압력변화측정 → 압력안정화 → 감압조작 → G,T,P값 측정
④ 압력변화측정 → 감압조작 → 압력안정화 → G,T,P값 측정

**35** 분석물질의 농도변화에 따른 지시값을 나타내는 검정곡선 작성방법에 해당하지 않는 것은?

① 절대검정곡선법  ② 상대표준곡선법
③ 상대검정곡선법  ④ 표준물질첨가법

**36** 자외선/가시선 분광법에 따라 토양 중의 6가크롬을 분석할 때 시료 중에 잔류염소가 공존하면 발색을 방해한다. 이 때의 조치방법에 관한 내용 중 (　) 안에 알맞은 것은?

① ㉠ 12, ㉡ 피로인산나트륨을 5mL
② ㉠ 12, ㉡ 입상활성탄을 10%
③ ㉠ 5, ㉡ 아스코빈산나트륨을 5mL
④ ㉠ 5, ㉡ 아비산나트륨을 2%

**37** 자외선/가시선 분광법에 따라 0.5mg/L의 표준용액을 10mL 흡수셀에 넣고 빛을 통과시켰더니 빛의 75%가 투과되었다. 같은 조건에서 흡수셀의 미지의 용액을 넣은 결과 빛의 50%가 투과되었을 때, 미지용액의 농도(mg/L)는?

① 0.25  ② 1.2
③ 2.5  ④ 3.5

**38** 수소화물생성-원자흡수분광광도법에 따라 토양 중의 비소를 분석할 때에 관한 설명이다. (　) 안에 알맞은 것은?

> 전처리한 시료 용액 중의 비소를 3가비소로 예비 환원한 다음 (　) 용액과 반응하여 생성된 비화수소를 원자화시켜 193.7nm에서 정량한다.

① 수소화붕소나트륨  ② 수소화이염화나트륨
③ 수소화이질소나트륨  ④ 수소화염화주석나트륨

**39** 토양오염관리대상시설지역의 시료채취 및 보관에 관한 설명이다. ( ) 안에 알맞은 것을 순서대로 나열한 것은?

> 트리클로로에틸렌, 테트라클로로에틸렌, BTEX시험용 시료의 경우, 시료부위의 토양을 즉시 한쪽이 터진 10mL 부피의 ( ① ) 재질의 주사기 또는 코어 샘플러를 사용하여 ( ② )곳에서 각각 2mL씩 채취한 토양을 미리 준비한 시험관에 넣고, 마개로 막아 밀봉한 후 0 ~ 4℃의 냉장상태로 실험실로 운반한다.

① 유리, 5  ② 테플론, 3
③ 플라스틱, 3  ④ 스테인리스, 5

**40** 270nm에서 중크롬산칼륨용액의 흡광도가 0.745일 때, 이 용액의 투과율(%)은?

① 12.0  ② 15.8
③ 18.0  ④ 21.3

**41** 화학적 산화/환원법을 적용하여 오염토양을 처리할 때, 널리 사용되는 화학적 산화제에 해당하지 않는 것은?

① 염화나트륨  ② 이산화염소
③ 과망간산염  ④ 과산화수소수

**42** 다음 중 원위치(in-situ) 오염토양 처리방법에 해당하지 않는 것은?

① 토양증기추출법(Soil vapor extraction)
② 공기분사법(Air sparging)
③ 동전기정화법(Electrokinetic)
④ 열탈착법(Thermal desorption)

**43** Bioventing법을 적용하기 위해 산소소모율을 구하고자 한다. 주입공기의 유량이 1440$m^3$/d, 초기 산소농도가 20.9%, 배기가스의 산소농도가 3%, 토양의 부피가 2500$m^3$, 공극률이 15%일 때, 산소소모율(%$O_2$/d)은?

① 34.5  ② 46.4
③ 52.2  ④ 68.7

**44** 황화나트륨($Na_2S$)을 사용한 오염토양의 불용화 처리(화학적 처리)에 관한 내용으로 옳지 않은 것은?

① 수용성 납화합물이 존재하는 오염토양에 황화나트륨을 첨가하면 황화납이 생성된다.
② 카드뮴화합물이 존재하는 오염토양에 황화나트륨을 첨가하면 황화카드뮴이 생성된다.
③ 수용성 수은화합물이 존재하는 오염토양에 황화나트륨을 첨가하면 황화수은이 생성된다.
④ 6가 크롬화합물이 존재하는 오염토양에 황화나트륨을 첨가하면 2가 크롬이 생성된다.

**45** 다음 중 토양증기추출법(SVE)을 적용했을 때 제거가 가장 용이한 오염물질은?

① PCB  ② TCE
③ PAH  ④ 다이옥신

**46** 식물정화법(Phytoremediation)의 대표적인 처리기작에 해당하지 않는 것은?

① 식물에 의한 추출  ② 근권에 의한 분해
③ 식물에 의한 응고  ④ 식물에 의한 안정화

**47** 토양경작법(Land farming)에 관한 내용으로 옳지 않은 것은?

① 바이오파일(Biopile)과 오염물질 제거 기작이 동일하다.
② 유기물질과 무기물질을 동시에 처리하는데 효과적이다.
③ 유기용매가 대기 중으로 방출되기 전에 미리 처리해야 한다.
④ 오염물질의 분포 깊이와 분산정도에 따라 처리효율이 달라질 수 있다.

**48** 열탈착법에 관한 내용으로 옳지 않은 것은?

① 수분 함량이 높은 오염토양의 경우 별도의 전처리가 필요 없다.
② 같은 용량의 소각공정에 비해 발생하는 가스량이 상대적으로 적다.
③ 토양 내의 유기염소, 유기인 살충제를 검출한계 이하까지 제거할 수 있다.
④ 토양 입경이 매우 크거나 입자가 거친 경우 처리시설에 손상이 발생할 수 있다.

**49** 열탈착 공정에 사용되는 장치에 해당하지 않는 것은?

① 로터리 탈착장치
② 유동상 탈착장치
③ 회분식 탈착장치
④ 마이크로파 탈착장치

**50** 토양세척법(Soil washing)의 효율에 영향을 미치는 인자로 가장 적합하지 않은 것은?

① 토양의 색깔
② 오염물질의 농도
③ 토양의 pH와 완충능력
④ 토양의 양이온교환용량

**51** 바이오파일(Biopile) 기법의 특징으로 옳지 않은 것은?

① 지하수오염 대비책이 필요하다.
② 오염 토양에 대한 굴착이 필요하다.
③ 토양경작법(Land farming)에 비해 적은 부지가 요구된다.
④ 저분자 할로겐 휘발성 물질의 처리에는 적용이 적절하지 않다.

**52** 40kg의 벤젠($C_6H_6$)으로 오염된 토양을 원위치에서 정화하고자 한다. 벤젠의 분해에 필요한 산소를 과산화수소로 공급할 때, 필요한 이론적인 과산화수소의 양(kg)은? (단, $2H_2O_2 \rightarrow 2H_2O + O_2$, 벤젠은 완전분해)

① 65.38
② 130.76
③ 261.54
④ 296.41

**53** 토양증기추출법(SVE)에 관한 설명으로 옳지 않은 것은?

① 불포화대수층에 적용이 유리하다.
② 투과성이 낮은 토양에서는 오염물질의 제거효율이 낮은 편이다.
③ 배출된 공기를 처리하기 위한 별도의 공정이 필요 없다.
④ 지반구조가 복잡하므로 총 처리시간을 예측하기가 어렵다.

**54** 오염토양의 부피가 1,000m³, 토양의 평균공극률이 40%, 토양수 내의 오염물질 평균농도가 30ppm일 때, 토양수로 포화된 오염토양 내에 수용액상으로 존재하는 오염물의 질량(kg)은? (단, 오염물질이 토양수 내에 수용액상으로만 존재한다고 가정)

① 4
② 8
③ 12
④ 16

**55** 자연저감법에 관한 내용으로 옳지 않은 것은?

① 수용체로 오염물질의 확산이 진행될 때 적용이 효과적이다.
② 오염물질의 농도가 감소될 때까지는 오염현장을 사용할 수 없다.
③ 오염물질이 분해되기 전에 휘발 등으로 인한 2차오염이 발생할 수 있다.
④ 자연저감 기간 중 시스템 내에 물리·화학적 특성변화가 발생하여 오염물질이 확산될 수 있다.

**56** 투수성반응벽체 공법을 적용하여 오염지하수를 정화하고자 한다. 반응벽체의 두께가 3m, 지하수의 선속도가 0.2m/h일 때, 지하수의 반응벽체 통과시간(h)은?

① 1.5
② 6
③ 15
④ 60

**57** 생물학적 통기법의 적용 가능성을 판단하기 위한 실험항목에 해당하지 않는 것은?

① 영향반경시험
② 미생물 추적자실험
③ 미생물 생분해실험
④ 미생물 호흡률 측정실험

**58** Bioventing법에 관한 내용으로 옳지 않은 것은?

① 처리효율은 토양 함수율의 영향을 받는다.
② 휘발성 유기물질과 준휘발성 유기물질을 처리할 수 있다.
③ 현장 지반구조 및 오염물질 분포에 따른 처리기간의 변동이 심하다.
④ 진공압(진공정도)이 낮을수록 시설비용 및 유지비용이 높아지고 균일한 처리가 어려워진다.

**59** 활성탄 흡착을 통해 지하수 5000m³의 벤젠 농도를 35mg/L에서 2mg/L로 저감하고자 할 때, 필요한 활성탄의 양(kg)은? (단, Freundlich 흡착등온식 이용, K는 0.4, n은 0.5)

① 24
② 103
③ 412
④ 588

**60** 열탈착 기술의 적용대상으로 가장 적합하지 않은 것은?

① 납으로 오염된 토양
② 윤활유로 오염된 토양
③ 휘발성 유기물질로 오염된 토양
④ 준휘발성 유기물질로 오염된 토양

**61** 토양환경보전법령상 위해성평가를 하려는 자가 작성해야하는 위해성평가 계획서에 포함되어야 하는 사항에 해당하지 않는 것은?

① 독성평가 자료
② 현장 조사 방법
③ 오염지역 및 범위
④ 오염물질의 노출경로

62 토양환경보전법령상 환경부장관은 토양보전을 위해 몇 년을 주기로 토양보전에 관한 기본계획을 수립하여야 하는가?
① 1년  ② 3년
③ 5년  ④ 10년

63 토양환경보전법령상 특정토양오염관리대상 시설의 종류에 해당하지 않는 것은?
① 송유관시설
② 석유류의 제조 및 저장시설
③ 유해화학물질의 제조 및 저장시설
④ 토양오염물질의 제조 및 저장시설

64 토양환경보전법령상 토양오염물질에 해당하지 않는 것은?
① 시안화합물  ② 유기인화합물
③ 다이옥신   ④ 동·식물성 유류

65 토양환경보전법령상 속임수나 그 밖의 부정한 방법으로 토양환경전문기관의 지정을 받거나 토양정화업의 등록을 한 자가 받는 벌칙은?
① 2년 이하의 징역 또는 1,500만원 이하의 벌금에 처함
② 2년 이하의 징역 또는 1,000만원 이하의 벌금에 처함
③ 1년 이하의 징역 또는 1,000만원 이하의 벌금에 처함
④ 6개월 이하의 징역 또는 500만원 이하의 벌금에 처함

66 토양환경보전법령상 토양환경평가 중 "시료의 채취 및 분석을 통한 토양오염의 정도와 범위 조사"는 어떤 조사에 해당하는가?
① 개황조사  ② 기초조사
③ 정밀조사  ④ 오염도조사

67 지하수의 수질보전 등에 관한 규칙상 지하수의 수질기준 항목에 해당하지 않은 것은? (단, 생활용수로 사용하는 경우)
① 구리    ② 크실렌
③ 염소이온  ④ 질산성질소

68 토양환경보전법령상 토양오염우려기준 적용을 위한 지목 분류상 "2지역"에 해당하는 곳은?
① 주차장   ② 과수원
③ 하천    ④ 학교용지

69 지하수법령상 지하수법에 따라 허가를 받고 지하수를 개발하는 자가 해당 시설 및 토지를 원상복구 해야 하는 경우에 해당하는 것은?
① 수질불량으로 지하수를 개발·이용할 수 없는 경우
② 지형 여건상 원상 복구할 필요가 없다고 시장·군수·구청장이 인정하는 경우
③ 지하수의 수위관측망 또는 수질관측망으로 이용할 필요가 있다고 시장·군수·구청장이 인정하는 경우
④ 법 또는 다른 법률에 따라 허가·인가 등을 받거나 신고를 하고 계속 지하수를 개발·이용하는 경우

70 토양환경보전법령상 토양오염조사기관으로 지정받으려는 자가 갖추어야 하는 기술인력에 관한 내용 중 (    ) 안에 알맞은 숫자는?

기사는 해당 분야 산업기사 자격취득 후 토양 관련 분야 또는 해당 전문기술 분야에서 (    )년 이상 종사한 사람으로 대체할 수 있다.

① 5  ② 4
③ 3  ④ 2

**71** 토양환경보전법령상 자연적인 원인으로 인한 토양오염이라고 "대통령령으로 정하는 방법"에 따라 입증된 부지의 오염토양을 정화하려는 경우 위해성평가를 실시할 수 있다. "대통령령으로 정하는 방법"에 해당하지 않는 것은?

① 해당 오염물질이 대상 지역의 영농활동으로부터 기인하였음을 증명할 것
② 해당 오염물질의 농도가 주변지역의 토양분석결과와 비슷함을 증명할 것
③ 해당 오염물질이 대상 부지의 기반암으로부터 기인하였음을 증명할 것
④ 과학적인 방법으로 해당 오염물질이 자연적인 원인으로 발생하였음을 증명할 것

**72** 지하수법령상 지하수의 개발·이용 허가 시 시장·군수·구청장이 허가를 하지 않거나 취수량을 제한할 수 있는 경우는? (단, 그 밖에 지하수를 보전하기 위해 필요하다고 인정되는 경우로서 대통령령으로 정하는 경우는 제외)

① 자연생태계를 해칠 가능성이 낮은 경우
② 동력장치를 사용하지 아니하고 가정용 우물 또는 공공우물을 개발·이용하는 경우
③ 지하수의 채취로 인해 인근지역 수원의 고갈 또는 지반의 침하를 가져올 우려가 있거나 주변 시설물의 안전을 해칠 우려가 있는 경우
④ 자연히 흘러나오는 지하수 또는 다른 법률의 규정에 의한 허가·인가 등을 받고 시행하는 사업에서 발생하는 지하수를 이용하는 경우

**73** 토양환경보전법령상 토양정화업의 등록요건 중 시료채취기의 기준은?

① 시료채취기 2대(깊이 3m 이상 시료채취가 가능할 것)
② 시료채취기 1대(깊이 3m 이상 시료채취가 가능할 것)
③ 시료채취기 2대(깊이 6m 이상 시료채취가 가능할 것)
④ 시료채취기 1대(깊이 6m 이상 시료채취가 가능할 것)

**74** 토양환경보전법령상 환경부장관이 고시하는 측정망 설치계획에 포함되어야 할 사항에 해당하지 않는 것은?

① 측정 항목
② 측정망 배치도
③ 측정망 설치시기
④ 측정지점의 위치 및 면적

**75** 토양환경보전법령상 토양오염조사 기관에 해당하지 않는 곳은?

① 유역환경청
② 국립환경과학원
③ 국립농업과학원
④ 시·도 보건환경연구원

**76** 토양환경보전법령상 토양관련전문기관 또는 토양정화업의 기술인력이 이수해야 하는 교육과정은?

① 환경보전협회장이 개설하는 토양환경관리의 교육과정
② 시·도보건환경원장이 개설하는 토양환경관리의 교육과정
③ 국립환경과학원장이 개설하는 토양환경관리의 교육과정
④ 국립환경인력개발원장이 개설하는 토양환경관리의 교육과정

**77** 토양환경보전법령상 토양정화업의 등록에 관한 규정이다. ( ) 안에 알맞은 것은?

> 토양정화업을 하려는 자는 ( ㉠ )으로 정하는 바에 따라 시설, 장비 및 기술인력 등을 갖추어 ( ㉡ )에게 등록해야 한다.

① ㉠ 대통령령, ㉡ 환경부장관
② ㉠ 환경부령, ㉡ 환경부장관
③ ㉠ 대통령령, ㉡ 시·도지사
④ ㉠ 환경부령, ㉡ 시·도지사

**78** 토양환경보전법령상 상시측정, 토양오염실태조사 또는 토양정밀조사 결과 우려기준을 넘는 경우 시·도지사 또는 시장·군수·구청장이 정화책임자에게 명할 수 있는 조치에 해당하지 않는 것은?

① 해당 토양오염물질의 사용제한 또는 사용중지
② 토양오염관리대상시설의 개선 또는 이전
③ 토양오염유발시설의 폐쇄조치
④ 오염토양의 정화

**79** 토양환경보전법령상 토양오염검사에 관한 내용 중 ( ) 안에 알맞은 것은?

> 특정토양오염관리대상시설의 설치자는 ( ㉠ )으로 정하는 바에 따라 토양관련 전문기관으로부터 그 시설의 부지 및 그 주변 지역에 대해 토양오염검사를 받아야 한다. 다만, 토양시료 채취가 불가능하거나 토양오염검사가 필요하지 않은 경우로서 대통령령으로 정하는 요건에 해당하여 ( ㉡ )의 승인을 얻을 때에는 그러하지 아니하다.

① ㉠: 대통령령, ㉡: 토양관련전문기관
② ㉠: 환경부령, ㉡: 토양관련전문기관
③ ㉠: 대통령령, ㉡: 특별자치도지사·시장·군수·구청장
④ ㉠: 환경부령, ㉡: 특별자치도지사·시장·군수·구청장

**80** 토양환경보전법령상 특정토양오염관리대상 시설 중 석유류의 제조 및 저장시설의 토양 오염검사항목에 관한 설명 중 ( ) 안에 알맞은 것은?

> 석유류의 제조 및 저장시설 중 ( ) 등이 주성분인 석유류를 저장하고 있는 시설의 경우에는 석유계총탄화수소(TPH) 항목만을 검사한다.

① 경유
② 벤젠
③ 에틸벤젠
④ 벤조(a)피렌

# 2022년 토양환경기사 1회 필기

01 미국 농무부 토성분류체계상 점토(clay)와 미사(silt)를 구분하는 토양 입자의 크기(mm)는?
① 0.002
② 0.02
③ 0.05
④ 0.1

02 토양수분함량을 비파괴 방식으로 연속적으로 측정하는 방법이 아닌 것은?
① TDR법
② 중성자법
③ 전기저항법
④ 비중계(Hydrometer)법

03 변압기 및 전기제품의 재료로 많이 사용되는 토양 오염물질은?
① PCBs
② BTEX
③ 페놀
④ 시안화합물

04 운모나 일라이트의 사면체 판상에서 음전하가 생성되는 주요한 기작은?
① Si 대신 Al의 동형치환
② Si 대신 Fe의 동형치환
③ Al 대신 Si의 동형치환
④ Al 대신 Mg의 동형치환

05 토양의 비열과 용적열용량에 관한 설명으로 옳지 않은 것은?
① 토양의 비열이 크면 온도는 상승 및 하강이 느리다.
② 토양의 비열은 토양 1g의 온도를 1℃ 높이는데 필요한 열량이다.
③ 토양 내 점토의 함량이 많을수록 용적열용량이 작아진다.
④ 토양의 용적열용량을 결정하는데 중요한 것은 토양의 수분상태이다.

06 $500cm^3$ 용기를 가득 채운 토양의 용적밀도가 $1.2g/cm^3$이다. 토양을 물로 포화시킨 후 토양의 질량이 825g이라면 토양의 공극률은?
① 40%
② 45%
③ 50%
④ 55%

07 총석유탄화수소(TPH) 50mg/kg으로 오염된 토양 100톤과 85mg/kg으로 오염된 토양 40톤을 혼합하였다. 완전히 혼합된 후 토양 TPH 농도(mg/kg)는? (단, 혼합과정 중 휘발 등의 저감조건은 고려하지 않는다.)
① 60.0
② 62.5
③ 65.0
④ 67.5

08 배수가 불량한 토양에서 생육이 왕성한 미생물군은?
① 호기성균
② 철산화균
③ 아질산균
④ 혐기성균

**09** 중금속 물질의 토양 중 거동에 관한 설명으로 옳지 않은 것은?

① 구리는 토양이 산성조건일 때 용해도가 감소한다.
② 비소는 토양이 산화조건일 때 이동성이 감소한다.
③ 몰리브데넘(Mo)은 토양이 산성조건일 때 용해도가 감소한다.
④ 카드뮴은 토양이 중성에서 알칼리 상태로 변하면 용해도가 감소한다.

**10** Darcy의 법칙($Q = K \cdot I \cdot A$)에서 K와 I의 의미는?

① K : 투수계수, I : 수심
② K : 점성계수, I : 경심
③ K : 점성계수, I : 수리적 수배
④ K : 수리전도도, I : 수두 구배

**11** 토양 내 수분함량에 따른 팽창과 수축에 가장 크게 기여하는 것은?

① 운모(mica)
② 일라이트(illite)
③ 카올리나이트(kaolinite)
④ 몬모릴로나이트(montmorillonite)

**12** 규산염 광물을 구성하는 화학적 기능기 중 강염기류가 아닌 것은?

① $Al_2O_3$  ② $CaO$
③ $K_2O$    ④ $Na_2O$

**13** 강수나 관개에 의해 쉽게 용탈되는 질소원은?

① 요소         ② 아마이드
③ 질산성 질소  ④ 암모니아성 질소

**14** 환원토양에서 일어나는 화학반응은?

① $2HNO_3 \rightarrow 2HNO_2 + O_2$
② $2NH_3 + 3O_2 \rightarrow 2HNO_3 + 2H_2O$
③ $CH_3CHCl_2 + H_2O \rightarrow CH_3CCl_2OH + 2H^+ + 2e^-$
④ $RCH_2CHNH_2COOH + H_2O \rightarrow RH + CH_3COCOOH + NH_3$

**15** 지하수를 통한 이동 시 점토질 토양에서 저감이 이루어지지 않는 화합물은?

① 납       ② 칼슘
③ 요오드   ④ 나트륨

**16** 질소에 관한 설명으로 옳지 않은 것은?

① 토양 중에 있는 질소의 80~97%가 유기물에 존재한다.
② 질소는 토양에 생성되는 초기 단계에서는 결핍되기 쉬운 영양소이다.
③ 토양 중에 식물이 흡수에 이용할 수 있는 형태의 유기성 질소는 0.2~0.5% 정도다.
④ 대기의 기체 상태의 질소 분자는 토양미생물이나 화학적인 공정을 통하여 고정되어야 식물에 이용될 수 있다.

**17** 다음 설명에 해당하는 작용은?

> 배수가 불량한 곳이나 지하수위가 높은 저습지에서 산소의 공급이 불충분하여 토양의 $Fe^{3+}$이 $Fe^{2+}$으로 변하는 ed의 작용을 통해 토양이 환원되고 표층의 색깔이 담청색 내지 암회색을 띠게 되는 토양의 생성작용이다.

① 석회화 작용(cacification)
② 회색화 작용(gleyzation)
③ 포드졸화 작용(podzolization)
④ 라테라이트화 작용(lateritization)

**18** 모래의 지하수를 장기간 중력 배수시켰을 때, 비산출률이 0.15이고 공극률이 0.53이라면 이 모래의 비보유율은?

① 0.08
② 0.29
③ 0.38
④ 0.68

**19** 토양의 염류 농도와 관계없는 지표는?

① 전기전도도(EC)
② 산화환원전위(Eh)
③ 나트륨 흡착비(SAR)
④ 교환성 나트륨 퍼센트(ESP)

**20** 양이온치환용량에 관한 설명으로 옳지 않은 것은?

① 일반적으로 pH가 증가할수록 토양의 양이온치환용량은 증가하게 된다.
② 토양의 교질물 100g이 보유하고 있는 양전하와 음전하의 수의 합과 같다.
③ 확산이중층 내부의 양이온과 유리양이온이 서로 위치를 바꾸는 현상을 양이온치환이라 하며 이의 크기를 양이온치환용량이라 한다.
④ 일정량의 토양 또는 교질물이 가지고 있는 치환성양이온의 총량을 당량으로 표시한 것이며, 보통 토양이나 교질물 100g이 보유하는 치환성양이온의 총량을 밀리당량(meq)으로 나타낸다.

**21** 토양오염공정시험법상 6가크롬 성분 분석에 관한 설명으로 옳지 않은 것은?

① 자외선/가시선 분광법에 의한 토양 중 6가크롬의 정량한계는 0.5mg/kg이다.
② 토양오염공정시험방법에서 6가크롬 성분은 자외선/가시선 분광법과 유도결합플라스마-원자발광분광법으로 분석한다.
③ 6가크롬에 적용 가능한 시험방법의 정밀도는 측정값의 상대표준편차로 산출하며, 그 값이 30% RSD 이내이어야 한다.
④ 자외선/가시선 분광법은 시료 중에 6가크롬을 디페닐카르바지드와 반응시켜 생성하는 적자색의 착화합물의 흡광도를 540nm에서 측정하여 정량하는 방법이다.

**22** 0.001N의 NaOH 용액의 pH는?

① 9
② 10
③ 11
④ 12

**23** 토양오염공정시험방법상 불소에 적용 가능한 시험방법은?

① 원자흡수분광광도법
② 자외선/가시선 분광법
③ 기체크로마토그래피
④ 유도결합플라스마-원자발광분광법

**24** 과망간산칼륨 10%(W/V) 수용액을 만드는 방법으로 옳은 것은?

① 과망간산칼륨 10g을 물에 녹여 100mL로 만든다.
② 과망간산칼륨 15g을 물에 녹여 100mL로 만든다.
③ 과망간산칼륨 20g을 물에 녹여 100mL로 만든다.
④ 과망간산칼륨 50g을 물에 녹여 100mL로 만든다.

**25** 토양오염도검사를 위한 수소이온농도, 불소 및 금속류 시험용 시료의 조제방법에 관한 설명으로 옳지 않은 것은? (단, 금속류에서 6가크롬은 제외한다.)

① 분석용 시료는 체거름하기 전 원추법 등에 의해 균일하게 혼합한다.
② 수소이온농도 분석용 시료는 풍건·파쇄한 시료를 10메쉬 표준체(눈금간격 2mm)로 체거름하여 조제한다.
③ 불소 분석용 시료는 10메쉬 표준체(눈금간격 2mm)로 체거름한 시료를 200메쉬 표준체(눈금간격 0.075mm)로 체거름하여 조제한다.
④ 채취한 토양시료는 법랑제 또는 폴리에틸렌제 밧트(vat) 위에 균일한 두께로 하여 직사광선이 닿지 않는 장소에서 통풍이 잘 되도록 펼쳐 놓고 풍건한다.

**26** 저장물질이 있는 누출검사대상시설-기상부의 시험법 중 미가압 시험의 판정기준에 관한 설명으로 빈칸에 들어갈 값으로 옳은 것은?

| 미가압 시험결과, 누출검사대상시설 내의 압력강하량이 (　　)mmH$_2$O를 초과하면 불합격으로 한다. |
|---|

① 2　　② 4
③ 6　　④ 8

**27** 다음 저장물질이 있는 지하매설 저장시설에 대한 기상부 누출검사 적용기준에서 ㉠, ㉡에 들어갈 내용으로 옳은 것은?

| 미감압시험의 경우 저장물질이 20℃에서 점도 ( ㉠ ) 이하인 물질과, 내용적이 ( ㉡ ) 미만인 시설에 적용한다. |
|---|

① ㉠ : 150cSt, ㉡ : 1만L
② ㉠ : 150cSt, ㉡ : 10만L
③ ㉠ : 200cSt, ㉡ : 1만L
④ ㉠ : 200cSt, ㉡ : 10만L

**28** 부지 내에서 토양오염을 유발시키는 지상저장시설의 끝단으로부터 수평방향으로 2m 떨어진 지점에서 시료를 채취할 경우, 토양시료채취지점의 깊이는? (단, 방유조는 없다.)

① 3m　　② 4m
③ 5m　　④ 6m

**29** 일반지역(농경지)의 토양시료 채취방법 중 시료채취방법 중 시료채취지점 선정에 관한 내용으로 옳은 것은?

① 대상지역 내에서 나선형으로 5~10개 지점
② 대상지역 내에서 지그재그형으로 5~10개 지점
③ 대상지역에서 대표치를 구할 수 있는 1개 지점
④ 대상지역의 중심 지점과 주변 4방위로 총 5개 지점

**30** 6가크롬의 자외선/가시선 분광법에 사용하는 흡수셀에 관한 설명으로 옳지 않은 것은?

① 따로 흡수셀의 길이를 지정하지 않았을 때는 10mm 셀을 사용한다.
② 시료셀에는 정제수, 대조셀에는 따로 규정이 없는 한 시험용액을 넣는다.
③ 필요하면 흡수셀에 마개를 하고, 흡수셀에 방향성이 있을 때는 항상 방향을 일정하게 하여 사용한다.
④ 시료액의 흡수파장이 약 370nm 이상일 때는 석영 또는 경질유리 흡수셀을 사용하고 약 370nm 이하일 때는 석영 흡수셀을 사용한다.

**31** 정량한계 산정 식으로 옳은 것은? (단, S = 표준편차, X = 평균값)

① 정량한계 = 3.3 × S
② 정량한계 = 10 × S
③ 정량한계 = (10 × X)/S
④ 정량한계 = (3.3 × X)/S

**32** 토양오염관리대상시설 지역의 토양시료 채취 시 시료 부위의 토양을 한쪽이 터진 10mL 부피의 테플론, 스테인리스, 알루미늄 또는 유리 재질의 주사기 또는 코어샘플러를 사용하여 채취하는 것은?

① 구리  ② 불소
③ 트리클로로에틸렌  ④ 석유계총탄화수소

**33** 금속류의 유도결합플라스마-원자발광분광법에 관한 설명으로 옳지 않은 것은?

① 플라스마의 최고온도는 5,000℃에 이른다.
② 들뜬 원자가 바닥상태로 이동할 때 방출하는 발광선 및 발광강도를 측정한다.
③ 사용하는 아르곤 가스는 액화 또는 압축 아르곤으로서 순도 99.99% 이상의 순도를 갖는 것이어야 한다.
④ 표준원액은 최대 1년까지 사용할 수 있으나, 10mg/L 이하의 표준용액은 최소한 1개월 마다 새로 조제해야 한다.

**34** 토양시료채취 후 조제 방법 중 수소이온 농도, 불소 및 금속류 시험용 시료 조제에 관한 다음 설명의 빈칸에 들어갈 내용으로 옳은 것은?

> 풍건시료 사용이 곤란한 경우, 수분 흡수와 오염유발의 위험성이 없는 넓은 용기에 5cm 이하의 두께로 토양시료를 편 다음, 건조기(40℃ 이하)에서 토양시료의 총 무게손실이 (   ) 이하일 때까지 건조한 후 해당 분석용 시료로 조제한다.

① 4시간 동안 5%(중량 기준)
② 8시간 동안 5%(중량 기준)
③ 12시간 동안 5%(중량 기준)
④ 24시간 동안 5%(중량 기준)

**35** 토양오염공정시험기준상 함량분석을 위한 전처리방법이 다른 중금속은?

① 구리  ② 아연
③ 카드뮴  ④ 6가크롬

**36** 검량선에서 얻어진 경우 성분의 검출량이 305.5ng일 때, 토양 중 TPH(석유계총탄화수소) 농도(mg/kg)는 약 얼마인가? (단, 수분보정한 토양무게 : 20.5g, 용매의 최종액량 : 2mL, 검액의 주입량 : 2μL로 희석하지 않았다고 가정한다.)

① 12.6  ② 14.9
③ 18.7  ④ 20.5

**37** 토양오염공정시험기준상 누출검사대상시설에 관한 설명으로 옳지 않은 것은?

① "부속배관"이라 함은 누출검사대상시설에 용접 또는 나사조임방식으로 직접 연결되는 배관을 말한다.
② "지하매설배관"이라 함은 부속배관의 경로 중 지하에 매설되어 누출여부를 육안으로 직접 확인할 수 없는 배관을 말한다.
③ "누출검지관"이라 함은 가스의 누출여부를 누출검사대상시설 내부에서 직접 또는 간접적으로 확인하기 위해 설치된 관을 말한다.
④ "배관접속부"라 함은 누출검사대상시설과 부속배관, 부속배관과 배관을 연결하기 위하여 용접접합 또는 나사조임방식 등으로 접속한 부분을 말한다.

**38** 토양오염공정시험기준상 용어에 대한 설명으로 옳지 않은 것은?

① 가스체의 농도는 표준상태(0℃, 1기압, 상대습도 0%)로 환산 표시한다.
② 방울수라 함은 20℃에서 정제수 20방울을 적하할 때, 그 부피가 약 1mL가 되는 것을 뜻한다.
③ 감압 또는 진공이라 함은 따로 규정이 없는 한 15mmH₂O 이하를 말한다.
④ "약"이라 함은 기재된 양에 대하여 ±10% 이상의 차가 있어서는 안 된다.

**39** 토양오염공정시험방법상 유기인화합물의 기체크로마토그래피법에서 유기인화합물 및 유기질소화합물의 선택적 검출에 사용할 수 있는 검출기가 아닌 것은?

① 질소인검출기(NPD)  ② 불꽃광도검출기(FPD)
③ 열전도도검출기(TCD)  ④ 불꽃열이온검출기(FTD)

**40** 금속류의 원자흡수분광광도법에 관한 설명으로 옳지 않은 것은?

① 원자흡수분광광도계는 일반적으로 광원부, 시료원자화부, 파장선택부, 측광부로 구성되어 있다.
② 시료 중 칼륨, 나트륨, 리튬, 세슘과 같이 쉽게 이온화되는 원소가 1000mg/L 이상의 농도로 존재할 때에는 금속 측정을 간섭한다.
③ 원자흡수분광광도계에 사용하는 광원은 원자흡광스펙트럼의 선폭보다 넓은 선폭을 가지고 휘도가 낮은 스펙트럼을 방사하는 램프를 사용한다.
④ 어떠한 종류의 불꽃이라도 가연성 가스와 조연성 가스의 혼합비는 감도에 크게 영향을 주므로, 금속의 종류에 따라 최적혼합비를 선택하여 사용한다.

**41** 투수성 반응벽체에 관한 설명으로 옳지 않은 것은?

① 오염물질을 주변의 흐름에 의존하여 처리지대로 이동시킨다.
② 대수층의 투수성이 낮고 오염 심도가 낮은 경우에 주로 채택하는 기술이다.
③ 오염지역 밖으로 지하수의 이동을 막는 기술이다.
④ 용존성의 오염물질은 반응물질이 충진된 벽체를 통과하면서 처리된다.

**42** 열탈착기술의 적용이 적합하지 않은 오염물질은?

① 중유  ② 크롬
③ 윤활유  ④ VOC

**43** 오염토양의 생물학적 처리에 필요한 환경조절 인자 중 전자수용체가 아닌 것은?

① 용존산소  ② Fe(Ⅲ)
③ $NO_3^-$  ④ $Cl^-$

**44** 오염물질과 그에 적합한 처리기술과 연결이 옳지 않은 것은?

① 페놀 – 동전기법
② 벤젠 – 토양증기추출법
③ PCBs – 토양증기추출법
④ 방사선물질 – 고형화/안정화법

**45** 군 사격장으로 사용하던 지역의 토양이 TNT와 RDX로 오염된 경우, 이 오염토양의 정화에 활용 가능한 효소는?

① Nitrilase  ② Peroxidase
③ Dehalogenase  ④ Nitroreductase

**46** 중금속으로 오염된 토양의 정화대책에 관한 설명으로 옳지 않은 것은?

① 해바라기를 이용하여 토양 중의 납을 흡수 제거할 수 있다.
② 토양세척공법을 적용하여 토양 중의 중금속을 분리 및 회수할 수 있다.
③ 석회질 자재를 투여하고 pH를 낮출 경우 Cu, Cd, Zn, Mn, Fe 등은 수산화물로 침전된다.
④ 인산 자재를 투여하면 Cr, Pb, Zn, Cd, Fe, Mn 등과 반응하여 난용성 인산염을 생성한다.

**47** 투수성 반응벽에서 영가철($Fe^0$)을 사용하여 TCE, PCE 등의 염화유기화합물을 제거할 때 작용하는 반응 기작은?

① $Fe^0 + RCl + Cl^- + 2H^+ \rightarrow Fe^{2+} + RH + H^+ + 2Cl^-$
② $Fe^0 + RCl + 2OH^- \rightarrow Fe^{2+} + RH_2 + (1/2)Cl_2 + 2O_2^-$
③ $Fe^0 + RCl + OH^- \rightarrow Fe^{2+} + RH + Cl^- + O_2^-$
④ $Fe^0 + RCl + H^+ \rightarrow Fe^{2+} + RH + Cl^-$

**48** CFSTR 반응기에 500L/min의 슬러리가 유입된다. 이 반응기를 사용하여 슬러리의 TPH 농도를 1,200mg/kg에서 50mg/kg로 저감하고자 할 때, 필요한 반응조의 크기(L)는? (단, 반응속도상수는 0.25L/min 이고, 정상상태 기준, TPH는 1차 반응에 의해 분해된다.)

① 36,000　　② 46,000
③ 56,000　　④ 66,000

**49** 그림에서 나타내는 오염토양 정화기술은?

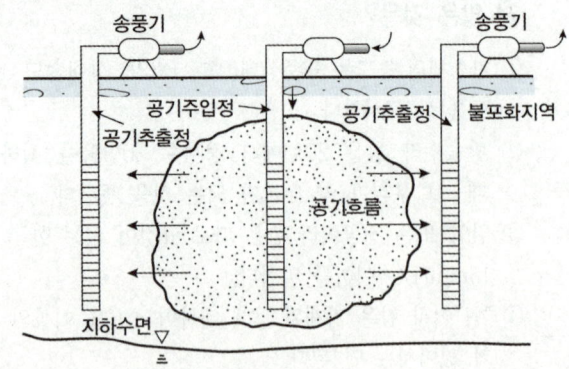

① Bioventing
② Air sparging
③ Natural attenuation
④ Electrokinetic separation

**50** 열탈착기술의 특징으로 옳지 않은 것은?

① 부지 내·외 처리가 가능하다.
② 고농도 hot spot의 처리가 가능하다.
③ 유기염소, 유기인 살충제를 검출한계 이하로 제거할 수 있다.
④ 전처리없이 수분함량이 높은 오염토양의 처리가 가능하다.

**51** Air sparging에 관한 설명으로 옳지 않은 것은?

① 피압대수층에 적용이 유리하다.
② 오염물질의 용해도가 낮을수록 적용이 유리하다.
③ 오염물질이 호기 상태에서 생분해가 잘 될수록 적용이 유리하다.
④ 공기 주입으로 인한 기질(매질)의 변화로 주변 구조물의 안정성에 영향을 줄 수 있다.

**52** 2mg의 벤젠($C_6H_6$)을 호기성 상태에서 분해할 때 필요한 이론산소의 양(mg)은 약 얼마인가?

① 4.6
② 5.4
③ 6.2
④ 7.6

**53** 생물학적 복원기법의 복원효율을 향상시키기 위해 산소를 주입할 때, 주입방법으로 적절하지 않은 것은?

① 공기 주입
② 오존($O_3$) 주입
③ 압축산소 주입
④ 과산화수소($H_2O_2$) 주입

**54** Bioventing의 적용가능성을 파악하기 위해 공극률이 40%인 토양 1,000m³에 1,000m³/d 의 공기를 주입했다. 주입공기의 산소농도가 21%, 배기가스의 산소농도가 12%일 때, 평균 산소소모율(% $O_2$/d)은?

① 22.5
② 25.5
③ 31.5
④ 35.5

**55** 오염지하수 내에 존재하는 벤젠의 확산계수가 $1.02 \times 10^{-5}$ cm²/s 일 때, 오염지하수 내에 존재하는 톨루엔의 확산계수는 약 얼마인가? (단, $D_1/D_2 = (MW_2/MW_1)^{0.5}$, D = 확산계수, MW = 물질의 분자량이다.)

① $0.934 \times 10^{-5}$
② $0.939 \times 10^{-5}$
③ $0.944 \times 10^{-5}$
④ $0.949 \times 10^{-5}$

**56** 토양증기추출법에 관한 설명으로 옳지 않은 것은?

① 증기압이 낮은 오염물질의 제거효율이 낮다.
② 지반구조가 복잡하므로 총 처리시간을 예측하기 어렵다.
③ 굴착이 필요하지 않아 오염되지 않은 토양과 혼합될 확률이 낮다.
④ 추출된 기체를 처리하기 위한 별도의 대기오염방지시설이 필요 없다.

**57** Biosparging에 관한 설명으로 옳지 않은 것은?

① 지층이 층상구조를 이룰 때 적용이 유리하다.
② 지하수의 용전 $Fe^{2+}$ 농도가 높은 경우 적용이 적합하지 않다.
③ 불포화토양층 내에서의 유량은 토양 내에서 충분한 체류시간을 갖도록 해야 한다.
④ 토양의 수평방향 수리전도도가 수직방향 수리전도도보다 훨씬 크다면 공급되는 공기가 오염물질을 수평방향으로 넓게 퍼질 수 있다.

**58** 열탈착기술에 관한 설명으로 옳지 않은 것은?

① 오염기간이 긴 오염매체일수록 탈착이 어렵다.
② 유기물질의 분자량이 클수록 탈착이 빠르게 일어난다.
③ 비공극성 입자의 경우 초기에 탈착이 빠르게 일어난다.
④ 유기물질의 휘발성이 낮을수록 탈착이 느리게 일어난다.

**59** 토양경작법에 관한 설명으로 옳지 않은 것은?

① 고농도의 중금속으로 오염된 토양을 처리하는데 적합하다.
② 분해가 어려운 물질을 완전히 제거하기 위해서는 많은 시간이 필요하다.
③ 유기용매가 대기 중으로 방출되어 대기를 오염시키기 때문에 방출되기 전에 미리 처리해야 한다.
④ 겨울철과 같이 기온이 낮아지는 경우에는 미생물의 활성도가 급격히 떨어져 처리 효율이 낮아진다.

**60** 오염된 지하수의 TCE 농도를 환경기준 이하로 낮추기 위해서는 1.4mg/L·min의 오존으로 1시간 동안 처리해야 했다. 지하수의 유량이 1,700L/min이고 지하수의 TCE 농도가 150mg/L 일 때, 처리에 필요한 최소 오존량(kg/d)은 약 얼마인가?

① 206
② 236
③ 276
④ 296

**61** 토양환경보전법규상 환경부장관이 고시하는 측정망 설치계획에 포함되어야 하는 사항이 아닌 것은?

① 측정망 배치도
② 측정망 설치시기
③ 측정항목 및 기준
④ 측정지점의 위치 및 면적

**62** 토양환경보전법령상 용어의 정의로 옳지 않은 것은?

① 특정토양오염관리대상시설 : 토양을 현저하게 오염시킬 우려가 있는 토양오염관리대상시설로서 환경부령으로 정하는 것을 말한다.
② 토양오염 : 사업활동이나 그 밖의 사람의 활동에 의해 토양이 오염되는 것으로서 사람의 건강·재산이나 환경에 피해를 주는 상태를 말한다.
③ 토양정화 : 생물학적인 방법을 사용하여 토양 중의 오염물질을 감소·제거하거나 토양 중의 오염물질에 의한 위해를 완화하는 것을 말한다.
④ 토양오염관리대상시설 : 토양오염물질의 생산·운반·저장·취급·가공 또는 처리 등으로 토양을 오염시킬 우려가 있는 시설·장치·건물·구축물 및 그 밖에 환경부령으로 정하는 것을 말한다.

**63** 토양환경보전법령상 누출검사수수료에 관한 다음 내용의 빈 칸에 들어갈 내용으로 옳은 것은?

> 배관부의 누출검사수수료는 배관 ( )을 기준으로 산정되는 기본수수료와 배관 $1m^3$당 산정되는 체적수수료를 합한 것으로 한다.

① 1기
② 1m
③ $1m^2$
④ 1라인

**64** 토양환경보전법령상 토양관련전문기관의 결격사유에 해당하지 않는 자는?

① 피성년후견인 또는 피한정후견인
② 파산선고를 받고 복권된 후 2년이 지나지 아니한 자
③ 토양환경보전법을 위반하여 징역 이상의 실형을 선고받고 그 집행이 끝나거나 면제된 날부터 2년이 지나지 아니한 자
④ 토양오염조사기관으로 지정된 후 토양정화업을 겸업하여 토양관련전문기관의 지정이 취소된 후 2년이 지나지 아니한 자

**65** 토양환경보전법규상 토양정화업자의 준수사항으로 옳지 않은 것은?

① 토양정화업자는 매년 1월 31일까지 전년도의 토양정화실적을 시·도지사에게 보고하여야 한다.
② 오염토양을 운반하는 때에는 오염토양이 흩날리지 않도록 하여야 하며, 침출수가 유출되지 아니하도록 하여야 한다.
③ 다른 자에게 자기의 성명 또는 상호를 사용하여 토양정화업을 하게 하거나 등록증을 다른 자에게 빌려 주어서는 아니 된다.
④ 특별재난지역으로 선포되어 긴급한 토양정화가 필요한 경우에도 토양정화를 위하여 도급받은 공사를 일괄하여 하도급하여서는 아니 된다.

66 지하수법령상 지하수의 체계적인 개발·이용 및 효율적인 보전·관리를 위해 지하수관리 기본계획을 수립할 때, 포함되지 않는 것은?

① 지하수의 이용실태
② 지하수의 보전계획
③ 지하수의 조사에 관한 투자계획
④ 지하수의 수질관리 및 정화계획

67 토양환경보전법령상 토양오염방지시설의 권장 설치·유지·관리 기준에 관한 다음 내용의 빈칸에 들어갈 내용으로 옳은 것은?

> 정기점검은 ( ) 이상 실시해야 한다.

① 매주 1회
② 매월 1회
③ 매분기 1회
④ 매년 1회

68 토양환경보전법령상 토양관련전문기관 또는 토양정화업의 기술인력 교육에 관한 다음 내용의 빈 칸에 들어갈 말로 옳은 것은?

> 토양관련전문기관 또는 토양정화업의 기술인력은 신규교육을 받은 날을 기준으로 ( ) 보수교육을 이수해야 한다.

① 2년마다 8시간
② 2년마다 24시간
③ 5년마다 8시간
④ 5년마다 24시간

69 토양환경보전법령상 토양오염조사기관의 장비·기술인력에 관한 지정기준으로 옳지 않은 것은?

① 퍼지·트랩장치 또는 가스크로마토그래프 질량분석기 중 1대를 구비해야 한다.
② 기사는 해당 분야의 산업기사 자격취득 후 토양 관련 분야 또는 해당 전문기술 분야에서 4년 이상 종사한 사람으로 대체할 수 있다.
③ 누출검사기관이 토양오염조사기관으로 지정받으려는 경우 기술인력은 토양오염조사기관 지정에 필요한 기술인력의 2분의 1 이상을 확보해야한다.
④ 박사 또는 기술사는 해당 분야의 기사 자격 취득 후 토양 관련 분야 또는 해당 전문기술분야에서 5년 이상 종사한 사람으로 대체할 수 있다.

70 토양환경보전법령상 환경부장관, 시·도지사 또는 시장·군수·구청장이 청문을 실시해야 하는 처분은?

① 토양정화업의 등록취소
② 오염된 토양의 정화 조치
③ 토양오염유발시설의 이전
④ 토양관련전문기관에 대한 업무정지

71 지하수법령상 정화계획의 승인 또는 변경승인을 받지 않고 정화를 실시한 자에 대한 벌칙 기준은?

① 300만원 이하의 과태료
② 500만원 이하의 과태료
③ 1년 이하의 징역 또는 1천만원 이하의 벌금
④ 2년 이하의 징역 또는 2천만원 이하의 벌금

72 토양환경보전법령상 토양오염조사기관이 수행하는 업무가 아닌 것은? (단, 그 밖에 토양오염 현황을 파악하기 위해 실시하는 조사는 제외한다.)

① 토양정밀조사
② 토양오염도검사
③ 토양정화의 검증
④ 누출조사 및 검사

**73** 토양환경보전법령상 토양정밀조사를 실시할 수 있는 지역이 아닌 것은?

① 상시측정의 결과 우려기준을 넘는 지역
② 토양오염실태조사 결과 우려기준을 넘는 지역
③ 폐금속광산지역 및 폐기물매립지 주변으로 토양오염의 가능성이 큰 지역
④ 토양오염사고가 발생한 지역으로 환경부장관이 우려기준을 넘을 가능성이 크다고 인정하는 지역

**74** 토양환경보전법규상 토양오염물질의 토양오염대책기준으로 옳지 않은 것은? (단, 1지역을 기준으로 한다.)

① 시안 : 10mg/kg
② 구리 : 450mg/kg
③ 비소 : 75mg/kg
④ 카드뮴 : 12mg/kg

**75** 토양환경보전법규상 토양보전대책지역 지정표지판에 관한 내용으로 옳지 않은 것은?

① 표지판은 사방에서 잘 보이는 곳에 견고하게 설치해야 한다.
② 표지판의 규격은 가로 3m, 세로 2m, 높이 1.5m 이상으로 해야 한다.
③ 표지판에 표지되어야 하는 토양보전 대책지역 내에서는 주소, 면적, 인구수가 있다.
④ 표지판에는 지정목적, 지정일자, 토양보전 대책지역 안에서 제한되는 행위가 포함되어야 한다.

**76** 토양환경보전법령상 토양오염물질이 아닌 것은?

① 다이옥신
② 유기인화합물
③ 수은 및 그 화합물
④ 대장균 등 유해미생물

**77** 토양환경보전법령상 환경부장관이 유역환경청장 또는 지방환경청장에게 권한을 위임하는 사항이 아닌 것은?

① 토양오염 대책지역의 지정
② 측정망의 설치 및 상시측정
③ 토양환경평가기관의 지정 및 공고
④ 토양환경평가기관의 지정 취소에 대한 청문

**78** 토양환경보전법규상 시장·군수·구청장이 오염토양 개선사업의 전부 또는 일부의 실시를 그 정화책임자에게 명할 때, 실시명령을 이행하지 않은 자가 받는 벌칙 기준은?

① 1년 이하의 징역 또는 1천만원 이하의 벌금
② 2년 이하의 징역 또는 2천만원 이하의 벌금
③ 3년 이하의 징역 또는 3천만원 이하의 벌금
④ 5년 이하의 징역 또는 5천만원 이하의 벌금

**79** 토양환경보전법령상 오염토양개선사업의 종류가 아닌 것은? (단, 특별자치시장·특별자치도지사·시장·군수·구청장이 필요하다고 인정하는 사업에 해당하지 않을 경우이다.)

① 오염된 수로의 준설사업
② 오염토양의 정밀조사사업
③ 오염토양의 위생석 매립·정화사업
④ 오염물질의 흡수력이 강한 식물식재사업

**80** 토양환경보전법령상 다음 오염토양개선사업에 관한 내용 중 환경부령으로 정하는 토양관련 전문기관은?

① 한국환경공단
② 국립환경과학원
③ 시·도 보건환경연구원
④ 유역환경청 또는 지방환경청

# 2022년 토양환경기사 2회 필기

**01** 오염물질이 지하대수층을 오염시킬 경우, 지하수면 아래에 지배적으로 오염운을 형성시킬 수 있는 오염물질은?

① 벤젠  ② TCE
③ 크실렌  ④ MTBE

**02** 다음 중 방선균(Actinomyces)을 가장 잘 발견할 수 있는 토양조건은?

① 유기물이 풍부하고 건조한 산성 토양
② 유기물이 풍부하고 습윤한 산성 토양
③ 유기물이 풍부하고 건조한 알칼리성 토양
④ 유기물이 풍부하고 습윤한 알칼리성 토양

**03** Darcy의 법칙에 관한 설명으로 옳지 않은 것은?

① 투수성 기질로 채워진 원통을 통해 나오는 유량은 흐름의 단면에 비례한다.
② 투수성 기질로 채워진 원통을 통해 나오는 유량은 수두차에 반비례한다.
③ 지하수의 흐름속도는 수두구배에 비례한다는 경험법칙으로 흐름은 층류이어야 한다.
④ 투수성 기질로 채워진 원통을 통해 나오는 유량은 수평방향 두 지점 사이의 거리에 반비례한다.

**04** 포화대의 저류 특성을 나타내는 주요 인자가 아닌 것은?

① 공극률  ② 비산출률
③ 저류계수  ④ 수리전도도

**05** 양이온교환용량에 관한 설명으로 옳지 않은 것은?

① 양이온교환용량이 클수록 pH 변화에 적응하는 완충력이 작다.
② 일반적으로 토양용액의 pH가 증가하면 양이온교환용량이 증가한다.
③ 모래와 미사는 표면적이 매우 적어 토양의 양이온교환용량에 거의 기여하지 않는다.
④ 산성 토양의 pH를 높이기 위해 요구되는 석회량은 양이온교환용량이 클수록 많아진다.

**06** 토양의 물리·화학적 특성에 관한 설명으로 옳지 않은 것은?

① 토양공기는 일반 대기에 비해 이산화탄소의 농도가 높다.
② 토양 내 무기물은 Si, O, Fe, Al, Ca 등이며, 보통 산화물의 형태로 존재한다.
③ 토양은 지구 표면의 지각이 오랜 물리·화학적 풍화작용과 생물학적 작용을 받아 형성되었다.
④ 토양 내에 존재하는 수분은 수용성 무기물과 유기물이 녹아있어 식물의 영양물질이 되기 때문에 지하수라고 불린다.

**07** 토양수분을 과잉, 유효, 무효수분으로 분류할 때, 과잉수분에 관한 설명으로 옳지 않은 것은?

① 식물의 생장에 유해하다.
② 토양 내 염류 용탈을 저해한다.
③ 토양의 포장용수량 장력 이상의 중력수를 과잉수분이라 한다.
④ 토양 내 질소고정 및 암모니아화를 일으키는 호기성 세균의 활성을 저해한다.

**08** 모래질 토양 및 미사질 토양과 비교한 점토질 토양의 특성으로 옳지 않은 것은?

① 압밀성이 높다.
② 차수능력이 낮다.
③ 팽창수축력이 높다.
④ 유기물의 분해가 느리다.

**09** 토양의 특성 중 산화환원전위를 통해 판단할 수 없는 것은?

① 배수의 필요성
② 양이온교환용량
③ 식물양분의 유효성
④ 유해물질의 생성여부

**10** 공극률이 20%인 토양시료의 수분부피와 공기부피가 각각 10cm³, 5cm³일 때, 채취한 토양시료 전체의 부피(cm³)는? (단, 공극과 수분과 공기로만 차 있다고 가정한다.)

① 75
② 85
③ 95
④ 105

**11** 토양사상균에 관한 설명으로 옳지 않은 것은?

① 유기물 분해능력이 높다.
② 핵막과 세포벽을 가지고 있는 진핵생물이다.
③ 수소분압이 낮은 곳에서 생존력이 강하다.
④ 호기성 생물이지만 이산화탄소 농도가 높은 환경에서도 잘 견딘다.

**12** 우량계수를 구하는 식은?

① 우량계수 = 월평균강수량(mm) × 월평균온도(℃)
② 우량계수 = 월평균강수량(mm) ÷ 월평균온도(℃)
③ 우량계수 = 연평균강수량(mm) × 연평균온도(℃)
④ 우량계수 = 연평균강수량(mm) ÷ 연평균온도(℃)

**13** 토양산성화의 원인이 아닌 것은?

① 미생물에 의해 토양 입단화 촉진
② 미생물에 의해 유기물이 분해될 때 유기산 생성
③ 농경지 토양에서 작물의 수확으로 토양 중의 염기 제거
④ 질소비료 중 $NH_4^+$의 질산화 작용에 의해 수소이온 생성

**14** 토양 입단 형성에 영향을 미치는 요인에 관한 내용으로 옳지 않은 것은?

① 양이온의 작용 : $Na^+$는 수화도가 작아, 수화도가 큰 $Ca^{2+}$보다 입단화 작용이 강하다.
② 토양개량제의 작용 : 토양개량제의 교환반응, 수소결합, 반데르발스 힘 등에 의해 입단이 형성된다.
③ 토양미생물의 작용 : 미생물이 유기물을 분해하며 만들어내는 균사 또는 점액성 물질에 의해 입단이 형성된다.
④ 기후의 작용 : 토양이 건조함에 따라 수분이 빠져나가 점토입자들이 더욱 가깝게 결합해 토양의 부피가 줄어들고 약하게 결합된 면을 따라 균열이 생기는 과정이 반복되며 입단이 형성된다.

**15** 토양 시료의 카드뮴 분배계수가 3.34mL/g일 때, 지연계수는? (단, 공극율은 0.3, 건조단위중량은 1.35g/cm³이다.)

① 0.74
② 1.74
③ 15.03
④ 16.03

**16** 다음에서 설명하는 토양층은?

- 성토층의 제일 윗부분에 위치한다. 분해된 유기물로 인해 하부에 있는 층보다 색이 짙다.
- 경우에 따라서 점토나 부식과 같은 교질물이 아래로 이동하여 용탈층이라고도 부른다.

① O층　　　② R층
③ A층　　　④ B층

**17** 다음 설명에 해당하는 용어는?

지하수의 유동경로를 따라 이동거리가 일정하게 변화할 때 지하수위가 변화한 정도, 즉 지하수위 변화폭 대 지하수의 이동거리 비를 나타낸다.

① 비산출률　　　② 비저류계수
③ 수두구배　　　④ 수리전도도

**18** 일라이트에 관한 설명으로 옳지 않은 것은?

① 2 : 1의 층상구조를 가진다.
② 습윤 상태에서 팽창이 원활하다.
③ 양이온 교환에 기여할 수 있는 격자전하는 몬모릴로나이트에 비해 적다.
④ $K^+$의 함량이 높은 퇴적물이 저온에서 변성작용을 받을 때 형성되는 것으로 알려져 있다.

**19** 토양과 오염물질의 흡착에 관한 설명으로 옳지 않은 것은?

① 용질이 액상과 토양입자 경계면 사이에서 분배될 때 일어난다.
② 중금속이 토양에 흡착되는 능력은 토양의 pH 변화에 따라 달라진다.
③ 화학적 흡착은 반데르발스 힘에 의해 토양 중의 오염물질이 토양 표면에 결합할 때 일어난다.
④ 토양의 오염물질 흡착능력은 토양입자 표면의 성질, 오염물질 침출액의 물리·화학적 성질 등에 따라 달라질 수 있다.

**20** 토양에 존재하는 양이온을 교환효율이 큰 순서대로 바르게 나열한 것은?

① $Ca^{2+} > Mg^{2+} > K^+ > Na^+$
② $Ca^{2+} > Mg^{2+} > Na^+ > K^+$
③ $Mg^{2+} > Ca^{2+} > K^+ > Na^+$
④ $Mg^{2+} > Ca^{2+} > Na^+ > K^+$

**21** 토양시료의 수분 측정시험 결과가 다음과 같을 때, 이 시료의 수분함량은 약 얼마인가?

- 용기의 무게 : 38.453g
- 용기와 시료의 건조 전 무게 : 74.216g
- 용기와 시료의 건조 후 무게 : 61.347g

① 33.7%　　　② 36.0%
③ 41.9%　　　④ 44.0%

**22** 20℃에서 가장 낮은 pH 값을 나타내는 표준액은?

① 붕산염 표준액　　　② 인산염 표준액
③ 탄산염 표준액　　　④ 수산화칼슘 표준액

**23** 광원으로 나오는 빛을 단색화장치 또는 필터를 거치게 하여 좁은 파장범위의 빛만을 선택적으로 액층에 통과시킨 후, 광전측광으로 흡광도를 측정하여 목적성분의 농도를 정량하는 방법은?

① 흡광광도법
② 기체 크로마토그래피
③ 가압 및 미감압시험법
④ 유도결합 플라즈마 발광광도법

**24** 저장물질이 있는 누출검사대상시설에서 액상부의 시험법을 적용할 때, 측정오류의 원인으로 옳지 않은 것은?

① 측정시간이 지나치게 짧을 때
② 측정 중 충격 및 진동에 의한 액면의 변동
③ 측정 중 과도한 온도 변화에 의한 유류의 색상 변화
④ 액량변화를 감지하는 기구가 적정한 위치에 있지 않을 때

**25** 온도에 대한 별도의 규정이 없는 경우, 냉수의 기준은?

① 1 ~ 35℃　　② 4℃ 이하
③ 15℃ 이하　　④ 18℃ 이하

**26** 토양에 함유되어 있는 성분을 분석하기 위해 시료를 조제할 때, 체거름에 사용하는 표준체가 다른 것은?

① 납　　② 구리
③ 비소　　④ 불소

**27** 폴리클로리네이티드비페닐(PCB)의 분석에 관한 내용으로 옳은 것은?

① 정량한계 : 0.0001μg/kg 이상
② 운반기체 유속 : 10~30mL/분
③ 시험방법 : 자외선/가시선 분광법
④ 용출실험 시 PCB 주입액량 : 1~2μL

**28** 토양오염공정시험기준상 취급 또는 저장하는 동안에 기체 또는 미생물이 침입하지 아니하도록 내용물을 보호하는 용기는?

① 기밀용기　　② 밀봉용기
③ 밀폐용기　　④ 차광용기

**29** 불소를 자외선/가시선 분광법을 적용하여 측정할 때, 다음 (　　)에 들어갈 내용은?

> 토양 중 불소를 측정하는 방법으로 불소가 진홍색의 지르코니움(zirconium)-발색시약과의 반응으로 (　　)의 음이온복합체($ZrF_6^{2-}$)를 형성하는 과정을 이용하여 불소의 양이 많아질수록 색깔이 엷어지게 된다.

① 무색　　② 청색
③ 적자색　　④ 황갈색

**30** 프탈산수소칼륨($C_8H_5O_4K$=KHP) 1.0g과 프탈산이나트륨($Na_2C_8H_5O_4$=$Na_2P$) 1.5g을 증류수 50mL에 용해한 용액의 pH는 약 얼마인가? (단, $C_8H_5O_4K$의 분자량은 204.223이고 $Na_2C_8H_5O_4$의 분자량은 210.097이며, $pK_1$=2.950, $pK_2$=5.408로 정한다.)

① 2.95　　② 5.40
③ 5.47　　④ 8.2

**31** BTEX를 기체 크로마토그래피로 정량할 때, 추출 용액은?

① 아세톤　　② 톨루엔
③ 메틸알코올　　④ 사염화탄소

**32** 광산 활동 관련지역에 토양정밀조사를 실시할 때, 개황조사 시 채취해야 할 시료의 총 개수는? (단, 오염가능지역의 면적은 150,000$m^2$이다.)

① 9　　② 10
③ 11　　④ 12

**33** 다음 배관시설의 가압 및 미감압시험법에서 사용하는 압력계 기준의 ( )에 각각 들어갈 내용으로 옳은 것은?

> 최소눈금 ( 가 )를 읽을 수 있는 정밀도를 가진 압력계 또는 최소눈금이 시험압력의 ( 나 ) 이내이고, 이를 읽고 측정압력의 기록이 가능한 압력계이어야 한다.

① 가 : 0.1mmH$_2$O, 나 : 1%
② 가 : 0.1mmH$_2$O, 나 : 5%
③ 가 : 1.0mmH$_2$O, 나 : 1%
④ 가 : 1.0mmH$_2$O, 나 : 5%

**34** 토양정밀조사의 세부방법에 관한 설명으로 옳지 않은 것은?

① 관계 법령에 따른 토양오염조사기관이 실시한다.
② 기초조사, 개황조사, 상세조사의 순서에 따라 3단계로 실시한다.
③ 기초조사는 자료조사, 청취조사 및 현지조사 등을 통하여 토양오염 가능성 유무를 판단하기 위한 것이다.
④ 개황조사는 상세조사 결과 우려기준을 초과하거나 오염이 우려되는 농도에 해당하는 지역과 심도를 대상으로 실시한다.

**35** 저장물질이 없는 누출검사대상시설에서 가압시험법을 적용할 때, "안정된 시험압력"은 가압 후 유지시간 동안 압력강하가 시험압력의 몇 % 이하인 압력을 말하는가?

① 5%   ② 10%
③ 15%  ④ 20%

**36** 토양오염공정시험기준 중 정도보증/정도관리에 관한 설명으로 옳지 않은 것은?

① 정확도(accuracy)란 시험분석 결과가 참값에 얼마나 근접하는가를 나타내는 것이다.
② 인증표준물질을 분석한 값이 9mg/kg이고, 인증값이 10mg/kg일 때의 정밀도는 90%이다.
③ 정밀도(precision)는 시험분석 결과의 반복성을 나타내는 것으로 반복 시험하여 얻은 결과를 상대표준편차(RSD)로 나타낸다.
④ 인증시료를 확보할 수 없는 경우, 정확도는 해당 표준물질을 첨가하여 시료를 분석한 분석값과 첨가하지 않는 시료의 분석값과의 차이를 첨가농도의 상대 백분율 또는 회수율로 구한다.

**37** 토양의 pH를 측정하기 위해 유리전극과 기준전극으로 구성된 pH 측정기를 사용할 때, 토양에 혼합하는 정제수의 기준은? (단, 토양의 밀도(비중)는 1.0이 아니다.)

① 토양시료의 무게에 2배의 정제수를 사용
② 토양시료의 무게에 5배의 정제수를 사용
③ 토양시료의 부피에 2배의 정제수를 사용
④ 토양시료의 부피에 5배의 정제수를 사용

**38** 토양오염도검사를 위해 토양시료채취기를 이용하여 토양시료를 채취할 때, 토양 표면의 잡초와 유기물 등 이물질층을 제거한 후 채취하는 토양시료의 무게(g)는 약 얼마인가?

① 500    ② 1,000
③ 2,000  ④ 5,000

**39** 기체크로마토그래피에 관한 설명으로 옳지 않은 것은?

① 머무름시간으로부터 정량분석을 할 수 있다.
② 분리관의 재료는 스테인리스나 유리 등 부식에 대한 저항이 큰 것이어야 한다.
③ 불꽃광도검출기(FPD)는 유기질소화합물 및 유기인화합물을 선택적으로 검출할 수 있다.
④ 전자포착검출기(ECD)는 선택적으로 유기할로겐화합물 및 유기금속화합물을 검출할 수 있다.

**40** 금속류의 원자흡수분광광도법에서 사용하는 광원은?

① 텅스텐램프
② 중수소방전관
③ 속빈음극램프
④ 광전분광램프

**41** 500kg의 가솔린이 포화대에서 유출되어 오염지역을 자연정화법으로 처리할 때, 가솔린을 생물학적으로만 분해한다면 오염지역의 가솔린을 분해하기 위해 필요한 산소량(kg)은 약 얼마인가? (단, 산소/가솔린 소비율은 $2mgO_2/1mg$ 가솔린이고, 기타 조건은 고려하지 않는다.)

① 125
② 250
③ 500
④ 1,000

**42** 유류로 인한 토양오염의 처리를 위해 열탈착법을 사용할 때, 다음 물질 중 적정처리온도가 가장 낮은 것은?

① 경유
② 등유
③ 윤활유
④ 연료유(No.6)

**43** 화학적 산화법을 사용하여 오염토양을 정화할 때 사용하는 산화제가 아닌 것은?

① 오존
② 과산화수소
③ 과망간산나트륨
④ 과염소산나트륨

**44** 오염토양을 생물학적 통풍법으로 정화하기 위해 대상 부지의 산소소모율을 계산하고자 한다. 토양의 부피가 $100m^3$, 평균공극률이 0.4, 주입공기 유량이 $50m^3/d$, 초기 산소농도 21%, 배출가스 중의 산소농도가 11%일 때, 산소소모율($\%O_2/d$)은?

① 8.5
② 12.5
③ 16.5
④ 25.5

**45** 지하수 내 유류오염물질의 자연저감을 나타내는 증거로 옳지 않은 것은?

① 전자수용체의 감소
② 딸 화합물 농도의 증가
③ 모 오염물질 농도의 증가
④ 대사 부산물질 농도의 증가

**46** 바이오파일법을 이용해 유류오염토양을 정화할 때, 필요한 정화부지 면적($m^2$)은? (단, 오염토양의 양은 $5,000m^3$이고, 파일의 높이는 2.5m이다.)

① 1,000
② 2,000
③ 3,000
④ 5,000

**47** 화학적 산화법을 적용하여 오염토양을 정화할 때의 유의사항으로 옳지 않은 것은?

① 토양 내에 휴믹질 등 유기물이 존재하는 경우에 더 효율적이다.
② 지하 저장조나 배관 등의 지장물이 있는 경우 부식문제 등에 주의를 요한다.
③ 부지 내에 비수용액체상이 존재하는 경우, 이를 회수하거나 처리해야 한다.
④ 오염지역에 투수성이 낮은 토양이 존재하는 경우에는 충분한 접촉시간을 고려하여야 한다.

**48** 생물학적 통풍법의 제약조건으로만 구성된 것은?

① 함수율, 방출가스, 호기성
② 토양의 입경, 투수성, 유기물 농도
③ 넓은 부지, 영양분, 미생물의 분해능력
④ 오염물질과 미생물의 접촉, Channel 현상, 온도

**49** 오염되지 않은 지하수를 오염된 지역으로부터 격리하는 데 사용되는 슬러리 월의 주광물 재료는?

① 일라이트   ② 벤토나이트
③ 클로라이트  ④ 카올리나이트

**50** 생물학적 통풍법에서 수행하는 현장 및 실험실 실험 방법 중 토양 내 오염물질 분해속도를 계산하기 위해 산소소모량을 측정하는 것은?

① 평판계수법
② 추출/주입 판정실험
③ 미생물 호흡률 측정실험
④ 실험실 미생물 생분해실험

**51** 열탈착법에 사용되는 장치가 아닌 것은?

① 열스크류장치
② 로터리탈착장치
③ 자외선탈착장치
④ 스팀주입탈착장치

**52** 염류 집적의 원인이 아닌 것은?

① 배수량의 저하
② 지하수 수위의 상승
③ 관개수에 의한 염류의 증가
④ 증발산 가능량을 초과한 강수량

**53** 바이오필터의 운전에 따른 문제점에 관한 내용으로 옳지 않은 것은?

① 오염물질 분해반응에 따라 pH가 낮아지는 현상이 발생한다.
② 시간이 지나면서 충전층이 압밀되어 바이오필터를 통과하는 배출가스의 압력손실이 점차 커진다.
③ 미생물의 활동에 의해 온도가 상승함에 따라 수분 증발이 일어나므로 주기적인 수분 공급이 필요하다.
④ 생물학적 처리와 물리학적 처리가 동시에 진행되므로 별도의 포집가스 처리시설이 필요하다.

**54** 폐광산에서 유출되는 산성 광산배수의 처리를 위한 기술로 옳지 않은 것은?

① DW(diversion well)
② 인공 소택지법(호기성, 혐기성)
③ 산화·응집공법(alkalinity lime draining)
④ SAPS(successive alkalinity producing system)

**55** 토양증기추출법의 시스템 구성요소에 관한 설명으로 옳지 않은 것은?

① 추출정은 지하수층까지 충분히 도달하도록 설치한다.
② 추출정의 개수 및 위치는 공기 침투실험 결과를 토대로 선정한다.
③ 기액분리장치는 배기가스 처리 앞 단계에 설치한다.
④ 공기주입정은 공기량을 유지하기 위하여 설치하며 송풍기를 사용할 수도 있다.

**56** 실트질 점토 내 유류오염 농도 범위가 10,000 ~ 50,000mg/kg일 때, 자연 생분해 속도가 4.0mg/kg · d라면 이 지역의 자연저감기간은 약 얼마인가?

① 6 ~ 35년
② 6 ~ 41년
③ 16 ~ 35년
④ 16 ~ 41년

**57** 저온열탈착법에 영향을 미치는 토양 특성에 해당하지 않는 것은?

① 입도분포
② 수분함량
③ 중금속농도
④ 산화환원전위

**58** 열탈착법의 특징으로 옳지 않은 것은?

① 분해산물로 다이옥신 및 퓨란이 생성되는 단점이 있다.
② 오염토양에 열을 가해 오염물질을 토양으로부터 분리하는 기술이다.
③ 다양한 수분함량과 오염농도를 가진 여러 종류의 토양에 적용가능하다.
④ 토양 중의 휘발성 유기화합물을 검출한계 이하로 제거할 수 있다.

**59** 풍식에 관한 설명으로 옳지 않은 것은?

① 식생이 피복된 지역은 풍식이 억제된다.
② 토양의 함수량이 크면 풍식이 억제된다.
③ 경작지 확대에 의한 산림의 소실은 풍식을 가속화시킨다.
④ 입자가 작은 점토질토양이 사질토양에 비해 풍식을 받기 쉽다.

**60** 고온열탈착공법(HTTD)에 관한 내용으로 옳지 않은 것은?

① 큰 입경의 토양을 장기적으로 운전하면 시설을 손상시킬 수 있다.
② 적절한 토양함수비를 맞추기 위한 가수분해과정이 필요하다.
③ 점토, 휴민산을 많이 함유한 토양은 오염물질과 단단히 결합되어 반응시간이 길어진다.
④ 방사능물질이나 독성물질로 오염된 토양으로부터 유기물질을 분리하는 데 적용할 수 있다.

**61** 지하수법규상 지하수의 수질기준 항목으로 옳지 않은 것은?

① 납
② 구리
③ 수은
④ 염소이온

**62** 토양환경보전법규상 토양오염조사기관으로 대통령령이 정하는 기관이 아닌 것은?

① 시 · 도 보건소
② 국립환경과학원
③ 시 · 도 보건환경연구원
④ 유역환경청 또는 지방환경청

**63** 지하수법규상 과태료 부과기준 중 일반기준에 관한 다음 내용의 (    )에 들어갈 말은?

> 부과권자는 위반행위자가 사소한 부주의나 오류로 인한 것으로 인정되는 경우 과태료금액의 (    )의 범위 내에서 그 금액을 감경할 수 있다. (다만, 과태료를 체납하고 있는 위반행위자 제외)

① 2분의 1  ② 4분의 1
③ 5분의 1  ④ 10분의 1

**64** 토양환경보전법규상 토양관련전문기관의 운영 및 관리를 위한 준수사항으로 옳지 않은 것은?

① 토양관련전문기관은 도급받은 토양관련전문기관의 업무 전부를 다시 하도급해서는 아니 된다.
② 토양시료의 채취 및 분석은 반드시 토양관련전문기관 (변경)지정 시 신고된 기술요원 동등의 자격을 가진 자로 대체할 수 있다.
③ 토양관련전문기관은 검사일지, 검사결과기록부, 시약소모대장, 검사신청접수 및 결과 발송대장, 차량운행일지 등을 영업소 소재지에 작성·비치해야 한다.
④ 토양관련전문기관은 "환경기술개발 및 지원에 관한 법률" 제9조제1항의 규정에 의한 형식승인을 받은 장비를 사용하여야 하며, 동법 제11조의 규정에 의한 정도검사 및 정도관리를 받아야 한다.

**65** 토양환경보전법규상 오염토양개선사업이 아닌 것은?

① 오염수변 지역 정화사업
② 오염토양의 위생적 매립·정화사업
③ 오염물질의 흡수력이 강한 식물식재사업
④ 객토 및 토양개량제의 사용 등 농토배양사업

**66** 토양환경보전법규상 국유재산 등에 대한 토양정화를 요청한 지방자치단체에게 토양정화 비용을 부담하게 할 경우, 그 비용의 기준으로 옳은 것은?

① 토양정화 등에 소요되는 비용 총액은 100분의 20 이내로 한다.
② 토양정화 등에 소요되는 비용 총액은 100분의 30 이내로 한다.
③ 토양정화 등에 소요되는 비용 총액은 100분의 40 이내로 한다.
④ 토양정화 등에 소요되는 비용 총액은 100분의 50 이내로 한다.

**67** 토양환경보전법규상 특정토양오염관리대상시설의 토양오염검사에 관한 사항 중 옳지 않은 것은?

① 토양관련전문기관은 시료채취일로부터 14일 이내에 이화학적 분석을 하여야 한다.
② 배관이 땅속에 묻혀 있는 시설의 경우 10년이 경과한 때에는 1년 이내에 누출검사를 받아야 한다.
③ 토양오염방지시설을 설치하고, 적정하게 유지·관리하는 경우 검사주기를 5년의 범위에서 조정할 수 있다.
④ 토양관련전문기관은 검사신청서를 받은 날로부터 7일 이내에 시료 채취 또는 누출검사를 하여야 한다.

**68** 토양환경보전법규상 토양오염대책기준으로 옳은 것은? (단, 단위는 mg/kg이고, 2지역을 기준으로 한다.)

① 납 : 600  ② 비소 : 75
③ 페놀 : 50  ④ 아연 : 1,800

**69** 토양환경보전법규상 토양오염대책기준 적용 시 1지역 기준이 적용되는 지목은?

① 임야  ② 유원지
③ 잡종지  ④ 학교용지

**70** 토양환경보전법규상 토양오염검사수수료 중 시료채취비는?

① 31,900원/공   ② 51,900원/공
③ 71,900원/공   ④ 91,900원/공

**71** 토양환경보전법규상 특정토양오염관리대상 시설의 변경신고를 하여야 하는 경우가 아닌 것은?

① 사업장의 명칭 또는 대표자가 변경되는 경우
② 특정토양오염관리대상시설의 사용을 종료하거나 폐쇄하는 경우
③ 특정토양오염관리대상시설의 용량보다 20% 이상 적게 저장하는 경우
④ 특정토양오염관리대상시설에 저장하는 오염물질을 변경하는 경우

**72** 토양환경보전법규상 토양보전대책지역의 지정기준으로 옳지 않은 것은?

① 농경지의 경우 지표면으로부터 30센티미터까지의 토양오염도가 대책기준을 초과하는 지역
② 농경지 외의 지역으로, 지표면으로부터 지하수(대수층)면 상부 토양 사이의 토양오염도가 대책기준을 초과한 지역
③ 농경지로 특별자치시장·특별자치도지사·시장·군수·구청장이 재배토양 중 오염물질 함량이 중금속 허용기준을 초과하여 대책지역 지정을 요청한 지역
④ 농경지 외의 지역으로, 특별자치시장·특별자치도지사·시장·군수·구청장이 대책지역 지정을 요청한 지역으로서 인체에 대한 피해가 우려되고 그 면적이 1만제곱미터 이상인 지역

**73** 토양환경보전법규상 오염토양개선사업의 지도·감독기관에 관한 다음 내용의 ( )에 들어갈 말은?

> 특별자치시장·특별자치도지사·시장·군수·구청장이 오염토양 개선사업의 전부 또는 일부의 실시를 그 정화책임자에게 명할 경우, 토양보전을 위하여 필요하다고 인정되면 ( )으로 하여금 오염토양 개선사업을 지도·감독하게 할 수 있다.

① 유역환경청
② 한국환경공단
③ 국립환경과학원
④ 시·도 보건환경연구원

**74** 토양환경보전법규상 용어의 정의로 옳지 않은 것은?

① "토양정화업"이란 토양정화를 수행하는 업을 말한다.
② "특정토양오염관리대상시설"이란 토양을 현저하게 오염시킬 우려가 있는 토양오염관리대상시설로서 환경부령으로 정하는 것을 말한다.
③ "토양오염"이란 자연활동이나 그 밖의 사람의 활동에 의해 토양이 오염되는 것으로서 사람의 건강·재산이나 환경에 피해를 주는 상태를 말한다.
④ "토양정화"란 생물학적 또는 물리적·화학적 처리 등의 방법으로 토양 중의 오염물질에 의한 위해를 완화하는 것을 말한다.

**75** 토양환경보전법규상 환경부장관, 시·도지사 또는 시장·군수·구청장이 토양보전을 위하여 필요하다고 인정한 경우, 토양정밀조사를 할 수 있는 지역이 아닌 것은?

① 농공단지   ② 매립시설
③ 군사시설   ④ 철도시설

**76** 지하수법규상 지하수개발·이용시공업자의 영업등록 취소 요건이 아닌 것은?

① 부정한 방법으로 등록을 한 경우
② 등록기준에 미치지 못하게 된 경우
③ 계속해서 1년 이상 영업을 하지 아니한 경우
④ 고의 또는 중대한 과실로 지하수개발·이용시설의 공사를 부실하게 한 경우

**77** 토양환경보전법규상 토양오염의 피해를 배상하고 오염된 토양을 정화하는 등의 조치를 해야 하는자가 아닌 것은?

① 토양오염관리대상시설을 양수한 자
② 토양오염물질을 토양에 누출, 유출시킨 자
③ 천재지변에 의하여 발생한 오염토양을 방치한 자
④ 토양오염의 발생당시 토양오염의 원인이 된 토양오염관리대상시설을 운영하고 있는 자

**78** 지하수법규상 지하수에 함유된 오염물질을 제거·분해 또는 희석하여 지하수의 수질개선을 하는 사업으로 정의되는 용어는?

① 토양정화업
② 지하수정화업
③ 지하수영향조사업
④ 지하수개발 이용시공업

**79** 토양환경보전법규상 측정망설치계획에 포함해야 하는 항목으로 옳지 않은 것은?

① 측정망 배치도
② 측정망 설치시기
③ 측정망 설치기간
④ 측정지점의 위치 및 면적

**80** 토양정밀조사의 세부방법에 관한 규정에 따른 시료채취 지점도 및 오염분포도 작성기준으로 옳은 것은?

① 오염등급을 5등급으로 구분·작성
② 우려기준 초과 물질에 대한 오염지도를 작성
③ 오염지도 축척은 시료채취 지점도와는 다른 것으로 사용
④ 축척 1/500(조사범위가 40,000m² 이상인 경우에는 1/1000) 지도에 시료채취 지점 표기

# UNIT 01  2019년 1회 정답 및 해설

| 01 ③ | 02 ① | 03 ④ | 04 ③ | 05 ④ |
| 06 ② | 07 ① | 08 ④ | 09 ① | 10 ① |
| 11 ① | 12 ① | 13 ③ | 14 ① | 15 ② |
| 16 ② | 17 ① | 18 ④ | 19 ① | 20 ② |
| 21 ① | 22 ① | 23 ① | 24 ② | 25 ① |
| 26 ④ | 27 ③ | 28 ④ | 29 ② | 30 ③ |
| 31 ② | 32 ③ | 33 ③ | 34 ① | 35 ① |
| 36 ② | 37 ④ | 38 ① | 39 ① | 40 ② |
| 41 ③ | 42 ④ | 43 ② | 44 ③ | 45 ④ |
| 46 ② | 47 ③ | 48 ② | 49 ① | 50 ② |
| 51 ③ | 52 ② | 53 ④ | 54 ② | 55 ③ |
| 56 ③ | 57 ③ | 58 ① | 59 ④ | 60 ④ |
| 61 ② | 62 ② | 63 ② | 64 ② | 65 ④ |
| 66 ④ | 67 ④ | 68 ③ | 69 ③ | 70 ① |
| 71 ② | 72 ④ | 73 ④ | 74 ③ | 75 ④ |
| 76 ④ | 77 ② | 78 ④ | 79 ③ | 80 ① |

**01 정답 ③**

**02 정답 ①**
해설 오염물질의 용해도가 클수록 적용이 어렵다.

**03 정답 ④**
해설 지렁이를 이용한 퇴비화는 음식물과 하수 슬러지, 분뇨 등 유기성폐기물을 지렁이를 이용하여 퇴비화하는 방법으로 운영비가 저렴하고 침출수가 발생하지 않으며 토양을 비옥하게 하는 장점이 있는 방법이다. 다만, 수분과 온도 조절이 필요하며, 지하수위가 높은 곳에서의 처리가 어렵다.

**04 정답 ③**
해설 총인 양의 대부분은 토양에 흡착되어 있다.

**05 정답 ④**
해설
- LNAPL : 물보다 가벼운 NAPL, 토양층에 존재하거나 토양층을 따라 내려가서 지하수면 위에 부유한다. (예 BTEX, VOCs, TPH)
- DNAPL : 물보다 무거운 NAPL, 지하수 밑으로 계속 가라앉는다. (예 PCB, TCE, 클로로페놀, 클로로벤젠 등)

**06 정답 ②**

**07 정답 ①**

**08 정답 ④**
해설
- **견지성** : 외부 요인에 의하여 토양구조가 변형되거나 파괴되는데 대한 저항성 또는 토양입자 간의 응집성을 의미한다.
- **강성(견결성)** : 토양이 건조하여 딱딱하게 굳어지는 성질, 점토입자가 많을수록 토양의 강성이 커지는 반면, 구상계 무정형광물이 많을수록 토양의 강성이 작아진다.
- **이쇄성** : 강성과 소성을 가지는 수분함량의 중간정도의 수분을 함유하고 있는 조건에서 토양에 힘을 가하면 쉽게 부스러지는데, 이러한 성질을 이쇄성이라고 한다.
- **가소성(소성)** : 물기가 있는 토양에 외부의 힘을 가하여 형체를 변형시킨 다음, 힘을 제거하여도 변형된 그대로의 모양을 유지시키는 성질이다. 점토함량이 증가하면 소성지수가 증가한다.

**09 정답 ①**

**10 정답 ①**
해설 **부식탄(humin)** : 산과 알칼리에 모두 녹지 않음, 고분자 화합물, 중합 정도가 높은 분자량이 큰 부식, 탄소는 많고 산소는 적다.

**11 정답 ①**
해설

식 염기포화도(%) = $\dfrac{\text{교환성 염기의 }meq}{\text{양이온교환능력}(CEC)} \times 100$

∴ 염기포화도(%) = $\dfrac{(13.8+4.2+0.4+0.1)}{(13.8+4.2+0.4+0.1+11.4)} \times 100$
= 61.87%

식 수소포화도(%) = $\dfrac{\text{수소이온의 }meq}{\text{양이온교환능력}(CEC)} \times 100$

∴ 수소포화도(%) = $\dfrac{11.4}{(13.8+4.2+0.4+0.1+11.4)} \times 100$
= 38.13%

**12 정답 ①**
해설 질산성 질소, 암모니아성 질소, 아질산성질소는 분자량 중에 질소를 의미한다.

식 $X mg/L = \dfrac{30 mg(NO_3-N)}{L} \times \dfrac{62(NO_3)}{14(NO_3-N)} = 132.86 mg/L$

## 13 정답 ③

**해설** 식 $수분(\%) = \dfrac{수분부피}{토양부피} \times 100$

중량수분함량이 30%이므로, 토양을 100g, 토양 내 수분을 30g으로 가정하면

$\therefore 수분(\%) = \dfrac{30g \times \dfrac{cm^3}{1g}}{100g \times \dfrac{cm^3}{1.5g}} \times 100 = 45\%$

## 14 정답 ①

**해설** 토양오염은 오염경로가 다양하다.

## 15 정답 ②

**해설** 식 $\rho = \dfrac{m(질량)}{V(전체\ 부피)} = \dfrac{m(질량)}{V_v(공극부피) + V_p(입자부피)}$

- $\rho_p(입자밀도) = \dfrac{2.65g}{cm^3}$ → 질량 2.65g, 입자부피($V_p$) 1cm³
- 비례식을 이용한 공극부피 구하기
  0.42(공극부피) : 0.58(입자부피) = $V_v$(공극부피) : 1(입자부피)
  → $V_v = 0.7241 cm^3$

$\therefore \rho = \dfrac{2.65}{0.7241 + 1} = 1.54 g/cm^3$

※ 다른 풀이

$\rho = \dfrac{2.65g}{1cm^3 + \left(0.42 \times \dfrac{1}{(1-0.42)}\right)cm^3} = 1.54 g/cm^3$

## 16 정답 ②

**해설** 토양오염은 이후에 지하수오염 또는 수질오염 등으로 다른 매개체로 오염유발이 가능하다.

## 17 정답 ①

## 18 정답 ④

## 19 정답 ①

**해설** 식 $Xmg/m^3 = \dfrac{0.125 \times 10^6 mL}{m^3} \times \dfrac{273}{273+25} \times \dfrac{78.1 mg}{22.4 SmL}$

$= 399,263.32 mg/m^3$

## 20 정답 ②

## 21 정답 ①

## 22 정답 ①

## 23 정답 ①

## 24 정답 ②

## 25 정답 ①

**해설** 최고 설정압력의 오류

## 26 정답 ④

## 27 정답 ③

**해설** 안전밸브는 0.1kgf/cm² 이하에서 작동되어야 한다.

## 28 정답 ④

## 29 정답 ②

## 30 정답 ③

**해설** 식 $A = \log \dfrac{1}{t}$

$0.745 = \log \dfrac{1}{t}, \quad \therefore t = 0.18 ≒ 18\%$

## 31 정답 ②

## 32 정답 ③

## 33 정답 ③

**해설** $XN(eq/L) = \dfrac{1.84g}{mL} \times \dfrac{1eq}{98g/2} \times \dfrac{10^3 mL}{L} \times 0.95 = 35.67N$

## 34 정답 ①

## 35 정답 ①

**해설**
- 유기인화합물(농약류) : 이피엔, 파라티온, 메틸디메톤, 다이아지논, 펜토에이트
- 유기염소화합물(농약류) : DDT, HCH, 디엘드린, 알드린, 크로덴, 엔드린

## 36 정답 ②

## 37 정답 ④

## 38 정답 ①

**해설** 식 $TPH의 농도 = \dfrac{검출량}{토양}$

$\therefore Xmg/kg = \dfrac{1550.5 ng}{26.5g} \times \dfrac{1mg}{10^3 ng} \times \dfrac{10^3 g}{1kg} = 58.51 mg/kg$

**39** 정답 ①

**40** 정답 ②
해설 토양 중에 비등점이 높은(150~500℃) 유류에 속하는 제트유·등유·경유·벙커C유·윤활유·원유 등의 측정에 적용한다.

**41** 정답 ③

**42** 정답 ④
해설 [장치구성]
선별기 - 분쇄기(파쇄기) - 열탈착기(열 건조기) - 2차 처리장치(후연소장치, 촉매산화탑, 흡수탑(스크러버), 원심력집진장치, 여과집진장치(백 필터), 열산화기) - 열 교환기(응축기)

**43** 정답 ②
해설 고온 열탈착은 350~800℃로 가열하는 공정이다.

**44** 정답 ③
해설 토양 내의 오염물을 세척수를 사용하여 표면장력을 약화시키거나 물리적 마찰력 또는 오염물질을 용해하여 분리하는 기술이다.

**45** 정답 ④
해설 Pneumatic fracturing(수압파쇄공법) : 투수성이 매우 낮은 토양이나 암반에 수압을 이용하여 균열을 발생시켜 투수성을 증가시키는 방법

**46** 정답 ②
해설 수분함량은 오염물질의 인자가 아닌 토양층의 인자에 해당한다.

**47** 정답 ③
해설 적절한 토양함수비를 맞추기 위한 가수분해과성이 필요하지 않다.

**48** 정답 ②
해설 식물에 의한 안정화는 뿌리 주변 토양의 pH 변화를 주요 반응으로 중금속의 산화도를 변경하며 불용성상태로 전환하는 방법으로 다량의 수분존재 시 pH의 변화가 어려워진다.

**49** 정답 ①
해설 식 $V_b = \dfrac{d_p^2(\rho-\rho_p)g}{18\mu}$
- 기름 입경 $= 0.3mm = 0.03cm$

$V_b = \dfrac{0.03^2 \times (1-0.92) \times 980}{18 \times 0.01} = 0.392 cm/sec$

$\therefore A = \dfrac{Q}{V} = \dfrac{1000m^3/day}{0.392cm/sec} \times \dfrac{100cm}{1m} \times \dfrac{1day}{86400sec} = 2.95m^2$

**50** 정답 ②

**51** 정답 ③
해설 식물추출(phytoextraction) 사용식물 : 인도겨자, 해바라기, 보리

**52** 정답 ②
해설 토양 내 불포화지역에 한해서만 적용이 가능하다.

**53** 정답 ④
해설 식 $C_6H_{12}O_6 \rightarrow 3CO_2 + 3CH_4$
180g : 3×25L
100g : X, ∴ X = 41.67L

**54** 정답 ②

**55** 정답 ②
해설 지하수와 배기가스에 대한 부가적인 처리가 필요없다.

**56** 정답 ②
해설
식 $Q = A \times V$
식 $V = \dfrac{K \times I}{n} = 10^{-5} \times 0.003 = 3 \times 10^{-8} cm/sec$

$\therefore Q = 300m^2 \times \dfrac{3 \times 10^{-8}cm}{sec} \times \dfrac{1m}{100cm} \times \dfrac{10^3 L}{1m^3} \times \dfrac{60sec}{1min}$
$= 5.4 \times 10^{-3} L/min$

**57** 정답 ①
해설 [석유계화합물 물질별 적정처리온도] - 처리온도는 끓는점과 비례
- 휘발유 : 60~200℃
- JP-4 : 150~220℃, JP-5 : 200~300℃ ← 제트유
- 케로젠 : 200~290℃
- 등유 : 250~350℃ (준휘발성)
- 경유 : 250~350℃ (준휘발성)
- 중유(난방유) : 300~550℃(A, B, C 또는 No.3, No.4, No.6로 분류)
- 윤활유 : 400~650℃ (비휘발성)
- 순서 : 휘발유 < 제트유 < 등유 < 경유 < No. 3 < No. 4 < No. 6 < 윤활유
  (순서만 암기해 주세요^^)

**58** 정답 ①

**59** 정답 ④

**60** 정답 ④

해설  식  $V = \dfrac{KI}{n}$

- $V = 0.0036 \times 0.7 = 2.52 \times 10^{-3} m/hr$
- $A = W \times H = 100m \times 50m = 5000m^2$
- $\therefore Q = A \times V = 5000 \times 2.52 \times 10^{-3} = 12.6 m^3/hr$

**61** 정답 ②

해설  시행규칙 제1조의6(토양오염관리대상시설 등 조사)
① 환경부장관은 토양오염관리대상시설 등 조사(이하 "토양오염관리대상시설 등 조사"라 한다)를 실시하기 위하여 매년 조사일정, 범위, 기준 등이 포함된 토양오염관리대상시설 등 조사계획을 수립하여야 한다.

**62** 정답 ②

해설  시행령 제10조(오염토양의 정화기준 및 정화방법)
② 법 제15조의3제1항의 규정에 의한 오염토양의 정화방법은 다음 각 호와 같다.
  1. 미생물이나 식물을 이용한 오염물질의 분해·흡수 등 생물학적 처리
  2. 오염물질의 차단·분리추출·세척처리 등 물리·화학적 처리
  3. 오염물질의 소각·분해 등 열적 처리

**63** 정답 ②

**64** 정답 ②

해설  시행령 별표 3(과태료의 부과기준)
하. 법 제21조제1항을 위반하여 대책지역에서 특정수질유해물질, 폐기물, 유해화학물질, 오수·분뇨 또는 가축분뇨를 버린 경우
- 과태료 금액 : 150만원(1차 위반) – 170만원(2차 위반) – 200만원(3차 위반)

**65** 정답 ④

**66** 정답 ④

**67** 정답 ④

해설  지하수법 시행령 제26조의3(지하수오염평가보고서의 작성지침과 작성내용)
  3. 지하수오염평가보고서의 작성내용
    가. 지하수오염으로 인한 위해성
    나. 오염범위
    다. 오염원인에 대한 평가
    라. 오염방지대책
    마. 그 밖의 사항

**68** 정답 ③

해설  시행규칙 제8조의2(특정토양오염관리대상시설의 변경신고) 다음 각 호의 어느 하나에 해당하는 경우에는 그 사유가 발생한 날부터 30일 이내에 법 제12조제1항 후단에 따라 특정토양오염관리대상시설의 변경신고를 하여야 한다.
  1. 사업장의 명칭 또는 대표자가 변경되는 경우
  2. 특정토양오염관리대상시설의 사용을 종료하거나 폐쇄하는 경우
  3. 특정토양오염관리대상시설을 교체하거나 토양오염방지시설을 변경하는 경우
  4. 특정토양오염관리대상시설에 저장하는 오염물질을 변경하는 경우
  5. 특정토양오염관리대상시설의 저장용량을 신고용량 대비 30퍼센트 이상 증설(신고용량 대비 30퍼센트 미만의 증설이 누적되어 신고용량의 30퍼센트 이상이 되는 경우를 포함한다)하는 경우

**69** 정답 ③

해설  시행규칙 별표 8(토양보전대책지역 지정표지판)
  1. 지정목적
  2. 지정일자 :      년    월    일
  3. 토양보전대책지역안에서 제한되는 행위
  4. 토양보전대책지역 내역
    가. 주소
    나. 면적
    다. 약도

[비고]
1. 표지판의 규격은 가로 3미터, 세로 2미터, 높이 1.5미터 이상으로 하여야 한다.
2. 글자는 페인트 등을 사용하여 지워지지 아니하도록 하여야 한다.
3. 약도는 표지판 설치 위치에서 방향 및 지점 등을 누구나 알 수 있도록 작성하여야 한다.
4. 표지판은 사방에서 잘 보이는 곳에 견고하게 설치하여야 한다.

**70** 정답 ①

해설 시행령 별표 1(토양관련전문기관의 지정기준)
가. 장비

| 번호 | 장비명 | 수량 (단위: 대) |
|---|---|---|
| 1 | 흡광광도계(UV/Vis Spectrophotometer) | 1 |
| 2 | 원자흡광광도계 (Atomic Absorption Spectrophotometer) 또는 유도결합플라즈마광도계 (Inductively Coupled Plasma) | 1 |
| 3 | 퍼지 · 트랩장치(Purge & Trap) | 1 |
| 4 | 가스크로마토그래프 전자포획기 (GC/ECD) | 1 |
| 5 | 가스크로마토그래프 질량분석기 (GC/MSD) | 1 |
| 6 | 가스크로마토그래프 불꽃이온화검출기 (GC/FID) | 1 |
| 7 | 초음파추출장치(Ultrasonic Disruptor) | 1 |
| 8 | 자가동력시추기(타격식이나 나선형식으로 시추깊이가 최소 6미터 이상일 것) | 1 |
| 9 | 그 밖에 토양시료를 채취하여 분석하는 데 필요한 장비 | |

**71** 정답 ②

**72** 정답 ④

**73** 정답 ④

해설 시행령 제8조의2(토양오염검사의 면제 등)
4. 동종의 토양오염물질을 저장하는 다수의 시설 중 일부 시설의 사용을 종료하거나 폐쇄하는 경우(제8조제2항 제1호에 따른 토양오염도검사로 한정한다)

**74** 정답 ③

해설 시행규칙 제5조(측정망설치계획의 고시) ② 측정망설치계획의 고시는 최초로 측정망을 설치하게 되는 날 3월 전에 하여야 한다.

**75** 정답 ④

**76** 정답 ④

**77** 정답 ②

해설 지하수법 제6조(지하수관리기본계획의 수립)
④ 기본계획에는 「온천법」에 따른 온천수, 「농어촌정비법」에 따른 농어촌용수(지하수만 해당한다), 「먹는물관리법」에 따른 먹는샘물 · 먹는염지하수 및 「제주특별자치도 설치 및 국제자유도시 조성을 위한 특별법」에 따른 제주특별자치도지역 지하수에 관한 사항이 포함되어야 한다.

**78** 정답 ④

해설 시행령 제5조(손실보상) 손실보상을 청구하고자 하는 자는 다음 각호의 사항을 기재한 손실보상청구서에 손실에 관한 증빙서류를 첨부하여 환경부장관, 시 · 도지사, 시장 · 군수 · 구청장 또는 토양관련전문기관의 장에게 제출하여야 한다.
1. 청구인의 성명 · 생년월일 및 주소
2. 손실을 입은 일시 및 장소
3. 손실의 내용
4. 손실액과 그 내역 및 산출방법

**79** 정답 ③

해설 법 제9조(손실보상) 협의가 성립되지 아니하거나 협의할 수 없는 경우 환경부장관, 시 · 도지사, 시장 · 군수 · 구청장, 토양관련전문기관의 장 또는 손실을 입은 자는 대통령령으로 정하는 바에 따라 관할 토지수용위원회에 재결(裁決)을 신청할 수 있다.

**80** 정답 ①

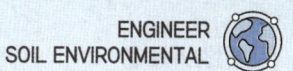

## UNIT 02  2019년 2회 정답 및 해설

| 01 | ④ | 02 | ② | 03 | ④ | 04 | ② | 05 | ② |
|---|---|---|---|---|---|---|---|---|---|
| 06 | ③ | 07 | ① | 08 | ④ | 09 | ④ | 10 | ② |
| 11 | ③ | 12 | ② | 13 | ② | 14 | ① | 15 | ③ |
| 16 | ② | 17 | ④ | 18 | ② | 19 | ③ | 20 | ① |
| 21 | ① | 22 | ③ | 23 | ② | 24 | ③ | 25 | ④ |
| 26 | ① | 27 | ③ | 28 | ① | 29 | ② | 30 | ③ |
| 31 | ② | 32 | ② | 33 | ④ | 34 | ② | 35 | ① |
| 36 | ② | 37 | ③ | 38 | ② | 39 | ④ | 40 | ① |
| 41 | ② | 42 | ② | 43 | ① | 44 | ① | 45 | ③ |
| 46 | ④ | 47 | ① | 48 | ③ | 49 | ③ | 50 | ④ |
| 51 | ② | 52 | ④ | 53 | ④ | 54 | ② | 55 | ① |
| 56 | ② | 57 | ② | 58 | ④ | 59 | ③ | 60 | ② |
| 61 | ④ | 62 | ② | 63 | ② | 64 | ② | 65 | ④ |
| 66 | ② | 67 | ② | 68 | ① | 69 | ② | 70 | ③ |
| 71 | ① | 72 | ④ | 73 | ① | 74 | ② | 75 | ② |
| 76 | ① | 77 | ② | 78 | ④ | 79 | ④ | 80 | ③ |

**01 정답 ④**
- 고형화 안정화 기술은 중금속의 처리에 주로 사용
- 중화제를 이용한 화학적 처리기술은 산성토양에 적용
- 추출시설은 유증기 및 VOC 물질처리에 이용되고, 저온 열탈착은 고농도 유류오염의 처리에 이용된다.

**02 정답 ②**
[유기오염물질의 특성 인자]
- 증기압
- 옥탄올–물 분배계수
- 분해상수
- 헨리상수(공기/물 분배계수)
- 화학적 조성

**03 정답 ④**

**04 정답 ②**

**05 정답 ②**

**06 정답 ③**
우리나라 토양의 일반적인 특징은 산성토양의 형태를 띤다.

**07 정답 ①**
출구 검출물질은 염소의 수가 적을수록 먼저 검출된다.

**08 정답 ④**
카올리나이트(kaolinite)는 동형치환이 거의 일어나지 않는다. 동형치환이 잘 일어나는 광물은 스멕타이트이다.

**09 정답 ④**

**10 정답 ②**
식 $\ln\left(\dfrac{C_t}{C_0}\right) = -k \times t$

$\ln\left(\dfrac{40}{60}\right) = -k \times 12, \quad \therefore k = 0.0337/hr$

**11 정답 ③**

**12 정답 ②**

**13 정답 ②**

**14 정답 ①**
식 $EAC = 0.21 \times (N_B - N_M) = 0.21 \times (35 - 5) = 6.3 mg/L$

**15 정답 ③**
**첨가작용**: 잎, 대기먼지, 지하수 등에 의해 성분이 첨가되는 작용

**16 정답 ②**
식 $t = \dfrac{L}{V}$

식 $V = \dfrac{KI}{n}$

- $K = 10^{-7} cm/sec$
- $I = \dfrac{\Delta H}{L} = \dfrac{(11-1)m}{1m} = 10$

$V = \dfrac{10^{-7} cm}{sec} \times \dfrac{10}{0.2} = 5 \times 10^{-6} cm/sec$

$\therefore t = \dfrac{1m}{5 \times 10^{-6} cm/sec} \times \dfrac{1day}{86400 sec} \times \dfrac{100cm}{1m} = 231.48 day$

**17 정답 ④**
- LNAPL : 물보다 가벼운 NAPL, 토양층에 존재하거나 토양층을 따라 내려가서 지하수면 위에 부유한다. (예 BTEX, VOCs, TPH)
- DNAPL : 물보다 무거운 NAPL, 지하수 밑으로 계속 가라앉는다. (예 PCB, TCE, 클로로페놀, 클로로벤젠 등)

**18 정답 ②**
토양의 pH가 증가하면 AEC(음이온치환용량)은 감소하고 CEC(양이온치환용량)은 증가한다.

**19** 정답 ③

해설 반려암은 화성암에 해당한다.

**20** 정답 ③

해설 양이온치환용량(CEC) : 토양이나 교질물 100g이 보유하고 있는 치환성 양이온의 합

**21** 정답 ①

해설 표준액의 pH 크기 순서 : 수 < 프 < 인 < 붕 < 탄 < 숌

**22** 정답 ③

**23** 정답 ④

**24** 정답 ③

해설 ③항만 올바르다.

오답해설
① 시안, 석유계 총탄화수소 등 시험용 시료는 농경지 또는 기타지역의 구분에 관계없이 대상지역을 대표할 수 있는 1개 지점 또는 오염의 개연성이 높은 1개 지점을 선정한다.
② 토양시료채취기가 없을 때는 조사대상 물질의 특성을 고려하여 결정한다. 유기물질을 조사할 때에는 스테인리스강 재질의 모종삽 또는 삽 등과 같은 기구를 사용하고 중금속류의 경우는 플라스틱 재질이 적합하다.
④ 채취한 토양시료 중 나머지는 입구가 넓은 200mL 이상 용량의 유리병에 가득 담고 마개로 막아 밀봉한 후 0~4℃의 냉장상태로 실험실로 운반하여 수분보정용 시료로 사용한다.

**25** 정답 ④

해설 실리카겔 컬럼 정제는 산, 염화페놀, 폴리클로로페녹시페놀 등의 극성화합물을 제거하기 위하여 수행하며, 사용 전에 정제하고 활성화시켜야 한다.

**26** 정답 ①

해설 ① 0.01ppm   ② 1mg/L − 1ppm
③ 100ppb = 0.1ppm   ④ 1mg/kg = 1ppm

**27** 정답 ③

해설 ECD는 할로겐, 유기염소계, 벤조피렌의 측정에 용이하다.

**28** 정답 ①

해설 토양 중 수분을 0.1%까지 측정한다.

**29** 정답 ②

해설 다량의 염소이온이 함유되어 있으면 과량의 $Ag^+$이온을 첨가하여 염소를 제거한다.

**30** 정답 ③

해설 식 $TPH의\ 농도 = \dfrac{검출량}{토양}$

$Xmg/kg = \dfrac{305.5ng}{20.5g} \times \dfrac{1mg}{10^3ng} \times \dfrac{10^3g}{1kg} = 14.9mg/kg$

**31** 정답 ③

해설 식 $pH = \log\dfrac{1}{[H^+]}$, $[H^+] = 10^{-pH}$

∴ $[H^+] = 10^{-4} = 0.0001$

**32** 정답 ②

해설 1L 용기에 물 750mL, 질산 250mL이 채워지기에 1 : 3(1+3)의 비율로 묽은질산이 제조된다. 강산, 강염기 제조 시에는 반드시 물을 먼저 채운 후 시약을 주입하여야 한다.

**33** 정답 ④

해설 시료원자화부는 원자흡수분광광도법을 구성하는 장치이다.

**34** 정답 ②

해설 식 $A = \log\left(\dfrac{1}{t}\right) = \log\left(\dfrac{1}{0.4}\right) = 0.4$

**35** 정답 ①

해설 이온전극법은 이온성물질의 측정에 적합하다.

**36** 정답 ②

해설 동시에 다성분의 분석이 가능하다.

**37** 정답 ③

해설 가압장치 : 불활성가스 용기 및 압력조정장치를 말한다.

**38** 정답 ②

해설 [토양오염 위해성평가]
(1) 오염범위 및 노출농도 결정
(2) 노출평가
(3) 독성평가
(4) 위해도 결정
(5) 정화목표치 설정

**39** 정답 ④

해설 석유계총탄화수소(TPH)의 추출방법에는 속슬레추출법과 초음파추출법이 있다. (암기법 속 초)

**40** 정답 ①

해설 시험을 위한 진공속도는 매분 100mmH₂O 미만이 되도록 한다.

41 정답 ②
해설 토양의 투수계수는 토양세정법(soil flushing)에서 고려된다.

42 정답 ②
해설 식 $Qt = \pi r^2 nH$
- $t = 5year$
- $n(공극율) = 0.3$
- $H = 100m$
$2000 \times (5 \times 365) = \pi \times r^2 \times 0.3 \times 100$, ∴ $r = 196.79m$

43 정답 ①
해설 별도의 포집가스 처리시설이 필요없다.

44 정답 ①
해설 식 $V = \dfrac{KI}{n}$
- 수리전도도(K) $= 2.0 \times 10^{-3} cm/sec = 2.0 \times 10^{-5} m/sec$
- 동수경사($I$) $= 0.002$
- 유효공극률($\epsilon$) $= 0.46$
∴ $V = \dfrac{KI}{n} = \dfrac{2.0 \times 10^{-5} \times 0.002}{0.46} = 8.7 \times 10^{-8} m/sec$

45 정답 ③
해설 잔존 유기물은 활성탄으로 제거한다. 벤투리 세정기는 산성 증기의 제거에 이용한다.

46 정답 ④
해설 원자의 전하차가 큰 화합물이 일반적으로 난분해성을 가진다.

47 정답 ①
해설 공기가 적게 공급되면 혐기성반응을 초래해 유기산이 생성되므로 pH는 7 이하로 떨어진다.

48 정답 ④

49 정답 ③

50 정답 ④
해설 고온 열탈착에 경우에는 다이옥신(dioxin) 및 푸란(furan)을 제거할 수 있다. 다만, 저온 열탈착법에서 염소계화합물 처리 시 발생될 수 있다.

51 정답 ②
해설 ②항은 고형화방법에 대한 설명이다. 슬러리월은 수직벽체를 설치하여 오염물질이 지하수로 이동하지 못하도록 하는 방법이다.

52 정답 ④
해설 제타포텐셜(척력=분자 간 밀어내는 힘)은 흡착법 사용시 고려되는 인자이다.
① **수분함량** : 토양의 통기성 및 미생물의 활성에 영향
② **온도** : 미생물의 활성에 영향
③ **산화환원전위** : 산화 및 환원정도에 따라 혐기성상태인지 호기성상태인지 판단

53 정답 ④
해설 식 산소소모율(%/day) = $\dfrac{Q}{\forall} \times (초기\ O_2(\%) - 배기가스중\ O_2(\%))$
- $Q$ : 주입공기유량
- $\forall$ : 토양공극의 부피(토양부피×공극률)

54 정답 ③
해설 일반적으로 방향족화합물의 분해율이 염소로 치환된 지방족화합물보다 수십 배 이상 빠르다.

55 정답 ①
해설 가소성이 높은 토양은 스크린 및 장비에 엉겨 붙어 운영에 지장을 초래할 수 있다.

56 정답 ②
해설 식 $V = \dfrac{K \times I}{n}$
∴ $V = \dfrac{(3 \times 10^{-3}) \times 0.01}{0.3} = 1 \times 10^{-4} cm/sec$

57 정답 ④
해설 과산화수소 2당 1의 산소가 발생된다는 것을 이용하여 반응식을 완성한 후 비례식으로 계산하여 답을 산출한다.
반응식 $C_6H_6 + 7.5O_2 \rightarrow 6CO_2 + 3H_2O$
반응식 $2H_2O_2 \rightarrow 2H_2O + O_2$
    2 : 1
   15 : 7.5
반응식 $C_6H_6 + 15H_2O_2 \rightarrow 6CO_2 + 18H_2O$
  78kg : 15×34kg
  40kg : $X$, ∴ $X = 261.54kg$

58 정답 ③

59 정답 ③
해설 처리대상물질은 관정 내 추출가스로 측정하므로 주 1회 측정한다.
[모니터링 항목]
- 정화효율 : 관정 내 추출가스 측정(주 1회), 배기가스 처리시설 토출구 측정(일일 2회)

- 공정운영 : 공기 추출유량/압력(일일 1회), 영향반경(주 1회), 배관압력 및 밸브 점검(주 1회), 추출관정 상부점검(주 1회)
- 부지조건 : 지하수위, 유동유분측정(주 1회)

**60** 정답 ③

**61** 정답 ④
해설 ① 카드뮴 : 4mg/kg  ② 페놀 : 4mg/kg
③ 수은 : 4mg/kg  ④ 납 : 200mg/kg

**62** 정답 ③
해설 1. 기초조사: 자료조사, 현장조사 등을 통한 토양오염 개연성 여부 조사
2. 개황조사: 시료의 채취 및 분석을 통한 토양오염 여부 조사
3. 정밀조사: 시료의 채취 및 분석을 통한 토양오염의 정도와 범위 조사

**63** 정답 ③

**64** 정답 ④

**65** 정답 ④
해설 법 제15조의5(위해성평가) 제2항의 제4호
4. 자연적인 원인으로 인한 토양오염이라고 대통령령으로 정하는 방법에 따라 입증된 부지의 오염토양을 정화하려는 경우(제15조의3제3항 단서에 따라 오염토양을 반출하여 정화하는 경우는 제외한다)

시행령 제11조의2(위해성평가의 대상 등) ① 법 제15조의5제2항제4호에서 "대통령령으로 정하는 방법"이란 다음 각 호의 어느 하나에 해당하는 방법을 말한다.
1. 해당 오염물질의 농도가 주변지역의 토양분석결과와 비슷함을 증명할 것
2. 해당 오염물질이 대상 부지의 기반암으로부터 기인하였음을 증명할 것
3. 그 밖에 과학적인 방법으로 해당 오염물질이 자연적인 원인으로 발생하였음을 증명할 것

**66** 정답 ②

**67** 정답 ②
해설 시행규칙 제25조(오염토양개선사업의 지도·감독기관) 법 제19조제1항 후단에서 "환경부령으로 정하는 토양관련전문기관"이란 시·도 보건환경연구원을 말한다.

**68** 정답 ①

**69** 정답 ④

**70** 정답 ③

**71** 정답 ①
해설 시행규칙 별표 2(특정토양오염관리대상시설)

| 종류 | 대상범위 |
|---|---|
| 1. 석유류의 제조 및 저장시설 | 「위험물안전관리법 시행령」 별표 1의 제4류 위험물중 제1·제2·제3·제4석유류에 해당하는 인화성액체의 제조·저장 및 취급을 목적으로 설치한 저장시설로서 총 용량이 2만리터 이상인 시설(이동탱크저장시설을 제외한다) |
| 2. 유해화학물질의 제조 및 저장시설 | 「화학물질관리법」 제28조에 따른 유해화학물질 영업의 허가를 받은 자가 설치한 저장시설 중 별표 1에 따른 토양오염물질을 저장하는 시설[유기용제류의 경우는 트리클로로에틸렌(TCE), 테트라클로로에틸렌(PCE), 1,2-디클로로에탄 저장시설에 한정한다] |
| 3. 송유관시설 | 「송유관 안전관리법」 제2조제2호의 규정에 의한 송유관시설중 송유용 배관 및 탱크 |
| 4. 기타 위 관리대상시설과 유사한 시설로서 특별히 관리할 필요가 있다고 인정되어 환경부장관이 관계중앙행정기관의 장과 협의하여 고시하는 시설 | |

**72** 정답 ④

**73** 정답 ①
해설 시행규칙 별표 7(토양오염대책기준)
(단위: mg/kg)

| 물질 | 1지역 | 2지역 | 3지역 |
|---|---|---|---|
| 벤젠 | 3 | 3 | 9 |
| 톨루엔 | 60 | 60 | 180 |
| 에틸벤젠 | 150 | 150 | 1,020 |
| 크실렌 | 45 | 45 | 135 |
| 석유계총탄화수소(TPH) | 2,000 | 2,400 | 6,000 |
| 트리클로로에틸렌(TCE) | 24 | 24 | 120 |
| 테트라클로로에틸렌(PCE) | 12 | 12 | 75 |

**74** 정답 ②
해설 시행규칙 제8조의2(특정토양오염관리대상시설의 변경신

고) 다음 각 호의 어느 하나에 해당하는 경우에는 그 사유가 발생한 날부터 30일 이내에 법 제12조제1항 후단에 따라 특정토양오염관리대상시설의 변경신고를 하여야 한다.
1. 사업장의 명칭 또는 대표자가 변경되는 경우
2. 특정토양오염관리대상시설의 사용을 종료하거나 폐쇄하는 경우
3. 특정토양오염관리대상시설을 교체하거나 토양오염방지시설을 변경하는 경우
4. 특정토양오염관리대상시설에 저장하는 오염물질을 변경하는 경우
5. 특정토양오염관리대상시설의 저장용량을 신고용량 대비 30퍼센트 이상 증설(신고용량 대비 30퍼센트 미만의 증설이 누적되어 신고용량의 30퍼센트 이상이 되는 경우를 포함한다)하는 경우

## 75 정답 ③

해설 지하수법 제25조(등록의 취소 등) ① 시장·군수·구청장은 지하수개발·이용시공업자가 다음 각 호의 어느 하나에 해당하는 경우에는 지하수개발·이용시공업의 등록을 취소할 수 있다.
1. 부정한 방법으로 제22조제1항에 따른 등록을 한 경우
2. 등록기준에 미치지 못하게 된 경우
3. 변경등록을 하지 아니하거나 부정한 방법으로 변경등록을 한 경우
4. 제23조 각 호의 어느 하나에 해당하게 된 경우. 다만, 법인의 임원 중에 제23조제1호부터 제5호까지의 어느 하나에 해당하는 자가 있는 경우 3개월 이내에 해당 임원을 교체 임명하였을 때에는 그러하지 아니하다.
5. 제26조를 위반하여 다른 자에게 자기의 상호 또는 명칭을 사용하여 지하수개발·이용시공업을 하게 하거나 등록증을 대여한 경우
6. 계속하여 2년 이상 영업을 하지 아니한 경우
7. 고의 또는 중대한 과실로 지하수개발·이용시설의 공사를 부실하게 한 경우
8. 「국세징수법」, 「지방세징수법」 등 관계 법률에 따라 국가 또는 지방자치단체가 요구하는 경우

## 76 정답 ①

해설 법 제15조(토양오염방지 조치명령 등) ③ 시·도지사 또는 시장·군수·구청장은 상시측정, 토양오염실태조사 또는 토양정밀조사의 결과 우려기준을 넘는 경우에는 대통령령으로 정하는 바에 따라 기간을 정하여 다음 각 호의 어느 하나에 해당하는 조치를 하도록 정화책임자에게 명할 수 있다. 다만, 정화책임자를 알 수 없거나 정화책임자에 의한 토양정화가 곤란하다고 인정하는 경우에는 시·도지사 또는 시장·군수·구청장이 오염토양의 정화를 실시할 수 있다.
1. 토양오염관리대상시설의 개선 또는 이전
2. 해당 토양오염물질의 사용제한 또는 사용중지
3. 오염토양의 정화

## 77 정답 ②

해설 시행령 제13조의2(주민건강피해조사 등) 법 제18조제5항에 따른 주민건강피해조사 및 대책의 내용에 포함하여야 하는 사항은 다음 각 호와 같다.
1. 건강피해조사의 대상 및 방법
2. 건강피해조사 기관
3. 건강피해의 판정 및 대책
4. 그 밖에 건강피해조사 및 대책에 필요한 사항

## 78 정답 ④

해설 지하수법 제2조(정의) 5. "지하수정화업"이란 지하수에 함유된 오염물질을 제거·분해 또는 희석하여 지하수의 수질을 개선하는 사업을 말한다.

## 79 정답 ④

해설 지하수법 제12조(지하수보전구역의 지정) ① 시·도지사는 지하수의 보전·관리를 위하여 필요한 경우에는 다음 각 호의 어느 하나에 해당하는 지역을 지하수보전구역으로 지정할 수 있다.
1. 지하수를 이용하는 하류지역과 수리적으로 연결된 지하수의 공급원이 되는 상류지역
2. 주된 용수공급원이 되는 지하수가 상당히 부존된 지층이 있는 지역
3. 대통령령으로 정하는 공공급수용 지하수개발·이용시설의 중심에서 대통령령으로 정하는 반지름 이내에 제13조제1항제2호에 따른 시설이 설치되어 수질의 저하가 우려되는 지역
4. 지하수개발·이용량이 기본계획 또는 지역관리계획에서 정한 지하수개발 가능량에 비하여 현저하게 높다고 판단되는 지역
5. 지하수의 지나친 개발·이용으로 인하여 지하수의 고갈현상, 지반침하 또는 하천이 마르는 현상이 발생하거나 발생할 우려가 있는 지역
6. 지하수의 개발·이용으로 인하여 주변 생태계에 심각한 악영향을 미치거나 미칠 우려가 있는 지역
7. 그 밖에 지하수의 수량이나 수질을 보전하기 위하여 필요한 지역으로서 대통령령으로 정하는 지역

## 80 정답 ③

# UNIT 03 2019년 4회 정답 및 해설

| 01 ④ | 02 ③ | 03 ④ | 04 ② | 05 ② |
| --- | --- | --- | --- | --- |
| 06 ③ | 07 ② | 08 ④ | 09 ① | 10 ① |
| 11 ③ | 12 ③ | 13 ④ | 14 ③ | 15 ③ |
| 16 ① | 17 ② | 18 ④ | 19 ③ | 20 ③ |
| 21 ③ | 22 ④ | 23 ④ | 24 ③ | 25 ④ |
| 26 ④ | 27 ① | 28 ③ | 29 ③ | 30 ③ |
| 31 ③ | 32 ③ | 33 ③ | 34 ① | 35 ③ |
| 36 ③ | 37 ④ | 38 ③ | 39 ② | 40 ④ |
| 41 ③ | 42 ① | 43 ③ | 44 ④ | 45 ① |
| 46 ③ | 47 ② | 48 ③ | 49 ③ | 50 ① |
| 51 ② | 52 ② | 53 ③ | 54 ① | 55 ③ |
| 56 ② | 57 ③ | 58 ③ | 59 ③ | 60 ① |
| 61 ② | 62 ④ | 63 ③ | 64 ① | 65 ③ |
| 66 ④ | 67 ③ | 68 ④ | 69 ④ | 70 ③ |
| 71 ① | 72 ② | 73 ③ | 74 ② | 75 ③ |
| 76 ② | 77 ④ | 78 ④ | 79 ④ | 80 ③ |

**01 정답 ④**

해설
① 안디졸(Andisols) : 화산회토. Allophane과 Al-유기복합체가 풍부한 토양
② 엔티졸(Entisols) : 토양 생성 발달이 미약하여 층위의 분화가 없는 새로운 토양
③ 버티졸(Vertisols) : 팽창성 점토광물 함량이 높아 팽창과 수축이 심하게 일어나는 토양
④ 히스토졸(Histosols) : 물이 포화된 지역이나 늪지대에 분포하는 유기질 토양

**02 정답 ③**

**03 정답 ④**

해설 비중계분석법은 입경분석법에 해당한다.
- 토양수분의 측정방법 : 전기저항법, 중성자법, TDR법, 장력계(tensionmeter)법, psychrometer법
- 입경분석법 : 표준체측정법, 침강법, 비중계분석법

**04 정답 ②**

해설 비료 질소, 인, 칼륨의 흡수는 식물체의 성장과 관련이 있다.

**05 정답 ②**

해설 pH가 등전점보다 낮으면 산성을 띠게 된다. pH가 증가하여 알칼리성이 띠게 될수록 CEC가 증가하고 양이온의 흡착은 증가한다.

**06 정답 ③**

해설 $\epsilon$ : 공극비 $= \dfrac{V_v}{V_s}$
- $V_s$ : 토양입자의 부피
- $V_v$ : 공극의 부피

**07 정답 ②**

해설 입경분석법 : 표준체측정법, 침강법, 비중계분석법

**08 정답 ④**

해설 지하수 모관상승의 증가가 원인이 된다.

**09 정답 ①**

해설 [유기오염물질의 특성 인자]
- 증기압
- 옥탄올-물 분배계수
- 분해상수
- 헨리상수(공기/물 분배계수)
- 화학적 조성

**10 정답 ①**

해설 일반적으로 광산배수의 pH는 강산성이다.

**11 정답 ③**

해설 식 $V = \dfrac{KI}{n}$
- $\epsilon$ : 주어지지 않았음으로 고려하지 않는다.
- $I = \dfrac{\Delta H(수두차)}{L(길이)}$

$0.05 = 0.2 \times I = 0.2 \times \dfrac{0.25m}{L}$, $\therefore L = 1m$

**12 정답 ③**

해설 식 $Q = A \times V$
- $V = \dfrac{KI}{n} = \dfrac{300m}{day} \times \dfrac{1m}{800m} = 0.375 m/day$

$\therefore Q = (4m \times 3m) \times 0.375 m/day = 4.5 m^3/day$

**13 정답 ④**

해설 식 $Xkg = 2500 m^3 \times (1-0.44) \times \dfrac{50mg}{L} \times \dfrac{10^3 L}{1m^3} \times \dfrac{1kg}{10^6 mg}$
$\times \dfrac{1L}{1kg} \times \dfrac{3.5kg}{1L} = 245 kg$

**14 정답 ③**

**15 정답 ③**

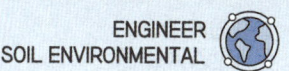

**16** 정답 ①

해설 • 산화 시 불용화 : Fe, Mn (암기법 철망은 잘 산화된다.)
• 환원 시 불용화 : Cd, Cu, Zn, Cr

**17** 정답 ②

해설 치환성 Ca 포화도를 높인다.

**18** 정답 ②

해설 1:1 점토광물은 비표면적이 가장 작다.

**19** 정답 ③

해설 [난분해성 유기화학물의 특징]
• 분자의 가지구조가 많은 화합물
• 분자 내에 많은 수의 할로겐원소를 함유하는 화합물
• 물에 대한 용해도가 낮은 화합물
• 원자의 전하차가 큰 화합물

**20** 정답 ③

해설 식 질량 = 밀도 × 부피

∴ 수분의 양(g) = $\frac{1.3g}{cm^3} \times 100cm^3 \times 0.3 = 39g$

**21** 정답 ③

해설 식 $Xg = \frac{0.05eq}{L} \times 2{,}000mL \times \frac{1L}{10^3 mL} \times \frac{(158g/5)}{1eq} = 3.16g$

**22** 정답 ④

해설 식 수분(%) = $\frac{(W_2 - W_3)}{(W_2 - W_1)} \times 100$

∴ 수분(%) = $\frac{(41.5 - 35.5)}{(41.5 - 20.25)} \times 100 = 28.24\%$

**23** 정답 ②

해설 강산용액조제 시 반드시 물을 먼저 넣은 후 서서히 산용액을 넣어 조제하여야 한다.

**24** 정답 ③

**25** 정답 ④

해설 암기법 정제용 컬럼 : 불 확 실 (플로리실, 활성탄, 실리카겔)

**26** 정답 ④

해설 원자흡수분광분석방법에서 방해물질을 최소화하는 방법에는 표준물질첨가법이 사용된다.

**27** 정답 ①

해설 누출검사대상시설의 누출시험 중 다음 사항에 주의한다.
• 누출여부판단을 위한 누출검사대상시설의 가압을 위해서 과도한 속도로 압력이 상승되지 않도록 한다.
• 시험기간 동안 화기의 사용을 금한다.
• 시험기간 동안 진동 등 압력변화에 영향을 주는 경우가 없도록 한다.
• 기상변화가 심할 때는 시험을 실시하지 않는다.

**28** 정답 ④

**29** 정답 ④

해설 운반기체는 부피백분율 99.999% 이상의 질소 또는 헬륨을 이용한다.

**30** 정답 ③

해설 수산염 표준용액(pH 1.68) < 프탈산염 표준용액(pH 4.00) < 인산염 표준용액(pH 6.88) < 붕산염 표준용액(pH 9.22) < 탄산염 표준용액(pH 10.07) < 수산화칼슘 표준용액(pH 12.45) ( 암기법 수-프-인-붕-탄-슘)

**31** 정답 ③

**32** 정답 ④

해설 "누출검지관" : 액체의 누출여부를 누출검사대상시설 외부에서 직접 또는 간접적으로 확인하기 위해 설치된 관을 말한다.

**33** 정답 ③

해설 • 중금속 전함량 분석대상 물질은 눈금간격 0.15mm의 표준체(100 메쉬)
• 시안, 6가 크롬은 채취지점에서 채취한 토양시료에서 돌, 나무 등 협잡물을 제거한 후 분석용 시료

**34** 정답 ①

해설 토양시료는 직경 2.5cm 이상의 시료채취봉이 들어있는 타격식이나 나선형식의 토양시추 장비로 채취한다.

**35** 정답 ②

**36** 정답 ③

**37** 정답 ④

해설 식 $A = \log\frac{1}{t} = \log\frac{1}{0.35} = 0.46$

**38** 정답 ②

해설 중금속과 불소는 기체크로마토그래피로 측정이 어렵다.

**39** 정답 ②

**40** 정답 ④

**41** 정답 ③

해설 생물학적 통풍법(바이오벤팅) 적용 시 검토해야 하는 인자는 토양가스성분, 투수성, 통기성, 생물학적 분해성(산소농도, 영양소 조건), 휘발성, 함수율, 지층구조나 성층, pH, 지하수위가 있다.

**42** 정답 ①

해설 토양세정법(soil flushing)은 In-situ 정화기술이다.

**43** 정답 ③

해설 오염물질의 양을 계산하기 위해서는 토양농도, 수중농도, 공기중 농도를 모두 고려하여야 한다. (토양밀도, 토양농도, 수분함량, 공기함량, 수중 농도, 공기중 농도, 헨리상수(기체용해도))

**44** 정답 ④

해설 식 $\eta(\%) = \left(1 - \dfrac{C_o}{C_i}\right) \times 100$

∴ $\eta(\%) = \left(1 - \dfrac{1}{10}\right) \times 100 = 90\%$

**45** 정답 ①

해설 토양의 함수율이 높으면 열효율이 낮아져 정화효율이 저하되므로 건조 및 탈수 후에 처리한다.

**46** 정답 ③

해설 식 $X톤 = (500-50)m^3 \times \dfrac{1.64톤}{1m^3} \times 1.1 = 811.8톤$

• 제거된 저장탱크 부피
$= (2 \times 15,000L) + 20,000L = 50,000L = 50m^3$

• 굴토 후 오염토양의 밀도
$= \dfrac{1.64g}{cm^3} \times \dfrac{10^6 cm^3}{1m^3} \times \dfrac{1톤}{10^6 g} = \dfrac{1.64톤}{m^3}$

**47** 정답 ②

해설 용해도가 높을수록 생분해도는 높은 경향이 있으며, 농도가 높은 경우는 생물학적 분해속도는 저하될 수 있으나 적용은 가능하다.

**48** 정답 ②

해설 식 산소소모율(%/day) $= \dfrac{Q}{\forall} \times (초기 O_2 - 배기가스중 O_2)$

∴ 산소소모율(%/day)
$= \dfrac{50m^3/day}{100m^3 \times 0.4} \times (21\% - 11\%) = 12.5\%$

**49** 정답 ②

해설 총 무게(ton) = 부피×밀도 = 면적×높이×밀도

∴ 총 무게(ton)
$= (500m^2 \times 3m + 600m^2 \times 3m + 700m^2 \times 3m) \times \dfrac{1.7 ton}{m^3}$

$= 9180 ton$

**50** 정답 ①

해설 외부환경의 영향이 적고, 자체적 조건조절이 가능한 폐쇄형 공정이다.

**51** 정답 ②

**52** 정답 ②

해설 토양세척법은 모래에 효과가 크고, 미사에는 부분적 효과, 점토에는 효과가 없다.

**53** 정답 ④

해설 자연저감법에서는 호기성 미생물(물과 이산화탄소로 분해) 및 혐기성 미생물(메탄 형성, 황산, 질산 환원)에 의해서도 오염물질이 제거된다. 따라서 황산염($SO_4^{2-}$)과 질산염($NO_3^-$)의 분해가 활발히 진행된다.

**54** 정답 ①

해설 식 총 함량 = 토양의 부피×토양밀도×오염물질의 농도

• 토양의 용적밀도 $= \dfrac{1.5g}{cm^3} \times \dfrac{1kg}{1000g} \times \dfrac{10^6 cm^3}{1m^3} = 1500 kg/m^3$

∴ 총 함량 $= 110m^3 \times \dfrac{1500kg}{m^3} \times \dfrac{2000mg}{kg} \times \dfrac{1ky}{10^6 mg} = 330 kg$

**55** 정답 ③

**56** 정답 ②

해설 Dual Phase Extraction : 물과 공기를 동시에 추출하는 방법으로 대표적인 공정은 바이오슬러핑이 있으며, 유류 및 BTEX, LNAPL의 처리에 적용된다.

**57** 정답 ②

**58** 정답 ②

## 59 정답 ③

## 60 정답 ①
**해설** 휘발성 유기화합물의 처리효율이 준휘발성 유기화합물의 처리효율보다 높다.

## 61 정답 ②
**해설** 시행규칙 별표 10(토양관련전문기관의 준수사항)
1. 토양시료의 채취는 토양관련전문기관(변경)지정시 신고된 기술요원이 하여야 하며, 시료를 채취하는 때에는 도면상에 시료채취지점을 표기하고 시료채취자가 서명하여야 한다. 다만, 시료채취를 위한 시추장비 등의 운전은 기술요원이 아닌 다른 인력이 할 수 있으나, 이 경우 기술요원은 시료채취 과정을 감독하여야 한다.
2. 누출검사는 반드시 토양관련전문기관 지정(변경)시 신고된 기술인력이 실시하여야 하며, 누출검사자는 누출측정결과보고서에 서명하여야 한다.
3. 토양관련전문기관은 매년 1월 31일까지 토양오염도검사 · 누출검사 · 토양정밀조사 · 토양환경평가 · 위해성평가 · 토양정화의 검증 등 전년도 검사실적을 지방환경관서의 장 또는 국립과학원장에게 보고하여야 한다. 이 경우 검사실적은 당해 연도말까지의 검사결과 통보분을 의미한다.
4. 토양관련전문기관은 검사일지, 검사결과기록부, 시약소모대장, 검사신청접수 및 결과 발송대장, 차량운행일지 등을 영업소소재지에 작성 · 비치하여야 한다.
5. 토양시료의 분석은 토양관련전문기관(변경)지정시 신고된 기술요원이 하여야 하고, 「환경분야 시험 · 검사 등에 관한 법률」 제9조제1항 본문에 따른 형식승인을 받고 같은 법 제11조에 따른 정도검사(精度檢査)를 받은 장비를 사용하여 분석하여야 한다.
6. 토양관련전문기관은 도급받은 토양관련전문기관의 업무 전부를 다시 하도급해서는 아니 된다.

## 62 정답 ④
**해설** 법 제4조(토양보전기본계획의 수립 등) ③ 기본계획에는 다음 각 호의 사항이 포함되어야 한다.
1. 토양보전에 관한 시책방향
2. 토양오염의 현황, 진행상황 및 장래예측
3. 토양오염의 방지에 관한 사항
4. 토양정화 및 정화된 토양의 이용에 관한 사항
5. 토양정화와 관련된 기술의 개발 및 관련 산업의 육성에 관한 사항
6. 토양정화를 위한 기술인력의 교육 및 양성에 관한 사항
7. 그 밖에 토양보전에 필요한 사항

## 63 정답 ③
**해설** 지하수의 수질보전등에 관한 규칙 별표 4(지하수의 수질기준)
[공업용수 기준]
pH(수소이온농도) : 5~9

## 64 정답 ①
**해설** 시행규칙 별표 5(특정토양오염관리대상시설별 토양오염 검사항목)

| 특정토양오염<br>관리대상시설 | 검사 항목 |
|---|---|
| 1. 석유류의 제조 및 저장 시설 | 벤젠 · 톨루엔 · 에틸벤젠 · 크실렌 · 석유계총탄화수소(TPH) |
| 2. 유해화학물질의 제조 및 저장시설 | 카드뮴 · 구리 · 비소 · 수은 · 납 · 6가크롬 · 아연 · 니켈 · 불소 · 유기인화합물 · 폴리클로리네이티드비페닐 · 시안 · 페놀 · 트리클로로에틸렌(TCE) · 테트라클로로에틸렌(PCE) · 1,2-디클로로에탄 및 벤조(a)피렌 중 해당 항목 |
| 3. 송유관 시설 | 벤젠 · 톨루엔 · 에틸벤젠 · 크실렌 · 석유계총탄화수소(TPH) |
| 4. 그 밖에 제1호부터 제3호까지의 관리대상시설과 유사한 시설로서 특별히 관리할 필요가 있다고 인정되어 환경부장관이 관계 중앙행정기관의 장과 협의하여 고시하는 시설 | 대상시설별로 환경부장관이 고시한 검사항목 |

## 65 정답 ③
**해설** ③항만 올바르다. ← 법 제5조(토양오염도 측정 등) 관련
**오답해설**
① 환경부장관은 전국적인 토양오염 실태를 파악하기 위하여 측정망을 설치하고 토양오염도를 상시측정하여야 한다.
② 시 · 도지사 또는 시장 · 군수 · 구청장은 관할구역안의 토양오염실태를 파악하기 위하여 토양실태조사를 한다.
④ 시장 · 군수 · 구청장은 환경부령으로 정하는 바에 따라 토양오염실태조사의 결과를 시 · 도지사에게 보고하여야 하며, 시 · 도지사는 환경부령으로 정하는 바에 따라 그가 실시한 토양오염실태조사의 결과와 시장 · 군수 · 구청장이 보고한 토양오염실태조사의 결과를 환경부장관에게 보고하여야 한다.

## 66 정답 ④

### 67 정답 ③

**해설** 지하수법 시행령 제26조의4(오염지하수 정화계획의 승인 등) ② 오염지하수 정화계획에는 다음 각 호의 사항이 포함되어야 한다.
1. 정화사업의 방법과 종류
2. 정화사업기간 및 정화사업지역(지하수오염유발시설의 위치·면적과 비용부담 적용대상 지역의 범위를 포함한다)
3. 시설용량·설치면적 등 정화작업의 규모
4. 총소요사업비와 분야별 소요사업비
5. 재원조달방법
6. 정화작업이 계획대로 수행되지 아니할 경우의 비상대책

### 68 정답 ④

**해설** 법 제2조(정의)
"토양오염관리대상시설"이란 토양오염물질의 생산·운반·저장·취급·가공 또는 처리 등으로 토양을 오염시킬 우려가 있는 시설·장치·건물·구축물(構築物) 및 그 밖에 환경부령으로 정하는 것을 말한다.

### 69 정답 ④

**해설** 자가동력시추기는 토양오염조사기관에서 사용되는 장비이다.
**시행령 별표 2(토양정화업의 등록요건)**
2. 장비
  가. 시료채취기 1대(깊이 6미터 이상 시료채취가 가능할 것)
  나. 휴대용 가스측정장비 1식[휘발성유기화합물질(VOC), 산소, 이산화탄소 및 메탄의 측정이 가능할 것]
  다. 현장용 수질측정기 1식[수소이온농도(pH), 수온, 전기전도도, 용존산소 및 산화환원전위의 측정이 가능할 것]
  라. 지하수위측정기

### 70 정답 ③

**해설** 지하수법 제6조(지하수관리기본계획의 수립) ① 환경부장관은 지하수의 체계적인 개발·이용 및 효율적인 보전·관리를 위하여 다음 각 호의 사항이 포함된 10년 단위의 지하수관리기본계획(이하 "기본계획"이라 한다)을 수립하여야 한다.
1. 지하수의 부존 특성 및 개발 가능량
2. 지하수의 이용실태
3. 지하수의 이용계획
4. 지하수의 보전계획
5. 지하수의 수질관리 및 정화계획
6. 그 밖에 지하수의 관리에 관한 사항

### 71 정답 ①

### 72 정답 ②

**해설** 시행령 제8조(특정토양오염관리대상시설의 토양오염검사)
② 특정토양오염관리대상시설의 설치자는 제1항에 따른 토양오염검사 외에 토양관련전문기관으로부터 다음 각 호에 따른 검사를 받아야 한다. 다만, 제1항제1호에 따른 토양오염도검사를 받은 후 3개월 이내에 제1호부터 제3호까지의 어느 하나에 해당하는 사유가 발생하는 경우에는 그러하지 아니하다.
1. 특정토양오염관리대상시설의 설치자가 그 시설의 사용을 종료하거나 이를 폐쇄할 경우에는 사용종료일 또는 폐쇄일 3개월 전부터 사용종료일 전일 또는 폐쇄일 전일까지의 기간 동안에 토양오염도검사를 받을 것
2. 특정토양오염관리대상시설의 양도·임대 등으로 인하여 그 시설의 운영자가 달라지는 경우에는 변경일 3개월 전부터 변경일 전일까지의 기간 동안에 토양오염도검사를 받을 것
3. 특정토양오염관리대상시설의 설치자가 그 시설을 교체하거나 그 시설에 저장하는 토양오염물질의 종류를 변경할 경우에는 교체 또는 변경일 3개월 전부터 교체 또는 변경일 전일까지의 기간 동안에 토양오염도검사를 받을 것
4. 누출검사대상시설의 경우 다음 각 목의 어느 하나에 해당하는 토양오염검사 결과 환경부령으로 정하는 기준 이상으로 토양이 오염된 사실이 확인되었을 때에는 지체 없이 누출검사를 받을 것
  가. 제1항제1호 또는 제2호에 따른 토양오염도검사
  나. 제3호 중 특정토양오염관리대상시설에 저장하는 토양오염물질의 종류 변경에 따른 토양오염도검사
5. 특정토양오염관리대상시설에서 토양오염물질이 누출된 사실을 알게 된 때에는 지체 없이 토양오염도검사 및 누출검사(누출검사대상시설만 해당한다)를 받을 것

### 73 정답 ③

**해설** 법 제25조(관계 기관의 협조) 환경부장관은 이 법의 목적을 달성하기 위하여 필요하다고 인정하면 다음 각 호의 조치를 관계 중앙행정기관의 장 또는 시·도지사에게 요청할 수 있다.
1. 토양오염방지를 위한 객토(客土) 등 농토배양사업
2. 폐광지역의 광물 찌꺼기 등으로 인한 주변 농경지 등의 광산공해방지대책
3. 산업시설 등의 설치로 인하여 훼손된 토양의 복구
4. 그 밖에 토양보전을 위하여 필요한 사항으로서 환경부령으로 정하는 사항

### 74 정답 ②

## 75 정답 ③

**해설** ③항만 올바르다.

**오답해설**
① 토양정화업자는 토양정화를 위하여 도급받은 공사(이하 "토양정화공사"라 한다)를 일괄하여 하도급하거나 토양정화공사 중 토양정화와 직접 관련되는 공사로서 대통령령으로 정하는 공사를 하도급하여서는 아니 된다.
② 정당한 사유 없이 2년 이상 영업 실적이 없는 때는 그 등록은 6개월 이내의 기간동안 영업정지를 받을 수 있다.
④ 토양관련전문기관 또는 토양정화업자의 지위를 승계한 자는 승계한 날부터 1개월 이내에 환경부령으로 정하는 바에 따라 환경부장관 또는 시·도지사에게 신고하여야 한다.

## 76 정답 ②

## 77 정답 ④

## 78 정답 ④

**해설** 법 제10조의4(오염토양의 정화책임 등) ① 다음 각 호의 어느 하나에 해당하는 자는 정화책임자로서 토양정밀조사, 오염토양의 정화 또는 오염토양 개선사업의 실시(이하 "토양정화 등"이라 한다)를 하여야 한다.
1. 토양오염물질의 누출·유출·투기(投棄)·방치 또는 그 밖의 행위로 토양오염을 발생시킨 자
2. 토양오염의 발생 당시 토양오염의 원인이 된 토양오염관리대상시설의 소유자·점유자 또는 운영자
3. 합병·상속이나 그 밖의 사유로 정화책임의 권리·의무를 포괄적으로 승계한 자
4. 토양오염이 발생한 토지를 소유하고 있었거나 현재 소유 또는 점유하고 있는 자

## 79 정답 ④

**해설** 시행규칙 제8조의2(특정토양오염관리대상시설의 변경신고) 다음 각 호의 어느 하나에 해당하는 경우에는 그 사유가 발생한 날부터 30일 이내에 법 제12조제1항 후단에 따라 특정토양오염관리대상시설의 변경신고를 하여야 한다.
1. 사업장의 명칭 또는 대표자가 변경되는 경우
2. 특정토양오염관리대상시설의 사용을 종료하거나 폐쇄하는 경우
3. 특정토양오염관리대상시설을 교체하거나 토양오염방지시설을 변경하는 경우
4. 특정토양오염관리대상시설에 저장하는 오염물질을 변경하는 경우
5. 특정토양오염관리대상시설의 저장용량을 신고용량 대비 30퍼센트 이상 증설(신고용량 대비 30퍼센트 미만의 증설이 누적되어 신고용량의 30퍼센트 이상이 되는 경우를 포함한다)하는 경우

## 80 정답 ③

**해설** 시행령 제13조(오염토양개선사업의 종류) 법 제18조제4항에 따른 오염토양개선사업의 종류는 다음 각 호와 같다.
1. 객토 및 토양개량제의 사용등 농토배양사업
2. 오염된 수로의 준설사업
3. 오염토양의 위생적 매립·정화사업
4. 오염물질의 흡수력이 강한 식물식재사업
5. 그 밖에 특별자치시장·특별자치도지사·시장·군수·구청장이 필요하다고 인정하는 사업

# UNIT 04 2021년 1회 정답 및 해설

| 01 ② | 02 ④ | 03 ③ | 04 ② | 05 ④ |
| 06 ① | 07 ② | 08 ② | 09 ① | 10 ② |
| 11 ③ | 12 ③ | 13 ① | 14 ② | 15 ③ |
| 16 ③ | 17 ③ | 18 ② | 19 ④ | 20 ④ |
| 21 ④ | 22 ② | 23 ① | 24 ① | 25 ① |
| 26 ① | 27 ③ | 28 ① | 29 ④ | 30 ③ |
| 31 ④ | 32 ③ | 33 ③ | 34 ④ | 35 ③ |
| 36 ① | 37 ② | 38 ④ | 39 ③ | 40 ① |
| 41 ④ | 42 ③ | 43 ③ | 44 ③ | 45 ① |
| 46 ④ | 47 ③ | 48 ② | 49 ② | 50 ① |
| 51 ② | 52 ③ | 53 ① | 54 ③ | 55 ④ |
| 56 ① | 57 ③ | 58 ③ | 59 ③ | 60 ④ |
| 61 ① | 62 ④ | 63 ① | 64 ② | 65 ① |
| 66 ① | 67 ④ | 68 ③ | 69 ③ | 70 ① |
| 71 ② | 72 ④ | 73 ③ | 74 ③ | 75 ③ |
| 76 ① | 77 ① | 78 ③ | 79 ① | 80 ② |

**01** 정답 ②

해설 토양산성에 가장 큰 영향을 끼치는 이온은 수소이온과 알루미늄이온이다. 탄산염, 중탄산염 및 인산염은 토양완충작용에 기여한다.

**02** 정답 ④

해설 식 곡률계수 $= \dfrac{D_{30}^2}{D_{60} \times D_{10}} = \dfrac{0.25^2}{0.75 \times 0.05} = 1.67$

**03** 정답 ③

해설 kaolinite에 비하여 양이온교환능력이 매우 크다.

[점토광물별 양이온 교환능력]

| 구분 | 카올리나이트 | 몬모릴로나이트 | 버미큘라이트 | 일라이트 | 클로라이트 |
|---|---|---|---|---|---|
| CEC (cmol/kg) | 2~15 | 80~150 | 100~200 | 20~40 | 10~40 |

**04** 정답 ②

**05** 정답 ④

해설 수은 : 2가 수은이 0가 수은(원소수은)에 비하여 이동성이 크고 독성이 강함
※ 메틸수은(유기수은)은 무기수은보다 독성이 강함

**06** 정답 ①

해설 ①항만 올바르다.

오답해설
② 급격한 pH 변화에 대한 길항작용 (완충능력)
③ N, P, S을 공급하므로 N, P, S 및 필수 원소의 소비를 감소시켜준다.
④ 토양 화학성의 개선 및 토양구조의 활성화 – 입단화에 대한 설명이다.

**07** 정답 ②

해설 Mo(몰리브데넘, 몰리브덴)에 대한 설명이다.

**08** 정답 ②

해설 [유기오염물질의 특성 인자]
- 증기압
- 옥탄올–물 분배계수
- 분해상수
- 헨리상수(공기/물 분배계수)
- 화학적 조성

**09** 정답 ①

해설 수리전도도 결정주요인자 : 밀도, 점도(또는 동점도), 중력가속도, 전도계수

**10** 정답 ②

해설 분자량은 $10^6$ g/mol이며 휘발유 냄새가 난다. (에틸벤젠 분자식 $C_8H_{10}$)

**11** 정답 ③

해설 식토는 점토비율이 높고, 미사와 모래의 비율이 낮은 토양으로 수분보유능력이 크다.

**12** 정답 ③

해설 식 $V = \dfrac{KI}{n} = \dfrac{2 \times 10^{-3} \times 0.002}{0.25} = 1.6 \times 10^{-5}\,cm/sec$

**13** 정답 ①

**14** 정답 ②

해설 ②항은 중금속의 이동과 분포에 대한 주된 요인이다.

**15** 정답 ③

**16** 정답 ③

해설 식 $SAR = \dfrac{Na^+}{\sqrt{\dfrac{Ca^{2+} + Mg^{2+}}{2}}}$

• $Na = \dfrac{150mg}{L} \times \dfrac{1meq}{23mg/1} = 6.52 meq/L$

• $Ca = \dfrac{170mg}{L} \times \dfrac{1meq}{40/2mg} = 8.5 meq/L$

• $Mg = \dfrac{155mg}{L} \times \dfrac{1meq}{24/2mg} = 12.92 meq/L$

∴ $SAR = \dfrac{6.52}{\sqrt{\dfrac{8.5 + 12.92}{2}}} = 1.99$

**17** 정답 ③

해설 토양 중의 농약은 빛(광분해), 물, 화학반응, 미생물에 의해 분해된다.

**18** 정답 ②

**19** 정답 ④

해설 심층토는 표층토에 비해 미세공극이 많다.

**20** 정답 ④

해설 비표면적이 가장 큰 점토광물은 montmorillonite이다.

[점토광물별 양이온 교환능력]

| 구분 | 카올리나이트 | 몬모릴로나이트 | 버미큘라이트 | 일라이트 | 클로라이트 |
|---|---|---|---|---|---|
| CEC (cmol/kg) | 2~15 | 80~150 | 100~200 | 20~40 | 10~40 |

**21** 정답 ②

해설 따로 흡수셀의 길이를 지정하지 않았을 때는 10mm 셀을 사용한다.

**22** 정답 ②

해설 매질 또는 추출용매, 극성 유기화합물, 디클로로메탄에 간섭물질이 존재할 수 있다.

**23** 정답 ①

해설 "감압"이라 함은 따로 규정이 없는 한 15mmHg 이하를 말한다.

**24** 정답 ①

**25** 정답 ①

해설 식 불소 농도

$= \dfrac{불소}{토양} = \dfrac{(1.2-0.2)mg}{L} \times 0.5L \times \dfrac{1}{1g} \times \dfrac{10^3 g}{1kg} = 500 mg/kg$

**26** 정답 ①

**27** 정답 ③

해설 미감압시험의 경우, 저장물질이 20℃에서 점도가 150cSt 이하인 물질인 경우에 적용한다.

**28** 정답 ①

**29** 정답 ④

**30** 정답 ③

**31** 정답 ④

해설 [폐기물 매립 및 재활용지역 시료채취 지점 수 산정기준 – 표토 기준]

| 조사면적 | 시료채취 지점 수 산정기준 | 최소지점 수 |
|---|---|---|
| 면적 ≤ 1,000㎡ | 1,000㎡당 1개 이상 | 1 |
| 1,000㎡ < 면적 ≤ 2,000㎡ | | 2 |
| ⋮ | | ⋮ |
| 9,000㎡ < 면적 ≤ 10,000㎡ | | 10 |
| 10,000㎡ < 면적 ≤ 12,000㎡ | 10,000㎡까지는 1,000㎡당 1개 이상과 10,000㎡를 초과할 때부터는 2,000㎡당 1개 이상 추가 | 11 |
| 12,000㎡ < 면적 ≤ 14,000㎡ | | 12 |
| ⋮ | | ⋮ |

**32** 정답 ④

해설 플라스틱제는 근적외부 파장범위에서 사용된다.

**33** 정답 ③

해설 전자포착검출기(ECD)를 사용하여 유기할로겐화합물, 니트로화합물 및 유기 금속화합물을 선택적으로 검출한다.

**34** 정답 ④

해설 식 아연 농도 $= \dfrac{(2.5-0.2)mg/L \times 0.1L}{2.7g \times \dfrac{1kg}{10^3 g}} = 85.19 mg/kg$

**35** 정답 ②

**36** 정답 ①

해설 수산염 표준용액(pH 1.68) < 프탈산염 표준용액(pH 4.00) < 인산염 표준용액(pH 6.88) < 붕산염 표준용액(pH 9.22) < 탄산염 표준용액(pH 10.07) < 수산화칼슘 표준용액(pH 12.45)  암기법 수 - 프 - 인 - 붕 - 탄 - 숨

**37** 정답 ②

해설 비화수소를 원자화시켜 193.7nm에서 수소화물생성-원자흡수분광광도법에 따라 정량하는 방법이다.

**38** 정답 ④

해설 공장지역 : 대상지역의 중심이 되는 1개 지점과 주변 4방위의 5~10m 거리에 있는 1개 지점씩 총 5개 지점 선정

**39** 정답 ③

**40** 정답 ①

해설 [시험오류의 원인 및 제거]
- 누출검사대상시설 이외의 연결관 및 연결부의 오류로 인한 누출
- 최고 설정압력의 오류
- 시험압력 유지시간이 너무 짧을 때
- 측정기간 중 과도한 온도변화에 의한 내용물의 체적변화
- 기타

**41** 정답 ④

**42** 정답 ③

해설 고형화/안정화 시 비표면적이 감소한다.

**43** 정답 ②

해설 염류집적 토양의 비율증가가 요인이 된다.

**44** 정답 ③

해설 건물 하부와 같이 접근이 불가능한 곳에서도 적용이 가능하다.

**45** 정답 ①

해설 식 필요한 수분량 $= 18,000 \times 0.35 \times (0.6 - 0.2) = 2,520 m^3$

**46** 정답 ②

해설 열탈착법은 카드뮴이나 수은을 제외한 중금속처리에 부적합하다.

**47** 정답 ③

해설 DNAPL의 제거가 어렵다.

**48** 정답 ②

해설 ②항만 올바르다.

오답해설
① 주변 지하 매질과 수직 차단벽의 수리전도도 차이가 클수록 차단효과가 높다.
③ 슬러리월(slurry wall)은 지하로의 침출수 흐름을 제어할 수 있고 오염물질의 분해 또는 지체효과를 증진시킬 수 있다.
④ 슬러리월(slurry wall)은 주변보다 낮은 수리전도도를 가진 물질을 사용하여 오염물질의 이동을 억제하는 방법이다.

**49** 정답 ②

**50** 정답 ①

해설 중금속 처리농도 : 미생물의 활성을 저해하는 인자이다.

**51** 정답 ①

해설
- Nitrosomonas는 $NH_3$를 $NO^{-2}$로 변화시키는데 관여하는 미생물이다.
- Nitrobacter는 $NO^{-2}$를 $NO^{-3}$로 변화시키는데 관여하는 미생물이다.

**52** 정답 ③

해설 6가크롬을 3가크롬으로 환원시켜야 한다.

**53** 정답 ①

해설 식 제거시간 $= \dfrac{공극부피}{양수용량}$

- 공극부피 $= 20,000 \times 0.3962 = 7,924 m^3$
- 공극률 $= \left(1 - \dfrac{\rho_v}{\rho_p}\right) = \left(1 - \dfrac{1.6}{2.65}\right) = 0.3962$

∴ 제거시간 $= 7,924 m^3 \times \dfrac{hr}{0.4 m^3} \times \dfrac{1 day}{24 hr} = 825.42 day$

**54** 정답 ②

해설 양수처리 시 고려인자 : 양수량, 수두, 지하수층 두께, 수리전도도, 수두구배

**55** 정답 ④

해설 일반적으로 분자량이 클수록 탈착속도가 느리다.

**56** 정답 ①

해설 [동전기 양(+)극에서 발생되는 현상]
반응식 $2H_2O + 4e^- \rightarrow O_2\uparrow + 4H^+$
[동전기 음(-)극에서 발생되는 현상]
반응식 $2H_2O + e^- \rightarrow 2OH^- + H_2$

**57** 정답 ②
해설 무기물질, 방사성물질, 화약류의 적용이 어렵다.

**58** 정답 ③
해설 유동상 탈착장치 내에서 오염토양은 하부에서 주입되는 공기에 의하여 유동된다.

**59** 정답 ④
해설 식 $t = \dfrac{L}{V}$
- $V = \dfrac{KI}{n} = \dfrac{5}{0.65} = 7.6923\,m/day$
- $\therefore t = \dfrac{5m}{7.6923m/day} \times \dfrac{24hr}{1day} = 15.6\,day$

**60** 정답 ④
해설 식 산소소모율(%/day)
$$= \dfrac{Q}{\forall} \times (초기\,O_2(\%) - 배기가스중\,O_2(\%))$$
- $Q$ : 주입공기유량
- $\forall$ : 토양공극의 부피(토양부피×공극률)

**61** 정답 ①

**62** 정답 ④

**63** 정답 ①
해설 **시행령 제7조(특정토양오염관리대상시설의 토양오염방지시설 설치 등)**
1. 특정토양오염관리대상시설의 부식·산화방지를 위한 처리를 하거나 토양오염물질이 누출되지 아니하도록 하기 위하여 누출방지성능을 가진 재질을 사용하거나 이중벽탱크 등 누출방지시설을 설치하고 적정하게 유지·관리할 것
2. 특정토양오염관리대상시설중 지하에 매설되는 저장시설의 경우에는 토양오염물질이 누출되는 것을 감지하거나 누출여부를 확인할 수 있는 측정기기등의 시설을 설치하고 적정하게 유지·관리할 것
3. 특정토양오염관리대상시설로부터 토양오염물질이 누출될 경우에 대비하여 오염확산방지 또는 독성저감등의 조치에 필요한 시설을 설치하고 적정하게 유지·관리할 것

**64** 정답 ②

**65** 정답 ①
해설 토양환경평가의 결과는 양도·양수인이 시설부지 거래시에 시설부지에 대해 토양환경평가를 실시할 수 있도록 하고, 그 평가결과를 평가 당시의 토양오염의 정도를 나타내고 있는 것으로 추정하게 하는 증거가치를 부여함으로써 인수자의 선의·무과실 여부에 대해 판단의 주요 근거로 삼게 하였다.

**66** 정답 ②
해설 **제19조의3(위해성평가의 항목 및 방법)**
1. 유류 : 벤젠, 톨루엔, 에틸벤젠, 크실렌, 석유계총탄화수소
2. 중금속류 : 카드뮴, 구리, 비소, 수은, 납, 6가크롬, 아연, 니켈

**67** 정답 ④
해설 토양정화업의 변경등록을 하여야 하는 사항은 다음 각 호와 같다.
1. 상호 또는 사업장 소재지의 변경
2. 대표자의 변경
3. 기술인력의 변경
4. 별표 2 제1호 나목의 규정에 의한 반입정화시설의 변경

**68** 정답 ③

**69** 정답 ③

**70** 정답 ①
해설 **제8조의2(토양오염검사의 면제 등)**
① 특별자치시장·특별자치도지사·시장·군수·구청장이 법 제13조제1항 단서에 따라 특정토양오염관리대상시설에 대한 토양오염검사면제의 승인을 할 수 있는 경우는 다음 각 호와 같다.
1. 특정토양오염관리대상시설중「송유관 안전관리법」제2조제2호에 따른 송유관으로서 유류의 유출여부를 확인할 수 있는 장치가 설치된 경우(토양오염도검사로 한정한다) 또는 같은 법 제8조에 따른 안전검사를 받는 경우(누출검사로 한정한다)
2. 토양시추를 할 수 없는 지반 또는 건물지하 등에 설치되어 토양시료의 채취가 불가능하다고 토양오염조사기관이 인정하는 경우
3. 저장시설에 1년 이상 토양오염물질을 저장하지 아니한 경우 등 토양관련전문기관이 토양오염검사가 필요하지 아니하다고 인정하는 경우
4. 동종의 토양오염물질을 저장하는 다수의 시설중 일부시설의 사용을 종료하거나 폐쇄하는 경우(제8조제2항제1호에 따른 토양오염도검사로 한정한다)
4의2. 권장 설치·유지·관리기준에 맞게 토양오염방지시설을 설치한 날부터 15년 이내인 경우(제8조제1항에 따른 정기토양오염검사로 한정한다)

5. 제8조제5항에 따른 검사항목이 같은 종류의 토양오염물질로 저장물질을 변경하려는 경우(제8조제2항제3호에 따른 토양오염도검사로 한정한다)
6. 그 밖에 토양정화명령을 받고 정화중인 경우 등 특별자치시장·특별자치도지사·시장·군수·구청장이 토양오염검사가 필요하지 아니하다고 인정하는 경우

**71** 정답 ①

**72** 정답 ④

**73** 정답 ③
해설 오염지하수정화계획을 작성하여 시장, 군수, 구청장에게 제출하여 승인을 얻어야 한다.

**74** 정답 ③
해설 **시행규칙 별표 8(토양보전대책지역 지정표지판)**
1. 지정목적
2. 지정일자 : 년 월 일
3. 토양보전대책지역안에서 제한되는 행위
4. 토양보전대책지역 내역
   가. 주소
   나. 면적
   다. 약도

[비고]
1. 표지판의 규격은 가로 3미터, 세로 2미터, 높이 1.5미터 이상으로 하여야 한다.
2. 글자는 페인트 등을 사용하여 지워지지 아니하도록 하여야 한다.
3. 약도는 표지판 설치 위치에서 방향 및 지점 등을 누구나 알 수 있도록 작성하여야 한다.
4. 표지판은 사방에서 잘 보이는 곳에 견고하게 설치하여야 한다.

**75** 정답 ③
해설 **제26조(지하수 오염방지명령 등)**
1. 지하수 오염 관측정(觀測井: 지하수 오염 감시 및 수위, 수량 등을 관측하기 위해 파놓은 샘)의 설치 및 수질측정
2. 지하수 오염 진행상황의 평가
3. 지하수오염물질 누출방지시설의 설치
4. 오염된 지하수의 정화
5. 해당 시설의 설비·운영의 개선
6. 해당 시설의 폐쇄·이전 또는 철거

**76** 정답 ①
해설 **시행규칙 제16조(검사결과의 통보 등)** 토양관련전문기관은 토양오염검사를 실시한 때에는 법 제13조제4항에 따라 검사 종료 후 7일 이내에 별지 제8호서식에 따라 특정토양오염관리대상시설의 설치자, 관할 특별자치시장·특별자치도지사·시장·군수·구청장 및 관할 소방서장(「위험물안전관리법」에 따라 허가를 받은 시설 중 누출검사 결과 오염물질의 누출이 확인된 경우로 한정한다)에게 그 검사결과를 통보하여야 하며, 검사결과를 통보받은 특정토양오염관리대상시설의 설치자는 검사결과를 5년간 보존하여야 한다.

**77** 정답 ①

**78** 정답 ②

**79** 정답 ①

**80** 정답 ②
해설 **제13조(오염토양개선사업의 종류)**
1. 객토 및 토양개량제의 사용등 농토배양사업
2. 오염된 수로의 준설사업
3. 오염토양의 위생적 매립·정화사업
4. 오염물질의 흡수력이 강한 식물식재사업
5. 그 밖에 특별자치시장·특별자치도지사·시장·군수·구청장이 필요하다고 인정하는 사업

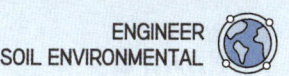

# UNIT 05 2021년 2회 정답 및 해설

| 01 | ② | 02 | ② | 03 | ① | 04 | ② | 05 | ③ |
| 06 | ① | 07 | ① | 08 | ④ | 09 | ② | 10 | ② |
| 11 | ③ | 12 | ④ | 13 | ① | 14 | ④ | 15 | ② |
| 16 | ④ | 17 | ④ | 18 | ① | 19 | ② | 20 | ④ |
| 21 | ② | 22 | ① | 23 | ② | 24 | ② | 25 | ② |
| 26 | ④ | 27 | ④ | 28 | ② | 29 | ④ | 30 | ① |
| 31 | ④ | 32 | ② | 33 | ② | 34 | ③ | 35 | ② |
| 36 | ③ | 37 | ③ | 38 | ② | 39 | ③ | 40 | ④ |
| 41 | ③ | 42 | ③ | 43 | ② | 44 | 정답없음 | 45 | ② |
| 46 | ③ | 47 | ③ | 48 | ④ | 49 | ② | 50 | ① |
| 51 | ② | 52 | ② | 53 | ② | 54 | ② | 55 | ④ |
| 56 | ① | 57 | ④ | 58 | ② | 59 | ④ | 60 | ① |
| 61 | ① | 62 | ② | 63 | ② | 64 | ④ | 65 | ① |
| 66 | ③ | 67 | ② | 68 | ② | 69 | ② | 70 | ② |
| 71 | ③ | 72 | ② | 73 | ② | 74 | ④ | 75 | ② |
| 76 | ③ | 77 | ③ | 78 | ④ | 79 | ① | 80 | ① |

**01** 정답 ②

**02** 정답 ②
해설 식물이 수분을 흡수하면 뿌리 주위의 토양수분이 줄어 토양수축이 일어나고, 토양이 부서지며 작은 입단을 결합한다. (입단 형성 촉진)

**03** 정답 ①

**04** 정답 ②
해설 토양 중에 공기주입하여 토양을 양(+)압으로 만들어 통기성과 배수성을 강화하여야 한다.

**05** 정답 ③
해설 식 $t = \dfrac{L}{V}$
- $L = 500m$
- $V = \dfrac{K \cdot I}{n}$

$= \dfrac{0.01cm}{\sec} \times \dfrac{1m}{100cm} \times \dfrac{(65-50)m}{500m} \times \dfrac{1}{0.4} \times \dfrac{86400\sec}{1day}$

$= 0.648 m/day$

$\therefore\ t = \dfrac{500}{0.648} = 771.60 day$

**06** 정답 ①
해설 리그닌은 당류에 비해 분해가 느리게 일어난다.

**07** 정답 ①
해설 ①항을 제외한 나머지 항은 모두 1:1형 점토광물에 해당한다.

**08** 정답 ④
해설 BTEX(벤젠, 톨루엔, 에틸벤젠, 자일렌)은 LNAPL에 해당한다.

**09** 정답 ②
해설 양이온교환용량이 클수록 토양이 양분을 보유할 수 있는 능력이 증가한다.

**10** 정답 ②
해설 [토양층위(토층)]
㉠ O층 : 유기물층으로 토양 단면의 최상층에 위치한다.
㉡ A층(표토) : 용탈층으로 광물질이 풍부하며 분해된 유기물이 존재하고 색깔이 짙다.
㉢ E층 : 광물층으로 최대용탈층이며 탈색된 토색을 가지고 있다.
㉣ B층(심토) : 광물층으로 점토, 철/알루미늄 산화물, 유기물이 존재하고, 토양의 구조가 뚜렷하게 구분되어 구조의 발달을 볼 수 있는 층이다.
㉤ C층 : 모재층으로 바위와 광물이 혼합되어 있는 층이다.
㉥ R층 : 기반암, 풍화작용이 없다.

**11** 정답 ③
해설 아르곤의 함량은 일반대기보다 높다.

**12** 정답 ④
해설 식 공극률(%) $= \left(1 - \dfrac{\rho_v}{\rho_p}\right) \times 100 = \left(1 - \dfrac{1.17}{2.55}\right) \times 100 = 54.12\%$

**13** 정답 ①
해설 식 공극률 = 비보유율 + 비산출율
30 = 20 + 비산출율, ∴ 비산출율 = 10%

**14** 정답 ④
해설 [점토광물별 양이온 교환능력]

| 구분 | 카올리나이트 | 몬모릴로나이트 | 버미큘라이트 | 일라이트 | 클로라이트 |
|---|---|---|---|---|---|
| CEC (cmol/kg) | 2~15 | 80~150 | 100~200 | 20~40 | 10~40 |

**15** 정답 ②

해설
1) 토양에 흡착된 MTBE

   식  $MTBE(kg) = \dfrac{100mg}{kg} \times 500m^3 \times (1-0.2)$
   
   $\times \dfrac{2.75g}{cm^3} \times \dfrac{10^6 cm^3}{1m^3} \times \dfrac{1kg}{1000g} \times \dfrac{1kg}{10^6 mg} = 110kg$

2) 지하수에 흡착된 MTBE

   식  $MTBE(kg) = \dfrac{200mg}{kg} \times 500m^3 \times 0.2$
   
   $\times \dfrac{1g}{cm^3} \times \dfrac{10^6 cm^3}{1m^3} \times \dfrac{1kg}{1000g} \times \dfrac{1kg}{10^6 mg} = 20kg$

**16** 정답 ④

해설 포화대의 저류 특성을 나타내는 인자 : 공극률, 비산출률, 비보유율, 저류계수

**17** 정답 ④

**18** 정답 ①

해설 토양오염의 특징으로는 피해발현의 완만성(시차성)이 있다.

**19** 정답 ②

**20** 정답 ③

해설 디젤유는 물보다 가벼운 LNAPL에 해당한다.

**21** 정답 ②

해설 물질의 희석 또는 중화할 때는 "중화적정식"을 사용한다.

식  $NV = N'V'$
$12 \times V = 0.1 \times 250$,   $V = 2.08 mL$

**22** 정답 ①

**23** 정답 ②

해설 표토(0~15cm) 시료는 조사대상 지역에 대하여 1,500㎡당 1개 지점 이상을 선정하여 채취한다.

채취지점수 = $\dfrac{X}{1,500}$

$30 = \dfrac{X}{1,500}$,  $\therefore X = 45,000 m^2$

**24** 정답 ②

해설 [비소 ICP분석 시 화학적 간섭]
- 고농도(4000mg/L 이상) 코발트, 구리, 철, 수은, 니켈 등은 비소분석을 방해한다.
- 미량의 과산화물 및 산분해 후 시료 중 남아있는 유기물 역시 비소 분석을 방해할 수 있다.

**25** 정답 ③

해설 [위해성평가 단계]
(1) 오염범위 및 노출농도 결정
(2) 노출평가
(3) 독성평가
(4) 위해도 결정

**26** 정답 ④

해설 압력계(압력자기기록계) : 최소눈금이 시험압력의 5% 이내이고, 이를 읽고 측정압력의 기록이 가능한 압력계이어야 한다.

**27** 정답 ①

해설 유기인화합물의 기체크로마토그래피 사용 검출기 : NPD, FPD, FTD, ECD

**28** 정답 ④

해설 ④항은 화학적 간섭에 해당한다.
- 광학 간섭 : 분석하는 금속원소 이외에서 발광하는 파장은 측정을 간섭한다. 어떤 원소가 동일 파장에서 발광할 때, 파장의 스펙트럼선이 넓어질 때, 이온과 원자의 재결합으로 연속발광할 때, 분자 띠 발광 시에 간섭이 발생한다.

**29** 정답 ④

**30** 정답 ①

**31** 정답 ④

**32** 정답 ①

**33** 정답 ①

**34** 정답 ③

해설 ③항만 올바르다.

오답해설
① 오염의 개연성이 판단되지 않을 경우 **제일 하부의 토양 30cm**를 시료부위로 한다.
② 시료채취봉을 꺼내어 오염의 개연성이 가장 낮다고 판단되는 부위 ±15cm를 시료부위로 한다.
④ 토양시료는 **직경 2.5cm 이상**의 시료채취봉이 들어있는 타격식이나 나선형식의 토양시추장비로 채취한다.

**35** 정답 ②

**36** 정답 ③

**37** 정답 ③
해설 **제반시험 조작** : 따로 규정이 없는 한 상온에서 실시하고 조작 직후 그 결과를 관찰하는 것으로 한다. 단, 온도의 영향이 있는 것의 판정은 표준온도를 기준으로 한다.

**38** 정답 ③
해설 시료 중의 BTEX를 메틸알코올로 추출하여 검액을 얻는다.

**39** 정답 ③

**40** 정답 ②

**41** 정답 ③
해설 [난분해성 유기화학물질의 특징]
- 분자의 가지구조가 많은 화합물
- 분자 내에 많은 수의 할로겐원소를 함유하는 화합물
- 물에 대한 용해도가 낮은 화합물
- 원자의 전하차가 큰 화합물

**42** 정답 ③

**43** 정답 ②
해설 오염물질이 확산될 가능성이 높다.

**44** 정답 정답없음
해설 산업인력공단에서 제시한 정답은 ①항이나, 열탈착법은 카드뮴이나 수은을 제외한 중금속처리에는 불가능하므로 일반적으로 옳은 보기로 판단하는 것이 적합하다.

**45** 정답 ②

**46** 정답 ③

**47** 정답 ③
해설 [열탈착기의 장치구성]
선별기 – 분쇄기(파쇄기) – 열탈착기(열 건조기) – 2차 처리장치(후연소장치, 촉매산화탑, 흡수탑(스크러버), 원심력집진장치, 여과집진장치(백 필터), 열산화기) – 열 교환기(응축기)

**48** 정답 ④
해설 식 $C_6H_{12}O_6 \rightarrow 3CO_2 + 3CH_4$
180g : 3×25L
100g : X ∴ X = 41.67L

**49** 정답 ④
해설 오염물의 이동이 지속되며 수리학적·지질학적 상태가 변하여 복원에 영향을 줄 수 있다.

**50** 정답 ①
해설 지하수가 통과하는 곳에 반응벽체를 설치하여 지하수를 정화하여 배출하는 기술이다.

**51** 정답 ③
해설 칼륨과 철은 미생물의 생장이 아닌 식물의 생장에 필요한 인자이다.

**52** 정답 ③
해설 [고형화 및 안정화 시 사용되는 접합제]
- 무기접합제 : 시멘트, 석회, 비산재, 소각재, 규산, 점토, 지올라이트
- 유기접합제 : 아스팔트, 폴리에틸렌, 에폭시, 우레아, 폴리에스테르

**53** 정답 ④
해설 휘발성 유기오염물질과 유류 및 화약류에 적용이 어렵다.

**54** 정답 ②
해설 식 $C_0 - C_t = k \cdot t$
- $C_0 = \dfrac{20,000mg}{kg} \times \dfrac{1g}{10^3 mg} \times \dfrac{1mol}{10g} = 2mol/kg$
$2 - 0 = 4 \times t$, ∴ $t = 0.5hr = 30min$

**55** 정답 ④
해설 휘발성/반휘발성 오염물질, 유류, 비할로겐물질 등에 대해서 효과가 낮다. (휘발성 오염물질, 유류, 비할로겐물질은 대부분 NAPL에 해당한다.)

**56** 정답 ①
해설 $Xkg = \dfrac{1.2kg}{m^3} \times \dfrac{10m^3}{hr} \times 100day \times \dfrac{24hr}{1day} = 28,800kg$

**57** 정답 ④
해설 **동전기 정화기술의 원리** : 이온상태의 오염물을 양극과 음극에 전기장에 의하여 이동속도를 촉진시켜 포화 오염토양을 처리하는 방법(전기삼투, 전기영동, 이온이동)

**58** 정답 ③
해설 유기물함량이 높은 토양은 VOC의 흡착능력이 높아 제거 효율이 낮다.

**59** 정답 ④
해설 식 산소 소모율(%/day)
$= \dfrac{Q}{\forall}(초기\,O_2 - 배기\,O_2) = \dfrac{200}{5000 \times 0.15} \times (20.9 - 5.9) = 4\%/day$

**60** 정답 ①

해설 미생물을 이용하는 공법으로 유기물질의 처리에 효과적이다.

**61** 정답 ①

해설 법 제18조(대책계획의 수립·시행) 대책계획에는 다음 각 호의 사항이 포함되어야 한다.
1. 오염토양 개선사업
2. 토지 등의 이용 방안
3. 주민건강 피해조사 및 대책
4. 피해주민에 대한 지원 대책
5. 그 밖에 해당 대책계획을 수립·시행하기 위하여 필요하다고 인정하여 환경부령으로 정하는 사항

**62** 정답 ①

해설 토양처리업이라는 용어는 없다.
※ 토양정화업 : 토양정화를 수행하는 업(業)을 말한다.

**63** 정답 ③

해설 지하수의 수질보전 등에 관한 규칙 별표 4(지하수의 수질기준)

| 항목 | 이용목적별 | 생활용수 | 농·어업 용수 | 공업용수 |
|---|---|---|---|---|
| 일반 오염 물질 (4개) | 수소이온농도(pH) | 5.8~8.5 | 6.0~8.5 | 5.0~9.0 |
| | 총대장균군 | 5,000 이하 (군수/100mL) | – | – |
| | 질산성질소 | 20 이하 | 20 이하 | 40 이하 |
| | 염소이온 | 250 이하 | 250 이하 | 500 이하 |
| 특정 유해 물질 (16개) | 카드뮴 | 0.01 이하 | 0.01 이하 | 0.02 이하 |
| | 비소 | 0.05 이하 | 0.05 이하 | 0.1 이하 |
| | 시안 | 0.01 이하 | 0.01 이하 | 0.2 이하 |
| | 수은 | 0.001 이하 | 0.001 이하 | 0.001 이하 |
| | 다이아지논 | 0.02 이하 | 0.02 이하 | 0.02 이하 |
| | 파라티온 | 0.06 이하 | 0.06 이하 | 0.06 이하 |
| | 페놀 | 0.005 이하 | 0.005 이하 | 0.01 이하 |
| | 납 | 0.1 이하 | 0.1 이하 | 0.2 이하 |
| | 크롬 | 0.05 이하 | 0.05 이하 | 0.1 이하 |
| | 트리클로로에틸렌 | 0.03 이하 | 0.03 이하 | 0.06 이하 |
| | 테트라클로로에틸렌 | 0.01 이하 | 0.01 이하 | 0.02 이하 |
| | 1.1.1-트리클로로에탄 | 0.15 이하 | 0.3 이하 | 0.5 이하 |
| | 벤젠 | 0.015 이하 | – | – |
| | 톨루엔 | 1 이하 | – | – |
| | 에틸벤젠 | 0.45 이하 | – | – |
| | 크실렌 | 0.75 이하 | – | – |

**64** 정답 ④

해설 위해성평가의 결과를 토양정화의 시기에 반영하려는 경우 위해성평가의 최초검증 후 2년마다 위해성평가기관으로 하여금 대상지역에 대한 오염토양 모니터링을 실시하도록 해야한다.

**65** 정답 ①

해설 ① 불소 : 71,100
② 비소 : 44,200
③ 수은 : 44,200
④ 유기인 : 35,100

**66** 정답 ②

해설 토양정화업자는 매년 1월 31일까지 토양정화실적을 시·도지사에게 보고해야 한다.

**67** 정답 ③

**68** 정답 ②

해설 토양환경평가기관의 기술인력 기준

| 기술인력 | 해당 분야 |
|---|---|
| 1) 박사 또는 기술사 1명 이상 | 토양환경, 환경공학, 환경과학, 환경보건, 환경위생, 환경화학, 자연환경, 폐기물처리, 대기환경, 수질환경, 화학공학, 공업화학, 자원, 시추, 토목시공, 토목, 응용지질 관련 분야 |
| 2) 기사 1명 이상 | |
| 3) 산업기사 1명 이상 | |
| 4) 「고등교육법」 제2조에 따른 학교의 해당 분야 졸업자 또는 이와 동등 이상의 자격이 있는 사람 1명 이상 | 환경(과)학, 환경공학, 환경보건, 환경위생, 환경화학, 화학공학, 공업화학, 유기화학, 생화학, 자원공학, 지질학, 토양환경, 토목공학, 도시계획학, 생물학, 자원공학, 기계공학, 농화학, 물리학, 보건학, 의학, 화학 관련 학과 |

**69** 정답 ②

해설 토양관련전문기관은 검사신청서를 받은 날부터 7일 이내에 시료채취 또는 누출검사를 해야한다.

**70** 정답 ①

해설 지하수의 수질보전 등에 관한 규칙 별표 2(지하수오염유발시설의 종류)
가. 특정토양오염관리대상시설
나. 폐수배출시설
다. 매립시설
라. 그 밖에 가목부터 다목까지의 시설과 유사한 시설로서 특별히 관리할 필요가 있다고 인정되어 환경부장관이 관계 중앙행정기관의 장과 협의하여 고시하는 시설

## 71 정답 ③

해설 "지하수영향조사"란 지하수의 개발·이용이 주변지역에 미치는 영향을 분석·예측하는 조사를 말한다.

## 72 정답 ②

해설 시행령 별표 2(토양정화업의 등록요건)
2. 장비
   가. 시료채취기 1대(깊이 6미터 이상 시료채취가 가능할 것)
   나. 휴대용 가스측정장비 1식[휘발성유기화합물질(VOC), 산소, 이산화탄소 및 메탄의 측정이 가능할 것]
   다. 현장용 수질측정기 1식[수소이온농도(pH), 수온, 전기전도도, 용존산소 및 산화환원전위의 측정이 가능할 것]
   라. 지하수위측정기

## 73 정답 ②

해설

| 시행규칙 별표 1(토양오염물질) ||
|---|---|
| 1. 카드뮴 및 그 화합물 | 15. 톨루엔 |
| 2. 구리 및 그 화합물 | 16. 에틸벤젠 |
| 3. 비소 및 그 화합물 | 17. 크실렌 |
| 4. 수은 및 그 화합물 | 18. 석유계총탄화수소 |
| 5. 납 및 그 화합물 | 19. 트리클로로에틸렌 |
| 6. 6가크롬화합물 | 20. 테트라클로로에틸렌 |
| 7. 아연 및 그 화합물 | 21. 벤조(a)피렌 |
| 8. 니켈 및 그 화합물 | 22. 1,2-디클로로에탄 |
| 9. 불소화합물 | 23. 다이옥신(푸란을 포함한다) |
| 10. 유기인화합물 | 24. 그 밖에 위 물질과 유사한 토양오염물질로서 토양오염의 방지를 위하여 특별히 관리할 필요가 있다고 인정되어 환경부장관이 고시하는 물질 |
| 11. 폴리클로리네이티드비페닐 | |
| 12. 시안화합물 | |
| 13. 페놀류 | |
| 14. 벤젠 | |

## 74 정답 ④

## 75 정답 ③

해설 제19조(오염토양 개선사업)
- 특별자치시장·특별자치도지사·시장·군수·구청장은 오염토양 개선사업의 전부 또는 일부의 실시를 그 정화책임자에게 명할 수 있다. 이 경우 특별자치시장·특별자치도지사·시장·군수·구청장은 토양보전을 위하여 필요하다고 인정하면 환경부령으로 정하는 토양관련전문기관으로 하여금 오염토양 개선사업을 지도·감독하게 할 수 있다.
- 정화책임자가 오염토양 개선사업을 하려는 경우에는 환경부령으로 정하는 바에 따라 오염토양 개선사업계획을 작성하여 특별자치시장·특별자치도지사·시장·군수·구청장의 승인을 받아야 한다. 승인받은 사항 중 환경부령으로 정하는 중요사항을 변경하려는 경우에도 또한 같다.
- 정화책임자가 존재하지 아니하거나 정화책임자에 의한 오염토양개선사업의 실시가 곤란하다고 인정할 때에는 특별자치시장·특별자치도지사·시장·군수·구청장이 그 오염토양 개선사업을 할 수 있다.
- 해당 대책지역이 둘 이상의 특별자치시·시·군·구에 걸쳐 있을 경우에는 대통령령으로 정하는 특별자치시장·시장·군수·구청장이 해당 오염토양 개선사업을 하여야 한다.
- 특별자치시장·특별자치도지사·시장·군수·구청장이 오염토양 개선사업을 하는 경우로서 기술 부족, 사업비 과다 등의 사유로 그 실시가 곤란한 경우에는 특별자치시장·특별자치도지사·시장·군수·구청장의 요청에 따라 환경부장관 또는 시·도지사는 그 사업에 대하여 기술적·재정적 지원을 할 수 있다.

## 76 정답 ③

해설

| 시행규칙 별표 8(토양보전대책지역 지정표지판) |
|---|
| 1. 지정목적 |
| 2. 지정일자 :     년     월     일 |
| 3. 토양보전대책지역안에서 제한되는 행위 |
| 4. 토양보전대책지역 내역 |
|    가. 주소 |
|    나. 면적 |
|    다. 약도 |

※ 비고
1. 표지판의 규격은 가로 3미터, 세로 2미터, 높이 1.5미터 이상으로 하여야 한다.
2. 글자는 페인트 등을 사용하여 지워지지 아니하도록 하여야 한다.
3. 약도는 표지판 설치 위치에서 방향 및 지점 등을 누구나 알 수 있도록 작성하여야 한다.
4. 표지판은 사방에서 잘 보이는 곳에 견고하게 설치하여야 한다.

## 77 정답 ③

해설 제10조(오염토양의 정화기준 및 정화방법) 오염토양의 정화방법은 다음 각 호와 같다.
1. 미생물이나 식물을 이용한 오염물질의 분해·흡수 등 생물학적 처리
2. 오염물질의 차단·분리추출·세척처리 등 물리·화학적 처리
3. 오염물질의 소각·분해 등 열적 처리(열탈착법, 열분해법, 유리화법, 소각법 등)

**78** 정답 ④

해설 **제23조의3(토양관련전문기관의 결격사유)** : 다음 각 호의 어느 하나에 해당하는 자는 토양관련전문기관으로 지정될 수 없다.
1. 피성년후견인 또는 피한정후견인
2. 파산선고를 받고 복권되지 아니한 사람
3. 제23조의6에 따라 지정이 취소(이 조 제1호 또는 제2호에 해당하여 지정이 취소된 경우는 제외한다)된 후 2년이 지나지 아니한 자
4. 이 법을 위반하여 징역 이상의 실형을 선고받고 그 집행이 끝나거나(집행이 끝난 것으로 보는 경우를 포함한다) 면제된 날부터 2년이 지나지 아니한 사람
5. 임원 중에 제1호부터 제4호까지의 어느 하나에 해당하는 사람이 있는 법인

**79** 정답 ①

해설 **시행규칙 제3조(토양오염실태조사)** 특별시장·광역시장·특별자치시장·도지사·특별자치도지사(이하 "시·도지사"라 한다) 또는 시장·군수·구청장(자치구의 구청장을 말한다. 이하 같다)은 법 제5조제2항에 따라 토양오염실태조사를 할 때에는 공장·산업지역, 폐금속광산, 폐기물매립지역, 사격장 및 폐받침목 사용지역 주변 등 토양오염의 가능성이 큰 장소를 선정하여 조사하여야 한다.

**80** 정답 ①

해설 **시행령 제5조의3(둘 이상의 정화책임자에 대한 토양정화등의 명령 등)** ① 시·도지사 또는 시장·군수·구청장은 정화책임자가 둘 이상인 경우에는 다음 각 호의 순서에 따라 토양정밀조사, 오염토양의 정화 또는 오염토양 개선사업의 실시(이하 "토양정화등"이라 한다)를 명하여야 한다.
1. 정화책임자와 그 정화책임자의 권리·의무를 포괄적으로 승계한 자
2. 정화책임자 중 토양오염관리대상시설의 점유자 또는 운영자와 그 점유자 또는 운영자의 권리·의무를 포괄적으로 승계한 자
3. 정화책임자 중 토양오염관리대상시설의 소유자와 그 소유자의 권리·의무를 포괄적으로 승계한 자
4. 정화책임자 중 토양오염이 발생한 토지를 현재 소유 또는 점유하고 있는 자
5. 정화책임자 중 토양오염이 발생한 토지를 소유하였던 자

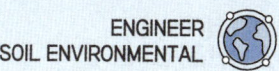

# UNIT 06 2021년 4회 정답 및 해설

| 01 ② | 02 ② | 03 ② | 04 ② | 05 ④ |
| --- | --- | --- | --- | --- |
| 06 ④ | 07 ② | 08 ② | 09 ③ | 10 ④ |
| 11 ① | 12 ④ | 13 ② | 14 ② | 15 ① |
| 16 ③ | 17 ② | 18 ① | 19 ① | 20 ② |
| 21 ③ | 22 ① | 23 ④ | 24 ④ | 25 ① |
| 26 ③ | 27 ④ | 28 ② | 29 ③ | 30 ② |
| 31 ③ | 32 ② | 33 ② | 34 ② | 35 ② |
| 36 ② | 37 ③ | 38 ② | 39 ② | 40 ② |
| 41 ① | 42 ④ | 43 ④ | 44 ④ | 45 ② |
| 46 ③ | 47 ② | 48 ① | 49 ② | 50 ② |
| 51 ④ | 52 ③ | 53 ② | 54 ② | 55 ① |
| 56 ② | 57 ② | 58 ② | 59 ② | 60 ① |
| 61 ③ | 62 ③ | 63 ② | 64 ② | 65 ③ |
| 66 ③ | 67 ② | 68 ② | 69 ② | 70 ② |
| 71 ① | 72 ② | 73 ② | 74 ② | 75 ③ |
| 76 ④ | 77 ③ | 78 ③ | 79 ③ | 80 ① |

**01 정답 ②**
해설 흡착된 물질 사이에는 인력이나 척력이 작용하지 않기 때문에 상호영향을 받지 않는다.

**02 정답 ②**
해설 토양공기 중의 $CO_2$의 농도는 대기 중의 농도보다 높고 $O_2$ 농도는 대기 중의 농도보다 낮다.

**03 정답 ②**
해설 식 공극률 = 비산출률 + 비보유율
0.6 = 0.3 + 비보유율, ∴ 비산출률 = 0.3

**04 정답 ②**
해설 식 $pF = \log(H)$
$4.18 = \log(H)$, ∴ $H = 10^{4.18} = 15,135.61\,cm$

**05 정답 ④**
해설 ④항만 올바르다.
오답해설
① 오염경로가 다양하고 타 매체와의 연관성이 크다.
② 오염의 발생과 오염에 따른 문제발생 간에 시간차가 매우 크다.
③ 토양 내의 중금속은 토양입자에 흡착된 중금속의 탈착과 토양 표면에 축적되었던 중금속이 강우에 의해 유출되면서 수계로 유입된다.

**06 정답 ④**
해설 ④항만 올바르다.
오답해설
① 카드뮴은 식물에 흡수될 수 있고 독성이 있다.
② 인산비료를 사용하면 토양 중 비소의 이동성이 증대된다.
③ 토양 중에 비소가 존재하면 토양 중 인의 정량이 어려워진다.

**07 정답 ②**
해설 Nitrosomonas는 $NH_3$를 $NO_2^-$로 변화시키는데 관여하는 미생물이다.
※ Nitrobacter는 $NO_2^-$를 $NO_3^-$로 변화시키는데 관여하는 미생물이다.

**08 정답 ②**
해설 탈질작용은 반응 후 산소가 소모되는 환원작용이다.
식 $2NO_3 + 5H_2 \rightarrow N_2 + 4H_2O + 2OH$ (탈질작용 - 환원반응)

**09 정답 ③**
해설 식 총 $CEC$ = Halloysite CEC + Smectite CEC
$40 \times 0.6 = (15 \times f_1 + 90 \times f_2)$
· $f_1 + f_2 = 0.6$, $f_1 = 0.6 - f_2$
$40 \times 0.6 = (15 \times (0.6 - f_2) + 90 \times f_2)$
∴ $f_2(Smectite) = 0.2$
∴ $f_1(Halloysite) = 0.4$

**10 정답 ④**
해설 ④항만 올바르다.
오답해설
① 토양용액의 $Al^{3+}$ 농도 증가
② 토양용액의 $PO_4^{3-}$ 농도 감소
③ 토양용액의 $HCO_3^-$ 농도 감소

**11 정답 ①**
해설 지하수면의 압력이 대기압보다 높은 대수층을 피압대수층이라 한다.

**12 정답 ④**
해설 BTEX는 LNAPL에 해당한다.

**13 정답 ②**
해설 지하수의 상향이동을 억제하여 토양표면의 염류함량을 저하시켜야 한다.

**14 정답 ②**
해설 식 $T = \dfrac{Q}{2\pi(h_2 - h_1)} \ln\left(\dfrac{r_2}{r_1}\right)$

- $Q = 0.08 m^3/\sec$
- $h_1$ : 양수정에서 $r_1$ 만큼 떨어진 지점의 수위(m) = $12m$
- $h_2$ : 양수정에서 $r_2$ 만큼 떨어진 지점의 수위(m) = $15m$
- $\therefore T = \dfrac{0.08}{2\pi \times (15-12)} \times \ln\left(\dfrac{20}{10}\right) = 2.94 \times 10^{-3} m^2/\sec$

15 정답 ①

해설

식 염기포화도(%) = $\dfrac{교환성\ 염기의\ meq}{양이온교환능력(CEC)} \times 100$

$\therefore$ 염기포화도(%) = $\dfrac{(13.8+4.2+0.4+0.1)}{(13.8+4.2+0.4+0.1+11.4)} \times 100$
$= 61.87\%$

식 수소포화도(%) = $\dfrac{수소이온의\ meq}{양이온교환능력(CEC)} \times 100$

$\therefore$ 수소포화도(%) = $\dfrac{11.4}{(13.8+4.2+0.4+0.1+11.4)} \times 100$
$= 38.13\%$

16 정답 ③

17 정답 ②

해설 비소의 용출억제에 효과적인 물질 : 칼슘, 철, 알루미늄

18 정답 ①

19 정답 ①

해설 점토광물별 양이온 교환능력

| 구분 | 카올리나이트 | 몬모릴로나이트 | 버미큘라이트 | 일라이트 | 클로라이트 |
|---|---|---|---|---|---|
| CEC (cmol/kg) | 2~15 | 80~150 | 100~200 | 20~40 | 10~40 |

20 정답 ②

해설

식 건조단위중량 = $\dfrac{토양질량}{토양부피} = \dfrac{습윤단위중량(전체단위중량)}{1+함수율}$
$= \dfrac{1.8}{1+0.25} = 1.44 t/m^3$

식 공극비($\epsilon$) = $\dfrac{V_v(공극\ 부피)}{V_s(토양입자부피)} = \dfrac{42}{50} = 0.84$

21 정답 ③

해설 유기인화합물 : 이피엔, 파라티온, 메틸디메톤, 다이아지논 및 펜토에이트

22 정답 ①

해설 누출검사대상시설내 기상부 높이가 400mm 이상인지를 확인한 후 가압한다.

23 정답 ④

해설 용액의 앞에 몇 %라고 한 것은 수용액을 말하며, 일반적으로 용액 100mL에 녹아있는 용액의 g 수를 나타낸다.

24 정답 ④

25 정답 ①

26 정답 ③

27 정답 ④

28 정답 ②

해설 시료용기에는 채취날짜, 위치, 시료명, 토양깊이, 채취자 등 시료내역을 기재한다.

29 정답 ①

해설 냉수는 15℃ 이하로 한다.

30 정답 ①

31 정답 ②

32 정답 ①

33 정답 ②

해설 [별표1] 오염등급의 구분

| 등급 | 등급기준 | 색 구분 | 예시 |
|---|---|---|---|
| I | 토양오염우려기준의 40%(중금속과 불소는 70%) 이하인 지역 | 흰색 | 4(7) 이하 |
| II | 토양오염우려기준의 40%(중금속과 불소는 70%) 초과부터 토양오염우려기준 이하인 지역 | 녹색 | 4(7) 초과 10 이하 |
| III | 토양오염우려기준 초과부터 토양오염대책기준 이하인 지역 | 노란색 | 10 초과 20 이하 |
| IV | 토양오염대책기준 초과지역 | 빨강색 | 20 초과 |

예시 : 토양오염우려기준이 10mg/kg, 토양오염대책기준이 20 mg/kg으로 가정하였을 경우 오염등급 판정

34 정답 ①

35 정답 ②

해설 검정곡선 작성법 : 절대검정곡선법, 상대검정곡선법(내부표준법), 표준물질첨가법

36 정답 ②

**37** 정답 ②

해설 식 $A = \log \dfrac{1}{t}$

- $A_1 = \log \dfrac{1}{0.75} = 0.1249$
- $A_2 = \log \dfrac{1}{0.5} = 0.3010$

흡광도와 농도는 비례하므로
0.1249 : 0.5mg/L = 0.3010 : $X$
∴ $X = 1.20 mg/L$

**38** 정답 ①

**39** 정답 ②

**40** 정답 ③

해설 식 $A = \log \dfrac{1}{t}$

$0.745 = \log \dfrac{1}{t}$, $\quad t = 1/10^{0.745} = 0.18 ≒ 18\%$

**41** 정답 ①

**42** 정답 ④

해설 열탈착법(Thermal desorption)은 ex-situ(굴착 후 처리) 처리방법이다.

**43** 정답 ④

해설 식 산소소모율(%/day)
$= \dfrac{Q}{\forall} \times (초기\ O_2(\%) - 배기가스중\ O_2(\%))$

∴ 산소소모율(%/day) $= \dfrac{1440}{2500 \times 0.15} \times (20.9 - 3) = 68.74\%$

**44** 정답 ④

해설 황화나트륨은 환원제로써 6가 크롬화합물이 존재하는 오염토양에 황화나트륨을 첨가하면 3가 크롬으로 환원된다.

**45** 정답 ②

해설 토양증기추출법은 중질유, 다환방향족탄화수소류(PAHs), PCB, 다이옥신, 중금속류에는 효과가 없다.

**46** 정답 ③

해설 **식물정화법의 처리기작** : 식물추출(phytoextraction), 식물안정화(phytostabilization), 식물휘발화(phytovolatilization), 식물변형(phytotrasformation), 식물분해(phytodegradation), 근권여과(rhizofiltration), 근권분해(rhizodegradation), 수리적 조절(hydraulic control)

**47** 정답 ②

해설 무기물질의 처리가 어렵다.

**48** 정답 ①

해설 수분 함량이 높은 오염토양의 경우 별도의 전처리가 필요하다.

**49** 정답 ③

해설 **열탈착기의 종류** : 로터리 킬른, 열 스크류, 유동상, 컨베이어 퍼니스(컨베이어로방식), 아스팔트 플랜트 어그리게이트 드라이어, 마이크로파 탈착장치

**50** 정답 ①

**51** 정답 ④

해설 저분자 할로겐 휘발성 물질의 처리에는 적합하다.

**52** 정답 ③

해설 과산화수소 2당 1의 산소가 발생된다는 것을 이용하여 반응식을 완성한 후 비례식으로 계산하여 답을 산출한다.

반응식 $C_6H_6 + 7.5O_2 \rightarrow 6CO_2 + 3H_2O$
반응식 $2H_2O_2 \rightarrow 2H_2O + O_2$
$\quad\quad 2 \quad : \quad 1$
$\quad\quad 15 \quad : \quad 7.5$
반응식 $C_6H_6 + 15H_2O_2 \rightarrow 6CO_2 + 18H_2O$
$\quad\quad 78kg \quad : \quad 15 \times 34kg$
$\quad\quad 40kg \quad : \quad X, \quad\quad ∴\ X = 261.54kg$

**53** 정답 ③

해설 배출된 공기를 처리하기 위한 별도의 공정이 필요하다. (바이오벤팅 공법에서는 선택사항)

**54** 정답 ③

해설 식 오염물의 질량(kg)
$= \dfrac{30mg}{L} \times (1{,}000 \times 0.4)m^3 \times \dfrac{10^3 L}{1m^3} \times \dfrac{1kg}{10^6 mg} = 12kg$

**55** 정답 ①

해설 수용체로 오염물질의 확산이 진행될 때 적용하기 어렵다.

**56** 정답 ③

해설 식 $t = \dfrac{L}{V} = 3m \times \dfrac{hr}{0.2m} = 15hr$

**57** 정답 ②

해설 **생물학적 통기법의 적용성 실험 항목** : 미생물 생분해 실험, 미생물 호흡률 측정실험(현장 호흡률 실험), 영향반경 실험

### 58 정답 ④
**해설** 진공압(진공정도)이 낮을수록 시설비용 및 유지비용이 낮아지고 균일한 처리가 가능하다.

### 59 정답 ②
**해설**
식 $\dfrac{X}{M} = K \times C^{\frac{1}{n}}$

$\dfrac{(35-2)}{M} = 0.4 \times 2^{\frac{1}{0.5}}$, $M = 20.625 mg/L$

∴ 활성탄의 양 $= \dfrac{20.625mg}{L} \times 5,000m^3 \times \dfrac{10^3 L}{1m^3} \times \dfrac{1kg}{10^6 mg}$
$= 103.13 kg$

### 60 정답 ①
**해설** 열탈착법은 카드뮴이나 수은을 제외한 중금속처리에는 불가능하고, 무기물질 및 방사성 물질의 처리가 어렵다.

### 61 정답 ③
**해설** 제ㅈㅋ19조의3(위해성평가의 항목 및 방법) 위해성평가를 하려는 자는 위해성평가 대상지역의 특성을 고려하여 다음 각 호의 사항을 포함한 위해성평가 계획서를 작성해야 한다. 이 경우 시·도지사, 시장·군수·구청장 또는 정화책임자는 위해성평가 계획서를 환경부장관에게 제출하여 검토를 받아야 한다.
1. 제1항에 따른 오염물질 중 위해성평가를 실시할 오염물질
2. 현장조사 방법
3. 오염물질의 노출경로
4. 독성평가 자료

### 62 정답 ④

### 63 정답 ④
**해설** 시행규칙 별표 2(특정토양오염관리대상시설)
1. 석유류의 제조 및 저장시설
2. 유해화학물질의 제조 및 저장시설
3. 송유관시설
4. 기타 위 관리대상시설과 유사한 시설로서 특별히 관리할 필요가 있다고 인정되어 환경부장관이 관계중앙행정기관의 장과 협의하여 고시하는 시설

### 64 정답 ④

### 65 정답 ③

### 66 정답 ③

### 67 정답 ①
**해설** 지하수의 수질보전 등에 관한 규칙 별표 4(지하수의 수질기준)

| 항목 | 이용목적별 | 생활용수 | 농·어업용수 | 공업용수 |
|---|---|---|---|---|
| 일반오염물질(4개) | 수소이온 농도(pH) | 5.8~8.5 | 6.0~8.5 | 5.0~9.0 |
| | 총대장균군 | 5,000 이하 (군수/100 mL) | – | – |
| | 질산성질소 | 20 이하 | 20 이하 | 40 이하 |
| | 염소이온 | 250 이하 | 250 이하 | 500 이하 |
| 특정유해물질(16개) | 카드뮴 | 0.01 이하 | 0.01 이하 | 0.02 이하 |
| | 비소 | 0.05 이하 | 0.05 이하 | 0.1 이하 |
| | 시안 | 0.01 이하 | 0.01 이하 | 0.2 이하 |
| | 수은 | 0.001 이하 | 0.001 이하 | 0.001 이하 |
| | 다이아지논 | 0.02 이하 | 0.02 이하 | 0.02 이하 |
| | 파라티온 | 0.06 이하 | 0.06 이하 | 0.06 이하 |
| | 페놀 | 0.005 이하 | 0.005 이하 | 0.01 이하 |
| | 납 | 0.1 이하 | 0.1 이하 | 0.2 이하 |
| | 크롬 | 0.05 이하 | 0.05 이하 | 0.1 이하 |
| | 트리클로로에틸렌 | 0.03 이하 | 0.03 이하 | 0.06 이하 |
| | 테트라클로로에틸렌 | 0.01 이하 | 0.01 이하 | 0.02 이하 |
| | 1.1.1-트리클로로에탄 | 0.15 이하 | 0.3 이하 | 0.5 이하 |
| | 벤젠 | 0.015 이하 | – | – |
| | 톨루엔 | 1 이하 | – | – |
| | 에틸벤젠 | 0.45 이하 | – | – |
| | 크실렌 | 0.75 이하 | – | – |

### 68 정답 ③
**해설**
- **1지역**: 지목이 전·답·과수원·목장용지·광천지·대·학교용지·구거(溝渠)·양어장·공원·사적지·묘지인 지역과 어린이 놀이시설(실외에 설치된 경우에만 적용한다) 부지
- **2지역**: 지목이 임야·염전·대(1지역에 해당하는 부지 외의 모든 대를 말한다)·창고용지·하천·유지·수도용지·체육용지·유원지·종교용지 및 잡종지인 지역
- **3지역**: 지목이 공장용지·주차장·주유소용지·도로·철도용지·제방·잡종지(2지역에 해당하는 부지 외의 모든 잡종지를 말한다)인 지역과 국방·군사시설 부지

**69** 정답 ①

해설 **제15조(원상복구 등)** 이 법 또는 다른 법률에 따른 허가·인가 등을 받거나 신고를 하고 지하수를 개발·이용하는 자가 다음 각 호의 어느 하나에 해당하는 경우에는 해당 시설 및 토지를 원상복구하여야 한다. 다만, 원상복구할 필요가 없는 경우로서 대통령령으로 정하는 경우에는 그러하지 아니하다.
1. 이 법 또는 다른 법률에 따른 허가·인가 등이 취소된 경우
2. 이 법 또는 다른 법률에 따른 허가·인가 등에 의한 개발·이용기간이 끝난 경우
3. 지하수의 개발·이용을 위하여 굴착한 장소에서 지하수가 채취되지 아니한 경우
4. 수질불량으로 지하수를 개발·이용할 수 없는 경우
5. 지하수의 개발·이용을 종료한 경우
6. 제8조의2에 따라 신고의 효력이 상실된 경우
7. 제9조의4에 따라 신고를 하고 토지를 굴착한 경우로서 같은 조 제1항 각 호의 어느 하나에 해당하는 행위를 종료한 경우
8. 그 밖에 원상복구가 필요한 경우로서 대통령령으로 정하는 경우

**70** 정답 ②

**71** 정답 ①

해설 **제11조의2(위해성평가의 대상 등)** "대통령령으로 정하는 방법"이란 다음 각 호의 어느 하나에 해당하는 방법을 말한다.
1. 해당 오염물질의 농도가 주변지역의 토양분석결과와 비슷함을 증명할 것
2. 해당 오염물질이 대상 부지의 기반암으로부터 기인하였음을 증명할 것
3. 그 밖에 과학적인 방법으로 해당 오염물질이 자연적인 원인으로 발생하였음을 증명할 것

**72** 정답 ③

해설 **제7조(지하수개발·이용의 허가)**
• 지하수를 개발·이용하려는 자는 대통령령으로 정하는 바에 따라 미리 시장(특별자치시장을 포함한다. 이하 같다)·군수·구청장의 허가를 받아야 한다. 다만, 다음 각 호의 어느 하나에 해당하는 경우에는 그러하지 아니하다.
 1. 자연히 흘러나오는 지하수 또는 다른 법률에 따른 허가·인가 등을 받거나 신고를 하고 시행하는 사업 등으로 인하여 부수적으로 발생하는 지하수를 이용하는 경우
 2. 동력장치를 사용하지 아니하고 가정용 우물 또는 공동우물을 개발·이용하는 경우
 3. 제13조제1항제1호에 따른 허가를 받은 경우
• 시장·군수·구청장은 다음 각 호의 어느 하나의 경우에는 제1항에 따른 허가를 하지 아니하거나 취수량을 제한할 수 있다.
 1. 지하수 채취로 인하여 인근 지역의 수원(水源)의 고갈 또는 지반의 침하를 가져올 우려가 있거나 주변 시설물의 안전을 해칠 우려가 있는 경우
 2. 지하수를 오염시키거나 자연생태계를 해칠 우려가 있는 경우
 3. 지하수의 적정 관리 또는 「국토의 계획 및 이용에 관한 법률」에 따른 도시·군관리계획, 그 밖에 공공사업에 지장을 줄 우려가 있는 경우
 4. 그 밖에 지하수를 보전하기 위하여 필요하다고 인정되는 경우로서 대통령령으로 정하는 경우

**73** 정답 ④

**74** 정답 ①

해설 **제5조(측정망설치계획의 고시)** 법 제6조의 규정에 의하여 환경부장관이 고시하는 측정망설치계획에는 다음 각 호의 사항이 포함되어야 한다.
1. 측정망 설치시기
2. 측정망 배치도
3. 측정지점의 위치 및 면적

**75** 정답 ③

해설 국립농업과학원은 수질검사전문기관에 해당한다.
**제17조의3(토양오염조사기관)** "대통령령으로 정하는 기관"이란 다음 각 호와 같다.
1. 국립환경과학원
2. 시·도 보건환경연구원
3. 유역환경청 또는 지방환경청
4. 한국환경공단

**76** 정답 ④

**77** 정답 ③

**78** 정답 ③

해설 **제15조(토양오염방지 조치명령 등)** 시·도지사 또는 시장·군수·구청장은 상시측정, 토양오염실태조사 또는 토양정밀조사의 결과 우려기준을 넘는 경우에는 대통령령으로 정하는 바에 따라 기간을 정하여 다음 각 호의 어느 하나에 해당하는 조치를 하도록 정화책임자에게 명할 수 있다. 다만, 정화책임자를 알 수 없거나 정화책임자에 의한 토양정화가 곤란하다고 인정하는 경우에는 시·도지사 또는 시장·군수·구청장이 오염토양의 정화를 실시할 수 있다.
1. 토양오염관리대상시설의 개선 또는 이전
2. 해당 토양오염물질의 사용제한 또는 사용중지
3. 오염토양의 정화

**79** 정답 ③

**80** 정답 ①

# UNIT 07 2022년 1회 정답 및 해설

| | | | | | | | | | |
|---|---|---|---|---|---|---|---|---|---|
| 01 | ① | 02 | ④ | 03 | ① | 04 | ① | 05 | ③ |
| 06 | ② | 07 | ① | 08 | ④ | 09 | ① | 10 | ④ |
| 11 | ④ | 12 | ① | 13 | ③ | 14 | ① | 15 | ③ |
| 16 | ③ | 17 | ② | 18 | ③ | 19 | ② | 20 | ① |
| 21 | ② | 22 | ③ | 23 | ② | 24 | ① | 25 | ① |
| 26 | ③ | 27 | ② | 28 | ③ | 29 | ② | 30 | ② |
| 31 | ② | 32 | ③ | 33 | ① | 34 | ③ | 35 | ④ |
| 36 | ② | 37 | ③ | 38 | ③ | 39 | ③ | 40 | ③ |
| 41 | ③ | 42 | ② | 43 | ③ | 44 | ③ | 45 | ④ |
| 46 | ③ | 47 | ④ | 48 | ③ | 49 | ① | 50 | ④ |
| 51 | ② | 52 | ③ | 53 | ② | 54 | ① | 55 | ② |
| 56 | ④ | 57 | ③ | 58 | ② | 59 | ③ | 60 | ① |
| 61 | ③ | 62 | ③ | 63 | ③ | 64 | ② | 65 | ④ |
| 66 | ③ | 67 | ② | 68 | ③ | 69 | ① | 70 | ① |
| 71 | ③ | 72 | ④ | 73 | ③ | 74 | ① | 75 | ③ |
| 76 | ④ | 77 | ① | 78 | ④ | 79 | ② | 80 | ③ |

**01 정답 ①**

해설
㉠ 모래(sand) : 직경 0.05~2mm
㉡ 미사(silt) : 직경 0.002~0.05mm(2~5㎛)
㉢ 점토(clay) : 직경 0.002mm(2㎛)

**02 정답 ④**

해설 비중계(중량)법은 직접법으로 비파괴방식이 아니다.
- 간접법 : TDR법, 중성자법, 텐시오메타, 전기저항법

**03 정답 ①**

**04 정답 ①**

**05 정답 ③**

해설 토양 내 점토의 함량이 많을수록 용적열용량은 커진다. (점토가 많을수록 토양의 밀도는 커진다.)

식 용적열용량 = 비열 × 밀도
※ 토양의 수분함량이 높을수록 비열이 커져 용적열용량은 커진다.

**06 정답 ②**

해설 식 $공극률(\%) = \left(\dfrac{공극 부피}{전체 부피}\right) \times 100$

$= \left(\dfrac{물의 질량 \times \dfrac{1}{물의 밀도}}{전체 부피}\right) \times 100$

$= \left(\dfrac{\left(825g - 500cm^3 \times \dfrac{1.2g}{cm^3}\right) \times \dfrac{1cm^3}{1g}}{500cm^3}\right) \times 100$

$= 45\%$

**07 정답 ①**

해설 식 $C_m(혼합농도) = \dfrac{C_1 V_1 + C_2 V_2}{V_1 + V_2} = \dfrac{50 \times 100 + 85 \times 40}{100 + 40}$

$= 60mg/kg$

**08 정답 ④**

**09 정답 ①**

해설 구리는 토양이 염기성조건일 때 용해도가 감소한다.

**10 정답 ④**

**11 정답 ④**

**12 정답 ①**

해설 $Al_2O_3$는 양쪽성 산화물이다.

**13 정답 ③**

**14 정답 ①**

해설 ①항만 대상물질이 산소를 잃거나 수소 또는 전자를 얻는 환원반응이고 나머지는 산소를 얻거나 수소 또는 전자를 잃는 산화반응이다.

**15 정답 ③**

**16 정답 ③**

해설 토양 중에 식물이 흡수 이용할 수 있는 형태의 무기태(무기성) 질소는 2~3% 정도이다. 유기성 질소는 무기성으로 변환되어야 흡수할 수 있다.

**17 정답 ②**

**18 정답 ③**

해설 식 $n(공극률) = S_y(비산출율) + S_r(비보유율)$
$0.53 = 0.15 + S_r(비보유율)$, ∴ $S_r = 0.38$

**19 정답 ②**

해설 산화환원전위(Eh)는 호기성과 혐기성의 정도를 알 수 있는 지표이다.

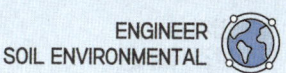

**20** 정답 ②
해설 양이온치환용량(CEC) : 토양이나 교질물 100g이 보유하고 있는 치환성 양이온의 합

**21** 정답 ②
해설 **6가크롬 분석방법** : 자외선/가시선 분광법, 이온크로마토그래피-가시선/자외선분광법

**22** 정답 ③
해설 **식** pH = 14 − pOH
**반응식** NaOH ⇌ Na⁺ + OH⁻
　　　　　1　：　1　：　1
　　　　0.001　：0.001：0.001
- $pOH = \log\left(\dfrac{1}{0.001}\right) = 3$
∴ pH = 14 − 3 = 11

**23** 정답 ②
해설 불소(플루오르) 측정방법 : 자외선/가시선 분광법

**24** 정답 ①

**25** 정답 ①
해설 분석대상물질에 따라 표준체로 체걸음 한 뒤에 시료를 각각 균등량(약 200g)씩 취하여 사분법 등에 의해 균일하게 혼합하여 분석용 시료로 한다.

**26** 정답 ③

**27** 정답 ②

**28** 정답 ①
해설 이격거리의 1.5배의 깊이에서 채취한다.

**29** 정답 ②

**30** 정답 ②
해설 시료셀에는 시험용액을, 대조셀에는 따로 규정이 없는 한 정제수를 넣는다.

**31** 정답 ②

**32** 정답 ③
해설 벤젠, 톨루엔, 에틸벤젠, 크실렌, 트리클로로에틸렌 및 테트라클로로에틸렌 시험용 시료의 경우, 시료부위의 토양을 즉시 한쪽이 터진 10mL 정도의 스테인리스, 알루미늄 또는 유리재질의 주사기 또는 코어샘플러를 사용하여 3곳에서 각각 약 2mL씩 채취한다.

**33** 정답 ①
해설 플라스마의 최고온도는 15,000K에 이른다.

**34** 정답 ④

**35** 정답 ④
해설 구리, 납, 아연, 카드뮴, 니켈 : 토양을 왕수로 산분해
**[6가크롬]**
① 시료 중에 잔류염소가 공존하면 발색을 방해한다. 이때는 시료에 수산화나트륨용액(20%)을 넣어 pH 12 정도로 조절한 다음 입상활성탄을 10% 정도 되게 넣고 자석교반기로 약 30분간 교반하여 여과한 액을 시료로 사용한다.
② 시료 중 철이 2.5mg 이하로 공존할 경우에는 디페닐카바지드 용액을 넣기 전에 5% 피로인산나트륨-10수화물용액 2mL를 넣어 주면 영향이 없다.

**36** 정답 ②
해설 **식** $TPH(mg/kg) = \dfrac{305.5ng \times \dfrac{1mg}{10^6 ng}}{20.5g \times \dfrac{1kg}{10^3 g}} \times \dfrac{2mL}{2\mu L} \times \dfrac{10^3 \mu L}{1mL}$
　　　　　= 14.90 mg/kg

**37** 정답 ③
해설 **누출검지관** : 액체의 누출여부를 누출검사대상시설 외부에서 직접 또는 간접적으로 확인하기 위해 설치된 관을 말한다.

**38** 정답 ③
해설 감압 또는 진공이라 함은 따로 규정이 없는 한 15mmHg 이하를 말한다.

**39** 정답 ③
해설 유기인화합물의 기체크로마토그래피 사용 검출기 : NPD, FPD, FTD, ECD

**40** 정답 ③
해설 원자흡수분광광도계에 사용하는 광원은 원자흡광스펙트럼의 선폭보다 좁은 선폭을 가지고 휘도가 높은 스펙트럼을 방사하는 램프를 사용한다.

**41** 정답 ③
해설 지하수가 통과하는 곳에 반응벽체를 설치하여 지하수를 정화하는 기술이다.

**42** 정답 ②
해설 열탈착기술은 중금속의 처리에 부적합하다.

**43** 정답 ④

해설 박테리아의 대사 작용에서 전자수용체는 호기성에서는 $O_2$, 혐기성에서는 $SO_4$, $NO_3$, $HCO_3$, $Fe^{3+}$(Ⅲ)의 물질을 사용한다.

**44** 정답 ③

해설 PCB는 주로 열탈착법, 소각법으로 처리된다. 토양증기추출법은 휘발성이 높은 물질에 대해서는 효과가 뛰어나지만, 중질유, 중금속, PCB, 다이옥신, PAHs의 정화에는 부적합하다.

**45** 정답 ④

**46** 정답 ③

해설 석회질 자재를 투여하고 pH를 높일 경우 Cu, Cd, Zn, Mn, Fe 등은 수산화물로 침전된다.

**47** 정답 ④

**48** 정답 ②

해설 식 $Q(C_0 - C_t) = K \cdot \forall \cdot C_t^n$
$500 \times (1,200 - 50) = 0.25 \times \forall \times 50^1$, ∴ $\forall = 46,000 L$

**49** 정답 ①

**50** 정답 ④

해설 열탈착공법은 전처리가 필요하고 수분함량에 따라 처리능력이 반비례한다.

**51** 정답 ①

해설 공기주입정은 피압대수층에 설치되지만, 복원공정이 적용되는 오염토양은 투과성이 높은 비피압대수층에 적용이 유리하다.

**52** 정답 ③

해설
식 $C_6H_6 + 7.5O_2 \rightarrow 6CO_2 + 3H_2O$
78mg : 7.5×32mg
2mg : X, ∴ $X = 6.15mg$

**53** 정답 ②

**54** 정답 ①

해설 식 산소소모율(%/day) = $\dfrac{Q}{\forall} \times$ (초기 $O_2$ - 배기가스중 $O_2$)

∴ 산소소모율(%/day) = $\dfrac{1,000 m^3/day}{1,000 m^3 \times 0.4} \times (21\% - 12\%) = 22.5\%$

**55** 정답 ②

해설
식 $\dfrac{D_1}{D_2} = \left(\dfrac{MW_2}{MW_1}\right)^{0.5}$

- 벤젠의 분자량 = $C_6H_6 = 78$
- 톨루엔의 분자량 = $C_7H_8 = 92$ (92.13으로 하여도 무방)

$\dfrac{1.02 \times 10^5}{D_2} = \left(\dfrac{92}{78}\right)^{0.5}$,

∴ $D_2 = 9.3919 \times 10^{-6} = 0.939 \times 10^{-5}$

**56** 정답 ④

해설 추출된 기체를 처리하기 위한 별도의 대기오염방지시설이 반드시 필요하다. (대기오염방지시설이 필요하지 않은 것은 바이오벤팅이다.)

**57** 정답 ①

해설 대상부지의 지층이 균일해야 한다.

**58** 정답 ②

해설 유기물질의 분자량이 클수록 탈착이 느리게 일어난다.

**59** 정답 ①

해설 높은 중금속 농도(2,500mg/kg 이상)의 토양처리가 어렵다.

**60** 정답 ①

해설
식 최소 오존량(kg/day) = $\dfrac{1.4mg}{L \cdot min} \times 60min \times \dfrac{1,700L}{min} \times \dfrac{1kg}{10^6 mg}$
$\times \dfrac{1440min}{1day} = 205.63 kg/day$

**61** 정답 ③

해설 **시행규칙 제5조(측정망설치계획의 고시)** ① 법 제6조의 규정에 의하여 환경부장관이 고시하는 측정망설치계획에는 다음 각호의 사항이 포함되어야 한다.
1. 측정망 설치시기
2. 측정망 배치도
3. 측정지점의 위치 및 면적

**62** 정답 ③

해설 "토양정화"란 생물학적 또는 물리적·화학적 처리 등의 방법으로 토양 중의 오염물질을 감소·제거하거나 토양 중의 오염물질에 의한 위해를 완화하는 것을 말한다.

**63** 정답 ④

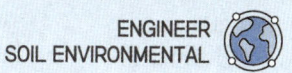

**64** 정답 ②

해설 법 제23조의3(토양관련전문기관의 결격사유) 다음 각 호의 어느 하나에 해당하는 자는 토양관련전문기관으로 지정될 수 없다.
1. 피성년후견인 또는 피한정후견인
2. 파산선고를 받고 복권되지 아니한 사람
3. 지정이 취소된 후 2년이 지나지 아니한 자
4. 이 법을 위반하여 징역 이상의 실형을 선고받고 그 집행이 끝나거나(집행이 끝난 것으로 보는 경우를 포함한다) 면제된 날부터 2년이 지나지 아니한 사람
5. 임원 중에 제1호부터 제4호까지의 어느 하나에 해당하는 사람이 있는 법인

**65** 정답 ④

해설
**시행규칙 별표 11의 2(토양정화업자의 준수사항)**
1. 기술인력은 해당분야에 종사하게 하여야 한다.
2. 토양정화업자는 매년 1월 31일까지 전년도의 토양정화 실적을 시·도지사에게 보고하여야 한다.
3. 오염토양을 운반하는 때에는 오염토양이 흩날리지 않도록 하여야 하며, 침출수가 유출되지 아니하도록 하여야 한다.
4. 위탁받은 오염토양을 반입정화시설이 아닌 다른 곳에 보관하여서는 아니되며, 반입정화시설 또는 정화현장 입구에는 오염토양 정화 또는 반입정화시설임을 표시하는 가로 100센티미터 이상, 세로 50센티미터 이상의 표지판을 지상 100센티미터 이상의 높이에 설치하여야 한다. 이 경우 표지판에는 오염토양의 양, 정화공법, 정화기간 및 관리자의 주소·성명·전화번호 등을 기재하여야 한다.
5. 정화현장에 오염토양의 정화공정도 및 정화일지를 작성하여 비치하고, 정화일지는 2년간 보관하여야 한다.
6. 토양관련전문기관의 정화검증을 위한 정화현장 방문, 시료의 채취 등 검증업무수행을 방해하여서는 아니된다.

**66** 정답 ③

해설 지하수법 제6조(지하수관리기본계획의 수립) 환경부장관은 지하수의 체계적인 개발·이용 및 효율적인 보전·관리를 위하여 다음 각 호의 사항이 포함된 10년 단위의 지하수관리기본계획을 수립하여야 한다.
1. 지하수의 부존 특성 및 개발 가능량
2. 지하수의 이용실태
3. 지하수의 이용계획
4. 지하수의 보전계획
5. 지하수의 수질관리 및 정화계획
6. 그 밖에 지하수의 관리에 관한 사항

**67** 정답 ②

**68** 정답 ③

**69** 정답 ①

해설 퍼지·트랩장치, 가스크로마토그래프 질량분석기 각각 1대를 구비해야 한다.

**70** 정답 ①

해설 법 제26조의5(청문) 환경부장관, 시·도지사 또는 시장·군수·구청장은 다음 각 호의 어느 하나에 해당하는 처분을 하려면 청문을 하여야 한다.
1. 제21조제3항에 따른 시설의 철거명령
2. 제23조의6에 따른 토양관련전문기관의 지정취소
3. 제23조의10에 따른 토양정화업의 등록취소

**71** 정답 ③

**72** 정답 ④

해설 법 제23조의2(토양관련전문기관의 종류 및 지정 등)
3. 토양오염조사기관 : 다음 각 목의 업무를 수행하는 기관
  가. 토양정밀조사
  나. 토양오염도검사
  다. 토양정화의 검증
  라. 오염토양 개선사업의 지도·감독
  마. 그 밖에 이 법 또는 다른 법령에 따라 토양오염의 현황 등을 파악하기 위하여 실시하는 조사

**73** 정답 ③

해설 법 제5조(토양오염도 측정 등) ④ 환경부장관, 시·도지사 또는 시장·군수·구청장은 토양보전을 위하여 필요하다고 인정하면 다음 각 호의 어느 하나에 해당하는 지역에 대하여 토양정밀조사를 할 수 있다.
1. 상시측정(이하 "상시측정"이라 한다)의 결과 우려기준을 넘는 지역
2. 토양오염실태조사의 결과 우려기준을 넘는 지역
3. 다음 각 목의 어느 하나에 해당하는 지역으로서 환경부장관, 시·도지사 또는 시장·군수·구청장이 우려기준을 넘을 가능성이 크다고 인정하는 지역
  가. 토양오염사고가 발생한 지역
  나. 「산업입지 및 개발에 관한 법률」 제2조제5호에 따른 산업단지(농공단지는 제외한다)
  다. 「광산피해의 방지 및 복구에 관한 법률」 제2조제4호에 따른 폐광산(廢鑛山)의 주변지역
  라. 「폐기물관리법」 제2조제8호에 따른 폐기물처리시설 중 매립시설과 그 주변지역
  마. 그 밖에 환경부령으로 정하는 지역

## 74 정답 ①
해설 시안 : 5mg/kg

## 75 정답 ③
해설 시행규칙 별표 8(토양보전대책지역 지정표지판)
1. 지정목적
2. 지정일자 :     년     월     일
3. 토양보전대책지역안에서 제한되는 행위
4. 토양보전대책지역 내역
   가. 주소
   나. 면적
   다. 약도

※ 비고
1. 표지판의 규격은 가로 3미터, 세로 2미터, 높이 1.5미터 이상으로 하여야 한다.
2. 글자는 페인트 등을 사용하여 지워지지 아니하도록 하여야 한다.
3. 약도는 표지판 설치 위치에서 방향 및 지점 등을 누구나 알 수 있도록 작성하여야 한다.
4. 표지판은 사방에서 잘 보이는 곳에 견고하게 설치하여야 한다.

## 76 정답 ④
해설

| 시행규칙 별표 1(토양오염물질) | |
|---|---|
| 1. 카드뮴 및 그 화합물 | 16. 에틸벤젠 |
| 2. 구리 및 그 화합물 | 17. 크실렌 |
| 3. 비소 및 그 화합물 | 18. 석유계총탄화수소 |
| 4. 수은 및 그 화합물 | 19. 트리클로로에틸렌 |
| 5. 납 및 그 화합물 | 20. 테트라클로로에틸렌 |
| 6. 6가크롬화합물 | 21. 벤조(a)피렌 |
| 7. 아연 및 그 화합물 | 22. 1,2-디클로로에탄 |
| 8. 니켈 및 그 화합물 | 23. 다이옥신 (푸란을 포함한다) |
| 9. 불소화합물 | |
| 10. 유기인화합물 | 24. 그 밖에 위 물질과 유사한 토양오염물질로서 토양오염의 방지를 위하여 특별히 관리할 필요가 있다고 인정되어 환경부장관이 고시하는 물질 |
| 11. 폴리클로리네이티드비페닐 | |
| 12. 시안화합물 | |
| 13. 페놀류 | |
| 14. 벤젠 | |
| 15. 톨루엔 | |

## 77 정답 ①
해설 시행령 제18조(권한의 위임·위탁) 환경부장관은 다음의 권한을 유역환경청장 또는 지방환경청장에게 위임한다.
1. 법 제5조제1항의 규정에 의한 측정망의 설치 및 상시측정
2. 법 제5조제4항제1호·제2호 및 같은 항 제3호가목에 따른 토양정밀조사
3. 법 제7조제1항의 규정에 의한 토지등의 수용 또는 사용
4. 법 제23조의2제2항제1호 및 같은 조 제4항에 따른 토양환경평가기관의 지정 및 공고
5. 법 제23조의6에 따른 토양환경평가기관에 대한 행정처분
5의2. 법 제23조의12제3항에 따른 토양환경평가기관의 지위승계 신고의 접수·처리
6. 법 제26조의2제2항에 따른 토양환경평가기관에 대한 보고·자료제출 요구 및 검사
7. 법 제26조의5제2호에 따른 토양환경평가기관의 지정 취소에 대한 청문
8. 법 제32조에 따른 과태료의 부과·징수 (유역환경청장 또는 지방환경청장에게 위임된 권한과 관련된 과태료의 부과·징수만 해당한다)

## 78 정답 ④

## 79 정답 ②
해설 시행령 제13조(오염토양개선사업의 종류) 법 제18조제4항에 따른 오염토양개선사업의 종류는 다음 각 호와 같다.
1. 객토 및 토양개량제의 사용등 농토배양사업
2. 오염된 수로의 준설사업
3. 오염토양의 위생적 매립·정화사업
4. 오염물질의 흡수력이 강한 식물식재사업
5. 그 밖에 특별자치시장·특별자치도지사·시장·군수·구청장이 필요하다고 인정하는 사업

## 80 정답 ③

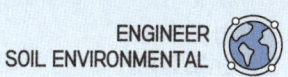

# UNIT 08  2022년 2회 정답 및 해설

| 01 ② | 02 ③ | 03 ② | 04 ④ | 05 ① |
| 06 ④ | 07 ② | 08 ② | 09 ② | 10 ① |
| 11 ③ | 12 ④ | 13 ① | 14 ① | 15 ④ |
| 16 ③ | 17 ② | 18 ② | 19 ③ | 20 ① |
| 21 ② | 22 ② | 23 ② | 24 ③ | 25 ② |
| 26 ④ | 27 ④ | 28 ② | 29 ① | 30 ③ |
| 31 ④ | 32 ③ | 33 ④ | 34 ③ | 35 ② |
| 36 ④ | 37 ③ | 38 ① | 39 ③ | 40 ③ |
| 41 ④ | 42 ② | 43 ② | 44 ④ | 45 ③ |
| 46 ② | 47 ① | 48 ③ | 49 ② | 50 ③ |
| 51 ② | 52 ④ | 53 ④ | 54 ④ | 55 ① |
| 56 ① | 57 ④ | 58 ④ | 59 ④ | 60 ① |
| 61 ② | 62 ② | 63 ② | 64 ② | 65 ① |
| 66 ④ | 67 ② | 68 ④ | 69 ④ | 70 ④ |
| 71 ③ | 72 ③ | 73 ③ | 74 ③ | 75 ① |
| 76 ③ | 77 ③ | 78 ② | 79 ③ | 80 ② |

**01 정답 ②**
해설 지하수면 아래에 지배적으로 오염운을 형성시킬 수 있는 오염물질은 물보다 무거운 DNAPL 물질이다.
- 대표적 LNAPL 물질 : BTEX, VOCs, TPH, MTBE
- 대표적 DNAPL 물질 : PCB, TCE, PCE, 클로로페놀, 클로로벤젠

**02 정답 ③**

**03 정답 ②**
해설 투수성 기질로 채워진 원통을 통해 나오는 유량은 수두차에 비례한다.
식 $Q = A \cdot \dfrac{K \cdot I}{L} = A \cdot \dfrac{K \cdot (\Delta h/L')}{L}$

**04 정답 ④**
해설 포화대의 저류 특성을 나타내는 인자 : 공극률, 비산출률, 비보유율, 저류계수

**05 정답 ①**
해설 양이온교환용량이 클수록 염기성물질이 많은 토양이 되고 pH 변화에 적응하는 완충력이 커진다.

**06 정답 ④**
해설 지하수 : 지하의 지층이나 암석 사이의 빈틈을 채우고 있는 물 (토양 표면 수 m 깊이 내에 존재하는 물은 엄밀한 의미에서 지하수는 아니며 편의상 "천층수"라고 부르고 있다.)

**07 정답 ②**
해설 토양 내 염류 용탈을 촉진한다.
[토양 수분의 생물적 분류]
- **과잉수분** : 포장 용수량으로 보유되어 있는 수분보다 과잉으로 있는 수분, 식물에 유익하지 않으며, 통기를 저해하고 질산화, 질소고정 세균의 활동이 저해를 받는다.
- **유효수분** : pF 2.5 ~ 4.2의 수분으로 식물 이용가능한 수분이다.
- **무효수분** : 영구 위조점에서 토양에 보유되어 있는 수분으로 일반 고등식물의 생육에 도움이 되지 않으며, 미생물이 이용하기도 어렵다.

**08 정답 ②**
해설 차수능력이 높다.

**09 정답 ②**
해설 산화환원전위는 토양이 혐기성인지 호기성인지 여부를 판단할 수 있고, 이를 통해 산화반응(호기성)시 생성/감소되는 물질과 환원반응(혐기성)시 생성/감소되는 물질을 파악할 수 있다. 양이온교환용량의 파악은 어렵다.

**10 정답 ①**
식 토양시료 전체부피 = 공극부피 × $\dfrac{1}{\text{공극률}}$ = $(10+5) \times \dfrac{1}{0.2}$
= $75 cm^3$

**11 정답 ③**
해설 수소분압이 낮은 곳에서 생존력이 강한 것은 혐기성 미생물이다. 사상균은 호기성 미생물이다.

**12 정답 ④**
해설 우량계수(우량인자)는 기온과 강수량의 관계를 알 수 있는 인자로 기후의 건습정도를 나타내는 기준으로 사용된다. (한국은 대체로 70~100)

**13 정답 ①**
해설 미생물에 의해 토양 입단화가 촉진되는 것은 산성화가 방지되는 현상이다.

**14 정답 ①**
해설 수화도가 작은 $Ca^{2+}$은 입단생성에 유리하며, 수화도가 큰 $Na^+$은 입단파괴작용을 한다.

**15** 정답 ④

해설 식 $R_f(지연계수) = 1 + \dfrac{\rho_d \times K_d}{n}$

- $\rho_d$ : 건조단위중량
- $K_d$ : 분배계수
- $n$ : 공극률

∴ $R_f(지연계수) = 1 + \dfrac{1.35 \times 3.34}{0.3} = 16.03$

**16** 정답 ③

**17** 정답 ③

**18** 정답 ②

해설 팽창성이 없다.

**19** 정답 ③

해설 물리적 흡착은 반데르발스 힘에 의해 토양 중의 오염물질이 토양 표면에 결합할 때 일어난다.

**20** 정답 ①

해설 [이온교환크기순서]
$Al^{3+} > Ca^{2+} > Mg^{2+} > NH_4^+ > K^+ > Na^+$

**21** 정답 ②

해설 식 수분함량(%) = $\dfrac{수분}{시료} \times 100 = \dfrac{74.216 - 61.347}{74.216 - 38.453} \times 100$
= 35.98%

**22** 정답 ②

해설 수산염 표준용액(pH 1.68) < 프탈산염 표준용액(pH 4.00) < 인산염 표준용액(pH 6.88) < 붕산염 표준용액(pH 9.22) < 탄산염 표준용액(pH 10.07) < 수산화칼슘 표준용액(pH 12.45) (암기법 수 - 프 - 인 - 붕 - 탄 - 슘)

**23** 정답 ①

**24** 정답 ③

해설 [측정오류의 원인]
- 측정 중 충격 및 진동에 의한 액면의 변동
- 측정시간이 지나치게 짧을 때
- 측정 중 과도한 온도 변화에 의한 유류의 체적변화
- 액량변화를 감지하는 기구가 적정한 위치에 있지 않을 때

**25** 정답 ③

**26** 정답 ④

해설 중금속 전함량 분석대상 물질은 눈금간격 0.15mm의 표준체(100메쉬), 수소이온농도는 눈금간격 2mm의 표준체(10메쉬), 불소는 눈금간격 0.075mm의 표준체(200메쉬)로 체거름 한 시료를 각각 균등량(약 200g)씩 취하여 사분법 등에 의해 균일하게 혼합하여 분석용 시료로 한다.

**27** 정답 ④

해설 ④항만 올바르다.

오답해설
① 정량한계 : 0.05mg/kg 이상
② 운반기체 유속 : 0.5 ~ 3mL/분
③ 시험방법 : 기체크로마토그래프

**28** 정답 ②

**29** 정답 ①

**30** 정답 ③

**31** 정답 ③

**32** 정답 ③

해설

| 조사면적 | 시료채취 지점 수 산정기준 | 최소 지점 수 |
|---|---|---|
| 면적 ≤ 10,000㎡ | 10,000㎡당 1개 이상 | 1 |
| 10,000㎡ < 면적 ≤ 20,000㎡ | | 2 |
| ⋮ | | ⋮ |
| 90,000㎡ < 면적 ≤ 100,000㎡ | | 10 |
| 100,000㎡ < 면적 ≤ 150,000㎡ | 100,000㎡까지는 10,000㎡당 1개 이상과 100,000㎡를 초과할 때부터는 50,000㎡당 1개 이상 추가 | 11 |
| 150,000㎡ < 면적 ≤ 200,000㎡ | | 12 |
| 200,000㎡ < 면적 ≤ 250,000㎡ | | 13 |
| ⋮ | | ⋮ |

**33** 정답 ④

**34** 정답 ④

해설 상세조사는 개황조사 결과 우려기준을 초과하거나 오염이 우려되는 농도에 해당하는 지역과 심도를 대상으로 실시한다.

**35** 정답 ②

**36** 정답 ②
해설 인증표준물질을 분석한 값이 9mg/kg이고, 인증값이 10mg/kg일 때의 정확도는 90%이다.

**37** 정답 ②

**38** 정답 ①

**39** 정답 ①
해설 머무름시간으로부터 정성분석을 할 수 있고 피크의 높이와 넓이로부터 정량분석을 할 수 있다.

**40** 정답 ③
해설
- 원자흡수분광광도법의 광원 : 속빈음극램프(중공음극램프)
- 흡광광도법(자외선/가시선 분광법)의 광원 : 텅스텐램프(가시부, 근적외부용), 중수소방전관(자외부용)

**41** 정답 ④
해설 식 산소량 = 가솔린 $\times \dfrac{산소\ 2mg}{가솔린\ 1mg}$ = $500kg \times \dfrac{2}{1}$ = $1,000kg$

**42** 정답 ②
해설 [석유계화합물 물질별 적정처리온도] - 처리온도는 끓는점과 비례
- 휘발유 : 60~200℃
- JP-4 : 150~220℃, JP-5 : 200~300℃ ← 제트유
- 케로젠 : 200~290℃
- 등유 : 250~350℃ (준휘발성)
- 경유 : 250~350℃ (준휘발성)
- 중유(난방유) : 300~550℃(A, B, C 또는 No.3, No.4, No.6로 분류)
- 윤활유 : 400~650℃ (비휘발성)

순서 : 휘발유 < 제트유 < 등유 < 경유 < No. 3 < No. 4 < No. 6 < 윤활유

**43** 정답 ④

**44** 정답 ②
해설 식 산소소모율(%/d) = $\dfrac{Q}{\forall}$(초기 $O_2$ - 배기가스 $O_2$)
= $\dfrac{50}{100 \times 0.4} \times (21-11)$ = $12.5\%/d$

**45** 정답 ③
해설 모 오염물질 농도가 감소할 때 자연저감이 이루어진 것으로 판단할 수 있다.

**46** 정답 ②
해설 식 정화부지 면적($m^2$) = $\dfrac{부피}{높이}$ = $\dfrac{5,000}{2.5}$ = $2,000m^2$

**47** 정답 ①
해설 토양 내에 휴믹질 등 유기물이 존재하는 경우에 효율이 저하된다.

**48** 정답 ①
해설 유기물의 농도, 넓은 부지, Channel 현상(편류현상)은 고려되지 않는 사항이다.

**49** 정답 ②

**50** 정답 ③

**51** 정답 ③
해설 열탈착기의 종류 : 로터리 킬른, 열 스크류, 유동상, 컨베이어 퍼니스(컨베이어로방식), 아스팔트 플랜트 어그리게이트 드라이어, 마이크로파 탈착장치

**52** 정답 ④
해설 염류 집적은 강수량 저하가 원인이 된다.

**53** 정답 ④
해설 별도의 포집가스 처리시설이 필요하지 않다.

**54** 정답 ③
해설 광산배수 처리기술 : Limestone Drains(석회배수), 인공소택지법, SAPS(Successive Alkalinity Producing Systems), DW(Diversion Well)

**55** 정답 ①
해설 추출정이 지하수층까지 도달하지 않게 설치하여야 한다.

**56** 정답 ①
해설 식 자연저감기간 = $\dfrac{농도}{생분해\ 속도}$

- 자연저감기간(최소농도 기준)
= $\dfrac{10,000mg}{kg} \times \dfrac{kg \cdot day}{4mg} \times \dfrac{1년}{365day}$ = $6.85년$

- 자연저감기간(최대농도 기준)
= $\dfrac{50,000mg}{kg} \times \dfrac{kg \cdot day}{4mg} \times \dfrac{1년}{365day}$ = $34.25년$

∴ 자연저감기간 : 6.85 ~ 34.25년

**57** 정답 ④
해설 열탈착법에 영향을 미치는 토양 특성 : 토양가스성, 입도분포, 수분함량, 유기물농도, 금속농도, 열용량, 겉보기밀도

**58** 정답 ①
해설 염소계 화합물을 저온열탈착법으로 처리 시 생성될 수 있다. 고온 열탈착법에서는 다이옥신 문제가 없다.

**59** 정답 ④
해설 입자가 큰 사질토양이 점토질토양에 비해 풍식을 받기 쉽다.

**60** 정답 ②
해설 적절한 토양함수비를 맞추기 위한 가수분해과정이 필요하지 않다.

**61** 정답 ②
해설 지하수의 수질보전 등에 관한 규칙 별표 4(지하수의 수질기준) (단위: mg/L)

| 항목 | | 이용목적별 생활용수 | 농·어업 용수 | 공업용수 |
|---|---|---|---|---|
| 일반 오염 물질 (4개) | 수소이온 농도(pH) | 5.8~8.5 | 6.0~8.5 | 5.0~9.0 |
| | 총대장균군 | 5,000 이하 (군수/100mL) | – | – |
| | 질산성질소 | 20 이하 | 20 이하 | 40 이하 |
| | 염소이온 | 250 이하 | 250 이하 | 500 이하 |
| 특정 유해 물질 (16개) | 카드뮴 | 0.01 이하 | 0.01 이하 | 0.02 이하 |
| | 비소 | 0.05 이하 | 0.05 이하 | 0.1 이하 |
| | 시안 | 0.01 이하 | 0.01 이하 | 0.2 이하 |
| | 수은 | 0.001 이하 | 0.001 이하 | 0.001 이하 |
| | 다이아지논 | 0.02 이하 | 0.02 이하 | 0.02 이하 |
| | 파라티온 | 0.06 이하 | 0.06 이하 | 0.06 이하 |
| | 페놀 | 0.005 이하 | 0.005 이하 | 0.01 이하 |
| | 납 | 0.1 이하 | 0.1 이하 | 0.2 이하 |
| | 크롬 | 0.05 이하 | 0.05 이하 | 0.1 이하 |
| | 트리클로로에틸렌 | 0.03 이하 | 0.03 이하 | 0.06 이하 |
| | 테트라클로로에틸렌 | 0.01 이하 | 0.01 이하 | 0.02 이하 |
| | 1,1,1-트리클로로에탄 | 0.15 이하 | 0.3 이하 | 0.5 이하 |
| | 벤젠 | 0.015 이하 | – | – |
| | 톨루엔 | 1 이하 | – | – |
| | 에틸벤젠 | 0.45 이하 | – | – |
| | 크실렌 | 0.75 이하 | – | – |

**62** 정답 ①
해설 제17조의3(토양오염조사기관) "대통령령으로 정하는 기관"이란 다음 각 호와 같다.
1. 국립환경과학원
2. 시·도 보건환경연구원
3. 유역환경청 또는 지방환경청
4. 한국환경공단

**63** 정답 ①

**64** 정답 ②
해설 토양시료의 채취는 토양관련전문기관(변경)지정시 신고된 기술요원이 하여야 하며, 시료를 채취하는 때에는 도면상에 시료채취지점을 표기하고 시료채취자가 서명하여야 한다. 다만, 시료채취를 위한 시추장비 등의 운전은 기술요원이 아닌 다른 인력이 할 수 있으나, 이 경우 기술요원은 시료채취 과정을 감독하여야 한다.

**65** 정답 ①
해설 제13조(오염토양개선사업의 종류)
1. 객토 및 토양개량제의 사용등 농토배양사업
2. 오염된 수로의 준설사업
3. 오염토양의 위생적 매립·정화사업
4. 오염물질의 흡수력이 강한 식물식재사업
5. 그 밖에 특별자치시장·특별자치도지사·시장·군수·구청장이 필요하다고 인정하는 사업

**66** 정답 ④

**67** 정답 ②
해설 배관이 땅속에 묻혀 있는 시설의 경우 10년이 지난 날부터 매 8년이 되는 날 이후 90일 이내에 검사방식에 관계없이 1회 누출검사를 받아야 한다.

**68** 정답 ④
해설 ④항만 올바르다.
오답해설
① 납 : 1,200
② 비소 : 150
③ 페놀 : 10

**69** 정답 ④
해설
- 1지역: 지목이 전·답·과수원·목장용지·광천지·대·학교용지·구거(溝渠)·양어장·공원·사적지·묘지인 지역과 어린이 놀이시설(실외에 설치된 경우에만 적용한다) 부지

- **2지역**: 지목이 임야·염전·대(1지역에 해당하는 부지 외의 모든 대를 말한다)·창고용지·하천·유지·수도용지·체육용지·유원지·종교용지 및 잡종지인 지역
- **3지역**: 지목이 공장용지·주차장·주유소용지·도로·철도용지·제방·잡종지(2지역에 해당하는 부지 외의 모든 잡종지를 말한다)인 지역과 국방·군사시설 부지

**70** 정답 ④

**71** 정답 ③

해설 **시행규칙 제8조의2(특정토양오염관리대상시설의 변경신고)** 다음 각 호의 어느 하나에 해당하는 경우에는 그 사유가 발생한 날부터 30일 이내에 법 제12조제1항 후단에 따라 특정토양오염관리대상시설의 변경신고를 하여야 한다.
1. 사업장의 명칭 또는 대표자가 변경되는 경우
2. 특정토양오염관리대상시설의 사용을 종료하거나 폐쇄하는 경우
3. 특정토양오염관리대상시설을 교체하거나 토양오염방지시설을 변경하는 경우
4. 특정토양오염관리대상시설에 저장하는 오염물질을 변경하는 경우
5. 특정토양오염관리대상시설의 저장용량을 신고용량 대비 30퍼센트 이상 증설(신고용량 대비 30퍼센트 미만의 증설이 누적되어 신고용량의 30퍼센트 이상이 되는 경우를 포함한다)하는 경우

**72** 정답 ③

해설 **시행령 제12조(토양보전대책지역의 지정)** 토양보전대책지역의 지정기준은 다음 각 호와 같다.
1. 농경지의 경우에는 지표면으로부터 30센티미터까지의 토양오염도가 대책기준을 초과하거나 특별자치시장·특별자치도지사·시장·군수·구청장이 재배작물중 오염물질함량이 중금속잔류허용기준을 초과하여 대책지역지정을 요청한 지역일 것
2. 농경지외의 지역의 경우에는 지표면으로부터 지하수(대수층)면 상부 토양 사이의 토양오염도가 대책기준을 초과한 지역 또는 특별자치시장·특별자치도지사·시장·군수·구청장이 대책지역지정을 요청한 지역으로서 인체에 대한 피해가 우려되고 그 면적이 1만 제곱미터 이상인 지역일 것

**73** 정답 ④

**74** 정답 ③

해설 "토양오염"이란 사업활동이나 그 밖의 사람의 활동에 의하여 토양이 오염되는 것으로서 사람의 건강·재산이나 환경에 피해를 주는 상태를 말한다.

**75** 정답 ①

해설 **시행규칙 제4조(토양정밀조사 지역)**
1. 국방·군사시설과 그 주변지역
2. 철도시설과 그 주변지역
3. 다음 각 목의 시설과 그 주변지역
   가. 석유정제업자의 석유 정제시설 및 저장시설
   나. 석유수출입업자의 석유 저장시설
   다. 석유판매업자의 석유 저장시설 및 판매시설
   라. 석유대체연료 제조·수출입업자의 석유대체연료 제조시설 및 저장시설
   마. 석유대체연료 판매업자의 석유대체연료 저장시설 및 판매시설
4. 자연적 원인에 의한 토양오염물질이 검출되는 지역
5. 자연재해 등으로 토양환경이 변화되어 토양정밀조사가 필요하다는 토양환경 전문가의 의견이 있는 지역

※ **대표적 정밀조사 지역** : 광산활동 지역, 폐기물매립 및 재활용 지역, 산업단지, 공장, 사격장

**76** 정답 ③

해설 **지하수법 제25조(등록의 취소 등)** ① 시장·군수·구청장은 지하수개발·이용시공업자가 다음 각 호의 어느 하나에 해당하는 경우에는 지하수개발·이용시공업의 등록을 취소할 수 있다.
1. 부정한 방법으로 제22조제1항에 따른 등록을 한 경우
2. 등록기준에 미치지 못하게 된 경우
3. 변경등록을 하지 아니하거나 부정한 방법으로 변경등록을 한 경우
4. 제23조 각 호의 어느 하나에 해당하게 된 경우. 다만, 법인의 임원 중에 제23조제1호부터 제5호까지의 어느 하나에 해당하는 자가 있는 경우 3개월 이내에 해당 임원을 교체 임명하였을 때에는 그러하지 아니하다.
5. 제26조를 위반하여 다른 자에게 자기의 상호 또는 명칭을 사용하여 지하수개발·이용시공업을 하게 하거나 등록증을 대여한 경우
6. 계속하여 2년 이상 영업을 하지 아니한 경우
7. 고의 또는 중대한 과실로 지하수개발·이용시설의 공사를 부실하게 한 경우
8. 「국세징수법」, 「지방세징수법」 등 관계 법률에 따라 국가 또는 지방자치단체가 요구하는 경우

**77** 정답 ③

해설 **제10조의3(토양오염의 피해에 대한 무과실책임 등)** ① 토양오염으로 인하여 피해가 발생한 경우 그 오염을 발생시킨 자는 그 피해를 배상하고 오염된 토양을 정화하는 등의 조치를 하여야 한다. 다만, 토양오염이 천재지변이나 전쟁, 그 밖의 불가항력으로 인하여 발생하였을 때에는 그러하지 아니하다.

② 토양오염을 발생시킨 자가 둘 이상인 경우에 어느 자에 의하여 제1항의 피해가 발생한 것인지를 알 수 없을 때에는 각자가 연대하여 배상하고 오염된 토양을 정화하는 등의 조치를 하여야 한다.

**78** 정답 ②

**79** 정답 ③

해설 **제5조(측정망설치계획의 고시)** 환경부장관이 고시하는 측정망설치계획에는 다음 각호의 사항이 포함되어야 한다.
1. 측정망 설치시기
2. 측정망 배치도
3. 측정지점의 위치 및 면적

**80** 정답 ②

해설 **시료채취 지점도 및 오염분포도 작성기준**
가) 축적 1/500(조사범위가 40,000㎡ 이상인 경우에는 1/5,000) 지도에 시료채취 지점 표기
나) 우려기준 초과 물질에 대한 오염지도를 작성
다) 오염등급을 4등급으로 구분·작성(별표 참조)
라) 오염지도 축적은 시료채취 지점도와 동일한 것 사용 (기준초과 지역에 대해서는 오염지도에 지번, 지적자료 첨부)